JN291070

量子工学ハンドブック
HANDBOOK OF QUANTUM ENGINEERING

大津元一
荒川泰彦

五神　真
橋詰富博
平川一彦
編

朝倉書店

編集者

<ruby>大津<rt>おおつ</rt></ruby><ruby>元一<rt>もといち</rt></ruby>　東京工業大学大学院総合理工学研究科

<ruby>荒川<rt>あらかわ</rt></ruby><ruby>泰彦<rt>やすひこ</rt></ruby>　東京大学先端科学技術研究センター

編集幹事

<ruby>五神<rt>ごのかみ</rt></ruby>　<ruby>真<rt>まこと</rt></ruby>　東京大学大学院工学系研究科

<ruby>橋詰<rt>はしづめ</rt></ruby><ruby>富博<rt>とみひろ</rt></ruby>　㈱日立製作所基礎研究所

<ruby>平川<rt>ひらかわ</rt></ruby><ruby>一彦<rt>かずひこ</rt></ruby>　東京大学生産技術研究所

序

　20世紀の物理学における二大理論である相対論と量子論のうち，量子論は当時ドイツにおいて盛んになった鉄工業を支える実利上の理由から興ったといわれている．すなわち，溶鉱炉中の鉄の色からその温度を正確に知りたいという理由である．このように実用に迫られて興った量子論はその後，物質の基本構成要素である原子，さらには素粒子などの振る舞いを解明する基礎物理学へと向かい，日常生活からは遊離した感があった．

　一方，1940年代後半になりトランジスターが発明され，また1960年にはレーザーが発明された．これらの発明の理論的基礎には量子論が巧みに使われ，さらに通信・情報などの技術を飛躍的に発展させる基盤として重要な役割をはたした．ここに至り，量子論がまた日常生活と結びつく兆しをみせたといえよう．以降発展する半導体工学，光工学では基礎科学と工学が相互に影響を及ぼし合いながら発展したが，しばらくはそれらの進展の過程において量子論は必ずしも必要不可欠とされなかった感がある．

　しかし，1980年前後になると，半導体超格子をはじめとする半導体物理や電子・光ヘテロ構造デバイスの展開が進むとともに，各種材料の微細加工技術やレーザー光を人工的に自動制御する技術が発達した．それによって精密な実験科学，通信や情報処理などをはじめとする工学応用がさらに進展した．この段階においてデバイス物理の理解や装置設計のために，いよいよ量子論が必要となった感がある．さらにまた半導体微細加工技術やその応用が，量子論の進展を促す可能性も出てきた．

　それ以来1990年代を経，新しい世紀を迎えようとする現在，量子論を基礎とする工学がますます必要性を増したと考えられる．このような状況をふまえ，本書は量子論に基づく新しい量子工学の分野を網羅することを目的として企画・編集された．量子論に関連する実験研究開発の成果のなかには，現象としては重要，かつ興味深いが，工学，工業，産業には結びつきにくいものが多

数ある．これらの話題は本書からは思いきって除外した．

　初学者にとって量子論はとかく難解なので，まず第1章では本書の内容を理解するのに必要となる基礎概念を説明した．その後，第2章において量子工学に使われる材料の解説を経て，第3章では具体的な量子工学の展開を扱っている．第4章では関連する計測評価技術を紹介している．最後に一つの試みとして本書の編集委員が中心となり，本書のねらいを読者の方々に理解していただく一助とするため，さらに量子工学の将来について考えるための座談会を行った際の速記録を整理して記載した．将来展望の方向を示すものとしてご一読いただければ幸いである．

　本書は多数の著者の方々に編集の主旨をご理解いただいた上でご多忙の中をご執筆いただいた．また，朝倉書店編集部の方々には企画から出版に至るまで忍耐強くお世話いただいた．この場を借り，深くお礼申し上げます．

　1999年9月

大 津 元 一
荒 川 泰 彦

執 筆 者

小川哲生	東北大学大学院理学研究科		猪俣浩一郎	(株)東芝研究開発センター
高橋信行	滋賀県立大学国際教育センター		田原修一	日本電気(株)基礎研究所
小形正男	東京大学大学院総合文化研究科		樽谷良信	(株)日立製作所基礎研究所
五神真	東京大学大学院工学系研究科		和田恭雄	(株)日立製作所基礎研究所
近藤高志	東京大学大学院工学系研究科		永宗靖	通商産業省工業技術院電子技術総合研究所光技術部
小芦雅斗	総合研究大学院大学先導科学研究科		円福敬二	九州大学大学院システム情報科学研究科
佐藤勝昭	東京農工大学工学部物理システム工学科		中西正和	通商産業省工業技術院電子技術総合研究所基礎計測部
藤巻則夫	郵政省通信総合研究所知覚機構研究室		和田敏美	(財)新機能素子研究開発協会研究開発部
納富雅也	NTT物性科学基礎研究所機能物質科学研究部		北野正雄	京都大学大学院工学研究科
宇佐川利幸	(財)国際超電導産業技術センター超電導工学研究所		外村彰	(株)日立製作所基礎研究所
雀部博之	(財)理化学研究所生体高分子物理研究室		水谷亘	通商産業省工業技術院産業技術融合領域研究所
大野隆央	科学技術庁金属材料技術研究所計算材料研究部		大津元一	東京工業大学大学院総合理工学研究科
橋詰富博	(株)日立製作所基礎研究所		山下幹雄	北海道大学大学院工学研究科
平川一彦	東京大学生産技術研究所		土屋裕	浜松ホトニクス(株)中央研究所
荒井滋久	東京工業大学量子効果エレクトロニクス研究センター		谷正彦	郵政省通信総合研究所関西先端研究センター
谷内哲夫	東北大学電気通信研究所		阪井清美	郵政省通信総合研究所第二特別研究室
中沢正隆	NTT未来ねっと研究所テラビットシステム研究部		荒川泰彦	東京大学先端科学技術研究センター
馬場俊彦	横浜国立大学工学部電子情報工学科		井元信之	総合研究大学院大学先導科学研究科
平野琢也	学習院大学理学部物理学科			

(執筆順)

目　次

第1章　量子工学の基礎　　　　　　　　　　［編集：五神　真］

1.1　量子現象の基礎 ……………………………………………［小川哲生］… 2
　　　はじめに …………………………………………………………………… 2
　　　1.1.1　波動と粒子の二重性 ……………………………………………… 3
　　　1.1.2　電子の波動性と波動力学 ………………………………………… 5
　　　1.1.3　計算手法・近似法 ………………………………………………… 13
　　　1.1.4　多粒子系の量子力学 ……………………………………………… 16
　　　1.1.5　正準形式の場の量子化 …………………………………………… 23
　　　1.1.6　電磁場の量子論 …………………………………………………… 30
　　　1.1.7　その他の量子現象 ………………………………………………… 32
　　　展　　望 …………………………………………………………………… 36
1.2　光と電磁波 …………………………………………………［高橋信行］… 40
　　　はじめに …………………………………………………………………… 40
　　　1.2.1　幾何光学 …………………………………………………………… 40
　　　1.2.2　走査型近接場顕微鏡の光プローブへの幾何光学への適用 …… 48
　　　1.2.3　ベクトル波動関数 ………………………………………………… 52
　　　1.2.4　ベクトル波動関数による光プローブの解析 …………………… 57
1.3　固体中の電子 ………………………………………………［小形正男］… 71
　　　はじめに …………………………………………………………………… 71
　　　1.3.1　量子的な電子状態 ………………………………………………… 71
　　　1.3.2　金属中の電子の運動 ……………………………………………… 76
　　　1.3.3　電子の散乱 ………………………………………………………… 84
　　　1.3.4　微視的な電気伝導度の理解 ……………………………………… 87
1.4　光と物質の相互作用 ………………………………………［五神　真］… 97
　　　はじめに …………………………………………………………………… 97
　　　1.4.1　誘電媒質中の電磁波としての光 ………………………………… 97
　　　1.4.2　古典振動子モデル ………………………………………………… 99

	1.4.3 ポラリトン	103
	1.4.4 金属の光学的性質	106
	1.4.5 半導体・絶縁体の光学的性質	107
	1.4.6 励 起 子	108
	1.4.7 量子井戸構造の示す光学応答	110
	1.4.8 縮退電子正孔系の光学応答	112
1.5	非線形光学効果 ……………………………………………[近藤高志]	114
	はじめに	114
	1.5.1 1/2問題と単位系について	115
	1.5.2 非線形光学応答	116
	1.5.3 非線形感受率の対称性	119
	1.5.4 非調和振動子モデルによる非線形感受率	124
	1.5.5 非線形感受率の量子論	126
	1.5.6 非線形媒質中の光波伝搬と位相整合	127
	1.5.7 2次非線形光学効果による波長変換	129
	1.5.8 非線形屈折率とその応用	137
1.6	共振器QEDとゆらぎ ……………………………………[小芦雅斗]	143
	はじめに	143
	1.6.1 輻射場の量子化	143
	1.6.2 光のゆらぎとスクイージング	147
	1.6.3 共振器QED	158
1.7	磁性の基礎 ………………………………………………[佐藤勝昭]	165
	はじめに	165
	1.7.1 磁性の量子的起源 ─ (1)常磁性と反磁性	166
	1.7.2 磁性の量子的起源 ─ (2)秩序磁性と交換相互作用	170
	1.7.3 強磁性体の電気輸送現象	175
	1.7.4 磁気光学効果の基礎	179
	展 望	190
1.8	超 伝 導 …………………………………………………[藤巻則夫]	191
	はじめに	191
	1.8.1 超伝導のミクロな理論(BCS理論)	192
	1.8.2 超伝導のマクロな理論	200
	1.8.3 ジョセフソン効果	209

第2章　量子工学材料　　　　　　　　　　　［編集：橋詰富博］

- 2.1 半導体材料 ……………………………………［納富雅也］… 220
  - はじめに ………………………………………………………… 220
  - 2.1.1 半導体のエネルギーバンド構造 ………………… 223
  - 2.1.2 低次元系の作製技術の概観 ……………………… 227
  - 2.1.3 薄膜成長技術＋リソグラフィー技術 …………… 228
  - 2.1.4 自然形成技術 ……………………………………… 241
  - 2.1.5 超格子断面利用法 ………………………………… 245
  - 展　　望 ………………………………………………………… 246
- 2.2 超伝導材料 ………………………………………［宇佐川利幸］… 250
  - はじめに ………………………………………………………… 250
  - 2.2.1 $YBa_2Cu_3O_{7-\delta}$ の結晶構造と電子状態 ………… 252
  - 2.2.2 銅系酸化物超伝導体の物性と物理 ……………… 259
  - 2.2.3 バルク材料と化学 ………………………………… 275
  - 2.2.4 単結晶技術 ………………………………………… 285
  - 2.2.5 薄膜技術 …………………………………………… 292
  - おわりに ………………………………………………………… 310
- 2.3 磁性材料―量子工学の観点から― ………………［佐藤勝昭］… 314
  - はじめに ………………………………………………………… 314
  - 2.3.1 巨大磁気抵抗効果(GMR) ………………………… 315
  - 2.3.2 スピン依存トンネル磁気抵抗効果 ……………… 320
  - 2.3.3 光磁気記録材料 …………………………………… 324
  - 2.3.4 磁気光学における量子サイズ効果 ……………… 331
  - 2.3.5 光アイソレーター・磁界センサー材料 ………… 335
  - 2.3.6 非線形磁気光学効果 ……………………………… 339
  - 展　　望 ………………………………………………………… 344
- 2.4 有 機 材 料 ……………………………………［雀部博之］… 347
  - はじめに ………………………………………………………… 347
  - 2.4.1 導電性材料 ………………………………………… 348
  - 2.4.2 非線形光学 ………………………………………… 356
  - 2.4.3 分子デバイスと超構造分子 ……………………… 364
- 2.5 量子工学材料としての表面 …………………［大野隆央・橋詰富博］… 370
  - はじめに ………………………………………………………… 370

	2.5.1	表面電子状態理論 ……………………………………………………	371
	2.5.2	表面再構成 ………………………………………………………	372
	2.5.3	Si 表面構造 ………………………………………………………	374
	2.5.4	GaAs 表面 …………………………………………………………	380
	2.5.5	吸 着 表 面 ………………………………………………………	384
	2.5.6	表 面 拡 散 ………………………………………………………	391
	2.5.7	表 面 反 応 ………………………………………………………	395
	2.5.8	薄 膜 成 長 ………………………………………………………	398

第3章　量子工学デバイスとシステム展開　　　［編集：荒川泰彦］

3.1	量子電子デバイス ……………………………………［平川一彦］…	406
	3.1.1	超薄膜ヘテロ構造，量子ナノ構造中の電子物性 ………………………	406
	3.1.2	変調ドーピングと高電子移動度トランジスター ………………………	410
	3.1.3	共鳴トンネル効果とその応用 …………………………………………	418
	3.1.4	超格子中のミニバンドとブロッホ振動 ………………………………	424
	3.1.5	サブバンド間遷移を利用したデバイス ………………………………	428
	3.1.6	単一電子デバイス ………………………………………………………	434
3.2	半導体レーザー ………………………………………［荒井滋久］…	440
	3.2.1	半導体レーザーの構造と基本的動作特性 ……………………………	440
	3.2.2	半導体レーザー材料 ……………………………………………………	448
	3.2.3	量子井戸構造レーザー …………………………………………………	450
	3.2.4	単一波長半導体レーザー ………………………………………………	458
	3.2.5	面発光半導体レーザー …………………………………………………	465
3.3	非線形光デバイス ……………………………………［谷内哲夫］…	473
	3.3.1	2次非線形光デバイス …………………………………………………	473
	3.3.2	3次非線形光デバイス …………………………………………………	482
3.4	光ソリトン発生デバイスとその伝送 ………………［中沢正隆］…	487
	は じ め に ………………………………………………………………………	487
	3.4.1	光ソリトンパルスの発生 ………………………………………………	488
	3.4.2	光ソリトン伝送の特徴 …………………………………………………	495
	3.4.3	光ソリトンの伝送 ………………………………………………………	496
	3.4.4	分散マネージソリトン伝送技術 ………………………………………	501
	展　　　望 ………………………………………………………………………	506

- 3.5 自然放出制御光デバイス ……………………………［馬場俊彦］… 508
  - はじめに ……………………………………………………………… 508
  - 3.5.1 自然放出制御と微小共振器 ………………………………… 509
  - 3.5.2 半導体超微小光共振器の試み ……………………………… 518
  - 展　望 ………………………………………………………………… 532
- 3.6 非古典的光子生成デバイス ……………………………［平野琢也］… 535
  - はじめに ……………………………………………………………… 535
  - 3.6.1 非古典光とスクイズド状態 ………………………………… 535
  - 3.6.2 サブポアソン光生成デバイス ……………………………… 539
  - 3.6.3 直交位相振幅スクイズド光の発生 ………………………… 546
  - 3.6.4 量子非破壊測定 ……………………………………………… 552
  - 展　望 ………………………………………………………………… 553
- 3.7 磁性デバイス ……………………………………………［猪俣浩一郎］… 556
  - はじめに ……………………………………………………………… 556
  - 3.7.1 GMR 効果 …………………………………………………… 556
  - 3.7.2 GMR ヘッド ………………………………………………… 557
  - 3.7.3 磁気抵抗効果型メモリー (MRAM) ………………………… 564
  - 3.7.4 スピントランジスター ……………………………………… 568
  - 展　望 ………………………………………………………………… 574
- 3.8 超伝導デバイス ……………………………………………………… 576
  - 3.8.1 超伝導ディジタルデバイス …………………………［田原修一］… 576
    - a．はじめに ………………………………………………… 576
    - b．論 理 回 路 ……………………………………………… 578
    - c．記 憶 回 路 ……………………………………………… 587
    - d．単一磁束量子素子 ……………………………………… 595
    - e．ま　と　め ……………………………………………… 600
  - 3.8.2 超伝導トランジスター ………………………………［樽谷良信］… 602
    - a．はじめに ………………………………………………… 602
    - b．電流注入素子 …………………………………………… 603
    - c．電界効果素子 …………………………………………… 605
    - d．超伝導ベーストランジスター ………………………… 614
    - e．超伝導フラックスフロートランジスター (SFFT) …… 618
  - 3.8.3 高温超伝導デバイスと線材技術 ……………………［宇佐川利幸］… 626
    - a．ジョセフソン接合技術 ………………………………… 626
    - b．デバイス特性と接合の物理 …………………………… 631
    - c．プロセス技術 …………………………………………… 635

　　　　d．新奇な接合と新しい応用の可能性 ……………………………… 639
　　　　e．マイクロ波応用受動素子 …………………………………………… 641
　　　　f．酸化物線材技術 ………………………………………………………… 643
　　おわりに ……………………………………………………………………………… 647
3.9 アトムテクノロジーとデバイス応用 ………………………[和田恭雄]… 649
　　はじめに：原子サイズの情報処理デバイスの可能性 ………………… 649
　　3.9.1 情報処理デバイスの歴史と限界 ………………………………… 649
　　3.9.2 情報処理デバイスとしての原子，分子サイズ構造 ………… 656
　　3.9.3 原子，分子レベルの観察，操作技術 …………………………… 661
　　3.9.4 計算機シミュレーションによる原子，分子レベル材料，デバイスの
　　　　　特性予測 ………………………………………………………………… 666
　　3.9.5 原子プロキシミティ場における極限物理現象の解明 ……… 667
　　まとめと展望 ………………………………………………………………………… 669

第4章　量子工学における計測・評価技術　　［編集：大津元一］

4.1 単一電子現象とその量子標準への応用 ……………………[永宗　靖]… 674
　　はじめに ……………………………………………………………………………… 674
　　4.1.1 単一電子トンネリングの基礎 ……………………………………… 675
　　4.1.2 単一電子トランジスターのAC特性 ……………………………… 687
　　4.1.3 単一電子現象の応用と展望 ………………………………………… 694
4.2 SQUIDとその応用 ………………………………………………………………… 699
　　4.2.1 超伝導センサー ……………………………………………[円福敬二]… 699
　　　　a．SQUID磁気センサー …………………………………………………… 699
　　　　b．電磁波センサー ………………………………………………………… 714
　　4.2.2 ジョセフソン電圧標準 …………………………………[中西正和]… 721
　　　　はじめに ……………………………………………………………………… 721
　　　　a．ジョセフソン接合素子と定電圧ステップ ……………………… 722
　　　　b．初期のジョセフソン電圧標準システム ………………………… 725
　　　　c．1Vジョセフソンアレイ電圧標準システム …………………… 728
　　　　d．ジョセフソン接合素子とカオス ………………………………… 733
　　　　e．ジョセフソン定数の導出 …………………………………………… 734
　　　　おわりに ……………………………………………………………………… 737
4.3 量子ホール効果とその量子標準への応用 …………………[和田敏美]… 739

　　　　はじめに ………………………………………………………………… 739
　　4.3.1　整数量子ホール効果の原理 ………………………………………… 740
　　4.3.2　整数量子ホール効果の理論 ………………………………………… 747
　　4.3.3　分数量子ホール効果 ………………………………………………… 749
　　4.3.4　整数量子ホール効果を用いた抵抗の量子標準 …………………… 751
4.4　アトムオプティクス ……………………………………[北野正雄]… 754
　　　　はじめに ………………………………………………………………… 754
　　4.4.1　電磁波と物質波 ……………………………………………………… 754
　　4.4.2　中性原子のレーザー冷却 …………………………………………… 757
　　4.4.3　原子光学のコンポーネント ………………………………………… 759
　　4.4.4　原子波干渉計 ………………………………………………………… 763
　　4.4.5　原子波干渉実験の例 ………………………………………………… 767
　　4.4.6　ボース-アインシュタイン凝縮 ……………………………………… 778
　　　　展　　望 ………………………………………………………………… 780
4.5　電子線ホログラフィー干渉顕微鏡 ……………………[外村　彰]… 782
　　　　はじめに ………………………………………………………………… 782
　　4.5.1　干渉性のよい電子線（電界放出電子線） …………………………… 782
　　4.5.2　電子線ホログラフィー ……………………………………………… 783
　　4.5.3　干渉顕微鏡法 ………………………………………………………… 785
　　4.5.4　干渉顕微鏡像から得られる情報 …………………………………… 786
　　4.5.5　干渉顕微鏡法の応用 ………………………………………………… 787
　　　　展　　望 ………………………………………………………………… 797
4.6　走査プローブ顕微鏡 ……………………………………[水谷　亘]… 799
　　　　はじめに ………………………………………………………………… 799
　　4.6.1　走査型トンネル顕微鏡の発明 ……………………………………… 799
　　4.6.2　STMの動作原理 …………………………………………………… 801
　　4.6.3　STMの空間分解能 ………………………………………………… 802
　　4.6.4　STMの時間分解能 ………………………………………………… 803
　　4.6.5　STMの特徴 ………………………………………………………… 805
　　4.6.6　SPMファミリー …………………………………………………… 807
　　4.6.7　AFMとFFM ……………………………………………………… 809
　　4.6.8　スピン方向の測定 …………………………………………………… 815
　　4.6.9　SPMの要素技術 …………………………………………………… 817
　　　　展　　望 ………………………………………………………………… 820
4.7　近接場光計測 ……………………………………………[大津元一]… 824
　　　　はじめに ………………………………………………………………… 824

		4.7.1 近接場光学顕微鏡の原理 ……………………………………… 825
		4.7.2 近接場光学顕微鏡の装置 ……………………………………… 827
		4.7.3 測　定　例 …………………………………………………………… 830
		4.7.4 加工と制御への応用 ……………………………………………… 837
		展　　　望 ……………………………………………………………………… 841
4.8	フェムト秒域の光波技術 ……………………………………[山下幹雄]… 843
		は じ め に ……………………………………………………………………… 843
		4.8.1 フェムト秒 (fs) パルスレーザー ……………………………… 843
		4.8.2 フェムト秒光波制御 ……………………………………………… 854
		4.8.3 フェムト秒域の光波計測と分光 ……………………………… 856
		展　　　望 ……………………………………………………………………… 870
4.9	微弱光検出技術 ……………………………………………………[土屋　裕]… 872
		は じ め に ……………………………………………………………………… 872
		4.9.1 光検出とその限界 ………………………………………………… 872
		4.9.2 光子検出の基本 …………………………………………………… 876
		4.9.3 時間相関光子計数法 ……………………………………………… 879
		4.9.4 光子計数画像化法 ………………………………………………… 882
		4.9.5 超高速時間分解光子計測 ………………………………………… 884
		4.9.6 2次元光子積算計測 ……………………………………………… 886
		4.9.7 2次元光子計測の応用例 ………………………………………… 887
		展　　　望 ……………………………………………………………………… 894
4.10	テラヘルツ電磁波の発生と検出 ………………[谷　正彦・阪井清美]… 898
		は じ め に ……………………………………………………………………… 898
		4.10.1 THz 帯での光源 (発振器) および検出器の現状 ……………… 899
		4.10.2 光伝導スイッチ素子を用いた THz 電磁波パルスの発生と検出 … 902
		4.10.3 超短パルスレーザーによるその他の電磁波発生法 ………… 910
		4.10.4 テラヘルツ電磁波パルスの分光応用 ………………………… 917
		展　　　望 ……………………………………………………………………… 919

付録　座談会：量子工学の将来 ……………[大津元一・荒川泰彦・五神　真・
　　　　　　　　　　　　　　　　　　橋詰富博・平川一彦・井元信之]… 923

日本語索引 ……………………………………………………………………………… 959
外国語索引 ……………………………………………………………………………… 973

第1章　量子工学の基礎

1.1 量子現象の基礎

は じ め に

　原子や分子などの微視的世界では，波動と粒子の二重性[1]が顕著である．このような微視的要素の挙動を系統的に取り扱う理論体系が量子力学である．微視的世界を記述する体系として確立された量子力学は，その誕生以降も発展を続け，適用される範囲も素粒子の世界から，多彩な性質を示す固体や凝縮物質，宇宙の起源や星の進化など，現代物理学のほとんどすべての分野に及んでいる．また，単に物理学だけでなく，化学・工学・分子生物学・情報処理・通信理論などの分野でも量子力学は必須の道具となっている．本節では，量子現象を記述し理解するうえでの唯一の言語である量子力学の理論体系を概観する．

　巨視的な対象にしか適用できない古典力学は，対象に関する力学量がすべて正確に指定できることを前提とし，時刻 t に j 番目の粒子がもつ位置 $\vec{x}_j(t)$ と運動量 $\vec{p}_j(t)$ の実数値の1組をその時刻の粒子系の状態と考えていた．これに対し量子力学では，波動と粒子の二重性のために，二つ以上の力学量(たとえば粒子の位置と運動量)は必ずしも同時に正確に観測できず，その不確定さが作用(action)の次元をもつプランク定数 $h=6.62607\times10^{-34}$ J·s によって決まるという不確定性原理(uncertainty principle)[1]を基本とする．この普遍定数は物理量としてはきわめて小さいので，巨視的現象を考察し古典論を定式化する際は完全に無視しうる．すなわち量子効果は無視できる．つまり，定数 h を量子力学を特徴づけるパラメーターとみなすと，$h\to 0$ の極限では量子力学は古典力学に帰着する．しかし，微視的現象においては h と同程度の作用が本質的な役割を演じ，古典論は破局をきたすのである．

　量子力学は波動と粒子の二重性を具体的に表現し，微視的世界の力学を記述する理論といえるが，微視的現象と巨視的現象とを区別するスケールパラメーターは量子力学自体には含まれていない．よって，状況によっては量子効果が巨視的現象として現れることもある．このような巨視的量子現象に対しては，巨視的対象物であっても古典的取扱いはできない．

　理論形式から見ると，古典力学が微分積分学という数学的道具の上に組み立てられていることに対して，量子力学はヒルベルト空間(Hilbert space)でのベクトルと演算子という数学の上に構築されている．前者は「状態」，後者は「観測可能な物理量」

という量子力学の基本的概念に対応している．

1.1.1 波動と粒子の二重性

ニュートン (Newton) 力学, マクスウェル (Maxwell) 電磁気学および熱力学を根幹とする古典物理学は 19 世紀末すでに完成の域に達し, 直接観察できる巨視的現象を矛盾なく記述していた. しかし 19 世紀末以降に開けた原子物理学の分野で微視的現象に対して古典論をそのまま適用すると, 多くの矛盾が生じることが漸次判明してきた. まず, 黒体輻射 (black-body radiation) の研究[2]を省みよう. 任意の物質壁に囲まれた空間 (空洞) に電磁輻射が存在し, 壁と輻射とが温度 T で熱平衡に達すると輻射のエネルギー E は振動数 ν の各輻射に配分され, 単位体積当たりのエネルギー密度分布関数 $U(\nu)$ は絶対温度 T によって (壁の物質によらず) 一義的に規定される.

1900 年にプランク (Planck) は, エネルギーは連続量ではなく離散値をとるというエネルギー量子の考えを導入し, 輻射公式

$$U(\nu) = \frac{8\pi h\nu^3}{c^3} \frac{1}{\exp(h\nu/k_B T) - 1} \tag{1.1.1}$$

を導き実験を見事に説明した. ここで, $c = 2.99792 \times 10^8 \mathrm{~m \cdot s^{-1}}$ は真空中の光速度, $k_B = 1.38066 \times 10^{-23} \mathrm{~J \cdot K^{-1}}$ はボルツマン定数である. この定数 h がプランク定数と呼ばれる基本的な普遍定数である. $h \to 0$ の極限ではレイリー-ジーンズ (Rayleigh-Jeans) の公式 $U(\nu) = 8\pi k_B T\nu^2/c^3$ になり, 高温のみで実験値と一致する. また, アインシュタイン (Einstein) は, 振動数 ν の輻射自体がエネルギー量子 $h\nu$ から構成され非連続的に

$$E = nh\nu \quad (n = 0, 1, 2, \cdots) \tag{1.1.2}$$

という値をとる, という光量子仮説を提出し, 輻射が気体分子と同様に互いに独立なエネルギーの粒子 (光子) の集合として振る舞うことを示した. また, 輻射公式 (1.1.1) に基づいて黒体輻射のエネルギーと運動量の時間的ゆらぎを計算し, 輻射をエネルギー $E = h\nu$ と運動量 $p = h/\lambda = h\nu/c$ とをもつ粒子とみなして得られる項と古典的波動論に由来する項との和として与えられることを示し, 粒子・波動という輻射の二重性を明らかにした. ここで, λ は輻射の波長である. E, p は粒子的描像に, ν, λ は波動的描像に属する量であるから, そもそも $E = h\nu, p = h/\lambda$ という関係式自体に輻射の二重性が現れている. さらに光電効果 (photoelectric effect) やコンプトン効果 (Compton effect) の実験から, 光量子仮説は疑いえない事実となった.

もっとも簡単な構造の水素原子スペクトル線の振動数 ν は, 水素のリドベルグ (Rydberg) 定数 $R = 1.09737 \times 10^7 \mathrm{~m^{-1}}$ を用いて, バルマー (Balmer) の公式

$$\nu = \nu(n, m) \equiv cR\left(\frac{1}{n^2} - \frac{1}{m^2}\right) \tag{1.1.3}$$

(n, m は正の整数で $m > n$) でまとめられる．水素原子だけでなく，より複雑な元素に対しても拡張でき，任意のスペクトル線の振動数はスペクトル項 (spectroscopic term) 系列 $T_1, T_2, \cdots$ 間の差として，$\nu = c(T_n - T_m)$ と表せる．これはリッツ (Ritz) の結合則 (Ritz's combination rule) といわれる．スペクトル項が整数に関係しているということは，原子内の電子状態が整数に関連した量により記述されることを示している．これを説明するためにボーア (Bohr) は，1913 年に次の三つの仮説を提唱した．

① 定常状態の存在：原子のエネルギーとしては各原子に固有の非連続的な値 (エネルギー準位) $E_1, E_2, \cdots$ だけが許される．各エネルギー準位において原子は電磁波を放射することなく存在する．これを原子の定常状態 (stationary state) という．

② ボーアの振動数条件：原子のエネルギーの変化はかならず定常状態間の非連続的量子的飛躍によって行われる．これを遷移 (transition) という．遷移に際してのエネルギーの差は 1 個の光子として吸収・放出され，その単色光の振動数は $h\nu(n, m) = |E_n - E_m|$ によって定まる．

③ ボーアの量子条件：定常状態において電子はニュートン力学に従って運動する（ただし電子の加速度による放射はない）と仮定し，古典力学的に可能なあらゆる運動のうちから定常状態だけを選び出す条件として，

$$(電子の軌道角運動量) = n\frac{h}{2\pi} \quad (n = 1, 2, \cdots) \tag{1.1.4}$$

を設定した．電荷 $-e$ の電子が半径 a の円周軌道上を運動しているとすると，軌道角運動量は $m_0 v a$ で与えられる．ここで，m_0 は電子の静止質量 $m_0 = 9.10953 \times 10^{-31}$ kg，v は電子の円運動の速さである．ボーアの量子条件 (1.1.4) と古典力学とにより，水素原子における電子の軌道半径 a は $a_n = a_B n^2$ と量子化される．$n = 1$ の場合に相当する最小軌道半径 $a_B = h^2/4\pi^2 m_0 e^2 = 5.29177 \times 10^{-11}$ m をボーア半径 (Bohr radius) という．これに伴い電子のエネルギーも離散化され，$E_n = -hcR/n^2$ となる．

量子化の過程において現れる整数を一般に量子数 (quantum number) というが，これによってエネルギー準位 (energy level) が区別される．ここでは量子数 $n = 1$ が最低エネルギーの準位に相当し，原子はこれよりエネルギーの低い状態へ遷移することはできない．これを基底状態 (ground state) という．

より一般的な量子条件は，ボーア-ゾンマーフェルト (Bohr-Sommerfeld) の量子条件 $\oint p\,dq = nh$ ($n = 0, 1, 2, \cdots$) である．ここで q は周期運動を行う任意の力学系の各自由度に対する座標，p はその正準共役運動量，$\oint p\,dq$ は運動の 1 周期にわたる作用

積分を意味する．この条件を調和振動子に適用すると，調和振動のエネルギーが $E=nh\nu$ という離散的値をもつことになり，量子条件 (1.1.2) と一致する．ハイゼンベルグ (Heisenberg) はこの条件をさらに一般化して，非周期的な運動に対しても適用可能な形に書き換えた．つまり，q, p を量子力学的演算子と解釈し直し，これらに対して $qp-pq=ih/2\pi$ という代数的制限条件を課する．この量子条件は正準交換関係と呼ばれる．

輻射の波動-粒子二重性と定常状態の存在という二つの基本的事実から出発して，1923年ド・ブロイ (de Broglie) は物質波（ド・ブロイ波）の概念に到達した．運動する物質粒子には光子に関する関係と全く同じ式 $E=h\nu, p=h/\lambda=h\nu/c$ で規定される波動性があるとする．以降，これらの式はアインシュタイン-ド・ブロイ (Einstein-de Broglie) の関係式と呼ばれる．質量 m_0 の1電子が1次元ポテンシャル $V(x)$ の外力場の中を運動する場合を考えよう．質点力学によればハミルトニアン $H(x, p)$ は一定値 E をとるが，このような状態に対しては固有振動数 $\nu=E/h$ をもつ定在波が伴うとする．これはボーアの振動数条件に対応する．また粒子の運動量 $p(x)=\sqrt{2m_0[E-V(x)]}$ とともに波長 $\lambda(x)=h/p(x)$ も場所によって変化するが，電子が周期軌道運動を行う場合，これに伴う波が定在波をつくるためには波が軌道に沿って1周したとき位相がうまくつながらなければならない．すなわち，$\oint dx/\lambda(x)=n$ である必要が生じる．これはボーア-ゾンマーフェルトの量子条件にほかならない．

1.1.2 電子の波動性と波動力学

量子力学は，すべての物質は波動性と粒子性とを兼ね備えているという事実を出発点とする理論体系である．量子力学の表現形式には数学的に等価なものがいくつか存在し，行列力学形式と波動力学形式はその代表例である．ここでは，量子力学の基本的概念を1粒子系を例にとり波動力学の立場から説明する．

波動力学形式の量子力学では，物質に付随したド・ブロイ波こそが物質の本質であるという立場に立ち，古典的波動方程式を物質波へ拡張する．そこでは次項を基本的要請[3～7]とする．

① 力学系の物理的状態は，時間 t および位置座標 $x=(x_1, x_2, x_3)$ の複素関数である「規格化された波動関数 $\Psi(t, x)$」で表される．これはヒルベルト空間（無限次元ベクトル空間）でのベクトルに対応する．

② 力学系の観測可能な物理量は，代数的な数（c数）ではなく，ヒルベルト空間内のベクトルに作用する線形エルミート演算子（q数）で表される．以下では演算子をキャレット（＾）記号付きの変数で表す．

a. 状態と波動関数

量子力学では，与えられた系の状態は波動関数 $\Psi(t,x)$ によって記述されると考える．この波動関数は一般に複素数値をとり，全空間にわたってその1階導関数とともに有限で一価連続である．そして，その系を $(x, x+d^3x)$ の中に見出す確率が $|\Psi(t,x)|^2 d^3x$ で与えられるとする（これをコペンハーゲン解釈という）．ここで $d^3x \equiv dx_1 dx_2 dx_3$ である．全確率が1に等しいことから，規格化条件 $\int |\Psi(t,x)|^2 d^3x = 1$ を各時刻 t で満たさなければならない．よって，この $\Psi(t,x)$ は確率振幅(probability amplitude)，$|\Psi(t,x)|^2$ は確率密度(probability density) とも呼ばれる．Ψ の位相因子の不定性は物理量に影響を与えない．もしも $\Psi_1(t,x)$ と $\Psi_2(t,x)$ とが波動関数であるならば，$\Psi_1 + \Psi_2$ もまた波動関数を表す．一般に，Ψ_n が波動関数ならば，それらの線形結合 $\sum_n c_n \Psi_n$ もまた波動関数である．これを状態の重ね合せの原理(principle of superposition) という．これにより，量子力学的粒子の波動性(干渉性)が保証される．また，Ψ の満たす運動方程式は Ψ に関して線形でなければならないことになる．重ね合せの原理も量子力学の基本的要請と考えられるが，超選択則(superselection rule)と呼ばれる例外もある．たとえば，電子が(一般にはフェルミ粒子が)偶数個の状態と奇数個の状態との重ね合せは自然界には存在しない．

b. 物理量と演算子

量子力学に現れる観測可能な物理量(observable)の演算子は線形でエルミートである．すなわち，$\hat{A}$ を演算子としたとき，任意の関数 Ψ_1, Ψ_2 に対して，$\hat{A}(c_1 \Psi_1 + c_2 \Psi_2) = c_1 \hat{A} \Psi_1 + c_2 \hat{A} \Psi_2$ が成り立ち(線形性)，$\hat{A}^\dagger = \hat{A}$ が成り立つ(エルミート性)．ここで，$\hat{A}^\dagger$ は $\hat{A}$ の共役演算子で，$\int \Psi_1^* (\hat{A}\Psi_2) d^3x = \int (\hat{A}^\dagger \Psi_1)^* \Psi_2 d^3x$ が成り立つものである．

もっとも単純で重要な物理量は直交座標系での粒子の位置座標と運動量であるが，これらを表す演算子 $\hat{x}_\mu, \hat{p}_\mu$ $(\mu = 1, 2, 3)$ も線形でエルミートな演算子でなければならない．一般の物理量を表す演算子を定める基本となるのが，位置演算子 $\hat{x}_\mu$ と運動量演算子 $\hat{p}_\mu$ とに要請される正準交換関係(canonical commutation relation)

$$[\hat{x}_\mu, \hat{p}_\nu] = i\hbar \delta_{\mu\nu} \tag{1.1.5}$$

$$[\hat{x}_\mu, \hat{x}_\nu] = [\hat{p}_\mu, \hat{p}_\nu] = 0 \tag{1.1.6}$$

である．この正準交換関係は古典力学のポアソン括弧(Poisson bracket)の関係に対応している．ここで，$\hbar \equiv h/2\pi = 1.054572 \times 10^{-34}$ J·s もプランク定数と呼ばれ，$[\hat{X}, \hat{Y}] \equiv \hat{X}\hat{Y} - \hat{Y}\hat{X}$ は交換子(commutator)である．また，$\delta_{\mu\nu}$ はクロネッカーのデルタ記号で，$\mu = \nu$ のときには $\delta_{\mu\nu} = 1$, $\mu \neq \nu$ のときには $\delta_{\mu\nu} = 0$ を表す．数学的にいえば，量子力学における運動量 $\hat{p}$ は空間座標 x の微小並進の生成子(generator)である．

座標や運動量以外のエネルギーや角運動量などの力学量演算子は，古典力学での直交座標での位置座標 x_μ と運動量 p_μ による表式に上記の正準交換関係を満たす演算子 $\hat{x}_\mu, \hat{p}_\mu$ を代入してつくる．具体的には，古典力学における力学量 $A(\{x_\mu\}, \{p_\mu\})$ において，

$$x_\mu \longrightarrow \hat{x}_\mu \equiv x_\mu \tag{1.1.7}$$

$$p_\mu \longrightarrow \hat{p}_\mu \equiv \frac{\hbar}{i}\frac{\partial}{\partial x_\mu} \tag{1.1.8}$$

なる変換を行えば，量子力学での力学量演算子 $\hat{A} \equiv A(\{\hat{x}_\mu\}, \{\hat{p}_\mu\})$ が得られる．これを対応原理という．この際，x_μ の任意の関数 $f(x_\mu)$ が $\hat{p}_\mu \equiv f(x_\mu) + (\hbar/i)\partial/\partial x_\mu$ のように不定因子として存在しても正準交換関係は満たされるが，$f(x_\mu)$ は波動関数 $\Psi(x)$ の位相因子にしか影響を与えない．また，$\hat{x}_\mu$ と $\hat{p}_\mu$ との順序が問題になるが，通常はその順序に関して対称化操作を行い，$\hat{A}$ がエルミートになるように構成する．すなわち，$x = (x_1, x_2, x_3)$ と $p = (p_1, p_2, p_3)$ に対して関数 $A(x, p)$ の逆フーリエ変換

$$\tilde{A}(\xi, \eta) \equiv \frac{1}{(2\pi)^2}\int A(x, p)e^{-i(x\cdot\xi + p\cdot\eta)}d^3x d^3p \tag{1.1.9}$$

を用いて，

$$\hat{A} \equiv \int \tilde{A}(\xi, \eta)e^{i(\xi\cdot\hat{x} + \eta\cdot\hat{p})}d^3\xi d^3\eta \tag{1.1.10}$$

として定義する．こうして得られた二つの演算子は一般には可換 (commutative) でない．物理量のこのような非可換性は量子力学の特徴であり，ハイゼンベルグにより行列力学と呼ばれる理論体系として初めて具体的に提示された．この非可換性は，ある物理量が確定するとそれに共役な物理量が不確定になるという不確定性原理の定式化にも適当である．

c. 固有値と固有関数

演算子 $\hat{A}$ が与えられたとき，ある特定の波動関数 φ_a とc数 a とが存在して，$\hat{A}\varphi_a = a\varphi_a$ が成り立つとき，この特別な関数 φ_a を演算子 $\hat{A}$ の固有関数 (eigenfunction)，数 a を演算子 $\hat{A}$ の固有値 (eigenvalue) と呼ぶ．また，その φ_a で表された系の状態を $(\hat{A}$ の$)$ 固有状態 (eigenstate) という．物理的には，φ_a の状態で物理量 $\hat{A}$ を測定すればつねに a という確定値が得られることを意味する．演算子 $\hat{A}$ がエルミート演算子であるなら，その固有値 a はかならず実数である．観測によって得られる物理量の値は実数でなければならないから，観測可能な物理量の演算子はかならずエルミート演算子である．また，与えられた $\hat{A}$ に対し，固有関数や固有値は一つとは限らない．ある一つの固有値 a に1次独立な複数の固有関数が属することもある．これを縮退または縮重 (degeneracy) という．二つの演算子 $\hat{A}$ と $\hat{B}$ とは一般には交換しない $(\hat{A}\hat{B} \neq \hat{B}\hat{A})$ が，もし交換可能 (可換) であるならば，$\hat{A}$ と $\hat{B}$ とは共通

の固有関数（同時固有関数）をもちうる．

　エルミート演算子 $\hat{A}$ の非縮退固有値 a_n の属する固有関数を $\varphi_n(x)$ とすると，任意の波動関数 $\psi(x)$ は，固有関数系 $\{\varphi_n\}$ で展開可能である．つまり，任意の $\psi(x)$ は

$$\psi(x) = \sum_n c_n \varphi_n(x) \tag{1.1.11}$$

と表せる．すなわち，関数系 $\{\varphi_n\}$ は完全系である．さらに，

$$\int \varphi_n^*(x) \varphi_m(x) d^3x = \delta_{nm} \tag{1.1.12}$$

も成り立ち，正規直交系（orthonormal set）を構成している．このとき，式(1.1.11)の展開係数 c_n は

$$c_n = \int \varphi_n^*(x) \psi(x) d^3x \tag{1.1.13}$$

で与えられる．右辺の積分は，ヒルベルト空間内の内積（inner product）に相当する複素数である．縮退している固有値に属する縮退固有関数についても，シュミット(Schmidt)の直交化法で正規直交系に変換できる．固有値 a_n の集合は，$\psi(x)$ という状態で物理量 $\hat{A}$ を測定したときに取りうる値の領域を意味し，$|c_n|^2$ は固有値 a_n が観測される確率を表す．a_n の集合を固有値のスペクトル（spectrum）といい，離散的な場合も連続的な場合もある．このように量子力学においては，力学量の観測結果は本質的に確率的・統計的である．よって，状態 $\psi(x)$ にある系において力学量 $\hat{A}$ を何度も測定すると，観測結果の平均値（期待値）$\langle \hat{A} \rangle_\psi$ は

$$\langle \hat{A} \rangle_\psi = \sum_n |c_n|^2 a_n \tag{1.1.14}$$

$$= \int \psi^*(x) \hat{A} \psi(x) d^3x \tag{1.1.15}$$

で与えられる．観測の結果として固有値 a_n が得られたならば，観測後の物理系は状態 φ_n になる．これを観測による波束の収縮（reduction of wave packet）といい，確率的・非因果的な過程である．集団を観測し，ある特定の測定値が出た系のみを選びとることによって，所望のある特定の波動関数 φ_n で記述される系だけからなる集団を得ることができる．この過程を状態の用意（preparation）という．状態の用意のためには，適当な数の互いに可換な観測量を次々に観測する必要がある．

d. 時間発展と運動法則
1） シュレーディンガー表示

時刻 t における波動関数 $\Psi(t, x)$ の時間的変化は，微分方程式[3~7]

$$i\hbar \frac{\partial}{\partial t} \Psi(t, x) = \hat{H} \Psi(t, x) \tag{1.1.16}$$

によって決まる．ここで，$\hat{H}$ はハミルトニアン演算子（Hamiltonian）である．ハミルトニアン演算子は古典力学でのハミルトニアン（運動エネルギーとポテンシャルエ

ネルギーの和)に対応する演算子で,系の全エネルギーを固有値としてもつエルミート演算子である.この方程式 (1.1.16) を(時間に依存する)シュレーディンガー方程式 (time-dependent Schrödinger equation) という.波動関数についての重ね合せの原理から,Ψ について1次で時間について1階の微分方程式になっている.ハミルトニアン演算子 $\hat{H}$ が時間をあらわに含まない場合に式 (1.1.16) を形式的に解くと,時刻 t での波動関数 $\Psi(t,x)$ と時刻 $t=0$ での波動関数 $\Psi(0,x)$ とは,

$$\Psi(t,x) = \hat{U}(t,0)\Psi(0,x)$$
$$\equiv \exp\left(-\frac{i\hat{H}t}{\hbar}\right)\Psi(0,x) \qquad (1.1.17)$$

で結ばれることがわかる.ここで $\hat{U}(t,0) \equiv \exp(-i\hat{H}t/\hbar)$ は時間推進演算子 (time evolution operator) と呼ばれるユニタリー (unitary) 演算子である.この形から,ハミルトニアン演算子 $\hat{H}$ は,時間発展の生成子であることがわかる.ユニタリー演算子は $\hat{U}^\dagger \hat{U} = \hat{U}\hat{U}^\dagger = 1$ を満たす演算子で,適当なエルミート演算子 $\hat{A}$ を用いて指数演算子 $\hat{U} = e^{i\hat{A}} \equiv \sum_{n=0}^{\infty}(i\hat{A})^n/n!$ の形で表しうる.時間推進演算子 $\hat{U}$ もシュレーディンガー方程式 $i\hbar \partial \hat{U}(t,0)/\partial t = \hat{H}\hat{U}(t,0)$ を満たす.ハミルトニアン演算子が時間 t に依存するが異なる時刻での $\hat{H}(t)$ が可換の場合,つまり $[\hat{H}(t),\hat{H}(t')]=0$ のとき,$\hat{U}(t,0) = \exp[-(i/\hbar)\int_0^t \hat{H}(t')dt']$ となる.一般の $\hat{H}(t)$ の場合は,$\hat{U}(t,0)$ はダイソン級数 (Dyson series)[3~7]

$$\hat{U}(t,0) = 1 + \sum_{n=1}^{\infty}\left(\frac{-i}{\hbar}\right)^n \int_0^t dt_1 \int_0^{t_1} dt_2 \cdots \int_0^{t_{n-1}} dt_n \, \hat{H}(t_1)\hat{H}(t_2)\cdots\hat{H}(t_n) \qquad (1.1.18)$$

となる.

とくに,時間によらないポテンシャル $V(x)$ 中の1粒子の場合のシュレーディンガー方程式は,

$$i\hbar\frac{\partial}{\partial t}\Psi(t,x) = \left[-\frac{\hbar^2}{2m_0}\hat{\nabla}^2 + V(x)\right]\Psi(t,x) \qquad (1.1.19)$$

となる.ここで $\hat{\nabla} \equiv (\partial/\partial x_1, \partial/\partial x_2, \partial/\partial x_3)$ である.ハミルトニアン演算子 $\hat{H}$ は,運動エネルギーを表す部分 $-(\hbar^2/2m_0)\hat{\nabla}^2$ とポテンシャルエネルギー部分 $V(x)$ との和からなる.以上のように,波動関数が時間発展することで系の時間的推移を記述する流儀をシュレーディンガー表示 (Schrödinger representation) という.

波動関数 $\Psi(t,x)$ を変数分離形 $\Psi(t,x) = \exp(-iEt/\hbar)\psi_E(x)$ で表すと,定数 E と関数 $\psi_E(x)$ とは,(時間に依存しない)シュレーディンガー方程式 (time-independent Schrödinger equation)

$$\hat{H}\psi_E(x) = E\psi_E(x) \qquad (1.1.20)$$

の固有値と固有関数とで与えられる.この固有値 E は系の全エネルギーである.この固有状態 $\psi_E(x)$ は定常状態を表し,$\hat{H}$ の測定値は観測時刻によらずに一定である.引力ポテンシャルの場合には,無限遠方で波動関数の値がゼロに漸近する定常状態が

存在する．すなわち，

$$\lim_{|x|\to\infty}\psi_E(x)=0 \qquad (1.1.21)$$

となる規格化された波動関数 ψ_E とエネルギー固有値 E とが存在する．この状態を束縛状態(bound state)という．束縛状態はある特定の離散値 E に対してのみ存在する．

時刻 t において位置 x に粒子を発見する確率密度 $\rho(t,x)\equiv|\Psi(t,x)|^2$ は，定常状態においては時間的に変化しない．しかし非定常状態では一般に確率密度が時間変化する．確率密度の流れ(確率流)を

$$\vec{j}\equiv-\frac{i\hbar}{2m_0}(\Psi^*\hat{\nabla}\Psi-\Psi\hat{\nabla}\Psi^*) \qquad (1.1.22)$$

で定義すれば，確率の保存を表す連続の方程式 $\partial\rho/\partial t+\mathrm{div}\,\vec{j}=0$ が成り立つ．

2) ハイゼンベルグ表示

状態を表す波動関数は時間的変化をせずに，物理量に対応する演算子が時間発展することで系の時間的推移を記述する流儀がハイゼンベルグ表示(Heisenberg representation)である．個数一定の粒子系のように有限自由度の系では，両者の記述は全く同等である．時刻 t での力学量演算子 $\hat{A}$ を $\hat{A}(t)$ とするとき，その時間的変化はハイゼンベルグの運動方程式(Heisenberg equation of motion)[3~7]

$$\frac{d}{dt}\hat{A}(t)=-\frac{i}{\hbar}[\hat{A}(t),\hat{H}] \qquad (1.1.23)$$

で与えられる．このハイゼンベルグ方程式は，$(-i/\hbar)[\ ,\ ]$ を古典力学でのポアソン括弧と読み直せば古典力学の正準方程式と同形である．古典力学では物理量が時間的に変化するから，演算子に時間依存性をもたせるハイゼンベルグ表示のほうがシュレーディンガー表示よりも古典力学との対応がつきやすい．方程式(1.1.23)を形式的に解くと，時間発展後の演算子は，

$$\begin{aligned}\hat{A}(t)&=\hat{U}^\dagger(t,0)\hat{A}(0)\hat{U}(t,0)\\&=\exp\!\left(\frac{i\hat{H}t}{\hbar}\right)\hat{A}(0)\exp\!\left(-\frac{i\hat{H}t}{\hbar}\right)\end{aligned} \qquad (1.1.24)$$

となる．ここで $\hat{A}(0)=\hat{A}$ は時間の原点 ($t=0$) での演算子である．

時刻 t でのある物理量 $\hat{A}$ の期待値は，シュレーディンガー表示とハイゼンベルグ表示とでそれぞれ

$$\langle\hat{A}\rangle_{\Psi(t)}=\int\Psi^*(t,x)\hat{A}\Psi(t,x)d^3x,\quad \langle\hat{A}(t)\rangle_\Psi=\int\Psi^*(x)\hat{A}(t)\Psi(x)d^3x$$

と表されるが，式(1.1.17)と(1.1.24)とから両者ともに

$$\int\Psi^*(0,x)e^{i\hat{H}t/\hbar}\hat{A}(0)e^{-i\hat{H}t/\hbar}\Psi(0,x)d^3x \qquad (1.1.25)$$

となり互いに等しいことがわかる．

どちらの表示においても，位置と運動量の平均値 $\langle\hat{x}\rangle$，$\langle\hat{p}\rangle$ に関して，エーレン

フェスト (Ehrenfest) の定理

$$m_0 \frac{d^2}{dt^2}\langle \hat{x} \rangle = \frac{d}{dt}\langle \hat{p} \rangle = -\langle \hat{\nabla} V(x) \rangle \tag{1.1.26}$$

が成り立つ．これは古典力学でのニュートンの第2法則に対応する．

e. 不確定性関係

量子力学では物理量を測定すると，それと正準共役な物理量は不確定になり両者を同時に正確に決定することは原理的に不可能となる．この点は古典力学と本質的に異なる．ある状態 ψ に対する $\hat{A}$ の観測値のばらつき具合いを標準偏差 $\Delta A \equiv \sqrt{\langle (\hat{A} - \langle \hat{A} \rangle_\psi)^2 \rangle_\psi}$ で定義する．別の力学量 $\hat{B}$ の，同じ状態 ψ におけるばらつきを同じく ΔB とすると，不確定性関係 (uncertainty relation) は，

$$\Delta A \cdot \Delta B \geq \frac{1}{2} \left| \langle [\hat{A}, \hat{B}] \rangle_\psi \right| \tag{1.1.27}$$

と表される．したがって，二つの力学量 $\hat{A}$ と $\hat{B}$ とが非可換の場合，ΔA と ΔB とを同時に0とすることができない．つまり，力学量 $\hat{A}$ と $\hat{B}$ とを同時に正確に測定することは原理的にできない．たとえば，位置座標の演算子 $\hat{x}_\mu$ と運動量の演算子 $\hat{p}_\nu$ とでは，正準交換関係 (1.1.5) より，

$$\Delta x_\mu \cdot \Delta p_\nu \geq \frac{\hbar}{2} \delta_{\mu\nu} \tag{1.1.28}$$

が成立し，量子力学的粒子の位置と運動量とを同時に正確に決定できないことを意味している．

このような不確定性関係は物質の波動性に由来する．平面波 $\exp[i(2\pi x/\lambda - \omega t)]$ を重ね合わせて波束をつくったとする．波束の実空間の広がりを小さくすればするほど，その系の位置座標をより正確に測定できる反面，より広い範囲の波数 $2\pi/\lambda$ の平面波を適当な重みで重ね合わさなければならない．すなわち，運動量の不確定さが増大する．この数学的性質を，アインシュタイン-ド・ブロイの関係式を通じて翻訳すれば，不確定性関係 (1.1.28) が得られる．

f. 軌道角運動量とスピン角運動量

粒子が運動する際にもつ軌道角運動量[3~8]は，古典力学でもその対応量が存在する．よって，対応原理 (1.1.7), (1.1.8) により，量子力学での軌道角運動量演算子 $\hat{l} = (\hat{l}_1, \hat{l}_2, \hat{l}_3)$ は

$$\hat{l} \equiv \hat{x} \times \hat{p} = \hat{x} \times \frac{\hbar}{i} \hat{\nabla} \tag{1.1.29}$$

と構成される．ここで $\hat{x} = (\hat{x}_1, \hat{x}_2, \hat{x}_3)$, $\hat{p} = (\hat{p}_1, \hat{p}_2, \hat{p}_3) = (\hbar/i)\hat{\nabla}$ である．量子力学における軌道角運動量 $\hat{l}$ は空間座標 x の微小回転の生成子である．演算子 $\hat{l}$ は交換関係

$[\hat{l}_1, \hat{l}_2] = i\hbar \hat{l}_3$ や $[\hat{l}^2, \hat{l}_\mu] = 0$ $(\mu = 1, 2, 3)$ を満たしている. $\hat{l}^2 = \hat{l}_1^2 + \hat{l}_2^2 + \hat{l}_3^2$ と $\hat{l}_3$ との固有値はそれぞれ $l(l+1)\hbar^2$ と $m\hbar$ で, その同時固有状態は球面極座標系 (r, θ, φ) で表示すると, 球面調和関数 $Y_l^m(\theta, \varphi) \equiv N_{lm} P_l^{|m|}(\cos\theta) e^{im\varphi}$ で与えられる. ここで, N_{lm} は規格化定数, $P_l^m(\cos\theta)$ はルジャンドル (Legendre) 陪関数, $l = 0, 1, 2, 3, \cdots$ は方位量子数, $m = -l, -l+1, \cdots, 0, \cdots, l-1, l$ は磁気量子数である.

量子力学ではこの軌道角運動量のほかに, 粒子の内部構造に起因する固有の角運動量も存在し, 粒子が静止している座標系でも 0 でない値をもちうる. これをスピン角運動量 (spin)[9] という. これに古典的描像は存在しない. スピンの演算子を $\hat{s} = (\hat{s}_1, \hat{s}_2, \hat{s}_3)$ と記すと, 軌道角運動量と同様に交換関係 $[\hat{s}_1, \hat{s}_2] = i\hbar \hat{s}_3$ や $[\hat{s}^2, \hat{s}_\mu] = 0$ $(\mu = 1, 2, 3)$ を満たしている. $\hat{s}^2$ と $\hat{s}_3$ との固有値はそれぞれ $s(s+1)\hbar^2$ と $m_s \hbar$ である. スピン量子数 s は粒子固有の量で, 正の整数または 0 $(0, 1, 2, \cdots)$ あるいは半奇数 $(1/2, 3/2, 5/2, \cdots)$ の値をもつ. また, $m_s = -s, -s+1, \cdots, 0, \cdots, s-1, s$ である. 電子のスピン量子数は $s = 1/2$ であるので, $m_s = 1/2, -1/2$ である. $m_s = 1/2, -1/2$ に対する固有状態を上向きスピン, 下向きスピン状態といい, それぞれの固有値に属する $\hat{s}^2$ と $\hat{s}_3$ との同時固有関数を $\alpha \equiv \begin{pmatrix} 1 \\ 0 \end{pmatrix}$, $\beta \equiv \begin{pmatrix} 0 \\ 1 \end{pmatrix}$ で表す. この基底の下でスピン演算子の行列は, パウリ行列 (Pauli's matrices)

$$\hat{\sigma}_1 = \begin{pmatrix} 0 & 1 \\ 1 & 0 \end{pmatrix}, \quad \hat{\sigma}_2 = \begin{pmatrix} 0 & -i \\ i & 0 \end{pmatrix}, \quad \hat{\sigma}_3 = \begin{pmatrix} 1 & 0 \\ 0 & -1 \end{pmatrix} \tag{1.1.30}$$

を用いて $\hat{s}_\mu = (\hbar/2)\hat{\sigma}_\mu$ $(\mu = 1, 2, 3)$ と表される.

電子の軌道角運動量に伴う磁気モーメント $\hat{\mu}_l$ と電子のスピンに伴う磁気モーメント $\hat{\mu}_s$ とは, それぞれ

$$\hat{\mu}_l = -\frac{g_l \mu_B}{\hbar} \hat{l} \tag{1.1.31}$$

$$\hat{\mu}_s = -\frac{g_s \mu_B}{\hbar} \hat{s} \tag{1.1.32}$$

で与えられる. ここで, $\mu_B \equiv |e|\hbar/2m_0 c = 9.27 \times 10^{-24}$ A·m^2 はボーア磁子 (Bohr magneton) で, 電子の磁気モーメントの量子化の単位である. また, $g_l = 1$ は軌道角運動量の g 因子 (g-factor), g_s はスピン g 因子と呼ばれ, $g_s = 2.002319 \simeq 2$ である. ディラック (Dirac) の相対論的量子力学によると, 2 からのずれは真空のゆらぎに起因し, 近似的に $g_s = 2(1 + \alpha/2\pi - 0.327\alpha^2/\pi^2 + \cdots)$ で与えられる. ここで, $\alpha \equiv e^2/\hbar c \simeq 1/137$ は微細構造定数 (fine structure constant) である.

軌道角運動量とスピン角運動量との間に働く相互作用はスピン軌道相互作用 (spin-orbit interaction) と呼ばれ, その相互作用ハミルトニアン演算子は $\hat{H}_{SO} = \xi \hat{l} \cdot \hat{s}$ となり, $\hat{l}$ と $\hat{s}$ との内積に比例する. スピン軌道相互作用があると $\hat{l}$ や $\hat{s}$ に関する量子数 m, m_s はもはや状態を規定する量子数ではなくなり, 全角運動量 $\hat{j} \equiv \hat{l} + \hat{s}$ に関する量

子数 j, m_j が状態を規定する. スピン軌道相互作用が小さい場合の多電子系の波動関数は, LS 結合という手順で構成される. 他方, スピン軌道相互作用が強い場合は, jj 結合と呼ばれる組立て方で波動関数が記述される[3~8].

1.1.3 計算手法・近似法

古典力学の場合と同様, 与えられた系の運動方程式 (シュレーディンガー方程式やハイゼンベルグ方程式) が正確に解析的に解けるのは, 調和振動子, 水素原子, 矩形ポテンシャル, 周期的ポテンシャルなどの特殊な少数の場合[3~7]に限られている. そこで, 実際の問題を解くに当たり, さまざまな近似法が開発されている. ここでは 1 粒子問題に適用される代表的な近似法を紹介する.

a. 定常的摂動論

定常的な系のハミルトニアン演算子が二つの項の和からなっている場合を考える. ε を十分小さな値のパラメーターとするとき, ハミルトニアン演算子

$$\hat{H} = \hat{H}_0 + \varepsilon \hat{V} \tag{1.1.33}$$

に対するエネルギー固有値や波動関数を ε のべき級数に展開して計算する方法を摂動法 (perturbation method) という. $\hat{H}_0$ を非摂動項, $\varepsilon \hat{V}$ を摂動項と考え, まず $\hat{H}_0$ の固有関数系 (非摂動状態) は既知とし, 次に摂動項の効果を ε の低い次数について考慮するのが通常の摂動法の手続きである.

縮退のない非摂動系 $\hat{H}_0$ のエネルギー固有値を $E_n^{(0)}$, その固有関数を $\psi_n^{(0)}$ とすると, ε^2 の項まで取り入れた摂動計算での近似的波動関数 ψ_n' と近似的エネルギー固有値 E_n' は

$$\psi_n' \simeq \psi_n^{(0)} + \varepsilon \sum_{m(\neq n)} \frac{V_{mn}}{E_n^{(0)} - E_m^{(0)}} \psi_m^{(0)} + \varepsilon^2 \sum_{m(\neq n)} \left\{ \left[\sum_{l(\neq n)} \frac{V_{ml} V_{ln}}{(E_n^{(0)} - E_m^{(0)})(E_n^{(0)} - E_l^{(0)})} \right. \right.$$
$$\left. \left. - \frac{V_{mn} V_{nn}}{(E_n^{(0)} - E_m^{(0)})^2} \right] \psi_m^{(0)} - \frac{1}{2} \frac{|V_{mn}|^2}{(E_n^{(0)} - E_m^{(0)})^2} \psi_n^{(0)} \right\} \tag{1.1.34}$$

$$E_n' \simeq E_n^{(0)} + \varepsilon V_{nn} + \varepsilon^2 \sum_{m(\neq n)} \frac{V_{nm} V_{mn}}{E_n^{(0)} - E_m^{(0)}} \tag{1.1.35}$$

で与えられる. ここで, $V_{mn} \equiv \int [\psi_m^{(0)}]^* \hat{V} \psi_n^{(0)} d^3x$ を意味する. これをレイリー-シュレーディンガー (Rayleigh-Schrödinger) の摂動展開[3~7]と呼ぶ. n 番目の波動関数 ψ_n は非摂動波動関数 $\psi_n^{(0)}$ にもはや比例しておらず, ほかの非摂動波動関数 $\psi_m^{(0)}$ の成分ももつようになっている. よって, 摂動 $\hat{V}$ は非摂動状態を混合する働きがある. 基底状態のエネルギー固有値の 2 次摂動での近似値 E_0' は

$$E_0' \simeq E_0^{(0)} + \varepsilon V_{00} + \varepsilon^2 \sum_{m \neq 0} \frac{|V_{m0}|^2}{E_0^{(0)} - E_m^{(0)}} \tag{1.1.36}$$

となり，最後の項は $\varepsilon\hat{V}$ の符号によらずつねに負である．対称性などから $V_{00}=0$ となることも多いが，このときの摂動 $\varepsilon\hat{V}$ は，その符号によらずつねに引力として作用することになる．

おおざっぱにいって，摂動展開は $|\varepsilon V_{nm}/(E_n^{(0)}-E_m^{(0)})|$ が十分小さいときに収束する．これは，摂動項 $\varepsilon\hat{V}$ が十分小さく，考えている状態 $\psi_n^{(0)} \simeq \psi_n'$ のエネルギーのすぐ近くにほかの状態が存在しない場合に成り立つ．このほかにも，エネルギー分母に真のエネルギー固有値 E_n を含むようなブリュアン-ウィグナー (Brillouin-Wigner) の摂動展開もある．非摂動系に縮退がある場合[3〜7]は，摂動によって縮退が解かれるのが普通である．

b. 非定常的摂動論

ハミルトニアン演算子が時間に依存する場合は，一般に定常的な状態は存在しない．そこで，時間に依存するシュレーディンガー方程式 $i\hbar\partial\Psi(t,x)/\partial t = [\hat{H}_0 + \varepsilon\hat{V}(t)]\Psi(t,x)$ に摂動論を適用する．$\hat{V}(t)$ は外部から系に加えられる（時間に依存する）相互作用ポテンシャルである．まず，非摂動系 $\hat{H}_0$ の固有関数 $\psi_n^{(0)}(x)$ と固有エネルギー $E_n^{(0)}$ とを用いて

$$\Psi(t,x) = \sum_n c_n(t)\psi_n^{(0)}(x)\exp\left(-\frac{iE_n^{(0)}t}{\hbar}\right) \tag{1.1.37}$$

と展開する．展開係数 $c_n(t)$ の時間依存性は $\hat{V}(t)$ から生じる．規格化条件より $\sum_n|c_n(t)|^2=1$ である．展開係数 $c_n(t)$ を ε のべき級数に展開して，$c_n(t) = c_n^{(0)} + \varepsilon c_n^{(1)}(t) + \varepsilon^2 c_n^{(2)}(t) + \cdots$ とすると，$c_n^{(0)}$ は時間的に一定で，$s \geq 1$ なる $c_n^{(s)}(t)$ は，

$$\frac{d}{dt}c_n^{(s)}(t) = -\frac{i}{\hbar}\sum_m V_{nm}(t)c_m^{(s-1)}(t)e^{i\omega_{nm}t} \tag{1.1.38}$$

なる連立微分方程式に従う．ここで，$\hbar\omega_{nm} \equiv E_n^{(0)} - E_m^{(0)}$, $V_{nm}(t) \equiv \int [\psi_n^{(0)}]^*\hat{V}(t)\psi_m^{(0)}d^3x$ である．逐次的に積分すれば，任意の次数の摂動解が得られる．

摂動が加えられる時刻 $t=0$ で，系が非摂動系のある準位 m にあったとすると，$c_n(0)=\delta_{nm}$ であるから，この始状態 $\psi_m^{(0)}$ から時刻 t での終状態 $\psi_n^{(0)}$ への遷移確率 (transition probability) は，$|c_n(t)|^2$ で与えられる．摂動が $\varepsilon\hat{V}(t) = \varepsilon\hat{V}\Theta(t)$ のとき ($\Theta(t)$ は単位ステップ関数)，ε^1 までの計算を行うと，

$$c_n^{(0)} = \delta_{mn} \tag{1.1.39}$$

$$c_n^{(1)}(t) = \frac{\varepsilon V_{nm}}{E_n^{(0)} - E_m^{(0)}}(1 - e^{i\omega_{nm}t}) \tag{1.1.40}$$

となる．$t \to \infty$ の場合に，状態 m から n への単位時間当たりの遷移確率 w_{mn} は，フェルミの黄金律 (Fermi's golden rule)

$$w_{mn} = \frac{2\pi}{\hbar}\sum_n \varepsilon^2|V_{nm}|^2\delta(E_m^{(0)} - E_n^{(0)}) \tag{1.1.41}$$

で与えられる．ディラックのデルタ関数 $\delta(E_m^{(0)} - E_n^{(0)})$ は，エネルギーが保存されるような状態間の遷移のみが許されることを示している．

c. 変　分　法

基底状態のエネルギーを求めるのにとくに適した方法で，摂動級数の収束がよくない場合や高次摂動の計算が困難な場合にも用いられる．ラグランジュの未定乗数法を用いて，$F[\psi] \equiv \int \psi^*(x) \hat{H} \psi(x) d^3x - \lambda \left[\int |\psi(x)|^2 d^3x - 1 \right]$ を ψ と λ とについて変分をとると，$\delta F = 0$ の条件よりそれぞれ $(\hat{H} - \lambda)\psi = 0$ と $\int |\psi(x)|^2 d^3x = 1$ とが得られる．したがって，後者の規格化条件のもとでは λ は $\hat{H}$ の真の固有値 E に等しいから，シュレーディンガー方程式 $\hat{H}\psi = E\psi$ を解く代わりに，規格化条件下で $F[\psi]$ を最小にするような ψ を探せばよいことになる．通常，ψ としていくつかのパラメーター（変分パラメーターという）$\{a_n\}$ を含む試行関数 (trial function) $\psi_{\text{trial}}(x; \{a_n\})$ を選び，$\hat{H}$ の期待値を計算すれば，これは基底状態の真の固有値 E に対する上限になっている．つまり，

$$\widetilde{E}(\{a_n\}) \equiv \frac{\int \psi_{\text{trial}}^*(x; \{a_n\}) \hat{H} \psi_{\text{trial}}(x; \{a_n\}) d^3x}{\int |\psi_{\text{trial}}(x; \{a_n\})|^2 d^3x} \geq E \tag{1.1.42}$$

となる．変分パラメーターを変化させて $\partial \widetilde{E}(\{a_n\})/\partial a_n = 0$ となる $\{a_n^*\}$ を決定し，$\widetilde{E}(\{a_n\})$ の最小値を求めれば，その値 $\widetilde{E}(\{a_n^*\})$ がその試行関数 $\psi_{\text{trial}}(x; \{a_n^*\})$ での変分法による基底状態エネルギーの最良近似値である．粗い近似の試行関数を用いても比較的よい基底エネルギーの近似値が得られるが，試行関数の対称性や滑らかさを適切に設定することが近似の精度を上げる鍵である．励起状態のエネルギーを求めるには，その状態より低いエネルギーの状態と直交する条件を付加して変分を行う．

d. WKB　法

波動関数を $\hbar$ のべきに展開して低次の項を計算する準古典的方法で，ウェンツェル (Wentzel)，クラマース (Kramers)，ブリユアン (Brillouin) らによって提案された．シュレーディンガー方程式が一つあるいはそれ以上の常微分方程式に変数分離でき，1次元の問題に帰着できる場合に有効である．

1粒子のシュレーディンガー方程式 $[-(\hbar^2/2m_0)\hat{\nabla}^2 + V(x)]\psi(x) = E\psi(x)$ の解を

$$\psi(x) = N \exp\left[\frac{iS(x)}{\hbar}\right] \tag{1.1.43}$$

とおくと，$S(x)$ に対する方程式は

$$\frac{1}{2m_0}(\hat{\nabla} S)^2 + V(x) - E - \frac{i\hbar}{2m_0}\hat{\nabla}^2 S = 0 \tag{1.1.44}$$

となる．古典極限 ($\hbar \to 0$) では古典力学でのハミルトン-ヤコービ (Hamilton-Jacobi) の方程式に帰着する．1次元の場合に $S(x) = S^{(0)}(x) + \hbar S^{(1)}(x) + \hbar^2 S^{(2)}(x) + \cdots$ として $\hbar$ の1次の項まで計算すると，WKB近似解 $\psi_{\mathrm{WKB}}(x)$ は，

$$\psi_{\mathrm{WKB}}(x) \propto \begin{cases} [k(x)]^{-1/2} \exp\left[\pm i \int^x k(x') dx'\right], & V(x) < E \\ [\kappa(x)]^{-1/2} \exp\left[\pm \int^x \kappa(x') dx'\right], & V(x) > E \end{cases} \quad (1.1.45)$$

となる，ここで，$k(x) \equiv \sqrt{2m_0[E - V(x)]}/\hbar$, $\kappa(x) \equiv \sqrt{2m_0[V(x) - E]}/\hbar$ である．WKB近似解が有効なのは，$|\hbar S^{(1)}(x)/S^{(0)}(x)| \ll 1$, すなわち局所的なド・ブロイ波長 $\lambda = 2\pi/k$ に対して $(\lambda/4\pi)|dk/dx| \ll k$ が成立する場合である．これは，ド・ブロイ波長 $\lambda/4\pi$ 程度の範囲では運動量 k の変化が小さいことを意味している．$|E - V(x)| \simeq 0$ となる古典的な粒子の転回点近傍ではこの条件を満たさないので，接続公式[3~7]を用いる必要がある．

$x_1 < x < x_2$ のみで $V(x) < E$ となる凹形ポテンシャル中の束縛状態のエネルギー固有値を決める方程式は，WKB近似によれば

$$\int_{x_1}^{x_2} k(x) dx = \left(n + \frac{1}{2}\right)\pi \quad (1.1.46)$$

($n = 0, 1, 2, \cdots$) となる．n が大きい領域 (すなわちエネルギーが高く古典系に近い領域) では，ボーア-ゾンマーフェルトの量子条件に一致する．

古典力学では生じえない現象の代表例がトンネル効果である．古典力学ではポテンシャルの障壁より低いエネルギーの粒子は，そのポテンシャル障壁を越えることはできないが，量子力学では粒子の波動性のために，ある確率で障壁をしみ通ることが許される．1次元のポテンシャル障壁 $V(x)$ がある系でのトンネル効果をWKB近似で調べてみよう．エネルギー E の粒子をこのポテンシャル障壁に入射したときの透過率 $T(E)$ は，WKB近似のもとで

$$T(E) \simeq \exp\left[-\frac{2}{\hbar}\int_{x_1}^{x_2} \sqrt{2m_0[V(x') - E]}\, dx'\right] \quad (1.1.47)$$

となる．ここで，領域 $x_1 < x < x_2$ はポテンシャル障壁の中，すなわち $V(x) > E$ となる領域に対応する．この式は $\hbar$ のべき級数に展開できない．すなわち，トンネル効果は純粋に量子力学的効果であることを示している．

1.1.4　多粒子系の量子力学

いままで主として1粒子に関する量子力学の理論体系を紹介してきたが，一般の原子は原子核と電子との複合系であるし，物質も多くの原子や電子で構成されている．そこで，このような多粒子系に量子力学を適用した場合を述べる．多電子系では，電子と電子との相互作用が一般に重要となるためその相互作用を摂動としては取り扱え

ず，いわゆる多体問題 (many-body problem) になる．もっとも簡単な水素原子では電子数が1個であるので，シュレーディンガー方程式の厳密解[3～7]が求められるが，電子が2個以上存在する原子（多電子原子）の場合の多体問題では，厳密解を一般には得ることができない．そこでさまざまな近似法が考案されている[10]．

電子総数 N の多電子系の固有関数 Ψ とエネルギー固有値 E とはシュレーディンガー方程式 $\hat{H}\Psi = E\Psi$ から決定されるが，ここでのハミルトニアン演算子 $\hat{H}$ は

$$\hat{H} = \sum_{j=1}^{N} \hat{h}_j + \sum_{j=1}^{N} \sum_{k(>j)}^{N} \frac{e^2}{|r_j - r_k|} \tag{1.1.48}$$

$$\hat{h}_j \equiv -\frac{\hbar^2}{2m_0} \hat{\nabla}_j^2 + V(r_j) \tag{1.1.49}$$

である．r_j は j 番目の電子の位置座標で $r_j = (x_{1j}, x_{2j}, x_{3j})$ とする．また，$\hat{\nabla}_j = (\partial/\partial x_{1j}, \partial/\partial x_{2j}, \partial/\partial x_{3j})$，$\hat{h}_j$ の第1項は j 番目の電子の運動エネルギー，$\hat{h}_j$ の第2項はコア（分子から N 個の電子を除いた部分あるいは原子核）と j 番目の電子とのクーロン相互作用（原子核と電子とのクーロン相互作用は $V(r_j) = -Ze^2/|r_j|$）を表し，$\hat{H}$ の第2項は電子間のクーロン相互作用である．

個々の電子は互いに独立に，ある平均的ポテンシャル中を運動しているとする1電子近似 (one-electron approximation) でも，原子構造や原子の性質を比較的よく説明することができる．そこで，多電子系でも各電子は1電子波動関数によって表現される電子状態をもつと仮定する．軌道関数と呼ばれる1電子波動関数 $\psi_j(r_j)$ は，水素原子と同様に三つの量子数 (n, l, m) で指定され，各軌道には上向き $(m_s = +1/2)$ スピン状態 $\alpha(\sigma)$ と下向き $(m_s = -1/2)$ スピン状態 $\beta(\sigma)$ とが属する．ある向きのスピン状態関数 $\chi_j(\sigma_j)$ を軌道関数につけ加えた状態をスピン軌道関数という．σ は電子のスピン変数で，たとえばスピンの z 方向の固有値 $m_s\hbar$ を用いて $\sigma \equiv 2m_s = \pm 1$ をとればよい．

a. 量子力学的統計性

古典力学では個々の同種粒子をそれぞれ別々に区別してラベルし，その運動を時間的および空間的に追跡することができたが，量子力学では位置と運動量との不確定性関係のために，個々の粒子を別々に追跡し区別することは原理的に不可能である．二つの同種粒子1と2とがあり，粒子1の座標を r_1，粒子2の座標を r_2 としよう．この2粒子からなる系の波動関数を $\Psi(r_1, r_2)$ とすると，同種粒子の位置座標（空間座標およびスピンその他の内部座標）の交換に対して波動関数は，物理量に影響を与えない位相因子の違いしか許されないことになる．すなわち，$\Psi(r_1, r_2) = e^{i\theta}\Psi(r_2, r_1)$ が成り立たなければならない．

通常の3次元空間では，粒子の交換に対して反対称 $(\theta = \pi)$ な粒子（奇パリティをもつ）であるフェルミ粒子 (fermion) と，交換に対して対称 $(\theta = 0)$ な偶パリティの

ボーズ粒子 (boson) の2種類しか存在しない．前者は，スピンまでを含めて同じ1粒子状態を二つ以上の粒子が占有できないというパウリの排他律 (Pauli's exclusion principle) に従うが，後者は同一状態にいくつでも存在できる．それぞれは，フェルミ-ディラック (Fermi-Dirac) 統計，ボーズ-アインシュタイン (Bose-Einstein) 統計という異なる統計法則に従うことになる．フェルミ粒子のスピンは半奇数 ($s=1/2, 3/2, 5/2, \cdots$)，ボーズ粒子のそれは整数 ($s=0, 1, 2, \cdots$) である．例として，電子・陽子・中性子などは $s=1/2$ のフェルミ粒子であり，光子は $s=1$ のボーズ粒子である．ただし，1次元や2次元系では必ずしもこの2種類に限られず，θ が 0 や π でない場合も存在し，エニオン (anyon) と呼ばれる．量子統計性は，熱運動に伴うド・ブロイ波長が平均粒子間隔と同程度になる低温や高密度下で重要になる．液体ヘリウムや金属中の伝導電子などの量子液体，凝縮相の素励起，量子スピン系などが対象となる．非相対論的量子力学では，波動関数の対称性や粒子の統計性は時間に対して不変で，パリティ保存則が成立しているが，相対論的量子力学では必ずしも成立しない．

N 個の同種粒子からなり全エネルギーが E の系を考える．粒子のとりうるエネルギー準位を $E_1, E_2, \cdots$，j 番目の準位の縮退度を g_j，各準位の粒子数を $N_1, N_2, \cdots$ とすると，当然 $N = \sum_{j=1}^{N} N_j$，$E = \sum_{j=1}^{N} E_j N_j$ が成り立っている．温度 T の熱平衡状態での粒子数分布は

$$N_j = \begin{cases} \dfrac{g_j}{\exp[(E_j - E_F)/k_B T] + 1} & \text{(Fermi-Dirac)} \\ \dfrac{g_j}{\exp[(E_j - E_F)/k_B T] - 1} & \text{(Bose-Einstein)} \end{cases} \quad (1.1.50)$$

で与えられる．ここで，E_F はフェルミエネルギー (Fermi energy) で，1粒子当たりのギブス自由エネルギーである．フェルミ-ディラック統計での分布関数 $f(E) \equiv [e^{(E-E_F)/k_B T} + 1]^{-1}$ はフェルミ分布関数と呼ばれ，$T=0$ では $f(E) = \Theta(E_F - E)$ となり，$E < E_F$ のエネルギー状態は完全に占められ $E > E_F$ の状態は完全に空いていることを表す．

b. ハートリー近似

ハミルトニアン演算子が式 (1.1.48) で与えられる系の基底状態や励起状態の軌道関数を近似的に求める方法のもっとも簡単なものが，ハートリー近似 (Hartree approximation)[10] である．N 電子系全体の波動関数 Ψ を

$$\Psi(r_1, r_2, \cdots, r_N) = \phi_1(r_1) \phi_2(r_2) \cdots \phi_N(r_N) \quad (1.1.51)$$

と近似する．ここで $\phi_j(r_j)$ は j 番目の電子の軌道関数である．このように多電子波動関数 Ψ を1電子軌道関数の積によって表現する近似をハートリー近似という．この近似はパウリの排他律を満たしていない．基底状態での $\phi_j(r_j)$ を決定するには変分原理を援用する．ハミルトニアン演算子 (1.1.48) の期待値 $\int \Psi^* \hat{H} \Psi d^3 r_1 d^3 r_2 \cdots d^3 r_N$

を規格化条件 $\int|\psi(r_j)|^2 d^3r_j = 1$ のもとで最小にするのは，各 $\psi_j(r_j)$ が非線形連立微分方程式

$$\left[\hat{h}_j + e^2 \sum_{k(\neq j)}^{N} \int \frac{|\psi_k(r_k)|^2}{|r_j - r_k|} d^3 r_k\right] \psi_j(r_j) = \varepsilon_j \psi_j(r_j) \tag{1.1.52}$$

($j=1, 2, \cdots, N$) の解となる場合である．これをハートリー方程式という．左辺第2項は着目する j 番目の電子を除くほかのすべての電子の平均電荷分布によるクーロン場のポテンシャル（ハートリーポテンシャルという）を表す．このハートリー近似では，電子間相互作用は平均においてのみ考慮されている．ハートリーポテンシャル項には，N 元連立方程式を解いて決定される $\psi_k(r)$ が含まれている．よって，この連立方程式はポテンシャル項中の $\psi_k(r)$ とそれを解いて決定される $\psi_k(r)$ とが一致するように，逐次近似でセルフコンシステント（自己無撞着）に解かなければならない．

1電子状態のエネルギー ε_j は，

$$\varepsilon_j = I_j + \sum_{k(\neq j)}^{N} J_{jk} \tag{1.1.53}$$

となる．ここで，

$$I_j \equiv \int \psi_j^*(r_j) \hat{h}_j \psi_j(r_j) d^3 r_j \tag{1.1.54}$$

$$J_{jk} \equiv e^2 \iint \frac{|\psi_j(r_j)|^2 |\psi_k(r_k)|^2}{|r_j - r_k|} d^3 r_j d^3 r_k \tag{1.1.55}$$

である．I_j はコア積分，J_{jk} はクーロン積分（Coulomb integral）と呼ばれ，J_{jk} は j 電子と k 電子との間のクーロン相互作用の平均エネルギーである．全エネルギーは

$$E = \sum_{j=1}^{N} I_j + \sum_{j=1}^{N} \sum_{k(>j)}^{N} J_{jk} \tag{1.1.56}$$

で与えられる．

c. ハートリー-フォック近似

パウリの排他律によれば，全系の波動関数はスピン座標 $\sigma_j = \pm 1$ も含めて反対称化されてなければならない．そこでスピン軌道関数を $\phi_j(r_j, \sigma_j) \equiv \psi_j(r_j) \chi_j(\sigma_j)$ と書くと，全系の波動関数 Ψ はスレーター行列式（Slater determinant）

$$\Psi = \frac{1}{\sqrt{N!}} \begin{vmatrix} \phi_1(r_1, \sigma_1) & \phi_2(r_1, \sigma_1) & \cdots & \phi_N(r_1, \sigma_1) \\ \phi_1(r_2, \sigma_2) & \phi_2(r_2, \sigma_2) & \cdots & \phi_N(r_2, \sigma_2) \\ \cdots & \cdots & \cdots & \cdots \\ \phi_1(r_N, \sigma_N) & \phi_2(r_N, \sigma_N) & \cdots & \phi_N(r_N, \sigma_N) \end{vmatrix} \tag{1.1.57}$$

の形で表せる．ただし，$\psi_j(r_j)$ は規格直交条件 $\int \psi_j^*(r) \psi_k(r) d^3 r = \delta_{jk}$ を満たしているとする．スピン軌道関数 ϕ_j の満足すべき連立方程式（$j=1, 2, \cdots, N$）は変分原理より

$$\left[\hat{h}_j + e^2 \sum_{k(\neq j)}^{N} \int \frac{|\phi_k(r_k, \sigma_k)|^2}{|r_j - r_k|} d^3 r_k d\sigma_k \right] \phi_j(r_j, \sigma_j)$$
$$- e^2 \sum_{k(\neq j)}^{N\|} \left[\int \frac{\phi_k^*(r_k, \sigma_k)\phi_j(r_k, \sigma_k)}{|r_j - r_k|} d^3 r_k d\sigma_k \right] \phi_k(r_j, \sigma_j) = \varepsilon_j \phi_j(r_j, \sigma_j) \quad (1.1.58)$$

となる．これをハートリー-フォック (Hartree-Fock) 方程式[10]という．ここで$\int d\sigma_j$ は和 $\sum_{\sigma_j = \pm 1}$，$\sum_k^{N\|}$ は j 状態と同じ向きのスピンをもつ k 状態についてのみの和を意味する．ハートリー-フォック解は原子に対する1電子近似の中では最良のものである．

この近似のもとでのエネルギー固有値 ε_j は，

$$\varepsilon_j = I_j + \sum_{k(\neq j)}^{N} J_{jk} - \sum_{k(\neq j)}^{N\|} K_{jk} \quad (1.1.59)$$

となるが，ここで

$$K_{jk} \equiv e^2 \iint \frac{\phi_j^*(r_j)\psi_k(r_j)\psi_k^*(r_k)\psi_j(r_k)}{|r_j - r_k|} d^3 r_j d^3 r_k \quad (1.1.60)$$

は交換積分 (exchange integral) と呼ばれる j 電子と k 電子との間の交換相互作用エネルギー (exchange interaction energy) で，純粋に量子力学的効果でありスピンの向きを揃えようとする効果をもつ．交換相互作用はパウリの排他律とクーロン相互作用とによって生じるもので，原子内の交換積分は一般に正[3〜7]である．また，状態 j と k とがスピンの向きも含めて等しければ，$|J_{jj}| = |K_{jj}|$ となるので電子が自分自身に働く相互作用は自動的に排除されている．電子系の全エネルギーは

$$E_N = \sum_{j=1}^{N} I_j + \sum_{j=1}^{N} \sum_{k(>j)}^{N} J_{jk} - \sum_{j=1}^{N} \sum_{k(>j)}^{N\|} K_{jk} \quad (1.1.61)$$

である．N 電子系から j 番目の電子を取り除いた $(N-1)$ 電子系の全エネルギーを E_{N-1} とすると，$\varepsilon_j = E_N - E_{N-1}$ である．N 電子系の軌道と $(N-1)$ 電子系の対応する軌道とが等しい場合は，ε_j は軌道 ψ_j にある電子のイオン化エネルギーと一致する．これをクープマンズ (Koopmans) の定理という．

ハートリー-フォック近似は1電子近似ではあるものの，いままで大きな成功を収めてきた．しかし，電子相関効果は1電子近似では取り入れられていない．そこで，複数個のスレーター行列式を基底に用いて電子相関を取り込む配置間相互作用 (configuration interaction) も用いられる．物質のバンド構造は結晶内での1電子状態あるいは準粒子状態を記述するものであるが，それを数値計算で求めるバンド計算法[11]も多数考案されている．たとえば，平面波展開法，直交化平面波 (OPW) 法，擬ポテンシャル法，補強された平面波 (APW) 法，グリーン関数 (KKR) 法などがしばしば用いられる．このバンド計算に用いられる有効1電子ポテンシャルを導くのにも，ハートリー-フォック近似や $X\alpha$ 法，局所密度汎関数法などが用いられる．

d. 電子配置

原子内の電子のエネルギー準位は，水素原子のエネルギー準位[3~7]のように，主量子数 n により決まり，n が大きいほどエネルギーが高い．しかし，一般には多電子原子のエネルギー準位は，原子核の電荷が他の電子の存在により遮蔽(screening)されることにより1個の電子に対する有効核電荷がその電子の原子核からの距離の関数となるため，n のみならず方位量子数 l にも依存する．よって，クーロンポテンシャル内で縮退していたエネルギー準位は遮蔽効果により分裂することになる．

軽い(スピン軌道相互作用が小さい)原子の基底状態は，n と l とで指定されたエネルギー準位にパウリの排他律とフント則(Hund's rule)を満たしながら低い準位から電子を詰めてつくられる．この構成を電子配置(electron configuration)という．フント則とは以下の2項目からなる経験則である．

① 一つの基底状態の電子配置について S が最大である LS 多重項がエネルギーがもっとも低い．

② 最大の S を与える LS 多重項が複数ある場合，そのうちの L が最大のものがエネルギーがもっとも低い．

ここで，L と S とはそれぞれ，全軌道角運動量 $\hat{L} \equiv \sum_{j=1}^{N} \hat{l}_j$ と全スピン角運動量 $\hat{S} \equiv \sum_{j=1}^{N} \hat{s}_j$ に関する方位量子数とスピン量子数であり，L と S とで決まる $(2L+1)(2S+1)$ 重に縮退した状態を LS 多重項(LS multiplet)という．一般に n が同じなら l が大きいほどエネルギーが大きいが，遷移元素は例外である．このような電子配置を考慮すると，周期律により元素を分類することができる．スピン軌道相互作用が無視できなくなると，LS 多重項は，全角運動量 $\hat{J} \equiv \hat{L} + \hat{S}$ の大きさ $J = L+S, L+S-1, \cdots, |L-S|$ で指定された $2S+1$ 個の $2J+1$ 重に縮退した J 多重項に分裂する．

e. 多原子分子系への適用

多原子分子系を取り扱う代表的な方法として，分子軌道法(molecular orbital method)と原子軌道法(atomic orbital method)とがある．両者の中間的取扱いとして局在分子軌道法[10]という方法も用いられる．

① 分子軌道法：これは原子に対するハートリー-フォック近似に相当している．各電子は1電子波動関数(スピン軌道関数)で与えられ，分子全体の波動関数はそれらのスレーター行列式で記述される．構造変化についての知見を得るのに適している．分子の波動関数を原子軌道関数の和として書く LCAO 近似，π 電子系に適用されるヒュッケル(Hückel)法，より高い近似のローターン(Roothaan)の自己無撞着法，半経験的方法である PPP 法などが開発されており，量子化学分野[10]で成果を上げている．

② 原子軌道法：ハイトラー-ロンドン(Heitler-London)法あるいは原子価結合法(valence bond method)とも呼ばれる．分子波動関数として，空間座標に関して対称

でスピン座標に関して反対称のもの $\Psi_A(r_1, r_2)$ と，空間座標に関して反対称でスピン座標に関して対称のもの $\Psi_S(r_1, r_2)$ とをとる方法を原子軌道法という．後者の状態は三重縮退している．この波動関数は分子軌道関数と異なり，同じ原子に2個の電子が同時に存在するような配置を含んでいないので，2個の電子間の相関が強く考慮されていることになる．分子の形を定性的に予測するのに使われるが，励起状態はほとんど取り扱うことができない．

f. 断熱近似

2個の原子から構成されている分子を2原子分子という．この場合，電子の自由度に対応するエネルギー準位の平均間隔は，二つの原子核の相対運動に対応するエネルギー準位間隔よりもはるかに大きい．電子の自由度に対応する力学変数 $x=(x_1, x_2, x_3)$ は時間変化の「速い変数」(fast variable) に，原子核の自由度に対応する力学変数 $X=(X_1, X_2, X_3)$ は時間変化の「遅い変数」(slow variable) に対応する．このときの取扱い方は以下のとおりである．まず，遅い変数 X の時間変化を無視して，X をパラメーターとみなす．与えられた X に対して，速い変数 x についてのシュレーディンガー方程式を解く．得られた固有エネルギー $\varepsilon_n(X)$ と固有関数 $\phi_n(x, X)$ は一般に X の関数である．この固有エネルギー $\varepsilon_n(X)$ を有効ポテンシャルと考え，遅い変数 X に関する方程式を解いて，系全体のエネルギーを求める．もし，遅い変数の時間変化がゆっくりしていれば，$\phi_n(x, X)$ は近似的に系の電子準位の定常状態を記述している．これを断熱近似 (adiabatic approximation) あるいはボルン-オッペンハイマー (Born-Oppenheimer) 近似という．通常の原子核の質量は電子の質量に比べて十分に重いので，原子核の運動は電子の運動に比較して十分に遅いと仮定してよい．

例として，2原子分子の1電子シュレーディンガー方程式

$$\left[-\frac{\hbar^2}{2M}\hat{\nabla}_X^2 - \frac{\hbar^2}{2m_0}\hat{\nabla}_x^2 + V(x, X)\right]\Psi = E\Psi \tag{1.1.62}$$

を考える．ここで，$\hat{\nabla}_X \equiv (\partial/\partial X_1, \partial/\partial X_2, \partial/\partial X_3)$, $\hat{\nabla}_x \equiv (\partial/\partial x_1, \partial/\partial x_2, \partial/\partial x_3)$, $M \gg m_0$ である．波動関数 Ψ を，$\Psi(x, X) = \sum_n \Phi_n(X)\phi_n(x, X)$ と展開する．このときの $\phi_n(x, X)$ は，X を固定したときの電子のシュレーディンガー方程式

$$\left[-\frac{\hbar^2}{2m_0}\hat{\nabla}_x^2 + V(x, X)\right]\phi_n(x, X) = \varepsilon_n(X)\phi_n(x, X) \tag{1.1.63}$$

の規格化された解である．準位に縮退がない場合，$\Phi_n(X)$ は近似的に

$$\left[-\frac{\hbar^2}{2M}(\hat{\nabla}_X - iA_n(X))^2 + \varepsilon_n(X)\right]\Phi_n(X) = E\Phi_n(X) \tag{1.1.64}$$

を満たす．ここで，$A_n(X)$ は電磁場のベクトルポテンシャルに相当する量

$$A_n(X) \equiv i\int \phi_n^*(x, X)\hat{\nabla}_X \phi_n(x, X) d^3x \tag{1.1.65}$$

で，ベリー接続 (Berry connection) と呼ばれる．方程式 (1.1.64) は，局所ゲージ変

換 (local gauge transform)

$$\Phi_n(X) \to e^{i\Lambda_n(X)}\Phi_n(X) \tag{1.1.66}$$

$$A_n(X) \to A_n(X) + \vec{\nabla}_X \Lambda_n(X) \tag{1.1.67}$$

に対して不変である．二つの方程式 (1.1.63), (1.1.64) を解くことによって，断熱近似のもとでの2原子分子の全波動関数 Ψ が得られることになる．

g. 量子多体問題とその解法

一般にすべての凝縮物質は量子力学的多体問題の対象である．とくに，粒子間の相互作用が運動エネルギーに比べて大きい物質は強相関系 (strongly correlated system) と呼ばれ，1電子近似が使えない場合が多い．そこでは，電子の粒子性・局在性と波動性・遍歴性との競合がさまざまな現象として現れる．粒子性・局在性が顕著な現象としては，モット (Mott) 絶縁体やウィグナー (Wigner) 結晶など，電子間の強い斥力により電子数が固定された状態があげられる．一方，電子の遍歴性により量子力学的コヒーレンスが形成され，超伝導や超流動のような位相が巨視的に定まった波動的状態が発現する．これら両者の競合が近年興味をもたれており，①非フェルミ流体やエニオンなどの新しい基底状態や低エネルギー励起状態，②量子ゆらぎによって生じる量子相転移や量子臨界現象，③量子位相のトポロジーなどが最近になって新たに登場してきた問題である．

強相関系の研究ではさまざまな解析的あるいは数値的解法が開発されつつある．解析的にはグリーン関数法[12]・くりこみ群 (renormalization group)[13]・場の量子論を援用した手法[14]，数値的には密度汎関数法 (density functional method)[15]・量子モンテカルロ法 (quantum Monte Carlo method)・数値的厳密対角化法・密度行列くりこみ群の方法などがある．とくに，量子モンテカルロ法は有限温度における性質も議論することができ，変分モンテカルロ法，グリーン関数モンテカルロ法，経路積分モンテカルロ法などがある．量子系における温度平均は近似的に古典系での状態に関する和に置き換えられることを利用する．ただし，近似的な密度行列の行列要素の符号は一般には不定であるので，負符号問題が生じ，精度の高い計算を困難にしている．最近では，最大エントロピー法と併用されることもある．一方，数値対角化法は，量子モンテカルロ法と異なり，波動関数の性質に関する情報までも得ることができるが，比較的サイズの小さな系しか計算できない．また，くりこみ群の方法は，系の低エネルギー状態の臨界的性質をとらえるのに適しており，摂動論的くりこみ群や密度行列くりこみ群などの方法が開発されている．

1.1.5 正準形式の場の量子化

粒子の量子力学では，粒子系の古典的ハミルトニアンから出発し，対応原理により

正準共役な物理量の間に正準交換関係を設定して，物理量を演算子とみなして量子化を行う手続きが用いられる．一方，量子力学的粒子は粒子性と同時に波動性も兼ね備えているから，波動描像から出発し波動場を表す物理量に正準交換関係を設定して量子化を行う手続きも可能である．これを正準形式の場の量子化 (field quantization) という．つまり，波動関数とか電磁場のような時空座標 $(t, x) \equiv (t, x_1, x_2, x_3)$ の関数を演算子 (q 数) とみなすことである．古典力学のハミルトニアンを q 数にしてシュレーディンガー方程式を導いた過程を第一段の量子化とすれば，波動関数自身を q 数にするのは第二段の量子化とみなせるので，第二量子化 (second quantization)[16] ともいわれる．

いままでに述べてきた量子力学はローレンツ変換 (Lorentz transform) に対して不変性を満たしておらず非相対論的である．よって，粒子の速度が光速 c に比べて十分小さい場合のみに適用される．粒子の速度が c に近づき相対論的となると，別の取扱いが必要となる．通常の量子力学は定まった個数の粒子がいかなる状態にあるかを問題にするので，粒子数が変化する現象を取り扱うには個数の異なった多くの状態を同時に考える必要がある．そこで，粒子数の変化を記述するためにこれを演算子と考えて状態を指定するという場の量子化の方法が用いられる．非相対論的量子力学に相対性理論 (相対論的共変性) と粒子の生成消滅過程の自由度を取り入れたものが場の量子論[17]である．相対論によれば関係式 $E = m_0 c^2$ より質量もエネルギーの一種であるので，質量のみの保存則というものはなくなる．よって，粒子の生成消滅の可能性と相対論の要請とは密接に関連している[18]．

何も粒子が存在しない真空状態を，ディラックのケット記号 (ket)[3~7] を用いて $|0\rangle$ と書くことにする (ケット記号はヒルベルト空間内のベクトルを意味している)．場の量子化法では，N 粒子状態を表す関数は真空状態 $|0\rangle$ に粒子を生成する演算子を N 回演算することによって得られる．点 $x = (x_1, x_2, x_3)$ に粒子をつくる演算子を $\hat{\varphi}^{\dagger}(x)$ とすると，$\hat{\varphi}^{\dagger}(x)|0\rangle$ は点 x に 1 個の粒子が存在する状態を表す．この $\hat{\varphi}(x)$ を場の演算子 (field operator) あるいは量子場 (quantum field) と呼ぶ．数学的にいえば，作用素値超関数である．通常の量子力学の場合の正準量子化を，位置座標 x の各点を別々の粒子のように考えて拡張したものと考えればよい．したがって，従来の一体の波動関数 $\Psi(x)$ で記述される状態は，$\int \Psi(x) \hat{\varphi}^{\dagger}(x) |0\rangle d^3 x$ で与えられる．また，$\hat{\varphi}^{\dagger}(x) \hat{\varphi}(x)$ は，位置 x における粒子密度を表す．

古典解析力学と同様に，場の量子化も作用積分 $\hat{S}$ から出発する．作用積分は，エルミートでローレンツ不変なラグランジアン密度演算子 (Lagrangian density) $\hat{\mathcal{L}}$ の時空積分として $\hat{S}[\hat{\varphi}] = \int \hat{\mathcal{L}} dt d^3 x$ で表される．古典力学でのラグランジアンは場の量の関数を空間積分したものなのでローレンツ不変でない．よって場の量子論では，その被積分関数であるラグランジアン密度のほうが基本的な量となる．$\hat{\mathcal{L}}$ は量子場

$\hat{\varphi}(t,x)$ およびその 1 階微分 $\partial\hat{\varphi}/\partial t$, $\partial\hat{\varphi}/\partial x_\mu$ の関数（多くの場合多項式）である．

a. ボーズ粒子系の場合（自由スカラー場）

スピン $s=0$ でボーズ-アインシュタイン統計に従う量子場はスカラー場（あるいは擬スカラー場）で，エルミートなスカラー場を実スカラー場[17]といい，$\hat{\phi}(t,x)$ と書くことにする．相互作用のない場合は自由場 (free field) と呼ばれ，対応するラグランジアン密度演算子は

$$\hat{\mathcal{L}}(t,x) = \hat{\mathcal{L}}_0(t,x) \equiv \frac{1}{2}\left[\left(\frac{\partial\hat{\phi}}{\partial(ct)}\right)^2 - |\vec{\nabla}\hat{\phi}|^2 - \frac{m_0^2 c^2}{\hbar^2}\hat{\phi}^2\right] \tag{1.1.68}$$

という自由ラグランジアン密度演算子 (free Lagrangian density) $\hat{\mathcal{L}}_0$ で与えられる．m_0 は裸の質量 (bare mass) である．作用積分に関する変分原理 $\delta\hat{S}=0$ より，場の方程式

$$\left[\frac{\partial^2}{\partial(ct)^2} - \vec{\nabla}^2 + \frac{m_0^2 c^2}{\hbar^2}\right]\hat{\phi}(t,x) = 0 \tag{1.1.69}$$

が導かれる．この線形方程式をクライン-ゴルドン (Klein-Gordon) 方程式という．系の時間発展は，この量子場の方程式によって決まる．シュレーディンガー方程式と異なり，クライン-ゴルドン方程式は時間 t に関する 2 階微分を含む．そのために $\hat{\phi}$ の物理的意味付けが困難になる．

スカラー場 $\hat{\phi}(x)$ の正準共役は，

$$\hat{\pi}(t,x) \equiv \frac{\partial\hat{\mathcal{L}}}{\partial(\partial\hat{\phi}/\partial ct)} = \frac{\partial\hat{\phi}}{\partial(ct)} \tag{1.1.70}$$

で定義される．これを用いて，スカラー場とその共役場との間に同時刻における正準交換関係

$$[\hat{\pi}(t,x), \hat{\phi}(t,x')] = -i\hbar\delta(x-x') \tag{1.1.71}$$
$$[\hat{\phi}(t,x), \hat{\phi}(t,x')] = [\hat{\pi}(t,x), \hat{\pi}(t,x')] = 0 \tag{1.1.72}$$

を設定して量子化するのが正準形式の場の量子化である．自由スカラー場 $\hat{\phi}(t,x)$ は，式 (1.1.69)～(1.1.72) によって完全に定義されるものである．

互いに相互作用している系に対する場の量子論は，自由ラグランジアン密度演算子 $\hat{\mathcal{L}}_0$ に相互作用を記述する相互作用ラグランジアン密度演算子 $\hat{\mathcal{L}}_\text{int}$ をつけ加えて得られるラグランジアン密度演算子から構成される．$\hat{\mathcal{L}}_\text{int}$ は場の演算子について一般には 3 次以上の項からなる．このときの場の方程式は非線形な連立偏微分方程式になる．場の量子論におけるシュレーディンガー描像は，状態そのものが時間発展を担うことになり相対論の要請（ローレンツ共変性）にそぐわない．それゆえ，ハイゼンベルグ描像や，量子場は自由場に相当する時間発展を行い相互作用の分だけの時間発展を状態に担わせる相互作用描像 (interaction picture) というものが用いられる．

ハミルトニアン演算子を空間積分

で定義すると，これは時間 t に依存しない量となり，ハイゼンベルグ方程式

$$\hat{H} = \int \left(\hat{\pi} \frac{\partial \hat{\phi}}{\partial (ct)} - \hat{\mathcal{L}} \right) d^3 x \tag{1.1.73}$$

$$\frac{\partial \hat{\phi}}{\partial (ct)} = \frac{i}{\hbar}[\hat{H}, \hat{\phi}] = \hat{\pi} \tag{1.1.74}$$

$$\frac{\partial \hat{\pi}}{\partial (ct)} = \frac{i}{\hbar}[\hat{H}, \hat{\pi}] = \left(\hat{\nabla}^2 - \frac{m_0^2 c^2}{\hbar^2} \right) \hat{\phi} \tag{1.1.75}$$

が成り立つ．式 (1.1.75) はクライン-ゴルドン方程式 (1.1.69) にほかならない．

具体例として，2 体ポテンシャル場 $\hat{V}$ 中の N 個の粒子 ($j=1, 2, \cdots, N$) 系のハミルトニアン演算子

$$\hat{H} = -\sum_{j=1}^{N} \frac{\hbar^2}{2m_0} \hat{\nabla}_j^2 + \sum_{j=1}^{N} \sum_{k(\geq j)}^{N} \hat{V}(x_j, x_k) \tag{1.1.76}$$

を考えよう．場を量子化した形式では

$$\hat{H} = -\frac{\hbar^2}{2m_0} \int \hat{\phi}^{\dagger}(x) \hat{\nabla}^2 \hat{\phi}(x) d^3 x + \frac{1}{2} \iint \hat{\phi}^{\dagger}(x) \hat{\phi}^{\dagger}(x') \hat{V}(x, x') \hat{\phi}(x') \hat{\phi}(x) d^3 x d^3 x' \tag{1.1.77}$$

と表現される．このときの場の演算子 $\hat{\phi}(x)$ に対するハイゼンベルグ方程式は

$$i\hbar \frac{\partial \hat{\phi}(x,t)}{\partial t} = -\frac{\hbar^2}{2m_0} \hat{\nabla}^2 \hat{\phi}(t,x) + \left[\int \hat{\phi}^{\dagger}(t,x') \hat{V}(x,x') \hat{\phi}(t,x') d^3 x' \right] \hat{\phi}(t,x) \tag{1.1.78}$$

となり，相互作用 $\hat{V}$ から生じる非線形項が現れることがわかる．

相対性理論によれば，いかなる作用も光速度より速く伝搬することはできない．よって，時空点 (t, x_1, x_2, x_3) と (t', x_1', x_2', x_3') とが空間的 (spacelike) であるとき，すなわち $c^2(t-t')^2 < (x_1-x_1')^2 + (x_2-x_2')^2 + (x_3-x_3')^2$ である場合はこの 2 点における事象は互いにほかに影響を及ぼすことはできない．これをアインシュタイン因果律といい，局所可換性 (local commutativity)

$$[\hat{\phi}(t,x), \hat{\phi}(t',x')] = 0 \tag{1.1.79}$$

で表現される．

正準交換関係 (1.1.71), (1.1.72) を満たす場の演算子 $\hat{\phi}(x)$ を，1 粒子状態の完全規格直交系 $\{\varphi_k(x)\}$ で $\hat{\phi}(x) \equiv \sum_k \hat{a}_k \varphi_k(x)$, $\hat{\phi}^{\dagger}(x) \equiv \sum_k \hat{a}_k^{\dagger} \varphi_k^*(x)$ と展開する際，係数の演算子 $\hat{a}_k$ と $\hat{a}_k^{\dagger}$ は交換関係

$$[\hat{a}_k, \hat{a}_{k'}^{\dagger}] = \delta_{kk'} \tag{1.1.80}$$

$$[\hat{a}_k, \hat{a}_{k'}] = [\hat{a}_k^{\dagger}, \hat{a}_{k'}^{\dagger}] = 0 \tag{1.1.81}$$

を満たす．k 番目の状態に粒子が存在しない状態 (真空状態) $|0\rangle$ は，$\hat{a}_k|0\rangle = 0$ で定義される．また，$\hat{n}_k \equiv \hat{a}_k^{\dagger} \hat{a}_k$ は個数演算子 (number operator) と呼ばれ，その固有値 n_k は状態 φ_k にある粒子の個数を表す．個数演算子の固有状態 $|n_k\rangle$ は，$|n_k\rangle = (n_k!)^{-1/2} (\hat{a}_k^{\dagger})^{n_k} |0\rangle$ で与えられることになる．$\hat{a}_k|n_k\rangle = \sqrt{n_k}|n_k-1\rangle$ および $\hat{a}_k^{\dagger}|n_k\rangle = \sqrt{n_k+1}|n_k+1\rangle$ となるので，この $\hat{a}_k, \hat{a}_k^{\dagger}$ は，状態 φ_k にあるボーズ粒子の消滅演算子

(annihilation operator) と生成演算子 (creation operator) と呼ばれる．波の干渉を記述する位相演算子 $\hat{\vartheta}_k$ を

$$\hat{a}_k \equiv \exp(i\hat{\vartheta}_k)\sqrt{\hat{n}_k} \tag{1.1.82}$$

$$\hat{a}_k^\dagger \equiv \sqrt{\hat{n}_k}\exp(-i\hat{\vartheta}_k) \tag{1.1.83}$$

として定義すると，交換関係 (1.1.80), (1.1.81) を満たすためには，$\hat{n}_k$ と $\hat{\vartheta}_k$ との間に正準交換関係 $[\hat{n}_k, \hat{\vartheta}_k] = i$ が成り立たなければならないことがわかる．すなわち，粒子数 $\hat{n}_k$ と正準共役な位相演算子が存在する．ただし，$\hat{n}_k$ はエルミート演算子であるが，$\hat{\vartheta}_k$ はエルミートではないことに注意する必要がある．

状態 φ_k をエネルギー E_k の定常状態とすると，ハミルトニアン演算子 (1.1.77) は

$$\hat{H} = \sum_k E_k \hat{a}_k^\dagger \hat{a}_k + \frac{1}{2}\sum V_{nmkl}\hat{a}_n^\dagger \hat{a}_m^\dagger \hat{a}_k \hat{a}_l \tag{1.1.84}$$

となる．ここで，

$$V_{nmkl} = \int \varphi_n^*(x)\varphi_m^*(x')\hat{V}(x, x')\varphi_k(x')\varphi_l(x) d^3x d^3x' \tag{1.1.85}$$

である．

b. フェルミ粒子系の場合（自由ディラック場）

電子・陽子・中性子のようなスピン $s=1/2$ のフェルミ粒子の量子場はディラック場 (Dirac field) といわれ，通常 $\hat{\psi}(t, x)$ で表す．自由ディラック場はディラック方程式 (Dirac equation)

$$\left[-i\alpha\cdot\vec{\nabla} - i\frac{\partial}{\partial(ct)} + \beta\frac{m_0 c}{\hbar}\right]\psi(t, x) = 0 \tag{1.1.86}$$

を満たす．ここで，$\alpha = (\alpha_1, \alpha_2, \alpha_3)$ と β とは 4×4 のエルミート行列で，

$$\alpha_\mu = \begin{pmatrix} 0 & \sigma_\mu \\ \sigma_\mu & 0 \end{pmatrix}, \quad \beta = \begin{pmatrix} I & 0 \\ 0 & -I \end{pmatrix} \tag{1.1.87}$$

で与えられる．I は 2×2 の単位行列，0 は 2×2 の零行列，σ_μ ($\mu=1, 2, 3$) はパウリ行列である．これらを用いると，

$$\frac{E}{c} = \sqrt{p_1^2 + p_2^2 + p_3^2 + m_0^2 c^2} = \alpha_1 p_1 + \alpha_2 p_2 + \alpha_3 p_3 + \beta m_0 c \tag{1.1.88}$$

が成り立つ．ディラック方程式の解 $\psi(t, x)$ はディラックスピノール (Dirac spinor) と呼ばれ，四つの成分 $\hat{\psi}_\alpha$ ($\alpha=1, 2, 3, 4$) をもつ．そのうちの2成分はスピンの上向きと下向きの二つの自由度に対応し，残りの2成分は粒子と反粒子 (antiparticle) の自由度に対応する．

自由ディラック場 $\hat{\psi}(t, x)$ の正準共役は，$\hat{\mathcal{L}}$ をディラック場の自由ラグランジアン密度演算子として

$$\hat{\pi}_\alpha \equiv \frac{\partial \hat{\mathcal{L}}}{\partial(\partial\hat{\psi}_\alpha/\partial t)} = -i\hat{\psi}_\alpha^\dagger \tag{1.1.89}$$

となる．ただし，$\hat{\psi}$のようにフェルミ-ディラック統計に従う量に関する微分はつねに左側から[17]行い，ほかのフェルミ-ディラック統計に従う量と順序を交換する際は符号を変えるものとする．これらは同時刻の正準反交換関係(canonical anticommutation relation)

$$[\hat{\pi}_\alpha(t,x), \hat{\psi}_\beta(t,x')]_+ = -i\hbar \delta_{\alpha\beta}\delta(x-x') \tag{1.1.90}$$

$$[\hat{\psi}_\alpha(t,x), \hat{\psi}_\beta(t,x')]_+ = [\hat{\pi}_\alpha(t,x), \hat{\pi}_\beta(t,x')]_+ = 0 \tag{1.1.91}$$

を満たさなければならない．ここで，$[\hat{X}, \hat{Y}]_+ \equiv \hat{X}\hat{Y} + \hat{Y}\hat{X}$は反交換子(anticommutator)である．このような量子場$\hat{\psi}(x), \hat{\psi}^\dagger(x)$を用いれば，ハミルトニアン演算子やハイゼンベルク方程式は，式(1.1.77)や(1.1.78)と同形になることがわかっている．また，ボーズ粒子の場合と同様にアインシュタイン因果律を満たす必要があるので，時空点(t, x_1, x_2, x_3)と(t', x_1', x_2', x_3')とが空間的であるとき，局所反可換性(local anticommutativity)

$$[\hat{\psi}(x), \hat{\psi}(x')]_+ = 0 \tag{1.1.92}$$

を満足しなければならない．

ディラック方程式の解$\hat{\psi}(t,x)$を，4成分の平面波(波数k)の完全直交系$u_\sigma^{(\pm)}(k)e^{ikx}$で展開し，

$$\hat{\psi}(t,x) = \sum_k \sum_\sigma \left[\hat{a}_{k\sigma} u_\sigma^{(+)}(k) e^{i(kx-\omega_k t)} + \hat{b}_{k\sigma}^\dagger u_\sigma^{(-)}(-k) e^{-i(kx-\omega_k t)} \right] \tag{1.1.93}$$

とする．このとき，$\omega_k \equiv \sqrt{k^2 + m_0 c^2/\hbar}$で，$\sigma=\pm 1$はスピンの二つの向きを指定している．$\hat{a}_{k\sigma}$と$\hat{b}_{k\sigma}$とはともに消滅演算子で，$\hat{a}_{k\sigma}^\dagger, \hat{b}_{k\sigma}^\dagger$はともに生成演算子である．$\hat{b}_{k\sigma}^\dagger$によって生成される粒子は，$\hat{a}_{k\sigma}^\dagger$によって生成される粒子の反粒子になっている．フェルミ粒子の場合は，パウリの排他律により二つ以上の粒子が同じ状態を占めることはない．よって，とりうる状態は真空$|0\rangle$と1粒子状態$|1\rangle$の二つしか1次独立な状態ベクトルが存在しないことになる．したがって，生成・消滅演算子は2行2列の行列で表される．実際，フェルミ粒子に対する生成・消滅演算子は

$$\hat{b}_{k\sigma} = \begin{pmatrix} 0 & 1 \\ 0 & 0 \end{pmatrix}, \quad \hat{b}_{k\sigma}^\dagger = \begin{pmatrix} 0 & 0 \\ 1 & 0 \end{pmatrix} \tag{1.1.94}$$

などと表せる．これらは反交換関係

$$[\hat{a}_{k\sigma}, \hat{a}_{k'\sigma'}^\dagger]_+ = [\hat{b}_{k\sigma}, \hat{b}_{k'\sigma'}^\dagger]_+ = \delta_{kk'} \delta_{\sigma\sigma'} \tag{1.1.95}$$

$$[\hat{a}_{k\sigma}, \hat{a}_{k'\sigma'}]_+ = [\hat{b}_{k\sigma}, \hat{b}_{k'\sigma'}]_+ = 0 \tag{1.1.96}$$

$$[\hat{a}_{k\sigma}, \hat{b}_{k'\sigma'}]_+ = [\hat{a}_{k\sigma}, \hat{b}_{k'\sigma'}^\dagger]_+ = 0 \tag{1.1.97}$$

を満たす．個数演算子を$\hat{N}_{k\sigma}^{(b)} \equiv \hat{b}_{k\sigma}^\dagger \hat{b}_{k\sigma}$などとすると，反交換関係(1.1.95)から$\hat{N}_{k\sigma}^{(b)}(\hat{N}_{k\sigma}^{(b)} - 1) = 0$となり，$\hat{N}_{k\sigma}^{(b)}$の固有値は0または1に限られることがわかる．これは，一つの状態(k, σ)には2個以上のフェルミ粒子は入れないというパウリの排他律を表している．

c. 電磁場の場合

マクスウェル電磁気学より，ある共振器中に閉じ込められた古典的電磁場の全エネルギーは $(8\pi)^{-1}\int(|\boldsymbol{E}|^2+|\boldsymbol{H}|^2)d^3x$ で与えられる．ここで，電場 $\boldsymbol{E}(t,x)$ と磁場 $\boldsymbol{H}(t,x)$ を共振器内の定在波モード $\boldsymbol{u}_k(x)$ で展開し，

$$\boldsymbol{E}(t,x) = -\sqrt{4\pi}\sum_k \frac{dq_k(t)}{dt}\boldsymbol{u}_k(x) \tag{1.1.98}$$

$$\boldsymbol{H}(t,x) = c\sqrt{4\pi}\sum_k q_k(t)\hat{\nabla}\times\boldsymbol{u}_k(x) \tag{1.1.99}$$

としよう．電磁場のモード指数 k は，波数ベクトル $\boldsymbol{k}$ と偏光 $\sigma=\pm 1$ の両方を区別する添字 $k=(\boldsymbol{k},\sigma)$ である．このときの $q_k(t)$ と $\boldsymbol{u}_k(x)$ とは

$$\frac{d^2 q_k(t)}{dt^2}+\omega_k^2 q_k(t)=0 \tag{1.1.100}$$

$$\hat{\nabla}^2 \boldsymbol{u}_k(x)+\frac{\omega_k^2}{c^2}\boldsymbol{u}_k(x)=0 \tag{1.1.101}$$

を満たす．$\boldsymbol{u}_k(x)$ は適当な境界条件のもとで正規直交モードになるようにとった解で，ω_k はモード k の角周波数である．すると，全エネルギーは $(1/2)\sum_k[(dq_k/dt)^2+\omega_k^2 q_k^2]$ となる．ここでの $q_k(t)$ と $p_k(t)\equiv dq_k(t)/dt$ とは互いに正準共役な量になっている．

対応原理に従って，$q_k\to\hat{q}_k, p_k\to\hat{p}_k$ とすれば，量子化された電磁場のハミルトニアン演算子 $\hat{H}=(1/2)\sum_k(\hat{p}_k^2+\omega_k^2\hat{q}_k^2)$ が得られる．ボーズ粒子の交換関係(1.1.80)，(1.1.81)に従う生成・消滅演算子を，正準交換関係をもとに

$$\hat{a}_k^\dagger = \frac{1}{\sqrt{2\hbar\omega_k}}(\omega_k\hat{q}_k-i\hat{p}_k) \tag{1.1.102}$$

$$\hat{a}_k = \frac{1}{\sqrt{2\hbar\omega_k}}(\omega_k\hat{q}_k+i\hat{p}_k) \tag{1.1.103}$$

と定義して書き換えると，

$$\hat{H}=\sum_k \hbar\omega_k\left(\hat{a}_k^\dagger\hat{a}_k+\frac{1}{2}\right) \tag{1.1.104}$$

となる．よって，量子化された電磁場は，エネルギーが $\hbar\omega_k=h\nu_k$ を単位として量子化された量子力学的調和振動子と考えることができる．最後の 1/2 は零点エネルギー(zero-point energy)で，不確定性関係より生じる量子ゆらぎの零点振動(zero-point fluctuation)に由来する．状態 k にある光子の個数を表す数演算子は，$\hat{n}_k\equiv\hat{a}_k^\dagger\hat{a}_k$ である．式(1.1.102)，(1.1.103)を用いると，量子化されたベクトルポテンシャル $\hat{A}(t,x)$ のハイゼンベルグ表示は，

$$\hat{A}(t,x)=\sum_k c\left(\frac{2\pi\hbar}{\omega_k}\right)^{1/2}[e^{i\omega_k t}\hat{a}_k^\dagger(0)+e^{-i\omega_k t}\hat{a}_k(0)]\boldsymbol{u}_k(x) \tag{1.1.105}$$

となる．周期的境界条件のもとでの進行波の場合は，

$$\hat{A}(t,x) = \sum_k c \left(\frac{2\pi\hbar}{\omega_k V}\right)^{1/2} e_k [e^{i(\omega_k t - kx)} \hat{a}_k^\dagger(0) + e^{-i(\omega_k t - kx)} \hat{a}_k(0)] \qquad (1.1.106)$$

となる.ここで,e_k は単位偏光ベクトル,V は規格化体積である.光子はスピンが 1 のボーズ粒子であるが質量が 0 であるために,偏光の自由度は二つしかない.

空洞に閉じ込められた電磁場は空洞の壁を通してエネルギーの授受が行われ,ある温度 T で熱平衡になる.光子はボーズ粒子であるから式 (1.1.50) を用いると,熱平衡状態にある角周波数 ω の電磁場の平均エネルギー $\langle E \rangle$ は

$$\langle E \rangle = \frac{\hbar\omega}{\exp(\hbar\omega/k_B T) - 1} \qquad (1.1.107)$$

となる.波数 k のモード密度 $\rho(k)$ は $\rho(k) = k^2/\pi^2$ なので,エネルギー密度 $U(\nu)$ は振動数 $\nu = c k/2\pi$ を用いて書くと,$U(\nu) = \langle E \rangle \rho(\nu) = \langle E \rangle 8\pi\nu^2/c^3$ となり,プランクの輻射公式 (1.1.1) と一致する.

1.1.6 電磁場の量子論

荷電粒子が電磁場中を運動する系は,量子力学の対象として理論的にも実用上でも,多彩な量子効果を理解するために重要である.電子と光子の系を記述する相対論的場の量子論は量子電気力学 (QED) と総称され,1949 年に朝永,シュウィンガー (Schwinger),ファインマン (Feynman),ダイソン (Dyson) の 4 人の業績によって完成した.量子電気力学は,光子系のエネルギーと電子系のエネルギーおよび光子と電子との相互作用のエネルギーの和全体を演算子として,はじめに与えられた状態が時間の経過に従ってどのように変わるかを記述する.電子が光子を出して曲がるとか,光子を出して正負電子の 1 対が消えたり,光子を吸収して 1 組の電子対ができるというような現象は,すべてこの相互作用を表す項に含まれる演算子と場の量の性質から記述される.

電子と光子の相互作用はゲージ不変 (gauge invariant) な相互作用の形で与えられる.この相互作用の強さを表す結合定数 (微細構造定数 α) は約 1/137 と小さい値なので,α のべき級数展開 (摂動展開) のはじめの数項をとるだけできわめてよい精度の近似値が計算でき,最低次だけでもコンプトン散乱など実験とよく一致する結果を得る.しかし,電磁場の反作用を含む高次の項を計算すると,仮想光子の短波長部分の積分が発散 (紫外発散) し,物理量が無限大になる場合が生じる.これは量子電気力学における発散の困難といわれるが,この発散は電子の実際に観測される質量と電荷を再定義する (くりこみ操作という) ことによって,見かけ上消すことができる.くりこみ理論は,相対論的に共変な場の量子論の定式化と表裏一体をなすものである.こうして得られた結果は,ラム (Lamb) シフト (束縛状態にある電子準位のずれ) や電子の異常磁気モーメントなどの実験結果と非常に高い精度で (7 桁の精度で) 一致

する．

a. ゲージ不変性

マクスウェル電磁気学より，電場 $\boldsymbol{E}(t,x)$ と磁場 $\boldsymbol{B}(t,x)$ とは，ベクトルポテンシャル $\boldsymbol{A}(t,x)$ とスカラーポテンシャル $\phi(t,x)$ とを決めると一意的に決定される．しかし，ゲージ変換(gauge transformation)

$$\boldsymbol{A} \to \boldsymbol{A}' \equiv \boldsymbol{A} + \hat{\nabla} \Lambda(t,x) \tag{1.1.108}$$

$$\phi \to \phi' \equiv \phi - \frac{1}{c} \frac{\partial}{\partial t} \Lambda(t,x) \tag{1.1.109}$$

で得られるポテンシャル $\boldsymbol{A}'$, ϕ' を用いても同じ $\boldsymbol{E}(t,x)$ と $\boldsymbol{B}(t,x)$ とが得られる．ただし，$\Lambda(t,x)$ は 2 階微分可能な任意のスカラー場である．このゲージ変換に対して不変な量だけが物理的意味をもつと考える．電磁場中の荷電粒子(電荷 q)の古典的ラグランジアン

$$L = \frac{m_0}{2}\left(\frac{dx}{dt}\right)^2 + \frac{q}{c}\boldsymbol{A}(t,x)\cdot\frac{dx}{dt} - q\phi(t,x) \tag{1.1.110}$$

から導かれる運動方程式はゲージ不変である．共役運動量は，$p = \partial L/\partial(dx/dt) = m_0 dx/dt + (q/c)\boldsymbol{A}$ なので，ハミルトニアンは，$H = (p - q\boldsymbol{A}/c)^2/2m_0 + q\phi$ と表される．運動量 p は粒子の力学的運動量 $m_0 dx/dt$ と電磁場の運動量 $(q/c)\boldsymbol{A}$ との和になっている．量子化に際してはゲージ固定(gauge fixing)という操作によりいったんゲージ不変性を破り，ある特定の Λ を選ぶ．div $\vec{A}(t,x) = 0$ ととるのがクーロンゲージ(Coulomb gauge)で，div $\vec{A}(t,x) + c^{-2}\partial\phi/\partial t = 0$ とするのがローレンツゲージ(Lorentz gauge)である．クーロンゲージを選ぶと，横波成分だけが量子化されて光子を記述し，クーロン力は遠隔力のように取り扱われる．

量子論では対応原理から

$$\begin{aligned}\hat{H} &= \frac{1}{2m_0}\left(\hat{p} - \frac{q}{c}\hat{A}\right)^2 + q\phi + V \\ &= -\frac{\hbar^2}{2m_0}\left(\hat{\nabla} - i\frac{q}{\hbar c}\hat{A}\right)^2 + q\phi + V\end{aligned} \tag{1.1.111}$$

がハミルトニアン演算子となる．ここで，V は電磁場以外のポテンシャルである．上式中の $\hat{\nabla} - i(q/\hbar c)\hat{A}$ は共変微分(gauge covariant derivative)と呼ばれ，ゲージ不変な系での微分演算子を表す．量子力学での $\hat{A}$ や ϕ は他のポテンシャルと同等であり，物理的実在性のある場と考えられている．これは実際にアハラノフ-ボーム(Aharonov-Bohm)効果[19]を利用した実験で確認されている．ゲージ変換においては波動関数の位相部分も変換されて

$$\Psi(t,x) \to \Psi'(t,x) \equiv \exp\left[\frac{iq}{\hbar c}\Lambda(t,x)\right]\Psi(t,x) \tag{1.1.112}$$

となる．

b. 量子光学

　電磁場である光を量子化してその量子力学的性質を取り扱う光学分野を量子光学(quantum optics)[20]という．そこでは，光の量子コヒーレンスや量子統計性を量子論的に解明し，光を量子論的に取り扱うことによってのみ記述される非古典的状態，共振器量子電気力学(cavity QED)，量子力学における観測問題などの量子力学基礎論に関する研究を光学領域で光学的手段で行う．

　光の非古典的状態で代表的なものは，不確定性関係にある二つの共役物理量のゆらぎの分配比を制御して，一方の物理量の量子雑音を標準量子限界(standard quantum limit)以下にしたスクイズド状態(squeezed states)である．直交位相振幅スクイズド状態と光子数位相スクイズド状態とがあり，その存在は実験的に確認されている．また，共振器量子電気力学の応用として，自然放出確率の制御やレーザー発振しきい値の非常に小さい半導体レーザーが提案されている．

　光の量子性は，光子計数統計(photon counting statistics)や光子相関(photon correlation)の実験により測定することができる．非古典的な性質としては，光子数の測定値のゆらぎが小さなサブポアソン光(sub-Poissonian light)や光子が時間的に等間隔に飛来するアンチバンチング状態(antibunched state)などがあげられる．また，量子力学における局所性(locality)と実在性(reality)とが成立しているかの検証のために，パラメトリック過程を用いた光子相関の実験が行われ，ベル不等式(Bell inequality)は成立しない，すなわち隠れたパラメーターは存在せず量子力学は非局所的であることが確認された．また，量子力学的に取り扱った光の位相[20]をどのように定義するかは長年の理論的懸案であり，実際の測定方法との対応を念頭に入れた議論が展開されつつある．

1.1.7　その他の量子現象

a. 巨視的量子現象

　巨視的な大きさをもつ物体では，異なる二つの状態が量子力学的干渉効果を示すことは通常はありえない．つまり，巨視的系では状態の重ね合せの原理は成り立っていないのが通例である．これは，そのような状態に対応するド・ブロイ波長がきわめて短いために干渉効果が観測できないからとか，状態のエネルギー準位間隔がきわめて小さいので熱雑音のために見えなくなるからという説明がされている．しかし，量子効果が巨視的現象として現れることもあり，これを巨視的量子現象(macroscopic quantum phenomena)という．巨視的系でのトンネル効果(macroscopic quantum tunneling, MQT)や重ね合せの原理(macroscopic quantum coherence, MQC)の正

否などが，近年実験的に盛んに研究されている．ここでは巨視的量子現象の例として，超伝導・超流動などのボーズ-アインシュタイン凝縮 (Bose-Einstein condensation) とジョセフソン接合 (Josephson junction) とをあげる．

フェルミ粒子はパウリの排他律に従うので一つの状態を2個以上占有できないが，ボーズ粒子は一つの状態を何個でも占めることができる．よってボーズ粒子系では低温で一つの量子状態を巨視的な数のボーズ粒子が占めうる．温度を下げると一つの状態に粒子が集まるわけで，水蒸気中に水滴が凝縮する現象に似ている．よって，この現象をボーズ-アインシュタイン凝縮という．このとき，全粒子の波動関数の位相は系の端から端まで一定値に保たれており，ボーズ-アインシュタイン凝縮は波動関数の位相が揃った量子秩序が実現した状態である．非常に多くの粒子が同一の状態を占める結果として，ボーズ-アインシュタイン凝縮相は巨視的変数で記述されることになる．

金属の電気抵抗が，ある転移温度以下で消失する現象を超伝導 (superconductivity) といい，多くの金属や合金で見出されている．超伝導状態では電気抵抗が0だから電流は減衰しない．また，2.17 K 以下の低温で液体ヘリウム ^{4}He の粘性は突然消失する．粘性のある通常の液体は狭い間げきでは流れなくなるが，2.17 K 以下のヘリウムはどんなに狭いすき間も抵抗を受けずに流れる．これを超流動 (superfluidity) という．液体 ^{4}He の超流動はヘリウム原子のボーズ-アインシュタイン凝縮によって生じている．また最近では，ルビジウム原子の集団でもボーズ-アインシュタイン凝縮が実現されている．超伝導も，減衰しない流れが生じる点で超流動と同質の現象といえる．電子はフェルミ粒子だからそのままではボーズ-アインシュタイン凝縮は起こらない．しかし，電子間に結晶格子の変形が媒介となって引力が働き，2電子が対 (クーパー対 (Cooper pair) という) になって運動すると考えると，電子対はボーズ粒子として振る舞うから，ボーズ-アインシュタイン凝縮を起こしうる．このような考え方を出発点とした超伝導現象の理論は，BCS 理論[21]と呼ばれる．

巨視的な系で干渉効果が現れている例は，ジョセフソン接合である．これは，二つの超伝導体を薄い絶縁膜を隔てて接触させたもので，クーパー対がその絶縁膜をトンネル効果で貫通することにより，抵抗ゼロで電流が流れるものである．ジョセフソン電流は超伝導体を特徴づける巨視的波動関数の位相の差に依存するので，超伝導体中の微視的な波動関数の位相が巨視的に揃った証拠とみなされている．

これらのような巨視的量子現象も存在はするものの，通常の巨視的系では巨視的トンネル効果や状態の重ね合せは見られない．その理由付けとして，巨視的系の自由度の多さに起因する「摩擦」の効果[22]が提案されている．

b. 量子サイズ効果

固体物質において，試料のサイズが電子のド・ブロイ波長と同程度まで小さくな

と，巨視系とは異なる性質が現れる．これを総称して量子サイズ効果 (quantum size effect) という．金属中のフェルミ面付近の伝導電子のド・ブロイ波長は格子間隔程度であるため，超微粒子において量子サイズ効果が現れる．一方，フェルミ波数と有効質量の小さなビスマスなどの半金属では，100 nm 程度の薄膜で量子サイズ効果が観測されている．半導体では，励起子の有効ボーア半径が 10 nm 程度なので，微粒子の光学的性質に量子サイズ効果が現れる．半導体の表面反転層や量子井戸構造などで，著しい量子サイズ効果が観測されている．

c. 散 乱 現 象

波動または粒子が障害物や散乱体との相互作用によって自由進行を乱される現象を一般に散乱という．通常の散乱実験では，有限領域に局在している散乱体に十分遠方からビーム状の波動や粒子を入射して散乱現象を起こし，四方に散乱されて出てくる波動や粒子を散乱体から十分離れた場所にある検出器で観測する．これにより，散乱体に入射する粒子が (θ, ϕ) の方向に散乱される確率が測定できる．この量を微分散乱断面積 (differential scattering cross section) $d\sigma/d\Omega$ という．シュレーディンガーの波動方程式から微分散乱断面積を理論的に導出するのが，量子力学における散乱理論[23]である．相互作用の形が与えられたとして散乱の結果（微分散乱断面積など）を論ずるのを散乱の順問題，散乱の様子から相互作用の形を推定するのを散乱の逆問題 (inverse scattering problem) という．

散乱現象は時間的に様子が変わっていくので，時間に依存するシュレーディンガー方程式 (1.1.16) を解くべきであるが，入射粒子ビームが運動量一定の定常的流れであり，標的物質との相互作用が時間にあらわに依存しなければ，散乱現象は力学的定常状態として式 (1.1.20) を解くという形で取り扱うことができる．しかしこの場合は，式 (1.1.21) が成り立たないので式 (1.1.20) は本来の意味での固有値問題ではない．遠方では入射波と散乱波とからなるという境界条件のもとでは，$E \geqq 0$ のすべての E に対して波動関数の解が存在するので，連続固有値と呼ばれる．

ある方向 z から入射された運動量 $\hbar k$ のビームを表す平面波 $\psi_k^{(0)}(r) = Ne^{ikz}$ は，標的物質に起因するポテンシャル $V(r)$ によって乱されて，散乱状態の固有関数 $\psi_k^{(+)}(r)$ となるが，V から十分遠方では平面波のほかに定常的外向き球面波が散乱波として現れる．つまり，$r \to \infty$ で

$$\psi_k^{(+)}(r) \sim N\left[e^{ikz} + f(\theta, \phi)\frac{e^{ikr}}{r}\right] \qquad (1.1.113)$$

となる．第2項が散乱球面波であり，$f(\theta, \phi)$ を散乱振幅 (scattering amplitude) という．ただし，V の中心を座標原点とし，入射方向を極軸とする球面極座標 (r, θ, ϕ) を用いた．角度 θ を散乱角という．散乱振幅は測定可能な微分断面積と $d\sigma/d\Omega = |f(\theta, \phi)|^2$ で結びついている．この散乱振幅 $f(\theta, \phi)$ を求める問題が散乱問題である．

定常的散乱問題を取り扱うには，積分方程式

$$\psi_k^{(+)}(r) = \psi_k^{(0)}(r) + \frac{m_0}{\hbar^2}\int G_k^{(+)}(r,r') V(r') \psi_k^{(+)}(r') d^3r' \tag{1.1.114}$$

を解けばよい．これをリップマン-シュウィンガー方程式(Lippmann-Schwinger equation)という．ここで

$$G_k^{(+)}(r,r') = -\frac{\exp(ik|r-r'|)}{4\pi|r-r'|} \tag{1.1.115}$$

は外向波のグリーン関数である．これを解く際に，ボルン近似(Born approximation)や部分波展開法(partial wave expansion)など[3~7,23]が用いられる．

d. ベリー位相

1.1.4項f.で述べた断熱近似が成り立つ場合に，遅い変数の時間的変化に応じて，速い変数についての状態の位相因子を考察しよう．遅い変数 $X(t) = (X_1(t), X_2(t), X_3(t))$ をパラメーターとして含む，速い変数 $x(t) = (x_1(t), x_2(t), x_3(t))$ についてのハミルトニアン演算子 $\hat{H}(X(t))$ (時刻 t をあらわに含まないとする)が与えられたとき(たとえば式(1.1.62)のハミルトニアン演算子)，時刻 t での $\hat{H}(X(t))$ の固有状態と固有エネルギーを $\phi_n(x, X(t))$ と $\varepsilon_n(X(t))$ とする．$t=0$ で状態が $\psi(0) = \phi_n(x, X(0))$ であったとき，時刻 t での状態 $\psi(t)$ は断熱近似の範囲内で

$$\psi(t) = \exp[i\Gamma_n(t)] \exp[i\gamma_n(t)] \phi_n(x, X(t)) \tag{1.1.116}$$

となる．右辺の第1の位相因子は動力学的位相(dynamical phase)と呼ばれるもので，

$$\Gamma_n(t) \equiv -\frac{1}{\hbar}\int_0^t \varepsilon_n(X(t')) dt' \tag{1.1.117}$$

である．第2因子はパラメーター $X(t)$ の変化によって生じるもので，ベリー位相(Berry phase)[24]あるいは幾何学的位相(geometrical phase)といわれ，線積分

$$\gamma_n(t) \equiv i\int_{X(0)}^{X(t)} \left[\int \phi_n^*(x, X(t')) \hat{\nabla}_X \phi_n(x, X(t')) dx\right] \cdot dX(t') \tag{1.1.118}$$

で与えられる．この $\gamma_n(t)$ は実数である．パラメーター $X(t)$ が閉曲線 C を描いて変化する場合 $(X(0) \to X(t) \to X(T) = X(0))$，閉曲線 C に沿った線積分

$$\gamma_n(C) = \oint_C A_n(X) \cdot dX \tag{1.1.119}$$

で表せる．ここで，$A_n(X)$ はベリー接続(1.1.65)であり，速い変数の運動によって生み出されたゲージポテンシャルである．A_n は固有状態 $\phi_n(X(t))$ の位相の選び方に依存して変化するのに対して，ベリー位相は位相の選び方によらないゲージ不変量になっている．ベリー位相は，ヤーン-テラー(Jahn-Teller)系，化学反応系，超伝導体の渦糸，量子ホール(Hall)系，アハラノフ-ボーム効果などさまざまな系に関連する量である[24]．

展　望

a. さまざまな量子化法

　ある力学系の古典的記述が与えられたとき，その力学変数に対して量子条件を課すことによってこれを演算子に変換し，量子力学の記述様式に移行する操作を量子化といい，その際，力学量に課せられる制限条件を量子条件という．

　ボーアの理論では，純粋に古典的に計算された無数に可能な運動状態のうちから定常状態だけを取り出すために，付加条件 (1.1.4) が余分に課せられた．これが量子条件のもともとの形で正準量子化へと発展した．正準交換関係 (1.1.5)，(1.1.6) を満たす演算子 $\hat{x}$ と $\hat{p}$ の表現は無数に存在するが，その代表例がシュレーディンガー表示とハイゼンベルク表示である．

　状態を $3N$ 次元空間内の 2 乗可積分関数 $\psi(x_1, x_2, \cdots, x_{3N})$ で表し，運動量と位置座標の演算子を $\hat{p}\psi = -i\hbar \partial \psi/\partial x$, $\hat{x}\psi = x\psi$ のように微分演算子と掛け算演算子とするのが，シュレーディンガー表示である．このように位置座標の固有関数 ψ を用いて具体化した形式が波動力学と称される．一方，ヒルベルト空間内の任意の完全正規直交系 $\{\varphi_n\}$ をとり，演算子 $\hat{A}$ を行列要素が $A_{nm} \equiv \int \varphi_n^* \hat{A} \varphi_m d^3x$ の行列としたものがハイゼンベルク表示で，行列力学を導く．正準交換関係を満たすどんな表現も互いにユニタリー変換で結ばれているので本質的に同じであり（フォン・ノイマン (von Neumann) の一意性定理)，波動力学と行列力学とは等価である．現在では，この正準量子化以外にも，さまざまな量子化方が提案されている．たとえば，経路積分量子化 (path integral quantization)[25]，確率過程量子化 (stochastic quantization)[26]，グッツヴィラー半古典量子化 (Gutzwiller's semiclassical quantization)[27]，幾何学的量子化 (geometrical quantization)[28] などがある．計算手法としてすぐれているだけでなく，量子力学の理解に新しい観点をもたらした二つの量子化法を紹介する．

1) 経路積分量子化

　量子力学的粒子が時刻 $t=0$ に位置 $x(0)=a$ を出発し時刻 t に位置 $x(t)=b$ にくるという運動の遷移振幅 $K(b,a;t,0)$ を，点 a から b への各経路 $x(t)$ の確率振幅の和（積分）として表す方法で，1948 年にファインマンが提案し，低温での液体ヘリウムのロトンやイオン結晶のポーラロンなどの素励起の理論に応用され成功を収めた．いまでは，正準量子化法に代わる量子化法の一つとして広く用いられる．正準量子化の場合のように時間を特別扱いせず，時間と空間とを平等に取り扱うため，相対論的場の理論の共変的な量子化に適している．古典力学との対比でいうと，正準量子化形式はハミルトニアン形式に，経路積分はラグランジュ形式に相当し，相補的な関係にある．

質量 m_0 の1次元粒子がポテンシャル場 $V(x)$ を運動するとき，遷移振幅 $K(b, a; t, 0)$ は，

$$\Psi(t, x=b) = \int_{-\infty}^{\infty} K(b, a; t, 0) \Psi(t=0, x=a) da \tag{1.1.120}$$

を満たすような時間に依存するシュレーディンガー方程式のグリーン関数である．これは，$t_1 < t_2 < t_3$ での合成則

$$K(a_3, a_1; t_3, t_1) = \int K(a_3, a_2; t_3, t_2) K(a_2, a_1; t_2, t_1) da_2 \tag{1.1.121}$$

を満たし，2点 $x(0) = a$ と $x(t) = b$ とを結ぶすべての経路についての積分

$$K(b, a; t, 0) = \int_{x(0)=a}^{x(t)=b} \exp\left\{\frac{i}{\hbar} S[x(t)]\right\} \mathcal{D}x(t) \tag{1.1.122}$$

で与えられる．ここで $\mathcal{D}x(t)$ はあらゆる連続経路にわたる積分を表す記号，$S[x(t)]$ は経路 $x(t)$ に関する作用で，ラグランジアン L を用いて，

$$\begin{aligned} S[x(t)] &= \int_0^t L(x(\tau)) d\tau \\ &= \int_0^t \left\{\frac{m_0}{2}\left[\frac{dx(\tau)}{d\tau}\right]^2 - V(x(\tau))\right\} d\tau \end{aligned} \tag{1.1.123}$$

と表される．時間 $[0, t]$ を N 分割し，$\Delta t = t/N$ とすると，式 (1.1.122) は具体的に

$$\begin{aligned} K(b, a; t, 0) = \lim_{N \to \infty} \int &\exp\left[\frac{i}{\hbar}\sum_{j=1}^{N}\left\{\frac{m_0}{2}\left(\frac{x_j - x_{j-1}}{\Delta t}\right)^2 - V\left(\frac{x_j + x_{j-1}}{2}\right)\right\}\Delta t\right] \\ &\times \prod_{j=1}^{N-1} \sqrt{\frac{m_0}{2\pi i \hbar \Delta t}} dx_j \end{aligned} \tag{1.1.124}$$

と書ける．1組の $\{x_j\}$ を折れ線経路とし，$\int \cdots \prod_{j=1}^{N-1} dx_j$ をあらゆる折れ線経路にわたる積分と見立てて，$N \to \infty$ の極限を「あらゆる連続経路にわたる積分」とする．

$\hbar \to 0$ なる古典極限では，式 (1.1.122) の指数関数の肩が激しく振動するため，となり合う経路からのさまざまな寄与は互いに打ち消し合い，経路積分への主要な寄与は作用 $S[x(t)]$ の停留点 $\delta S[x(t)] = 0$ すなわち運動方程式の古典解 $x_{\mathrm{cl}}(t)$ で決まる．したがって，すべての経路についての積分から，古典的経路 $x_{\mathrm{cl}}(t)$ が自然に選び出され，$\hbar \to 0$ の極限で古典力学が再現される．場の量子論に移行するには，$x(t)$ の引数 t を4元座標 (ct, x_1, x_2, x_3) に増やし，x を量子場 $\hat{\phi}$ と読み直せばよい．

$a = b$ として全空間で積分した遷移振幅 $\int K(a, a; t, 0) da \equiv G(t)$ のラプラス-フーリエ (Laplace-Fourier) 変換を $\widetilde{G}(\varepsilon) \equiv -(i/\hbar) \int_0^{\infty} G(t) e^{i\varepsilon t/\hbar} dt$ とすると，すべてのエネルギー固有値のスペクトルは，複素 ε 平面 ($\varepsilon \to \varepsilon + i\delta, \delta \to +0$ とする) 上での $\widetilde{G}(\varepsilon)$ の1位の極によって表されている．

2) 確率過程量子化

1981年にパリジ (G. Parisi) とウー (Y. S. Wu) によって提案され，場の量子論など

で広く利用されるようになった量子化法である．現実の時空変数のほかに新しく導入した仮想的な時間についての確率過程を設定し，その過程の長時間極限として量子力学および場の量子論を定式化する．この方法は，ランジュバン (Langevin) 方程式に基づく場の量子論の新しい数値解法を与えた．ランジュバン方程式から出発するために，原理的にはハミルトニアン演算子もラグランジアン演算子も不要であり，運動方程式あるいは場の方程式だけがあればよい．よって，この方法によって量子力学の理論枠を拡大しうる可能性をもっている[26]．

b. 量子力学基礎論

量子力学の成功はいまや揺るぎないもののように思われるが，その一方で，量子力学に内在する矛盾や限界を明らかにしようとする動きもある．その代表が観測問題[29]である．これは，観測に伴う波束の収縮という時間発展過程を量子力学の枠内でいかに説明するか，測定に伴う影響が空間的に離れた系に影響を及ぼすかどうか，被測定系に影響を及ぼさないような測定方法（量子非破壊測定）は実現可能か，などの基礎的問題を含む．従来は机上での哲学的議論に終始していたこの種の論争も，近年の実験技術の進歩に伴い，具体的実験によりその白黒をつける試みが盛んになりつつある[30]．

また，古典力学系の特徴が量子力学系にどのように反映されているのか，逆に量子力学的性質が古典系にどのような形で残っているか，を探る研究も広がりを見せており，量子カオスの問題，量子力学における摩擦の問題，量子-古典系の対応問題などが盛んに議論されている．冒頭にも述べたように，微視的系と巨視的系とを区別するスケールパラメーターは量子力学自体には含まれていない．それにもかかわらず通常の巨視的系では波動-粒子の二重性などの量子力学的性質は現れない．この原因がどこにあるのか，巨視的系では状態の重ね合せの原理はなぜ破れている（ように見える）のかなど，巨視的系での量子力学とその可能性も近年になり実験・理論両面から研究されるようになった．これらに関連して，正準量子化法の是非をめぐり新しい量子化法を模索する方向の研究も進んでいる．他方，量子力学的状態の重ね合せを有効利用することで，計算能力を格段に向上させた量子コンピューターが提案され，さらに観測による状態の擾乱を利用した量子暗号の研究も進展している．また，量子論理や量子群といった新しい数学も産まれている．　　　　　　　　　　　　　　　　［小川哲生］

引 用 文 献

1) 朝永振一郎：量子力学的世界像，朝永振一郎著作集第 8 巻，みすず書房，1982．
2) 朝永振一郎：量子力学 I・II，みすず書房，1952，1953．
3) J・J・サクライ（桜井明夫訳）：現代の量子力学 上・下，吉岡書店，1989．
4) ランダウ-リフシッツ（佐々木 健，好村滋洋訳）：量子力学 1・2（改訂新版），東京図書，1983．
5) 砂川重信：量子力学，岩波書店，1991．
6) アムノン・ヤリフ（野村昭一郎訳）：量子力学の基礎と応用，啓学出版，1983．

7) シッフ(井上 健訳)：新版 量子力学 上・下，吉岡書店，1970．
 8) ローズ：角運動量の基礎理論，みすず書房，1971．
 9) 朝永振一郎：スピンはめぐる，中央公論社，1974．
10) 原田義也：量子化学，裳華房，1978．
11) 上村 洸，中尾憲司：電子物性論―物性物理・物質科学のための，培風館，1995．
12) アブリコソフ他(松原武生他訳)：統計物理学における場の量子論の方法，東京図書，1970．
13) S.-K. Ma : Modern Theory of Critical Phenomena, Benjamin, 1976.
14) E. Fradkin : Field Theories of Condensed Matter Systems, Addison-Wesley, 1991.
15) D. E. Ellis (ed.) : Density Functional Theory of Molecules, Clusters, and Solids, Kluwer, 1995.
16) R. P. Feynman : Statistical Mechanics, Benjamin, 1972.
17) 中西 襄：場の量子論，培風館，1975．
18) J. J. Sakurai : Advanced Quantum Mechanics, Addison-Wesley, 1976.
19) 大貫義郎：物理学最前線 9，共立出版，1985．
20) R. Loudon : The Quantum Theory of Light, 2nd ed., Oxford Univ. Press, 1983.
21) J. Bardeen *et al.* : *Phys. Rev.*, **108** (1957) 1175.
22) A. O. Caldeira and A. J. Leggett : *Phys. Rev. Lett.*, **46** (1981) 211.
23) R. G. Newton : Scattering Theory of Waves and Particles, McGraw-Hill, 1982.
24) A. Shapere and F. Wilczek : Geometric Phases in Physics, World Scientific, 1989.
25) R. P. Feynman and A. R. Hibbs : Quantum Mechanics and Path Integrals, McGraw-Hill, 1965 (北原和夫訳：ファインマン経路積分と量子力学，マグロウヒル，1990)．
26) P. H. Damgaard and H. Huffel : *Phys. Rep.*, **152** (1987) 227.
27) M. C. Gutzwiller : Chaos in Classical and Quantum Mechanics, Springer, 1990.
28) N. M. J. Woodhouse : Geometric Quantization, 2nd ed., Oxford, 1992.
29) デスパーニア(町田 茂訳)：量子力学における観測の理論，岩波書店，1980．
30) 数理科学，特集 量子力学と先端技術，1987 年 4 月号．

さらに勉強するために

1) ファインマン，レイトン，サンズ(砂川重信訳)：ファインマン物理学Ⅴ 量子力学，岩波書店，1979．
2) メシア(小出昭一郎，田村二郎訳)：量子力学 1～3，東京図書，1971-72．
3) 日本物理学会編：量子力学と新技術，培風館，1987．
4) 江沢 洋，恒藤敏彦編：量子物理学の展望―50 年の歴史に立って 上・下，岩波書店，1977-78．
5) フォン・ノイマン(井上 健，広重 徹，恒藤敏彦訳)：量子力学の数学的基礎，みすず書房，1978．

1.2 光と電磁波

はじめに

　量子工学の立場から光学を考えたものが量子光学 (quantum optics) であり，量子論的な立場から光学現象全般を研究する分野である．量子光学は，レーザーの登場により光にかかわる新しい概念や現象が示され，量子論的光学現象の認識が改めて形成されてきた比較的新しい学問分野である．そのため，完成された学問ではなく，光の量子論，光と物質の相互作用の物理学，レーザー物理学，非線形光学，レーザー分光学など膨大な内容を含み，現在も進歩が著しい研究分野である．実際，本書が扱う内容の多くのものがこの分野に属するといっても過言ではない．しかし，量子光学を用いて初めて記述可能になる光学現象もあるが，実は量子光学を用いなくても記述可能な現象も多い．本節では，この量子光学の部分集合である古典的な光学現象の記述方法を振り返り，古典論的な光学の記述の限界を示す．

　古典論の立場に立てば，光もマクスウェル (Maxwell) の方程式を用いて電磁波と全く同様に扱うことができる．すなわち，電磁光学 (electromagnetic optics) とでも呼ぶ扱いができる．しかし，電磁波は使用周波数により，高周波 (数十 MHz 帯)，超高周波 (数百 MHz 帯)，マイクロ波 (数 GHz 帯)，ミリ波などと呼ばれ，それぞれが個別の専門分野とされて独特の発展を遂げてきた．そのため，各分野個別の問題も存在するが，本来，同じ意味，現象，法則である基礎知識が，ときとしてそれぞれの分野で形や言葉を変えて教えられてきた．これは光学と電磁波に関しても同様であり，同じ現象を両者で異なる現象，言葉を用いて表現することがある．ここでは分野個別の現象でない場合，なるべく両者の言葉を併記することにする．

1.2.1 幾何光学

　光学現象を電磁波のように波動的な取扱いをする前に，対象の寸法が光の波長に比較して大きく，光の波動性が明確に認められない場合を見てみよう．この場合の光の振舞いは，幾何学的な法則に従って進む光線 (ray) として記述ができる．どの教科書にも書いてあるように[1~3]，通常の伝搬 (平面) 波は屈折・反射・透過則を用いて記述できる．しかし，従来の教科書にはエバネセント波 (evanescent wave) に対するものは

見当たらないようであり，ここではエバネセント波を幾何光学 (geometric optics) で扱う例をみる．

a. エバネセント波の屈折・反射則
1) 全反射とエバネセント波

図 1.2.1 に示すように，異なる光学的特性をもった二つの均質な媒質 1 (屈折率 n_1) および媒質 2 (屈折率 n_2) の境界面に，媒質 1 から平面波が角度 θ_1 で入射する場合を考える．

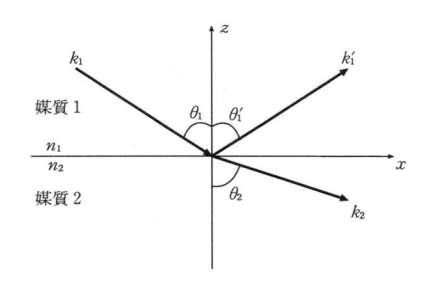

図 1.2.1 平面波の反射と屈折

入射平面波の一部は，反射角 θ_1' で反射され，一部は，媒質 2 の中を屈折角 θ_2 で進行する．座標軸を図 1.2.1 のようにとると，$z=0$ 面が境界面を表し，x-z 面が入射面となる．このとき，平面波の電磁界は y 方向に一様，つまり $\partial/\partial y = 0$ である．

2) 複素入射角

均質な媒質内を y 方向に一様な平面波 $e^{i\boldsymbol{k}\cdot\boldsymbol{r}}$ が進行する場合を考える．このとき，z 軸となす角度 θ は，平面波の進行方向を表し，波数ベクトル $\boldsymbol{k}$ は，

$$\boldsymbol{k} \equiv (k_x, k_y, k_z) = (k\sin\theta, 0, k\cos\theta), \quad k^2 = k_x^2 + k_z^2 \tag{1.2.1}$$

と書ける．ここで，エバネセント波の表記を簡単にするため，複素角を導入する．

$$\theta = \varphi + i\kappa \quad (-\pi/2 \leq \varphi \leq \pi/2) \tag{1.2.2}$$

とおくと，波数ベクトルの各要素，および平面波 $e^{i\boldsymbol{k}\cdot\boldsymbol{r}}$ は，

$$k_x = k\sin(\varphi + i\kappa) \equiv \beta_x + i\alpha_x \tag{1.2.3}$$

$$k_z = k\cos(\varphi + i\kappa) \equiv \beta_z + i\alpha_z \tag{1.2.4}$$

$$e^{i\boldsymbol{k}\cdot\boldsymbol{r}} = e^{i(\beta_x x + \beta_z z)} \cdot e^{-(\alpha_x x + \alpha_z z)} \tag{1.2.5}$$

となる．ただし，

$$\beta_x \equiv \beta\sin\varphi, \quad \alpha_x \equiv \alpha\cos\varphi \tag{1.2.6}$$

$$\beta_z \equiv \beta\cos\varphi, \quad \alpha_z \equiv -\alpha\sin\varphi \tag{1.2.7}$$

$$\beta \equiv k\cosh\kappa, \quad \alpha \equiv k\sinh\kappa \tag{1.2.8}$$

である．ここで，式 (1.2.5) は，位相が，

$$\boldsymbol{\beta}=(\beta_x, \beta_y, \beta_z)=(\beta \sin \varphi, 0, \beta \cos \varphi) \tag{1.2.9}$$

方向に，位相定数 $\beta=k \cosh \kappa$ で進行し，振幅が，

$$\boldsymbol{\alpha}=(\alpha_x, \alpha_y, \alpha_z)=(\alpha \cos \varphi, 0, -\alpha \sin \varphi) \tag{1.2.10}$$

方向に，減衰定数 $\alpha=k \sinh \kappa$ で減衰するエバネセント平面波を表している．また，明らかに，

$$\boldsymbol{\beta} \cdot \boldsymbol{\alpha}=\beta_x \alpha_x+\beta_z \alpha_z=0 \quad (\boldsymbol{\beta} \perp \boldsymbol{\alpha}) \tag{1.2.11}$$

が成り立つ（図 1.2.2）．

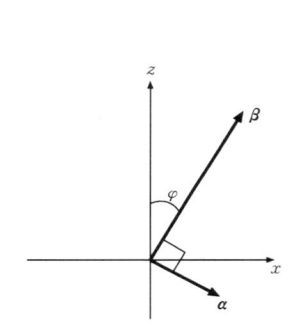

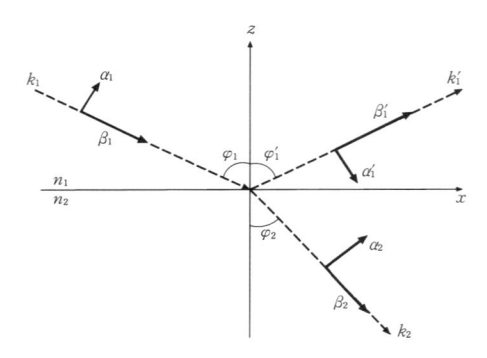

図 1.2.2 位相ベクトルと減衰ベクトル

図 1.2.3 エバネセント波の反射と屈折

3) エバネセント波の反射・屈折則

図 1.2.1 で入射波がエバネセント波であるときを考える（図 1.2.3 参照）．入射波，反射波，透過波の波数ベクトルの成分は先の結果を用いると，

$$\boldsymbol{k}_1=(k_{1x}, 0, k_{1z})=(k_1 \sin \theta_1, 0, -k_1 \cos \theta_1) \tag{1.2.12}$$

$$\theta_1 \equiv \varphi_1+i\kappa_1 \tag{1.2.13}$$

$$k_{1x}=k_1 \sin \varphi_1 \cosh \kappa_1+ik_1 \cos \varphi_1 \sinh \kappa_1 \tag{1.2.14}$$

$$k_{1z}=-k_1 \cos \varphi_1 \cosh \kappa_1+ik_1 \sin \varphi_1 \sinh \kappa_1 \tag{1.2.15}$$

$$\boldsymbol{k}_1'=(k_{1x}', 0, k_{1z}')=(k_1 \sin \theta_1', 0, k_1 \cos \theta_1') \tag{1.2.16}$$

$$\theta_1' \equiv \varphi_1'+i\kappa_1' \tag{1.2.17}$$

$$k_{1x}'=k_1 \sin \varphi_1' \cosh \kappa_1'+ik_1 \cos \varphi_1' \sinh \kappa_1' \tag{1.2.18}$$

$$k_{1z}'=k_1 \cos \varphi_1' \cosh \kappa_1'-ik_1 \sin \varphi_1' \sinh \kappa_1' \tag{1.2.19}$$

$$\boldsymbol{k}_2=(k_{2x}, 0, k_{2z})=(k_2 \sin \theta_2, 0, -k_2 \cos \theta_2) \tag{1.2.20}$$

$$\theta_2 \equiv \varphi_2+i\kappa_2 \tag{1.2.21}$$

$$k_{2x}=k_2 \sin \varphi_2 \cosh \kappa_2+ik_2 \cos \varphi_2 \sinh \kappa_2 \tag{1.2.22}$$

$$k_{2z}=-k_2 \cos \varphi_2 \cosh \kappa_2+ik_2 \sin \varphi_2 \sinh \kappa_2 \tag{1.2.23}$$

ただし，k_1, k_2 は，

$$k_1=n_1 k, \quad k_2=n_2 k \tag{1.2.24}$$

である．媒質1, 2内の波動場は，それぞれ，

$$\Psi_1(x, z) = e^{i(k_{1x}x + k_{1z}z)} + re^{i(k'_{1x}x + k'_{1z}z)} \quad (z>0) \tag{1.2.25}$$

$$\Psi_2(x, z) = te^{i(k_{2x}x + k_{2z}z)} \quad (z<0) \tag{1.2.26}$$

と書ける．ここで，r は振幅反射係数，t は振幅透過係数である．媒質が x 方向に一様であり，入射波は x 方向の移動 $D^a : D^a \Psi(x, z) = \Psi(x+a, z)$ の固有関数であり，固有値 e^{ik_xa}（D^a の1次表現）をもつ．したがって，Ψ_1, Ψ_2 は移動 D^a に関し，同一の固有値をもたなければならない．それゆえ，

$$k_{1x} = k'_{1x}, \quad k_{1x} = k_{2x} \tag{1.2.27}$$

式 (1.2.14), (1.2.18), (1.2.24) を用いると，式 (1.2.27) は，$\beta_{1x} = \beta'_{1x}$, $\alpha_{1x} = \alpha'_{1x}$, つまり

$$n_1 \sin\varphi_1 \cosh\kappa_1 = n_1 \sin\varphi'_1 \cosh\kappa'_1 \tag{1.2.28}$$

$$n_1 \cos\varphi_1 \sinh\kappa_1 = n_1 \cos\varphi'_1 \sinh\kappa'_1 \tag{1.2.29}$$

を意味する．これより，

$$\varphi_1 = \varphi'_1, \quad \kappa_1 = \kappa'_1, \quad \theta_1 = \theta'_1 \tag{1.2.30}$$

が得られる．これは，複素角の反射則を意味する．

同様に，式 (1.2.14), (1.2.22), (1.2.24) を用いると，式 (1.2.27) は，$\beta_{1x} = \beta_{2x}$, $\alpha_{1x} = \alpha_{2x}$, つまり

$$n_1 \sin\varphi_1 \cosh\kappa_1 = n_2 \sin\varphi_2 \cosh\kappa_2 \tag{1.2.31}$$

$$n_1 \cos\varphi_1 \sinh\kappa_1 = n_2 \cos\varphi_2 \sinh\kappa_2 \tag{1.2.32}$$

を意味する．これは，複素角のスネルの法則

$$n_1 \sin\theta_1 = n_2 \sin\theta_2 \tag{1.2.33}$$

の実部，虚部を与える．

以上より，入射波がエバネセント波であるときも，スネルの屈折則は複素角に対しても成立することがわかる．

4) 複素屈折角

エバネセント波に対する屈折角 $\theta_2 \equiv \varphi_2 + i\kappa_2$ を，$\theta_1 \equiv \varphi_1 + i\kappa_1$ を用いて表す．

$$\beta_{1x} \equiv n_1 \sin\varphi_1 \cosh\kappa_1 \tag{1.2.34}$$

$$\alpha_{1x} \equiv n_1 \cos\varphi_1 \sinh\kappa_1 \tag{1.2.35}$$

とおくと，式 (1.2.31), (1.2.32) より

$$\frac{\beta_{1x}^2}{\sin^2\varphi_2} - \frac{\alpha_{1x}^2}{\cos^2\varphi_2} = n_2^2 \tag{1.2.36}$$

$$\frac{\beta_{1x}^2}{\cosh^2\kappa_2} + \frac{\alpha_{1x}^2}{\sinh^2\kappa_2} = n_2^2 \tag{1.2.37}$$

これを解いて，

$$\cos\varphi_2 = \left[\frac{1}{2n_2^2}\left\{(n_2^2 - \beta_{1x}^2 - \alpha_{1x}^2) + \sqrt{(n_2^2 - \beta_{1x}^2 - \alpha_{1x}^2)^2 + 4n_2^2\alpha_{1x}^2}\right\}\right]^{1/2} \tag{1.2.38}$$

$$\sinh \kappa_2 = \pm \left[\frac{1}{2n_2{}^2} \left\{ -(n_2{}^2 - \beta_{1x}{}^2 - \alpha_{1x}{}^2) + \sqrt{(n_2{}^2 - \beta_{1x}{}^2 - \alpha_{1x}{}^2)^2 + 4n_2{}^2 \alpha_{1x}{}^2} \right\} \right]^{1/2}$$
(1.2.39)

上式より，φ_2, κ_2 が得られる．式(1.2.39)の $\pm$ は $\kappa_2 \gtreqless 0$ に対応する．ここで，
$$\cosh \kappa_i > 0 \quad (i=1, 2) \tag{1.2.40}$$
であるから，式(1.2.31)より，φ_1 と φ_2 の符号が一致する．また，κ_1 が一定のとき，$\varphi_1' = -\varphi_1$ ならば，$\varphi_2' = -\varphi_2$ となる．

また，$-\pi/2 \leq \varphi_i \leq \pi/2$ より，
$$\cos \varphi_i > 0 \quad (i=1, 2) \tag{1.2.41}$$
であるから，式(1.2.32)より，κ_1 と κ_2 の符号が一致する．φ_1 が一定のとき，$\kappa_1' = -\kappa_1$ ならば，$\kappa_2' = -\kappa_2$ となる．

とくに，通常の平面波（$\kappa_1 = 0, \alpha_{1x} = 0$）入射の場合，$n_2{}^2 - \beta_{1x}{}^2 < 0$ ならば，$\cos \varphi_2 = 0$（全反射）となる．逆に，$n_2{}^2 - \beta_{1x}{}^2 > 0$ ならば，($\sinh \kappa_2 = 0, \kappa_2 = 0$) となり，媒質2内にエバネセント波は生じない．

$n_1 = 1.5, n_2 = 1$，および $n_1 = 1, n_2 = 1.5$ のときの φ_2, κ_2 を図1.2.4～1.2.7に示す．これらの図より次のことがわかる．

① 図1.2.4より，$\kappa_1 \neq 0$ のときは全反射が生じない．
② 図1.2.4, 1.2.5より n_1, n_2 の大小にかかわらず，$\kappa_1 \gg 0$ ならば $\varphi_1 \simeq \varphi_2$ である．
③ 式(1.2.34), (1.2.35), (1.2.39)および図1.2.7から，$\varphi_1 = \pm \pi/2$（つまり $\cos \varphi_1 = 0$）のとき，$\cosh \kappa_1 \leq n_2/n_1$ ならば $\kappa_2 = 0$ すなわち，入射したエバネセント波が媒質2で通常の平面波になる．

全反射で生じたエバネセント波が再び元の媒質に戻り，通常の平面波になること，また，全反射で生じたエバネセント波に別の誘電体を近付けると，その誘電体内で通常の平面波となることがよく知られているが，これらは，上の性質③によって説明

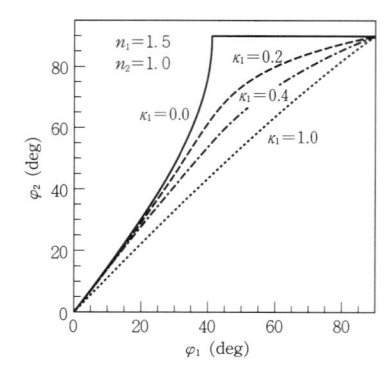

図 1.2.4　複素屈折角（実部）　　　　　図 1.2.5　複素屈折角（虚部）

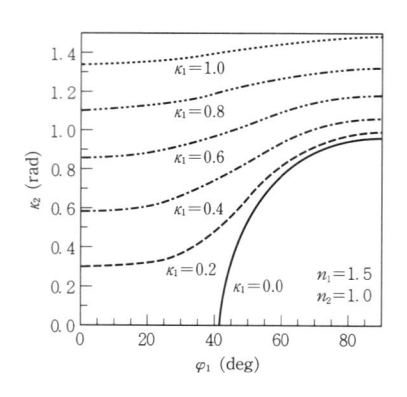

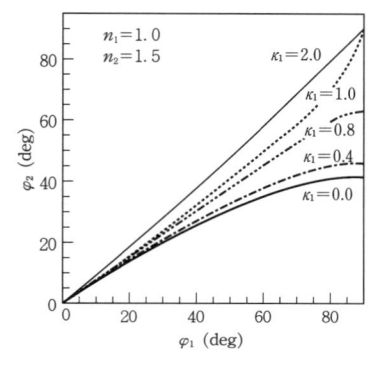

図 1.2.6 複素屈折角(実部)　　　　　**図 1.2.7** 複素屈折角(虚部)

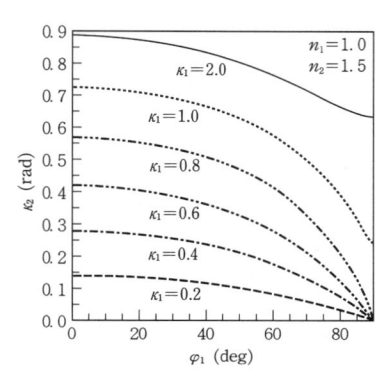

できる.

b. 電磁波の反射・透過係数

式 (1.2.25), (1.2.26) と同様, 媒質 1 より平面電磁波が入射するものとし, 媒質 1, 2 内の電磁界を E^1, E^2 のように表す. 以下でエバネセント波の反射・透過係数を求めるが, 結果として, 実数角をそのまま複素角に拡張した公式が成立する.

$$Z_1 = \sqrt{\mu_1/\varepsilon_1} = 1/n_1 \tag{1.2.42}$$
$$Z_2 = \sqrt{\mu_2/\varepsilon_2} = 1/n_2 \tag{1.2.43}$$

とし, 簡単のため, $\mu_1 = \mu_2 = \mu_0$ とおく. また, μ_i, ε_i $(i=1, 2)$ は, 各媒質における透磁率, 誘電率を表し, 入射波, 反射波, 透過波の波数ベクトル $\boldsymbol{k}_1, \boldsymbol{k}_1', \boldsymbol{k}_2$ は, 式 (1.2.12)〜(1.2.24) のようにとる.

1) S 波 (水平偏波, TE 波, s 偏光)

入射波が S 波のとき, 媒質 1, 2 内の電界, 磁界は, それぞれ,

$$\boldsymbol{E}_s^1 = (0, 1, 0) e^{i\boldsymbol{k}_1 \cdot \boldsymbol{r}} + r_s (0, 1, 0) e^{i\boldsymbol{k}_1' \cdot \boldsymbol{r}} \tag{1.2.44}$$
$$\boldsymbol{H}_s^1 = n_1(\cos\theta_1, 0, \sin\theta_1) e^{i\boldsymbol{k}_1 \cdot \boldsymbol{r}} + n_1 r_s (-\cos\theta_1, 0, \sin\theta_1) e^{i\boldsymbol{k}_1' \cdot \boldsymbol{r}} \tag{1.2.45}$$
$$\boldsymbol{E}_s^2 = t_s (0, 1, 0) e^{i\boldsymbol{k}_2 \cdot \boldsymbol{r}} \tag{1.2.46}$$
$$\boldsymbol{H}_s^2 = n_2 t_s (\cos\theta_2, 0, \sin\theta_2) e^{i\boldsymbol{k}_2 \cdot \boldsymbol{r}} \tag{1.2.47}$$

と書ける. r_s, t_s は, S 波の反射・透過係数を表す. 連続条件

$$1 + r_s = t_s, \quad n_1 \cos\theta_1 - n_1 r_s \cos\theta_1 = n_2 t_s \cos\theta_2 \tag{1.2.48}$$

より, r_s, t_s は, 反射則 $\theta_1 = \theta_1'$ を用いると,

$$r_s = \frac{n_1 \cos\theta_1 - n_2 \cos\theta_2}{n_1 \cos\theta_1 + n_2 \cos\theta_2}, \quad t_s = \frac{2n_1 \cos\theta_1}{n_1 \cos\theta_1 + n_2 \cos\theta_2} \tag{1.2.49}$$

2) P 波 (垂直偏波, TM 波, p 偏光)

入射波が P 波のとき, 電界, 磁界は, それぞれ,

$$\boldsymbol{E}_{\mathrm{p}}^1 = (\cos\theta_1, 0, \sin\theta_1)e^{i\boldsymbol{k}_i\cdot\boldsymbol{r}} + r_{\mathrm{p}}(-\cos\theta_1, 0, \sin\theta_1)e^{i\boldsymbol{k}_i'\cdot\boldsymbol{r}} \tag{1.2.50}$$

$$\boldsymbol{H}_{\mathrm{p}}^1 = n_1(0, -1, 0)e^{i\boldsymbol{k}_i\cdot\boldsymbol{r}} + n_1 r_{\mathrm{p}}(0, -1, 0)e^{i\boldsymbol{k}_i'\cdot\boldsymbol{r}} \tag{1.2.51}$$

$$\boldsymbol{E}_{\mathrm{p}}^2 = t_{\mathrm{p}}(\cos\theta_2, 0, \sin\theta_2)e^{i\boldsymbol{k}_2\cdot\boldsymbol{r}} \tag{1.2.52}$$

$$\boldsymbol{H}_{\mathrm{p}}^2 = n_2 t_{\mathrm{p}}(0, -1, 0)e^{i\boldsymbol{k}_2\cdot\boldsymbol{r}} \tag{1.2.53}$$

となる．連続条件

$$n_1(1+r_{\mathrm{p}}) = n_2 t_{\mathrm{p}}, \quad \cos\theta_1 - r_{\mathrm{p}}\cos\theta_1 = t_{\mathrm{p}}\cos\theta_2 \tag{1.2.54}$$

より，P波電界の振幅反射・透過係数 r_{p}, t_{p} は，

$$r_{\mathrm{p}} = \frac{n_2\cos\theta_1 - n_1\cos\theta_2}{n_2\cos\theta_1 + n_1\cos\theta_2}, \quad t_{\mathrm{p}} = \frac{2n_1\cos\theta_1}{n_2\cos\theta_1 + n_1\cos\theta_2} \tag{1.2.55}$$

以上のように，複素角の入射波に対する反射・透過係数も，通常の平面波のときと同形の式が得られる．$n_1=1.5$, $n_2=1$, および $n_1=1$, $n_2=1.5$ のときの $|r_\mathrm{s}|$, $|t_\mathrm{s}|$, $|r_\mathrm{p}|$, $|t_\mathrm{p}|$ を，図 1.2.8〜1.2.15 に示す．これらの図より，① $\kappa_1\neq 0$ では全反射が生じない，②

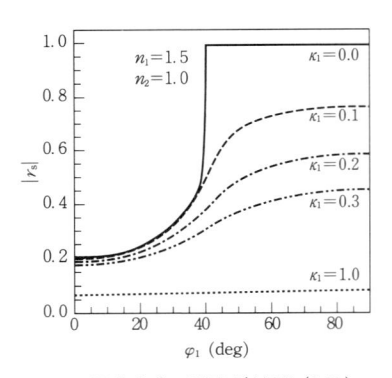

図 1.2.8 振幅反射係数（S波）

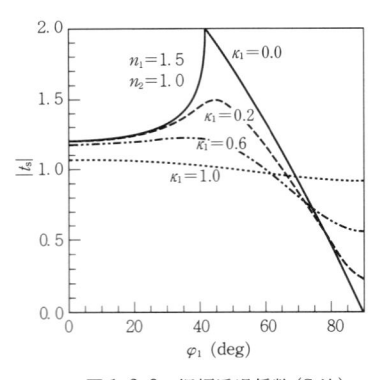

図 1.2.9 振幅透過係数（S波）

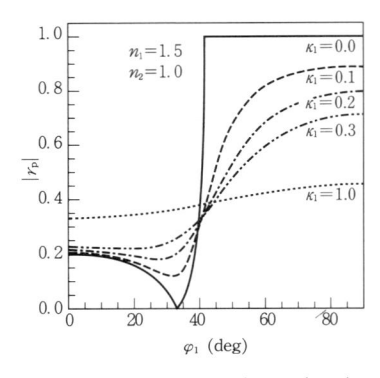

図 1.2.10 振幅反射係数（P波）

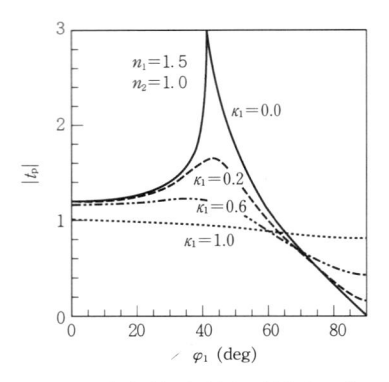

図 1.2.11 振幅透過係数（P波）

1.2 光と電磁波

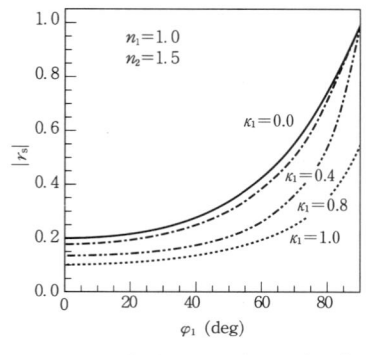

図 1.2.12 振幅反射係数 (S 波)

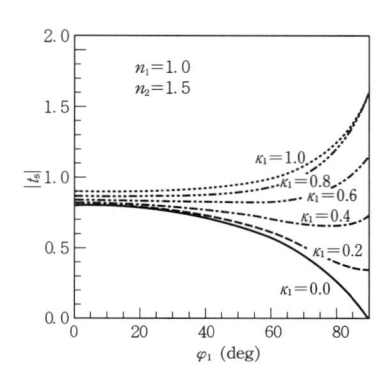

図 1.2.13 振幅透過係数 (S 波)

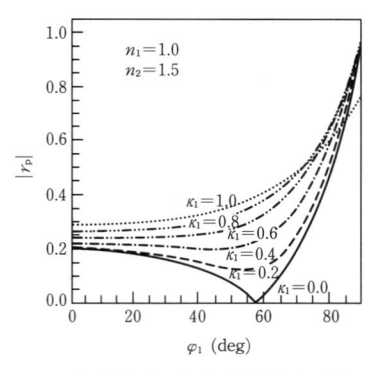

図 1.2.14 振幅反射係数 (P 波)

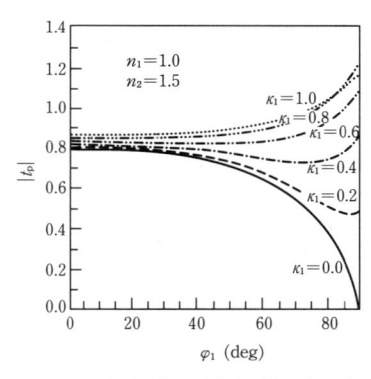

図 1.2.15 振幅透過係数 (P 波)

κ_1 が大きくなると $|r_i|, |t_i|$ の角度依存性が小さくなる,③ κ_1 が大きくなると,$|t_i|$ は1に近づく,④ $\kappa_1 \neq 0$ ではブルースター角も存在しない,などの特徴が得られる.

3) 電力保存則と電力反射・透過係数

式 (1.2.49),(1.2.55) より,

$$|r_i|^2 + \mathrm{Re}\left[\frac{n_2 \cos\theta_2}{n_1 \cos\theta_1}\right]|t_i|^2 = 1 \quad (i = \mathrm{s, p}) \tag{1.2.56}$$

の関係が成り立つ.第1項は電力反射係数,第2項は電力透過係数に相当する.式 (1.2.56) が,電力保存則を表すことは,次のように示される.

複素ポインティングベクトル $\boldsymbol{P} \equiv \boldsymbol{E} \times \boldsymbol{H}^*$ の公式 $\nabla \cdot \boldsymbol{P} = -\mathrm{i}\omega(\varepsilon|\boldsymbol{E}|^2 - \mu|\boldsymbol{H}|^2)$ を境界面に適用すれば,$\boldsymbol{P}$ の z 成分 P_z は,境界面 ($z=0$) 上で連続であることがわかる.ただし,ここで用いた上添字の $*$ は複素共役を表す.また,以降で使用する Im[ ],Re[ ] の記号は複素数の虚数部,実数部をとることを示す.

S 波の場合，式 (1.2.44)〜(1.2.47) を用いて，P_z を計算すれば，

$$(\boldsymbol{E}_s^1 \times \boldsymbol{H}_s^{1*})_z|_{z=0} = -E_y^1 H_x^{1*}|_{z=0} \tag{1.2.57}$$

$$= -\left[(e^{i\boldsymbol{k}_1 \cdot \boldsymbol{r}} + r_s e^{i\boldsymbol{k}_1' \cdot \boldsymbol{r}})\{n_1 \cos\theta_1 (e^{i\boldsymbol{k}_1 \cdot \boldsymbol{r}} - r_s e^{i\boldsymbol{k}_1' \cdot \boldsymbol{r}})\}^*\right]_{z=0} \tag{1.2.58}$$

$$= -n_1 \cos\theta_1^* e^{-2\alpha_{1x}x}(1 - |r_s|^2 + 2i\,\text{Im}[r_s]) \tag{1.2.59}$$

$$(\boldsymbol{E}_s^2 \times \boldsymbol{H}_s^{2*})_z|_{z=0} = -E_y^2 H_x^{2*}|_{z=0} = -n_2 \cos\theta_2^* e^{-2\alpha_{1x}x}|t_s|^2 \tag{1.2.60}$$

したがって，P_z の連続性から，

$$n_1 \cos\theta_1^*(1 - |r_s|^2 + 2i\,\text{Im}[r_s]) = n_2 \cos\theta_2^* |t_s|^2 \tag{1.2.61}$$

の関係が得られる．

式 (1.2.61) は複素数の等式であるから，両辺を $n_1 \cos\theta_1^*$ で割れば，

$$1 - |r_s|^2 + 2i\,\text{Im}[r_s] = \frac{n_1 \cos\theta_1^*}{n_2 \cos\theta_2^*}|t_s|^2 \tag{1.2.62}$$

となり，この実部をとれば，直ちに式 (1.2.56) が得られる．

P 波の場合，式 (1.2.50)〜(1.2.53) を用いて，P_z を計算すれば，

$$(\boldsymbol{E}_p^1 \times \boldsymbol{H}_p^{1*})_z|_{z=0} = E_x^1 H_y^{1*}|_{z=0} \tag{1.2.63}$$

$$= -n_1 \cos\theta_1 e^{-2\alpha_{1x}x}(1 - |r_p|^2 + 2i\,\text{Im}[r_p]) \tag{1.2.64}$$

$$(\boldsymbol{E}_p^2 \times \boldsymbol{H}_p^{2*})_z|_{z=0} = -n_2 \cos\theta_2 e^{-2\alpha_{1x}x}|t_p|^2 \tag{1.2.65}$$

となり，これらを等しくおけば，式 (1.2.62) と同様，

$$1 - |r_p|^2 + 2i\,\text{Im}[r_p] = \frac{n_1 \cos\theta_1}{n_2 \cos\theta_2}|t_p|^2 \tag{1.2.66}$$

が得られる．これは，式 (1.2.62) と虚部は異符号であるが，実部は式 (1.2.56) に一致する．

エバネセント波（複素入射・反射角）の場合，入射波，反射波の電力流が互いに干渉し，独立に加算できないことは注意を要する．

1.2.2 走査型近接場顕微鏡の光プローブへの幾何光学への適用

STM が電子のトンネル効果を用いて微小物体を計測するのに対し，走査型近接場顕微鏡は誘電体の光プローブを走査することによって試料表面のエバネセント波を計測し，その形状を可視光の波長以下の分解能で観測しようとするものである[4]．光プローブとしては光ファイバーの先端部分を化学的エッチングにより細くしたものなどが用いられる．ここでは前項で示した幾何光学を走査型近接場顕微鏡の光プローブの特性の解析に適用した場合を示す．

a. くさび形誘電体による 2 次元モデル

光プローブのモデルとして，屈折率 n，開き角 γ の 2 次元くさび形誘電体を仮定する．この先端部の片面にエバネセント波（別の誘電体の表面波）が入射するものと

1.2 光と電磁波

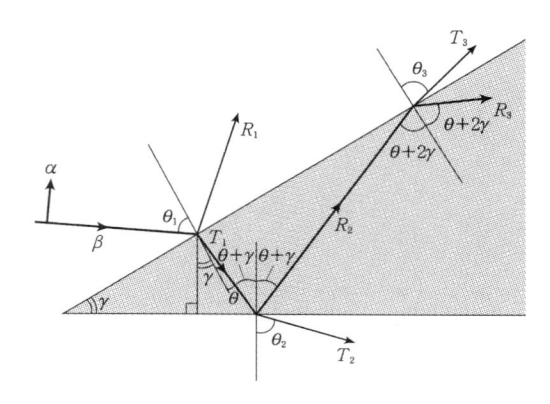

図 1.2.16 くさび形誘電体へのエバネセント波の入射

し，誘電体の内部に浸透したエバネセント波が誘電体内を反射・伝搬して，最終的に，誘電体に接続された光検出器で得られる光電力について解析する．

　この問題は，幾何光学では誘電体表面に複素角 $\theta_1 = \varphi_1 + i\kappa_1$ でエバネセント平面波が入射し，内部に浸透したエバネセント波が，次つぎに，内部表面で反射を繰り返して，右方向へ伝搬するとして扱うことができる（図 1.2.16）．

　反射角は，反射するたびに開き角 γ ずつ増加し，

$$\varphi + (N-1)\gamma \leq \frac{\pi}{2} < \varphi + N\mathcal{R} \tag{1.2.67}$$

となる整数 N に対して，反射波 R_N はもはや再反射することなく進行する．ここで，$\theta = \varphi + i\kappa$ は 1 次屈折角である．N=偶数のとき，上面の反射で減衰ベクトル $\boldsymbol{\alpha}_N$ は上向き，N=奇数のとき，下面の反射で減衰ベクトル $\boldsymbol{\alpha}_N$ は下向きである．この場合，エバネセント平面波の反射・屈折は，くさびの尖端から位相方向に沿って，エバネセント平面波が切断されたまま進行するものと見なす．しかし，エバネセント波の先端部，境界部分で通常の平面波と類似の振舞いをするものとして話を進めるが，この点，エバネセント波の回折，干渉，入射・反射・屈折の因果関係などについては別途考察が必要であろう．

b. 反射・透過係数

　まず，S 波が入射するときを考える．式 (1.2.49) を用いて，電界振幅の 1 次透過係数 t_{s1}，m 次反射係数 r_{sm} ($m=2, 3, \cdots, N$; $\varphi + (N-1)\gamma \leq \pi/2 < \varphi + N\gamma$) が以下のように求められる．$m$ 次透過係数は，

$$t_{s1} = \frac{2\cos\theta_1}{n\cos\theta + \cos\theta_1} \tag{1.2.68}$$

$$t_{sm} = \frac{2n\cos\{\theta+(m-1)\gamma\}}{n\cos\{\theta+(m-1)\gamma\}+\cos\theta_m} \quad (m=2, 3, \cdots, N) \tag{1.2.69}$$

ただし，式(1.2.33)より，

$$\sin\theta_1 = n\sin\theta \tag{1.2.70}$$

として，$\cos\theta$ を求める．

m 次反射係数は，

$$r_{s1} = \frac{\cos\theta_1 - n\cos\theta_2}{\cos\theta_1 + n\cos\theta_2} \tag{1.2.71}$$

$$r_{sm} = \frac{n\cos\{\theta+(m-1)\gamma\}-\cos\theta_m}{n\cos\{\theta+(m-1)\gamma\}+\cos\theta_m} \quad (m=2, 3, \cdots, N) \tag{1.2.72}$$

ここで，θ_m は m 次屈折角であり，$\cos\theta_m$ は次式より求まる．

$$n\sin\{\theta+(m-1)\gamma\} = \sin\theta_m \tag{1.2.73}$$

P波が入射するときは，式(1.2.55)を用いて，m 次透過係数 t_{pm}，m 次反射係数 r_{pm} $(m=2, 3, \cdots, N)$ が以下のように求められる．

$$t_{p1} = \frac{2\cos\theta_1}{\cos\theta + n\cos\theta_1} \tag{1.2.74}$$

$$t_{pm} = \frac{2n\cos\{\theta+(m-1)\gamma\}}{\cos\{\theta+(m-1)\gamma\}+n\cos\theta_m} \quad (m=2, 3, \cdots, N) \tag{1.2.75}$$

$$r_{p1} = \frac{n\cos\theta_1 - \cos\theta_2}{n\cos\theta_1 + \cos\theta_2} \tag{1.2.76}$$

$$r_{pm} = \frac{\cos\{\theta+(m-1)\gamma\}-n\cos\theta_m}{\cos\{\theta+(m-1)\gamma\}+n\cos\theta_m} \quad (m=2, 3, \cdots, N) \tag{1.2.77}$$

ただし，$\cos\theta, \cos\theta_m$ は，式(1.2.70)，(1.2.73)から求められる．

c. 電力利得

電力の1次透過係数は，式(1.2.56)の左辺第2項，m 次反射係数は，式(1.2.56)の左辺第1項でそれぞれ表される．したがって，発生しているエバネセント波の電力に対して，くさび形誘電体で検出できる電力の比を検出利得 G_i として次のように書くことができる．

$$G_i = \text{Re}\left[\frac{n_2\cos\theta_2}{n_1\cos\theta_1}\right]|t_{i1}r_{i2}r_{i3}\cdots r_{iN}|^2 \quad (i=\text{s, p}) \tag{1.2.78}$$

d. 解析結果

$\kappa_1=0.1$ および $\kappa_1=0.5$ のときの G_s, G_p を図1.2.17〜1.2.20に示す．ただし，$-\pi/4 \leq \varphi_1 \leq \pi/4$，開き角 $\gamma=10°, 20°, 30°$ である．

これらの図から次のことがいえる．

① 開き角 γ が大きいほど，利得が大きい．
② 実入射角 φ_1 が大きいほど，利得が大きい．

図 1.2.17 検出利得 I (S 波)

図 1.2.18 検出利得 II (S 波)

図 1.2.19 検出利得 I (P 波)

図 1.2.20 検出利得 II (P 波)

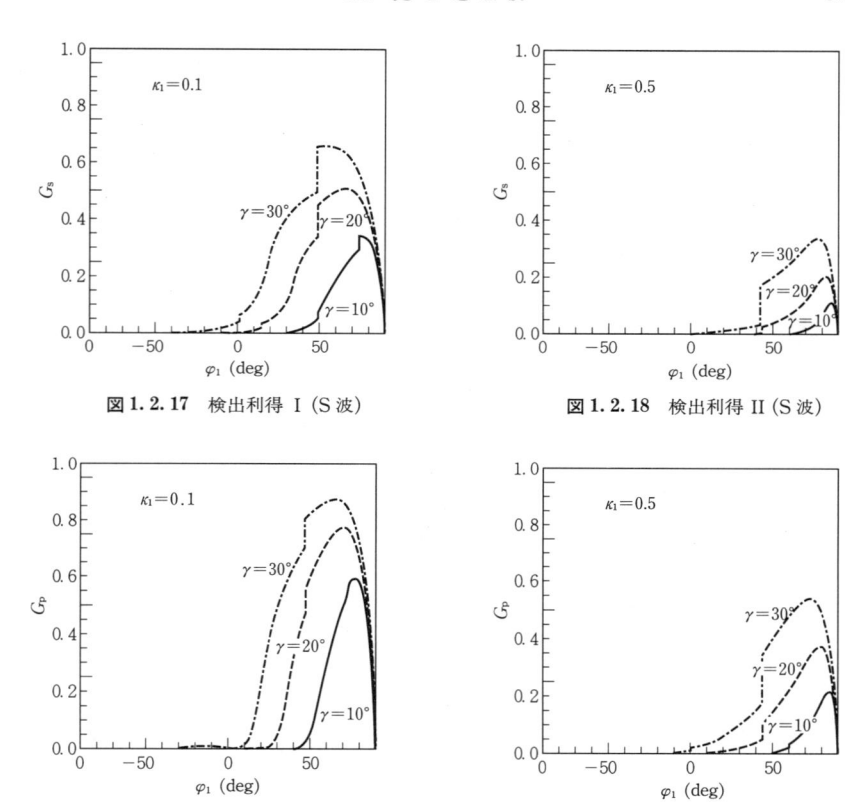

③ G_i の値が不連続に変化するところが見られる.
④ $\kappa_1=0.1$ と 0.5 の利得を比較すると,約 2 倍程度違う.
①, ② の性質が現れるのは,式 (1.2.67) より,γ が大きいほど反射回数 N が減るからであり,反射回数が 1 回減れば,利得は約 $1/|r_{im}|^2$ 倍 ($|r_{im}|<1$) になる.③ も式 (1.2.67) が示すように,N が φ_1 に依存するために起こる.④ は,反射係数 $|r_{sm}|$ が,κ_1 に逆比例して小さくなるからである (図 1.2.8 参照).

e. 電力利得の考察

上の利得 (1.2.78) は,各次数の入射・反射・屈折における電力反射係数の積として与えられたが,エバネセント波の電力流は互いに干渉しうることを考慮すると,式 (1.2.78) は,一つの近似的な評価と考えられる.図 1.2.16 において,くさび形誘電体上面 (u) の入射・反射波,および,下面 (l) の透過波の電磁界は,たとえば S 波の場

合，$N=$奇数として電力流に寄与する E_y, H_x のみを書けば，

$$E_y^{\rm u}|_{z=0}=(1+R_1)e^{ik_{1x}x}+T_3e^{ik_{3x}x}+T_5e^{ik_{5x}x}+\cdots+T_Ne^{ik_{Nx}x} \tag{1.2.79}$$

$$H_x^{\rm u}|_{z=0}=\cos\theta_1(1-R_1)e^{ik_{1x}x}+\cos\theta_3 T_3e^{ik_{3x}x}+\cos\theta_5 T_5e^{ik_{5x}x}+\cdots+T_Ne^{ik_{Nx}x} \tag{1.2.80}$$

$$E_y^{\rm l}|_{z'=0}=T_2e^{ik_{2x}x'}+T_4e^{ik_{4x}x'}+T_6e^{ik_{6x}x'}+\cdots+T_{N-1}e^{ik_{(N-1)x}x'} \tag{1.2.81}$$

$$H_x^{\rm l}|_{z'=0}=\cos\theta_2 T_2e^{ik_{2x}x'}+\cos\theta_4 T_4e^{ik_{4x}x'}+\cos\theta_6 T_6e^{ik_{6x}x'}+\cdots+\cos\theta_{N-1}T_{N-1}e^{ik_{(N-1)x}x'} \tag{1.2.82}$$

などとなる．ここで，(x',y',z) は下面に沿う座標である．また，各次数の反射係数・透過係数は，

$$R_1=r_1, \quad R_m=t_1r_2\cdots r_m \quad (m=2,3,\cdots,N) \tag{1.2.83}$$

$$T_1=t_1, \quad T_m=t_1r_2\cdots r_{m-1}t_m \quad (m=2,3,\cdots,N) \tag{1.2.84}$$

で与えられる．したがって，上面(u)での入射(流入)電力流は，

$$P_{\rm u}(x)={\rm Re}[E_y^{\rm u}H_x^{\rm u}|_{z=0}] \tag{1.2.85}$$

下面(l)での透過(流出)電力流は，

$$P_{\rm l}(x')={\rm Re}[E_y^{\rm l}H_x^{\rm l}|_{z'=0}] \tag{1.2.86}$$

で与えられる．これらに式 (1.2.79)～(1.2.82) を代入すれば明らかなように次数の異なる反射・透過波の干渉項が現れ，$P_{\rm u}(x),P_{\rm l}(x')$ は x の関数となる．したがって，入射全電力，透過全電力を

$$P_{\rm u}=\int_0^\infty P_{\rm u}(x)dx \tag{1.2.87}$$

$$P_{\rm l}=\int_0^\infty P_{\rm l}(x)dx \tag{1.2.88}$$

と書けば，たとえばプローブの利得は，

$$g=\frac{P_{\rm u}-P_{\rm l}}{P_0} \tag{1.2.89}$$

1.2.3　ベクトル波動関数

電界，磁界がベクトル量であるため，電磁波の諸問題では電磁波をベクトル波として取り扱わなければならない．しかし，多くの場合，解析が非常に容易なスカラー波に対する一般的な理論を構築し，これをモデルとしてベクトル波に対する解法を構築する．一方，光ファイバーで遮断波長をもたない導波 (HE_{11}) モードに対する導波問題のように，スカラー対応の導波モードで記述できない場合は，最初からベクトル波で解析を行わなければならない．このようなスカラー場の指標なしに，ベクトル場を直接解析することは，スカラー場を指標としたベクトル場の解析に比較して非常に多くの困難，労力を必要とする．とくに，複雑なベクトル場を用いて見通しよく解析を進めるには多くの経験，忍耐を要する．ここでは，実際の計算は複雑になるが問題の

1.2 光と電磁波

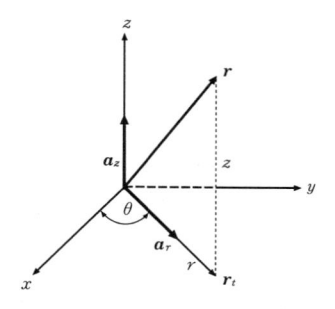

図 1.2.21 円筒座標

見通しをよくし，解析の効率を高めるのに適したベクトル波動関数を利用した解析手法について，光ファイバーの伝搬問題（走査型近接場顕微鏡の光プローブ）を例として述べる．

光ファイバーにおける問題を扱うので，座標系は円筒座標系（図1.2.21），ベクトル波動関数はベクトル円筒（ベッセル）関数が基本となる．ここでは，円筒座標単位ベクトルを a_r, a_θ, a_z で表すことにする．また，ほかの基本ベクトル，記号を以下のように定める．

位置ベクトル $\quad \boldsymbol{r}=(\boldsymbol{r}_t, z)\equiv(r, \theta, z)_{\mathrm{cyl}}=r\boldsymbol{a}_r+z\boldsymbol{a}_z \quad$ (1.2.90)

波数ベクトル $\quad \boldsymbol{k}=(\boldsymbol{k}_t, \beta)\equiv(\lambda, \delta, \beta)_{\mathrm{cyl}}=\lambda\boldsymbol{a}_r+\beta\boldsymbol{a}_z,$

$$\lambda\equiv|\boldsymbol{k}_t(\beta)|\equiv\sqrt{k^2-\beta^2} \quad (1.2.91)$$

水平偏波ベクトル $\quad \boldsymbol{a}_{\mathrm{H}}(\boldsymbol{k})\equiv\dfrac{\boldsymbol{k}_t}{\lambda}\times\boldsymbol{a}_z=-\boldsymbol{a}_\theta \quad$ (1.2.92)

垂直偏波ベクトル $\quad \boldsymbol{a}_{\mathrm{V}}(\boldsymbol{k})\equiv\dfrac{\boldsymbol{k}}{k}\times\boldsymbol{a}_{\mathrm{H}}(\boldsymbol{k})=\dfrac{\beta}{k}\dfrac{\boldsymbol{k}_t}{\lambda}-\dfrac{\lambda}{k}\boldsymbol{a}_z \quad$ (1.2.93)

a. ベクトルベッセル関数

円筒座標系でスカラー場の問題を扱うにはベッセル関数を用いるのと同様に，ベクトル場の波動問題を扱うにはベクトルベッセル関数が必要となる．ここでは，ベクトルベッセル関数を次のように定義する．

$$\left.\begin{array}{l}\boldsymbol{j}_m^1(\lambda r)\\ \boldsymbol{h}_m^1(\lambda r)\end{array}\right\}\equiv\zeta_m(\lambda r)\boldsymbol{a}_r+\eta_m(\lambda r)\boldsymbol{a}_\theta \quad (1.2.94)$$

$$\left.\begin{array}{l}\boldsymbol{j}_m^2(\lambda r)\\ \boldsymbol{h}_m^2(\lambda r)\end{array}\right\}\equiv\eta_m(\lambda r)\boldsymbol{a}_r-\zeta_m(\lambda r)\boldsymbol{a}_\theta+\psi_m(\lambda r)\boldsymbol{a}_z \quad (1.2.95)$$

$$\left.\begin{aligned}
&\psi_m(\lambda r) \equiv \frac{\lambda}{k}\phi_m(\lambda r) \\
&\zeta_m(\lambda r) \equiv \frac{\beta}{k}\frac{m}{\lambda r}\phi_m(\lambda r) = \frac{\beta}{2k}[\phi_{m-1}(\lambda r) + \phi_{m+1}(\lambda r)] \\
&\eta_m(\lambda r) \equiv \frac{\mathrm{i}\beta}{k}\dot{\phi}_m(\lambda r) = \frac{\mathrm{i}\beta}{2k}[\phi_{m-1}(\lambda r) - \phi_{m+1}(\lambda r)]
\end{aligned}\right\} \quad (1.2.96)$$

$$\left.\begin{aligned}
&\psi_{-m} = (-1)^m \psi_m, \quad \zeta_{-m} = (-1)^{m+1}\zeta_m, \quad \eta_{-m} = (-1)^m \eta_m \\
&\quad (m = 0, \pm 1, \pm 2, \cdots)
\end{aligned}\right\} \quad (1.2.97)$$

ここで，ベッセル関数 ϕ_m が

$$\phi_m(\lambda r) = \begin{cases} J_m(\lambda r) \\ H_m^{(1)}(\lambda r) \end{cases}, \quad \dot{\phi}_m(\lambda) = \frac{\mathrm{d}\phi_m(\lambda)}{\mathrm{d}\lambda} = \begin{cases} \dot{J}_m(\lambda r) \\ \dot{H}_m^{(1)}(\lambda r) \end{cases} \quad (1.2.98)$$

であるに応じてベクトルベッセル関数は $\boldsymbol{j}_m, \boldsymbol{h}_m$ の記号を用いるものとする．また，$\lambda = \mathrm{i}\tau, \tau \equiv \sqrt{\beta^2 - k^2}$ の場合は

$$\boldsymbol{k}_m^\nu(\tau r) \equiv \frac{\pi\mathrm{i}}{2}\mathrm{i}^m \boldsymbol{h}_m^\nu(\mathrm{i}\tau r) \quad (\nu = 1, 2) \quad (1.2.99)$$

で表す．すなわち

$$\left.\begin{aligned}
&\boldsymbol{k}_m^1(\tau r) \equiv \zeta'_m(\tau r)\boldsymbol{a}_r + \eta'_m(\tau r)\boldsymbol{a}_\theta \\
&\boldsymbol{k}_m^2(\tau r) \equiv \eta'_m(\tau r)\boldsymbol{a}_r - \zeta'_m(\tau r)\boldsymbol{a}_\theta + \psi'_m(\tau r)\boldsymbol{a}_z
\end{aligned}\right\} \quad (1.2.100)$$

$$\left.\begin{aligned}
&\psi'_m(\tau r) = \frac{\tau}{k}K_m(\tau r) \\
&\zeta'_m(\tau r) = -\frac{\beta}{k}\frac{m}{\tau r}K_m(\tau r) = \frac{\beta}{2k}[K_{m-1}(\tau r) - K_{m+1}(\tau r)] \\
&\eta'_m(\tau r) = -\frac{\mathrm{i}\beta}{k}\dot{K}_m(\tau r) = \frac{\mathrm{i}\beta}{2k}[K_{m-1}(\tau r) + K_{m+1}(\tau r)]
\end{aligned}\right\} \quad (1.2.101)$$

$$\psi'_{-m} = \psi'_m, \quad \zeta'_{-m} = -\zeta'_m, \quad \eta'_{-m} = \eta'_m \quad (1.2.102)$$

ここで，$K_m(z)$ は第2種の変形ベッセル関数である：

$$K_m(\tau r) \equiv \frac{\pi\mathrm{i}}{2}\mathrm{i}^m H_m^{(1)}(\mathrm{i}\tau r) \quad (1.2.103)$$

b. ベクトル円筒関数

円筒座標系でベクトル場を表現するには，半径方向の電磁界の変化を表すベクトルベッセル関数に周 (θ) 方向と z 軸方向の要素を付加する必要がある．ここでは，ベクトルベッセル関数に角度因子を付加したものをベクトル円筒関数と名づける．さらに，角度因子の表現の仕方によりベクトル円筒関数を以下の2種類の表現で定義する．

1) 指数関数表示のベクトル円筒関数

ベクトルベッセル関数に角度因子 $\mathrm{e}^{\mathrm{i}m\theta}$ を付加したもの

$$\left.\begin{array}{l}\boldsymbol{j}_m^1(\lambda r)\mathrm{e}^{\mathrm{i}m\theta}\\ \boldsymbol{j}_m^2(\lambda r)\mathrm{e}^{\mathrm{i}m\theta}\end{array}\right\} \quad (m=0,\pm1,\pm2,\cdots) \qquad (1.2.104)$$

を指数関数 ($\mathrm{e}^{\mathrm{i}m\theta}$) 表示のベクトル円筒関数と名づける．$\boldsymbol{h}_m^\nu(\lambda r)$, $\boldsymbol{k}_m^\nu(\lambda r)$ の場合も同様である．

2) 三角関数表示のベクトル円筒関数

指数関数表示とは別に角度因子に $\cos m\theta, \sin m\theta$, $m=0,1,2,\cdots$ を用いた表示を三角関数表示（または [±] 表示）のベクトル円筒関数 $\boldsymbol{J}_{m\pm}^1$, $\boldsymbol{J}_{m\pm}^2$ と名づけ，次式で定義する．ただし，式中の [ ] 内の角度因子 ($\cos m\theta, \sin m\theta$) は，$m\pm$ の上下に対応する．

$$\boldsymbol{J}_{m\pm}^1(\lambda r,\theta)=\frac{1}{2\mathrm{i}^m}[\boldsymbol{j}_m^1(\lambda r)\mathrm{i}^m\mathrm{e}^{\mathrm{i}m\theta}\pm\boldsymbol{j}_{-m}^1(\lambda r)\mathrm{i}^{-m}\mathrm{e}^{-\mathrm{i}m\theta}]$$

$$=\zeta_m(\lambda r)\begin{bmatrix}\mathrm{i}\sin m\theta\\ \cos m\theta\end{bmatrix}\boldsymbol{a}_r+\eta_m(\lambda r)\begin{bmatrix}\cos m\theta\\ \mathrm{i}\sin m\theta\end{bmatrix}\boldsymbol{a}_\theta \qquad (1.2.105)$$

$$\boldsymbol{J}_{m\pm}^2(\lambda r,\theta)=\frac{1}{2\mathrm{i}^m}[\boldsymbol{j}_m^2(\lambda r)\mathrm{i}^m\mathrm{e}^{\mathrm{i}m\theta}\pm\boldsymbol{j}_{-m}^2(\lambda r)\mathrm{i}^{-m}\mathrm{e}^{-\mathrm{i}m\theta}]$$

$$=\eta_m(\lambda r)\begin{bmatrix}\cos m\theta\\ \mathrm{i}\sin m\theta\end{bmatrix}\boldsymbol{a}_r-\zeta_m(\lambda r)\begin{bmatrix}\mathrm{i}\sin m\theta\\ \cos m\theta\end{bmatrix}\boldsymbol{a}_\theta+\psi_m(\lambda r)\begin{bmatrix}\cos m\theta\\ \mathrm{i}\sin m\theta\end{bmatrix}\boldsymbol{a}_z$$

$$(m=0,1,2,\cdots) \qquad (1.2.106)$$

とくに $m=0$ の場合は，

$$\boldsymbol{J}_{0+}^1(\lambda r)=\eta_0(\lambda r)\boldsymbol{a}_\theta, \quad \boldsymbol{J}_{0-}^1(\lambda r)\equiv 0 \qquad (1.2.107)$$

$$\boldsymbol{J}_{0+}^2(\lambda r)=\eta_0(\lambda r)\boldsymbol{a}_r+\psi_0(\lambda r)\boldsymbol{a}_z, \quad \boldsymbol{J}_{0-}^2(\lambda r)\equiv 0 \qquad (1.2.108)$$

また，同様にして $\lambda=\mathrm{i}\tau$ の場合は

$$\boldsymbol{K}_{m\pm}^\nu(\tau r,\theta)=\frac{\pi\mathrm{i}}{2}\mathrm{i}^m\boldsymbol{H}_{m\pm}^\nu(\mathrm{i}\tau r,\theta) \quad (\nu=1,2) \qquad (1.2.109)$$

と書ける．すなわち

$$\boldsymbol{K}_{m\pm}^1(\tau r,\theta)=\frac{1}{2}[\boldsymbol{k}_m^1(\tau r)\mathrm{e}^{\mathrm{i}m\theta}\pm\boldsymbol{k}_{-m}^1(\tau r)\mathrm{e}^{-\mathrm{i}m\theta}]$$

$$=\zeta_m'(\tau r)\begin{bmatrix}\mathrm{i}\sin m\theta\\ \cos m\theta\end{bmatrix}\boldsymbol{a}_r+\eta_m'(\tau r)\begin{bmatrix}\cos m\theta\\ \mathrm{i}\sin m\theta\end{bmatrix}\boldsymbol{a}_\theta \qquad (1.2.110)$$

$$\boldsymbol{K}_{m\pm}^2(\tau r,\theta)=\frac{1}{2}[\boldsymbol{k}_m^2(\tau r)\mathrm{e}^{\mathrm{i}m\theta}\pm\boldsymbol{k}_{-m}^2(\tau r)\mathrm{e}^{-\mathrm{i}m\theta}]$$

$$=\eta_m'(\tau r)\begin{bmatrix}\cos m\theta\\ \mathrm{i}\sin m\theta\end{bmatrix}\boldsymbol{a}_r-\zeta_m'(\tau r)\begin{bmatrix}\mathrm{i}\sin m\theta\\ \cos m\theta\end{bmatrix}\boldsymbol{a}_\theta+\psi_m'(\tau r)\begin{bmatrix}\cos m\theta\\ \mathrm{i}\sin m\theta\end{bmatrix}\boldsymbol{a}_z$$

$$(1.2.111)$$

c. 円筒調和関数

ベクトルヘルムホルツ方程式を満たすソレノイダルなベクトル円筒波（円筒調和関

数) $\boldsymbol{\psi}_m$ はスカラー場の場合と同様にベクトル円筒関数と z 軸方向の電磁界の因子 $e^{i\beta z}$ の積で与えることができる（ここではポテンシャル円筒波は用いないので省略する）．

$$(\nabla^2+k^2)\boldsymbol{\psi}_m(\boldsymbol{r})=0, \quad \nabla\cdot\boldsymbol{\psi}_m(\boldsymbol{r})=0 \quad \text{(solenoidal)} \tag{1.2.112}$$

$$\nabla\times\nabla\times\boldsymbol{\psi}_m(\boldsymbol{r})=k^2\boldsymbol{\psi}_m(\boldsymbol{r}) \tag{1.2.113}$$

$$\boldsymbol{\psi}_m(r,\theta,z)=\boldsymbol{j}_m^\nu(\lambda r)e^{im\theta+i\beta z}, \quad \boldsymbol{J}_{m\pm}^\nu(\lambda r,\theta)e^{i\beta z} \quad \text{(内部)} \tag{1.2.114}$$

$$=\boldsymbol{h}_m^\nu(\lambda r)e^{im\theta+i\beta z}, \quad \boldsymbol{H}_{m\pm}^\nu(\lambda r,\theta)e^{i\beta z} \quad \text{(外部)} \tag{1.2.115}$$

$$=\boldsymbol{k}_m^\nu(\tau r)e^{im\theta+i\beta z}, \quad \boldsymbol{K}_{m\pm}^\nu(\tau r,\theta)e^{i\beta z} \quad \text{(エバネセント)} \tag{1.2.116}$$

$$(\nu=1,2)$$

d．円筒電磁波

先に示した円筒調和関数は円筒内部の円筒電磁波，放射電磁界，エバネセント電磁界を表現するのに適している．ここでは円筒調和関数による円筒電磁界の表現を定性的な方法で導いてみる．

1) 円筒内部の TE 波（S 波，水平偏波，s 偏光）

外部放射，外部エバネセント場を含まない円筒内部のベクトル電磁界はスカラー場の場合と同様に円筒調和関数の式 (1.2.114) を用いて表現できる．ただし，電磁界が TE 波である場合には TE 波の電界方向が式 (1.2.94) に示すベクトルベッセル関数 $\boldsymbol{j}_m^1(\lambda r)$ の方向となる必要があるため，電界成分 $\boldsymbol{E}_m^{\text{TE}}(\boldsymbol{r})$ は $\boldsymbol{j}_m^1(\lambda r)$ で表さなければならない．一方，磁界成分は電界と直交するため $\boldsymbol{j}_m^1(\lambda r)$ と直交する式 (1.2.95) の $\boldsymbol{j}_m^2(\lambda r)$ で表現する必要がある．

したがって，円筒内部の TE ベクトル円筒波は指数関数表示（$e^{im\theta}$, $m=0, \pm 1, \pm 2, \cdots$）を用いれば

$$\boldsymbol{E}_m^{\text{TE}}(\boldsymbol{r})=\boldsymbol{j}_m^1(\lambda r)e^{im\theta+i\beta z} \tag{1.2.117}$$

$$\boldsymbol{H}_m^{\text{TE}}(\boldsymbol{r})=-\frac{1}{Z_{\text{TE}}}\boldsymbol{j}_m^2(\lambda r)e^{im\theta+i\beta z} \tag{1.2.118}$$

$$Z_{\text{TE}}\equiv Z_{\text{TE}}(\beta)=\frac{k}{\beta}\zeta, \quad \zeta=\sqrt{\mu/\varepsilon} \tag{1.2.119}$$

となる．この円筒調和関数による TE ベクトル円筒波の表現はスカラー波の場合と全く同形の表現であり，ベッセル関数をベクトルベッセル関数に置き換えた表現となる．このようにベクトル波動関数を用いれば，定性的な議論でも見通しよく電磁界の形を決定することができる．

2) 円筒内部の TM 波（P 波，垂直偏波，p 偏光）

TE 波と同様な議論により円筒内部の TM 波は円筒調和関数により次式で書ける．

$$\boldsymbol{E}_m^{\text{TM}}(\boldsymbol{r})=\boldsymbol{j}_m^2(\lambda r)e^{im\theta+i\beta z} \tag{1.2.120}$$

$$\boldsymbol{H}_m^{\text{TM}}(\boldsymbol{r})=\frac{1}{Z_{\text{TM}}}\boldsymbol{j}_m^1(\lambda r)e^{im\theta+i\beta z} \tag{1.2.121}$$

$$Z_{\text{TM}} \equiv Z_{\text{TM}}(\beta) = \frac{\beta}{k}\zeta \tag{1.2.122}$$

同筒外部の放射場，エバネセント波はそれぞれベクトルベッセル関数を $j_m^\nu \to h_m^\nu$, k_m^ν に置き換えればよい．また，$\cos m\theta, \sin m\theta$ による表示は式 (1.2.114)～(1.2.116) により $J_{m\pm}^{1,2}$ などに置き換えれば得られる．

e. 平面電磁波の円筒波展開

任意のスカラー波がベッセル関数で展開できるように，円筒調和関数系も 2 乗可積分可能な関数に対して完備な直交系をなすため，任意のベクトル電磁界をベクトル円筒波（円筒調和関数）を用いて展開することができる．ここでは平面電磁波の円筒電磁波による展開を示すが，この展開はスカラー場の展開形においてベッセル関数をベクトルベッセル関数に置き換えた形となっている．

1) TE 波（S 波，水平偏波，s 偏光）

入射電力が $\zeta/2$ である TE 平面波は，式 (1.2.92) で定義した水平偏波ベクトル $a_{\text{H}}(k)$ と式 (1.2.93) の垂直偏波ベクトル $a_{\text{V}}(k)$ を用いて，電界は式 (1.2.123)，磁界は式 (1.2.125) のように書ける．さらに，スカラー波の場合にベッセル関数で直交展開するのと同様の操作で，平面電磁波は円筒調和関数で展開できる．

$$E^{\text{TE}}(r) = \zeta a_{\text{H}}(k) e^{i k \cdot r} \tag{1.2.123}$$

$$= Z_{\text{TE}} \sum_{m=-\infty}^{\infty} i^m j_m^1(\lambda r, \beta) e^{i m(\theta-\varphi)+i\beta z} \tag{1.2.124}$$

$$H^{\text{TE}}(r) = a_{\text{V}}(k) e^{i k \cdot r} \tag{1.2.125}$$

$$= -\sum_{m=-\infty}^{\infty} i^m j_m^2(\lambda r, \beta) e^{i m(\theta-\varphi)+i\beta z} \tag{1.2.126}$$

2) TM 波（P 波，垂直偏波，p 偏光）

入射電力が $\zeta/2$ である TM 平面波も TE 平面と同様に水平，垂直偏波ベクトルを用いて書き，円筒調和関数で展開できる．

$$E^{\text{TM}}(r) = \zeta a_{\text{V}}(k) e^{i k \cdot r} \tag{1.2.127}$$

$$= -\zeta \sum_{m=-\infty}^{\infty} i^m j_m^2(\lambda r) e^{i m(\theta-\varphi)+i\beta z} \tag{1.2.128}$$

$$H^{\text{TM}}(r) = -a_{\text{H}}(k) e^{i k \cdot r} \tag{1.2.129}$$

$$= -\frac{\zeta}{Z_{\text{TM}}} \sum_{m=-\infty}^{\infty} i^m j_m^1(\lambda r) e^{i m(\theta-\varphi)+i\beta z} \tag{1.2.130}$$

f. ベクトル円筒波の平面波展開

平面電磁波をベクトル円筒波で展開できることを示したが，逆にベクトル円筒波を平面電磁波で展開することも可能である．以下にベクトル円筒波 j_m^1, j_m^2 の水平偏波，垂直偏波平面波による展開式を示す．

$$\frac{k}{\beta} i^m \boldsymbol{j}_m^1(\lambda r) e^{im\theta + i\beta z} = \frac{1}{2\pi} \int_0^{2\pi} \boldsymbol{a}_{\mathrm{H}}(\boldsymbol{k}) e^{i\boldsymbol{k}\cdot\boldsymbol{r}} e^{im\varphi} d\varphi \quad (\text{TE 波}) \qquad (1.2.131)$$

$$-i^m \boldsymbol{j}_m^2(\lambda r) e^{im\theta + i\beta z} = \frac{1}{2\pi} \int_0^{2\pi} \boldsymbol{a}_{\mathrm{V}}(\boldsymbol{k}) e^{i\boldsymbol{k}\cdot\boldsymbol{r}} e^{im\varphi} d\varphi \quad (\text{TM 波}) \qquad (1.2.132)$$

ここまでは展開する電磁界を通常の平面波,円筒波としたが,エバネセント波の場合でも同様に展開することができる.

1.2.4 ベクトル波動関数による光プローブの解析

1.2.2項では,幾何光学を用いた解析の例として走査型近接場顕微鏡の光プローブを取り上げた.しかし,実際に用いられる光プローブの多くはペンシル形の光ファイバー製であり,幾何光学による解析で用いたくさび形光プローブモデルとは非常に異なる.したがって,実際の光プローブの解析に幾何光学を単純に適用することはできない.また,光プローブの解析をスカラー波の類似問題として近似できれば,その解析は非常に容易になるが,遮断波長をもたないファイバーの主導波モード[5,6]はスカラー対応の導波モードで記述できない.しかし,1.2.4項で示したベクトル波動関数を用いれば,この問題を電磁波の散乱の類似問題として解析できる.ここでは計算は複雑になるが問題をベクトル波動関数を用いて電磁界により記述し,外部からのエバネセント入射波による光ファイバープローブの導波モードの励振問題として,キルヒホッフ近似の考えに基づいて解析を行う.

a. 均一コア光ファイバーの電磁界モード

近接場顕微鏡の光プローブにはいろいろな組成,構造の光ファイバーを加工して用いるが,ここでは,解析を簡単にするため均一コア光ファイバーをプローブのモデルとする.したがって,解析に用いる電磁界も均一コア光ファイバーの導波モードを用いる.また,光プローブは図1.2.22に示すようにz方向に一様なファイバーとし,光ファイバーのコアの半径をa,内部(コア)と外部(クラッド)の屈折率と諸定数を表1.2.1とする.ただし,透磁率は内外部でμ_0一定とし,$\zeta \equiv \sqrt{\mu_0/\varepsilon_0}$とした.

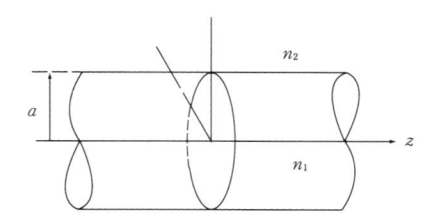

図 1.2.22 均一コア光ファイバーの屈折率(n_1:内部, n_2:外部)

1.2 光と電磁波

表 1.2.1 均一コア光ファイバーの諸定数

	屈折率	波数	誘電率	電波インピーダンス	動径波数
内部	n_1	$k_1 = n_1 k$	$\varepsilon_1 = n_1^2 \varepsilon_0$	$\zeta_1 \equiv \sqrt{\mu_0/\varepsilon_1}$	$\lambda \equiv \sqrt{k_1^2 - \beta^2}$
外部	n_2	$k_2 = n_2 k$	$\varepsilon_2 = n_2^2 \varepsilon_0$	$\zeta_2 \equiv \sqrt{\mu_0/\varepsilon_2}$	$\tau \equiv \sqrt{\beta^2 - k_2^2}$

1) 導波モードの特性方程式

光ファイバーの導波モードはよく知られているように，TE 波，TM 波の混成モードであり，その伝搬定数は次の特性方程式[7]の根より定まる（u, w：根）.

$$\left[\frac{J'_m(u)}{u J_m(u)} + \frac{K'_m(w)}{w K_m(w)}\right]\left[\frac{J'_m(u)}{u J_m(u)} + \left(\frac{n_2}{n_1}\right)^2 \frac{K'_m(w)}{w K_m(w)}\right] = m^2 \left(\frac{1}{u^2} + \frac{1}{w^2}\right)\left[\frac{1}{u^2} + \left(\frac{n_2}{n_1}\right)^2 \frac{1}{w^2}\right]$$

（根 $u_{mn}, w_{mn}, n = 1, 2, \cdots, m = 0, \pm 1, \pm 2, \cdots$） (1.2.133)

ただし，ここでパラメーターを次のようにおいた.

$$u^2 + w^2 = v^2 \tag{1.2.134}$$

$$u \equiv \lambda a, \quad w \equiv \tau a, \quad v^2 \equiv (k_1 a)^2 - (k_2 a)^2 = (n_1^2 - n_2^2)(ka)^2 \tag{1.2.135}$$

$$\lambda \equiv \sqrt{k_1^2 - \beta^2}, \quad \tau \equiv \sqrt{\beta^2 - k_2^2} \tag{1.2.136}$$

$$P_m = |m|\left(\frac{1}{u^2} + \frac{1}{w^2}\right) \bigg/ \left[\frac{J'_m(u)}{u J_m(u)} + \frac{K'_m(w)}{w K_m(w)}\right] \quad (m = 0, 1, 2, \cdots) \tag{1.2.137}$$

$$P_0 = \begin{cases} 0 & ; \text{TM}_{0n} \text{ モード} \\ \infty & ; \text{TE}_{0n} \text{ モード} \end{cases} \tag{1.2.138}$$

$$P_m > 0 \quad \text{EH}_{mn} \text{ モード}, \quad m \geq 1 \tag{1.2.139}$$

$$P_m < 0 \quad \text{HE}_{mn} \text{ モード}, \quad m \geq 1 \tag{1.2.140}$$

光プローブでは光の波長以下の大きさの先端でエバネセント光が検出される．そのため，遮断波長がない主モード HE_{11} モードが光プローブの解析には必要となる.

2) 導波モードの電磁界（$e^{im\theta}$ 表示）

ファイバーの導波モードは TE 波 (1.2.117), (1.2.118) と TM 波 (1.2.120), (1.2.121) の混成モードであり，TE, TM ベクトル円筒波を用いて

コア内部（$r < a, m = 0, \pm 1, \pm 2, \cdots$）

$$\boldsymbol{E}_m(\boldsymbol{r}, \beta) = [\boldsymbol{j}_m^2(\lambda r) - i P_m \boldsymbol{j}_m^1(\lambda r)] e^{im\theta + i\beta z} \tag{1.2.141}$$

$$= [(\eta_m - i P_m \zeta_m)\boldsymbol{a}_r - (\zeta_m + i P_m \eta_m)\boldsymbol{a}_\theta + \psi_m \boldsymbol{a}_z] e^{im\theta + i\beta z} \tag{1.2.142}$$

$$\boldsymbol{H}_m(\boldsymbol{r}, \beta) = \left[\frac{1}{Z_{\text{TM}}^1} \boldsymbol{j}_m^1(\lambda r) + i P_m \frac{1}{Z_{\text{TE}}^1} \boldsymbol{j}_m^2(\lambda r)\right] e^{im\theta + i\beta z} \tag{1.2.143}$$

$$= \left[\left(\frac{k_1}{\beta \zeta_1}\zeta_m + i P_m \frac{\beta}{k \zeta}\eta_m\right)\boldsymbol{a}_r + \left(\frac{k_1}{\beta \zeta_1}\eta_m + i P_m \frac{\beta}{k \zeta}\zeta_m\right)\boldsymbol{a}_\theta + i P_m \frac{\beta}{k \zeta}\psi_m \boldsymbol{a}_z\right] e^{im\theta + i\beta z}$$
(1.2.144)

と書ける．ただし，ここで

$$\lambda \equiv \sqrt{k_1^2 - \beta^2} \tag{1.2.145}$$

$$Z_{\text{TM}}^1 \equiv Z_{\text{TM}}^1(\beta) \equiv \frac{\beta}{k_1}\zeta_1, \quad Z_{\text{TE}}^1 \equiv Z_{\text{TE}}^1(\beta) \equiv \frac{k_1}{\beta}\zeta_1 = \frac{k}{\beta}\zeta \tag{1.2.146}$$

コア外部 ($r>a$, $m=0, \pm 1, \pm 2, \cdots$)

$$\boldsymbol{E}_m(\boldsymbol{r}, \beta) = \xi_m[\boldsymbol{k}_m^2(\tau r) - \mathrm{i}P_m \boldsymbol{k}_m^1(\tau r)]\mathrm{e}^{\mathrm{i}m\theta+\mathrm{i}\beta z} \tag{1.2.147}$$

$$\boldsymbol{H}_m(\boldsymbol{r}, \beta) = \xi_m\left[\frac{1}{Z_{\mathrm{TM}}^2}\boldsymbol{k}_m^1(\tau r) + \mathrm{i}P_m\frac{1}{Z_{\mathrm{TE}}^2}\boldsymbol{k}_m^2(\tau r)\right]\mathrm{e}^{\mathrm{i}m\theta+\mathrm{i}\beta z} \tag{1.2.148}$$

$$\tau \equiv \sqrt{\beta^2 - k_2^2} \tag{1.2.149}$$

$$Z_{\mathrm{TM}}^2 \equiv Z_{\mathrm{TM}}^2(\beta) \equiv \frac{\beta}{k_2}\zeta_2, \quad Z_{\mathrm{TE}}^2 \equiv Z_{\mathrm{TE}}^2(\beta) \equiv \frac{k_2}{\beta}\zeta_2 = \frac{k}{\beta}\zeta \tag{1.2.150}$$

$$\xi_m = \frac{\lambda J_m(\lambda a)}{\tau K_m(\tau a)}\frac{n_2}{n_1} \quad (E_z, H_z \text{ の連続条件より}) \tag{1.2.151}$$

これらの式で $\beta>0$ としたものは前進波 $\boldsymbol{E}_m^+, \boldsymbol{H}_m^+$, また $\beta\to-\beta$ とおいたものは後進波 $\boldsymbol{E}_m^-, \boldsymbol{H}_m^-$ を表す.

3) 導波モードの電磁界 ($\sin m\theta, \cos m\theta$ 表示)

角度因子 $\mathrm{e}^{\mathrm{i}m\theta}$, $m=0, \pm 1, \pm 2, \cdots$ を通常の教科書で用いられる $\cos m\theta, \sin m\theta$, $m=0, 1, 2, \cdots$ に書いた形式を以下に示す. また, ここでは因子 $\mathrm{e}^{\mathrm{i}\beta z}$ を省略する. さらに, 先の $\mathrm{e}^{\mathrm{i}m\theta}$ 表示と区別するために電磁界を下添字 m に $\pm$ を付けた表記 $\boldsymbol{E}_{m\pm}, \boldsymbol{H}_{m\pm}$ で表す.

a) ベクトル表示

コア内部 ($r<a$, $m=0, 1, 2, \cdots$)

$$\boldsymbol{E}_{m\pm}(r, \theta;\beta) \equiv \boldsymbol{J}_{m\pm}^2(\lambda r, \theta) - \mathrm{i}P_m\boldsymbol{J}_{m\mp}^1(\lambda r, \theta) \tag{1.2.152}$$

$$\boldsymbol{H}_{m\pm}(r, \theta;\beta) \equiv \frac{1}{Z_{\mathrm{TM}}^1}\boldsymbol{J}_{m\pm}^1(\lambda r, \theta) + \mathrm{i}P_m\frac{1}{Z_{\mathrm{TE}}^1}\boldsymbol{J}_{m\mp}^2(\lambda r, \theta) \tag{1.2.153}$$

コア外部 ($r>a$, $m=0, 1, 2, \cdots$)

$$\boldsymbol{E}_{m\pm}(r, \theta;\beta) \equiv \xi_m[\boldsymbol{K}_{m\pm}^2(\tau r, \theta) - \mathrm{i}P_m\boldsymbol{K}_{m\mp}^1(\tau r, \theta)] \tag{1.2.154}$$

$$\boldsymbol{H}_{m\pm}(r, \theta;\beta) \equiv \xi_m\left[\frac{1}{Z_{\mathrm{TM}}^2}\boldsymbol{K}_{m\pm}^1(\tau r, \theta) + \mathrm{i}P_m\frac{1}{Z_{\mathrm{TE}}^2}\boldsymbol{K}_{m\mp}^2(\tau r, \theta)\right] \tag{1.2.155}$$

b) 成分表示 ベクトル表示では光ファイバーの導波モード電磁界が簡単に表せるが, 比較のためにコア内部の電磁界を電磁界の表記で一般に用いられる成分で表示した場合を次に示す. ただし, ベクトル表記と区別するために成分表示では下添字を $[\pm]$ で示す. また, $[\ ]$ 内の上下は角度因子に対応するが, $\psi_{-m}=(-1)^m\psi_m$, $\zeta_{-m}=(-1)^{m+1}\zeta_m$, $\eta_{-m}=(-1)^m\eta_m$ の関係に注意する必要がある.

コア内部 ($r<a$, $m=0, 1, 2, \cdots$)

$$\begin{aligned}\boldsymbol{E}_{m[\pm]}(r, \theta;\beta) &\equiv [\boldsymbol{J}_{m\pm}^2(r, \theta;\beta) - \mathrm{i}P_m\boldsymbol{J}_{m\mp}^1(r, \theta;\beta)]\begin{bmatrix}-\mathrm{i}\\-1\end{bmatrix}\\
&= \frac{1}{2}\begin{bmatrix}-\mathrm{i}\\-1\end{bmatrix}\{[\boldsymbol{j}_m^2(\lambda r) - \mathrm{i}P_m\boldsymbol{j}_m^1(\lambda r)]\mathrm{e}^{\mathrm{i}m\theta}\\
&\quad \pm (-1)^m[\boldsymbol{j}_{-m}^2(\lambda r) + \mathrm{i}P_m\boldsymbol{j}_{-m}^1(\lambda r)]\mathrm{e}^{-\mathrm{i}m\theta}\}\end{aligned} \tag{1.2.156}$$

$$= -\mathrm{i}[\eta_m(\lambda r)-\mathrm{i}P_m\zeta_m(\lambda r)]\begin{bmatrix}\cos m\theta\\ \sin m\theta\end{bmatrix}\boldsymbol{a}_r$$

$$-[\zeta_m(\lambda r)+\mathrm{i}P_m\eta_m(\lambda r)]\begin{bmatrix}\sin m\theta\\ -\cos m\theta\end{bmatrix}\boldsymbol{a}_\theta - \mathrm{i}\psi_m(\lambda r)\begin{bmatrix}\cos m\theta\\ \sin m\theta\end{bmatrix}\boldsymbol{a}_z \quad (1.2.157)$$

$$=\frac{\beta}{2k_1}[(1-P_m)J_{m-1}(\lambda r)-(1+P_m)J_{m+1}(\lambda r)]\begin{bmatrix}\cos m\theta\\ \sin m\theta\end{bmatrix}\boldsymbol{a}_r$$

$$-\frac{\beta}{2k_1}[(1-P_m)J_{m-1}(\lambda r)+(1+P_m)J_{m+1}(\lambda r)]\begin{bmatrix}\sin m\theta\\ -\cos m\theta\end{bmatrix}\boldsymbol{a}_\theta$$

$$-\mathrm{i}\frac{\lambda}{k_1}J_m(\lambda r)\begin{bmatrix}\cos m\theta\\ \sin m\theta\end{bmatrix}\boldsymbol{a}_z \quad (1.2.158)$$

$$\boldsymbol{H}_{m[\pm]}(r,\theta;\beta)\equiv\left[\frac{1}{Z_{\mathrm{TM}}^1}\boldsymbol{J}_{m\pm}^1(r,\theta;\beta)+\mathrm{i}P_m\frac{1}{Z_{\mathrm{TE}}^1}\boldsymbol{J}_{m\mp}^2(r,\theta;\beta)\right]\begin{bmatrix}-\mathrm{i}\\ -1\end{bmatrix}$$

$$=\frac{1}{2}\begin{bmatrix}-\mathrm{i}\\ -1\end{bmatrix}\Big\{\Big[\frac{1}{Z_{\mathrm{TM}}^1}\boldsymbol{j}_m^1(\lambda r)+\mathrm{i}P_m\frac{1}{Z_{\mathrm{TE}}^1}\boldsymbol{j}_m^2(\lambda r)\Big]\mathrm{e}^{\mathrm{i}m\theta}$$

$$\pm(-1)^m\Big[\frac{1}{Z_{\mathrm{TM}}^1}\boldsymbol{j}_{-m}^1(\lambda r)-\mathrm{i}P_m\frac{1}{Z_{\mathrm{TE}}^1}\boldsymbol{j}_{-m}^2(\lambda r)\Big]\mathrm{e}^{-\mathrm{i}m\theta}\Big\} \quad (1.2.159)$$

$$=\Big[\frac{1}{Z_{\mathrm{TM}}^1}\zeta_m(\lambda r)+\mathrm{i}P_m\frac{1}{Z_{\mathrm{TE}}^1}\eta_m(\lambda r)\Big]\begin{bmatrix}\sin m\theta\\ -\cos m\theta\end{bmatrix}\boldsymbol{a}_r$$

$$-\mathrm{i}\Big[\frac{1}{Z_{\mathrm{TM}}^1}\eta_m(\lambda r)-\mathrm{i}P_m\frac{1}{Z_{\mathrm{TE}}^1}\zeta_m(\lambda r)\Big]\begin{bmatrix}\cos m\theta\\ \sin m\theta\end{bmatrix}\boldsymbol{a}_\theta$$

$$+\mathrm{i}P_m\frac{1}{Z_{\mathrm{TE}}^1}\psi_m(\lambda r)\begin{bmatrix}\sin m\theta\\ -\cos m\theta\end{bmatrix}\boldsymbol{a}_z \quad (1.2.160)$$

これらの表式では横成分（$\boldsymbol{a}_r,\boldsymbol{a}_\theta$ の係数）が実数，縦成分（$\boldsymbol{a}_z$ の係数）が純虚数となるように定義した．そのために係数 $\begin{bmatrix}-\mathrm{i}\\ -1\end{bmatrix}$ が付されている（宮城[5] の p. 76-77 に一致する）．

b. 導波電磁界モード展開

z 方向に一様な導波路に沿って，伝搬定数 $\Gamma_m=\alpha_m+\mathrm{i}\beta_m$ で z 方向に伝搬する導波モードの電磁界[7] $\boldsymbol{E}_m^\pm,\boldsymbol{H}_m^\pm$ を

$$\left.\begin{aligned}\boldsymbol{E}_m^+&=(\boldsymbol{e}_m+\boldsymbol{e}_{mz})\mathrm{e}^{\Gamma_m z}\\ \boldsymbol{H}_m^+&=(\boldsymbol{h}_m+\boldsymbol{h}_{mz})\mathrm{e}^{\Gamma_m z}\end{aligned}\right\}\ (+z\text{方向}),\quad \left.\begin{aligned}\boldsymbol{E}_m^-&=(-\boldsymbol{e}_m+\boldsymbol{e}_{mz})\mathrm{e}^{-\Gamma_m z}\\ \boldsymbol{H}_m^-&=(\boldsymbol{h}_m-\boldsymbol{h}_{mz})\mathrm{e}^{-\Gamma_m z}\end{aligned}\right\}\ (-z\text{方向}) \quad (1.2.161)$$

と記述する．ただし，$\boldsymbol{e}_m,\boldsymbol{h}_m$ は横方向（同じ断面内）のベクトル関数，$\boldsymbol{e}_{mz},\boldsymbol{h}_{mz}$ は，z 方向のベクトル関数を表す．

ここで S を円筒断面とし，次のように規格化因子

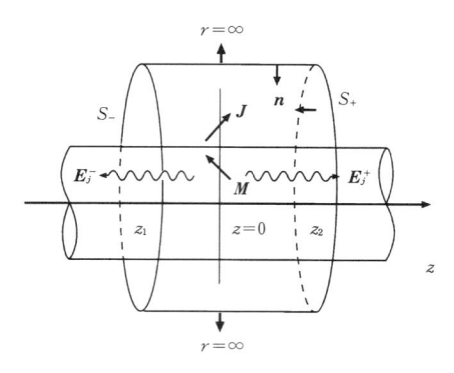

図 1.2.23 円筒形積分面

$$N_m \equiv \int_S (\boldsymbol{e}_m \times \boldsymbol{h}_m) \cdot \mathrm{d}\boldsymbol{S} \tag{1.2.162}$$

を定める．この導波モードは次の双直交条件

$$\int_S (\boldsymbol{e}_m \times \boldsymbol{h}_k) \cdot \mathrm{d}\boldsymbol{S} = 0, \quad \Gamma_m \neq \Gamma_k \tag{1.2.163}$$

を満し，放射モード $\boldsymbol{E}_R^\pm, \boldsymbol{H}_R^\pm$ と直交する．

$$\int_S (\boldsymbol{E}_R^\pm \times \boldsymbol{h}_m) \cdot \mathrm{d}\boldsymbol{S} = 0, \quad \int_S (\boldsymbol{e}_m \times \boldsymbol{H}_R^\pm) \cdot \mathrm{d}\boldsymbol{S} = 0 \tag{1.2.164}$$

導波モード電磁界の励振源が電流密度 $\boldsymbol{J}$，磁流密度 $\boldsymbol{M}$ である場合を考える．$\boldsymbol{J}, \boldsymbol{M}$ が $z=0$ に集中するとき，導波路の全電磁界は

$$\left.\begin{array}{l}\boldsymbol{E} = \sum_m a_m \boldsymbol{E}_m^+ + \boldsymbol{E}_R^+ \\ \boldsymbol{H} = \sum_m a_m \boldsymbol{H}_m^+ + \boldsymbol{H}_R^+\end{array}\right\} \ (z>0), \quad \left.\begin{array}{l}\boldsymbol{E} = \sum_m b_m \boldsymbol{E}_m^- + \boldsymbol{E}_R^- \\ \boldsymbol{H} = \sum_m b_m \boldsymbol{H}_m^- + \boldsymbol{H}_R^-\end{array}\right\} \ (z<0) \tag{1.2.165}$$

で表される[7]．図 1.2.23 のように導波路を含む円筒面 S（$z=z_1, z_2$ における二つの円筒板 $S_-, S_+, r=\infty$ の円筒面）に対してローレンツの相反定理を適用すると[7]，

$$\nabla \cdot (\boldsymbol{E}_m^\pm \times \boldsymbol{H} - \boldsymbol{E} \times \boldsymbol{H}_m^\pm) = \boldsymbol{H} \cdot \nabla \times \boldsymbol{E}_m^\pm - \boldsymbol{E}_m^\pm \cdot \nabla \times \boldsymbol{H} - \boldsymbol{H}_m^\pm \cdot \nabla \times \boldsymbol{E} + \boldsymbol{E} \cdot \nabla \times \boldsymbol{H}_m^\pm$$
$$= -\boldsymbol{E}_m^\pm \cdot \boldsymbol{J} + \boldsymbol{H}_m^\pm \cdot \boldsymbol{M} \tag{1.2.166}$$

となる．ここで，S の内向き法線ベクトルを $\boldsymbol{n}$，$\boldsymbol{J}, \boldsymbol{M}$ の分布領域を V として式 (1.2.166) の両辺を積分すれば，

$$\int_S (\boldsymbol{E}_m^\pm \times \boldsymbol{H} - \boldsymbol{E} \times \boldsymbol{H}_m^\pm) \cdot \boldsymbol{n} \ \mathrm{d}S = \iint_V \boldsymbol{J} \cdot \boldsymbol{E}_m^\pm \mathrm{d}V - \iint_V \boldsymbol{M} \cdot \boldsymbol{H}_m^\pm \mathrm{d}V \tag{1.2.167}$$

となる．

式 (1.2.161), (1.2.162)〜(1.2.165) などを用いて左辺を計算すれば

$$\int_{S_-} (\boldsymbol{E}_m^+ \times \boldsymbol{H} - \boldsymbol{E} \times \boldsymbol{H}_m^+) \cdot \boldsymbol{a}_z \mathrm{d}S$$
$$= \sum_k b_k \int_{S_-} [\boldsymbol{E}_m^+ \times \boldsymbol{H}_k^- - \boldsymbol{E}_k^- \times \boldsymbol{H}_m^+] \cdot \boldsymbol{a}_z \mathrm{d}S \tag{1.2.168}$$

$$= b_m \int_{S_-} [\boldsymbol{e}_m \times \boldsymbol{h}_m - (-\boldsymbol{e}_m \times \boldsymbol{h}_m)] \cdot \boldsymbol{a}_z \mathrm{d}S = 2N_m b_m \quad (z=z_1) \tag{1.2.169}$$

$$-\int_{S_+} (\boldsymbol{E}_m^+ \times \boldsymbol{H} - \boldsymbol{E} \times \boldsymbol{H}_m^+) \cdot \boldsymbol{a}_z \mathrm{d}S$$

$$= -\sum_k a_k \int_{S_+} [\boldsymbol{E}_m^+ \times \boldsymbol{H}_k^+ - \boldsymbol{E}_k^+ \times \boldsymbol{H}_m^+] \cdot \boldsymbol{a}_z \mathrm{d}S \tag{1.2.170}$$

$$= -a_m \mathrm{e}^{2\Gamma_m z_2} \int_{S_+} [\boldsymbol{e}_m \times \boldsymbol{h}_m - \boldsymbol{e}_m \times \boldsymbol{h}_m] \cdot \boldsymbol{a}_z \mathrm{d}S = 0 \quad (z=z_2) \tag{1.2.171}$$

$$\int_{S_-} (\boldsymbol{E}_m^- \times \boldsymbol{H} - \boldsymbol{E} \times \boldsymbol{H}_m^-) \cdot \boldsymbol{a}_z \mathrm{d}S$$

$$= \sum_k b_k \int_{S_-} [\boldsymbol{E}_m^- \times \boldsymbol{H}_k^- - \boldsymbol{E}_k^- \times \boldsymbol{H}_m^-] \cdot \boldsymbol{a}_z \mathrm{d}S \tag{1.2.172}$$

$$= b_m \mathrm{e}^{-2\Gamma_m z_1} \int_{S_-} [-\boldsymbol{e}_m \times \boldsymbol{h}_m - (-\boldsymbol{e}_m \times \boldsymbol{h}_m)] \cdot \boldsymbol{a}_z \mathrm{d}S = 0 \tag{1.2.173}$$

$$-\int_{S_+} (\boldsymbol{E}_m^- \times \boldsymbol{H} - \boldsymbol{E} \times \boldsymbol{H}_m^-) \cdot \boldsymbol{a}_z \mathrm{d}S$$

$$= -\sum_k a_k \int_{S_+} [\boldsymbol{E}_m^- \times \boldsymbol{H}_k^+ - \boldsymbol{E}_k^+ \times \boldsymbol{H}_m^-] \cdot \boldsymbol{a}_z \mathrm{d}S \tag{1.2.174}$$

$$= -a_m \int_{S_+} [-\boldsymbol{e}_m \times \boldsymbol{h}_m - \boldsymbol{e}_m \times \boldsymbol{h}_m] \cdot \boldsymbol{a}_z \mathrm{d}S = 2N_m a_m \tag{1.2.175}$$

したがって，これらをまとめれば

$$2N_m a_m = \iiint_V \boldsymbol{J} \cdot \boldsymbol{E}_m^- \mathrm{d}V - \iiint_V \boldsymbol{M} \cdot \boldsymbol{H}_m^- \mathrm{d}V \tag{1.2.176}$$

$$2N_m b_m = \iiint_V \boldsymbol{J} \cdot \boldsymbol{E}_m^+ \mathrm{d}V - \iiint_V \boldsymbol{M} \cdot \boldsymbol{H}_m^+ \mathrm{d}V \tag{1.2.177}$$

展開係数 a_m, b_m は，$\boldsymbol{J}, \boldsymbol{M}$ により励振されるものを分離して表せば

$$a_m \equiv a_m^J + a_m^M \tag{1.2.178}$$

$$2N_m a_m^J = \iiint_V \boldsymbol{J} \cdot \boldsymbol{E}_m^- \mathrm{d}V, \quad 2N_m a_m^M = -\iiint_V \boldsymbol{M} \cdot \boldsymbol{H}_m^- \mathrm{d}V \tag{1.2.179}$$

$$b_m \equiv b_m^J + b_m^M \tag{1.2.180}$$

$$2N_m b_m^J = \iiint_V \boldsymbol{J} \cdot \boldsymbol{E}_m^+ \mathrm{d}V, \quad 2N_m b_m^M = -\iiint_V \boldsymbol{M} \cdot \boldsymbol{H}_m^+ \mathrm{d}V \tag{1.2.181}$$

により計算される．

c. 誘電体プローブによる導波モードの励起

誘電体円筒（ファイバー）内の導波モードは $TE_{0n}, TM_{0n}, HE_{mn}, EH_{mn}$ モードであるが，ファイバーは十分細く，主モードである HE_{11} のみが伝搬可能で，ほかのモードはすべて遮断状態にあるものとする．また，ファイバーの先端のむきだしのコアを細くした部分が表面波のプローブとして動作するものとする．したがって，以下の計算ではコア内部（$r<a$）では屈折率は $n_1=n$，クラッド（外部 $r>a$）では $n_2=1$ とする．外部入射波によりプローブ部分に励振された導波モードは，ファイバー内遠方

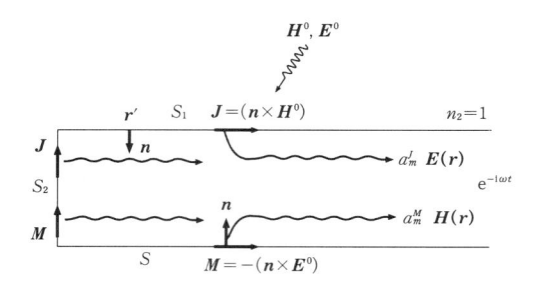

図 1.2.24 半径 a の半無限長誘電体円筒を包む側面 S_1 および底面 S_2

($z\to\infty$) では HE_{11} モードのみが伝搬し, 徐々に径が太くなって通常のシングルモードファイバーの HE_{11} モードに移行するものとみなす.

ファイバー内部の電磁界は壁面上の表面電流 $J=n\times H^0$, 表面磁流 $M=-(n\times E^0)$ により励起されるものとする[8]. 壁面上の表面電流, 表面磁流は1次近似として外部からの入射エバネセント場 $E^0(r)$, $H^0(r)$ により励起されるものとする.

HE_{mn} モードの場合, モード量子数は [$\pm$] 表示では (m, n, $\pm$) で記述されるが, 表面積分の角度 θ に関する積分においては, 入射円筒波・導波モードは同一の角度モード (m, $\pm$) の組合せに対応する表面積分のみが残り, ほかの組合せによる積分は直交性により消える. 以下では [$\pm$] 表示を用いて角度量子数 m に対して表面積分を計算する (HE_{11} の場合は $m=1$).

光プローブの先端は波長以下にとがらせてあるが, エバネセント波の広がりの範囲 ($\sim l$: 波長) では円筒形で近似できるものとする. すなわち, 光プローブモデルは円筒形プローブとし, 図1.2.24のような半径 $a(<l)$ の半無限長誘電体円筒 (グラスファイバー) を包む側面 S_1, 底面 S_2 で囲まれた円筒形領域を考える.

1) S_1 側面上の表面積分

ここでは式 (1.2.179) より励起モードの展開係数 $a_m^J + a_m^M$ を与える表面積分のうち, 側面 S_1 からの寄与

$$N_m a_{m\pm}^J = \frac{1}{2}\int_{S_1} E_{m\pm}^-(r)\cdot(n\times H^0(r))dS \tag{1.2.182}$$

$$= -\frac{1}{2}\int_{S_1} (H^0(r)\times E_{m\pm}^-(r))\cdot a_r dS \quad (n=-a_r) \tag{1.2.183}$$

$$N_m a_{m\pm}^M = \frac{1}{2}\int_{S_1} H_{m\pm}^-(r)\cdot(n\times E^0(r))dS \tag{1.2.184}$$

$$= -\frac{1}{2}\int_{S_1} (E^0(r)\times H_{m\pm}^-(r))\cdot a_r dS \quad (n=-a_r) \tag{1.2.185}$$

$$dS = rdzd\theta \quad (0\leq z\leq\infty,\ 0\leq\theta\leq 2\pi,\ r=a)$$

を以下で計算する. ただし式 (1.2.162) の規格化因子

$$N_m = N_{m\pm} \equiv \int_0^\infty r\,dr \int_0^{2\pi} d\theta (\boldsymbol{e}_{m\pm} \times \boldsymbol{h}_{m\pm})_z \quad (\pm \text{に依存しない}) \tag{1.2.186}$$

はのちほど計算する．

表面積分 (1.2.183) の z に関する積分からは，$\boldsymbol{E}_{m\pm}^-$ の z 因子が $\mathrm{e}^{-\mathrm{i}\beta z}$，入射エバネセント波である $\boldsymbol{H}^0$ の z 因子が $\mathrm{e}^{\mathrm{i}\gamma^* z}$ であることに注意すれば，

$$\int_0^\infty \mathrm{e}^{-\mathrm{i}\beta z + \mathrm{i}\gamma^* z} dz = \frac{1}{\mathrm{i}(\beta - \gamma^*)} \quad (\text{if } \mathrm{Im}[\gamma^*] > 0) \tag{1.2.187}$$

の因子が得られる．ただし，$\gamma^* \equiv k \sin(\varphi + \mathrm{i}\kappa)$, $\mu^* \equiv k \cos(\varphi + \mathrm{i}\kappa)$ であり，$\varphi + \mathrm{i}\kappa$ は入射エバネセント波の複素角である (1.2.1 項の 2) 複素入射角を参照)．HE_{11} モードの場合，$m = 1$ が主として必要であるので，以下の計算では $m = 0$ の場合は省略する．

TE 波入射

$$N_m a_{m\pm}^{\mathrm{TE},J} = -\frac{a}{2} \int_0^{2\pi} d\theta \int_0^\infty dz (\boldsymbol{H}_{\mathrm{TE}}^0 \times \boldsymbol{E}_{m\pm}^-)_r \tag{1.2.188}$$

$$= \frac{\mathrm{i}^m a}{\mathrm{i}(\beta - \gamma^*)} \int_0^{2\pi} (\boldsymbol{J}_{m+}^2 \times \boldsymbol{E}_{m\pm}^-)_r d\theta \tag{1.2.189}$$

$$= \frac{\mathrm{i}^m a}{\mathrm{i}(\beta - \gamma^*)} \int_0^{2\pi} ([\boldsymbol{J}_{m+}^2]_\theta [\boldsymbol{E}_{m\pm}^-]_z - [\boldsymbol{J}_{m+}^2]_z [\boldsymbol{E}_{m\pm}^-]_\theta) d\theta \tag{1.2.190}$$

$$= \frac{\mathrm{i}^m a}{\mathrm{i}(\beta - \gamma^*)} \int_0^{2\pi} \left\{ -\zeta_m(\mu^* a) \sin m\theta \psi_m(\lambda a) \begin{bmatrix} \cos m\theta \\ \sin m\theta \end{bmatrix} \right.$$
$$\left. - [\psi_m(\mu^* a) \cos m\theta][\zeta_m(\lambda a) + \mathrm{i}P_m \zeta_m(\lambda a)] \begin{bmatrix} \sin m\theta \\ -\cos m\theta \end{bmatrix} \right\} d\theta \tag{1.2.191}$$

$$= -\frac{\mathrm{i}^m a}{\mathrm{i}(\beta - \gamma^*)} \{\zeta_m(\mu^* a) \psi_m(\lambda a) - \psi_m(\mu^* a)[\zeta_m(\lambda a) + \mathrm{i}P_m \eta_m(\lambda a)]\} \begin{bmatrix} 0 \\ \pi \end{bmatrix}$$
$$(a_{m+}^{\mathrm{TE},J} = 0) \tag{1.2.192}$$

$$N_m a_{m\pm}^{\mathrm{TE},M} = -\frac{a}{2} \int_0^{2\pi} d\theta \int_0^\infty dz (\boldsymbol{E}_{\mathrm{TE}}^0 \times \boldsymbol{H}_{m\pm}^-)_r \tag{1.2.193}$$

$$= -\frac{\mathrm{i}^m a}{\mathrm{i}(\beta - \gamma^*)} \frac{\zeta k}{\gamma^*} \int_0^{2\pi} (\boldsymbol{J}_{m+}^1 \times \boldsymbol{H}_{m\pm}^-)_r d\theta \tag{1.2.194}$$

$$= -\frac{\mathrm{i}^m a}{\mathrm{i}(\beta - \gamma^*)} \frac{\zeta k}{\gamma^*} \int_0^{2\pi} ([\boldsymbol{J}_{m+}^1]_\theta [\boldsymbol{H}_{m\pm}^-]_z - [\boldsymbol{J}_{m+}^1]_z [\boldsymbol{H}_{m\pm}^-]_\theta) d\theta \tag{1.2.195}$$

$$= -\frac{\mathrm{i}^m a}{\mathrm{i}(\beta - \gamma^*)} \frac{\zeta k}{\gamma^*} \int_0^{2\pi} \left\{ \eta_m(\mu^* a) \cos m\theta \left[-\mathrm{i}P_m \frac{1}{Z_{\mathrm{TE}}^1} \psi_m(\lambda a) \right] \right.$$
$$\left. \times \begin{bmatrix} \sin m\theta \\ -\cos m\theta \end{bmatrix} - 0 \right\} d\theta \tag{1.2.196}$$

$$= -\frac{\mathrm{i}^m a}{\mathrm{i}(\beta - \gamma^*)} \frac{\zeta k}{\gamma^*} \frac{\mathrm{i}P_m}{Z_{\mathrm{TE}}^1} \eta_m(\mu^* a) \psi_m(\lambda a) \begin{bmatrix} 0 \\ \pi \end{bmatrix} \tag{1.2.197}$$

$$(a_{m+}^{\mathrm{TE},M} = 0), \quad 1/Z_{\mathrm{TE}}^1 = \beta/k\zeta, \quad \zeta \equiv \sqrt{\mu_0/\varepsilon_0}$$

TE 入射の場合 a_{m-}^{TE} のみ 0 ではない.

TM 波入射

$$N_m a_{m\pm}^{\text{TM},J} = -\frac{a}{2}\int_0^{2\pi}\mathrm{d}\theta\int_0^\infty \mathrm{d}z(\boldsymbol{H}_{\text{TM}}^0 \times \boldsymbol{E}_{m\pm}^-)_r \tag{1.2.198}$$

$$= \frac{\mathrm{i}^m a}{\mathrm{i}(\beta-\gamma^*)}\frac{k}{\gamma^*}\int_0^{2\pi}([\boldsymbol{J}_{m+}^1]_\theta[\boldsymbol{E}_{m\pm}^-]_z - [\boldsymbol{J}_{m+}^1]_z[\boldsymbol{E}_{m\pm}^-]_\theta)\mathrm{d}\theta \tag{1.2.199}$$

$$= -\frac{\mathrm{i}^m a}{\mathrm{i}(\beta-\gamma^*)}\frac{k}{\gamma^*}\mathrm{i}\eta_m(\mu^* a)\psi_m(\lambda a)\begin{bmatrix}\pi\\0\end{bmatrix} \tag{1.2.200}$$

$$(a_{m-}^{\text{TM},J}=0)$$

$$N_m a_{m\pm}^{\text{TM},M} = -\frac{1}{2}\int_0^{2\pi}\mathrm{d}\theta\int_0^\infty \mathrm{d}z(\boldsymbol{E}_{\text{TM}}^0 \times \boldsymbol{H}_{m\pm}^-)_r \tag{1.2.201}$$

$$= \frac{\mathrm{i}^m a}{\mathrm{i}(\beta-\gamma^*)}\zeta\int_0^{2\pi}([\boldsymbol{J}_{m+}^2]_\theta[\boldsymbol{H}_{m\pm}^-]_z - [\boldsymbol{J}_{m+}^2]_z[\boldsymbol{H}_{m\pm}^-]_\theta)\mathrm{d}\theta \tag{1.2.202}$$

$$= \frac{-\mathrm{i}^m a}{\mathrm{i}(\beta-\gamma^*)}\zeta\left\{\frac{P_m}{Z_{\text{TE}}^1}\zeta_m(\mu^* a)\psi_m(\lambda a) - \mathrm{i}\psi_m(\mu^* a)\left[\frac{\eta_m(\lambda a)}{Z_{\text{TM}}^1} - \mathrm{i}P_m\frac{\zeta_m(\lambda a)}{Z_{\text{TE}}^1}\right]\right\}\begin{bmatrix}\pi\\0\end{bmatrix}$$

$$(a_{m-}^{\text{TM},M}=0), \quad 1/Z_{\text{TM}}^1 = kn^2/\beta\zeta, \quad 1/Z_{\text{TE}}^1 = \beta/k\zeta \tag{1.2.203}$$

TM 波に対しては a_{m+}^{TM} のみ 0 でない.

2) S_2 底面上の表面積分

底面 S_2 からの寄与は,

$$N_m A_{m\pm}^J = \frac{1}{2}\int_{S_2}\boldsymbol{E}_{m\pm}^-(\boldsymbol{r})\cdot(\boldsymbol{n}\times\boldsymbol{H}^0(\boldsymbol{r}))\mathrm{d}S \tag{1.2.204}$$

$$= \frac{1}{2}\int_{S_2}(\boldsymbol{H}^0(\boldsymbol{r})\times\boldsymbol{E}_{m\pm}^-(\boldsymbol{r}))\cdot\boldsymbol{a}_z\mathrm{d}S \quad (\boldsymbol{n}=\boldsymbol{a}_z) \tag{1.2.205}$$

$$N_m A_{m\pm}^M = \frac{1}{2}\int_{S_2}\boldsymbol{H}_{m\pm}^-(\boldsymbol{r})\cdot(\boldsymbol{n}\times\boldsymbol{E}^0(\boldsymbol{r}))\mathrm{d}S \tag{1.2.206}$$

$$= \frac{1}{2}\int_{S_2}(\boldsymbol{E}^0(\boldsymbol{r})\times\boldsymbol{H}_{m\pm}^-(\boldsymbol{r}))\cdot\boldsymbol{a}_z\mathrm{d}S \quad (\boldsymbol{n}=\boldsymbol{a}_z) \tag{1.2.207}$$

$$\mathrm{d}S = r\mathrm{d}r\mathrm{d}\theta \quad (0\leq r\leq a,\ 0\leq\theta\leq 2\pi,\ z=0)$$

により計算できる.

TE 波入射

$$N_m A_{m\pm}^{\text{TE},J} = \frac{1}{2}\int_0^a r\mathrm{d}r\int_0^{2\pi}\mathrm{d}\theta(\boldsymbol{H}_{\text{TE}}^0\times\boldsymbol{E}_{m\pm}^-)_z \tag{1.2.208}$$

$$= -\mathrm{i}^m\int_0^a r\mathrm{d}r\int_0^{2\pi}([\boldsymbol{J}_{m+}^2]_r[\boldsymbol{E}_{m\pm}^-]_\theta - [\boldsymbol{J}_{m+}^2]_\theta[\boldsymbol{E}_{m\pm}^-]_r)\mathrm{d}\theta \tag{1.2.209}$$

$$= \mathrm{i}^m\begin{bmatrix}0\\\pi\end{bmatrix}\int_0^a r\mathrm{d}r\{\eta_m(\mu^* r)[\zeta_m(\lambda r)+\mathrm{i}P_m\eta_m(\lambda r)]$$
$$+\zeta_m(\mu^* r)[\eta_m(\lambda r)-\mathrm{i}P_m\zeta_m(\lambda r)]\} \tag{1.2.210}$$

$$(A_{m+}^{\text{TE},J}=0)$$

$$N_m A_{m\pm}^{\text{TE},M} = \frac{1}{2}\int_0^a r\mathrm{d}r\int_0^{2\pi}\mathrm{d}\theta(\boldsymbol{E}_{\text{TE}}^0\times\boldsymbol{H}_{m\pm}^-)_z \tag{1.2.211}$$

$$= \mathrm{i}^m\zeta\frac{k}{\gamma^*}\int_0^a r\mathrm{d}r\int_0^{2\pi}\mathrm{d}\theta([\boldsymbol{J}_{m+}^1]_r[\boldsymbol{H}_{m\pm}^-]_\theta - [\boldsymbol{J}_{m+}^1]_\theta[\boldsymbol{H}_{m\pm}^-]_r) \tag{1.2.212}$$

$$= \mathrm{i}^m\zeta\frac{k}{\gamma^*}\begin{bmatrix}0\\\pi\end{bmatrix}\int_0^a r\mathrm{d}r\left\{\zeta_m(\mu^* r)\left[\frac{\eta_m(\lambda r)}{Z_{\text{TM}}^1} - \mathrm{i}P_m\frac{\zeta_m(\lambda r)}{Z_{\text{TE}}^1}\right]\right.$$
$$\left. + \eta_m(\mu^* r)\left[\frac{\zeta_m(\lambda r)}{Z_{\text{TM}}^1} + \mathrm{i}P_m\frac{\eta_m(\lambda r)}{Z_{\text{TE}}^1}\right]\right\} \tag{1.2.213}$$

$$(A_{m+}^{\text{TE},M}=0),\quad 1/Z_{\text{TM}}^1 = kn^2/\beta\zeta,\quad 1/Z_{\text{TE}}^1 = \beta/k\zeta$$

TE 入射の場合 A_{m-}^{TE} のみ 0 ではない.

TM 波入射

$$N_m A_{m\pm}^{\text{TM},J} = \frac{1}{2}\int_0^a r\mathrm{d}r\int_0^{2\pi}\mathrm{d}\theta(\boldsymbol{H}_{\text{TM}}^0\times\boldsymbol{E}_{m\pm}^-)_z \tag{1.2.214}$$

$$= -\mathrm{i}^m\frac{k}{\gamma^*}\int_0^a r\mathrm{d}r\int_0^{2\pi}\mathrm{d}\theta([\boldsymbol{J}_{m+}^1]_r[\boldsymbol{E}_{m\pm}^-]_\theta - [\boldsymbol{J}_{m+}^1]_\theta[\boldsymbol{E}_{m\pm}^-]_r) \tag{1.2.215}$$

$$= -\mathrm{i}^{m+1}\frac{k}{\gamma^*}\begin{bmatrix}\pi\\0\end{bmatrix}\int_0^a r\mathrm{d}r\{\zeta_m(\mu^* r)[\zeta_m(\lambda r)+\mathrm{i}P_m\eta_m(\lambda r)]$$
$$-\eta_m(\mu^* r)[\eta_m(\lambda r)-\mathrm{i}P_m\zeta_m(\lambda r)]\} \tag{1.2.216}$$

$$(A_{m-}^{\text{TM},J}=0)$$

$$N_m A_{m\pm}^{\text{TM},M} = \frac{1}{2}\int_0^a r\mathrm{d}r\int_0^{2\pi}\mathrm{d}\theta(\boldsymbol{E}_{\text{TM}}^0\times\boldsymbol{H}_{m\pm}^-)_z \tag{1.2.217}$$

$$= -\mathrm{i}^m\zeta\int_0^a r\mathrm{d}r\int_0^{2\pi}\mathrm{d}\theta([\boldsymbol{J}_{m+}^2]_r[\boldsymbol{H}_{m\pm}^-]_\theta - [\boldsymbol{J}_{m+}^2]_\theta[\boldsymbol{H}_{m\pm}^-]_r) \tag{1.2.218}$$

$$= \mathrm{i}^{m+1}\zeta\begin{bmatrix}\pi\\0\end{bmatrix}\int_0^a r\mathrm{d}r\left\{\eta_m(\mu^* r)\left[\frac{\eta_m(\lambda r)}{Z_{\text{TM}}^1} - \mathrm{i}P_m\frac{\zeta_m(\lambda r)}{Z_{\text{TE}}^1}\right]\right.$$
$$\left. - \zeta_m(\mu^* r)\left[\frac{\zeta_m(\lambda r)}{Z_{\text{TM}}^1} + \mathrm{i}P_m\frac{\eta_m(\lambda r)}{Z_{\text{TE}}^1}\right]\right\} \tag{1.2.219}$$

$$(A_{m-}^{\text{TM},M}=0)$$

TM 波では A_{m+}^{TM} のみ 0 でない.

3) 規格化因子の計算

ここでは式 (1.2.186) の規格化因子を計算する.

$$N_{m\pm} \equiv \int(\boldsymbol{e}_{m\pm}\times\boldsymbol{h}_{m\pm})_z \mathrm{d}S \tag{1.2.220}$$

$$= \int_0^{2\pi}\mathrm{d}\theta\int_0^\infty r\mathrm{d}r([\boldsymbol{E}_{m\pm}]_r[\boldsymbol{H}_{m\pm}]_\theta - [\boldsymbol{E}_{m\pm}]_\theta[\boldsymbol{H}_{m\pm}]_r) \tag{1.2.221}$$

$$= \int_0^a r\mathrm{d}r\int_0^{2\pi}\mathrm{d}\theta\left\{-[\eta_m(\lambda r)-\mathrm{i}P_m\zeta_m(\lambda r)]\begin{bmatrix}\cos m\theta\\\sin m\theta\end{bmatrix}\right.$$
$$\left.\times\left[\frac{\eta_m(\lambda r)}{Z_{\text{TM}}^1} - \mathrm{i}P_m\frac{\zeta_m(\lambda r)}{Z_{\text{TE}}^1}\right]\begin{bmatrix}\cos m\theta\\\sin m\theta\end{bmatrix}\right.$$

$$
\begin{aligned}
&+[\zeta_m(\lambda r)+\mathrm{i}P_m\eta_m(\lambda r)]\begin{bmatrix}\sin m\theta\\-\cos m\theta\end{bmatrix}\begin{bmatrix}\dfrac{\zeta_m(\lambda r)}{Z_{\mathrm{TM}}^1}+\mathrm{i}P_m\dfrac{\eta_m(\lambda r)}{Z_{\mathrm{TE}}^1}\end{bmatrix}\begin{bmatrix}\sin m\theta\\-\cos m\theta\end{bmatrix}\Big\}\\
&+\xi_m^2\int_a^\infty r\,\mathrm{d}r\int_0^{2\pi}\mathrm{d}\theta\Big\{-[\eta'_m(\tau r)-\mathrm{i}P_m\zeta'_m(\tau r)]\begin{bmatrix}\cos m\theta\\\sin m\theta\end{bmatrix}\\
&\times\begin{bmatrix}\dfrac{\eta'_m(\tau r)}{Z_{\mathrm{TM}}^2}-\mathrm{i}P_m\dfrac{\zeta'_m(\tau r)}{Z_{\mathrm{TE}}^2}\end{bmatrix}\begin{bmatrix}\cos m\theta\\\sin m\theta\end{bmatrix}\\
&+[\zeta'_m(\tau r)+\mathrm{i}P_m\eta'_m(\tau r)]\begin{bmatrix}\sin m\theta\\-\cos m\theta\end{bmatrix}\begin{bmatrix}\dfrac{\zeta'_m(\tau r)}{Z_{\mathrm{TM}}^2}+\mathrm{i}P_m\dfrac{\eta'_m(\tau r)}{Z_{\mathrm{TE}}^2}\end{bmatrix}\begin{bmatrix}\sin m\theta\\-\cos m\theta\end{bmatrix}\Big\}
\end{aligned}
\tag{1.2.222}
$$

計算を進めると N_m は $\pm$ に依存しないことがわかり，最終的に規格化因子は次式で書ける．

$$
N_m=\pi a^2\frac{\beta^2}{4k^2n^2}\Big\{(S_1-T_1)+(S_1+T_1)+\Big[\frac{uJ_m(u)}{wK_m(w)}\Big]^2[(S_2-T_2)+(S_2+T_2)]\Big\}
\tag{1.2.223}
$$

ただし，$u\equiv\lambda a,\ w\equiv\tau a,$

$$
(S_1\pm T_1)\equiv\frac{\beta}{k\zeta}\Big[P_m^2+\frac{n^2k^2}{\beta^2}\pm P_m\Big(1+\frac{n^2k^2}{\beta^2}\Big)\Big][J_{m\pm1}^2(u)-J_{m\pm2}(u)J_m(u)]
\tag{1.2.224}
$$

$$
(S_2\pm T_2)\equiv\frac{\beta}{k\zeta}\Big[P_m^2+\frac{k^2}{\beta^2}\pm P_m\Big(1+\frac{k^2}{\beta^2}\Big)\Big][K_{m\pm2}(w)K_m(w)-K_{m\pm1}^2(w)]
\tag{1.2.225}
$$

である．

4） 導波モードの電力流

規格化因子の計算により，横ベクトル関数 $e_{m\pm}$, $h_{m\pm}$ は実数値成分のみをもち，$h_{m\pm}=h_{m\pm}^*$ と書けるから，規格化積分

$$
\mathcal{P}^m=\frac{1}{2}\int(e_{m\pm}\times h_{m\pm}^*)_z\,\mathrm{d}S=\frac{N_m}{2}
\tag{1.2.226}
$$

は正の実数で導波モードの伝送電力に等しい．

電力をコアと外部（クラッド）に分けて表せば

$$
\mathcal{P}^m=\mathcal{P}^m_{\mathrm{core}}+\mathcal{P}^m_{\mathrm{clad}}
\tag{1.2.227}
$$

$$
\mathcal{P}^m_{\mathrm{core}}=\pi a^2\frac{\beta^2}{8k^2n^2}\{(S_1-T_1)+(S_1+T_1)\}
\tag{1.2.228}
$$

$$
\mathcal{P}^m_{\mathrm{clad}}=\pi a^2\frac{\beta^2}{8k^2n^2}\Big[\frac{uJ_m(u)}{wK_m(w)}\Big]^2\{(S_2-T_2)+(S_2+T_2)\}
\tag{1.2.229}
$$

となる．

d. HE_{11}モードの励起

十分細いファイバープローブでは HE_{11} モードのみが伝搬し，ほかのモードは遮断されている．したがって，遠方（$z\to\infty$）では HE_{11} モードの進行波電磁界

$$
E(r)\sim a_{1\pm}E_{1\pm}(r,\theta;\beta)\mathrm{e}^{\mathrm{i}\beta z},\quad H(r)\sim a_{1\pm}H_{1\pm}(r,\theta;\beta)\mathrm{e}^{\mathrm{i}\beta z}
\tag{1.2.230}
$$

が得られる.そのため,光プローブで測定される光エネルギー(電力)流は

$$\mathcal{P}^{1\pm} = \frac{1}{2}|a_{1\pm}|^2 N_1 \qquad (1.2.231)$$

で与えられ,$a_{m\pm}$ は $m=1$ の HE_{11} モードに対してのみ求めればよい.

e. 数値計算

光プローブに複素入射角 $\varphi + i\kappa$ でエバネセント平面電磁界が入射した場合のプローブの利得は式(1.2.231)を用いて解析できる.その結果を図1.2.25(TE波入射),図1.2.26(TM波入射)に示す.ただし,コアの屈折率を $n=1.5$ とおき,$\kappa=0.1$,$a/l=0.5, 0.7, 0.9$(波長 l,半径 a)の場合について実入射角 $-30°\leq\varphi\leq30°$ の範

図 1.2.25 円筒形プローブの電力利得(TE波入射)

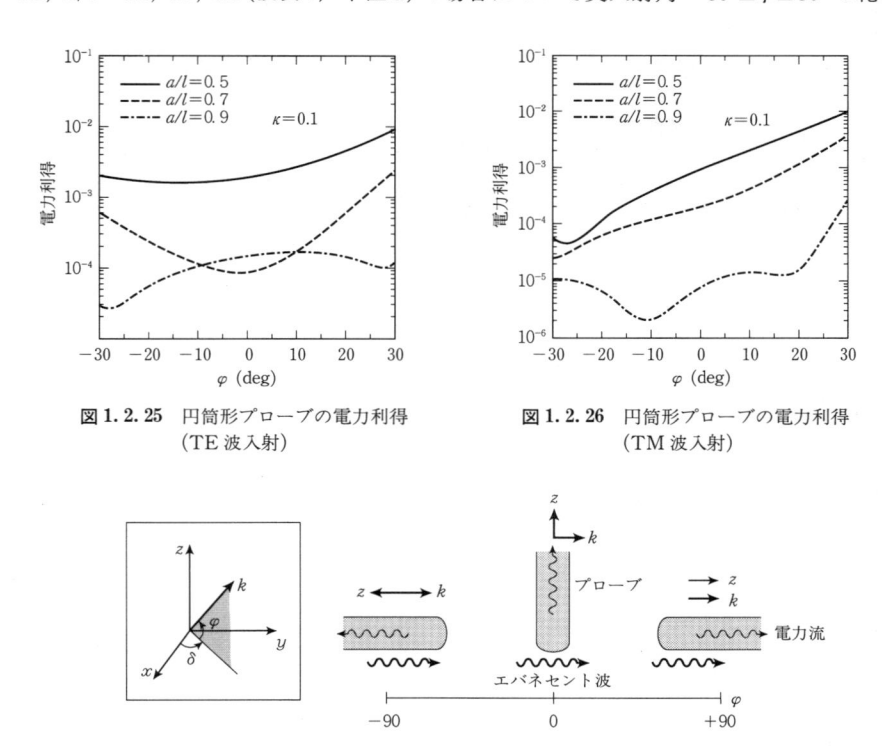

図 1.2.26 円筒形プローブの電力利得(TM波入射)

図 1.2.27 実入射角 φ とプローブの位置

囲で計算を行った.また,実入射角 φ とプローブの位置との関係を図1.2.27に示す.図1.2.25,1.2.26においては入射電力を試料表面から高さ $0.1l$ の点における単位面積当たりの電力($\zeta/2$)を1として規格化を行った.

[高橋信行]

引用文献

1) 細野敏夫:電磁波工学の基礎, 昭晃堂, 1973.
2) 三好旦六:光・電磁波論, 培風館, 1987.
3) 大津元一:現代光科学Ⅰ, 朝倉書店, 1994.
4) J. P. Fillard : Near Filed Optics and Nanoscopy, World Scientific, 1996.
5) 宮城光信:光伝送の基礎, 昭晃堂, 1991.
6) 岡本勝就:光導波路の基礎, フォトニクスシリーズ13, コロナ社, 1992.
7) R. E. Collin : Field Theory of Guided Waves, 2nd ed., IEEE Press, 1991.
8) L. B. Felsen and N. Marcuvitz : Radiation and Scattering of Waves, IEEE Press Series on Electromagnetic Waves, IEEE Press, 1994.

さらに勉強するために

1) 橋本正弘:電磁波動論入門, 日刊工業新聞社, 1985.
2) 高橋 康:電磁気学再入門―QEDへの準備, 講談社, 1994.
3) 山下榮吉:電磁波問題の基礎解析法, 電子情報通信学会, 1987.
4) 山下榮吉:電磁波問題解析の実際, 電子情報通信学会, 1993.
5) J. P. Fillard : Near Filed Optics and Nanoscopy, World Scientific, 1996.
6) M. Ohtsu : Near-Filed Nano/Atom Optics and Technology, Springer, 1998.

1.3 固体中の電子

はじめに

　金属-超伝導，半導体，絶縁体といった物質の多様性は，固体中の電子の運動の様子によって生じている．電子の運動は基本的には量子力学的に扱わなければならないが，なかには半古典的な描像で理解できるものもある．量子力学的に電子を扱う場合は平面波として扱う．以下，①平面波として固体中を運動する場合，②粒子的に輸送現象を理解する方法，③電子の散乱，④微視的な電気伝導度の理解について述べる．最近の話題として，低次元系での電子の異常な振舞い，アンダーソン局在とAB効果などの電子波干渉効果についても述べる．また，メゾスコピック系での1次元量子細線のコンダクタンス（ランダウアー公式）と電気伝導度（久保公式）の関係や最近の理論的な議論に関して言及する．

1.3.1 量子的な電子状態

a. ブロッホの定理

　真空中を電子が運動するのならば，シュレーディンガー方程式

$$-\frac{\hbar^2}{2m}\nabla^2\phi = E\phi \tag{1.3.1}$$

を解いて，平面波 $\phi = e^{i\mathbf{k}\cdot\mathbf{r}}$，$E = \hbar^2 k^2/2m$ が電子を表す．しかし固体中ではイオンが格子として並んでいるので，それによるポテンシャルを感じながら電子は運動する．このポテンシャルは図1.3.1のような形をしており，$U(\mathbf{r})$ と書く．イオンの周期性を反映して，ポテンシャルは

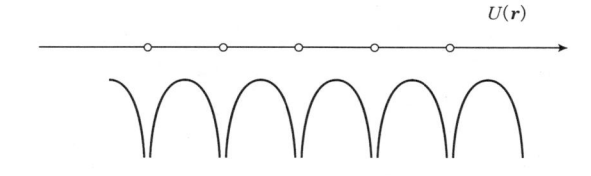

図 1.3.1 イオンのつくる周期ポテンシャル

$$U(\bm{r}+\bm{R})=U(\bm{r}) \tag{1.3.2}$$

という周期性をもつ．ここで $\bm{R}$ は，となりの格子点へ向かうベクトルである．

格子の周期は数 Å のオーダーであり，固体中の電子のド・ブロイ波長は

$$\frac{1}{k_{\mathrm{F}}}\sim 1\mathrm{Å} \tag{1.3.3}$$

程度なので，電子はイオンのつくるポテンシャルによって激しく散乱されるはずである．しかし実際には以下に示すように，周期ポテンシャル中では散乱は起こらない．これは電子の波動的な性質のためである．

式 (1.3.2) のような周期ポテンシャルがある場合，シュレーディンガー方程式

$$\left(-\frac{\hbar^2}{2m}\nabla^2+U(\bm{r})\right)\psi=E\psi \tag{1.3.4}$$

の解は，一般に次のように書ける (ブロッホの定理)．

$$\psi_k(\bm{r})=\mathrm{e}^{\mathrm{i}\bm{k}\cdot\bm{r}}u_k(\bm{r}) \tag{1.3.5}$$

ここで関数 $u_k(\bm{r})$ は

$$u_k(\bm{r}+\bm{R})=u_k(\bm{r}) \tag{1.3.6}$$

を満たす周期関数である．また $\bm{k}$ はブリユアンゾーン (Brillouin zone) 中の波数ベクトルである．このように表された電子状態をブロッホ電子という．

周期関数 $u_k(\bm{r})$ を求めるには，ポテンシャル $U(\bm{r})$ の具体的な形を用いてシュレディンガー方程式を解かなければならない．この解は何種類もあって，それらがバンドを形成する．n 番目のバンドの固有値を ε_{nk} とし，固有関数は $u_{nk}(\bm{r})$ と書き表される．

b. 電子の波数と運動量

ブロッホ電子の式 (1.3.5) からわかるように，電子の波動関数は，ほぼ平面波の形をしているが，それ以外に $u_k(\bm{r})$ という周期関数がかかっている．電子は $\bm{R}$ だけ進むと

$$\psi_k(\bm{r}+\bm{R})=\mathrm{e}^{\mathrm{i}\bm{k}\cdot(\bm{r}+\bm{R})}u_k(\bm{r}+\bm{R})=\mathrm{e}^{\mathrm{i}\bm{k}\cdot(\bm{r}+\bm{R})}u_k(\bm{r})=\mathrm{e}^{\mathrm{i}\bm{k}\cdot\bm{R}}\psi_k(\bm{r}) \tag{1.3.7}$$

というように，位相 $\mathrm{e}^{\mathrm{i}\bm{k}\cdot\bm{R}}$ がつく．つまり $\mathrm{e}^{\mathrm{i}\bm{k}\cdot\bm{R}}$ は並進操作の固有値である．波数 $\bm{k}$ は結晶運動量 (crystal momentum) と呼ばれる．

ブロッホの定理が示していることは，電子の波動性のために強いイオンのポテンシャル中でも波数 $\bm{k}$ は保存して，電子は散乱を受けずに伝搬できるということである．

ここで波数 $\bm{k}$ は，電子のもつ運動量と異なることに注意しよう．実際，波動関数 $\psi_k(\bm{r})$ は運動量演算子 $\frac{\hbar}{\mathrm{i}}\nabla$ の固有関数にはなっていない (ハミルトニアンが連続並進対称ではないので，運動量演算子と同時対角化できないのである)．ただし，運動量の期待値は

$$\left\langle\psi_k\left|\frac{\hbar}{\mathrm{i}}\nabla\right|\psi_k\right\rangle=\frac{m}{\hbar}\frac{\partial\varepsilon_k}{\partial\bm{k}} \tag{1.3.8}$$

である.これは群速度に対応する.また,外場に対する応答として半古典的に電子の運動を考えるときは,$\hbar k$ があたかも電子の運動量であるかのように振る舞う(これは1.3.2項で説明する).

c. なぜ自由電子ガスモデルがよいか

ブロッホ電子の波動関数は,図1.3.2のように振る舞う.イオンとイオンの中間で,ポテンシャルが小さい領域では,ゆるやかに振動する平面波である.一方イオンの中心付近では,ポテンシャルエネルギーが負になる分だけ運動エネルギーが大きくなる.したがって波動関数は激しく振動する(これは直交平面波(OPW)の方法で理解される.).

このように,実際の波動関数は自由電子の平面波とは大きく異なっている.それにもかかわらず,いくつかの金属の性質は自由電子ガスモデルを用いて解析することができる.このことは以下のような擬ポテンシャルの考え方で理解されている.

まず,イオン中心付近の激しい振動の詳細は重要ではないとする.ただ,イオンから遠ざかったときにどのような位相のずれ(phase shift)を受けて出てくるかが重要だと考える.このように考えると,同じ位相のずれを与えるような弱いポテンシャルをつくることができれば,イオンのつくる強いポテンシャルと置き換えても同じ結果を与えることがわかる.このようなポテンシャルと,そのときの波動関数の概略図を

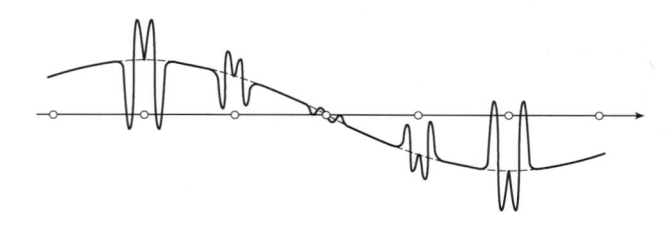

図1.3.2 ブロッホ電子の波動関数(OPW法によるもの)

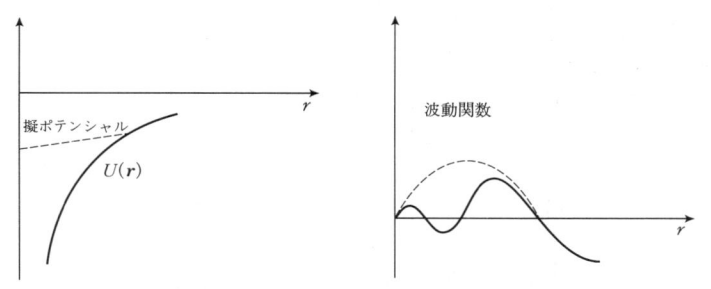

図1.3.3 擬ポテンシャル(破線)とそのときの波動関数(破線)の概略図
(実際の擬ポテンシャルの形は物質による)

図1.3.3の点線で表した．この弱いポテンシャルを擬ポテンシャルと呼んでいる．

結局，イオン中心付近の波動関数を問題にしない限り，電子は弱い周期ポテンシャル中を運動すると近似してよいことになる．この考えをもとに，ブリユアンゾーン境界でのバンドの形を2波近似などで理解することができる．

d. tight-binding モデル

自由な電子ガスモデルと逆の極限が，イオンに強く束縛されているとするモデルである．まず，各イオンの原子軌道 (atomic orbital) を考えて，電子は各イオンに局在しているとする．しかし，隣接するイオンの原子軌道間の波動関数の重なりや，となりのイオンのポテンシャルの裾を利用して，電子はとなりの原子軌道にとび移ることができる．このとび移り積分を $t_{i,j}$ と書く．

第2量子化した演算子で，位置 $\boldsymbol{R}_i$ にある原子軌道に対する電子の生成消滅演算子を $c_i^\dagger$ および c_i と書く．簡単のために原子軌道は1種類のみを考えることにする．そうするとハミルトニアンは

$$H = -\sum_{i,j}(t_{i,j} c_i^\dagger c_j + \text{h.c.}) \tag{1.3.9}$$

となる (h.c. はエルミート共役の略)．

このハミルトニアンをフーリエ変換すれば固有エネルギーを求めることができる．たとえば1次元系で最近接の格子間のとび移り積分だけがある場合は

$$\varepsilon_k = -2t \cos ka \tag{1.3.10 a}$$

となる．a は格子間距離．2次元正方格子ならば

$$\varepsilon_k = -2t(\cos k_x a + \cos k_y a) \tag{1.3.10 b}$$

となる．バンド幅は，それぞれ $4t$, $8t$ のコサインバンドである．

これらのエネルギー分散関係を k が小さいところで展開すれば

$$\varepsilon_k = \varepsilon_0 + tk^2 a^2 \tag{1.3.11}$$

となる．これを自由電子のエネルギー $\varepsilon_k = \dfrac{\hbar^2 k^2}{2m}$ と比較すれば，有効質量が

$$m^* = \frac{\hbar^2}{2ta^2} \tag{1.3.12}$$

である場合に対応することがわかる．

この場合，電子の波動関数は位置 $\boldsymbol{R}_i$ の原子軌道を $\phi(\boldsymbol{r}-\boldsymbol{R}_i)$ として

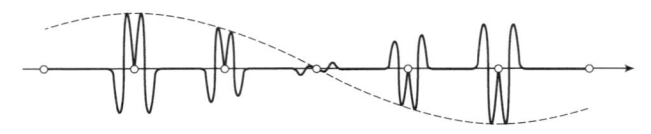

$$\psi_k(\boldsymbol{r}) = \sum_i e^{i\boldsymbol{k}\cdot\boldsymbol{R}_i} \phi(\boldsymbol{r}-\boldsymbol{R}_i) \tag{1.3.13}$$

図1.3.4 ブロッホ電子の波動関数 (局在した軌道の線形結合)

と書ける（これはブロッホの定理を満たす形である）．ちょうど各イオンの原子軌道に平面波を掛けて，線形結合をつくったものになっている．波動関数は図1.3.4のようになる．数種類の原子軌道を考える場合は，それらを適当な重みで足し合わせることによって波動関数が構成される．これは LCAO (linear combination of atomic orbitals) 法である．

e. 低次元電子系

人工的に低次元の電子系をつくることができる．たとえば，有機分子を並べた物質をつくると，大きな分子一つに局在した電子軌道というものがつくられる．この軌道にいる電子はとなりの分子の軌道にとび移ることができるのであるが，分子の形や配列の仕方によって，とび移りやすい方向とそうでない方向ができる．こうして1次元系・2次元系・擬1次元系・擬2次元系などの物質をつくることができる．擬1次元系とは，ほぼ1次元的な鎖状の物質であるが，鎖間の横方向のとび移り積分が，鎖内の1次元方向のとび移り積分の1/10などの大きさである場合をいう．

このような場合には tight-binding モデルが，よい出発点となる．1次元・擬1次元・2次元のときのフェルミ面の形を図1.3.5に示した．

また半導体などでも，2次元的または1次元的に電子を閉じ込めることができる．

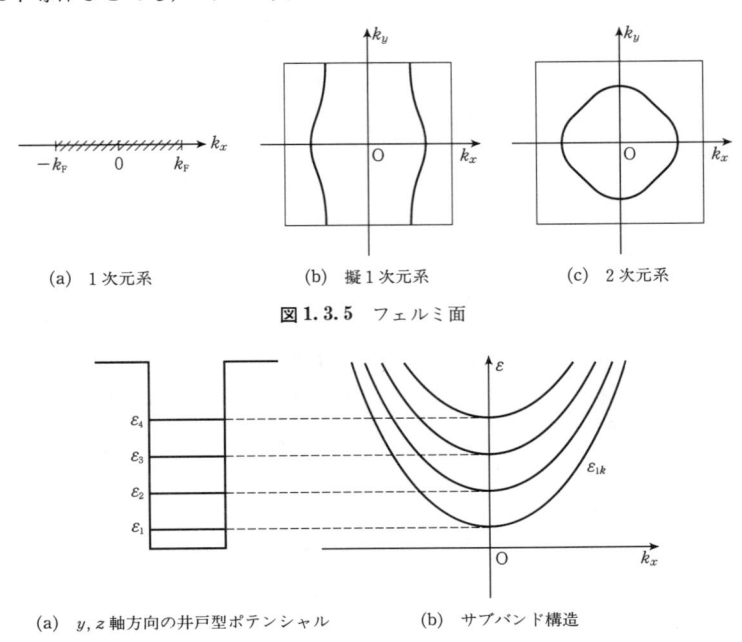

(a) 1次元系　　(b) 擬1次元系　　(c) 2次元系

図1.3.5 フェルミ面

(a) y, z 軸方向の井戸型ポテンシャル　　(b) サブバンド構造

図1.3.6 1次元電子系のサブバンド構造

たとえば1次元の方向を x 軸方向とすると，他の y 軸と z 軸方向には，電子が井戸型ポテンシャルに閉じ込められたような状況をつくることができる．このようなポテンシャル中のエネルギーレベルは量子化されて，たとえば図 1.3.6(a) のようになる．これらのエネルギーレベルを $\varepsilon_1, \varepsilon_2, \cdots$ と書く．電子は x 方向に自由に運動できるとすると，エネルギーは

$$\varepsilon_{n,k} = \varepsilon_n + \frac{\hbar^2 k_x^2}{2m^*} \tag{1.3.14}$$

となるので，図 1.3.6(b) のようなバンド構造になる．各バンドをサブバンドと呼ぶ．電子密度を0から増やしていくと，まず1番下のサブバンドからつまり始め，やがてある電子密度から2番目のサブバンドがつまり始める．

1.3.2 金属中の電子の運動

a. ドルーデモデル

金属の電子物性は自由電子ガスモデルによって解析されることが多い．自由電子では記述できないと思われるような場合でも，第一近似として自由電子ガスモデルが用いられることが多くある．

このモデルでは，電子は散乱を受けるまで自由なフェルミ粒子として運動すると仮定する．散乱は平均して寿命 τ という時間に1回起こるとする．電子の散乱は，イオン格子の振動（周期性からのずれ），不純物・欠陥，電子間相互作用の三つの原因によって生じる．金属中の電子間の平均距離は Å のオーダーなので電子間相互作用による散乱は頻繁に起こっているはずなのに，寿命の長い自由電子ガスモデルで相当理解できるのは不思議なことである．散乱については 1.3.3 項で述べることにして，ここではドルーデ (Drude) モデルでわかることをまとめておく．

1) 電気伝導度

$$\sigma = \frac{ne^2\tau}{m^*} \tag{1.3.15}$$

ここで，m^* は，バンドによる有効質量と，相互作用による有効質量の変化分すべてを含んだものである．アルカリ金属 (Li, Na)，貴金属 (Au, Ag, Cu, Zn, Fe) などでは，寿命 τ はだいたい 10^{-14} s から 10^{-13} s のオーダーである．温度が低くなれば，寿命は一般に長くなる．平均自由行程は，フェルミ速度 v_F を用いて

$$l = v_F \tau$$

であるが，100 Å から 1000 Å 程度である．

このドルーデの形から，金属の場合の最小伝導度というものが考えられる．平均自由行程 l は，いくら短くても格子間隔 a 以下にはなれないであろうという物理的考察から，$l = a$ とおいた伝導度が最小の値となるヨッフェ-レーゲル (Ioffe-Regel) の

条件と呼ばれる．実際に値を求めると

$$\sigma_{\min}=\frac{ne^2l}{m^*v_F}=\frac{e^2k_F^2a}{3\pi^2\hbar}=\frac{e^2}{3\hbar a}\sim 2800\ (\Omega\,\mathrm{cm})^{-1} \tag{1.3.16}$$

となる．ただし系は3次元とし，$k_F=\pi/a$, $a\sim 3$Å と仮定した．

2) ホール係数

$$R_H=-\frac{1}{nec} \tag{1.3.17}$$

e は電子のもつ電荷の絶対値であり，正で定義してある．ホール係数の式には，物質に依存する τ や m^* (有効質量) が現れないので，電子密度 n を知る目安となる．電流を担うキャリヤーがホール的ならば e が逆符号の負になるので $R_H>0$．ドルーデモデルでは R_H は温度や磁場によらない結果を与えるが，実際の物質では依存する．

ホール電圧は

$$E_y=R_H j_x H=-\frac{\sigma}{nec}E_x H=-\frac{eH}{m^*c}\tau E_x$$

と書ける．この式からホール角 (Hall angle)

$$\tan\theta=\frac{|E_y|}{E_x}=\frac{eH}{m^*c}\tau=\omega_c\tau \tag{1.3.18}$$

が得られる．ここで，ω_c はサイクロトロン周波数 eH/m^*c である．

ここで現れる $\omega_c\tau$ という量は重要な物理量である．$\omega_c\tau$ が1よりずっと小さければ，電子がサイクロトロン回転を1回する間に何度も散乱を受けることになり，磁場の効果は小さい．一方，$\omega_c\tau\gg 1$ ならば，電子が散乱を受ける前に何回もサイクロトロン振動することを示す．

3) 磁気抵抗

ドルーデモデルでは磁気抵抗は0になる．つまり電気伝導度は磁場 H に依存しない．しかし実際の物質では磁気抵抗は0ではないのが普通である．

4) 光学伝導度 (AC conductivity)，プラズマ振動数

振動数 ω の電場に対する応答は

$$\sigma(\omega)=\frac{ne^2}{m^*\left(-i\omega+\dfrac{1}{\tau}\right)}=\frac{\sigma}{1-i\omega\tau} \tag{1.3.19}$$

である．これは複素誘電率 $\varepsilon(\omega)$ と

$$\varepsilon(\omega)=1+\frac{4\pi i\sigma(\omega)}{\omega} \tag{1.3.20}$$

という関係がある．高周波または散乱が少なく $\omega\tau\gg 1$ が成立する場合には，$\sigma(\omega)\sim-\dfrac{ne^2}{im^*\omega}$ となるので

$$\varepsilon(\omega)=1-\frac{4\pi ne^2}{m^*\omega^2}=1-\frac{\omega_p^2}{\omega^2} \tag{1.3.21}$$

となる．ここで
$$\omega_p^2 = \frac{4\pi n e^2}{m^*} \tag{1.3.22}$$
は，プラズマ振動数である．

$\omega > \omega_p$ の高エネルギーの電磁場は金属中に侵入できる．一方，$\omega < \omega_p$ の電磁波は $\varepsilon(\omega) < 0$ のため，侵入できずに反射する．これが金属光沢を与える．アルカリ金属の場合，プラズマ振動数は $10^{16}\,\mathrm{s^{-1}}$ のオーダーであり，波長に換算すると 1000～3000Å である．$\omega_p \tau$ は 100～1000 であり，1 よりずっと大きい．

5) 電子比熱
$$C = \frac{\pi^2}{3} D(0) k_B^2 T = \frac{\pi^2}{2} \frac{k_B T}{\varepsilon_F} n k_B = \gamma T \tag{1.3.23}$$
(3 次元の場合，単位体積当り)．ここで $D(0)$ はフェルミ面での (スピンの和を考慮した) 状態密度で
$$D(0) = \frac{3}{2} \frac{n}{\varepsilon_F} = \frac{m^* k_F}{\pi^2 \hbar^2}$$
理想古典気体の場合の $C = \frac{3}{2} n k_B$ に比べて $k_B T / \varepsilon_F$ だけ小さくなっている．これはフェルミ分布によるものである．

電子比熱の係数 γ は，アルカリ金属などでは $1\,\mathrm{mJ/mol\,K^2}$ 程度である．これに対して重い電子系では $1\,\mathrm{J/mol\,K^2}$ 程度になっていることがある．この γ は有効質量に比例するから，重い電子系の有効質量は電子の約 1000 倍ということになる．

6) パウリ帯磁率
$$\chi = \frac{g^2 \mu_B^2}{4} D(0) \tag{1.3.24}$$
ここで g は g-factor で金属ではほぼ 2．半導体での g-factor はもっと小さい．μ_B はボーア磁子である．

7) 熱伝導度
温度勾配 ∇T があるときの熱エネルギーの流れを $\boldsymbol{j}_q$ とすると，
$$\boldsymbol{j}_q = -\kappa \nabla T \tag{1.3.25}$$
という比例係数の κ が熱伝導度である．ドルーデモデルでは
$$\kappa = \frac{1}{3} v_F^2 \tau C \tag{1.3.26}$$
で与えられる．比熱 C に電子比熱を代入して整理すると，κ は τ と n/m^* に比例することがわかる．この依存性は電気伝導度と同じなので，両者の比をとると物質によらない定数になる．実際
$$\frac{\kappa}{\sigma} = \frac{\pi^2}{3} \left(\frac{k_B}{e} \right)^2 T = 2.44 \times 10^{-8} [\mathrm{W\Omega/deg^2}] T \tag{1.3.27}$$
である．これをウィーデマン-フランツ (Wiedemann-Franz) の法則という．

8) 熱電能(ゼーベック効果)

電流を流さない条件で温度勾配をつくると,両端に電圧が生じる.これをゼーベック効果(Seebeck effect)という.このときの比例関係を

$$\boldsymbol{E} = Q \nabla T \tag{1.3.28}$$

と書いて,比例係数 Q を熱電能(thermopower)と呼ぶ.ドルーデモデルでは

$$Q = -\frac{C}{3ne} = -\frac{\pi^2}{6e}\frac{k_B^2 T}{\varepsilon_F} \tag{1.3.29}$$

である.この符号から,キャリヤーの電荷の符号がわかる.

表 1.3.1 物理量から得られる電子のパラメーター(ドルーデモデル)

物 理 量		得られるパラメーター	備　考
電気伝導度	σ	$\dfrac{n\tau}{m}$	寿命 τ の原因はさまざまである
ホール係数	R_H	キャリヤーの符号と n	
熱電能	Q	キャリヤーの符号と $C/n \propto mn^{-2/3}$	
電子比熱	γT	状態密度 $D(0) \propto mn^{1/3}$	有効質量の目安
帯磁率	χ	状態密度 $D(0)$	フェルミ液体論を考えると相互作用による補正がつく
プラズマ振動数	ω_p	$\dfrac{n}{m}$	
熱伝導度	κ	$\dfrac{n\tau}{m}$	ウィーデマン-フランツの法則が成立するので σ と同じ情報しか与えない

以上のように,さまざまな物理量をドルーデモデルによって解析すると,キャリヤーの電荷の符号(ホールか電子か),有効質量,キャリヤー数などがわかる.これを表 1.3.1 に示す.ただし,3次元でフェルミ面は球であるとした場合の結果である.

b. ランダウ (Landau) のフェルミ液体論

電子間相互作用がある場合でも,ほぼ自由な電子として扱ってよいということを根拠づけるものがフェルミ液体論である.フェルミ液体論が成立するためには二つの仮定が必要であると考えられている.

① 相互作用を 0 から徐々に引加していたときに,1 電子状態は断熱的につながっているとする.これを準粒子状態という.

② 断熱的につくられた 1 電子状態は,定常的ではなく散乱を受ける.しかし散乱時間は十分に長いとする.

フェルミ液体論で説明できる金属は多いが,フェルミ液体が成立しない場合も非常に興味がもたれている.たとえば超伝導に相転移してしまう場合は ① の条件が成立しない.② については,たとえば 1 次元の場合に散乱を摂動で計算すると発散してしまい,準粒子は存在できない.このときは朝永-ラッティンジャー液体と呼ばれるフェルミ液体とは異なる状態が実現する.

系が 3 次元ならば，寿命は

$$\frac{\hbar}{\tau}=A\frac{(k_\mathrm{B}T)^2}{\varepsilon_\mathrm{F}} \tag{1.3.30}$$

と評価できる．これはフェルミ面の存在とパウリの排他律により，運動量・エネルギー保存則を同時に満たす散乱過程が少ないためである．温度が低い，またはエネルギーがフェルミ面に十分近い場合に，寿命は十分長い．また，2 次元系の場合には寿命は $T^2 \ln T$ に比例し，フェルミ液体論は成立すると考えられている．

さらに Landau は自由エネルギーを

$$E-E_0=\sum_p(\varepsilon_p-\mu)\delta n_p+\frac{1}{2}\sum_{pp'\sigma\sigma'}f_{pp'\sigma\sigma'}\delta n_{p\sigma}\delta n_{p'\sigma'}+O(\delta n^3) \tag{1.3.31}$$

の形であると仮定した．ここで $\delta n_{p\sigma}$ は絶対零度のフェルミ分布からのずれを表す．ずれの原因は有限温度または外場によるものである．また $f_{pp'\sigma\sigma'}$ はランダウパラメータと呼ばれるもので相互作用の強さを表す．

この自由エネルギーを用いて，種々の物理量が計算されている．

1) 比熱に対しては，相互作用の項は T^3 などの高次の項を与えるだけなので，T に比例する電子比熱には寄与がない．したがって

$$C=\frac{\pi^2}{3}D(0)k_\mathrm{B}^2 T \tag{1.3.32}$$

2) 圧縮率には相互作用が効いて

$$\kappa=\frac{1}{Vn^2}\frac{D(0)}{1+F_0^\mathrm{s}} \tag{1.3.33}$$

となる．ここで現れた F_0^s が相互作用に起因するものである．具体的には

$$F_0^\mathrm{s}=D(0)\frac{1}{4}\sum_{\sigma,\sigma'}\int\frac{\mathrm{d}p}{4\pi}\frac{dp'}{4\pi}f_{pp'\sigma\sigma'} \tag{1.3.34}$$

である．積分はフェルミ面上の角度方向について行う．下添字の 0 は p, p' の全方向についての平均，上添字の s はスピンに関して対称成分という意味である．圧縮率は全粒子数を一様に変化させたときのエネルギーの変化分に関連した量であるから，このような成分が効いてくる．

3) パウリ帯磁率には F_0^a が入ってくる．これはゼーマンエネルギーが上向きスピンと下向きスピンに対して符号が逆だからである．したがって

$$\chi=\frac{g^2\mu_\mathrm{B}^2}{4}\frac{D(0)}{1+F_0^\mathrm{a}} \tag{1.3.35}$$

4) 電流密度

相互作用があると，準粒子が動くときに周りの準粒子をひきずりながら動くことになる (図 1.3.7)．電流密度を

$$\boldsymbol{j}=\sum_p \boldsymbol{j}_p \delta n_p \tag{1.3.36}$$

の形に表そうとすると

1.3 固体中の電子

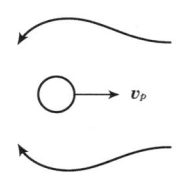

図 1.3.7 準粒子の速度とバックフロー

$$j_p = v_p - \sum_{p'} \left(\frac{\partial n_{p'}^0}{\partial \varepsilon_{p'}}\right) f_{pp'} v_{p'} \tag{1.3.37}$$

となることがわかる．後半がほかの準粒子をひきずる効果である．この流れをバックフローと呼んでいる．

5) 集団励起

密度の集団励起として，通常の音波（圧縮率から導かれる）以外にゼロ音波が可能となる．この音波の速度は，圧縮率と同じように F_0^a に依存する．また，状況によってはスピンの集団励起（スピン波）も可能である．これは F_0^a に関連する．

c. 電子の半古典的運動

外場が空間的にゆっくり変化している場合には，電子を半古典的な粒子と見なした理論で多くのことが説明できる．理論的な根拠づけとしては，電子を波束として扱っていることに対応すると考えられている．この場合，波束の大きさは格子間隔より十分大きく，かつ外場の変化のスケールに比べて十分小さいようなものとして扱っている．

半古典近似での時間発展は

$$\left. \begin{array}{l} \dot{\boldsymbol{r}} = \boldsymbol{v}_k = \dfrac{1}{\hbar} \dfrac{\partial \varepsilon_k}{\partial \boldsymbol{k}} \\[6pt] \hbar \dot{\boldsymbol{k}} = \boldsymbol{F}(\text{外場}) = -e\left(\boldsymbol{E} + \dfrac{1}{c} \boldsymbol{v}_k \times \boldsymbol{H}\right) \end{array} \right\} \tag{1.3.38}$$

で記述できる．波束の運動なので，波束の中心座標 r は群速度 v_k で運動する．これが第1式である．第2式には少し説明が必要である．ここで現れる k は，バンド計算のところで説明した結晶運動量である．つまり並進対称性に対する固有値であって，実際の電子の運動量とは異なっている．実際，電子の運動エネルギーはイオン中心付近で増加するので，運動量（または波数）はイオン中心付近で大きくなる．しかし第2式は結晶運動量 k についての運動方程式なので，イオンがあっても周期的である限り時間変化しない．

第2式の電場については以下のように求めることができる．電場を，ポテンシャル ϕ を用いて $\boldsymbol{E} = -\nabla \phi(\boldsymbol{r})$ と表すと，エネルギーは保存するので $\varepsilon_k - e\phi(\boldsymbol{r})$ は一定である．これを時間微分すれば

$$\dot{\boldsymbol{k}} \cdot \nabla \varepsilon_k - e\nabla \phi \cdot \dot{\boldsymbol{r}} = \hbar \dot{\boldsymbol{k}} \cdot \boldsymbol{v}_k - e\nabla \phi \cdot \boldsymbol{v}_k = 0$$

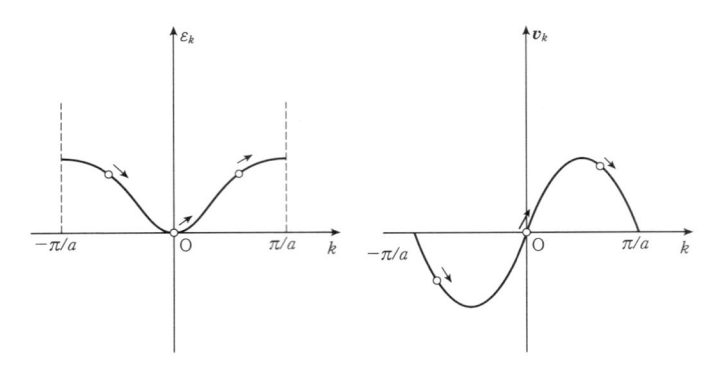

(a) ブリユアンゾーン中の運動　　(b) 群速度 v_k の変化

図 1.3.8 一様電場があるときの k の運動

したがって，$\hbar \dot{\boldsymbol{k}} = e \nabla \phi = -e\boldsymbol{E}$ という第2式が示される．

1) 一様電場があるときの運動

運動方程式は

$$\hbar \dot{\boldsymbol{k}} = -e\boldsymbol{E} \tag{1.3.39}$$

であるから，波数 k はブリユアンゾーン中を一定速度で移動していく．この様子を図1.3.8(a)に示す．

　群速度 v_k を k の関数として示すと，図1.3.8(b)のようになる．$k=0$ の付近では，電子的に振る舞うので，電場により加速される．しかしブリユアンゾーンの境界付近では電場によって減速される．これは電子がバンドの上端付近でホール的に振る舞うからである．やがて，ブリユアンゾーンの境界までくると，折り返してブリユアンゾーンの左側から出てくる．こちら側では群速度が負になる．このことから，バンドに全部電子がつまっていると，電流は合計で0になることがわかる．

　もしバンド間遷移を許せば，バンドに電子が完全に詰まっている場合でも電流は流れうる．しかし通常の実験状況下では電圧は弱すぎるので，このような現象は起こらない．

2) 一様磁場下での運動

運動方程式は

$$\left. \begin{array}{l} \dot{\boldsymbol{r}} = \boldsymbol{v}_k \\ \hbar \dot{\boldsymbol{k}} = -\dfrac{e}{c} \boldsymbol{v}_k \times \boldsymbol{H} \end{array} \right\} \tag{1.3.40}$$

である．

　第2式から $\dot{\boldsymbol{k}}$ は $\boldsymbol{H}$ に垂直であることがわかる．またローレンツ力は仕事をしないので，エネルギー ε_k は一定である．実際 ε_k を時間微分して(1.3.40)の第2式を用

1.3 固体中の電子

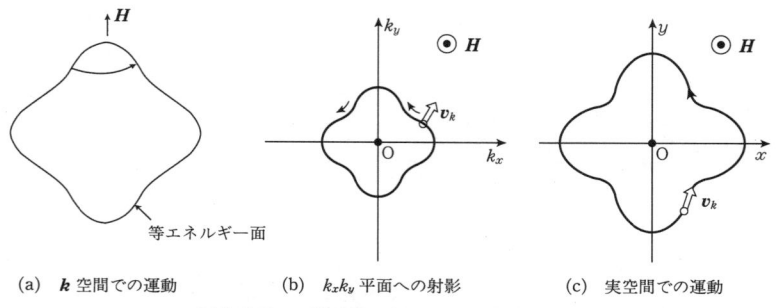

(a) k 空間での運動 (b) $k_x k_y$ 平面への射影 (c) 実空間での運動

図 1.3.9 一様磁場があるときの k の運動

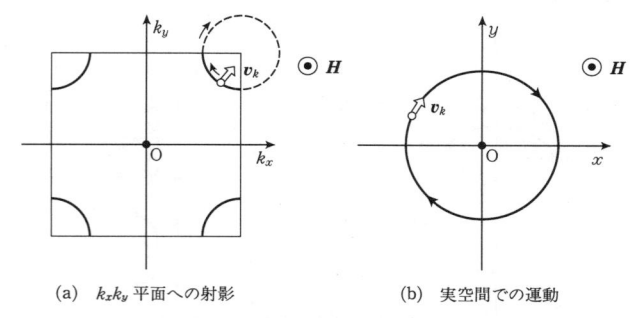

(a) $k_x k_y$ 平面への射影 (b) 実空間での運動

図 1.3.10 一様磁場があるときのホールの運動

いると，$\dot{\varepsilon}_k = \dfrac{\partial \varepsilon_k}{\partial \boldsymbol{k}} \dot{\boldsymbol{k}} = \hbar \boldsymbol{v}_k \cdot \dot{\boldsymbol{k}} = 0$．したがって $\boldsymbol{k}$ は，図 1.3.9 (a), (b) のようにエネルギー一定で，かつ磁場 $\boldsymbol{H}$ に垂直な曲線上を回転することになる．実空間では回転運動をする (図 1.3.9 (c))．(磁場の方向 z 軸に平行な初速度 v_z があれば，z 軸方向には等速度運動する．図 1.3.9 では z 軸方向の運動は書かなかった．)．キャリヤーがホール的な場合には図 1.3.10 (a) のように逆回転となる．実空間では，やはり電子の回転と逆向きになることがわかる (図 1.3.10 (b))．

また，図 1.3.11 (a) のようなフェルミ面の場合には，ブリユアンゾーンの境界までくると，折り返されてブリユアンゾーンの反対側から現れる．これを開いた軌道 (open orbit) という．このとき，実空間では回転せずに一方向に流れていくという現象が起こる．これはバンドの効果であり，古典的描像では理解できない．

3) 一様電場と磁場がある場合 (ホール効果)

この場合の運動方程式を解くのは少し複雑であるが，図 1.3.12 のようになっている．実空間では基本的に回転運動しているが，それ以外に電場，磁場に垂直な方向に流されていく (ドリフトという)．これがホール効果を引き起こす．

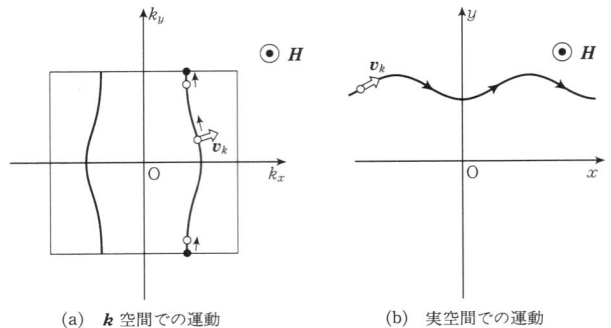

(a) k 空間での運動 (b) 実空間での運動

図 1.3.11 擬 1 次元系の場合の一様磁場下での運動（開いた軌道になる）

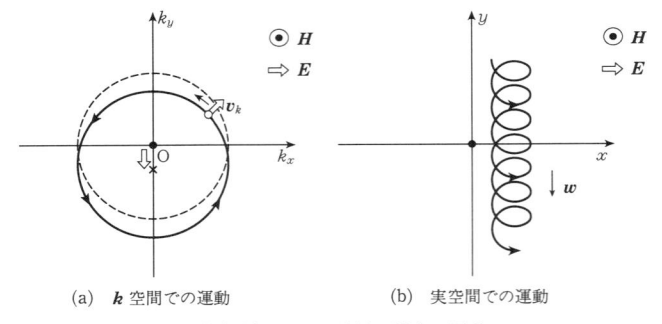

(a) k 空間での運動 (b) 実空間での運動

図 1.3.12 ホール効果の場合の運動

ドリフトの速度は

$$w = \frac{c}{H^2} E \times H \tag{1.3.41}$$

である．k 空間では

$$\varepsilon_k - \hbar \bm{k} \cdot \bm{w} \tag{1.3.42}$$

が一定の曲線上を回転することが示される（図 1.3.12 を参照）．

1.3.3 電子の散乱

a. ボルツマン方程式

電子の散乱問題と，それによる輸送現象を議論するために，ボルツマン方程式がよく用いられる．これは半古典的計算である．まず，位相空間 $\mathrm{d}\bm{r}\mathrm{d}\bm{k}$ 中にいる電子の数を

$$f(\bm{r}, \bm{k}, t) \frac{\mathrm{d}\bm{r}\mathrm{d}\bm{k}}{(2\pi)^3} \tag{1.3.43}$$

とする．さらに衝突と衝突の間に，電子は半古典的な運動をするとして，式(1.3.38)と同じ運動方程式

$$\hbar \dot{\boldsymbol{k}} = -e\left(\boldsymbol{E} + \frac{1}{c}\boldsymbol{v}_k \times \boldsymbol{H}\right) = \boldsymbol{F}$$

を満たすとする．

分布関数 $f(\boldsymbol{r}, \boldsymbol{k}, t)$ に対する運動方程式（ボルツマン方程式）を求めるために時刻 t と，それより少し前の時刻 $t-\delta t$ を考える．δt だけ前の時刻には，電子は

$$\boldsymbol{r} - \boldsymbol{v}_k \delta t, \quad \boldsymbol{k} - \frac{\boldsymbol{F}}{\hbar}\delta t$$

にいたのだから

$$f(\boldsymbol{r}, \boldsymbol{k}, t) = f\left(\boldsymbol{r} - \boldsymbol{v}_k \delta t, \boldsymbol{k} - \frac{\boldsymbol{F}}{\hbar}\delta t, t - \delta t\right) - \left(\frac{\partial f}{\partial t}\right)_{\text{out}} \delta t + \left(\frac{\partial f}{\partial t}\right)_{\text{in}} \delta t \tag{1.3.44}$$

となる．ここで右辺第2項と第3項は散乱によって電子がほかの $\boldsymbol{k}$ へいってしまう寄与と，ほかの $\boldsymbol{k}$ から入ってくる寄与を表す．

両辺を整理して偏微分の形にすれば，ボルツマン方程式

$$\frac{\partial f}{\partial t} + \frac{\partial f}{\partial \boldsymbol{r}} \cdot \boldsymbol{v}_k + \frac{\partial f}{\partial \boldsymbol{k}} \cdot \frac{\boldsymbol{F}}{\hbar} = \left(\frac{\partial f}{\partial t}\right)_{\text{coll}} \tag{1.3.45}$$

が得られる．左辺は電子の位相空間内での流れによる項で drift 項と呼ばれる．右辺は散乱の寄与をすべて合計して表したもので衝突項と呼ばれる．

b. 緩和時間近似

ボルツマン方程式の衝突項は，微視的な過程に依存する非常に複雑なものであるが，これを緩和時間を用いて近似的に扱うのがもっとも単純な近似である（この近似は後で示すように，不純物散乱の特別な場合には正当化される）．局所的な平衡分布を

$$f^0(\boldsymbol{r}, \boldsymbol{k}) = \frac{1}{e^{(\varepsilon_k - \mu(\boldsymbol{r}))/k_{\text{B}}T(\boldsymbol{r})} + 1} \tag{1.3.46}$$

とする．これを用いて衝突項を

$$\left(\frac{\partial f}{\partial t}\right)_{\text{coll}} = -\frac{f(\boldsymbol{r}, \boldsymbol{k}, t) - f^0(\boldsymbol{r}, \boldsymbol{k})}{\tau(\varepsilon_k)} \tag{1.3.47}$$

と近似するのが緩和時間近似である．

この近似を用いると電気伝導度テンソル（$\boldsymbol{j} = \sigma \boldsymbol{E}$ で定義）は，

$$\sigma = e^2 \int \frac{d\boldsymbol{k}}{4\pi^3} \tau(\varepsilon_k)\left(-\frac{\partial f}{\partial \varepsilon}\right) \boldsymbol{v}_k \boldsymbol{v}_k \tag{1.3.48}$$

となる．バンド理論からくる有効質量を

$$\frac{1}{\hbar}\frac{\partial v_x}{\partial k_x} = \frac{1}{m^*} \tag{1.3.49}$$

で定義すれば，この式からドルーデ型の伝導度 $\sigma_{xx} = \dfrac{ne^2\tau(\varepsilon_{\text{F}})}{m^*}$ が得られる．

エネルギーに依存する伝導度をかりに

$$\sigma(\varepsilon) = e^2 \int \frac{d\boldsymbol{k}}{4\pi^3} \delta(\varepsilon - \varepsilon_k) \tau(\varepsilon_k) \boldsymbol{v}_k \boldsymbol{v}_k \tag{1.3.50}$$

と定義すると，電気伝導度と熱伝導度はボルツマン方程式を用いて

$$\sigma = \sigma(\varepsilon_\mathrm{F}), \quad \kappa = \frac{\pi^2}{3e^2} k_\mathrm{B}^2 T \sigma(\varepsilon_\mathrm{F}) \tag{1.3.51}$$

であることが示される．これはウィーデマン–フランツの法則である．

また熱電能 (thermopower) は

$$Q = -\frac{\pi^2}{3} \frac{k_\mathrm{B}^2 T}{e\sigma} \left(\frac{\partial \sigma(\varepsilon)}{\partial \varepsilon} \right) \bigg|_{\varepsilon = \varepsilon_\mathrm{F}} \tag{1.3.52}$$

で与えられる．

c. 実際の電子の散乱

微視的な散乱のメカニズムには以下の三つがある．
① 不純物，格子欠陥などによるもの
② 格子振動，フォノンとの散乱
③ 電子間相互作用

①の不純物散乱による抵抗は，低温で温度に依存しない残留抵抗を与える．②のフォノンとの散乱過程は，高温（デバイ温度より上）で温度 T に比例した抵抗，低温（デバイ温度以下）で T^5 に比例した抵抗を与える．

③の電子間相互作用による抵抗は

$$\rho = A \frac{(k_\mathrm{B} T)^2}{\varepsilon_\mathrm{F}} \tag{1.3.53}$$

といった T^2 に比例する抵抗を与える．普通の金属ではこの項は小さいが，T^2 の係数は状態密度（または有効質量）に比例するので，重い電子系などでは顕著になってくる．

d. フォノンドラッグ

フォノンとの散乱に起因する抵抗に関して，注意すべき点がある．低温で T^5 に比例するという抵抗を求める計算では，フォノンの分布はつねに熱平衡であると仮定している．しかし実際には，電子系が電流を運ぶときに，フォノン系のほうも電子系にひきずられて熱平衡分布からずれてくる可能性がある．これをフォノンドラッグ (phonon drag) の効果という．

理論的には，以下のようにいい表される．もともとの電子格子相互作用を含むハミルトニアンが並進操作に対して不変ならば，全運動量は保存量となる．このために，いったん電子系とフォノン系がともに動き出した系は，決して緩和して静止することはない．つまり抵抗を与えるような緩和過程が存在しないことになってしまう．

現実の抵抗はウムクラップ (Umklapp) 散乱によって生じている．ウムクラップ散乱では逆格子ベクトルに相当する運動量が，結晶格子全体に受け渡される．このため電子系の運動量は失われ緩和が生じる．

同じ問題は，電子間相互作用による抵抗の場合にも考えられる．T^2 に比例する電気抵抗は，やはりウムクラップ過程によるものである．ウムクラップ過程を考慮せずに計算された抵抗は正しくない．

e. ボルン近似

不純物散乱による抵抗は，一番簡単な近似ではボルン近似で扱うことができる．散乱の際に不純物原子を高いエネルギー状態に励起することはできない（励起エネルギーは eV のオーダー）ので，不純物散乱は弾性散乱である．フェルミの黄金則で散乱確率を計算すると

$$W_{k \to k'} = \frac{2\pi}{\hbar} n_i \delta(\varepsilon_k - \varepsilon_{k'}) |\langle k|U|k'\rangle|^2 \tag{1.3.54}$$

で与えられる．これはボルン近似の結果である．

この散乱では

$$W_{k \to k'} = W_{k' \to k} \tag{1.3.55}$$

という詳細つり合い (detailed balance) が成り立っている．このときボルツマン方程式の衝突項は

$$\left(\frac{\partial f}{\partial t}\right)_{\text{coll}} = -\int \frac{d\boldsymbol{k}'}{(2\pi)^3} W_{k \to k'}\{f(\boldsymbol{k})(1-f(\boldsymbol{k}'))-(1-f(\boldsymbol{k}))f(\boldsymbol{k}')\} \tag{1.3.56}$$

と書ける．

さらにエネルギー分散関係 ε_k が等方的で，$W_{k,k'}$ が $\boldsymbol{k}$ と $\boldsymbol{k}'$ のなす角 θ にのみ依存すると仮定すると，b項で示した緩和時間近似が正当化される．このときの緩和時間は

$$\frac{1}{\tau_k} = \int \frac{d\boldsymbol{k}'}{(2\pi)^3} W_{k \to k'}(1-\cos\theta) \tag{1.3.57}$$

である．これが不純物散乱による残留抵抗を与える．

1.3.4　微視的な電気伝導度の理解

a. 線形応答理論

電気伝導度を微視的に計算するには，グリーン関数を用いた線形応答理論で計算するのが一般的である．電場に対する電流の応答を求めれば，

$$j_\mu(\omega) = \sigma_{\mu\nu}(\omega) E_\nu \tag{1.3.58}$$

$$\sigma_{\mu\nu}(\omega) = -\frac{1}{i\omega}[Q^{\text{R}}_{\mu\nu}(\omega) - Q^{\text{R}}_{\mu\nu}(0)] \tag{1.3.59}$$

が得られる（久保公式）．ここで $\sigma_{\mu\nu}$ は電気伝導度テンソルであり，$Q^R_{\mu\nu}(\omega)$ は，電流-電流の応答関数

$$Q^R_{\mu\nu}(t) = -i\theta(t)\langle[j_\mu(t), j_\nu(0)]\rangle \tag{1.3.60}$$

のフーリエ変換である．添字の μ, ν は，電場や電流の向き x, y, z としてもよい．また，局所的な電場や電流を考える場合には，μ, ν を座標 $\boldsymbol{r}, \boldsymbol{r}'$ などとしてもよい．

電流演算子 j_μ は，一般にハミルトニアンに依存する．$\boldsymbol{j}(\boldsymbol{r})$ は，局所的な電荷の保存則

$$\dot{\rho}(\boldsymbol{r}) = i[H, \rho(\boldsymbol{r})] = -\mathrm{div}\,\boldsymbol{j}(\boldsymbol{r}) \tag{1.3.61}$$

を満たすように決められる．自由電子ガスの場合は，第2量子化した形で

$$j_\mu = \frac{e}{m}\sum_{k,\sigma}\hbar k_\mu a^\dagger_{k,\sigma} a_{k,\sigma} \tag{1.3.62}$$

と表される．

b. グリーン関数を用いた不純物による電気伝導度の計算

電流-電流応答関数 $Q^R_{\mu\nu}(t)$ のフーリエ変換は図 1.3.13 のような2体温度グリーン関数から解析接続して得られる．図 1.3.13 中央の四角の部分にすべての相互作用の効果が入っている．電子の散乱がなく，全く自由な電子ガスモデルならば，2体グリーン関数は単に2本の1体グリーン関数で表される．ダイヤグラムでは図 1.3.14 のようになる．実線は電子の伝播を示す1体グリーン関数である．このダイヤグラムを計算すると，ドルーデ型の電気伝導度

$$\sigma(\omega) = \frac{ne^2}{m(-i\omega)} \tag{1.3.63}$$

が得られる．

不純物散乱の効果をとり入れるには，ファインマンダイヤグラムの方法を用いた摂動計算を行えばよい．これには以下に示すようないくつかの寄与がある．

(1) まず不純物散乱は，1体グリーン関数の自己エネルギーに寄与する．図 1.3.15 のようなダイヤグラムを足し合わせると，グリーン関数は

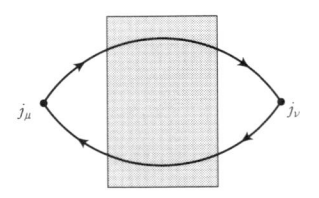

図 1.3.13　2体温度グリーン関数に対するファインマンダイヤグラム

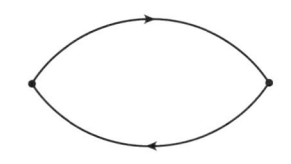

図 1.3.14　自由な電子の場合の2体グリーン関数

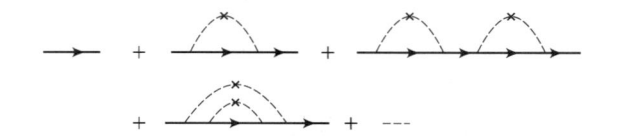

図 1.3.15 不純物散乱がある場合の1体グリーン関数のファインマンダイヤグラム

$$G(k, i\omega_l) = \frac{1}{i\omega_l - \varepsilon_k + \frac{i\hbar}{2\tau_0}\text{sign}(\omega_l)} \tag{1.3.64}$$

となる．ここで ω_l は松原振動数で，τ_0 は不純物散乱による電子の"寿命"に相当する．これは

$$\frac{1}{\tau_0} = \int \frac{d\boldsymbol{k}'}{(2\pi)^3} W_{k \to k'} \tag{1.3.65}$$

で与えられる．ちょうどボルツマン方程式で得られた緩和時間 (1.3.57) の第1項になっている．

(2) 電気伝導度の計算には，図1.3.16のような形の相互作用も考えなくてはならない．この形のものをバーテックス (vertex) 補正と呼ぶ．図のようなはしご型の散乱を足し合わせると，

$$-\int \frac{d\boldsymbol{k}'}{(2\pi)^3} W_{k \to k'} \cos\theta \tag{1.3.66}$$

という形の寄与が得られる．(1) で得られた自己エネルギーと，図1.3.16のバーテックス補正を合計して電気伝導度を計算すると式 (1.3.57) の緩和時間が再現される．

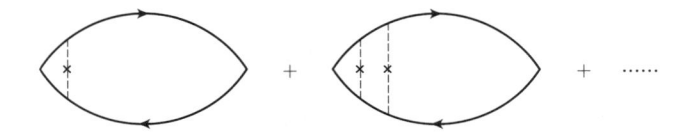

図 1.3.16 バーテックス補正のダイヤグラム

物理的には，電子の"寿命" τ_0 だけでは，電気伝導度の緩和時間を再現しないということを意味する．電子は τ_0 程度の時間で不純物と衝突するのであるが，これが抵抗を直接生むわけではない．式 (1.3.57) に $1-\cos\theta$ という項があるように，$\theta \sim 0$ の前方への散乱（前方散乱）は電気抵抗には効かず，$\theta \sim \pi$ の後方散乱が電気抵抗の緩和時間に大きく寄与する．図1.3.15と図1.3.16のようなダイヤグラムの合計がボルン近似を与えている．

c. アンダーソン局在

2次元，1次元などの低次元系では，不純物散乱は低温でアンダーソン局在を引き起こすことがわかっている．絶対零度では，すべての状態が局在し，系は絶縁体になる．一方，有限温度ではフォノンとの相互作用や電子間相互作用による非弾性散乱のために，エネルギーの異なる局在した状態間をとび移ることができるようになり，電流は流れる．局在の弱い場合には，グリーン関数の方法で局在の効果を調べることができる．

不純物散乱による残留抵抗を与える図1.3.15と図1.3.16のダイヤグラム以外に，図1.3.17のようなダイヤグラムが考えられる．とくに $k+k'=q$ が小さいとき，図1.3.17(a)のような電子-電子対伝搬関数は

$$K(\boldsymbol{q},\omega) = \frac{1}{2\pi D(0)\tau^2} \frac{1}{Dq^2 - i\omega + \hbar/\tau_\varepsilon} \tag{1.3.67}$$

という形をしていることがわかる．この関数形は拡散型の極をもつといわれる．D は拡散係数で $D=\varepsilon_F\tau/m$ である．最後の $\hbar/\tau_\varepsilon$ は非弾性散乱の効果を現象論的に寿命 τ_ε として付け加えたものである．この項は温度に依存して，$T\to 0$ で $1/\tau_\varepsilon \to 0$ となる．一般的に $1/\tau_\varepsilon \propto T^p$ と仮定されている．

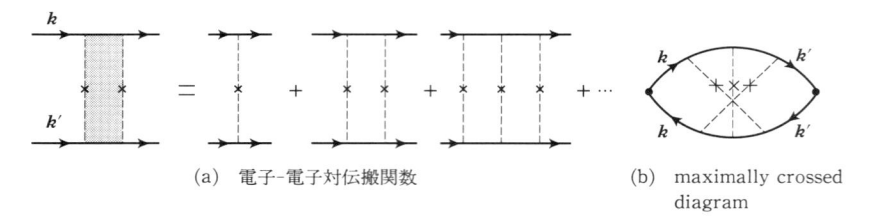

図1.3.17 アンダーソン局在を引き起こすダイヤグラム
(a) 電子-電子対伝搬関数　(b) maximally crossed diagram

電気伝導度に対しては図1.3.17(b)のような形のダイヤグラムとして寄与する．これは maximally crossed diagram と呼ばれる．このダイヤグラムによる電気伝導度の補正項は

$$\Delta\sigma \propto -\sum_q K(\boldsymbol{q},\omega=0) \propto -\int \frac{d^d\boldsymbol{q}}{(2\pi)^d} \frac{1}{D} \frac{1}{q^2 + \hbar/D\tau_\varepsilon} \tag{1.3.68}$$

に比例することがわかる．

ここで現れる q 積分は次元 d によるが，2次元以下なら $\boldsymbol{q}\sim 0$ の寄与が重要になる．たとえば2次元なら

$$\Delta\sigma \propto -\ln\frac{\tau_\varepsilon}{\tau} \tag{1.3.69}$$

となる．低温で非弾性散乱が少なくなり，$1/\tau_\varepsilon \to 0$ となっていくと，この電気伝導度の補正項は，負で $\ln T$ の温度依存性をもちながら大きくなる．これがアンダーソン

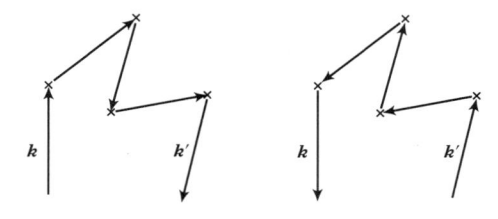

(a) 不純物による散乱過程の一つ　　(b) 時間反転したもの

図 1.3.18　アンダーソン局在を引き起こす散乱過程

局在の前駆現象である．

　アンダーソン局在は多数の不純物により電子がコヒーレントに散乱されることによって生じるといわれている．これは図 1.3.18 のような散乱過程を考えて理解される．図 (a)，(b) でとくに $k'\sim -k$ という後方散乱を考える．不純物散乱は時間反転に対して対称なので，図 1.3.18 (a) の散乱過程は，(b) のものと位相まで含めて等しい行列要素をもっていることになる．このため k から $k'\sim -k$ へ散乱されるという後方散乱は，図の (a)，(b) 二つの過程が互いに強め合う働きをすることがわかる．この干渉のために波動関数が定在波となって，電子が局在するのである．この干渉効果はすべての次数の摂動で起こるので，非常に強い．

d. 電子波干渉効果

　このように，アンダーソン局在はコヒーレントな散乱による電子波の干渉効果によるものなので，磁場をかけると AB (Aharonov-Bohm) 効果のような面白い現象が期待される．

　AB 効果は，図 1.3.19 (a) のような 2 本の電子波の干渉である．磁束 ϕ のつくるベクトルポテンシャルは，ソレノイドの外場にも広がっている．このベクトルポテンシャルをゲージ変換で消すと，かわりに電子の波動関数は

$$\psi(\boldsymbol{r})\to\psi'(\boldsymbol{r})=e^{iex/\hbar}\psi(\boldsymbol{r}) \tag{1.3.70}$$

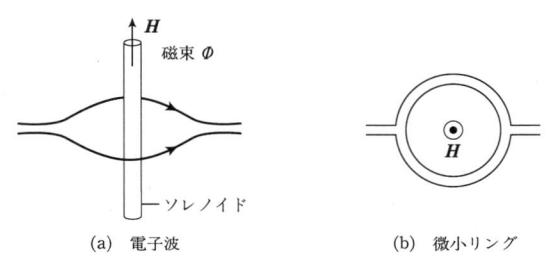

(a) 電子波　　(b) 微小リング

図 1.3.19　AB 効果

$$\chi(\boldsymbol{r}) = -\frac{\varPhi}{2\pi}\theta \tag{1.3.71}$$

という変換を受け，位相がつく．ソレノイドの右側を通った電子と左側を通った電子波は $\theta = 2\pi$ の違いが出るので，位相差 $e\chi/\hbar$ は，

$$\frac{e\varPhi}{\hbar} = \frac{2\pi e\varPhi}{h} \tag{1.3.72}$$

となる．このため磁束 $\varPhi$ を変化させたとき，磁束量子

$$\phi_0 = \frac{h}{e} \tag{1.3.73}$$

を周期として，電子波の干渉が周期的に変化する．

　以上は真空中の話であるが，金属中の電子は不純物などによって散乱され位相が乱されるので，通常は AB 効果を見ることは難しい．しかし図 1.3.19 (b) のような非常に小さい金属リングをつくれば，h/e を周期とする AB 効果が見られる．たとえば直径 1μm 程度，幅が 0.1μm の薄膜によって実現される．このような場合には，リングを一周する可能な経路の数が非常に少ないので，位相はある値に固定されて AB 効果が見られると考えられている．

　一方，アンダーソン局在も電子波の干渉効果なので，磁場による位相が付加されると変更を受ける．この場合は図 1.3.20 に示したような二つの電子波の干渉になる．磁場がないときは，右回りと左回りの位相が等しくなるので，アンダーソン局在が生じる．徐々にリングを通過する磁束の大きさを増やしていき，

$$\varPhi = \frac{\phi_0}{2} = \frac{h}{2e} \tag{1.3.74}$$

になると，右回りの電子波に位相 π がつき，左回りの電子波には $-\pi$ の位相がつく．この場合でも，両回りの位相が等しいという条件が成立するので，再びアンダーソン局在が起こることになる．途中の磁束の大きさの場合は位相がずれてしまうので局在は破れる．結局，電気伝導度は磁束量子の半分 $\phi_0/2$ を周期として周期的に変動する．

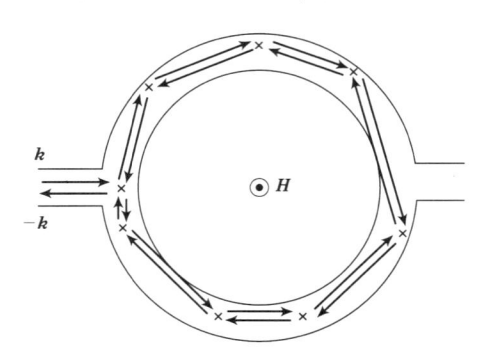

図 1.3.20　AAS 効果の際の散乱過程

これを AAS (Altshuler-Aronov-Spivak) 効果という.

ただし,この効果は非弾性散乱によって電子波の位相が乱されると見えなくなる.電子が非弾性散乱を受けるまでに進む距離は,式 (1.3.67) から,だいたい

$$L_\varepsilon = \sqrt{D\tau_\varepsilon} \tag{1.3.75}$$

であると評価される.AAS 効果を見るためには,この非弾性散乱長 L_ε が系の大きさ L よりも十分長くなければならない.

金属では弾性散乱時間は 10^{-13} s 程度に短いので電子の運動は拡散的である.一方,非弾性散乱時間は温度を下げると長くなるが,1 K 程度でもだいたい 10^{-11} s 程度と思われている.したがって,非弾性散乱長は 1μm ぐらいであるので,これ以下のメゾスコピックな系でなければ電子波の干渉効果は見られない.

e. ランダウアー公式

ポイントコンタクトや1次元量子細線では電気伝導度 (conductivity) ではなく,コンダクタンスが議論される.この場合はランダウアー (Landauer) 公式がしばしば用いられる.

図 1.3.21 のような導線 (lead) と試料 (sample) を考え,左右の導線の化学ポテンシャルを $\mu_L, \mu_R (\mu_L > \mu_R)$ とする.エネルギーが $\varepsilon < \mu_R$ の電子は試料中ですべて占有されているので,電流に寄与しない.しかし $\mu_R < \varepsilon < \mu_L$ の電子は左側の導線から試料に入り,透過係数 T で右側へ抜けていくと仮定する.

左側から入ってくる電子の数は,図 1.3.22 のように μ_L, μ_R に対応した波数 k_1, k_2 を用いて

$$\frac{k_1 - k_2}{2\pi\hbar} \tag{1.3.76}$$

である (1次元の場合).これらの電子はスピン↑,↓の2種類あり,電荷 e,速度 $v_F = \partial\varepsilon_k/\partial k$ をもつので,電流は

$$I = 2e\frac{k_1 - k_2}{2\pi\hbar}v_F T \tag{1.3.77}$$

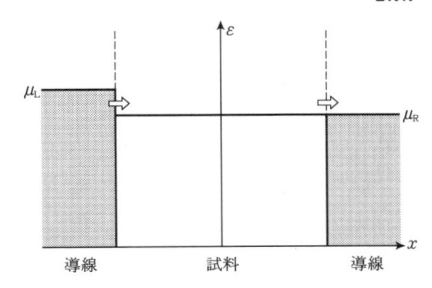

図 1.3.21 ランダウアー公式で考えるときの1次元系の化学ポテンシャル

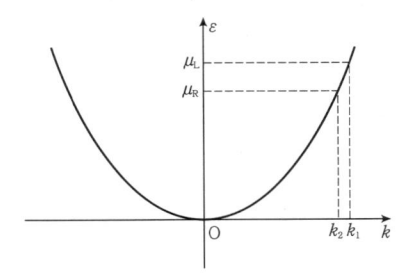

図 1.3.22 1次元系に流れる電子

である．T は透過係数．

一方電圧は

$$eV = \mu_L - \mu_R = \frac{\partial \varepsilon_k}{\partial k}(k_1 - k_2) = v_F(k_1 - k_2) \tag{1.3.78}$$

である．この二つの式から

$$I = \frac{2e^2}{h}TV \tag{1.3.79}$$

となるので，コンダクタンスは

$$G = \frac{I}{V} = \frac{2e^2}{h}T \tag{1.3.80}$$

となる．これがランダウアー公式である．

この公式では，試料中の電子の散乱はすべて透過係数 T に押し込められている．試料中の電子状態が1体問題であって解ける場合はこれでよいが，電子格子相互作用や電子間相互作用がある場合に，透過係数 T をどのように計算すればよいか明らかではない．

似たような結果は久保公式からも得られる．自由電子ガスの場合に，局所的な電流-電流応答関数

$$Q^R(x, x', t) = -i\theta(t)\langle [j(x, t), j(x', 0)] \rangle \tag{1.3.81}$$

のフーリエ変換を求め，式(1.3.59)の久保公式を用いて局所的な電気伝導度を計算すると

$$\sigma(x, x', \omega) = -\frac{1}{i\omega}[Q^R(x, x', \omega) - Q^R(x, x', 0)] = \frac{2e^2}{h} e^{i\frac{\omega}{v_F}|x-x'|} \tag{1.3.82}$$

が得られる．

試料部分が有限の長さであるとして，x と x' が有限のまま $\omega \to 0$ の極限をとれば，

$$\sigma(x, x', \omega \to 0) = \frac{2e^2}{h} \tag{1.3.83}$$

である．電流は，

$$j(x) = \int_0^L \sigma(x, x', 0) E(x') dx' = \frac{2e^2}{h} \int_0^L E(x') dx' = \frac{2e^2}{h} V \tag{1.3.84}$$

したがって，コンダクタンス $G = 2e^2/h$ を得る．

一方，通常のドルーデの結果は，有限の ω で $L \to \infty$ の極限を先にとることによって得られる．このとき電気伝導度は

$$\sigma = \int \sigma(x, x', \omega) dx = \frac{2e^2}{h} \frac{2v_F}{-i\omega}$$

である．1次元でフェルミ速度が $v_F = \hbar k_F / m = \pi \hbar n / 2m$ であることを用いれば

$$\sigma = \frac{ne^2}{m(-i\omega)} \tag{1.3.85}$$

というドルーデ型 $(1/\tau = 0)$ の電気伝導度が得られる．

このように，久保公式による電気伝導度からもコンダクタンスを導くことができる．しかし電子間相互作用がある場合などで，コンダクタンスがどのように振る舞うかは現在も議論が多い問題である．たとえば，

① 導線と試料がどのように接続しているか，とくに試料中で電子間相互作用があって導線では相互作用がないと仮定する場合，相互作用は x の関数として徐々に入っていると仮定して計算してよいか（断熱引加）．

② また試料と導線の間は，あるトンネル確率でつながっていると考えることもできる．この場合試料が小さくなっていけば Coulomb blockade の問題となる．

③ 実験で測定されている電圧は本当は何であるか．相互作用による電場の遮蔽の効果，電気化学ポテンシャルの変化分を考える必要があるかどうか．

④ ランダウアー公式のミクロスコピックな意味．

⑤ 電子間相互作用によってモット転移という金属絶縁体転移が可能であるが，このような場合にコンダクタンスがどのように振る舞うかなどの問題は現在非常に興味がもたれている． ［小形正男］

引用文献

さらに勉強するために

ここで述べたことに関する一般的な教科書は
1) N. W. Ashcroft and N. D. Mermin : Solid State Physics, Saunders College, Philadelphia, 1987, or, Hold, Rinehart and Winston, 1976.
2) 山田耕作：岩波講座 現代の物理学 16，電子相関，岩波書店，1993．
3) 斯波弘行：パリティ物理学コース，固体の電子論，丸善，1996．

フェルミ液体論については
4) D. Pines and P. Nozières : The Theory of Quantum Liquids, Volume I, Addison-Wesley, 1966, 1989.

上記の2), 3) も参考．

1次元の摂動が発散することは3)にくわしく書かれている．1次元で成立する朝永・ラッティンジャー液体状態について，ここではくわしく書けなかったが，やはり3)にコンパクトにまとめられている．それ以外に有名なレビューが，
5) J. Sólyom : *Adv. Phys.*, **28** (1979) 201.
6) H. Fukuyama and H. Takayama : Electronic Properties of Inorganic Quasi-One-Dimensional Materials, I, P. Monceau ed., Reidel, 1985, p. 41.
7) V. J. Emery : Highly Conducting One-Dimensional Solids, J. T. Devreese *et al*. eds., Plenum, 1979, p. 247.

Mahan の大部の教科書にも書かれている．
8) G. D. Mahan : Many-Particle Physics, Plenum, 1990, p. 324.

専門家向けには，
9) 川上則雄，梁 成吉：新物理学選書，共形場理論と1次元量子系，岩波書店，1997．

ボルツマン方程式やフォノンドラッグの問題に関して古典的な教科書が

10) J. M. Ziman : Electrons and Phonons : The Theory of Transport Phenomena in Solids, Oxford, 1963.

線形応答理論や電気伝導度に関しては

11) R. Kubo : *J. Phys. Soc. Jpn.*, **12** (1957) 570.

および論文選集として，

12) 久保亮五，橋爪夏樹（編）：新編物理学選集 40，不可逆過程の統計力学，日本物理学会，1968.

13) A. A. Abrikosov, L. P. Gorkov and I. E. Dzyaloshinski : Methods of Quantum Field Theory in Statistical Physics, Prentice-Hall, 1963, Dover Publications, 1975.

14) 阿部龍蔵：統計力学，東京大学出版会，1966, 1992.

アンダーソン局在については

15) 福山秀敏：物理学最前線 2，共立出版，1982.

16) 安藤恒也（編）：シリーズ物性物理の新展開，量子効果と磁場，丸善，1995.

量子細線などのメゾスコピック系の最近のレビューとしては

17) 川畑有郷，川村 清（編）：物理学論文選集III，メゾスコピック系，日本物理学会，1994.

18) T. Ando *et al.* (eds.) : Mesoscopic Physics and Electronics, Springer, 1998.

19) 固体物理，量子輸送現象における新展開(特集号)，1999 年 5 月号．

1.4 光と物質の相互作用

はじめに

われわれは物の色や光沢からその素材が金属であるのか絶縁体であるかといった物性をある程度判別している．これは，物質がその物性に応じて特徴的な光学応答を示すからである．またパーソナルコンピューターやテレビのディスプレイのブラウン管や蛍光灯では管の内壁面に塗られた蛍光体微結晶において，電子線が衝突する際にそのエネルギーを光に変換する過程を利用して電気信号に乗せられた情報を視覚情報としている．

このように物質が光を放ったり，散乱させたり反射させるのは電磁波である光が物質中の荷電粒子と相互作用することによっている．とくに可視光線は物質中の電子と強く相互作用するので，可視光の領域での光学的な性質は物質の電子の状態を強く反映したものとなるのである．また，光と物質の相互作用を利用して，光で電気信号を超高速に制御したり，光で光を制御することにより，より大容量の情報を高速に処理したり伝達したりするためのデバイスやシステムが注目されている．このように光と物質の相互作用は量子工学のさまざまな分野で今後ますます重要な役割を演じるであろう．そこで本節では光と物質の相互作用について基礎的な事柄をまとめておく．

1.4.1 誘電媒質中の電磁波としての光

光と物質の相互作用を理解するのに通常は光を古典的な電磁波として扱う．本節では光の量子性が本質的な役割を果たすような現象についてはふれないことにする．さて，固体の中にはイオンや価電子のように束縛された電荷が多数存在している．この束縛電荷に振動する光の電場が作用すると，束縛電荷は電場によって強制振動を始める．この強制振動によって生じた振動双極子は物質の電気分極と呼ばれる．この入射光と同じ振動数で振動する電気分極は双極子放射を行う．この様子を図1.4.1に示した．物質中を伝搬する電磁波は入射光と分極からの放射の重ね合せである．重ね合わせた結果の波は入射波と比べると位相のずれたものとなる．この位相シフトが光学応答の素である．このようなミクロな分極を $\vec{p}$ とすると $\vec{p}$ は入射光の電場 $\vec{E}$ に比例する．分極が単位体積当たり，N 個存在するとすると，巨視的な意味での電気分極

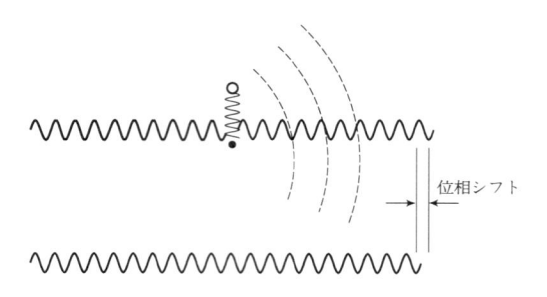

図 1.4.1 分極子による電磁波の散乱

率 $\vec{p}$ は
$$\vec{P} = N\vec{p} = \varepsilon_0 \chi \vec{E} \tag{1.4.1}$$
と与えられる．ここで χ は感受率と呼ばれる媒質の応答関数である．

媒質の光学応答を求めることは電場によって発生した電気分極率から発生する電磁場をつじつまの合うように求めることである．ここでは，電気的には中性で真電荷と真電流のない等方的な誘電媒質を考える．また，光の磁場と物質の相互作用は無視できるものとする．このとき媒質中でのマクスウェルの方程式は

$$\nabla \cdot \vec{E} = -\frac{\nabla \cdot \vec{P}}{\varepsilon_0} \tag{1.4.2}$$

$$c^2 \nabla \times \vec{B} = \frac{\partial}{\partial t}\left(\frac{\vec{P}}{\varepsilon_0} + \vec{E}\right) \tag{1.4.3}$$

$$\nabla \times \vec{E} = -\frac{\partial \vec{B}}{\partial t} \tag{1.4.4}$$

$$\nabla \cdot \vec{B} = 0 \tag{1.4.5}$$

と表される．式 (1.4.2) の右辺は分極電荷で，式 (1.4.3) の右辺の第 1 項は分極電流である．この連立方程式で $\vec{B}$ 磁場を消去すると，次の波動方程式が得られる．

$$\nabla^2 \vec{E} - \frac{1}{c^2}\frac{\partial^2 \vec{E}}{\partial t^2} = -\frac{1}{\varepsilon_0}\nabla(\nabla \cdot \vec{P}) + \frac{1}{\varepsilon_0 c^2}\frac{\partial^2 \vec{P}}{\partial t^2} \tag{1.4.6}$$

等方性媒質であるので電気分極率の方向は電場と平行である．したがって，$\nabla \cdot \vec{P} = 0$ となる．この波動方程式は次の平面波解をもつ．

$$\vec{E} = \vec{E}_0 \exp i(\vec{k} \cdot \vec{r} - \omega t) \tag{1.4.7}$$

これを式 (1.4.6) に代入すると

$$|\vec{k}|^2 = \frac{\omega^2}{c^2}\tilde{\varepsilon}/\varepsilon_0 \tag{1.4.8}$$

が成り立つ．ここで $\tilde{\varepsilon}$ は複素誘電率関数で

$$\tilde{\varepsilon} = \varepsilon_0(1 + \tilde{\chi}) \tag{1.4.9}$$

である．光の反射，透過，屈折といった光学応答を記述するには複素屈折率 $\tilde{n}$ を用

いるのが便利である．$\tilde{n}$ は

$$\tilde{n} \equiv \eta + i\kappa = \sqrt{\tilde{\varepsilon}/\varepsilon_0} \tag{1.4.10}$$

と定義される．x 軸の方向に伝搬する平面波の強度 $I(x)$ は

$$I(x) = I(0)\exp(-\alpha x), \quad \alpha \equiv \frac{2\omega}{c}\kappa \tag{1.4.11}$$

と減衰していく．α を吸収係数と呼ぶ．また式 (1.4.11) はランベールの法則と呼ばれている．半無限の媒質界面に垂直に入射する平面波のエネルギー反射率は

$$R = \left|\frac{\tilde{n}-1}{\tilde{n}+1}\right|^2 \tag{1.4.12}$$

と表される．

　このように光の反射や屈折，吸収といった光学現象は媒質の複素誘電率あるいは複素屈折率によって記述できるのである．複素誘電率関数は物質の特徴を表すものであり，その中に物質のミクロな運動の情報が書き込まれている．

1.4.2　古典振動子モデル

　物質中にはイオンや電子のような荷電粒子が数多く存在している．誘電媒質ではこのような荷電粒子はほかのイオンとの相互作用によって，その運動が束縛されている．光がこのような物質に入射すると，その電場がこれらの荷電粒子に振動的な力を及ぼす．ここでもしその荷電粒子の束縛ポテンシャルの固有振動数と光の周波数が近くなると，何らかの共鳴現象が起こると考えられる．このような共鳴効果は物質の光学応答にどのように現れるのであろうか．ここでは，電子が古典的なばねにつながれているという古典振動子モデル（ローレンツモデルと呼ばれる）を用いて考えてみる．

　いま，物質中に存在する 1 個の電子（質量 m，電荷 $e=-q$，q は素電荷）を考える．この電子は，真空中とは異なり，物質内では周囲の物質との相互作用によって自由な運動が妨げられている．そこでこの電子が図 1.4.2 のように仮想的な弾性媒質の中に埋め込まれていると考える．外から力が働かなければ，この電子の運動は次の運動方程式に従う．

$$m\ddot{\boldsymbol{r}}(t) = -k\boldsymbol{r}(t) - \gamma\dot{\boldsymbol{r}}(t) \tag{1.4.13}$$

$\boldsymbol{r}$ は平衡点（$\boldsymbol{r}=0$）からの電子の変位の大きさ，γ は弾性物質の中で電子が動くときに受ける減衰力の係数，k は電子を平衡点に引き戻そうとする弾性定数である．k,γ ともに電子と周囲の物質との相互作用を現象論的に表すパラメーターである．

　この方程式の解は，よく知られているように固有角振動数 $\omega_0 = \sqrt{k/m}$ の減衰調和振動となる．外力が働かなくても物質が高温になると電子の熱振動が励起される．このように荷電粒子が振動すると，同じ振動数の電磁波（光）が放出される．

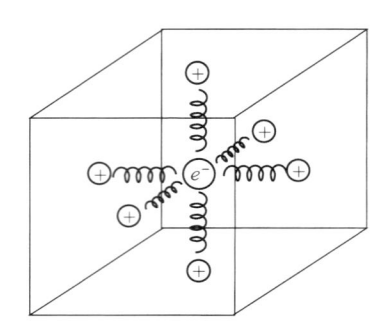

図 1.4.2 弾性媒質に束縛された電子

そこで，このようなモデル媒質に角振動数 ω の光が入射したとする．このとき電子はこの光の電場 $\boldsymbol{E}=\boldsymbol{E}_0\mathrm{e}^{-i\omega t}$ による力を受けて，次の運動方程式に従う強制振動を起こす．

$$m\ddot{\boldsymbol{r}}(t)=-\gamma\dot{\boldsymbol{r}}(t)-k\boldsymbol{r}(t)-q\boldsymbol{E}_0\mathrm{e}^{-i\omega t} \tag{1.4.14}$$

ここで，光の電場の周期的な時間変化を複素関数 $\mathrm{e}^{-i\omega t}=\cos\omega t-i\sin\omega t$ の形で表した．このとき電子は光と同じ振動数で強制的に振動させられているので，その変位を $\boldsymbol{r}(t)\propto\mathrm{e}^{-i\omega t}$ として上式に代入すると，次の解が得られる．

$$\boldsymbol{r}(t)=\frac{(q/m)\boldsymbol{E}_0}{\omega^2+i\Gamma\omega-\omega_0^2}\mathrm{e}^{-i\omega t} \tag{1.4.15}$$

ここで，$\Gamma\equiv\gamma/m$ は減衰係数と呼ばれる．

熱振動の場合と同じように，このような振動電荷からは，それを微細なアンテナとして同じ振動数の光が周囲の空間に放射される．これが双極子放射である．簡単のために，減衰効果を無視する（$\gamma,\Gamma=0$）．前と同様に強制振動解を $\boldsymbol{r}(t)=\boldsymbol{r}_0\mathrm{e}^{-i\omega t}$ とする．このとき，その振幅 $\boldsymbol{r}_0$ は式(1.4.15)から次のようになる．

$$\boldsymbol{r}_0=\frac{(q/m)\boldsymbol{E}_0}{\omega^2-\omega_0^2} \tag{1.4.16}$$

$\boldsymbol{r}_0$ の大きさが光に対する電子の応答を表している．まずこの式からわかることは，$\boldsymbol{r}_0$ が光の電場の振幅 $\boldsymbol{E}_0$ に比例することである．これは，このモデルでは電子は調和ポテンシャル内にあるので強制振動はどんなに振幅が大きくても必ず線形になるということである．現実の物質には必ず非調和性があるために，振幅が大きくなるとそのずれが現れる．これは1.5節で述べる非線形光学応答の起源である．さて，$\boldsymbol{r}_0$ は分母を通して角振動数 ω に依存する．低振動数（長波長）領域 $\omega\ll\omega_0$ では $\boldsymbol{r}_0$ はほぼ一定値（$\boldsymbol{r}_0=-q\boldsymbol{E}_0/m\omega_0^2$）である．$\omega$ が増加して固有角振動数 ω_0 に近づくにつれて $\boldsymbol{r}_0$ は発散的に増大する（しかし，それと同時に速度 $\dot{\boldsymbol{r}}$ も増大するので，現実の系ではここで無視された減衰力 $-\gamma\dot{\boldsymbol{r}}$ が働き，$\omega=\omega_0$ でも $\boldsymbol{r}_0$ は有限の値となる）．ω が固有角振動数 ω_0 を越すと，式(1.4.16)で表される変位の符号が変わる．これは ω_0 を境とし

て，電子の変位が電場による力 ($F=-qE$) と逆の方向になることを意味している．さらに $\omega \gg \omega_0$ では式 (1.4.16) に従って r_0 が ω^{-2} に比例して減少する．電子の運動が慣性抵抗により強制力の変化に追従できなくなったためである．図 1.4.2 のモデルで表される 1 個の電子と光との相互作用は以上のように理解される．

さて，平衡点 ($r=0$) にある電子が平衡点から r だけ変位すると，電子の変位 r によって新たに $p=-qr$ の電気双極子モーメントが生じる．媒質中にこのような電子が密度 N で含まれていると，単位体積当たりに誘起される電気分極密度 p は次式で表される．

$$p(t) = -qNr(t) = \frac{(Nq^2/m)E_0}{\omega_0^2 - i\Gamma\omega - \omega^2} e^{-i\omega t} \tag{1.4.17}$$

この電気分極ベクトル p は，マクスウェル方程式を通じて電場ベクトル E や磁場ベクトル H と関連づけられている．これを式 (1.4.6) に代入すると，式 (1.4.10) で定義される複素屈折率 $\tilde{n} = \eta + i\kappa$ は次式のように書かれる．

$$\tilde{n}^2(\omega) = n_\infty^2 + \frac{Nq^2/m\varepsilon_0}{\omega_0^2 - i\Gamma\omega - \omega^2} \tag{1.4.18}$$

ここで，ε_0 は真空の誘電率，n_∞ は電子が埋め込まれている媒質の寄与をまとめて表している．図 1.4.3 に固有角振動数 ω_0 の古典振動子を仮定して計算した η, κ と垂直入射の反射率 R の波長依存性（分散）の例を示した．図 1.4.4 は HgI_2 という直接遷移型半導体のバンド端に見られる励起子共鳴近傍での反射スペクトルである．図には古典振動子モデルでフィットした計算値も示した．このように古典振動子モデルは共鳴準位の近傍の光学応答をよく再現することが知られている．

現実の物質にはさまざまな共鳴状態が存在するので，式 (1.4.18) のように単一の

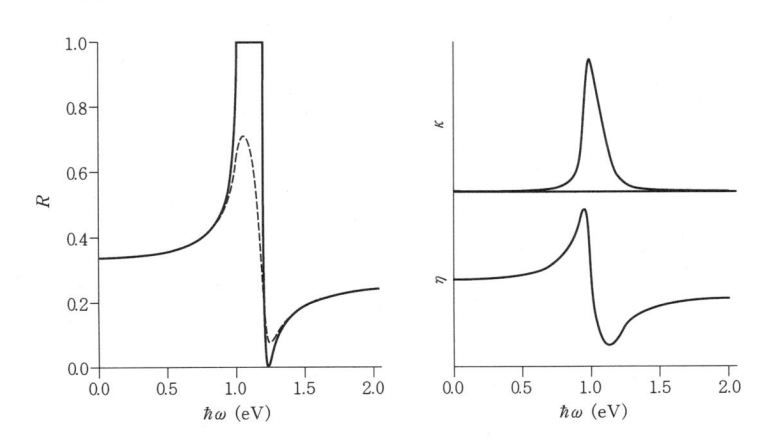

図 1.4.3 固有角振動数 ω_0 の古典振動子を仮定して計算した η, κ と垂直入射の反射率 R の波長依存性（パラメーター：$\hbar\omega_t = 1.0$ eV，$\hbar\omega_l = 1.2$ eV，$\gamma = 0.08$ eV，$\varepsilon_\infty = 10$）

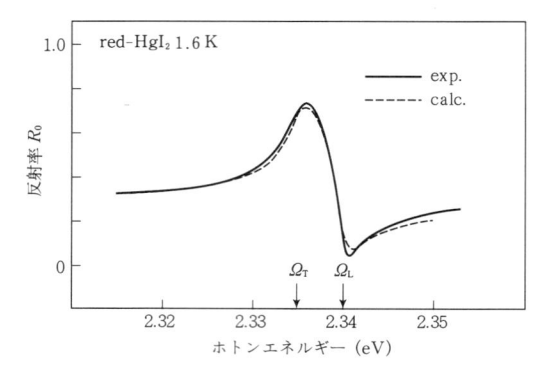

図 1.4.4 HgI₂ 結晶のバンド端に見られる励起子共鳴近傍での反射スペクトル 実線が実験で，破線が計算．計算は，$\varepsilon_b=10.5$, $\Omega_T=2.335$ eV, $\Delta_{LT}=5.1$ meV, $\gamma_{eg}=1$ meV として，$\varepsilon_L=\varepsilon_b+\varepsilon_b\dfrac{\Delta_{LT}}{\Omega_T-\Omega-i\gamma_{eg}}$ より求めたものである．

振動子を考えるだけでは足りない．一般には種類の異なるすべての振動子の寄与を含めて，次のような式を適用しなければならない．

$$\tilde{n}^2(\omega)=1+\frac{Nq^2}{m\varepsilon_0}\sum_i\frac{f_i}{\omega_{0i}^2-i\Gamma_i\omega-\omega^2} \tag{1.4.19}$$

f_i は j 番目の振動子と電場との相互作用の強さを表すパラメーターで振動子強度と呼ばれる．輻射場を古典的に扱い，電子系を量子論的に扱う半古典論によると，f_i は基底状態から j 番目の振動子への双極子遷移能率 μ_{gj} を用いて次のように表される．

$$f_j=\frac{2m\omega_j}{\hbar}|\mu_{gj}|^2 \tag{1.4.20}$$

式 (1.4.18) と式 (1.4.19) を比べると式 (1.4.18) の n_∞ は注目している振動子よりも高周波の振動子の寄与を定数で近似したものと見ることができる．

可視光の領域で透明な媒質の屈折率は，赤外領域と紫外領域に共鳴周波数 ω_1, ω_2 を用いて次の式で近似される．

$$n^2=1+\frac{A}{\omega_1^2-\omega^2}+\frac{B}{\omega_2^2-\omega^2} \tag{1.4.21}$$

これを波長の関数に書き換えると

$$n^2=n_\infty^2+\frac{A'}{\lambda^2-\lambda_1^2}+\frac{B'}{\lambda^2-\lambda_2^2} \tag{1.4.22}$$

この式はセルマイヤー (Sellmeier) の式と呼ばれ，光学機器の設計などで材料の色分散を考慮する場合によく用いられている．

1.4.3 ポラリトン

　光学的に活性な共鳴状態をもつ誘電媒質中での電磁波の伝搬について考えてみる．さしあたり，緩和は無視することにすると，式 (1.4.8) と式 (1.4.18) より，媒質を伝搬する電磁波の角周波数 ω と波数 k の間には次の関係が成り立つ．これを分散関係という．

$$\tilde{n}^2(\omega) = n_\infty^2 + \frac{\omega_p^2}{\omega_0^2 - \omega^2} \tag{1.4.23}$$

これを解いて図示したものが図 1.4.5 である．ここで $\omega_p^2 = Nq^2/m\varepsilon_0$ とおいた．ω_p はプラズマ振動数と呼ばれる．この関係式が与える ω と k の関係を満足する波は物質系の振動子と電磁波の連成波である．これは分極の波であるので，ポラリトン (polariton) と呼ばれる．物質系の分極のもととなる振動子としては，格子振動，励起子などがある．それぞれに応じてフォノンポラリトン，エキシトンポラリトンなどと呼ばれている．

　さて，これまで物質中の振動子の共鳴振動数は波数に依存しないものと考えてきた．これは，誘電分極が局所的な電磁場にのみ依存することに対応する．しかし一般には固体中の素励起である励起子や格子振動はそれ自体でも媒質中を伝搬することができる．この場合には誘電分極は周辺の電場の影響を受ける．このことを応答が非局所的であるという．たとえば，素励起の有効質量を M とすると，素励起は並進運動のエネルギー $\hbar^2 k^2/2M$ だけ余分なエネルギーをもつ．このシフトを共鳴周波数に加えると式 (1.4.23) の分散関係は

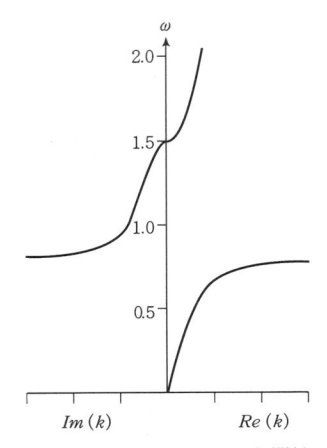

図 1.4.5 ポラリトンの分散関係

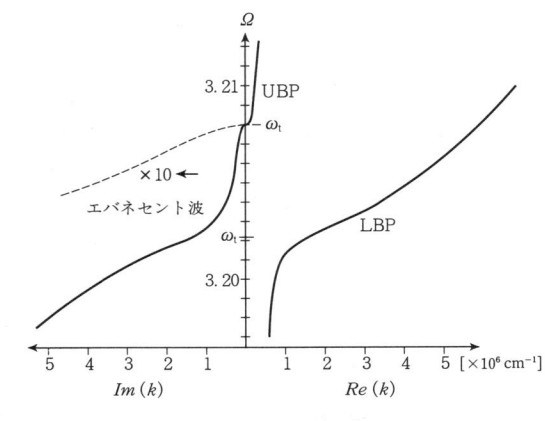

図 1.4.6 2 次の空間分散効果がある場合のポラリトンの分散関係

$$\frac{c^2 k^2}{\omega^2} = n_\infty^2 + \frac{\omega_P^2}{(\omega_0 + \hbar k^2/2M)^2 - \omega^2} \tag{1.4.24}$$

となる.これは2次の空間分散効果と呼ばれる.この関係式から決まる ω と k の関係を図示すると図1.4.6のようになる.これを見ると与えられた波数は ω の多価関数になっていることがわかる.これは2次の空間分散効果があると,電磁固有モードとしてのポラリトンが複数存在することを意味している.実際直接遷移型半導体の励起子ポラリトンに対してこのような複数のポラリトンが観測されている.その実例を図1.4.7に示した.

さて,誘電媒質中に縦波 ($\vec{E}_\parallel \mathbin{\!/\mkern-5mu/\!} \vec{k}$) が生じるとする.このような物質を伝搬する光もポラリトンと同様電磁場と物質の結合系の電磁固有モードと見なすことができる.物質中のマクスウェル方程式を満たす平面波解の中でこのような縦波の解を考える.平面波の波数ベクトルを $\vec{k}$,角周波数を ω,電荷密度を ρ_e とする.

$$\mathrm{div}\,\vec{D} = \rho_e = i\varepsilon(\omega)\vec{k}\cdot\vec{E}_\parallel \tag{1.4.25}$$

であるので,$\vec{E}$ は

$$\vec{E}_\parallel = -\frac{i\vec{k}}{k^2 \varepsilon(\omega)} \rho_e \tag{1.4.26}$$

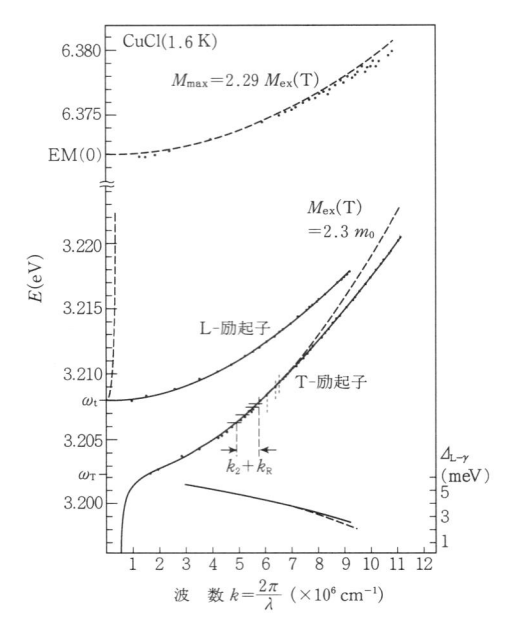

図1.4.7 2光子共鳴ラマン散乱法によって求められた,CuCl励起子ポラリトンの分散関係
(三田常義:東北大学博士論文,1980より)

1.4 光と物質の相互作用

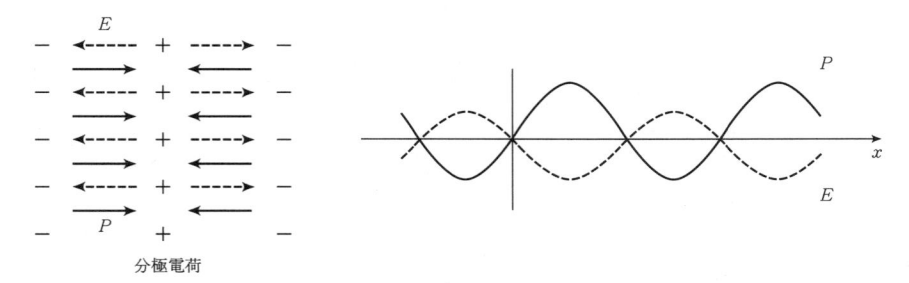

図 1.4.8 縦波電磁波と反電場

と書ける.この式を見ると,$\varepsilon(\omega)=0$ の場合には,$\rho_e=0$ でも $\vec{E}_\parallel \neq 0$ の解が存在する.すなわち縦波モードが存在する条件は

$$\varepsilon(\omega)=0 \tag{1.4.27}$$

である.分極した誘電体では,分極を打ち消すような向きの電場が誘電体に生じる.これは反電場 (depolarization field) と呼ばれる.この様子を図 1.4.8 に示した.縦波電磁モードに付随して発生する縦波分極波 $\vec{P}_\parallel$ による反電場 $\vec{E}_d$ は

$$\vec{E}_d = -\frac{\vec{P}_\parallel}{\varepsilon_0} \tag{1.4.28}$$

である.$\vec{E}$ を $\vec{E}_d$ と等しいとおくことにより,

$$\vec{P}_\parallel = (\varepsilon(\omega)-\varepsilon_0)\vec{E}_\parallel = \left(1-\frac{\varepsilon(\omega)}{\varepsilon_0}\right)\vec{P}_\parallel \tag{1.4.29}$$

この式が $\vec{P}_\parallel \neq 0$ の解をもつ条件が式 (1.4.27) にほかならない.式 (1.4.23) より,この解 $\omega=\omega_L$ は

$$\omega_L = \sqrt{\omega_0^2 + \omega_p^2/n_\infty^2} \tag{1.4.30}$$

ただし,次項で述べるように金属の場合 $\omega_0=0$ であり,正負の電荷間には束縛がない.このような系をプラズマと呼ぶ.プラズマ中に発生する縦波はプラズマ波と呼ばれる.ω_p はプラズマ振動数と呼ばれる.$n_\infty=1$ のとき,縦波モードの固有振動数 ω_L は ω_p になることから,ω_p をプラズマ振動数と呼んだのである.式 (1.4.23) を比誘電率で書くと

$$\varepsilon(\omega) = \varepsilon_\infty + \frac{\omega_p^2}{\omega_0^2-\omega^2} \tag{1.4.31}$$

ここで,$\varepsilon_\infty = n_\infty^2$ である.$\varepsilon(0)=\varepsilon_s$ とおくと次の関係式が成り立つ.

$$\left(\frac{\omega_L}{\omega_0}\right)^2 = \frac{\varepsilon_s}{\varepsilon_\infty} \tag{1.4.32}$$

この関係式をリデイン-ザックス-テラー (Lyddane-Sachs-Teller) の式という.

1.4.4 金属の光学的性質

1.4.2項で説明したローレンツ振動子モデルは束縛電子の寄与を考えたモデルである．このモデルで固有角振動数 ω_0 が0の極限，すなわち式(1.4.13)の弾性復元力係数 k が0の極限を考えると，電子はもはや特定の場所に拘束されなくなる．これは自由電子に対応する．このような考え方によって，金属や半導体の自由電子を扱うモデルをドルーデモデルという．自由電子の密度を N_e，その減衰係数を Γ とすると，この自由電子を含む物質の複素屈折率は，式(1.4.23)で $\omega_0=0$ として，次のように表される．

$$\tilde{n}^2(\omega) = n_\infty^2 - \frac{N_e q^2/m\varepsilon_0}{\omega(\omega+i\Gamma)} = n_\infty^2 \left\{ 1 - \frac{\omega_p^2}{\omega(\omega+i\Gamma)} \right\} \tag{1.4.33}$$

ここで，n_∞ は自由電子以外の電子の寄与を表す．

簡単にするため，式(1.4.33)で $\Gamma=0$ とする（したがって $\tilde{n}^2$ は実数）．このとき $\tilde{n}^2$ と反射率 R の角振動数依存性は図1.4.9のようになる．ω_p より低振動数側（長波長側）では $\tilde{n}^2<0$ となるが，これは屈折率 n が純虚数となることを意味する．このとき，式(1.4.12)からつねに $R=1$ となる．いいかえると，自由電子を含む物質は，もし $\Gamma=0$ であれば，ω_p に対応する波長 $\lambda_p=2\pi c/\omega_p$ より長波長の光を完全に反射する（屈折率が純虚数であることは，光が媒質中を波として伝わることができないことを意味している）．この反射領域の端をプラズマ反射端という．

実際の物質では $\Gamma \neq 0$ なので，光の一部が物質内で吸収され，$R<1$ となる．しかし，反射率はなお十分に大きい．これが金，銀，アルミニウムのような金属が特有の金属光沢をもつことの説明である．これらの金属では λ_p は紫外波長域にあるので，可視域全体が高反射を示す領域になる．

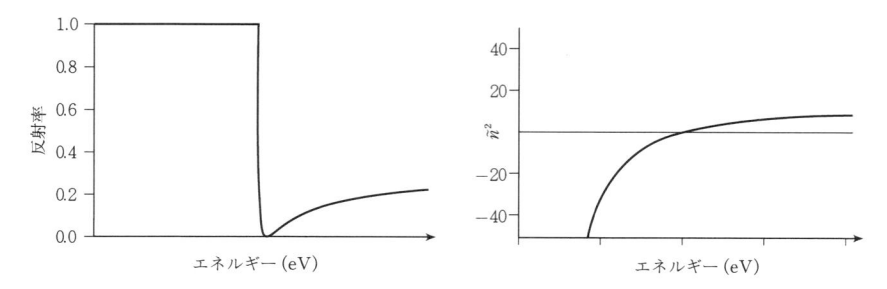

図 1.4.9 金属の $\tilde{n}^2$ と反射率の周波数依存性

1.4.5 半導体・絶縁体の光学的性質

半導体や絶縁体結晶の電子状態は，電子の詰まった占有(価電子)バンド状態と空いている伝導バンド状態とからなる．その光学的性質を考えるうえで重要なのは，価電子バンドの電子がエネルギーギャップ $E_g(=\hbar\omega_g)$ 以上のエネルギーをもった光子を吸収して伝導バンドに励起される過程である．光子はエネルギー $\hbar\omega$ と運動量 $\hbar k$ とをもった粒子であるが光吸収過程(バンド間遷移)では，その前後で電子と光子について，次のようなエネルギーと運動量の保存則が成り立つ．

$$E_c(k_c) - E_v(k_v) = \hbar\omega \qquad (1.4.34\,\text{a})$$
$$\hbar k_c - \hbar k_v = \hbar k \qquad (1.4.34\,\text{b})$$

ここで左辺の $E_{c,v}, k_{c,v}$ はそれぞれ伝導電子状態(添字 c)と価電子状態(添字 v)のエネルギーと波数を表す．光の運動量 $\hbar k$ は十分に小さいので，電子の運動量は光子を吸収してもほとんど変化しないと考えてよい($\hbar k_c - \hbar k_v \approx 0$，垂直遷移)．このときの吸収係数 $\alpha(\hbar\omega)$ は $E_v(k)$ から $E_c(k)$ への帯間遷移の結合状態密度 $\rho_c(\hbar\omega)$ に比例する．$\rho_c(\hbar\omega)$ は $d\omega/dk=0$ となる点で大きな変化を示す．この点をファン・ホーブ特異点と呼ぶ．この特異点は図 1.4.10 に示すように四つの型に分類される．したがって，$\rho_c(\hbar\omega)$ が特異的に変化する周波数領域で $\alpha(\hbar\omega)$ が同様な形状を示す．

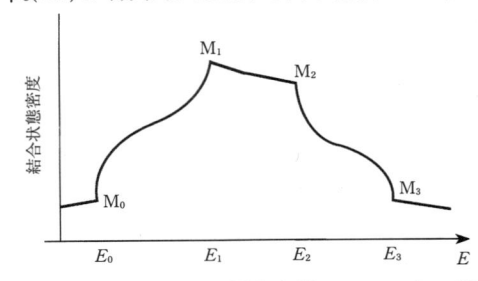

	$E < E_i$	$E > E_i$
M_0	0	$(E-E_i)^{1/2}$
M_1	$C-(E_i-E)^{1/2}$	C
M_2	C	$C-(E-E_i)^{1/2}$
M_3	$(E_i-E)^{1/2}$	0

図 1.4.10 ファン・ホーブ特異点(3 次元の場合)

GaAs のエネルギー帯は図 1.4.11 に示されているような構造をもつ．この場合，垂直遷移のエネルギーは $k=0$ の点(Γ 点)で最小となり，吸収端となる．このように同じ運動量(波数)をもった価電子バンドと伝導バンドの間での直接遷移が吸収端となる半導体を直接ギャップ半導体と呼ぶ．直接遷移では結晶格子が静止していると考えているが，光子の吸収の際に結晶格子の変形が生じることがある．そのとき，大きな運動量をもった格子振動量子(フォノン)が吸収されたり放出されたりするので，遷移の前後で電子の運動量がかなり大きく変化する．このようなバンド間遷移を間接遷移という．Si は荷電子帯の頂上と伝導帯の底が異なる波数にあるので吸収端における光学遷移が間接遷移となる．このようなタイプの半導体を間接ギャップ半導体と

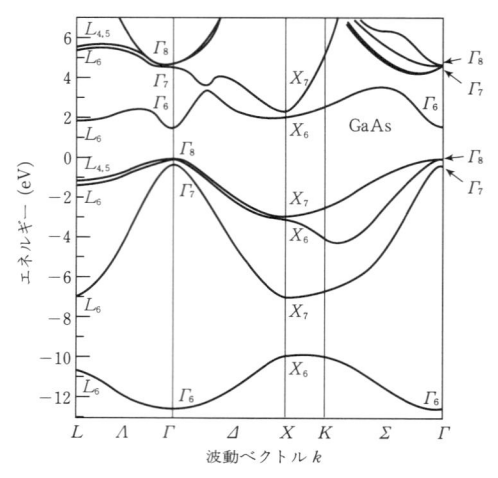

図 1.4.11　GaAs のエネルギーバンド

呼ぶ．この場合吸収端のバンド間遷移には，運動量保存関係を満たすフォノンの吸収や放出が必要となる．このため間接ギャップ半導体の吸収端における吸収係数は直接遷移に比べて非常に小さく，フォノンのエネルギーを反映した構造が見られる．また遷移確率はフォノンの占有数に依存するので吸収係数は温度に大きく依存する．

1.4.6　励　起　子

吸収端の低エネルギー側 (長波長) では，一般に半導体や絶縁体は透明となる．たとえばダイヤモンドは $E_g \approx 5.5\,\mathrm{eV}$ ($\lambda_g \approx 230\,\mathrm{nm}$) の半導体であるが，通常の可視領域では透明である．肉眼には金属光沢を呈しているシリコン結晶 ($E_g \approx 1.1\,\mathrm{eV}$, $\lambda_g \approx 1.1\,\mu\mathrm{m}$) も，赤外域では透明になる (それが可視域で大きな反射率をもつのは，基礎吸収帯での，n, κ (複素屈折率の実数，虚数部) が大きな値をもつためである).

しかし半導体や絶縁体の吸収スペクトルをもう少し詳しく調べると，E_g の低エネルギー側に不連続な吸収線が見られることがある．この吸収に関係しているのは，伝導電子と正孔とがクーロン力により互いに束縛し合った状態 (励起子, エキシトン) である．図 1.4.12 に励起子吸収の典型例を示した．励起子は電気的に中性なので光伝導には寄与しないが，かなり自由に結晶中を動き回ってエネルギーを伝えるので，発光などエネルギー変換に関係した各種の現象で重要な役割を果たしている．無機半導体では励起子を形成する電子と正孔は緩く束縛してちょうど水素原子に似た電子状態をとる．これをワニア励起子と呼ぶ．このようなワニア励起子が 2 個結合した励起子分子状態 (水素分子に対応する) も観測されている．

1.4 光と物質の相互作用

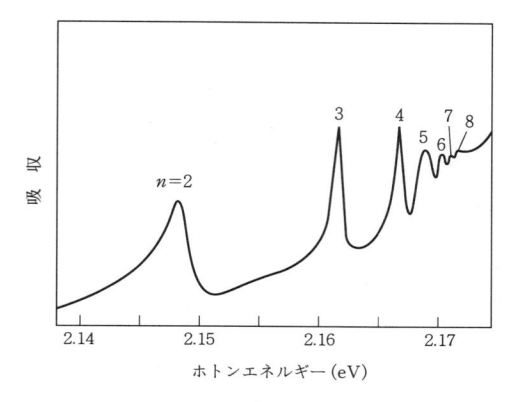

図 1.4.12 Cu$_2$O 結晶の励起子吸収スペクトル

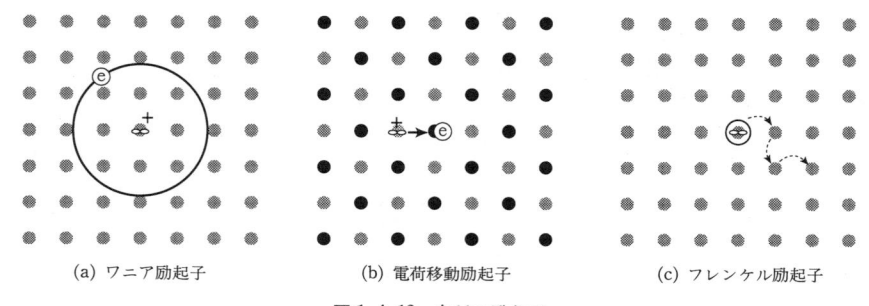

(a) ワニア励起子　　(b) 電荷移動励起子　　(c) フレンケル励起子

図 1.4.13 各種の励起子

　分子線エピタキシー法によってつくられた半導体の量子井戸や量子細線中ではバルクの場合よりも電子と正孔の束縛が強くなり，励起子が室温でも安定に存在することが確認されている．この室温励起子を発光素子や非線形光学素子に応用する研究が盛んに行われている．一方，分子性の結晶などでは，光励起された電子と正孔は同じ分子にとどまり，電子と正孔が対になって分子から分子へと励起が伝わる．このような励起子をフレンケル励起子と呼ぶ．電子と正孔の空間的な距離が小さいためにフレンケル励起子の振動子強度はワニア励起子の場合に比べると桁違いに大きい．電子と正孔が近接分子（原子）に分割しているものを電荷移動励起子と呼ぶ．銅酸化物のようなd-電子系や有機錯体結晶などでこのような励起子が観測されている．振動子の強さはワニア励起子とフレンケル励起子の中間程度である．図 1.4.13 に各種の励起子を模式的に示した．

1.4.7 量子井戸構造の示す光学応答

 分子線ビームエピタキシー,および有機金属化学気相堆積といった近年の薄膜成長技術の進歩に伴い,人工的に制御された低次元系における光学応答も注目を集めている.量子井戸とは半導体超薄膜(膜厚 10 nm 程度)をバンドギャップのより大きな半導体の層(障壁層)ではさんだ構造で,膜厚が前節に述べたワニア励起子のボーア半径と同程度になるため,量子閉じ込めを受けた擬 2 次元系と考えることができる.したがって,1.1.8 項 b. で述べられた量子サイズ効果が種々の光学応答にも現れる.とくに 1 層のみからなる場合を単一量子井戸と呼ぶ.この構造を積み重ねたものは多重量子井戸と呼ばれるが,障壁層も薄くして隣り合う井戸中の電子波動関数が重なるようにしたものを超格子と呼ぶ.GaAs/AlAs 系をはじめとして種々の半導体の組合せが可能で,そのバンド構造を制御することにより新しい光学物性を引き出す試みが数多く行われている.

 以下では単一量子井戸の示す光学応答について簡単に述べる.層の厚さ方向を z 軸にとり,閉じ込めポテンシャル $V(z)$ を図 1.4.14 に示すように,

$$V(z) = \begin{cases} 0 & (-L_z/2 < z < L_z/2) \\ V_0 & (|z| > L_z/2) \end{cases} \tag{1.4.35}$$

とする.井戸内に 1 個の電子が存在する場合,そのシュレーディンガー方程式は

$$\left[-\frac{\hbar^2}{2m}\nabla^2 + V(z)\right]\Psi(x,y,z) = E\Psi(x,y,z) \tag{1.4.36}$$

となる.ここで

$$\Psi(x,y,z) = \phi(x,y)\zeta(z) \tag{1.4.37}$$

のような変数分離を行えば,z の自由度に対しては

$$\left[-\frac{\hbar^2}{2m}\frac{d^2}{dz^2} + V(z)\right]\zeta(z) = E_z\zeta(z) \tag{1.4.38}$$

となる.領域 I と II および II と III の間の境界条件を考慮すると,波動関数とそのエネルギー固有値が数値計算により求められる.ここでは簡単のため $V_0 \to \infty$ とする

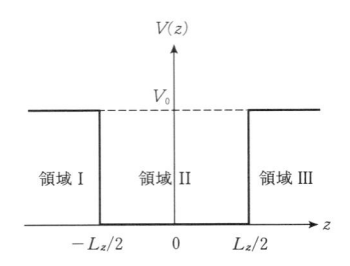

図 1.4.14 量子井戸の閉じ込めポテンシャル

と，波動関数は

$$\zeta(z) = \sqrt{\frac{2}{L_z}} \sin\left(\frac{n\pi}{L_z}z + \frac{n\pi}{2}\right) \quad (n=1, 2, 3, \cdots) \tag{1.4.39}$$

となる．また，束縛されていない x-y 面内の運動エネルギーを加えて全エネルギーは

$$E_n = \frac{\hbar^2}{2m}\left(\frac{n^2\pi^2}{L_z^2} + k_x^2 + k_y^2\right) \quad (n=1, 2, 3, \cdots) \tag{1.4.40}$$

となる．ここで第1項の分だけ3次元の場合よりもエネルギーが増大しており，その増加分は L_z を小さくするにつれて増大する．これは量子閉じ込めによる高エネルギーシフトとして知られている．さらに，2次元系の状態密度は

$$D(E) = \frac{m}{\pi\hbar^2}\sum \theta(E - E_n) \quad (n=1, 2, 3, \cdots) \tag{1.4.41}$$

と階段関数を用いて表される．ここで伝導帯（有効質量 m_e）と価電子帯（有効質量 m_h）を考えると，結合状態密度は

$$D(E) = \frac{\mu}{\pi\hbar^2}\sum \theta\left(E - E_g - \frac{\hbar^2}{2m_e}\left(\frac{n_e\pi}{L_z}\right)^2 - \frac{\hbar^2}{2m_h}\left(\frac{n_h\pi}{L_z}\right)^2\right) \tag{1.4.42}$$

となる．ここで，E_g は3次元のときのバンドギャップであり，μ は電子と正孔の還元質量である．したがって，バンド間遷移の概略は図1.4.15(b)の階段状の部分になる．比較のため，3次元の場合も (a) に記した．

次に励起子効果を考える．2次元励起子の束縛エネルギーを結果のみ示すと

$$E_n = -\frac{\mu e^4}{2\hbar^2\varepsilon^2(n-1/2)^2} \tag{1.4.43}$$

となる．これを3次元励起子の場合と比較すると，$n=1$ の最低状態では束縛エネルギーが4倍になっている．ここでは障壁層と井戸層の誘電率を等しいとしているが，

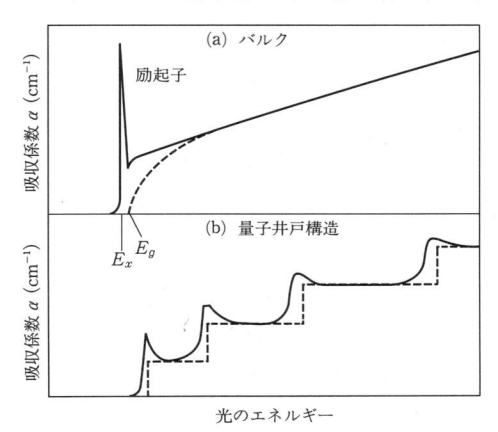

図 1.4.15　バルクと量子井戸構造のバンド間遷移

大きく異なる場合，局所場の効果でさらに励起子束縛エネルギーが増大することもある．このように，量子井戸構造を用いることによる束縛エネルギーの増大とフォノンとの相互作用の抑制の結果，室温においても安定な励起子がしばしば観測されている．一方，電子と正孔が面内に閉じ込められるため，波動関数が重なる確率が増加し，遷移確率(振動子強度)が3次元の場合よりも増大することも知られている．励起子による構造も含めて単一量子井戸の示す吸収スペクトルの概略は図1.4.15(b)のようになる．

　これまでは2次元系を考えてきたが，ほかにも1次元系である量子細線，ゼロ次元系とみなせる量子点などの構造が実現されている．2次元の場合と同様に，量子閉じ込めによる高エネルギーシフト，特徴的な状態密度，励起子の束縛エネルギーおよび振動子強度の増大が観測されており，特徴的な光学応答が観測されている．また，天然に存在する物質でも低次元性をもち，超格子構造を示すものも見出されており，室温励起子の研究などが進められている．

1.4.8　縮退電子正孔系の光学応答

　半導体においてドープ量を増加していくと，金属-絶縁体転移(モット転移)を起こし，定性的には金属に似た振舞いを示すようになる．このときフェルミ準位は伝導帯(価電子帯)内に達し，伝導帯(価電子帯)の自由電子(正孔)が縮退したフェルミ分布をもっている．これを縮退半導体という．

　ここで光によって電子正孔対がつくられる場合を考えよう．1.4.6項で述べたように，弱励起下では最低状態で電気的に中性の励起子を構成するが，高密度励起を行えば上述の高ドープされた半導体と同様の現象が生じる．すなわち，電子正孔間のクーロンポテンシャル $U(r)$ は，近くに存在するほかのキャリヤーの遮蔽効果を受けて

$$U(r) = \frac{e^2}{\varepsilon r} \exp(-r/\lambda_0) \tag{1.4.44}$$

の湯川型ポテンシャルの形に弱められる．ここで，λ_0 はキャリヤー濃度に対して減少関数になる．キャリヤー濃度が増大して λ_0 が励起子のボーア半径 a_B に近づくと，電子と正孔の束縛状態が形成されなくなる(励起子のイオン化)．したがって，電子励起状態においても励起強度を上げていくと，臨界濃度(モット濃度)以上で絶縁体である励起子状態から金属的な電子正孔プラズマ状態へとモット転移する．電子正孔プラズマ状態においては，その吸収あるいは反射スペクトルに励起子による急峻な構造が見られなくなるだけでなく，発光も縮退電子正孔系を反映した幅の広いものとなる．光励起状態では系全体の熱平衡は壊れているため，電子および正孔バンドそれぞれが準熱平衡状態にあるとして，それぞれにフェルミ分布 (f_e, f_h) を考える．すると，バンド間遷移に対応する発光形状は

$$I(\hbar\omega) \propto \int dE' f_e(E') f_h(\hbar\omega - E_g - E') \sqrt{E'} (\hbar\omega - E_g - E')^{1/2} \quad (1.4.45)$$

となる．すなわち，電子のフェルミエネルギーと正孔のフェルミエネルギーの和が発光帯の広がりを与えることになる．

ここで励起状態の温度を下げていくとどのようなことが起こるであろうか．ケルディッシュ(Keldysh)は水蒸気が水滴に変化するような相転移が励起子系にも生じるのではないかと考えた．励起子はその構造から水素原子と類似の状態であると考えると，温度の低下に伴い，水素原子気体→水素分子気体→液体水素という変化に似た振舞いを示すことが期待される．Ge, Si のような間接遷移型半導体においては，励起子の寿命が長く電子励起状態で系が十分冷えることができるため，電子正孔液滴が観測されている．この液滴内部では電子正孔プラズマ状態になっており，発光スペクトル形状は電子正孔プラズマ気体の場合と同様である．しかし，液滴状態は周囲の励起子や励起子分子気体との間に界面をもつ，電子正孔の濃度が一定であるといった特徴を有する一種の熱力学的な状態である．実際，励起子気体状態と電子正孔液滴状態の相図を描くこともでき，また，0.3 mm に及ぶ巨視的な液滴の形成を観測したとの報告もある．一方，励起子および励起子分子はボーズ粒子であり，モット濃度以下のキャリヤー濃度で極低温状態を実現すると，1.1.8 項 a. で述べられたボーズ-アインシュタイン凝縮を起こす可能性がある．Cu_2O の励起子系や CuCl の励起子分子系において研究が行われている．

従来用いられてきたサブナノ秒以上のパルス幅をもつ光による強励起では，キャリヤー系の緩和後にも励起光が持続しているため多重励起が生じ，高密度励起効果のみを議論することが困難であった．最近のフェムト秒領域の超短パルスレーザーとその増幅器の開発により，再び高密度励起状態の研究が盛んになっている．[**五神　真**]

引 用 文 献

1) 塩谷繁雄他(編)：光物性ハンドブック，朝倉書店，1984.
2) 中山正敏：物質の電磁気学，岩波書店，1994.
3) 十倉好紀：大学院物性物理 1, 量子物性，福山秀敏他編，講談社，1996.
4) 鶴田匡夫：応用光学 I・II, 培風館，1990.
5) 霜田光一：レーザー物理入門，岩波書店，1983.

1.5 非線形光学効果

は　じ　め　に

　強い外場が媒質に印加されたときにそれに対する応答が場の強さに比例しなくなる現象を非線形効果と呼ぶ．たとえば，強誘電性などの現象は電磁場に対する電気分極の非線形効果の例としてよく知られている．光学領域での非線形応答（非線形光学効果）の例としては電気光学（ポッケルス）効果がもっとも古くから知られていたが，光電場に対する非線形応答という意味での現代的な非線形光学[1]はレーザーの出現によって初めて開かれた新しい分野である．

　非線形光学効果はきわめて多彩な現象として観測され，それらの多くが光エレクトロニクスやレーザー分光などの分野で活用されている．工学的に興味のあるものだけにしぼっても，高調波発生などの波長変換を利用した光記録，電気光学効果や非線形屈折率効果を用いた光スイッチ・光メモリー，光ソリトンの光通信への応用など，その応用の可能性はきわめて広範囲におよぶ．きたる21世紀の高度情報化社会では，間違いなく，非線形光学が社会基盤を支える重要なキーテクノロジーの一つとなろう．

　媒質の非線形光学応答を担うのは，線形応答の場合と全く同様に原子や分子中の電子・原子核，固体中の価電子・自由電子・イオンなどである．媒質の線形光学応答は多くの場合，こうした電荷の調和振動の結果として理解することができる．古典的には，この調和振動子モデルに非調和性をもち込むことで非線形光学応答を説明することが可能である．これについては1.5.4項で詳しく述べることにしよう．

　ここでは，このような非線形光学応答が非常に小さな効果であるということを強調しておきたい．電子などの電荷の感じるポテンシャルの非調和性が顕著になるには，電子に外部から印加される電場が内部電場と比較して無視できない大きさになる必要がある．しかしながら，一般には光電場は原子や分子の内部電場と比べるとはるかに小さいのである．たとえば，原子・分子や結晶を構成する電子や原子核が感じる内部電場の大きさは典型的には$10^{10} \sim 10^{11}$ V/m程度であるが，これに対してこの内部電場と同じ大きさの光電場を得るためには10^{14} W/cm^{2}というきわめて高強度の光が必要となる．

　もちろん，この程度の光強度を得ることは最近ではさほど難しくはないのだが，実

用的な非線形光学効果はこれよりもはるかに低い電場のもとで観測することができる．一例をあげると，半導体レーザーなどの CW 光源でも容易に得られる 10^6 V/m の光電場（10^5 W/cm² のパワー密度に相当する）のもとで生じる 2 次の非線形分極の大きさは線形分極と比較すると 10^{-6} 程度のものでしかない．しかしながら，位相整合条件下ではこのごく小さな非線形分極から発生する第 2 高調波がコヒーレントに足し合わされるため，mm～cm オーダーの伝搬距離で 100% 近い変換効率を得ることも可能なのである．また，分散シフトファイバー中での光ソリトン伝送に用いられる非線形屈折率の効果はさらに小さく，1 mW 程度のピークパワーに対して得られる屈折率変化はわずか 10^{-12} のオーダーにすぎない．このように小さな効果がきわめて多彩でかつ有用な現象として現れるところが非線形光学の妙味といえよう．

1.5.1 1/2 問題と単位系について

非線形光学でしばしば問題となるのが非線形感受率の定義である．多くの文献で互いに異なる定義が用いられてきたのが混乱の原因となってきた．問題の源泉は電場と分極の表式にある．ここでは単色光の光電場の表式として次の式を採用する．

$$\boldsymbol{E}(\boldsymbol{r}, t) = \frac{1}{2}\boldsymbol{E}_\omega \exp[i(\boldsymbol{k}\cdot\boldsymbol{r}-\omega t)] + \text{c.c.} \tag{1.5.1}$$

これに対していくつかの文献では因子 1/2 を省いた次の表式が用いられている．

$$\boldsymbol{E}(\boldsymbol{r}, t) = \boldsymbol{E}'_\omega \exp[i(\boldsymbol{k}\cdot\boldsymbol{r}-\omega t)] + \text{c.c.} \tag{1.5.2}$$

この表式の違いはまず光強度・パワーの表式に影響するので，実験と理論とを比較する際には注意が必要である．式 (1.5.1) を用いると，媒質（屈折率 n）中を伝搬する単色平面波の光強度は

$$I = \frac{\varepsilon_0 n c}{2}|E_\omega|^2 \tag{1.5.3}$$

で与えられる．

さらに，線形問題を扱っている限り出会うことのない厄介な問題が生じる．非線形光学では電場の積が表式中に現れるため，この 1/2 の因子の違いが非線形過程を記述するうえで深刻な差異となる．1.5.2 項で述べる縮退因子が全く異なってくるので，文献を読む際にはこの点に十分に注意を払う必要がある．

また，cgs 単位系を採用している文献も多いが，ここでは一貫して SI 単位系を用いて式を記述する．非線形感受率の SI 単位系から cgs 単位系への換算は容易なので，必要に応じて適切な単位系と数値を用いればよいだろう．

1.5.2 非線形光学応答

媒質の電気分極 $\boldsymbol{P}$ は形式的には電場 $\boldsymbol{E}$ のべき級数

$$\begin{aligned}\boldsymbol{P} &= \boldsymbol{P}^{(1)} + \boldsymbol{P}^{(2)} + \boldsymbol{P}^{(3)} + \cdots \\ &= \varepsilon_0(\chi^{(1)}\boldsymbol{E} + \chi^{(2)} : \boldsymbol{EE} + \chi^{(3)} \vdots \boldsymbol{EEE} + \cdots)\end{aligned} \quad (1.5.4)$$

に展開して表すことができる．第1項が線形応答を表し，$\chi^{(1)}$ は線形感受率である．第2項以降が非線形応答を記述し，$(n+1)$ 階のテンソル量である $\chi^{(n)}$ は n 次の非線形感受率と呼ばれる．

系の応答が瞬時応答である場合には式 (1.5.4) は任意の時間関数 $\boldsymbol{P}(t)$ と $\boldsymbol{E}(t)$ に対してそのまま成り立つ．しかし一般には，応答の時間遅れを考慮して $\boldsymbol{P}(t)$ と $\boldsymbol{E}(t)$ をフーリエ展開して考えなければならない．電場 $\boldsymbol{E}(t)$ を次のようにフーリエ展開する．

$$\boldsymbol{E}(t) = \int_{-\infty}^{\infty} d\omega \boldsymbol{E}(\omega)\exp(-i\omega t) \quad (1.5.5)$$

電場は実数でなければならないのでそのフーリエ振幅 $\boldsymbol{E}(\omega)$ には

$$\boldsymbol{E}(\omega) = [\boldsymbol{E}(-\omega)]^* \quad (1.5.6)$$

の条件が課せられる．単色光の場合には

$$\boldsymbol{E}(\omega) = \frac{1}{2}[\boldsymbol{E}_{\omega_1}\delta(\omega-\omega_1) + \boldsymbol{E}_{\omega_1}^*\delta(\omega+\omega_1)] \quad (1.5.7)$$

となり，式 (1.5.1) が導き出される．分極 $\boldsymbol{P}(t)$ についても全く同様である．

a. 線形光学応答

媒質の線形分極 $\boldsymbol{P}^{(1)}(t)$ は線形応答関数 $\kappa^{(1)}$ を用いて

$$\boldsymbol{P}^{(1)}(t) = \varepsilon_0 \int_{-\infty}^{\infty} d\tau \kappa^{(1)}(t-\tau)\boldsymbol{E}(\tau) \quad (1.5.8)$$

と表せる．式 (1.5.8) に式 (1.5.5) を代入すると

$$\boldsymbol{P}^{(1)}(t) = \varepsilon_0 \int_{-\infty}^{\infty} d\omega \chi^{(1)}(-\omega;\omega)\boldsymbol{E}(\omega)\exp(-i\omega t) \quad (1.5.9)$$

となる．ここで

$$\chi^{(1)}(-\omega;\omega) = \int_{-\infty}^{\infty} d\tau \kappa^{(1)}(\tau)\exp(i\omega\tau) \quad (1.5.10)$$

が線形感受率である．これから電場と分極のフーリエ振幅の間の関係式

$$\boldsymbol{P}^{(1)}(\omega) = \varepsilon_0 \chi^{(1)}(-\omega;\omega)\boldsymbol{E}(\omega) \quad (1.5.11)$$

が得られる．

b. 2次非線形光学応答

2次の非線形光学応答は

$$P^{(2)}(t) = \varepsilon_0 \int_{-\infty}^{\infty}\int_{-\infty}^{\infty} d\tau_1 d\tau_2 \kappa^{(2)}(t-\tau_1, t-\tau_2) : E(\tau_1)E(\tau_2) \tag{1.5.12}$$

で表される.ここで $\kappa^{(2)}$ は2次の応答関数である.これに式(1.5.5)を代入すると

$$P^{(2)}(t) = \varepsilon_0 \int_{-\infty}^{\infty}\int_{-\infty}^{\infty} d\omega_1 d\omega_2 \chi^{(2)}(-\omega_1-\omega_2; \omega_1, \omega_2) : E(\omega_1)E(\omega_2)\exp[-i(\omega_1+\omega_2)t] \tag{1.5.13}$$

となる.

$$\chi^{(2)}(-\omega_1-\omega_2; \omega_1, \omega_2) = \int_{-\infty}^{\infty}\int_{-\infty}^{\infty} d\tau_1 d\tau_2 \kappa^{(2)}(\tau_1, \tau_2)\exp[i(\omega_1\tau_1+\omega_2\tau_2)] \tag{1.5.14}$$

が2次の非線形感受率である.これから

$$P^{(2)}(\omega) = \varepsilon_0 \int_{-\infty}^{\infty} d\omega' \chi^{(2)}(-\omega; \omega', \omega-\omega') : E(\omega')E(\omega-\omega') \tag{1.5.15}$$

が得られる.

非線形光学応答の場合には,入射光と同じ振動数の分極だけでなく,それらの和や差の振動数をもつ成分が生じることが特徴的である.ここで,振動数 ω_1 と ω_2 の二つの単色光が媒質に入射した場合について考えてみよう.

$$E(t) = \frac{1}{2}E_{\omega_1}\exp(-i\omega_1 t) + \frac{1}{2}E_{\omega_2}\exp(-i\omega_2 t) + \text{c.c.} \tag{1.5.16}$$

の入力に対して $\omega = 0, 2\omega_1, 2\omega_2, \omega_1+\omega_2, |\omega_1-\omega_2|$ の五つの振動数成分をもった非線形分極が生じる.それぞれのフーリエ振幅は

$$P_0^{(2)} = \frac{1}{2}\varepsilon_0[\chi^{(2)}(0; \omega_1, -\omega_1) : E_{\omega_1}E_{\omega_1}^* + \chi^{(2)}(0; \omega_2, -\omega_2) : E_{\omega_2}E_{\omega_2}^*] \tag{1.5.17}$$

$$P_{2\omega_1}^{(2)} = \frac{1}{2}\varepsilon_0 \chi^{(2)}(-2\omega_1; \omega_1, \omega_1) : E_{\omega_1}E_{\omega_1} \tag{1.5.18}$$

$$P_{2\omega_2}^{(2)} = \frac{1}{2}\varepsilon_0 \chi^{(2)}(-2\omega_2; \omega_2, \omega_2) : E_{\omega_2}E_{\omega_2} \tag{1.5.19}$$

$$P_{\omega_1+\omega_2}^{(2)} = \varepsilon_0 \chi^{(2)}(-\omega_1-\omega_2; \omega_1, \omega_2) : E_{\omega_1}E_{\omega_2} \tag{1.5.20}$$

$$P_{\omega_1-\omega_2}^{(2)} = \varepsilon_0 \chi^{(2)}(-\omega_1+\omega_2; \omega_1, -\omega_2) : E_{\omega_1}E_{\omega_2}^* \tag{1.5.21}$$

で与えられる.第1式が光整流,第2・3式が光第2高調波発生(SHG),第4式が和周波発生(SFG),第5式が差周波発生(DFG)を表している.光整流と光第2高調波発生では因子1/2がついているのに対して,和周波発生と差周波発生では1となっている.これらをまとめて

$$P_\omega^{(2)} = \varepsilon_0 g \chi^{(2)}(-\omega; \omega', \omega'') : E_{\omega'}E_{\omega''} \tag{1.5.22}$$

と書く.ここで導入した縮退因子 g の各種の2次非線形光学過程に対する値を表1.5.1にまとめる.

表 1.5.1　2次非線形光学過程に関与する非線形感受率と縮退因子

非線形光学過程	非線形感受率	縮退因子 g
第2高調波発生 (SHG)	$\chi^{(2)}(-2\omega;\omega,\omega)$	1/2
光整流	$\chi^{(2)}(0;\omega,-\omega)$	1/2
和・差周波発生 (SFG, DFG), パラメトリック増幅・発振 (OPA, OPO)	$\chi^{(2)}(-\omega_1\mp\omega_2;\omega_1,\pm\omega_2)$	1
線形電気光学 (ポッケルス) 効果 (EO)	$\chi^{(2)}(-\omega;0,\omega)$	2

第2高調波発生に関しては

$$d = \frac{1}{2}\chi^{(2)}(-2\omega;\omega,\omega) \tag{1.5.23}$$

で定義される非線形光学定数を用いることが多い．d_{ijk} は $\chi^{(2)}_{ijk}$ と同じく $3\times3\times3$ の3階のテンソル量であるが，通常はその対称性 (1.5.3 項参照) を利用して次の規則にしたがって 3×6 の行列形式に縮約して表示する．

jk	xx	yy	zz	yz, zy	zx, xz	xy, yx
l	1	2	3	4	5	6

縮約表示した非線形光学定数 d_{il} を用いると，第2高調波の非線形分極は

$$\begin{pmatrix}(P^{(2)}_{2\omega})_x \\ (P^{(2)}_{2\omega})_y \\ (P^{(2)}_{2\omega})_z\end{pmatrix} = \varepsilon_0 \begin{pmatrix} d_{11} & d_{12} & d_{13} & d_{14} & d_{15} & d_{16} \\ d_{21} & d_{22} & d_{23} & d_{24} & d_{25} & d_{26} \\ d_{31} & d_{32} & d_{33} & d_{34} & d_{35} & d_{36} \end{pmatrix} \begin{pmatrix} (E_\omega)_x^2 \\ (E_\omega)_y^2 \\ (E_\omega)_z^2 \\ 2(E_\omega)_y(E_\omega)_z \\ 2(E_\omega)_z(E_\omega)_x \\ 2(E_\omega)_x(E_\omega)_y \end{pmatrix} \tag{1.5.24}$$

と書き下すことができる．また，第2高調波発生以外の2次非線形光学過程についてもこの非線形光学定数の定義を拡張して，

$$d(-\omega_1-\omega_2;\omega_1,\omega_2) = \frac{1}{2}\chi^{(2)}(-\omega_1-\omega_2;\omega_1,\omega_2) \tag{1.5.25}$$

を用いて

$$\boldsymbol{P}^{(2)}_{\omega_1+\omega_2} = 2\varepsilon_0 g d(-\omega_1-\omega_2;\omega_1,\omega_2) : \boldsymbol{E}_{\omega_1}\boldsymbol{E}_{\omega_2} \tag{1.5.26}$$

とする場合もある．

c. 3次非線形光学応答

3次の非線形光学応答については

$$\boldsymbol{P}^{(3)}(\omega) = \varepsilon_0 \int_{-\infty}^{\infty}\int_{-\infty}^{\infty} d\omega' d\omega'' \chi^{(3)}(-\omega;\omega',\omega'',\omega-\omega'-\omega'') \vdots \boldsymbol{E}(\omega')\boldsymbol{E}(\omega'')\boldsymbol{E}(\omega-\omega'-\omega'') \tag{1.5.27}$$

となる．単色光に対しては，2次非線形光学応答の場合と全く同様に縮退因子 g を導入して

表1.5.2 3次非線形光学過程に関与する非線形感受率と縮退因子

非線形光学過程	非線形感受率	縮退因子 g
第3高調波発生 (THG)	$\chi^{(2)}(-3\omega;\omega,\omega,\omega)$	1/4
非線形屈折率，光カー効果， 縮退4光波混合 (DFWM)，自己収束， 自己位相変調，2光子吸収 (TPA)	$\chi^{(3)}(-\omega;\omega,-\omega,\omega)$	3/4
コヒーレント反ストークスラマン散乱 (CARS)	$\chi^{(3)}(-\omega_A;\omega_P,\omega_P,-\omega_S)$	3/4
4光波混合	$\chi^{(3)}(-\omega_1-\omega_2-\omega_3;\omega_1,\omega_2,\omega_3)$	3/2
光カー効果，誘導ラマン散乱 (SRS)， 誘導ブリュアン散乱 (SBS)，2光子吸収	$\chi^{(3)}(-\omega_2;\omega_1,-\omega_1,\omega_2)$	3/2
電場誘起第2高調波発生 (EFISH)	$\chi^{(3)}(-2\omega;\omega,\omega,0)$	3/2
2次電気光学 (DCカー) 効果	$\chi^{(3)}(-\omega;\omega,0,0)$	3

$$\boldsymbol{P}^{(3)}_{\omega_1+\omega_2+\omega_3}=\varepsilon_0 g\chi^{(3)}(-\omega_1-\omega_2-\omega_3;\omega_1,\omega_2,\omega_3)\vdots\boldsymbol{E}_{\omega_1}\boldsymbol{E}_{\omega_2}\boldsymbol{E}_{\omega_3} \quad (1.5.28)$$

と表すことができる．種々の3次非線形光学過程に対する縮退因子の値を表1.5.2にまとめる．

1.5.3 非線形感受率の対称性

n次の非線形感受率テンソル $\chi^{(n)}$ にはさまざまな対称性が存在する．まず，電場と分極がともに実数であることから次の対称性が導かれる．

$$[\chi^{(n)}(-\omega;\omega_1,\cdots,\omega_n)]^*=\chi^{(n)}(\omega;-\omega_1,\cdots,-\omega_n) \quad (1.5.29)$$

また，非線形感受率テンソルの要素 $\chi^{(n)}_{ij_1\cdots j_n}(-\omega;\omega_1,\cdots,\omega_n)$ には指数と振動数の組 $(j_1,\omega_1),(j_2,\omega_2),\cdots,(j_n,\omega_n)$ の $n!$ 通りの置換に対して不変であるという対称性 (通常，固有交換対称性 intrinsic permutation symmetry と呼ばれる) が存在する (正確には，こうしておくと便利なので，そのように非線形感受率を定義しているのである)．たとえば，2次の非線形感受率については

$$\chi^{(2)}_{ijk}(-\omega;\omega_1,\omega_2)=\chi^{(2)}_{ikj}(-\omega;\omega_2,\omega_1) \quad (1.5.30)$$

である．

a. 吸収・分散がない場合の対称性

媒質に吸収がない場合には非線形感受率は実数となる．さらに，$\chi^{(n)}_{ij_1\cdots j_n}(-\omega;\omega_1,\cdots,\omega_n)$ が指数と振動数の組 $(i,-\omega),(j_1,\omega_1),(j_2,\omega_2),\cdots,(j_n,\omega_n)$ の $(n+1)!$ 通りの置換に対して不変となる．これは通常，全交換対称性 overall (full) permutation symmetry と呼ばれる．2次の非線形感受率の場合には

$$\chi^{(2)}_{ijk}(-\omega;\omega_1,\omega_2)=\chi^{(2)}_{jik}(\omega_1;-\omega,\omega_2)\,(=\chi^{(2)}_{jik}(-\omega_1;\omega,-\omega_2))$$
$$=\chi^{(2)}_{kji}(\omega_2;\omega_1,-\omega)\,(=\chi^{(2)}_{kji}(-\omega_2;-\omega_1,\omega)) \quad (1.5.31)$$

である．その上，媒質に分散もないとすると非線形感受率の値は振動数によらなくなるので，$\chi^{(n)}_{ij_1\cdots j_n}(-\omega;\omega_1,\cdots,\omega_n)$ は (振動数はそのままで) 任意の指数の置換に対して

表 1.5.3 反転対称性を欠く各点群の 2 次非線形感受率テンソル $\chi^{(2)}_{ijk}$ と 2 次非線形光学定数 d_{il} ($\overline{ijk}$ は ijk と絶対値が等しく符号が逆であることを示す)

点群	$\chi^{(2)}_{ijk}(-\omega_1-\omega_2;\omega_1,\omega_2)$	$d_{il}(-2\omega;\omega,\omega)$
三斜晶 1 (C_1)	$\begin{pmatrix} xxx & xyy & xzz & xyz & xzy & xzx & xxz & xxy & xyx \\ yxx & yyy & yzz & yyz & yzy & yzx & yxz & yxy & yyx \\ zxx & zyy & zzz & zyz & zzy & zzx & zxz & zxy & zyx \end{pmatrix}$	$\begin{pmatrix} d_{11} & d_{12} & d_{13} & d_{14} & d_{15} & d_{16} \\ d_{21} & d_{22} & d_{23} & d_{24} & d_{25} & d_{26} \\ d_{31} & d_{32} & d_{33} & d_{34} & d_{35} & d_{36} \end{pmatrix}$
単斜晶 2 (C_2)	$\begin{pmatrix} 0 & 0 & 0 & xyz & xzy & 0 & 0 & xxy & xyx \\ yxx & yyy & yzz & 0 & 0 & yzx & yxz & 0 & 0 \\ 0 & 0 & 0 & zyz & zzy & 0 & 0 & zxy & zyx \end{pmatrix}$	$\begin{pmatrix} 0 & 0 & 0 & d_{14} & 0 & d_{16} \\ d_{21} & d_{22} & d_{23} & 0 & d_{25} & 0 \\ 0 & 0 & 0 & d_{34} & 0 & d_{36} \end{pmatrix}$
m (C_s)	$\begin{pmatrix} xxx & xyy & xzz & 0 & 0 & xzx & xxz & 0 & 0 \\ 0 & 0 & 0 & yyz & yzy & 0 & 0 & yxy & yyx \\ zxx & zyy & zzz & 0 & 0 & zzx & zxz & 0 & 0 \end{pmatrix}$	$\begin{pmatrix} d_{11} & d_{12} & d_{13} & 0 & d_{15} & 0 \\ 0 & 0 & 0 & d_{24} & 0 & d_{26} \\ d_{31} & d_{32} & d_{33} & 0 & d_{35} & 0 \end{pmatrix}$
斜方晶 222 (D_2)	$\begin{pmatrix} 0 & 0 & 0 & xyz & xzy & 0 & 0 & 0 & 0 \\ 0 & 0 & 0 & 0 & 0 & yzx & yxz & 0 & 0 \\ 0 & 0 & 0 & 0 & 0 & 0 & 0 & zxy & zyx \end{pmatrix}$	$\begin{pmatrix} 0 & 0 & 0 & d_{14} & 0 & 0 \\ 0 & 0 & 0 & 0 & d_{25} & 0 \\ 0 & 0 & 0 & 0 & 0 & d_{36} \end{pmatrix}$
$mm2$ (C_{2v})	$\begin{pmatrix} 0 & 0 & 0 & 0 & 0 & xzx & xxz & 0 & 0 \\ 0 & 0 & 0 & yyz & yzy & 0 & 0 & 0 & 0 \\ zxx & zyy & zzz & 0 & 0 & 0 & 0 & 0 & 0 \end{pmatrix}$	$\begin{pmatrix} 0 & 0 & 0 & 0 & d_{15} & 0 \\ 0 & 0 & 0 & d_{24} & 0 & 0 \\ d_{31} & d_{32} & d_{33} & 0 & 0 & 0 \end{pmatrix}$
正方晶 4 (C_4)	$\begin{pmatrix} 0 & 0 & 0 & xyz & xzy & xzx & xxz & 0 & 0 \\ 0 & 0 & 0 & xxz & xzx & \overline{xzy} & \overline{xyz} & 0 & 0 \\ zxx & zxx & zzz & 0 & 0 & 0 & 0 & zxy & \overline{zxy} \end{pmatrix}$	$\begin{pmatrix} 0 & 0 & 0 & d_{14} & d_{15} & 0 \\ 0 & 0 & 0 & d_{15} & \overline{d_{14}} & 0 \\ d_{31} & d_{31} & d_{33} & 0 & 0 & 0 \end{pmatrix}$
$\bar{4}$ (S_4)	$\begin{pmatrix} 0 & 0 & 0 & xyz & xzy & xzx & xxz & 0 & 0 \\ 0 & 0 & 0 & \overline{xxz} & \overline{xzx} & xzy & xyz & 0 & 0 \\ zxx & \overline{zxx} & 0 & 0 & 0 & 0 & 0 & zxy & zxy \end{pmatrix}$	$\begin{pmatrix} 0 & 0 & 0 & d_{14} & d_{15} & 0 \\ 0 & 0 & 0 & \overline{d_{15}} & d_{14} & 0 \\ d_{31} & \overline{d_{31}} & 0 & 0 & 0 & d_{36} \end{pmatrix}$
422 (D_4)	$\begin{pmatrix} 0 & 0 & 0 & xyz & xzy & 0 & 0 & 0 & 0 \\ 0 & 0 & 0 & 0 & 0 & \overline{xzy} & \overline{xyz} & 0 & 0 \\ 0 & 0 & 0 & 0 & 0 & 0 & 0 & zxy & \overline{zxy} \end{pmatrix}$	$\begin{pmatrix} 0 & 0 & 0 & d_{14} & 0 & 0 \\ 0 & 0 & 0 & 0 & \overline{d_{14}} & 0 \\ 0 & 0 & 0 & 0 & 0 & 0 \end{pmatrix}$
$4mm$ (C_{4v})	$\begin{pmatrix} 0 & 0 & 0 & 0 & 0 & xzx & xxz & 0 & 0 \\ 0 & 0 & 0 & xxz & xzx & 0 & 0 & 0 & 0 \\ zxx & zxx & zzz & 0 & 0 & 0 & 0 & 0 & 0 \end{pmatrix}$	$\begin{pmatrix} 0 & 0 & 0 & 0 & d_{15} & 0 \\ 0 & 0 & 0 & d_{15} & 0 & 0 \\ d_{31} & d_{31} & d_{33} & 0 & 0 & 0 \end{pmatrix}$
$\bar{4}2m$ (D_{2d})	$\begin{pmatrix} 0 & 0 & 0 & xyz & xzy & 0 & 0 & 0 & 0 \\ 0 & 0 & 0 & 0 & 0 & xzy & xyz & 0 & 0 \\ 0 & 0 & 0 & 0 & 0 & 0 & 0 & zxy & zxy \end{pmatrix}$	$\begin{pmatrix} 0 & 0 & 0 & d_{14} & 0 & 0 \\ 0 & 0 & 0 & 0 & d_{14} & 0 \\ 0 & 0 & 0 & 0 & 0 & d_{36} \end{pmatrix}$
三方晶 3 (C_3)	$\begin{pmatrix} xxx & \overline{xxx} & 0 & xyz & xzy & xzx & xxz & xxy & xxy \\ xxy & \overline{xxy} & 0 & xxz & xzx & \overline{xzy} & \overline{xyz} & \overline{xxx} & \overline{xxx} \\ zxx & zxx & zzz & 0 & 0 & 0 & 0 & zxy & \overline{zxy} \end{pmatrix}$	$\begin{pmatrix} d_{11} & \overline{d_{11}} & 0 & d_{14} & d_{15} & d_{16} \\ d_{16} & \overline{d_{16}} & 0 & d_{15} & \overline{d_{14}} & \overline{d_{11}} \\ d_{31} & d_{31} & d_{33} & 0 & 0 & 0 \end{pmatrix}$
32 (D_3)	$\begin{pmatrix} xxx & \overline{xxx} & 0 & xyz & xzy & 0 & 0 & 0 & 0 \\ 0 & 0 & 0 & 0 & 0 & \overline{xzy} & \overline{xyz} & \overline{xxx} & \overline{xxx} \\ 0 & 0 & 0 & 0 & 0 & 0 & 0 & zxy & \overline{zxy} \end{pmatrix}$	$\begin{pmatrix} d_{11} & \overline{d_{11}} & 0 & d_{14} & 0 & 0 \\ 0 & 0 & 0 & 0 & \overline{d_{14}} & \overline{d_{11}} \\ 0 & 0 & 0 & 0 & 0 & 0 \end{pmatrix}$
$3m$ (C_{3v})	$\begin{pmatrix} 0 & 0 & 0 & 0 & 0 & xzx & xzx & xxy & xxy \\ xxy & \overline{xxy} & 0 & xxz & xzx & 0 & 0 & 0 & 0 \\ zxx & zxx & zzz & 0 & 0 & 0 & 0 & 0 & 0 \end{pmatrix}$	$\begin{pmatrix} 0 & 0 & 0 & 0 & d_{15} & d_{16} \\ d_{16} & \overline{d_{16}} & 0 & d_{15} & 0 & 0 \\ d_{31} & d_{31} & d_{33} & 0 & 0 & 0 \end{pmatrix}$

(次頁に続く)

1.5 非線形光学効果

表 1.5.3 （つづき）

六方晶																
6 (C_6)	$\begin{pmatrix} 0 & 0 & 0 & xyz & xzy & xzx & xxz & 0 & 0 \\ 0 & 0 & 0 & xxz & xzx & \overline{xzy} & \overline{xyz} & 0 & 0 \\ zxx & zxx & zzz & 0 & 0 & 0 & 0 & zxy & \overline{zxy} \end{pmatrix}$								$\begin{pmatrix} 0 & 0 & 0 & d_{14} & d_{15} & 0 \\ 0 & 0 & 0 & d_{15} & \overline{d_{14}} & 0 \\ d_{31} & d_{31} & d_{33} & 0 & 0 & 0 \end{pmatrix}$						
$\bar{6}$ (C_{3h})	$\begin{pmatrix} xxx & \overline{xxx} & 0 & 0 & 0 & 0 & 0 & xxy & xxy \\ xxy & \overline{xxy} & 0 & 0 & 0 & 0 & 0 & \overline{xxx} & \overline{xxx} \\ 0 & 0 & 0 & 0 & 0 & 0 & 0 & 0 & 0 \end{pmatrix}$								$\begin{pmatrix} d_{11} & \overline{d_{11}} & 0 & 0 & 0 & d_{16} \\ d_{16} & \overline{d_{16}} & 0 & 0 & 0 & \overline{d_{11}} \\ 0 & 0 & 0 & 0 & 0 & 0 \end{pmatrix}$						
622 (D_6)	$\begin{pmatrix} 0 & 0 & 0 & xyz & xzy & 0 & 0 & 0 & 0 \\ 0 & 0 & 0 & 0 & 0 & \overline{xzy} & \overline{xyz} & 0 & 0 \\ 0 & 0 & 0 & 0 & 0 & 0 & 0 & zxy & \overline{zxy} \end{pmatrix}$								$\begin{pmatrix} 0 & 0 & 0 & d_{14} & 0 & 0 \\ 0 & 0 & 0 & 0 & \overline{d_{14}} & 0 \\ 0 & 0 & 0 & 0 & 0 & 0 \end{pmatrix}$						
$6mm$ (C_{6v})	$\begin{pmatrix} 0 & 0 & 0 & 0 & 0 & xzx & xxz & 0 & 0 \\ 0 & 0 & 0 & xxz & xzx & 0 & 0 & 0 & 0 \\ zxx & zxx & zzz & 0 & 0 & 0 & 0 & 0 & 0 \end{pmatrix}$								$\begin{pmatrix} 0 & 0 & 0 & 0 & d_{15} & 0 \\ 0 & 0 & 0 & d_{15} & 0 & 0 \\ d_{31} & d_{31} & d_{33} & 0 & 0 & 0 \end{pmatrix}$						
$\bar{6}m2$ (D_{3h})	$\begin{pmatrix} 0 & 0 & 0 & 0 & 0 & 0 & 0 & xxy & xxy \\ xxy & \overline{xxy} & 0 & 0 & 0 & 0 & 0 & 0 & 0 \\ 0 & 0 & 0 & 0 & 0 & 0 & 0 & 0 & 0 \end{pmatrix}$								$\begin{pmatrix} 0 & 0 & 0 & 0 & 0 & d_{16} \\ d_{16} & \overline{d_{16}} & 0 & 0 & 0 & 0 \\ 0 & 0 & 0 & 0 & 0 & 0 \end{pmatrix}$						
立方晶																
23 (T)	$\begin{pmatrix} 0 & 0 & 0 & xyz & xzy & 0 & 0 & 0 & 0 \\ 0 & 0 & 0 & 0 & 0 & xyz & xzy & 0 & 0 \\ 0 & 0 & 0 & 0 & 0 & 0 & 0 & xyz & xzy \end{pmatrix}$								$\begin{pmatrix} 0 & 0 & 0 & d_{14} & 0 & 0 \\ 0 & 0 & 0 & 0 & d_{14} & 0 \\ 0 & 0 & 0 & 0 & 0 & d_{14} \end{pmatrix}$						
432 (O)	$\begin{pmatrix} 0 & 0 & 0 & xyz & \overline{xyz} & 0 & 0 & 0 & 0 \\ 0 & 0 & 0 & 0 & 0 & xyz & \overline{xyz} & 0 & 0 \\ 0 & 0 & 0 & 0 & 0 & 0 & 0 & xyz & \overline{xyz} \end{pmatrix}$								$\begin{pmatrix} 0 & 0 & 0 & 0 & 0 & 0 \\ 0 & 0 & 0 & 0 & 0 & 0 \\ 0 & 0 & 0 & 0 & 0 & 0 \end{pmatrix}$						
$\bar{4}3m$ (T_d)	$\begin{pmatrix} 0 & 0 & 0 & xyz & xyz & 0 & 0 & 0 & 0 \\ 0 & 0 & 0 & 0 & 0 & xyz & xyz & 0 & 0 \\ 0 & 0 & 0 & 0 & 0 & 0 & 0 & xyz & xyz \end{pmatrix}$								$\begin{pmatrix} 0 & 0 & 0 & d_{14} & 0 & 0 \\ 0 & 0 & 0 & 0 & d_{14} & 0 \\ 0 & 0 & 0 & 0 & 0 & d_{14} \end{pmatrix}$						
集合組織																
∞ (C_∞)	$\begin{pmatrix} 0 & 0 & 0 & xyz & xzy & xzx & xxz & 0 & 0 \\ 0 & 0 & 0 & xxz & xzx & \overline{xzy} & \overline{xyz} & 0 & 0 \\ zxx & zxx & zzz & 0 & 0 & 0 & 0 & zxy & \overline{zxy} \end{pmatrix}$								$\begin{pmatrix} 0 & 0 & 0 & d_{14} & d_{15} & 0 \\ 0 & 0 & 0 & d_{15} & \overline{d_{14}} & 0 \\ d_{31} & d_{31} & d_{33} & 0 & 0 & 0 \end{pmatrix}$						
∞m ($C_{\infty v}$)	$\begin{pmatrix} 0 & 0 & 0 & 0 & 0 & xzx & xxz & 0 & 0 \\ 0 & 0 & 0 & xxz & xzx & 0 & 0 & 0 & 0 \\ zxx & zxx & zzz & 0 & 0 & 0 & 0 & 0 & 0 \end{pmatrix}$								$\begin{pmatrix} 0 & 0 & 0 & 0 & d_{15} & 0 \\ 0 & 0 & 0 & d_{15} & 0 & 0 \\ d_{31} & d_{31} & d_{33} & 0 & 0 & 0 \end{pmatrix}$						
$\infty 2$ (D_∞)	$\begin{pmatrix} 0 & 0 & 0 & xyz & xzy & 0 & 0 & 0 & 0 \\ 0 & 0 & 0 & 0 & 0 & \overline{xzy} & \overline{xyz} & 0 & 0 \\ 0 & 0 & 0 & 0 & 0 & 0 & 0 & zxy & \overline{zxy} \end{pmatrix}$								$\begin{pmatrix} 0 & 0 & 0 & d_{14} & 0 & 0 \\ 0 & 0 & 0 & 0 & \overline{d_{14}} & 0 \\ 0 & 0 & 0 & 0 & 0 & 0 \end{pmatrix}$						
等方性																
$\infty\infty$	$\begin{pmatrix} 0 & 0 & 0 & xyz & \overline{xyz} & 0 & 0 & 0 & 0 \\ 0 & 0 & 0 & 0 & 0 & xyz & \overline{xyz} & 0 & 0 \\ 0 & 0 & 0 & 0 & 0 & 0 & 0 & xyz & \overline{xyz} \end{pmatrix}$								$\begin{pmatrix} 0 & 0 & 0 & 0 & 0 & 0 \\ 0 & 0 & 0 & 0 & 0 & 0 \\ 0 & 0 & 0 & 0 & 0 & 0 \end{pmatrix}$						

表 1.5.4 各点群の 3 次非線形感受率テンソル $\chi^{(3)}_{ijkl}(-\omega_1-\omega_2-\omega_3;\omega_1,\omega_2,\omega_3)$

点群	$\chi^{(3)}_{ijkl}(-\omega_1-\omega_2-\omega_3;\omega_1,\omega_2,\omega_3)$ のゼロでない独立要素
三斜晶 $1\,(C_1)$ $\bar{1}\,(C_i)$	全 81 要素がゼロでなく独立
単斜晶 $2\,(C_2)$ $m\,(C_s)$ $2/m\,(C_{2h})$	41 要素がゼロでなく独立 $xxxx, xxxx, xxyy, xxzx, xxzz, xyxy, xyyx, xyyz, xyzy, xzxx,$ $xzxz, xzyy, xzzx, xzzz, yxxy, yxyx, yxyz, yxzy, yyxx, yyxz,$ $yyyy, yyzx, yyzz, yzxy, yzyx, yzyz, yzzy, zxxx, zxxz, zxyy,$ $zxzx, zxzz, zyxy, zyyx, zyyz, zyzy, zzxx, zzxz, zzyy, zzzx,$ $zzzz$
斜方晶 $222\,(D_2)$ $mm2\,(C_{2v})$ $mmm\,(D_{2h})$	21 要素がゼロでなく独立 $xxxx, xxyy, xxzz, xyxy, xyyx, xzxz, xzzx, yxxy, yxyx, yyxx,$ $yyyy, yyzz, yzyz, yzzy, zxxz, zxzx, zyyz, zyzy, zzxx, zzyy,$ $zzzz$
正方晶 $4\,(C_4)$ $\bar{4}\,(S_4)$ $4/m\,(C_{4h})$	41 要素がゼロでなくそのうち 21 要素が独立 $xxxx = yyyy, xxxy = \overline{yyyx}, xxyx = \overline{yyxy}, xxyy = yyxx,$ $xxzz = yyzz, xyxx = \overline{yxyy}, xyxy = yxyx, xyyx = yxxy,$ $xyyy = \overline{yxxx}, xyzz = \overline{yxzz}, xzxz = yzyz, xzyz = \overline{yzxz},$ $xzzx = yzzy, xzzy = \overline{yzzx}, zxxz = zyyz, zxyz = \overline{zyxz},$ $zxzx = zyzy, zxzy = \overline{zyzx}, zzxx = zzyy, zzxy = \overline{zzyx},$ $zzzz$
$422\,(D_4)$ $4mm\,(C_{4v})$ $\bar{4}2m\,(D_{2d})$ $4/mmm\,(D_{4h})$	21 要素がゼロでなくそのうち 11 要素が独立 $xxxx = yyyy, xxyy = yyxx, xxzz = yyzz, xyxy = yxyx,$ $xyyx = yxxy, xzxz = yzyz, xzzx = yzzy, zxxz = zyyz,$ $zxzx = zyzy, zzxx = zzyy, zzzz$
三方晶 $3\,(C_3)$ $\bar{3}\,(S_6)$	73 要素がゼロでなくそのうち 27 要素が独立 $xxxx = yyyy(= xxyy + xyxy + xyyx),\ \begin{cases} xxyy = yyxx \\ xyxy = yxyx \\ xyyx = yxxy \end{cases}$ $xxxy = \overline{yyyx}(= \overline{xxyx} + \overline{xyxx} + \overline{yxxx}),\ \begin{cases} xxyx = \overline{yyxy} \\ xyxx = \overline{yxyy} \\ xyyy = \overline{yxxx} \end{cases}$ $xxxz = \overline{xyyz} = \overline{yxyz} = \overline{yyxz}, xxzx = \overline{xyzy} = \overline{yxzy} = \overline{yyzx},$ $xzxx = \overline{xzyy} = \overline{yzxy} = \overline{yzyx}, yyyz = \overline{xxyz} = \overline{xyxz} = \overline{yxxz},$ $yyzy = \overline{xxzy} = \overline{xyzx} = \overline{yxzx}, yzyy = \overline{zxxy} = \overline{zxyx} = \overline{zyxx},$ $zxxx = \overline{zxyy} = \overline{zyxy} = \overline{zyyx}, zyyy = \overline{zxxy} = \overline{zxyx} = \overline{zyxx},$ $xxzz = yyzz, xyzz = \overline{yxzz}, xzxz = yzyz, xzyz = \overline{yzxz},$ $xzzx = yzzy, xzzy = \overline{yzzx}, zxxz = zyyz, zxyz = \overline{zyxz},$ $zxzx = zyzy, zxzy = \overline{zyzx}, zzxx = zzyy, zzxy = \overline{zzyx},$ $zzzz$

(次頁に続く)

1.5 非線形光学効果

表 1.5.4 （つづき）

32 (D_3) $3m$ (C_{3v}) $\bar{3}m$ (D_{3d})	37 要素がゼロでなくそのうち 14 要素が独立 $xxxx = yyyy(= xxyy + xyxy + xyyx)$, $\begin{cases} xxyy = yyxx \\ xyxy = yxyx \\ xyyx = yxxy \end{cases}$ $xxxz = \overline{xyyz} = \overline{yxyz} = \overline{yyxz}$, $xxzx = \overline{xyzy} = \overline{yxzy} = \overline{yyzx}$, $xzxx = \overline{xzyy} = \overline{yzxy} = \overline{yzyx}$, $zxxx = \overline{zxyy} = \overline{zyxy} = \overline{zyyx}$, $xxzz = yyzz$, $xzxz = yzyz$, $xzzx = yzzy$, $zxxz = zyyz$, $zxzx = zyzy$, $zzxx = zzyy$, $zzzz$
六方晶 6 (C_6) $\bar{6}$ (C_{3h}) $6/m$ (C_{6h})	41 要素がゼロでなくそのうち 19 要素が独立 $xxxx = yyyy(= xxyy + xyxy + xyyx)$, $\begin{cases} xxyy = yyxx \\ xyxy = yxyx \\ xyyx = yxxy \end{cases}$ $xxxy = \overline{yyyx}(= \overline{xxyx} + \overline{xyxx} + \overline{yxxx})$, $\begin{cases} xxyx = \overline{yyxy} \\ xyxx = \overline{yxyy} \\ xyyy = \overline{yxxx} \end{cases}$ $xxzz = yyzz$, $xyzz = \overline{yxzz}$, $xzxz = yzyz$, $xzyz = \overline{yzxz}$, $xzzx = yzzy$, $xzzy = \overline{yzzx}$, $zxxz = zyyz$, $zxyz = \overline{zyxz}$, $zxzx = zyzy$, $zxzy = \overline{zyzx}$, $zzxx = zzyy$, $zzxy = \overline{zzyx}$, $zzzz$
622 (D_6) $6mm$ (C_{6v}) $\bar{6}m2$ (D_{3h}) $6/mmm$ (D_{6h})	21 要素がゼロでなくそのうち 10 要素が独立 $xxxx = yyyy(= xxyy + xyxy + xyyx)$, $\begin{cases} xxyy = yyxx \\ xyxy = yxyx \\ xyyx = yxxy \end{cases}$ $xxzz = yyzz$, $xzxz = yzyz$, $xzzx = yzzy$, $zxxz = zyyz$, $zxzx = zyzy$, $zzxx = zzyy$, $zzzz$
立方晶 23 (T) $m3$ (T_h)	21 要素がゼロでなくそのうち 7 要素が独立 $xxxx = yyyy = zzzz$, $xxyy = yyzz = zzxx$, $xxzz = yyxx = zzyy$, $xyxy = yzyz = zxzx$, $xyyx = yzzy = zxxz$, $xzzx = yxxy = zyyz$, $xzxz = yxyx = zyzy$
432 (O) $\bar{4}3m$ (T_d) $m3m$ (O_h)	21 要素がゼロでなくそのうち 4 要素が独立 $xxxx = yyyy = zzzz$, $xxyy = xxzz = yyxx = yyzz = zzxx = zzyy$, $xyxy = xzxz = yxyx = yzyz = zxzx = zyzy$, $xyyx = xzzx = yxxy = yzzy = zxxz = zyyz$
集合構造 ∞ (C_∞) ∞/m ($C_{\infty h}$)	41 要素がゼロでなくそのうち 19 要素が独立 (6 (C_6), $\bar{6}$ (C_{3h}), $6/m$ (C_{6h}) と同じ)
∞m ($C_{\infty v}$) $\infty 2$ (D_∞) ∞/mm ($D_{\infty h}$)	21 要素がゼロでなくそのうち 10 要素が独立 (622 (D_6), $6mm$ (C_{6v}), $\bar{6}m2$ (D_{3h}), $6/mmm$ (D_{6h}) と同じ)
等方性 $\infty\infty$ $\infty\infty m$	21 要素がゼロでなくそのうち 3 要素が独立 $(xxxx = yyyy = zzzz = xxyy + xyxy + xyyx)$ $xxyy = xxzz = yyxx = yyzz = zzxx = zzyy$, $xyxy = xzxz = yxyx = yzyz = zxzx = zyzy$, $xyyx = xzzx = yxxy = yzzy = zxxz = zyyz$

不変となる(クラインマン(Kleinman)の関係式[2]). 2次の非線形感受率の場合には

$$\begin{aligned}\chi^{(2)}_{ijk}(-\omega;\omega_1,\omega_2) &= \chi^{(2)}_{jki}(-\omega;\omega_1,\omega_2) = \chi^{(2)}_{kij}(-\omega;\omega_1,\omega_2) \\ &= \chi^{(2)}_{ikj}(-\omega;\omega_1,\omega_2) = \chi^{(2)}_{jik}(-\omega;\omega_1,\omega_2) \\ &= \chi^{(2)}_{kji}(-\omega;\omega_1,\omega_2)\end{aligned} \quad (1.5.32)$$

である.

b. 空間的対称性に基づく対称性

n 次の非線形感受率テンソル $\chi^{(n)}_{ij_1\cdots j_n}(-\omega;\omega_1,\cdots,\omega_n)$ は $3^{(n+1)}$ 個の要素をもつ($n+1$)階のテンソル量である. その要素のうち, ゼロでない要素やそれらの間の関係は媒質の構造を反映している. このような対称性のうち, もっとも重要なものは反転対称性の有無による違いである. 偶数次の非線形感受率は反転対称性(中心対称性, あるいは点対称性とも呼ばれる)を有する媒質では 0 となる.

$$\chi^{(2n)} (n=1,2,\cdots) \begin{cases} =0 & (反転対称) \\ \neq 0 & (非反転対称) \end{cases} \quad (1.5.33)$$

奇数次の非線形感受率は反転対称性の有無にかかわらず必ず 0 でない要素をもつ. 結晶の対称性を表す 32 の結晶点群と, 高分子や液晶などの集合構造や等方性媒質の対称性を表す七つの連続点群における $\chi^{(2)}$ と $\chi^{(3)}$ の対称性[3~5]をそれぞれ表 1.5.3 と表 1.5.4 に示す.

1.5.4 非調和振動子モデルによる非線形感受率

系を調和振動子の集合として取り扱うローレンツモデルが原子ガスや励起子などの線形光学応答をうまく記述できることが知られている. 1 次元の調和ポテンシャル

$$V_0(x) = \frac{1}{2} m\omega_0^2 x^2 \quad (1.5.34)$$

中の荷電粒子(電荷 $-e$, 質量 m)に電場 $E(t)$ が印加されたときの運動方程式は次式で与えられる.

$$\ddot{x} + \Gamma\dot{x} + \omega_0^2 x = -\frac{e}{m}E(t) \quad (1.5.35)$$

ここで, ω_0 は系の共鳴振動数, Γ は緩和定数である. 振動数 ω の単色光電場 $E(t) = \frac{1}{2}E_\omega e^{-i\omega t} + \text{c.c.}$ に対する解は $x(t) = \frac{1}{2}x_\omega e^{-i\omega t} + \text{c.c.}$ の形で表され,

$$x_\omega = -\frac{eE_\omega}{m}\frac{1}{\omega_0^2 - i\omega\Gamma - \omega^2} \quad (1.5.36)$$

である. 系の巨視的な分極は $P_\omega = -Nex_\omega$ なので, 線形感受率は

$$\chi^{(1)}(-\omega;\omega) = \chi^{(1)}(\omega) = \frac{Ne^2}{\varepsilon_0 m}\frac{1}{\omega_0^2 - i\omega\Gamma - \omega^2} \quad (1.5.37)$$

で与えられる．

　調和振動子では非線形性は生じないが，非調和項を取り入れることによって非線形応答も記述することが可能となる．

a. 反転対称性がない場合

　媒質が反転対称性を欠いている場合には2次の非線形性が生じる．ポテンシャルに非調和項 $V^{(2)}(x) = \frac{1}{3}max^3$ が加わった場合の運動方程式

$$\ddot{x} + \Gamma\dot{x} + \omega_0^2 x + ax^2 = -\frac{e}{m}E(t) \tag{1.5.38}$$

は摂動展開に似た手法を用いて解くことができる．振動数 ω_1 と ω_2 の単色光 $E(t) = \frac{1}{2}E_{\omega_1}e^{-i\omega_1 t} + \frac{1}{2}E_{\omega_2}e^{-i\omega_2 t} + \text{c.c.}$ が入射したときには，非線形性に基づく $2\omega_1, 2\omega_2, 0, \omega_1+\omega_2, |\omega_1-\omega_2|$ の振動数の分極が発生する．和周波発生の項 $x_{\omega_1+\omega_2} = x_{\omega_3}$ について計算してみると2次非線形感受率の表式として

$$\begin{aligned}\chi^{(2)}(-\omega_3;\omega_1,\omega_2) &= \frac{Nae^3}{\varepsilon_0 m^2}\frac{1}{(\omega_0^2 - i\omega_3\Gamma - \omega_3^2)(\omega_0^2 - i\omega_1\Gamma - \omega_1^2)(\omega_0^2 - i\omega_2\Gamma - \omega_2^2)} \\ &= \frac{\varepsilon_0^2 ma}{N^2 e^3}\chi^{(1)}(\omega_1+\omega_2)\chi^{(1)}(\omega_1)\chi^{(1)}(\omega_2)\end{aligned} \tag{1.5.39}$$

が得られる[6]．これから，

$$\Delta = \frac{\chi^{(2)}(-\omega_1-\omega_2;\omega_1,\omega_2)}{\varepsilon_0 \chi^{(1)}(\omega_1+\omega_2)\chi^{(1)}(\omega_1)\chi^{(1)}(\omega_2)} \tag{1.5.40}$$

が振動数によらない定数となることがわかる．Δ はミラー (Miller) のデルタと呼ばれ，実際に波長依存性が小さいこと，さらに，多くの材料間の差が $\chi^{(2)}$ よりもはるかに小さいことが確かめられている[7]．

b. 反転対称性がある場合

　反転対称性のある媒質では最低次の非線形感受率は $\chi^{(3)}$ となる．非調和ポテンシャル $V_0(x) + V^{(3)}(x) = \frac{1}{2}m\omega_0^2 x^2 + \frac{1}{4}mbx^4$ 中での運動方程式

$$\ddot{x} + \Gamma\dot{x} + \omega_0^2 x + bx^3 = -\frac{e}{m}E(t) \tag{1.5.41}$$

から，2次の場合と全く同様に逐次解法によって3次の非線形感受率を計算することができる．たとえば非縮退4光波混合に対する非線形感受率は

$$\begin{aligned}&\chi^{(3)}(-\omega_4;\omega_1,\omega_2,\omega_3) \\ &= \frac{-(Nbe^4/\varepsilon_0 m^3)}{(\omega_0^2 - i\omega_4\Gamma - \omega_4^2)(\omega_0^2 - i\omega_1\Gamma - \omega_1^2)(\omega_0^2 - i\omega_2\Gamma - \omega_2^2)(\omega_0^2 - i\omega_3\Gamma - \omega_3^2)}\end{aligned}$$

$$= -\frac{\varepsilon_0^2 mb}{N^3 e^4} \chi^{(1)}(\omega_1+\omega_2+\omega_3)\chi^{(1)}(\omega_1)\chi^{(1)}(\omega_2)\chi^{(1)}(\omega_3) \tag{1.5.42}$$

となる．

1.5.5 非線形感受率の量子論

非線形感受率を正確に計算するには量子力学的な表式を導出する必要がある．その導出には密度行列が用いられる．非線形光学応答のような複雑な過程についての計算は，ファインマンダイヤグラムを用いると見通しよく行うことができる[8]．

電気双極子近似のもとでの2次非線形感受率は次のように与えられる．

$$\chi^{(2)}_{ijk}(-\omega_1-\omega_2;\omega_1,\omega_2)$$
$$= -\frac{Ne^3}{2\varepsilon_0\hbar^2}\sum_{gmn}\rho^{(0)}_{gg}\times\Bigg[\frac{r^i_{gn}r^j_{nm}r^k_{mg}}{(\Omega_{ng}-\omega_1-\omega_2)(\Omega_{mg}-\omega_2)}+\frac{r^k_{gn}r^j_{nm}r^i_{mg}}{(\Omega^*_{mg}+\omega_1+\omega_2)(\Omega^*_{ng}+\omega_2)}$$
$$+\frac{r^j_{gn}r^i_{nm}r^k_{mg}}{(\Omega^*_{nm}+\omega_1+\omega_2)(\Omega_{mg}-\omega_2)}+\frac{r^k_{gn}r^i_{nm}r^j_{mg}}{(\Omega_{mn}-\omega_1-\omega_2)(\Omega^*_{ng}+\omega_2)}\Bigg]+(j,\omega_1)\leftrightarrow(k,\omega_2)$$
$$\tag{1.5.43}$$

ここで，$\Omega_{\nu\mu}=(E_\nu-E_\mu)/\hbar-i\Gamma_{\nu\mu}$，$r^i_{\nu\mu}$は$\langle\nu|\boldsymbol{r}|\mu\rangle$の$i$成分である．$(j,\omega_1)\leftrightarrow(k,\omega_2)$はこの指数と振動数をペアで入れ換えた項を足し合わせることを意味しており，式(1.5.43)は全部で8項の和で表される．これら8項にはそれぞれ違う形の共鳴分母が現れ，系の準位と光の振動数に応じて特徴的な共鳴構造が観測されることになる．ここで明示した4項に対するファインマンダイヤグラムとエネルギーダイヤグラムを図1.5.1に示す．

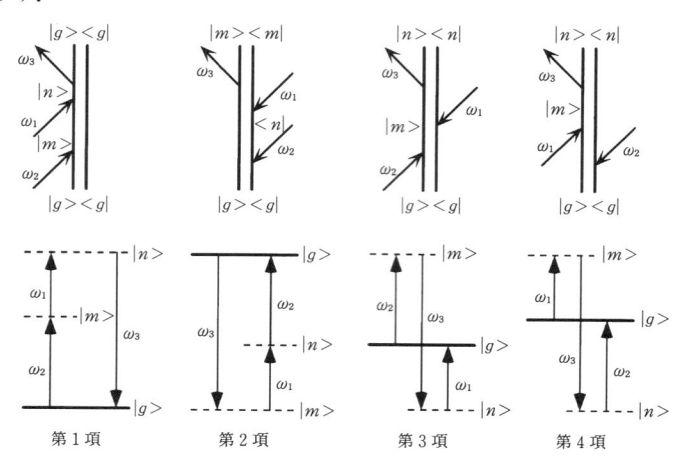

図 1.5.1 $\chi^{(2)}(-\omega_3;\omega_1,\omega_2)$に寄与する4項のファインマンダイヤグラム（上）とその共鳴構造を表すエネルギーダイヤグラム（下）

3次の非線形感受率に対する表式はさらに複雑で，計48項の和として表すことができる．

$$\chi^{(3)}_{ijkl}(-\omega_4;\omega_1,\omega_2,\omega_3)=\frac{Ne^4}{6\varepsilon_0\hbar^3}\sum_{gmnp}\rho_{gg}^{(0)}\times\Bigg[\frac{r_{gp}^i r_{pn}^j r_{nm}^k r_{mg}^l}{(\Omega_{pg}-\omega_4)(\Omega_{ng}-\omega_2-\omega_3)(\Omega_{mg}-\omega_3)}$$

$$+\frac{r_{gp}^l r_{pn}^k r_{nm}^j r_{mg}^i}{(\Omega_{mg}^*+\omega_4)(\Omega_{ng}^*+\omega_2+\omega_3)(\Omega_{pg}^*+\omega_3)}+\frac{r_{gp}^l r_{pn}^i r_{nm}^k r_{mg}^j}{(\Omega_{np}-\omega_4)(\Omega_{mp}-\omega_2-\omega_3)(\Omega_{pg}^*+\omega_3)}$$

$$+\frac{r_{gp}^k r_{pn}^j r_{nm}^i r_{mg}^l}{(\Omega_{nm}^*+\omega_4)(\Omega_{pm}^*+\omega_2+\omega_3)(\Omega_{mg}-\omega_3)}+\frac{r_{gp}^l r_{pn}^i r_{nm}^j r_{mg}^k}{(\Omega_{np}-\omega_4)(\Omega_{pm}^*+\omega_2+\omega_3)(\Omega_{mg}-\omega_3)}$$

$$+\frac{r_{gp}^i r_{pn}^j r_{nm}^l r_{mg}^k}{(\Omega_{nm}^*+\omega_4)(\Omega_{mp}-\omega_2-\omega_3)(\Omega_{pg}^*+\omega_3)}+\frac{r_{gp}^l r_{pn}^k r_{nm}^i r_{mg}^j}{(\Omega_{mn}-\omega_4)(\Omega_{ng}^*+\omega_2+\omega_3)(\Omega_{pg}^*+\omega_3)}$$

$$+\frac{r_{gp}^j r_{pn}^i r_{nm}^k r_{mg}^l}{(\Omega_{pn}^*+\omega_4)(\Omega_{ng}-\omega_2-\omega_3)(\Omega_{mg}-\omega_3)}\Bigg]+(j,\omega_1)\leftrightarrow(k,\omega_2)\leftrightarrow(l,\omega_3) \quad (1.5.44)$$

この場合には入射光や出射光の振動数以外の振動数(たとえば，$\omega_2+\omega_3$)での共鳴が起こる点が特徴的である．

これらの式はいずれも $\omega_1\to 0$ や $\omega_2\to\omega_1$ などの場合でも正しい式となっている(これは，式(1.5.22)と式(1.5.28)で縮退因子を含まない形で非線形感受率を定義しておいたおかげである)．

ここでは希薄な系を対象とした式を示したが，凝縮系では一般に局所場補正因子を取り込まなければならない[9]．また，バンドモデルで記述されるべき半導体などの固体では k 空間での積分を行う必要がある[10]．

1.5.6 非線形媒質中の光波伝搬と位相整合

媒質中に非線形分極が誘起されると，これから非線形分極と同じ振動数の新たな光波が放出される．この光波の伝搬を記述するためには，非線形分極を強制振動項として取り込んだマクスウェル方程式を解く必要がある．

マクスウェル方程式から導かれる波動方程式は以下の形になる．

$$\nabla\times\nabla\times\boldsymbol{E}(t)+\frac{1}{c^2}\frac{\partial^2}{\partial t^2}\boldsymbol{E}(t)=-\mu_0\frac{\partial^2}{\partial t^2}\boldsymbol{P}(t) \quad (1.5.45)$$

この式は線形の偏微分方程式なので，電場と分極のフーリエ成分に対する式に展開することができ，

$$\nabla\times\nabla\times\boldsymbol{E}(\omega)-\frac{\omega^2}{c^2}\boldsymbol{E}(\omega)=\omega^2\mu_0\boldsymbol{P}(\omega) \quad (1.5.46)$$

を得る．ここで分極 $\boldsymbol{P}$ を線形分極 $\boldsymbol{P}^{\mathrm{L}}$ と非線形分極 $\boldsymbol{P}^{\mathrm{NL}}$ に分離して整理しなおすと，

$$\nabla\times\nabla\times\boldsymbol{E}(\omega)-\frac{\omega^2}{c^2}\varepsilon_r(\omega)\cdot\boldsymbol{E}(\omega)=\omega^2\mu_0\boldsymbol{P}^{\mathrm{NL}}(\omega) \quad (1.5.47)$$

と書ける．ここで，$\varepsilon_r(\omega)=1+\chi^{(1)}(-\omega;\omega)$ は比誘電率テンソルである．n 種類の振

動数成分を含む非線形光学過程による光波の伝搬は，n 個の式 (1.5.47) からなる連立方程式の解として得られることになる．一般に，右辺の非線形分極はほかの振動数成分の電場の関数となっており，この連立方程式は 1 組の結合波 (coupled wave) 方程式を構成する．

a. ゆるやかな振幅変化の近似

ここで簡単のために，等方的な媒質中を電場と非線形分極がともに z 方向に平面波として伝搬する場合について考えてみよう．

$$\boldsymbol{E}(\omega) = \widetilde{\boldsymbol{E}}_\omega(z)\exp(ikz) \tag{1.5.48}$$

を式 (1.5.47) に代入して整理すると

$$\frac{\partial^2 \widetilde{\boldsymbol{E}}_\omega}{\partial z^2} + 2ik\frac{\partial \widetilde{\boldsymbol{E}}_\omega}{\partial z} = -\omega^2\mu_0 \boldsymbol{P}^{\mathrm{NL}}(\omega)\exp(-ikz) \tag{1.5.49}$$

が得られる．ここで，

$$\left|\frac{\partial^2 \widetilde{\boldsymbol{E}}_\omega}{\partial z^2}\right| \ll \left|k\frac{\partial \widetilde{\boldsymbol{E}}_\omega}{\partial z}\right| \tag{1.5.50}$$

が成り立てば，式 (1.5.49) は次のように単純な 1 次の偏微分方程式に帰着する．

$$\frac{\partial \widetilde{\boldsymbol{E}}_\omega}{\partial z} = \frac{i\omega^2\mu_0}{2k}\boldsymbol{P}^{\mathrm{NL}}(\omega)\exp(-ikz) \tag{1.5.51}$$

式 (1.5.50) の解釈から，この近似はしばしばゆるやかな振幅変化 (SVA, slowly varying amplitude) の近似と呼ばれ，多くの場合よい近似となっている（厳密には，この近似は反対方向に伝搬する進行波を無視することと等価である[11]）．

b. 位 相 整 合

もっとも単純な非線形光学過程の一例として定常状態での光第 2 高調波発生 (SHG) について考える．第 2 高調波成分（振動数 2ω）についての方程式は，$P^{\mathrm{NL}}(2\omega) = \varepsilon_0 d\widetilde{E}_\omega^2 \exp(2ik_\omega z)$ なので，

$$\frac{d\widetilde{E}_{2\omega}}{dz} = \frac{i\omega}{n^{2\omega}c}d\widetilde{E}_\omega^2\exp(-i\varDelta kz) \tag{1.5.52}$$

となる．ここで，$\varDelta k = k_{2\omega} - 2k_\omega = (2\omega/c)(n^{2\omega} - n^\omega)$ は波数不整合量である．吸収がなく基本波の減衰も無視できるとすると $\widetilde{E}_\omega$ は一定値となるので，この式は簡単に積分できて

$$I_{2\omega}(z) = \frac{\varepsilon_0 n^{2\omega}c}{2}|E_{2\omega}(z)|^2 = \frac{2\omega^2}{\varepsilon_0 c^3}\frac{d^2}{(n^\omega)^2 n^{2\omega}}I_\omega^2 z^2 \frac{\sin^2(\varDelta kz/2)}{(\varDelta kz/2)^2} \tag{1.5.53}$$

となる．第 2 高調波強度 $I_{2\omega}$ は相互作用長 z に対して図 1.5.2 のように変化する．$\varDelta k \neq 0$ のときには第 2 高調波出力は $2\pi/\varDelta k$ を周期として振動する．この周期の半分 $l_c = \pi/|\varDelta k| = \lambda_\omega/4|n^{2\omega} - n^\omega|$ をコヒーレンス長と呼ぶ．$\varDelta k = 0$ のときにはコヒーレンス長が無限大となり，第 2 高調波強度は相互作用長の 2 乗に比例して増大する．これ

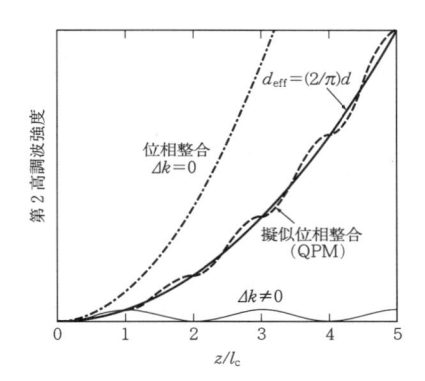

図 1.5.2　第 2 高調波強度と相互作用長

は，非線形分極波から発生した第 2 高調波が位相を揃えて足し合わされるために，この状態を位相整合がとれているという．位相整合条件は光子の運動量保存則に対応する．

光高調波発生や光パラメトリック過程では一般には位相整合条件は満足されておらず，位相整合の可否がきわめて重要となる．位相整合を達成するための種々の方法については 1.5.7 項で述べる．それに対して，電気光学効果や非線形屈折率，2 光子吸収，縮退 4 光波混合，誘導散乱などでは自動的に位相整合が達成されている．

1.5.7　2 次非線形光学効果による波長変換

2 次の非線形光学効果による光第 2 高調波発生 (SHG)，和周波発生 (SFG)，差周波発生 (DFG)，光パラメトリック増幅・発振 (OPA, OPO) は，レーザー光の波長変換の手段としてきわめて重要な役割をはたす．固体の吸収が問題となる VUV 領域を除いて，実用的な波長変換素子はすべて結晶材料を非線形媒質として用いている．3 次以上の高調波の発生にも，第 2 高調波発生と和周波発生とが組み合わされて利用される．

a. 位相整合の達成法
高い変換効率を得るためには位相整合を達成することが不可欠である．SHG の場合では，$\Delta k=(2\omega/c)(n^{2\omega}-n^{\omega})=0$ を満たす必要がある．一般には屈折率の波長分散のために $n^{2\omega}\neq n^{\omega}$ なので，位相整合を達成するためには特別な工夫が必要となる．

1) 複屈折
もっとも一般的な方法は媒質の複屈折性を利用するものである．常光線に対する屈折率 n_o と異常光線に対する屈折率 n_e との差を利用して波長分散を補償するのであ

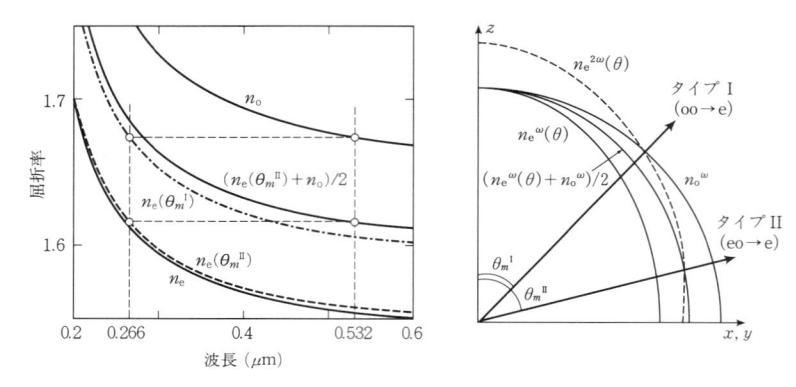

図 1.5.3 BBO における位相整合
Nd:YAG レーザーの第 4 高調波発生ではタイプ I とタイプ II の位相整合が可能である（屈折率の波長分散は久保田らのデータ[13]をもとに計算した）。右の屈折率面の図では異方性を誇張している．

る．

負の単軸結晶（$n_o > n_e$）である β-BaB$_2$O$_4$(BBO) を例にとると，図 1.5.3 のように 2 通りの方法で位相整合可能である．一つは，二つの入射基本波（SHG の場合にはどちらも振動数 ω）を常光線とし，異常光線の第 2 高調波との組合せ（oo → e）で位相整合をとるものである．このように二つの入射光をともに常光線（正の単軸結晶（$n_o < n_e$）の場合は異常光線）にとる方法をタイプ I の位相整合と呼ぶ．このときの位相整合条件は

$$n_e^{2\omega}(\theta_m) = n_o^\omega \quad （正の単軸結晶では\ n_o^{2\omega} = n_e^\omega(\theta_m)） \tag{1.5.54}$$

である．これに対して，二つの入射基本波の一方を常光線，もう一方を異常光線とするのがタイプ II の位相整合である．位相整合条件は

$$n_e^{2\omega}(\theta_m) = \frac{1}{2}(n_e^\omega(\theta_m) + n_o^\omega) \quad （正の単軸結晶では\ n_o^{2\omega} = \frac{1}{2}(n_e^\omega(\theta_m) + n_o^\omega)） \tag{1.5.55}$$

となる．

2 軸結晶の場合にも同様に，平行に偏光した二つの入射基本波を用いるタイプ I と，互いに直交した偏光の二つの入射基本波を用いるタイプ II の位相整合が考えられる．2 軸結晶における屈折率の異方性・分散と位相整合の可否との関係が Hobden によってまとめられている[12]．

異常光線ではその波数ベクトルとポインティングベクトルの方向が異なるので，複屈折を利用した位相整合では非線形分極波とそれから放射される第 2 高調波のビームがずれてきてしまう．このウォークオフ効果のために実効的な相互作用長が制限されてしまい，効率の低下を招く原因となる．また，一般に，わずかな角度のずれが大きな位相不整合をもたらすので，集光したビームなどではごく一部の角度成分の基本波

だけしか有効に利用できなくなってしまう．こうした問題を解決するのが非臨界位相整合 (NCPM, noncritical phase matching) である．基本波・第 2 高調波の伝搬方向を誘電主軸に平行にとって位相整合が達成できれば，ウォークオフはゼロとなり，同時に位相整合許容幅が格段に広くなるが，NCPM が可能な非線形光学結晶の数はきわめて限られている．通常，NCPM は温度同調によって達成される．

非線形過程にかかわる光波の伝搬方向が非線形媒質の主軸からずれている場合には，さまざまなテンソル要素が同時にその過程に寄与することになる．媒質の主軸を X, Y, Z, 光波の伝搬方向と偏光方向に対して定義される実験室系を x, y, z とすると

$$(P^{(2)}_{\omega_1+\omega_2})_i = 2\varepsilon_0 g \sum_{j,k=x}^{z} d_{\mathrm{eff}} (E_{\omega_1})_j (E_{\omega_2})_k \tag{1.5.56}$$

$$d_{\mathrm{eff}} = \sum_{I,J,K=X}^{Z} (\hat{i}\cdot\hat{I})(\hat{j}\cdot\hat{J})(\hat{k}\cdot\hat{K}) d_{IJK}(-\omega_1-\omega_2;\omega_1,\omega_2) \tag{1.5.57}$$

と書ける $((\hat{i}\cdot\hat{I})$ は単位ベクトル $\hat{i}$ と $\hat{I}$ 間の方向余弦)．ここで定義される d_{eff} を実効非線形光学定数と呼ぶ．任意の角度に対する実効非線形光学定数の表式は，単軸結晶については Boyd, Kleinman によって[14]，2 軸結晶の一部については伊藤らによって[15]求められている．

2) 擬似位相整合 (QPM)

等方性媒質では，当然のことながら，上述の複屈折による位相整合法は利用できない．また，媒質のもっとも大きな非線形光学定数要素を利用できるとも限らないことや，ウォークオフなどの欠点もある．これを克服する巧妙な方法が擬似位相整合 (QPM, quasi phase matching) である[16]．位相整合のとれていない媒質をコヒーレンス長ごとのセグメントに区切り，その非線形光学定数の符号を交互に反転させることによって QPM が達成できる．

$$\begin{aligned} d_m(z) &= (-1)^{m-1} d = \sum_{n=\mathrm{odd}} \frac{4d}{n\pi} \sin\left(\frac{n\pi}{l_c}z\right) \\ &= -i \sum_{n=\mathrm{odd}} \frac{2d}{n\pi} [\exp(ni\Delta kz) - \exp(-ni\Delta kz)] \end{aligned} \tag{1.5.58}$$

ここで，d_m は m 番目のセグメント中の非線形光学定数を表す．非線形分極と出力光電場の間の位相差を巧みに調節することによって出力光強度が単調に増加するようにしているのである．このときの第 2 高調波の複素振幅は

$$E_{2\omega,m}(z) = -\frac{2\omega}{n^{2\omega}c\Delta k} dE_\omega^2 \left\{ m - 1 - i^m \exp\left(i\frac{\Delta kz}{2}\right) \sin\left[\frac{\Delta kz}{2} + (m-1)\frac{\pi}{2}\right] \right\} \tag{1.5.59}$$

で与えられる[17]．QPM の場合の出力第 2 高調波強度の相互作用長依存性を図 1.5.2 に示す．式 (1.5.58) のフーリエ級数展開の係数からすぐにわかるように，QPM の出力は $d_{\mathrm{eff}} = (2/\pi)d$ とした位相整合時の出力で近似できる．

QPM は $LiNbO_3$ などを用いた導波路型波長変換素子に利用され，大きな成功を収

めている．

3) 導波路のモード分散

光波をその波長程度のサイズの空間に閉じ込めて伝搬させる光導波路では，光波の実効的な位相速度が導波路のサイズに依存するようになる．また，導波路中に閉じ込められた光波の固有モード（導波モード）は閉じ込め方向の定在波条件から離散化され，異なった位相速度をもった複数の導波モードが同時に存在する．この特性（モード分散）を利用して位相整合を達成することが可能である[18]．この場合の位相整合条件は

$$\Delta\beta_{mn} = \beta_m^{2\omega} - 2\beta_n^\omega = \frac{2\omega}{c}(n_{\text{eff},m}^{2\omega} - n_{\text{eff},n}^\omega) = 0 \tag{1.5.60}$$

である．ここで，$\beta_n^\omega(\beta_m^{2\omega})$ は基本波（第2高調波）の $n(m)$ 次導波モードの伝搬定数，n_{eff} は実効屈折率である．

b. 光第2高調波発生 (SHG)

z 方向に伝搬する平面波に対する光第2高調波発生 (SHG) の振舞いは次の結合波方程式で記述される．

$$\begin{cases} \dfrac{d\widetilde{E}_{2\omega}}{dz} = \dfrac{i\omega}{n^{2\omega}c} d_{\text{eff}} \widetilde{E}_\omega^2 \exp(-i\Delta kz) \\ \dfrac{d\widetilde{E}_\omega}{dz} = \dfrac{i\omega}{n^\omega c} d_{\text{eff}} \widetilde{E}_\omega^* \widetilde{E}_{2\omega} \exp(i\Delta kz) \end{cases} \tag{1.5.61}$$

ここで二つの式で同じ実効非線形光学定数 $d_{\text{eff}} = (1/2)\chi_{\text{eff}}^{(2)}(-2\omega;\omega,\omega)$ を使っているのは，全交換対称性（1.5.3項参照）を仮定しているためである．

変換効率が低く基本波の減衰が無視できる場合には，出力第2高調波の強度は式 (1.5.53) で与えられる．基本波が半径 w_0 のガウスビーム $I_\omega = I_\omega^0 \exp[-2(x^2+y^2)/w_0^2]$ であるとすると，出力第2高調波パワーは

$$\mathcal{P}_{2\omega}(L) = \frac{2\omega^2}{\varepsilon_0 c^3} \frac{d_{\text{eff}}^2}{(n^\omega)^2 n^{2\omega}} \frac{\mathcal{P}_\omega^2}{\pi w_0^2} L^2 \frac{\sin^2(\Delta kL/2)}{(\Delta kL/2)^2} \tag{1.5.62}$$

となる．変換効率を高めるためには位相整合を達成するほか，d_{eff}^2/n^3（性能指数と呼ばれる）の大きな非線形材料を用いること，基本波ビームを集光することによって基本波パワー密度を上げることが必要であることがわかる．

1) 基本波の減衰

変換効率が高くなるとそれによる基本波の減衰の影響を無視できなくなる．位相整合条件下で第2高調波の入力がない場合（$E_{2\omega}(0)=0$）には，式 (1.5.61) の連立方程式の解から

$$\begin{cases} I_{2\omega}(L) = I_\omega(0)\tanh^2\left(\sqrt{\dfrac{2\omega^2}{\varepsilon_0 c^3}\dfrac{d_{\text{eff}}^2}{n^3}I_\omega(0)}\,L\right) \\ I_\omega(L) = I_\omega(0)\operatorname{sech}^2\left(\sqrt{\dfrac{2\omega^2}{\varepsilon_0 c^3}\dfrac{d_{\text{eff}}^2}{n^3}I_\omega(0)}\,L\right) \end{cases} \tag{1.5.63}$$

となる．

2) 回折の影響

変換効率を高めるために基本波ビームをきつく集光すると，回折の効果が顕著になり高いパワー密度を確保できる相互作用領域の長さが短くなってしまう．このパワー密度と相互作用長のトレードオフによって決定される最適な集光条件が存在することになる．集光したガウスビームによる第2高調波発生の問題はBoyd, Kleinmanによって詳細に検討されている[14]．ウォークオフがなくコンフォーカル長 $b = L/2.84$ の場合がもっとも効率が高く，

$$\mathcal{P}_{2\omega}(L) = 1.068\frac{2\omega^3}{\pi\varepsilon_0 c^4}\frac{d_{\text{eff}}^2}{n^\omega n^{2\omega}}\mathcal{P}_\omega^2 L \tag{1.5.64}$$

の出力が得られる．集光条件下での最適第2高調波出力は非線形媒質の長さ L の2乗ではなく1乗に比例する．

3) 共振器を用いた高効率化

非線形媒質を共振器中において基本波パワーを増強することによって変換効率を格段に高めることができる[19]．入射基本波をすべて共振器に結合させるためには，入射ミラーのパワー透過率 $1-R$ を共振器内の全伝搬損失と一致させればよい（インピーダンス整合）．変換効率が低い場合には，全伝搬損失は出射ミラーの反射率と非線形媒質の伝搬損失のみで決定されるが，変換効率が高くなると基本波から第2高調波への変換過程も伝搬損失として考慮する必要が出てくる[20]．インピーダンス整合がとれているとき，共振器中での基本波パワーは $1/(1-R)$ 倍に増強され，第2高調波出力パワーは式 (1.5.64) の $1/(1-R)^2$ 倍に増加する．

4) 導波路構造による高効率化

高効率化のもう一つの手段は導波路化である．基本波を導波路中に閉じ込めることによって，高いパワー密度を保ったまま長い相互作用長を確保することができる．導波層厚 D のスラブ導波路で基本波 n 次 TE 導波モードから第2高調波 m 次 TE 導波モードへの変換で得られる（幅 W の部分からの）第2高調波パワーは次の式で与えられる．

$$\mathcal{P}_{2\omega}(L) = \frac{2\omega^2}{\varepsilon_0 c^3}\frac{d_{\text{eff}}^2}{(n_{\text{eff}}^\omega)^2 n_{\text{eff}}^{2\omega}}\frac{\mathcal{P}_\omega^2}{W}\frac{S_{nm}^2}{(D_{\text{eff}}^\omega)^2 D_{\text{eff}}^{2\omega}}L^2\frac{\sin^2(\Delta\beta L/2)}{(\Delta\beta L/2)^2} \tag{1.5.65}$$

ここで，D_{eff}^ω，$D_{\text{eff}}^{2\omega}$ はそれぞれ基本波と第2高調波モードに対する実効導波層厚，

$$S_{nm} = \int_{-\infty}^{\infty}\tilde{d}(x)[f_n^\omega(x)]^2 f_m^{2\omega}(x)\,dx \tag{1.5.66}$$

は重なり積分と呼ばれる．f_n^ω，$f_m^{2\omega}$ は基本波と第2高調波モードの規格化モード分布

関数で, $\int_{-\infty}^{\infty}[f(x)]^2 dx = D_{\text{eff}}$ となるように規格化されているものとする．また，$\tilde{d}(x)$ は規格化された非線形光学定数である．重なり積分は伝搬方向に垂直な方向 (x) の位相整合因子に相当する[21]．これをもっとも大きくするのは基本波・第2高調波ともに最低次モードの場合 ($n=m=0$) で，$S \simeq D_{\text{eff}}$ となり，位相整合条件 ($\Delta\beta=0$) では

$$\mathcal{P}_{2\omega} \simeq \frac{2\omega^2}{\varepsilon_0 c^3} \frac{d_{\text{eff}}^2}{n^2} \frac{\mathcal{P}_\omega^2}{WD} L^2 \tag{1.5.67}$$

である．これとバルクの場合の式 (1.5.64) とを比較すると，導波路の場合のほうが $\lambda_\omega L/2nWD$ 倍効率が高いことがわかる．最低次モードどうしでの位相整合を達成するために擬似位相整合がしばしば用いられる．

c. 和周波発生 (SFG)

和周波発生 ($\omega_1 + \omega_2 \to \omega_3$) の振舞いは次の結合波方程式によって記述される．

$$\begin{cases} \dfrac{d\widetilde{E}_{\omega_3}}{dz} = \dfrac{i\omega_3}{n^{\omega_3}c} d_{\text{eff}} \widetilde{E}_{\omega_1} \widetilde{E}_{\omega_2} \exp(-i\Delta kz) \\ \dfrac{d\widetilde{E}_{\omega_1}}{dz} = \dfrac{i\omega_1}{n^{\omega_1}c} d_{\text{eff}} \widetilde{E}_{\omega_2}^* \widetilde{E}_{\omega_3} \exp(i\Delta kz) \\ \dfrac{d\widetilde{E}_{\omega_2}}{dz} = \dfrac{i\omega_2}{n^{\omega_2}c} d_{\text{eff}} \widetilde{E}_{\omega_1}^* \widetilde{E}_{\omega_3} \exp(i\Delta kz) \end{cases} \tag{1.5.68}$$

ここで, 波数不整合は

$$\Delta k = k_3 - k_1 - k_2 \tag{1.5.69}$$

である．変換効率が低く入射光の減衰が無視できるならば

$$I_{\omega_3}(L) = \frac{2\omega_3^2}{\varepsilon_0 c^3} \frac{d_{\text{eff}}^2}{n^{\omega_1} n^{\omega_2} n^{\omega_3}} I_{\omega_1}(0) I_{\omega_2}(0) L^2 \frac{\sin^2(\Delta kL/2)}{(\Delta kL/2)^2} \tag{1.5.70}$$

である．入射光の減衰を考慮した場合の結合波方程式 (1.5.68) の一般解はヤコビ (Jacobi) の楕円関数を用いて表すことができる[16]．ここでは，位相整合条件下で片方の入力光が強い場合の極限での解を示す．振動数 ω_2 の入射光の光子数が十分多く ($I_{\omega_1}(0)/\omega_1 \ll I_{\omega_2}(0)/\omega_2$)，その減衰を無視できる場合には，

$$\begin{cases} I_{\omega_3}(L) = \dfrac{\omega_3}{\omega_1} I_{\omega_1}(0) \sin^2\left(\sqrt{\dfrac{2\omega_1\omega_3}{\varepsilon_0 c^3} \dfrac{d_{\text{eff}}^2}{n^{\omega_1} n^{\omega_2} n^{\omega_3}} I_{\omega_2}(0)}\, L\right) \\ I_{\omega_1}(L) = I_{\omega_1}(0) \cos^2\left(\sqrt{\dfrac{2\omega_1\omega_3}{\varepsilon_0 c^3} \dfrac{d_{\text{eff}}^2}{n^{\omega_1} n^{\omega_2} n^{\omega_3}} I_{\omega_2}(0)}\, L\right) \end{cases} \tag{1.5.71}$$

となり，相互作用長の増加に対して振動的な振舞いを示す．

d. 差周波発生 (DFG)

差周波発生 ($\omega_p - \omega_s \to \omega_l$) の振舞いは次の結合波方程式によって記述される．

1.5 非線形光学効果

$$\begin{cases} \dfrac{d\widetilde{E}_{\omega_\mathrm{i}}}{dz} = \dfrac{i\omega_\mathrm{i}}{n^{\omega_\mathrm{i}}c} d_\mathrm{eff} \widetilde{E}_{\omega_\mathrm{p}} \widetilde{E}^*_{\omega_\mathrm{s}} \exp(-i\varDelta kz) \\ \dfrac{d\widetilde{E}_{\omega_\mathrm{p}}}{dz} = \dfrac{i\omega_\mathrm{p}}{n^{\omega_\mathrm{p}}c} d_\mathrm{eff} \widetilde{E}_{\omega_\mathrm{s}} \widetilde{E}_{\omega_\mathrm{i}} \exp(i\varDelta kz) \\ \dfrac{d\widetilde{E}_{\omega_\mathrm{s}}}{dz} = \dfrac{i\omega_\mathrm{s}}{n^{\omega_\mathrm{s}}c} d_\mathrm{eff} \widetilde{E}^*_{\omega_\mathrm{i}} \widetilde{E}_{\omega_\mathrm{p}} \exp(-i\varDelta kz) \end{cases} \quad (1.5.72)$$

ここで，波数不整合は

$$\varDelta k = k_\mathrm{i} + k_\mathrm{s} - k_\mathrm{p} \quad (1.5.73)$$

である．変換効率が低く入射光の減衰が無視できるならば

$$I_{\omega_\mathrm{i}}(L) = \dfrac{2\omega_\mathrm{i}^2}{\varepsilon_0 c^3} \dfrac{d_\mathrm{eff}^2}{n^{\omega_\mathrm{i}} n^{\omega_\mathrm{s}} n^{\omega_\mathrm{p}}} I_{\omega_\mathrm{p}}(0) I_{\omega_\mathrm{s}}(0) L^2 \dfrac{\sin^2(\varDelta kL/2)}{(\varDelta kL/2)^2} \quad (1.5.74)$$

である．入射光の減衰を考慮した場合の結合波方程式(1.5.72)の一般解は，和周波発生の場合と同様，ヤコビの楕円関数を用いて表すことができる[16]．差周波発生の場合は和周波発生や第2高調波発生と本質的に異なる振舞いが現れる．振動数 ω_p のポンプ光の強度が十分に強く ($I_{\omega_\mathrm{s}}(0)/\omega_\mathrm{s} \ll I_{\omega_\mathrm{p}}(0)/\omega_\mathrm{p}$)，位相整合時にもその減衰が無視できるとすると

$$\begin{cases} I_{\omega_\mathrm{i}}(L) = \dfrac{\omega_\mathrm{i}}{\omega_\mathrm{s}} I_{\omega_\mathrm{s}}(0) \sinh^2\left(\sqrt{\dfrac{2\omega_\mathrm{s}\omega_\mathrm{i}}{\varepsilon_0 c^3} \dfrac{d_\mathrm{eff}^2}{n^{\omega_\mathrm{s}} n^{\omega_\mathrm{i}} n^{\omega_\mathrm{p}}} I_{\omega_\mathrm{p}}(0)} \, L\right) \\ I_{\omega_\mathrm{s}}(L) = I_{\omega_\mathrm{s}}(0) \cosh^2\left(\sqrt{\dfrac{2\omega_\mathrm{s}\omega_\mathrm{i}}{\varepsilon_0 c^3} \dfrac{d_\mathrm{eff}^2}{n^{\omega_\mathrm{s}} n^{\omega_\mathrm{i}} n^{\omega_\mathrm{p}}} I_{\omega_\mathrm{p}}(0)} \, L\right) \end{cases} \quad (1.5.75)$$

と，発生した差周波光(振動数 ω_i)だけでなく入力光(振動数 ω_s)も $\omega_\mathrm{p} - \omega_\mathrm{i} \to \omega_\mathrm{s}$ の過程を介して増幅を受けて成長していく．

e. 光パラメトリック増幅・発振 (OPA, OPO)

非線形媒質に振動数 ω_p の強いポンプ光と振動数 $\omega_\mathrm{s}(<\omega_\mathrm{p})$ のシグナル光とを入射すると，差周波発生の過程を介して式(1.5.75)のようにシグナル光が増幅されると同時に振動数 $\omega_\mathrm{i} = \omega_\mathrm{p} - \omega_\mathrm{s}$ のアイドラー光が発生して増幅されていく．この過程を光パラメトリック増幅 (OPA, optical parametric amplification) という．その利得係数は

$$g = \sqrt{\dfrac{2\omega_\mathrm{s}\omega_\mathrm{i}}{\varepsilon_0 c^3} \dfrac{d_\mathrm{eff}^2}{n^{\omega_\mathrm{s}} n^{\omega_\mathrm{i}} n^{\omega_\mathrm{p}}} I_{\omega_\mathrm{p}}} = \sqrt{\dfrac{\omega_\mathrm{p}^2}{2\varepsilon_0 c^3} \dfrac{d_\mathrm{eff}^2}{n^{\omega_\mathrm{s}} n^{\omega_\mathrm{i}} n^{\omega_\mathrm{p}}} I_{\omega_\mathrm{p}}(1-\delta^2)} \quad (1.5.76)$$

で与えられる．ここで，δ は

$$\omega_\mathrm{s} = \dfrac{1}{2}\omega_\mathrm{p}(1+\delta), \quad \omega_\mathrm{i} = \dfrac{1}{2}\omega_\mathrm{p}(1-\delta) \quad (1.5.77)$$

で定義される振動数の縮退因子である．縮退点 ($\omega_\mathrm{s} = \omega_\mathrm{i} = \omega_\mathrm{p}/2$) に近いほうが利得は大きくなる．

ここまではシグナル光を明示的に外部から入射した場合を取り扱ってきたが，輻射

場を量子化して計算すると，ポンプ光以外の光の入射がない場合でもシグナル光とアイドラー光が発生することが示される．これは，真空場の零点振動を入力としたパラメトリック増幅過程であると解釈できる．これをパラメトリック蛍光[22]と呼ぶ．

パラメトリック蛍光はパラメトリック過程による自然放出現象であるが，これに正のフィードバックをかけることによって発振を起こしてコヒーレント光を取り出すことが可能である．これが光パラメトリック発振(OPO, optical parametric oscillation)[23]である．パラメトリック発振は，通常は非線形媒質を共振器中に置くことで実現される．共振器1周当たりの減衰とパラメトリック効果による増幅とがつり合ったときに発振が起こる．シグナル光とアイドラー光の両方に対して共振器を構成するDRO (doubly resonant oscillator) とシグナル光に対してのみ共振器とするSRO (singly resonant oscillator) がある．

定在波型のDROでは，発振のしきい利得は

$$\cosh(g_{\mathrm{th}}L) = \frac{1 + R_{\mathrm{s}}\exp(-\alpha_{\mathrm{s}}L) R_{\mathrm{l}}\exp(-\alpha_{\mathrm{l}}L)}{R_{\mathrm{s}}\exp(-\alpha_{\mathrm{s}}L) + R_{\mathrm{l}}\exp(-\alpha_{\mathrm{l}}L)} \tag{1.5.78}$$

で決定される．ここで$R_{\mathrm{s,l}}$はシグナル（アイドラー）光に対する共振器ミラーの反射率，$\alpha_{\mathrm{s,l}}$はフレネル損や散乱損失・吸収損失を含めた減衰係数である．共振器のQ値が十分に高い場合（$R\exp(-\alpha L) \simeq 1$）には

$$(g_{\mathrm{th}}L)^2 \simeq [1 - R_{\mathrm{s}}\exp(-\alpha_{\mathrm{s}}L)][1 - R_{\mathrm{l}}\exp(-\alpha_{\mathrm{l}}L)] \tag{1.5.79}$$

となる．DROパラメトリック発振器の変換効率は

$$\eta = \frac{\mathcal{P}_{\mathrm{s}} + \mathcal{P}_{\mathrm{l}}}{\mathcal{P}_{\mathrm{p}}(0)} = \frac{2}{N}(\sqrt{N} - 1) \tag{1.5.80}$$

で与えられる．$N = \mathcal{P}_{\mathrm{p}}(0)/\mathcal{P}_{\mathrm{p,th}}$はしきいポンプパワーで規格化した入力ポンプパワーである．$N=4$で最大50%の変換効率が得られる．リング共振器構造をとれば100%の変換効率を得ることができる．DROは比較的低いしきい値で発振可能だが，共振器長などのわずかな変化に対して発振モードが大きく跳んで動作が不安定になるので，安定化のために工夫が必要となる．

一方，SROでの発振しきい利得と変換効率は

$$(g_{\mathrm{th}}L)^2 \simeq 2[1 - R_{\mathrm{s}}\exp(-\alpha_{\mathrm{s}}L)] \tag{1.5.81}$$

$$\eta = \sin^2 G \quad (\sin^2 G/G^2 = 1/N) \tag{1.5.82}$$

である．SROの発振しきいポンプパワーはDROの場合の$2/[1-R_{\mathrm{l}}\exp(-\alpha_{\mathrm{l}}L)]$倍高くなるが，特別な工夫なしに安定動作を実現することができる．

パラメトリック発振器では得られるシグナル光とアイドラー光の波長は非線形媒質の位相整合条件によって決定される．BBOなどの結晶を用いた光パラメトリック発振器が波長可変コヒーレント光源として実用化されている．

1.5.8 非線形屈折率とその応用

3次の非線形光学効果はきわめて多彩な現象を引き起こし，それらはさまざまな分野で利用されている．ここでは，その中で工学的にもっとも重要と思われる非線形屈折率効果，とくに光双安定性と光ソリトンを取り上げる．

非線形屈折率効果は，入射光と同じ振動数をもつ非線形分極によって引き起こされるものである．非線形分極を誘起する入射光とそれによって変化する光はかならずしも同じである必要はないが，両者が同一の光波である場合にはとくにこれを光の自己作用と呼ぶ．光カー効果，位相共役光の発生，自己収束・発散，自己束縛，自己位相変調などが非線形屈折率効果の代表的な例である．非線形屈折率効果の物理的な起源には，電子分極の非線形性（超分極率），（狭義の）光カー効果，電歪効果，吸収飽和，分子の再分布，熱的効果，ホトリフラクティブ（光屈折率）効果，$\chi^{(2)}$のカスケード効果などがある．

a. 非線形屈折率の定義

非線形屈折率の定義はさまざまな文献で互いに異なったものが採用されてきたため，現在でもしばしば混乱のもととなっている．ここでは，屈折率変化の入射光強度 I_ω の係数として

$$n = n_0 + n_2^I I_\omega \tag{1.5.83}$$

で非線形屈折率 n_2^I を定義する（簡単のために屈折率の指標 ω は省略する）．この効果が3次の非線形光学現象として記述できる場合には

$$n_2^I = \frac{3}{4\varepsilon_0 n_0^2 c} \mathrm{Re}\chi^{(3)}(-\omega;\omega,-\omega,\omega) \tag{1.5.84}$$

の関係が成り立つ（これは自己作用の場合の関係である．そうでない場合には右辺の係数はこの2倍になることに注意）．非線形屈折率を電場の2乗に対して定義する場合も多い．

$$n = n_0 + n_2 |E_\omega|^2 \tag{1.5.85}$$

ここで $|E_\omega|$ は式(1.5.1)で定義される電場振幅で，

$$n_2 = \frac{\varepsilon_0 n_0 c}{2} n_2^I = \frac{3}{8n_0} \mathrm{Re}\chi^{(3)}(-\omega;\omega,-\omega,\omega) \tag{1.5.86}$$

である．電場振幅を式(1.5.2)のように 1/2 をつけない形で定義して

$$n = n_0 + n_2' |E_\omega'|^2 \quad (n_2' = 4n_2) \tag{1.5.87}$$

とする場合もある．さらに，

$$n = n_0 + n_2'' \langle \boldsymbol{E} \cdot \boldsymbol{E} \rangle = n_0 + \frac{1}{2} n_2'' |E_\omega|^2 = n_0 + 2n_2'' |E_\omega'|^2 \quad \left(n_2'' = 2n_2 = \frac{1}{2} n_2'\right) \tag{1.5.88}$$

とする定義も見受けられる．以下では，誤解されるおそれのもっとも少ない n_2^I を用いることにする．

b. 光双安定性

一つの入力光強度に対して出力光強度が二つの安定値をとる現象を光双安定性と呼ぶ．光双安定性は，光情報処理・通信に利用する高速光スイッチング，光演算，光記憶などの素子への応用を目指して研究が進められている．

光双安定性は光学的非線形性を有する媒質に正のフィードバックを施すことによって実現される．光双安定素子の動作は，通常，用いる非線形性とフィードバックの種類によって分類される．屈折率の非線形性を利用するものを分散型，吸収係数の非線形性を用いるものを吸収型と呼ぶ．また，光自身のフィードバックによるものを純光学型，電気信号などにいったん変換してフィードバックを行うものを混成型という．ここでは，最初に実験的に光双安定性が実現された[24]，ファブリー–ペロー共振器中に分散型非線形媒質を配したタイプの分散・純光学型光双安定素子を取り上げる．

パワー反射率 R (透過率 $T=1-R$) の 2 枚のミラーで構成された共振器長 L のファブリー–ペロー共振器中に非線形屈折率 n_2^I の非線形媒質が充てんされている場合を考える．入射光強度 I_i に対するこの素子の透過光強度 I_t は

$$\frac{I_t}{I_i} = \frac{T^2}{T^2 + 4R\sin^2(\phi/2)} \tag{1.5.89}$$

で与えられる．ここで，$\phi = 4\pi nL/\lambda$ は共振器 1 往復での位相シフトである．共振器内の光強度 I_c がいたるところで一定である（平均場近似）としても差し支えない[25]ので，$n = n_0 + n_2^I I_c$ となり，

$$\frac{I_t}{I_i} = \frac{T^2}{T^2 + 4R\sin^2(\phi_0/2 + Kn_2^I I_t)} \tag{1.5.90}$$

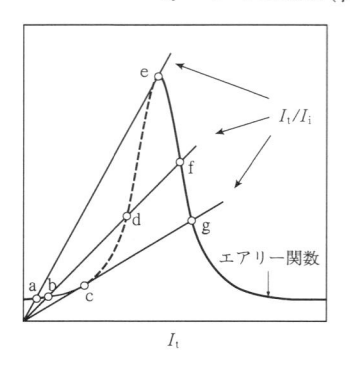

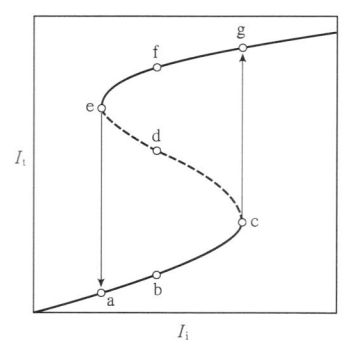

図 1.5.4 分散型非線形ファブリー–ペロー共振器の動作
式 (1.5.90) の解は左図から得ることができる．この素子の入出力特性は右図のように光双安定性を示す．いずれの図でも，不安定領域を破線で示した．

が得られる.この式の I_t の解は解析的に得られないが,グラフを用いてその振舞いを調べることができる.図 1.5.4 の左図の曲線は式 (1.5.90) の右辺のエアリー関数の I_t 依存性を示す.直線はいずれも I_t/I_i を表し,その傾きは I_i^{-1} である.この直線とエアリー関数の交点の I_t が式 (1.5.90) の解となる.入射光強度 I_i を 0 から増加させていくと,a→b とたどって出力光強度が低い状態が保たれる.この状態では共振条件から外れたところで動作しているので,I_c が低く(すなわち I_t が低く)高透過状態 (e, f) に遷移することはない.さらに入射光強度を上げて c まで達したときに初めて高透過状態 g に不連続に出力が跳ぶ.逆に入射光強度を下げていくと,g→f とたどり,ここでは共振付近の動作による高透過状態が保たれる.e に達したときに初めて低透過状態 a に移る.このようにして (a, e)↔(c, g) 間で光双安定性が生ずるのである.

同じ構成で初期位相 ϕ_0 を調節して微分利得特性(光トランジスター作用)やパワーリミッター動作を実現することも可能である.

c. 自己位相変調と光ソリトン

非線形媒質中を光パルスが伝搬する場合には光強度が時間に依存するので,当然,その位相も非線形屈折率効果を介して時間に依存するようになる.これが自己位相変調である.また,短パルス光ではスペクトルの広がりが大きくなり,群速度分散の影響が無視できなくなる.自己位相変調と群速度分散との絶妙なバランスによって光ソリトン伝搬が可能となる.

1) 非線形シュレーディンガー方程式

z 方向に平面波状に伝搬する光パルス

$$E(\omega) = \hat{E}_{\omega_0}(z, t) \exp(ikz) \tag{1.5.91}$$

を考える.ここで,ω_0 は光パルスのキャリヤー振動数である.誘電率の分散を

$$\varepsilon(\omega_0 + \delta\omega) = \varepsilon(\omega_0) + \delta\omega \frac{d\varepsilon(\omega)}{d\omega}\bigg|_{\omega_0} + \frac{1}{2}(\delta\omega)^2 \frac{d^2\varepsilon(\omega)}{d\omega^2}\bigg|_{\omega_0} \tag{1.5.92}$$

と 2 階微分まで考慮し,ゆるやかな振幅変化の近似(SVA)を用いると,波動方程式 (1.5.45) から次の方程式が得られる.

$$\left(\frac{\partial}{\partial z} + \frac{dk}{d\omega}\bigg|_{\omega_0} \frac{\partial}{\partial t}\right)\hat{E}_{\omega_0} + \frac{i}{2}\frac{d^2k}{d\omega^2}\bigg|_{\omega_0} \frac{\partial^2}{\partial t^2}\hat{E}_{\omega_0} = i\frac{\varepsilon_0 \omega_0 n_0 n_2^I}{2}|\hat{E}_{\omega_0}|^2 \hat{E}_{\omega_0} \tag{1.5.93}$$

左辺第 1 項は $v_g = (dk/d\omega)^{-1}$ でのパルス光の伝搬を,第 2 項は群速度分散 $\partial(v_g^{-1})/\partial\omega$ の影響を,右辺は非線形屈折率の効果を表している.$\tau = t - z/v_g$,$\xi = z$ の座標変換を行うと

$$i\frac{\partial \hat{E}_{\omega_0}}{\partial \xi} + \gamma |\hat{E}_{\omega_0}|^2 \hat{E}_{\omega_0} = \frac{1}{2}\frac{d^2k}{d\omega^2}\frac{\partial^2 \hat{E}_{\omega_0}}{\partial \tau^2} \tag{1.5.94}$$

となる.ここで,$\gamma = \varepsilon_0 \omega_0 n_0 n_2^I/2 = 3\omega_0 \mathrm{Re}\chi^{(3)}/8n_0 c$ である.この式は非線形シュレー

ディンガー方程式と呼ばれる．

2) 自己位相変調

簡単のために群速度分散 $d^2k/d\omega^2$ が無視できる場合について考えよう．このときの式 (1.5.94) の解は

$$\hat{E}_{\omega_0}(\xi, \tau) = \hat{E}_{\omega_0}(0, \tau)\exp\left[i\frac{\varepsilon_0\omega_0 n_0 n_2^I}{2}|\hat{E}_{\omega_0}(0, \tau)|^2\xi\right] \quad (1.5.95)$$

となる．このパルスは波形を変えずに伝搬するものの，その位相は長さ L 伝搬後は

$$\phi = \frac{\varepsilon_0\omega_0 n_0 n_2^I}{2}|\hat{E}_{\omega_0}(0, \tau)|^2 L = \frac{\omega_0 n_2^I}{c}I_{\omega_0}(\tau)L \quad (1.5.96)$$

だけ変化する．すなわち，パルス中の強度変化に応じて位相変調がかかることになる．これが自己位相変調である．これによって

$$\Delta\omega = -\frac{d\phi}{dt} = -\frac{\omega_0 n_2^I L}{c}\frac{dI(t)}{dt} \quad (1.5.97)$$

の振動数のシフトが生じる．石英系光ファイバーのように非線形屈折率の符号が正の媒質中ではパルスの立上りの部分の振動数はキャリヤーの振動数よりも低く，立下りの部分では振動数が高くなる．自己位相変調によるスペクトルの広がりは白色光の発生に応用されている．

非線形シュレーディンガー方程式 (1.5.94) の右辺は群速度分散の効果を表しており，これは通常パルス幅を広げる作用をもつ．群速度分散 $d^2k/d\omega^2$ と非線形屈折率 n_2^I 同符号の場合には，これら二つの効果が相乗的に作用してパルスの時間軸・周波数軸上の幅を押し広げる．このパルスはほぼ線形の周波数チャーピングが生じた矩形波となり，これを異常分散特性を有する回折格子対を通過させることでパルス幅を圧縮することができる．群速度分散と非線形屈折率の符号がともに正である光ファイバーを用いて数フェムト秒の極短パルスが得られている．

3) 光ソリトン

群速度分散と自己位相変調の効果をうまくバランスさせることによって安定なパルス伝搬を実現することができる．群速度分散は材料の屈折率分散とファイバーの構造分散によって決定されるが，通常の石英系光ファイバーではこれらが波長 $1.3\,\mu\mathrm{m}$ 付近でつり合って零分散となり，これより長波長側では負の群速度分散が生じる．光通信で利用される $1.55\,\mu\mathrm{m}$ 帯では負の群速度分散と正の非線形屈折率によってパルス幅の広がらないソリトンの伝搬が実現できる．これが光ソリトンである．

非線形シュレーディンガー方程式 (1.5.94) のもっとも基本的な解は

$$\hat{E}_{\omega_0}(\xi, \tau) = \sqrt{-\frac{2(d^2k/d\omega^2)}{\varepsilon_0\omega_0 n_0 n_2^I \tau_0^2}}\,\mathrm{sech}(\tau/\tau_0)\exp\left(-i\frac{d^2k/d\omega^2}{2\tau_0^2}\right) \quad (1.5.98)$$

で与えられる．これは基本ソリトンと呼ばれ，パルス波形を変えずに伝搬する．高次のソリトンは多数の基本ソリトンが互いに干渉し合いながら伝搬するもので，

$$z_0 = \frac{\pi \tau_0^2}{2|d^2k/d\omega^2|} \tag{1.5.99}$$

の周期で波形が変化しながら伝搬する．

基本ソリトンはパルス波形を変えることなく伝搬することから超高速光通信への応用を目指して研究が進められている．零分散域を長波長側にずらし群速度分散の絶対値を小さくした光ファイバーを用いて，わずか 1 mW 程度のピークパワーのソリトン伝送によって 1 チャネル当たり 10 Gbit/s の無エラー通信が 1 万 km の距離で可能となっている[26]．

[近藤高志]

引用文献

1) N. Bloembergen : Nonlinear Optics, 4th ed., World Scientific, 1996.
2) D. A. Kleinman : *Phys. Rev.*, **126** (1962) 1977-1999.
3) J. A. Giordmaine : *Phys. Rev.*, **138** (1965) A1599-A1606.
4) C. C. Shang and H. Hsu : *IEEE J. Quantum Electron.*, **QE-23** (1987) 177-179.
5) S. V. Popov *et al.* : Susceptibility Tensors for Nonlinear Optics, Institute of Physics, 1995.
6) C. G. B. Garrett and F. N. H. Robinson : *IEEE J. Quantum Electron.*, **QE-2** (1966) 328-329.
7) R. C. Miller : *Appl. Phys. Lett.*, **5** (1964) 17-19.
8) T. K. Yee and T. K. Gustafson : *Phys. Rev.*, **A18** (1978) 1597-1617.
9) V. Mizrahi and J. E. Sipe : *Phys. Rev.*, **B34** (1986) 3700-3709.
10) C. Flytzanis : Quantum Electronics : A Treatise, Vol. 1, Part A, H. Rabin and C. L. Tang eds., Academic Press, 1975.
11) Y. R. Shen : The Principles of Nonlinear Optics, John Wiley & Sons, 1984, pp. 47-49.
12) M. V. Hobden : *J. Appl. Phys.*, **38** (1967) 4365-4372.
13) S. Kubota *et al.* : *Proc. SPIE*, **2379** (1995) 228-234.
14) G. D. Boyd and D. A. Kleinman : *J. Appl. Phys.*, **39** (1968) 3597-3639.
15) H. Ito *et al.* : *J. Appl. Phys.*, **46** (1975) 3992-3998.
16) J. A. Armstrong *et al.* : *Phys. Rev.*, **127** (1962) 1918-1939.
17) J. D. McMullen : *J. Appl. Phys.*, **46** (1975) 3076-3081.
18) P. K. Tien : *Appl. Opt.*, **10** (1971) 2395-2413.
19) A. Ashkin *et al.* : *IEEE J. Quantum Electron.*, **QE-2** (1966) 109-124.
20) W. J. Kozlovsky *et al.* : *IEEE J. Quantum Electron.*, **24** (1988) 913-919.
21) 近藤高志, 伊藤良一：応用物理, **61** (1992) 910-917.
22) R. L. Byer and S. E. Harris : *Phys. Rev.*, **168** (1968) 1064-1068.
23) R. L. Byer : Nonlinear Optics, P. G. Harper and B. S. Wherrett eds., Academic Press, 1977.
24) H. M. Gibbs *et al.* : *Phys. Rev. Lett.*, **36** (1976) 1135-1138.
25) H. M. Gibbs : Optical Bistability : Controlling Light with Light, Academic Press, 1985.
26) L. F. Mollenauer *et al.* : *Electron. Lett.*, **32** (1996) 471-473.

さらに勉強するために

1) R. L. Sutherland : Handbook of Nonlinear Optics, Marcel Decker, 1996.
2) R. W. Boyd : Nonlinear Optics, Academic Press, 1992.
3) P. N. Butcher and D. Cotter : The Elements of Nonlinear Optics, Cambridge Univ. Press, 1990.

4) M. Schubert and B. Wilhelmi : Nonlinear Optics and Quantum Electronics, John Wiley & Sons, 1986.
5) Y. R. Shen : The Principles of Nonlinear Optics, John Wiley & Sons, 1984.

1.6 共振器 QED とゆらぎ

はじめに

この節では,光を量子論で取り扱い,その特徴が顕著に現れる現象をいくつか紹介する.光の量子論のもっとも重要な帰結は,エネルギーのもっとも低い状態,すなわち真空は,電磁場が何もない静かな状態ではなく,真空ゆらぎと呼ばれる電磁場のゆらぎが存在するということである.光強度の測定に伴うショット雑音や,励起された原子の自然放出は,この真空ゆらぎが原因で起こる現象である.真空ゆらぎの大きさは,不確定性原理や因果律という基本的な原理によって制限されてはいるものの,全く制御できないわけではない.二つの共役な物理量の間でゆらぎの分配比を変えてショット雑音の制限を克服したり,真空ゆらぎの周波数分布を変えて自然放出を制御することが可能である.1.6.1項で輻射場の量子化について解説したのち,1.6.2項でショット雑音よりも雑音の少ない光をつくるスクイージングについて述べる.1.6.3項では,共振器による媒質と輻射場の結合の制御について解説する.

1.6.1 輻射場の量子化

この項では,真空中の輻射場の量子化を次の処方箋で行う.まず,古典的な電磁場の従うマクスウェルの方程式から出発し,それが,独立な調和振動子の組の運動方程式と等価であることを示す.続いて,座標と運動量に相当する力学変数を演算子に読み換えることにより,量子化を行う.

真空中の電磁場は,電場を $\boldsymbol{E}$,磁束密度を $\boldsymbol{B}$ として,マクスウェルの方程式

$$\mathrm{rot}\,\boldsymbol{E}+\frac{\partial}{\partial t}\boldsymbol{B}=0 \tag{1.6.1}$$

$$\frac{1}{\mu_0}\mathrm{rot}\,\boldsymbol{B}-\varepsilon_0\frac{\partial}{\partial t}\boldsymbol{E}=0 \tag{1.6.2}$$

$$\varepsilon_0\,\mathrm{div}\,\boldsymbol{E}=0 \tag{1.6.3}$$

$$\mathrm{div}\,\boldsymbol{B}=0 \tag{1.6.4}$$

により記述される.ε_0 は真空の誘電率,μ_0 は真空の透磁率である.ベクトルポテンシャル $\boldsymbol{A}$ を

$$\boldsymbol{B} = \operatorname{rot} \boldsymbol{A} \tag{1.6.5}$$

によって導入すると，式 (1.6.4) は自動的に満たされる．式 (1.6.1) を満たすような電場 $\boldsymbol{E}$ は，一般にはスカラーポテンシャル ϕ を用いて

$$\boldsymbol{E} = -\operatorname{grad} \phi - \frac{\partial}{\partial t}\boldsymbol{A} \tag{1.6.6}$$

と表される．ここで，クーロンゲージをとって

$$\operatorname{div} \boldsymbol{A} = 0 \tag{1.6.7}$$

を要請すると，式 (1.6.6) の右辺第 1 項, 第 2 項はそれぞれ電場の縦波成分 (渦なし)，横波成分 (湧きだしなし) を表すことになる．ここでは，真空中であるため，式 (1.6.3) からわかるように，$\boldsymbol{E}$ は横波成分しかもたない．したがって，$\phi = 0$ ととることができる．このとき，式 (1.6.6) は，

$$\boldsymbol{E} = -\frac{\partial}{\partial t}\boldsymbol{A} \tag{1.6.8}$$

となり，式 (1.6.3) は自動的に満たされる．残る式 (1.6.2) は，ベクトルポテンシャル $\boldsymbol{A}$ を用いて表すと，

$$\operatorname{rot}(\operatorname{rot} \boldsymbol{A}) + \varepsilon_0 \mu_0 \frac{\partial^2}{\partial t^2}\boldsymbol{A} = 0 \tag{1.6.9}$$

となる．ここで，ベクトル解析の公式 $\operatorname{rot}(\operatorname{rot} \boldsymbol{A}) = -\triangle \boldsymbol{A} + \operatorname{grad}(\operatorname{div} \boldsymbol{A})$ と，式 (1.6.7) および光速度 $c = 1/\sqrt{\varepsilon_0 \mu_0}$ を用いると，電磁場の時間発展を表す波動方程式

$$\triangle \boldsymbol{A} - \frac{1}{c^2}\frac{\partial^2}{\partial t^2}\boldsymbol{A} = 0 \tag{1.6.10}$$

が得られる．

調和振動子との等価性を示すために，電磁場を系の固有モードで展開する．ベクトルポテンシャル $\boldsymbol{A}$ の満たすべき境界条件と同じ境界条件のもとでの固有方程式

$$\triangle \boldsymbol{u}(\boldsymbol{r}) - \frac{\omega^2}{c^2}\boldsymbol{u}(\boldsymbol{r}) = 0 \tag{1.6.11}$$

の固有解 $\boldsymbol{u}_\lambda(\boldsymbol{r})$ (固有値 ω_λ) からなる横波の正規直交基底 $\{\boldsymbol{u}_\lambda(\boldsymbol{r})\}$ を考える．ベクトルポテンシャル $\boldsymbol{A}(\boldsymbol{r}, t)$ をこの基底を用いて

$$\boldsymbol{A}(\boldsymbol{r}, t) = \frac{1}{\sqrt{\varepsilon_0}}\sum_\lambda q_\lambda(t)\boldsymbol{u}_\lambda(\boldsymbol{r}) \tag{1.6.12}$$

と展開すると，展開係数 $q_\lambda(t)$ の時間発展は，波動方程式 (1.6.10) と $\boldsymbol{u}_\lambda(\boldsymbol{r})$ の直交性から，

$$\left(\frac{\partial^2}{\partial t^2} + \omega_\lambda^2\right)q_\lambda(t) = 0 \tag{1.6.13}$$

に従うことがわかる．これは，調和振動子の運動方程式と同じ形である．一方，系のエネルギー H は，

$$H = \frac{1}{2}\int\left(\varepsilon_0 \boldsymbol{E}^2 + \frac{1}{\mu_0}\boldsymbol{B}^2\right)d^3r = \frac{1}{2}\int\left[\varepsilon_0\left(\frac{\partial \boldsymbol{A}}{\partial t}\right)^2 + \frac{1}{\mu_0}(\operatorname{rot} \boldsymbol{A})^2\right]d^3r \tag{1.6.14}$$

1.6 共振器 QED とゆらぎ

であるが, 式 (1.6.12) を代入し, 公式 $\boldsymbol{A}\cdot\mathrm{rot}\,\boldsymbol{B}=\boldsymbol{B}\cdot\mathrm{rot}\,\boldsymbol{A}+\mathrm{div}(\boldsymbol{B}\times\boldsymbol{A})$ などを用いると,

$$H=\sum_{\lambda,\nu}\frac{1}{2}\Big[\dot{q}_\lambda\dot{q}_\nu\int\boldsymbol{u}_\lambda\cdot\boldsymbol{u}_\nu d^3r-c^2q_\lambda q_\nu\int\boldsymbol{u}_\lambda\cdot\Delta\boldsymbol{u}_\nu d^3r$$
$$+c^2q_\lambda q_\nu\int\boldsymbol{u}_\lambda\cdot\mathrm{grad}(\mathrm{div}\,\boldsymbol{u}_\nu)d^3r+c^2q_\lambda q_\nu\int(\boldsymbol{u}_\lambda\times\mathrm{rot}\,\boldsymbol{u}_\nu)\cdot\boldsymbol{n}dS\Big] \quad (1.6.15)$$

となる. ここで, 右辺第 3 項は $\boldsymbol{u}_\nu$ が横波であることから消え, 第 4 項は系がエネルギー的に閉じていれば消えるので, 残りについて式 (1.6.11) と $\boldsymbol{u}_\lambda$ の正規直交性を用いると,

$$H=\frac{1}{2}\sum_\lambda(\dot{q}_\lambda^2+\omega_\lambda^2 q_\lambda^2) \quad (1.6.16)$$

となる. q_λ を一般化座標とみなし, 一般化運動量 $p_\lambda=\dot{q}_\lambda$ を導入すると, エネルギー H と運動方程式 (1.6.13) は,

$$H=\frac{1}{2}\sum_\lambda(p_\lambda^2+\omega_\lambda^2 q_\lambda^2) \quad (1.6.17)$$

$$\frac{\partial}{\partial t}q_\lambda=p_\lambda \quad (1.6.18)$$

$$\frac{\partial}{\partial t}p_\lambda=-\omega_\lambda^2 q_\lambda \quad (1.6.19)$$

と書き直される. これは, H をハミルトニアンとした正準方程式になっており, 独立な調和振動子の集合からなる力学系と等価である.

このように正準方程式の形に書けると, 正準量子化により直ちに量子論に移行することができる. 正準変数 $q_\lambda(t)$, $p_\lambda(t)$ をエルミート演算子 $\hat{q}_\lambda(t)$, $\hat{p}_\lambda(t)$ に置き換え, 交換関係

$$[\hat{q}_\lambda(t),\hat{p}_{\lambda'}(t)]=i\hbar\delta_{\lambda\lambda'} \quad (1.6.20)$$

$$[\hat{q}_\lambda(t),\hat{q}_{\lambda'}(t)]=0 \quad (1.6.21)$$

$$[\hat{p}_\lambda(t),\hat{p}_{\lambda'}(t)]=0 \quad (1.6.22)$$

を要請すればよい. ハミルトニアン H も演算子

$$\hat{H}=\frac{1}{2}\sum_\lambda(\hat{p}_\lambda^2+\omega_\lambda^2\hat{q}_\lambda^2) \quad (1.6.23)$$

となる.

多くの場合, $\hat{q}_\lambda(t)$, $\hat{p}_\lambda(t)$ を用いるよりも, 次式で定義される光子の消滅演算子 $\hat{a}_\lambda$, 生成演算子 $\hat{a}_\lambda^\dagger$ を用いるほうが便利である.

$$\hat{a}_\lambda(t)=\frac{1}{\sqrt{2\hbar\omega_\lambda}}[\omega_\lambda\hat{q}_\lambda(t)+i\hat{p}_\lambda(t)] \quad (1.6.24)$$

$$\hat{a}_\lambda^\dagger(t)=\frac{1}{\sqrt{2\hbar\omega_\lambda}}[\omega_\lambda\hat{q}_\lambda(t)-i\hat{p}_\lambda(t)] \quad (1.6.25)$$

これらは互いにエルミート共役になっている. 生成, 消滅演算子の交換関係は,

$\hat{q}_\lambda(t), \hat{p}_\lambda(t)$ の交換関係から直ちに,

$$[\hat{a}_\lambda(t), \hat{a}_{\lambda'}^\dagger(t)] = \delta_{\lambda\lambda'} \quad (1.6.26)$$

$$[\hat{a}_\lambda(t), \hat{a}_{\lambda'}(t)] = 0 \quad (1.6.27)$$

$$[\hat{a}_\lambda^\dagger(t), \hat{a}_{\lambda'}^\dagger(t)] = 0 \quad (1.6.28)$$

と求まる．ハミルトニアン $\hat{H}$ は，生成，消滅演算子で表すと，

$$\hat{H} = \sum_\lambda \hbar\omega_\lambda \left(\hat{a}_\lambda^\dagger \hat{a}_\lambda + \frac{1}{2}\right) \quad (1.6.29)$$

となる．生成，消滅演算子の時間発展は，ハイゼンベルグの運動方程式からすぐ求まり，

$$\hat{a}_\lambda(t) = \hat{a}_\lambda(0) e^{-i\omega_\lambda t} \quad (1.6.30)$$

$$\hat{a}_\lambda^\dagger(t) = \hat{a}_\lambda^\dagger(0) e^{i\omega_\lambda t} \quad (1.6.31)$$

である．この式はまた，ハイゼンベルグ表示とシュレーディンガー表示の演算子の関係を与えている．

ベクトルポテンシャル $\boldsymbol{A}(\boldsymbol{r}, t)$ や電場 $\boldsymbol{E}(\boldsymbol{r}, t)$ も，量子化されるとエルミート演算子となり，生成，消滅演算子により次のように書かれる．

$$\hat{\boldsymbol{A}}(\boldsymbol{r}, t) = \sum_\lambda \sqrt{\frac{\hbar}{2\varepsilon_0 \omega_\lambda}} [\hat{a}_\lambda(t) \boldsymbol{u}_\lambda(\boldsymbol{r}) + \text{h.c.}] \quad (1.6.32)$$

$$\hat{\boldsymbol{E}}(\boldsymbol{r}, t) = \sum_\lambda \sqrt{\frac{\hbar\omega_\lambda}{2\varepsilon_0}} [i\hat{a}_\lambda(t) \boldsymbol{u}_\lambda(\boldsymbol{r}) + \text{h.c.}] \quad (1.6.33)$$

ここで，座標 $\boldsymbol{r}$ はパラメーターであって力学変数ではなく，演算子でもないので注意が必要である．

境界のない自由空間を扱う場合には，一辺が L の大きな立方体を考え，周期的境界条件を課すことが多い．この方法はよく用いられるので，具体的な形を示しておく．このときの固有モードは，波数ベクトル $\boldsymbol{k}$ と，それに直交する二つの独立な単位ベクトル $\boldsymbol{e}_{\boldsymbol{k},s}$ ($s=1,2$) を用いて，$L^{-3/2} \boldsymbol{e}_{\boldsymbol{k},s} e^{i\boldsymbol{k}\cdot\boldsymbol{r}}$ と表される．ベクトルポテンシャルと電場は，それぞれ，

$$\hat{\boldsymbol{A}}(\boldsymbol{r}, t) = \sum_{\boldsymbol{k},s} \boldsymbol{e}_{\boldsymbol{k},s} \sqrt{\frac{\hbar}{2\varepsilon_0 \omega_{\boldsymbol{k},s} L^3}} [\hat{a}_{\boldsymbol{k},s}(t) e^{i\boldsymbol{k}\cdot\boldsymbol{r}} + \text{h.c.}] \quad (1.6.34)$$

$$\hat{\boldsymbol{E}}(\boldsymbol{r}, t) = \sum_{\boldsymbol{k},s} \boldsymbol{e}_{\boldsymbol{k},s} \sqrt{\frac{\hbar\omega_{\boldsymbol{k},s}}{2\varepsilon_0 L^3}} [i\hat{a}_{\boldsymbol{k},s}(t) e^{i\boldsymbol{k}\cdot\boldsymbol{r}} + \text{h.c.}] \quad (1.6.35)$$

となる．

ハミルトニアン (1.6.29) の固有状態は，各モードごとに量子数 $n_\lambda = 0, 1, 2, \cdots$ を導入した $|n_1, n_2, \cdots, n_\lambda, \cdots\rangle$ で指定され，その固有エネルギーは

$$E_{\{n_\lambda\}} = \sum_\lambda \hbar\omega_\lambda \left(n_\lambda + \frac{1}{2}\right) \quad (1.6.36)$$

であることが，生成，消滅演算子の交換関係から導かれる．各モードのエネルギー順位は，$\hbar\omega_\lambda$ の間隔で並んでいるので，あるモードの量子数が n_λ の状態は，そのモー

1.6 共振器QEDとゆらぎ

ドにエネルギー $\hbar\omega_\lambda$ の光子が n_λ 個ある状態と考えることができる．この固有状態は，光子数が確定していることから，光子数状態とも呼ばれる．シュレーディンガー表示の生成，消滅演算子が光子数状態に作用する様子も，やはり交換関係から導くことができ，

$$\hat{a}_\lambda|\cdots, n_\lambda, \cdots\rangle = \sqrt{n_\lambda}|\cdots, n_\lambda-1, \cdots\rangle \tag{1.6.37}$$

$$\hat{a}_\lambda^\dagger|\cdots, n_\lambda, \cdots\rangle = \sqrt{n_\lambda+1}|\cdots, n_\lambda+1, \cdots\rangle \tag{1.6.38}$$

である．名前のとおり，消滅演算子 $\hat{a}_\lambda$ は該当するモードの光子を1個減らし，生成演算子 $\hat{a}_\lambda^\dagger$ は1個増やす．

エネルギーのもっとも低い状態，すなわち真空は，すべての振動モードが基底状態にある場合である．調和振動子の基底状態では，座標や運動量がゼロに凍結しているわけではない．すなわち，真空といっても，電磁場がつねにゼロではなく，ゆらぎをもっていることを意味している．これが，光の量子論のもっとも著しい特徴である．

1.6.2 光のゆらぎとスクイージング

a. ショット雑音

量子化された光のゆらぎを考える前に，ここでは，光を古典論で扱った場合のゆらぎについて述べる．古典論においては，光は波動であり，光の強度 $I(r, t)$ のゆらぎは，いくらでも小さなものを考えることができる．その意味では，光のゆらぎを抑える限界はないということになるが，ここで問題にするのは，光電子を利用した検出器で測定を行った際に現れるゆらぎである．この場合には，これから述べるように，ショット雑音という不可避なゆらぎが現れる．

理想的な検出器の光電面は，各瞬間の光の強度に比例した確率で，光電子を放出する．すなわち，短い時間 Δt の間に光電子を1個放出する確率 $P(t)\Delta t$ は，次のように書かれる．

$$P(t)\Delta t = \eta I(t)\Delta t \tag{1.6.39}$$

ここで，η は検出器の効率を表す定数で，その次元は光の強度 $I(t)$ の次元の選び方によって決まる．とりあえず $I(t)$ 自体は確定していてゆらぎはないとする．また，個々の光電子放出は全く独立に起こる，すなわち，式(1.6.39)はそれ以前の光電子放出の履歴によらず成立すると仮定する．この場合，時刻 t から $t+T$ までに放出される光電子の数 n の期待値は，

$$\langle n \rangle = \eta \int_t^{t+T} I(t')dt' \tag{1.6.40}$$

で与えられる．また，簡単な考察から，n の確率分布 $P(n)$ は期待値 $\langle n \rangle$ のポアソン分布に従い，

$$P(n) = \frac{1}{n!} \left[\eta \int_t^{t+T} I(t')dt' \right]^n \exp\left[-\eta \int_t^{t+T} I(t')dt' \right] \qquad (1.6.41)$$

となることがわかる．光強度 $I(t)$ 自体がゆらぎをもち，統計的に分布している場合には，さらに $I(t)$ のアンサンブル平均をとって，n の期待値は，

$$\langle n \rangle = \eta \int_t^{t+T} \langle I(t') \rangle dt' \qquad (1.6.42)$$

確率分布は，

$$P(n) = \left\langle \frac{1}{n!} \left[\eta \int_t^{t+T} I(t')dt' \right]^n \exp\left[-\eta \int_t^{t+T} I(t')dt' \right] \right\rangle \qquad (1.6.43)$$

となる．これは，一般にはポアソン分布ではない．そのゆらぎの大きさは，関係式

$$\langle n(n-1) \rangle = \sum_n n(n-1) P(n) = \left\langle \left[\eta \int_t^{t+T} I(t')dt' \right]^2 \right\rangle \qquad (1.6.44)$$

から，次のようになる．

$$\langle (\Delta n)^2 \rangle = \langle n \rangle + \eta^2 \int_t^{t+T} \int_t^{t+T} \langle \Delta I(t') \Delta I(t'') \rangle dt' dt'' \qquad (1.6.45)$$

第2項は，光強度のゆらぎによるものであるが，第1項は，光の強度にゆらぎがなくても現れるゆらぎである．このゆらぎは，測定に伴う確率過程(1.6.39)に起因するもので，ショット雑音と呼ばれる．

被測定光が定常の場合に，光電流に現れるゆらぎのスペクトルは，以下のように求められる．簡単のため，光電流の増幅は考えず，光電子のつくる電流

$$J(t) = e \sum_i \delta(t - t_i) \qquad (1.6.46)$$

のゆらぎを考える．t_i は光電子放出の時刻である．パワースペクトル密度 $S(\omega)$ は，

$$S_T(\omega) \equiv \left\langle \frac{T}{2\pi} \left| \frac{1}{T} \int_{-T/2}^{T/2} \Delta J(t) e^{i\omega t} dt \right|^2 \right\rangle \qquad (1.6.47)$$

において，$T \to \infty$ の極限として与えられる．右辺の期待値を求めるのに，時間 T の間に放出される光電子の数を n に固定した平均操作を $\langle \cdots \rangle_n$ と書くことにすると，

$$\left\langle \left| \int_{-T/2}^{T/2} J(t) e^{i\omega t} dt \right|^2 \right\rangle = \sum_n P(n) \left\langle \left| e \int_{-T/2}^{T/2} \sum_{i=1}^n \delta(t - t_i) e^{i\omega t} dt \right|^2 \right\rangle_n$$

$$= \sum_n P(n) e^2 \left\langle \left| \sum_{i=1}^n \exp(i\omega t_i) \right|^2 \right\rangle_n$$

$$= \sum_n P(n) e^2 \left(n + \sum_{i=1}^n \sum_{j \neq i} \langle \exp[i\omega(t_i - t_j)] \rangle_n \right)$$

$$= e^2 \left(\langle n \rangle + \langle n(n-1) \rangle \int_{-T/2}^{T/2} \int_{-T/2}^{T/2} dt dt' P(t, t') e^{i\omega(t-t')} \right) \qquad (1.6.48)$$

となる．ここで，$P(t, t')$ は，二つの光電子の放出時刻が t, t' である確率分布で，正しく規格化した形は，

$$P(t, t') = \frac{\langle I(t) I(t') \rangle}{\int_{-T/2}^{T/2} \int_{-T/2}^{T/2} \langle I(t) I(t') \rangle dt dt'} \qquad (1.6.49)$$

である．これと，式 (1.6.42), (1.6.44) を代入し，$T \to \infty$ の極限をとると，パワースペクトル密度が次のように求まる．

$$S(\omega) = \frac{e^2 \eta \langle I \rangle}{2\pi} + \eta^2 e^2 S_I(\omega) \tag{1.6.50}$$

$$S_I(\omega) \equiv \frac{1}{2\pi} \int_{-\infty}^{\infty} \langle \Delta I(t) \Delta I(t+\tau) \rangle e^{i\omega\tau} d\tau \tag{1.6.51}$$

ここで，$S_I(\omega)$ は，被測定光の強度 $I(t)$ のパワースペクトル密度である．第1項がショット雑音のスペクトルに対応しており，あらゆる周波数にわたって一様に分布しているのがわかる．光強度の代わりに光電流の直流成分 $I_{DC} \equiv e\eta\langle I \rangle$ を用いて，振動数 $f = |\omega|/2\pi$ における単位振動数当たりのパワースペクトルに直せば，よく用いられる表式 $S(f) = 2eI_{DC}$ が得られる．

b. コヒーレント状態と古典光

前項では，光電子検出において被測定光を古典的に取り扱い，ショット雑音が必ず現れるのを見た．今度は，同じ問題を光の量子論で取り扱う[1]．

われわれが求めたいのは，古典論のときの式 (1.6.39) のように，検出器が反応する確率がどのように表されるのかということである．フェルミの黄金律を思い出すと，その確率は，相互作用ハミルトニアンの始状態と終状態の間の行列要素の大きさによって決まることがわかる．ここでは，その相互作用の形を詳しく考えることはせず，通常の検出器は光の吸収を伴うという事実に着目しよう．すなわち，光の終状態 $|f\rangle$ は，始状態 $|i\rangle$ に比べて光子が1個少ない状態であると仮定する．すると，相互作用ハミルトニアンの中で，消滅演算子を一つ含む項だけが寄与することがわかる．したがって，行列要素は，次のようにかける．

$$\langle f | \sum_\lambda h(\lambda) \hat{a}_\lambda(t) | i \rangle \tag{1.6.52}$$

ここで，関数 $h(\lambda)$ は，検出器の特性を決めるパラメーターであるが，ここでは，理想的な検出器として，電場の表式 (1.6.33) の中の前半部分，つまり消滅演算子の項（これを $\hat{\boldsymbol{E}}^{(+)}(\boldsymbol{r}, t)$ とする）がちょうど現れるものを考える．検出器が特定の直線偏光成分（μ とする）にのみ反応するとすれば，行列要素は，

$$\langle f | \hat{E}_\mu^{(+)}(\boldsymbol{r}, t) | i \rangle \tag{1.6.53}$$

となる．検出が起こって $|f\rangle$ になる確率は，この行列要素の大きさの2乗に比例するので，終状態がなんでもよいからとにかく検出が起こる確率は，終状態についてあらゆる状態の和をとった，

$$\sum_f |\langle f | \hat{E}_\mu^{(+)}(\boldsymbol{r}, t) | i \rangle|^2 = \langle i | \hat{E}_\mu^{(-)}(\boldsymbol{r}, t) \hat{E}_\mu^{(+)}(\boldsymbol{r}, t) | i \rangle \tag{1.6.54}$$

に比例する．$\hat{E}_\mu^{(-)}(\boldsymbol{r}, t)$ は，$\hat{E}_\mu^{(+)}(\boldsymbol{r}, t)$ のエルミート共役で，電場の表式 (1.6.33) の中の後半部分，つまり生成演算子を含む項である．同様の考察から，時刻 t_1 と t_2 に

検出が起こる確率は，$\langle i|\hat{E}_\mu^{(-)}(\boldsymbol{r}, t_1)\hat{E}_\mu^{(-)}(\boldsymbol{r}, t_2)\hat{E}_\mu^{(+)}(\boldsymbol{r}, t_2)\hat{E}_\mu^{(+)}(\boldsymbol{r}, t_1)|i\rangle$ に比例し，三つ以上の場合も同様である．どの場合でも，生成演算子は消滅演算子の左側におかれるが，このような演算子の並べ方をノーマルオーダーと呼ぶ．また，生成演算子は，時刻が先のものが左に，消滅演算子は右に並んでおり，時刻に関するこの順番の規則をタイムオーダーと呼ぶ．

ノーマルオーダーの並べ方の特徴の一つは，式 (1.6.37) から容易にわかるように，真空の期待値がつねにゼロになることである．したがって，真空では上記の確率はすべてゼロである．前に，真空でも電磁場がつねにゼロではなくて，ゆらぎをもつことを述べたが，それでも検出器が真空に反応することはないという経験的事実が説明されているのがわかる．

次に，古典論との対応を明確にするために，コヒーレント状態[2]を導入する．ある単一モードのコヒーレント状態 $|\alpha\rangle$ は，波動の複素振幅に対応する複素数のパラメーター α によって指定される次のような状態である．

$$|\alpha\rangle \equiv \exp(\alpha\hat{a}^\dagger - \alpha^*\hat{a})|0\rangle = e^{\frac{1}{2}|\alpha|^2}\sum_n \frac{\alpha^n}{n!}|n\rangle \qquad (1.6.55)$$

多モードのコヒーレント状態は，各モードがコヒーレント状態にある状態，すなわち，

$$|\{\alpha_\lambda\}\rangle \equiv \prod_\lambda |\alpha_\lambda\rangle \qquad (1.6.56)$$

と定義される．この状態は，次のように，消滅演算子 $\hat{a}_\lambda$ の固有状態になっている．

$$\hat{a}_\lambda|\{\alpha_\lambda\}\rangle = \alpha_\lambda|\{\alpha_\lambda\}\rangle \qquad (1.6.57)$$

この関係式から直ちに，ノーマルオーダーに並べられた演算子のコヒーレント状態での期待値は，消滅演算子 $\hat{a}_\lambda$ を α_λ に，生成演算子 $\hat{a}_\lambda^\dagger$ を α_λ^* に置き換えて得られることがわかる．たとえば，上にでてきた式 (1.6.54) のような期待値は，光がコヒーレント状態の場合，次のようになる．

$$\langle\{\alpha_\lambda\}|\hat{E}_\mu^{(-)}(\boldsymbol{r}, t)\hat{E}_\mu^{(+)}(\boldsymbol{r}, t)|\{\alpha_\lambda\}\rangle = |E_\mu^{(+)}(\boldsymbol{r}, t)|^2 \equiv I_\mu(\boldsymbol{r}, t) \qquad (1.6.58)$$

$$\langle\{\alpha_\lambda\}|\hat{E}_\mu^{(-)}(\boldsymbol{r}, t_1)\hat{E}_\mu^{(-)}(\boldsymbol{r}, t_2)\hat{E}_\mu^{(+)}(\boldsymbol{r}, t_2)\hat{E}_\mu^{(+)}(\boldsymbol{r}, t_1)|\{\alpha_\lambda\}\rangle = I_\mu(\boldsymbol{r}, t_1)I_\mu(\boldsymbol{r}, t_2) \qquad (1.6.59)$$

ここで，

$$E_\mu^{(+)}(\boldsymbol{r}, t) \equiv \sum_\lambda i\sqrt{\frac{\hbar\omega_\lambda}{2\varepsilon_0}}\alpha_\lambda\exp(-i\omega_\lambda t)\boldsymbol{u}_\lambda(\boldsymbol{r}) \qquad (1.6.60)$$

である．三つ以上の検出確率も，同様に $I_\mu(\boldsymbol{r}, t)$ の積に比例する形になる．このことは，各時刻の検出確率が，その時刻で定義された強度 $I_\mu(\boldsymbol{r}, t)$ に比例し，ほかの時刻で検出が起きたかどうかには依存しないことを示している．これは，前項の古典論で，強度の確定した光が検出器に入射した場合と同じ状況である．したがって，被測定光がコヒーレント状態の統計的な重ね合せで表される場合，つまり，密度演算子が確率密度関数 $P(\{\alpha_\lambda\})$ を用いて

$$\rho = \int P(\{a_\lambda\})|\{a_\lambda\}\rangle\langle\{a_\lambda\}|\prod d^2 a_\lambda \qquad (1.6.61)$$

と表される場合には，古典論で強度にゆらぎがある場合と同じ状況であり，測定結果の統計は，前項で展開した古典論と全く同じになる．その意味で，式 (1.6.61) の形に表したとき，$P(\{a_\lambda\})$ が確率分布と見なせるような光を，古典光と呼ぶことがある．

式 (1.6.61) のように，密度演算子をコヒーレント状態で対角表示した形は，P 表現と呼ばれる[3,4]．あらゆる状態は，形式的にこの表現で表すことができ，関数 $P(\{a_\lambda\})$ は実で，積分すると 1 になる．しかし，これだけでは $P(\{a_\lambda\})$ がいつも確率分布と見なせるということにはならない．実際，$P(\{a_\lambda\})$ が負の値をとったり，デルタ関数よりも強い特異性をもつ関数となるような状態が存在する．このような光は，前節の古典論では扱えないため，非古典光と呼ばれることがある．

古典論で導いた光電流のゆらぎ式 (1.6.50) は，量子論では，光電子の放出確率がノーマルオーダーの期待値で書けることから，次のようになる．

$$S(\omega) = \frac{e^2 \eta \langle \hat{I}_\mu \rangle}{2\pi} + \eta^2 e^2 \frac{1}{2\pi} \int_{-\infty}^{\infty} \langle \mathcal{T} : \varDelta\hat{I}_\mu(t) \varDelta\hat{I}_\mu(t+\tau) : \rangle e^{i\omega\tau} d\tau \qquad (1.6.62)$$

ここで，$\hat{I}_\mu = \hat{E}_\mu^{(-)} \hat{E}_\mu^{(+)}$ であり，$\mathcal{T} : \hat{O} :$ は，演算子 $\hat{O}$ をタイムオーダーとノーマルオーダーに並べ直したものを表す．平均操作 $\langle \cdots \rangle$ は，量子力学における期待値 $\mathrm{Tr}(\rho \cdots)$ である．古典論においては，ショット雑音はいつでも現れる取り除くことのできない雑音であった．量子論の式 (1.6.62) でも，第 1 項にはショット雑音と同一の形が現れている．しかし，非古典光の場合には，第 2 項はつねに正とは限らない．すなわち，この式は，独立な二つの雑音成分の和と見なすことはできない．したがって，光電流のゆらぎがショット雑音を下回るような光がありうることになる．次項以降で，そのような光の例を説明する．

c. ホモダイン検出と真空ゆらぎ

ここでは，次項で直交位相スクイーズド光を説明する準備として，直交位相成分という物理量と，それを測定する方法の一つであるホモダイン検出について述べる．

図 1.6.1 のような測定系を考える．透過率が 1 に近い鏡に，被測定光 $\hat{E}(t)$ を入力する．これは，ほとんどそのまま鏡を透過して検出器に到達する．その入力光と重なるように，周波数 ω_L の非常に強い単色光 (局部発振光と呼ぶ) を鏡に反射させる．鏡の反射率は 0 に近いが，反射後の局部発振光 $E_L(t) = 2\mathscr{E} \cos(\omega_L t - \theta)$ はまだ十分に強く，古典的に c 数として扱ってよいとする．また，被測定光や検出器の帯域は，中心周波数 ω_L に比べて十分狭いとする．

被測定光 $\hat{E}(t)$ は，次のように二つの項に分けることができる．

$$\hat{E}(t) = \hat{E}_1(t) \cos(\omega_L t) + \hat{E}_2(t) \sin(\omega_L t) \qquad (1.6.63)$$

この二つの成分を，直交位相成分と呼ぶ．$\hat{E}_1(t), \hat{E}_2(t)$ はともにエルミート演算子で

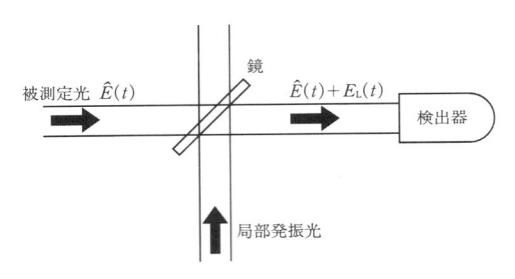

図1.6.1 ホモダイン検出

ある．直交位相成分のとり方には任意性があって，一般には，
$$\hat{E}_\phi(t) \equiv \hat{E}^{(+)}(t)e^{i(\omega_L t - \phi)} + \hat{E}^{(-)}(t)e^{-i(\omega_L t - \phi)} \tag{1.6.64}$$
として，任意の ϕ について，$\hat{E}_1(t) = \hat{E}_\phi(t)$, $\hat{E}_2(t) = \hat{E}_{\phi+\pi/2}(t)$ の組合せをとってよい．最初の例は $\phi=0$ の場合である．

鏡で重ねられた光を $\hat{E}_h(t)$ とすると，
$$\hat{E}_h^{(+)}(t) = \frac{1}{2}(\hat{E}_1(t) + i\hat{E}_2(t))e^{-i\omega_L t} + \mathcal{E}e^{-i(\omega_L t - \theta)} \tag{1.6.65}$$
となるので，測定される信号は，
$$\langle \hat{E}_h^{(-)}(t)\hat{E}_h^{(+)}(t)\rangle = \mathcal{E}^2 + \mathcal{E}(\langle \hat{E}_1(t)\rangle \cos\theta + \langle \hat{E}_2(t)\rangle \sin\theta) + O(\mathcal{E}^0) \tag{1.6.66}$$
に比例する．局部発振光の位相を $\theta=0$ にとれば直交位相成分の $\hat{E}_1(t)$ が，$\theta=\pi/2$ にとれば $\hat{E}_2(t)$ が検出されるのがわかる．一般には，$\theta=\phi$ のとき $\hat{E}_\phi(t)$ が検出される．

雑音のスペクトルを見るため，各直交位相成分は定常とし，式(1.6.62)を用いると，$\theta=0$ のとき，
$$S(\omega) = \frac{e^2\eta}{2\pi}\mathcal{E}^2 + \frac{e^2\eta^2}{2\pi}\mathcal{E}^2\int_{-\infty}^{\infty}\langle \mathcal{T}: \Delta\hat{E}_1(t)\Delta\hat{E}_1(t+\tau):\rangle e^{i\omega\tau}d\tau + O(\mathcal{E}) \tag{1.6.67}$$
となる．$\theta=\pi/2$ であれば，$\hat{E}_2(t)$ についての同じ表式となる．被測定光が古典光ならば，古典論でも同じ結果にたどりつくので，第2項が被測定光の直交位相のゆらぎを表し，第1項は測定器で生じたショット雑音と解釈することができるが，非古典光を含む一般の場合は，第2項は正とは限らないので，その解釈は適さない．そこで，式(1.6.67)を次のように書き換える．
$$S(\omega) = \frac{e^2\eta}{2\pi}\mathcal{E}^2(1-\eta_q(\omega)) + \frac{e^2\eta^2}{2\pi}\mathcal{E}^2\int_{-\infty}^{\infty}\langle \Delta\hat{E}_1(t)\Delta\hat{E}_1(t+\tau)\rangle_{\mathrm{sym}} e^{i\omega\tau}d\tau + O(\mathcal{E}) \tag{1.6.68}$$

ここで，新しく現れた無次元のパラメーター $\eta_q(\omega)$ は，量子効率と呼ばれ，検出器に到達した光子が検出される割合に相当する．量子効率 $\eta_q(\omega)=1$ の理想的な検出器の場合は，第1項は消えて，測定に現れるゆらぎはすべて被測定光の直交位相のゆらぎ

となる.ここで現れている期待値は,ノーマルオーダーではない.したがって,被測定光が真空の場合でもこの期待値はゼロにならず,真空における電磁場のゆらぎのスペクトルを与える.この場合に現れる雑音はショット雑音に等しいから,ホモダイン検出に現れるショット雑音は,真空のゆらぎが測定に現れたものと解釈してもよいことになる.式 (1.6.67) の第 2 項が負になる場合は,真空よりもゆらぎが少ない状態の光が被測定光として入力されたと考えればよい.

量子効率が 1 より小さい場合に,第 1 項が現れる理由は,次のように考えられる.この場合は,量子効率が 1 の検出器の手前に,透過率が $\eta_q(\omega)$ に等しい鏡を挿入したときと等価である.すると,この鏡の反射側の入口からは,反射率 $1-\eta_q(\omega)$ で真空が入ってくることになる.この真空場のゆらぎが,ちょうど第 1 項に相当する.

このように,測定器や伝送路の効率が 1 でない場合には,単に信号の強さが減少するだけではなく,その分だけ真空のゆらぎが混入することになる.したがって,真空よりもゆらぎの小さな光は,効率の低い伝送路を通るたびにゆらぎが増加し,真空での値に近づいていく.その意味で,雑音を抑制した非古典光は損失に弱いといえる.

d. 直交位相スクイージング

ここでは,前節で導入した直交位相のゆらぎが,真空よりも小さい光の例を具体的に取り上げる.簡単のために,電場のある一つのモードだけに着目しよう.このとき,ある地点における電場 $\hat{E}(t)$ は,そのモードの生成消滅演算子 $\hat{a}^\dagger, \hat{a}$ を用いて

$$\hat{E}(t) = C\hat{a}e^{-i\omega t} + C^*\hat{a}^\dagger e^{i\omega t} \tag{1.6.69}$$

と書かれる.このとき,直交位相成分は,

$$\hat{E}_\phi = |C|(\hat{a}e^{-i\phi} + \hat{a}^\dagger e^{i\phi}) \tag{1.6.70}$$

として,$\hat{E}_1 = \hat{E}_\phi$, $\hat{E}_2 = \hat{E}_{\phi+\pi/2}$ である.さて,この二つの演算子の交換関係を計算すると,

$$[\hat{E}_1, \hat{E}_2] = 2i|C|^2 \tag{1.6.71}$$

となり,交換しない.したがって,この二つの物理量のゆらぎの間には,不確定性関係

$$\langle(\Delta\hat{E}_1)^2\rangle\langle(\Delta\hat{E}_2)^2\rangle \geq |C|^4 \tag{1.6.72}$$

が成立する.これは,二つの直交位相成分のゆらぎを独立にいくらでも小さくすることはできないことを示している.

コヒーレント状態 $|\alpha\rangle$ について,二つの直交位相成分のゆらぎを計算すると,

$$\langle(\Delta\hat{E}_1)^2\rangle = \langle(\Delta\hat{E}_2)^2\rangle = |C|^2 \tag{1.6.73}$$

となる.この結果は α によらないので,真空のゆらぎも同じである.式 (1.6.72) に代入すると,等号を満足しているので,真空あるいはコヒーレント状態は,二つの直交位相成分のゆらぎが等しく,しかも最小不確定状態になっているのがわかる.

以上の考察から,二つの直交位相成分のゆらぎが,両方とも真空よりも小さい状態

はありえないことがわかる．しかし，一方のゆらぎが真空よりも大きくなってよければ，不確定性関係式 (1.6.72) を満足しつつ，もう一方のゆらぎを真空より小さくすることは可能である．このように，二つの非可換な物理量のゆらぎの分配比をかえることにより，一方のゆらぎを抑制することを，スクイージングとよぶ．

真空やコヒーレント光の直交位相スクイージングを引き起こすユニタリー変換でもっとも簡単なものは，

$$S(\zeta) \equiv \exp\left[\frac{1}{2}(\zeta^* \hat{a}^2 - \zeta \hat{a}^{\dagger 2})\right] \tag{1.6.74}$$

で定義される $S(\zeta)$ で，スクイーズ演算子と呼ばれる．$\zeta \equiv re^{i\theta}$ は複素数のパラメーターである．このユニタリー変換を引き起こす相互作用は，実効的な相互作用ハミルトニアン H_I が，$S(\zeta) = \exp(-iH_I t)$ を満足すればよい．具体的な例としては，光パラメトリック増幅と呼ばれる 2 次の非線形過程が，次の形の相互作用ハミルトニアン

$$H_I \propto \chi^{(2)} \hat{a}_p \hat{a}^{\dagger 2} + \text{h.c.} \tag{1.6.75}$$

をもち，励起光が強くて $\hat{a}_p$ が c 数と見なせるときに条件を満たす．また，3 次の非線形過程の例として，縮退 4 光波混合が

$$H_I \propto \chi^{(3)} \hat{a}_p^2 \hat{a}^{\dagger 2} + \text{h.c.} \tag{1.6.76}$$

という形をもつので，励起光が強いときにスクイーズ演算子と等価になる．いずれの場合も，非線形感受率と励起光強度がパラメーター ζ の振幅 r を決め，励起光の位相が ζ の位相 θ を決める．

コヒーレント光あるいは真空をスクイーズ演算子によってスクイーズした状態 $|\zeta, \alpha\rangle \equiv S(\zeta)|\alpha\rangle$ の性質を調べるには，生成消滅演算子の変換

$$S^{\dagger}(\zeta)\hat{a}S(\zeta) = \hat{a}\cosh r - \hat{a}^{\dagger} e^{i\theta} \sinh r \tag{1.6.77}$$

$$S^{\dagger}(\zeta)\hat{a}^{\dagger}S(\zeta) = \hat{a}^{\dagger}\cosh r - \hat{a} e^{-i\theta} \sinh r \tag{1.6.78}$$

を用いるのが便利である．上式から，

$$S^{\dagger}(\zeta)\hat{E}_{\phi}S(\zeta) = e^r \sin\left(\phi - \frac{\theta}{2}\right)\hat{E}_{(\theta+\pi)/2} + e^{-r}\cos\left(\phi - \frac{\theta}{2}\right)\hat{E}_{\theta/2} \tag{1.6.79}$$

となるので，直交位相成分を，$\hat{E}_1 = \hat{E}_{\theta/2}$, $\hat{E}_2 = \hat{E}_{(\theta+\pi)/2}$ ととれば，

$$S^{\dagger}(\zeta)\hat{E}_1 S(\zeta) = e^{-r}\hat{E}_1 \tag{1.6.80}$$

$$S^{\dagger}(\zeta)\hat{E}_2 S(\zeta) = e^{r}\hat{E}_2 \tag{1.6.81}$$

という簡単な関係を得る．スクイーズされた状態 $|\zeta, \alpha\rangle$ の直交位相成分の期待値は，

$$\langle \zeta, \alpha|\hat{E}_1|\zeta, \alpha\rangle = \langle \alpha|S^{\dagger}(\zeta)\hat{E}_1 S(\zeta)|\alpha\rangle = e^{-r}\langle \alpha|\hat{E}_1|\alpha\rangle \tag{1.6.82}$$

$$\langle \zeta, \alpha|\hat{E}_2|\zeta, \alpha\rangle = \langle \alpha|S^{\dagger}(\zeta)\hat{E}_2 S(\zeta)|\alpha\rangle = e^{r}\langle \alpha|\hat{E}_2|\alpha\rangle \tag{1.6.83}$$

となり，同様に，ゆらぎについては，

$$\langle \zeta, \alpha|(\Delta\hat{E}_1)^2|\zeta, \alpha\rangle = e^{-2r}|C|^2 \tag{1.6.84}$$

$$\langle \zeta, \alpha|(\Delta\hat{E}_2)^2|\zeta, \alpha\rangle = e^{2r}|C|^2 \tag{1.6.85}$$

となる．ある直交位相成分は e^r 倍に増幅され，それと直交する成分は e^{-r} 倍に減衰

しているが,その際に,平均値だけでなく量子的なゆらぎも同時に増幅・減衰を受けるのがわかる.その結果,最小不確定状態を維持したまま,一方の直交位相成分のゆらぎが真空ゆらぎよりも小さくなる.どの直交位相成分がスクイーズされるかは,パラメーター ζ の位相,すなわち先にあげた光非線形相互作用の例では励起光の位相に依存する.

いくつかの典型的な場合について,スクイズド光のゆらぎの様子を模式的に図1.6.2に示した.各状態について,左は二つの直交位相成分の平均値とゆらぎを平面上に表したもので,右は時間的な振幅の推移である.(a)は真空であり,ゆらぎはあらゆる直交位相にわたって等しく,円で表されるが,これがスクイーズされると(b),楕円になり,時間軸で見ると周期的にゆらぎの大きさが増減する.なお,この状態はしばしば squeezed vacuum と呼ばれるが,光子数の期待値はゼロではない.たとえばパラメトリック増幅過程の相互作用ハミルトニアン (1.6.75) を見ると,励起光の光子1個が,スクイーズされるモードの光子2個に変換される過程が含まれている.増幅器の入力が真空のときは,この過程が自発的に起こり,パラメトリック蛍光と呼ばれる対になった光子が放射される.squeezed vacuum は,この蛍光にほか

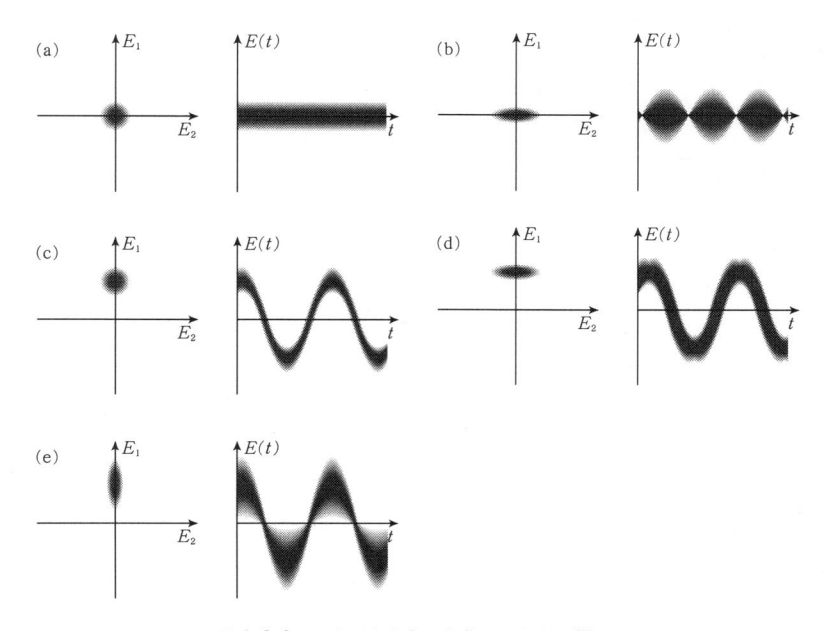

図 1.6.2 さまざまな光の状態のゆらぎの様子
(a):真空,(b):スクイーズされた真空,(c):コヒーレント状態,(d) および (e):スクイーズされたコヒーレント状態.左側には直交位相振幅のゆらぎの様子を,右側には振幅のゆらぎの時間変化を模式的に表した.

ならない.

コヒーレント光(c)をスクイーズする場合は,もともとの振幅の位相と,スクイーズされる位相の関係から,二つの典型的な場合がある.スクイージングの大きさがそれほど大きくない場合,(d)では,振幅のゆらぎが抑制され,(e)では,位相のゆらぎが抑制されている.

これまでは,単一モードのスクイージングについて見てきたが,ホモダインした信号の雑音スペクトルを理解するには,複数モードのスクイージングを考えなければならない.ここでは,簡単な例として,単一周波数 $\omega_P=2\omega_L$ の光で励起されている光パラメトリック増幅器を考える.スクイーズされるモードは,周波数の分布をもつとし,周波数 $\omega_L+\Omega$ のモードの消滅演算子を $\hat{a}_\Omega$ と書くことにする.式(1.6.75)に相当するここでの相互作用ハミルトニアンには,エネルギーの保存則から,$\hat{a}_P\hat{a}_\Omega^\dagger\hat{a}_{-\Omega}^\dagger$ という形の項だけが現れる.したがって,この相互作用によるユニタリー変換は,

$$S=\prod_{\Omega\geq 0}\exp\left[\frac{1}{2}(\zeta^*(\Omega)\hat{a}_\Omega\hat{a}_{-\Omega}-\zeta(\Omega)\hat{a}_\Omega^\dagger\hat{a}_{-\Omega}^\dagger)\right] \quad (1.6.86)$$

の形をとる.S による生成消滅演算子の変換は,

$$S^\dagger \hat{a}_\Omega S=\hat{a}_\Omega \cosh r(\Omega)-\hat{a}_{-\Omega}^\dagger e^{i\theta}\sinh r(\Omega) \quad (1.6.87)$$

$$S^\dagger \hat{a}_\Omega^\dagger S=\hat{a}_\Omega^\dagger \cosh r(\Omega)-\hat{a}_{-\Omega} e^{-i\theta}\sinh r(\Omega) \quad (1.6.88)$$

となる.ただし,$r(\Omega)=r(-\Omega)=|\zeta(|\Omega|)|$ で,ζ の位相 θ は Ω によらないとした.入力が真空のとき,変換後のスクイズド状態では,周波数が $\omega_L\pm\Omega$ の二つのモードの間に,次のような相関

$$\langle \hat{a}_\Omega \hat{a}_{-\Omega}\rangle=-e^{i\theta}\sinh r(\Omega)\cosh r(\Omega) \quad (1.6.89)$$

が生じており,これが,次に計算される雑音スペクトルの抑制を生む.

直交位相成分 $\hat{E}_\phi(t)$ は,

$$\hat{E}_\phi(t)=\sum_\Omega |C(\Omega)|(\hat{a}_\Omega e^{-i\Omega t-i\phi}+\hat{a}_\Omega^\dagger e^{i\Omega t+i\phi}) \quad (1.6.90)$$

という形になるが,簡単のため係数 $C(\Omega)$ の Ω 依存性は無視できるものとする.このとき,図1.6.1のホモダインによって測定される雑音スペクトルは,式(1.6.67)から,

$$S(\omega)=\frac{e^2\eta}{2\pi}\mathcal{E}^2+\frac{e^2\eta^2}{2\pi}\mathcal{E}^2\int_{-\infty}^\infty \langle 0|S^\dagger \mathcal{T}:\hat{E}_\phi(t)\hat{E}_\phi(t+\tau):S|0\rangle e^{i\omega\tau}d\tau$$

$$=\frac{e^2\eta}{2\pi}\mathcal{E}^2-e^2\eta^2\mathcal{E}^2|C|^2\rho(1-e^{-2r(\omega)})\cos(\theta-2\phi) \quad (1.6.91)$$

となる.ρ はモード密度である.$\phi=\theta/2$ の直交位相成分がもっとも著しい雑音の低減を受け,その帯域は $r(\omega)$ の幅のオーダーである.広帯域の雑音抑制を得るには,キャリヤー周波数 ω_L を中心とした広範囲のモードをスクイーズしなければならない.この幅は,たとえば位相整合や,非線形効率を稼ぐために用いられる共振器の線幅によって制限される.

直交位相スクイージングの最初の観測は，Na 原子ビームによる 4 光波混合を用いて達成された[5]．その後，パラメトリック過程を用いてより大きなスクイージングも観測されている[6]．

e. 光子数スクイズド光とアンチバンチング

時間 T の間の光子検出数の分散は，古典論では，式 (1.6.45) で求めたように，ポアソン分布の場合の $\langle n \rangle$ を下回ることはない．しかし，量子論においては，このような限界は存在せず，光子数のゆらぎの幅がポアソン分布よりも狭いような光の状態が存在する．このような光は，光子数スクイズド光，あるいはサブポアソン光と呼ばれる．その度合いは，ポアソン分布の分散に対する比をとった，ファノ (Fano) 因子と呼ばれる量 $\langle (\varDelta n)^2 \rangle / \langle n \rangle$ によって表される．直接光子検出器で受けたときの雑音のスペクトルが，どこかの周波数でショット雑音より下回っているとき，サブポアソン光と呼ぶこともある．

サブポアソン光の例をあげると，前節でみた直交位相スクイージングの中で，図 1.6.2 (d) の場合には強度ゆらぎが抑制されているので，サブポアソン光といえる．直接サブポアソン光が放射される例としては，単一 2 準位原子の蛍光[7]や，Franck-Hertz の実験における発光[8]，定電流駆動された半導体レーザー[9]や発光ダイオード[10,11]などが実験的に確認されている．単一原子の場合は，一度光子を放出すると下準位に落ちるので，続けてすぐに蛍光を出すことができないという機構が，放出光子のゆらぎを抑えている．後者二つの場合では，電子はクーロン反発やパウリの排他原理のためにゆらぎの少ない流れをつくりやすいということから，電子の流れを光子に変換することで，サブポアソン光を生み出している．

これらの例では，どれでも，あるとき光子が検出されると，その直後では光子が検出されにくくなっている．このような，時間軸上でみた光子検出の相関は，次式で定義される規格化された 2 次の強度相関 $g^{(2)}(\tau)$

$$g^{(2)}(\tau) \equiv \frac{\langle \mathcal{T} : \hat{I}(t) \hat{I}(t+\tau) : \rangle}{\langle \hat{I}(t) \rangle \langle \hat{I}(t+\tau) \rangle} \tag{1.6.92}$$

によって表される．この量は，時刻 t で光子が検出されたことによって $t+\tau$ における検出確率が変化する割合を表す．$\tau=0$ で $g^{(2)}(\tau)$ が 1 より小さいかまたは極小になっている場合は，光子はなるべくかたまりをつくらないように分布し，このような傾向をアンチバンチングと呼ぶ．逆の場合はバンチングと呼ばれる．シングルモードのレーザー光のように，強度が一定のコヒーレント光では，各光子検出は独立におこり，アンチバンチングもバンチングも示さない．古典論では，$g^{(2)}(\tau)$ は c 数の関数の自己相関関数であるから，$\tau=0$ で最大値をとり，アンチバンチングにはならない．したがって，アンチバンチングは非古典光のみに許される性質である．

サブポアソンとアンチバンチングは，厳密に同等の概念とはいえないものの，特殊

な場合を除いては，両者は相伴って現れると考えられる．ただし，大きい$\langle n \rangle$でファノ因子が1よりかなり小さいサブポアソン光であっても，アンチバンチングが実際に観測できるとは限らない．これは，$\langle n \rangle$個のオーダーで光子のゆらぎが抑えられていても，光子を1個検出したことによるその後の検出確率の変化は$1/\langle n \rangle$程度にすぎない場合があるからである．アンチバンチングは，単一原子の蛍光[12]やパラメトリック過程[13]のように，光子1個が相互作用において大きな意味をもつような系で観測されている．

1.6.3 共振器 QED

a. 自然放出の抑制と増強

真空中に置かれた励起原子は，自発的に光を放射して下位の準位に遷移する．これは，自然放出と呼ばれる現象で，そのレート，いいかえれば励起状態の寿命は，原子固有の性質のように見える．有限の寿命は，遷移周波数のスペクトルが自然幅と呼ばれる線幅をもつことを意味し，この幅もまた，原子に本来備わった限界と思われがちであった．しかし，自然放出は，原子と真空の電磁場との相互作用によって起こる現象であり，電磁場の性質を共振器などを用いて変えることで，自然放出レートを制御可能なことがいまでは認識されている．ここでは，はじめに荷電粒子と電磁場の相互作用から出発して，真空中に置かれた原子の自然放出レートの表式を導き，共振器が存在する場合を考察する．

ポテンシャルUの中に置かれた電荷q，質量mの粒子が，ベクトルポテンシャル$\hat{\boldsymbol{A}}$の横波電磁波と相互作用しているときのハミルトニアンは，次式で与えられる．

$$\hat{H} = \frac{1}{2m}[\hat{\boldsymbol{p}} - q\hat{\boldsymbol{A}}(\hat{\boldsymbol{r}})]^2 + U(\hat{\boldsymbol{r}}) + \hat{H}_\mathrm{F} \tag{1.6.93}$$

ここで，$\hat{H}_\mathrm{F}$は，電磁場のみのハミルトニアンである．相互作用がないときの荷電粒子のハミルトニアンを$\hat{H}_\mathrm{M}$とおき，$\hat{H} = \hat{H}_\mathrm{M} + \hat{H}_\mathrm{F} + \hat{H}_\mathrm{I}$と書くと，相互作用の項$\hat{H}_\mathrm{I}$は，次のようになる．

$$\hat{H}_\mathrm{I} = -\frac{q}{2m}(\hat{\boldsymbol{p}} \cdot \hat{\boldsymbol{A}}(\hat{\boldsymbol{r}}) + \hat{\boldsymbol{A}}(\hat{\boldsymbol{r}}) \cdot \hat{\boldsymbol{p}}) + \frac{q^2}{2m}\hat{\boldsymbol{A}}^2(\hat{\boldsymbol{r}}) \tag{1.6.94}$$

ベクトルポテンシャル$\hat{\boldsymbol{A}}$は横波であることから，$\hat{\boldsymbol{p}}$と$\hat{\boldsymbol{A}}(\hat{\boldsymbol{r}})$は交換する．原子のサイズが，関与する電磁場のモードの波長に比べて十分に小さい場合は，原子の位置を$\boldsymbol{r}_0$として，$\hat{\boldsymbol{A}}(\hat{\boldsymbol{r}})$を$\hat{\boldsymbol{A}}(\boldsymbol{r}_0)$に近似できる（電気双極子近似）．また，高強度の光が存在しなければ，一般に式(1.6.94)の最後の項はほかの項に比べて小さいので，無視することにする．このとき，相互作用項は，荷電粒子が複数個あることを考慮すると，

$$\hat{H}_\mathrm{I} = -\sum_j \frac{q_j}{m_j}\hat{\boldsymbol{p}}^{(j)} \cdot \hat{\boldsymbol{A}}(\boldsymbol{r}_0) \tag{1.6.95}$$

となる.

真空中の原子がはじめ状態 $|a\rangle$ におり，光子を1個放出して $\hbar\omega_0$ だけエネルギーの低い状態 $|b\rangle$ に遷移する単位時間当たりの確率 γ は，フェルミの黄金律により，次のように書ける.

$$\gamma = \frac{2\pi}{\hbar^2}\sum_\lambda \left|-\sum_j \frac{q_j}{m_j}\langle b|\hat{\boldsymbol{p}}^{(j)}|a\rangle \cdot \langle \lambda|\hat{\boldsymbol{A}}(\boldsymbol{r}_0)|0\rangle\right|^2 \delta(\omega_0 - \omega_\lambda) \tag{1.6.96}$$

ここで，$|\lambda\rangle$ は，モード λ に光子が1個いる状態を表す．この式で，j についての和は，この遷移の双極子モーメント $\boldsymbol{P} \equiv \sum_j q_j \langle b|\hat{\boldsymbol{r}}^{(j)}|a\rangle$ を用いて

$$\sum_j \frac{q_j}{m_j}\langle b|\hat{\boldsymbol{p}}^{(j)}|a\rangle = \sum_j \left\langle b\left|\frac{q_j}{i\hbar}[\hat{\boldsymbol{r}}^{(j)}, \hat{H}_\mathrm{M}]\right|a\right\rangle = i\omega_0 \boldsymbol{P} \tag{1.6.97}$$

と書き直せる．また，$\hat{\boldsymbol{A}}(\boldsymbol{r}_0)$ はシュレーディンガー表示の演算子であるが，ハイゼンベルグ表示の演算子 $\hat{\boldsymbol{A}}(\boldsymbol{r}_0, t) \equiv e^{iH_\mathrm{F}t/\hbar}\hat{\boldsymbol{A}}(\boldsymbol{r}_0)e^{-iH_\mathrm{F}t/\hbar}$ を用いて書き直すことができて，

$$2\pi\sum_\lambda \langle 0|\hat{A}_i(\boldsymbol{r}_0)|\lambda\rangle\langle\lambda|\hat{A}_j(\boldsymbol{r}_0)|0\rangle\delta(\omega_0 - \omega_\lambda)$$

$$= \int_{-\infty}^{\infty} d\tau \sum_\lambda \langle 0|\hat{A}_i(\boldsymbol{r}_0)|\lambda\rangle\langle\lambda|e^{i\omega_\lambda \tau}\hat{A}_j(\boldsymbol{r}_0)|0\rangle e^{-i\omega_0 \tau}$$

$$= \int_{-\infty}^{\infty} d\tau \langle 0|\hat{A}_i(\boldsymbol{r}_0, 0)\hat{A}_j(\boldsymbol{r}_0, \tau)|0\rangle e^{-i\omega_0 \tau} \tag{1.6.98}$$

と表せる．したがって，自然放出レート γ は，次のようになる．

$$\gamma = \sum_{ij} \frac{\omega_0^2}{\hbar^2} P_i^* P_j \int_{-\infty}^{\infty} d\tau \langle 0|\hat{A}_i(\boldsymbol{r}_0, 0)\hat{A}_j(\boldsymbol{r}_0, \tau)|0\rangle e^{-i\omega_0 \tau} \tag{1.6.99}$$

この式の積分で表された部分は，演算子の積を対称化すれば，真空におけるベクトルポテンシャルのゆらぎのパワースペクトルの ω_0 での値になる．しかし，非対称であるため，ω_0 が正では真空ゆらぎの2倍を与え，負のときはゼロになる．これは，もちろん，自然放出によってエネルギーのより高い準位に遷移することはないということに対応している．

共振器やその他の媒質のない自由空間における自然放出レート γ_0 は，式 (1.6.34) を式 (1.6.99) に代入して，

$$\gamma_0 = \sum_{\boldsymbol{k}_s} |\boldsymbol{P}\cdot\boldsymbol{e}_{\boldsymbol{k}_s}|^2 \frac{\pi\omega_0^2}{\varepsilon_0\hbar\omega_{\boldsymbol{k}_s}L^3}\delta(\omega_{\boldsymbol{k}_s} - \omega_0) \tag{1.6.100}$$

となる．ここで，L の大きい極限を考えると，系が等方的であることから $|\boldsymbol{P}\cdot\boldsymbol{e}_{\boldsymbol{k}_s}|^2$ は $|\boldsymbol{P}|^2/3$ に置き換えることができ，$\sum \delta(\omega_{\boldsymbol{k}_s} - \omega_0)$ は ω_0 におけるモード密度 $\rho(\omega)$ になるので，

$$\gamma_0 = \frac{\pi|\boldsymbol{P}|^2\omega_0}{3\varepsilon_0\hbar L^3}\rho(\omega_0) \tag{1.6.101}$$

となり，$\rho(\omega) = L^3\omega^2/\pi^2 c^3$ を代入すると，よく知られた自然放出レートの表式

$$\gamma_0 = \frac{|\boldsymbol{P}|^2\omega_0^3}{3\pi\varepsilon_0\hbar c^3} \tag{1.6.102}$$

を得る．

　自然放出レートは，一般式(1.6.99)からわかるように，原子遷移に固有なパラメーターである遷移双極子モーメントだけに依存するのではなく，原子の置かれた位置の電磁場の真空ゆらぎの大きさにも依存する．したがって，遷移周波数における真空ゆらぎの大きさを変えることができれば，自然放出を増強したり抑制したりできると考えられる．真空ゆらぎの大きさは，全周波数成分の合計は変えることができないが[14]，周波数分布を変更することは共振器を用いて実際に行うことができる．原子が大きさ V_c の共振器中に置かれているとしよう．このときの自然放出レート γ_c は，式(1.6.100)の和をこの共振器のモード i に関する和で置き換え，分母の L^3 を V_c に置き換えたものになる．さらに，この共振器の Q 値を Q とすると，各モードの真空ゆらぎの相関は時定数 $\omega_i/2Q$ で減衰することを考慮して，デルタ関数をローレンツ関数で置き換え，次式を得る．

$$\gamma_c = \sum_i |\boldsymbol{P}\cdot\boldsymbol{e}_i|^2 \frac{2Q\omega_0^2}{\varepsilon_0\hbar\omega_i^2 V_c} \frac{1}{1+[2Q(\omega_i-\omega_0)/\omega_i]^2} \tag{1.6.103}$$

ある共振器モードの周波数が，ちょうど原子の遷移周波数に等しいとき，このモードへ自然放出が起こるレートと，自由空間における（あらゆるモードへの）自然放出レートとの比は，

$$\frac{\gamma_c}{\gamma_0} = \frac{3Q\lambda^3}{4\pi^2 V_c} \tag{1.6.104}$$

となる．したがって，V_c/Q が波長のサイズ λ^3 よりも小さな共振器中では，自然放出が増強されると考えられる．逆に，原子の遷移周波数が共振器のどのモードからもはずれていれば，自然放出は抑制されて，ほとんど起こらなくなる．

　共振器によって自然放出レートが抑制・増強され，励起状態の寿命が増減することは，実験によっても確認されている．はじめは，波長に近いサイズの共振器がつくりやすいように，遷移周波数がマイクロ波の領域で，それでも自由空間の自然放出レートが比較的大きいリュードベリ状態の原子が用いられた．高い Q 値をもつ超伝導共振器によって自然放出が増強され，寿命が数百分の一になるのが観測されている[15]．また，$\lambda/2$ よりも短い間隔の平行平面鏡を用いて，自然放出が抑制されて寿命が20倍以上長くなるのが観測されている[16]．可視光の領域では，まず，共焦点型共振器を用いて，共振器で囲まれた方向への自然放出が2桁程度増強あるいは抑制されることが観測された[17]．この場合，鏡の間隔(5 cm)は波長に比べてはるかに大きいため，単一のモードへの自然放出の増強は小さい．それでもこのような結果が得られるのは，この共振器では多数のモードの周波数が縮退しているためである．励起状態の寿命の増減は，より立体角の大きな共中心型共振器を用いたり[18]，波長よりも短い間隔の平行平面鏡を用いて[19]確認された．最近では，上のような典型的な共振器にとどまらず，半導体微小共振器[20]をはじめ，微小球や微小円盤の閉じ込めモード(whispering gallery mode)[21], ホトニックバンドギャップ媒質[22] などでも自然放出制御の研究が進められている.

自然放出が制御可能ということは，自然放出がかかわるデバイスに，従来にはない動作をさせられる可能性があることを意味している．その一例がレーザーである．旧来のレーザーでは，励起がしきい値以下のとき，出力される光は自然放出光であり，その強さは励起エネルギーに比例する．自然放出はあらゆる方向に起こり，たまたま出力光のモードにあった部分だけが出力されるのであるから，励起エネルギーのうち出力光にまわる割合はごくわずかである．励起がしきい値より大きいときは，出力はやはり励起に比例するが，今度はレーザー発振のモードに誘導放出される確率が自然放出に比べ圧倒的に大きいので，励起エネルギーの大部分が出力光となる．ここで，自然放出を制御することで，レーザー発振のモードへの自然放出レートを増強し，ほかのモードへの自然放出確率が無視できるようにすると，励起が小さくて自然放出しかない領域でも励起エネルギーはほとんど出力光となるので，しきい値のないレーザーが得られる．この例をはじめとする自然放出制御を利用したデバイスの展開の詳細は，第3章を参照されたい．

b. 真空ラビ分裂

前項の議論では，励起状態にある原子はあくまで時間によらない一定の遷移確率で光子を放出して下準位に遷移するものとし，この確率をフェルミの黄金律を用いて導いた．フェルミの黄金律は，そもそも1次の摂動論の帰結であるから，原子と電磁場の結合が強くて，いったん放出した光子が再び原子に再吸収される過程が無視できないような場合には，別の取扱いが必要である．

簡単のため，極端な場合として，原子が Q 値の無限に大きい共振器モードと結合しており，ほかのモードへの自然放出は無視できる場合を考える．この系のハミルトニアンは，回転波近似のもとで，次のように書ける[23]．

$$H = \hbar\omega_0 |a\rangle\langle a| + \hbar\omega \hat{a}^\dagger \hat{a} + \hbar g(\hat{a}|a\rangle\langle b| + \text{h.c.}) \qquad (1.6.105)$$

ここで，ω は共振器モードの共振周波数である．g は相互作用の強さを表し，式 (1.6.95) や式 (1.6.97) などから，$g = |\boldsymbol{P}\cdot\boldsymbol{e}|/\hbar \sqrt{\hbar\omega/2\varepsilon V_c}$ と書ける．

このハミルトニアンの基底状態 ψ_0 は，電磁場が真空で原子が基底状態にいる場合 $|b, 0\rangle$ であり，上のハミルトニアンはこれをエネルギーの原点にとっている．$|a, 0\rangle$ と $|b, 1\rangle$ は固有状態ではないが，その線形結合

$$\psi_{1,+} = \cos\theta |a, 0\rangle + \sin\theta |b, 1\rangle \qquad (1.6.106)$$

$$\psi_{1,-} = -\sin\theta |a, 0\rangle + \cos\theta |b, 1\rangle \qquad (1.6.107)$$

$$\tan\theta = \frac{-\Delta + \sqrt{\Delta^2 + 4g^2}}{2g}, \quad \Delta = \omega_0 - \omega \qquad (1.6.108)$$

は固有状態であり，固有エネルギー

$$E_{1,\pm} = \hbar\omega_0 - \frac{\hbar\Delta}{2} \pm \frac{1}{2}\hbar\sqrt{\Delta^2 + 4g^2} \qquad (1.6.109)$$

をもつ．

真空中に置かれた励起状態の原子 $|a,0\rangle$ を初期状態としたとき，その後の時間発展は以上の式から求まり，とくに $\Delta=0$ の場合は，

$$\psi(t) = e^{-i\omega_0 t}(\cos(2gt)|a,0\rangle - i\sin(2gt)|b,1\rangle) \qquad (1.6.110)$$

となる．したがって，共振器モードのダンピングやほかのモードへの自然放出などの非可逆な過程の時定数が $1/2g$ に比べて十分大きければ，原子が π/g の周期で光子の放出，再吸収を繰り返すことが期待される．また，蛍光のスペクトルは，この変調のために，$\omega_0 \pm g$ の二つのピークをもった形になるであろう．この分裂は，真空ラビ (Rabi) 分裂と呼ばれる[24]．強いレーザーと2準位原子がコヒーレントに相互作用すると，電場の大きさに比例した周波数（ラビ周波数と呼ばれる）で原子が上準位と下準位を行き来し，蛍光のスペクトルが分裂することが半古典論から導けるが，上の結果は，電磁場のモードが真空であっても原子との結合が強ければ同じような分裂が生じることを示している．

真空ラビ分裂は，基底状態 $|b,0\rangle$ に置かれた系の線形応答，たとえば吸収スペクトルにも現れ，$\omega_0 - \Delta/2 \pm \sqrt{\Delta^2 + 4g^2}/2$ にピークをもつ二つの分裂した吸収線となる[25]．各吸収線は，基底状態から，原子と電磁場の結合した固有状態 $\psi_{1,\pm}$ への遷移に対応している．この分裂は，高フィネスの共振器に Cs 原子を送り込み，プローブ光の吸収スペクトルを測定することで実験的に確かめられている[26]．また，GaAs 量子井戸中の励起子が共振器モードと結合することによる分裂も観測された[27]．

線形応答は，プローブ光の大きさが小さい極限での応答であるから，媒質の基底状態と，そこから光子を1個吸収して上がれる準位だけが関与する．上の例のような，2準位原子1個の場合には，もともとこの二つの準位しかないが，多くの準位をもつ媒質の場合でも光子を1個吸収して上がれる準位が一つなら同じことである．たとえば，調和振動子と見なせる系が，ほぼ同じ周波数の共振器モードと結合しているとすると，線形応答に関与するのは調和振動子の基底状態と，第1励起状態だけであり，上の議論はそのままあてはまる．一方，この系は結合した二つの調和振動子にほかならず，二つの独立な基準振動に分裂することは古典力学からすぐに導ける．また，このように媒質の振動と電磁場が結合した例はポラリトンとして固体物理において以前からよく知られている．この場合，共振器は存在しないが，周波数だけでなく波数も等しいモードどうししか結合しないため，結果として単一の電磁場モードが選択されることになる．このように，線形応答を見て分裂が見えることは，電磁場と媒質が強く結合した系ができている証拠ではあるが，それ自体は本質的に新しいことではない．

このような微小共振器系の特徴は，線形の範囲を超えた，系の非線形な振舞いにあ

る．その点で，共振器は，少数の原子や低次元の励起子などの非線形性の高い媒質を，電磁場に強く結合させ，なおかつその結合を制御できるという利点をもっている．1原子メーザー[28]や2光子メーザー[29]がすでに発振しており，非古典光の光源として期待されている．また，半導体量子井戸-共振器系の多彩な非線形応答についても研究が進められている[30]．　　　　　　　　　　　　　　　　　　［小芦雅斗］

引 用 文 献

1) R. J. Glauber : *Phys. Rev.*, **130** (1963) 2529.
2) R. J. Glauber : *Phys. Rev.*, **131** (1963) 2766.
3) R. J. Glauber : *Phys. Rev. Lett.*, **10** (1963) 84.
4) E. C. G. Sudarshan : *Phys. Rev. Lett.*, **10** (1963) 277.
5) R. E. Slusher *et al.* : *Phys. Rev. Lett.*, **55** (1985) 2409.
6) L. A. Wu *et al.* : *Phys. Rev. Lett.*, **57** (1986) 2520.
7) F. Diedrich and H. Walther : *Phys. Rev. Lett.*, **58** (1987) 203.
8) M. C. Teich and B. E. A. Saleh : *J. Opt. Soc. Am.*, **B2** (1985) 275.
9) S. Machida *et al.* : *Phys. Rev. Lett.*, **58** (1987) 1000.
10) P. R. Tapster *et al.* : *Europhys. Lett.*, **4** (1987) 293.
11) T. Hirano and T. Kuga : *IEEE J. Quantum Electron.*, **31** (1995) 2236.
12) H. J. Kimble *et al.* : *Phys. Rev. Lett.*, **39** (1977) 691.
13) M. Koashi *et al.* : *Phys. Rev. Lett.*, **71** (1993) 1164.
14) S. M. Barnett and R. Loudon : *Phys. Rev. Lett.*, **77** (1996) 2444.
15) P. Goy *et al.* : *Phys. Rev. Lett.*, **50** (1983) 1903.
16) R. G. Hulet *et al.* : *Phys. Rev. Lett.*, **55** (1985) 2137.
17) D. J. Heinzen *et al.* : *Phys. Rev. Lett.*, **58** (1987) 1320.
18) D. J. Heinzen and M. S. Feld : *Phys. Rev. Lett.*, **59** (1987) 2623.
19) F. De Martini *et al.* : *Phys. Rev. Lett.*, **59** (1987) 2955.
20) H. Yokoyama *et al.* : *Appl. Phys. Lett.*, **57** (1990) 2814.
21) 五神　真：応用物理, **65** (9) (1996) 950.
22) E. Yablonovitch : *Phys. Rev. Lett.*, **58** (1987) 2059.
23) E. T. Jaynes and F. W. Cummings : *Proc. IEEE*, **51** (1963) 89.
24) J. J. Sanchez-Mondragon *et al.* : *Phys. Rev. Lett.*, **51** (1983) 550.
25) G. S. Agarwal : *Phys. Rev. Lett.*, **53** (1984) 1732.
26) R. J. Thompson *et al.* : *Phys. Rev. Lett.*, **68** (1992) 1132.
27) C. Weisbuch *et al.* : *Phys. Rev. Lett.*, **69** (1992) 3314.
28) D. Meschede *et al.* : *Phys. Rev. Lett.*, **54** (1985) 551.
29) M. Brune *et al.* : *Phys. Rev. Lett.*, **59** (1987) 1899.
30) R. Shimano *et al.* : *Jpn. J. Appl. Phys.*, **34** (1995) L817.

さらに勉強するために

　1.6節では，量子化された輻射場に特有の性質がよく現れる現象とその制御について，基礎的な部分に的を絞って解説を行った．ここで紹介した基本的な概念が，具体的なデバイスとしてどのように展開されるかは，3.5節や3.6節を参照していただきたい．また，さらに勉強されたいという方のために，参考図書をいくつかあげておく．

　1) 花村榮一：量子光学（岩波講座 現代の物理学8），第2刷，岩波書店，1996.

2) Rodney Loudon : The Quantum Theory of Light, 2nd ed., Oxford Univ. Press, 1983.
3) Leonard Mandel and Emil Wolf : Optical Coherence and Quantum Optics, Cambridge Univ. Press, 1995.
4) Paul R. Berman (ed.) : Cavity Quantum Electrodynamics, Academic Press, 1994.
5) Hiroyuki Yokoyama and Kikuo Ujihara (eds.) : Spontaneous Emission and Laser Oscillation in Microcavities, CRC Press, 1995.

1.7 磁性の基礎

は じ め に

　「磁性」は，電子のスピン角運動量および軌道角運動量にその起源をもつので，本質的に量子力学現象であり，その理解は量子力学のもっとも高度な応用問題の一つとして多くの物理学者の関心を呼び，多くの理論的研究およびそれを裏付けるための実験的研究が行われた．その結果，現在では，ほとんどの主要な磁性体について磁気モーメントの起源や磁気的相互作用の起源について説明できるようになってきた．

　一方，材料としての磁性は，従来から，電力機器(変圧器，インダクターの磁心)，電動機器(モーター用磁気回路，永久磁石)，高周波機器(アンテナ，同調用インダクター，マイクロ波サーキュレーター，電波吸収体など)，磁気記録(磁気ディスク，磁気テープなどの記録媒体および磁気ヘッド)など，きわめて広い分野の機器に利用されてきた．しかし，磁性材料として実用されているのは，自発磁化を有する強磁性体，フェリ磁性体(両者を併せて，広義の強磁性体と呼ぶ)に限られ，磁性材料を用いたデバイスも，巨視的な磁化を用いたものに限られてきた．このうち，磁気記録ヘッドや変圧器の磁心のように初透磁率(BとHの間の比例係数)を利用するような応用では，保磁力H_cの小さな「軟質磁性体」が使われる．一方，永久磁石では保磁力の大きな「硬質磁性体」が使われる．磁気記録媒体には中間的な大きさの保磁力をもつ「半硬質磁性体」が用いられる．保磁力は巨視的な磁区，磁壁などの動きやすさがかかわった量で，材料の本性というよりは，製法や熱処理などプロセスに依存する量である．したがって，工学としての磁性材料研究は，強磁性体(または，フェリ磁性体)の磁区・磁壁制御，いわゆる技術磁化に限られ，金属工学，粉体冶金学，無機化学などの経験則に基づいて遂行されてきた．したがって，磁性材料開発に「量子工学」としての観点はほとんどなかったといっても過言ではない．

　磁気工学と磁性物理学の乖離の原因の一つは，磁性に関与する電子系には強い電子相関が働いていて単純な1電子モデルが適用できないため，直感的な理解が得にくく，磁性物理学は難解であるとの印象を与えてしまったことにある．このため，磁性工学の教科書の多くが，金属磁性の起源についての記述を省略するか，直感的理解の得やすい局在スピンモデルで説明しようとするなど，磁性物理学の最近の進展を別次元のものととらえてきたのである．

最近になり，磁気記録の高密度化および磁性材料の微細加工技術の進展に伴い，磁性材料の研究開発もようやく「量子工学」を意識したものに変わりつつある．このことについては，2.3, 3.7 節に詳しく述べられているので，ここでは，「量子工学」への準備という観点に立って磁性の基礎を概観する．1.7.1 項では，磁性の量子的起源について，1.7.2 項では秩序磁性の量子的起源(交換相互作用)について述べる．次に，応用のための基礎として，1.7.3 項では強磁性体の電気輸送現象の一般論について，1.7.4 項では磁気光学効果の一般論について述べる．磁気光学効果には，電子準位間の光学遷移が関与するため，物質中の量子状態と深くかかわっている．

1.7.1 磁性の量子的起源[1]—(1) 常磁性と反磁性

a. 常磁性の量子的起源

常磁性というのは，外部磁界を印加したときに磁界と平行な方向に磁化が誘起されるような弱い磁性である．常磁性には，ランジュバンの常磁性，バンブレックの常磁性，パウリのスピン常磁性の3種類がある．また，磁気秩序をもつ磁性体における磁気転移点以上の磁気状態も常磁性である．

1) 局在電子系の常磁性：ランジュバンの常磁性

局在電子系(磁性に寄与する電子が物質中に広がってエネルギーバンドを形成するのでなく，磁性原子または磁性イオンの付近に束縛されている場合を局在電子系という．物質全体に広がった電子系を磁性の分野では遍歴電子系と呼んでいる)における磁気モーメントの配向に基づく常磁性をランジュバンの常磁性(Langevin paramagnetism)と呼ぶ．はじめランダムに配向していた磁気モーメントが外部磁界によって配向し，平均として磁界方向の磁化を生じるものである．ルビー $Al_2O_3:Cr^{3+}$ のように低濃度に磁性イオンを固溶した固体に見られる弱い磁性である．一つ一つの磁気モーメントの大きさ m は，量子力学の教えるところによれば，$m=-g_J\mu_B J$ で与えられる．ここに J は全角運動量で $J=L+S$ によって表される．L は軌道角運動量量子数，S はスピン角運動量量子数である．また，μ_B はボーア磁子と呼ばれ，$\mu_B = e\hbar/2m$ で表される (ここで単位系としては SI 系を用いている)．

いま，大きさが m で表される磁気モーメントが N 個あったとき，温度 T において外部磁界 $B=\mu_0 H$ を印加したときの磁化 M の大きさを量子統計力学によって計算すると，M は B/T の関数として次式で与えられる．

$$M = Ng_J J\mu_B B_J\left(\frac{g_J J\mu_B B}{kT}\right) \quad (1.7.1)$$

ここに，B_J は

$$B_J(x) = \frac{2J+1}{2J}\coth\left(\frac{(2J+1)x}{2J}\right) - \frac{1}{2J}\coth\left(\frac{x}{2J}\right)$$

1.7 磁性の基礎

で定義されるブリュアン関数, g_J はランデの g 因子であって,

$$g_J = 1 + \frac{J(J+1)+S(S+1)-L(L+1)}{2J(J+1)}$$

で与えられる．ブリュアン関数は B/T が大きいと 1 に飽和するような傾向を示す関数である．これは，B/T が大きいとき磁気モーメントが全部揃ってしまい，磁化が外部磁界によらず一定値に飽和することを表している．一方，B/T が小さいとき，ブリュアン関数は B/T の 1 次で近似でき，磁化率 $\chi = \mu_0 M/B$ は T の逆数に比例する．

$$\chi = \frac{\mu_0 N(g\mu_B)^2 J(J+1)}{3kT} \tag{1.7.2}$$

これをキュリーの法則 (Curie law) という．このとき，磁化率の逆数 $1/\chi$ を温度 T に対してプロットすると直線になり，その勾配の逆数から有効ボーア磁子数が得られる．有効磁子数は，全角運動量 J を用いて，$g_J \mu_B \sqrt{J(J+1)}$ で表される．

局在電子系の磁気モーメントのもととなる原子内の与えられた殻内の電子の L, S はフント則 (Hund's rule) によって規定される．この規則は，基底状態で電子が殻内の電子軌道を占めていく際に軌道およびスピン角運動量が満たすべき規則であり，以下に示す三つの項目からなる．

① パウリの排他律が許す限り，全スピン S が最大となるような電子配置をとる．

② 全スピンの値と矛盾しない範囲で，全軌道角運動量 L を最大にするような電子配置をとる．

③ 全角運動量 J の基底状態での値は，電子殻の占有が半分以下の場合，$|L-S|$ となり，半分以上の場合，$L+S$ となる．ちょうど半分のときは $J=S$ である．

フント則は，原子内の電子間に働くパウリの排他律，クーロン相互作用，スピン軌道相互作用によって説明される．

固体中に置かれた希土類イオンの 4f 電子系は結晶場の影響を受けないため，磁気モーメントは全角運動量 J を使ってよく記述できる．これに対し，固体中の 3d 遷移金属イオンでは，d 軌道が配位子の p 軌道との結合によって，t_{2g} 軌道と e_g 軌道に分裂しているため，L はもはや状態を表すよい量子数ではなく，磁気モーメントは S のみでよく説明できる．これを軌道角運動量の凍結という．もし，結晶場分裂が電子間のクーロンエネルギーよりも小さければ，結晶中でもフントの規則が成立し，電子は結晶場分裂した t_{2g} 軌道と e_g 軌道の両軌道にスピンを揃えて入っていく．これを高スピン状態という．これに対し結晶場分裂が電子間のクーロン相互作用より十分に大きいと，エネルギーの低い軌道を先に埋めるようになるため低スピン状態が実現する．

2) 磁界で誘起される磁気分極：バンブレックの常磁性

バンブレックの常磁性は，基底状態で磁気モーメントをもたないような場合に見ら

れる常磁性である．たとえば Eu^{3+} イオンの場合 $4f^6$ 電子配置なので基底状態は $^7F_0$，したがって，全角運動量 J は 0 であるから本来磁気モーメントをもたないはずであるが，実験ではイオンは $3.4\mu_B$ の磁気モーメントを示す．これは，外部磁界による摂動を受けて，基底状態に $J\neq 0$ の励起状態が混ざることで磁化が生じるもので，磁化率 χ は

$$\chi = 2N_0 \sum_i \frac{|\langle i|\mu_z|0\rangle|^2}{E_i - E_0} \tag{1.7.3}$$

で与えられる．このような常磁性をバンブレックの常磁性(Van Vleck paramagnetism)，または，軌道常磁性と呼ぶ．磁化率は基底状態と励起状態の間の磁気モーメント演算子の行列要素の2乗に比例し，基底状態と励起状態とのエネルギー差に反比例する．このエネルギー差が kT より十分大きければ，この式は温度に依存しない正の磁化率を与える．この式は電界により誘起される電気分極の表式と全く同じ形をもち，磁界によって誘起された磁気分極と見られることから磁気分極効果とも呼ばれる．この磁性は，まさに量子効果によって生じているのである．

3) 伝導電子系の常磁性：パウリのスピン常磁性

パウリのスピン常磁性とは，金属などの縮退した伝導電子系に見られる弱い常磁性である．外部磁界 B のないとき，↑スピンの電子状態と↓電子の電子状態のエネルギーは等しいが，磁界 B が印加されるとゼーマンエネルギーの分だけわずかに分裂が起こる．

縮退していない n 個の電子からなる電子気体の磁化率はランジュバン常磁性と同様に

$$\chi = n\mu_B^2/kT \tag{1.7.4}$$

となる．一方，金属のように縮退した電子ガスではパウリの原理のためにスピンの配向の自由度が妨げられ，磁化率は，

$$\chi = D(E_F)\mu_B^2 = \frac{3}{2}n\mu_B^2 \tag{1.7.5}$$

のように温度に関係しない一定値となる．ここに，E_F はフェルミエネルギー，$D(E_F)$ は E_F における状態密度関数である．これをパウリのスピン常磁性または単純にパウリ常磁性(Pauli paramagnetism)と呼ぶ．パウリ常磁性は，フェルミ準位における状態密度で決まっているので，温度依存性をほとんどもたない．正常金属(Na，K など)の場合には sp 電子がパウリ常磁性に寄与する．常磁性遷移金属(Mo，Zr など)の場合は d 電子のパウリ常磁性の寄与が大きい．d 電子系は状態密度が高いため，通常の sp 電子系のパウリ常磁性より 2 桁近く大きな値をとる．Cr から Ni までの 3d 遷移金属では常磁性ではなく，反強磁性，強磁性などさまざまな秩序磁性を示す．

4) 有機物の常磁性

有機化合物においては π 電子が結合をつくっているが,構造的な理由から誘起遊離基(フリーラジカル)を有する場合,不対電子が存在して常磁性を示す.誘起常磁性の例としては,電子常磁性共鳴 (EPR) の標準試料として用いられる DPPH がある.誘起常磁性体の磁化率はキュリー-ワイス則に従う.

b. 反 磁 性

反磁性は外部磁界が変化した際に,変化を抑えるように逆向きの磁化が物質中に誘起されるような磁性をいう.一般に反磁性磁化率は小さい.通常の金属や縮退半導体では,外部磁界を打ち消すように伝導電子の閉軌道運動が起こる.これをランダウの反磁性と呼ぶ.伝導電子をもたない系では,閉殻の電子が磁界に垂直な面内で円運動することによる反磁性が観測される.

1) 伝導電子のランダウ反磁性

磁界の印加によって伝導電子のサイクロトロン周回運動が起こり,伝導帯はいわゆるランダウ準位に量子化される.磁界のないとき状態密度は連続的に分布するが,磁界の存在のために磁界に垂直な面内に閉じ込められとびとびのランダウ準位に集束される.すなわち磁界の印加は電子の次元数を一つ下げる.これは3次元の場合であったが,2次元電子ガスに垂直方向の磁界を印加すると,2次元面内で自由運動していた電子は量子化され,離散的なエネルギー準位を形成する.これを量子ホール効果と呼ぶ.詳細は第4章に記述される.

磁界の弱いとき,ランダウの反磁性磁化率は

$$\chi = -\frac{n\mu_B^2}{2} \tag{1.7.6}$$

で与えられる.この絶対値は,上に述べたパウリ常磁性の 1/3 に等しい.

磁界が強くなったとき,各ランダウ準位がフェルミ準位を横切る磁界はとびとびになる.このため磁化率は磁界に対して振動的に変化する.これをド・ハース-ファン・アルフェン効果という.この効果を用いてフェルミ面の形状を決めることができる.

2) 閉殻電子のラーモア反磁性

希ガス原子,アルカリ金属イオンなど球対称の電荷分布をもつ閉殻の電子系に磁界を印加したとき,磁界の増大に対し電磁誘導による誘導起電力が生じ,これにより電荷の周回運動が誘起され逆向きの磁化を生じる.これによる原子1個当たりの磁化率は量子力学により

$$\chi = -\frac{Ze^2}{6mc^2}\langle r^2 \rangle \tag{1.7.7}$$

となることが導かれる.閉殻の反磁性は重い元素ほど大きい.

3) 有機物の反磁性

安定な電子構造をもつ有機化合物は反磁性を示す．反磁性磁化率は構成要素の原子特有の係数を用いて加成則でほぼ計算できる．

$$\chi_M = \sum n_A \chi_A + \sum \lambda \tag{1.7.8}$$

ここに，χ_M はモル磁化率，n_A は A 原子の数，χ_A は原子磁化率（パスカル定数），λ は化合物の構造に特有の補正項である．

1.7.2 磁性の量子的起源—(2) 秩序磁性と交換相互作用

この項では，秩序磁性（磁気モーメントどうしが何らかの秩序をもって整列しているような磁性）を紹介し，磁気秩序の原因となっている協力現象の量子的起源である交換相互作用について紹介しておく．

a. 秩序磁性の分類

原子のもつ磁気モーメント間に協力現象が働くと，磁気モーメントの整列によって何らかの秩序磁性を示す．秩序磁性には，強磁性，反強磁性，フェリ磁性，らせん磁性，スピン密度波状態，キャント反強磁性などがある．

1) 強 磁 性[2]

外部磁界を印加しなくても存在する磁化を自発磁化という．自発磁化をもつ磁性体を強磁性体という．強磁性は原子のもつ磁気モーメントが互いに揃えあう協力現象によって生じる．強磁性体の例としては，3d 遷移金属（Fe，Co，Ni），遷移金属を含む合金や化合物（SmCo，PtCo，$Nd_2Fe_{14}B$，MnBi，CrO_2，CoS_2 など）がある．実用磁性材料のほとんどは強磁性体である．強磁性体は温度を上げると磁気秩序を失い強磁性相から常磁性相に転移する．この相転移温度のことをキュリー温度と呼び，T_C と表す．

2) 反 強 磁 性

一方，となり合う磁気モーメントが互いに逆方向に揃うような協力現象が働くと，自発磁化は消失するが，その磁化率の振舞いは常磁性とは異なったものになる．このような磁性体を反強磁性体と称する．反強磁性体においても強磁性体と同様，温度上昇により常磁性相に磁気相転移する．この磁気相転移温度をネール温度と呼び T_N で表す．反強磁性体では，異なった向きの磁気モーメントの片方に注目すると，モーメントは整列しており副格子磁化が存在する．反強磁性体の例としては，遷移金属の合金（FeMn，NiMn，IrMn など），化合物（MnO，NiO，α-Fe_2O_3，NiF_2，MnS など）がある．反強磁性体は自発磁化をもたないので従来工学的な応用にはつながらないと考えられていたが，1990 年代になって巨大磁気抵抗効果（GMR）を用いたスピンバルブが磁気ヘッドに利用されるようになりにわかに注目を集めることとなった[3]．スピ

ンバルブでは FeMn などの反強磁性体が交換結合を通じて強磁性層の磁化反転をピン止めするために用いられる.

3) フェリ磁性

反強磁性体のようにとなり合う磁気モーメントの向きは逆方向に整列しているが,それらの大きさが異なる場合がある.この場合には,二つの副格子磁化は打ち消しあわないため,差し引き正味の磁気モーメントが残り自発磁化が生じる.このような磁性体を,フェリ磁性体という.フェリ磁性体の例をあげると,実用材料では,磁気テープ材料として用いられる (γ-Fe_2O_3),光アイソレーターやマイクロ波素子に用いられるイットリウム鉄ガーネット ($Y_3Fe_5O_{12}$) などがある.また天然の磁鉄鉱 (Fe_3O_4), 磁硫鉄鉱 ($Fe_{1-x}S$) など多くの遷移金属の化合物に見られる.

4) らせん磁性

となり合う原子の磁気モーメントの向きが一定の角度 $2\pi/N$ (N は整数) で互いに傾いていて,N 原子進むと 1 回転するような場合である.この場合も,巨視的な自発磁化は消滅するので,一般化した反強磁性であるとみなすことができる.Mn の磁気構造はらせん磁性であると考えられている.

5) スピン密度波状態

結晶中の電子スピンの大きさが位置の関数として正弦波的に変動するような磁性をスピン密度波 (spin density wave, SDW) 状態という.SDW の周期は結晶の格子周期と整合する場合 (commensurate SDW) と整合しない場合 (incommensurate SDW) とがある.Cr の磁性は非整合 SDW であると考えられている.

6) キャント反強磁性

反強磁性体において,副格子磁化が傾くような協力現象が起こることによって正味の自発磁化が生じる場合を傾いた反強磁性 (canted antiferromagnetism) という.MnP や $YCrO_3$ などにおいて低温において観測される.

b. 分子場理論

1) 強 磁 性 体

強磁性体の自発磁化は,「ある磁気モーメントに注目したとき,その周りのすべての磁気モーメントから生じた磁界 (分子場) によって静磁的に配向される」という古典的なモデル (分子場近似 molecular field approximation, または,平均磁界近似 mean field approximation という) によって説明されてきた.これは,磁気モーメント間に働く相互作用を平均したものがあたかも磁界 (分子場) のように振る舞うという考えに基づいている.この立場に立つと,分子場 H_E は磁化 M に比例するので,

$$H_E = \lambda M \tag{1.7.9}$$

と表すことができる.ここに,λ は分子場係数と呼ばれる温度に無関係な定数である.$T>T_c$ での常磁性相において外部磁界 H が加わったときの磁化 M は常磁性磁

化率を χ_P として，
$$M = \chi_P(H+H_E) = \chi_P(H+\lambda M)$$
で与えられる．χ_P が常磁性磁化率のキュリー則に従うとすると，$\chi_P = C/T$ と表されるので，
$$MT = C(H+\lambda M)$$
となる．これより M を求め，磁化率 $\chi = M/H$ を見積もると
$$\chi = \frac{M}{H} = \frac{C}{(T-C\lambda)} = \frac{C}{T-T_C} \tag{1.7.10}$$
この式は，強磁性体の常磁性領域での磁化率の温度変化を表すキュリー–ワイスの法則 (Curie-Weiss law) である．この式でキュリー温度 T_C は $C\lambda$ として与えられる．C として式 (1.7.2) の表式を代入することにより分子場係数と T_C の関係を次式のように求めることができる．
$$\lambda = \frac{T_C}{C} = \frac{3kT_C}{\mu_0 Ng^2 J(J+1)\mu_B^2} \tag{1.7.11}$$
これから求めた分子場 λM の大きさは 1000 T にも達し，磁性イオン中の磁気双極子の発生する磁界に比べて 4 桁も大きく，仮想的なものであることがわかる．

2) 反強磁性体，フェリ磁性体

反強磁性体，フェリ磁性体では，副格子 (sublattice) という概念をもち込む．副格子というのは，原子の磁気モーメントのうち同じ向きのものを取り出した仮想的な格子である．いま，副格子 A と副格子 B からなる反強磁性体を考え，それぞれの副格子磁化を M_A, M_B とする．AB 間には，磁化を反平行に揃えあう相互作用が存在するとして，分子場係数を $-\lambda$ とすると次の連立方程式となる．
$$M_A = \chi_P(H-\lambda M_B), \quad M_B = \chi_P(H-\lambda M_A) \tag{1.7.12}$$
ここに，H は印加磁界である．両式から
$$M_A = M_B = \frac{\chi_P}{1+\lambda\chi_P}H \tag{1.7.13}$$
が導かれる．ここで，χ_P にキュリー則を適用して磁化率 $\chi = M_A/H$ を見積もると，
$$\chi = \frac{M_A}{H} = \frac{C}{T+C\lambda} \tag{1.7.14}$$
というキュリー–ワイス則が得られる．

分子場理論は磁性の現象論的理解にすぎない．磁性の定量的な理解は量子力学によって原子間交換相互作用 (interatomic exchange interaction) の概念が導入されて初めて可能となった．以下に交換相互作用について述べる．

c. 交換相互作用

原子間交換相互作用は，孤立原子における多電子状態のエネルギーを計算するために導入された原子内交換相互作用 (intraatomic exchange interaction) の概念に由来

する．原子内交換相互作用は，本質的にクーロン相互作用である．二つの電子(波動関数を φ_1, φ_2 とする)の間に働くクーロン相互作用のエネルギー H は，

$$H = K_{12} - (1/2)J_{12}(1 + 4s_1s_2) \tag{1.7.15}$$

のように表される．ここに，K_{12} は，次式で与えられるクーロン積分であり，

$$K_{12} = \int dr_1 dr_2 \varphi_1^*(r_1) \varphi_2^*(r_2) \left(-\frac{e^2}{r_{12}}\right) \varphi_1(r_1) \varphi_2(r_2) \tag{1.7.16}$$

J_{12} は次式で与えられる交換積分で，電子が区別できないことからくる項である．

$$J_{12} = \int dr_1 dr_2 \varphi_1^*(r_1) \varphi_2^*(r_2) \left(-\frac{e^2}{r_{12}}\right) \varphi_1(r_2) \varphi_2(r_1) \tag{1.7.17}$$

式(1.7.15)のハミルトニアンの固有値は s_1 と s_2 が同符号(したがって，$s_1s_2 = +1/4$)ならば，$K_{12} - J_{12}$ となるが，異符号(したがって，$s_1s_2 = -1/4$)ならば K_{12} となる．H と平均のエネルギー($H_0 = K_{12} - J_{12}/2$)との差 $-2J_{12}s_1s_2$ のことを原子内交換エネルギーという．

つぎに，原子間交換相互作用を考えてみよう．本来磁気秩序を考えるには物質系全体のスピンを考えなければならないのであるが，電子の軌道が原子に局在していると見なして電子のスピンを各原子 i の位置に局在した全スピン S_i で代表させて，原子1の全スピン S_1 と原子2の全スピン S_2 との間に原子間交換相互作用が働くと考えるのがハイゼンベルグ模型である．このとき交換エネルギー H_{ex} は，原子内交換相互作用を一般化した見かけの交換積分 J_{12} を用いて

$$H_{ex} = -2J_{12}S_1S_2 \tag{1.7.18}$$

で表される．J_{12} が正であれば相互作用は強磁性的，負であれば反強磁性的である．

交換積分の起源として，隣接原子のスピン間の直接交換(direct exchange)，酸素などのアニオンのp電子軌道との混成を通してスピンどうしが揃えあう超交換(superexchange)，伝導電子との相互作用を通じて揃えあう間接交換(indirect exchange)などが考えられる．また，電子の移動と磁性とが強く結び付いている二重交換相互作用(double exchange)も重要な相互作用である．ハイゼンベルグ模型では，等方的で対称な相互作用を考えているが，スピン間の相互作用には，このほかにこれよりも弱い相互作用として，反対称の相互作用，異方的相互作用などがある．反対称相互作用の例としては，$YFeO_3$ や $YCrO_3$ のスピン再配列を支配しているジャロシンスキー-守谷(Dzjalosinski-Moriya)相互作用，希土類化合物の磁性に寄与する異方性対称相互作用などがある．

d. さまざまな交換相互作用

以下では，磁性体量子構造を考えるときの参考となる相互作用について解説する．

1) 遷移金属の強磁性とバンドの交換分裂

Fe・Co・Ni などの遷移金属の強磁性を原子位置に局在したスピン S_1, S_2 の間の交換

相互作用として記述することはよい近似ではない．強磁性金属では原子当たりのモーメントがボーア磁子の非整数倍の値をとるからである．この問題を解決するために考えられたのが，遍歴電子（結晶全体に広がってバンドをつくるような電子）モデル（集団電子モデルともいう）である．この代表がストーナーモデルである．このモデルでは，多数スピンのバンドと少数スピンのバンドが電子間の直接交換相互作用のために分裂し，熱平衡においてはフェルミエネルギーを揃えるため少数スピンバンドから多数スピンバンドへと電子が移動し（スピンの反転が伴う）その結果，両スピンバンドの占有数に差が生じて強磁性が生じる．多数スピンバンドの占有電子密度を $n_\uparrow$，少数スピンバンドの占有電子密度を $n_\downarrow$ とすると，磁気モーメント M は

$$M = (n_\uparrow - n_\downarrow)\mu_B \tag{1.7.19}$$

で表される．このため原子当たりの磁気モーメントは非整数となる．バンド計算結果を用いてストーナーモデルで計算した絶対零度での磁気モーメントは実験結果を非常によく説明する．最近発展しつつあるスピン依存トンネル接合素子，スピントランジスターなどにおいては，スピンに依存するバンド構造が前提になっている．

単体では秩序磁性を示さない Zr と Zn を組み合わせて金属間化合物 $ZrZn_2$ をつくると弱い遍歴強磁性と呼ぶ秩序磁性を示す．これもバンドの交換分裂によると考えられている．

2) **絶縁体の超交換相互作用**

YIG ($Y_3Fe_5O_{12}$) など遷移金属酸化物など絶縁性の磁性体では，原子（またはイオン）の磁気モーメントはボーア磁子の整数倍の大きさをもち，原子またはイオンの位置に束縛された局在電子系モデルを使ってよく説明できる．酸化物磁性体では，局在電子系の磁気モーメントの間に働く相互作用は，遷移金属の 3d 電子どうしの重なりで生じるのではなく，配位子の p 電子が遷移金属イオンの 3d 軌道に仮想的に遷移した中間状態を介して相互作用する．これを，超交換相互作用と称する．電子の移動を通じて相互作用しているという意味で Anderson は運動交換 (kinetic exchange) と称した．

3) **RKKY 相互作用**

金属磁性体のうち希土類金属の磁性は 4f 電子が担うが，この電子は原子に強く束縛されているので，直接交換も超交換も起こりにくい．この場合には，伝導電子である 5d 電子が 4f 電子と原子内交換相互作用することによってスピン偏極を受け，これが隣接の希土類原子の f 電子と相互作用するという形の間接的な交換相互作用を行っていると考えられている．これを RKKY (Rudermann, Kittel, Kasuya, Yoshida) 相互作用という．伝導電子を介した局在スピン間の磁気的相互作用は，距離に対して余弦関数的に振動し，その周期は伝導電子のフェルミ波数で決められる．この振動をフリーデル振動または RKKY 振動という．磁性超薄膜と非磁性の超薄膜からなる多層構造膜やサンドイッチ膜において，層間の相互作用が距離とともに振動する現象が

RKKY相互作用によって解釈されたが,最近では量子閉じ込め効果とする解釈が進められている.従来,交換相互作用は物質固有のものと考えられてきたが,最近の超薄膜技術の進展によって人工的に制御可能なものになってきた.

4) 二重交換相互作用

ペロブスカイト型酸化物 LaMnO$_3$ は絶縁性の反強磁性体であるが,La の一部を Ca で置換した La$_{1-x}$Ca$_x$MnO$_3$ ($0.2<x<0.4$) をつくると,強磁性となるとともに金属的な高い伝導性が生じる.この機構を説明するために導入されたのが,Zener による二重交換相互作用の考えである.3d 電子帯のうち,t$_{2g}$ 軌道は局在性が強いが,e$_g$ 軌道は酸素の 2s, 2p 軌道と混成して隣接 Mn 原子にまで広がって d バンドをつくっている.フントの規則により,原子内の t$_{2g}$ 軌道と e$_g$ 軌道のスピンは平行になっている.LaMnO$_3$ では,すべての Mn 原子は 3 価なので e$_g$ バンドには 1 個の電子が存在し,この電子が隣接 Mn 原子の e$_g$ 軌道(反強磁性構造であるからスピンが逆向き)に移動しようとすると電子相関エネルギー U だけのエネルギーが必要であるため電子移動は起きずモット絶縁体となっている.x が大きくなって 4 価の Mn が生じると,Mn^{4+} の e$_g$ 軌道は空であるから,ほかの Mn^{3+} から電子が移ることができ金属的な導電性を生じる.このとき隣接する Mn 原子の磁気モーメントのなす角 θ とすると,e$_g$ 電子のとび移りの確率は $\cos(\theta/2)$ に比例する.$\theta=0$(スピンが平行)のときとび移りがもっとも起こりやすく,運動エネルギーの分だけエネルギーが下がるので強磁性となる.これを二重交換相互作用という[4].

1.7.3 強磁性体の電気輸送現象[5]

磁気抵抗効果(magnetoresistance)とは,磁界の存在下での電気抵抗の変化する現象である.非磁性の半導体や金属に見られる磁気抵抗効果は,ローレンツ力による効果と,散乱の異方性から生じる.一方,強磁性体の場合,電気抵抗が磁化の方向に依存し,電流の方向が磁化と平行のとき垂直の場合に比べて若干抵抗が大きいという異方性磁気抵抗効果(AMR, anisotropic magnetoresistance)が主として寄与する.

a. 強磁性金属の電気輸送現象の現象論

一般に,導体中の電界成分 E_i と電流密度 J_j の間には,
$$E_i = \sum_j \rho_{ij} J_j \tag{1.7.20}$$
という関係が成立する.ここに ρ_{ij} は抵抗率テンソルの ij 成分である.いま,一様な粒径をもった多結晶体を考え,磁化が z 方向に飽和しているものとする.対称性の議論から,抵抗率テンソルは次のように書ける.

$$[\rho_{ij}] = \begin{bmatrix} \rho_\perp(\boldsymbol{B}) & -\rho_\mathrm{H}(\boldsymbol{B}) & 0 \\ \rho_\mathrm{H}(\boldsymbol{B}) & \rho_\perp(\boldsymbol{B}) & 0 \\ 0 & 0 & \rho_{/\!/}(\boldsymbol{B}) \end{bmatrix} \quad (1.7.21)$$

この形は，次式に対応する．

$$E = \rho_\perp(\boldsymbol{B})\boldsymbol{J} + [\rho_{/\!/}(\boldsymbol{B}) - \rho_\perp(\boldsymbol{B})][\boldsymbol{\alpha}\cdot\boldsymbol{J}]\boldsymbol{\alpha} + \rho_\mathrm{H}(\boldsymbol{B})\boldsymbol{\alpha}\times\boldsymbol{J} \quad (1.7.22)$$

ここに，$\boldsymbol{J}$ は電流ベクトル，$\boldsymbol{\alpha}$ は磁化 $\boldsymbol{M}$ の向きを表す単位ベクトルである．

抵抗率テンソルの ij 成分 $\rho_{ij}(\boldsymbol{B})$ は，磁束密度 $\boldsymbol{B}$ の関数である．磁束密度 $\boldsymbol{B}$ は外部磁界 $\boldsymbol{H}$ と反磁場係数 D を使って次のように表される．

$$\boldsymbol{B} = \mu_0(\boldsymbol{H} + \boldsymbol{M}(1-D)) \; [\mathrm{SI}]; \quad \boldsymbol{B} = \boldsymbol{H} + 4\pi\boldsymbol{M}(1-D) \; [\mathrm{cgs}] \quad (1.7.23)$$

抵抗率テンソルの各成分は，次のように B に依存しない成分と B に依存する成分に分けて表すことができる．したがって，

$$\rho_\perp(E) = \rho_\perp + \rho_\perp^{(0)}(\boldsymbol{B}), \quad \rho_{/\!/}(E) = \rho_{/\!/} + \rho_{/\!/}^{(0)}(\boldsymbol{B}), \quad \rho_\perp(E) = \rho_\mathrm{H} + \rho_\mathrm{H}^{(0)}(\boldsymbol{B}) \quad (1.7.24)$$

各式の右辺第 1 項は，磁化 $\boldsymbol{M}$ にのみ依存する項で自発係数とか異常係数と呼ばれ，第 2 項は実効磁束密度 $\boldsymbol{B}$ に依存する項で，正常係数と呼ばれる．$\rho_{/\!/}$ は，電流が磁化に平行である場合の抵抗率の $\boldsymbol{B}\to 0$ 外挿値．$\rho_\perp$ は，電流が磁化に垂直である場合の抵抗率の $\boldsymbol{B}\to 0$ 外挿値．ρ_H は異常ホール抵抗率である．

まず異方性磁気抵抗 (AMR) について述べる．式 (1.7.21) に示す抵抗率テンソルの対角要素 $\rho_{/\!/}$ と $\rho_\perp$ とは一般に異なっているが，これは，抵抗が磁化 $\boldsymbol{M}$ と電流 $\boldsymbol{J}$ の相対的な向きに依存していることを示している．そこで，図 1.7.1 に示すような配置を考え，$\boldsymbol{M}$ と $\boldsymbol{J}$ のなす角度を θ とすると，定義によって $\rho = E\cdot(\boldsymbol{J}/|\boldsymbol{J}|^2)$ であるから，式 (1.7.22) を用いて

$$\lim_{B\to 0}\rho = \frac{\rho_{/\!/} + 2\rho_\perp}{3} + \left(\cos^2\theta - \frac{1}{3}\right)(\rho_{/\!/} - \rho_\perp) \quad (1.7.25)$$

が得られる．磁気抵抗比は次式のように定義される．

$$\frac{\Delta\rho}{\rho} = \frac{\rho_{/\!/} - \rho_\perp}{\frac{1}{3}\rho_{/\!/} + \frac{2}{3}\rho_\perp} \quad (1.7.26)$$

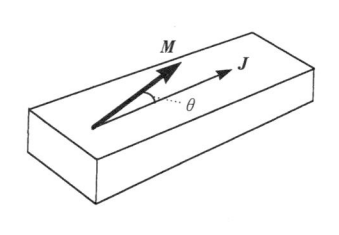

図 1.7.1 磁気抵抗効果測定の実験配置 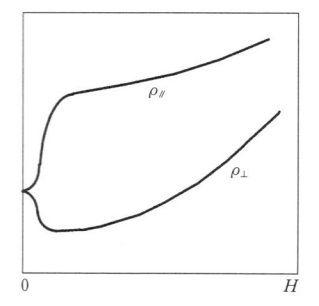　　**図 1.7.2** 強磁性金属の抵抗率の磁界依存性

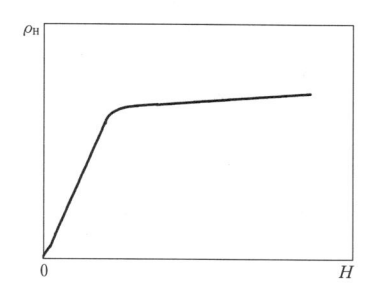

図1.7.3 異常ホール効果の磁界依存性

磁気抵抗比の符号は正負どちらもとりうる．大きさは2～3%程度である．図1.7.2に強磁性金属の抵抗率の磁界依存性を模式的に示す．$B\to 0$の外挿値を考えるときは，Bが反磁界の影響を受けていることを考慮する必要がある．反磁場係数は磁界の方向と形状に依存するので，試料や実験条件によって異なることに注意しなければならない．

次に，異常ホール効果について述べる．式(1.7.21)の非対角成分$\pm\rho_H$は，図1.7.1の配置においてMおよびJに直交する方向に異常ホール電圧E_H

$$E_H(B=0)=\rho_H \alpha \times J \tag{1.7.27}$$

をもたらす．正常ホール係数$R_0=\rho_H^0/B$とのアナロジーから，異常ホール係数は

$$R_S=\frac{\rho_H}{\mu_0 M} \text{ [SI]}, \quad R_S=\frac{\rho_H}{4\pi M} \text{ [cgs]}$$

のように定義される．図1.7.3は典型的な異常ホール効果の磁界依存性である．磁気飽和後のホール抵抗の磁界依存性は正常ホール効果によるもので，ほぼHに対し，直線的に変化している．

b. 強磁性金属の電気輸送現象の物理的起源[6]

通常の純金属の電気抵抗はマティーセン(Matthiessen)の法則に従い，

$$\rho(T)=\rho_0+\rho_P(T) \tag{1.7.28}$$

によって表される．第1項が不純物散乱による残留抵抗であり，第2項はフォノン散乱による温度Tにおける抵抗である．この規則からのずれは一般に小さく，フェルミ面での不純物散乱，フォノン散乱の異方性によってもたらされる．これに対して，強磁性金属の電気抵抗の起源としては，Kasuyaらのスピン散乱(spin disorder scattering)の考えと，Mottによる2流体電流モデル(two current model)の二つが提案されている．前者では伝導電子と局在磁気モーメントとのsd交換相互作用による散乱を考えており，磁気原子サイトにおけるスピンに依存する散乱を無視している．局在d電子系のスピンが揃っていると周期性が保たれ，散乱は生じないが，スピンに

ゆらぎが起こると散乱が強くなる．希土類など局在性の強い系の磁気抵抗効果はスピン散乱モデルでよく説明される．

一方，2流体モデルでは，スピン依存の散乱ポテンシャルを考え，電流は↑スピンと↓スピンの伝導電子［全磁化と平行な磁気モーメントをもつ電子（多数スピンバンドの電子）を↑で表し，反平行なもの（少数スピンバンドの電子）を↓で表す］によってそれぞれ独立に運ばれると考える．散乱によってs電子がd電子帯に遷移するが，↑スピンd電子帯と↓スピンd電子帯では空の状態密度が異なるため，s電子はスピンの向きに応じて異なった散乱確率を感じることになる．このモデルは，Niの抵抗率の温度変化や，Cuの低い抵抗率，さらには3元合金の残留抵抗のマティーセン則からのずれなどをよく説明する．↑スピンに対する抵抗率を $\rho_\uparrow$，↓スピンに対する抵抗率を $\rho_\downarrow$ とすると，全体の抵抗率 ρ は

$$\rho = \frac{\rho_\uparrow \rho_\downarrow}{\rho_\uparrow + \rho_\downarrow} \tag{1.7.29}$$

で表される．Fertらによれば，スピンを混ぜるような散乱（たとえば電子マグノン相互作用，スピン軌道相互作用）によって両スピン間に運動量のトランスファーが起こる過程を考えると，単純な2流体モデルはもはや成り立たず，式(1.7.29)は

$$\rho = \frac{\rho_\uparrow \rho_\downarrow + \rho_{\uparrow\downarrow}(\rho_\uparrow + \rho_\downarrow)}{\rho_\uparrow + \rho_\downarrow + 4\rho_{\uparrow\downarrow}} \tag{1.7.30}$$

と書き換えなければならない[7]．ここに，

$$\rho_\uparrow = \frac{P_{\uparrow\uparrow}}{X_\uparrow^2} + \frac{P_{\uparrow\downarrow}}{X_\uparrow X_\downarrow}, \quad \rho_\downarrow = \frac{P_{\downarrow\downarrow}}{X_\downarrow^2} + \frac{P_{\uparrow\downarrow}}{X_\uparrow X_\downarrow}, \quad \rho_{\uparrow\downarrow} = -\frac{P_{\uparrow\downarrow}}{X_\uparrow X_\downarrow}$$

で，$P_{\uparrow\uparrow}, P_{\downarrow\downarrow}, P_{\uparrow\downarrow}$ は，それぞれ，$(k\uparrow) \to (k'\uparrow), (k\downarrow) \to (k'\downarrow)$ および $(k\uparrow) \to (k'\downarrow)$ のような電子散乱が起こる遷移確率のすべてにわたる積分であり，$X_\uparrow$ などは，駆動項すべてにわたる積分である（詳細はZimanを参照されたい[8]）．

いま，単純な2流体モデルを考え，スピン軌道相互作用を用いて，式(1.7.22)の第2項に示されるような抵抗率が磁化の方向と電流方向のなす角度に依存する効果（異方性磁気抵抗効果）を説明することが行われている．これによれば，異方性磁気抵抗比(1.7.26)は

$$\frac{\Delta\rho}{\rho} = \frac{\rho_\parallel - \rho_\perp}{\rho} \approx \gamma\left(\frac{\rho_\uparrow}{\rho_\downarrow} - 1\right) \tag{1.7.31}$$

と表される．ここに，γ はスピン軌道相互作用係数である．単純遷移金属，遷移金属合金における実験結果の多くは上式で説明できる．

次に，異常ホール効果のメカニズムについては，Luttinger以来多くの研究があり，スピン軌道相互作用に基づくスキュー散乱とサイドジャンプが原因であるとされる．両散乱メカニズムにおける電子の軌跡を図1.7.4に示す．理論によれば，前者では ρ_H は $\rho(T)$ に比例して温度変化するが，後者では $\rho(T)^2$ に比例する．Feなどの実験では，低温部を除き ρ_H は $\rho(T)^2$ に比例することが知られているので，主として

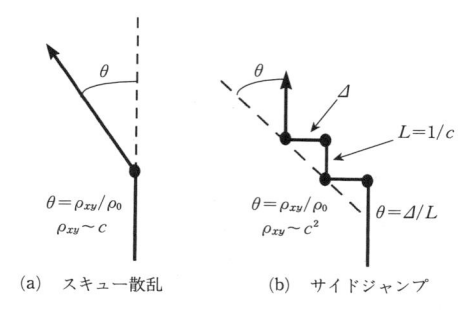

図 1.7.4 異常ホール効果をもたらす (a) スキュー散乱と (b) サイドジャンプにおける電子の軌跡

サイドジャンプの機構が働いていると考えられている．

1.7.4 磁気光学効果の基礎

磁気光学効果は物質の光学応答が磁化に依存する効果の総称である．磁気光学効果は，電子準位間の光学遷移を通じて磁性体における量子状態を比較的強く反映している．とくに磁気光学スペクトルにはこのことが強く現れる．以下では，電磁気学に基づいて磁気光学効果の現象論を概説した後，古典電子論および量子論に基づく微視的立場で磁気光学効果の起源を説明する．詳細は参考書にゆずりたい[9]．

a. 磁気光学効果の現象論
1) ファラデー効果

ファラデー効果は，ファラデー配置（磁化ベクトル M の向きと，光の波動ベクトル k とが平行であるような配置）をとったときの物質の磁化に基づく旋光性（直線偏光の傾きが回転する効果）と円二色性（直線偏光が楕円偏光になる効果）の総称である．ファラデー効果は，磁化をもつ物質の左右円偏光に対する応答に違いがあるとき生じる．

このことを図 1.7.5 によって示そう．旋光性は物質中での左右円偏光の速度が異なることによって起こる．(a) に示すように直線偏光は右円偏光と左円偏光に分解できる．この光が長さの物質を透過した後，左右円偏光の位相が (b) に示すように異なっていれば両者を合成した軌跡は，入射光の偏光方向から傾いた直線偏光となっている．その傾き θ_F は，

$$\theta_F = -\frac{\theta_R - \theta_L}{2} = -\frac{\Delta\theta}{2} \tag{1.7.32}$$

となる．ここに，θ_R は右円偏光の位相，θ_L は左円偏光の位相である．一方，円二色

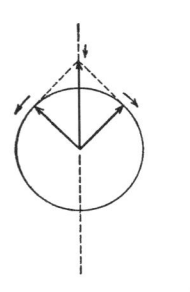

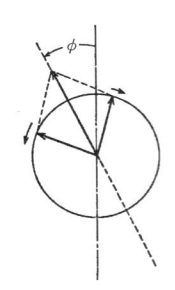

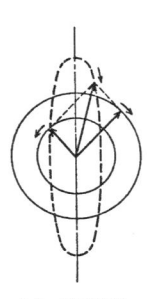

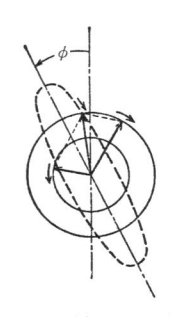

(a) 直線偏光　(b) φだけ回転した直線偏光　(c) 楕円偏光　(d) (b)と(c)によって生じた主軸の傾いた楕円偏光

図 1.7.5 旋光性と円二色性の起源[9)]

性は左右円偏光に対する振幅の差から生じる．その結果，図(c)のように軌跡は楕円偏光となる．楕円率 η_F は，

$$\eta_F = \frac{|E_R| - |E_L|}{|E_R| + |E_L|} \tag{1.7.33}$$

で与えられる．$|E_R|$ は右円偏光の振幅，$|E_L|$ は左円偏光の振幅である．

次式のように複素旋光角 Φ_F を定義すると式の取扱いが簡単になる．

$$\Phi_F = \theta_F + i\eta_F \tag{1.7.34}$$

すると，式(1.7.32)，(1.7.33)をまとめて，

$$\Phi_F \approx i\frac{E_R - E_L}{E_R + E_L} \tag{1.7.35}$$

と書くことができる．ここに E_R および E_L はそれぞれ右円偏光，左円偏光の複素振幅を表している．

右円偏光および左円偏光に対する複素屈折率をそれぞれ N_+, N_- とすると，式(1.7.35)は次式のように書き換えられる．

$$\Phi_F = i\frac{\exp(i\omega N_+ l/c) - \exp(i\omega N_- l/c)}{\exp(i\omega N_+ l/c) + \exp(i\omega N_- l/c)} \approx -\frac{\omega(N_+ - N_-)l}{2c} = -\frac{\pi \Delta N l}{\lambda} \tag{1.7.36}$$

ここに，$\Delta N = N_+ - N_-$ である．

次に旋光性と円二色性を誘電率テンソルを用いて記述する．光の電界 E が印加されたときに物質に生じる電束密度を D とすると，D と E の関係は

$$D = \tilde{\varepsilon}\varepsilon_0 E \tag{1.7.37}$$

で表される．ここに，ε_0 は真空の誘電率で，$\tilde{\varepsilon}$ は比誘電率と呼ばれる．一般に E も D もベクトル量であるから係数 $\tilde{\varepsilon}$ は，2階のテンソルで表される．

等方性媒質が z 方向の磁化をもつとき，その比誘電率 $\tilde{\varepsilon}$ は次式のテンソルで表される．

1.7 磁性の基礎

$$\tilde{\varepsilon} = \begin{bmatrix} \varepsilon_{xx} & \varepsilon_{xy} & 0 \\ -\varepsilon_{xy} & \varepsilon_{xx} & 0 \\ 0 & 0 & \varepsilon_{zz} \end{bmatrix} \tag{1.7.38}$$

ここに，対角成分は磁化 M の偶数次，非対角成分は M の奇数次のべきで表される．対角成分はコットン-ムートン効果に，非対角成分はファラデー効果に寄与する．

この比誘電率をもった媒質を進む電磁波の伝搬は，次式のようなマクスウェルの方程式 (Maxwell's equation) で記述することができる．

$$\mathrm{rot\,rot}\, E(\omega) + \frac{\tilde{\varepsilon}(\omega)}{c^2} \frac{\partial^2}{\partial t^2} E(\omega) = 0 \tag{1.7.39}$$

この式に式 (1.7.38) で表される誘電率テンソルを代入し，いま，光の電界，磁界ベクトルとして $\exp\{-i\omega(t-Nz/c)\}$ の形の時間・空間依存性を仮定して，固有方程式をつくる．これを解くと，複素屈折率 $N(=n+i\kappa)$ の固有値として，次の二つのものを得る．

$$N_{\pm}^2 = \varepsilon_{xx} \pm i\varepsilon_{xy} \tag{1.7.40}$$

これらの二つの固有値 N_+, N_- に対応する電磁波の固有解は，それぞれ，右円偏光，左円偏光であることが導かれる．もし，$\varepsilon_{xy}=0$ であれば，$N_+=N_-$ となり，左右円偏光に対する媒質の応答の仕方が等しいこととなり光学活性は生じない．したがって，ε_{xy} が光学活性をもたらすもとであることが理解されよう．式 (1.7.36) より，複素旋光角 Φ_F は右円偏向と左円偏向に対する複素屈折率の差 ΔN によって記述できるので，これらの量を物質固有の量である ε_{xy} によって表すことができる．ε の実数部を ε'，虚数部を ε'' と表すとすれば，式 (1.7.40) から

$$\Delta N = N_+ - N_- = \sqrt{\varepsilon_{xx} + i\varepsilon_{xy}} - \sqrt{\varepsilon_{xx} - i\varepsilon_{xy}} \approx i\frac{\varepsilon_{xy}}{\sqrt{\varepsilon_{xx}}} \tag{1.7.41}$$

を得る．これを式 (1.7.36) に代入して

$$\Phi_\mathrm{F} = -\frac{\pi \Delta N l}{\lambda} = -\frac{i\pi l}{\lambda} \cdot \frac{\varepsilon_{xy}}{\sqrt{\varepsilon_{xx}}} \tag{1.7.42}$$

が得られる．これを実数部，虚数部に分解して，$\theta_\mathrm{F}, \eta_\mathrm{F}$ は，

$$\theta_\mathrm{F} = -\frac{\pi l}{\lambda} \cdot \frac{\kappa \varepsilon'_{xy} - n\varepsilon''_{xy}}{n^2 + \kappa^2}, \quad \eta_\mathrm{F} = -\frac{\pi l}{\lambda} \cdot \frac{n\varepsilon'_{xy} + \kappa\varepsilon''_{xy}}{n^2 + \kappa^2} \tag{1.7.43}$$

のように，ε_{xy} の実数部と虚数部の1次結合で表される（ここに，$\varepsilon_{xx}^2 = n+i\kappa$ を用いた）．通常ファラデー効果は透明物質で測定されるので，$\kappa=0$ とすると式 (1.7.43) は簡単になって，

$$\theta_\mathrm{F} = -\frac{\pi l}{n\lambda}\varepsilon''_{xy}, \quad \eta_\mathrm{F} = -\frac{\pi l}{n\lambda}\varepsilon'_{xy} \tag{1.7.44}$$

となり，ファラデー回転が ε_{xy} の虚数部に，ファラデー楕円率（磁気円二色性）が ε_{xy} の実数部に対応すると考えてよい．

2) 磁気カー効果

反射の磁気光学効果は，磁気カー効果と呼ばれる．図1.7.6(a)に示すように，磁化の向きが反射面に垂直で，光が面に垂直に入射する場合を極カー効果，(b)に示すように磁化の向きが反射面内にあって，かつ入射面に平行であるような場合を縦磁気カー効果，(c)に示すように，磁化の向きが反射面内にあって，かつ入射面に垂直であるような場合を横磁気カー効果と呼ぶ．

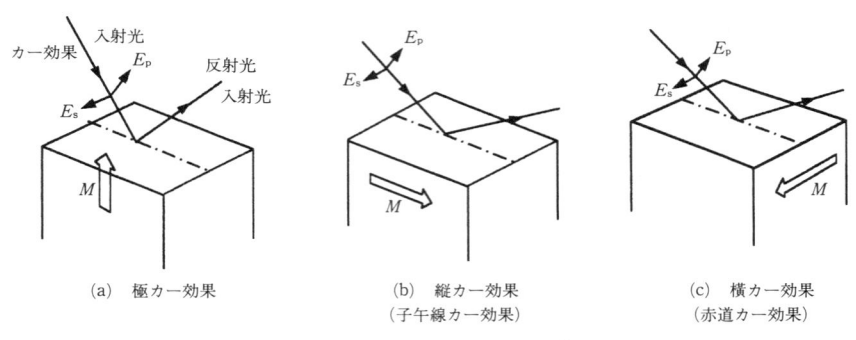

図1.7.6 3種類の磁気カー効果[9]
(a) 極カー効果
(b) 縦カー効果（子午線カー効果）
(c) 横カー効果（赤道カー効果）

はじめに，極磁気カー効果を考える．垂直入射の場合の右回り円偏光および左回り円偏光に対する振幅反射率は

$$\hat{r}_{\pm} = \frac{N_{\pm}-1}{N_{\pm}+1} \tag{1.7.45}$$

によって表すことができる．

磁気カー回転角 φ_K と磁気カー楕円率 η_K をひとまとめにした複素カー回転 Φ_K は，

$$\Phi_K = \varphi_K + i\eta_K = -\frac{\Delta\theta}{2} - i\frac{\Delta r}{2r} = -i\frac{\Delta\hat{r}}{2\hat{r}} \approx i\frac{1}{2}\ln\left(\frac{\hat{r}_-}{\hat{r}_+}\right) \tag{1.7.46}$$

で与えられる $\left[\hat{r}=r\exp(i\theta)\right.$ を微分して $\Delta\hat{r}=\left(\frac{\Delta r}{r}+i\Delta\theta\right)r\exp(i\theta)=\left(\frac{\Delta r}{r}+i\Delta\theta\right)\hat{r}$ したがって，$\frac{\Delta r}{r}+i\Delta\theta=\frac{\Delta\hat{r}}{\hat{r}}\approx\ln\left(1+\frac{\Delta\hat{r}}{\hat{r}}\right)=\ln\frac{2\hat{r}+\Delta\hat{r}}{2\hat{r}-\Delta\hat{r}}=\ln\frac{\hat{r}_+}{\hat{r}_-}=-\ln\frac{\hat{r}_-}{\hat{r}_+}\left.\right]$．この式に式(1.7.40)を代入し，次式を得る．

$$\Phi_K = -i\frac{1}{2}\ln\left(\frac{(N_- -1)/(N_- +1)}{(N_+ -1)/(N_+ +1)}\right) \approx -i\frac{1}{2}\ln\left(\frac{N^2-1-\Delta N}{N^2-1+\Delta N}\right)$$

$$= -i\frac{1}{2}\ln\left(\frac{\varepsilon_{xx}-1-i\varepsilon_{xy}/\sqrt{\varepsilon_{xx}}}{\varepsilon_{xx}-1+i\varepsilon_{xy}/\sqrt{\varepsilon_{xx}}}\right) = -i\frac{1}{2}\ln\left(\frac{1-i\varepsilon_{xy}/(\varepsilon_{xx}-1)\sqrt{\varepsilon_{xx}}}{1+i\varepsilon_{xy}/(\varepsilon_{xx}-1)\sqrt{\varepsilon_{xx}}}\right)$$

$$\approx \frac{\varepsilon_{xy}}{(1-\varepsilon_{xx})\sqrt{\varepsilon_{xx}}} \tag{1.7.47}$$

この式から，カー効果が誘電率の非対角成分 ε_{xy} に依存するばかりでなく，分母にくる対角成分 ε_{xx} にも依存することがわかる．

次に，縦カー効果を考える．電界が入射面に平行に振動している光（p偏光）が，磁化された表面から斜めに反射されたときの反射光のp成分は，通常の金属による反射の場合とほとんど同様に振る舞うのであるが，磁化が存在することによってわずかにs成分（入射面に垂直に振動する成分）が生じる．一般にこの第2の電界成分は反射p成分と同位相ではなく，一定の位相差を有する．したがって，反射光は楕円の主軸がp面から少し回転しているような楕円偏光である．磁化の反転によって回転はp面について対称な方向に起きる．同様の効果は入射光がs偏光の場合にもいえる．この場合のカー回転，楕円率はs方位について対称に起こる．この効果の大きさは，入射角 φ_0 に依存する．

いま，入射光がp偏光の場合を考える．入射面と反射面との交わる線を z 軸とし，磁化は z 軸に平行であるとする．法線の方向を x とする．入射角 φ_0 とし，界面を透過した光の屈折角 φ_2 とすると，複素カー回転角 Φ_K は r_{sp}/r_{pp} によって表される．ここに，r_{sp} は入射p偏光成分に対し，反射s偏光成分が現れる比率を表し，r_{pp} は，入射p偏光に対しp偏光が反射される比率を表す．誘電テンソルを用いて，

$$r_{pp} = \frac{\sqrt{\varepsilon_{xx}}\cos\varphi_0 - \cos\varphi_2}{\sqrt{\varepsilon_{xx}}\cos\varphi_0 + \cos\varphi_2},$$

$$r_{sp} = \frac{\varepsilon_{xy}\cos\varphi_0\sin\varphi_2}{\varepsilon_{xx}\cos\varphi_2(\sqrt{\varepsilon_{xx}}\cos\varphi_2 + \cos\varphi_0)(\sqrt{\varepsilon_{xx}}\cos\varphi_0 + \cos\varphi_2)} \tag{1.7.48}$$

によって与えられる[10]．φ_0 と φ_2 との間にはスネルの法則が成立する．すなわち，

$$\frac{\sin\varphi_0}{\sin\varphi_2} = \sqrt{\varepsilon_{xx}}$$

横磁気カー効果は，縦磁気光学効果と異なり，磁化の方向を逆にしても偏光の傾きには変化を生じないが，反射光の強度に変化が生じる効果である．

3） コットン-ムートン効果

ファラデー効果は光の進行方向と磁界とが平行な場合の磁気光学効果であったが，コットン-ムートン効果は光の進行方向と磁界とが垂直な場合（フォークト配置）の磁気光学効果である．この効果は磁化 M の偶数次の効果であって磁界の向きに依存しない．いま，磁化のないとき等方性の物質を考える．磁化のない場合，この物質は複屈折をもたないが，磁化 M が存在すると M の方向に一軸異方性が誘起され，M 方向に振動する直線偏光（常光線）と M に垂直の方向に振動する光（異常光線）とに対して屈折率の差が生じて，複屈折を起こす．これは磁化のある場合の誘電テンソルの対角成分 $\varepsilon_{xx}(M)$ と $\varepsilon_{zz}(M)$ が一般的には等しくないことから生じる．ε テンソルの対角成分はその対称性から M について偶数次でなければならないので，複屈折によって生じる光学的遅延も M の偶数次となる．コットン-ムートン効果は導波路型光アイソレーターにおいて，モード変換部として用いることができる．以下に，コットン-ムートン効果をマクロな観点から扱う．

いま，z軸を磁化Mの方向にとる．光の進行方向がx軸正の方向であるとしてマクスウェルの方程式を解くと，永年方程式は

$$\{\varepsilon_{xx}(\varepsilon_{xx}-N^2)+\varepsilon_{xy}^2\}(\varepsilon_{zz}-N^2)=0 \qquad (1.7.49)$$

となり，次の2つの固有値N_1, N_2をもつことがわかる．

$$N_1^2=\varepsilon_{xx}+\frac{\varepsilon_{xy}^2}{\varepsilon_{xx}}, \qquad (1.7.50)$$
$$N_2^2=\varepsilon_{zz}$$

N_1に対応する固有関数は

$$\boldsymbol{E}_1=A\exp\{-i\omega(t-N_1x/c)\}(\varepsilon_{xy}\boldsymbol{i}-\varepsilon_{xx}\boldsymbol{j}) \qquad (1.7.51)$$

となる．一方，N_2に対応する固有関数は

$$\boldsymbol{E}_2=A\exp\{-i\omega(t-N_2x/c)\}\boldsymbol{k} \qquad (1.7.52)$$

によって与えられる．ε_{xy}が0であれば$\boldsymbol{E}_1$はy方向に振動する直線偏光であるが，$\varepsilon_{xy}\neq 0$のとき$\boldsymbol{E}_1$はx-y面内に振動面をもつことになる．この結果，この波の波面の伝搬方向はx軸方向であるがエネルギーの伝搬方向はx軸から$-\tan^{-1}(\varepsilon_{xy}/\varepsilon_{xx})$だけ傾いたものとなる．この光線は異常光線である．一方$\boldsymbol{E}_2$はx方向に伝わり，伝搬方向(z方向)に振動する正常光線である．

いま，簡単のため$\varepsilon_{xy}=0$として光学的遅延(リターデーション)δを計算すると

$$\delta=\omega(N_1-N_2)l/c=\omega(\sqrt{\varepsilon_{xx}}-\sqrt{\varepsilon_{zz}})l/c=\frac{\omega l}{2c}\cdot\frac{(\varepsilon_{xx}^{(2)}-\varepsilon_{zz}^{(2)})M^2}{\sqrt{\varepsilon_{xx}^{(0)}}} \qquad (1.7.53)$$

となる．ここに，$\varepsilon_{xx}^{(i)}, \varepsilon_{zz}^{(i)}$は$\varepsilon$を$\boldsymbol{M}$で展開したときの$i$次の係数である．$\delta$は$M$の偶数次の係数のみで表すことができる．

b. 磁気光学効果のスペクトルとミクロな起源

1) 磁気光学効果の古典電子論的起源

磁気光学効果は誘電率の非対角成分ε_{xy}から生じる．一方，誘電率と導電率の間には，

$$\varepsilon_{ij}=\delta_{ij}+\frac{i\sigma_{ij}}{\omega\varepsilon_0}[\text{SI}]=\delta_{ij}+\frac{4\pi i\sigma_{ij}}{\omega}[\text{cgs}] \qquad (1.7.54)$$

の関係式が成立するので磁気光学効果は導電率の非対角成分σ_{xy}から生じるといってもよい．σ_{xy}は電界のx成分と電流のy成分を結び付けるテンソル要素である．

荷電粒子に対する古典的な運動方程式を考えることにより，σ_{xx}およびσ_{xy}として，

$$\sigma_{xx}(\omega)=\frac{ne^2}{m^*}\cdot\frac{i(\omega+i/\tau)}{(\omega+i/\tau)^2-\omega_c^2},\quad \sigma_{xy}(\omega)=\frac{ne^2}{m^*}\cdot\frac{\omega_c}{(\omega+i/\tau)^2-\omega_c^2} \qquad (1.7.55)$$

を得る．ここに，$\omega_c(=eB/m^*)$はサイクロトロン角周波数(cyclotron angular frequency)である．

この式を誘電率に書き換えると

$$\varepsilon_{xx}(\omega)=1-\frac{\omega_p^2}{(\omega+i/\tau)^2-\omega_c^2}, \quad \varepsilon_{xy}(\omega)=\frac{i\omega_p^2\omega_c}{\omega\{(\omega+i/\tau)^2-\omega_c^2\}} \quad (1.7.56)$$

となる。ここに，$\omega_p=\sqrt{ne^2/m^*\varepsilon_0}$ は自由電子のプラズマ角周波数である．

半導体のマグネトプラズマ共鳴 (magneto-plasma resonance) などについてはこのような考え方で実験を説明できることがわかっているが，強磁性体の磁気光学効果は，このような古典電子論では 10^4 テスラもの大きな内部磁界を仮定しなければ説明できない．古典的な電子の運動方程式によって強磁性体の磁気光学効果を説明することはできないことがわかる．この問題を解決に導いたのは次に述べる量子論であった．

2) 磁気光学効果の量子論的起源

動的誘電率は外部電界の印加に対する分極の時間応答を求めるものであるから，時間を含む摂動計算によって求めることができる．久保公式によれば分極率 χ_{xy} は電流密度 J_x の自己相関関数のフーリエ変換で与えられる．

$$\begin{aligned}\chi_{\mu\nu}(\omega)&=-\frac{n_0}{i\omega\varepsilon_0}\lim_{\gamma\to 0}\int_0^\infty d\tau\exp\{(i\omega-\gamma)\tau\}\int_0^{1/kT}d\lambda\langle J_\nu(-i\hbar\lambda)J_\mu(\tau)\rangle_{AV}\\&=-\frac{n_0}{i\omega\varepsilon_0}\lim_{\gamma\to 0}\int_0^\infty d\tau\exp\{(i\omega-\gamma)\tau\}\int_0^{1/kT}d\lambda\frac{\mathrm{Tr}\{J_\nu(-i\hbar\lambda)J_\mu(\tau)\exp(-H_0/kT)\}}{\mathrm{Tr}\exp(-H_0/kT)}\end{aligned}$$
$$(1.7.57)$$

ここに，$J_v(t)(v=x,y)$ は時間を含む電流密度の演算子であって，ハイゼンベルグの表示を用い

$$J_v(t)=\exp(iH_0t/\hbar)J_v\exp(-iH_0t/\hbar) \quad (1.7.58)$$

と書くことができる．また，式 (1.7.57) の $\mathrm{Tr}\,A$ は演算子 A の対角和を表し，次式で与えられる．

$$\mathrm{Tr}\,A=\sum_n\langle n|A|n\rangle=\sum_n\int d\tau\psi_n^*A\psi_n \quad (1.7.59)$$

ただし，ψ_n は H_0 の固有関数で，$H_0\psi_n=\hbar\omega_n\psi_n$ に従う．式 (1.7.58), (1.7.59) を式 (1.7.57) に代入して，

$$\chi_{\mu\nu}(\omega)=\lim_{\gamma\to 0}\frac{n_0}{\omega\varepsilon_0}\sum_{n,m}\frac{\exp(-\hbar\omega_m/kT)-\exp(-\hbar\omega_n/kT)}{\hbar(\omega_m-\omega_n)\mathrm{Tr}\exp(-iH_0/kT)}\cdot\frac{\langle n|J_\nu|m\rangle\langle m|J_\mu|n\rangle}{\omega+\omega_m-\omega_n+i\gamma}$$
$$(1.7.60)$$

が得られる．式の誘導の詳細は参考書[9]を参照されたい．この式から誘電率テンソルの対角，非対角成分として次式が導かれる．

$$\left.\begin{aligned}\varepsilon_{xx}(\omega)&=1+\chi_{xx}(\omega)=1-\frac{N_0e^2}{m\varepsilon_0}\sum_{n<m}\frac{\rho_n(f_x)_{mn}}{(\omega+i/\tau)^2-\omega_{mn}^2}\\\varepsilon_{xy}(\omega)&=\chi_{xy}(\omega)=\frac{iN_0e^2}{2m\varepsilon_0}\sum_{n<m}\frac{\rho_n\omega_{mn}\{(f_+)_{mn}-(f_-)_{mn}\}}{\omega\{(\omega+i/\tau)^2-\omega_{mn}^2\}}\end{aligned}\right\} \quad (1.7.61)$$

すなわち，誘電率のスペクトルはローレンツ型 (Lorentzian) の分散曲線で表される．ここに $(f_x)_{mn}, (f_+)_{mn}, (f_-)_{mn}$ は，それぞれ基底状態 $|n\rangle$ と励起状態 $|m\rangle$ との間の直線

偏光，右円偏光および左円偏光に対する電気双極子遷移の振動子強度であって，

$$(f_x)_{mn} = \frac{2m\omega_{mn}}{\hbar e^2}|(P_x)_{mn}|^2, \quad (f_\pm)_{mn} = \frac{m\omega_{mn}}{\hbar e^2}|(P_\pm)_{mn}|^2 \tag{1.7.62}$$

で与えられる．ここに，$\omega_{mn} = \omega_m - \omega_n$ である．また，$(P)_{mn}$ は電気双極子遷移行列を表す．

$$\rho_n = \frac{\exp(-\hbar\omega_n/kT)}{\sum_n \exp(-\hbar\omega_n/kT)} \tag{1.7.63}$$

は，基底状態 $|n\rangle$ の分布関数である．

式 (1.7.61) は，形のうえでは古典論から導かれた式 (1.7.56) とよく似た式になっているが，ω_c のような explicit な形では磁界の効果は現れていない．磁化は基底状態内の交換分裂 (exchange splitting) を通じて式 (1.7.63) の分布関数に影響を与えるとともに，選択則を通じて振動子強度の差 $(f_+)_{mn} - (f_-)_{mn}$ に影響を与え，磁気光学効果をもたらす．

いま，簡単のために $T \to 0$ を考え，$\rho_n = 1$, $\rho_m = 0$ とすると，式 (1.7.61) は次式のように書き換えられる．

$$\left.\begin{aligned}
\varepsilon_{xx} &= 1 - \omega_p^2 \sum_{n<m} \frac{(f_x)_{mn}}{\omega^2 - \omega_{mn}^2 + \gamma^2 + i2\omega\gamma} \\
&= 1 - \sum_{n<m} \frac{(f_x)_{mn}(\omega^2 - \omega_{mn}^2 + \gamma^2)}{(\omega^2 - \omega_{mn}^2 + \gamma^2)^2 + 4\omega^2\gamma^2} + i\sum_{n<m} \frac{(f_x)_{mn}2\omega\gamma}{(\omega^2 - \omega_{mn}^2 + \gamma^2)^2 + 4\omega^2\gamma^2} \\
\varepsilon_{xy} &= \frac{i\omega_p^2}{2} \sum_{n<m} \frac{\omega_{mn}(\Delta f)_{mn}}{\omega(\omega^2 - \omega_{mn}^2 + \gamma^2 + i2\omega\gamma)} \\
&= \omega_p^2 \sum_{n<m} \frac{\omega_{mn}(\Delta f)_{mn}\gamma}{(\omega^2 - \omega_{mn}^2 + \gamma^2)^2 + 4\omega^2\gamma^2} + \frac{i\omega_p^2}{2\omega} \sum_{n<m} \frac{\omega_{mn}(\Delta f)_{mn}(\omega^2 - \omega_{mn}^2 + \gamma^2)}{(\omega^2 - \omega_{mn}^2 + \gamma^2)^2 + 4\omega^2\gamma^2}
\end{aligned}\right\} \tag{1.7.64}$$

ここに，$\omega_p^2 = Ne^2/m\varepsilon_0$, $\Delta f = f_+ - f_-$ である．この第 1 式から，誘電率の対角成分 ε_{xx} の実数部は分散型，虚数部は吸収型のスペクトルを示すことがわかる．一方，非対角成分 ε_{xy} については，式 (1.7.64) の第 2 式に見られるように，対角成分とは逆に実数部が吸収型，虚数部が分散型になっている．

3) 誘電率の分散式の物理的解釈

誘電率が式 (1.7.64) 式で表されることの物理的な意味を考えてみよう．誘電率は物質の分極のしやすさを表す量である．図 1.7.7(a) に示すように，分極というのは電磁波の電界による摂動を受けて電荷の分布が無摂動のときの分布からずれる様子を表している．どんな関数も正規直交関数系でフーリエ級数展開できることはよく知られている．したがって，電界の摂動を受けて変化した新たな電子波動関数は，無摂動系の固有関数（基底状態および励起状態は正規直交完全系であることはいうまでもない）を使ってフーリエ級数展開できる．ここで，どのような励起状態をどの程度混ぜるかを表しているのが振動子強度 f とエネルギー分母 $(\omega - \omega_{mn})^{-1}$ である．このように考えると実際に遷移の起こる共鳴周波数より低い周波数の光に対しても，電子分極

1.7 磁性の基礎

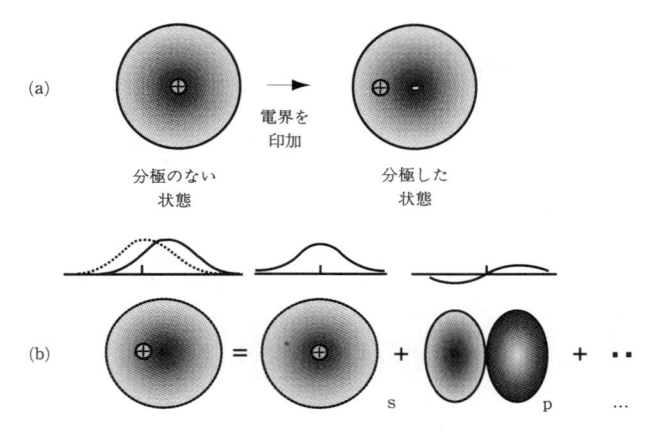

図1.7.7 誘電率の量子的起源[11]

が生じる理由が理解できる．すなわち，励起周波数より低い周波数の光によっても励起状態の波動関数が部分的に基底状態に取り込まれて，電子の空間分布が変化し分極が起こると解釈される．

式(1.7.61)の第1式から，誘電率の対角成分の実数部は分散型，虚数部は吸収型のスペクトルを示すことがわかる．一方，式(1.7.61)の第2式を見ると，非対角成分については全体にiがかかっているので，対角成分とは逆に実数部が吸収型，虚数部が分散型になっている．このことは式(1.7.40)で$N^2=\varepsilon_{xx}\pm i\varepsilon_{xy}$のように，非対角成分に$i$がかかっていることとも対応している．

式(1.7.61)の第2式から，誘電率に非対角成分が現れこれによって光学活性が生じるためには

① $\psi_n \rightarrow \psi_m$遷移（振動数$\omega_{mn}$）において，右円偏光に対する振動子強度$(f_+)_{mn}$と左円偏光に対する振動子強度$(f_-)_{mn}$とが異なる．

② 右円偏光による遷移の分散の中心の振動数ω_+と左円偏光による遷移の分散の中心の振動数ω_-が異なる．

③ 分布関数ρ_mが状態によって異なる．

のいずれかの機構が寄与していればよいことがわかる．

以上の議論では磁界あるいは磁化の寄与はあらわにはなっていない．実は，磁化は，遷移行列（したがって，右左円偏光に対する振動子強度f_+とf_-）とエネルギー分母$\omega_m^2-\omega^2$ならびに分布関数ρ_mを通じて式(1.7.61)に寄与するのである．

量子力学の教えるところによれば，孤立原子において右回り，あるいは，左回りの円偏光による遷移が起こるためには，基底状態と励起状態の軌道角運動量の量子数Lの光の進行方向の成分L_zが1だけ異なっていなければならない．一方，固体中に

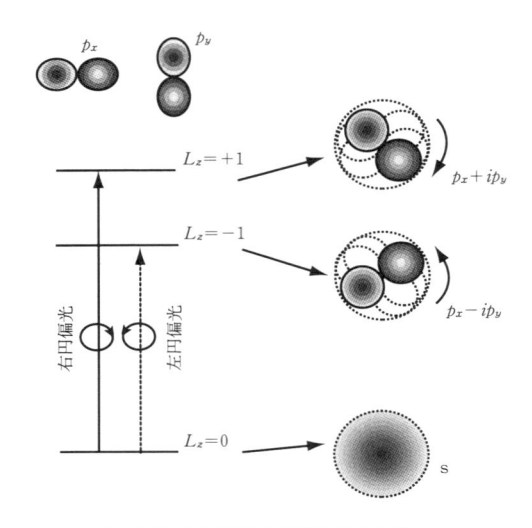

図 1.7.8 電子構造と磁気光学効果[11]

置かれた遷移元素の d 電子の基底状態は軌道の角運動量をもたないことが知られているので，基底状態の軌道角運動量 L_z は 0 と見なすことができる．$L_z=0$ というのは，あたかも，s 電子のように球対称であると考えておいてよい．これに対して，励起状態の L_z はさまざまの値をとりうる．いま，磁化の向きが z 方向にあるとすると，基底状態の L_z は 0 なので円偏光で許容遷移が起こるためには，図 1.7.8 に示すように励起状態の L_z は ± 1 でなければならない[11]．

これは p 電子のような角度分布をもつ状態と考えればよい．いま，$L_z=+1$ なる固有値に対応する p 電子状態は，$p_+=p_x+ip_y$ であり，$L_z=-1$ を固有値にもつのは $p_-=p_x-ip_y$ であるが，これらの状態は，それぞれ，電子が z 軸を中心に右回り，および左回りに回転している状態と考えられる．したがって，円偏光によって電子の回転運動を励起しているのであると理解してよい．式 (1.7.61) は，円偏光の電界によって，角運動量をもった回転する電子状態が基底状態に部分的に混じってくることによって，誘電率の非対角項が現れることを示している．

ここまでは，軌道角運量についてのみ考えてきたが，次に磁界または磁化によるスピン状態の分裂との関係を考える．図 1.7.9 (a) に示すように，磁界（または磁化）のないとき，$L_z=+1$ と $L_z=-1$ の状態は縮退している．磁界が存在すると，図 (b) に示すようにゼーマン効果によって↑スピンの状態のエネルギーと↓スピンの状態のエネルギーとの間に分裂が起こるが，それだけでは，軌道状態の縮退は解けない．p 電子を例にとると，スピンの異なる $p_\uparrow$ 状態と $p_\downarrow$ 状態とのエネルギー分裂は起こるが，右回りの回転運動をする軌道 (p_+) と左回りの回転運動をする軌道 (p_-) とのエネ

1.7 磁性の基礎

	$L_z=1,0,-1$ $S_z=-1/2$	$J_z=$
		$-3/2$
$L=1$ ↕		$-1/2$
	$L_z=1,0,-1$ $S_z=+1/2$	$1/2$
		$3/2$

右 左 　　　右 左

	$L_z=0$ $S_z=-1/2$	$-1/2$
$L=0$ $S=1/2$ ↕	$L_z=0$ $S_z=+1/2$	$L_z=0$ $1/2$

(a) 　　(b) 　　(c)
交換相互作用　スピン軌道相互作用

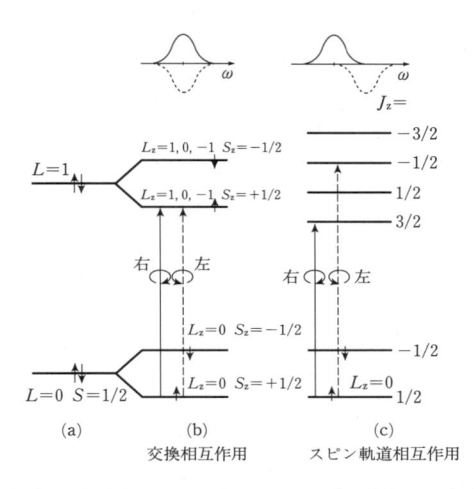

図 1.7.9 磁気光学効果におけるスピン軌道相互作用の重要性[11]

ルギー分裂は起こらない．スピン軌道相互作用によって初めて，スピンの向きと軌道角運動量とが結び付き，全角運動量 $J(=L+S)$ が状態を表す量子数となる．（図(b)）p電子についていえば，$J=3/2$ に対応するのが $p_{+↑}$ 軌道，および，$p_{-↓}$ 軌道であり，$J=1/2$ に対応するのが $p_{-↑}$ 軌道と $p_{+↓}$ 軌道である．↑スピンだけを見れば，図(c)の場合，左回り運動をする電子のエネルギーの方が右回り運動をする電子のエネルギーより高く，↓スピンではちょうど逆の対応となる．したがって，左右円偏光の選択則が打消さないためには基底状態の↑スピン状態の数 $n_↑$ と，↓スピン状態の数 $n_↓$ の分布を考慮しなければならない．もし，基底状態において $n_↑$ と $n_↓$ が同数であれば，遷移が起きても軌道状態の変化は打ち消してしまう．

上のような理由で，磁気光学効果を表す ε_{xy} の式表には，スピン偏極率 $\langle\sigma\rangle=(n_↑-n_↓)/(n_↑+n_↓)$ がかかってくる．常磁性体では，$\langle\sigma\rangle$ はブリユアン関数 $B_J(B/T)$ で表される．B/T の十分に小さいとき，この関数は B/T に比例するが，極低温または強磁界の極限では一定の値に収束する．一方，強磁性体では交換相互作用によって，一方のスピン状態の数が多数となっているので，磁化がある限り基底状態の↑スピンと↓スピンの数に差があり

$$|n, L_z=0, ↑\rangle \to |m, L_z=+1, ↑\rangle \quad \text{(図(c)の実線の遷移)}$$

および

$$|n, L_z=0, ↑\rangle \to |m, L_z=-1, ↑\rangle \quad \text{(図(c)の破線の遷移)}$$

の遷移が優勢となる．この二つの遷移エネルギーの違いは，ゼーマン効果によるものではなく励起状態のスピン軌道相互作用のみによるので，外部磁界によらない．有限温度では基底状態のスピンは↑のみならず↓も混じってくるので，温度上昇ととも

に磁気光学効果は減少する．温度変化の様子は，$M_s(T)/M_s(0)$ の曲線で記述できる．

展　　望

　本節では，磁性材料における磁性の起源を述べ，磁性材料の「量子工学」としての展開の基礎となる電子輸送現象と磁気光学効果の基礎について述べた．磁性材料，磁気デバイスへの展開は，2.3節および3.7節を参照されたい．　　　　　［佐藤勝昭］

引用文献

1) より詳細には，磁性に関する標準的な教科書を参照されたい．たとえば，芳田　奎：磁性Ⅰ・Ⅱ（物性物理学シリーズ），朝倉書店，1972．
2) 近角聡信：強磁性体の物理　上・下，裳華房．
3) B. Dieny et al. : *Phys. Rev.*, **B43** (1991) 1297-1300.
4) C. Zener : *Phys. Rev.*, **82** (1951) 403.
5) I. A. Campbell and A. Fert : Ferromagnetic Materials Vol. 3, E. P. Wohlfarth ed., North-Holland, Amsterdam, 1982, p. 751.
6) 井上順一郎：日本応用磁気学会誌第88回研究会資料，1995.1, p. 51.
7) A. Fert and I. A. Campbell : *J. Phys.*, **F6** (1976) 849.
8) J. M. Ziman : Electrons and Phonons, Clarendon Press, 1960, p. 275.
9) 佐藤勝昭：光と磁気，朝倉書店，1988．
10) C. C. Robinson : *J. Opt. Soc. Amer.*, **53** (1963) 681.
11) 佐藤勝昭他：光磁気ディスク材料，工業調査会，1993．

1.8 超 伝 導

はじめに

　物質の中に自由に動きうる電子があれば，電源をつないで電流を流すことができる．通常電子は格子や不純物によって散乱されるため，電流を流すには電圧を加える必要がある．電圧と電流の比が(電気)抵抗であり，抵抗値は散乱の程度や試料の寸法によって決まる．ところがある種の物質をある温度(臨界温度 T_c)以下に冷やすと，抵抗値がゼロとなる．これが超伝導(あるいは超電導)である．

　超伝導状態では，抵抗がゼロになる(図1.8.1(a))だけでなく，磁束が超伝導体の内部に入らず(マイスナー効果あるいは完全反磁性，図(b))，超伝導体でリングをつくるとその中の磁束が磁束量子 $\Phi_0 (= h/2e = 2.07 \times 10^{-15}$ Wb$)$ の整数倍しか許されない(磁束量子化，図(c))といった現象が起こる．

　1911年に H. K. Onnes によって，水銀が超伝導を示すことが発見されて以来，多くの超伝導物質が発見されてきた．たとえば，ニオブ(Nb, $T_c = 9.2$ K), 鉛(7.2 K), NbN(17 K), NbTi(9.5 K), Nb$_3$Sn(18 K) などの金属系超伝導体や，BEDT-TTF(ET)(12 K), フラーレン C60系(33 K) などの有機超伝導体が知られている．また1986年に J. G. Bednorz と K. A. Müller によって，銅酸化物が超伝導性を示すことが発見された．その後多数の酸化物超伝導体が発見されており，たとえば YBa$_2$Cu$_3$O$_{7-\delta}$(94 K) や，100 K以上の臨界温度をもつ Bi系，Tl系，Hg系などが知られている．さらに銅を含まない (Ba, K)BiO$_3$(30 K) などの酸化物も知られている．

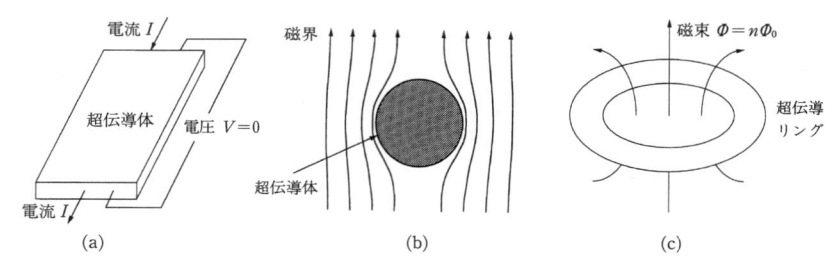

図1.8.1
(a) 超伝導(電気抵抗0), (b) マイスナー効果(完全反磁性), (c) 磁束量子化(n は整数，Φ_0 は磁束量子を表す).

これらの酸化物超伝導体は，臨界温度が高いため高温超伝導体とも呼ばれ，超伝導を引き起こすメカニズムについてさまざまな議論がなされている段階である．本節ではそれらには触れず，金属系超伝導体について確立された内容を述べる．

1.8.1 超伝導のミクロな理論（BCS理論）[1~4]

a. 電子間に働く引力[5]

物質内部の電子と格子（イオン）を連続的な流体で近似すると，平衡状態ではそれらの電荷分布は打ち消しあってゼロになっている．この中に一つの電子を置くと，その電子は周囲に静電ポテンシャルを生じる．ほかの電子やイオンの分布はこのポテンシャルによって変化し，それらの電荷分布の変化がさらにポテンシャルを変える．最初に置いた電子の電荷分布を $-e\delta(\boldsymbol{r})$，流体とみなしたほかの電子とイオン分布の変化を $\delta n, \delta n_i$ と表すと，電子1個を置いたときのポテンシャル Φ は次のポアソン方程式を満たす．

$$-\nabla^2 \Phi = -\frac{e}{\varepsilon_0}\delta(\boldsymbol{r}) - \frac{e}{\varepsilon_0}\delta n + \frac{Ze}{\varepsilon_0}\delta n_i \tag{1.8.1}$$

ただし Z はイオンの価数である．δn と δn_i の Φ 依存性を与えればポテンシャル Φ が求まる．

1) δn と Φ の関係

熱平衡状態において電子がある状態を占有する確率はフェルミ分布関数で表され，温度 T と確率 0.5 となるエネルギー値（フェルミ準位あるいは化学ポテンシャル μ）を与えれば一義的に定まる．フェルミ準位は電子の運動エネルギーと静電ポテンシャルエネルギー（V）の和として次のように表される．

$$\mu = \frac{(\hbar k_\mathrm{F})^2}{2m} + V \tag{1.8.2}$$

ただし，k_F はフェルミ波数を表す．以下では低温での振舞いを考えるので，k_F を絶対零度での値 $(3\pi^2 n)^{1/3}$（n は電子密度）で近似する．熱平衡状態では μ は空間的に一定であるが，ポテンシャル変化 $\delta V(=-e\Phi)$ が生じて μ が一定でなくなると，占有確率の差により電子は μ の高いほうから低いほうへ移動する．ここで電子の空間分布が十分速く応答し，μ を空間の中で一定に保つと近似（トーマス-フェルミ近似）する．この条件（$\delta\mu=0$）から次式を得る．

$$\frac{e}{\varepsilon_0}\delta n = k_\mathrm{s}^2 \Phi \tag{1.8.3}$$

ただし，

$$k_\mathrm{s} = \sqrt{\frac{3ne^2}{2\varepsilon_0 \varepsilon_\mathrm{F}}}, \quad \varepsilon_\mathrm{F} = \frac{(\hbar k_\mathrm{F})^2}{2m}$$

である．ポテンシャルの変化は電子により $1/k_\mathrm{s}$ 程度の距離で遮蔽されるが，その距

離は金属では 0.1 nm 程度である．

2) δn_i と Φ の関係

イオンの質量を M とすると，ポテンシャル Φ の中でのイオンの動きは次の運動方程式に従う．

$$M\frac{d(\delta \boldsymbol{u})}{dt}=Ze(-\nabla\Phi) \tag{1.8.4}$$

イオンは質量が大きいので応答が遅い．速度 $\delta \boldsymbol{u}$ が小さい（1 次の微小量）として，2 次以上の微小量を無視することにより，

$$\frac{d(\delta \boldsymbol{u})}{dt}=\frac{\partial(\delta \boldsymbol{u})}{\partial t}+(\delta \boldsymbol{u}\cdot\nabla)\delta \boldsymbol{u}\cong\frac{\partial(\delta \boldsymbol{u})}{\partial t}$$

と近似する．イオンの動きによる電流 $\boldsymbol{i}_i$（$\sim Zen_i\delta \boldsymbol{u}$，ただし 1 次の微小量を考えるためイオン分布 n_i（一定値）に対して変化分 δn_i は無視）と電荷分布の変化分 $Ze\delta n_i$ とは次の電流連続の式により結ばれている．

$$\operatorname{div} \boldsymbol{i}_i+\frac{\partial(Ze\delta n_i)}{\partial t}=0 \tag{1.8.5}$$

式 (1.8.4)，(1.8.5) から $\delta \boldsymbol{u}$ を消去し，さらに角周波数 ω で時間変化する成分に注目することにして，時間微分 $\partial/\partial t$ を $i\omega$ とおけば，次式を得る．

$$\frac{Ze}{\varepsilon_0}\delta n_i=-\frac{\omega_i^2}{\omega^2}\nabla^2\Phi \tag{1.8.6}$$

ただし，$\omega_i=\sqrt{n_i(Ze)^2/M\varepsilon_0}$ はイオンのプラズマ角周波数であり，$\omega_i/2\pi$ は 10^{13} Hz 程度の大きさである．これより高い周波数の変動に対してイオンは追従しない．

さて式 (1.8.3)，(1.8.6) をポアソン方程式 (1.8.1) の右辺に代入し，さらに両辺を空間フーリエ変換

$$\Phi_k=\frac{1}{\Omega}\int\Phi(\boldsymbol{r})e^{i\boldsymbol{k}\cdot\boldsymbol{r}}d\boldsymbol{r} \quad (\Omega \text{ は試料体積}) \tag{1.8.7}$$

すると

$$k^2\Phi_k=-\frac{e}{\varepsilon_0}-k_s^2\Phi_k+\frac{\omega_i^2}{\omega^2}k^2\Phi_k$$

を得る．これを式変形すると，最初に電子を一つ置いた結果，別の電子が感じるポテンシャルエネルギー（電子間相互作用エネルギー）$V_k(=-e\Phi_k)$ が次のように表される．

$$V_k=\frac{e^2}{\varepsilon_0}\left[\frac{1}{k^2+k_s^2}+\frac{1}{k^2+k_s^2}\cdot\frac{\omega_q^2}{\omega^2-\omega_q^2}\right] \tag{1.8.8}$$

ただし，$\omega_q^2=k^2\omega_i^2/(k^2+k_s^2)$ である．右辺第 1 項は注目する電子以外の電子により遮蔽されたクーロン力を表し，第 2 項は格子を介した電子間相互作用を表す．$\omega<\omega_q$ の範囲で V_k が負，すなわち 2 電子間に引力が働くことを示している．ところで格子

の運動は一つ一つが独立ではなく格子間の相互作用が伴うため，実際には格子振動（フォノン）モードを考慮する必要がある．しかしながら上記の単純化した議論から，フォノンの最高周波数（デバイ周波数と呼ばれイオンのプラズマ周波数程度）以下の周波数範囲で電子間に引力が働くことが予想される．

b. エネルギーギャップ

1957年に J. Bardeen, L. N. Cooper, J. R. Schrieffer によって金属系超伝導のメカニズムが明らかにされた[6]．これは BCS 理論と呼ばれるが，以下に説明するように，前述した引力によって二つの電子が対を形成して低いエネルギー状態に落ち込むというものである．

パウリの排他律により，引力の働きうる二つの電子は互いに逆向きのスピンをもつ電子である．格子を介して二つの電子の間に力が働くということは，波数 $k_1\uparrow$（上向きスピン）電子と $k_2\downarrow$（下向きスピン）電子が格子により散乱されて，フォノンを受け渡し，$k_1'\uparrow$ と $k_2'\downarrow$ に変化すると表現できる．フォノン波数は $k_1-k_1'=-(k_2-k_2')$ であり，散乱によって二つの電子の重心の運動量 $(k_1+k_2)/2$ は変わらない．一方，格子を介した相互作用による引力が働くのはフェルミ準位からフォノンの最大エネルギー $\hbar\omega_D$ 程度（ω_D はデバイ角周波数）以内にある電子に限られる．この条件のもとで引力が働く二つの電子の組合せの数が最大になるのは重心がゼロ（$k_2=-k_1$）の場合である．すなわち $k\uparrow$ 電子と $-k\downarrow$ 電子の組合せからの寄与がもっとも大きい．このような電子の組合せをクーパー対（あるいは電子対ないしは単に対）と呼ぶ．

超伝導体内の電子の生成・消滅演算子を $c_{k\sigma}^\dagger, c_{k\sigma}$（$\sigma=\uparrow,\downarrow$）と書くことにする．電子系のハミルトニアン H は運動エネルギーと相互作用エネルギーの和である．ここで相互作用として，上記の格子を介した電子間相互作用（図1.8.2の散乱過程）を考慮すれば，H は次のように表される．

$$H=\sum_{k,\sigma}\varepsilon_k c_{k\sigma}^\dagger c_{k\sigma}+\sum_{k,k'}V_{k'k}c_{k'\uparrow}^\dagger c_{-k'\downarrow}^\dagger c_{-k\downarrow}c_{k\uparrow} \tag{1.8.9}$$

ただし，ε_k はフェルミ準位から測った $k\sigma$ 電子の運動エネルギーである．係数 $V_{k'k}$ は，相互作用ポテンシャル V をフーリエ変換した波数 $k'-k$ 成分（$V_{k'-k}=V_{k-k'}^*$）であり，式(1.8.8)の括弧内第2項に相当する．ハミルトニアン（式(1.8.9)）は，このままでは取扱いが困難なため，$c_{-k\downarrow}c_{k\uparrow}$ を期待値 $b_k(=\langle c_{-k\downarrow}c_{k\uparrow}\rangle)$ とそれからの

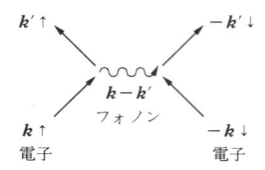

図1.8.2 格子を介した電子間相互作用

1.8 超伝導

差分
$$c_{-k\downarrow}c_{k\uparrow} = b_k + (c_{-k\downarrow}c_{k\uparrow} - b_k) \tag{1.8.10}$$
として表す．第2項を1次の微小量として扱い，2次以上の微小量を無視すると，
$$H = \sum_{k,\sigma} \varepsilon_k c_{k\sigma}^\dagger c_{k\sigma} - \sum_k (\Delta_k^* c_{-k\downarrow}c_{k\uparrow} + \Delta_k c_{k\uparrow}^\dagger c_{-k\downarrow}^\dagger - \Delta_k^* b_k) \tag{1.8.11}$$
ただし，
$$\Delta_k = -\sum_{k'} V_{kk'} b_{k'} \tag{1.8.12}$$
となる．

ハミルトニアンを対角化するために，次のような演算子の変換（ボゴリューボフ変換）を行う．
$$c_{k\uparrow} = u_k^* \gamma_{k0} + v_k \gamma_{k1}, \quad c_{-k\downarrow} = -v_k \gamma_{k0}^\dagger + u_k^* \gamma_{k1} \tag{1.8.13}$$
新しい演算子 $\gamma_{k\sigma}$ ($\sigma=0,1$) も，$c_{k\sigma}$ 同様に次のフェルミ粒子の反交換関係を満足するものとする．
$$\{\gamma_{k\sigma}, \gamma_{k'\sigma'}\} = \{\gamma_{k\sigma}^\dagger, \gamma_{k'\sigma'}^\dagger\} = 0, \quad \{\gamma_{k\sigma}, \gamma_{k'\sigma'}^\dagger\} = \delta_{kk'}\delta_{\sigma\sigma'} \tag{1.8.14}$$
そのためには係数 u_k と v_k は次の関係を満足する必要がある．
$$|u_k|^2 + |v_k|^2 = 1 \tag{1.8.15}$$
式 (1.8.13) をハミルトニアン (1.8.11) に代入し，$\gamma_{k1}\gamma_{k0}$ と $\gamma_{k0}^\dagger \gamma_{k1}^\dagger$ の係数がゼロになるため（対角化）の条件を求めると次式を得る．
$$\Delta_k u_k^2 - 2\varepsilon_k u_k v_k - \Delta_k^* v_k^2 = 0 \tag{1.8.16}$$
これを解くと
$$\frac{u_k}{v_k} = \frac{\varepsilon_k \pm \sqrt{\varepsilon_k^2 + |\Delta_k|^2}}{\Delta_k}$$
を得る．複号のどちらを選ぶかは，γ_{k0} と γ_{k1} の役割を逆にするだけであり，どちらを選んでも結論は同じである．上側を選ぶことにすれば，u_k と v_k は次のように求まる．
$$|u_k|^2 = \frac{1}{2}\left[1 + \frac{\varepsilon_k}{E_k}\right], \quad |v_k|^2 = \frac{1}{2}\left[1 - \frac{\varepsilon_k}{E_k}\right] \tag{1.8.17}$$
ただし $E_k = \sqrt{\varepsilon_k^2 + |\Delta_k|^2}$ である．対角化したハミルトニアンは次のようになる．
$$H = \sum_k \{(\varepsilon_k - E_k + \Delta_k^* b_k) + E_k(\gamma_{k0}^\dagger \gamma_{k0} + \gamma_{k1}^\dagger \gamma_{k1})\} \tag{1.8.18}$$

右辺中括弧内の第2項は励起状態を表す．この励起は電子の演算子ではなく $\gamma_{k\sigma}$ という演算子で表される励起であり，これを新たな粒子とみなして準粒子と呼ぶ．準粒子を超伝導基底状態から励起するために必要な励起エネルギーは $E_k (\geq |\Delta_k|)$ であり，$|\Delta_k|$（エネルギーギャップと呼ばれる）より小さなエネルギーでは励起はできない．金属系超伝導体では異方性が小さいので，Δ_k を k によらない一定値 Δ とする場合が多く，その値は meV 程度の大きさである．なお，高温超伝導体では異方性が大きい．

一方，式 (1.8.18) 中括弧内の右辺第1項は超伝導基底状態のエネルギーを表す．絶対零度において励起がない場合，常伝導基底状態のエネルギーは上下のスピンを含

めて，$H_n = \sum_{|k| \leq k_0} 2\varepsilon_k$ である．超伝導と常伝導の基底状態のエネルギーの差 $H - H_n$ は，電子対を形成することによる電子系のエネルギーの減少分であり，フェルミ準位付近の電子の状態密度を一定 (N_0) と近似して，和を積分に変えて計算してみると，この差は $-N_0 \Delta^2/2$ であることがわかる．フェルミ面から Δ 程度の範囲にある電子（総数 $N_0\Delta$ 程度）が対形成による系のエネルギー減少におもに寄与し，対一つ当たり Δ 程度のエネルギーが低下していることを意味する．

次にエネルギーギャップの値を求める．式 (1.8.13) を使って式 (1.8.12) を変形すると次式を得る．

$$\Delta_k = -\sum_{k'} V_{kk'} \langle c_{-k'\downarrow} c_{k'\uparrow} \rangle = -\sum_{k'} V_{kk'} \frac{\Delta_{k'}}{2E_{k'}} (1 - \langle \gamma_{k'0}^\dagger \gamma_{k'0} \rangle - \langle \gamma_{k'1}^\dagger \gamma_{k'1} \rangle) \quad (1.8.19)$$

前述 (1.8.1 項 a.) より，引力が働くのはフェルミ準位からフォノンの最大エネルギー $\hbar\omega_D$ 以内にある電子に限られる．以下この範囲の電子すべてに，一定の負のポテンシャル $-V$ が働くと近似する．

$$\begin{cases} V_{kk'} = -V & (|\varepsilon_k|, |\varepsilon_{k'}| \leq \hbar\omega_D \text{ の場合}) \\ 0 & (\text{それ以外の場合}) \end{cases} \quad (1.8.20)$$

また $\Delta_k = \Delta$（k によらず一定）として，式 (1.8.19) の両辺を Δ で割ると次式を得る．

$$1 = V \sum_{k'} \frac{1}{2E_{k'}} (1 - \langle \gamma_{k'0}^\dagger \gamma_{k'0} \rangle - \langle \gamma_{k'1}^\dagger \gamma_{k'1} \rangle) \quad (1.8.21)$$

絶対零度では励起がないから，右辺括弧内第2項と第3項（準粒子励起数）はゼロになる．和を積分で近似すると，絶対零度におけるエネルギーギャップ $\Delta(0)$ は次式を満たす．

$$1 = N_0 V \sinh^{-1}\left(\frac{\hbar\omega_D}{\Delta(0)}\right) \quad (1.8.22)$$

$N_0 V \ll 1$（弱結合と呼ばれる）の場合は，

$$\Delta(0) \cong 2\hbar\omega_D e^{-\frac{1}{N_0 V}} \quad (1.8.23)$$

となり，負のポテンシャルエネルギーの大きさ V が大きいほど，エネルギーギャッ

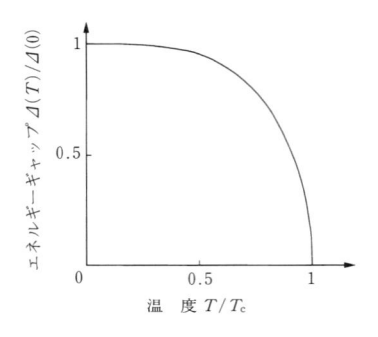

図 1.8.3　エネルギーギャップの温度依存性

プ $\Delta(0)$ が大きいことを表す．一方有限温度では，式 (1.8.21) 右辺括弧内第 2 項と第 3 項の準粒子励起の期待値にフェルミ分布関数 $f(E_k)$ を代入し，和を積分で近似すると，

$$1 = N_0 V \int_0^{\hbar\omega_D} \frac{1}{E_k} \tanh\left(\frac{E_k}{2kT}\right) d\varepsilon_k \tag{1.8.24}$$

となる．この式を数値計算すると $\Delta(T)$ の温度依存性は図 1.8.3 のようになる．臨界温度 $(T=T_c)$ では，$\Delta=0$，$E_k=\varepsilon_k$ であるが，この場合は $\hbar\omega_D \gg kT$ により式 (1.8.24) の積分が近似的に求まり，

$$kT_c = 1.13 \hbar\omega_D e^{-\frac{1}{N_0 V}} \tag{1.8.25}$$

が得られる．式 (1.8.23)，(1.8.25) より

$$2\Delta(0) = 3.5 kT_c \tag{1.8.26}$$

という関係が得られる．実際に種々の物質の $2\Delta(0)/kT_c$ の実測値は，3 ないし 4 程度である．

c. 励起状態

1.8.1 項 b. で説明したように，超伝導基底状態から準粒子を励起するためには，励起エネルギー $E(=\sqrt{\varepsilon^2+\Delta^2})$ が必要である（図 1.8.4(a)）．励起エネルギー E に対する準粒子状態密度は $N(E)dE = N_0 d\varepsilon$ から

$$N(E) = N_0 \frac{E}{\sqrt{E^2 - \Delta^2}} \tag{1.8.27}$$

であり，$E > \Delta$ なるエネルギー E に対して励起状態が存在し，状態密度は $E = \Delta$ において発散する（図 1.8.4(b)）．さて準粒子演算子を式 (1.8.13)〜(1.8.15) を使って電子の演算子で表すと，

$$\gamma_{k0} = u_k c_{k\uparrow} - v_k c^\dagger_{-k\downarrow}, \quad \gamma_{k1} = v_k c^\dagger_{k\uparrow} + u_k c_{-k\downarrow} \tag{1.8.28}$$

となる．準粒子演算子は $k\uparrow$ 電子と $-k\downarrow$ 電子の生成・消滅演算子が混在したものである．基底状態を $|G\rangle$ と表せば，準粒子が存在しないので，

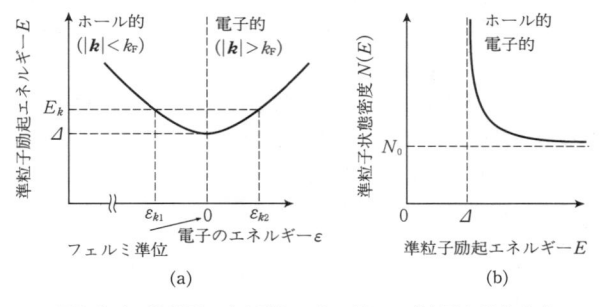

図 1.8.4 準粒子の (a) 励起エネルギーと (b) 励起状態密度

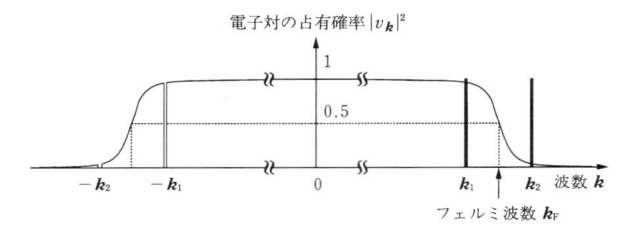

図 1.8.5 電子対の占有確率と二つの励起状態

$$\gamma_{k0}|G\rangle = \gamma_{k1}|G\rangle = 0 \tag{1.8.29}$$

である．BCS理論では，これを満たす $|G\rangle$ を次式のように仮定する．

$$|G\rangle = \prod_k (u_k + v_k c_{k\uparrow}^{\dagger} c_{-k\downarrow}^{\dagger})|0\rangle \tag{1.8.30}$$

ただし $|0\rangle$ は電子のない状態を表す．$|v_k|^2$ は対の存在確率を表し，絶対零度でも式 (1.8.17)，図 1.8.5 に示されるようにフェルミ面付近でなだらかに変化する．なお v_k/u_k の位相が電子対の位相を表すが，式 (1.8.16) の解からこれは Δ_k の位相と同じである．すべての電子対はほぼ同じ位相を有する．

基底状態 $|G\rangle$ に $\gamma_{k0}^{\dagger}$ と $\gamma_{k1}^{\dagger}$ の励起を行うと，

$$\left.\begin{array}{l}\gamma_{k0}^{\dagger}|G\rangle = c_{k\uparrow}^{\dagger} \prod_{l \neq k}(u_l + v_l c_{l\uparrow}^{\dagger} c_{-l\downarrow}^{\dagger})|0\rangle \\ \gamma_{k1}^{\dagger}|G\rangle = c_{-k\downarrow}^{\dagger} \prod_{l \neq k}(u_l + v_l c_{l\uparrow}^{\dagger} c_{-l\downarrow}^{\dagger})|0\rangle\end{array}\right\} \tag{1.8.31}$$

となる．すなわち $k\uparrow$ と $-k\downarrow$ の一方の占有確率が 1 で他方が 0 になる．図 1.8.5 に示すように，$|k_1| \ll k_F$ であるような波数 k_1 についていうと，$\gamma_{k0}^{\dagger}$ の励起により占有確率は $k_1\uparrow$ 状態では $|v_{k1}|^2$ (1に近い) から 1 に変わるだけだが，$-k_1\downarrow$ 状態では $|v_{k1}|^2$ から 0 への大きな変化となる．したがって，基底状態からの準粒子の生成 ($\gamma_{k0}^{\dagger}$) はほぼ $-k_1\downarrow$ のホールを生成することに近い．逆に $|k_2| \gg k_F$ であるような波数 k_2 に対しては，$k_2\uparrow$ 状態の占有確率を $|v_{k2}|^2 (\sim 0)$ から 1 に大きく変えるため，ほぼ $k_2\uparrow$ の電子を生成するのに近い．$\gamma_{k1}^{\dagger}$ については，上記の k の符号を逆にした場合となる．いずれにしても $|k| < k_F$ に対しては，準粒子励起はホール的な励起であり，$|k| > k_F$ に対しては電子的な励起である．

一つの準粒子励起は，占有数を $2|v_k|^2$ から 1 に変えるので，対の数 N が保存されない．超伝導状態は位相 ϕ がほぼ確定した状態であり，不確定性原理 ($\Delta N \cdot \Delta \phi > 1$) によりこのような粒子数の不確定さが現れる．ただし外部と電子のやりとりのない孤立した超伝導体に電磁波を印加して準粒子を励起するような場合は電子数が保存されなければならない．そのため励起は図 1.8.5 に示す k_1 と k_2 のような ($|v_{k1}|^2 + |v_{k2}|^2 = 1$ すなわち $\varepsilon_{k1} = -\varepsilon_{k2}$ を満足する) 準粒子励起が同時に生じる必要がある．二つの準粒子を励起しなければならないので，このような分光学的な励起エネルギーの最低値は 2Δ である．一方外界と電子のやりとりのある場合，たとえば超伝導-常伝導接合

図 1.8.6 半導体モデル

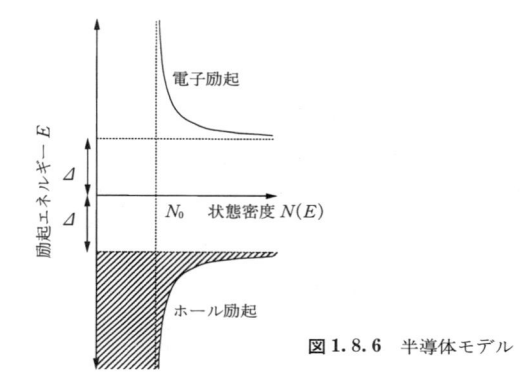

をつくって常伝導側から準粒子を注入する場合などでは，準粒子一つの励起が可能である．

さて図 1.8.4 (a) を見ると電子的励起 (ε_{k2}) とホール的励起 ($\varepsilon_{k1}=-\varepsilon_{k2}$) は同じ励起エネルギー E を有する．このような波数 k_2 と k_1 の二つの励起は branch と呼ばれ，それぞれの branch では，励起により電子の占有数を $2|v_{k2}|^2$ から 1 へ，また $2|v_{k1}|^2$ から 1 に変える．二つの branch が同数励起される場合は，これを足し合わせて，前者の占有数分 $2|v_{k2}|^2$ をなくして占有数を 0 から 1 に変える電子励起と見なし，その分を後者に加えて（式 (1.8.17)）から $|v_{k1}|^2+|v_{k2}|^2=1$ となるので）占有数を 2 から 1 に変えるホール励起と見なしても，全体の占有数変化は同じである．このことを利用して，電子的励起とホール的励起ではなく，電子励起とホール励起に二分して，図 1.8.6 に示すような励起エネルギー対状態密度の図を書くことがある．

超伝導体に電子を注入する場合，超伝導体のフェルミ準位より $\varDelta$ 以上大きなエネルギーをもった電子でないと電子励起ができない．これを上側に向けて書く．逆に電子を超伝導から引き出す場合は，超伝導体のホール励起に必要な $\varDelta$ 以上の系のエネルギー上昇分だけ，引き出される電子のエネルギーが低くなるので下側に向けて書く．こうすると超伝導体に対する電子のやりとりを容易に記述することができる．図 1.8.6 では $T=0$ において，電子の状態密度が空で，ホールの状態密度が満たされている場合を書いてあるが，有限温度では占有確率がフェルミ分布関数 $f(E)$ に従うものとすればよい．このような表し方は，半導体のエネルギーバンド図に類似しているため，半導体モデルと呼ばれる．

半導体モデルによれば，間に薄い絶縁膜をはさんだ超伝導体と金属ないし半導体との接合あるいは超伝導トンネル接合における準粒子電流は，接合両端の電位差を V として，次のように書ける．

$$i=|T|^2\int N_1(E+eV)N_2(E)\{f_1(E+eV)-f_2(E)\}dE \tag{1.8.32}$$

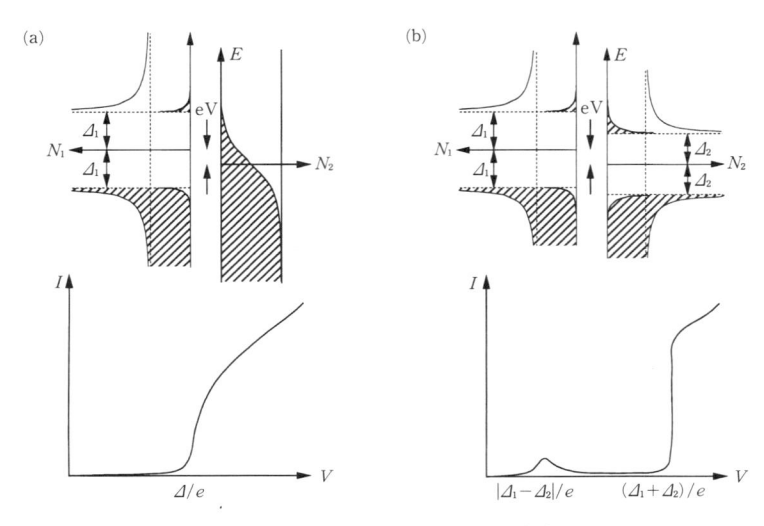

図 1.8.7 半導体モデルと電流 (I)・電圧 (V) 特性
(a) 超伝導-絶縁体-常伝導接合と (b) 超伝導-絶縁体-超伝導接合.

ただし，N_1, N_2 は二つの電極の状態密度を表し，電極が常伝導か超伝導かに従い常伝導電子の状態密度 N_0 か準粒子の状態密度 $N(E)$ を代入する．f_1, f_2 は二つの電極におけるフェルミ分布関数を表し，$|T|^2$ は遷移確率（エネルギーによらず一定と近似して積分の外に出した）を表す．図 1.8.7 に示すように，超伝導体と金属との接合では，印加電圧が Δ/e 程度から電流が大きく流れるようになる．またエネルギーギャップが Δ_1 と Δ_2 の超伝導体の間に薄い絶縁膜をはさんだトンネル接合では，$|\Delta_1 - \Delta_2|/e$ に電流ピークを生じ，$(\Delta_1 + \Delta_2)/e$ から電流が大きく流れるようになる．状態密度が発散しているため，この電流の立上りは急峻である．なお電磁波を照射するとフォトンのエネルギー $\hbar\omega$ を得てトンネルするため，ギャップ電圧より $\hbar\omega/e$ 低い電圧から準粒子電流が立ち上がる特性に変わる．この変化を利用してミリ波や X 線などの電磁波の検出器に応用されている．

また常伝導体から超伝導体に向かって電子が入射すると，反射する場合と透過する場合とがありえる．$\boldsymbol{k}\uparrow$ 電子が入射する場合を考えると，$\boldsymbol{k}\uparrow$ 電子がそのまま反射ないしは透過する場合のほかに，$-\boldsymbol{k}\downarrow$ 電子と対を形成して超伝導体に入り，その代わりに $-\boldsymbol{k}\downarrow$ ホールが常伝導側へ反射される（アンドレーエフ反射）場合がある．

1.8.2 超伝導のマクロな理論

前項のミクロな理論（BCS 理論）が得られる前に，F. London と H. London による

ロンドン方程式(1935年)[7], V. L. Ginzburg と L. D. Landau による GL 方程式 (1950)[8], A. B. Pippard によるピパード方程式(1953年)[9] などマクロな見方からの超伝導理論が提案された。これらは超伝導の時空間的変化や電磁界に対する応答を考える際に便利であり、超伝導応用の各種の問題を解くために用いられる。

a. GL 方程式

以下では Ginzburg と Landau による物理的直観に基づく導出に沿って説明する。超伝導は、電子が対を形成して低いエネルギー状態に凝縮している状態である。対は位相が揃っているため、超伝導に寄与する電子対全体を一つの複素数 Ψ で表すことができるであろう。これを秩序パラメーターと呼ぶ。Ψ は波動関数に似ているが、多数の電子対全体を表すものである。

電子系のギブズの自由エネルギー G を、運動エネルギーと磁気エネルギー、および $|\Psi|^2$ に依存する分をその偶数次のべき乗項で展開する。$|\Psi|$ が小さいとして、2乗と4乗の項まで残すと、

$$G = \frac{1}{2m^*}\left|\left(\frac{\hbar}{i}\nabla - q^*\boldsymbol{A}\right)\Psi\right|^2 + \frac{1}{2\mu_0}\boldsymbol{B}^2 - \boldsymbol{B}\boldsymbol{H} + \alpha|\Psi|^2 + \frac{\beta}{2}|\Psi|^4 \qquad (1.8.33)$$

ただし、m^* と q^* は電子対の実効的な質量と電荷を表し、電子の質量の2倍 ($2m_e$) および電荷の2倍 ($-2e$) とする。ここで外部から磁界 $\boldsymbol{H}$ を与えるものとする。$\boldsymbol{B}^2/2\mu_0$ は磁界エネルギーを表し、$-\boldsymbol{B}\boldsymbol{H}$ の項により外部磁界源がなした仕事をひいてある。また α と β は理論と実験を合わせるための係数である。ただし、ベクトルポテンシャル $\boldsymbol{A}$ がゼロ、秩序パラメーターの空間変化もゼロの状態において、$|\Psi|$ の有限の値に対してエネルギー最小値が存在する条件から、係数の符号は $\alpha<0$, $\beta>0$ とする。

そこで変分原理を用いて、系のエネルギーの変分がゼロになる条件から Ψ の満たすべき方程式を求める。そのため Ψ と $\boldsymbol{A}$ が $\Psi + \delta\Psi$ および $\boldsymbol{A} + \delta\boldsymbol{A}$ に微小変化する場合のエネルギー変化分を1次の項まで残すと、

$$\begin{aligned}\delta\int G d\boldsymbol{r} \cong &\int \delta\Psi^*\left\{\frac{1}{2m^*}\left(\frac{\hbar}{i}\nabla - q^*\boldsymbol{A}\right)^2\Psi + \alpha\Psi + \beta|\Psi|^2\Psi\right\}d\boldsymbol{r}\\ &+ \int \delta\Psi\left\{\frac{1}{2m^*}\left(\frac{\hbar}{-i}\nabla - q^*\boldsymbol{A}\right)^2\Psi^* + \alpha\Psi^* + \beta|\Psi|^2\Psi^*\right\}d\boldsymbol{r}\\ &\int \delta\boldsymbol{A}\left\{\boldsymbol{i} - \frac{q^*}{2m^*}\Psi^*\left(\frac{\hbar}{i}\nabla - q^*\boldsymbol{A}\right)\Psi - \frac{q^*}{2m^*}\Psi\left(\frac{\hbar}{-i}\nabla - q^*\boldsymbol{A}\right)\Psi^*\right\}d\boldsymbol{r}\end{aligned} \qquad (1.8.34)$$

となる。なお外部から超伝導体に電流を流す場合を含めて、超伝導体内部の電流をすべて磁化電流として扱うことにして、積分領域(超伝導内部)では rot $\boldsymbol{H}=0$ (真電流がゼロ)とする。式 (1.8.34) をゼロにする条件から、次の GL 方程式を得る。

$$\frac{1}{2m^*}\left(\frac{\hbar}{i}\nabla - q^*\boldsymbol{A}\right)^2\Psi + \alpha\Psi + \beta|\Psi|^2\Psi = 0, \qquad (1.8.35)$$

$$\boldsymbol{i} = \frac{q^*}{2m^*}\left\{\Psi^*\left(\frac{\hbar}{i}\nabla - q^*\boldsymbol{A}\right)\Psi + \Psi\left(\frac{\hbar}{-i}\nabla - q^*\boldsymbol{A}\right)\Psi^*\right\} \tag{1.8.36}$$

式 (1.8.36) において, $\Psi = \sqrt{n_s}e^{i\theta}$ とおくと,

$$\boldsymbol{i} = \frac{n_s q^*}{m^*}(\hbar\nabla\theta - q^*\boldsymbol{A}) \tag{1.8.37}$$

を得る. すなわち電流が位相の空間勾配とベクトルポテンシャルの和で表される. これらは非線形なポテンシャル項 $\alpha + \beta|\Psi|^2$ を含むシュレーディンガー方程式および電流の式と同じ形の式であるが, 式 (1.8.35)~(1.8.37) は一つの電子が満たす方程式ではなく, 多数の電子対全体を表す秩序パラメーター Ψ が満たすべき方程式である. GL方程式は後に L. P. Gor'kov (1959 年) によって, 臨界温度 T_c 付近における BCS 理論から導かれ, ミクロな理論に裏付けられた. T_c 付近の温度では Ψ はエネルギーギャップ Δ に比例し, ギャップパラメーターあるいはペアポテンシャルとも呼ばれる.

さて超伝導体の十分内部で $\Psi = \Psi_\infty$ (一定値) とする. $\boldsymbol{A} = 0$ の場合を考えると, 式 (1.8.35) より $|\Psi_\infty|^2 = -\alpha/\beta \,(= n_s,\,$電子対密度$)$ と表される. また超伝導と常伝導のエネルギー差は式 (1.8.33) 右辺の Ψ に依存する二つの項 $\alpha|\Psi_\infty|^2 + (\beta/2)|\Psi_\infty|^4 = -\alpha^2/2\beta$ である. 後述のようにこの差は $-\mu_0 H_c^2/2$ である. α と β はしたがって n_s と H_c を使って表すことができる. 経験的に臨界温度付近 ($T \approx T_c$) では,

$$n_s \propto 1 - \left(\frac{T}{T_c}\right)^4, \quad H_c(T) = H_c(0)\left\{1 - \left(\frac{T}{T_c}\right)^2\right\}$$

という温度依存性がある. このため T_c 付近の温度では, β は一定, α は $T_c - T$ に比例する.

また, $\boldsymbol{A} = 0$ の場合に Ψ に微小変化が生じたとして, $\Psi = \Psi_\infty + \delta\Psi$ とおいて変化分 $\delta\Psi$ の従うべき式を求めると,

$$\frac{\hbar^2}{2m^*}\nabla^2\delta\Psi + 2\alpha\delta\Psi = 0 \tag{1.8.38}$$

となる. $\xi = \hbar/\sqrt{2m^*(-\alpha)}$ をコヒーレンス長と呼ぶことにすると, 1次元での解は $\exp(\pm\sqrt{2}x/\xi)$ であり, Ψ の変化分はコヒーレンス長 ξ 程度の寸法で空間的に減衰することを示す. コヒーレンス長は T_c 付近の温度では $T_c - T$ に逆比例する. 金属系超伝導体の場合, 純粋な材料では ξ の値は数十 nm ないし μm 程度である.

b. ロンドン方程式と電磁界応答

GL 方程式 (1.8.37) の両辺の rot をとると,

$$\mathrm{rot}(\Lambda\boldsymbol{i}) = -\boldsymbol{B} \tag{1.8.39}$$

ただし, $\Lambda = m^*/n_s q^{*2}$ である. さて秩序パラメーターは, 定常状態のシュレーディンガー方程式に従う波動関数からの類推でいえば, $e^{-iEt/\hbar}$ の時間依存性をもつと考えられる. エネルギー E を静電ポテンシャル q^*V とおくと, 位相の時間微分は $\partial\theta/\partial t = -q^*V/\hbar$ と表される. 式 (1.8.37) を時間微分してこれを代入すると次式を得る.

1.8 超伝導

$$\frac{\partial(\Lambda i)}{\partial t} = E \tag{1.8.40}$$

ただし E は電界を表す.

式 (1.8.39), (1.8.40) をロンドン方程式という. 実はこれらの式は損失のないニュートンの運動方程式から, 速度が小さい近似のもとで導き出すこともできる[10]. 式 (1.8.40) は電界がゼロで直流電流が流せること (電気抵抗ゼロ) を示す.

ロンドン方程式は秩序パラメーターの位相項を含まないため, 後述の量子干渉効果や磁束量子化などの量子現象は説明できない. しかし電磁界に対する応答は, ロンドン方程式とマクスウェル方程式を連立して求めることができ, さまざまな問題を解く際に用いられている. たとえば時間変化しない磁界を超伝導体に与える場合を考えると, ロンドン方程式 (1.8.39) と時間変化のないマクスウェル方程式 $(1/\mu_0)\mathrm{rot}\,\boldsymbol{B} = \boldsymbol{i}$ から次式を得る.

$$\nabla^2 \boldsymbol{B} = \frac{1}{\lambda_\mathrm{L}^2} \boldsymbol{B} \tag{1.8.41}$$

ここで, $\lambda_\mathrm{L} = \sqrt{\Lambda/\mu_0}$ はロンドン侵入長と呼ばれ, 温度依存性は,

$$\lambda_\mathrm{L} \propto \frac{1}{\sqrt{n_\mathrm{s}}} \propto \frac{1}{\sqrt{1-(T/T_\mathrm{c})^4}}$$

である. 金属系超伝導体では T_c より十分低い温度における λ_L の値は, 数十 nm 程度である.

たとえば十分厚い超伝導体に外部から一様な磁界 H_0 を与えると, 磁束密度 B は

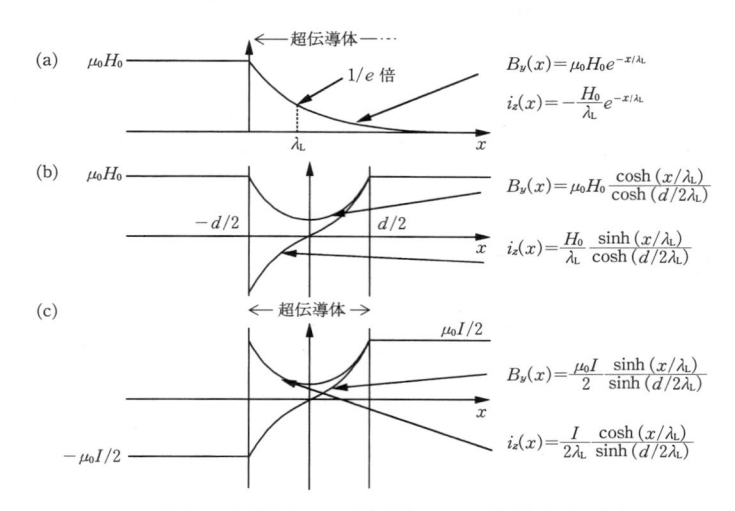

図 1.8.8 超伝導内部での磁束密度 B と面電流密度 i の分布
(a) 半無限に存在する超伝導体あるいは, (b) 有限厚さの超伝導板に磁界 H_0 を与える場合と, (c) 有限厚さの超伝導板に電流 I (面密度) を流す場合.

超伝導体表面より λ_L を目安として，exponential 減衰する（図 1.8.8 (a)）．これは磁化電流が外部からの磁界を超伝導内部で減らす（十分内部ではゼロにする）ように流れるためであり，この電流は遮蔽電流とも呼ばれる．有限な厚みの超伝導板に外部から磁界 H_0 を与えた場合および面電流 I を流す場合の磁束密度の分布を解くと，図 1.8.8 (b), (c) のようになる．λ_L に比べて十分厚い場合は，磁束密度と電流は表面より λ_L 程度で減衰し，十分内部ではほぼゼロとなる．これがマイスナー効果である．

次に時間的に変化する電磁界が超伝導体に入射する場合を考えるため，ロンドン方程式 (1.8.39)，(1.8.40) と次の時間変化を含むマクスウェル方程式を連立して解く．

$$\frac{1}{\mu_0}\mathrm{rot}\,\bm{B} = \bm{i} + \sigma_n \bm{E} + \frac{\partial \bm{D}}{\partial t}, \quad \mathrm{rot}\,\bm{E} = -\frac{\partial \bm{B}}{\partial t} \tag{1.8.42}$$

ただし，超伝導内部の伝導電子を超伝導電子と常伝導電子に二分する近似（2流体モデル）を用いており，$\bm{i}$ は前者による超伝導電流，$\sigma_n \bm{E}$ は電界が生じる場合に後者による常伝導電流が流れることを示す．まとめると，

$$\nabla^2 \bm{B} = \frac{\mu_0}{\Lambda}\bm{B} + \sigma_n \mu_0 \frac{\partial \bm{B}}{\partial t} + \varepsilon \mu_0 \frac{\partial^2 \bm{B}}{\partial t^2} \tag{1.8.43}$$

を得る．たとえば，平面波（y, z 方向一様）が，x 方向に無限に続く超伝導体に入射し $\exp(\gamma x)$ と変化するとすれば，式 (1.8.43) に代入することにより，

$$\gamma^2 = \frac{1}{\lambda_L^2} + i\omega \sigma_n \mu_0 - \omega^2 \varepsilon \mu_0$$

を得る．伝搬定数 γ の第1項は低周波で磁界がロンドン侵入長 λ_L 程度で減衰することを表す．第2項は常伝導体の場合によく知られている表皮効果である．直交する電界と磁界の比（表面インピーダンス）Z_s を求め同波数が低い領域での近似式を得ると，

$$Z_s = \frac{E_y}{(B_z/\mu_0)} = \frac{i\omega\mu_0}{\gamma} \approx i\omega\mu_0 \lambda_L + \frac{\omega^2 \mu_0^2 \lambda_L^3 \sigma_n}{2} \tag{1.8.44}$$

となる．実部（第2項）は損失を表し，周波数の2乗に比例することがわかる．エネルギーギャップに相当する周波数（$2\Delta/h \sim$ THz）を超えると準粒子励起が起こるので損失が急激に増大する．損失の少ない周波数範囲において，フィルターやアンテナなどの受動部品への応用が研究されている．

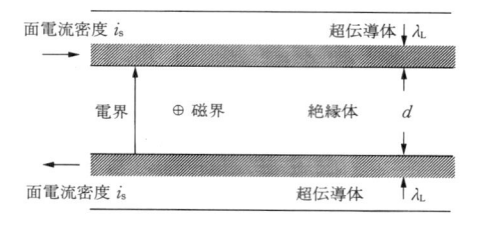

図 1.8.9　超伝導ストリップライン

伝送線路の例として超伝導ストリップラインを考えると，上下の超伝導体が十分に厚い場合 (図 1.8.9)，電流は表面から λ_L 程度の厚みに流れ，磁界もその程度侵入する．面電流密度を i_s とするとその値は表面での磁界の強さ H に一致する．2 枚の超伝導膜にはさまれた領域につくられる磁束は $\Phi=\mu_0 i_s(d+2\lambda_L)$ であり，単位幅当たりのインダクタンスは $L=\Phi/i_s=\mu_0(d+2\lambda_L)$ となる．括弧内第 2 項は磁束が超伝導体に侵入することによる寄与である．一方，電界については通常考える周波数においては，超伝導内部では電子の遮蔽により十分小さくなるため，単位面積当たりのキャパシタンスは $C=\varepsilon/d$ である．電磁界の伝搬速度は $u=1/\sqrt{LC}=1/(\mu_0\varepsilon\sqrt{(1+2\lambda_L/d)})$ となる．すなわち磁束侵入分だけ電磁波の伝搬速度が遅れる．なお超伝導膜の厚み t が λ_L 程度以下であるような薄い場合を解くと，$\lambda_L^*=\lambda_L\coth(t/\lambda_L)$ を実効的なロンドンの侵入長として $L=\mu_0(d+2\lambda_L^*)$ となる．厚み t が λ_L 以下であっても λ_L^* が λ_L より大きくなり，厚み t を限りなくゼロに近づけると発散するが，これは次の 1.8.2 項 c. で説明するように，電子の運動エネルギーによる kinetic inductance 分の寄与である．一般の伝送路の場合は，伝搬モードについて解く必要がある．

c. 磁束量子化

超伝導リングに鎖交する磁束を考える (図 1.8.10 (a))．リングの十分内部を 1 周する経路に沿って式 (1.8.37) を積分すると，電流 $i \sim 0$ により左辺の寄与はゼロとなる．リングに沿って位相 θ の変化を見てゆくと，1 周して秩序パラメーターが同じ値に戻ることから，2π の整数倍の変化しか許されない．ベクトルポテンシャル A の 1 周積分は鎖交する磁束 Φ であるから結局 n を整数として，

$$\Phi = n\Phi_0 \tag{1.8.45}$$

すなわち超伝導リングに鎖交する磁束は磁束量子 Φ_0 の整数倍に限られる (磁束量子化)．いったん超伝導状態になると磁束の出入りはできないので，鎖交する磁束量子の数を変えるには，臨界温度以上に温度を上げるか臨界磁界以上の磁界を印加するこ

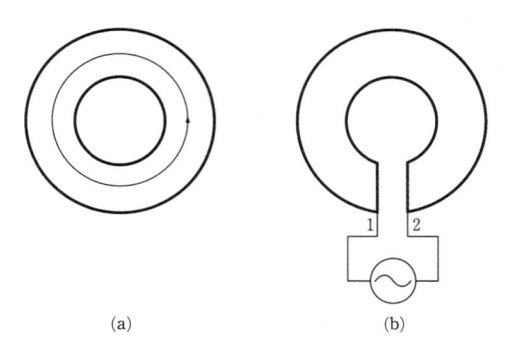

図 1.8.10 (a) 超伝導リングと，(b) これを切って電源をつなぐ図

とにより超伝導でなくす必要がある．

なおリングが磁界侵入長 λ_L 程度より細いか薄い場合には，電流 i を無視することができない．この場合は磁束 Φ ではなく，次の量 Φ_x（フラクソイドと呼ばれる）が量子化される．

$$\Phi_x = \Phi + \oint \frac{m^*}{nq^{*2}} \boldsymbol{i} \cdot d\boldsymbol{l} \qquad (1.8.46)$$

リングの一部を切って，電源をつなぐ場合（図1.8.10(b)），端子間に生じる電圧は位相の時間微分に比例し（フラクソイドの時間微分に等しい），次のように表される．

$$V_{12} = \frac{d\Phi}{dt} + \frac{d}{dt}\int_{1-2} \frac{m^*}{nq^{*2}} \boldsymbol{i} \cdot d\boldsymbol{l} \qquad (1.8.47)$$

フラクソイドの第2項の被積分関数は $\boldsymbol{i} = nq^*\boldsymbol{u}$ とおくと，$m^*\boldsymbol{u}/q^*$ となる．すなわち電子対の運動量に比例する項である．時間変化による電圧への寄与はしたがって電子対の運動量変化の寄与である．電圧を電流の時間微分で割るとリングのインダクタンスが得られるが，このような理由から第2項成分は kinetic inductance と呼ばれる．

d. 第一種・第二種超伝導体

小さな磁界を超伝導体に印加すると，1.8.2項 b. に記したように，遮蔽電流が流れ内部に磁界が入らない．しかしながら磁界を強くしていくと，ついには磁界が侵入するようになる．入り方は2種類あり，以下に説明する．

まず超伝導と常伝導の界面のエネルギーを考える．系のエネルギーを U，エントロピーを S，圧力を p，体積を V とすれば，

$$dU = TdS - pdV + \boldsymbol{H}d\boldsymbol{B} \qquad (1.8.48)$$

である．ただし可逆変化を考える．ギブズの自由エネルギーは $G = U - TS + Vp - \boldsymbol{BH}$ であり，変化分については，

$$dG = -SdT + Vdp - \boldsymbol{B}d\boldsymbol{H} \qquad (1.8.49)$$

となる．定温・定圧・定磁界の条件下で $dG = 0$ が系の平衡状態を表す．定温・定圧下で磁界を 0 から H まで変える場合を考えると，常伝導では $\boldsymbol{B} = \mu_0 \boldsymbol{H}$ であるので，

$$G_n(H) = G_n(0) - \frac{\mu_0 H^2}{2} \qquad (1.8.50)$$

一方，超伝導では $\boldsymbol{B} = 0$ であるため，

$$G_s(H) = G_s(0) \qquad (1.8.51)$$

なお添字は常伝導 (n) と超伝導 (s) を示す．$H = H_c$（臨界磁界）で超伝導と常伝導の自由エネルギーが一致（$G_s(H_c) = G_n(H_c)$）して，相転移が起こるので，

$$G_s(0) = G_n(0) - \frac{\mu_0 H_c^2}{2} \qquad (1.8.52)$$

となる．したがって，超伝導は常伝導に対し系のエネルギーが $\mu_0 H_c^2/2$ 低い．

(a) 第一種超伝導体　　　(b) 第二種超伝導体

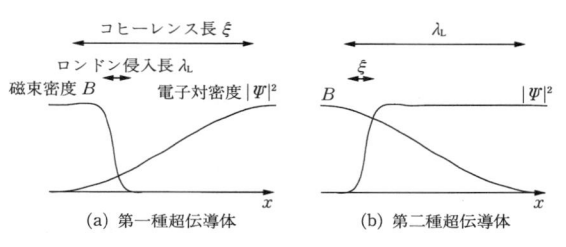

図 1.8.11　磁界侵入と秩序パラメーターの空間変化

磁界印加時に超伝導体の一部に常伝導部分が形成されると，そこでは ξ 程度の寸法で Ψ が変化する．式 (1.8.52) より常伝導のほうがエネルギーが高いため，界面の単位面積当たり $\xi\mu_0 H_c^2/2$ 程度エネルギーが上昇する．一方，超伝導は λ_L 程度の深さに磁界侵入を許す．この領域では $B=\mu_0 H$ となるため式 (1.8.51) 右辺に $-\mu_0 H_c^2/2$ が加わる．すなわち超伝導状態で磁界を押し出している状態と比べると磁界が侵入するほうが自由エネルギーが低くなる．この結果，界面エネルギーとしては $\lambda_L \mu_0 H_c^2/2$ 程度エネルギーが低下する．結局磁界印加時に界面形成によるエネルギー増加分は $(\xi-\lambda_L)\mu_0 H_c^2/2$ 程度である．ξ と λ_L は物質によって異なる．$\xi>\lambda_L$ ならば界面エネルギーが正であり，界面を形成しないほうが系のエネルギーが低くなる．逆に $\xi<\lambda_L$ ならば界面をつくるほうがエネルギーが低くなる．$\kappa=\lambda_L/\xi$ を GL パラメーターといい，正確には κ が $1/\sqrt{2}$ を境に界面エネルギーの正負が変わる．κ がそれより小さい物質を第一種超伝導体と呼び，大きい物質を第二種超伝導体と呼ぶ (図 1.8.11)．

第一種超伝導体では H を増やしていくと，H_c 以下では完全反磁性により内部に磁界は入らず，H_c において常伝導に相転移する．第二種超伝導体では $H>H_{c1}(=H_c \log 2/\sqrt{2}\kappa)$ で，超伝導体に磁界が侵入して常伝導領域が形成される．磁界は磁束量子単位で侵入する．$H=H_{c2}(=H_c\sqrt{2}\kappa)$ になると磁束量子が三角格子状に ξ 程度の間隔で並び (アブリコゾフ状態)，これより大きな磁界 H を印加すると常伝導に転移する (図 1.8.12)．H_{c1} から H_{c2} の間を混合状態と呼ぶ．第二種超伝導体のほうが，より高い磁界まで超伝導状態が維持されるため，高い磁界が印加されたり大きな電流を流す目的で使用される．なお第一種超伝導体では，現実の有限の寸法をもつ試料に磁界を

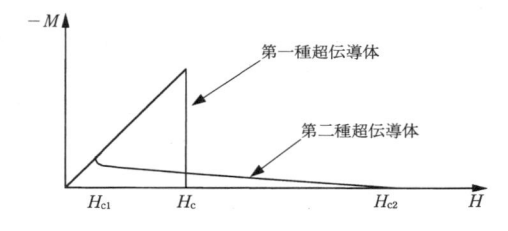

図 1.8.12　磁化特性

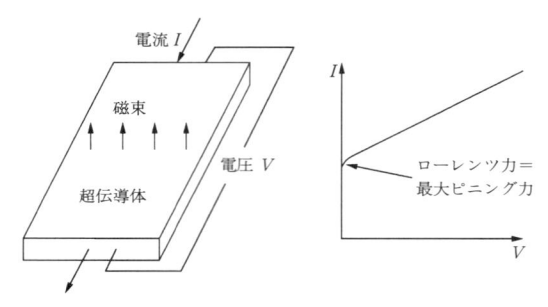

図 1.8.13 第二種超伝導体の電流・電圧特性

印加すると，外部から一様な磁界を印加したとしても，形状に依存する反磁界により，試料の一部に磁界が集中するので H_c を越した一部分が常伝導になり，残りの部分が超伝導状態となることがありうる．これを，第二種超伝導体の混合状態と区別して中間状態と呼ぶ．

第二種超伝導体に H_{c1} から H_{c2} の間の磁界を印加して磁束量子が入り込んでいる状態で，電流 I を流してみる．電流が磁束量子と直交していれば，磁束量子にローレンツ力 f_L が働く．超伝導内部の磁束は，材料の不均一さや不純物などによって生じるピニング力で止められるが，電流を増やして最大ピニング力 f_p を越えると，磁束量子が動き始める．粘性抵抗を η と書くと，

$$f_L - f_p = \eta u \tag{1.8.53}$$

で決まる速度 u で動く．運動方向に垂直な位置に取り付けた電極間の電圧を測定すると，単位時間当たり通過する磁束に相当する電圧が生じる．したがって，第二種超伝導体の電流・電圧特性は，最大ピニング力に対応する電流以下では確率的な磁束の動きによる小さな電圧しか生じないが，これを越す電流に対しては粘性抵抗で決まる電圧が生じ，電流増加に応じて電圧が増加する（図1.8.13）．

e. ピパード方程式（非局所的応答）

ロンドン方程式 (1.8.39) の右辺において $\boldsymbol{B} = \mathrm{rot}\,\boldsymbol{A}$ とおくと，電流 $\boldsymbol{i}$ が（局所的な）ベクトルポテンシャル $\boldsymbol{A}$ に比例する．電流は秩序パラメーターの空間的変化を伴い，その寸法はコヒーレンス長 ξ 程度以下にはできない．一方，磁界変化，したがって $\boldsymbol{A}$ の変化はロンドン侵入長 λ_L 程度の寸法で生じる．第二種超伝導体では λ_L に比べて ξ が短いため，ロンドン方程式の局所的な関係が成立する．しかしながら第一種超伝導体では ξ のほうが長く，電流はより短い距離 λ_L で変化する $\boldsymbol{A}$ の影響を受けるため，非局所的な表現が必要となる．これが次のピパード方程式である．

$$\boldsymbol{i} = -\frac{3}{4\pi\xi_0 \Lambda} \int \frac{\boldsymbol{R}\{\boldsymbol{R}\cdot\boldsymbol{A}(\boldsymbol{r}')\}}{R^4} e^{-\frac{R}{\xi}} d\boldsymbol{r}' \tag{1.8.54}$$

ただし，

$$R = r - r', \quad \frac{1}{\xi} = \frac{1}{\xi_0} + \frac{1}{l}$$

また l は平均自由行程であり，これが短いとコヒーレンス長 ξ が短くなる．その極限では，式 (1.8.54) は $i \sim -(\xi/\xi_0 \Lambda) A$ となり，係数を除けばロンドン方程式と同じくなる．したがって，この極限 (impure limit) においては，磁界侵入長は，$\lambda \sim \lambda_L \sqrt{\xi_0/l}$ となる．逆に l が長い極限 (pure limit) では $\lambda/\lambda_L \sim (\xi_0/\lambda_L)^{1/3}$ である．

ここで現れたコヒーレンス長をピパードのコヒーレンス長といい，不確定性原理からその値が見積られている．位置 x と運動量 p の不確定性 $\delta x \delta p > \hbar$ において，フェルミ準位付近の電子についてエネルギーの不確定量 $\delta E = \delta(p^2/2m) = v_F \delta p$ が kT_c 程度であることを使うと，$\delta x = \xi_0 \sim \hbar v_F/kT_c$ 程度である．なお BCS 理論からの計算により，右辺の係数が 0.18 と求められている．このように定義されたピパードのコヒーレンス長は温度に対して一定であるが，GL 理論で現れるコヒーレンス長は T_c で発散する．異なる定義であり，ピパードあるいは GL コヒーレンス長と呼んで区別する．$T \ll T_c$ で両者は一致する．

1.8.3 ジョセフソン効果

a. ジョセフソンの式

二つの超伝導体の間に薄い絶縁膜をはさんでトンネル接合を形成したり，超伝導体の一部をくびれさせる (図 1.8.14) と，ジョセフソン効果が現れる．これは 1962 年に B. D. Josephson が理論的に予測した効果[11]であり，接合の特性はジョセフソンの式で表される．以下に R. P. Feynman による導出方法[12]を紹介する．

超伝導体 1 と 2 における電子対のエネルギーを U_1, U_2 とし，二つの超伝導体の結合エネルギーを K で表すことにする．それぞれの秩序パラメーター Ψ_1 と Ψ_2 が満たす運動方程式は，

$$i\hbar \frac{\partial \Psi_1}{\partial t} = U_1 \Psi_1 + K \Psi_2, \quad i\hbar \frac{\partial \Psi_2}{\partial t} = U_2 \Psi_2 + K \Psi_1 \tag{1.8.55}$$

となる．超伝導体間に電圧 V をかける場合を考える．エネルギーの基準をその中点にとって，$-U_1 = U_2 = q^* V/2$ とし，秩序パラメーターを絶対値と位相に分けて $\Psi =$

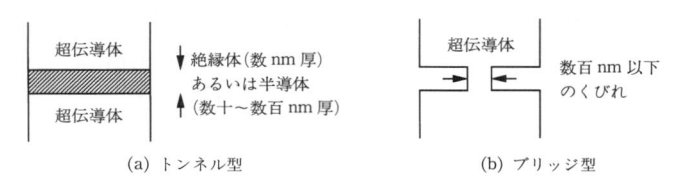

図 1.8.14 ジョセフソン接合の構造

$\sqrt{n}e^{i\theta}$ と表し,式 (1.8.55) に代入して,実部と虚部に分けると次の四つの式を得る.

$$\left.\begin{array}{l} -\hbar\dfrac{\partial\theta_1}{\partial t}=\dfrac{q^*V}{2}+K\sqrt{\dfrac{n_2}{n_1}}\cos\phi, \quad -\hbar\dfrac{\partial\theta_2}{\partial t}=-\dfrac{q^*V}{2}+K\sqrt{\dfrac{n_1}{n_2}}\cos\phi \\ \hbar\dfrac{\partial n_1}{\partial t}=-2K\sqrt{n_1 n_2}\sin\phi, \quad \hbar\dfrac{\partial n_2}{\partial t}=2K\sqrt{n_1 n_2}\sin\phi \end{array}\right\} \quad (1.8.56)$$

$q^*=-2e$,位相差 $\theta_1-\theta_2=\phi$ とおくと,次のジョセフソンの式を得る.

$$i=I_0\sin\phi \tag{1.8.57}$$

$$\frac{d\phi}{dt}=\frac{2eV}{\hbar} \tag{1.8.58}$$

ただし,接合電流を $i=-dn_1/dt$ から求めており,$I_0=2K\sqrt{n_1 n_2}/\hbar$ とおいた.また,実際には接合を流れる電流は,接合に接続される回路ないし電源を流れ,電子対密度の変化は生じないので $n_1=n_2$ とした.I_0 を臨界電流値あるいは接合の最大電流値と呼ぶ.この式は電子対の移動による電流を表す.

b. 電流・電圧特性

ジョセフソンの式 (1.8.57), (1.8.58) は非線形が強い.電圧ゼロでは位相差が一定であり,臨界電流値 I_0 までの電流を流すことができる.これを直流ジョセフソン効果という.なお直流電流 $I(<I_0)$ に時間変化する微小交流電流 $\delta i(t)$ を重畳すると,$I+\delta i(t)=I_0\sin\phi(t)$ となる.これを時間で微分すると,

$$\frac{d(\delta i)}{dt}=I_0\cos\phi\frac{d\phi}{dt}\cong\sqrt{I_0^2-I^2}\frac{2eV}{\hbar} \tag{1.8.59}$$

から接合は非線形なインダクタンス $L_J=(\hbar/2e)/\sqrt{I_0^2-I^2}$ と等価であることがわかる.

1) 電圧源をつなぐ場合

直流電圧 V を印加すると,電流は $i=I_0\sin(2eVt/\hbar)$ となり振動する.これを交流ジョセフソン効果という.その周波数は電圧に比例し,比例係数 $2e/h$ は 4.84×10^{14} Hz/V という大きな値であり,2μV が約 1 GHz に相当する.これを利用して発振器に用いる研究がなされている.さらに直流電圧 V に交流電圧 $v_s\cos\omega_s t$ を重畳すると,$\phi=2eVt/\hbar+(2ev_s/\hbar\omega_s)\sin\omega_s t$ から,電流は

$$i=I_0\sum_n J_n\left(\frac{2ev_s}{\hbar\omega_s}\right)\sin(\omega+n\omega_s)t \tag{1.8.60}$$

となる.ただし J_n は n 次の第一種ベッセル関数である.式 (1.8.60) から $2eV/\hbar=n\omega_s$ (n は整数)となる電圧 V において,直流電流が生じることがわかる.したがって直流電流のみを取り出してみれば,$\hbar\omega_s/2e$ という一定電圧間隔に直流電流が生じる櫛の歯形の特性となる.電圧と周波数が物理定数で結び付けられており,精度のよい周波数標準を用いて高精度な電圧標準が実用化されている.

2) 電流源をつなぐ場合

接合に電圧が生じると,ジョセフソンの式で表される電子対による電流のほかに,

1.8 超伝導

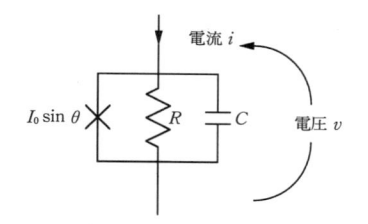

図 1.8.15 ジョセフソン接合の等価回路

準粒子電流と変位電流が流れる．これらを抵抗とコンデンサーで表すと，現実の接合の等価回路はこれらを並列に接続したものとなる（図 1.8.15）．電圧源駆動の場合は，これらを流れる電流を足し合わせればよい．しかし接合のインピーダンスは一般に低いため，電源の出力インピーダンスのほうが高くなり電流源駆動に近くなることが多い．この場合の接合の振舞いは回路方程式を解く必要がある．

電流源駆動の回路方程式は式 (1.8.58) を使って v を消去すると，

$$\frac{\hbar C}{2e}\frac{d^2\phi}{dt^2}+\frac{\hbar}{2eR}\frac{d\phi}{dt}+I_0\sin\phi=I \tag{1.8.61}$$

となる．$\alpha=I/I_0$, $\tau=\omega_j t$, $\omega_j=2eRI_0/\hbar$（接合のプラズマ角周波数），$\beta_c=2eI_0R^2C/\hbar$（ヒステリシスパラメーター）という正規化を行うと，回路方程式は

$$\beta_c\frac{d^2\phi}{d\tau^2}+\frac{d\phi}{d\tau}+\sin\phi=\alpha \tag{1.8.62}$$

となる．なお正規化した電圧は $u=v/RI_0=d\phi/d\tau$ である．たとえば $R=10\,\Omega$, $I_0=100\,\mu A$ の場合，$\omega_j=3\times10^{12}$ rad/s である．時間に対して一定な正規化バイアス電流 $\alpha(\leq 1)$ に対しては，$\alpha=\sin\phi$ という一定の電流が流れる（直流ジョセフソン効果）．α を 1 以上にすれば振動電圧が生じる（交流ジョセフソン効果）．この場合の回路方程式の解析解はないが，数値計算すると，I-V 特性（直流バイアス電流 I に対して電圧 v の時間平均値 V の特性であり，正規化したパラメーターでいえば，u の時間平均値を $\langle u\rangle$ として α-$\langle u\rangle$ 特性）は電流を増やす場合と減らす場合とで異なる経路をたどり，ヒステリシスを示すことがわかる．α-$\langle u\rangle$ 特性は β_c のみによって決まり，β_c が大きいほどヒステリシスは大きい[13]．β_c が 1 以下ではほとんどヒステリシスを生じない．なお β_c がゼロの場合だけは回路方程式の解析解が求まり，I-V 特性は $\langle u\rangle=\sqrt{\alpha^2-1}$ という双曲線になる（図 1.8.16）．

直流電圧 $\langle u\rangle$ が生じると，$\phi=\int u d\tau$ から ϕ は時間に対して増加する．ところで回路方程式は ϕ を 2π ずらしても同じ形である．ϕ が 2π 増加する時間を T とすれば，2π ごとに同じ波形が足され $\phi(\tau+T)=\phi(\tau)+2\pi$ となる．時間微分すると，$d\phi(\tau+T)/d\tau=d\phi(\tau)/d\tau$ により u は周期 T の周期関数となる．$\langle u\rangle=(1/T)\int_T u d\tau=2\pi/T$ から，直流電圧が振動周波数に比例する（正規化しないパラメーターでいうと

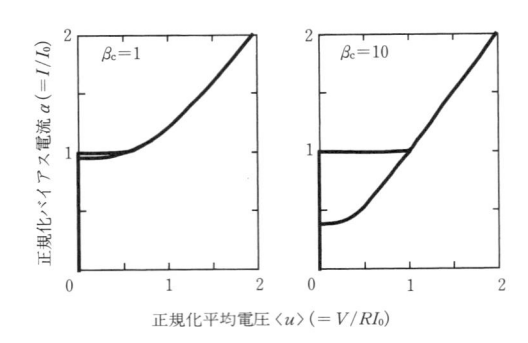

図 1.8.16 一定電流を加えた線形な並列抵抗を有するジョセフソン接合の正規化した電流・電圧特性の計算結果

$V=\hbar\omega/(2e)$)．さらに，直流バイアス電流 I に正弦波電流 $I_s \cos\omega_s t$ を重畳すると，$V=n\hbar\omega_s/2e$ で一定電圧ステップ（シャピロステップ）を生じる．これは電圧 V では，接合が $\omega=2eV/\hbar$ で振動しており，$\omega=n\omega_s$ となる電圧において信号の n 倍高調波と位相同期する結果である．

トンネル型の接合では，準粒子電流・電圧特性が図 1.8.7(b) に示すように非線形性が強く，図 1.8.7(b) の特性に直流ジョセフソン効果による（電圧ゼロで流れる）電流を加えたものに近い特性（図 1.8.17）が観測される．すなわち I_0 以下の電流に対しては，電圧がゼロであるが，I_0 を超えるとほぼ電圧 $2\Delta/e$（ギャップ電圧と呼ばれる）にとぶ．いったん電圧が生じると I_0 以下でも電圧が維持され，ヒステリシス特性となる．ギャップ電圧以上での抵抗 R_{nn} をノーマル抵抗と呼び，

$$R_{nn}I_0 = \frac{\pi\Delta}{2e}\tanh\left(\frac{\Delta}{2kT}\right) \tag{1.8.63}$$

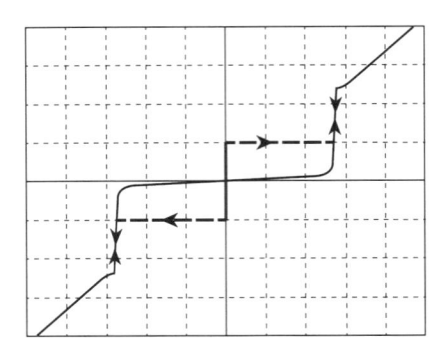

図 1.8.17 Nb/AlO$_x$/Nb トンネル接合の電流・電圧特性
ギャップ電圧は 2.8 mV（実測，縦軸（電流）：0.2 mA/div，横軸（電圧）：1 mV/div）．

となることが示されている[14]．またギャップ電圧以下での適当な電圧において電流との比で定義したサブギャップ抵抗 R_{sg} を使い，$V_m(=R_{sg}I_0)$ という値を接合特性の良否の目安に用いる．リークが多いと R_{sg} が小さくなるため，V_m は低下する．たとえば回路に広く応用されている Nb/AlO$_x$/Nb トンネル接合では数十 mV が典型的な値である[15]．ゼロ電圧と有限電圧（~mV）の2値を論理信号の"0"と"1"に対応させて，高速動作可能な論理ゲートが研究されている．

c. 超伝導量子干渉効果

超伝導量子干渉素子 (superconducting quantum interference device, SQUID) はジョセフソン接合を含む超伝導ループであり，量子干渉効果が現れる[16]．超伝導ループに含まれる接合数は一つ以上複数の場合がありうるが，以下では接合二つを含む場合（図1.8.18）を例にとって説明する．このループに外部から電流を流す場合，電流は左右のジョセフソン接合（簡単のため臨界電流は等しく I_0 とする）を流れるので，位相差を ϕ_1, ϕ_2 と表せば，

$$I = I_0 \sin\phi_1 + I_0 \sin\phi_2 \tag{1.8.64}$$

である．秩序パラメーターをループに沿って見てゆき，ひとまわりして出発点に戻ると同じ値になることから，位相の変化は 2π の整数倍しか許されない．したがって，

$$2n\pi = \oint \nabla\theta \cdot d\boldsymbol{l} = \phi_1 - \phi_2 + \oint \nabla\theta \cdot d\boldsymbol{l} \tag{1.8.65}$$

超伝導内部では，GL方程式(1.8.37)の関係がある．リングの超伝導部分は太いとして，積分路を十分内部にとると，電流 $\boldsymbol{i}$ はほぼゼロだから，

$$\nabla\theta \cong -\frac{2e}{\hbar}\boldsymbol{A} \tag{1.8.66}$$

である．

ところで，磁束密度 $\boldsymbol{B}(=\mathrm{rot}\,\boldsymbol{A})$ を与える $\boldsymbol{A}$ には，任意のスカラー関数 χ の勾配 $\nabla\chi$ を加え得る任意性がある．電界 $\boldsymbol{E}(=-\nabla V-\partial\boldsymbol{A}/\partial t)$ はポテンシャルの選び方によらないので，静電ポテンシャル V は $\boldsymbol{A}$ と連動して $-\partial\chi/\partial t$ を加える必要があり（ゲージ不変），位相差 ϕ は式(1.8.58)より $-(2e/\hbar)\chi$ 変化する．一方，式(1.8.57)

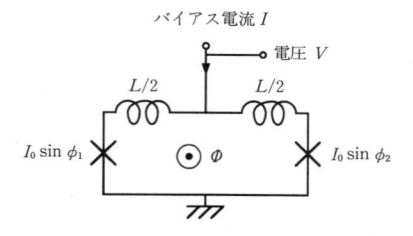

図1.8.18 二接合超伝導量子干渉素子

図 1.8.19

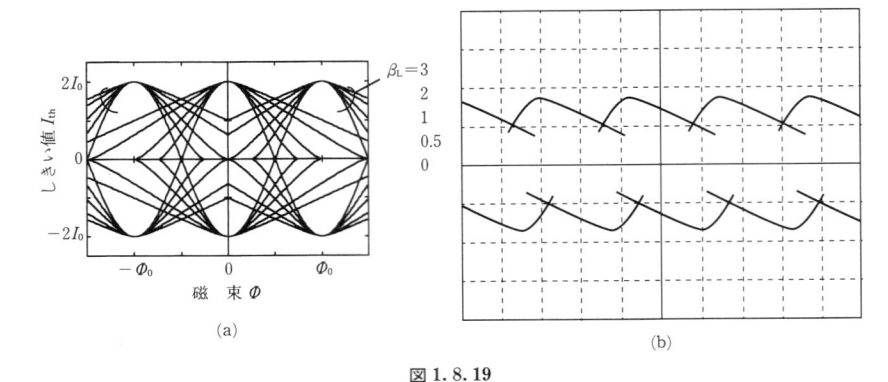

(a) 二接合超伝導量子干渉素子のしきい値特性(計算結果). (b) 二接合量子干渉素子のしきい値特性(実測,ただしバイアス注入点がコイル中点でない非対称な場合を示す. 縦軸(電流): 0.2 mA/div, 横軸(磁界結合電流): 0.2 mA/div).

で表される接合電流は,ポテンシャルの選び方によらないため矛盾を生じる. 実は式 (1.8.57) の sin 関数に入る変数は $\phi+(2e/\hbar)\int Adl$(積分は接合両端を結ぶ積分路に沿った線積分)でなければならない. これを新たに ϕ と書くことにすれば式(1.8.65)右辺第3項は閉じた一周積分となり,

$$\phi_1 - \phi_2 + 2\pi\frac{\Phi'}{\Phi_0} = 2n\pi \tag{1.8.67}$$

を得る. ただし Φ' はリングに鎖交する全磁束を表し,外部からリングに与える磁束 Φ とループの左右を流れる電流がつくる磁束の和であり,

$$\Phi' = \Phi + \frac{LI_0}{2}\sin\phi_1 - \frac{LI_0}{2}\sin\phi_2 \tag{1.8.68}$$

である. 式(1.8.67)および(1.8.68)を満たす電流 I(式(1.8.64))の最大値をしきい値と呼ぶ. Φ に対するしきい値の特性は,整数 n に対応して Φ 軸方向に周期 Φ_0 で並ぶ周期関数となる(図1.8.19). なおバイアス電流注入点が図1.8.18に示すようにコイルの中点の場合は左右対称なしきい値特性(図1.8.19(a))となるが,そうでないと非対称な特性(図1.8.19(b))となる. しきい値特性は超伝導ループの左右の接合の位相差が式(1.8.67)を満たすことに起因する量子干渉効果を示すが,超伝導では多数の電子対が同じ位相を有するため干渉効果がきわめて明確に現れる. しきい値特性はインダクタンスパラメーター($\beta_L = 2LI_0/\Phi_0$)により変わり,β_L が大きいほど特性の重なりが大きくなる. $n\Phi_0$ を中心とする特性を n モードと呼ぶが,与える電流や磁束を変化することによりしきい値特性の重なりを横切ると,ジョセフソン接合が過渡的に電圧を生じて磁束を通し,となりのモードに移る. 重なりのないところでしきい値特性を越えると電圧状態に遷移する. このような磁束による特性変化を利用

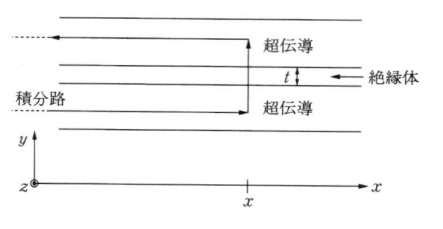

図 1.8.20 ジョセフソン線路

して，高感度の磁気センサーとして応用されている．また磁束量子を情報担体とする論理素子やメモリー素子，あるいは周期特性を利用したA/D変換器など各種のアナログ，ディジタル素子の基本部分として用いられる．

d. ジョセフソン線路

接合面に沿った1次元方向に長いトンネル接合（図1.8.20）を考える．簡単のため上下の電極が侵入長 λ_L より十分厚いとする．1次元の線路方程式は，

$$\frac{\partial v}{\partial x}=-L\frac{\partial i}{\partial t}, \quad \frac{\partial i}{\partial x}=-C\frac{\partial v}{\partial t}-Gv-i_0\sin\phi \tag{1.8.69}$$

である．

単位長当たりのインダクタンス L とキャパシタンス C はそれぞれ

$$L=\frac{\mu_0(t+2\lambda_L)}{w}, \quad C=\frac{\varepsilon w}{t} \tag{1.8.70}$$

であり，w は線路方向と直交する方向の（図1.8.20の z 方向）線路の幅，t は絶縁膜の厚みを表す．また i_0 は線路方向（図1.8.20の x 方向）単位長当たりの臨界電流値（$=wj_0$, j_0 は臨界電流密度）を表す．$c_0=1/\sqrt{LC}$ とおき，式(1.8.58)を使って i と v を消去すると ϕ に関する二階の偏微分方程式を得る．

$$\frac{\partial^2\phi}{\partial x^2}-\frac{1}{c_0^2}\frac{\partial^2\phi}{\partial t^2}-GL\frac{\partial\phi}{\partial t}-\frac{1}{\lambda_J^2}\sin\phi=0 \tag{1.8.71}$$

ただし，

$$\lambda_J=\sqrt{\frac{\hbar}{2eLi_0}}=\sqrt{\frac{\hbar}{2e\mu_0(t+2\lambda_L)j_0}}$$

である．なお図1.8.20内に矢印で示す積分路に沿って，$\nabla\theta$ を一周積分すると，

$$-\phi(-\infty)+\phi(x)+\oint\nabla\theta\cdot d\boldsymbol{l}=0 \tag{1.8.72}$$

となる．超伝導内部の積分路について $\nabla\theta=-2e\boldsymbol{A}/\hbar$ とおくと次の位相と磁束の関係を得る．

$$\phi(x)=2\pi\frac{\Phi(x)}{\Phi_0} \tag{1.8.73}$$

ただし $\Phi(x)$ は $-\infty$ から x の間に鎖交する磁束を表す.

1) 時間に依存しない解

微分方程式 (1.8.71) の時間微分項をゼロとすると次のようになる.

$$\frac{\partial^2 \phi}{\partial x^2} = \frac{1}{\lambda_J^2} \sin \phi \tag{1.8.74}$$

いたるところ $\phi=0$ という自明な解のほかに, たとえば $x \to -\infty$ で $\phi \to 0$ という境界条件を与えると, $\phi = 4\tan^{-1}(e^{x/\lambda_J})$ という解がある. この解は $x \to \infty$ で $\phi \to 2\pi$ であり, 線路に磁束量子が一つ入っている解である. λ_J は長い接合内の磁束の広がりの目安を与えるが, Nb/AlO$_x$/Nb 接合の場合の典型的な数値例を入れると, $t=3$ nm, $\lambda_L=85$ nm, $j_0=10^3$ A/cm^2 の場合に λ_J は 10 μm 程度である.

2) 時間に依存する解 (無損失の場合)

接合に直流電流を流すと磁束量子はローレンツ力を受ける. この力が強いと磁束は動く. ここで損失を無視し, 線路方向 (図 1.8.20 の x 方向) に速度 u で進む解があるとして, $\phi(x,t) = \phi(\xi)$ ただし $\xi = x - ut$ とおくと,

$$\frac{\partial^2 \phi}{\partial \xi^2}\left(1 - \frac{u^2}{c_0^2}\right) = \frac{1}{\lambda_J^2} \sin \phi \tag{1.8.75}$$

を得る. 式 (1.8.74) と比べると, 速度 u で動いている解は, 静止している解に比べ, 磁束の広がりが $\lambda_J \sqrt{1-(u/c_0)^2}$ と短くなる. なお速度の上限 $c_0 = 1/\sqrt{\mu_0 \varepsilon (1+2\lambda_J/t)}$ は光速 $1/\sqrt{\mu_0 \varepsilon}$ と比べて 1 桁小さい. 一般に線路には複数個の磁束量子が存在し, ソリトン解になっている. このような磁束量子列をディジタル信号処理に用いる研究がなされている. また長い接合の I-V 特性を測定すると, ジョセフソン線路の自励振動が接合長 l で決まる共振モードに引き込まれる結果, 共振条件 $\omega_n = 2eV_n/\hbar = 2\pi n c_0/2l$ を満足する電圧にステップ (Fiske ステップ) を生じる[17]. 　　　　[藤巻則夫]

引 用 文 献

1) M. Tinkham : Introduction to Superconductivity, McGraw-Hill, 1975.
2) 中島貞雄 : 超伝導入門, 培風館, 1971.
3) T. Van Duzer and C. W. Turner : Principles of Superconductive Devices and Circuits, Elsevier North Holland, 1981.
4) R. D. Parks (ed.) : Superconductivity, Vol. 1, 2, Marcel Dekker, 1969.
5) P. G. de Gennes : Superconductivity of Metals and Alloys, W. A. Benjamin, 1966 (渋谷, 青峰, 高山訳, 養賢堂, 1975, pp. 93-105)
6) J. Bardeen *et al.* : *Phys. Rev.*, **108** (1957) 1175-1204.
7) F. London and H. London : *Proc. Roy. Soc. (London)*, **A149** (1935) 71.
8) V. L. Ginzburg and L. D. Landau : *Zh. Eksperim. i Theor. Fiz*, **20** (1950) 1064.
9) A. B. Pippard : *Proc. Roy. Soc. (London)*, **A216** (1953) 547-568.
10) L. Solymar : Superconductive Tunnelling and Applications, Chapman and Hall, 1972, p. 6.
11) B. D. Josephson : *Phys. Letts.*, **1** (1962) 251-253.
12) R. P. Feynman *et al.* : Lectures on Physics, Vol. 3, Addison-Wesley, 1971, pp. 21-14~21-18.
13) D. E. McCumber : *J. Appl. Phys.*, **39** (1968) 3115-3118.

14) V. Ambegaokar and A. Baratoff : *Phys. Rev. Letts.*, **10** (1963) 486-489 ; *erratum*, **11** (1963) 104.
15) S. Hasuo and T. Imamura : *Proc. IEEE*, **77** (1989) 1177-1193.
16) R. C. Jaklevic *et al.* : *Phys. Rev.*, **140** (1965) A1628-A1637.
17) M. D. Fiske : *Rev. Mod. Phys.*, **36** (1964) 221.

さらに勉強するために

　金属系超伝導に関しては上の引用文献[1~4]などが詳しい．高温超伝導やデバイス応用については本書のほかの節を参考にされたい．超伝導応用全般について，たとえば次のような学会誌や論文誌が参考となる．
1) *IEEE Trans. Appl. Superconductivity*, Vol. 1, No. 1 (1991) 以来現在まで．
2) 2年に一度開かれる国際会議 Applied Superconductivity Conference, proceedings は上記論文誌 (それ以前は *IEEE Trans. Magn.*) に掲載されている．
3) 応用物理学会誌にここ数年にわたり最近の超伝導の発展に関する特集号が組まれている．
4) 電子情報通信学会，超伝導エレクトロニクス研究会．

第2章　量子工学材料

2.1 半導体材料

はじめに

　材料の化学的，物理的性質がどのように決まっているか，という問題は，今世紀になり量子力学が結晶内部の電子の状態を解きあかすことによって，初めてその微視的な origin が明らかにされた．各原子の原子軌道は，正電荷をもつ核の周りに負電荷をもつ電子がクーロン力によって「閉じ込められ」固有エネルギー状態を形成することによって決まる．そして，各元素がしかるべき構造で組み合わされたとき，各原子軌道の重なりが安定な分子軌道を形成して一つの結晶となる．そこでは，物質の多くの性質は，結晶を構成する元素(核の電荷および電子の数)および，それがどのような組合せおよび対称性をもって結晶を構成しているかによって決まっている．したがって，物質の性質を人為的に制御するためには，元素の組合せを変えてやらなければならない．これは，いわゆる「化学的な」手段によって行われてきた．

　しかし，近年の半導体薄膜成長技術(およびヘテロ接合形成技術)の発達が，結晶の物性制御に新たな可能性をつけ加えた．適当な成長条件を選び，成長速度を抑えることにより，原子スケールで平坦でかつ急峻な半導体ヘテロ接合面を，結晶中の電子波長以下の厚みで作製することが可能になったのである．異種半導体のヘテロ接合面には，バンドオフセットが生じるため，これを用いて結晶中に人為的なポテンシャル構造をつくり込むことができるようになったのである．バンドギャップの小さい材料を大きい材料ではさんだ構造では，井戸型ポテンシャルとなり，バンドギャップの小さい材料に電子が閉じ込められることから，これは通常「量子井戸」構造と呼ばれている．また二つの材料を交互に複数層積層した構造では，成長方向に結晶格子の周期とは異なる周期の格子ができることから，「超格子」構造と呼ばれている．このポテンシャル構造により，結晶構造とは独立に電子の量子状態を直接制御することが可能になったのである．つまり，通常は結晶構造により決まってしまっている電子の量子状態を，人為的に制御することが可能になったのである．

　この場合の薄膜成長技術も一種の化学反応を利用していることは確かであるが，この人工的な格子のユニットがメカニカルな工程(シャッターの開閉など)で決定されている点が，通常の化学反応とは大きく違う．この技術が，超高純度の原料が入手可能で低欠陥の結晶が作製でき，各種の材料が非常に近い格子間距離と同種の結晶構造

をもつ GaAs/AlGaAs などの半導体に応用されて，さまざまな量子構造が作製可能になった．分子線エピタキシャル成長法 (molecular beam epitaxy, MBE)，有機金属気相成長法 (metal-organic vapor phase epitaxy, MOVPE) などの薄膜結晶成長法により，GaAs/AlGaAs, InGaAs/InGaAsP, InGaN/GaN, Si/SiGe, ZnSe など幅広い範囲にわたる半導体で，上記の量子井戸，超格子構造が作製されてきた．MBE は，超高真空中で原料を分子ラジカルのビームとして加熱した基板上に飛ばし，成長を行うものである．MOVPE は，原料を含んだ有機金属と AsH_3 などのガスを水素ガスなどに混ぜて流し，加熱した基板上で有機物を分解し成長を行うものである．いずれの場合にも，成長速度の原子層オーダーの制御が可能であり，とくに MBE の場合には低温成長が可能であり比較的不安定な結晶も作製できる，という特徴がある．近年，AsH_3 などのガスを用いた MBE (gas-source MBE) や有機金属およびガスを用いた MBE (chemical beam epitaxy, CBE) などの技術も開発され，適用材料範囲が広がっている．

「量子井戸」，「超格子」と呼ばれる半導体材料は，Esaki, Tsu (IBM, アメリカ) による提唱に始まり[1]，その後，物理，デバイス応用など幅広い側面にわたる一大分野となった．そのバラエティは多岐にわたるが，いずれもバンドオフセットの異なる半導体を積層し，結晶中に人工的な井戸型ポテンシャル構造を形成し，このポテンシャルによって結晶中の電子の量子力学的状態を制御しようというものである．成長条件，混晶比を変えることにより，ポテンシャルの高さ，井戸の幅などの量子力学的なパラメーターを，自由に変えることができる．このようにして，量子力学の演習問題が，実際の結晶中で容易に実現することができるようになったのである．結晶中に平面波として 3 次元的に広がっていたブロッホ電子は，結晶の成長方向に閉じ込められ，2 次元電子として振る舞うようになる．この次元性の違いが，さまざまな物性に影響を及ぼすことが確かめられている．

量子薄膜では，いずれにしても人工的に制御できるのは結晶の成長方向に関する自由度だけであった．それに垂直な面内に関しては，もとの材料がもつ対称性がそのまま残っているわけである．つまり 1 次元的量子閉じ込め構造である．そこで次に当然考えるのは，残りの自由度に関しても制御が可能か，つまりより多次元の閉じ込め構造は可能か，という点である．しかし，さらに高次元の閉じ込め構造を作製するためには，通常の薄膜成長以外の技術が必要である．量子薄膜の成功のかなりの部分が，薄膜成長技術の進歩によるところが多い分，次元を上げることは本質的に難しく，当初，2 次元量子閉じ込め構造 (量子細線)，3 次元量子閉じ込め構造 (量子箱) は，まだ教科書の中だけの存在にとどまっていた (ここでいう次元は閉じ込めに関する次元であり，電子に残された自由度の次元ではないことに注意)．

しかし，1980 年代のはじめ榊，荒川 (東京大学) により，量子細線，量子箱といった高次元量子閉じ込め構造をデバイスに用いることにより，バルク，量子薄膜に比べ

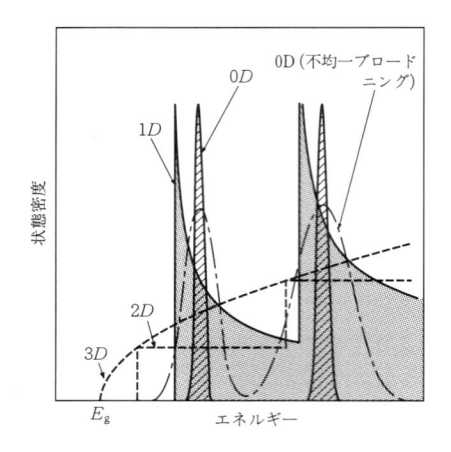

図 2.1.1　3, 2, 1, 0 次元電子系の状態密度スペクトル模式図
一点鎖線は不均一ブロードニングがあるときの0次元電子系の状態密度.

てドラスティックな高性能化が可能であることが指摘された[2]．榊の提案は，量子細線構造では，キャリヤーの散乱過程が，波数ベクトルの反転過程だけに制限されるために，超高移動度の電子デバイスが実現できる，というものであり，荒川の提案は，量子細線，量子箱構造を半導体レーザーの活性層として用いることにより，超低しきい値，高速なレーザーを実現できる，というものであった．また，その後光スイッチなどの性能を決める光非線形指数も飛躍的に向上しうることが指摘された．これらは，いずれも1次元または0次元電子が，2, 3次元系と比べて大きく異なる状態密度スペクトルをもつことに依存している．図2.1.1に各次元における電子の状態密度スペクトルの模式図を示す．3, 2次元電子系は破線で，1, 0次元系は実線で示した．低次元になるほど状態密度は量子化準位に集中する傾向があり，0次元では原子と同じような離散スペクトルとなる（実際には準位の寿命などで決まる有限の広がりがあるため，図のようにある程度の小さい幅をもつ．一点鎖線については後述）．通常のデバイスではあるエネルギーをもった電子のみがデバイス動作に参加するので，特定のエネルギーに電子系の状態密度が集中する低次元系ではさまざまな側面でデバイスとしての性能が高性能化する．

　これらの指摘の後，さまざまな方法により，現実に量子細線，量子箱を作製する試みが提案され始めた．前述のとおり，これらの構造を作製するためには，すでに成熟した技術となった薄膜成長技術以外の技術を必要とする．したがって，さまざまな新規な作製方法が提案されてきた．当初それらの作製技術はまだまだ未熟であったため，多くの報告が作製方法の提案にとどまっていたが，その後の作製技術および観測技術の進展により，それらの作製方法により作製された量子細線（箱）構造で，高次

元量子閉じ込めによる物性制御が観測されつつある．

いまのところ，まだこれら低次元系材料の作製技術は，量子薄膜，バルクに比べると，結晶品質，サイズ均一性，サイズ制御性などの点で未成熟であり，理想的な量子細線，量子箱と呼べる試料は作製されていないのが現状である．また，その意味で，量子薄膜における薄膜成長技術のような確立された作製技術は，いまだ存在しないといえる．しかし，この10年余にわたる世界中の科学技術者の挑戦は，実にさまざまな結晶作製法，加工法を生み出し，それ自体一種の新たなテクノロジーと呼べる分野を形成している．

提案された方法の多くは，われわれの生活に一大革命を引き起こしつつある半導体大規模集積回路 (LSI) の作製技術として急速な進歩を遂げたリソグラフィー技術を利用しているが，そこでは人工的な量子構造を結晶中に文字どおり「writing」しており，これを材料の作製法として見ると，通常の結晶の作製法の概念からはかなりかけ離れたものになっている．つまり，薄膜成長技術において従来の化学反応による材料作製から一歩踏み出したわれわれは，さらに新たな材料作製技術のフィールドに大きくジャンプしつつあるともいえるであろう．

以下では，人工的な低次元電子系の実現に向けて開発された材料作製技術および作製された材料に関して述べる．量子薄膜およびバルク材料に関しては，すでによい教科書や文献があることから割愛する．紙面に限りがあることから，ここでは作製された材料の物性測定に関しては詳しく触れないこととする．興味ある読者は原著論文を当たっていただければ幸いである．また，半導体ナノ構造に関しては，電子の干渉効果やクーロンブロッケイドなどの効果に関連して，極微な半導体伝導チャネルを作製する試みが幅広くなされているが，これは他の章で触れられていることと，これを「材料」として見ることは適切ではないと思われることから，ここではおもに電子の低次元性を利用したデバイス応用（おもに光学的な応用）を想定した低次元系材料に的を絞り解説する．

2.1.1 半導体のエネルギーバンド構造

半導体で低次元人工量子構造を実現する際に重要となるのは，エネルギーバンド構造の異なる半導体材料を格子不連続なしに接合させることができるという点である．この性質のおかげで，任意のポテンシャル形状を人工的につくりこむことができるのである．さらにこの人工的ポテンシャルによりエネルギーバンド構造そのものがさらに変調され，その結果として半導体のさまざまな物性を制御できる．その意味で，半導体のエネルギーバンド構造は，低次元構造における物性制御における基本的な性質であるので，はじめにこれについて簡単に触れる．

a. エネルギーバンド構造

図 2.1.2 に代表的な半導体である Ge, Si, GaAs のエネルギーバンド構造を示す．図で E_g と示された部分がバンドギャップであり，その上のバンドが伝導帯，下のバンドが価電子帯と呼ばれる．通常の電子・光デバイスに関与するのはバンド端付近の電子・正孔であり，バンド端付近では電子・正孔は結晶中で自由電子的な振舞いをする．GaAs の場合では，伝導帯と価電子帯のバンド端位置が運動量空間で一致しているため，電子と正孔の再結合による光学遷移はフォノンなどの他の遷移を伴わずに起こりうる．このタイプのエネルギーバンド構造を直接遷移型と呼び，Ge, Si などのように伝導帯と価電子帯のバンド端位置が異なり，光学遷移においてフォノンなどの放出が必要となるものを間接遷移型と呼ぶ．また，バンド端（またはバンドのポテンシャル極小部）付近のバンドの曲率がキャリヤーの有効質量を決める．一般にバンドギャップの広い半導体ほどキャリヤーの有効質量は重い傾向がある．これらのエネルギーバンドの性質（エネルギーギャップの大きさ，バンドの型や有効質量の大きさ）が材料の光学的，電子的性質を大きく支配する．

バンドギャップの大きさは材料によって変化する．図 2.1.3 に各種 III/V 族半導体

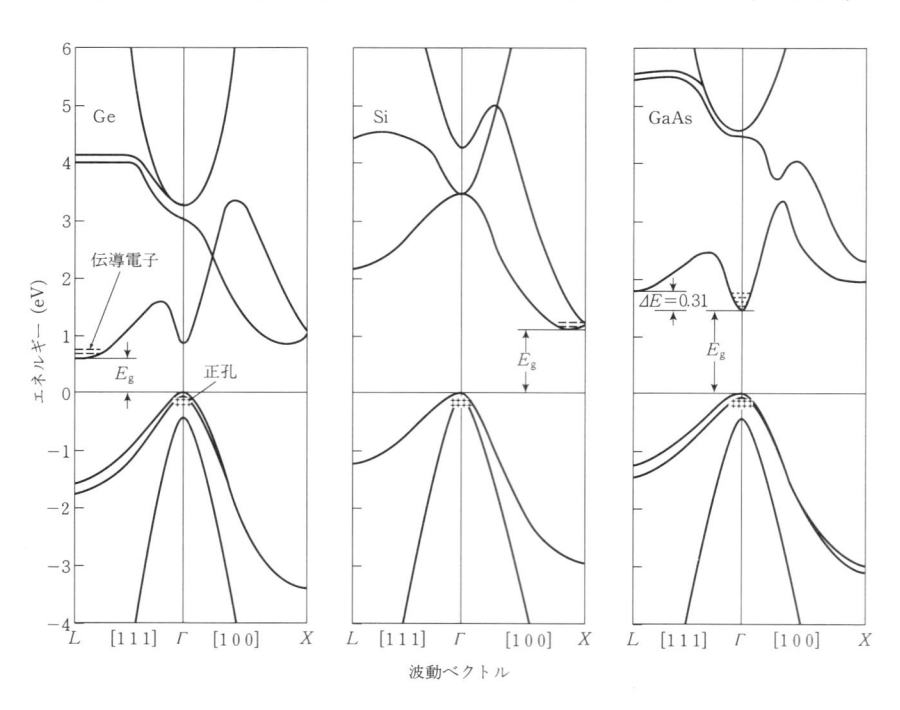

図 2.1.2 代表的な半導体 Ge, Si, GaAs のエネルギーバンドを示す図

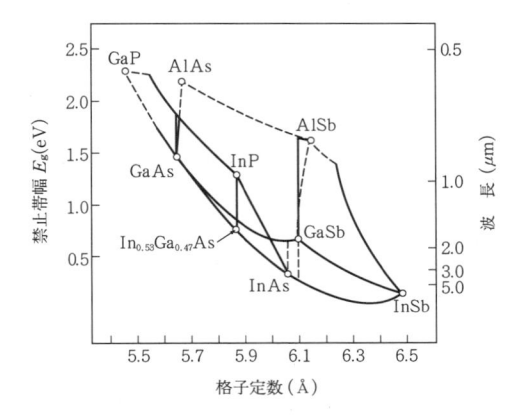

図2.1.3 代表的なIII/V族半導体混晶における格子定数とバンドギャップの関係

におけるバンドギャップの大きさを格子定数に対して示す．一般に格子定数が小さい材料ほどバンドギャップが大きくなることがわかる．図で○で示した点は2元半導体のバンドギャップであり，○の間をつなぐ線は各種3元（または4元）混晶半導体のバンドギャップである．このように半導体では，混晶化によりさまざまなバンドギャップと格子定数をもつ材料を実現することができる（実際には，InGaAsSbなどの混晶では，ある組成範囲では結晶は不安定で固溶体を得ることが不可能であり，いわゆるmiscibility gapが存在する）．混晶におけるバンドギャップの組成依存性は，一般に組成に対してほぼ線形である（ベガード（Vegard）則と呼ばれる）．しかし，電気陰性度の大きく異なる元素の組合せ（InAlAs, GaAsSbなど）による混晶では，線形からのずれ（bowingと呼ばれる）が大きくなる傾向が見出されている．さらにInGaNAsなどのようにもとの2元の結晶構造そのものが異なる組合せ（Zinc Blend型とwurtzite型）ではbowingはさらに大きくなる．

図でわかるようにGaAs/AlAs, InGaAsP/InPなどの適当な材料の組合せにより，同じ格子定数をもちバンドギャップの異なる組合せが存在することがわかる．一般に4元混晶を用いると，バンドギャップと格子定数は完全に独立に選ぶことが可能であり，構成する2元結晶のバンドギャップの間の任意のバンドギャップにおいて格子定数をホスト材料に一致させることができる．

また，構造のサイズが小さければ格子定数が1～2%程度異なっていても無転位で格子が連続的につながることができる（ひずみ量子井戸，ひずみ超格子構造といわれる）ため，作製可能なヘテロ構造の組合せはさらに広い．

b. バンドオフセット比

以上のように半導体混晶の組合せを用いると，格子が連続的につながったバンドギャップの異なる異種半導体ヘテロ接合を形成することができる．結晶中の電子（および正孔）はバンドギャップの違いに起因するポテンシャルを感じることになり，量子力学の教科書に出てくるステップ型のポテンシャルを実現することができる．しかし，実際に電子，正孔に対するポテンシャル差（$\Delta E_c, \Delta E_v$）はバンドギャップの差だけからは一意的には定まらない．バンドギャップの差が，伝導帯，価電子帯のエネルギー差としてどのように振り分けられるかによって，実際の閉じ込めポテンシャル形状は大きく異なりうる．

バンドギャップの差（$E_g(A) - E_g(B)$）が電子，正孔それぞれに対するポテンシャル差としてどのように振り分けられるかは，第1近似としては各結晶の電子親和力（$E_{aff}(A), E_{aff}(B)$）の違いで，次式のように決まる．

$$\Delta E_c = E_{aff}(A) - E_{aff}(B), \quad \Delta E_v = (E_g(A) - E_g(B)) - \Delta E_c$$

この振分けによって同じバンドギャップ差でもポテンシャル形状は大きく異なる．2種の材料でヘテロ接合を構成した場合，ポテンシャル形状としては図2.1.4に示すように3通りが可能である．タイプⅠの場合では電子と正孔のポテンシャル極小が同じ空間的領域に存在するが，タイプⅡの場合には空間的に電子と正孔が分離される．二つの材料における電子親和力が大きく異なる場合には，タイプⅢのように二つのバンドギャップは分離し，実効的なバンドギャップは消失し一種の半金属的振舞いをする．以上の3通りのヘテロ接合で超格子構造を作製した場合には，それぞれタイプⅠ超格子，タイプⅡ超格子，タイプⅢ超格子と呼ばれる．

バンドオフセットは半導体ヘテロ構造における構造設計における重要なパラメーターであるが，光吸収などの測定で容易に決定可能なバンドギャップと異なり，バンドオフセット比の厳密な値は実験的に求めることが容易ではない．また理論においてもバンドオフセットの決定要因として上記の電子親和力以外のモデルも提唱されており，現在においてもいまだ厳密な理論は存在しない．

	AlAs	GaAs	AlGaAs	AlAs	GaSb	InAs
	(a) タイプⅠ		(b) タイプⅡ		(c) タイプⅢ	

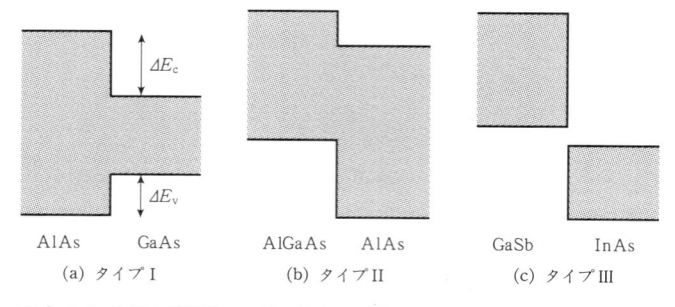

図2.1.4 2種の半導体のヘテロ接合におけるバンドダイヤグラムを示す図

以上のように格子定数の近い混晶の組合せでヘテロ接合を作製することにより，バンドギャップの違いおよびバンドオフセット比に応じて，電子と正孔それぞれに対してさまざまな形状の閉じ込めポテンシャルを人工的に作製することが可能である．バルクの半導体ではバンド端付近では電子および正孔は材料で決まる有効質量をもった自由電子的振舞いをするが，この「自由電子」を人工的なポテンシャル井戸により閉じ込めることにより，さまざまな物性を制御することが可能になるのである．

2.1.2　低次元系の作製技術の概観

　それでは，量子細線，量子箱を実現するためにどのような作製法が提案されたのだろうか．その種類は膨大でバラエティに富み，そのすべてに触れることはとてもできないので，ここでは作製法を大きく次の3種類に分けて，その中で代表的なものについて説明していくこととする．
① 薄膜成長技術＋リソグラフィー技術
② 自然形成技術
③ 薄膜成長技術を2回使う技術

　①はLSIなどの作製で使われている電子線リソグラフィーやX線リソグラフィーを用いてX-Y面内の構造を作製し，Z方向の構造を薄膜成長によりつくるものである．②は，結晶成長の際に自発的にオーダリングが起こる現象を利用して，X-Y面内の構造をつくるものである．③は，薄膜成長を2回に分けて互いに垂直な方向に行うことにより，1回目の薄膜成長技術で作製した多層膜構造の周期を，次の薄膜成長におけるX-Y面内の閉じ込めに利用するものである．後述するように，分類した各項目の中にもさまざまなバラエティがあり，またこれに分類しきれなかったものもある．

　そのような多岐にわたる作製方法が試みられていることからも，低次元構造をつくることがいかに容易でないか推察することができるであろう．それでは，まずはじめに，低次元構造をつくる際に実際にどのような点が困難であり，何がポイントとなるのかを考えてみることにする．

　（1）まずあげられるのが，必要とされるサイズが容易でないという点である．室温で動作するデバイスを念頭におくと，単純に考えると基底準位と励起準位の間隔が，kT以上でなければいけないが，これはGaAsを例にとると電子系で20 nm以下，正孔系では10 nm以下のサイズを意味する．実際のデバイス応用の見積りでも顕著な性能の向上を得るためには，10 nm程度以下のサイズが要求されている．当初このような試みが始まった大きな要因として，半導体の加工技術の進歩があげられるが，最先端のLSI技術でもやっと$0.1\,\mu$mに達しつつある段階であることを考えると，このサイズが容易でないことはわかるであろう．

(2) さらに大きな問題として，不均一ブロードニングの問題がある．現実的なデバイスとして利用することを考えると，ほとんどの場合複数本/個の量子細線/箱を使わなければならなくなるが，これらの複数個の量子構造のサイズが揃っていないと状態密度スペクトルは実効的に広がってしまう．図2.1.1に不均一ブロードニングで広がった0次元系の状態密度スペクトルを一点鎖線で模式的に示したが，このようにスペクトルが広がってしまうと，状態密度先鋭化に起因する効果は得られなくなる．量子細線におけるサイズゆらぎを考慮したレーザー特性のシミュレーションによれば，性能の向上を得るためにはサイズゆらぎは10%以下に抑える必要がある，という結果が報告されている．

(3) また，当然のことながら工学的応用を考えると，加工によるダメージ（たとえば，エッチングによる非発光再結合中心の導入など）により性能が低くなってしまっては利点がなくなるので，加工ダメージも低く抑える必要がある．通常加工精度を上げようとするとダメージが大きくなるため，このトレードオフを考慮して作製方法を決める必要がある．

(4) とくに光学的な応用を考えた場合には，細線，箱の密度というものが大きな問題となる．閉じ込めの次元をあげるということは，必然的に井戸領域に対して障壁領域の体積比率が大きくなってしまう．したがって，たとえば井戸領域だけで考えて大きな光非線形効率が得られたとしても，障壁領域も入れた全体として応答を測定すると増強効果が得られないということが容易に起こりうる．光学的な応用の場合，電子と光の相互作用が光の波長程度の広がった領域（これは通常量子閉じ込めのサイズよりも1桁以上大きい）で起こるので，これは重要な問題となる．

これら4点を両立しなければならない，という点が最も困難な点であり，多くの場合これらはトレードオフになっているのである．現状では，上記の四つのポイントをすべてにわたってクリアしている作製方法はない．したがって，以下で紹介するさまざまな作製方法も，それぞれ一長一短があるのが現状であり，そのために，多次元量子閉じ込め構造を研究しようとする者にとって，作製方法の選択が非常に重要な意味をもつ．これは，すでに成熟した作製方法が確立している量子薄膜と大きく異なる点である．したがって，ときには作製方法に固有の問題と低次元性に由来する本質的な問題とが混同されてしまう危険性もありえて，研究者はその点にも注意を払う必要がある．以下ではなるべく各作製方法の長所短所を明らかにするように説明していくこととする．

2.1.3　薄膜成長技術＋リソグラフィー技術

a．リソグラフィー技術に関して

はじめに量子細線や量子箱が現実的な物として考えられ始めた背景には，半導体の

加工精度が日進月歩で進歩し，ついにサブミクロンに達し量子力学的な効果が期待できるサイズになったことがあげられるだろう．電子線リソグラフィーなどの数十 nm の線が比較的容易に描ける技術が開発され，それまで単に形状を変えるだけだった「加工」という技術が，物性そのものを「加工」する可能性をもつ技術として考えられ始めた，といえる．

リソグラフィー技術を援用して，多次元量子閉じ込め構造を作製しようとした場合，作製手順は，大きく分けて次の二つのステップになる．① writing（電子ビームなどを用いてレジストパターン作製）と，② transferring（レジストパターンを半導体に転写し，実際の構造を作製）である．① がいわゆるリソグラフィー技術であり，本項では ① に関して述べる．次項以降でさまざまな transferring 方法を紹介する．

電子線リソグラフィーに関しては，技術はかなり成熟しているといえる．現状の到達段階を簡単にまとめると，有機レジストを用いた場合，70 nm 程度の周期の line/space パターンが市販の露光装置を用いて作製可能である．この場合最小幅は 30 nm 程度である．したがって，サイズとしては，明確な閉じ込め効果を観測するには若干不十分である．電子線そのもののビーム径は数 nm 程度であり，この場合の加工限界は，おもにレジストおよび基板からの2次電子の後方散乱によって決まっている．したがって，さらに細かいパターンを作製するためには，極薄の無機レジストなどを用いて，後方散乱の影響を小さくし，さらに1次電子だけでの露光が行われるようにする方法などが試みられている．しかし，そのような方法ではレジストパターンが作製できても，その後の transferring が難しいため，現実的に低次元構造を作製する際に用いることは現段階ではまだ難しい．

また，X 線リソグラフィーによる方法も試みられているが，大面積が短時間で露光できるという利点はあるが，そもそも X 線用のマスクを電子線露光で作製しており，加工限界そのものは電子線リソグラフィーと同等である．

上記の加工限界を大きく打ち破る可能性があるものとしては，近年開発された走査型トンネル顕微鏡 (STM) の原子操作による STM リソグラフィーがあげられる．原子操作に関しては，5.2 節で触れられているのでここでは詳しく述べないが，原理的に原子オーダーの加工が可能である．しかし，現状では描画速度がほかの方法に比べると著しく遅いため，この方法で現実的なデバイスが作製できるかどうかは未知の段階である．また，原子操作である程度の体積の結晶を積み上げた場合にどのようなダメージが生じるか，などよくわかっていないことも多い．

加工サイズ以外に，リソグラフィーに関していくつか問題がある．まず，現実的に測定可能な試料を作製するためには（または実際にデバイスとして応用するためには），ある程度の面積/体積が必要となる．そのためにある程度の描画スピードが要求される．電子線リソグラフィーはその点でかなり不利な面があったが，近年，Zr/O/W などの高輝度な電子線源が実用化され，また高感度のレジストが開発されたため，

描画速度はかなり高速化され，ほとんどの実験用途では描画速度の問題はクリアされている，といえる．

もう一つの問題は，加工サイズの均一性である．この点に関しては，あまり定量的な議論が少ないのが現状である．筆者らは，電子線露光により作製した量子細線用レジストパターンを半導体表面層に転写した直後のパターンをAFMにより評価したが，レジストパターンのゆらぎは，細線内ゆらぎ，細線幅ゆらぎともに3nm程度であり，10nm幅の細線を作製することを考えると，まだ十分ではないといえる．しかし，この問題はその後の工程により，ある程度克服できることを後の項で説明する．

以上のように，電子線・X線リソグラフィーを低次元系作製技術として見ると，最小加工サイズとしては若干不十分であり，その後の過程でサイズを縮小する必要があることがわかる．しかし，それ以外の点では，技術はかなり成熟しており，とくに大面積化，高速化などの点における近年の飛躍的な進歩が，この分野の研究を支援している．したがって，リソグラフィーで作製したパターンを，ダメージを加えることなく半導体パターンに転写できれば，良質な量子細線(箱)試料を作製できるわけである．そのために，さまざまな転写方法が考案され，試みられている．以下の項で，実際に採用されている作製方法について述べる．

b. リソグラフィー＋エッチング

リソグラフィーで作製したレジストパターンを用いて，半導体をエッチングする，という方法は，通常の半導体加工技術から考えてもっともストレートな方法である．図2.1.5にこの作製法を模式図で示す．はじめにMBEなどの薄膜成長によってZ方向に量子薄膜構造を作製しておき，リソグラフィーによりX-Y方向のレジストパターンを作製し(a)，引き続きエッチングによって半導体の加工を行い((b)および(c))，多次元の閉じ込め構造を作製するのである．この場合に重要となる問題は，ダメージとサイズである．また，先ほど述べたようにレジストパターンそのものは，量子効果を得るにはまだ大きすぎるため，エッチングの過程でパターンを縮小できることが望ましい．

通常このようなサブミクロンスケールのエッチングは，ドライエッチング(気相のエッチング)を用いるのが最も一般的な方法である．ウエット(化学)エッチング(液相のエッチング)を用いると(b)のようにサイドエッチングが入るため，制御が難しくなる．ドライエッチングでは，(c)のようにサイドエッチングが小さく，サイズの精密な制御が可能であり，ウエットエッチングに比べると精密加工に適している．しかし，Arミリングなど高速に加速したイオンの叩き込みによる物理的なドライエッチングでは，かなりのダメージが加わり良質な試料作製は困難であるため，何らかの化学的な反応を取り入れてダメージを下げてやらなければならない．

近年，電子サイクロトロン共鳴(ECR)励起プラズマによるハロゲン系や炭化水素

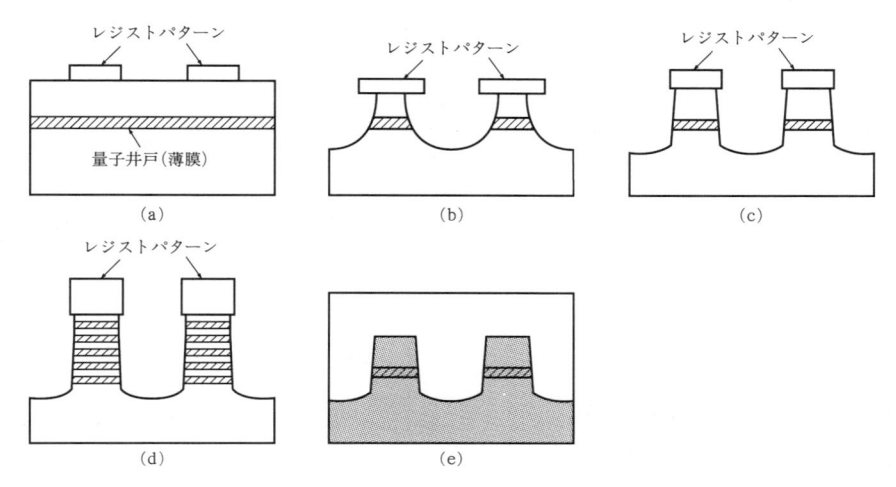

図 2.1.5 エッチングによる低次元構造作製方法
(a) 量子薄膜の上にリソグラフィーによりレジストパターン形成．(b) ウエットエッチングにより半導体に転写．(c) ドライエッチングにより半導体に転写 (ドライエッチングの場合，いったんレジストパターンを SiO_2 などの誘電体膜に転写してからマスクとして用いることも多いが，図面ではこの場合も含めてレジストとした)．(d) ドライエッチングによる多層構造作製．(e) エッチング後の埋込み成長．

系ガスを用いた反応性イオンビームエッチング (RIBE) により，低ダメージで比較的加工精度のよいエッチングが実現されており，多くの量子構造作製に用いられている．ハロゲン系エッチングは，ウエットエッチングと同種の反応を気相で用いるものである．メタン，エタンなどの炭化水素ガスを用いたエッチングでは，いわばMOVPE の逆過程のような化学的なプロセスでエッチングを行っており，表面が水素パッシページョンされることもあってダメージをかなり下げることができる．しかし，多くの場合ダメージと加工精度がトレードオフになっているために，低ダメージで良好な形状の量子構造をつくることはいまだに難しいのが現状である．ドライエッチングで形状を作製したあと，ウエットエッチングで表面のダメージ層を除去するなどの方法もよくとられている．また，サイズに関しては，多くの場合強い閉じ込めを得るためには，サイドエッチングを制御して，レジスト幅よりも小さい構造を作製している例が多い．

一つの例として東京工業大学の荒井らのグループでは，塩素ガスによる超高真空ECR-RIBE を用いて，70 nm 周期で 30 nm 幅の InGaAs/InGaAsP 10 層量子細線構造を作製している[3]．深さと高さのアスペクト比は 6 倍以上である．このような深いエッチングが微小周期で実現できるのはドライエッチングの大きな利点である．この例では，ダメージを下げるために，イオンの引出し電圧を 0 V まで下げ，基板に逆

電圧を加えている．また良好な発光効率を得るためにドライエッチング後，硫酸系のウエットエッチングでダメージ層を除去している．

ウエットエッチングは，図2.1.5(b)のようにレジスト下にまわりこむサイドエッチングが大きいことと，エッチング時間の制御が難しいことから，通常サブミクロンパターンの作製には不向きとされているが，加工ダメージが非常に小さいため，30 nm以下のサイズの量子構造で光学的測定を行う場合などには，ウエットエッチングが採用されることが多い[4]．ただ，この場合にはサイドエッチングを正確に制御しなければならない．また前述の荒井らのグループではこの方法で量子細線構造をレーザー構造の中につくり込み，さまざまなタイプの量子細線レーザーを作製している[5]．

また，上記のウエットエッチングの弱点を回避する方法として，ウエットエッチングの材料選択性(材料によって3桁以上の選択比をとることができる)を利用して，半導体そのものをエッチングマスクとして用いる方法もとられている．半導体をマスクとして用いた場合，サイドエッチングをかなり軽減でき，また選択性のエッチングを用いることにより，エッチングの制御性を向上することができる．

図2.1.6にこの方法による量子細線の作製方法の一例を示す[6]．電子線露光により作製されたレジストパターンは，半導体基板表面のInGaAs薄膜層(2～3 nm)に選択エッチングで転写される(a)．レジストをはがした後，このパターニングされたInGaAs薄膜層をマスクとしてInPをエッチングし(b)，次にInPをマスクとしてInGaAs量子井戸層をエッチングし，細線を作製する(c)．最後にMOVPEでInPで埋め込むことによりInP中に埋め込まれたInGaAs量子細線が完成する．この方法では有機レジストをマスクとして用いるエッチング深さが最小限に抑えられるので，サ

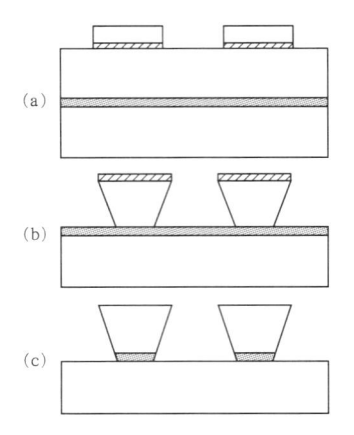

図2.1.6 異方性選択ウエットエッチングによる量子細線の作製方法

イドエッチングの問題が回避できる．後の半導体をマスクとして用いるエッチング工程では，サイドエッチングはほとんど無視できる量である．また，ウエットエッチングでは各結晶面でのエッチング速度の差から，特定の結晶面が現れる傾向があり，この場合[１１０]方向に細線を作製すると，図(c)のように逆メサ形状が得られる．したがって，はじめのレジストパターン幅に比べて細線幅を縮小することが可能である．

上記のウエットエッチングの問題点としては，選択エッチングが可能な材料に限られる，多層構造作製が難しい，逆メサを用いる限り量子箱構造をつくることが難しいなどの点があげられる．したがって，多層量子箱をつくる場合には，ドライエッチングを使わざるをえない．ドライエッチングでは条件を選ぶことにより図2.1.4(d)のように垂直なエッチングが可能であり，実際に前述の超高真空ECR-RIBEで100 nm周期で40 nm幅で10層の量子箱構造が作製されている．しかし，その場合でも多層構造をつくるために，垂直にエッチングをしようとすると必然的に前述の物理的なエッチングを強めねばならず，前述のようにダメージとのかね合いで容易ではないのが現状である．

これらエッチングを利用した方法の最大の利点は，閉じ込めサイズをかなり正確に決められるという点であろう．後に述べる選択成長，加工基板上成長では，多くの場合組成分布が均一でなくなり，また横方向のサイズを変えると同時に縦方向のサイズも変化するため，閉じ込めサイズ依存性を厳密に議論することが難しくなる．エッチングで作製した量子構造では，成長方向のサイズと井戸の組成は，はじめに用いる量子薄膜の成長において厳密に決定することができ，次段の作製プロセスでは，横方向の閉じ込めサイズのみを決めるので，量子閉じ込めサイズを決定するパラメーター(組成とサイズ)を独立に変化することが可能である．したがって，細線や箱の閉じ込めサイズ依存性を評価することが容易であり，さまざまな物性の閉じ込めサイズ依存性が測定され，かなり厳密に理論との比較が行われている．

図2.1.7に先のウエットエッチング法で作製したInGaAs/InP量子細線の基底準位($n=1$)と励起準位($n=2$)の発光エネルギーの細線幅依存性の実験結果を示す．細線厚は一定であり，細線幅減少に伴う横方向量子閉じ込め効果によって，エネルギーがシフトしている傾向が明確に観測されている．実線は励起子効果を入れた閉じ込め効果の理論計算値であり，理論と実験のかなりよい一致が得られている．発光エネルギーのブルーシフトは，量子薄膜においても初期に観測されたものであるが，この側面においては，量子細線も量子薄膜と同程度のレベルに達しているといえるであろう．

エッチング(ドライ，ウエット)を用いた方法の問題点は，エッチング界面の存在であろう．実際に測定を行う際には，エッチング後に埋込み成長を行って図2.1.5(e)のように細線や箱を半導体中に埋め込む必要がある．図で白抜きの部分が後から成長した部分である．エッチングされた細線の側面は，再成長界面に直接接してしまっている．エッチング界面のダメージは埋込み成長によって低減されるが，それで

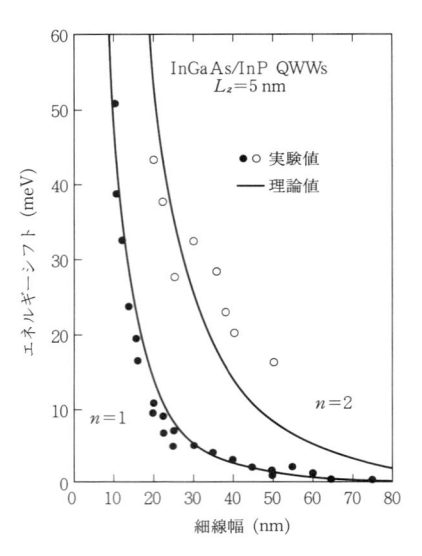

図 2.1.7 エッチング量子細線におけるエネルギーシフトと細線幅の実験例

も再成長界面付近にはキャリヤーが堆積したりするため,通常のヘテロ接合界面に比べると清浄な界面とはいえない.また,閉じ込めサイズを小さくすると非発光再結合も増加する傾向が観測されている.

この再成長界面の問題を克服するために,いくつかの研究機関で $in\text{-}situ$ のエッチングプロセスが研究されている.一つの例としては,ハロゲン化ガスや有機金属のVPEやCBEの成長炉にハロゲンガスを導入し,このガスでエッチングを行い,その後成長ガスを導入してそのまま埋込み成長してしまうものがあげられる[7].大気に触れさせずに界面が埋め込まれるので,界面の影響を小さくすることができる.またハロゲンガスによるエッチングでは,ウエットエッチングと同じように材料による選択性を大きくとることが可能なので,これを利用して半導体マスクによるエッチングも可能である.

また,電子線リソグラフィー,ドライエッチング装置などをMBEチャンバーに直結し,一連の作製工程をすべて $in\text{-}situ$ でできるようにしたシステムもいくつかの研究機関で試みられている.この場合通常の有機レジストを使用することは難しくなるが,光技研の石川らは図2.1.8のようにチャンバー内で基板表面に薄い酸化膜を形成し,この酸化膜が電子線照射によって蒸発する現象を利用して酸化膜のパターニングを行い,これを次段の塩素ガスによるエッチングにおいてマスクパターンとして用いている.この方法で20 nm幅のGaAs量子細線構造が作製されている[8].しかしいずれの方法でも,まだ個々のパターニング技術そのものは,$ex\text{-}situ$ で行ったもののレ

2.1 半導体材料

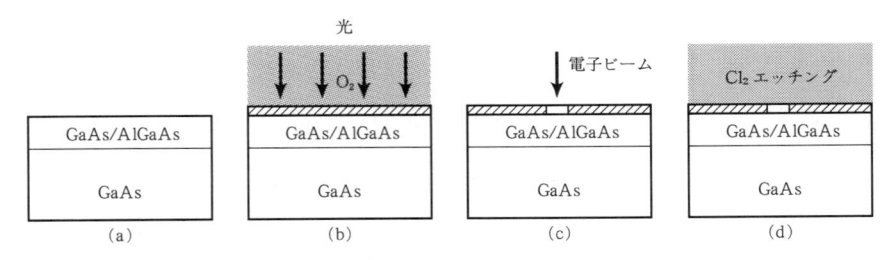

図 2.1.8 *in-situ* パターニングおよび選択成長による量子細線作製

ベルには達していないので,まだ明瞭な量子効果が観測可能な構造が作製できる段階には至っていないようである.

c. リソグラフィー＋加工基板上成長

次に述べる方法は,リソグラフィーを用いて基板上に種となる溝を作製しておき,このパターン基板上に薄膜成長を行うことにより,多次元量子閉じ込め構造を作製する方法である.リソグラフィーなどにより GaAs 基板上に [$\bar{1}$10] 方向にパターンを作製し,硫酸系などの適当なウエットエッチングを行うと,エッチング速度の異方性から (111) A 面が現れ,V 溝を作製することができる.この V 溝の上に薄膜成長を行うことにより,溝上で井戸層に当たる材料の膜厚が厚くなる傾向を利用して,横方向にキャリヤーを閉じ込めるのである.図 2.1.9 (a) にこの方法で作製される量子細線構造の断面模式図を示す.下部のハッチングした部分が,エッチングで作製されたV 溝基板であり,その上の部分が成長で作製された部分である.この方法は Bellcore (アメリカ) にいた Kapon らのグループにより研究され,レーザー構造も作製されている[9].

この方法は,エッチングにより形成された溝構造が結晶成長過程で保存されず,材

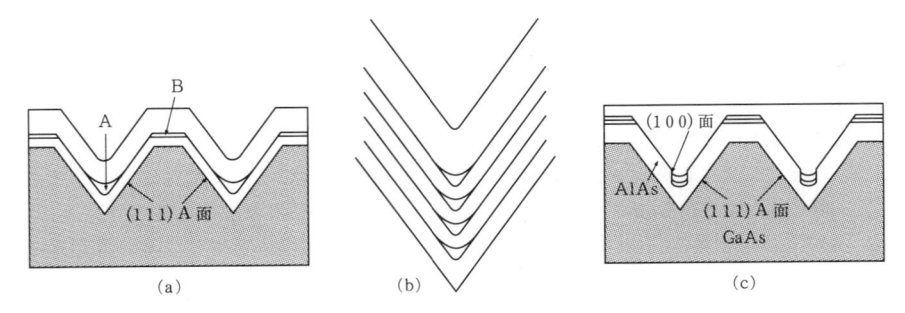

図 2.1.9 V 溝パターン基板上成長による量子構造作製
(a) 単一層細線, (b) 多層細線, (c) トレンチ形状細線.

料によって異なる形状をとろうとする傾向を利用している．厳密には，各材料の各結晶面の成長速度の差（および表面エネルギーのバランス）により決まっており，さまざまな形状のパターン基板上の成長に関してシミュレーションが行われ実験との一致が確認されている[10]．この方法の利点は，再成長界面が閉じ込め層よりはるかに下に位置するため，事実上その影響を除去できる点である．また図に明らかなように，はじめの溝の幅よりも幅の小さい構造が作製されるので，サイズに関する要請もクリアできる．さらに，この場合結晶面が現れる成長条件を用いるため，前項のウェットエッチング過程と同じようにリソグラフィー時のサイズゆらぎが低減されることが期待される．また，エッチングで作製されるV溝そのものも（111）A面で決定される形状となるので，かなりゆらぎの少ない形状を用意することができる．

以上のような特徴から，この方法を用いて量子サイズの細線，箱を，非常に低ダメージでつくることができる．発光強度などの点で通常の量子薄膜と同等またはそれ以上の品質のものが作製されている．また，次項に述べる選択成長のような余分な選択成長マスクなどの存在がなく，作製過程も通常の光デバイス作製過程に近いため，この方法を用いていくつかレーザー構造が作製されている．いずれも，まだ劇的なしきい値の低下などは確認されていないが，通常の方法で作製された量子薄膜レーザーと同程度かそれ以上の性能（しきい値の点で）が確認されている．また，このV溝形状はある程度の厚さ（V溝の深さと同程度）の成長を行っても同じ形状を保つ傾向があるので，図2.1.9(b)のようにある程度の多層化が可能である．

また，この方法は比較的工程が単純なため，多くの材料に応用が可能である．III/V族半導体以外にも適用可能であり，東京大学の白木らのグループではSi基板にV溝をつくりSiGe/Si量子細線を作製している[11]．またそのほかにも，InGaAs/InPなどの3元系，InGaAs/GaAsなどの格子不整合系，GaAsP/GaAsなどの系で量子細線，量子箱構造が作製されている．

以上はおもに量子細線の作製例であったが，同じ方法により量子箱を作製することも可能である．ただし，この場合通常の（001）基板を用いると明確なファセットで溝を構成することが難しくなるが，（111）B基板など高指数面基板を用いることにより，（111）A面で構成された逆三角錐状の溝をつくることができ，これを用いて量子箱構造が作製されている[12]．

この方法の一つの問題点は，前項で述べたように閉じ込めサイズ依存性を評価することが難しい点である．また，多くの場合溝の底（A）と間（B）の両方にサイズの異なる閉じ込め構造が作製されてしまうので，その後の扱いが難しくなることがある．また，3元以上の材料を用いた場合，成長中の拡散定数の違いなどにより，井戸中の組成分布が均一でなくなることが一般に報告されており，定量的な評価をさらに困難にしている．

また，形状が薄い三日月型になってしまうため，断面の縦横比が1に近いほど顕著

になるような多次元閉じ込め効果（偏光特性，ひずみ効果など）を観測することは一般に困難である．多層化に関しても，先に述べたように数層以上の多層化は難しい．

ただし，近年TEM（透過型電子顕微鏡）などによる形状測定とその測定結果を用いた数値計算による量子準位の計算で，かなり厳密に測定結果との比較が行われている．また，薄い断面形状の問題に関しては，AlAsのV溝上成長において(110)面が現れる傾向を利用してトレンチ型の構造をつくり，図2.1.9(c)のような縦横比が1に近い形状を作製する報告もあり，成長モードを選ぶことによってこの問題を回避することも可能であることが示されている[13]．

d. リソグラフィー＋選択成長

もう一つ再成長界面の問題を避ける方法として，選択成長を利用する方法がある．一般に，SiO_2膜などの誘電体膜のパターンを作製した基板上に減圧MOVPE成長を行うと，誘電体膜上には成長が起こらず，下の半導体基板が露出した部分にのみ成長が起こることが知られている．またその際に各結晶面における成長速度が大きく異なるために，作製される構造は特定の結晶面（とくに成長速度の遅い面）を反映した固有の形状をとる．この方法は，3次元的な構造を薄膜成長でつくることができるために，半導体レーザーのメサ構造の形成などに応用されている．そこで，リソグラフィーによって極微サイズの選択成長マスクパターンを作製して，選択成長を行えば，量子閉じ込め構造を作製することができる．選択成長マスクのパターニングはドライエッチングなどの工程を用いることができるので，十分に小さいパターンが作製可能である．

図2.1.10(a)にこの方法で作製した量子構造を示す．はじめに基板上に電子ビームリソグラフィーでSiO_2膜のパターンを作製し，その上にMOVPE成長を行う．成長速度の結晶面異方性から図のように(111)B面が現れるので，成長途中で原料を切り換えれば，量子細線構造が作製される．この場合も図でよくわかるように，マスクパターンよりも小さな構造を作製することが可能である．量子細線構造作製後に成長モードを異方性の小さいモードに切り換えれば，図のように連続的に細線を障壁中に埋め込むことも可能である．

量子箱構造を作製するためには，(111)Bファセット面を使うことが難しくなるので，(110)面が現れる成長モードが用いられている．作製される形状は(111)B基板上では三角錐となり，(001)基板上では四角錐となる．

この方法で作製される構造はc項の場合を上下逆にした形状になるが，c項の場合にはもとのパターンがエッチングで作製されていたのに対して，この場合はすべての形状が成長で決まるために，いくつかの点でc項とは異なった特徴がある．選択成長を使った場合，成長速度の結晶面依存性や材料依存性を，成長条件（成長温度，ガス圧など）によってかなり幅広く変えることができる．したがって，現れる結晶面を成

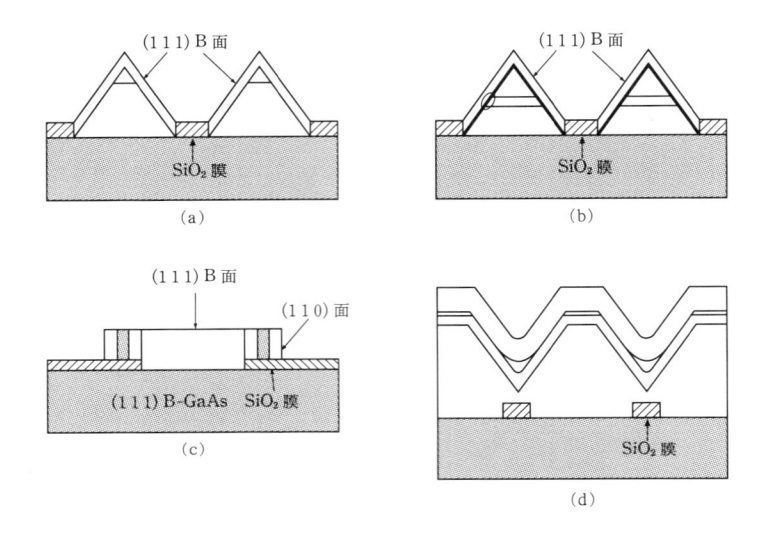

図 2.1.10 選択成長による量子構造作製
(a) 細線(箱)は頂上に形成される．(b) 細線は側面の楕円で示された部分に形成される．
(c) (111)B基板を用いた構成長量子細線．(c) 選択成長により作製したV溝を利用した量子細線．

長途中で切り換えることも可能である．このような特徴から，図 2.1.10 (a) 以外にもさまざまな形状が実現可能である．たとえば，図 (b) のようにはじめに (111)B面が遅い成長モードで量子井戸(または超格子)をつくっておき，その後成長モードを (111)B面が速いモードに切り換え，ファセット面上に量子井戸またはヘテロ接合をつくることもできる．これは後に述べる超格子断面成長によるT型量子細線と同じ構造である．また図 (c) では，(111)B基板上ではじめ (110) 面が遅いモードで直方体形状をつくり，その後 (110) 面の成長速度を速くして，直方体側面に量子細線構造を作製している．

また，一般にエッチングに比べて，前述のとおり選択成長では成長速度の面方位異方性が大きいため，他の方法に比べるとスムージング効果がより大きいのではないかと思われる．また，成長速度の遅い面で囲まれた形状ができると成長が止まる現象も起こるため，北大の福井らのグループではこれを利用して成長速度のばらつきなどに依存しない均一な構造を作製している[14]．

この方法の一つの問題は選択マスクの存在であろう．選択マスクが存在するため，余分なところに閉じ込め構造が形成されない反面，工程は複雑になり，デバイスなどに用いる場合この選択マスク(絶縁性である)の存在が邪魔になる可能性がある．また，特定の結晶面を選ぶために極端な成長条件を選ぶと結晶としての品質は低下する

2.1 半導体材料

傾向がある.

また選択成長によりV溝を作製し,そのままc項と同じ方法で量子細線を作製している例もある(東京大学,荒川らのグループ)[15](図2.1.10(d)).この場合,V溝が選択成長によって作製されるので,よりはじめのV溝を精度よく作製できることが期待できる.この方法により量子細線を半導体ブラッグミラーの間につくり込み,マイクロキャビティー型面発光レーザーの作製も報告されている.

e. まとめ

以上,リソグラフィー技術と薄膜成長技術を組み合わせた作製法について述べてきた.いずれの方法も,リソグラフィー技術を使っているため,サイズや周期などの点で自由度が大きいが,その反面リソグラフィー技術の限界に縛られている点もある.たとえば最小周期はリソグラフィーの限界を越えることはできず,20 nm 周期の構造をつくろうとすればほかの方法をとらざるをえない.また,現在のリソグラフィー技術で作製されるレジストパターンは,さまざまな要因である程度ゆらいでおり,これをそのまま半導体に転写すると,ゆらいだ量子細線が作製される(図2.1.11(a)).通常このゆらぎは,量子効果をマスクしてしまうほど大きいが,実際には,レジストパターンを半導体に転写する過程でゆらぎを軽減することができる.ウエットエッチング,パターン基板上成長,選択成長など結晶面を利用した作製法では,作製過程で特定の結晶面が現れるため,図2.1.11(b),(c)に示すようにサイズの均一化が起こる.図2.1.12にウエットエッチングで作製した細線の場合のレジストパターンと細線パターンのAFM像を示すが,エッチング後に顕著なスムージングが起こっていることがわかる[16].このようにリソグラフィーのもつ限界も,ある程度はその後のプロセス

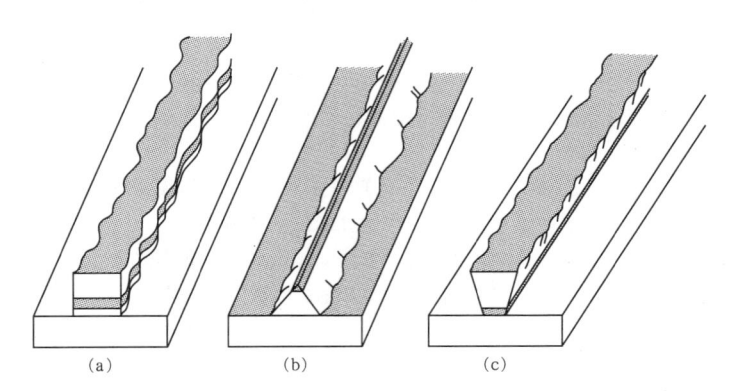

図 2.1.11
(a) レジストパターンをそのまま転写して量子細線を作製した場合のサイズゆらぎ.(b) 異方性ウエットエッチングで作製した場合のサイズゆらぎ.(c) 選択成長で作製した場合のサイズゆらぎ.

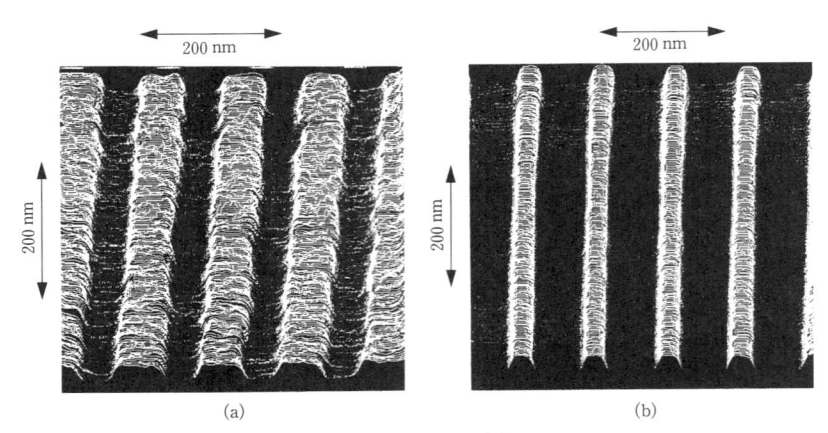

図 2.1.12 電子ビーム露光によるレジストパターン (a) と異方性ウエットエッチング後の細線パターン (b) の AFM 像

で乗り越えることができる．しかし，この場合でも細線間のサイズゆらぎはレジストパターンと同じであり，その意味で多数本の細線を使う限り，リソグラフィーの限界にある程度縛られていることになる．

一方，リソグラフィー技術そのものが低次元系作製技術として，どこまで精度が上がりうるかという問題については，まだ直接的な研究が少ない．とくに上記のパターン均一性に関しては，レジストプロセスも含めたリソグラフィー技術として，ゆらぎが何に起因し，どの程度改善しうるものなのかはまだよくわかっていない．その意味で，今後リソグラフィー技術の側から，限界をクリアする進展が起こる可能性もありうる．

最後にリソグラフィーに関連した加工技術として，ここで触れることのできなかったものとして，Si の酸化プロセスがある．Si の酸化技術は，SOI (silicon on isulator) 技術などを含め LSI 開発に関連して近年非常に進歩しており，微細な Si/SiO_2 ヘテロ接合が作製可能になってきている[17]．たとえば，イオン打込みによる酸化技術により Si/SiO_2 膜を Si 基板上に形成した後，この膜上に電子線リソグラフィーでレジストパターンを描き，選択的に Si を熱酸化することにより，Si/SiO_2 細線構造が作製されている．実際にこの方法で作製された細線構造で伝導度の量子化現象が 200 K まで観測されている．またこれに関連した技術として，MBE 中で Si の成長と酸化を交互に行うことにより，Si/SiO_2 超格子を作製する試みも行われている．いまのところ，光学的特性は通常の半導体量子井戸のレベルには達していないため，微小伝導チャネルとして以外の応用はまだ明確ではないことから，ここでは詳しく触れなかった．しかし，このようなアモルファスの酸化膜と半導体による量子井戸構造は，従来の半導体量子井戸と大きく異なるものであり，材料の自由度が大きく広

がること,閉じ込めポテンシャルを飛躍的に大きくできることなどから,量子井戸サブバンド間遷移を用いたデバイスなども含め,将来的に有望な技術となりうる可能性をもっているといえよう.

2.1.4 自然形成技術

ここで述べる方法は,いずれも材料が成長過程でオーダリングする傾向を積極的に利用して,閉じ込め構造を作製する方法である.いくつかの方法で,量子閉じ込め構造が形成可能なスケールのオーダリングが見つかっている.この場合リソグラフィーを用いないので,前項で述べた方法が共通してもつリソグラフィー技術の限界(密度,均一性)に制限されないポテンシャルをもつ.オーダリングという観点では,通常の結晶成長も,結晶というÅスケールでオーダリングした構造を作製する方法であるが,ここではもっと大きなメソスコピックなスケールで起こるオーダリングを利用してメソスコピックな構造をつくる.通常の結晶では,オーダリングを決めるのは原子軌道の重なりであるが,ここでいう自然形成技術では,結晶の表面エネルギー,ひずみエネルギーなどのマクロスコピックな物理量がオーダリングを決定する,という違いがある.

通常の結晶成長においては,いったん結晶が作製されてしまえば,その周期やサイズはその材料によって厳密に決まり,成長条件などで簡単に変えることができない反面,それらの物理量は結晶全般にわたって非常に均一になる.一方,ここでいう自然形成技術では,ひずみや成長条件を制御することにより,ある程度自由に構造を制御することが可能である.しかし,逆に材料のミクロスコピックな表面形状や成長条件の均一性が影響するため,比較的容易にサイズや密度がばらついてしまう,という問題がある.

したがって,所望のオーダリングが得られる適切な成長条件を見つけることと同時に,いかに均一な環境を用意できるかが,この方法がどこまで均一な量子構造を作製できるかの鍵となると思われる.

a. 自発的島形成

高歪薄膜を成長すると,ある条件下で自発的に島状成長が起こることは,かなり古くから知られていた.しかし,これを制御して積極的に量子箱形成に利用しようというアイデアが実行されたのは,比較的最近になってからである[18].図2.1.13にその形成プロセスを示す.ひずみが小さい場合,通常の2次元的な薄膜成長(Frank-van der Merwe Mode, FM)が起こるが,ひずみが非常に大きく臨界膜厚を越えると3次元的な島状成長(Volmer-Weber Mode, VW)が起こる.ある条件下では,はじめ単一原子層の2次元成長が起こった後,島状成長が起こるモードが存在し,これは

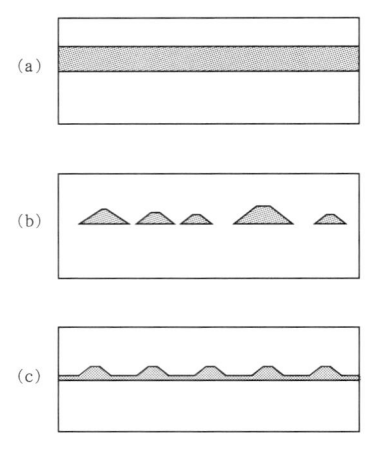

図 2.1.13 高歪膜成長における三つのモード
(a) FW モード, (b) VW モード, (c) SK モード.

Stranski-Krastanov Mode (SK) と呼ばれている．完全な VW モードではランダムな島成長になるが，SK モードではある程度揃った島が形成される傾向があり，このモードを用いて近年多くの量子箱が作製されている．

このようなオーダリングが起こる原因は，薄膜としてのひずみエネルギーがある臨界値を越えると，島形状になったほうがトータルのエネルギー（ひずみおよび表面エネルギー）を下げることができるためと考えられる．この条件は膜厚にも強く依存し，厚く高歪膜を積めばミスフィット転位を形成してひずみを緩和したほうがエネルギー的に安定になる．ここでの島形成は，その中間の条件を利用して量子箱構造を作製するのである．

この場合の箱のサイズおよび密度は，島状成長を引き起こすもととなるひずみエネルギーと表面エネルギーのバランスが決定しており，ある程度制御可能である．この形成法に関しては，別章でも触れられるのでここでは詳しく述べないが，実際に 10 nm 程度のサイズのかなり均一な量子箱構造が，この方法で得られている．この作製法は，成長装置だけで作製が可能なので，近年多くの研究機関により精力的に研究が行われており，すでにいくつかの量子効果がこの方法で作製された量子箱において観測されている[19]．

また条件を選ぶことによって，各島が格子を組むように配列する傾向も見出されており[20]，この成長モードはメソスコピックなスケールの「結晶」をつくる可能性をもっていることがわかる．現状ではまだサイズや格子の均一性は十分とはいえないが，成長条件によってどこまで向上できるかはこれからの課題であろう．実際にこの成長モードの理論的なシミュレーションも行われ，均一な基板からスタートすれば体

積としてのサイズゆらぎが10%以下の量子箱が作製可能であることが示されている．このようなメソスコピックなサイズの自己組織化現象は半導体に限らずほかの材料でも見つかっており，この現象をどこまで制御できるようになるかは，今後の結晶成長技術の大きなターゲットの一つであろう．

b. 自発的細線形成

ある条件下で自発的に細線構造が形成される例も見つかっており，この成長モードを用いて量子細線も作製されている．一つの例をあげると，(001)GaAs基板上の$(GaP)_n/(InP)_n$短周期超格子成長で，MBE成長中に自発的に[110]方向に組成のオーダリングが起こり，10 nm程度の周期の細線構造が作製されている[21]．この場合も，ひずみエネルギーがオーダリングの原因であろうと考えられている．同方法によりレーザーも作製され，室温で良好な特性が得られている．

また，(110)や(311)面などの高指数面上に薄膜成長を行うことにより，自発的に細線構造が形成されることも報告されている[22]．このようなオーダリングは高指数面が比較的大きな表面エネルギーをもつため，より低い指数面で構成されるコラゲーション構造に分解したほうがエネルギー的に安定であるからであろう，と考えられている．この現象は微視的な成長モードで考えると，高指数面上の原子層ステップが成長途上でどのように変化していくか，ということに密接に関連しており，その意味で次項で触れる原子層ステップを利用した細線作製と関連する．(001)微傾斜基板上の成長でも，原子層ステップが成長過程で融合する成長モードを用いると，擬周期的な数nm程度のマクロステップをつくることができ，その大きさや周期はやはり表面エネルギーで決まっていると考えられる．

いずれの方法でも作製されるサイズは量子効果が十分期待できるサイズであるが，島状成長の場合と同じように，サイズおよび組成の均一性を向上することが容易でないという問題がある．したがって，成長条件などを選ぶことによってどこまで向上できるかが重要な問題であろう．

c. 結晶の単原子層ステップを利用した作製法

この方法は，正確にはオーダリングを利用しているというよりも，結晶がもつ格子そのものをパターニングのもととして利用するものであるが，リソグラフィーを用いず1回の薄膜成長で多次元閉じ込め構造が作製可能である，という点からこの項目に分類した．この方法では，(001)面からわずかに斜めにカットした基板を用い，基板上にメソスコピックなスケールで格子ステップが現れるようにし（たとえば[$\bar{1}$10]方向に傾斜角が2度のGaAs基板では周期は8 nmとなる），その上で半原子層ごとに材料を成長する．成長はおもにステップエッジから起こるので，半原子層の成長を繰り返していけば，図2.1.14のように横方向に周期構造が作製できる．この場合は前

244   第2章 量子工学材料

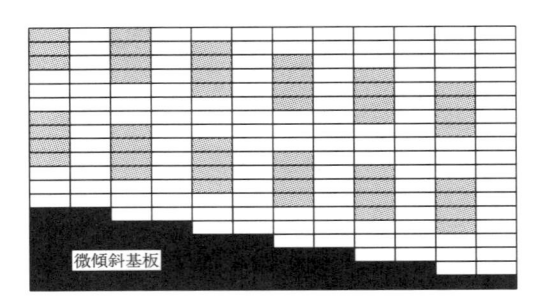

図 2.1.14 微傾斜基板上成長による量子細線作製の模式図

項の場合とは異なり，各ステップが融合せずに独立なまま成長が起こるモードを用いる．縦方向に閉じ込め構造をつくるには，薄膜成長と同じように原料を切り換えればよいので容易に可能である．この方法ははじめ Bell 研（アメリカ）の Petroff らにより提案され[23]，後に NTT の斉藤らは MOVPE を用いて量子細線構造を活性層にもつレーザーを作製している[24]．

この方法の利点は，再成長界面などの問題がないということのほかに，非常に小さいサイズの細線がつくれるという点であろう．2 度オフ基板の場合細線幅 4 nm であり，ほかの方法でこのようなサイズの細線を高密度につくることは不可能である．

問題は，成長速度のふらつきで容易にサイズが不均一になってしまうという点と，ステップエッジ以外からも若干の成長が起こるため閉じ込めの境界がぼけるという点であろう．この方法は，半原子層ずつ正確に成長を行わなければならないので，成長速度の精密な制御が必要となる．また，この方法は非常に小さいものがつくれる反面，大きいサイズをつくることが難しく，そのためにサイズゆらぎによるブロードニングの問題がほかの方法よりもシビアであると思われる．

d. オーダリング＋リソグラフィー

以上述べたように，結晶成長過程におけるさまざまなオーダリングが見つかっているが，いままでのところその制御性は十分とはいえない．そこで，オーダリングと 2.1.3 項の加工技術を組み合わせれば，制御性を向上できるのではないかと考えることができる．実際に，そのような試みはいくつか行われている．図 2.1.15 にその一例を示すが，微傾斜基板上に周期的な V 溝構造をつくり，その上に成長を行うと，微傾斜基板上の原子層ステップが V 溝の周期ごとに融合して大きなマクロステップをつくることができ，これを利用して細線をつくっている[25]．このようなマクロステップの形成は，平坦基板上でも可能であるが，その場合はマクロステップの間隔がかなりランダムになるため，サイズも揃えることが難しい．ここでの方法では周期がリソグラフィーによって決まるため，サイズの均一化が可能である．

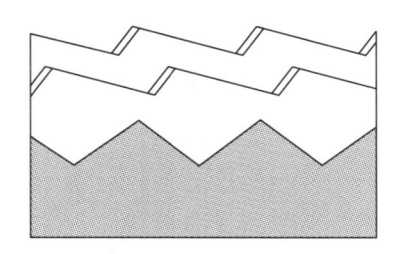

図 2.1.15 V溝パターン微傾斜基板上(またはV溝パターン高指数基板上)の量子細線作製

このほかにもパターン基板上でa項の島状形成を行い，任意の場所に量子箱を配列する試みなども行われている[26]．ただ，いずれの場合にもオーダリング現象そのものがパターン基板上では平坦基板上と異なってしまい，またパターン基板の加工の仕方や微妙な形状の不均一などによって，その上でのオーダリングが大きな影響を受ける場合もあるようなので，加工したパターンにマッチする成長条件を見つけることはそれほど簡単ではない．

2.1.5 超格子断面利用法

はじめに述べたように現在の薄膜成長技術は，非常に成熟しており，その作製精度は Å オーダーに達している．したがって，薄膜成長技術でつくった半導体超格子構造そのものを，次に横方向閉込めのパターンとして用いることができれば，サイズおよびゆらぎの両点に関して，問題をクリアすることができる．

実際に図2.1.16(a)に示すように超格子の断面(へき開断面またはエッチング断面)に直接量子井戸を成長すれば，T型の量子井戸の中心部に閉じ込め状態が実現できることが，比較的初期にいくつかの報告で指摘されていた．しかし，この方法では

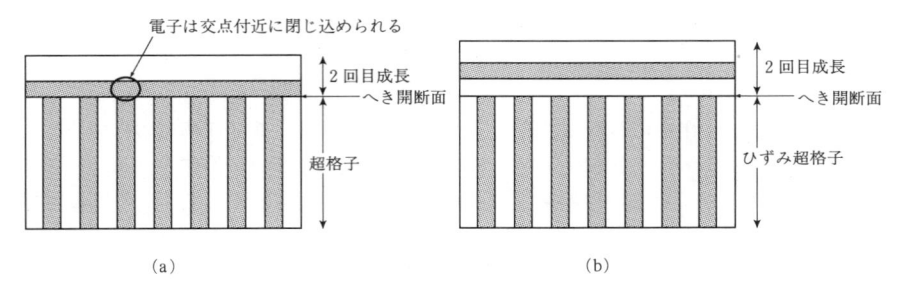

図 2.1.16 超格子へき開断面成長によるT型量子細線作製(a)，ひずみ超格子へき開断面成長による量子細線作製(b)

量子井戸層を直接再成長界面にさらすことになるため，なかなか良質な試料を得ることが難しかった．

しかし，最近になりMBEチャンバー内で真空へき開を行い，そのまま大気中に出さずに量子井戸層を成長する方法が試みられ[27]，良質な試料が作製されている．この方法の特徴は，非常に厳密に試料のサイズを決定できるため，量子閉じ込め効果を明瞭に観測することができる点である．また，真空へき開面上の再成長界面の詳細な素性は不明であるが，サイズの均一性に関しては現有の作製法の中ではもっともよいのではないかと思われる．実際に東京大学の榊らのグループでは，このT型の量子細線を用いて励起子の束縛エネルギーを調べ，2次元系に比べて増大していることを報告している[28]．

上記の方法では，細線がT型量子井戸の交点に作製されるため閉じ込めエネルギーを大きくできないことと，多層構造をつくることが難しいという問題があった．したがって，現実的な室温動作デバイス応用を考えた場合には問題がある．また2回目の成長が直接井戸の成長から始まるため，結晶の品質が通常の量子井戸成長に比べて劣ることも考えられる．そこで，超格子のへき開断面を用いた別の方法も提案されている．

一つは，ひずみ超格子断面に量子井戸を成長し，ひずみエネルギーの変調で閉じ込めを実現するものである．ひずみはへき開断面上に成長された層にもある程度侵入するので，井戸中の電子はひずみポテンシャルの変調を感じて閉じ込められる．この場合井戸層から成長を始める必要がないため，上記の最後の問題はクリアすることができる．またひずみの変調はかなり深くまで侵入するので，多層化も可能である[29]（図2.1.16(b)）．

また，AlGaAs/GaAs超格子のへき開断面を選択成長マスクとして用いる方法も試みられている．大気中ではAlGaAsの表面のみに自然酸化膜が形成される性質を利用して，非常に均一で微細な選択成長マスクとして超格子断面を用いて，細線構造が作製されている[30]．

展　　　望

以上これまで十年余にわたって試みられてきた量子細線，量子箱構造の作製法について概説してきた．繰り返し述べるように，現段階ではいずれの方法も一長一短があり，どれがすぐれているかは結論しづらい．低次元半導体を研究するものにとっては，研究や応用の方向に応じて作製方法を選択する，というのがベストな方法であろう．

一方，以上見てきたことでわかるように，量子細線，量子箱を実現するという目的のために実にさまざまな技術が開発されてきた．極微細加工技術はもちろんである

が，結晶成長技術においてもさまざまな革新を生み出した．選択成長に始まり，パターン基板状成長や自発的オーダリングなどが，単に成長過程の研究にとどまらず，制御性や均一性などテクノロジー的な側面にまでつっこんで調べられたのは特筆に値する．島状成長を例にあげると，現象自体は結晶成長の専門家の間では広く知られていたもので，均一な膜成長を阻害するものとして通常はこれを避けるべく努力が払われていたが，これを積極的に応用して量子箱を実現しようという研究が始まると，単にランダムにできると思われていた「島」が，かなり均一なサイズで整列して形成することが可能であることがわかってきた．このように今後もこの分野の研究は極微細加工技術と結晶成長技術と半導体物理が互いに刺激しあい，その刺激の中で新たな作製技術を生み出していきながら，進んでいくのではないかと思われる．

デバイス応用という観点から見ると，これらの試みの多くは，多次元量子閉じ込め構造における鋭い状態密度スペクトルの利用を目的としてきたが，最近になり別の展開も現れてきた．たとえば，格子不整合の量子細線や量子箱が最近作製されるようになってきたが，これら0, 1次元の格子不整合系は，2次元や3次元の格子不整合系と大きく異なるひずみをもつことがわかってきた[31]．そこではひずみは，系の形状に応じて二軸的にも静水圧的にもなり，またひずみポテンシャルの形状も制御可能である．また電子と正孔で全く異なった閉じ込めポテンシャルを実現することも可能である．これら低次元系では臨界膜厚も2次元系より大きくなることも指摘されており，これらの大きく広がった自由度を利用したひずみポテンシャルによるバンドエンジニアリングによるデバイス応用も考えられるのではないか，と思われる．

また，最近単一の量子箱や量子細線の物性がさまざまな方法で測定可能になってきており，これをさらに進めて，単一の量子箱によるデバイスを実現できれば，サイズゆらぎの問題を考える必要がなくなり，いままでの作製方法の多くの問題点を一挙にクリアすることができる．いままでのところ，クーロンブロッケイドを利用したトランジスター動作を除くと，単一量子箱でどの程度のデバイス動作が可能であるかは不明であるが，これまでの多くの作製法が複数の箱や細線を使うことを念頭においてきたことを考えると，単一の箱や細線を使うというスタンスで考え直すと大きな展開があるかもしれない．その意味ではじめに紹介した低次元系に対する四つの要請にかならずしも縛られず，「低次元系をいかに使うか」というところから，作製方法を考え直すスタンスも重要になっていくように思われる． ［納富雅也］

引用文献

1) L. Esaki and R. Tsu : *IBM J. Res. Dev.*, **14** (1970) 61.
2) H. Sakaki : *Jpn. J. Appl. Phys.*, **19** (1980) L735 ; Y. Arakawa and H. Sakaki : *Appl. Phys. Lett.*, **40** (1982) 939.
3) K. Kudo *et al.* : *Jpn. J. Appl. Phys.*, **33** (1994) L1382.
4) R. Steffen *et al.* : *J. Vac. Sci. Technol.*, **B13** (1995) 2888.

5) K. Kudo et al.: *IEEE Photon. Technol. Lett.*, **5** (1993) 864.
6) M. Notomi et al.: *Phys. Rev.*, **B52** (1995) 11073.
7) W. Tsang et al.: The Proceedings of 7th International Conference on Indium Phosphide Related Materials, 1995, p. 789.
8) T. Ishikawa et al.: *J. Vac. Sci. Technol.*, **B13** (1995) 2777.
9) E. Kapon et al.: *Phys. Rev. Lett.*, **63** (1989) 430 ; E. Kapon et al.: *Microelectron. J.*, **26** (1995) 881.
10) S. H. Jones et al.: *J. Cryst. Growth*, **108** (1991) 73 ; M. Ozdemir and A. Zangwill: *J. Vac. Sci. Technol.*, **A10** (1992) 684.
11) N. Usami et al.: *J. Cryst. Growth*, **150** (1995) 1065.
12) M. Kaneko et al.: *Jpn. J. Appl. Phys.*, **34** (1995) 4390 ; Y. Sugiyama et al.: *ibid.*, 4384.
13) T. Sogawa et al.: *Appl Phys. Lett.*, **68** (1996) 364.
14) K. Kumakura et al.: *Jpn. J. Appl. Phys. Lett.*, **34** (1995) 4387.
15) S. Tsukamoto et al.: *Appl. Phys. Lett.*, **63** (1993) 355.
16) M. Notomi et al.: *Appl. Phys. Lett.*, **62** (1993) 2350.
17) H. Namasu et al.: *J. Vac. Sci. Technol.*, **B13** (1995) 2166 ; Z. H. Lu et al.: *Solid State Electron.*, **40** (1996) 197.
18) L. Goldstein et al.: *Appl. Phys. Lett.*, **47** (1985) 1009 ; S. Guha et al.: *ibid.*, **57** (1990) 2110.
19) たとえば, Proceedings of International Conference on the Physics of Semiconductors, 1994 and 1996.
20) R. Nötzel et al.: *Nature*, **369** (1994) 131.
21) P. J. Pearah et al.: *IEEE J. Quantum Electron.*, **QE-30** (1994) 608 ; J. Yoshida et al.: *IEEE Phton. Technol. Lett.*, **7** (1995) 241.
22) S. Hasegawa et al.: *J. Cryst. Growth*, **111** (1991) 371 ; R. Nötzel et al.: *Phys. Rev.*, **B46** (1992) 4736.
23) P. M. Petroff et al.: *Appl. Phys. Lett.*, **45** (1984) 620.
24) H. Saito et al.: *Jpn. J. Appl. Phys.*, **32** (1993) 4440.
25) E. Colas et al.: *J. Vac. Sci. Technol.*, **A10** (1992) 691.
26) M. S. Miller et al.: *Solid State Electron.*, **40** (1996) 609.
27) L. N. Pfeiffer et al.: *Appl. Phys. Lett.*, **56** (1990) 1697.
28) T. Someya et al.: *Phys. Rev. Lett.*, **76** (1996) 2965.
29) D. Gershoni et al.: *Phys. Rev. Lett.*, **65** (1991) 1875.
30) M. Notomi et al.: *Jpn. J. Appl. Phys.*, **34** (1995) 1451.
31) M. Grundmann et al.: *Phys. Rev.*, **B52** (1995) 11969 ; M. Notomi et al.: *ibid.*, **52** (1995) 11147.

さらに勉強するために
1) 量子井戸, 超格子のデバイス応用に関して
 江崎玲於奈(監), 榊 裕之(編): 超格子ヘテロ構造デバイス, 工業調査会, 1988.
2) 結晶成長技術に関して
 赤碕 勇(編著): III-V族化合物半導体, 培風館, 1994.
 A. C. Gossard (ed.): Epitaxial Microstructures, Semiconductors and Semimetals, Vol. 40, Academic Press, 1994.
3) 半導体低次元構造の物理に関して
 G. Bastard et al. (eds.): Electronic States in Semiconductor Heterostructures, Solid State Physics, Vol. 44, Academic Press, 1991.
4) 近年のリソグラフィー技術の進展に関して

滝川忠宏, 相崎尚昭, 岡崎信次, 森本博明 (編著) : ULSI リソグラフィー技術の革新, サイエンスフォーラム社, 1994.

2.2 超伝導材料

はじめに

1986年,BednorzとMüller[1]によりBa-La-Cu-O系銅酸化物による高温超伝導体が発見され高温超伝導体研究のビッグバンとなった.図2.2.1に歴史的な電気抵抗の測定データを示す.抵抗がゼロになる温度(超伝導転移温度 T_c)は13Kと低いものの,電気抵抗が減少し始める温度(超伝導オンセット温度 T_{co})は30Kと高く,高温超伝導の可能性を秘めていた.その後マイスナー効果も観測され,Takagiら[2]により結晶構造が K_2NiF_4 型ペロブスカイト類似構造と同定されて今日の $(La_{1-x}Ba_x)_2CuO_{4-y}$(以後La系と呼ぶ)超伝導体が確定していった.1987年,Chuらのグループ[3]により,液体窒素温度(77K)を越える高い T_c(92K)をもつY-Ba-Cu-O系が発見され,基礎分野から応用にわたる広範囲の爆発的な研究を促し,一時は,"超伝導"

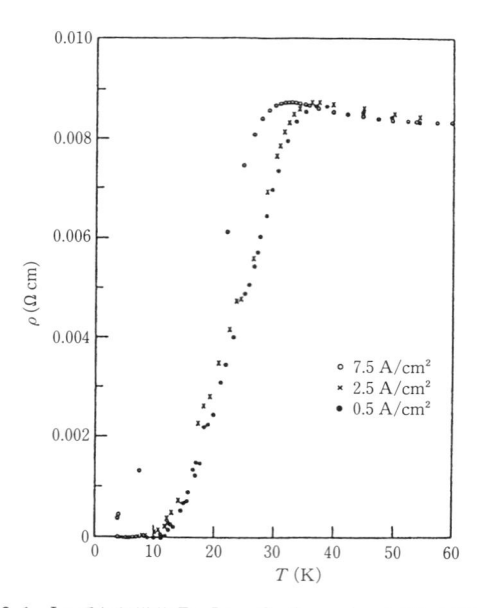

図2.2.1 La系超伝導体 $Ba_xLa_{5-x}Cu_5O_{5(3-y)}$ ($x=0.75$) の電気抵抗

という言葉が社会現象にまでなったことは記憶に新しい．1988年 Maeda[4]により T_c =105 K の Bi-Sr-Ca-Cu-O 系（以後 Bi 系と呼ぶ）が発見され，高い超伝導転移温度 T_c をもつ新物質探しの競争に拍車がかかった．

T_c=120 K の Tl-Ba-Ca-Cu-O 系が Sheng と Hermann[5]により，さらに現在最高の転移温度を有する T_c=130 K の Hg-Ba-Ca-Cu-O 系が Schilling ら[6]により発見されている．現時点では，常圧下での最高 T_c の記録としては，Isawa ら[7]の $HgBa_2Ca_2Cu_3O_{8+\delta}$ による T_c=133.9 K などがある．ここ数年 Hg 系を越える高い T_c をもつ新材料は発見されていない．高温超伝導物質探しは踊り場を迎えている．

実は $LiTi_2O_4$（T_c=13.7 K）や $BaPb_{1-x}Bi_xO_3$（T_c=13 K）など一部の酸化物系材料が超伝導を示すことは，高温超伝導体が発見されるはるか以前から知られていたが，T_c が低く人々の関心をあまり引かなかった．BCS の壁と呼ばれる呪縛が高い T_c 材料の存在を疑わせていた．La 系発見以前の 1981 年から 5 年間，日本で高温超伝導体を探す研究[8]が行われていた．リーダーの一人だった Nakajima が民間企業の研究所でプロジェクトの内容を講演したとき，シリコン LSI の研究者から『先生，高温超伝導体を見つける研究も結構ですが，Al（アルミニウム）より 10 倍抵抗率の低い金属はつくれないでしょうか？』という質問が出された．今日にも生きるこの質問は高温超伝導体発見以前の雰囲気をよく表していると思う．

本節ではまず，酸化物超伝導材料が自然の超格子構造（2.1 節半導体材料参照）であることを踏まえて，高温超伝導材料の構造と物理，化学，バルク，単結晶，薄膜を概観したい．その後 3.8.3 項でデバイス，プロセス，線材技術の紹介をする．筆者は，半導体材料や BCS 超伝導体には知識をもつが，酸化物超伝導体にはあまりなじみがない方々を読者に想定している．酸化物超伝導体は，材料，物理，化学，デバイス，構造評価，応用と多岐にわたる分野の人々が研究開発に従事している．すべての技術分野と成果を網羅することは，筆者の能力の限界を超えるので，銅系酸化物に限定し，現在までもっともよく研究され実用に近い YBCO 系（次項から主題になる $YBa_2Cu_3O_{7-y}$ 系をさす）材料と Bi（ビスマス）系材料に限定させていただく．高温超伝導材料は III-V 族半導体に類似するところが多い．半導体研究者には，YBCO 系は GaAs に，Bi 系は InP に当たる材料だと思うとわかりやすい．物理を議論する立場からは，単位格子中に CuO_2 面が 1 枚で，キャリヤー濃度を広い範囲で変えられる La 系が好ましいが，T_c が低く工学の立場から応用への発展は難しいと考えて割愛させていただいた．そのため酸化物超伝導体と書いてもとくに断わらなければ，YBCO 系をさす．

2.2.1 $YBa_2Cu_3O_{7-\delta}$の結晶構造と電子状態

a. 結晶構造

Chuらの発見したY-Ba-Cu-O系超伝導物質[3]で，$T_c=92$ Kを示す物質の結晶構造は，最終的に$YBa_2Cu_3O_{7-\delta}$（YBCOと略記し，YBCO系と呼ぶ）であることが確定された．その結晶構造を図2.2.2に示す．単位格子の大きさは，酸素欠損$\delta=0.07$（$T_c=92$ K）では，$a=3.8227(1)$Å，$b=3.8872(2)$Å，$c=11.6802(3)$Å，の斜方晶（orthorhombic）結晶である[9]．単位格子当たり2枚のCuO_2面（伝導層）と1枚の$CuO_{1-\delta}$鎖面（電荷貯蔵層）を含み，これらの面は，頂点酸素O(4)で結合されている．$CuO_{1-\delta}$鎖面内の酸素量は0から1まで変化できる．$\delta=0$では，完全にb軸方向にCu-O鎖構造ができる．電荷貯蔵層内の酸素量の増加と酸素の秩序化（数nm？）に伴い，電荷移動過程を通じてホールがCuO_2面に供給され超伝導が発現する．$\delta=0.6$付近で，結晶構造は斜方晶から正方晶（tetragonal）へ転移する．c軸長が$a(b)$軸長の約3倍になっていることがYBCO系の特徴である．

酸化物超伝導体は，一般にこのように複雑な結晶構造（ペロブスカイト類似構造）をしている．ほとんどの酸化物超伝導体は，"材料発見"時から結晶構造がわかっていたわけではない．事実，Chuらの発見したYBCO系超伝導物質は，$(Y_{1-x}Ba_x)_2CuO_4(x=0.4)$と書かれており，前年までに発見されていたLa系超伝導体のK_2NiF_4系結晶構造が頭にあったことは疑いない．図2.2.2に示す結晶構造がX線および中性子回折により決定された経緯については，材料特許の問題も含めて不確かな点もある．筆者の知りうる理解は，金属元素の配位(1-2-3系)は，粉末X線法からCava

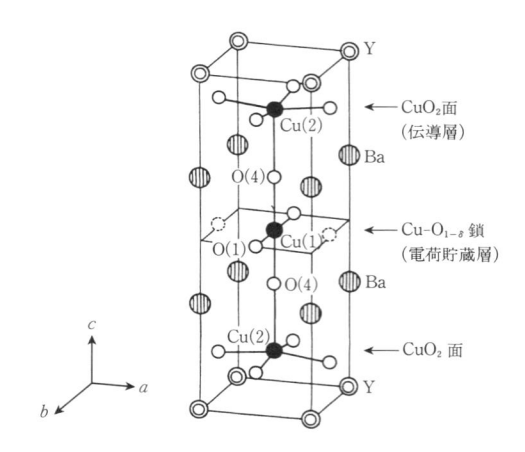

図2.2.2　$YBa_2Cu_3O_{7-\delta}$単位格子

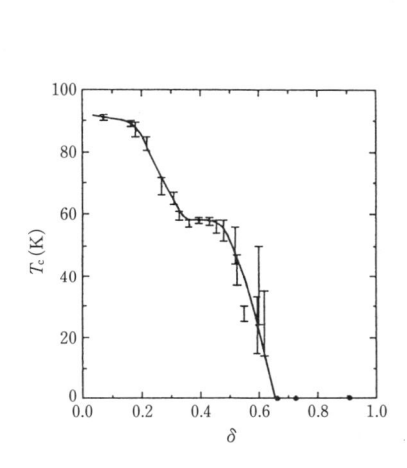

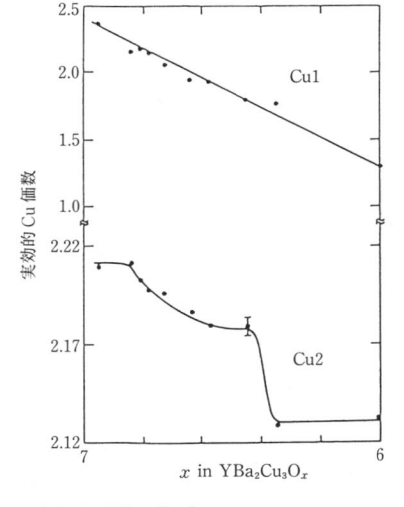

図 2.2.3 $YBa_2Cu_3O_{7-\delta}$：T_c と酸素欠損 δ の関係

図 2.2.4 $YBa_2Cu_3O_x$：ボンドバレンスサム法による実効的陽イオン数と酸素量 x の関係

ら[10]により，また図 2.2.2 に示す酸素配置は，単結晶 YBCO を用いた X 線回折により Siegrist ら[11]により決定された．さらに，CuO 鎖が b 軸方向に 1 次元状 (chain) に伸びていることは Izumi ら[12]により中性子回折のリートベルト (Rietveld) 解析から最終的に決定された．Chu らの論文受理からこの間わずか 2 か月の勝負であった．

結晶構造自身は酸素分圧と温度に強く依存して，酸素欠損量 δ や a, b, c 軸長が変化する．このことは，2.2.3 項バルク材料と化学で議論する．ここでは，以下の物理に関する議論を念頭に T_c と酸素欠損量 δ の関係[9]を図 2.2.3 に示す．キャリヤー数 N と酸素欠損量 δ の関係は，Hall 係数 $R_H = 1/qN$ (2.2.2 項 a.1) 項，図 2.2.14 参照) の形で表示している．ここでは，超伝導に関係するキャリヤーが CuO_2 面内に存在することの一つの証拠としてボンドバレンスサム法による CuO 鎖と CuO_2 面の実効的 Cu 価数をそれぞれ Cu1, Cu2 で図 2.2.4 に示す[13]．CuO_2 面の実効的価数と図 2.2.3 の T_c と酸素欠損量 δ の関係には良い相関があることから，超伝導に関与するキャリヤーは CuO_2 面の正孔と考えられている．

b. 電子状態

YBCO 結晶構造に馴染みのない読者のために，これからの議論の基礎になる電子状態の解説を行う．Y は +3 価に帯電し，Kr と同じ閉殻，Ba は +2 価で Xe と同じ閉殻を形成している．すなわち，両元素は，直接的には伝導電子と軌道の混成を生じ

させていない．CuO_2 面も母物質 ($\delta=1$) ではイオン結晶である．このとき，CuO鎖に酸素はなく，Cuは+1価に帯電し $3d^{10}$ の閉殻を形成している．CuO_2 面の電子状態を図2.2.5に示す．Cu-O八面体による結晶場 (ligand field) により Cu^{2+} イオンの5重縮退した3d軌道 ($3d^9$) がすべて分裂し，もっともエネルギーの高い $3d(x^2-y^2)$ 軌道には電子1個しか存在しない．一方，Cuイオンを取り囲む O^{2-} イオンの2p軌道はすべて電子で占められている．この両者が混成軌道を形成している．

エネルギー準位を模式的に図2.2.6(a)に示す．$2p\sigma$ 軌道に比べて $3d(x^2-y^2)$ 軌道のほうがエネルギーが低い．しかしながら，$3d(x^2-y^2)$ 軌道に電子をもう1個詰めて Cu^{1+} にしようとすると，強い電子間クーロン反発力のためにエネルギー U (6~8eV) だけ高くなる．同じ格子位置 (サイト) に電子が存在することによりエネルギーが増加することを電子相関があるという．酸化物超伝導体は電子相関が強い系といえる．このため $3d(x^2-y^2)$ 軌道には $2p\sigma$ 軌道よりエネルギーが低いにもかかわらず，電子の空席が残っている．すなわちCuイオンは空席 (正孔) によるスピン $S=1/2$ をもつ磁性イオンである．一方，OイオンからCuイオンへ電子が移動すると，電子のエネルギーは Δ (1~2eV) だけ増加する．Δ を電荷移動 (CT) エネルギーと呼ぶ．$3d(x^2-y^2)$ 軌道と $2p\sigma$ 軌道の重なり積分を t_0 とすると 1~2eV程度と評価される．強い電子間クーロン反発力のために軌道が分裂し絶縁体になる物質をモット-ハバード (Mott-Hubbard) 型絶縁体と呼ぶ．とくに，モット-ハバード分裂の中に，電荷移

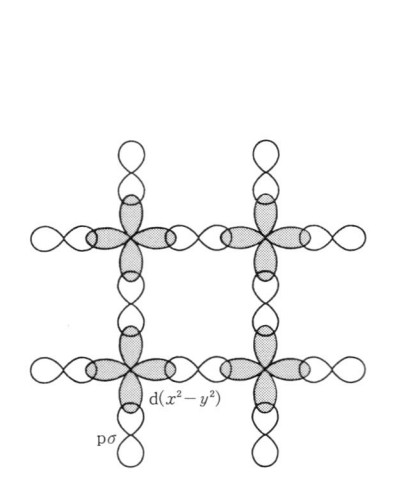

図 2.2.5　CuO_2 面の電子状態 ($Cu^{2+}d(x^2-y^2)$ 軌道と $O^{2-}2p\sigma$ 軌道の混成)

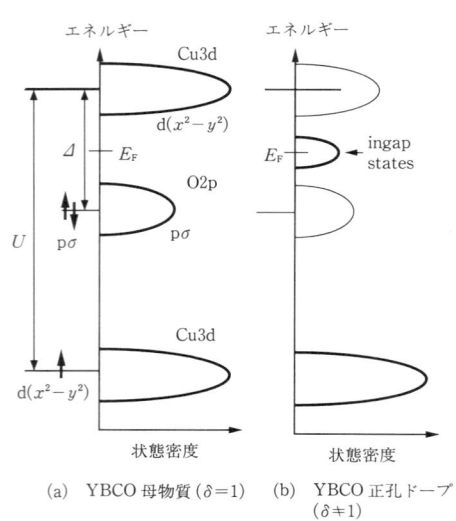

図 2.2.6　CuO_2 面のエネルギー状態図
(a) 電荷移動型絶縁体，(b) 正孔がドープされた状態 (ingap states)．

(a) YBCO母物質 ($\delta=1$)
(b) YBCO正孔ドープ ($\delta \neq 1$)

動エネルギーの必要な別の状態が入るものを電荷移動型絶縁体と呼ぶ．ところでとなりどうしの Cu イオンのスピン間には，互いに反平行になろうとする反強磁性交換相互作用が働いている．この相互作用の大きさ J は

$$J = t_0^4/\Delta^3 \tag{2.2.1}$$

と見積もられ，母材の YBCO $(\delta=1)$ では $T_n=500$ K で反強磁性に転移する．単純な分子場近似では，$J=0.29$ eV である．

この電荷移動 (CT) 型絶縁体にドーピングを施してキャリヤーを増やしていくと，$YBa_2Cu_3O_{7-\delta}$ となり高温超伝導が出現する．酸素欠損 δ に対して得られた相図を図 2.2.7 に示す[14]．当初キャリヤーは Cu サイトにいると思われていたが，X 線吸収分光法 (X-ray absorption near-edge spectroscopy, XANES) や X 線光電子分光法 (X-ray photoelectron spectroscopy, XPS) などにより CuO_2 面の O サイトに存在することが見出された[15]．すなわち，正孔は O イオンの $2p\sigma$ 軌道に存在し結晶中を動き回り電気伝導が現れる．O^{2-} の頂点酸素 O(4) があれば，Cu 上に正孔がきたときクーロン引力によってエネルギーを得するので，頂点酸素 O(4) が存在すると正孔の注入が可能になる．O イオン中の正孔はスピン $(S=1/2)$ をもっているので，Cu イオンとの間に反強磁性交換相互作用 J_k が働く．O と Cu の距離は Cu 間の距離に比べて短いので J_k は非常に強く，

$$J_k = t_0^2/\Delta \tag{2.2.2}$$

と見積もられ，約 1 eV である．したがって正孔は，となりの一つの Cu イオンをとらえて反強磁性的スピン配置（スピン一重項）をとろうとする．Cu イオンにとって周りの O イオンは等価なので等しく分布してスピン一重項を形成したほうがエネルギー的に低くなる (Zhang-Rice シングレット)[16]．したがって，O サイトの正孔がまずバンドをつくり，Cu スピンと相互作用するという描像は怪しくなる．Zhang-Rice シングレット状態（正孔のスピンと Cu スピンがスピン一重項を形成し，スピン 0 で

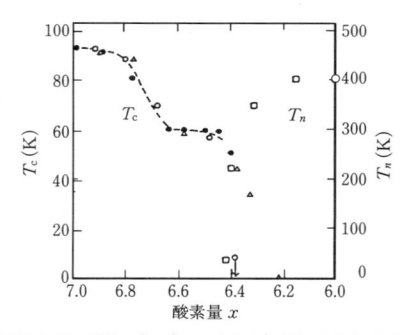

図 2.2.7　$YBa_2Cu_3O_x$ の相図（反強磁性転移温度 T_n と超伝導転移温度 T_c の酸素量 x 依存性）

表 2.2.1　$YBa_2Cu_3O_{7-\delta}$ 単位格子内電荷状態

Y 面	+3
CuO_2 面	$-\dfrac{3+\delta}{2}$
BaO 面	0
CuO 鎖面	$+\delta$
BaO 面	0
CuO_2 面	$-\dfrac{3+\delta}{2}$

CuO_2 面内に $(1-\delta)/2$ の正孔が存在．

電荷 $+e$ をもつ準粒子) の準粒子が CuO_2 面内を Cu スピン間の反強磁性交換相互作用 J で散乱されながら運動するという描像が，一般的には採用されている (t-J モデル). しかし，O サイトの正孔と Cu イオン自身が束縛状態をつくるわけではないので，この描像の真偽はこれからの研究で解明されるべき重大な課題である.

電荷移動 (CT) 型絶縁体に正孔がドーピングされると，図 2.2.6 (a) に示すエネルギー状態図の形が変わらずに，フェルミ準位 E_F だけが変化するのであれば Si や GaAs 半導体と同じである (rigid-band 描像). しかしながらこの描像は当てはまらない. ドーピングが母体の電子構造を大きく変えてしまうのである (図 2.2.6 (b)). 光吸収，電子エネルギー損失分光 (electron-energy-loss spectroscopy, EELS) などの実験[17]は，電荷移動 (CT) エネルギーギャップ Δ の中にギャップ内状態 (ingap states) が形成されることを支持している. ギャップ内状態が高濃度の深い順位をもつ半導体のように，新たなバンド的描像で記述できるのか，あくまで何らかの強い電子相関を残す状態なのか今後の研究が待たれる.

CuO 鎖面に $1-\delta$ の酸素が存在するとき，その酸素がすべて -2 価に帯電すると仮定して，CuO_2 面から $(1-\delta)/2$ の電子を，CuO 鎖面の Cu から $1-\delta$ の電子を取ると考える. このとき正孔のドープされた $YBa_2Cu_3O_{7-\delta}$ ユニットセル中の電荷分布は，模式的に表 2.2.1 で表される. $CuO_{1-\delta}$ 鎖面 (電荷貯蔵層) では，酸素が鎖方向に増えていくと，つまり $1-\delta$ が増加すると最初は $CuO_{1-\delta}$ 鎖面の Cu^{1+} に正孔が供給され Cu^{2+} になり，CuO_2 面の Cu は 2+ に保たれる (絶縁体のまま). $1-\delta=0.4$ 付近になると CuO_2 面からも電子を取り始め (正孔がドープされ) 超伝導が出現する. 単純な表 2.2.1 の仮定では，CuO_2 面に $(1-\delta)/2$ の正孔が存在し CuO 鎖面には $1-\delta$ の正孔が Cu に存在する. しかし図 2.2.14 に示す現実の酸素欠損依存性と少し異なるのは，CuO 鎖面の正孔発生メカニズムが荒すぎるためである.

YBCO 系のキャリヤーは CuO 鎖がキャリヤー供給層となり，2 次元正孔ガス (two-dimensional hole gas) が CuO_2 面に形成される. CuO_2 面内の Cu イオンの強い反強磁性的スピン配置の中を 2 次元正孔ガスが動き回る. 物理的イメージを豊かにするために，2 次元正孔ガス (あるいは 2 次元電子ガス) での先輩格にあたる変調ドープ GaAs/AlGaAs 超格子構造[18]に形成される 2 次元電子ガス (図 2.2.8) との比較を行ってみよう. まず YBCO 結晶構造の平面 TEM (transmission electron microscopy) 写真[19]を図 2.2.9 に示す. 2 次元正孔ガス形成領域 (2 枚の CuO_2 面) とキャリヤー供給層 (Ba 面と Cu(1) 面) が交互に並ぶ自然超格子構造になっているのがわかる. 2 次元電子ガスの物理定数を表 2.2.2 にまとめる. この表からわかるように 2 次元電子ガス濃度とキャリヤー移動度には大きな差がある. フェルミエネルギーは金属と縮退した半導体の中間である. 半導体超格子構造では，前節の半導体材料で詳述されているように，半導体中の電子波のド・ブロイ波長 ($2\pi/k_F$) 程度の周期を問題にする. CuO_2 面内のド・ブロイ波長は単位格子 a 軸長の 3～4 個分の長さである. ところ

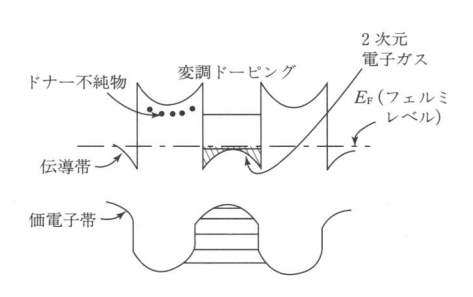

図 2.2.8 GaAs/AlGaAs 変調ドープ超格子構造のエネルギーバンド図

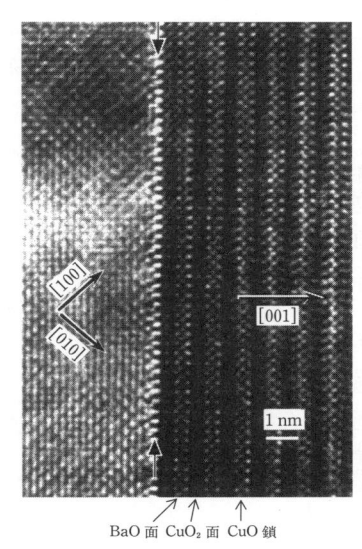

図 2.2.9 a/c 接合 YBa$_2$Cu$_3$O$_{7-\delta}$ (3.8.3 項 d.1) 参照) 平面 TEM 写真

表 2.2.2 YB$_2$Cu$_3$O$_{7-\delta}$ および GaAs/AlGaAs ヘテロ接合系の物性比較

		YBCO(δ=0.08); T_c=92 K	n-AlGaAs/u-GaAs 2次元電子ガス
シート濃度	n_s (cm^{-2})	3.65×10^{14}	0.7×10^{12}
ド・ブロイ波長	λ (Å)	13.11	300
フェルミエネルギー	ε_F (meV)	445	25.4
フェルミ速度	v_F (cm/s)	2.83×10^7	3.69×10^7
移動度 (100 K)	μ (cm^2/Vs)	10	200000

ただし，YBCO の n_s は CuO$_2$ 面 1 枚当たり，正孔質量は $2m_0$ (m_0；真空中電子質量)．n-AlGaAs/u-GaAs 系は単一ヘテロ構造，電子質量 $m=0.067\,m_0$．2次元系では，$\lambda=\sqrt{2\pi/n_s}$，$\varepsilon_F=\hbar^2\pi n_s/m$．

で，GaAs/AlGaAs ヘテロ構造の場合，キャリヤーを供給するのは，n 型 AlGaAs 層，2次元電子ガスを閉じ込めるのはヘテロ障壁ポテンシャルである．一方，高温超伝導体の場合キャリヤーを供給するのは Cu-O 鎖，2次元正孔ガスは CuO$_2$ 面に閉じ込められている．上記 XANES の偏光依存性の研究[20]から正孔が CuO$_2$ 面内に広がっていること (キャリヤーの閉じ込め) が示唆されている．最近パルス強磁場中で超伝導を壊した状態をつくり，電気抵抗の測定から正孔の閉じ込め機構を探る興味深い実験も出始めている[21]．

　高温超伝導体の場合，Bi 系[4]や Tl 系[5]ではユニットセル内の CuO$_2$ 面数が 1, 2, 3 と異なるものが 3 種類存在する．CuO$_2$ 面数の増加とともに T_c が高くなるのは，

AlGaAs/GaAs 材料単一ヘテロ接合をダブルヘテロ接合に工夫したり，n-Al_xIn_{1-x}As/u-In_yGa_{1-y}As 系ヘテロ接合に材料系を変えることで2次元電子ガス濃度を増加させる工夫と相通じるところがある．

c. バンド理論とフェルミ面

前項では，電子相関の強い系としての YBCO 系の電子構造を解説した．一方，金属電子論によれば，価数計算から反強磁性 $YBa_2Cu_3O_{7-\delta}$($\delta=1.0$) は金属になるはずである．実際 $YBa_2Cu_3O_{7-\delta}$ のバンド計算の結果(図 2.2.10)もこれを支持している[22]．CuO_2 面が2枚あることと，Cu-O 鎖の存在のためにフェルミレベル(図中 0 eV の破線)を横切るバンドは4本存在する．バンド理論は，着目する電子がほかの電子がつくる平均的な周期ポテンシャル分布の中を一体問題として運動するという描像が成立するときのみ意味のある答えを出せる．

$YBa_2Cu_3O_{7-\delta}$ も単位格子が周期的に繰り返す結晶であり，CuO_2 面の伝導電子の挙動以外の部分では，バンド理論による計算と実験はよく一致する．たとえば，フォノンのエネルギーと状態密度，3 eV 以上の高エネルギー領域でのバンド間遷移などである．もっとも乖離が激しいのが母物質 $YBa_2Cu_3O_{7-\delta}$($\delta=1.0$) の場合である．正孔が十分注入され，超伝導を示す状態でバンド計算が系の物性を記述できるか否かは議

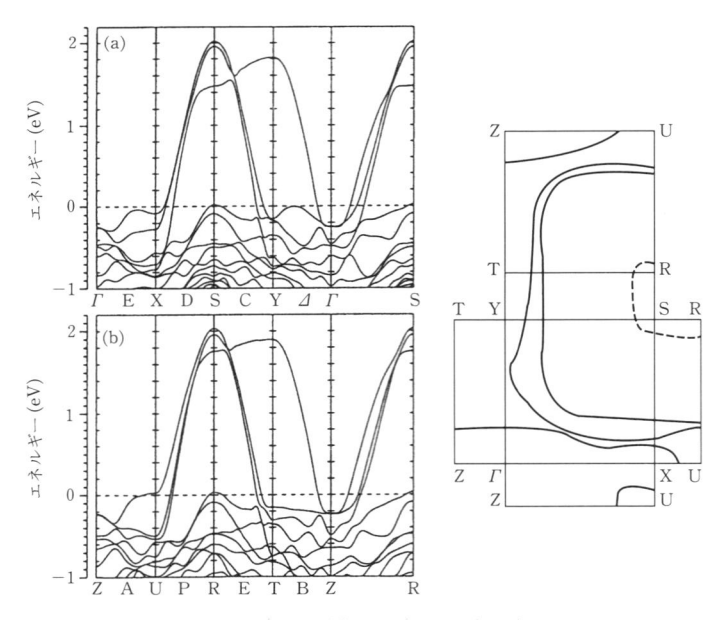

図 2.2.10 YBCO のバンド構造(計算)

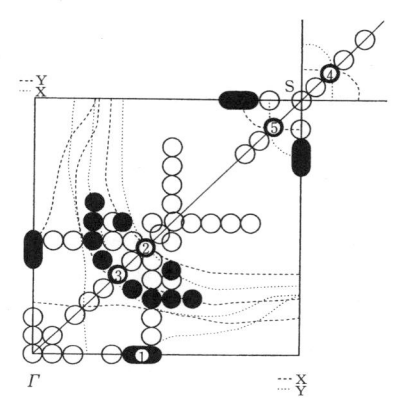

図 2.2.11 YBCO のバンド構造（実験）（破線は計算値）

論の分かれているところである．実験的には正孔が十分ドープされた $YBa_2Cu_3O_{7-\delta}$ ($\delta=0.1$) 単結晶に対してフェルミ面が角度分解光電子分光法 (angle resolved photo emission spectroscopy, ARPES) などにより求められている．実験的に得られた図 2.2.11 に示すようにフェルミ面の形状はバンド計算とよく一致する[23]．CuO_2 面内正孔の有効質量は $m^*=2\sim3m_0$ (m_0 は真空中の電子質量) である．CuO_2 面垂直方向の有効質量は $m^*=7m_0$ 程度である．フェルミ面の存在は YBCO ($T_c=92$ K) 試料でド・ハース-ファン・アルフェン (de Haas-van Alphen) 振動が 100 T (テスラ) のパルス磁場中で観測されていることからも疑問の余地がない[24]．最大フェルミ速度 v_F は $7.5\pm2.5\times10^7$ cm/s と報告されている[25]．

バンド計算の問題点は CuO_2 面垂直方向に自由に動ける結果を与えることで，正孔が CuO_2 面内に閉じ込められているという実験的証拠と大きく矛盾することである．何らかの形で電子相関の効果を取り入れる必要性を示唆している．

2.2.2 銅系酸化物超伝導体の物性と物理

銅系酸化物超伝導体だけなぜ超伝導転移温度 T_c が高いのだろうか？ 従来の金属超伝導体と同じく BCS 理論（詳しくは本書，1.8 節超伝導の基礎を参照）に従う超伝導体であろうか？ 高い T_c をもたらす電子間引力相互作用の起源は，従来どおりフォノンだろうか？ という疑問が次々に浮かんでくる．

これまで蓄積された膨大な実験データを高温超伝導体材料に特有な物性と超伝導発現に不可欠な物性とに明確に分離して紹介することは難しい．ここでは，物理量としての基本的な実験データと工学への応用上重要と思われる実験データを YBCO 系を中心に紹介する．

a. 実 験 事 実

超伝導は，正常相電子間に何らかの引力（？）相互作用が働いて，熱力学的に不安定になり，超伝導状態に転移すると考えるのが自然であろう．この場合，超伝導に転移する前の正常相（異常金属相と呼ばれている）の物理的描像を理解することが物理と工学の両者から重要である．正常相の実験データとして，① 電子分光の実験から正孔が十分ドープされている場合には大きなフェルミ面が存在すること，② 2次元的にキャリヤーが閉じ込められていることには前項で言及した．まず，輸送現象の実験から紹介しよう．

1) 電気抵抗とホール効果

単結晶 $YBa_2Cu_3O_{7-\delta}$ の c 軸方向と ab 軸方向の電気抵抗率 ρ_c と ρ_a の温度変化を図 2.2.12, 2.2.13 に示す[26,27]．図中の数字は酸素量 $7-\delta$（酸素欠損量 δ）を表す．図 2.2.13 中の挿入図は a 軸と b 軸方向の CuO_2 面内異方性を示している．電気抵抗の特徴は，① 広い温度範囲（T_c から 1000 K くらいまで）で CuO_2 面内の比抵抗 ρ_{ab} が少なくとも最適ドープ領域では，絶対温度 T に比例する，② 同一結晶でも c 軸方向と ab 軸方向で温度依存性が異なる．最適ドープ（$\delta=0.1$）YBCO単結晶の CuO_2 面内の比抵抗 ρ_{ab} は室温で 240 $\mu\Omega$ cm，超伝導転移直前の比抵抗は 80 $\mu\Omega$ cm 程度で，縮退した半導体と金属の中間程度の電気抵抗率をもつ．表 2.2.2 ならびに図 2.2.14 のキャリヤー数からは妥当な抵抗率である．

金属の電気抵抗をうまく説明したブロッホ-グリューナイゼン（Bloch-Grüneisen）の式は電子フォノン相互作用とハーフフィルド（half-filled）フェルミ面が存在することから導き出されており，

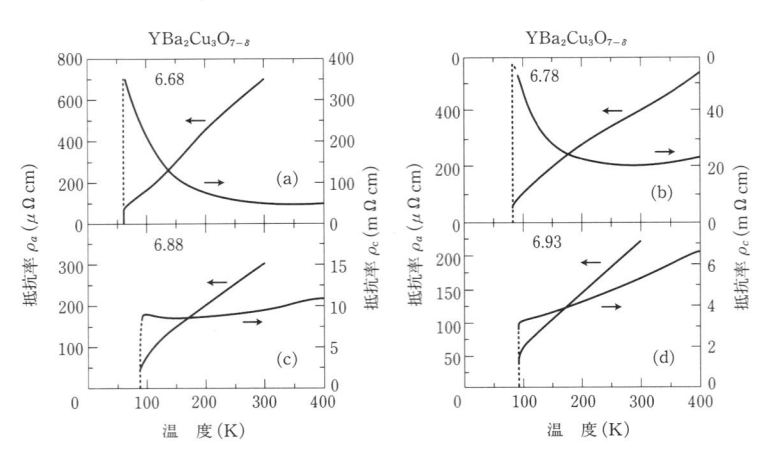

図 2.2.12 $YBa_2Cu_3O_{7-\delta}$ 単結晶の面間抵抗率 ρ_c と面内抵抗率 ρ_a の酸素量 $7-\delta$ 依存性の比較

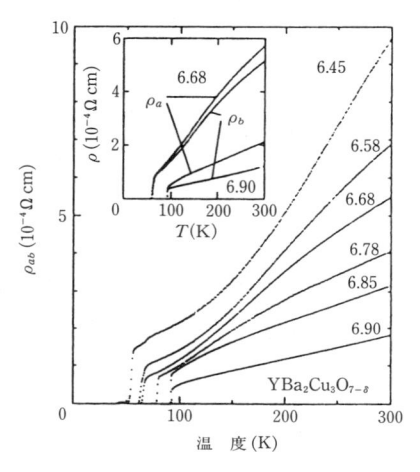

図 2.2.13 YBa$_2$Cu$_3$O$_{7-\delta}$ 単結晶の面内抵抗率 ρ_a の酸素量 $7-\delta$ 依存性
挿入図は面内 a 軸方向の電気抵抗率 ρ_a と b 軸方向の電気抵抗率 ρ_b.

$$\rho(T) = A\left(\frac{T}{\Theta}\right)^5 \int_0^{\Theta/T} \frac{x^5 dx}{(e^x-1)(1-e^{-x})} \tag{2.2.3}$$

で表される．ここで，A は定数である．デバイ温度 Θ は，連続体モデルでは，$k\Theta = \hbar v (6\pi^2 N/V)^{1/3}$ で与えられるので，YBCO の音速 $v = 4.2 \times 10^5$ cm/s を代入すれば，$k\Theta = 45$ meV であり，デバイ温度 Θ は 550 K 程度である．ブロッホ-グリューナイゼンの式からは，高温 ($T \gg \Theta$) で T-linear になり，低温 ($T \ll \Theta$) で T^5 に比例することがすぐにわかる．T-linear 項は，電子散乱の確率がフォノン数に比例することを意味し，T^5 項は量子効果である．

Au, Al などの金属は T-linear からのズレが $T < \Theta/4$ の温度領域で観測され始める．少なくとも YBCO に関しては，最適ドープ領域の ρ_a はブロッホ-グリューナイゼンの式で実験を説明できる．ただ，Bi$_2$Sr$_2$CuO$_6$($T_c < 10$ K) などでは，10 K 程度まで T-linear であり，銅系酸化物超伝導体の電気抵抗は単純な電子フォノン相互作用からは説明できないと思われている．最近非銅系酸化物 Sr$_2$RuO$_4$ でも広い温度領域で T-linear の電気抵抗が報告されており，銅系酸化物の専売特許ではなさそうである．また，酸素欠損 δ に応じて，ρ_{ab} の温度依存性は低温で T-linear からずれる．一方，c 軸方向の電気抵抗率 ρ_c は，酸素欠損量 δ が大きくなると，低温で増加する．結晶の軸方向で電気抵抗の温度依存性自身が異なるのは銅系酸化物超伝導体物質の"2次元性"の特徴である．これらの温度変化は，ブロッホ-グリューナイゼンの式から大きくはずれる部分で，何らかの形で結晶構造の異方性や電子相関の効果を入れると矛盾なく実験事実を説明できるようになるであろうか．この異方性を表す抵抗比

図 2.2.14 ホール係数 ($=1/qN$) の温度依存性
（試料は図 2.2.13 に対応）

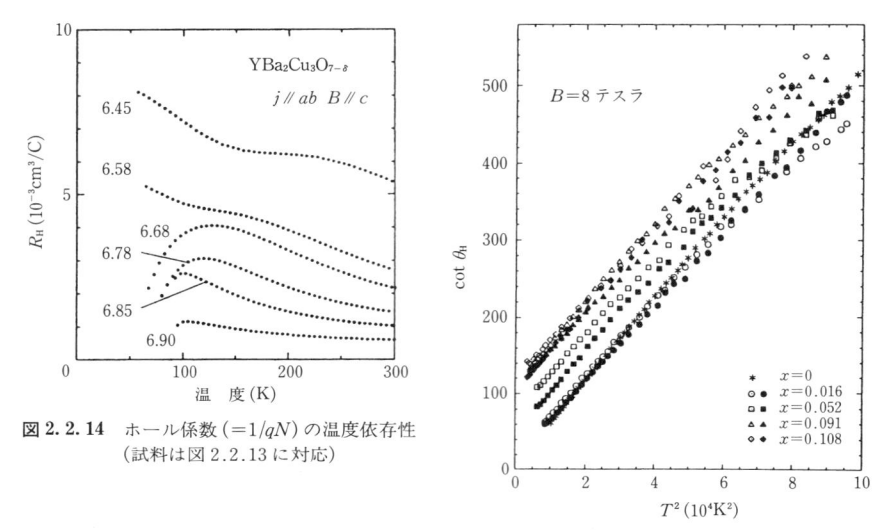

図 2.2.15 YBa$_2$Cu$_{3-x}$Zn$_x$O$_{7-\delta}$ 単結晶試料の
cot $\theta_H = \rho/HR_H$

ρ_c/ρ_{ab} は，2次元性の強い系，たとえば Bi 系ではさらに大きくなる．

図 2.2.13 の試料に対するホール係数 R_H の測定結果を図 2.2.14 に示す[27]．ホール係数 R_H は，$R_H = 1/Nq$ で表される．ただし，q は単位電荷である．R_H はキャリヤー濃度 N に逆比例する．キャリヤー濃度 N は，室温から超伝導転移温度までの間で，低温になるに従い約 1/3 程度まで減少する．図 2.2.10 に示された大きなフェルミ面をもつハーフフィルドの単一バンドモデル（通例の金属のモデル）では，キャリヤー濃度 N の温度変化は全く説明できない．この温度特性も銅系酸化物超伝導体に特徴的な現象である．GaAs/AlGaAs 超格子の場合一般にキャリヤーは2次元電子ガス層だけでなく，キャリヤー供給層にも存在し，ホール係数 R_H は，キャリヤー供給層の膜厚と不純物濃度に依存した図 2.2.14 と類似した振舞いをする[18]．この場合にはキャリヤー供給層のキャリヤーが低温で凍結するのが原因であった．酸化物超伝導体の場合にもキャリヤー供給層と2次元正孔の超格子構造という構造をしている．YBCO の場合キャリヤー供給層である Cu-O 鎖にも存在することが知られているが，この特異な温度依存性を解く鍵になるであろうか．

ホール効果によるキャリヤー濃度 N および移動度 μ は図 2.2.13 と図 2.2.14 を用いて $N = 1/qR_H$，$\mu = R_H/\rho$ の関係から簡単に出すことができる．たとえば，最適ドープ ($\delta = 0.1$) YBCO では，$T = 300$ K の場合，$N = 1.1 \times 10^{22}$ cm^{-3}，$\mu = 3.2$ cm^2/Vs，$T = 100$ K の場合，$N = 0.551 \times 10^{22}$ cm^{-3}，$\mu = 19$ cm^2/Vs である．最も単純に YBCO が高濃度 p 型伝導体と考え，p 型半導体 GaAs の室温移動度 18 cm^2/Vs（不純

物濃度 $N_A=10^{21}{\rm cm}^{-3}$) と比べれば，濃度が1桁高いことを考慮すればとくに低い移動度とは考えられない．

最後に，ホール係数の $R_{\rm H}$ の温度依存性に対する重要な実験を紹介しよう．通例キャリヤーの散乱時間 τ は電場によるもの $\tau_{\rm tr}$ と磁場によるもの $\tau_{\rm H}$ とは同じだと考えている．もし何らかの理由で $\tau_{\rm tr}$ と $\tau_{\rm H}$ とが等しくなければ，ホール係数 $R_{\rm H}$ は $\tau_{\rm H}/\tau_{\rm tr}$ に依存することになる．$\tau_{\rm tr}$ は直流抵抗率 ρ を決めているので，$\tau_{\rm H}$ を直接求めるには $R_{\rm H}$ と ρ を同時に測定しホール角 $\theta_{\rm H}$ の cot

$$\cot(\theta_{\rm H})=\rho/HR_{\rm H} \propto 1/\tau_{\rm H} \qquad (2.2.4)$$

を測定すればよい．$YBa_2Cu_{3-x}Zn_xO_{7-\delta}$ に関する実験データを図2.2.15に示す[28]．

$$\cot(\theta_{\rm H})=\alpha T^2+C(x) \qquad (2.2.5)$$

でよくフィッティングできる．

Zn の増加とともに α は変化せず，$C(x)$ は増加するので αT^2 の項が YBCO の寄与と考えられる．つまり，$1/\tau_{\rm H}$ は T の2乗に比例し $1/\tau_{\rm tr}$ は T に比例する ($\rho_{ab} \propto T$ であるから) ことになる．何か深い意味がありそうだが，明快に説明したモデルはないようである．次に電磁場に対する応答の問題を取り上げよう．

2) 電磁場応答

磁場に対する応答には超伝導体内部に磁場の侵入を防ぐマイスナー (Meissner) 効果がある．これは超伝導体を完全導体と区別するもっとも重要な効果であるが，本書1.8節超伝導の基礎を参照されたい．超伝導体には，磁場の侵入とともに超伝導が壊れる第一種超伝導体と，磁束を部分的に貫通させ超伝導を維持する高温超伝導体のような第二種超伝導体がある．

高温超伝導体に磁場を印加した場合，超伝導の壊れた渦糸が三角格子状に形成される．トラップされる磁束は $\Phi_0=hc/2e=2.07\times10^{-7}$ Gauss cm^2 を単位に量子化されるので，たとえば 1 T (Tesra; テスラ，10^4 ガウス) の磁場の場合，1 cm^2 あたりの磁束量子の本数は 5×10^5 本になる．磁場中で電流を流すとローレンツ力で磁束は運動を始める．YBCO単結晶に，磁場を c 軸方向と ab 軸方向にかけた場合の CuO_2 面内 (ab 軸) の電気抵抗の磁場依存性のデータを図2.2.16に示す[29]．磁場をかけたときの T_c の広がり (金属超伝導のときは，磁場をかけると T_c が低温側にシフトする) を resistive broadening と呼び，高温超伝導体の2次元性の特徴である．きわめて2次元性が強い物質なので，不純物によるピン止めが効かないのである．磁束の運動とトラップの問題は，基礎物理としての興味だけでなく超伝導線材の開発などできわめて重要になる．磁束にかかわる物理は，高温超伝導体に固有な発展を遂げた．少し専門的になりすぎるので興味のある読者は文献[30]を参照されたい．

ロンドンの磁場侵入場 λ は，超伝導体表面から内部に侵入できる磁場の侵入長を表し，

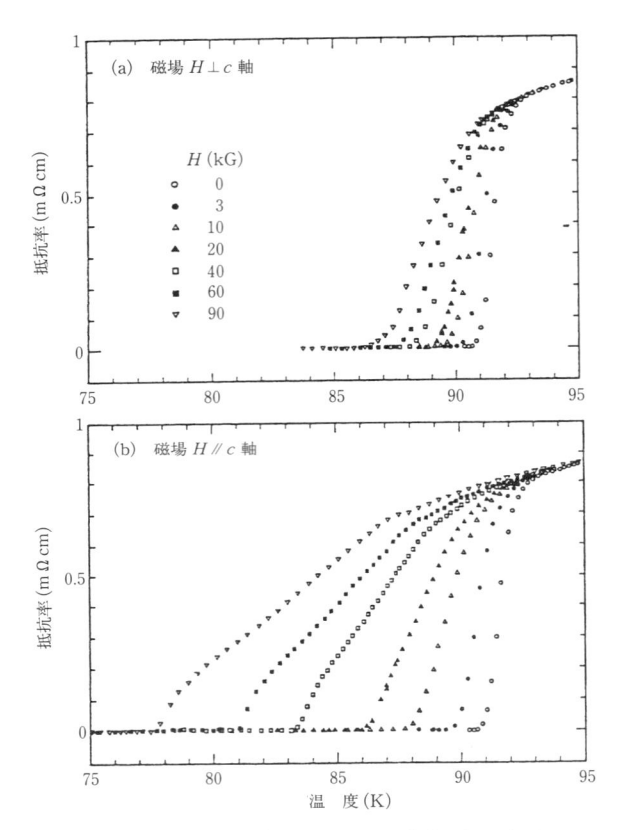

図 2.2.16 YBa$_2$Cu$_3$O$_{7-\delta}$ 単結晶の resistive broadening

$$\lambda_\mathrm{L}=\sqrt{mc^2/4\pi n_s e^2} \tag{2.2.6}$$

で定義される．n_s は，超伝導を担う電子(クーパー対)の密度である．rf 共振法による YBCO 薄膜の磁場侵入長 λ_L の測定例を図 2.2.17 に示す[31]．λ_L は 100~200 nm，CuO$_2$ 面内のコヒーレンス長 ξ が 1.5 nm 程度なので，GL パラメーター $\kappa=\lambda_\mathrm{L}/\xi=100$ の典型的第二種超伝導体である．ロンドンの磁場侵入長 λ_L は，実は CuO$_2$ 面に垂直方向に磁場が侵入する場合 λ_a (図 2.2.17 に示す λ_L) と，平行方向に侵入する場合 λ_c とで異方性がある．λ_c を薄膜で測定するのは膜質の問題もあり難しいので，λ_c は YBCO 単結晶を用いて光学測定から求められ，$\lambda_c=8\lambda_a$ と評価されている[32]．λ_L は，超伝導ギャップの対称性や構造で異なる温度依存性をもつので物理の議論の対象になる．しかしながら，薄膜で λ_L の温度依存性を議論する場合，薄膜の品質が影響するので，マイクロ波フィルターなどの受動素子では逆に膜質評価の指標にな

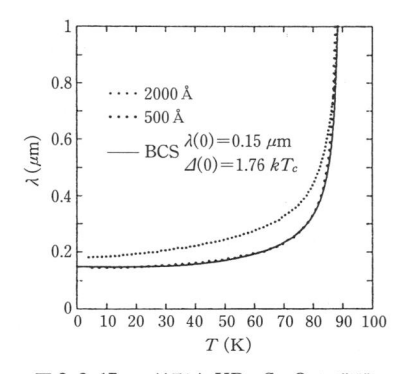

図 2.2.17 c 軸配向 $YBa_2Cu_3O_{7-\delta}$ 薄膜による磁場侵入長 λ_L(実線は BCS 理論による計算値)

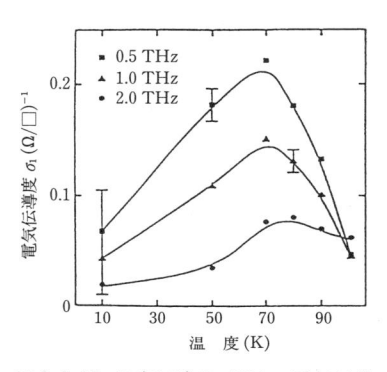

図 2.2.18 T(テラ)Hz 領域の電気伝導度の温度依存性(実線はガイドライン)

る.

次にマイクロ波領域での電気伝導メカニズムに関する他の興味深い実験を紹介する. マイクロ波ミリ波領域での複素電気伝導度の実部分

$$\text{Re } \sigma = n_N e^2 \tau / m^* \tag{2.2.7}$$

の測定例を図 2.2.18 に示す[33]. 超伝導転移温度 T_c 以下では準粒子密度 n_N は急激に減少する. 有効質量 m^* が大きく変化することは考えにくいので, 図 2.2.18 に示す Re σ のピークは緩和時間 τ が T_c 以下で急激に増加することを意味している. 金属超伝導の場合フォノンが熱的にはほとんど励起していない温度から超伝導に転移する. 一方, 高温超伝導体の場合, 熱的に励起したフォノンがいる状態で超伝導に転移する. そのため, 緩和時間 τ が T_c 以下で急激に増加する準粒子の散乱の起源をフォノンに求めるのは難しい. 何らかのスピンの自由度も含めた電子的な散乱機構が予想される. もしかしたら, 電子間引力の起源が格子振動(フォノン)に由来するのか, 磁気的相互作用に由来するのかという問いに対する実験的証拠になっているのだろうか, 理論的検討が待たれる.

電磁場応答の周波数をさらに上げて, meV~eV の光の領域に達すると, 非常に特徴的な様相を示してくる. 反射スペクトルの測定は物質の誘電関数 $\varepsilon(\omega)$ を決めるので酸化物超伝導体でも威力を発揮してきた. 金属の誘電関数 $\varepsilon(\omega)$ は

$$\varepsilon(\omega) = \varepsilon_\infty - \frac{\omega_p}{\omega(\omega + i\gamma)} \tag{2.2.8}$$

で表される(ドルーデモデル). ε_∞ はイオンコアの分極とバンド間遷移に対応する定数, ω_p はプラズマ周波数(plasma frequency)で金属中電子の圧縮波の周波数を表す. キャリヤー濃度 n, 有効質量 m^*, 電荷 q を用いて

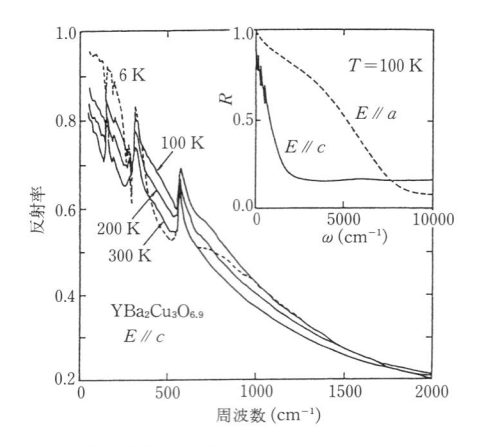

図 2.2.19 YBa$_2$Cu$_3$O$_{7-\delta}$単結晶の反射スペクトル

$$\omega_\mathrm{p}=\sqrt{4\pi nq^2/m^*} \tag{2.2.9}$$

と表される。γは減衰因子(damping factor)と呼ばれ,プラズマ振動の寿命の逆数を与える.

金属の反射スペクトルはプラズマ周波数より低周波の光(電磁場)に対してはほとんど反射率が1で,プラズマ周波数に達すると急激に落ちる(プラズマエッジ).YBa$_2$Cu$_3$O$_{7-\delta}$($\delta=0.1$)単結晶に対して測定された反射スペクトルの実験結果を図2.2.19に示す[34].遠赤外光の電場ベクトルがCuO$_2$面に平行($E/\!/a$)と垂直($E/\!/c$)な場合のデータが示してある.反射率は周波数が上がるに従いだらだらと落ちている.そしてプラズマエッジのところで一定の値に落ち着く.プラズマ周波数ω_pは有効質量m^*に依存するので電場がCuO$_2$面に平行($E/\!/a$)と垂直($E/\!/c$)な場合の値から有効質量m^*の異方性を見積もることができる.図2.2.19に示すYBCOの場合,$(\omega_\mathrm{pa}/\omega_\mathrm{pc})^2(=m^*_\mathrm{c}/m^*_\mathrm{a})=7$と見積もられ,バンド計算の値に近い.電気抵抗の異方性$\rho_\mathrm{c}/\rho_\mathrm{a}=40$(室温)は約6倍高いので,CuO$_2$面に平行な緩和時間$\tau_\mathrm{a}$と垂直な緩和時間$\tau_\mathrm{c}$に約6倍の異方性があることになる.結晶構造と電子状態からある程度予想されたとはいえ,これも銅酸化物超伝導体が単純な異方的フェルミ液体でないことの証拠の一つである.

このほかにも,光学測定には電荷移動型ギャップの観測[17]や反射スペクトルでの超伝導ギャップの議論などの話題があるが,割愛させていただく.

次に磁気的性質を調べる目的で中性子散乱の実験を取り上げる.

3) 中性子散乱

銅酸化物超伝導相は反強磁性相と相図の上で隣接しているので磁性との関係は重要である(図2.2.7参照).磁気励起の研究には中性子散乱はきわめて有力である.物質

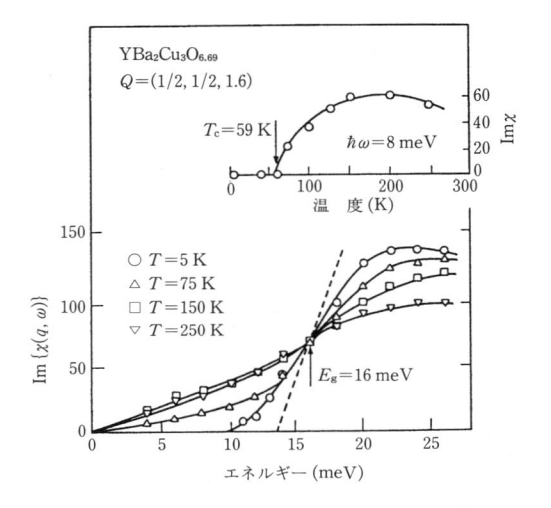

図 2.2.20 中性子非弾性散乱によるスピンギャップの観測

内の磁気モーメントを見るには，物質の格子間隔程度の波長をもつ熱中性子を用いる．物質内の素励起（マグノン，フォノンなど）の生成消滅を伴った素過程は中性子の受ける運動量変化 q とエネルギー変化 ΔE を測定することで観測できる．$YBa_2Cu_3O_{7-\delta}$ ($\delta=0.8$) 単結晶 ($T_n=370$ K) に対してスピン波を観測し CuO_2 面内の Cu スピン間交換相互作用の大きさ J 式 ((2.2.1)式) として，80 meV が報告されている[35]．J の値は δ に大きく依存する．

正孔数の少ない（アンダードープ領域の）$YBa_2Cu_3O_{7-\delta}$ ($\delta=0.31$) 単結晶に対して，T_c よりはるか上の温度から磁気励起スペクトルにギャップ ($E_g=16$ meV) 構造を観測した例を図 2.2.20 に示す[36]．この"スピンギャップ"の問題は，最初 NMR の $1/T_1$ の測定で見出されたが，中性子散乱の実験で一躍注目される現象になった．ただ銅酸化物超伝導体に特有な問題ではないという指摘もあり，超伝導を理解するうえで不可欠な問題であるか否かは議論のあるところである．

CuO_2 面に正孔がドープされていく過程で反強磁性に転移した Cu スピンの反強磁性相関は，超伝導に転移した後でも残っているであろうか．これに答えを与えたのも中性子非弾性散乱である．反強磁性相と隣接する YBCO の酸素欠損の値を変えて，300 K と 11 K で中性子非弾性散乱スペクトルをとったデータを図 2.2.21 に示す[37]．超伝導に転移する試料（図中 $x=0.50$；$\delta=0.50$）では，温度変化はほとんどないのに，反強磁性に転移する試料（図中 $x=0.40, 0.45$；$\delta=0.60, 0.55$）では反強磁性相関の証拠となる明瞭なピークを観察した．反強磁性相関の空間的な相関長を ζ とすると，運動量空間では $\kappa=1/\zeta$ となり，相関長が長いほどシャープなピークになる．別の見

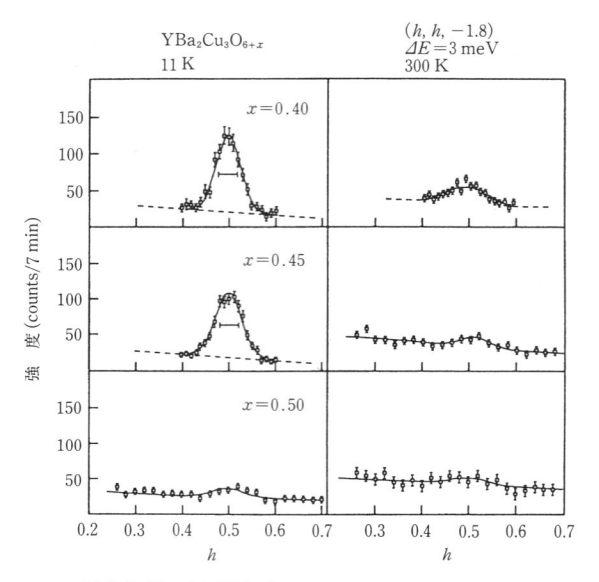

図 2.2.21 超伝導転移による反強磁性相関の消失

方をすると，超伝導に転移した状態では遍歴正孔により Cu スピン間の反強磁性相関は平均正孔距離程度に分断されてしまう．

中性子散乱は構造解析の手段としても重要で，X 線回折と異なり，磁気構造の解析では中性子散乱の独壇場である．さらに，核子による散乱強度が原子番号に比例することがないので，重元素（たとえば，Y）を含んだ物質中での軽元素（たとえば，酸素）の位置を決めなければいけない銅酸化物超伝導体では決定的な役割を果たしてきた（2.2.1 項 a.結晶構造参照）．欠点は原子炉や加速器といった大がかりな装置が要求されるので簡便性がないことである．

そのほかの重要な物性として，電子比熱，同位体効果，圧力効果について簡単に解説する．

4) 電子比熱，同位体効果，圧力効果など

電子比熱の測定は，T_c が高いため格子比熱の寄与が大きくなり，高分解能，高精度の実験が必要である．T_c での電子比熱 C_{el} のとび ΔC_{el} は，試料の質に大きく依存する．良質の単結晶 $YBa_2Cu_3O_{7-\delta}$（$T_c=90.83$ K）が得られるようになり測定精度も向上してきた．測定例を図 2.2.22 に示す[38]．単純なフェルミ液体モデルでは，電子比熱 C_{el} は

$$C_{el}=2(\pi k)^2 N(0)/3 = \gamma T \tag{2.2.10}$$

と表され，γ 因子はフェルミ面で状態密度 $N(0)$ を表す．超伝導を示す単元素金属

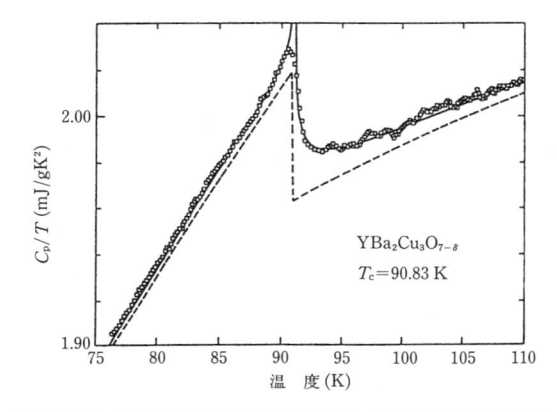

図 2.2.22 超伝導転移点近傍の比熱（T_c で比熱のとびを観測）

(Al, Sb) に比べて非常に大きい値であるが，"重い電子系"（電子質量が自由電子の1000倍程度重い系で，反強磁性ゆらぎの強い系として知られている）に比べれば1桁小さい値である．やはり，3次元の球形フェルミ面だけを仮定した議論からは，説明できない γ の値である．

一方，金属系超伝導でフォノンが電子対間引力の証拠とされた同位元素効果（T_c が超伝導電子と相互作用する格子振動を形成する原子質量 M との間に $T_c \sim M^{-\alpha}$：M はイオンの質量，$\alpha=0.5$ の関係がある）は，少なくても YBCO 系では定かには見えていない．試料に圧力を加えたときの T_c の変化を調べる実験では，T_c が上昇する物質と減少する物質がありフォノンの役割について積極的な主張のできる実験結果は得られていない．一般的には加圧により，アンダードープ領域の試料は T_c が上がり，オーバードープ領域の試料は T_c が下がることが知られている．

超伝導転移以後の物性としては，電子対（以後簡単にクーパー対と呼ぶ）の実験的証拠と内部構造が問題になる．まずクーパー対が存在するかという疑問に対しては "yes" という答えが初期段階から，ジョセフソン接合のマイクロ波応答がシャピロステップ（間隔 $h\nu/2e$）を示すことから知られていた（3.8.3項 b.3）参照）．次にクーパー対のスピン空間でのスピン S が，0（スピン一重項）か 1（スピン三重項）かが問題になる．次の NMR の項で見るように，ナイトシフト K_s が T_c 以下で，$T=0$ K の低温でゼロに向け減少するのでスピン一重項は確実である．一方，軌道空間での対称性はどうなっているかという問題は，s 波か d 波かという形でここ数年議論されてきた．現状では d 波（および s 波の混合；たとえば 2.2.4 項 c.2) 文献[73] 参照）を支持する実験事実が圧倒的に多い．

5) NMR による超伝導電子対内部状態の観察

核磁気共鳴（NMR, nuclear magnetic resonance）による酸化物超伝導体の研究は，

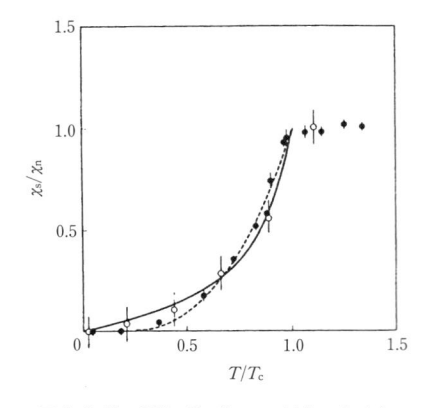

図 2.2.23 YBa$_2$Cu$_3$O$_{7-\delta}$ に対するナイトシフト K_s の温度依存性

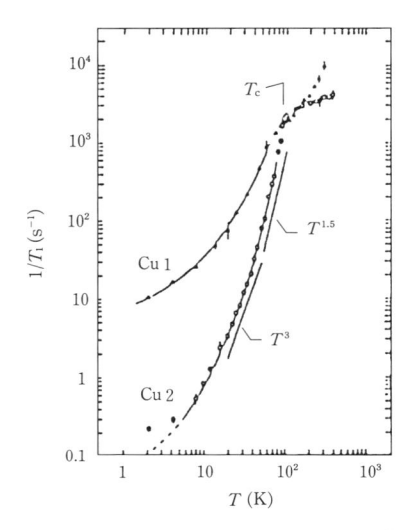

図 2.2.24 最適ドープ YBa$_2$Cu$_3$O$_{7-\delta}$ ($\delta \sim 0.08$) に対する縦緩和時間 T_1 の温度依存性

超伝導電子のミクロな波動関数やスピンゆらぎなどの局所的な情報を原子核の感じる有効磁場を通して直接観察できる点ですぐれている. NMR で検出できる物理量はナイトシフト (Knight shift) K_s と核スピン-格子縦緩和時間 T_1 であり, 一般に

$$K_s \propto \chi_s = -4\mu_B^2 \int_0^\infty N_s(E) \frac{\partial f}{\partial E} dE \tag{2.2.11}$$

$$\frac{1}{T_1} = \frac{2\pi}{\hbar} A^2 \int_\Delta^\infty \left(1 + \frac{\Delta^2}{E^2}\right) N_s(E)^2 f(E)(1-f(E)) dE \tag{2.2.12}$$

である. ここに, A は伝導電子系と原子核との超微細結合定数である[39].

ナイトシフト K_s は物質の内部磁場の影響で, 印加磁場 H による NMR の共鳴周波数が γH から $\gamma \Delta H$ ずれる現象である. まず YBCO のナイトシフト K_s の温度依存性の実験を図 2.2.23 に示す[40]. ナイトシフト K_s が超伝導転移温度 T_c 以下で $T=0$ K に向かってゼロに落ちることから, クーパー対のスピン S は 0 (スピン一重項) であることは確実である (スピン三重項の超流動 He^3 [41] と比べるとよい).

最適ドープ YBCO による ^{63}Cu の縦緩和時間 T_1 の測定例を図 2.2.24 に示す[42]. $1/T_1$ の T_c 以下での振舞いは, ① s 波 BCS モデルで予想される T_c 直下でのコブ (ピーク) (金属系超伝導体で観測される) が観測されない, ② $0.5 T_c$ から $0.2 T_c$ の温度領域で d 波 ($d_{x^2-y^2}$) BCS モデルで予想される T^3 に従う温度依存性を示すなどの点で特異である. 実は, 低正孔濃度の La 系, 高正孔濃度の Tl 系, Bi 系の試料も $1/T_1$ の温度 (T/T_c) 依存性は, 正孔濃度に依存せず T_c 直下で急減する YBCO の $1/T_1$

曲線にほとんど重なることがわかっている．これはナイトシフト K_s の温度依存性とともに CuO_2 面に起因する銅系酸化物超伝導に共通する性質を反映したものである．フェルミ面全体で超伝導ギャップ $\varDelta$ が開いている場合（s 波 BCS モデル）には $1/T_1$ は T_c 以下の温度で指数関数的な温度変化をする．超伝導ギャップ $\varDelta$ が運動量空間で線状ノード（$\varDelta=0$）をもつ場合，低温で $1/T_1$ は T^3 に従う温度依存性を示す．この $1/T_1$ の温度変化は d 波（dx^2-y^2）超伝導の有力な証拠の一つと考えられている．

通例金属では $1/(TT_1)=C$（フェルミ面状態密度に関係する定数）というコリンハ（Korringa）の関係が成立する．高温超伝導体は一般にこれを満たさない．アンダードープ YBCO の実験結果を図 2.2.25 に示す[43]．現象論的にキュリー-ワイスの形

$$1/(TT_1)=C/(T+\theta) \tag{2.2.13}$$

に書ける．キュリー-ワイスの形の温度変化自身は，2次元金属に対する SCR 理論（2.2.2項 b 参照）から導かれ，Cu^{2+} による強い反強磁性スピンゆらぎの寄与であると考えられている．問題なのは，アンダードープ YBCO の場合（図 2.2.25），$1/(TT_1)$ のピークが超伝導転移温度 T_c より高い温度 T^* に発生し，スピン励起に何らかのギャップ（スピンゆらぎが減少している）があることを示唆している点である（中性子散乱の項参照）．T_c が高くなるに従い，T^* は T_c に近づいていくことが知られている．

次に，クーパー対の軌道空間での対称性はどうなっているかという問題で，直接的に d 波を検証する試みを紹介する．

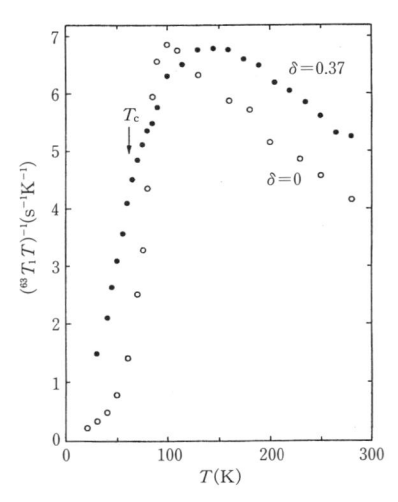

図2.2.25 アンダードープ $YBa_2Cu_3O_{7-\delta}$ に対する縦緩和時間 T_1 の温度依存性（スピンギャップの存在）

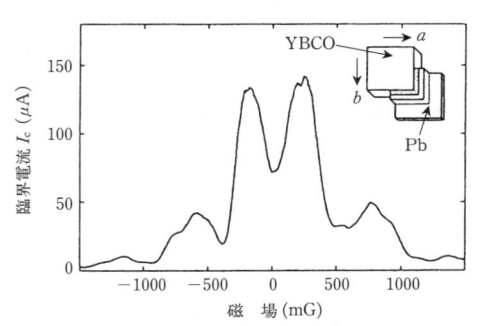

図2.2.26 コーナー接合とフラウンホーファー図形

6) コーナー接合によるd波の検証

ここでは，現在d波超伝導の直接的証拠と考えられている「コーナー接合」の実験[44]を紹介しよう．単結晶 $YBa_2Cu_3O_{7-\delta}$ の a 面と b 面のコーナーに Au(100 nm)/Pb(200 nm) を順次形成した"コーナー接合"の臨界電流 I_c の磁場 H 依存性の測定例を図2.2.26に示す．超伝導体の位相はマクロな量で原子的サイズでは変化しないものであるが，dx^2-y^2 超伝導体では，$y=\pm x$ の線状で超伝導ギャップがゼロになり，a 軸(100)方向と b 軸(010)方向とで超伝導ギャップの正負が異なる．この正負の異なりを位相 π の差として観察されるであろうというのが"コーナー接合"のアイデアである．臨界電流 I_c の磁場依存性が a 軸(100)方向と b 軸(010)方向とで異なるため，図2.2.26に示すように磁場ゼロで超伝導電流が流れない特異なパターン（πパターン）になることが実験的に実証された．もっとも，試料のコーナー部分に磁束がトラップされて π パターンが観測されているのではないかという指摘もある[45]．見方の異なる追試実験が待たれる．

7) 超伝導ギャップの直接観察

走査トンネル顕微鏡(STM)を用いた走査トンネル分光法(STS)も盛んに行われているが，YBCO系では表面の不安定性を反映して再現性のよいデータは得られていないようである．とくに，現在ほとんどの実験がd波超伝導を支持するデータを出す中，唯一s波的なトンネルスペクトルを示している．これが，表面状態の劣化に起因する extrinsic な測定結果なのか，トンネルスペクトルに新しい解釈を必要とする intrinsic な測定結果なのか，トンネルスペクトル自身の解釈をめぐっても多くの議論がある．今後の議論の終息を待ちたい．

b. 理論的解釈

YBCOの結晶構造(図2.2.2)で説明したように，この系は2次元正孔ガス(two-dimensional hole gas)の多層構造(自然超格子構造)をしており，単純な3次元構造ではない．しかし，p型 AlGaAs/アンドープ GaAs ヘテロ接合界面に形成される2次元正孔ガスをいくら低温にしても超伝導転移を示さないであろうし，キャリヤー数が半導体並に少ない酸素欠損した $SrTiO_{3-\delta}$ でも T_c は低いが超伝導を示すので，高温超伝導は銅酸化物の特徴を反映した現象であろう．結晶としては，金属結合とイオン結合が混じりあった構造をしている．このような電子構造からは，酸化物超伝導体が3次元の単純なフェルミ液体で記述できないことは明らかであるかもしれない．

理論の仕事をみる場合，一般的注意が二つあると思う．

(1) 高温超伝導体は，3次元(バルク)の現象である．このことは，電気抵抗の超伝導転移幅が1K以下であることを考えれば明らかである．Hohenberg[46]により証明されたように純粋な2次元系は有限温度で超伝導を示さない．2次元系にBCSの考え方を当てはめても見かけ上有限温度で超伝導になるが，これはゆらぎの効果を無

視したためである．もし高温超伝導が CuO_2 面の2次元性にだけ由来する現象ならシャープな転移は観測されないはずである．つまり CuO_2 面の2次元電子物性だけから高温超伝導を議論する理論は，なぜ（高温）超伝導になるのかを説明する必要がある．

（2）高温超伝導といえども，100 K (8 meV) のオーダーのエネルギーが支配する"低温現象"である．つまり，eV のオーダーでしか決定（ほとんどの場合推定）できない相互作用（その種類はいくつも存在する）の足し算引き算で答えを出す計算には多くを期待できない．これは，もっとも単純で，理想的フェルミ液体である液体ヘリウム3 (He^3) の場合でさえ，理論の立場からは基底状態の波動関数を予言できなかった He^3 超流動の発見とその後の発展の歴史[41]をみれば明らかであろう．液体ヘリウム3に比べはるかに複雑な酸化物超伝導ではなおさら，はじめから力学模型ありき (BCS 理論の出発点となる Reduced Hamiltonian を決めること) から出発する以外に手だてはないであろう．理論家の腕の見せどころである．ただし，理論に含まれる出発点では未決定のパラメーターは独立な実験データから矛盾なく決められることが必要である．

このような観点からは，理論の現状ははなはだ不満足なものである．初期のころ乱立していた理論のモデルも実験との対比が比較的進んでいる，① P. W. Anderson に由来する改良型 RVB モデル[47]と，② 改良型フェルミ液体 BCS モデル[48]に絞られてきたようである．ただし，正しい理論は理論家の従事する人口で決まるわけではなく，本質をついた理論が新たに出現する可能性もある．とくに物理の研究者は，新し物好きで突飛なアイデアのほうを尊重する傾向がありさまざまな流行が支配する世界なので注意を要する．①と②の立場の違いは，①が反強磁性秩序をもつ CuO_2 面に正孔をドープしていき，超伝導が発現していくと考えるアンダードープ領域からのアプローチが本質と考えるのに対して，②は，十分キャリヤーがいる中での反強磁性スピンのゆらぎが重要と考えるオーバードープ領域からのアプローチである．上記二つの理論の詳しい理解は文献[47,48]を参照していただき，本項ではその要点と問題点を言及するにとどめたい．

①の考えは，P. W. Anderson が銅系酸化物超伝導体発見以前に，2次元三角格子上ハイゼンベルグモデルスピン系の基底状態は RVB (resonating valence bond) であると予想したこと[49]に端を発する．となりあう三角格子点 A, B における上向きスピンと下向きスピンの状態を α と β とすると，スピン一重項 $(\alpha_A \beta_B - \alpha_B \beta_A)/2$ で表される考えられるすべてのペアの縮退した線形結合（共鳴状態；RVB）が基底状態であるとする予想である．その後，酸素をドープする前の $YBa_2Cu_3O_{7-\delta}$ ($\delta=1$) は，反強磁性秩序を示すことがわかり，正孔をドープすることで，RVB 状態が発生するというシナリオになった．正孔をドープした $YBa_2Cu_3O_{7-\delta}$ 状態のときでも，絶縁体のときと同じく電荷とスピンの自由度が分離していると仮定してやると，前項電子状態で説

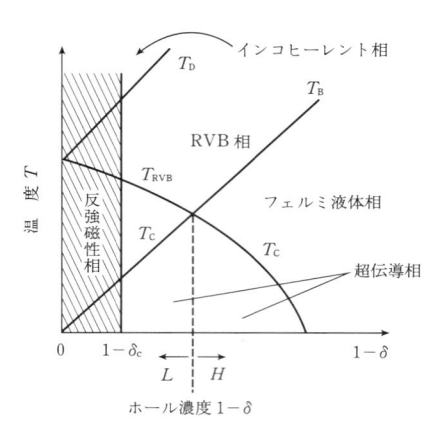

図 2.2.27 t-J モデルにおける相図(計算)
スピンと電荷の自由度の分離を仮定している.

明した t-J モデルを平均場近似を用いて解くことができる．計算結果の相図を図 2.2.27 に示す[50]．スピンと電荷の自由度の分離という大胆な前提を ad hoc 的に入れている以上計算結果に対する評価は実験との詳細な比較以外にない．Zhang-Rice シングレット状態が identity のある準粒子という描像と同じく，この仮定がどこまで物理的裏付けのあるものに発展するか否か興味深い．

一方，改良型フェルミ液体 BCS モデルの代表である自己無撞着なスピンゆらぎの理論 (self-consistent renormalization theory, SCR 理論)[48] は，弱い強磁性金属や反強磁性金属の物性理解に力を発揮してきた．SCR 理論ではフェルミ液体理論に異なる波数間の相互作用（反強磁性スピンゆらぎの効果）を取り入れることで酸化物超伝導体の異常物性を記述しようとする．これまで展開されてきた 2 次元 SCR 理論は電気抵抗の T-linear や $1/TT_1$ のキュリー-ワイス的な温度依存性，さらには自然に d 波 (dx^2-y^2) BCS 状態が導ける点では成功した．しかし，導出された計算結果が，2 次元に特徴的である点が気になるところである．超伝導現象は 3 次元の現象であり，3 次元 SCR 理論はいまのところ，2 次元とは異なる温度依存性を示すからである．CuO_2 面の正孔の運動が本質的であるとしても，酸化物超伝導体の 3 次元効果をいかに取り入れていくかが課題であろう．超伝導の起源は反強磁性スピンゆらぎによる引力相互作用という考え方で，フォノンの効果をあらわには考慮しない点では液体ヘリウム 3 (He^3) 超流動の機構と共通するものである．しかし，He^3 超流動の場合，Landau のフェルミ液体論と弱結合 BCS 理論の組合せで定量的理解まで得られたが，銅系酸化物の実験事実は，二つとも破綻しているように見える．実験で得られているフェルミ面の情報をすべて入れ，反強磁性スピンゆらぎだけを取り入れることだけで，キャリヤー数がアンダードープ領域からオーバードープ領域までかなり広い範囲

で変えることができる銅系酸化物の特異な物性を統一的に説明できるか否かも，理論の試金石となるであろう．

高温超伝導体についての実験事実を見る限り，母体の結晶構造に由来する強い異方性は単純な異方的フェルミ液体モデルでは説明できないようである．しかしながら，伝導電子間に対相関(一般化された BCS 状態といってもよい)が発生して超伝導に転移していることは疑いない．対相関発生メカニズムと c 軸方向の電気伝導メカニズムを除けば，かなりの理解が現象論的には進んでいる．ただ，対相関発生メカニズムとも関連するが，なぜ高い T_c を示すのかという素朴な問に対しては全く答えが出ていないというのが現状である．銅酸化物の特徴である，① Cu スピン 1/2 で量子ゆらぎが大きく，交換相互作用 J が 1000 K と非常に大きいこと，② 正孔が高密度に 2 次元的に閉じ込められていることとその閉じ込め機構などに謎を解く鍵があるのであろうか，今後の物理の最大の課題である．

2.2.3 バルク材料と化学

高温超伝導体の材料技術としては，① バルク材料(焼結体，いわゆるセラミックスと溶融凝固などの総称)，② 単結晶，③ 薄膜，④ 線材の四つに分けられる．単結晶，薄膜，線材は別に議論するので，バルク材料をベースに酸化物超伝導体の物質科学的側面から説明する．バルク材料は，材料の局所的な性質が臨界電流密度 J_c などの材料物性に大きく反映する点でもユニークである．工学への応用上，あるいは超伝導メカニズム解明という点からも重要になる YBCO 系超伝導材料の構成元素の一部を相互に，あるいはほかの元素に置換した，置換効果を最後に説明する．

a. バルク材料の作製と評価

酸化物超伝導体発見の当初から現在に至るまで，焼結による酸化物超伝導体形成は主役の一つである．超伝導を示す YBCO を作成するのはやさしい．家庭用電子レンジでもできるし，中学生向けに実験キットを売っているくらいである[51]．焼結法(固相反応法)とは原料である酸化物を適当な比率で混合し，電気炉内で加熱して反応させる方法である．YBCO を例に説明しよう．原材料として，Y_2O_3，$BaCO_3$，CuO の粉末を用意し，モル比が Y：Ba：Cu＝1：2：3 になるように秤量する．用いる化学反応式は

$$1/2Y_2O_3 + 2BaCO_3 + 3CuO + (1/4-\delta/2)O_2 \longrightarrow YBa_2Cu_3O_{7-\delta} + 2CO_2\uparrow \quad (2.2.14)$$

である．

秤量された原料粉末を混合する．乳鉢と乳棒を用いて原料粉末をすりつぶす．混ぜ合せ時間ができあがりの均一度を決めるので根気が必要である．次に，混合された原料を炉内で大気中 12 時間 900 ℃ で加熱する．900 ℃ は YBCO が合成される最低温

度に近い．固相反応は，表面積が大きいほど進みやすいので，原料粉末の粒径は小さいほどよい．この工程を仮焼きという．

仮焼きの終わった試料はYBCO単相になっているはずである．さらに，結晶粒を大きくし粉末から固形にするためには型にはめ，加圧器によって押し固めればよい．整形された試料を再び電気炉内で，大気中24時間930〜950℃で加熱する．この工程を本焼きという．固めた試料では，加熱によって粒成長が起こるとともに，粒どうしが接着される．これは，セラミックスを焼くときに共通する焼結(sintering)である．このようにしてできあがった試料は粒径数μm程度の多結晶である．この焼結体試料は，加熱終了後半日程度かけて徐冷する．焼結法(固相反応法)は設備投資がきわめて少なくてすむので，世界各地のいろいろな研究室で焼かれたのもうなずける．現在でも，新材料探しの常套手段である．

YBCOに関する典型的焼結体のSEM写真を図2.2.28に示す[52]．数μmの結晶粒が寄せ集まったいわゆるセラミックスである．結晶粒の大きさは，1μmから1mm程度まで，焼結温度を高くすると一般に大きくなる．バルク材料の比抵抗は，単結晶の試料に比べて，常伝導状態で1桁以上も高いことが多い．セラミックス固有の問題点としては，超伝導性を弱める原因となる大角度結晶粒界，結晶粒間のすき間の存在，粒界周辺に集まる不純物などなどがある．

物性制御という点からも酸化物固有の問題点が明らかになった．作製時の酸素分圧/温度によって全く異なった物性を示す．図2.2.29に縦軸を酸素の欠損量δに，

図2.2.28 YBCO焼結体(セラミックス)のSEM観察例

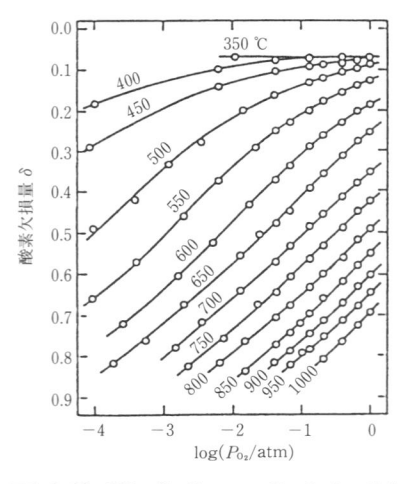

図2.2.29 $YBa_2Cu_3O_{7-\delta}$における温度，酸素分圧に対する酸素欠損δの相図

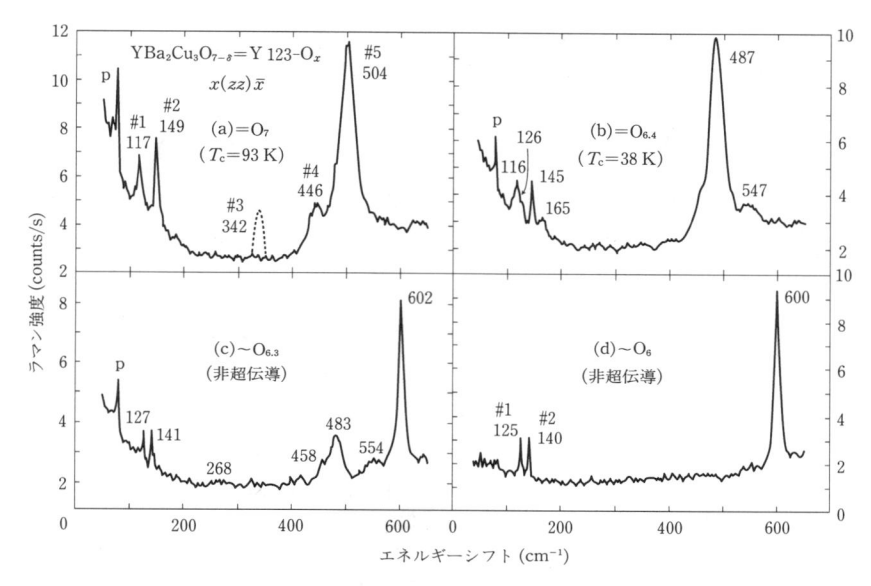

図 2.2.30　ラマン分光による酸素欠損 δ の評価

横軸を焼結中の酸素分圧にとったときの,温度をパラメーターとしたときの相図を示す[53]. 酸素分圧と温度により,酸素欠損量 δ が大きく変化してしまう. 高温低酸素分圧では δ がほぼ0.8になり,CuO鎖の酸素はほとんど解離している. また,400 ℃以下の低温では1%以上の酸素分圧ではこの解離はほとんど抑えられる. 酸素欠損量 δ は,キャリヤー数に直結するため,超伝導転移温度 T_c やノーマル状態での比抵抗の値を変えてしまう. $YBa_2Cu_3O_{7-\delta}$ の酸素欠損 δ を定量できる評価手段は,試料を溶かして行うヨウ素滴定や酸素の出入りでの重量変化を計測する熱天秤法などがある. とくに前者は,酸素の絶対量を求めるのにしばしば用いられている. 一方,ラマン分光は,結晶の格子振動(フォノン)を直接とらえるので酸素欠損に敏感である. 図2.2.30に各種の酸素欠損を有するYBCO単結晶に対する室温でのラマン分光測定の結果を示す[54]. 500 cm^{-1} のモードの酸素欠損量 δ によるシフト量で定量的に δ を見積もることができる.

YBCO系では, b 軸方向に存在するCuO鎖のOイオンが欠損することで斜方晶(orthorhombic)-正方晶(tetragonal)転移(O-T転移)が起こる. 100%酸素雰囲気中での格子定数の温度変化を図2.2.31(a)に示す[55]. CuO鎖のOイオンは,周囲の酸素分圧と温度によって可逆的に結合解離する. そのため,格子定数の温度変化やO-T転移温度は酸素分圧の関数になる. b 軸方向の酸素が抜け始めると a 軸方向の酸素が入り始め,$\delta=0.4$ 付近でO-T転移を起こす. Cu(I)サイトの周りの酸素占有率

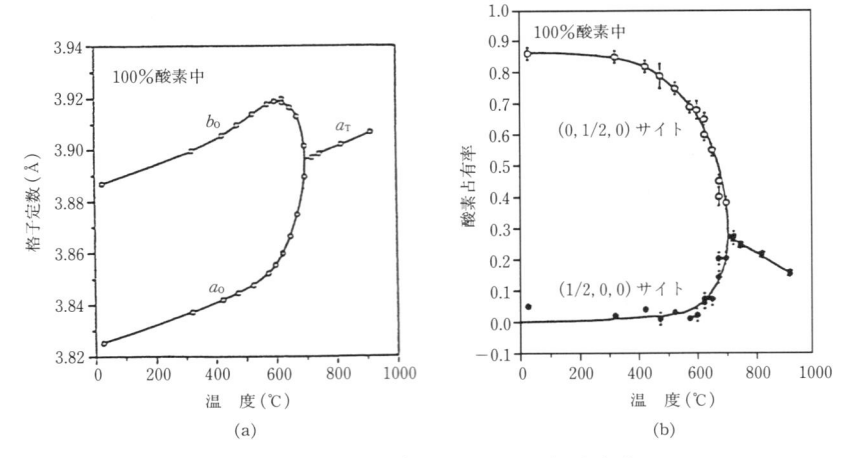

図 2.2.31 $YBa_2Cu_3O_{7-\delta}$ の斜方晶-正方晶相転移
(a) 格子定数の温度変化, (b) Cu-O 鎖中の a 軸, b 軸方向の酸素占有率.

を図 2.2.31 (b) に示す. 低温では, a 軸方向 [図中 (1/2, 0, 0) サイト] の酸素占有率はほぼゼロ (~0.05) であり, b 軸方向 [図中 (0, 1/2, 0) サイト] の酸素占有率は 0.85 程度である. つまり, 低温では, Cu(I) サイトの周りの酸素は b 軸方向に伸びる 1 次元鎖 (chain) を形成している. また, 十分酸化した状態でも $YBa_2Cu_3O_{7-\delta}(\delta=0)$ の理想的な酸素組成をもつ結晶は存在せず, $\delta=0.1$ 程度の結晶しか存在しないことを意味している. 次に応用技術としてのバルク材料技術を紹介する. 独特な製法の支配する世界である.

b. 臨界電流密度 J_c と強いピン止め効果

YBCO 系では, 線材への応用は Bi 系 (3.8.3 項 f 参照) ほど進んでいないが, 液体窒素温度でもピン止め力が大きく数テスラまでの磁束をトラップできる. 新日鉄, 超電導工学研究所, 同和鉱業などが材料開発を行い, バルク超伝導磁石は同和鉱業から購入できる. 既存の永久磁石の特性をはるかに上回る新しい磁石が出現したことになる. 磁力の強さを示すデモンストレーションとして, 人間浮上実験 (超電導工学研究所) を図 2.2.32 に示す. 体重 142 kg の関脇土佐ノ海関を液体窒素温度で 5 cm 浮かせている. 本項のバルク材料を詳しく知りたい読者に文献[56]がある.

酸化物超伝導体は, いわゆる第二種超伝導体 (文献[30] 参照) であり, 結晶中に乱れが全くなければ, 侵入した磁束線は相互の反発力により三角格子を形成する. このような混合状態に外部から電流を流すと, 磁束線にローレンツ力が働き磁束線は動きだす. 磁束線の運動はエネルギーの散逸を伴うので, 電気抵抗を発生させ完全導伝性が

図 2.2.32 人間浮上実験：バルク YBCO 磁石のデモ（超電導工学研究所，協力：財団法人日本相撲協会）

失われる．実在の材料には，何らかの不完全性がかならず存在する．超伝導体内部に，超伝導が壊れた常伝導相領域（欠陥，異相，不純物，析出物など）があれば，磁束は捕捉され，動きにくくなる．これが臨海電流密度 J_c が存在する理由である．磁束線を捕捉する微小常伝導相領域をピンニング中心という．

磁束線はコヒーレンス長程度の半径をもつ円筒型の常伝導相からなり，内部は超伝導が壊れている分エネルギーが高くなっている．超伝導が壊れた常伝導相領域はもともと超伝導が壊れているために，この部分を磁束線が貫いてもエネルギーの増加はない．超伝導体は，凝縮エネルギー分自由エネルギーが低下しているため，捕捉された磁束線が超伝導領域に移動するためには，余分のエネルギー $1/(2\mu)(\Delta H_c)^2 V_d$ を必要とする．ここに，μ は透磁率 ΔH_c は，超伝導体と常伝導相領域の臨界磁場の差，V_d は磁束線の常伝導相領域での体積である．余分のエネルギーが大きいほどピン止め力が強いことになる．

強く磁束線を捕捉するピンニング中心を見つけ制御することが，バルク材料，線材分野での中心的課題の一つである．J_c は物理量ではなく，材料の局所的な性質が大きく影響する量で製法（プロセス）に大きく依存する．双晶境界，転位などは 77 K で，J_c 換算で 1000 A/cm^2 程度のピン止め力であり，ピンニング中心としては有効に働かないことがわかってきている．また集合した酸素欠陥は 10^4 A/cm^2 程度のピン止め力をもつことが知られている．

次に,ピン止め力として注目されている Y_2BaCuO_5 相(211相)を紹介する.焼結体には多数の粒界が弱結合として働く難点があったが,溶融プロセスを取り入れることで弱結合が少なく配向性が高い材料ができるようになった.さらに,新日鉄/超電導工学研究所は,非超伝導相である Y_2BaCuO_5 相(211相)をYBCO中に分散させる技術QMG (quench melt growth)/MPMG (melt powder melt growth) 法を開発した(文献[56]を参照).MPMG法は原料粉末を高温(1000℃)で溶融急冷した後粉砕成形し,半溶融状態から大気中で結晶成長させる方法である.Y_2O_3 を核として生成する211相をできるだけ微細化しYBCO中に均一に分散させることがポイントである.J_c として液体窒素温度で 10^4 A/cm^2 オーダーの高い値を実現している.211相がピンニングに効く直接の証拠は,磁気光学効果を利用した磁束密度分布の観察からもたらされた.図2.2.33にQMG法で作製されたYBCOバルク材料の77K,850Gでの磁束密度分布を示す[57].黒っぽく見える領域は,高い密度で存在する211相微粒子(数 μm)によるピンニング効果のため磁束線の侵入が妨げられ,磁束密度が低いことを示す.211相によるピンニング効果の微視的起源には議論も多いが,211相/123相界面が有効に働いていると考えられている.高分解TEM観察から211相/123相界面には,転位や欠陥は見られないこと,211相の体積分率 V_f と粒子サイズ d としたとき,J_c と V_f/d が比例関係にあることがその証拠である[58].ピンニング中心(211相)の密度を N_p とすると,211相微粒子の表面積は d^2 に比例するので,J_c は $N_p d^2$ に比例する.一方,V_f は $N_p d^3$ に比例する.このため J_c は V_f/d に比例するというわけである.211相の有効表面積を大きくすること(粒子サイズを小さくすること)が強いピン止め力をもたせ,高い J_c を実現させる.QMG/MPMGなどの溶融法では,Ptの添加が粒子サイズ増加防止に有効であることがわかっている.しかし,0.1 μmレベルに微細化する方法は見出されていない.このほかにも積層欠陥に数万A/cm^2 程度のピン止め力があることがわかっているが,省略させていただく(文献[56]参照).

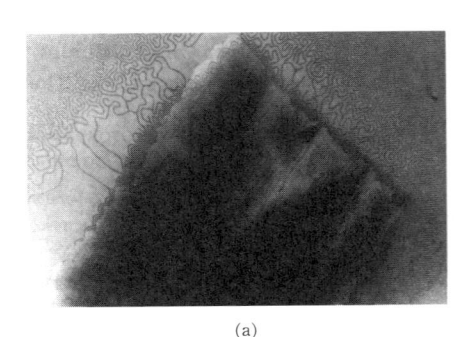

(a) (b)

図2.2.33 磁気光学効果による磁束観察

以上,YBCO系に関する臨界電流密度J_cと強いピン止め効果を見てきたが,$NdBa_2Cu_3O_{7-\delta}$でさらに強い保磁力を実現できる効果が見出された.これには,Nd原子のBaサイトへの置換が大きな役割をしている.元素の置換効果と関連してNBCOの臨界電流密度J_cと強いピン止め効果については後述する.

c. YBCO系における元素の置換効果

最初にYBCO系のYサイトを希土類元素(RE)に置換したREBCO系のREとBaの置換効果について,次にYBCO系のCuと他の元素との置換効果について紹介する.

YBCOが発見された直後から,Yサイトを希土類元素(RE:Nd, Pr, Sm, Eu, …)に置き換えた(RE)-Ba-Cu-O系が図2.2.2に示す123構造をとり,Prを除いて,今日では転移温度90Kクラスの超伝導になることが定説になっている.とくにLa, Nd, Pr, Sm, Eu, Gdの軽希土類元素(LRE)はBa^{2+}と同程度の大きなイオン半径をもつため,LREBCO系ではREとBaが固溶(置換)することが特徴である.YBCO系ではこのような固溶(置換)はなく,Chuらのグループ[3]の発見した"214"構造Y-Ba-Cu-O系の中には自然にYBCO系が混じっていたものと思われる.この固溶の問題は,REO_y-BaO-CuO相図の違いとして認識され始めている[59].REとBaが固溶を表すのに,$RE(RE_xBa_{2-x})Cu_3O_{7-\delta}${$RE_{1+x}Ba_{2-x}Cu_3O_{7-\delta}$}と記述する.ここでは,応用上重要な$Nd_{1+x}Ba_{2-x}Cu_3O_{7-\delta}$(NBCOと略記)と$Pr_{1+x}Ba_{2-x}Cu_3O_{7-\delta}$(PBCOと略記)について述べる.Cuとほかの元素との置換効果は,初期のころより物性研究者に多くの関心をもたれてきたが,REとBaの置換効果(固溶効果)が多彩な物性を引き起こすことが最近になって認識され始めている.この固溶効果は,化合物半導体GaAsとAlAsの固溶体である$Al_xGa_{1-x}As$の存在が,電子,光デバイスにいかに大きなインパクトを与えたかを考えるとわかりやすい.ただし,$Al_xGa_{1-x}As$の場合,ホトルミネッセンスの実験(直接遷移バンドギャップの測定)から簡単にAl組成を決定できたのに対し,$RE_{1+x}Ba_{2-x}Cu_3O_{7-\delta}$の組成ずれ$x$を簡単に定量する実験手法は見出されていない.

1) $NdBa_2Cu_3O_{7-\delta}$(NBCO)における強いピン止め効果

NBCOは,YBCOの発見直後から固溶体$Nd_{1+x}Ba_{2-x}Cu_3O_{7-\delta}$を形成することが見出され,置換量$x$依存性が詳しく調べられた[60].NdのBaサイトへの置換が進むにつれてc軸長は縮み,T_cやキャリヤ一数も減少することがわかっている.これは,Nd^{3+}がBa^{2+}サイトへ置換することで電荷中性条件を満たすために,$Cu-O_y$鎖に直交するO(5)サイトへ酸素が入り始め,正孔キャリヤ一数が減少するためであると考えられている.

NBCO焼結体では,高いT_cが見出されていたものの,溶融法によるREBCOバルク材料作製では,YBCOを越える特性をもつものは得られていなかった.超電導

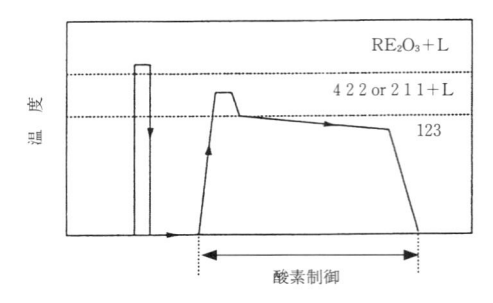

図 2.2.34 OCMG 法の熱処理プロセス模式図（L：液相）

工学研究所では，低酸素分圧下で溶融成長を行う OCMG (oxygen-controlled-melt-growth) 法を開発し，T_c の高い REBCO (RE：Nd, Sm) 系超伝導体を作製することに成功している．OCMG 法の熱処理プロセスの模式図を図 2.2.34 に示す[56]．基本的には，前述の MPMG 法と同じである．溶融急冷後の粉砕プロセスを経た後の結晶成長プロセスを低酸素分圧 (P_{O_2}) 下で行う点が新しい．溶融成長直後は超電導を示さないため，500〜300 ℃の温度範囲で酸素アニールを行い超伝導化する．$P_{O_2}=10^{-3}$ atm で成長させると転位温度の幅の狭い非常に高い T_c（ゼロ抵抗）=96.2 K が得られている．低酸素分圧下で T_c が向上する理由は，RE^{3+} イオンの Ba^{2+} サイトへの置換が抑制されるためだと考えられている．固溶系 $RE_{1+x}Ba_{2-x}Cu_3O_{7-\delta}$ では，酸素雰囲気中では，試料の融点は置換量 x にあまり依存しない．一方，低酸素分圧下では，置換量 x が大きくなるに従い融点の降下が大きくなる．半溶融状態で $RE_{1+x}Ba_{2-x}Cu_3O_{7-\delta}$ が成長するとき，酸素分圧が高い雰囲気では，融点が置換量 x にあまり依存しないため，いろいろな置換量 x をもつ $RE_{1+x}Ba_{2-x}Cu_3O_{7-\delta}$ が同時に成長する．一方，酸素分圧が低い雰囲気では，結晶化温度の高い（融点の高い）置換量 x の小さい相が結晶化する．このため，OCMG 法では RE と Ba の置換が抑えられ，高い T_c が実現するというわけである．

OCMG 法により作製された NBCO と $SmBa_2Cu_3O_{7-\delta}$ (SmBaCuO) と MPMG 法による YBCO の 77 K での臨界電流密度 J_c の磁場依存性を図 2.2.35 に示す[61]．高磁場での J_c がすぐれているのがわかる．このように作製された NdBaCuO/SmBaCuO のピン止め力の強さの由来は，OCMG 法でも希土類元素 (RE) と Ba の置換がわずかに残り，高磁場中では常伝導状態に転移しピンニング中心として働くからだと推定されている．しかしながら，この系のピンニングに対する置換効果については，YBCO ほどには意見の一致や理解が進んでいない．

2) $PrBa_2Cu_3O_{7-\delta}$ (PBCO) と置換効果

PBCO は，YBCO 発見以来安定に形成できる超伝導を示さない唯一の REBCO 系物質であった．低温になるに従い電気抵抗が大きく増大するのである．PBCO だけ

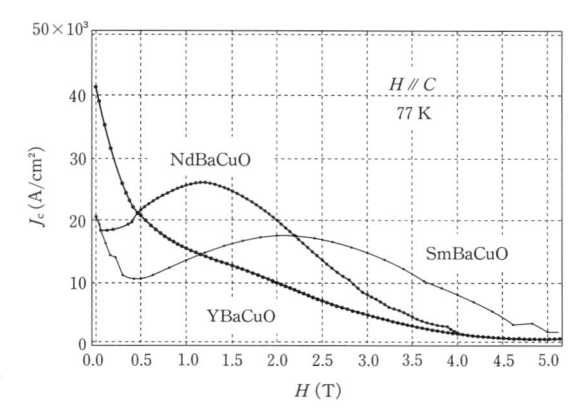

図 2.2.35 臨界電流密度 J_c の磁場依存性の比較

なぜ超伝導を示さないか多くの実験と理論が発表され，問題は解決したかにみえた（文献[62]参照）．しかし，ごく最近になって特殊なつくり方で超伝導を示すこと[63,64]がわかり，議論を呼んでいる．一方，PBCOはSNS型ジョセフソン接合（3.8.3項参照）デバイスでのN相（正常伝導相）として最も広く研究され，YBCO/PBCO超格子としても物性を論じられてきた物質でREBCO系材料に格子整合性がよく重要な材料である．最近になってPBCOが固溶体 $Pr_{1+x}Ba_{2-x}Cu_3O_{7-\delta}$ を形成することの物性への重用性が認識され始めた．

これらのことを踏まえて，ほかのREBCO系と何が違うかという点からデータを整理してみたい．YBCOの Y サイトを系統的にPrに置換した $(Y_{1-y}Pr_y)_{1+x}Ba_{2-x}Cu_3O_{7-\delta}$ 物性が初期のころ詳しく解析された．その結果PBCOの焼結体では，原料をいくらPr:Ba:Cu=1:2:3のストイキオメトリックに用意しても，できあがりのPBCOは，1:2:3のストイキオメトリックな組成から置換量 x にして4~6%ずれることが指摘された[65]．すなわち，過去にストイキオメトリックな原料を大気中でつくられたすべてのPBCO焼結体は，わずかだが，ストイキオメトリックからずれていたことになる．これは熱平衡状態ではストイキオメトリックな組成の $Pr_{1+x}Ba_{2-x}Cu_3O_{7-\delta}$ $(x=0.0)$ は実現しないというPBCO相図の研究[59]からも支持されている．

通例の結晶成長法（2.2.4項a, bのフラックス法やTSFZ法）では，PBCOの置換量 x を制御するのが難しい．Tagamiら[66]は，改良引上げ結晶成長法（2.2.4項c参照）を用いて，PrがBaサイトへ置換する割合 x を0.01から0.29まで，組織的に変化させ電気抵抗の温度変化を調べた．その結果を図2.2.36に示す．$x=0.06$ の試料は，PBCO焼結体の温度特性に近い．従来作製されてきたPBCO薄膜も種々の理由でストイキオメトリックな1:2:3組成からずれている可能性が高い．超伝導を示す

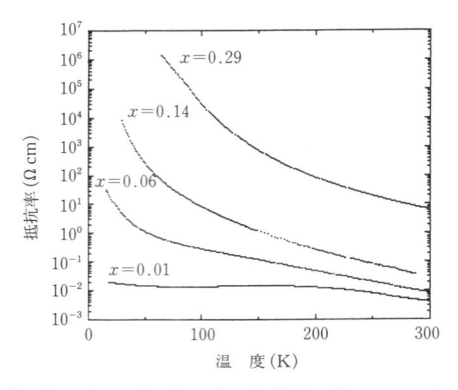

図 2.2.36 $Pr_{1+x}Ba_{2-x}Cu_3O_{7-\delta}$ 単結晶 (SRL-CP 法による) の電気抵抗率 (温度と置換量 x 依存性)

PBCO は，作製条件の特殊性でストイキオメトリックな $Pr_{1+x}Ba_{2-x}Cu_3O_{7-\delta}$ ($x=0.0$) ができた可能性がある．PBCO の特異な物性が明らかになるにはいま少しの時間が必要である．

3) Cu サイトへの元素置換

YBCO の Cu サイトをほかの元素に置換するという研究は，YBCO 発見直後より非常に多くなされている．さまざまな元素 M(Zn, Ni, Fe, Co, Al, Ga) を Cu サイトに置換した $YBa_2(Cu_{1-x}M_x)_3O_{7-\delta}$ の超伝導転移温度 T_c の値を図 2.2.37 にまとめる[67]．元素による T_c の x 依存性は文献により多少異なる場合がある．

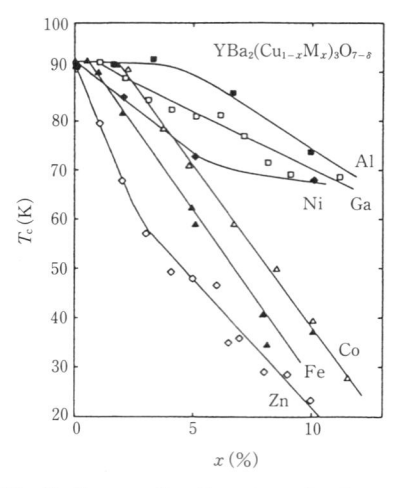

図 2.2.37 $YBa_2Cu_3O_{7-\delta}$ における Cu サイト元素置換による T_c の減少

現在までの研究では Zn, Ni はおもに CuO_2 面の Cu サイトと, Fe, Co, Al, Ga は CuO 鎖の Cu サイトと置換することが知られている. Cu サイトへの元素置換でもっとも調べられたものに, Zn ドープ YBCO がある (図 2.2.15 参照). 金属超伝導では 1 % の磁性原子の混入でも超伝導が壊されることが知られている. 高温超伝導体は, ① 非磁性原子による置換でも超伝導転移温度が低下したり, ② 磁性原子の置換による T_c の低下が金属超伝導のときほど劇的ではない点などに特徴がある. この置換効果が金属超伝導体と著しく異なるところに, 高温超伝導体発現のメカニズムが隠されている可能性もある.

また, Cu サイトへの元素置換の研究は, 少量の置換で超伝導転移温度が下がることに着目した研究がほとんどで, SNS 接合デバイスの N 相 (正常伝導相) に用いるという観点からの材料研究はこれからである.

2.2.4 単結晶技術

焼結法は手軽であるため, 酸化物超伝導体発見の当初から力を発揮してきた. しかし酸化物超伝導体は図 2.2.2 の結晶構造からもわかるように, 大きな異方性をもつため, 焼結体試料は物性の精密測定には向かない. そのため現在では, 物性測定に用いる試料は単結晶が中心になっている. 本項では, 工学への応用が期待できる SRL-CP 法 (引上げ結晶法の改良) を中心に結晶成長の歴史と原理から説明する.

高温超伝導体は, 加熱すると異なった物質に熱分解してしまい, 溶融状態から徐冷しても目的とする単結晶が得られない. つまり従来多くの材料 (たとえば, Si) で成功を収めてきた "溶かして固める" (加熱して融解させ, 単純に固化する) ことで単結晶を得る手法が使えない. このように固相と同じ組成の液相を生じる融解を調和融解 (コングルエントメルト, congruent melting) という. 酸化物超伝導体のように, 真の融点に達する前に分解して固相とは異なる組成の液相が生じる現象を分解融解 (インコングルエントメルト, incongruent melting) という. これが高温超伝導体の単結晶作製を難しいものにしてきた.

a. フラックス (flux) 法

物性研究だけを目的にするのなら, 中性子回折などを除いて大きくなくてもよいから, 結晶性のよい結晶があればよい. このような物質を結晶化するには別の物質 (融剤, フラックス) 中に, あるいは構成元素が共通で組成比の異なる混合物 (セルフフラックス) 中に, 溶解してそこから偏析させて結晶化する方法がとられる. 酸化物超伝導体に関する初期の異方性に関する物性データは, このような単結晶からとられたといってよい. 最初につくられたフラックス法による YBCO 単結晶の外観を図 2.2.38 に示す[68]. フラックス法による YBCO 単結晶試料を用いて, 高温超伝導体に

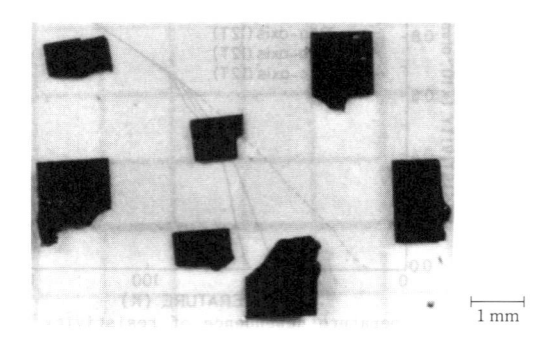

図 2.2.38　フラックス法による YBCO 単結晶

特有な 2 次元性に由来する巨大超伝導ゆらぎの物理が明らかになったことは前項 (2.2.2 項 a.2)) で述べたとおりである.

　フラックス法はさまざまな物質に適用されており長い歴史をもつ. しかしながら, 酸化物超伝導体が多元系であるため, a, b 軸方向で 2 mm 以下のものが多く, 成長速度の遅い c 軸方向は, さらにサイズが小さくなる. たとえば, Bi 系では 50 μm 以下と非常に薄く, これでは c 軸方向の物性を正確に測定するのは難しくなる. 固溶体を形成する $RE_{1+x}Ba_{2-x}Cu_3O_{7-\delta}$ (RE＝Nd, Pr, Sm, Eu, Gd) では, 置換量 x の制御が難しい点やるつぼからの汚染の心配がある点などが欠点である. しかしながら, フラックス法は簡便に単結晶を得る方法なので広く普及している.

b. TSFZ（溶媒移動浮遊帯域溶融）法

　YBCO は, 相図でみる限り, 液相線の存在する組成範囲と温度範囲が非常に狭く TSFZ (traveling solvent floating zone, 溶媒移動浮遊帯域溶融) 法で YBCO 単結晶を作製することは難しい. 一方, NBCO や PBCO は, 液相線の存在する組成範囲と温度範囲が広く, TSFZ 法での単結晶育成が可能である. TSFZ 法で作製された NBCO 単結晶の例を図 2.2.39 に示す[69]. 断面積 4.6×3.5 mm^2, 長さ 45 mm である.

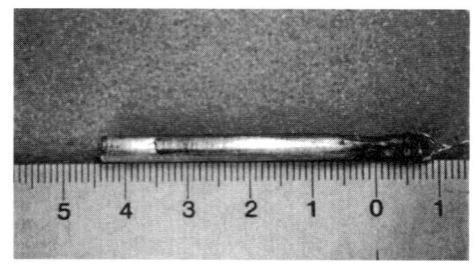

図 2.2.39　TSFZ 法による NBCO 単結晶

NBCO 単結晶作製に適用された TSFZ 法を例に説明する．まず図 2.2.40 に装置の概念図を示す．NBCO の原料棒と種結晶を用意しハロゲンランプから発生した赤外線を回転楕円面鏡で 1 点に集光し，試料を溶融しゆっくり溶融帯を移動して単結晶を育成する．成長速度は 0.46 mm/h である．図 2.2.41 に結晶成長に用いた 3 成分状態図と液相線領域が広い $1/6\,NdBa_2Cu_3O_{7-\delta}$ と $1/13\,Ba_3Cu_{10}O_{13}$ の 2 成分状態図を示す．溶融帯に $1/6\,NdBa_2Cu_3O_{7-\delta}$: $1/13\,Ba_3Cu_{10}O_{13}$ ＝ 20 : 80 の割合で形成した溶融物を用いると，2 成分状態図の対応する液相線との境界で $NdBa_2Cu_3O_{7-\delta}$ 単結晶が析出する．融液成分にこのようなフラックス $Ba_3Cu_{10}O_{13}$ を加えることがインコングルエントメルト物質の特徴である．

歴史的には，最初に大型結晶成長に成功したのは，La 系 ($La_{2-x}Sr_xCuO_4$) や Bi 系 (Bi-2212) であり，高温超伝導体の大型単結晶を得るもっとも一般的な方法になっている．これらの結晶を用いた新しい物性の発見や物性の精密測定が行われている．

このように，TSFZ 法で得られた結晶は，a 軸に沿った結晶成長をし，細長い単結晶になる．るつぼからの汚染の心配がない点や結晶方位を種結晶の方位を特定することで制御できる点で，フラックス法に比べてすぐれている．しかし将来の産業レベルでのデバイス生産ということを考えた場合，基板の大型化は低コスト化のために不可欠であり，単結晶の高品質化と大型化が必要となろう．このとき，TSFZ 単結晶を薄膜エレクトロニクスへ適用するには難点がある．このためには，Si や GaAs のよう

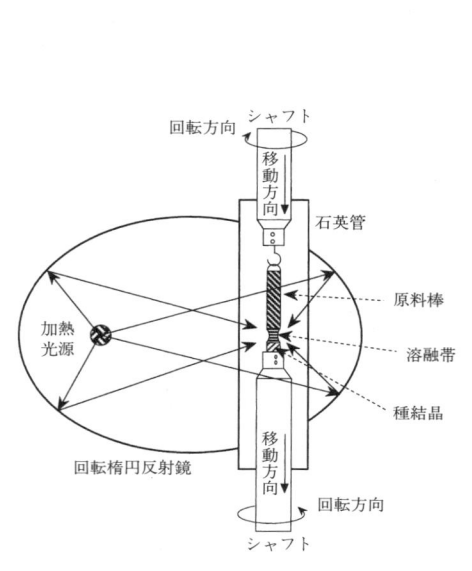

図 2.2.40 TSFZ 法の装置概念図

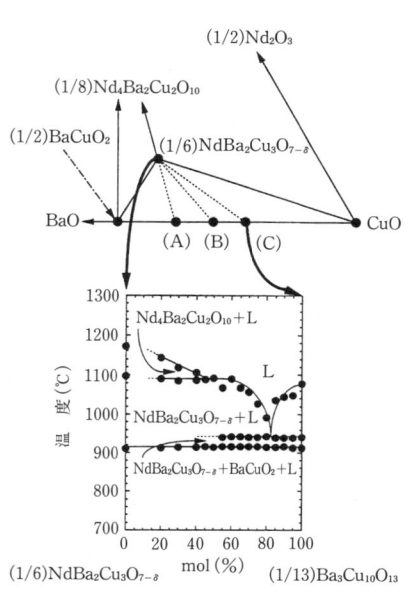

図 2.2.41 TSFZ 法の結晶成長に用いた相図

に種結晶をもとにした引上げ法による単結晶育成法が望ましい．酸化物超伝導体は，インコングルエントであるため引上げ法は難しいと思われていたが，Yamada と Shiohara[70] によりブレークスルーが見つかった．以下彼らの開発した改良型引上げ法 (SRL-CP 法, solute rich liquid crystal pulling 法) について解説する．現状技術レベルの詳細は文献[71,72] を参照していただきたい．

c. 引 上 げ 法

酸化物高温超伝導材料の高品質大型単結晶は，超伝導機構を解明するための基礎研究の試料としてだけでなく，次項で議論するホモエピタキシアル基板材料として望まれている．SRL-CP 法も開発されてから 5 年近く経過し，15 mm 角以上の大きさをもつ大型 YBCO 単結晶を再現性よく作製する技術が確立してきた．

1） 結晶成長の原理

図 2.2.42, 2.2.43 に示す SRL-CP 法の模式図と結晶成長に使う相図を用いて，単結晶成長の実際と原理を説明する[71]．用いる装置はるつぼ加熱用の電気炉と結晶を引き上げる駆動装置からなる通常の結晶引上げ炉である．引上げの一つの実例を説明する．溶液を保持するるつぼは高密度イットリヤ (Y_2O_3) 焼結体で，形状は最大で直径 50 mm，高さ 45 mm の平底型である．るつぼの底に，Y_2BaCuO_5（Y211 と略記）粉末を約 40 g 充てんし，その上に Ba : Cu = 3 : 5 となるように秤量した BaO/CuO 混合原料を約 300 g 充てんした．るつぼを約 1020 ℃ に加熱して BaO/CuO を溶融した後，融液表面を 1000 ℃ に設定し，るつぼ底に向かって温度が高くなるよう液相中に約 6 ℃/cm の温度勾配をつけた．種結晶を液面に接触させ，大気中，100 rpm 程度に回転させながら引き上げることにより，連続的に結晶を育成する．引上げ速度は約 0.1～0.2 mm/h であった．この結晶は c 軸方向に引き上げた結晶であり，結晶長は約 7 mm，結晶径は約 8 mm × 8 mm であった．種結晶としては，MgO 単結晶基板上

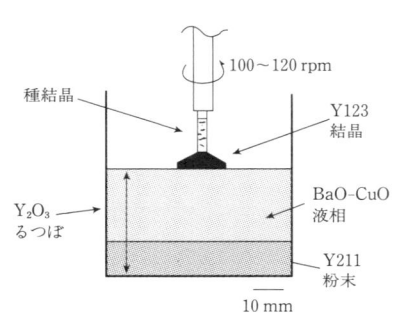

図 2.2.42　SRL-CP 法の模式図

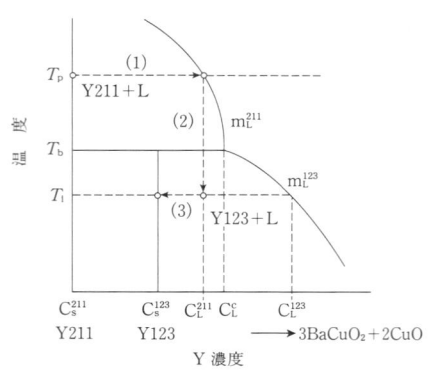

図 2.2.43　SRL-CP 法で用いる相図

に RF 熱プラズマ蒸着法により形成した YBCO 薄膜や，それをもとに結晶成長させた YBCO 単結晶を用いている．

次に，液相中の溶質濃度と溶質輸送プロセスを説明しながら，結晶成長の原理を説明する．YBCO 系の相図には，Y_2BaCuO_5（Y211 と略記）と $BaCuO/CuO$ からなる液相が共存する領域が存在する．YBCO 系の結晶引上げにはこの領域を利用している．るつぼの底に Y_2BaCuO_5 の固相を配置しておく．るつぼの底で Y_2BaCuO_5 と液相の共存領域が安定になるように温度（T_b）を保ち，るつぼの上側で $YBa_2Cu_3O_{7-\delta}$ と液相が共存できるように温度（T_s）を保つことができれば，るつぼの底から溶け出した Y_2BaCuO_5 は対流によってるつぼの上方に運ばれ，液相中で $YBa_2Cu_3O_{7-\delta}$ となって引き上げられる．このプロセスは図 2.2.43 の矢印で示された経路に沿って結晶成長が起こっていることを意味している．

2) 結晶特性

結晶性を評価した例を以下に示す．まず，YBCO 単結晶を種結晶にしたときの単結晶の外観写真，底面の X 線ロッキングカーブの測定結果をそれぞれ図 2.2.44，2.2.45 に示す．（005）反射に伴う半値幅約 0.14°の単一ピークであり，単一粒からなる単結晶だがわずかにひずんだ格子面を含んでいると考えられる．縦断面と横断面の X 線トポグラフ像を図 2.2.46 に示す．結晶の広い範囲で単一粒になっていることがわかる．

一方，電気的な測定としては，超伝導転移温度 T_c の高さ，転位幅 ΔT_c の狭さ，電気抵抗率 ρ の低さが結晶性の目安になる．電気抵抗の測定例を図 2.2.47 に示す[72]．最適ドープ領域の単結晶では，$T_c=93$ K，および $\Delta T_c=0.2$ K，電気抵抗率 $\rho=80$ $\mu\Omega$ cm（b 軸方向，室温）ときわめてよい値を得ている．結晶性のよさの傍証として，

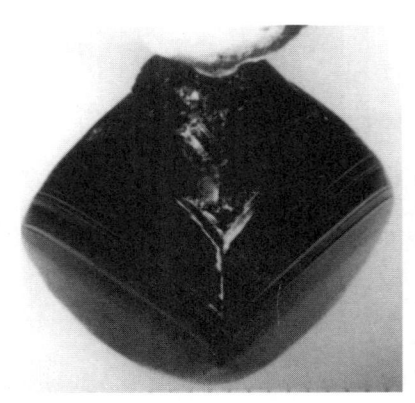

図 2.2.44　SRL-CP 法による YBCO 単結晶の外観写真

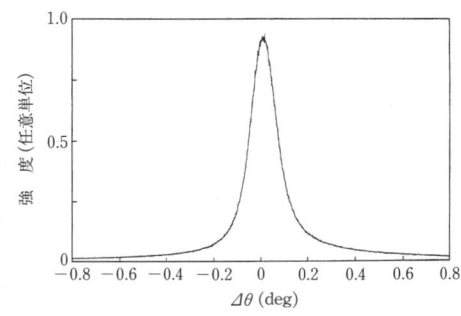

図 2.2.45　単結晶底面の X 線ロッキングカーブ

(a) 種結晶／育成結晶 (b)

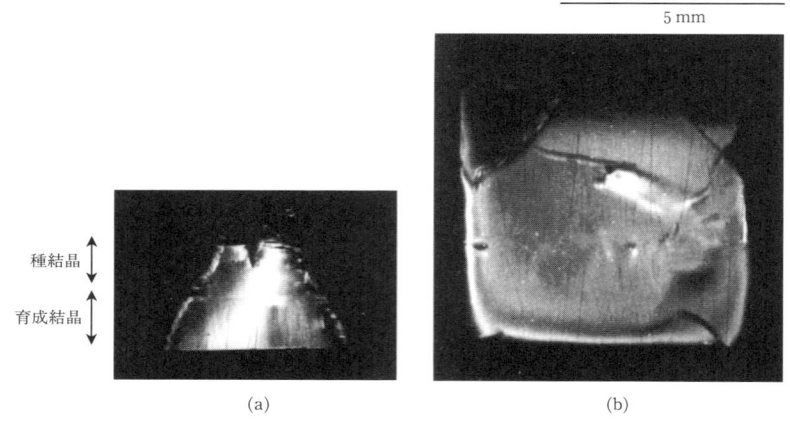

図 2.2.46　単結晶の縦断面と横断面の X 線トポグラフ

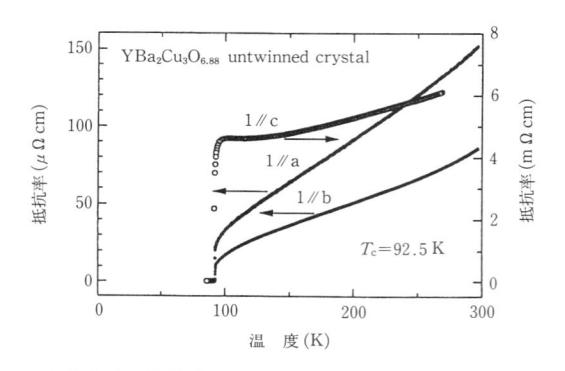

図 2.2.47　SRL-CP 法による YBCO 単結晶の電気抵抗率

c 面にカットされた結晶では，オーバードープ領域(キャリヤー数が多すぎて T_c がわずかに低下する酸素欠損領域)を容易に実現することがあげられる．通例のヘテロ薄膜などと違い粒界がほとんどないため，酸素が c 面からは入りずらく，抜けにくいためだと考えられる．具体的にはラマン散乱分光，中性子回折でも結晶の乱れの少なさを示すデータが得られているが，ここでは $T_c=86$ K のオーバードープ領域結晶のラマン分光の評価結果を図 2.2.48 に示す[73]．格子欠陥や酸素欠損などの乱れがないことがわかる．磁束のピンニングセンターとして働く粒界，転位，析出物などの欠陥密度の低さを表す証拠として，磁化の磁場強度依存性の測定結果を図 2.2.49 に示す[71]．

このような評価結果を見て，結晶の技術レベルを議論するのは意外と難しい．情報

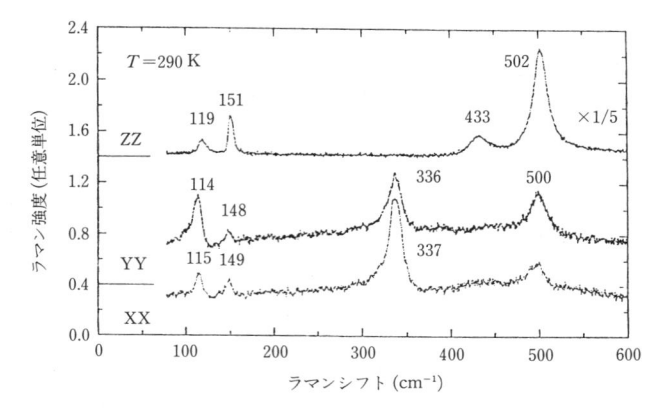

図 2.2.48 オーバードープ領域 ($T_c=86$ K) 単結晶のラマン分光スペクトル

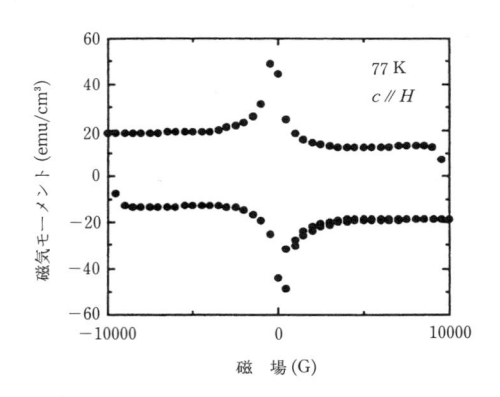

図 2.2.49 SRL-CP 法による YBCO 単結晶の磁化 M の磁場強度 H 依存性

化社会を支える Si 単結晶は 8 インチのウェーハーが量産現場で投入され，ウェーハー内に数個あるかないかの欠陥を問題にしている超巨大単結晶である．現時点で半導体の単結晶と直接比較することは，いたずらに単結晶を大型にする努力と同じであまり意味がない．工業における単結晶に対する要求は，市場に投入する商品を形成する具体的デバイスによって完全に決まるからである．過去の例では光通信用の半導体レーザーがある．大西洋に敷設された光ファイバーをつなぐ半導体レーザーの土台になった化合物半導体の結晶は，現状の単結晶の大きさより小さい．市場ニーズに基づくデバイスと結晶がマッチしたのである．酸化物超伝導体では単結晶基板をもとにしたデバイスの研究が始まった時期であり，半導体デバイスとは異質の要求があるはずである．結晶に具体的フィードバックがかかるには，いま少しの猶予が必要である．

しかしながら，SRL-CP法によるYBCO単結晶は，物性研究にとどまらせていた単結晶を電子デバイス研究にインセンティブを与えたという意味できわめて意義深い．とくに，表面/界面が問題となる物性実験や，表面/界面の制御性が直接影響を与えるSNS接合などの物理を確定させる実験に威力を発揮することが期待される．

酸化物結晶技術としては，市販されている酸化物単結晶基板（MgO，SrTiO$_3$，LaAlO$_3$など）に近いものが得られている．YBCO単結晶のデバイス作成の基板としての問題点を指摘すると

① 斜方晶（orthorhombic）の基板をつくるのが難しい．引上げYBCO単結晶は正方晶（tetragonal）であり，YBa$_2$Cu$_3$O$_{7-\delta}$でδは0.5程度より小さい．そのため，結晶を切り出してデバイス作成用の基板に使うとき，クラックの発生が起こる．

② 結晶中に観察される双晶，クラック，微小傾角粒界，転位，フラックス混入などの低減など，着実に解決していくべき純粋結晶育成技術課題がある．①の問題は本質的なことを含むか否かで意見が分かれるが，技術的には①，②の双方ともに着実に解決すべき課題であろう．

2.2.5 薄膜技術

酸化物超伝導体の薄膜技術は，基礎からデバイス応用にわたる一大分野を形成している．半導体における薄膜技術は酸化物の特殊性を考慮しながらほとんど適用されてきたといってよい．半導体との大きな違いは，① 酸素雰囲気中での成長という点と，② その多くは薄膜形成後に酸化プロセスを施す点（ポストアニール）である．薄膜技術は，① 基板の性質に大きく影響を受けること，② 熱平衡状態から離れて成膜できることが，バルク材料では実現できない素材やデバイスを創成する可能性がある点でもきわめて重要である．

本項では，薄膜形成の手法，配向制御と基板の選択，薄膜評価の現状の三つについて概観する．最初に注意すべきことは，酸化物薄膜がエピタキシーなのか薄膜なのかという問題である．エピタキシーとは，基板方位に沿って結晶学的に薄膜の方位が配向するものという定義に従えば，現状では，後述するホモエピタキシアル薄膜を除き，すべてエピタキシーではなく多結晶薄膜（エピタキシャルなグレインの集合体）である．すなわち，SiやGaAs半導体のように巨大な単結晶薄膜が形成されるわけではない．

a. 薄膜形成技術

薄膜形成は，温めた基板表面近くに，薄膜の原料を供給し熱エネルギーにより結晶を成長させるものである．薄膜形成の手法には，原料の供給方法によって，① スパッタ法，② パルスレーザデポジション（PLD）法，③ 共蒸着法などの物理的手法

2.2 超伝導材料

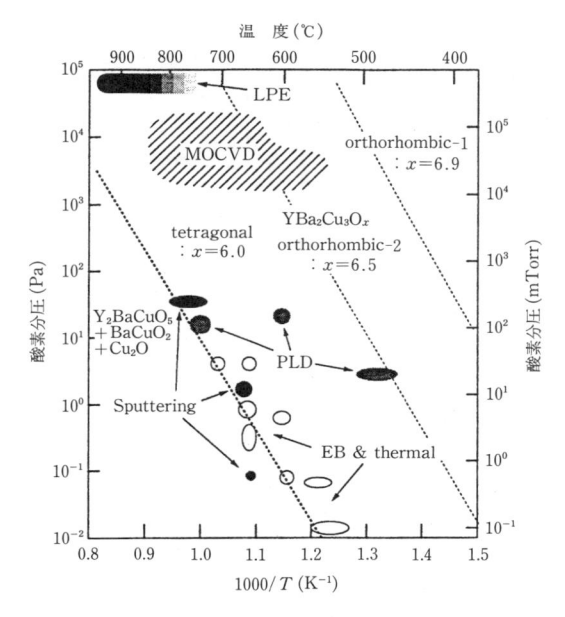

図 2.2.50 ハモンドの状態図（薄膜形成技術の比較）

と，④ 液相エピ (LPE, liquid phase epitaxy) 法などの化学的手法が代表的である．このほかにも，MOCVD（有機金属熱分解）法，レーザーMBE（分子線エピタキシー）法など特徴のある薄膜形成技術が存在するが，薄膜形成のメカニズムや結晶成長法自身が研究対象という段階なので，今日までにデバイス形成に一般的な上記三つの手法と厚膜形成で特徴のある LPE 法を紹介する．各技術でなされる標準的な薄膜成長条件の比較は，図 2.2.50 に示す YBCO の有名なハモンド (Hammond) の状態図[74]でその特徴が理解できる．図中の EB & thermal と示されているのは共蒸着法である．

1) スパッタ法

スパッタとは 1 kV 程度に加速された荷電粒子（通常 Ar イオン）が固体（ターゲット）表面に衝突し，固体を構成している原子（あるいは分子）がはじき飛ばされ，付近の基板に凝着することをいう．スパッタ法は，半導体単結晶薄膜に用いられることは少ないが，酸化物超伝導体薄膜では薄膜作製方法の主流の一つである．酸化物超伝導体での主流方式は，off-axis の高周波マグネトロンスパッタ法である．その理由は，基板とターゲットを 90°の off-axis に配置することで，成膜温度やスパッタ酸素分圧に依存して発生していた薄膜の組成ずれをなくすことが見出されたからである[75]．スパッタ法のすぐれた点は，① 共蒸着法程の高真空が必要でなく，② スパッタターゲットに近い組成の薄膜が得られ，組成制御が容易にできる，③ PLD 法のように

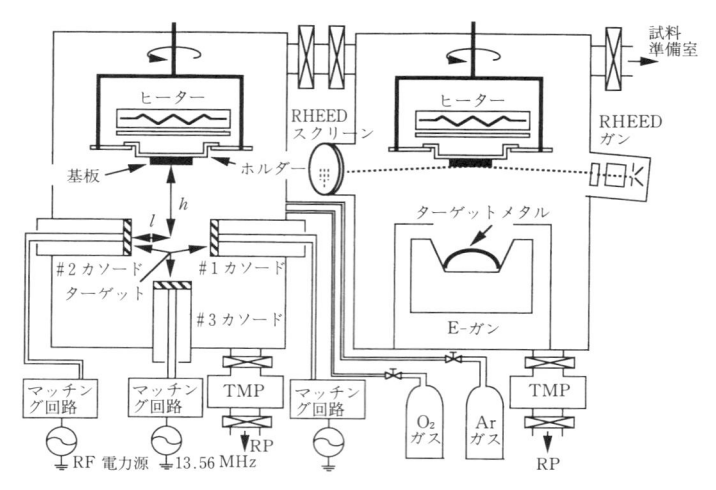

図 2.2.51 off-axis 高周波マグネトロンスパッタ装置と電子ビーム蒸着装置の概略図

ターゲットからの異物の付着が少なく，ターゲットメンテナンスが比較的少なくてすむ点などである．成長温度は 700 ℃ 前後と，半導体の成膜温度に比べるとかなり高い．装置の概観例を図 2.2.51 に，薄膜成長条件の具体例を表 2.2.3 に示す．薄膜の性質は，酸素分圧と基板温度を除けば，ターゲット中心から基板までの距離と基板中心までの距離に大きく依存することが知られている[76]．スパッタ法の短所は成膜速度が遅い点や，off-axis 配置でも高エネルギー粒子の薄膜へのダメージなどのために膜質劣化が心配される点である．off-axis の高周波マグネトロンスパッタ法でのよい薄膜をつくるための成長条件の検討は文献[77]に詳しい．

2) パルスレーザーデポジション (PLD) 法

PLD 法は数 Hz 程度のパルスレーザーを酸化物のターゲットに照射し，レーザーのエネルギーでターゲット材料を剥離分解（アブレーション）させ，基板まで運ぶ手法である．レーザーの光エネルギーは数 eV 程度のエキシマーレーザーであり，スパッタ法と共蒸着法の中間である．PLD 法は，比較的簡単に高い T_c (90 K) の YBCO 膜を形成できたので，薄膜作製の標準的手法の地位を確立し普及した．蒸着源を加熱するためのレーザーを装置の外に配置できること，装置の保守と整備がスパッタ装置や共蒸着装置に比べて簡便であること，成膜時の真空度とレーザー出力は独立に変えられることなどの利点がある．超高真空中 PLD 法をレーザー–MBE と呼ぶこともある．しかしながら，① 不順物相やターゲットからの飛まつが薄膜表面に付着する，② ターゲットの消耗が速い（成長速度が不安定），③ 基板を大面積にできるかなどの問題が指摘されている．具体的な装置の構成例を図 2.2.52 に[78]，典型的な YBCO の成長条件を表 2.2.4 に示す．

2.2 超伝導材料

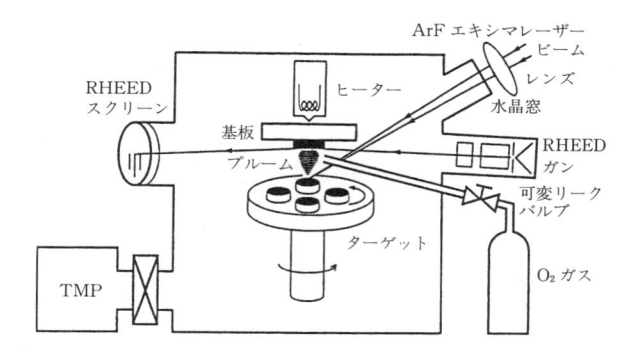

図 2.2.52 パルスレーザーデポジション (PLD) 装置の概略図

表 2.2.3 90° off-axis RF マグネトロンスパッタ成膜条件の例

基板位置	ターゲット中心から垂直に 4.9 cm
	ターゲット面から 3.6 cm
ターゲット (2ϕ)	ストイキオメトリック $YB_2Cu_3O_{7-\delta}$
バックグラウンド圧力	5×10^{-8} Torr
成膜温度	650～700 ℃
昇温時間	1 時間
スパッタガス	80 mTorr (O_2 90%, Ar 10%)
RF パワー	40 W (13.56 MHz)
成膜速度	0.5～1 nm/min
成膜後処理条件	O_2 100 Torr, Ar 300 Torr 雰囲気中
	成膜温度から 200℃ へ 50 分アニール

表 2.2.4 パルスレーザーデポジション (PLD) 成膜条件の例

レーザー光源	ArF エキシマレーザー
	$\lambda = 193$ nm, 20 ns, 4 Hz
ターゲット	ストイキオメトリック $YB_2Cu_3O_{7-\delta}$
	1 回転/5 秒
バックグラウンド圧力	2×10^{-6} Torr
成膜温度	700～750 ℃
成膜ガス	100～400 mTorr (O_2)
レーザーパワー	80～110 mJ
	(0.7～1.1 J/cm^2)
成膜速度	0.07 nm/パルス
成膜後処理条件	O_2 700 Torr 雰囲気中
	400 ℃, 30 分
	アニール

3) 共蒸着法

共蒸着法は，高真空中で各成分元素を別々にとばして成膜する方法である．原料供給方法の違いで分子線エピタキシー (MBE) のように K セルを使う方法と E ガンを使う方法とがある．目的とする薄膜の構成元素の数だけつぼを用意する必要がある．各元素の流量を制御することで組成を制御できるので，金属組成を連続的に変化させた薄膜 (たとえば，$RE_{1+x}Ba_{2-x}Cu_3O_{7-\delta}$; RE＝Nd, Pr, …) や金属置換を連続的に変化させた薄膜 (たとえば，$YBa_2Mn_xCu_{3-x}O_{7-\delta}$; Mn＝Zn, Fe, Ni, …) を形成する場合には，スパッタ法や PLD 法に比べて威力を発揮する．高温超伝導体は，GaAs などのⅢ-Ⅴ族半導体と比べて，自分でストイキオメトリックになる性質がないので (各成分元素の付着係数は 1 に近い)，構成元素の供給流束比を正確に制御する必要がある．

共蒸着法は厳しく高精度に組成制御が必要な膜形成には不向きだが，*in situ* に RHEED や他の分析装置と組み合わせて表面観察や組成分析ができるので，新物質の組成探索や薄膜形成メカニズムを調べるのに向いている．共蒸着法の成功例として，Terashima ら[79]は，$SrTiO_3$ 基板上 YBCO 薄膜成長初期過程の *in situ* RHEED 観察において，layer-by-layer の成長モードを示す証拠として RHEED 振動をはじめて観測した．また，Kinder ら[80]は，20 cm×20 cm の大面積サファイア基板上に，マイクロ波フィルター用の均一な YBCO 薄膜を得ている．

4) LPE 法

LPE 法を研究している機関は少ないが，スパッタ法などのほかの成膜法に比べて，過飽和度が小さく熱平衡に近い条件で結晶成長を行うので，欠陥の少ないより結晶性のすぐれた薄膜を提供できる点や結晶粒を非常に大きくできる点に長所がある[81]．事実，半導体レーザーの活性層や光磁気メモリー用ガーネット膜の形成に実用技術として使用されてきた歴史がある．LPE 法は，成長速度が数 $\mu m/min$ とほかの成膜法に比べて 2 桁近く速いのが特徴で，長所でもあり短所でもある．MgO 基板上に YBCO 薄膜をシード結晶として別の薄膜成長法で形成し，フラックスを入れた YBCO を溶かした溶融液の液面にシード結晶を着けて引き上げるので，SRL-CP 法 (2.2.4 項 c 参照) と本質的には同じである．LPE 法の短所は成膜温度が 900℃ と高いことや，多層薄膜形成が難しいことがあげられる．具体的膜質は次の 2.2.5 項 c. 1) の図 2.2.56 を参照．

b. 配向制御と基板の選択

YBCO は銅系酸化物超伝導体の中で比較的簡単に単相膜が得られ，*c* 軸方向と *ab* 軸方向との異方性がもっとも小さい物質であることが，T_c が 77 K を越えることと並んで薄膜エレクトロニクスへの応用をもっとも期待させる根拠であった．その YBCO でも従来の金属超伝導体に比べると異方性は大きい．超伝導コヒーレンス長

は CuO_2 面内で長く ($\xi_{ab}=1.5$ nm), CuO_2 面垂直方向で短い ($\xi_c=0.3$ nm). そのため, SNS (または SIS) ジョセフソン接合を形成する場合, デバイスはコヒーレンス長の長い ab 軸面内の接合を用いることが多い. そのため, 積層型ジョセフソン接合素子を目指して, 非 c 軸配向膜 (c 軸が基板面に平行) の研究が精力的に行われてきた. 一方, YBCO 膜単層で利用するマイクロ波フィルターや超伝導配線, 超伝導テープやランプエッジ接合によるジョセフソン素子では c 軸配向膜が必要になる.

Si や GaAs 半導体と異なり, YBCO ユニットセルの異方性を反映して面方位に応じて薄膜成長の様子は大きく異なり, YBCO ab 面内の成長は早く, c 面方向の成長は遅い. 酸化物超伝導体では完全に近い単結晶薄膜を実現できる技術が確立されていないので, 基板との関係が重要で, 薄膜の目的と研究開発のフェーズに応じて基板を選択しなければならない. 基板選択の視点には, ① 格子定数の整合性をどの程度問題にするか, ② c 軸配向膜か非 c 軸配向膜か, ③ 面内で結晶軸の配向性まで問題にするか, ④ グレイン(結晶粒)の寸法に制限があるか, ⑤ 表面の平坦性をどの程度要求するか, ⑥ 基板の大きさや価格を問題にするかなどの次元の異なる問題がある.

YBCO 系薄膜基板としてもっともよく使われているのは, $SrTiO_3$ と MgO 基板であろう. $SrTiO_3$ 基板は, 単純ペロブスカイト構造で, 格子定数が YBCO の a 軸長に比較的近く, 熱膨張係数の違いも少なく, 高温でも化学的に表面が安定しているので, もっともよく用いられている. 欠点は, 低温での誘電率 ($\varepsilon=18000$: 4.2 K, 1900 : 77 K) が大きく, そのため誘電損失が高周波領域で大きくなり, マイクロ波や超高速現象が関与する応用に向かないことである. MgO 基板は, a 軸長が長く格子定数の一致という点ではよくないが, そのことが逆に c 軸配向膜を容易に成長させるという長所のために, 広く用いられている. 誘電率も低く ($\varepsilon=10$: 77 K), へき開できるなどの長所がある. 特筆すべきは, LPE 用の基板としても威力を発揮している点であろう. その他, 市販で入手できるものとして, 高周波フィルター用の $LaAlO_3$ 基板や, 超伝導テープ(線材)用の YSZ $[(Y_2O_3)_x(ZrO_2)_{1-x}]$ 基板, サファイア (Al_2O_3) などがある. 高周波フィルターへの応用や超伝導テープ(線材)への応用は, 成功すれば大きなメリットがすぐにも見込めるターゲットでもある. YSZ 基板やサファイア基板は格子不整合性は大きいが, 安価で大面積にできる長所がある. Al_2O_3 基板は低誘電率 ($\varepsilon=9.3$) で, 安価で大面積の単結晶基板が入手できるため, 高周波用のエピタキシャル YBCO 薄膜を作製する基板として有望である. しかし, Al と YBCO 薄膜との相互拡散が強いので, 高品質な YBCO 薄膜を得るには適当なバッファー層を必要とする.

市販以外の基板では, 格子整合する基板を単結晶の育成から自作する方向として, 前項で紹介した SRL-CP 法による YBCO 単結晶基板がある. また, Si や GaAs の半導体基板上に酸化物超伝導体薄膜を直接形成する試みが, 初期の頃行われたが, 主としてニーズの問題から研究は停滞している.

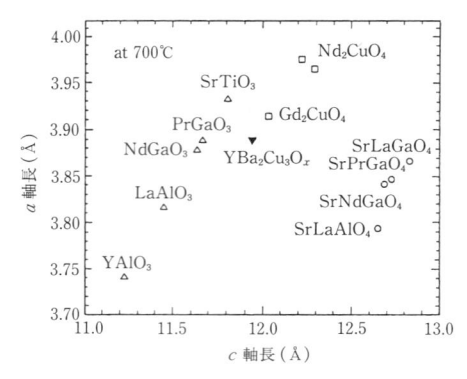

図 2.2.53 各種基板の a 軸長と c 軸長 (700 ℃)(YBCO との比較)

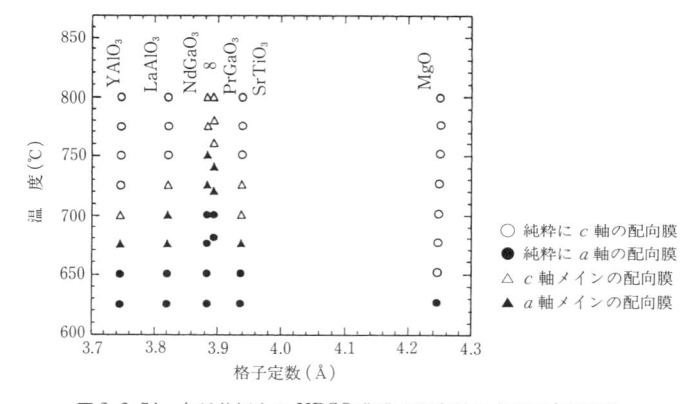

図 2.2.54 各種基板上の YBCO 薄膜の配向軸の成長温度依存性

700 ℃での各種基板の a 軸長と c 軸長を YBCO と比較して図 2.2.53 に示す[82]. c 軸配向膜か非 c 軸配向膜かを決める要因は,薄膜形成技術によらず一般的な特徴がある.

① 基板温度が高いほど c 軸配向しやすい.
② 格子定数が近いほど c 軸配向するための基板温度を高くする必要がある.いいかえれば,格子定数が近いほど a 軸配向になりやすい.
③ 酸素分圧が低いほど c 軸配向になりやすい.いいかえれば,酸素分圧が高いほど a 軸配向になりやすい.

基板の違いによる c 軸配向膜か非 c 軸配向膜かの成長条件は薄膜形成法によらず,大略理解されている.PLD 法により,基板と基板温度を変えて,酸素分圧 400 mTorr の条件で YBCO 薄膜の配向性を調べた例を図 2.2.54 に示す[82].さらに基板

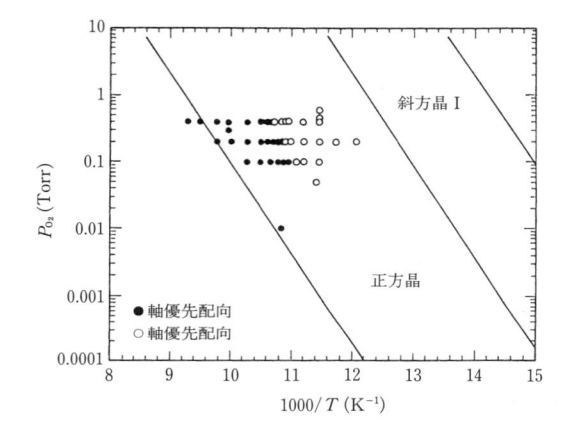

図 2.2.55 (1 0 0) SrTiO₃ 基板上の YBCO 薄膜の配向軸の相図

温度と酸素分圧の配向性へ及ぼすデータを図 2.2.55 に示す[82]．

Mukaida ら[82] の考えによれば，結晶成長時 (正方結晶) の a 軸と c 軸に格子整合した面に YBCO 薄膜は成長する．一方，c 軸配向 YBCO 薄膜は c 軸方向に成長しているのではなく，a 軸配向 YBCO 薄膜と同じように a 軸と c 軸に格子整合した面に垂直に成長すると考える．格子整合した a-c 面がない場合，c 軸配向 YBCO 薄膜は自らの成長ステップに垂直に配向する．

c. 薄膜とその評価

薄膜評価の手法は多彩であるが標準的なものは，構造評価としては，① X 線回折 (XRD)，② 透過電子顕微鏡 (TEM)，③ ラマン分光法，④ ラザフォード後方散乱分光法 (RBS) などがある．表面観察としては，① 光学顕微鏡，② 走査型電子顕微鏡 (SEM)，③ 原子間力顕微鏡 (AFM)，④ 反射高速電子線回折 (RHEED) などがある．YBCO 薄膜の表面モフォロジーはエレクトロニクスへの応用上きわめて重要であるが，薄膜形成条件に応じて千差万別に変化し，半導体並に広い領域で平坦にするエピタキシャル技術は実現できていない．このことが，薄膜に依存する表面物理とデバイス特性に大きな差と影響を与えてきた．電気特性としては，① 超伝導転移温度 T_c，② 臨界超伝導電流密度 J_c，③ マイクロ波領域での表面抵抗 R_s などがある．次に具体的な薄膜の実例を評価項目と対応させながら示し，YBCO 薄膜の現状を報告する．工学への応用という観点から，膜厚は 200 nm 以上の試料を念頭におき，極薄膜に関する評価結果については，すぐれた結果も報告された例は存在するが割愛する．

1) c 軸配向膜

どの成膜手法を用いても YBCO の場合，それぞれの成長条件を最適化することで，

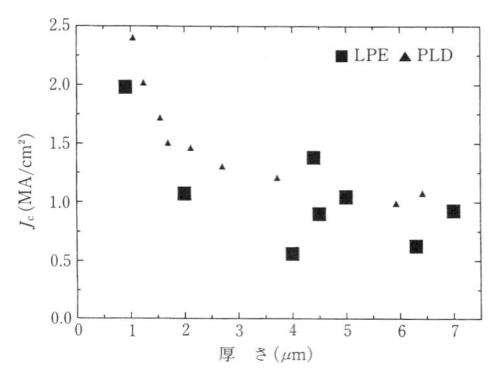

図 2.2.56 YBCO 単層薄膜の臨界電流密度 J_c（膜厚依存性）

膜厚を問題にしなければ T_c (90 K), J_c (77 K) $>10^6$ A/cm^2 の高品質な膜質を達成できている．しかしながら，具体的な薄膜の応用商品により，単層の薄膜でさえ，要求項目は変わり，それに応じて薄膜評価項目も変わってくる．成膜法により得手不得手があるので，目的に応じた使い分けが重要である．たとえば，図 2.2.56 に YBCO 単層膜の J_c (77 K) について膜厚依存性のデータを示す[83]．J_c は電流を増やして $1\,\mu$V/cm の電圧が発生した時点で J_c を定義する．図中黒四角は，LPE 法による (0 0 1) MgO 基板上 YBCO 膜，黒三角は PLD 法による CeO$_2$/(1 0 0)YSZ((Y$_2$O$_3$)$_x$(ZrO$_2$)$_{1-x}$；$x=0.09$) 基板上 YBCO 薄膜である．膜厚をサブ μm に薄くすると J_c は上昇するが，数 μm の膜厚を問題にする超伝導テープ（線材）や超伝導配線などの応用では不十分である．このような応用では，どの基板材料に形成したかも重要になる．高角度の結晶粒界は J_c を 2 桁も減少させることが知られているからである（たとえば，図 3.8.55 参照）．

次に，(1 0 0)SrTiO$_3$ 基板上 c 軸配向の YBCO 薄膜 (300 nm) の X 線回折 (XRD) と電気抵抗 (ρT 測定) の測定例を図 2.2.57，2.2.58 に示す[84]．薄膜の成長条件は表 2.2.4 に示したものである．電気抵抗では，T_c の値と遷移幅 ΔT_c を除けば，室温と 100 K での比抵抗 ρ の値が図 2.2.47 に示した単結晶の値にどの程度近いか，さらには，室温と 100 K 付近を結ぶ線が原点 ($T=0$ K) より上にずれた抵抗切片，"残留抵抗" が存在するか否かなどが膜質評価の最初の基準になる．X 線回折 (XRD) で得られたピークから c 軸長を求める．この場合は 1.1689 nm で，バルクの YBCO の値に近い．膜の配向性の高さは，たとえば (0 0 5) ピークの半値全幅 (FWHM) などで評価する．ロッキングカーブで求めた FWHM は 1°以下が結晶性のよさの目安となる．結晶成長条件が最適化されていないと，(1 0 0)，(1 0 3)，(1 1 0) 配向の結晶粒による X 線回折ピークが混じるので，X 線強度は対数にして見る必要がある．

RBS (Rutherford backscattering spectroscopy) は数百 keV から数百 MeV の He$^+$

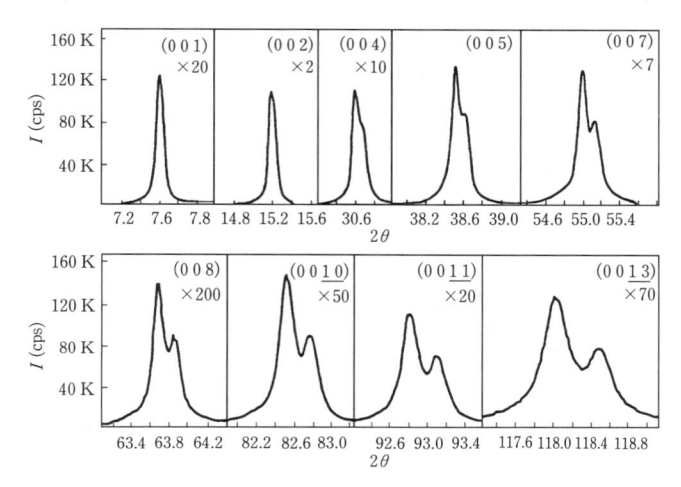

図 2.2.57 (1 0 0) SrTiO₃ 基板上 300 nm c 軸配向 YBCO 薄膜の X 線回折

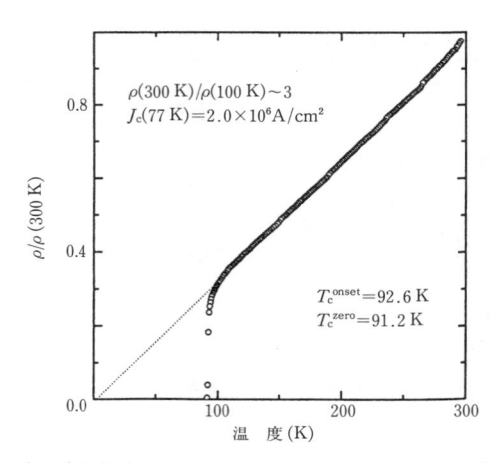

図 2.2.58 (1 0 0) SrTiO₃ 基板上 300 nm c 軸配向 YBCO 薄膜の電気抵抗率

イオンなどの高エネルギー粒子を結晶に照射し，その反射エネルギーのスペクトルの測定から，1 μm 程度の薄膜の結晶性や元素分布を非破壊で知る方法である．結晶の配向度しかわからない X 線回折 (XRD) と異なり，結晶の部分的な乱れや格子欠陥の存在を検出できる．薄膜と基板界面での乱れについても情報を与える．通例結晶性のよさは χ_{min} (イオンビームをランダムな角度で入射させたときの後方散乱収率と，試料の特定結晶方向に揃えてイオンビームを入射させたときの後方散乱収率との比)で表される．通例 χ_{min} が 2% 以下なら XRD のロッキングカーブで求めた FWHM は

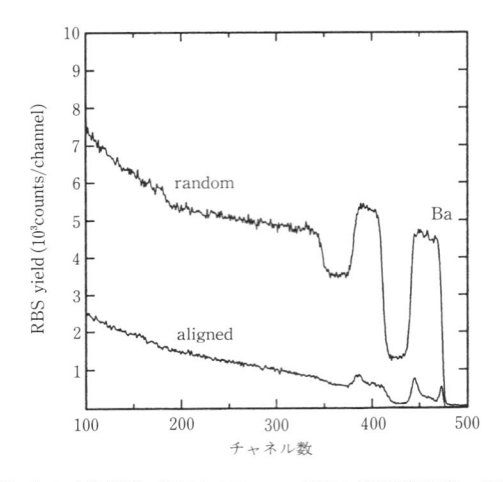

図 2.2.59 （1 0 0）SrTiO$_3$ 基板上 300 nm c 軸配向 YBCO 薄膜の RBS 測定

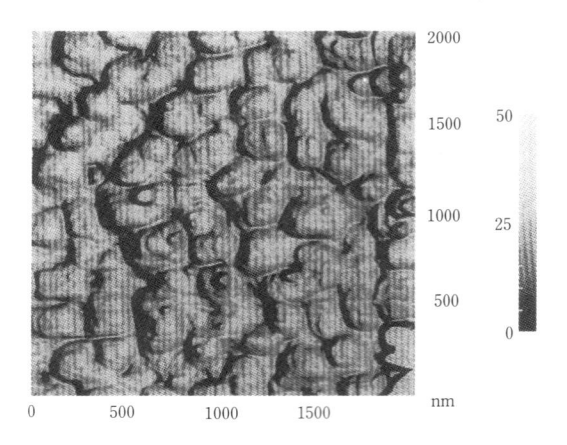

図 2.2.60 （1 0 0）SrTiO$_3$ 基板上 300 nm c 軸配向 YBCO 薄膜の AFM 観察

0.3°以下を与えるが，逆は成り立たない．1〜3%以下の χ_{min} の値がよい結晶性の目安を与える．図 2.2.57 の試料に対する RBS 測定の結果を図 2.2.59 に示す．

次に，この試料の AFM 観察の結果を図 2.2.60 に示す．2 μm×2 μm 領域で 16 nm の凹凸があり，250 nm 程度の島状構造をしている．YBCO の c 軸薄膜には特有ならせん転位を起源としたスパイラル構造が時折観察される．ピンホールや異相（BaCuO$_2$ や CuO など）析出の有無も SEM 観察での重要なポイントである．光学顕微鏡では，通例 1000 倍程度の倍率まであり，0.1 μm 以上の凹凸がないと見えないの

で，表面モフォロジー（形態）の観察には，SEM, AFM, RHEED が相互に補完しあうよい観察手段となる．

RHEED 観察は，通例 10～50 keV の電子線を試料表面に 1～2 度の角度で入射させ反射電子線の回折を見ることで，表面極近傍の表面原子構造を観察するものである．入射角度が浅いので電子線は試料表面から数原子層しか侵入せず，表面構造の変化にきわめて敏感である．RHEED では，入射電子線が表面内でもつ可干渉距離（電子線がコヒーレント性を保つ距離）L_{sc}

$$L_{sc}=\lambda/[2\beta/\sqrt{1+(\Delta E/2E)^2}]/\sin\theta \tag{2.2.15}$$

と平均的に原子レベルで平坦な表面寸法 L との大小関係で，RHEED 図形は劇的に変化する[85]．ここで E は電子線の加速エネルギー，ΔE はそのばらつき，θ は電子線入射角，λ は入射電子のド・ブロイ波長，β は試料からみた入射電子ビームの広がり立体角の 1/2 である．図 2.2.61 に c 軸配向 YBCO 薄膜の RHEED 図形と対応する STM 像を示す[86]．電子線は [1 0 0] 方向より入射させている．たとえば典型的な値として，$E=20$ kV，$\theta=1.5°$，$\beta=0.17$ mrad（ミリラジアン）の場合[87]，$L_{sc}=1$ μm である．YBCO 薄膜で観察される RHEED 図形は，よくできた c 軸配向膜でも，ストリーク図形にしかならず，表面の平坦性 L は可干渉距離 L_{sc} に比べて小さいことが予想される．このストリーク線の幅は $2\pi/L$ に比例して広がり，短く細いほど原子レベル平坦性にすぐれる．たとえば，図 2.2.61 の RHEED 図形の場合，STM 像ではスパイラル構造が見え，原子レベルでの平坦性な領域 L は 30 nm 程度だと思われる．この場合，明らかに $L \ll L_{sc}$ の領域である．RHEED 図形を見る場合，このような注意が必要になる．

図 2.2.61　(1 0 0) $SrTiO_3$ 基板上 c 軸配向 YBCO 薄膜の STM 像と RHEED 図形

図 2.2.62 (100)SrTiO$_3$ 基板上 a 軸配向 YBCO/SrTiO$_3$/YBCO の TEM 観察

2) 非 c 軸配向膜

非 c 軸配向 YBCO 膜の重要性は薄膜研究の初期の頃から認識され,薄膜形成が試みられてきた.a 軸配向 YBCO 膜は,① 薄膜形成温度が低く T_c を高くできない,② 面内に c 軸が存在するので基板と膜との熱膨張率のミスマッチが大きくクラックが発生する,③ b 軸と c 軸がぶつかってできる数十 nm の面内直交粒界での段差が発生するなどの問題点が出てきた.たとえば,(100)SrTiO$_3$ 基板上に a 軸配向 YBCO/SrTiO$_3$(2.7 nm)/YBCOSIS 構造を作製した場合の直交ドメイン粒界近傍での段差をとらえた断面 TEM 写真を図 2.2.62 に示す[88].10 nm 段差と,その上に形成された 2.7 nm SrTiO$_3$ 薄膜の段切れが明瞭にとらえられている.別の a 軸配向 YBCO 薄膜の平面 TEM 写真を図 2.2.63 に示す[89].直交ドメイン粒界の様子が見事にとらえられている.TEM 観察による膜質評価は,薄膜の局所的性質や基板/薄膜界面や各種接合構造の界面の詳しい情報をもたらすので欠かすことのできない評価技術である.

T_c を高くしクラックをなくすことは,低温成膜 YBCO シード層を成長後,成膜温度を上げて YBCO 膜を形成することで解決された.300 nm 膜厚の a 軸配向 YBCO 薄膜の AFM 観察の例を図 2.2.64 に示す[90].2 μm 領域で 8 nm の凹凸がある.この a 軸配向 YBCO 薄膜の面内直交粒界での段差がどの程度存在するか興味あるところだが,評価されていないようである.100 nm a 軸配向 YBCO 薄膜の RHEED 図形を図 2.2.65 に示す[91].YBCO の c 軸方向に特徴的な 3 倍周期と 3 次のラウエゾーンまでの回折が見えている.c 軸配向 YBCO 膜ではこのようにシャープな RHEED 図形は報告されていない.AFM による表面凹凸段差を別にすれば,RHEED 評価では

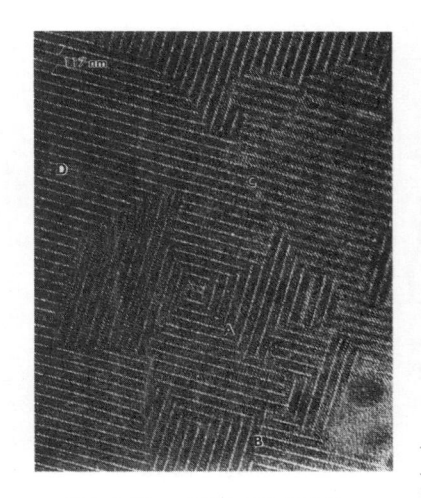

図 2.2.63 a 軸配向 YBCO 薄膜の平面 TEM 観察

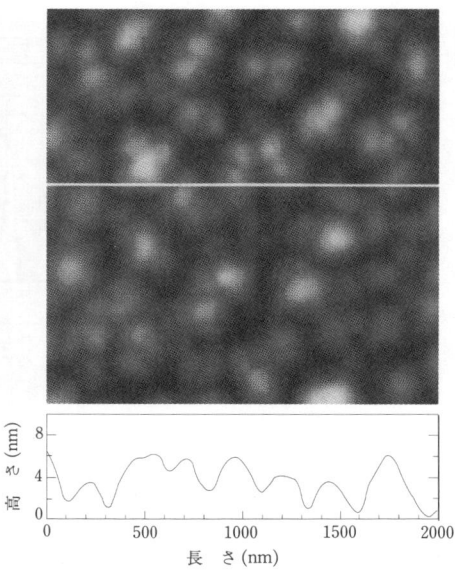

図 2.2.64 (100) $SrTiO_3$ 基板上 300 nm a 軸配向 YBCO 薄膜の AFM 観察

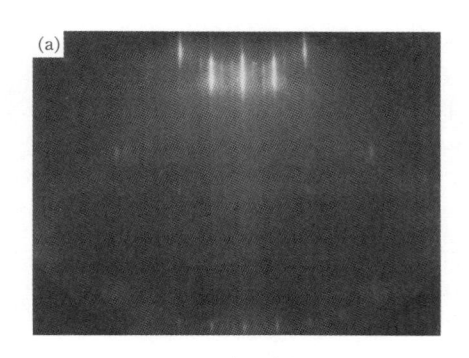

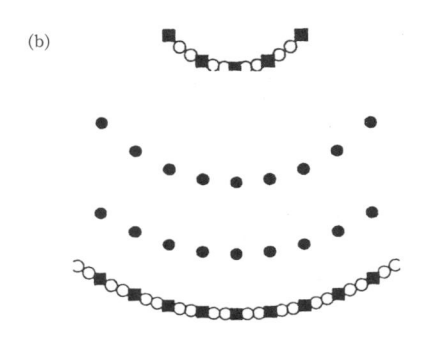

図 2.2.65 (100) $SrTiO_3$ 基板上 100 nm a 軸配向 YBCO 薄膜の RHEED 図形

GaAsMBE 薄膜レベルになったといえよう. a 軸配向 YBCO 薄膜形成条件では,酸素分圧が高くなり *in situ* RHEED 観察は難しいようであるが,このような平坦な表面を形成する成長モード(成長機構)がどうなっているのか興味のあるところである.

一方,c 軸を面内で配向させる試みは(100) $LaSrGaO_4$ 基板上に YBCO 薄膜を形成することで達成されているが,まだ表面凹凸が大きいようである[92]. 非 c 軸配向 YBCO 膜では,a 軸配向膜だけでなく(110)配向膜[93]や(110) $SrTiO_3$ 基板上に c

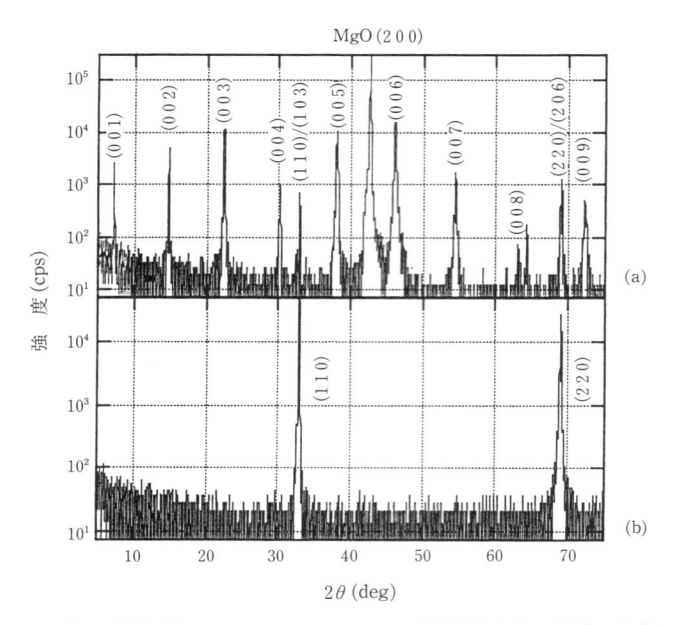

図 2.2.66 (110)YBCO単結晶基板上320 nm(110)YBCO薄膜のX線回折(b)と同時に成長させた(100)MgO基板上 c 軸配向YBCO薄膜のX線回折(a)

軸を基板に対して45°傾ける(103)配向YBCOを形成しジョセフソン接合に応用した例[94]が報告されているが，T_c(79 K)以外の膜質評価は報告されていない．最後に c 軸配向膜に比べて非 c 軸配向膜は表面の平坦性が一般によいので，SEMによる表面モフォロジーの観察には，① コールドFE電子源をもつ電界放射型SEMで，② 10万倍以上の倍率で観察する必要がある．

3) ホモエピタキシャル薄膜

基板との格子不整合をなくす究極の基板がYBCO単結晶基板である．超電導工学研究所では，改良型引上げ法によるYBCO大型単結晶の研究(2.2.4項c参照)をしてきたが，その成果の一つがホモエピタキシャル薄膜(以後ホモエピ薄膜)技術である．通例，機械研磨により，0.5 mm厚さの基板にして用いている．YBCO単結晶基板自身の評価は文献[95,96]を参照していただきたい．

(110)YBCO単結晶上に膜厚320 nmの(110)YBCO薄膜を成長させた例[96]で結晶性を説明する．成長条件は表2.2.3(前2.2.5項a.1))と同じである．① X線回折(XRD)を図2.2.66，② 透過電子顕微鏡(TEM)を図2.2.67，③ 走査型電子顕微鏡(SEM)を図2.2.68，④ 原子間力顕微鏡(AFM)を図2.2.69，⑤ 反射高速電子線回折(RHEED)を図2.2.70，⑥ 電気抵抗の評価結果を図2.2.71に示す．X線回折か

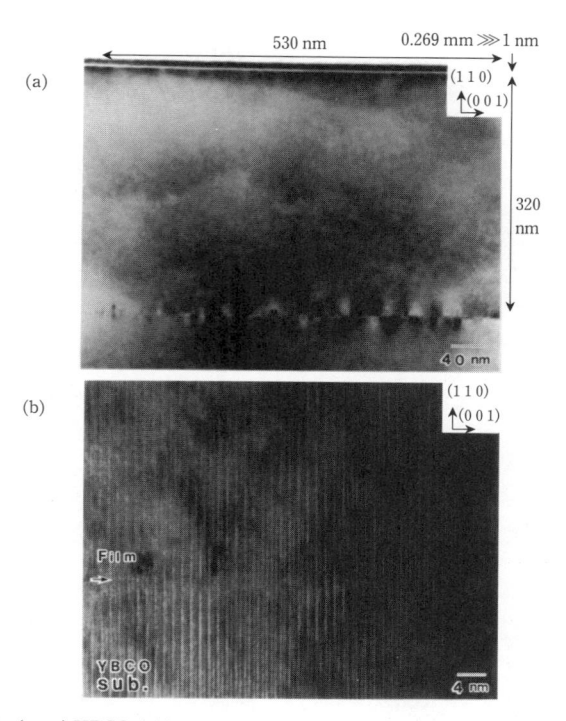

図 2.2.67 (110) YBCO 単結晶基板上 320 nm (110) YBCO 薄膜の断面 TEM 観察

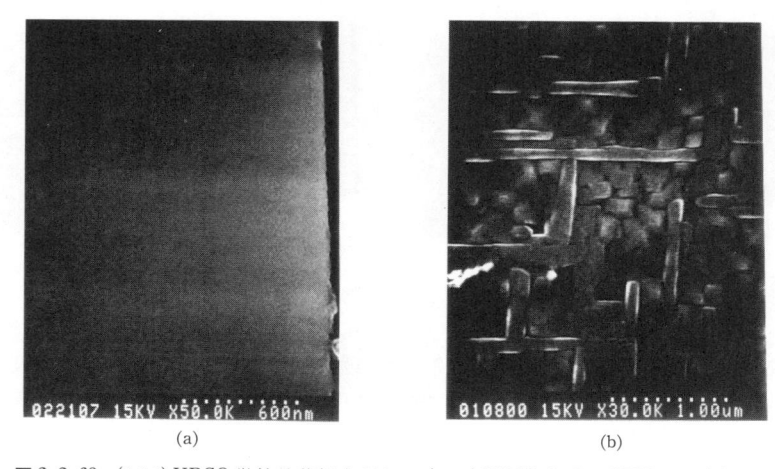

図 2.2.68 (110) YBCO 単結晶基板上 320 nm (110) YBCO 薄膜の SEM 観察 (a) と同条件で成長させた (100) MgO 基板上 c 軸配向 YBCO 薄膜の SEM 観察 (b)

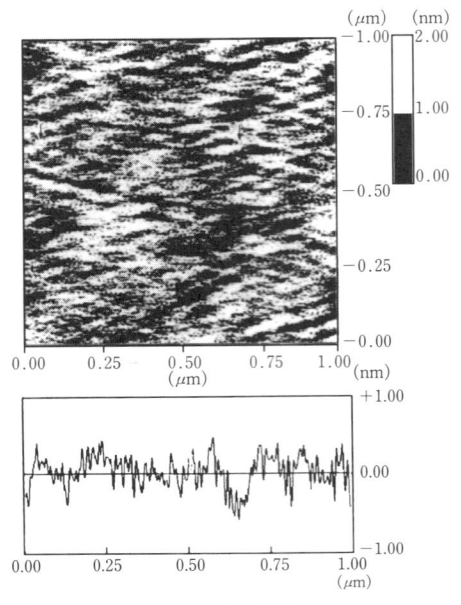

図 2.2.69　(110) YBCO 単結晶基板上 320 nm (110) YBCO 薄膜の AFM 像

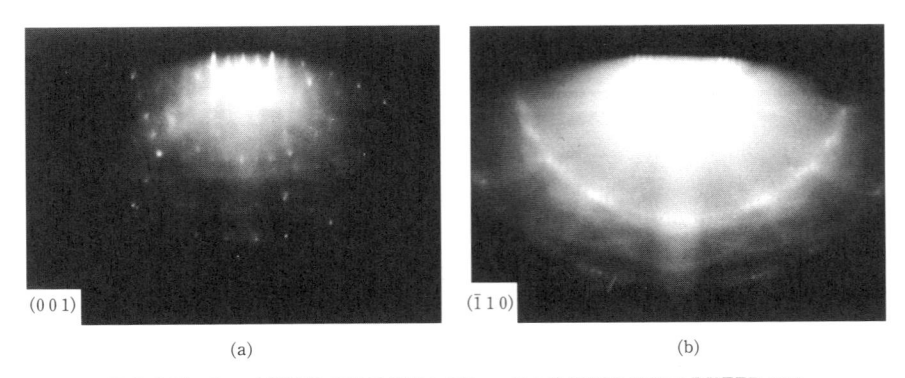

図 2.2.70　(110) YBCO 単結晶基板上 320 nm (110) YBCO 薄膜の RHEED 図形

ら (110) 配向し，断面 TEM 写真から c 軸が完全に面内配向しているのがわかる．さらに，AFM 観察から 1 μm×1 μm 領域での凹凸 1 nm 以下であり，TEM 観察から 1 μm 領域で原子レベルで平坦であり，これは RHEED 観察の結果とも一致する．(110) YBCO ホモエピ薄膜の T_c は 91〜92 K が再現性よく実現できる．

このように YBCO のホモエピ技術は従来の YBCO 膜では実現できない平坦な表面

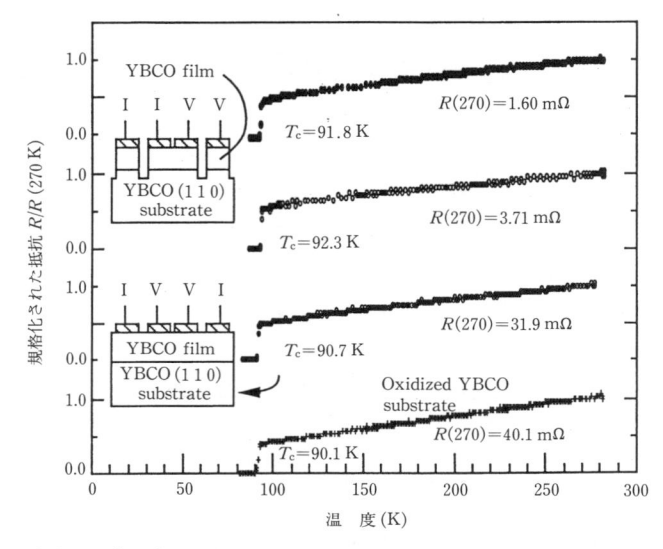

図 2.2.71 （１１０）YBCO 単結晶基板上 320 nm（１１０）YBCO 薄膜の電気抵抗

を特別な基板処理技術なしで簡単に実現できる．問題は，薄膜成長後の酸素導入プロセスで 100〜200 μm 間隔で c 軸垂直方向にクラックが発生することである．このクラックは YBCO 単結晶基板が酸素欠損の多い正方結晶であることに由来している．将来の改善が期待される．デバイスをホモエピ技術でつくる場合，YBCO 層上に形成する N（正常相）層や I（絶縁相）層が従来のヘテロエピと比べて異なる特性になるのか，興味はつきないところである．

4) 酸化物超格子実現に向けて

最後に，薄膜技術の夢として，酸化物超格子実現に向けての技術を展望しよう．

3.8.3 項のデバイス応用でも議論するが，現時点では，高温超伝導体に固有なデバイスの提案は少ない．しかしながら，GaAs 半導体デバイスの歴史が示すように，半導体超格子の提案と MBE 技術の発展が新世代の半導体デバイスを産み，1980 年代に花開いたことは記憶に新しい．酸化物超伝導体においても，人工的な超格子構造とその実現技術がバルク材料や単純なヘテロ接合薄膜では実現できない新しい超伝導デバイスを産む可能性がある．YBCO 系酸化物がそれ自身，自然の超格子構造になっていることは TEM 写真（図 2.2.9）からも疑いない．しかしながら，単純なヘテロ接合薄膜を越えて，半導体並の人工超格子構造を実現するには，越えるべきハードルは高い．その第一は薄膜成長でのブレークスルーである．一般に，結晶成長のモードには，図 2.2.72 に示す三つの型とその組合せがあることが知られている[74]．

layer-by-layer の薄膜成長のモニターとして RHEED 観察は GaAs MBE などで

(a) Frank-van der Merve

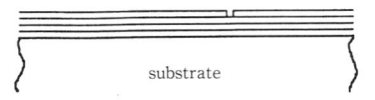

substrate

(b) Stranski-Krastanov

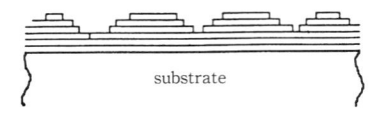

substrate

(c) Volmer-Weber

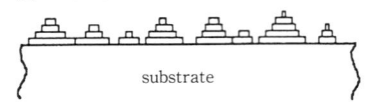

substrate

図 2.2.72　結晶成長モードの分類

大きな成功を収めてきた．c 軸配向 YBCO 系極薄膜では，RHEED 振動を観測した例[79]が報告されているが，デバイス応用を念頭にした膜厚(たとえば，200 nm)では成功していない．つまり，薄膜成長の初期段階では 2 次元成長であるが，厚くなるに従い表面の凹凸が激しくなる(図 2.2.72 (b))．一方，a 軸配向 YBCO 薄膜や(110) YBCO ホモエピ膜では，前項で紹介したようにかなり平坦な薄膜が実現され始めているが，結晶成長のモードについては十分な理解が得られているわけではない．

　酸化物超格子実現に向けてまず目指すべきは，デバイスを作成できる寸法(膜厚と面積)で半導体超格子並の界面での組成の急峻性と平坦性を目標にすべきであろう．そのためには，既存の成膜技術でのデータの積み上げが急務である．そしてその知識をもとにした 2 次元成長を可能にする薄膜成長装置の新たな開発が必要になるかもしれない．さらには夢のある魅力的なデバイスの提案が不可欠である．両者は鶏と卵の関係にあることが多く，今後の発展を期待したい．

おわりに

　本節の内容は，筆者の趣味や理解不足のために，偏った記述になったり，間違った記述になったりしたかもしれない．高温超伝導体(材料)の研究は発展途上であり，さまざまな立場があるということでご容赦願いたい．また広く超伝導材料といえば金属系超伝導材料を指すと思われる．しかし，この分野は，線材，SQUID などですでに実用化されていたり，薄膜エレクトロニクスへの応用が 1980 年代を中心に研究され成熟分野になっていると思われるので，本節からは完全に割愛させていただいた．

本書の 3.8 節超伝導デバイスを参照していただきたい．高温超伝導のデバイスおよび線材技術については 3.8.3 項を参照されたい．

　最後に，高温超伝導体の主として物理および材料物性関係の研究成果をまとめた成書[97]をあげておく．高温超伝導体の全貌を手っ取り早く知りたい読者には良書である．高温超伝導を数ある酸化物の代表的物性の一つであると考える立場からは，文献[98]がよい参考書となる．過去10年の研究現状報告として文献[99]が参考になる．なお文献引用については，本書の性格と初学者への配慮から豊富なデータをもつ文献や総合報告に頼った部分もあり，オリジナル論文はその中に求めていただく場合もあった．

[宇佐川利幸]

引 用 文 献

1) J. G. Bednorz and K. A. Muller : *Z. Phys.*, **B64** (1986) 189.
2) H. Takagi *et al*. : *Jpn. J. Appl. Phys.*, **26** (1987) L123.
3) M. K. Wu *et al*. : *Phys. Rev. Lett.*, **58** (1987) 908.
4) H. Maeda *et al*. : *Jpn. J. Appl. Phys.*, **27** (1988) L209.
5) Z. Z. Sheng and A. M. Hermann : *Nature*, **332** (1988) 138.
6) A. Schilling *et al*. : *Nature*, **363** (1993) 56.
7) K. Isawa *et al*. : *Physica*, **C222** (1994) 33.
8) 文部省重点領域シンポジウム，高温超伝導の科学；中嶋貞雄：超伝導，岩波新書，1988．
9) J. D. Jorgensen *et al*. : *Phys. Rev.*, **B41** (1990) 1863.
10) R. J. Cava *et al*. : *Phys. Rev. Lett.*, **58** (1987) 1676.
11) T. Siegrist *et al*. : *Phys. Rev.*, **B35** (1987) 7137.
12) F. Izumi *et al*. : *Jpn. J. Appl. Phys.*, **26** (1987) L649.
13) R. J. Cava *et al*. : *Physica*, **C165** (1990) 419.
14) R. J. Cava *et al*. : *Physica*, **C156** (1988) 523 ; J. M. Tranquada *et al*. : *Phys. Rev.*, **B38** (1988) 2477.
15) C. T. Chen *et al*. : *Phys. Rev. Lett.*, **66** (1991) 104 ; J. Fink *et al*. : *IBM. J. Res. Develop.*, **33** (1989) 372.
16) F. C. Zhang and T. M. Rice : *Phys. Rev.*, **B37** (1988) 3759.
17) S. Uchida *et al*. : *Phys. Rev.*, **B43** (1991) 7942 ; H. Romberg *et al*. : *Phys. Rev.*, **B42** (1990) 8768.
18) R. Dingle *et al*. : *Appl. Phys. Lett.*, **33** (1978) 665.
19) Y. Ishimaru *et al*. : *Phys. Rev.*, **B55** (1997) 11851.
20) F. J. Himpsel *et al*. : *Phys. Rev.*, **B38** (1988) 11946.
21) Y. Ando *et al*. : *Phys. Rev. Lett.*, **75** (1995) 4662.
22) W. E. Pickett *et al*. : *Phys. Rev.*, **B42** (1990) 8764.
23) J. C. Campuzano *et al*. : *Phys. Rev. Lett.*, **64** (1990) 2308.
24) C. M. Fowler *et al*. : *Phys. Rev. Lett.*, **68** (1992) 534.
25) B. Friedl *et al*. : *Solid State Commun.*, **81** (1992) 989.
26) K. Takenaka *et al*. : *Phys. Rev.*, **B50** (1994) 6534.
27) T. Ito *et al*. : *Phys. Rev. Lett.*, **708** (1993) 3995.
28) T. R. Chien *et al*. : *Phys. Rev. Lett.*, **67** (1991) 2088.
29) Y. Iye *et al*. : *Jpn. J. Appl. Phys.*, **26** (1987) L1057.
30) 松下照男：磁束ピンニングと電磁現象，産業図書，1994．
31) A. T. Fiory *et al*. : *Phys. Rev. Lett.*, **61** (1988) 1419.

32) J. Schutzmann *et al.* : *Phys. Rev. Lett.*, **73** (1994) 174.
33) M. S. Nuss *et al.* : *Phys. Rev. Lett.*, **66** (1991) 3305.
34) 田島節子：固体物理, **31** (1996) 152.
35) M. Sato *et al.* : *Phys. Rev. Lett.*, **61** (1988) 1317.
36) J. Rossart-Mignod *et al.* : *Physica*, **C185–189** (1991) 86.
37) G. Shirane *et al.* : *Phys. Rev.*, **B41** (1990) 6547.
38) M. B. Salamon *et al.* : *Phys. Rev.*, **B38** (1988) 885.
39) M. Tinkam : Introduction to Superconductivity, McGraw-Hill, 1975 ; C. P. Slichter : Principles of Magnetic Resonance (Springer-Verlag), 1978.
40) Y. Kitaoka *et al.* : *Physica*, **C185–189** (1991) 98.
41) A. J. Leggett : *Rev. Mod. Phys.*, **47** (1975) 331.
42) T. Imai *et al.* : *J. Phys. Soc. Jpn.*, **57** (1988) 1771.
43) M. Takigawa *et al.* : *Phys. Rev.*, **B43** (1991) 247.
44) D. J. Van Harlingen : *Rev. Mod. Phys.*, **67** (1995) 515.
45) R. A. Klemm : *Phys. Rev. Lett.*, **73** (1994) 1871 ; O. B. Hyun *et al.*, *Phys. Rev.*, **B40** (1989) 175.
46) P. C. Hohenberg : *Phys. Rev.*, **158** (1967) 383.
47) たとえば, H. Fukuyama : Proc. LT21, *Czechoslovak. J. Phys.*, **46** (Suppl.) (1996) 3146 ; 福山秀敏：応用物理, **61**-5 (1992) 472.
48) たとえば, 守谷 亨, 上田和夫：日本物理学会誌, **52**-6 (1997) 422.
49) P. W. Anderson : *Science*, **235** (1987) 1196.
50) T. Tanamoto *et al.* : *J. Phys. Soc. Jpn.*, **63** (1994) 2739.
51) M. Kato *et al.* : *Jpn. J. Appl. Phys.*, **36** (1997) L1291.
52) H. Hojaji *et al.* : *J. Mater. Res.*, **4** (1989) 28.
53) K. Kishio *et al.* : *Jpn. J. Appl. Phys.*, **26** (1987) L1228.
54) G. Burns *et al.* : *Solid State Communications*, **77** (1991) 367.
55) J. D. Jorgensen *et al.* : *Phys. Rev.*, **B36** (1987) 3608.
56) たとえば, 村上雅人他：応用物理, **64**-4 (1995) 368.
57) S. Gotoh *et al.* : *Jpn. J. Appl. Phys.*, **29** (1990) L1083.
58) M. Murakami (ed.) : Melt Processed High-Tc Superconductors, World Scientific, 1992.
59) M. Park *et al.* : *Physica*, **C259** (1996) 43.
60) K. Takita *et al.* : *Jpn. J. Appl. Phys.*, **27** (1988) L57.
61) S. I. Yoo *et al.* : *Appl. Phys. Lett.*, **65** (1994) 633 ; M. Murakami : *Progress in Materials Science*, **38** (1994) 311.
62) R. Fehrenbacher and T. M. Rice : *Phys. Rev. Lett.*, **70** (1993) 3471.
63) Z. Zou *et al.* : *Jpn. J. Appl. Phys.*, **36** (1997) L18.
64) T. Usagawa *et al.* : *Jpn. J. Appl. Phys.*, **36** (1997) L1583.
65) K. Kinoshita *et al.* : *Jpn. J. Appl. Phys.*, **27** (1988) L1642.
66) M. Tagami：東京大学博士論文, 1998 ; M. Tagami and Y. Shiohara : *J. Crystal Growth*, **171** (1997) 409.
67) D. M. Ginsberg (ed.) : Physical Properties of High Temperature Superconductors I (World Scientific), 1988, Fig. 28, p. 312.
68) Y. Hidaka *et al.* : *Jpn. J. Appl. Phys.*, **26** (1987) L726.
69) K. Kuroda *et al.* : *J. Crystal Growth*, **173** (1997) 73.
70) Y. Yamada and Y. Shiohara : *Physica*, **C217** (1993) 182.
71) Y. Namikawa *et al.* : *J. Mater. Res.*, **11** (1996) 804.
72) 総合報告, 単結晶評価, 超伝導工学研究所特別成果報告書, 1997.
73) M. F. Limonov *et al.* : *Phys. Rev. Lett.*, **80** (1998) 825.
74) 宮澤信太郎, 向田昌志：応用物理, **64**-11 (1995) 1097.

75) N. Terada et al. : Jpn. J. Appl. Phys., **27** (1988) L639.
76) O. Michikami and M. Asahi : Jpn. J. Appl. Phys., **30** (1991) 939.
77) J. R. Gavaler et al. : J. Appl. Phys., **70** (1991) 4383.
78) K. Kawasaki et al. : Jpn. J. Appl. Phys., **32** (1993) 1612.
79) T. Terashima et al. : Phys. Rev. Lett., **65** (1990) 2684.
80) H. Kinder et al. : Physica, **C282-287** (1997) 107.
81) H. J. Scheel et al. : J. Crystal Growth, **115** (1991) 19.
82) 向田昌志：固体物理, **32**-8 (1997) 51.
83) S. Miura et al. : ISEC'97, Proceeding J16, June 25-28, 1997, Berlin.
84) M. Kawasaki et al. : Jpn. J. Appl. Phys., **32** (1993) 1612.
85) 市川唱和：材料と環境, **43** (1994) 35.
86) S. E. Russek et al. : Appl. Phys. Lett., **64** (1994) 3649.
87) T. Usagawa et al. : Physica, **C282-287** (1997) 597.
88) J. G. Wen et al. : Physica, **C266** (1996) 320.
89) C. B. Eom et al. : Science, **249** (1990) 1549.
90) R. Tsuchiya et al. : Appl. Phys. Lett., **71** (1997) 1570.
91) H. Koinuma et al. : Physica, **C235-240** (1994) 731.
92) M. Mukaida and S. Miyazawa : Appl. Phys. Lett., **63** (1993) 999.
93) E. Olsson et al. : Appl. Phys. Lett., **58** (1991) 1682.
94) H. Sato et al. : Appl. Phys. Lett., **64** (1994) 1286.
95) H. Zama et al. : Jpn. J. Appl. Phys., **35** (1996) L421.
96) T. Usagawa et al. : Jpn. J. Appl. Phys., **36** (1997) L100.
97) 内野倉国光他：高温超伝導の物性, 培風館, 1995.
98) 津田惟雄他：電気伝導性酸化物(改訂版), 裳華房, 1993.
99) 高温超伝導研究10年, 日本応用磁気学会第101回研究会資料, 1997.

2.3 磁性材料—量子工学の観点から—

は じ め に

　磁性体の材料開発が,量子力学に基づく電子エネルギー構造やエネルギー準位間の遷移という観点にたった研究がされるようになったのは,磁気光学材料の開発が盛んとなった1980年代に至って初めてであるといえよう.しかし,磁気光学材料においても1990年代になるまで量子工学という立場にたった研究はほとんどなかった.

　なぜ磁性体においては,半導体で行われたような量子工学という立場からの研究がなされてこなかったのだろうか.それは,半導体では伝導電子系の広がりが数十nmもあるため,比較的容易に,同程度のサイズの微細構造を人工的につくることが可能であったのに対し,磁性体では磁性を担っている電子(3d電子,4f電子)の広がりはせいぜい数nm程度にすぎず,量子効果が発現するようなサイズの構造を人工的に精度よく製作することが技術的に困難であったからである.磁性体において,量子現象が人工的に発現されるには,半導体に遅れること数年以上の技術的進展が必要であった.

　1990年代になってようやく,磁性超薄膜,磁性体と非磁性体の人工格子,グラニュラー,磁性ドットなどの微細構造作製技術が進展し,非磁性の微小領域に量子的に閉じ込められた伝導電子が磁性層間の相互作用を制御するという事実が発見され,さらに,人工格子やグラニュラー膜で巨大磁気抵抗効果(GMR)が発見されるに至って,ようやく磁性にも「量子工学」が重要な位置づけをもつようになったのである.

　磁気記録の主流であるハードディスクにおいては,再生用磁気ヘッドとして従来の誘導型のものに代えて磁気抵抗型のものが登場したことによって,高密度化が進んだ.ここには1.7節で紹介した異方性磁気抵抗効果(AMR)が使われている.最近ではスピンバルブヘッドやGMRヘッドなど,さきに述べたGMRを用いたものが実用化されている.とくに層間に交換結合がある多層膜系において,非磁性層の厚みを変化すると,層間の交換結合の強さが振動的に変化することが見出され,量子サイズ効果として研究が進められている.また,トンネル型の接合もMRAMなど革新的デバイスとして検討されている(このことについての詳細は3.7節「磁性デバイス」を参照).

　一方,1988年に市場に登場した光磁気(MO)ディスクは,記録された磁化の検出

手段として磁気光学効果を利用する．この効果は1.7節に述べたように，電子状態間の光学遷移の選択則に磁性が関与することによって生じる現象なので，本質的に量子現象である．MOディスクは，パーソナルコンピューターの急激な性能向上に伴って生じた膨大な情報蓄積のニーズから高密度化が進み，発売当初は5インチ両面で650 MBであったものが，1996年には3.5インチ片面で640 MBのものが市販され，さらに5インチ片面6 GBの実用化が進められている．また，1992年にはオーディオ用としてMO技術を利用したミニディスク(MD)が登場し，カセットテープに取って代わろうという勢いで伸びている．発売当初のMOディスクでは，「直接重ね書き(direct overwrite, DOW)」ができなかった．このため，記録の前に消去サイクルを必要とし，これが転送速度を下げる原因となっていたが，現在では，交換結合多層膜を用いた光強度変調型直接重ね書き(light intensity modulation direct overwrite, LIMDOW)が実用化されている．さらに交換結合多層膜を用いた「磁気誘起超解像(MSR)」の研究がなされ，波長を越える微小ビットの読出しが実現した．このように現在では本質的に量子現象である交換相互作用さえも人工的に制御する技術が，実用レベルで応用される状況になってきた．ナノメーターオーダーの層厚をもつ磁性多層膜や人工規則格子においては，量子閉じ込めによる磁気光学効果が見出され，次世代磁気光学材料への展開を開くものとして期待を集めている．

上述したように，磁性材料は最近になってようやく量子工学を指導原理として開発が進められるようになってきた．2.3.1項では巨大磁気抵抗効果GMRの現象と原理について，2.3.2項ではトンネル磁気抵抗効果について量子効果の観点から概略を紹介する．2.3.3項では磁気光学効果の応用としての光磁気記録材料について述べ，さらに2.3.4項では次世代磁気光学材料としての観点に立って量子サイズ磁気光学効果を概説する．磁気光学効果のもう一つの応用である光アイソレーター，磁界センサー材料については2.3.5項に簡単にふれる．2.3.6項では次世代の磁気光学技術として急速に注目を集めている非線形磁気光学効果について，とくに量子サイズ効果の観測手段として用いた実例を紹介しながら解説する．最後に，量子材料として今後の展開が期待できるその他の現象や物質系を紹介する．

2.3.1 巨大磁気抵抗効果 (GMR)[1,2]

a. 巨大磁気抵抗効果研究の経緯と特性

1988年にFertらのグループは，Fe/Crなど磁性金属/非磁性金属の人工格子において，大きな磁気抵抗比をもつ磁気抵抗効果を発見した．図2.3.1は，Baibichらが報告する磁化と磁気抵抗効果の対応を示している[3]．Crの層厚を変化することによって磁気飽和の様子が変化するが，磁気飽和しにくい試料において低温で50%に及ぶ大きな磁気抵抗比 $R_{(H)}/R_{(H=0)}$ が見られている．室温でもこの比は16%に及び，巨大

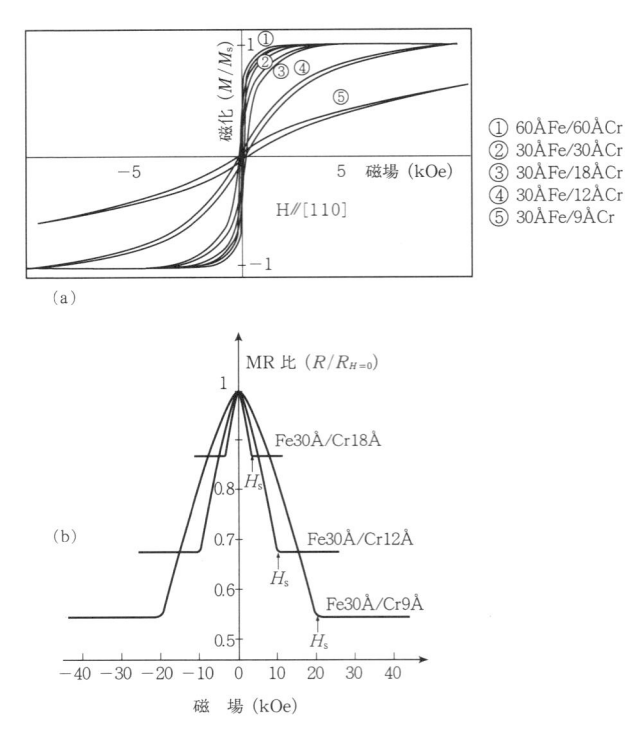

図 2.3.1 Fe/Cr 人工格子における (a) 磁化曲線と，(b) 電気抵抗の磁界依存性[3]

磁気抵抗効果 (GMR, giant magneto-resistance) と名付けられた．この後，同様の GMR は，Co/Cu のほか多くの磁性/非磁性金属人工格子，グラニュラー薄膜などで発見された．

GMR が 1.7 節で述べた異方性磁気抵抗効果 (AMR) と異なる点は，① 磁気抵抗比が桁違いに大きい，② 抵抗測定の際の電流と磁界の相対角度に依存しない，③ 抵抗はつねに磁界とともに減少する，という 3 点である．このような点はスピン軌道相互作用では説明できない．

Grünberg らは，GMR が発見される以前から Fe/Cr/Fe の 3 層膜の研究を行い，1986 年に Cr を介して二つの Fe 層間に反強磁性結合が存在することを見出していたが，その際，磁化が平行と反平行では電気抵抗に差があることも報告している[4]．すなわち，層間に反強磁性的結合がある場合に，飽和磁界が大きくなるとともに磁気抵抗効果が大きくなることを指摘していた．

1991 年になって Parkin らは，図 2.3.2 に示すように Fe/Cr における層間相互作用の大きさが Cr 層の厚みに対し振動的に変化することを見出した[5]．同様の振動は

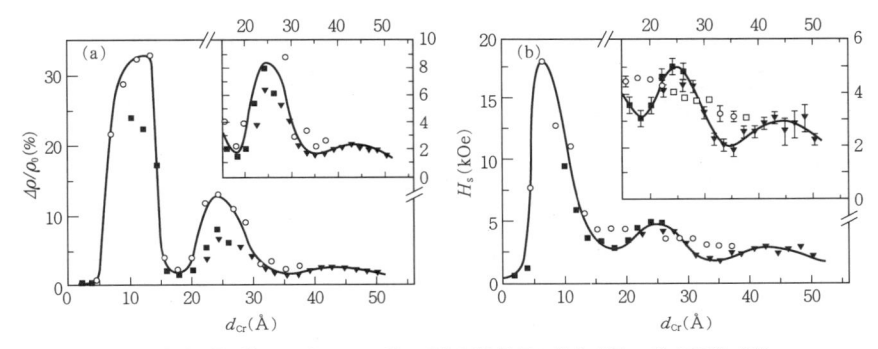

図 2.3.2 Fe/Cr 人工格子における磁気抵抗効果と飽和磁界の Cr 層厚依存性

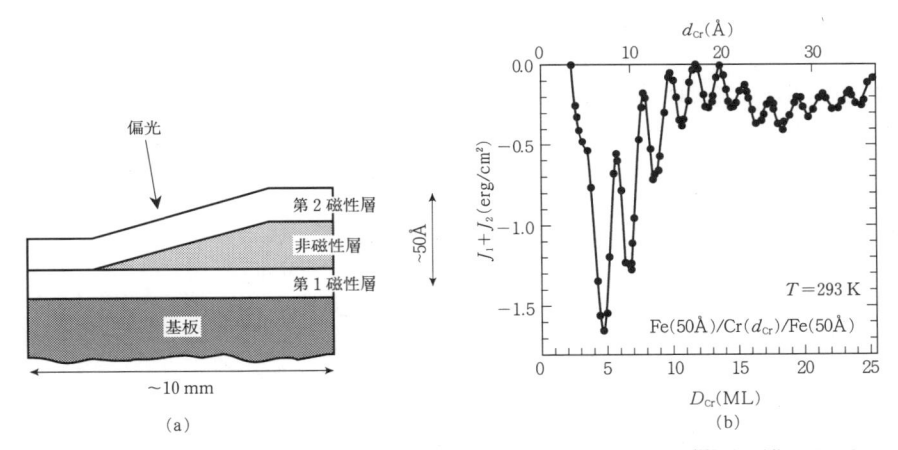

図 2.3.3 (a) Fe/Cr/Fe くさび形サンドイッチ構造と，(b) この構造における層間相互作用 J_1+J_2 の Cr 層厚依存性

Co/Cu 人工格子など磁性/非磁性金属人工格子に一般に見られている．Grünberg らは図 2.3.3 のようなくさび形の厚さをもつ Cr を非磁性スペーサーとする Fe/Cr/Fe サンドイッチ膜をつくり，磁気光学効果を用いて層間交換相互作用の大きさの Cr 層厚依存性を精密に測定した．この結果層間相互作用の振動には約 1.8 nm の長周期振動と周期約 0.3 nm の短周期振動が重なっていることがわかった．

b. GMR の起源

図 2.3.4 に示されるような磁性/非磁性金属人工格子における GMR の起源を説明する方法として，1.7 節に紹介した 2 流体電流モデルを考える．このモデルでは，↑スピン電子と↓スピン電子とで，散乱確率が異なるというスピン依存散乱を考えて

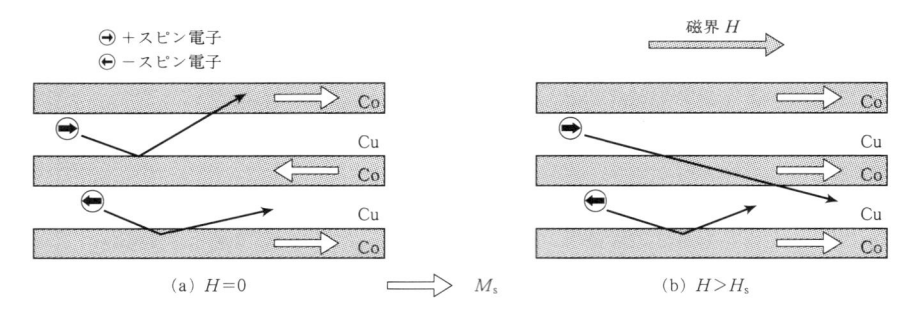

図 2.3.4 2流体モデルによる磁性/非磁性人工格子のGMRの説明[2]
(a) $H=0$ のとき，となり合うCo層のスピンは反平行で，スピン散乱が強い．(b) $H>H_s$（飽和磁界）のとき，となり合うCo層のスピンは平行になるため，スピン散乱が減少する．

いる[7]．強磁性的に結合した系または図2.3.4(b)のように反強磁性結合系に飽和磁界 H_s を加えた系ではすべての層の磁気モーメントが平行なので，↑スピン電子（多数バンドの電子）の散乱は弱い．↑スピン電子は系の中をスピンフリップを伴うことなく通過できる．一方，磁化と反平行なスピンをもつ電子は強い散乱を受け，平均自由行程は短く抵抗も高い．しかし，散乱の弱い↑電子の電流経路と並列結合になっているので，全体としては低抵抗である．これに対して，図2.3.4(a)のように層間が反強磁性に結合した系では，↑電子の経路も↓電子の経路も，弱い散乱と強い散乱を交互に受けるので，全体の抵抗は高くなる．もし，強い散乱によって平均自由行程が層厚より小さくなればGMRは生じない．

一つの磁性層から非磁性層で隔てられた向かい側の磁性層に電子が移るときスピンが保存されているとすると，そのときの電子の散乱の大きさは相手の層のスピンが平行なときと反平行なときとで異なる．これに対応して，平行のときの抵抗率を $\rho_{\uparrow\uparrow}$，反平行のときのそれを $\rho_{\uparrow\downarrow}$ とすると，$\rho_{\uparrow\uparrow}\neq\rho_{\uparrow\downarrow}$ となる．弱磁界 ($H\ll H_s$) での反平行（反強磁性結合）状態の全体の抵抗率を ρ_{AP}，飽和磁界以上 ($H>H_s$) での平行（強磁性結合）状態のそれを ρ_P，とすると，

$$\rho_P=\frac{1}{4}(\rho_{\uparrow\uparrow}+\rho_{\uparrow\downarrow}), \quad \rho_{AP}=\frac{\rho_{\uparrow\uparrow}\rho_{\uparrow\downarrow}}{\rho_{\uparrow\uparrow}+\rho_{\uparrow\downarrow}}$$

と表されるので，磁気抵抗比は，

$$\frac{\Delta\rho}{\rho}=\frac{\rho_P-\rho_{AP}}{\rho_P}=-\frac{(\rho_{\uparrow\uparrow}-\rho_{\uparrow\downarrow})^2}{(\rho_{\uparrow\uparrow}+\rho_{\uparrow\downarrow})^2}<0 \qquad (2.3.1)$$

となり，負の磁気抵抗効果が現れる．

図2.3.5は，このことをバンド図で説明したものである[6]．F_1, F_2 が磁性膜，Mが非磁性膜である．強磁性状態では，多数スピンバンドと少数スピンバンドは交換分裂しており，フェルミ準位は少数スピン帯の中に存在する．移動に当たってスピンが保

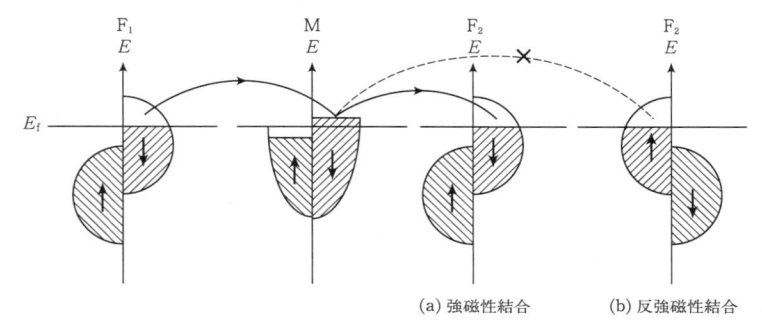

2.3 磁性材料—量子工学の観点から—

図 2.3.5 GMR の起源[6)]
強磁性 (F_1)/非磁性 (M)/強磁性 (F_2) 構造のバンド構造とスピン依存散乱. F_1 と F_2 の磁化が (a) 強磁性結合している場合と, (b) 反強磁性結合している場合.

存されるものとする. F_1 の少数スピン (↓) 電子が非磁性金属 M の少数スピン帯に移動し, 非磁性金属はスピン偏極を受ける. この↓電子が F_2 に移るとき, もし, (a) のようにその磁化が F_1 と平行であれば, ↓電子は散乱を受けないで, F_2 の少数スピンバンドの空席にとび移れるが, (b) のように反平行であれば, ↓電子のバンドが多数スピンバンドとなるため空席がなく, とび移ることができない.

上記モデルは, スピン拡散長が十分長いこと, スピン依存散乱の非対称性 ($\rho_{\uparrow\uparrow} \neq \rho_{\uparrow\downarrow}$) が前提となっている. これについては, いずれも理論的に裏付けがあり, 実験的にも確認されている. また, スピン依存散乱の原因についても, さまざまな理論がたてられ, 実験との対応づけも検討されている.

c. 振動的層間磁気結合の起源

層間結合の振動構造の機構については大きく見て二つの考え方がある. 一つは RKKY 相互作用に起源を求めるもの, もう一つは量子井戸に基づくモデルである. RKKY 相互作用というのは, 1.7.1 項に紹介したように, 伝導電子のスピン偏極を通じて局在スピン間に働く間接交換相互作用である. この相互作用は距離とともに正負に振動するが, この振動のことはフリーデル振動と呼ばれている. 振動周期は, Bruno ら[7)]によれば非磁性金属のフェルミ面における停留ベクトル (フェルミ面上の 2 点間距離が極値をとるような 2 点を結ぶ波数ベクトル) から決められる. この停留波数ベクトルを Q_s とすると, 振動周期 Λ は $\Lambda = 2\pi/Q_s$ で与えられる. 実際, 図 2.3.6 に示される Cu のフェルミ面における二つの停留ベクトルは, 実験で見られた二つの振動周期を説明している.

もう一つのモデルは, 非磁性金属の伝導電子が磁性金属との界面で反射され干渉することによって, 定在波をつくって閉じ込められるとする量子井戸状態を考えるものである. 金属薄膜内に電子波が閉じ込められる現象は以前から知られていたが,

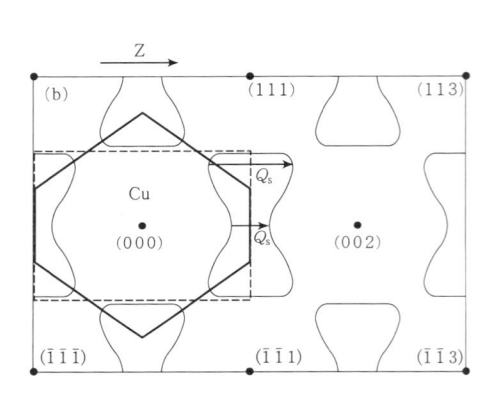

図 2.3.6 Cu のフェルミ面と,二つの RKKY 振動周期に対応する二つの停留ベクトル Q_s

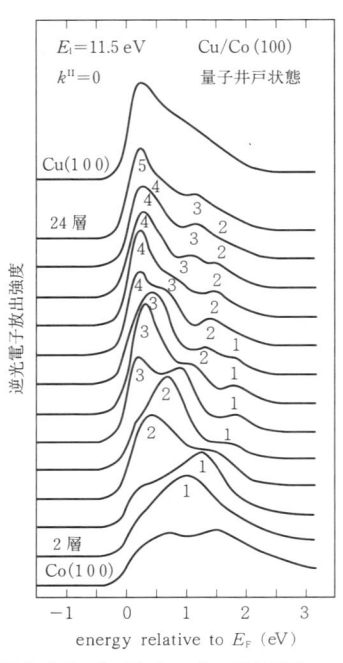

図 2.3.7 Cu/Co(110) の逆光電子スペクトルの Cu 層厚依存性[8]

Himpsel のグループは Co(100) 上に成膜した Cu 超薄膜に閉じ込められた量子状態を逆光電子分光 (図 2.3.7) により見出し,フェルミ準位における状態密度が,GMR 同様の振動構造をもつことを明らかにした[8]. 量子閉じ込めはとびとびのエネルギー準位をつくり,そのエネルギーは磁性層間の距離によって変化するが,そのエネルギー準位の位置によって,磁化が磁性層間で平行,反平行のどちらがエネルギーが低いかが決まる.

このように,磁性層間結合の振動現象は,RKKY 振動,量子閉じ込めの両面から解釈されているが,おそらく,同じ物理現象を異なる断面から見ているものと考えられるので,今後の理論的考察を待ちたい.

2.3.2 スピン依存トンネル磁気抵抗効果[9]

図 2.3.8 に示すような非常に薄い絶縁層を強磁性金属ではさんだ構造の強磁性金属/絶縁体/強磁性金属接合が大きな磁気抵抗比を示すことは,1975 年に Julliere らの Fe/Ge/Fe における極低温の実験によって発見された[10]. 1982 年,前川らは理論

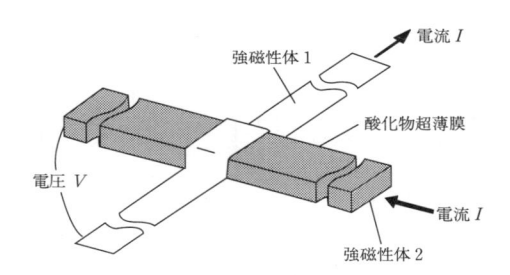

図 2.3.8 強磁性トンネル接合構造の模式図

的に強磁性トンネル接合のスピン依存電気輸送現象を論じた[11]．その後，末沢らは Ni/NiO/Co において室温で観測できることを示し[12]，その後さまざまなトンネル接合において同様の結果が報告された．しかしながら，磁性金属上に絶縁体の均一な超薄膜を作製することの困難から，実験の再現性は悪く，研究は進展しなかった．1995年，宮崎らは，よく制御された $Fe/Al_2O_3/Co$ 接合において 4.2 K で 30%，室温において 18% という大きな磁気抵抗比を見出し，これをきっかけにスピン依存トンネル接合がにわかに注目を集めることとなった．このようなトンネル接合による磁気抵抗効果を TMR と称する．さらに，均一な絶縁層を広い面積で作製することの困難さをさけるために，微細加工技術によって，接合面積を直径数 μm の小円とすることでより制御性を高める研究が進められており，磁気ヘッドや MRAM への導入も計画されている．

ここでは，TMR（トンネル接合の GMR）の起源について紹介しておこう．前川らによると，磁気抵抗比は人工格子の場合と同様

$$\frac{\rho_{AP}-\rho_P}{\rho_P}=\frac{2P_1P_3}{1-P_1P_3} \tag{2.3.2}$$

で与えられる．ここで P_1, P_3 はそれぞれ対抗する 1 および 3 の磁性層の分極率で，↑↓ スピン電子の占有数 $n_↑, n_↓$ を用いて

$$P=\frac{n_↑-n_↓}{n_↑+n_↓} \tag{2.3.3}$$

と表される．

Slonczevski は図 2.3.9 に示すように，半無限の電極 A, C が絶縁層 B をはさんだ 1 次元の方形ポテンシャルバリヤーモデルを用いて，トンネルコンダクタンス G の両磁性層の磁化がなす角 θ に対する依存性を計算した[13]．スピノール変換を考慮した量子力学的取扱いにより，トンネルコンダクタンスは，

$$G=G_0'(1+P_A'P_C'\cos\theta) \tag{2.3.4}$$

と表されることが導かれた．ここに，P_A', P_C' は両磁性層の有効スピン偏極で，

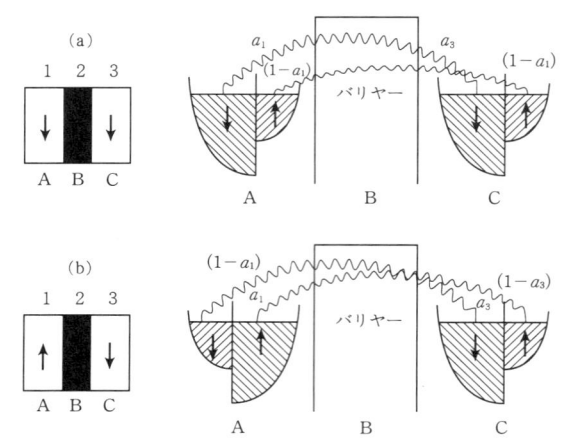

図 2.3.9 Slonczevski の接合モデル[13]
(a) 層1と層3の磁化が平行の場合と, (b) 反平行の場合のスピン依存状態密度と電子の移動を表す模式図.

$$P_A' = \frac{k_{A\uparrow} - k_{A\downarrow}}{k_{A\uparrow} + k_{A\downarrow}} a_A, \quad P_C' = \frac{k_{C\uparrow} - k_{C\downarrow}}{k_{C\uparrow} + k_{C\downarrow}} a_C \qquad (2.3.5)$$

によって定義される. $k_{A\uparrow}$, $k_{C\uparrow}$ は A, C 層の電子の波数, a は障壁の高さに依存する係数である. G_0' も電子の波数, 障壁の高さに依存する.

末沢らの実験結果(図2.3.10)は, 角度依存性が Slonczevski の式(2.3.4)でよく表されることを示した[12]. また, 宮崎らは多くの著者のトンネル接合のデータを整理し, トンネルコンダクタンスがほぼ式(2.3.4)に従うことを検証した[17]. さらに, G_0' が障壁中の電子波数に従って障壁の高さに依存することに着目し, I-V 曲線の fitting からポテンシャル障壁を求め, Al_2O_3 本来の障壁高さは金属をつけることによ

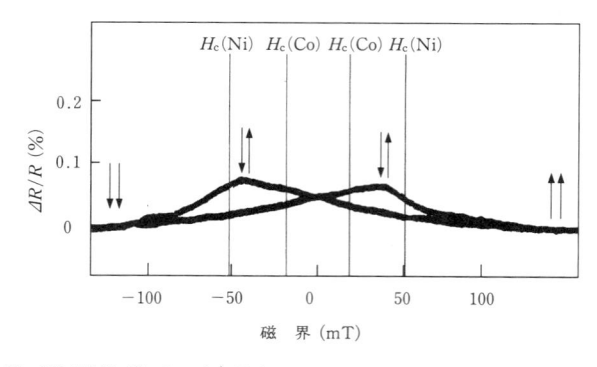

図 2.3.10 Ni/Al$_2$O$_3$/Co トンネル接合のトンネルコンダクタンスの磁界方向依存性[12]

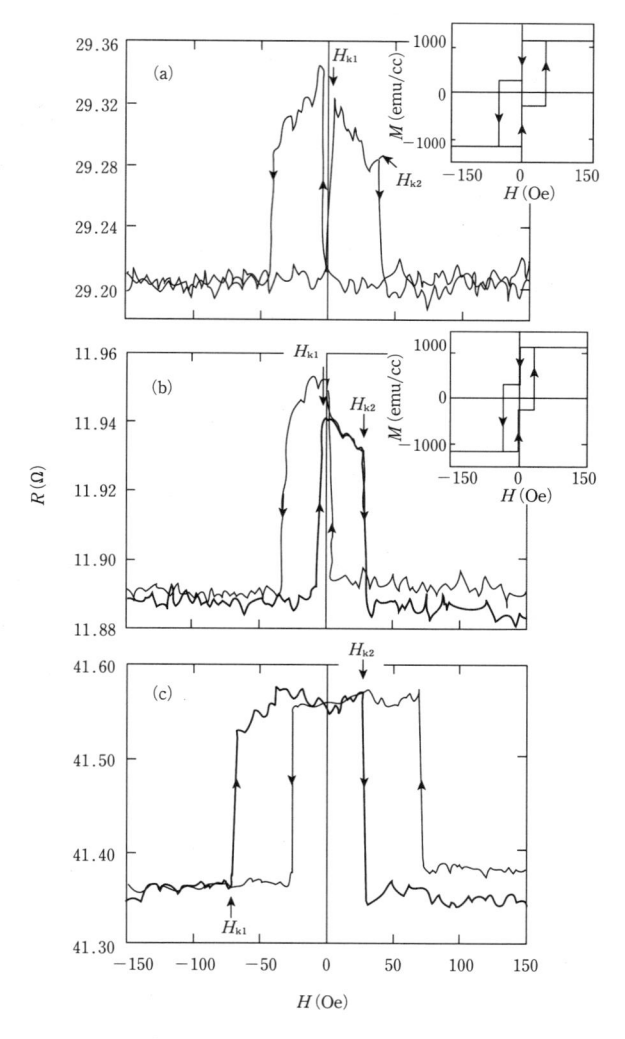

図 2.3.11 微小トンネル接合の磁気抵抗効果[9]

り大幅に減少することを見出している．

図 2.3.11 は微小領域の TMR を示している．(a), (b) は $35\mu m \times 35\mu m$ の接合の TMR で，試料のばらつきを示している．(a) は通常の磁気抵抗曲線であるが，(b) は負の層間相互作用が働いていることを示唆している．(c) は $4\mu m \times 4\mu m$ の接合に見られるもので，その H 依存性の振舞いについては理解が進んでいない．

2.3.3 光磁気記録材料[14]

a. 光磁気ディスクの構造

近年,光磁気(MO)ディスク,ミニディスク(MD)という形で光磁気記録が実用化し,市場に定着してきた.光磁気ディスクでは,情報の記録にはキュリー温度記録と呼ばれる熱磁気記録を用い,再生には磁気光学効果を用いている.キュリー温度記録では,強磁性体,フェリ磁性体にレーザー光を集光してキュリー温度(フェリ磁性体の場合はネール温度)以上に加熱して磁化を失わせる.このとき外部磁界があると,冷却の際に磁界の向きに磁気記録される.磁界を一定にして信号強度に応じて光を変調する記録方式(LIM方式)と,光強度は一定で磁界の方を変調する方式(MFM方式)の2種類がある.MOは前者,MDは後者の方式を採用している.光磁気ディスク媒体は,図2.3.12に示すように,溝をつけたプラスチック円盤に,誘電体保護膜/光磁気記録膜/誘電体保護膜/金属反射膜の順に4層膜を成膜し,さらに樹脂で封止した構造になっている.

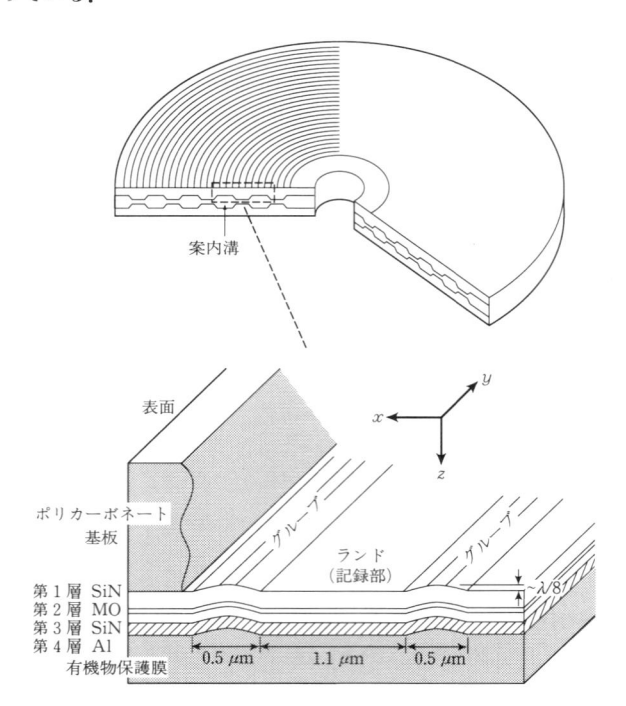

図 2.3.12 光磁気ディスク媒体の構造[14]

b. 光磁気記録媒体

光磁気材料に要求されるのは,

① キュリー温度 T_C が室温より 100～200 K 程度高温側にあって, 半導体レーザー光の集光によって容易に T_C 以上に加熱できること,
② 垂直磁気異方性をもつこと,
③ 室温では H_C が十分高く外部磁界によって容易に磁化反転が起こらないこと,
④ 磁気光学効果が比較的大きいこと,
⑤ 粒界がなく光の散乱に基づく雑音が小さいこと,
⑥ 広い面積にわたって特性が均一な膜を比較的安価につくれること,

などである.

これらの条件を満たす光磁気記録膜として TbFeCo 系のアモルファス希土類遷移金属合金が用いられる. TbFeCo 系のアモルファス希土類遷移金属合金においては, 遷移金属の磁気モーメントと, 希土類の平均の磁気モーメントとは逆向きで一種のフェリ磁性になっている. 遷移金属と希土類の磁気モーメントの温度変化は異なり補償温度を境に, 高温側では遷移金属のモーメントが主であり, 低温側では希土類のモーメントが主となっている. この膜は酸化しやすいので, 誘電体の保護層で覆うことによって信頼性と安定性を確保している. 図 2.3.13 に TbFe などいくつかの希土類遷移金属合金の磁気カー回転スペクトルを示す[15]. 磁気カー回転は最大 0.5° 程度と小さいので, 誘電体膜や金属反射膜と組み合わせた多層構造をつくることによってカー回転を強めて使っている. この場合, 光磁気膜で反射された光だけでなく, 光磁気膜を透過して金属膜で反射されて再び光磁気膜を透過して帰ってくる光も利用するので, 200 nm 程度の薄い薄膜が使われる. 最適化された 4 層構造においては, カー効果とファラデー効果の両方が寄与しているといってもよいが, むしろ, 誘電率の非対角成分の実数部と虚数部の両方が寄与していると解釈される.

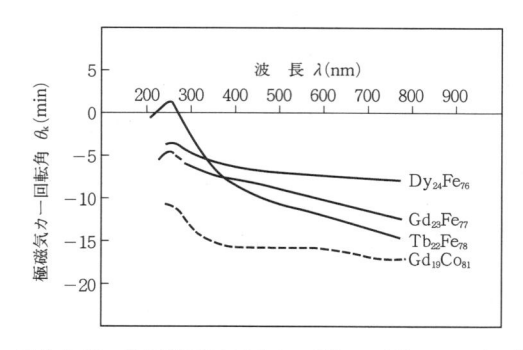

図 2.3.13 希土類遷移金属合金の磁気カー回転スペクトル[15]

c. 交換結合多層膜の光磁気ディスクへの応用[16]

希土類遷移金属合金系において，交換相互作用は希土類の磁気モーメントどうしを平行に，遷移金属の磁気モーメントどうしも平行にし，希土類の磁気モーメントと遷移金属のそれを反平行にするように働く．このため，一般に希土類遷移金属合金薄膜はフェリ磁性体である．これは，重希土類について成り立つことで，軽希土類では強磁性的に働くことが知られている．光磁気記録に使われる膜は主として重希土類を用いているので，以下，希土類という場合，重希土類を指すものと考えていただきたい．

組成や構成元素が異なる複数の磁性膜を積層して多層膜をつくるとき，その界面が十分に清浄であれば，各層を構成する原子どうしが電子を交換できるようになり，層間に交換相互作用が働くようになる．このような多層膜のことを「交換結合多層膜」と呼んでおり，交換結合を制御した材料という点で，広い意味の量子材料と見なすことができる．

組成や構成元素の異なる2種類のアモルファス希土類遷移金属合金層からなる交換結合膜を考えよう．各層は独立の磁性膜として，それぞれ独自の保磁力，飽和磁化をもつが，界面で隔てられた二つの層の希土類どうし，遷移金属どうしには互いに平行になろうとする交換力が働く．図 2.3.14 は，一例として，A-type（第1層に室温では遷移金属のモーメントが支配的であるような組成の層を，第2層に希土類のモーメントが支配的であるような層をおいた場合）と，P-type（第1層，第2層ともに遷移金属のモーメントが支配的な組成の膜）の2種類の2層膜における交換結合の様子を表している[17]．A-type（上段）において，磁界0の場合，左図(a)のように，全体の磁気モーメント間は反強磁性的な結合になるが，遷移金属どうし，希土類どうしは平行であるから界面磁壁はできない．十分強い磁界を印加した場合，右図(b)のように希土類どうし，遷移金属どうしは反平行になるため界面磁壁が生じる．一方，P-type（下段）において磁界0の場合，右図(c)のように各モーメント，全体のモーメン

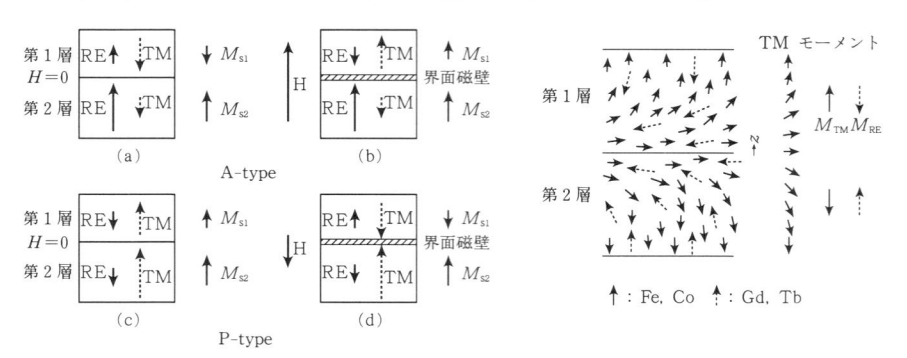

図 2.3.14　交換結合膜における界面磁壁[17]

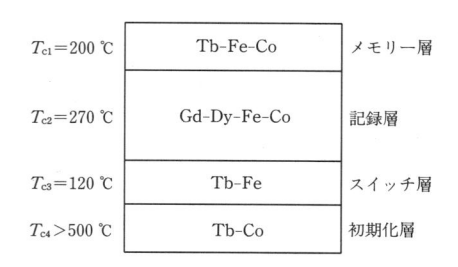

$T_{c1}=200$ ℃	Tb-Fe-Co	メモリー層
$T_{c2}=270$ ℃	Gd-Dy-Fe-Co	記録層
$T_{c3}=120$ ℃	Tb-Fe	スイッチ層
$T_{c4}>500$ ℃	Tb-Co	初期化層

図 2.3.15 交換結合4層膜を用いた LIMDOW(光変調型直接重ね書きディスク)の媒体構成[18]

トともに平行なので界面磁壁は生じない.もし,第2層の保磁力よりは大きいが,第1層の保磁力より小さな磁界を加えると,両層の各原子の磁気モーメントは反平行になるので,界面磁壁が生じる.このように交換結合膜ではいろいろな磁化状態の組合せをつくることができる.また,磁化を直接見るのと,カー効果のように特定の構成元素からの寄与を見るのとでは,ヒステリシスループの形状も異なってくる.

光磁気ディスクでは,さまざまな形で交換結合が用いられる.一つは,機能分散である.熱磁気記録と磁気光学読出しとを,それぞれの機能に適した膜に分担させ,両層を適当に結合させる方法である.たとえば,キュリー温度が高く室温での磁化が大きいためカー回転も大きい GdFeCo を読出し層として用い,保磁力が大きくキュリー温度が低いため記録感度が高い TbFeCo を記録層として用い,両者を交換結合すると,記録感度,再生信号ともに大きな光磁気媒体をつくることができる.もう一つは,熱磁気転写の利用である.これを利用しているのが,光変調型直接重ね書き(LIMDOW)技術と磁気誘起超解像(MSR)技術である.

まず,LIMDOW ディスクについて述べる[18].以前の光変調型光磁気ディスクは直接の重ね書き(オーバーライト)ができなかったが,このディスクでは図2.3.15に示すようなキュリー温度の異なる4層(① メモリー層/② 記録層/③ スイッチ層/④ 初期化層)からなる多層膜(あるいは5層以上の膜)を用い,光の強度を変調することにより重ね書きを行う.4層のキュリー温度は,$T_{c4}>T_{c2}>T_{c1}>T_{c3}>$RT の関係を満たす必要がある.

重ね書きのプロセスを図2.3.16に説明する[19].初期状態で各層の磁化は左端の図のようであったとする."0"を重ね書き記録するときは弱い光(強度 P_L)を照射し,"1"を重ね書き記録するときは強い光(強度 P_H)を照射する.光照射の後に続く冷却過程でどのようなプロセスが起こるかは,"0"については上段に,"1"については下段に示されている.

弱い光(P_L)では,最上層(メモリー層)と第3層(スイッチ層)が常磁性に転移する.このとき記録層は T_C 以下のままである.冷却していくとキュリー温度の高いメ

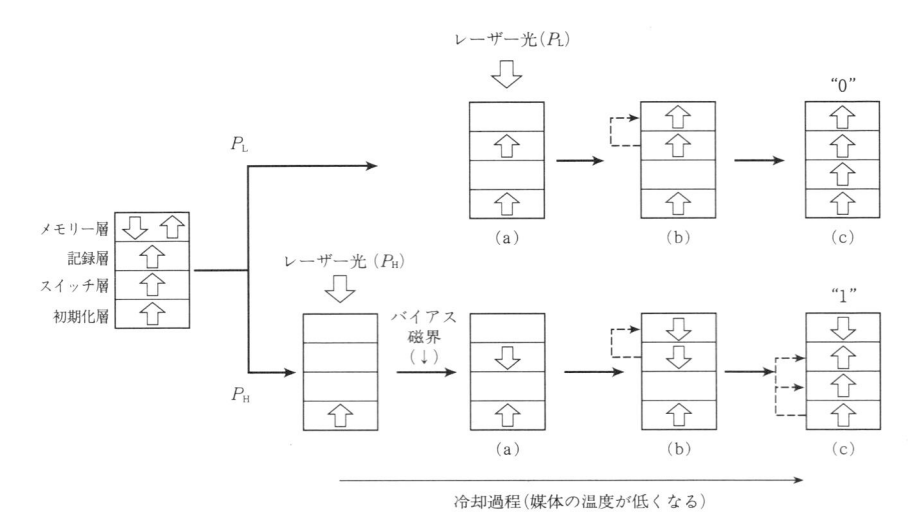

図 2.3.16 LIMDOW（光変調型直接重ね書きディスク）における重ね書きのプロセス[19]

モリー層（T_{C1}）がスイッチ層（T_{C3}）より先に強磁性に転移し，メモリー層は交換結合によって記録層の磁化と同じ上向き（"0"）に記録される．最後にスイッチ層も"0"になる．したがって，初期状態が0,1のいずれであってもメモリー層には"0"が記録されることとなる．一方，強い光を照射すると，下段のように最下層（初期化層 $T_C = T_{C4}$）を残してすべての層が常磁性となる．冷却していくとき"1"に相当する下向きのバイアス磁界をかけておくと，第2層（記録層）が最初にキュリー温度（T_{C2}）以下となり下向き（"1"）に磁化される．次に第1層（メモリー層）が T_{C1} 以下になるとき，第2層との交換結合で"1"になる．さらに冷却すると最後に第3層（スイッチ層）が T_{C3} 以下となるがこのとき第4層との結合で第3層（スイッチ層）は"0"となり，この時点ではもはやバイアス磁界はないので第2層（記録層）も"0"になる．この場合，最上層と第2層の間には界面磁壁が生じている．このタイプのオーバーライトMOディスクはISO規格として採用され市販されている．

次に，磁気誘起超解像（MSR）ディスクについて述べる．これは，読出しに用いるレーザーの波長よりも小さなビットを読み出すための技術である[20]．このディスクは，交換結合した読出し層/記録層から構成されている．この技術のポイントは，読出しの際のレーザー光による高温部分が一様ではなく中心部付近に集中していることを利用している．これには，図2.3.17に示すようにFAD（フロントアパーチャ検出），RAD（リアアパーチャ検出），CAD（センターアパーチャ検出）という三つの方式があるが[21]，ここではもっとも簡単なCADについてのみ紹介しておく．この場合，図2.3.17(c)のように，記録層の上に面内磁気異方性をもつ読出し膜を重ねてお

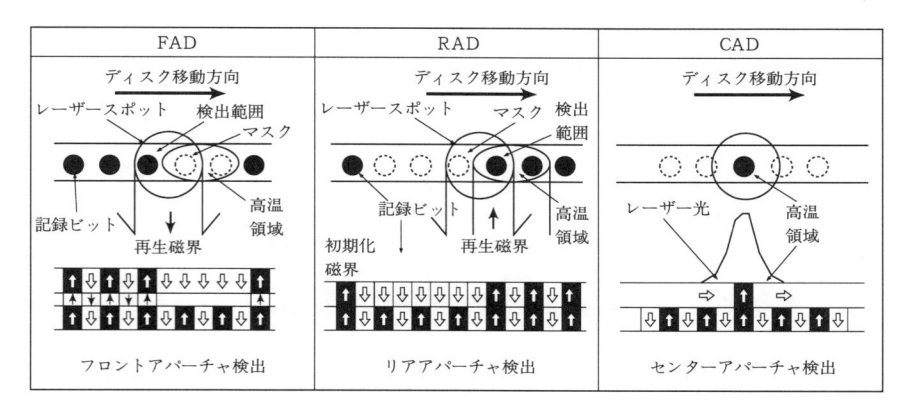

図 2.3.17 MSR(磁気超解像)の各種方式の概念図[21]

く.レーザー光で加熱すると中心部のみの異方性が変化し,交換結合により記録層から読出し層に転写が起こる.転写された部分は光の波長よりかなり小さな領域であるから,回折限界以下の小さなビットを再生できるのである.この方法では,光が当たった部分以外は表面に垂直磁化が現れていないので,隣接するトラックからのクロストークに強いなどの特徴をもつ.再生信号強度を上げるため,転写された磁区を拡大する技術も研究されている.なお,1998年に発売されたGIGAMO(記憶容量1.3 GB)はRADの一種を用いている.

d. 次世代光磁気材料としての人工格子

レーザー光の波長が短くなり400 nmとなれば,原理的には現行の波長670 nmの約3倍の密度の記録ができる.しかし,現行の光磁気材料であるTbFeCoおよびGdFeCoは図2.3.18の点線および破線に示すように,短波長ではカー効果が小さくなる傾向をもつ.これに対しPt/Co多層膜は,実線のように短波長で非常に大きな極カー効果を示すため,次世代材料として注目される[22].Pt/Co多層膜は,垂直磁気異方性を示し,耐食性にすぐれかつ短波長の磁気光学効果が大きい[23].Pt(1 nm)/Co (0.5 nm),Pt(1.8 nm)/Co(0.5 nm)およびPt(2 nm)/Co(4 nm)の人工格子膜の磁気光学スペクトルの形状は,界面に同一組成比の合金が形成されるとしてシミュレーションによって,再現することができる.これによれば,図2.3.19のシミュレーションが示すようにPt(1 nm)/Co(0.5 nm)では0.6 nm,Pt(1.8 nm)/Co(0.5 nm)では0.78 nm,Pt(2 nm)/Co(4 nm)では1.1 nmの合金層が存在するとして形状をよく説明できる[24].ここでは,合金層があるとして説明したが,この解析だけでは界面合金層の形成とPtの磁気偏極効果を区別できない.Pd/Coの場合,シミュレーションの際にPdが磁気偏極していると仮定しなければ説明できないことがわかっているの

(エンハンスメント層なし)

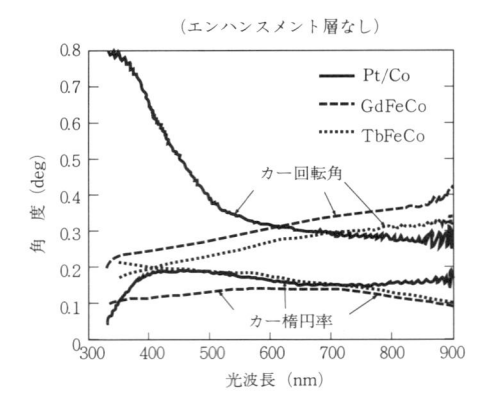

図 2.3.18 TbFeCo, GdFeCo および Co/Pt 人工格子の磁気光学スペクトル[22]

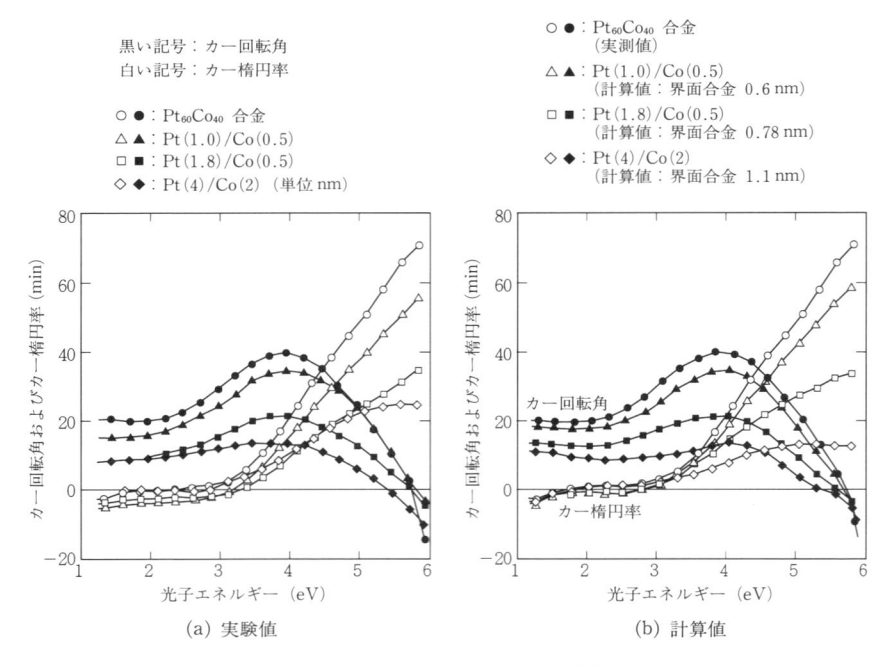

黒い記号：カー回転角
白い記号：カー楕円率

○ ● : $Pt_{60}Co_{40}$ 合金
△ ▲ : Pt(1.0)/Co(0.5)
□ ■ : Pt(1.8)/Co(0.5)
◇ ◆ : Pt(4)/Co(2) (単位 nm)

○ ● : $Pt_{60}Co_{40}$ 合金 (実測値)
△ ▲ : Pt(1.0)/Co(0.5) (計算値：界面合金 0.6 nm)
□ ■ : Pt(1.8)/Co(0.5) (計算値：界面合金 0.78 nm)
◇ ◆ : Pt(4)/Co(2) (計算値：界面合金 1.1 nm)

(a) 実験値

(b) 計算値

図 2.3.19 (a) Pt/Co 人工格子の磁気光学スペクトルの実験値, (b) 界面合金層を仮定して行った磁気光学スペクトルの計算値[24]

で，同様のことは Pt/Co でも生じているはずであると考えられる．

2.3.4 磁気光学における量子サイズ効果[25,26]

1990年代に至って，原子層オーダーで制御されたエピタキシャル薄膜作製技術が飛躍的に進歩したことによって，磁性体にも量子サイズ効果が発現するようになった．図 2.3.20 は，Au(100)面にエピタキシャル成長した Fe 超薄膜に Au の薄いキャップ層をかぶせた膜における磁気光学スペクトルの Fe 層厚依存性を示している（キャップ層は酸化を防ぐためのもので，非常に薄いため磁気光学効果にあまり影響をもたない）．このような系の磁気光学効果は，下地層（Au）の誘電率テンソルの対角成分を ε_{xx}^s，Fe 層の誘電率テンソルの非対角成分を ε_{xy} として，d が十分小さいとき

$$\theta_K + i\eta_K = \frac{2d\omega}{c} \frac{i\varepsilon_{xy}}{1-\varepsilon_{xx}^s} \tag{2.3.6}$$

で表される．下地の Au のプラズマ共鳴の周波数でこの式の分母が小さくなるため，磁気光学スペクトルに構造が現れる．さらに 3.5～4.5 eV にかけて，バルクの Fe に

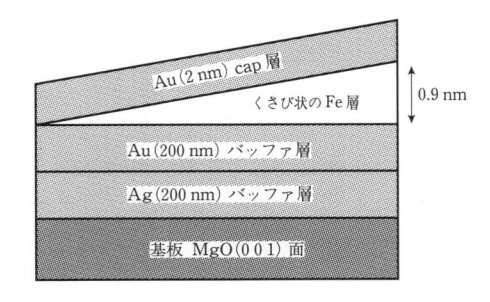

図 2.3.20 Au(100)上にエピタキシャル成長した Fe 超薄膜に Au の薄いキャップ層をかぶせた膜における磁気光学スペクトルの Fe 層厚依存性[25]

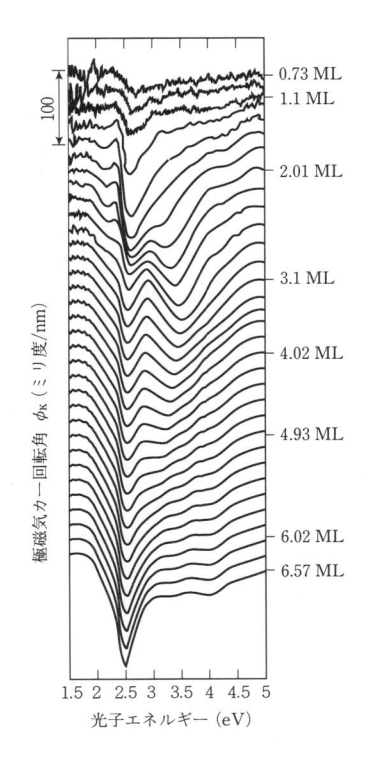

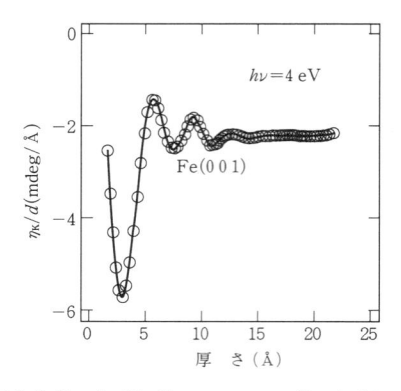

図 2.3.21 Au/Fe/Auにおいて4eVで観察した
カー楕円率のFe層厚依存振動[26]

は観測されないようなピークが現れ，層厚が大きくなるに従って高エネルギー側にシフトする．4eV付近におけるFe1層当たりのカー楕円率は，図2.3.21のようにFeの層厚の増加とともに大きく振動する．この構造は，図2.3.22に示すようにAuとの接合をつくったことによって，Feの空いた多数スピンバンドの電子が，Auのバンドギャップ内には入り込めなくなって，Fe層内に定在波をつくって閉じ込めを受けることによって生じた量子井戸準位によるものと解釈されている．このような量子サイズ効果は逆光電子分光にも観測されている．

一方，AuやCuなどの非磁性金属層を二つの強磁性層ではさんだ交換結合膜において，層間の交換結合の層厚依存性がGMRの振動として観測されることは2.3.1項に述べたが，これに似た振動現象が磁気光学効果にも観測されている．図2.3.23はその一例である[27]．層間交換相互作用の非磁性層厚依存振動現象は，非磁性層の電子の磁性層界面での反射と干渉を考慮して解析され，非磁性層内に誘起される局所磁気モーメントは，図2.3.24のように層間距離dに対して，d^{-1}で単調に減少する項(1回の反射による項)と，振動を伴いながらd^{-2}で減少する項(偶数回の反射による項)とから成り立つことが示されている．磁気光学効果には，d^{-1}の項はk保存則が成立しないため寄与せず，層厚に対しπ/kの周期で振動しながらd^{-2}で減少する項のみが寄与する．振動周期は，Feのバンド構造において始状態と終状態とのk空間での等エネルギー差面の停留ベクトルから決められる．カー回転の層厚依存性に見られた二つの振動周期は，これによって説明されている．

超薄膜の作製による磁気光学効果の増強効果は理論的に見積もられており，増大因子aは

$$a \approx \frac{W^{(3)}}{W^{(2)}}\sqrt{\frac{W^{(3)}}{\Gamma}}\frac{1}{N} \tag{2.3.7}$$

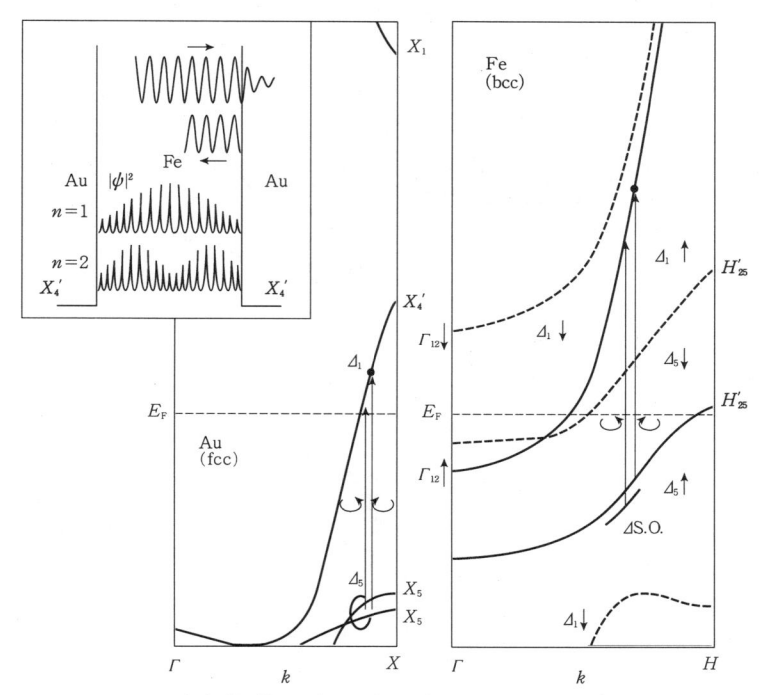

図 2.3.22　Fe と Au の電子構造と量子準位の形成[25]

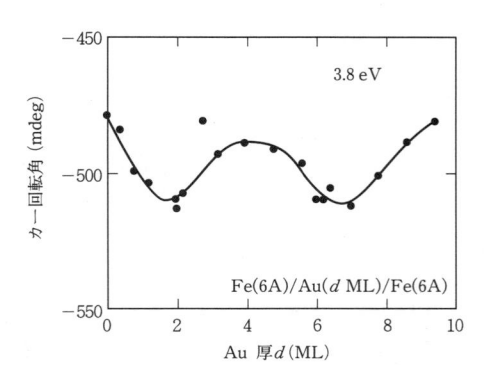

図 2.3.23　Fe/Au/Fe における磁気光学効果の非磁性層厚依存性[27]

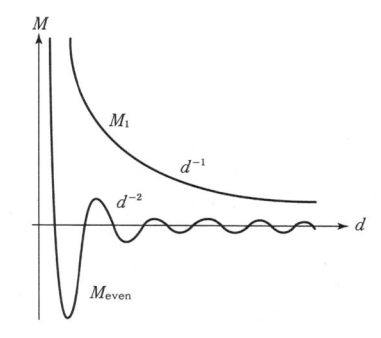

図 2.3.24　非磁性層内に誘起される局在磁気モーメントの非磁性層厚依存性の理論的予測[27]

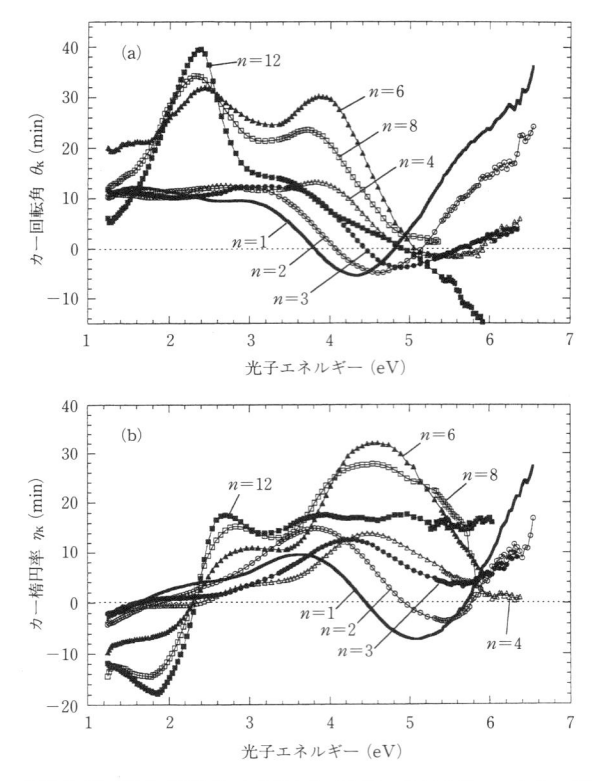

図 2.3.25 Fe(nML)/Au(nML) 人工格子の磁気光学スペクトル[29]

によって表される．ここに，$W^{(3)}$ および $W^{(2)}$ は，それぞれ 3 次元のバンド幅および 2 次元のサブバンド幅，Γ は励起寿命に相当するエネルギーの不確定性の大きさ，N は磁性層の原子層数である．$W^{(3)}$, $W^{(2)}$ としてそれぞれ 23 eV，17 eV，Γ として 0.3 eV，N として 3 を代入することによって，$\alpha=4$ という見積りを得ているが，この値は観測値 2 とオーダー的に一致する．

以上は 3 層膜の場合であったが，Fe, Au をそれぞれ n 層ずつ積層した Fe(n ML)/Au(n ML) 人工格子では，図 2.3.25 に示されるような磁気光学効果スペクトルが観測された[28,29]．n が 10 より大きいところでは，Au のプラズマ端による増強効果が 2.5 eV 付近にはっきりと観測されるが，そのほかには顕著な構造を示さない．ところが，n が 8 および 6 では，4 eV 付近に明瞭な構造が現れ，n の減少とともに低エネルギー側にシフトしていく様子がはっきりと観測される．これより $|\sigma_{xy}|$ のスペクトルに書き直したものから，そのピーク位置を層厚に対してプロットしたものが図

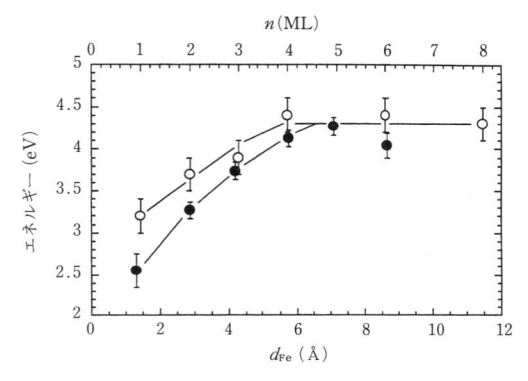

図 2.3.26 Fe/Au 人工格子 (○) および Au/Fe/Au サンドイッチ膜 (●) の磁気光学スペクトルのピーク位置の層厚依存性[29]

2.3.26 に黒丸で示されている．n の大きなところでは，先に述べた Au/Fe/Au に見られるピーク（白丸）とよく似た挙動を示し，量子サイズ効果の寄与が大きいことがわかる．一方，n の小さいところでは両者にずれが見られる．$n=1$ の場合，Fe/Au 人工格子は，天然には存在しない $L1_0$ 型の FeAu 人工規則合金になることが報告されており，この場合には，電子状態は量子閉じ込めというよりは，新たなバンド状態に移行すると見られる．したがって，$n=2\sim5$ 付近では人工周期のバンド系と量子閉じ込め系の中間状態が実現していると考えられよう．

2.3.5 光アイソレーター・磁界センサー材料

光ファイバー通信は，現在では大容量の長距離有線伝送の主役になった．また，小規模の光通信ネットワークは，オフィスや大学などで LAN (local area network) として使われるようになってきた．光ファイバー通信の送信器の光源には半導体レーザーが用いられている．光学系のいろいろな端面からの反射光が半導体レーザーに戻ってくると，レーザーの発振が不安定になり，ノイズを発生することが問題となっている．これを防ぐためには，光を一方向にのみ伝送するような光学素子を用いればよい．とくに，最近は光増幅ファイバー（たとえば，EDFA, erbium-doped fiber amplifier) の採用に伴ってアイソレーターの必要性がますます高まってきている．

図 2.3.27 に光アイソレーターの構成図を示す[30]．アイソレーターは偏光方向が互いに 45°傾いた 2 枚の偏光子の間にファラデー回転子を置き永久磁石によって磁界を印加したものとなっている．素子の長さや磁界を調整して，直線偏光がちょうど 45°回転するように設計されている．レーザーから出た光は，偏光子で直線偏光となり，ファラデー回転子で 45°の旋光を受けて，第二の偏光子（検光子）を通過する．反射

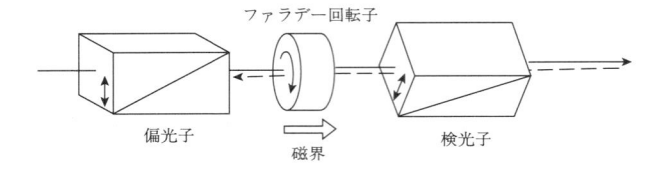

図 2.3.27 光アイソレーターの構造図[30]

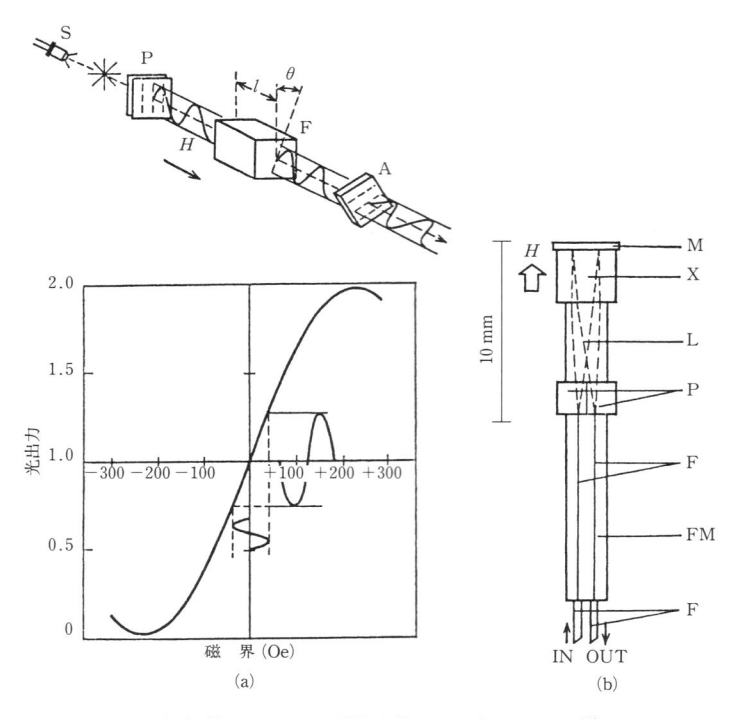

図 2.3.28 ファラデー効果を利用した磁界センサー[30]
(a) S：光源，P：偏光子，F：ファラデー回転子，A：検光子，H：磁界．
(b) M：鏡，X：ガーネット結晶(ファラデー回転子)，L：ロッドレンズ，P：偏光子，
F：光ファイバー，FH：ファイバーホルダー．

して戻ってきた光は，ファラデー回転子でさらに45°回転させられるので，第一の検光子の偏光方向と直角となって，レーザーへの戻りが阻止される．

　ファラデー素子は磁界，あるいは，電流のセンサーとして用いることができる．とくに高圧線の電流の測定のために光ファイバーを用いたリモートセンサーとして用いられる．電流の流れる電線のそばに図2.3.28のような偏光子/ファラデー回転子/検

図 2.3.29 YIG の磁気光学スペクトル[31]

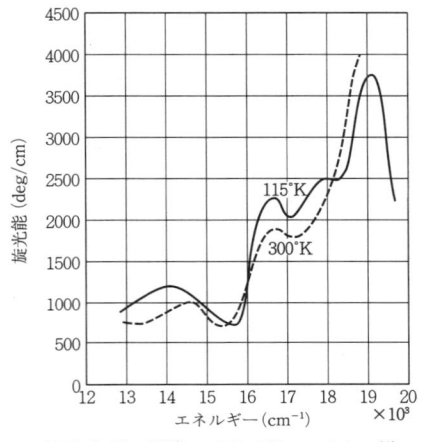

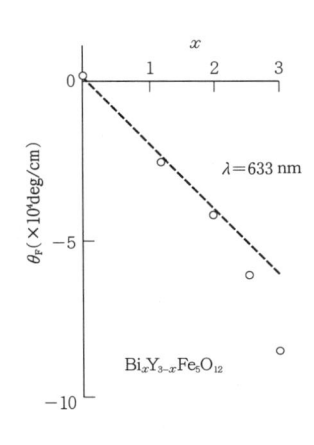

図 2.3.30 Bi 置換量と回転角の関係[32]

光子構造のファラデー素子を置くと，電流のつくる磁界に応じて偏光が回転するので，電流を光強度の変化として高感度に検出できる．

アイソレーターや磁界センサーのファラデー回転子材料は，吸収が小さく，回転の大きなものであることが望まれる．単位長当たりの回転角を，単位長当たりの減衰量で割ったものをファラデー回転子の性能指数という．YIG ($=Y_3Fe_5O_{12}$：イットリウム鉄ガーネット) をはじめとする希土類鉄ガーネットは，$0.7\,\mu m$ より波長の長い光を透過し，かつ大きなファラデー回転を示すのでよく用いられる．図2.3.29にYIGの磁気光学スペクトルを示す[31]．この物質における磁気光学効果の起源は，ガーネット構造を構成している酸素四面体および酸素八面体に囲まれたFeイオンにおける酸素の 2p 軌道から Fe の 3d 軌道への電荷移動型の光学遷移によるとされる．

この材料の $0.8\,\mu m$ における性能指数は約 $2°/dB$ である．希土類鉄ガーネットの希土類サイトを Bi (ビスマス) で置換すると，図2.3.30のように置換量に対し直線的に回転角が増加する[32]．Bi 置換による吸収の増加はわずかなので，性能指数の非常に高いものが得られている．たとえば $Gd_{1.8}Bi_{1.2}Fe_5O_{12}$ の $0.8\,\mu m$ での性能指数は $44°/dB$ に達する．Bi 添加による磁気光学効果の増強は，Bi の 6p 軌道が酸素 2p 軌道と混成することによって，光学遷移に関与するスピン軌道相互作用が増大したことが原因であると考えられている[33]．

もし，Gd を全部 Bi で置換することができれば，より大きな性能指数が得られるであろう．しかし，100%Bi 置換のバルク結晶は熱平衡では存在しないので，適当な基板を選んでゆっくりと成膜すると，基板に対し pseudomorphic に $Bi_3Fe_5O_{12}$ 薄膜を作製することができる．奥田らはイオンビームスパッタ法で $Bi_3Fe_5O_{12}$ 薄膜の成膜に成功している[34]．

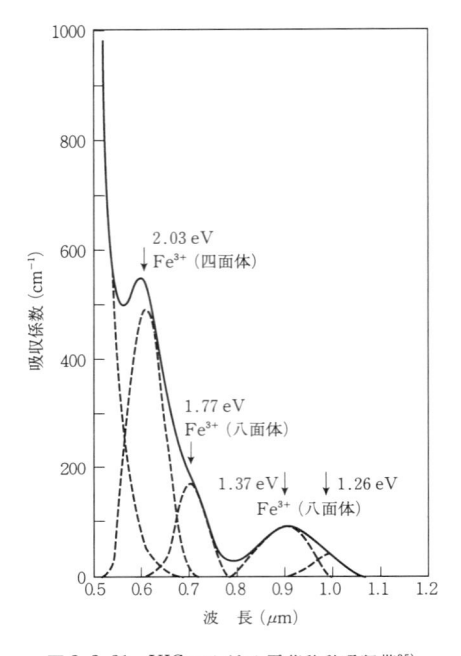

図 2.3.31 YIG における電荷移動吸収帯[35]

ファラデー素子の温度が変化すると回転角が 45° からずれるため性能が悪くなる．これを抑えるために，温度係数の符号が異なる 2 枚のファラデー素子を組み合わせて使うことが行われる．また，永久磁石のもつ温度特性を利用して温度変化を相殺することも行われる．光通信の高度化に伴い，より小型でアイソレーション比の高い材料の開発が望まれている．最近は 60 dB 以上のアイソレーション比が要求されており，2 段化したものが実用化されている．

また，半導体レーザーの短波長化にどう対応するかが課題となる．YIG 系は，図 2.3.31 に示すように，酸素から Fe への電荷移動吸収帯の存在のため 0.7 μm 以下の波長の透過率は極端に低くなる[35]．このため，従来とは違った材料の探索が必要となる．その一つの方向が，希薄磁性半導体 $Cd_{1-x}Mn_xTe$ である．この物質では吸収端の励起子のゼーマン効果が，伝導電子と Mn イオンとの交換相互作用のため非常に大きく（g 値が自由電子の場合の 100 倍に達する）なっており，その結果大きなファラデー効果を示す．図 2.3.32 に示すように Mn の濃度を変えることによりファラデー効果が最大になる波長を変えることができる点も特徴である[36]．すでに，$Cd_{1-x}Mn_xTe$ 結晶を用いた 0.6 μm 帯用アイソレーター，$(Hg_{1-y}Cd_y)_{1-x}Mn_xTe$ 結晶を用いた 0.9 μm 帯用アイソレーター（EDFA の励起光源用）も開発・市販されている[37]．

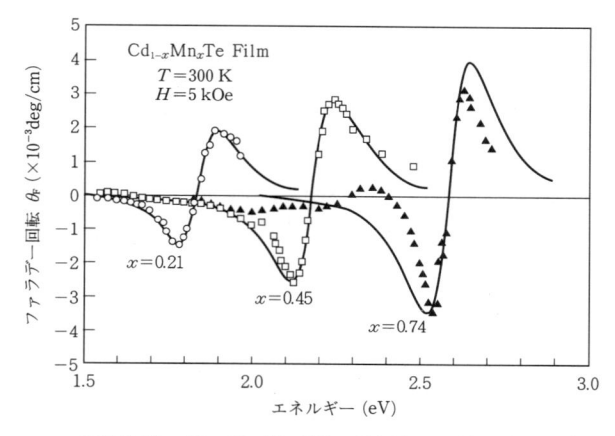

図 2.3.32 $Cd_{1-x}Mn_xTe$ 結晶の吸収端での磁気光学効果[36]

この物質は CdTe という半導体をベースにしているため,将来半導体レーザーとの一体化の可能性もあり期待される.

さらに,最近ではこの材料を用いて多重量子井戸構造をつくったり,超微粒子にしてガラスに分散することにより量子サイズ効果を発現する試みも行われているが[38],実用材料には至っていない.

将来の OEIC(光集積回路)をめざして,導波路型光アイソレーターの研究も進められている.この素子は,ガーネット基板上に非相反部(ファラデー回転素子)と相反部(コットン-ムートン素子)が集積された構成になっている[39].

2.3.6 非線形磁気光学効果[40]

a. 非線形磁気光学効果の波動方程式

線形の磁気光学効果の場合,媒体中の電界ベクトル E は波動方程式,

$$\mathrm{rot rot}\, E(\omega) + \frac{\tilde{\varepsilon}(\omega)}{c^2}\frac{\partial^2}{\partial t^2}E(\omega) = 0 \tag{2.3.8}$$

に従う.いま,縦カー配置を考え,座標軸としては,面の放線方向を z 軸,光の入射面を xz 面とし,磁化 M は x 方向に向いているとする.このとき,誘電率テンソルは

$$\tilde{\varepsilon}(\omega) = \begin{pmatrix} \varepsilon_{xx} & 0 & 0 \\ 0 & \varepsilon_{xx} & -\varepsilon_{yz} \\ 0 & \varepsilon_{yz} & \varepsilon_{xx} \end{pmatrix} \tag{2.3.9}$$

で与えられる.ここに対角成分 ε_{xx} は磁化の反転に対して対称であるのに対し,非対

角成分 ε_{yz} は磁化の反転に対して反対称である．いま，入射角 θ_i で直線偏光が入射したときの反射光の複素カー回転角 Ψ_K は

$$\tan \Psi_K^{(1)}(\omega) = -\frac{\chi_1^{(1)}}{\chi_0^{(1)}} \frac{\sin\theta_i \cos\theta_i}{\sqrt{\cos^2\theta_i + \chi_0^{(1)}}} \frac{\cos(2\theta_i) + \chi_0^{(1)}}{\cos(2\theta_i) + \chi_0^{(1)}\cos^2\theta_i} \tag{2.3.10}$$

で与えられる．ここに，$\chi_1^{(1)} = \varepsilon_{yz}$, $\chi_0^{(1)} = \varepsilon_{xx} - 1 = N^2 - 1$ である．

これに対し，非線形磁気光学効果は，SHG 過程で磁性体表面に生じた非線形分極がもとになって左右円偏光に対する光学応答の差が生じる．

この場合の波動方程式は，表面に非線形分極 $P^{(2)}(2\omega)$ が存在してこれが強制振動項として働くと考えて，次式のように表すことができる．

$$\mathrm{rotrot}\, E(2\omega) + \frac{\tilde{\varepsilon}}{c^2}\frac{\partial^2}{\partial t^2}E(2\omega) = -\frac{1}{\varepsilon_0 c^2}\frac{\partial^2}{\partial t^2}P^{(2)}(2\omega) \tag{2.3.11}$$

ここに，$P^{(2)}(2\omega)$ は入射光の電界 $E(\omega)$ によって磁性体に誘起された非線形分極で，

$$P_i^{(2)}(2\omega) = \chi_{ijk}^{(2)}(2\omega;\omega,\omega)E_j^{(1)}(\omega) \cdot E_k^{(1)}(\omega) \tag{2.3.12}$$

のように表される．

もし物質が反転対称をもっているならばバルクの $P^{(2)}(2\omega)$ は存在しないが，界面においては対称性が破れるため非線形分極 $P^{(2)}(2\omega)$ は有限の値をもつ，つまり，非線形分極は界面にのみ形成される．

式 (2.3.11) の解は，斉次方程式の一般解と，非斉次方程式の特殊解の和となる．斉次方程式の解は，線形の場合と同様に透過第 2 高調波に対する複素屈折率

$$N_t^{\pm} = \varepsilon_{xx}(2\omega) \pm i\varepsilon_{yz}(2\omega)\sin\theta_{2t} \tag{2.3.13}$$

を与える．一方，非斉次部分は屈折率 $N^{\pm}$ には依存せず 2 次の表面応答関数 $\chi^{(2)}$ のみに結びつく特殊解を与える．ここで，フレネルの公式を使って左右円偏光について反射光の電界の振幅を計算し，線形の場合と同様に

$$\tan \Psi_K^{(2)} = \theta_K^{(2)} + i\eta_K^{(2)} = i\frac{E_r^{+(2)}(2\omega) - E_r^{-(2)}(2\omega)}{E_r^{+(2)}(2\omega) + E_r^{-(2)}(2\omega)} \tag{2.3.14}$$

の式を使って複素カー回転角を求める．いま，縦カー配置について考察する．光は入射角 θ_i で斜め入射するものとし，磁化 M は入射面と試料面に平行，入射光は p 偏光していると仮定する．$M=0$ ならば，界面非線形分極 $P^{(2)}$ が表面に垂直な場合に最大の SHG 効率が得られる．Pustogowa らによれば，反射光の電界の振幅は次式で与えられる[41]．

$$E_r^{(2)\pm}(2\omega) = -\frac{P^{(2)\pm}(2\omega)\sin\theta_S}{\varepsilon_0 c^2}\frac{F_1^{\pm}}{F_3^{\pm}F_2^{\pm}} \tag{2.3.15}$$

ここに，$F_1^{\pm}, F_2^{\pm}, F_3^{\pm}$ は，$\chi^{(1)}, \chi^{(2)}$ および θ_i のやや複雑な関数であって，次式のように表される．

$$\left.\begin{aligned}F_1^\pm &= \sin^2\theta_i + \frac{1+\chi^{(1)\pm}(2\omega)}{1+\chi_0^{(1)}(2\omega)}S_1^\pm(\theta_i)S_2^\pm(\theta_i) \\ &\quad + \frac{\chi^{(1)\pm}(2\omega)-\chi_0^{(1)}(2\omega)}{\chi^{(1)\pm}(\omega)-\chi_0^{(1)}(2\omega)}\left[\frac{1+\chi^{(1)}(2\omega)}{1+\chi_0^{(1)}(2\omega)}[1+\chi^{(1)\pm}(\omega)]-2\sin^2\theta_i\right]S_1^\pm(\theta_i)S_2^\pm(\theta_i) \\ F_2^\pm &= [1+\chi^{(1)\pm}(2\omega)]S_1^\pm(\theta_i) + [1+\chi^{(1)\pm}(\omega)]S_2^\pm(\theta_i) \\ F_3^\pm &= [1+\chi^{(1)\pm}(2\omega)]\cos\theta_i\end{aligned}\right\}$$

(2.3.16)

上の式で $S_1^\pm(\theta_i) \equiv \sqrt{1+\chi^{(1)\pm}(\omega)-\sin^2\theta_i}$, $S_2^\pm(\theta_i) \equiv \sqrt{1+\chi^{(1)\pm}(2\omega)-\sin^2\theta_i}$ である. また, $\chi^{(1)\pm} = \chi_0^{(1)} \pm i\chi_0^{(1)}\sin\theta_i$, $\chi^{(2)\pm} = \chi_0^{(2)} \pm \chi_1^{(2)}$ である.

式 (2.3.15) の $E_r^\pm$ を式 (2.3.14) に代入することによって, 非線形複素カー回転角 $\Psi_K^{(2)}$ は次式のように表すことができる.

$$\tan\Psi_K^{(2)} = i\left(\frac{\chi^{(2)+}F_1^+F_2^-F_3^- - \chi^{(2)-}F_1^-F_2^+F_3^+}{\chi^{(2)+}F_1^+F_2^-F_3^- + \chi^{(2)-}F_1^-F_2^+F_3^+}\right) = i\left(\frac{\chi_1^{(2)}}{\chi_0^{(2)}} + 高次項\right) \quad (2.3.17)$$

ここに, $\chi_0^{(2)}$ は非磁性項 (M について偶), $\chi_1^{(2)}$ は磁性項 (M について奇) である.

上式からわかるように非線形カー効果には線形の場合と異なって主として $\chi_1^{(2)}/\chi_0^{(2)}$ が寄与する. この項は反転対称をもつバルク結晶では 0 であるが, 表面・界面では有限の値をもつ. この表面敏感性のゆえに, これを表面磁性の研究に役立てることができる.

線形磁気光学効果と非線形磁気光学効果の際だった違いは, 線形の場合は式 (2.3.10) に示したように $1/\sqrt{\cos^2\theta_i + \chi^{(1)}}$ の因子がかかることによって, $\Psi_K^{(1)}$ を小さくしているのに対し, 非線形の場合はこのような因子が存在しないことである. これは非線形磁気光学効果が, 左右円偏光に対する屈折率の差から生じるのではなく, 式 (2.3.11) の強制振動項である界面の非線形分極 $P^{(2)}(2\omega)$ から生じていることが原因であると考えられる. また, $P^{(2)}$ は $\chi^{(2)}$ から生じているので, 非線形光学効果が表面に敏感であることもよく理解できる.

b. ミクロな視点から見た非線形光学効果[42]

SHG の過程を電子遷移の観点から眺めてみよう. 前に述べたように SHG は三つのフォトンが関与する過程である. Hübner らは摂動論によって 2 次の非線形感受率 $\chi_{ijk}^{(2)}$ として次の式を導いた[43].

$$\chi_{xzz}^{(2)}(q, 2\omega, \vec{M}) \sim \frac{\lambda_{\text{so}}}{\hbar\omega}\sum_\sigma \langle k+2q|x|k\rangle\langle k|z|k+q\rangle\langle k+q|z|k+2q\rangle \frac{F_\sigma}{\varepsilon_{k+2q,\sigma}-\varepsilon_{k,\sigma}-2\hbar\omega}$$

(2.3.18)

ここに,

$$F_\sigma = \frac{f(\varepsilon_{k+2q})-f(\varepsilon_{k+q})}{\varepsilon_{k+2q,\sigma}-\varepsilon_{k+q,\sigma}-\hbar\omega} - \frac{f(\varepsilon_{k+q})-f(\varepsilon_k)}{\varepsilon_{k+q,\sigma}-\varepsilon_{k,\sigma}-\hbar\omega}$$

ここに, λ_{so} はスピン軌道結合の強さである. 式 (2.3.18) の三つの行列要素から, 電

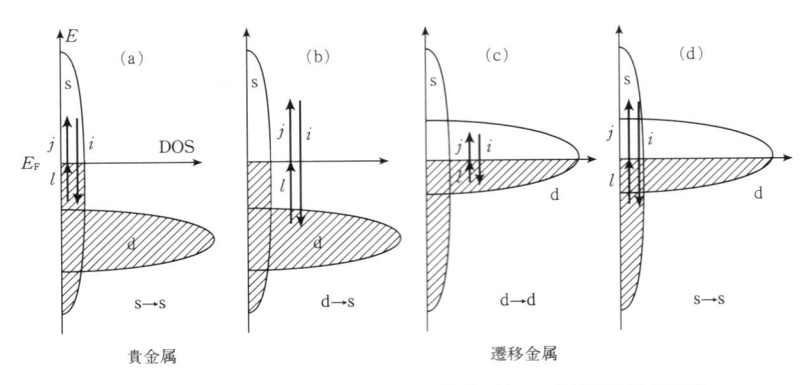

図 2.3.33 貴金属と遷移金属のバンド構造の違いと非線形光学過程[42]

気感受率が対称性の破れをどの程度敏感に感じるかが決まる．s電子，d電子の空間的な分布の違いのためにSHGの偏光依存性の違いが生じる．

式 (2.3.18) は，l 番目のバンドの波数 k，スピン σ で指定される基底状態 $|kl\sigma\rangle$ にある電子系が，$\hbar\omega$ のエネルギーをもつ一つのフォトンを吸収して中間状態 $|k+q_{\parallel}l'\sigma\rangle$ に遷移，さらに，$\hbar\omega$ のエネルギーをもつ二つ目のフォトンで励起状態 $|k+2q_{\parallel}l''\sigma\rangle$ に遷移し，$2\hbar\omega$ のエネルギーをもつ三つ目のフォトンを放出して基底状態に戻る過程と解釈することができる．透明な誘電体の場合，$2\hbar\omega$ はバンドギャップ (E_g) より小さいため中間状態にも励起状態にも実過程としては滞在せず，仮想的な過程として SHG が起こる．これに対し，金属の場合には準位が連続的に分布するので，SHG には主として実過程の遷移が寄与する．すなわち，一つ目のフォトンでフェルミ面の下の満ちた状態からフェルミ面への遷移が起こり，もう一つのフォトンでフェルミ面から，フェルミ面の上の空いた準位へと遷移，2倍のエネルギーのフォトンを放出してもとに戻る．式 (2.3.18) のスピンに依存するエネルギー分母のために，SHG は金属のスピン偏極したバンド構造を反映したものになる．図 2.3.33 に示すように，貴金属では，フェルミ面は広がった s 電子的なバンドの中にあり，狭い d 電子帯はフェルミ面より数 eV 下に存在する．この場合の励起過程としては，低エネルギーのフォトンについては，s (filled)→E_F(s)→s (empty) の過程が，高エネルギーのフォトンについては d (filled)→E_F(s)→s (empty) の過程がそれぞれ関与している．一方，遷移金属では，フェルミ面が狭い d 電子帯に存在するため，低エネルギーフォトンについては d (filled)→E_F(d)→d (filled) の過程が，高エネルギーフォトンについては s (filled)→E_F(d)→s (empty) の過程が関与している．非線形磁気光学効果は，d 電子状態のスピン分極とスピン軌道相互作用を通じて生じるので，たとえば，貴金属と遷移金属の界面において貴金属に誘起された磁化による非線形磁気光学効果を求めるには，波長の短い光を使ったほうがよいことがわかる．

c. 非線形磁気光学効果の実験例

以下には，非線形磁気光学効果の数例を示す．

1) Fe 超薄膜および単結晶の巨大非線形カー効果[44]

Rasing らは，スパッタ法で作製した Fe/Cr 膜において非線形磁気光学効果を測定した．図 2.3.34 は縦カー効果（挿図）の配置で s 偏光（波長 770 nm）を 45°斜め入射したときの出射光の第 2 高調波成分の偏光性を，検光子を回転させて測定した出力の偏光依存性である．この曲線は磁化の向きに依存して大きなシフトを示す．M_+ と M_- の二つの曲線が極小をとる角度の差は，カー回転角 $\theta_K^{(2)}$ の 2 倍を与える．図の場合，非線形カー回転角 $\theta_K^{(2)}$ は 17°であることがわかる．同じ配置で線形の縦カー回転角 $\theta_K^{(1)}$ を測定したところ 0.03°であったという．入射角を小さくするに従ってこの回転角は増大することが知られている．

2) Cu/Co/Cu サンドイッチ膜の非線形カー効果の量子振動[45]

磁性超薄膜における電子のスピン依存量子閉じ込めについてはすでに論じたので，ここでは詳細には立ち入らず，Cu/Co/Cu (0 0 1) サンドイッチ構造膜における量子井戸状態の電子が関与する非線形磁気光学効果のあらましのみを紹介する．

Rasing らは Cu (0 0 1) 基板上に成長した 10 原子層の Co に Cu キャップ層を付けた 2 層膜について，非線形磁気光学応答 $\rho^{(2)}(pp)$，および $\rho^{(2)}(sp)$ の Cu 層厚依存性を測定した．図 2.3.35 に示すようにこれらの応答には人工格子の巨大磁気抵抗効果 (GMR) に見られるような振動構造が観測された．しかし，線形磁気光学効果には振動構造は見られなかった．この振動には，5 ML と 2~3 ML の二つの振動周期が見られる．長い周期は光電子スペクトルに見られるものと同じであり，短い周期は以前に Co/Cu/Co 系で線形カー効果に見られているものと同じであることから，Cu 層にスピン偏極量子閉込めを受けることによって誘起された磁化が原因であると解釈される．線形効果では見られないものが非線形効果で見られたことについては，超薄膜に

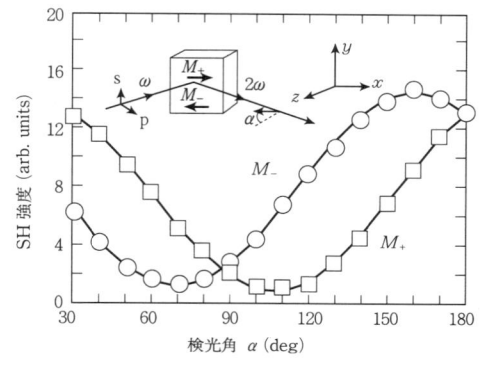

図 2.3.34 Fe/Cr 膜における第 2 高調波成分の偏光性の磁化方向依存性[44]

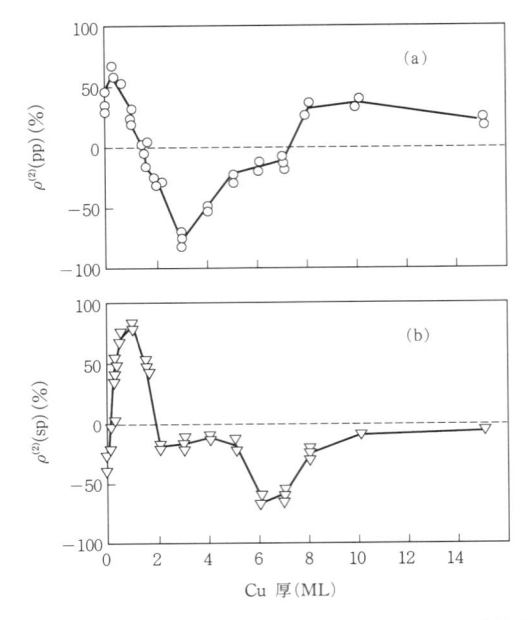

図 2.3.35 Cu/Co/Cu (0 0 1) サンドイッチ構造膜における非線形磁気光学応答 $\rho^{(2)}$(pp)，および $\rho^{(2)}$(sp) の Cu 層厚依存性[45]

おける量子効果が界面付近の状態密度におもに影響することが原因であるとされている．非線形磁気光学効果はスピン依存量子サイズ効果の感度の高い測定手段であることが実証された．

展　　望

　本節では，量子工学の観点に立った新しい磁性材料の開発について述べた．とくに磁気ディスクの読出し用ヘッドへの実用化が進む人工格子の GMR についてその特性と起源につき概説し，さらにスピン依存トンネル接合の GMR について述べた．このあと，磁気光学効果を利用した MO ディスクや光アイソレーターについて述べ，その開発に交換相互作用の制御などが利用されることを紹介した．量子工学の磁気光学材料への応用は今後の課題であろう．また，人工格子の GMR，ここではふれなかった層間結合のない場合のスピンバルブなどの GMR は，高密度磁気記録材料として実用化が進みつつある．とくに，微小領域の精密な制御によって，クーロンブロッケイド現象を判用することにより，さらに高感度のトンネル接合型 GMR デバイスの開発が進むものと予想されている．

このほか，まだ，デバイスには直接応用されていないが，ペロブスカイト型 Mn 酸化物 (La, Sr) MnO_3 に見られる CMR と呼ばれる巨大磁気抵抗効果にも注目が集まっている．また，半導体に注入されたスピンをゲート電圧を変えることで制御する可能性など，スピンエレクトロニクスへのアプローチも行われている．従来のエレクトロニクスにスピンの自由度を付与することで，新しい量子材料のパラダイムが開けるものと期待される．

[佐藤勝昭]

引用文献

1) 藤森啓安他(編)：金属人工格子，アグネ技術センター，1995.
2) 藤森啓安他：日本応用磁気学会誌，**19** (1995) 4.
3) M. N. Baibich et al.: *Phys. Rev.*, **62** (1988) 2472.
4) P. Grünberg et al.: *Phys. Rev. Lett.*, **57** (1986) 2442.
5) S. S. P. Parkin et al.: *Appl. Phys. Lett.*, **58** (1991) 2472.
6) M. Pardarvi-Horvath: Magnetic Multilayers, L. H. Bennett and R. E. Watson eds., World Scientific, 1994, p. 355.
7) P. Bruno and C. Chappert: *Phys. Rev. Lett.*, **67** (1991) 1602.
8) J. E. Ortega et al.: *Phys. Rev.*, **B47** (1993) 1540.
9) 宮崎照宣：日本応用磁気学会誌，**20** (1996) 896.
10) M. Julliere: *Phys. Lett.*, **54A** (1975) 225.
11) S. Maekawa and V. Gafvert: *IEEE Trans Magn.*, **MAG-18** (1982) 707.
12) Y. Suezawa and Y. Gondo: *Proc. Int. Symp. Phys. Magn. Mater., Sendai*, 1987, World Scientific, 1987, p. 303.
13) J. C. Slonczevski: *Phys. Rev.*, **B39** (1989) 6995.
14) 佐藤勝昭他：光磁気ディスク材料，工業調査会，1993.
15) 片山利一他：日本応用磁気学会誌，**8** (1984) 121.
16) 綱島 滋：日本応用磁気学会誌，**15** (1991) 822.
17) T. Kobayashi et al.: *Jpn. J. Appl. Phys.*, **20** (1981) 2089.
18) 中木義幸他：日本応用磁気学会誌，**14** (1990) 165.
19) 堤 和彦：日本応用磁気学会誌，**15** (1991) 831.
20) K. Aratani et al.: *Proc. SPIE*, **1499** (1991) 209.
21) A. Takahashi: *J. Magn. Soc. Jpn.*, **19**, Suppl. S1 (1995) 273.
22) 金子正彦：表面技術，**45** (1994) 33.
23) P. F. Carcia: *J. Appl. Phys.*, **63** (1988) 1426.
24) K. Sato: *J. Magn. Soc. Jpn.*, **17**, Suppl. S1 (1993) 11.
25) 鈴木義茂，片山利一：応用物理学会誌，**63** (1994) 1261.
26) 片山利一，鈴木義茂：日本応用磁気学会誌，**20** (1996) 764.
27) Y. Suzuki et al.: *J. Magn. Magn. Mater.*, **121** (1993) 539.
28) K. Sato et al.: *J. Magn. Soc. Jpn.*, **20**, Suppl. S1 (1996) 35.
29) K. Takanashi et al.: *J. Magn. Magn. Mater.*, **177-181** (1998) 1199.
30) 佐藤勝昭：光と磁気，朝倉書店，1988.
31) J. F. Dillon Jr.: *J. Phys. Radium*, **20** (1959) 374.
32) 五味 学，阿部正紀：応用磁気セミナー資料集，日本応用磁気学会，1988. 12, p. 45.
33) 品川公成：日本応用磁気学会第 38 回研究会資料，1985. 1, p. 7.
34) T. Okuda: *J. Appl. Phys.*, **67** (1990) 4944.
35) D. L. Wood and J. P. Remeika: *J. Appl. Phys.*, **38** (1967) 1038.

36) 小柳 剛他：日本応用磁気学会誌, **12** (1988) 187.
37) K. Onodera : *Electron. Lett.*, **30** (1994) 1954.
38) 岡 泰夫：日本応用磁気学会誌, **17** (1993) 869.
39) 腰塚直己：日本応用磁気学会誌, **9** (1985) 397.
40) 佐藤勝昭：日本応用磁気学会誌, **21** (1997) 879.
41) U. Pustogowa *et al.* : *Phys. Rev.*, **B49** (1994) 10031.
42) U. Pustogowa *et al.* : *J. Appl. Phys.*, **79** (1996) 6177.
43) W. Hübner and K.-H. Bennemann : *Phys. Rev.*, **B40** (1989) 5973.
44) Th. Rasing *et al.* : *J. Appl. Phys.*, **79** (1996) 6181.
45) Th. Rasing : *J. Mag. Soc. Japan*, **20**, Suppl. S1 (1996) 13.

2.4 有機材料

はじめに

　有機物質においては，種々の原子が主として強い共有結合によって結合され，分子が構成される．さらにそれらがファン・デル・ワールス力(結合)，水素結合などの分子間力で弱く結び付いて不規則構造である非晶，規則構造である分子性結晶を構成する．このように有機物質は"分子"が構成単位であることに特徴があり，分子にパイ電子共役系，電子供与性，電子吸引性などを導入して導電性の付与，あるいは光官能基を導入して光応答性の付与も可能である．また，同種あるいは異種の分子を組み合わせることによってさらに種々の機能をもたらすことができる．いいかえれば，分子構造は多様性に富み，目的とする物性に対応してかなり自由に設計できる(1次構造の制御)．さらに分子の集合状態も，結晶，非晶(アモルファス)，薄膜などの形態に制御できるものも多い(高次構造の制御)．とくに，オリゴマーや高分子では構成単位(モノマーユニット)が共有結合で多数結合されて1次元的な鎖となり，この分子鎖方向の引張りに対して高い弾性率を示す．一方，分子鎖間はファン・デル・ワールス力が作用し，抗張力は低くなるがフィルム化は容易である．通常の分子鎖骨格はC—Cの一重結合(シグマ結合)であるが，C=C二重結合(パイ結合)を導入すると，この結合に関与するパイ電子は電気伝導に寄与するようになる．また，主鎖骨格にペンダントとしてぶら下がる側鎖に光によって分極を示すような官能基(クロモフォア)を導入すると非線形光学活性となり，光エレクトロニクスに欠かせない材料となる．

　これらの1次構造の制御ばかりでなく，有機物質どうしの相溶性を活かした分子分散系，混晶なども種々の機能を発現する．一例として，高分子をマトリックスとし色素分子をゲストとする系や電荷移動錯体などがあげられる．さらには超薄膜化，超格子構造の構築などにより半導体同様の機能デバイスも開発されつつある．したがって，有機材料には，個々の分子をメモリー素子，スイッチング素子とするような分子デバイス，集合化した量子ドット，パイ電子共役系を利用した量子細線，超格子構造を利用した量子井戸など，量子化素子の開発にきわめて大きな期待が寄せられている．

　ここでは応用物性面から眺めた有機材料の設計と機能発現について，導電性，非線形光学，さらに21世紀の夢である分子デバイスを対象に紹介する．

2.4.1　導電性材料

　有機材料は導電性の観点から見て，絶縁体から半導体，金属，さらには超電導体に至るすべての領域をカバーする．有機結晶の場合は半導体におけるバンド理論を適用でき，非晶ではアモルファス半導体と同様の乱れたバンド構造を適用できる．分子構造を設計することにより，バンドギャップは 10 eV 以上のものから 1 eV，さらにはほぼギャップレスのものまで得られる．ここではまず導電性高分子について構造と導電機構を述べ，ついで電荷移動錯体，高温超電導体の可能性について述べる．

a. 導電性高分子

　鎖状高分子 (linear chain polymer) の代表はポリエチレンで ―(H_2C―CH_2)― を構成単位としており，きわめて高い絶縁性 (導電率 $\sigma = 10^{-20}$ S/cm) を有する．骨格炭素原子間の結合は炭素の sp^3 混成軌道に由来しており，したがって，シグマ結合となる．これに対して，同じ鎖状高分子でもポリアセチレン ―(HC=CH)― では炭素原子の sp^2 軌道によるシグマ結合と $2p_z$ 電子 (パイ電子) によるパイ結合とで骨格鎖が構成され，パイ電子の非局在性のために導電性は著しく向上する (シス型で $\sigma = 10^{-9}$ S/cm，トランス型で $\sigma = 10^{-5}$ S/cm)．さらにアクセプターあるいはドナーのドーピングにより $\sigma = 10^2 \sim 10^5$ S/cm にも達する．歴史的に眺めると，ポリアセチレン $(CH)_x$ は 1958 年にチーグラー―ナッタ (Zigler-Natta) 触媒を用いてアセチレンガスを重合し，半導性の高分子粉末として得られたが，有機溶媒に不溶，熱的にも不融のためにフィルム化はできなかった[1]．1974 年，白川らは固体基板上で重合することによってフィルム化に成功し，さらに MacDiarmid, Heeger らとの共同研究でドーピング効果を見出した (1977 年)[2]．これは高分子においても半導体-金属転移が生ずることを示した最初の例である．その後，多くの半導性高分子が合成され，それらの導電機構の研究も盛んに行われた．

1) ポリアセチレン $(CH)_x$ の導電機構

　前述のように $(CH)_x$ は骨格の炭素原子がすべてパイ電子をもった共役鎖であり，

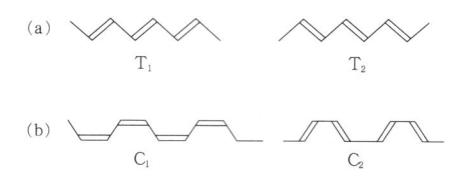

図 2.4.1　ポリアセチレン $(CH)_x$ の異性体
(a) トランス型，(b) シス型．

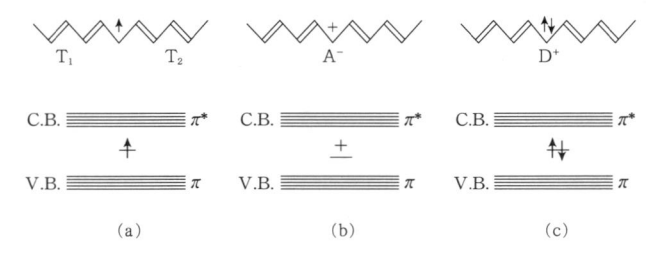

図 2.4.2 トランス型 $(CH)_x$ 中のソリトンの形成
(a) 中性ソリトン, (b) 正ソリトン, (c) 負ソリトン ($C.B.$ は伝導帯, $V.B.$ は価電子帯).

炭素の一重結合 C—C と二重結合 C=C が交互に並んでいる (結合交替がある). 結合軌道 (π 軌道) を 2 個のパイ電子が占有, 反結合軌道 (π^* 軌道) は空の状態となり, さらに規則的な長鎖系ではこれらの軌道がバンドに広がる. 最高被占有準位 (HOMO, highest occupied molecular orbital), 最低空準位 (LUMO, lowest unoccupied molecular orbital) はそれぞれ価電子帯, 伝導体に相当し, そのエネルギー差がバンドギャップ E_g となる. $(CH)_x$ では $E_g = 1.4$ eV で, GaAs 並の値を有する.

$(CH)_x$ には図 2.4.1 のような異性体があり, トランス型 T_1, T_2 はエネルギー的に等価である (縮退している) のに対して, シス型では C_1 (*cis*-transoid) のほうが C_2 (*trans*-cisoid) よりも安定である. トランス型では図 2.4.2 のようにパイ電子が 1 個孤立して不対電子となっても安定に存在できる. これは T_1 と T_2 の基底状態の境界に現れた局在的な励起状態であって, ソリトン (soliton) と称されている. ソリトンはエネルギー的にはバンドギャップ中央に位置し, $(CH)_x$ の導電性に支配的な役割を

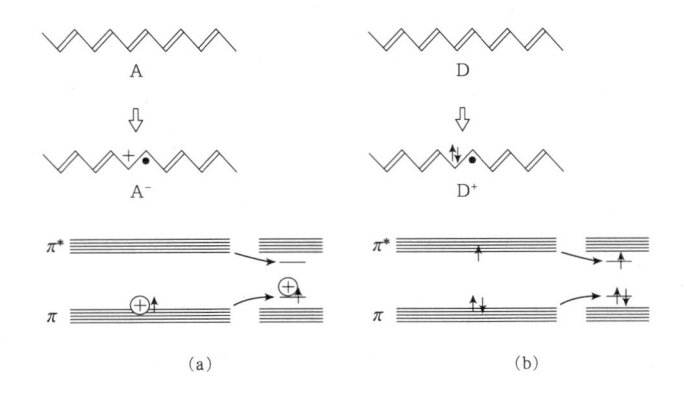

図 2.4.3 ドーピングによるポーラロンの形成
(a) A ドーピングによる正ポーラロン, (b) D ドーピングによる負ポーラロン.

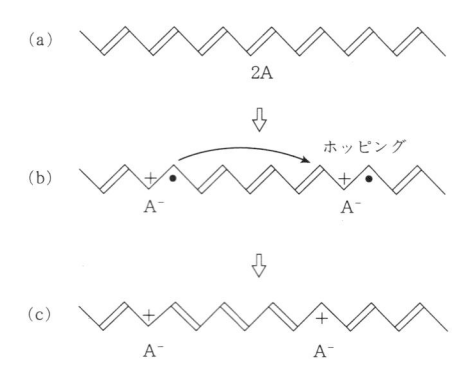

図 2.4.4 トランス型 $(CH)_x$ 鎖へのアクセプターAのドーピング (a) と，正ポーラロンの形成 (b)，さらに正ソリトン形成 (c) の模式図

演ずる．ソリトン近傍にアクセプターAがあると不対電子はAに移り $(CH)_x{}^+$-A^- となって正ソリトンが形成される（図2.4.2(b)）．逆にドナーDがあると $(CH)_x{}^-$-D^+ となって負ソリトンが形成される（図2.4.2(c)）．

共役鎖上にソリトンが存在するとその周辺のパイ電子は影響を受けて分布状態が変化する．すなわち，ソリトンの左右7個の(CH)単位にわたってパイ電子のゆらぎが大きくなり，全体として $(CH)_{15}$ の範囲でソリトンは非局在化する．いいかえれば，この15個の炭素間の結合長はほぼ等しくなり，結合交替のない状態となる．したがって，この範囲では $E_g=0$ となって金属的伝導を示す．また，正常なトランス型 $(CH)_x$ 鎖にAをドープすると，図2.4.3のようにπバンドに正孔が生じ，隣接する不対電子と双極子を形成してポーラロンとなる（正ポーラロンという）．一方，Dドープでは負ポーラロンが形成される．これらのポーラロンはホッピングによって鎖中を移動し，同種のポーラロンどうしでソリトンを形成する．図2.4.4は2個の正ポーラロンによる正ソリトン形成の例である．正負の荷電ソリトンはスピンをもたないキャリヤーで，ドーピング初期の低ドープ域(0.2〜7%)に観測されている．

2) その他の導電性共役型高分子

骨格鎖がパイ電子共役である多くの高分子材料はドーピングにより高い導電性を示す．図2.4.5はその一例で，ベンゼン環，ヘテロ環，ビニレン基などが骨格鎖に含まれている．骨格鎖に沿っての共役はシス型 $(CH)_x$ 鎖と類似の形態をとっており，非縮退構造である．たとえば，ポリパラフェニレン PPP の場合は，図2.4.6に示すようなアロマティック型とキノイド型の構造をとりうるが，前者のほうがエネルギー的に安定である．PPPにAをドープするとパイ電子が1個奪われて，図2.4.7のようにキノイド構造が誘起される．しかし，キノイド構造は不安定であるため数個で止まり，そこに不対電子として残る．したがって，キノイド構造部分にポーラロンが形成

2.4 有機材料

図 2.4.5 代表的な導電性高分子の例

(a) アロマティック型

(b) キノイド型

図 2.4.6 ポリパラフェニレン (PPP) の分子構造

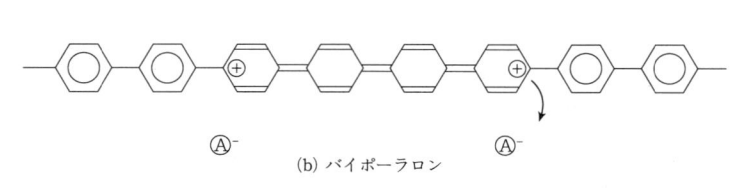

(a) ポーラロン

(b) バイポーラロン

図 2.4.7 ポリパラフェニレン (PPP) のポーラロンおよびバイポーラロン

されたことになる．さらにドーピングが進んでこの不対電子もAに捕獲されると，バイポーラロンが形成される．ポーラロンはスピンを有するが，バイポーラロンはスピンレスとなる．これらのポーラロン，バイポーラロンがキャリヤーとして導電性に寄与する．

b. 電荷移動錯体

ドナーDとアクセプターAが会合したときには

$$D+A \longleftrightarrow D^{\delta+}\cdots A^{\delta-} \longleftrightarrow D^+A^-$$
$$(\text{I}) \qquad\qquad (\text{II}) \qquad\qquad (\text{III})$$

のようにDからAに電子移動が起こり，電荷移動相互作用とその結果生ずるクーロン力およびファン・デル・ワールス力により安定な錯体を形成する．(II)の中間状態ではD-A結合長の動的変化(ヤーン-テラー効果)により電子のホッピングが促進され，顕著な導電率への寄与が見られる．(III)のように完全に電子が移動してしまうとイオン的な結合となり，安定化されて導電率への寄与は低下する．(II)での電荷移動量δはDのイオン化ポテンシャルI_pとAの電子親和力χの差($I_p-\chi$)に依存する．(II)の基底状態ではδは小さく，これらの錯体はせいぜい半導体領域の導電率しか示さない．ただし，錯体形成による新しい吸収帯(CTバンド)が現れ，励起状態ではイオン的となって大きな光導電性を示すことが知られている．一般に，高分子ドナー-低分子アクセプター系の錯体が高導電性材料として設計され，活用されている．たとえば，ポリビニルカルバゾール(PVK)にトリニトロフルオレノン(TNF)をドープした系はPVKのカルバゾール環からTNFへ電子引抜きが起こり，PVK中に正孔が生成される．したがって，PVKはD^+となりTNFとの間にCT錯体化が生ずる．この系はすでに電子写真感光体として実用化されている．

電荷移動錯体型の分子性結晶は超電導を示すことが1980年に初めて発見された[3]．TMTSF(tetramethyltetraselenafulvalene)と1価負イオン(PF_6^-, AsF_6^-, ClO_4^-など)との錯体である．これらの分子性結晶は1次元的な電気伝導を示し，$(TMTSF)_2PF_6$の場合は高圧力下(12 kbar)，0.9 K，$(TMTSF)_2ClO_4$の場合は常圧，1.4 Kで超電導体となる．その後，有機超電導体の開発は積極的に進められ，1次元性のTMTSF系，2次元性のBEDT-TTF系，3次元性のC_{60}系など，12系，約70種の分子性超電導体が得られている．詳細についてはすぐれた成書があるので参照されたい．

c. 超電導体(高温超電導の可能性)

有機電荷移動錯体で超電導が観測されたことは前項で述べた．これらの研究の契機となったのは1964年にW. A. Littleが有機高温超電導体の可能性を示唆した論文[4]と，1973年にA. J. HeegerらのTTF-TCNQ錯体の異常高導電率(超電導ゆらぎ)

に関する論文[5]であった．ここではリトル(Little)モデルを簡単に紹介し，その問題点と対応について述べる．

図2.4.8(a)のような高導電性の骨格鎖A("spine"という)と比較的低い電子励起準位をもった電子分極率の大きい側鎖Bとからなる系を考える．一例として，spineにはポリエン鎖，側鎖にはシアニン系色素分子を考える(図2.4.8(b))．この側鎖分子は2個のN原子を含み，結合に関与しない1個の電子が共鳴構造をとっている．したがって，ごくわずかな電場で電子の偏りが生じて分極率の変化をもたらし，局在エキシトンとして作用することとなる．spine上を伝導電子(この場合はπ電子)が移動すると近接する側鎖はクーロン引力の作用で分極し，spineに近いほうに正電荷が誘起される．一つの伝導電子が通過すると側鎖の励起が次々と起こり，側鎖間の双極子-双極子相互作用のために集団運動をする．その振動特性によって正電荷の誘起は伝導電子が通過したよりもわずかに遅れて極大となる(遅延効果)．したがって，別の伝導電子がこの誘起正電荷に引かれてspine上で先の電子に接近し，その結果として二つの伝導電子間にはクーロン斥力をしのぐ大きな引力が作用することとなり，電子対が形成される．このような電子対形成が多数の電子間で同時に起こるとボーズ凝縮状態が達成され，超電導性が現れる．

超電導現象を理解するためにはバーディーン-クーパー-シュリーファー(Bardeen-Cooper-Schrieffer, BCS)理論を理解する必要があるが，ここでは難しい式を一切省いてその本質のみを垣間見ることにする．BCS理論は，フェルミ面付近にある電子間に引力が作用している場合，フェルミ気体の状態にあった電子はある温度T_c以下

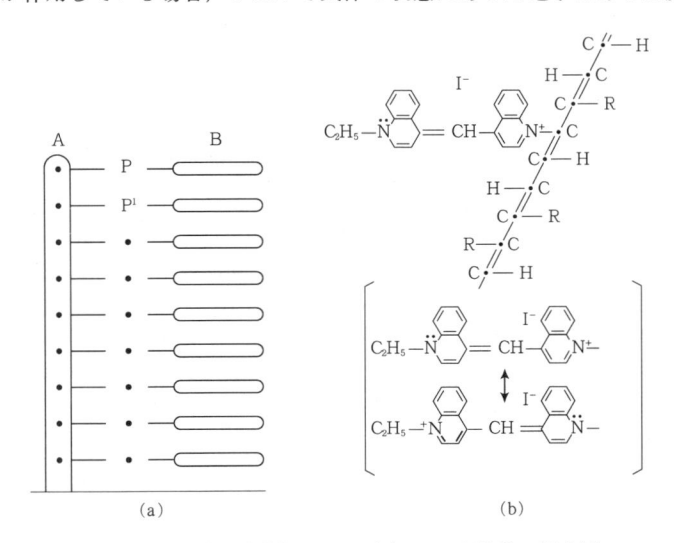

図2.4.8 有機超電導体のモデル(a)および側鎖Bの例(b)[4]

で不安定となり，対（クーパー対という）を形成してボーズ粒子として振る舞うようになって基底状態に凝縮し，コヒーレント状態が出現することを明らかにしたもので，① クーパー対形成に必要な電子間引力の存在，② 電子対がボーズ凝縮すること，の2点を超電導性発現の必須条件としている．従来の超電理論は二つの電子の運動量がフォノンを介して授受され，電子間相互作用を引き起こし，クーパー対を形成するとして展開されている．フェルミ面から $\pm\hbar\omega_D$ (ω_D はフォノンのデバイ振動数，$\hbar$ はプランク定数/2π)の範囲にある電子にのみ引力(ポテンシャル$-V$)が作用すると仮定すれば，基底状態(超電導状態)にある電子対の波動関数およびエネルギー固有値が求められる．最低励起エネルギー(エネルギーギャップ)に相当する熱エネルギー kT_c を与えると超電導状態は破れ，常電動状態に転移する．したがって，転移温度 T_c は

$$T_c = (\hbar\omega_D/k)\exp[-1/\lambda] ; \quad \lambda = N(0)V \qquad (2.4.1)$$

で与えられる．ただし，$N(0)$ はフェルミ面での状態密度である．高温超電導体を得ることはいかにして T_c の高い，換言すれば ω_D や λ の大きな物質を見出すかという問いに答えることになる．しかし，電子間相互作用 V を強くすると電子-フォノン相互作用も当然強くなり，格子振動は緩やかになってデバイ振動数 ω_D の低下をもたらすため，フォノン機構に拘泥する限り T_c に上限が存在することになる．

BCS 理論には，クーパー対形成に必要な電子間相互作用がフォノンを媒介としなければならないという束縛条件はない．リトルモデルに現れたエキシトン機構の場合，式(2.4.1)の ω_D はエキシトンの固有振動数 ω_0 に置き換えればよい．λ はほぼフォノン機構の場合と同程度とすれば，これらの二つの機構での T_c の比は $T_c^{ex}/T_c^{ph} = \omega_0/\omega_D \cong (M/m)^{1/2} \cong 300$ となる．ただし，m は電子の質量，M は格子イオンの質量，T_c の添字 ex および ph はそれぞれエキシトン機構，フォノン機構を表す．したがって，エキシトン機構を採用すれば $T_c \cong$ 数千 K という高温超電導体が得られる可能性がある．図 2.4.8 に提案された物質に対する計算例として，側鎖当たり $V=2$ eV，$N(0)=0.2$ eV^{-1}，$T_c \cong 2200$ K が得られている[4]．

このようなエキシトン機構に基づくリトルモデルに対して，理想的な 1 次元系では電子間に十分な引力が作用してもゆらぎのために有限温度では電子の長距離秩序 (off diagonal long range order, ODLRO) は起こらず，超電導状態は生じない[6]，あるいはフェルミ面にギャップが生じ格子がひずんで絶縁体に転移する[7]（パイエルス転移）という根本的な反論から，spine 中の電子間のクーロン遮蔽を過小評価している，提案された分子構造の高分子を合成することはきわめて困難である，などの疑問に至るまで多くの議論がなされた．実際の系では厳密な 1 次元系はむしろ得にくく，spine 周辺の側鎖の影響あるいは spine 間相互作用によって伝導電子の波動関数はある程度 3 次元的になっている．したがって，上記の反論もリトルモデルを決定的に否定することはできない．これらの種々の疑問，反論に応えるべく Little は具体的モデルと

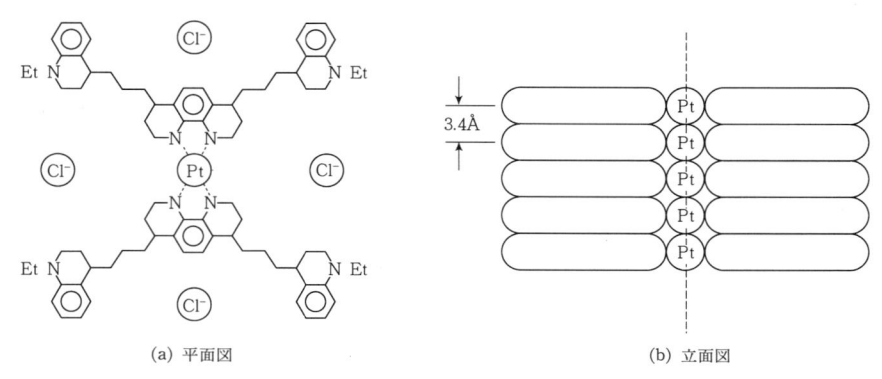

図 2.4.9 Pt を spine とする 1 次元超電導体のモデル[8]

(a) 平面図　　(b) 立面図

して図 2.4.9 のような系を提案した[8]。これは $K_2Pt(CN)_4Br_{0.3}3H_2O$ (KCP 塩) 類似化合物であり，CN 配位子の代わりに電子分極しやすいシアニン色素を配位させたものである．Pt 原子の d_{z^2} 軌道は主鎖に沿って重なり合い，spine を構成する．バルキーな側鎖の斥力のために Pt 原子は約 0.34 nm 離れている．この系の T_c の推定値は 100～1280 K で，高温超電導体と見なすことができる．

エキシトン機構の別のモデルとして 2 次元的な金属薄膜-誘電体膜系が Gizburg により提案されている[9]．リトルモデルにおける spine の金属伝導性，1 次元系にみられるパイエルス転移などの問題を避ける意味でも 2 次元系に可能性を求めることは重要である．図 2.4.10 のように金属薄膜 (1～3 nm) を電子分極率の大きな誘電体薄膜

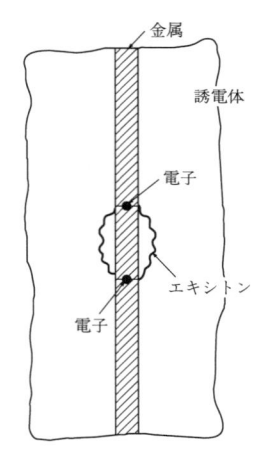

図 2.4.10 金属-誘電体界面でのエキシトンを介しての電子対形成[9]

でサンドイッチし，金属内電子による誘電体中のエキシトン生成によって電子間に引力を作用させてクーパー対を形成させる．その際，電子密度は $10^{18}\sim10^{23}\mathrm{cm}^{-3}$，励起子エネルギーは $0.33\,\mathrm{eV}$ が必要である．実際には，誘電体膜と金属膜界面でのエキシトン相互作用を十分大きくすることは難しく，単純に超電導金属 (Pt, In など) を真空蒸着膜としただけではエキシトン機構に基づく超電導性は発現しない．有機分子線エピタキシー法による超清浄界面の創製，誘電体分子配向の制御などの新しい手法を導入してギンツブルク (Ginzburg) モデルの実現に向けた研究が期待される．

2.4.2 非線形光学

a. 非線形光学とは

光の性質には波動性と粒子性の両面があるが，電磁波としての波動性に着目して物質との相互作用を考える．光の電場は

$$E = E_0(r)\cos[\omega t + \delta(r, t)] \tag{2.4.2}$$

で記述される．すなわち，光波は波長 λ (角振動数 ω)，位相 δ，振幅 E_0 および波面の三つの因子で表される．光が物質に照射されたときにはこの光電場の影響で物質には式 (2.4.3) に示すような分極が生じる．

$$P = \varepsilon_0[\chi^{(1)}E + \chi^{(2)}E^2 + \chi^{(3)}E^3 + \cdots] \tag{2.4.3}$$

光が平面波 $E = E_0\cos(\omega t - kz)$ で表されるとき，式 (2.4.3) は

$$\begin{aligned}P/\varepsilon_0 &= \chi^{(1)}E_0\cos(\omega t - kz) \\&\quad + \chi^{(2)}E_0^2(1/2)[1 + \cos(2\omega t - 2kz)] \quad \text{(第1項は光整流，第2項はSHG)} \\&\quad + \chi^{(3)}E_0^3[(3/4)\cos(\omega t - kz) + (1/4)\cos(3\omega t - 3kz)] \\&\quad\quad\quad\quad\quad\quad \text{(第1項はカー効果，第2項はTHG)} \\&\quad + \cdots\end{aligned} \tag{2.4.4}$$

と書き換えられる．ただし，$\chi^{(i)}$ は (i) 次の非線形電気感受率で $(i+1)$ 次のテンソル量，SHG, THG はそれぞれ第2高調波発生，第3高調波発生である．$i \geq 2$ の項が非線形性を表し，レーザー光のようなきわめて強い電場強度を有する光を照射したときにはこれらの非線形項の寄与を無視できなくなる．角周波数 ω で振動する分極を見ると，

$$P(\omega)/\varepsilon_0 = [\chi^{(1)} + (3/4)\chi^{(3)}E_0^2]E_0\cos(\omega t - kz) \tag{2.4.5}$$

であり，実効的な電気感受率 χ_{eff} は式 (2.4.5) の [ ] で与えられる．物質の屈折率 n は

$$n^2 = \varepsilon = 1 + \chi_{\mathrm{eff}} \tag{2.4.6}$$

であるから，光照射前の値 $\chi^{(1)} = n_0^2 - 1$ を考慮すると

$$n^2 = n_0^2 + (3/4)\chi^{(3)}E_0^2 \tag{2.4.7}$$

となる．非線形光学効果が大きいとはいえ $n \fallingdotseq n_0$ であるから，式 (2.4.7) は近似的に

$$n = n_0 + (3/8n_0)\chi^{(3)}E_0^2 = n_0 + n_2 I \tag{2.4.8}$$

と表される．光強度 I は $I=(1/2)\varepsilon_0 c n_0 E_0^2$ であることを考慮すると (c は真空中の光の速度)，

$$n_2[\mathrm{m^2/W}] = (5.26\times 10^{-6}/n_0^2)\chi^{(3)}(-\omega;\omega,-\omega,\omega)[\mathrm{esu}] \tag{2.4.9}$$

となり，光強度に依存して屈折率変化が生じ，かつその変化量は 3 次の非線形電気感受率に比例することになる．したがって，3 次の非線形性としては THG と並んでこの光カー効果 (optical kerr effect, OKE) が光導波路などの重要な応用に結び付いている．

共鳴波長近傍では，光誘起屈折率変化 $\Delta n(=n-n_0=n_2 I)$ に対して，① 4 光波パラメトリック混合に見られる純粋な電子励起に起因するコヒーレントな寄与，② 励起状態にある電子数増大に伴う基底状態と励起状態での線形感受率 $\chi^{(1)}(-\omega;\omega)$ の差 $\Delta\chi^{(1)}(=\chi_e^{(1)}-\chi_g^{(1)})$ が示すインコヒーレントな寄与，を考慮しなければならない．① は仮想的な励起過程を経た超高速応答であり，一方 ② は時間遅れを伴う応答である．したがって，超高速光デバイスを目指す際には励起波長を適当に選択することによって，② の寄与を最小にすることがポイントとなる．

b. 非線形性の発現 (分子設計)

$\mathrm{LiNbO_3}$，$\mathrm{KNbO_3}$，$\mathrm{KTiPO_4}$ などの無機強誘電体結晶ではイオン原子周りの電子の変位が非線形性をもたらすのに対し，有機材料では分子に緩やかに拘束されたパイ電子の変位が非線形性の根源である．したがって，無機材料では非線形性が小さく，応答速度も遅い．また，結晶を用いるのでそのサイズもあまり大きなものは作成が困難である．一方，有機材料の場合は分子設計にかなりの自由度があり，非線形性を大きくする，応答速度を速くする，大面積のフィルムを得ることができるなどの特徴を有する．

1 分子に対して光が入射された場合，分子の分極 p は式 (2.4.3) ではなく次式で表される．

$$p = \alpha E + \beta E^2 + \gamma E^3 + \cdots \tag{2.4.10}$$

ただし，α は線形分子分極率，β, γ はそれぞれ非線形超分子分極率である．2 次の非線形光学定数の大きな分子を設計するうえで，β の大きなものを得る必要がある．

電子供与性のドナー基 (D) と電子受容性のアクセプター基 (A) をパイ電子系でつないだような分子内電荷移動可能な分子の場合，分子軌道のうち基底状態ともっとも寄与の大きい励起状態の 2 準位のみを考えると (2 準位モデル)，電荷移動軸 (z) に沿った超分子分極率 β_{zzz} テンソルだけが重要になる．

$$\beta_{zzz}(-\omega_3;\omega_1,\omega_2) = \frac{1}{2\varepsilon_0 h^2} \frac{\omega_{\mathrm{eg}}^2(3\omega_{\mathrm{eg}}^2+\omega_1\omega_2-\omega_3^2)}{(\omega_{\mathrm{eg}}^2-\omega_1^2)(\omega_{\mathrm{eg}}^2-\omega_2^2)(\omega_{\mathrm{eg}}^2-\omega_3^2)} \Delta\mu\mu_{\mathrm{eg}}^2 \tag{2.4.11}$$

ここで，ω_{eg} は基底状態 g と励起状態 e とのエネルギー差，μ_{eg} は g-e 間の遷移双極

子モーメント(すなわち,基底状態と励起状態間の波動関数の重なり),$\Delta\mu(=\mu_e-\mu_g)$ は基底状態の双極子モーメント(μ_g)と励起状態のそれ(μ_e)との差を表している. 分散のない極限超分子分極率 β_0 を導入すると

$$\beta_0 = (3/2\varepsilon_0 h^2)(\Delta\mu\mu_{eg}^2/\omega_{eg}^2) \tag{2.4.12}$$

であるから,SHG に関しては

$$\beta(-2\omega;\omega,\omega) = \frac{\omega_{eg}^4}{(\omega_{eg}^2-4\omega^2)(\omega_{eg}^2-\omega^2)}\beta_0 \tag{2.4.13}$$

となり,共鳴状態ではきわめて大きな β が得られる.式(2.4.13)より,非共鳴状態で β を大きくするためには,① 遷移双極子モーメント μ_{eg} を大きくする,② $\Delta\mu$ を大きくする,の2点を考慮した分子設計を行えばよい.したがって,共役鎖を長くしたり,強いドナーやアクセプターを導入することが早道である.しかし,往々にしてこのような分子設計ではカットオフ波長が長波長化する傾向にあり,短波長用 SHG 材料としては利用できなくなる欠点もある.

光学材料として有機分子を用いる際には,当然のことながら分子集合体が対象となる.バルクレベルで分子配向が中心対称構造をとると2次の非線形性は消滅してしまう.したがって,いかに集合体の対称性をなくすかが材料設計上の大きな問題点となる.このような分子集合構造の制御(高次構造制御)は有機材料に特徴的なもので,単結晶化,高分子化,高分子分散化,LB 膜化などの手法をとりいれて最適構造を実現する努力がなされている.また,周囲の分子の影響を考慮した局所場の補正が必要となる.通常はローレンツの局所場因子 f^ω (2.4.14) を用い,バルクレベルでの2次非線形光学定数 d_{IJK} は式(2.4.15)で与えられる.

$$f^\omega = (n_\omega^2+2)/3 \tag{2.4.14}$$

$$d_{IJK} = Nf_I^{2\omega}f_J^\omega f_K^\omega (1/N_g)\sum_{ijk}\sum_n (\cos\theta_{Ii}\cos\theta_{Jj}\cos\theta_{Kk})\beta_{ijk} \tag{2.4.15}$$

ここで,IJK は結晶の誘電主軸,ijk は分子の分極方向,θ_{Ii} は誘電主軸 I と分子の分極方向 i とのなす角,N は単位体積中の分子数,N_g は単位格子中での対称等価位置数(たとえば,COANP では $N_g=4$)である[10].

3次非線形性の場合は,2次非線形性とは異なり結晶などの高次構造に反転対称中心があっても構わないが,超分子分極率 γ テンソル(γ_{ijkl})の対角成分(diagonal 成分:$i=j=k=x,y,z$)ばかりでなく off-diagonal 成分(i,j,k,l の異なる成分)を活用するように高次構造を制御することが肝要である.大きな γ を有する分子としては,共役二重結合のようなパイ電子を多く含んだ系,電荷移動錯体系などがあげられる.とくにパイ電子共役系は有望な材料で,ポリアセチレン,ポリジアセチレンなどの1次元的なパイ電子共役系ポリマー,フタロシアニン,アヌレンなどの2次元環状共役分子がある.

パイ電子共役系においては,分子の集合が等方的なアンサンブルの場合,平均的な

超分子分極率 $\langle\gamma\rangle(-\omega_4;\omega_1,\omega_2,\omega_3)$ を用いて，$\chi^{(3)}_{ijkl}(-\omega_4;\omega_1,\omega_2,\omega_3)$ は次式で与えられる[11]．

$$\langle\gamma\rangle=(1/5)[\sum_i \gamma_{iiii}+(1/3)\sum_{i\neq j}(\gamma_{iijj}+\gamma_{ijij}+\gamma_{ijji})] \quad (2.4.16\text{ a})$$

$$\chi^{(3)}_{ijkl}(-\omega_4;\omega_1,\omega_2,\omega_3)=Nf^{\omega_4}f^{\omega_1}f^{\omega_2}f^{\omega_3}\langle\gamma\rangle(-\omega_4;\omega_1,\omega_2,\omega_3) \quad (2.4.16\text{ b})$$

たとえば，ポリエンのような直鎖状(1次元)パイ電子共役系では $\langle\gamma\rangle=\gamma_{xxxx}$ であるが，分子集合体がアモルファスの場合は $\langle\gamma\rangle=(1/5)\gamma_{xxxx}$ となる．ただし，x は分子鎖の方向を表す．一方，2次元パイ電子共役系では

$$\langle\gamma\rangle=(1/5)[\gamma_{xxxx}+\gamma_{yyyy}+(1/3)(\gamma_{xxyy}+\gamma_{xyxy}+\gamma_{xyyx}+\gamma_{yyxx}+\gamma_{yxyx}+\gamma_{yxxy})] \quad (2.4.17)$$

となり，分子配向性の向上や次元性の向上によって $\langle\gamma\rangle$ が大きくなると期待される．

3次非線形光学材料に要請されるポイントとしてはこのほかに，透明なフィルム化が可能であること(processability)，光による繰返し励起に対して安定なこと(durability)，などがあげられる．ポリアセチレンなどの導電性ポリマーは高度に π 電子共役系を形成しているが有機溶媒に不溶なものも多い．したがって，置換基やアルキル鎖の導入によって溶解性を高めることも必要である．

c. 分子配向の制御

2次の非線形光学特性を容易に発現する系として，図2.4.11に示すような，(a)光学的に良質な高分子をマトリックスとし β の大きなクロモフォア(色素)分子をそ

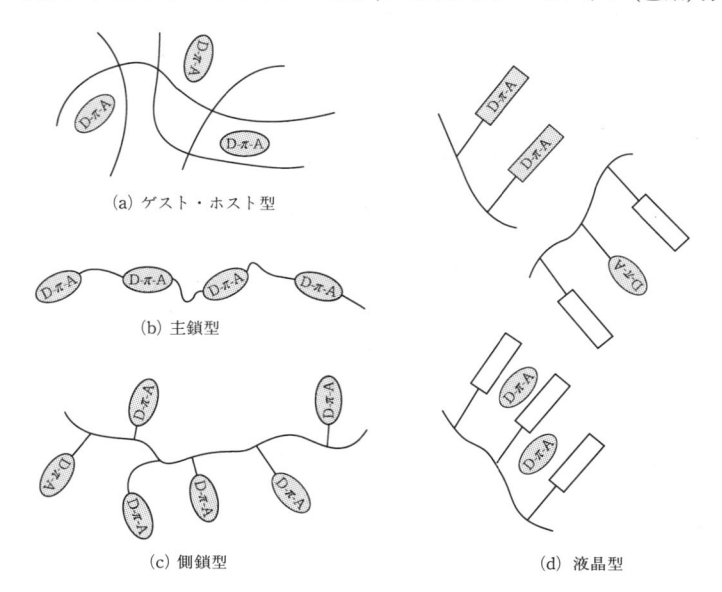

図 2.4.11　各種クロモフォア導入系の例

(a) ゲスト・ホスト型
(b) 主鎖型
(c) 側鎖型
(d) 液晶型

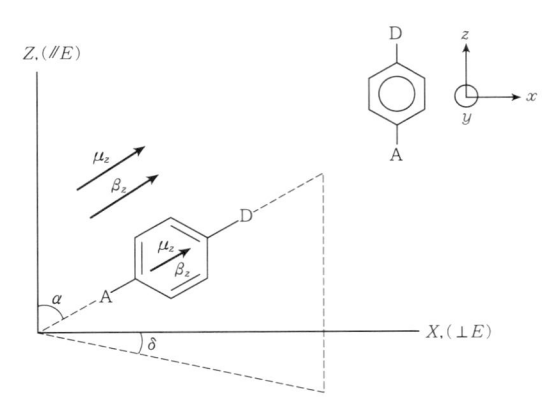

図 2.4.12 A-⟨π⟩-D 分子の電場配向の座標系

の中に分散させる (ゲスト・ホスト型), (b) ポリマー主鎖中にクロモフォアを導入する (主鎖型), (c) ポリマー側鎖中にクロモフォアを導入する (側鎖型), (d) (a) または (c) の高分子として液晶ポリマーを用いる (液晶型), などがあげられる. とくに, (a) ~(c) の場合はクロモフォアの配向が重要で, ガラス転移温度以上でのゴム状態 (液体状態) で高い電場を印加してクロモフォアを電場方向に配向させ, そのままガラス転移温度以下に冷却してクロモフォア配向を凍結した後に電場を取り去る, いわゆる「ポーリング処理」が必要となる. (d) の場合はポーリング以外にも延伸, 基板との相互作用などの手法でクロモフォア配向をもたらすことが可能である.

このポーリング処理による分子配向を考えてみよう. クロモフォア (A-⟨π⟩-D 型の1次元分子) の分子軸方向の双極子モーメントを μ_z, 超分子分極率を β_z とし, 分子軸と印加電場のなす角を α とすると (図 2.4.12), 分子配向係数は

$$\langle \cos \alpha \rangle = \int_0^\pi F(\alpha) \cos \alpha \sin \alpha \, d\alpha \Big/ \int_0^\pi F(\alpha) \sin \alpha \, d\alpha \tag{2.4.18}$$

$$F(\alpha) = \exp[\mu E \cos \alpha / kT] \tag{2.4.19}$$

で与えられる. この解はランジェバン (Langevin) 関数 $L_1(p)$ を用いて

$$\langle \cos \alpha \rangle = \coth[(p-1)/p] = L_1(p) \tag{2.4.20 a}$$

$$L_1(p) = (1/3)p - (1/45)p^3 + (2/945)p^5 - (2/9450)p^7 + \cdots \tag{2.4.20 b}$$

$$p = \mu E / kT \tag{2.4.20 c}$$

と表される. 2次非線形感受率 $\chi_{IJK}^{(2)}$ は個々のクロモフォア分子の応答として

$$\chi_{IJK}^{(2)} = N f_I^{\omega_3} f_J^{\omega_1} f_K^{\omega_2} \langle b_{IJK} \rangle \tag{2.4.21}$$

となる. SHG の場合は $\omega_1 = \omega_2 = \omega$, $\omega_3 = 2\omega$ であり,

$$\chi_{ZZZ}^{(2)} = N(f_Z^\omega)^2 f_Z^{2\omega} \langle b_{zzz} \rangle \tag{2.4.22 a}$$

$$\chi_{ZXX}^{(2)} = N(f_X^\omega)^2 f_Z^{2\omega} \langle b_{zxx} \rangle \tag{2.4.22 b}$$

ここで,

$$\langle b_{zzz}\rangle = \langle \cos^3\alpha\rangle\beta_z = L_3(p)\beta_z \quad (2.4.23\text{ a})$$
$$\langle b_{zxx}\rangle = \langle (\cos\alpha)(\sin^2\alpha)(\cos^2\alpha)\rangle\beta_z \quad (2.4.23\text{ b})$$

であるから,

$$\chi^{(2)}_{zzz} = N(f_z^\omega)^2 f_z^{2\omega}\beta_z L_3(p) \quad (2.4.24\text{ a})$$
$$\chi^{(2)}_{zxx} = N(f_x^\omega)^2 f_z^{2\omega}\beta_z[L_1(p) - L_3(p)]/2 \quad (2.4.24\text{ b})$$

等方媒質で電場が弱い場合は, $L_3(p) \cong (1+6/p^2)L_1(p)$ を考慮すると,

$$\chi^{(2)}_{zzz} = (1/5)N\beta_z\mu_z/kT \quad (2.4.25\text{ a})$$
$$\chi^{(2)}_{zxx} \cong (1/3)\chi^{(2)}_{zzz} \quad (2.4.25\text{ b})$$

となる.

　ポーリングにより分子配向が達成され 2 次非線形光学効果を発現しても, 分子の熱運動のために配向は緩和し, ランダム化される. これは高分子マトリックスあるいはクロモフォアを有するポリマー鎖自体の分子運動とも深くかかわっている. ここで, 分子運動に伴う配向緩和を見てみよう. それには高分子における自由体積理論を考察するのが一般的である.

　自由体積は液体あるいは固体状態における構造の緩やかさの尺度であり, 分子の動きやすさに関係している. v, v_f をそれぞれ 1 グラム当りの比体積, 自由体積とすると, その比 $f(=v_f/v)$ は自由体積分率となる. ドリトル (Doolittle) の液体粘性論によれば[12]), 粘性係数 η は

$$\eta = A\exp(B/f) \quad (2.4.26)$$

で与えられる. A, B は定数である. 温度 T_1, T_2 における粘性係数の比をとると

$$\ln\eta(T_1)/\eta(T_2) = B[(1/f_1) - (1/f_2)] \quad (2.4.27)$$

粘弾性緩和時間 τ は η に比例するから, 式 (2.4.27) の左辺は $\eta(T_1)/\eta(T_2) = \tau(T_1)/\tau(T_2)$ で置き換えられる.

　ガラス転移温度 T_g を基準にとると, f の温度・圧力依存性は

$$f = f_g + \alpha_f(T - T_g) - \beta_f P \quad (2.4.28)$$

と表される. f_g は T_g での自由体積分率, α_f, β_f はそれぞれ自由体積の熱膨張係数($=\alpha_l - \alpha_g$), 等温圧縮率($=\beta_l - \beta_g$) に等しい. ただし, 添字 l は T_g 以上の液体状態 (ゴム状態), g はガラス状態を表す. 式 (2.4.27) および (2.4.28) より

$$\log\tau(T)/\tau(T_g) = -C_1(T-T_g)/[C_2 + (T-T_g)] \quad (2.4.29\text{ a})$$
$$C_1 = B/2.303, \quad C_2 = f_g/\alpha_f \quad (2.4.29\text{ b})$$

が得られる. これは経験的に導かれた WLF 式 (Williams-Landel-Ferry equation)[7]) に相当する.

　ドリトル式 (2.4.26) はコーエン-ターンブル (Cohen-Turnbull) 理論[14]) から導くことができる. すなわち, 自由体積の再分配により分子が拡散するに十分な大きさの空げきが生成されるという考え方から, ファン・デル・ワールス液体における拡散定

数 D は

$$D = A \exp(\gamma v^*/v_\mathrm{f}) \tag{2.4.30}$$

で与えられる．ただし，v^* は拡散に必要な最小空げき体積，A, γ は定数である．分子の固有体積を v_m とすると，式 (2.4.26) の B は

$$B = \gamma v^*/v_\mathrm{m} \tag{2.4.31}$$

となる．

このようなポーリングによる2次非線形光学特性の付与は有機材料に特有なプロセスであり，容易に大面積の2次非線形フィルムを得ることができるが，配向緩和の問題がつねにつきまとうので，実際に利用する際には注意を要する．

d. 導波路中の光伝搬

3次非線形光学材料の典型的な応用例としてスラブ型光導波路をとりあげ，導波路中の光伝搬について考察してみよう．光強度に依存した屈折率変化は式 (2.4.8) で与えられる．3層型薄膜導波路を構築するために，ポリメチルメタクリレート (PMMA) にバナジルフタロシアニン誘導体 (VOPc(t-bu)$_n$) を分子分散させた溶液 (VOPc(t-bu)$_n$/PMMA) を石英基板上にスピンコーティング法で成膜する．プリズムカップリングあるいはグレーティングカップリングによりレーザービームを導入する．膜中を伝搬する光は多少散乱を受けながら進行する．散乱光を赤外線 CCD カメラでモニターすれば膜中の伝搬損失を求められ，VOPc(t-bu)$_4$/PMMA 膜の場合は 4 dB/cm 程度の値が得られている[15]．

薄膜導波路に光を導入する方法としてはプリズムカップリング法が手軽でよく用いられる．固体基板 (屈折率 n_s) 上に形成された薄膜導波路 (n_f) とプリズム (n_p) とのカップリングは，プリズム底面のギャップ層 (通常は空気層 (n_c)) を介して起こる．導波層に沿っての入射ビームのプリズム中の伝搬定数 β は

$$\beta = n_\mathrm{p} k \sin\theta ; \quad k = 2\pi/\lambda \tag{2.4.32}$$

で与えられる．ただし，θ はプリズム底面への入射角である．導波層での伝搬定数 β' は

$$\beta' = k n_\mathrm{eff} ; \quad n_\mathrm{eff} = n_\mathrm{f} \sin\theta' \tag{2.4.33}$$

で与えられる．ただし，θ' は全反射角である．$\beta = \beta'$ のときに導波モードが励起される．TE 波に対する電場方程式から，x 方向の波数 k_x は次の固有値方程式

$$k_x T = (m+1)\pi - \tan^{-1}(r_\mathrm{s}/k_x) - \tan^{-1}(r_\mathrm{c}/k_x) \tag{2.4.34}$$

$$k_x = k(n_\mathrm{f}^2 - n_\mathrm{eff}^2)^{1/2} ; \quad r_\mathrm{c} = k(n_\mathrm{eff}^2 - n_\mathrm{c}^2)^{1/2} ; \quad r_\mathrm{s} = k(n_\mathrm{eff}^2 - n_\mathrm{s}^2)^{1/2} \tag{2.4.35}$$

で与えられる．ただし，T は導波層の厚さ，$m (= 0, 1, 2, \cdots)$ はモード次数である．

図 2.4.13 の測定系でスラブ型導波路の光伝搬特性を評価する[15]．TE 波をプリズムカップリングにより導波層中に導入すると，プリズムからの出射ビームは何本かの輝線を示す．この輝線はモードラインと称され，式 (2.4.34) に従って光が導波層中

2.4 有機材料

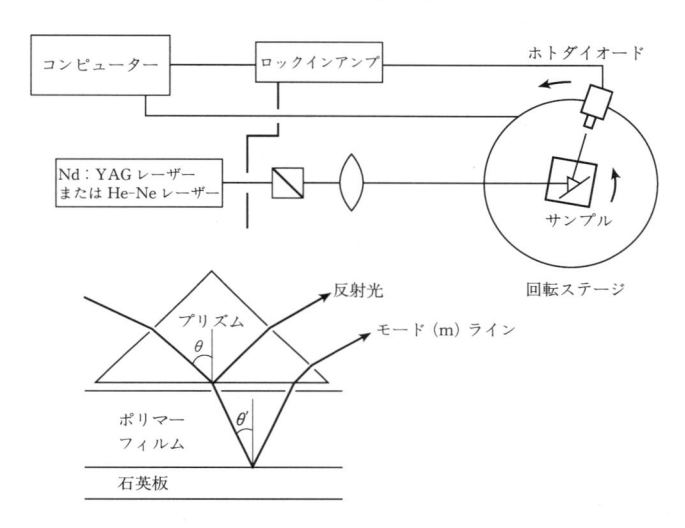

図 2.4.13 導波伝搬モードの測定系 (m-ラインと法)

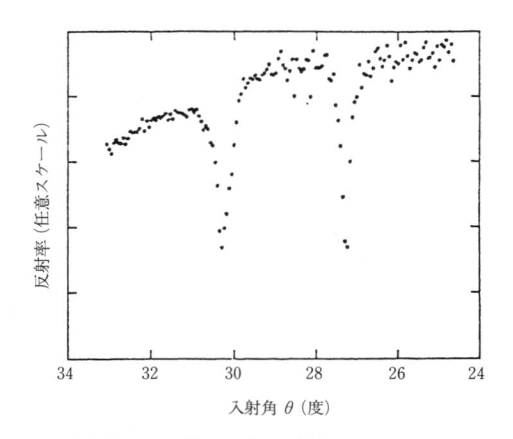

図 2.4.14 反射光強度の入射角依存性の測定例

を伝搬していることの証拠となる．また，入射角を変える（プリズムを回転する）と出射ビームの強度は図 2.4.14 のように鋭い極小を示す．これは導波モードが励起されてビームがプリズムから導波層中に導かれたことを示し，モードラインと同様にモード次数に対応する．

このスラブ型光導波路をエッチング法などでパターン化すると，方向性結合器，マッハ-ツェンダー干渉計，非線形ループミラーなどの導波路型光スイッチングデバイスを構築できる．有機材料は導波路損失が大きいという欠点はあるものの，非共鳴

での非線形光学定数が大きいという特徴を活かして，新しい光スイッチとしての応用が期待されている．

有機材料を非線形光学デバイス構築に利用する研究はここ十数年来続けられているが，なかなかガラス材料，無機強誘電体材料，半導体材料を越えるようなものは得られていない．デバイスの要求仕様にあった波長領域，性能指数，サイズなどは，有機材料の場合，適当な分子設計，材料プロセシングにより適合させうる．したがって，このメリットを活用して実際のデバイス応用を図ればよい．その際に留意すべき点は，分子レベルでの大きな非線形定数，分子の配向制御とその緩和抑制，光伝搬モードの制御にある．

2.4.3 分子デバイスと超構造分子

a. 分子デバイス

分子デバイス (molecular electronic device, MED) が注目を集め始めたのは，1981年に F. L. Carter が主宰した MED 国際ワークショップであった[16]．有機分子が1個でメモリー機能やスイッチング機能を有する素子となり，さらにそれらをパイ電子共役鎖で接続して論理回路を構築するという分子デバイスの概念は，シリコンデバイスの超高集積化の限界(集積度で $1\,\mathrm{GB/cm^2}$)を越す可能性があり，魅力的でもあった．その後多くの MED に関する国際会議，フォーラム，ワークショップなどが開催されたが，なかなか概念の域を脱することができずその具体化には問題が山積している．

まず，MED の概念を整理しておこう．MED はその名のとおり有機分子そのもので電子デバイスを構成し，超高速，超高密度の集積回路を創製しようとするものである．有機分子は電気的・光学的な刺激を受けて電子状態あるいは形態に変化を生じ，種々の準安定状態に遷移する．これらの状態は別の刺激で可逆的にもとの状態に戻ることが可能で，それぞれの安定状態を"0"，"1"のビットに対応させればメモリー素子として機能することになる．たとえば，TCNQ の金属塩では電場印加により

$$[M^+(TCNQ)^-]_n \rightarrow M^0_x + [M^+(TCNQ)^-]_{n-x} + (TCNQ)^0_x \tag{2.4.36}$$

のように TCNQ の陰イオンラジカルが中性のアクセプター分子 $(TCNQ)^0$ となり，導電率が増大するとともに光吸収スペクトルも変化する．熱エネルギーパルスを印加すると，式(2.4.36)の逆反応が生じ，再び低導電状態の陰イオンラジカル塩となる．これも可逆的な変化であり，光学的なビット対応，電気的なビット対応が可能である．

別のタイプのスイッチング機構として電子トンネリングがある．ポテンシャル井戸中に閉じ込められた電子はトンネル効果で隣接する井戸に移ることができるが，その確率は障壁高さと壁の厚さに依存して指数関数的に減少する．しかし，両井戸における電子励起状態が一致している場合にはトンネル確率はほぼ1になる(共鳴トンネリング)．周期的なポテンシャル井戸が存在するとそれらの励起状態は縮退が解け，井

戸の数だけ分裂する(擬安定準位).外部からの電位変動導入によりわずかでも擬安定準位のレベルが変化するとトンネル確率は著しく低下する.この原理を応用して,パイ電子共役鎖を骨格とし適当なクロモフォアを側鎖置換基として周期的に配置すると,共役鎖を流れる電子を光により ON/OFF できる.さらに置換基をゲートとして入力端子,共役鎖の電子輸送を出力端子とすれば論理回路(この場合は NOR ゲート)が得られる.

分子デバイスの基本は,メモリーあるいはスイッチング機能を有する分子の創製,配置,接続(回路構築)であり,とくに機能分子を接続するためにはパイ電子共役系を用いることである.しかし,共役鎖(1次元導体)におけるソリトンの安定性,パイエルス転移に伴う導電性の消滅,量子効果に伴う伝搬信号の S/N 比などに多くの問題が残されている.また,分子を操作(ハンドリング)すること自体も容易ではない.単一分子ではなく分子を $10^3 \sim 10^4$ 個集めたクラスターを単位とするデバイスを対象とする考え方(アプローチ)が必要である.

合成分子ばかりでなく,タンパク分子や細胞のような生体由来材料を用いることも可能である.その場合は,通常バイオエレクトロニクス (bioelectronic device, BED) あるいはバイオチップ (biochips) と称されている.ここでは紙幅の関係で割愛する.

ごく最近になって,従来の分子デバイスで考えられてきた分子とは本質的に異なる巨大分子(超構造分子)を導入する提案がなされた[17].次に,その概念とデバイスアプローチについて紹介する.

b. 超構造分子
1) 超構造分子の設計と合成

トポロジカルに構造制御された分子を"超構造分子"(hyper structured molecules, HSM)という.たとえば,図 2.4.15 に示すデンドリマーのように基本ユニットを放射状にネズミ算式に段階的に合成し,コアの結合様式を選ぶことによって分子1個の3次元構造を真球や回転楕円体などトポロジカルに制御した巨大分子を得られる.さらにその周縁あるいは表面を局所的に化学修飾して電荷分布の非対称性,電気的・化学的な反応の異方性を付与すると,従来の共有結合以外の特異な超構造分子間結合に基づく1次元的な鎖状超分子を構築できる.

デンドリマーは従来,精密合成の"芸術"として分子設計されてきた.最近はそれらの形態ばかりでなく機能を付与することが盛んになりつつある.具体的には,① 光導電性と2次非線形光学特性を併せもつカルバゾール系分子,② 2次元パイ電子共役系で電子輸送および3次非線形光学特性を併せもつポルフィリン系分子あるいはフタロシアニン系分子,③ 有機超電導錯体や電荷移動錯体を形成する電子供与性のテトラチアフルバレン(TTF)や電子受容性テトラシアノキノジメタン(TCNQ)など光・電子活性なクロモフォアを導入した光機能性・電子機能性を有する超構造分子な

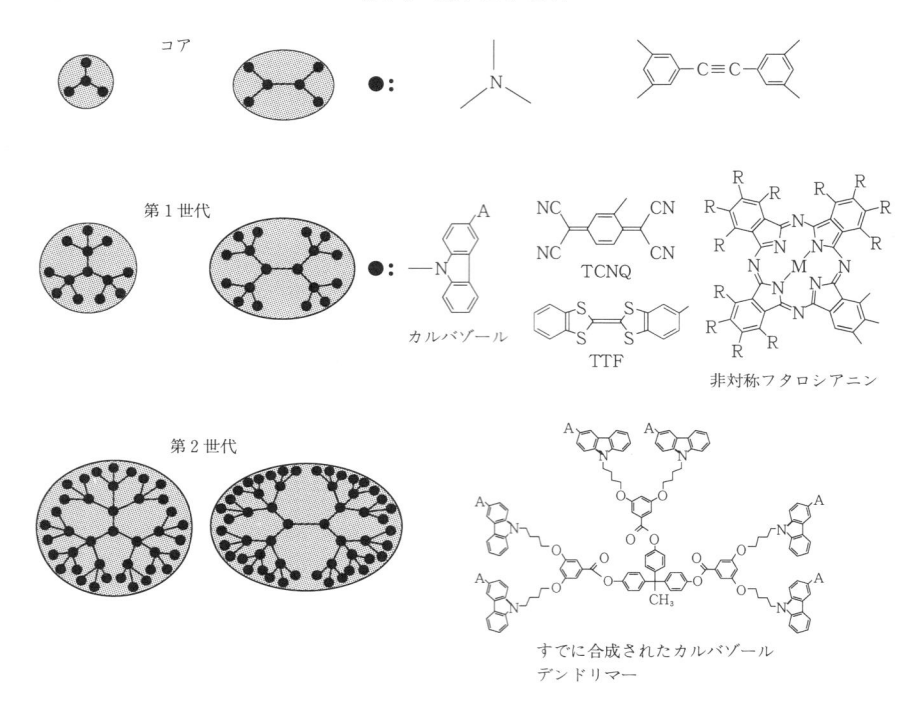

図 2.4.15 超構造分子・デンドリマーの例
世代が経つにつれて分子サイズは大きくなり、3次元構造体となる.

どが検討されている.

3世代以上のデンドリマーでは2次元(面状)から3次元(球状)構造に超構造は変化するが，HSMの構造の物理化学的な対称性は種々に制御できる．すなわち，図2.4.16のように，表面に機能性を付与したHSM，中心に機能性分子団を導入したHSM，階層的な分子骨格構造を有するHSM，ブロック的な分子骨格構造を有するHSMなどを設計・合成し，種々の物理的・化学的異方性を付与できる．

2) 量子スピン素子の設計と合成

従来，磁性は遷移金属のdスピン，fスピンが担う物性とされてきたが，近年，磁性とは無縁と考えられた有機分子にスピンを担わせ，その超構造体で種々のスピンシステムを構築する分子磁性(molecular magnetism)の研究が飛躍的な発展を遂げつつある．トポロジカルに設計されたパイ電子系は，結合切断，電子授受をトリガーとして分子内でスピン整列し，高スピン状態を実現することができる．このような高スピン分子は"量子スピン素子"(quantum spin device)と位置付けられ，分子内に組み込まれた配列制御部位のもつ自己集積能によって超構造体を形成し，メゾスコピック

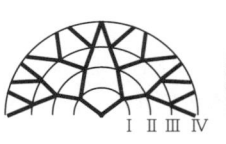

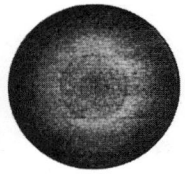

(a) 周縁型：周辺部に機能性基

(b) コア型：中心に機能性基

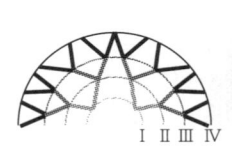

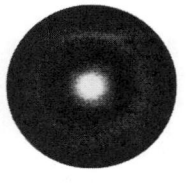

(c) 階層型：階層的に異なる機能

(d) 分割型：ブロック的に異なる機能

図 2.4.16 種々のデンドリマーの形態と機能化

スケールでの種々のスピン系を創出できる．これも広い意味での超構造分子と見なせる．

これらはさらに，光学特性を有するスピンシステム，電気伝導性を有するスピンシステムへと展開され，多機能量子スピン素子，量子スピンデバイスとなる．具体的には，① 光情報記憶スピン素子，② 光誘起電子・エネルギー移動型スピン素子，③ 開殻電子構造を有するドナー，アクセプター分子を用いた導電性磁性錯体，④ トポロジー制御部位を組み込んだ導電性オリゴマーを利用したポーラロン型スピン素子などが検討されている．

3) 有機量子デバイスへの展開

超構造分子は単独で量子ドットとして機能し，鎖状超分子は量子細線として機能する．したがって，これらは有機量子デバイスのユニットともなる．また，超構造体内でのパイ-トポロジーを利用してメゾスコピックレベルでの多様なスピンシステム，たとえば"光学特性を有するスピンシステム"，"電気伝導性を有するスピンシステム"などの精密設計・精密構造制御を行い，光・電子授受などの外的刺激に感応する動的格子系からなるユニットと，磁気的特性を示すユニットを有機的に接合し，"外場応答性をもつ量子スピン素子"を創製することもできる．これらは量子スピンデバイスとなる．このような有機量子デバイスを創製するうえで重要なポイントを眺めてみよう．

a) 超構造分子の操作と固定化　超構造分子は電荷分布の非対称性，形態特異性などを有するのでSTMなどの走査プローブを用いた"分子ピンセット"，超微粒子に応用されているレーザートラッピングなど"レーザーピンセット"によって，超構

造分子の向きを規制して一つずつつまみ上げたり，移動できる．一方，超構造分子はナノメーターサイズの真球や回転楕円体などの特異なトポロジーを有するので，2次元光導波路の導波光エバネッセント波による放射圧により超構造分子に運動量を与えられる．したがって，導波レーザー光波により導波路上の任意の位置に分子を移動させうる．さらに，超構造分子に対する最適基板の選択（金属単結晶基板など），単分子膜創製（分子線エピタキシー法，LB膜法など）あるいは化学修飾による基板への固定化（チオール結合など），超構造分子回路パターンの形成などを行うことによって未来型の有機量子デバイスが創製される．

 b) **単分子への情報入・出力技術**　　固体基板上に形成された分子パターンへの情報入・出力にはSTMチップによる電子接点，あるいは光信号入・出力には光ファイバーとSTMを組み合わせたフォトンSTMによる光接点が利用される．これらは，1量子を超構造分子に入出力するための"分子接点"となる．したがって，電子・フォトンのような量子を一つずつ入出力でき，個々の超構造分子とコミュニケートできる．また，超構造分子が非線形光学活性を有する場合にはフェムト秒オーダーの超高速応答が可能である．

 c) **超分子による有機量子デバイスの構築**　　超構造分子においては，光応答性クロモフォアの空間配置が外殻ほど高密度に制御されたものでの励起子閉じ込め効果，階層的に交互に電子供与性や受容性クロモフォアを配置されたものでの量子井戸構造など，超構造分子単独で量子ドットとして機能させうる．また，電子供与性や受容性の超構造分子を交互に鎖状に結合した超分子量子井戸構造，電子供与性や受容性超構造分子からなる超分子整流器，高効率蛍光性クロモフォアからなる超構造分子を電子供与性や受容性超構造分子でサンドイッチした超分子エレクトロルミネッセンス構造などを構築できる．これらの量子デバイスは"分子接点"を用いて情報の入出力が可能である．これらは未来の超高速・超高密度の単電子単光子デバイスとしての展開が期待され，将来の光コンピューターの基盤を築くものであろう．

また，とくに量子スピン素子に注目すると，光・電子授受応答型スピン素子を用いて，① 光照射をトリガーとしたスピン系の高速磁化および可逆的変換機能，② 光・磁性の多重情報記憶素子，③ 電極酸化還元（ドープ・逆ドープ過程）を利用したスピン系変換機能などを実現可能となる．

これらの超構造制御を行うことによって，新概念の有機分子の創製と，それらを基本とする量子効果デバイス，量子スピンデバイスを創製することができる．したがって，これまで未開拓であった超分子デバイスなどの応用分野に新機軸を生み出せるであろう．

［雀部博之］

引 用 文 献

1) T. Ito *et al.* : *J. Polym. Sci., Polym. Chem. Ed.*, **12** (1974) 11.

2) C. K. Chiang et al.: *J. Chem. Phys.*, **69** (1978) 5098.
3) D. Jerome et al.: *J. Physique Lett.*, **41** (1980) L-95.
4) W. A. Little: *Phys. Rev.*, **134** (1964) A1416.
5) L. B. Coleman et al.: *Solid State Commun.*, **12** (1973) 1125.
6) P. C. Honenberg: *Phys. Rev.*, **158** (1967) 383.
7) 鹿児島誠一：応用物理, **48** (1979) 655.
8) H. Gutfreund and W. A. Little: Highly Conducting One-Dimensional Solids, J. T. Devreese et al. eds., Plenum, 1979, Chap. 7.
9) V. L. Ginzburg and P. N. Levedev: *Contemp. Phys.*, **9** (1968) 355.
10) Ch. Bosshard et al.: Organic Nonlinear Optical Materials, Gordon and Breach Publishers, Singapore, 1995.
11) J. W. Wu et al.: *J. Opt. Soc. Am.*, **B6** (1988) 91.
12) A. K. Doolittle: *J. Appl. Phys.*, **22** (1951) 1471.
13) M. L. Williams et al.: *J. Am. Chem. Soc.*, **77** (1955) 3701.
14) M. H. Cohen and D. Turnbull: *J. Chem. Phys.*, **31** (1959) 1164.
15) H. Sasabe et al.: Progress in Pacific Polymer Sciences, B. C. Anderson and Y. Imanishi eds., Springer Verlag, 1991, pp. 193-202.
16) F. L. Carter: Molecular Electronic Devices, Marcel Dekker, 1982.
17) H. Sasabe (ed.): Hyper-Structured Molecules I, II: Chemistry, Physics & Application, Gordon and Breach Science Publishers, 1999.

さらに勉強するために

1) 斎藤省吾，雀部博之，筒井哲夫：有機電子材料，オーム社，1990.
2) 鹿児島誠一（編著）：一次元電気伝導体，裳華房，1982.
3) 雀部博之（編著）：有機フォトニクス，アグネ承風社，1995.
4) 神沼二真他：バイオコンピューティング研究戦略，サイエンスフォーラム，1990.

2.5 量子工学材料としての表面

はじめに

　本章では量子工学応用の舞台となるさまざまな物質がとりあげられている．工学応用には，バルク結晶としての物性が重要であることはもちろんである．しかし，デバイス構造の微細化は表面付近の物性を顕在化させる．絶縁膜や電極などの界面の物性も重要性を増している．良質な材料薄膜の作製，材料表面の原子レベルでの加工も不可欠である．バルク結晶で大きな成功を納めた電子状態理論は，材料表面の物性を解明するうえでも強力な道具となる．本節では，半導体材料における表面再構成，吸着，原子拡散，反応，薄膜成長などの表面現象を電子状態理論の立場[1,2]から概説し，さらに実験による観測例を紹介する．

　実験例では，最近，とくに，走査トンネル顕微鏡(STM)[3]による観察例が重要である．STMについては，本書の4.6節に詳しく記述されているが，鋭く尖らせた探針を試料表面から1nm距離に保持して，試料表面における原子の凹凸を原子レベルの分解能で観察する顕微鏡である．さらに，走査中に探針を止め試料バイアスの関数としてトンネル電流値を測定することにより，STMで観察している個々の原子の電子状態をも測定する(STS,走査トンネル分光)画期的な手法である．半導体表面におけるSTM研究は，Si(111)7×7,Si(100)2×1,Si(111)2×1へき開面,Ge(111)-c(2×8),Ge(100)2×1,GaAs(110)へき開面やその他の化合物半導体表面再構成をはじめとして，それらの基板を対象に，

① 酸素，硫黄，水素，塩素，ヨウ素などの化学吸着および昇温反応
② III, V族元素の吸着と表面超構造，さらには，Si表面での化合物半導体成長における基礎過程
③ アルカリ金属吸着と仕事関数および化学反応性の変化
④ 表面欠陥，吸着原子，原子ステップの高温ダイナミックス
⑤ アンモニア，銅フタロシアニン，ベンゼン，フラーレンなどの分子吸着と薄膜成長
⑥ アルミ，金，チタンなどの電極金属およびIV族金属の吸着・薄膜成長とショットキー障壁形成
⑦ ニッケルやコバルトによるシリサイド形成とショットキー障壁

⑧ 半導体表面でのエピタキシャル成長
⑨ MOCVD(有機金属分子の化学反応による蒸着法)の素過程

など，半導体科学で問題となるほぼすべての研究例がある．これらの詳細を鳥瞰するのは，1986年から毎年(1991年以降は隔年で)開催されているSTM国際学会のプロシーディングスが便利である．

2.5.1 表面電子状態理論

a. 表面状態

表面付近には，結晶内部とは異なった性質をもつ電子状態が現れる．それは，結晶内部の電子が表面で散乱されたり，表面に束縛されるからである．結晶内部においてバンドギャップを形成する要因，たとえば，混成軌道間での結合・反結合状態の形成，などが表面で消滅してギャップ中に新たな電子準位が生じることがある．また，表面付近のポテンシャルが結晶内部と大きく異なり，電子がそのポテンシャルに束縛される場合もある．このように表面付近に束縛されて局在した電子状態を表面状態と呼ぶ．表面電子状態は表面構造の安定性に影響を与え，結晶内部とは異なる原子配置を実現する．表面の顕著な特徴は，物質の活発な出入り，吸着・拡散・反応などの動的過程であるが，このような動的過程も表面状態と密接に関連している．表面電子状態は表面物性を支配する要因である．

b. 局所密度汎関数法

表面電子状態理論は，多様な表面物性を統一的に理解するうえで重要な役割を果たす．近年の計算機の著しい進歩により，実験データなどの経験的なパラメーターをいっさい用いずに，表面電子状態を第一原理的に計算することが可能になった．局所密度汎関数法と呼ばれる第一原理的な計算法により，表面電子状態がどのように理解されるかを解説する．

表面電子状態は局所密度汎関数法を用いて精度よく求めることができる．局所密度汎関数法によると[1]，表面の電子-格子系の全エネルギーは電子密度の汎関数として次のように表される．

$$E_{\rm tot} = \sum_i \int \psi_i^*(r)\left(-\frac{\hbar^2}{2m}\nabla^2\right)\psi_i(r)d^3r + \sum_{i\mu}\int \psi_i^*(r)V(r-R_\mu)\psi_i(r)d^3r \\ + \frac{e^2}{2}\iint\frac{n(r)n(r')}{|r-r'|}d^3rd^3r' + \frac{e^2}{2}\sum_{\substack{\mu,\nu \\ \mu\neq\nu}}\frac{Z^2}{|R_\mu-R_\nu|} + \int \varepsilon_{xc}[n(r)]n(r)d^3r \quad (2.5.1)$$

ここで，R はイオン殻の位置座標，$V(r)$ はイオン殻のポテンシャル，$\psi_i(r)$ は電子の波動関数であり，電子密度 $n(r)$ は

$$n(r)=\sum_{i}^{占有状態}\psi_i^*(r)\psi_i(r) \qquad (2.5.2)$$

で与えられる．式(2.5.1)の第1項は電子の運動エネルギーであり，第2，第3，第4項は，それぞれ，電子-格子，電子-電子および格子-格子間の静電的エネルギーを表している．最後の項は電子の多体効果による寄与を与える交換・相関エネルギーである．この全エネルギーを最低にするような，電子状態と格子配置が実現されるのである．格子配置を固定して，全エネルギーを電子の波動関数で変分すると，基底状態の波動関数を決定する次の1電子方程式が導かれる．

$$\left(-\frac{\hbar^2}{2m}\nabla^2+\sum_{\mu}V(r-R_\mu)+\int\frac{e^2n(r)}{|r-r'|}d^3r'+\frac{d[n\varepsilon_{xc}(n)]}{dn}\right)\psi_i(r)=\varepsilon_i\psi_i(r) \quad (2.5.3)$$

はじめに適当な電子密度を仮定すれば，式(2.5.3)を解いて波動関数を求めることができる．求めた波動関数から，式(2.5.2)を用いて，新たな電子密度が計算される．したがって，式(2.5.2)と式(2.5.3)を自己無撞着に解けば，真の波動関数と電子密度を求めることができる．与えられた格子配置に対して，波動関数と電子密度が決定されれば，式(2.5.1)により全エネルギーが計算できる．全エネルギーを格子座標で微分して表面原子に働く力を求め，安定な表面構造を決めることもできる．

表面は半無限の系であり結晶のような3次元の周期的対称性がない．そのため，実際の全エネルギー計算には工夫が必要である．スラブモデルでは，表面を有限の厚さの膜で近似し，その膜を適当な厚さの真空ではさんで積み重ねた構造に対して計算を行う．この構造は3次元的な周期性をもつため，通常の固体に対する手法を適用できるのである．

原子の内殻電子状態は，原子配列などの原子周囲の環境にほとんど影響されない．そのため，内殻電子が価電子に与える効果を，原子ポテンシャルにあらかじめ取り込んでおけば，価電子のみを考慮して全エネルギー計算を行うことが可能となる．abinitio擬ポテンシャル[2]は，孤立原子の計算において，価電子状態の固有エネルギーが正確に与えられ，波動関数が節をもたず，かつ内殻の外側で真の波動関数と完全に一致するように理論的に作成されたものである．擬ポテンシャルは内殻電子による反発を反映して浅く滑らかであり，そのため波動関数が少ない平面波基底関数で展開できる利点がある．さらに重要なことは，価電子のみを考慮するため，原子当たりの全エネルギーが数十Ry程度となり，原子配列の相違によるエネルギー差(数mRy程度)を十分に議論できることである．

2.5.2 表面再構成

清浄な結晶表面は多くの場合，バルク内部の結晶面をそのまま切り出した仮想的な表面である理想表面とは異なる原子配列をとる．これは，表面付近における電子状態

がバルク内部とは異なる特徴をもち，そのため表面付近の電子-格子系の全エネルギーを改めて最低にするように，表面原子の再配置が起こるからである．原子の再配置としては，単に原子面の間隔が変化するなど原子位置の緩和が起こる場合や，結合の組換えなどによる再構成が起こり表面対称性が変化する場合がある．共有結合性の半導体表面では，共有結合が切断されたときに生じるダングリングボンドが高いエネルギーをもち不安定であり，このエネルギーを低下させるように再構成構造が現れることが多い．

IV族元素半導体Si表面における，ダングリングボンドの出現の様子を述べる（図2.5.1(a)）．結晶Siにおいては，各Si原子の3s軌道と3p軌道からsp^3混成軌道が形成される．四つのsp^3混成軌道は，Si原子を中心とする正四面体の頂点の方向に，つまりダイヤモンド構造での隣接するSi原子の方向に伸びている．そのため，隣接Si原子の向かい合う二つのsp^3混成軌道が相互作用して，結合軌道と反結合軌道が形成される．結合軌道は2個の電子で完全に占有され，反結合軌道は空となるので，Si原子間のボンドは強い共有結合となる．各Si原子間の結合軌道は互いに相互作用して結晶全体に広がり価電子帯となり，反結合軌道からは伝導帯が形成される．こうして価電子帯と伝導帯の間にはバンドギャップが現れる．この結晶Siから理想表面を切り出すと，最外層Si原子の一部のsp^3混成軌道は結合相手を失ってダングリングボンドとなり，その準位はバンドギャップの中央付近に現れる．

GaAsなどのⅢ-Ⅴ族化合物半導体では少し状況が異なる（図2.5.1(b)）．バルクGaAsにおいては，Ga原子sp^3混成軌道とAs原子sp^3混成軌道の間の結合・反結合状態から，価電子帯と伝導帯が形成される．Ga原子の混成軌道はAs原子の混成軌道より軌道エネルギーが高いため，表面が切り出されると，Ga原子のダングリングボンドは伝導帯付近に，As原子のダングリングボンドは価電子帯付近に現れる．

このように理想表面に現れたダングリングボンドのもつ高いエネルギーを解消する一つの典型は，ダングリングボンド間に結合をつくり，その数を減らすように表面原

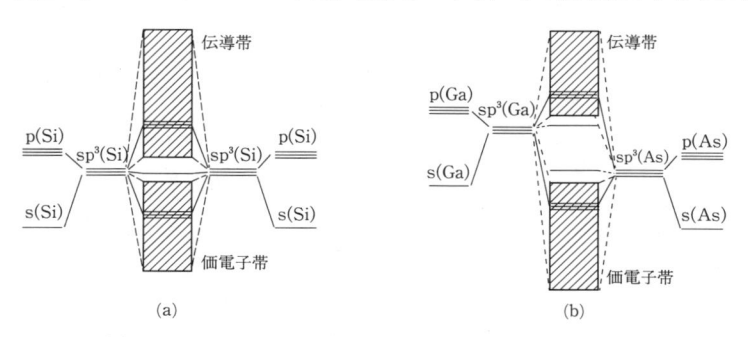

図 2.5.1 (a) 元素半導体Siおよび (b) 化合物半導体GaAsにおけるバルク電子構造とダングリングsp^3混成軌道の関係の概念図

子が再構成することである．またⅢ-Ⅴ族化合物半導体では，伝導帯近くのⅢ族原子ダングリングボンドから価電子帯近くのⅤ族原子ダングリングボンドへ電荷移動が起こるように，表面が再構成される場合が多い．

2.5.3 Si 表面構造

a. Si(001)表面

Si(001)表面はデバイス応用にとってもっとも重要な表面である．この表面の再構成構造を述べる．

Si(001)理想表面では，表面Si原子当たり2個のsp^3混成軌道ダングリングボンドが存在する(図2.5.2)．理想表面の隣接する2個のSi原子が互いに接近すると，向き合うダングリングボンド間に強いσ型共有結合が形成できる．このようなダイマー(2量対)を形成したSi原子には，表面にほぼ垂直方向のダングリングボンドがまだ1個ずつ残っている．この同じダイマーに属する2個のダングリングボンドの間にもπ的な結合が生じる．このような表面エネルギーの安定化機構により，Si(001)表面ではすべての表面原子がダイマーを形成して(2×1)再構成構造となる．このダイマー構造は，AppelbaumとHamann[4]により理論的に予測されていたが，最終的にHamers, Tromp, Demuth[5]によりSTMで観察され大筋で理解された．また，塚田らは，ダイマー内の2個のダングリングボンドから形成される結合状態のπ状態と反結合状態のπ^*状態を第一原理からクラスター計算して，その空間分布を報告している(図2.5.3)[6]．STMでSi(100)2×1構造を観察すると，試料バイアスV_s

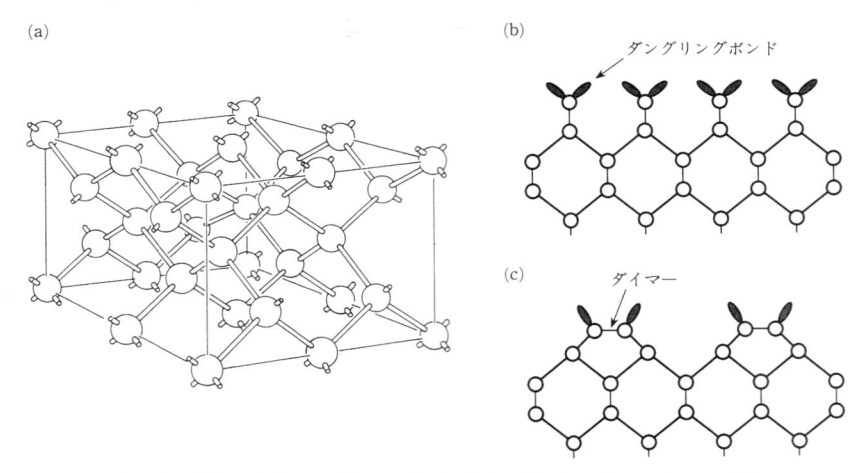

図2.5.2 Si(001)表面の (a) 理想表面の構造，(b) ダングリングボンド状態，(c) ダイマー形成の様子

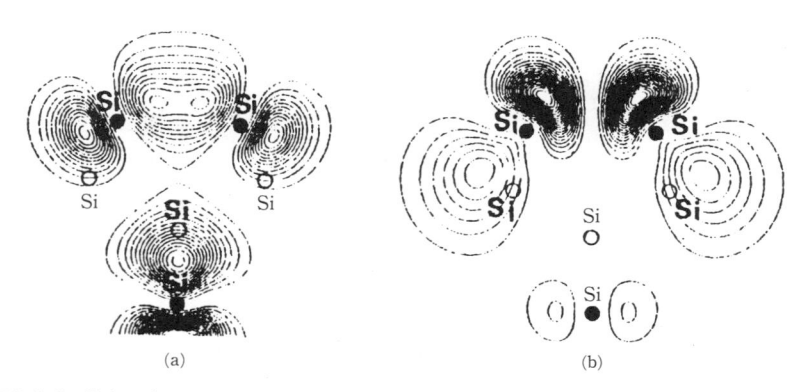

図 2.5.3 Si(0 0 1)表面ダイマーにおける (a) 占有状態と (b) 非占有状態の電子状態計算結果[6]

<0 V(占有状態)ではダイマーが繭状に(図 2.5.4(a)),また,V_s>0 V(非占有状態)ではそれが二つに分かれた形状に観察され(図 2.5.4(b)),電子状態計算によりよく説明できる[6].

ダイマー構造に関しては,ダイマー軸が表面に平行な対称ダイマー構造と,ダイマー軸が傾いた(バックリングと呼ぶ)非対称ダイマー構造が考えられる(図 2.5.5).非対称ダイマー構造では,真空側に突き出した Si 原子のバックボンドの頂角は鋭くなり,そのダングリングボンドの s 軌道成分が増し軌道エネルギーが減少する.一方,バルク側に引っ込んだ Si 原子のバックボンドは鈍角となり,ダングリングボンドの s 軌道成分が減り軌道エネルギーは増大する.このため,バルク側に引っ込んだ原子から真空側に突き出した原子に電子が移動して,表面エネルギーが低下することになる.局所密度汎関数法による全エネルギー計算によると,ダイマー形成により約

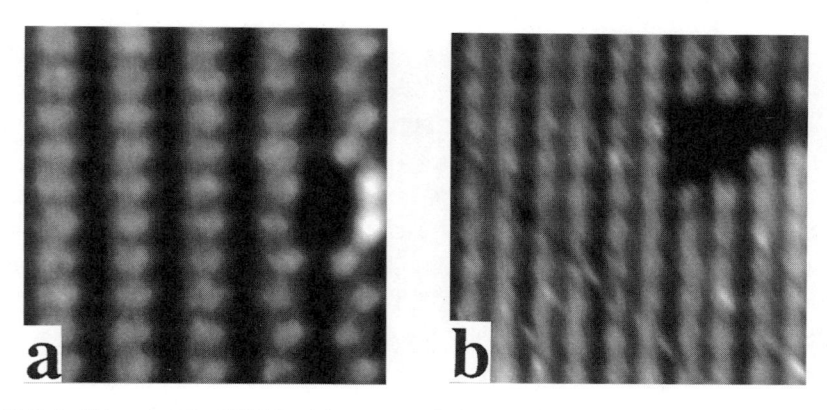

図 2.5.4 Si(0 0 1)表面の STM 像,(a) $V_s=-1.6$ V(占有状態)と (b) $V_s=+1.2$ V(非占有状態)[6]

(a) 対称ダイマー

(b) 非対称ダイマー

(c) $c(4\times2)$ 非対称ダイマー構造

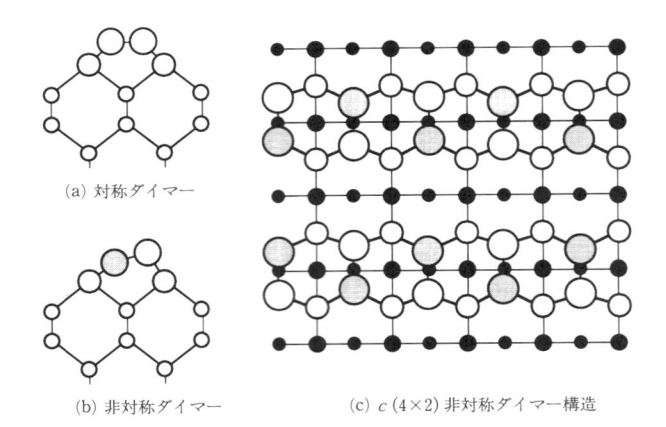

図 2.5.5 Si(001)表面の (a) 対称ダイマー，(b) 非対称ダイマー，(c) もっとも安定な非対称ダイマー構造である $c(4\times2)$ 構造（バックリングによりバルク側に引っ込んだ Si 原子を灰色で表す）

1.5 eV エネルギーが下がり，さらにダイマーのバックリングにより約 0.1 eV エネルギーが低下する[7]．室温での STM 像では対称ダイマーと非対称ダイマーの両方が観測され，しかも非対称ダイマーが表面欠陥の近傍でしばしば観測されるために，バックリングが Si 表面固有のものか，欠陥に誘起されたものかの議論がなされた．たとえば，図 2.5.4(a) においてダイマーが繭の中心からずれて観察されるのは，この非対称ダイマーのためで，上側の Si 原子のほうが高い位置にありかつ下側 Si 原子から移動した電荷により占有電子状態もより多いため，STM 像でより明るく観察される．一つのダイマーがバックリングを起こすと隣のダイマーは反位相にバックリングを起こしたほうがエネルギー的に安定であり，STM 像ではダイマー列がジグザグ状になる（図 2.5.4(a) 右側）．すると次のダイマー列にも相互作用が及びダイマーがやはり反位相に非対称になり，局所的に $c(4\times2)$ 構造が形成される．欠陥などがない領域ではダイマーは対称ダイマーとして観察されている．

しかし，低温 STM 観察から，非対称ダイマーの数が温度の低下とともに増大し，120 K では表面の大部分が非対称ダイマーの $c(4\times2)$ 構造（図 2.5.5(c)）となることが観測され，バックリングがエネルギー的に有利であることが示された[8]．さらに，室温においても窪田と村田は LEED を用いた詳細な研究により非対称ダイマーが支配的で局所的には $c(4\times2)$ 構造であるとしていて[9]，非対称ダイマーを形成する 2 個の Si 原子が STM 走査より早くバックリングの方向を変えるために，STM 像では対称ダイマーであるかのように観測されると考えられている．

半導体表面におけるダングリングボンドは化学吸着の素過程を支配している場合が多く，Si(100)2×1 表面における化学反応の多くは，このダイマーのダングリング

ボンドによって特徴づけられると考えられる．後述する Si(111)7×7 表面におけるダングリングボンドは，簡単にいうと単独のダングリングボンドであり，Si(100)2×1 表面ではペアになったダングリングボンドである．Boland[10] は，Si(100)2×1 表面に原子状水素をわずかに吸着させて，水素原子1個が吸着したダイマーの電子状態を測定した．水素吸着がないダイマー（ダングリングボンドペア）では $-0.9\,\mathrm{eV}$ と $+0.5\,\mathrm{eV}$ に電子状態ピークが観察されるのに対し，水素吸着したダイマーでは $-0.5\,\mathrm{eV}$ と $+0.5\,\mathrm{eV}$ に電子状態ピークが観察され，水素との化学結合に使われて1個残ったダングリングボンドの電子状態がこれらの $-0.5\,\mathrm{eV}$ と $+0.5\,\mathrm{eV}$ に対応すると議論した．これらの水素吸着表面の詳細は 2.5.6 項で述べるが，Si のダイマーはペアであること，ダイマーが吸着や欠陥により非対称になることなどが，吸着の素過程にも影響を及ぼしていると思われる．また，欠陥のない Si(100)2×1 表面ではフェルミ準位付近に電子状態のギャップが存在して半導体的な電子状態であるのに対して，表面における欠陥，とくに，Hamers[5] により C 欠陥と名づけられた欠陥（図 2.5.4(a) 右側）では，バンドギャップに電子状態が存在して局所的には金属的な電子状態になっている．吸着種によっては C 欠陥への選択的な吸着が報告されている．

b. Si(001) 傾斜表面

一般的に，基板表面の方位は結晶学的な面方位との間にずれがある．この基板傾斜のために，表面はステップとテラスから構成される．基板傾斜が小さい Si(001) 表面上には2種類の単原子層ステップが存在し，ステップ端の上方，下方のテラスで Si ダイマー方向が逆転する．この単原子層ステップは，上方テラスのダイマー方向がステップ端に垂直か平行かによって，S_A および S_B ステップと名づけられる（図 2.5.6）．これに対して，基板傾斜が大きいときには2原子層ステップが支配的になり，表面はステップ端に平行なダイマーのみから形成される単一ドメイン構造となる．この2原子層ステップは D_B ステップと呼ばれる．Si(001) 傾斜表面のステップ構造は Chadi[11] により理論的に調べられ，S_A ステップは S_B ステップより安定であること，D_B ステップは S_A+S_B ステップ対より安定であることが示された．さらに，傾斜角による単原子層-2原子層ステップの相転移は，ステップ間に働く弾性的な長距離相互作用に起因することが指摘されている[12]．

傾斜基板のステップはエピタキシャル成長により継承される．成長条件などによりステップの多重化（バンチング）とテラスの拡張が生じることが，SEM 観察などにより報告されている．ステップバンチングの機構に関しては定説がない．ステップは界面凹凸の原因ともなり抑制することが重要である．一方，ステップ間距離（すなわち，テラス幅）を短くして，ステップ端でのみ成長を進行（ステップフロー成長）させ島発生を抑えることや，量子井戸をステップバンチング箇所で分断することにより量子細線や量子箱に類似した構造を意図的に形成するなどの，ステップを積極的に利用

(a) S$_A$ ステップ

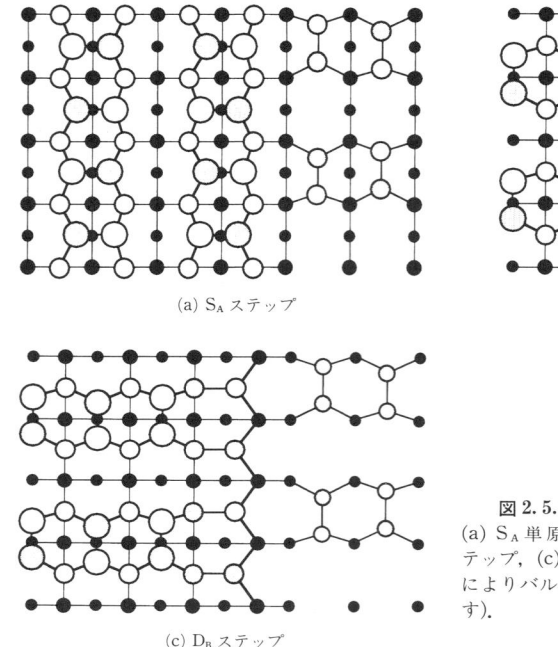

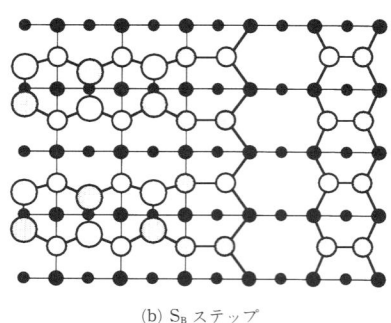

(b) S$_B$ ステップ

(c) D$_B$ ステップ

図 2.5.6 Si (0 0 1) 表面のステップ構造
(a) S$_A$ 単原子層ステップ, (b) S$_B$ 単原子層ステップ, (c) D$_B$ 2 原子層ステップ (バックリングによりバルク側に引っ込んだ Si 原子を灰色で表す).

する試みもある.

c. Si (1 1 1) 表面

Si (1 1 1) 表面の (7×7) 再構成は,もっとも複雑な表面構造の一つであり,また集中的に研究された構造でもある.室温,真空中でへき開した Si (1 1 1) 表面は準安定な (2×1) 再構成構造をもつが,この表面を 300℃ 前後に加熱すると最安定な (7×7) 構造となる.酸化された表面を高温で清浄化しても (7×7) 構造をとる. (7×7) 再構成構造に関しては,LEED 法による観測以来,数多くの構造モデルが提案され論争が続いた.1983 年の STM 法による表面実空間像の観察を契機に構造解析が著しく進歩し,今日では高柳ら[13]が透過電子線回折法により提案した DAS モデルが正しいと考えられている.図 2.5.7 に示すように,DAS (dimer-adatom-stacking-fault) モデルはダイマー列,吸着原子 (アドアトム),および積層欠陥層から構成される. (7×7) 単位胞の 4 辺に沿ってそれぞれ 3 個のダイマーが,また 4 角には原子空孔 (コーナーホール) が形成される.単位胞の半分には積層欠陥が入り,さらに 12 個の Si アドアトムが存在する. (7×7) 再構成の起因は,やはり Si (1 1 1) 理想表面に出現するダングリングボンドである.理想表面では単位胞に 49 本のダングリングボンドが存

2.5 量子工学材料としての表面

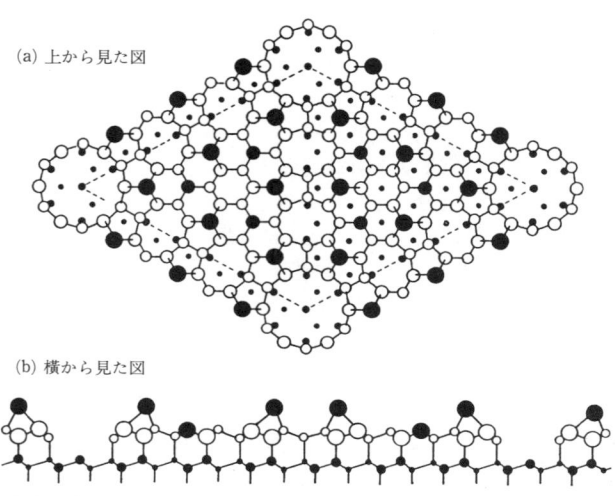

(a) 上から見た図

(b) 横から見た図

図 2.5.7 Si(111)表面-(7×7)再構成構造の DAS(dimer-adatom-stacking-fault) モデル. 大きい黒丸は 12 個の Si 吸着原子, 小さい白丸はダイマー原子を表す. (7×7) 単位胞の左半分には積層欠陥がある.

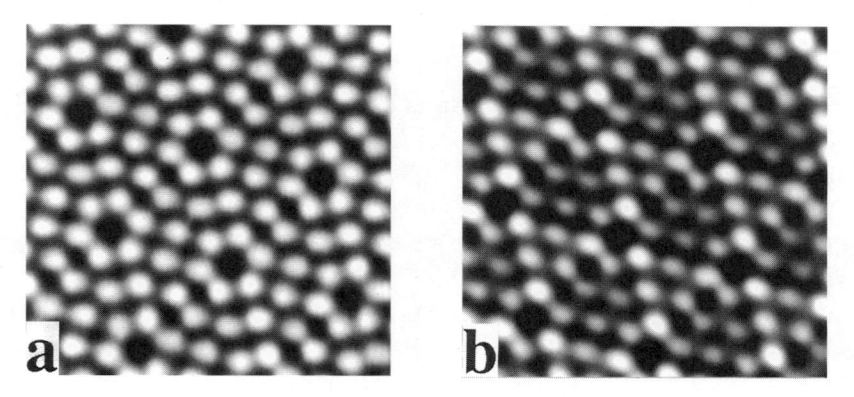

図 2.5.8 Si(111)表面-(7×7)再構成構造の STM 像
(a) $V_s=+1.6$ V (非占有状態) と (b) $V_s=-1.6$ V (占有状態).

在するが, DAS 構造では 19 本と大幅に減少し, これが DAS 構造の安定化機構と考えられる. 第一原理による電子状態計算からも DAS 構造の安定性が確認されている[14]).

7×7 構造を STM で観察したのが図 2.5.8 で, 7×7 単位胞中の 12 個のアドアトムがはっきりと観察される. 占有状態の STM 像 (図 2.5.8(b)) では, DAS 構造において高さが等しいアドアトムが積層欠陥の存在する側 (FH, faulted half) とそうでない

側 (UH, unfaulted half) で明るさ (見かけの高さ：表面から突き出た方向を高いと呼ぶことにする) が異なっていて，また，FH と UH 内でもコーナーホールに接しているアドアトム (コーナーアドアトム) とそうでないアドアトム (センターアドアトム) でやはり明るさが異なっている．すなわち，アドアトムは4種の明るさで観察されている．この明るさの差は，アドアトムに局在する占有電子状態の大小に起因していて，Avouris と Wolcow により，アドアトムのダングリングボンドに局在する電荷の一部がレストサイトに移動することにより説明されている[15]．

Si(111)7×7表面におけるダングリングボンドは，簡単にいうと単独のダングリングボンドである．しかし，アドアトムのダングリングボンドは4種類 (FH と UH でそれぞれコーナーアドアトムとセンターアドアトム) に分類され，さらに，7×7単位胞当たり，アドアトムの下層には6個のレストサイト Si のダングリングボンド (図 2.5.7 で中サイズの黒丸)，および，1個のコーナーホール Si のダングリングボンドが存在する．化学吸着する元素によっては吸着確率がアドアトムの種類により異なる例が STM により報告されている．一般的には，原子状水素のように吸着エネルギーがとくに大きな吸着種はアドアトムの種類に関係なくダングリングボンドと化学吸着して，アンモニア分子やアルカリ原子のように吸着エネルギーが比較的小さな吸着種はアドアトムの電子状態の大小に伴い相対的な吸着確率が変化すること (選択則) が知られている．

2.5.4　GaAs　表　面

a. GaAs(001)表面

GaAs 表面には Ga 原子と As 原子の2種類のダングリングボンドが存在する．表面原子間のダイマー形成および2種類のダングリングボンド間の電荷移動が表面再構成に大きな影響を与える．

GaAs(001)表面は，表面における Ga/As 原子比により，As 過剰な $c(4×4)$ 構造から Ga 過剰な $(4×2)$ 構造までさまざまな再構成構造をとる．通常の MBE 成長が行われる As 過剰の条件下では，表面は As 原子でほぼ覆われ $(2×4)$ 再構成構造が見られる．STM による観察から，図 2.5.9(d) に示す $(2×4)$-β 再構成構造が提案された[16]．$(2×4)$-β 構造モデルでは，表面 As 原子は (-110) 方向にダイマーをつくり2倍周期を形成する．さらに4個に1個の割合で As ダイマーが欠損し (110) 方向に4倍周期が形成され，全体として $(2×4)$ 構造が実現する．$(2×4)$-β 構造の安定性は次のように理解される．

まず理想表面上の As 原子が混成軌道間の結合によりダイマーを形成して，表面エネルギーが低下する．As ダイマー形成後，As 原子当たり1個のダングリングボンドが残る．その As 原子ダングリングボンドには1.5個の電子が収容されており，完全

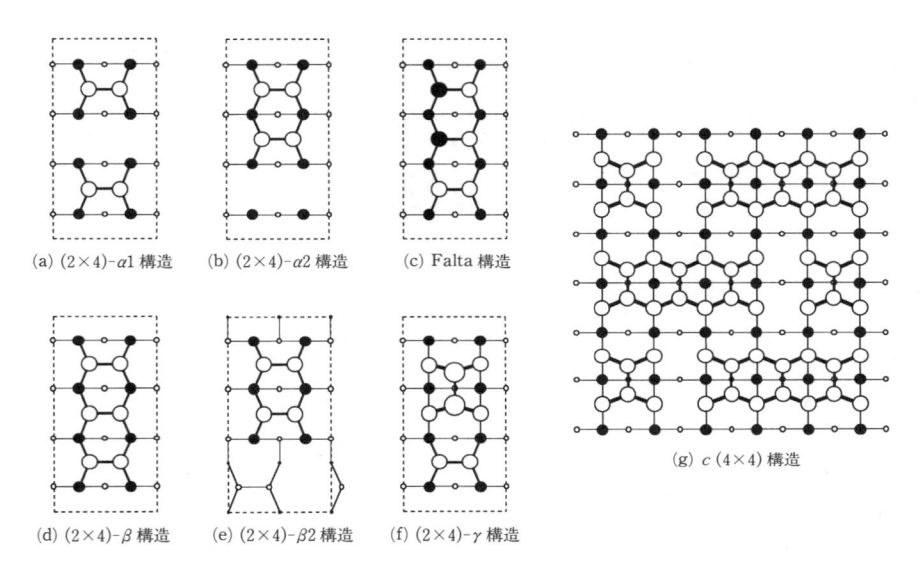

(a) (2×4)-α1 構造　(b) (2×4)-α2 構造　(c) Falta 構造

(d) (2×4)-β 構造　(e) (2×4)-β2 構造　(f) (2×4)-γ 構造

(g) $c(4×4)$ 構造

図 2.5.9 As 過剰な GaAs(0 0 1) 表面に対するさまざまな構造モデル (黒丸は Ga 原子,白丸は As 原子を表す)

に満たされるためには電子が 0.5 個不足している．次に As ダイマーの欠損により，(2×4) 単位胞中に 4 個の Ga 原子ダングリングボンドが現れる．それらを占有する 3 個の電子が，同じ単位胞中にあるエネルギーのより低い 6 個の As 原子ダングリングボンドに移動し，そのボンドを完全に充満させる．その結果，この再構成構造はエネルギー的に安定なものとなる．

この (2×4)-β 構造モデルは，エネルギーの低い As 原子ダングリングボンドには電子を完全に収容し，エネルギーの高い Ga 原子ダングリングボンドは完全に空にする，という要請に従った構造である．この要請は電子数評価モデル (electron counting model) と呼ばれ，III-V 族半導体表面の再構成構造を予測するための有効な指針となる[16]．最近，高分解能の STM 観察から第 1 層 As ダイマーが 2 個欠損した (2×4)-β2 構造 (図 2.5.9 (e)) が確認され[17]，この構造も電子数評価モデルを満たす．As 過剰の (2×4) 表面のさまざまな構造モデルに対して密度汎関数法による電子状態計算がなされ，(2×4)-β 構造や β2 構造が電子数評価モデルを実際に満足し，表面バンド構造は半導体的であることが確かめられた[18]．図 2.5.10 に (2×4) 再構成表面の表面形成エネルギーを示す．β 構造と β2 構造のエネルギー差は小さいが，わずかに β2 構造のほうが安定である．

(2×4) 再構成表面を STM 観察した結果が図 2.5.11 で，2 個の As ダイマーからなるダイマー列が [$\bar{1}$10] 方向に伸びている．ダイマー列内で，STM 像で暗く見えるダ

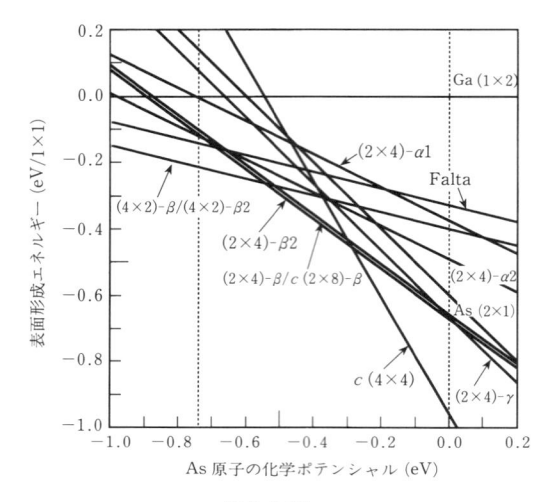

図 2.5.10
密度汎関数法により計算された GaAs(001) 表面に対するさまざまな再構成構造モデルの表面形成エネルギー．横軸は As 原子の化学ポテンシャルであり，左端が低 As 被覆度に，右端が高 As 被覆度に対応する．

イマー欠陥も含むが，RHEED (反射高速電子回折) パターンと直接関係するのはダイマー列が [110] 方向に単位ユニット分 (0.4 nm) シフトしたキンクで，キンクの存在により表面は RHEED に関して位相が異なる四つのドメインに分割される．その結果，RHEED の (0 0), (1/4 0), (2/4 0), (3/4 0), (1 0) スポット強度を比較することにより，表面での As の量が増加するに従い，2×4 再構成表面は α, β, γ 相と 3 種に分類できる．(2×4)-β 相 (図 2.5.11(b)) においては，ドメインの大きさは [$\bar{1}$10] 方向 × [110] 方向にそれぞれ約 30 nm × 100〜300 nm で非常に規則性のよい構造になっている．

(2×4)-α 相 (図 2.5.11(a)) では，キンク密度は β 相に比して大きいがキンクは [110] 方向には配列していて，ドメインの大きさは約 6 nm × 50 nm になっている．(2×4)-γ 相 (図 2.5.11(c)) では，ダイマー欠陥が集まったすき間が多く見られる．ドメインの大きさも非常に小さく，約 6 nm × 10 nm である．重要なことは，拡大図で直ちに明らかなように，2×4 単位胞の最表面中に As ダイマーが 2 個しか存在しないことである．(2×4)-α, β, γ 相の表面構造をさらに詳細に解析して構造を決定するために，RHEED のスポット強度を動力学的に計算 (dynamical calculation) して実験結果と比較した結果，(2×4)-β 相 (図 2.5.11(a)) は，第 1 層 As ダイマーが 2 個欠損した (2×4)-β2 構造 (図 2.5.9(e)) であり，(2×4)-γ 相 (図 2.5.11(c)) は，小さなドメインの β 相 ((2×4)-β2 構造) がすき間をはさんでランダムに分布している構造

2.5 量子工学材料としての表面

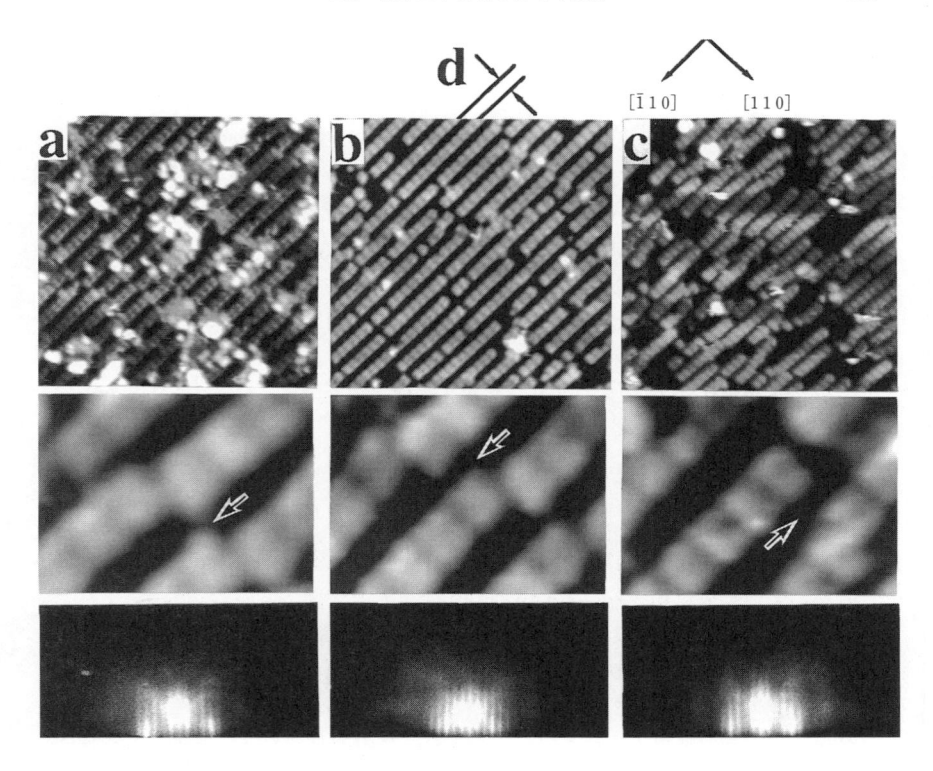

図 2.5.11 GaAs(0 0 1)-(2×4)-α, β, γ 相に対する STM 像
それぞれ，拡大図において，単位胞中に As ダイマーが 2 個観察される．RHEED 像は α, β, γ 相の同定と動力学解析に用いられた．

として理解できるとされた[17]．

　Ga 過剰な GaAs(0 0 1)表面に関しても，As 過剰(2×4)表面と同様の(4×2)-β 構造と β2 構造が提案されている．これらのエネルギー計算値の差はきわめて小さい．しかし，STM 像の理論計算と実際の STM 観察との比較[19]から，第 1 層 Ga ダイマーが 2 個欠損した(4×2)-β2 構造が現れやすいと結論された．図 2.5.10 から，表面 As 原子の被覆度が増加するに従って，GaAs(0 0 1)表面は Ga 過剰(4×2)-β2 表面から，As 過剰(4×2)-β2 構造，2 原子層の As 原子が吸着した c(4×4)構造へと相転移することが示される．

　ダングリングボンドに関しては，Si(1 1 1)7×7 表面におけるダングリングボンドは単独のダングリングボンドであり，Si(1 0 0)2×1 表面ではペアになったダングリングボンドであるが，以上述べたように，As 過剰な GaAs(0 0 1)表面においては

(a) 横から見た図   (b) 上から見た図

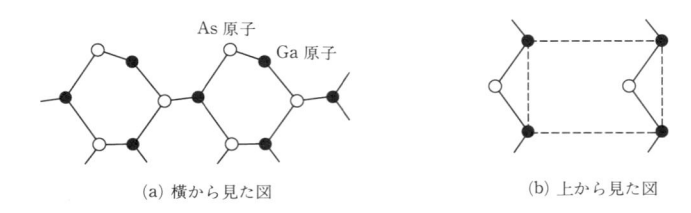

図 2.5.12 GaAs(110)表面に対するバックル構造モデル(破線は単位胞を示す)

As ダイマーが基本となっているが，表面構造モデルを注意して見るとダングリングボンドは As ダイマーにも 2 層目の Ga にも存在していて，As のダングリングボンドは占有状態であり，Ga のダングリングボンドは完全に非占有状態である点が Si 表面の場合と大きく異なる点であると考えられる．

b. GaAs(110)表面

GaAs(110)表面はへき開により得られる表面である．この表面に対しては，表面原子列が交互にバルク方向および真空方向に緩和したバックル構造(図 2.5.12)が提案されている．表面緩和のない GaAs(110)理想表面では，表面 Ga 原子および As 原子のダングリングボンドは，それぞれギャップ中の伝導帯寄りおよび価電子帯寄りに表面準位を形成し，前者から後者へと電子が移動する．この理想表面から表面 Ga 原子がバルク方向に引っ込むと，Ga 原子のダングリングボンドの軌道混成は sp^3 型から p 型に近づき，軌道エネルギーは上昇する．一方，真空方向に変位した表面 As 原子では，ダングリングボンドは s 型に近づき，軌道エネルギーは低下する．その結果，バルク側に引っ込んだ Ga 原子から真空側に突き出した As 原子への電荷移動によるエネルギーの利得が大きくなり，バックル構造の表面エネルギーが低下する．この電荷移動により，Ga 原子のダングリングボンドは空の準位となり，As 原子のダングリングボンドは完全に占有される．第一原理的な理論計算から，バックル構造での表面 Ga 原子と As 原子のバックリングの大きさは 0.6 Å 程度と見積もられる[20]．電荷移動を伴う表面原子のバックリング緩和は，ほかの III-V 族および II-VI 族化合物半導体のへき開(110)面でも見られる共通した特徴である．

2.5.5 吸着表面

清浄表面は化学的な活性が高く，種々の原子，分子などが吸着する．デバイス作製は，清浄表面に対する種々の原子，分子の吸着，化学反応，脱離を繰り返すことにより行われる．吸着過程を制御することはプロセス制御の第一歩である．このような不純物吸着表面の電子状態は清浄表面と大きく異なり，新たな物性を示すようになる．

最近では，表面に人為的な吸着構造を原子スケールで作成し，新奇な物性や機能を生み出す試みも進められている．

a. 水素終端 Si (0 0 1) 表面

Si (0 0 1) 表面の水素終端化は，基板の平坦化，超薄酸化膜の形成，金属薄膜の成長などに重要な役割を演じる．Si (0 0 1) 表面を HF 溶液中で処理することなどにより，吸着活性な表面ダングリングボンドを Si-H 結合で終端することができる．現状では Si (0 0 1) 表面の原子スケールでの平坦化は実現していないが，酸素などの吸着に対して比較的に不活性になる．また，水素終端表面の室温での自然酸化は原子層単位で進行 (layer-by-layer 酸化) することが示唆された．最近では STM 探針を用いた超微細加工技術の進展により，水素終端表面から水素原子を 1, 2 列の幅で引き抜くことも可能である．

Si (0 0 1) 水素終端表面には 3 種類の異なる表面構造，(2×1)，(3×1)，(1×1) 構造が存在する[21]．STM 像ではよく秩序化した (2×1) 構造および (3×1) 構造が見られるが，(1×1) 構造は非常に乱れて観察される．密度汎関数法により，水素終端表面構造の原子配置および安定性が調べられた[22]．(2×1) 構造はモノハイドライド (SiH) 相であり，H 原子は Si (0 0 1) 清浄表面の Si ダイマーのダングリングボンドを終端する (図 2.5.13 (a))．(3×1) 構造は SiH とダイハイドライド (SiH_2) が交互に規則的に配列した構造である (図 2.5.13 (b))．この (2×1) 構造および (3×1) 構造は熱力学的に安定な構造であることが示された．(1×1) 構造に対しては，はじめ SiH_2 が傾いた秩序構造 (図 2.5.13 (c)) が提案されたが，この構造は SiH_3 型欠陥の形成に対して不安定であり，無秩序化することがエネルギー論的に指摘されている．

Si (1 0 0)-(2×1) 表面を 350～400℃ に保ちながら原子状水素を照射した表面の STM 像を図 2.5.14 に示す．図 2.5.14 (a) では，筋状に観察されるダイマー列が原子ステップの上下で 90°方向を変える Si (1 0 0) 表面の特徴が観察される．テラス上

(a) (2×1) 構造　　(b) (3×1) 構造　　(c) (1×1) 構造

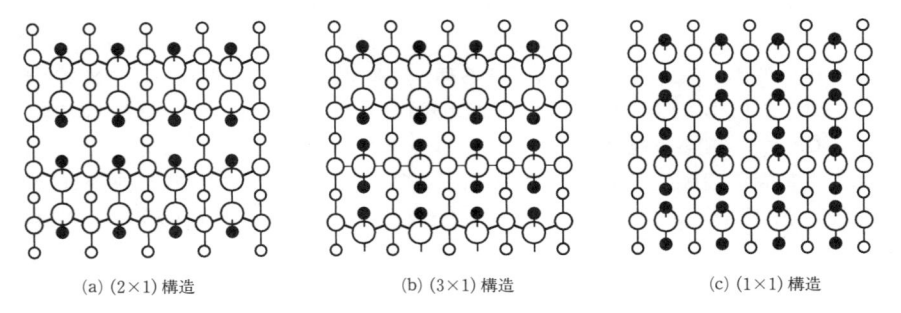

図 2.5.13　水素終端 Si (0 0 1) 表面に対する (a) (2×1) 構造，(b) (3×1) 構造，(c) (1×1) 構造モデル (白丸は Si 原子，黒丸は H 原子を表す)

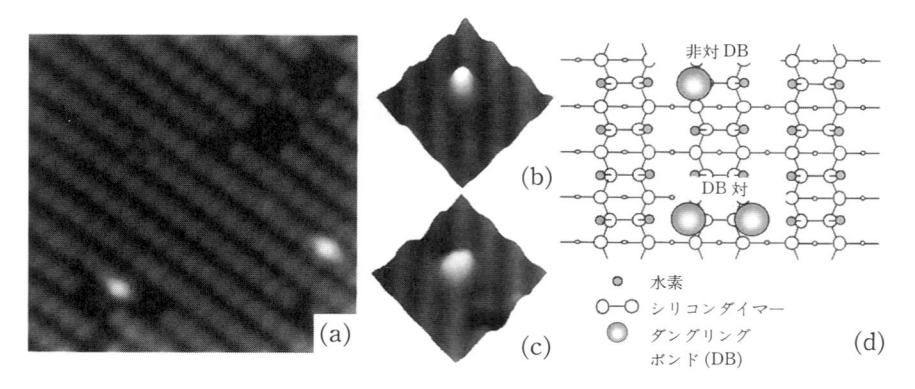

図 2.5.14 水素終端 Si (0 0 1) 表面の STM 像
(a) 40 nm×40 nm. (b), (c) は非対ダングリングボンドとダングリングボンド対の拡大図 (11 nm×17 nm). (d) はそのボール模型.

で暗く見えるのは, ダイマーが表面から抜けているダイマー欠損で, 明るく見える輝点は, 原子状水素が吸着していないダングリングボンドである. 図 2.5.14(b) は同じ表面の拡大図で, ダイマー列が繭状に見えるダイマーに分解して観察されている. この表面処理条件では, 局所的にダイマーの組換えが起こっている (3×1) 構造およびダイマーのボンドが切断され, Si 1 個に 2 個の水素が吸着した (1×1) 構造 (ダイハイドライド相) が一部観察される.

Si (1 0 0)-(2×1) 水素終端表面において水素原子欠損として存在するダングリングボンド (図 2.5.14(a) で観察される輝点) は主として単独のダングリングボンドであり, 清浄 Si (1 0 0) 2×1 表面のペアになったダングリングボンドと比べても, 一般に化学活性が非常に高い. 電子状態でもバンドギャップに電子状態が存在する. したがって, この表面において, Si-H ボンドと直接交換しない原子種に対してダングリングボンドは吸着の特異点となる. その一例として, 図 2.5.15 は, この表面への蒸着 Ga 原子の選択吸着を示す STM 像である[23]. 図 2.5.15(a) の STM 観察条件でダングリングボンドは, 周囲に暗く見える部分に囲まれた小さな輝点として観察される. 図 2.5.15(b) は (a) とほぼ同一場所の Ga 蒸着後の表面で, この STM 観察条件では Ga 原子は明るく観察でき, ダングリングボンドと区別できる. Si (1 0 0)-(2×1) 水素終端表面において蒸着した Ga 原子は, ダングリングボンドおよび吸着不純物の位置へ選択吸着することが明らかに観察できる. さらに, ダングリングボンド細線に Ga を吸着させ原子細線を構成できる報告もなされている[23].

b. GaAs (0 0 1) 表面への S 原子吸着

GaAs 表面への硫黄原子吸着系は, 表面の安定化と関係して研究が行われている.

2.5 量子工学材料としての表面

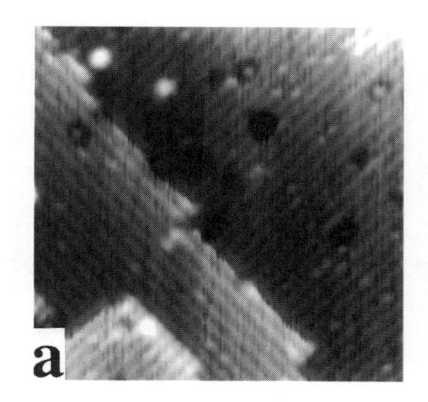

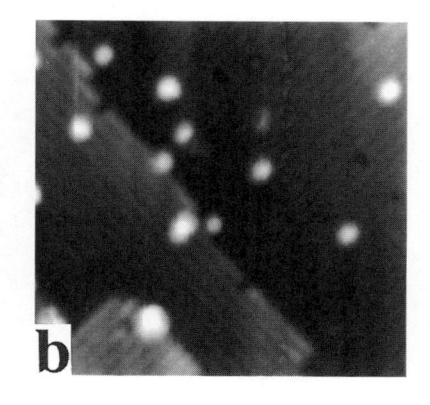

図 2.5.15 水素終端 Si (0 0 1) 表面におけるダングリングボンドへの Ga 原子の選択吸着を示す STM 像 (20 nm×20 nm): (a) Ga 吸着前, (b) Ga 吸着後

半導体表面のダングリングボンドを終端し, ギャップ中の表面準位を消失させ, さらに外部雰囲気に対して不活性にすることを, 表面安定化と呼ぶ. 半導体デバイスや集積回路は半導体の表面近傍を利用するため, 表面安定化は重要な問題である. 吸着原子により半導体表面を安定化するためには, いくつかの指針が考えられる. まず, 表面への原子吸着により, 空の準位または完全に占有された準位が現れるようにすることが必要である. 次に, 吸着原子はそれ自体, 半導体表面と似た原子配列をもつことも重要である. これは原子配列の違いによるひずみなどを最小限に抑えるためである. また吸着原子は, 表面構造を壊さない程度の適度な反応性をもつことも必要である. GaAs 表面を硫化物で処理すると, 表面準位密度が大幅に低減し, また酸素などの吸着に対しても不活性になることが報告された[24]. 硫化物処理による表面安定化の微視的機構は, 次のように理解できる[25].

GaAs (0 0 1) 理想表面への S 原子吸着を考える. Ga (1×1) 表面 (As (1×1) 表面) のバンド構造では, Ga 原子 (As 原子) のダングリングボンドに由来する表面準位 D がギャップ中の伝導帯 (価電子帯) 付近に存在する (図 2.5.16 (a), (b)). 密度汎関数法によるエネルギー計算から, S 原子は Ga (1×1) 表面のブリッジ位置にもっとも安定に吸着する[25]. これは, S 原子が sp^3 型の混成軌道を形成し表面 Ga 原子のダングリングボンドと結合するためである. この Ga-S 結合の形成の結果, 表面には Ga 原子のダングリングボンドに代わり, S 原子のダングリングボンドが現れる. S 原子のポテンシャルは Ga 原子より深いため, S 原子のダングリングボンドは Ga 原子のダングリングボンドよりエネルギー的に低く位置する. その結果, S 原子に由来する表面準位 D は価電子帯側に押し下げられ, ギャップ中の表面準位密度が低減する (図 2.5.16 (c)).

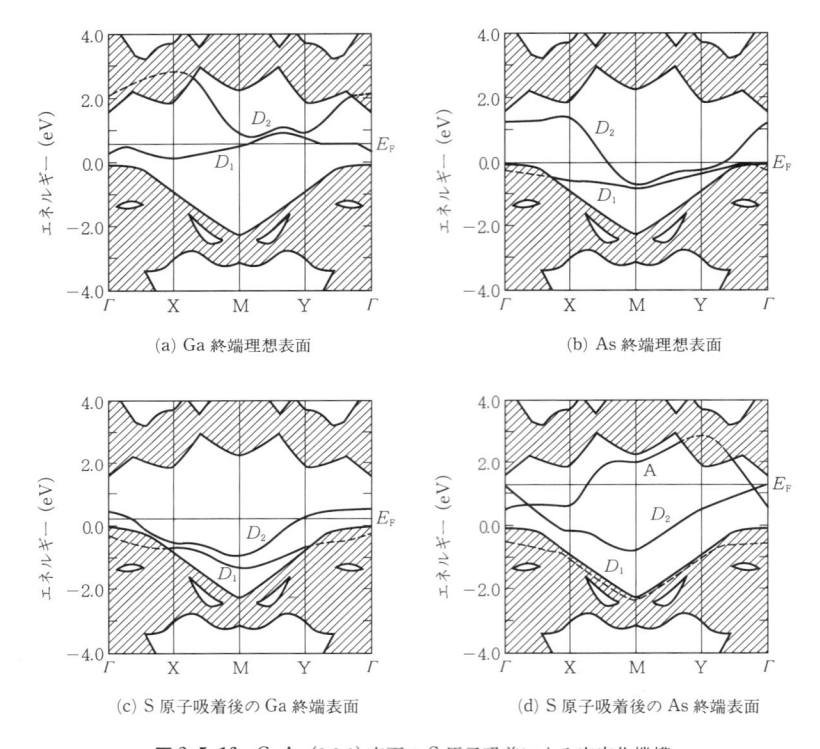

図 2.5.16 GaAs(001)表面のS原子吸着による安定化機構
(a) Ga終端理想表面, (b) As終端理想表面, (c) S原子吸着後のGa終端表面, および (d) S原子吸着後のAs終端表面の表面バンド構造. S原子はGaおよびAs終端面のブリッジ位置に吸着している.

簡単な電子数の勘定(図2.5.17)からわかるように, 表面S原子のダングリングボンドは, 1.75の電子によりほぼ完全に占有されるので, 表面の反応性は弱まるのである. As(1×1)理想表面でもS原子は表面ブリッジ位置にもっとも安定に吸着してAs-S結合を形成する. しかし, As-S反結合軌道に由来する新たな表面準位Aがギャップ中に現れ, 表面準位密度は減少しない(図2.5.16(d)). これは, As原子ダングリングボンドがGa原子ダングリングボンドに比べてエネルギー的に低いため, Ga面ではGa-S反結合軌道は伝導帯中に収まっていたが, As面ではAs-S反結合軌道がギャップ中に現れるためである. このようにGaAs表面の安定化は, 表面におけるGa-S結合の形成により引き起こされる. 光電子分光実験も硫化物処理したGaAs表面ではおもにGa-S結合が形成されることを示し, この理論解析を支持している. GaAs(111)表面もGa-S結合の形成により安定化されること, ほかのⅥ族原

(a) Ga終端表面へのS原子吸着

(b) As終端表面へのS原子吸着

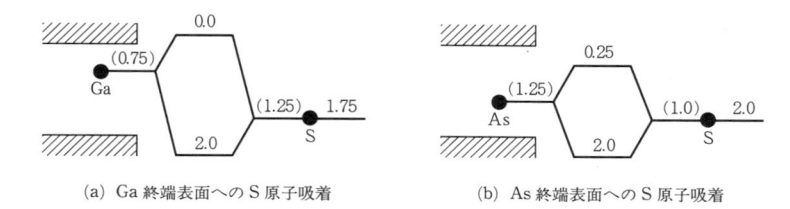

図 2.5.17 GaAs(001)表面上のS原子吸着系の電子構造の模式図(電子準位上の数字は占有電子数を表す)

子(Se, Te原子)も同様の表面安定化効果を有することが理論的に示された[26]. 最近, Ga面上のS原子吸着層で(2×6)超周期構造がSTM観測されたが, これに対する原子配列はまだ確定していない.

c. GaAs(001)表面へのAl原子吸着

金属/半導体界面では, 界面付近に局在した電子状態が多数出現し, そのためフェルミ準位のピン止めが起こる. 界面準位の起源は, 長年の論争の的である. ① 金属原子が半導体表面に吸着するときの放出エネルギーにより欠陥が形成されピン止め準位が出現する[27], ② 金属膜の形成により金属中の電子の波動関数が半導体中に侵入しギャップ中に準位が出現する[28], などが提案されている. ピン止め準位の起源解明が困難なのは, 金属/半導体界面が, 表面再構成, 化学的組成, 格子不整合, 界面反応などにより複雑な原子構造をもつことに起因している. 金属/半導体界面でのミクロな原子構造の知識は, ショットキー障壁の理解に不可欠なものである. アルミニウムは金属の中では, 比較的反応性が低く, 簡単な界面構造を形成する. またGaAsデバイスのゲートコンタクトとして最もよく用いられる金属である.

Al/GaAs(001)界面における原子構造と界面原子拡散の原因となるAl-Ga交換反応が第一原理的な理論計算により調べられた[29]. Ga(1×1)理想表面上に0.5原子層のAlを吸着した場合, Al原子はGa原子のホロー位置(Al_1)に吸着する(図2.5.18). このGa-Al表面構造は面心立方(fcc)構造金属の(001)面と見なせる. 1.5原子層のAl吸着では, 新たな2個のAl原子(Al_2, Al_3)はfcc構造Al金属の格子位置近くに吸着する. 0.5原子層のAl原子を吸着すると, 表面Ga-As結合長は理想表面での2.45 Åから2.62 Åへと伸びて弱くなる. このときの表面Ga原子層の電子密度は, 理想表面での方向性のある分布から金属的な等方的分布に変わる(図2.5.19). 表面Ga原子層の金属化がGa-As結合の弱体化を引き起こすと考えられる.

GaAs(001)Ga面上でのAl原子の拡散障壁は比較的小さく, Al原子は表面拡散してAlクラスターを形成する可能性がある. Alクラスターの結合エネルギーは1

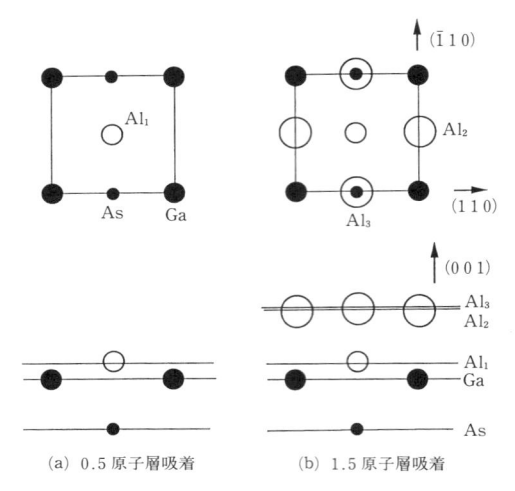

図 2.5.18 GaAs (0 0 1) 表面の Ga 終端理想表面への Al 原子吸着層の原子構造：(a) Al 吸着量 0.5 原子層の場合と (b) Al 吸着量 1.5 原子層の場合

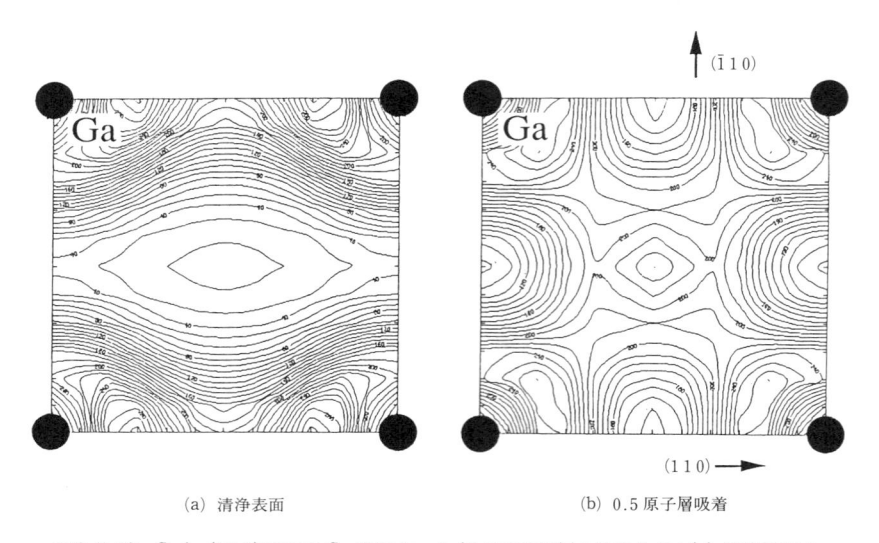

図 2.5.19 GaAs (0 0 1) 表面の Ga 終端面への Al 原子吸着層の電子分布：(a) 清浄表面の場合と (b) Al 吸着量 0.5 原子層の場合

eV (小さい核) から 3 eV (大きい核) 程度である．一方，Al 原子の GaAs 表面への吸着エネルギーは大きい Al クラスターの結合エネルギーに近い．このことは，小さい Al クラスターの形成は不利であり，Al 表面層がある程度の厚さに達するまでは Al

クラスターは形成されないことを示唆する．実験的には，0.75原子層を越える Al 原子吸着後に3次元核形成が観測される．また，Ga 面では室温で Al-Ga 交換反応が起こる．実際，表面 Ga 原子と吸着 Al 原子を交換すると全エネルギーは低下する．これは AlAs が GaAs より熱力学的に安定なためである．しかし，交換反応は Al 吸着量が少ないときには観測されず，0.75 原子層を越える Al 原子吸着のときに起こる．Al 吸着量 0.5 原子層付近で起こる表面 Ga 原子層の金属化およびそれに付随する Ga-As 結合の弱体化が，Al-Ga 交換反応を活性化すると思われる．

2.5.6 表 面 拡 散

良質な薄膜成長はデバイス作製に不可欠な技術である．成長の動的過程を制御することにより望みの結晶形態，時には熱平衡から離れた準安定な構造をもつ薄膜を自在に成長することが可能になれば，新奇な機能を有するデバイスの作製に大きな道が開ける．MBE 法に代表される原子蒸着による薄膜成長は最も重要な成長法の一つである．このような薄膜成長での主要な動的過程は，吸着原子の表面拡散とダイマー形成などの2次元成長核形成である．

a. Si (0 0 1) 表面上での Si 原子拡散

Si (0 0 1) 表面上の Si 吸着原子の拡散は密度汎関数法により詳しく調べられた．図 2.5.20 は Si (0 0 1)-(2×1) 再構成表面上に吸着した Si 原子のポテンシャル面である[30]．Si 原子は Si (0 0 1) 表面上のダイマー列の脇 (図中 M 点) にもっとも安定に吸着し，近接する安定吸着位置の間をとび移って拡散する．ダイマー構造を反映して Si 吸着原子の拡散は異方的であり，ダイマー列に沿った拡散障壁は 0.6 eV，ダイマー列に垂直な拡散障壁は 1.0 eV で，ダイマー列に沿った拡散が速いことが示された．このような計算結果は広い温度領域での実験で確認されている．Si 吸着表面の STM 像から観察された2次元島のサイズ分布に対する解析などから，計算結果に非常に近い拡散障壁が見積もられた．

Si (0 0 1) 表面に Si 薄膜を MBE 成長する場合，高温では1次元の吸着 Si ダイマー列が基板表面のダイマー列に垂直な方向に成長する (図 2.5.21 (a))．しかし，低温成長では通常の Si ダイマー列の半分の原子密度しかもたない低密度な吸着 Si ダイマー列 (図 (b)) が現れる．この低密度 Si ダイマー列に対応して，前者を高密度ダイマー列と呼ぶ．吸着ダイマーの形成過程も第一原理計算により研究されている[31]．Si 吸着原子は表面を拡散してほかの吸着原子に出合うと，余分なエネルギー障壁なしに結合し吸着ダイマーを形成する．図 (c) の表面ダイマー列上に形成される吸着ダイマーがもっとも安定であり，ダイマー列間に形成される吸着ダイマー (図 (d)) は準安定である．最安定な吸着ダイマーは表面ダイマー列に沿って 1.4 eV 程度の障壁で拡散

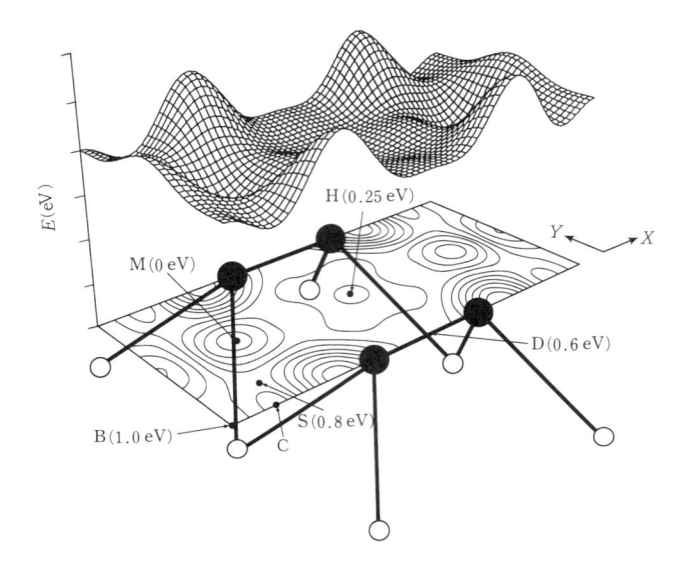

図 2.5.20 Si(001)-(2×1)再構成表面上に吸着したSi原子のポテンシャル面 M点は最安定位置, H, C点は準安定位置である. 括弧内にM点を基準にしたエネルギーを示す. 黒丸は第1層Siダイマー原子, 白丸は第2層Si原子を表す.

し, 高温では高密度ダイマー列が形成される. しかし, 最安定な吸着ダイマーはほかの孤立した吸着原子や吸着ダイマーに対する引力をもたず, また拡散障壁も高いため, 低温で高密度ダイマー列を形成することは難しい. 一方, ダイマー列間の準安定な吸着ダイマーはほかの孤立した吸着原子を図(d)のように引き付け, 低温では低密度ダイマー列の成長核として働く. 低密度ダイマー列は長くなると, 高密度ダイマー列よりエネルギー的に不安定になり, 高密度ダイマー列に変化すると考えられる.

b. Si(001)表面ステップでのSi原子拡散

ステップは薄膜成長に重要な役割を演じる. 高温でのSiホモエピタキシャル成長では, テラス上に吸着したSi原子はステップ端まで拡散して結晶に取り込まれる(ステップフロー成長). 低温では表面拡散が遅くなり, 吸着原子はテラス上で成長核を形成して島状成長が起こる. ステップ端での吸着原子の拡散・取込みは, 成長形態や島の形状を決定する重要な因子である. Si(001)表面における単原子層ステップ端(図2.5.6)でのSi吸着原子の拡散過程が密度汎関数法により研究された[32].

Si(001)-(2×1)表面のテラス上では, Si吸着原子はダイマー列に沿って早く拡散する. この拡散の異方性のために, 多くの吸着Si原子は下方テラスからS_Aステップ端に近づく. S_Aステップ端でのSi原子の吸着エネルギーはテラス上とほぼ同程度で

(a) 高密度吸着ダイマー列

(b) 低密度吸着ダイマー列

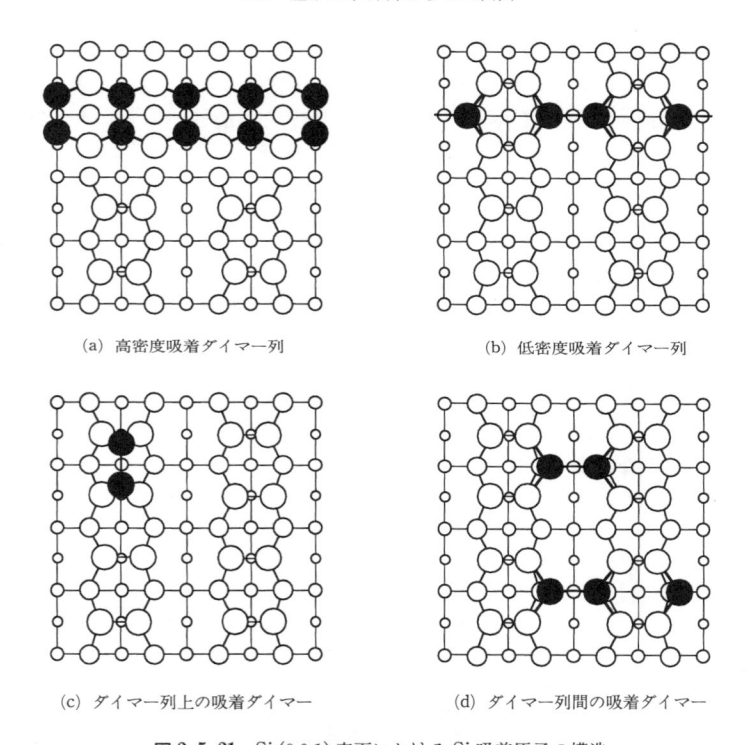

(c) ダイマー列上の吸着ダイマー

(d) ダイマー列間の吸着ダイマー

図 2.5.21 Si (0 0 1) 表面における Si 吸着原子の構造
(a) 高密度 Si ダイマー列，(b) 低密度 Si ダイマー列，(c) 基板ダイマー列上の Si ダイマー，(d) 基板ダイマー列間の Si ダイマーおよびその Si ダイマーと Si 吸着原子から構成される構造．白丸は基板第 1 層 Si 原子，黒丸は吸着 Si 原子を表す．

あり，またステップ端からの離脱に対する障壁も小さい．その結果，S_A ステップ端での Si 原子の吸込みは弱い．一方，S_B ステップ端では吸着 Si 原子は上方テラスから近づく．S_B ステップ端での Si 原子の吸着エネルギーは大きく，Si 原子を強く取り込むことになる．S_A, S_B どちらのステップ端でも，ステップ端に沿った拡散はテラス上より早い．テラス上に形成される島は 1 次元的に非等方的に伸び，島周囲の S_A ステップと S_B ステップの長さの比率は 20 対 1 にも達する．この大きい形状比は S_A および S_B ステップ端での吸着原子の取込みの違いによるものと考えられる．また，吸着原子がステップ端を通過するときには，表面原子から離れた場所を通るために拡散障壁が高くなる．この余分の障壁はシュヴェーベル (Schwoebel) 障壁と呼ばれ，ステップ配列のバンチングに対する安定性に影響すると考えられる．

c. 水素終端 Si(001) 表面での Si 原子拡散

水素終端化は表面エネルギー，表面拡散，核形成などの表面物性を著しく変化させ，半導体薄膜のエピタキシャル成長モードを変える可能性がある．水素終端 Si(001) 表面への Si 原子の吸着および表面拡散が密度汎関数法により調べられた[33]．表面構造は (2×1) モノハイドライド相である．飛来した Si 原子は Si 基板原子から1個の H 原子を奪い取り，SiH の形で Si 基板原子に吸着する．この SiH 型の Si 吸着原子のポテンシャル面を図 2.5.22 に示す．エネルギー的にほぼ縮退した三つの安定吸着位置 (E, M, S 点) が存在し，Si 吸着原子はこれら安定位置の間を約 0.5 eV の障壁で拡散する．SiH 型の Si 吸着原子は H 原子を奪われた (裸の) Si 基板原子と強く結合しており，となりの Si 基板原子の近くへは拡散できない．水素終端 Si 表面への Si 吸着系は，Si 吸着原子が基板から H 原子を奪い取ることにより，清浄 Si 表面への Si 吸着系にはない新しい自由度を獲得する．

すなわち，Si 吸着原子が基板表面から 0 個，1 個，または 2 個の H 原子を奪い取って Si 型，SiH 型，または SiH_2 型になる可能性がある．事実，もっとも安定な Si 吸着構造は Si ダイマー上 D 位置の SiH_2 型構造であり，SiH 型の安定構造より 0.5 eV ほどエネルギーが低い．しかし，Si 吸着原子は最安定 D 位置から SiH_2 型の

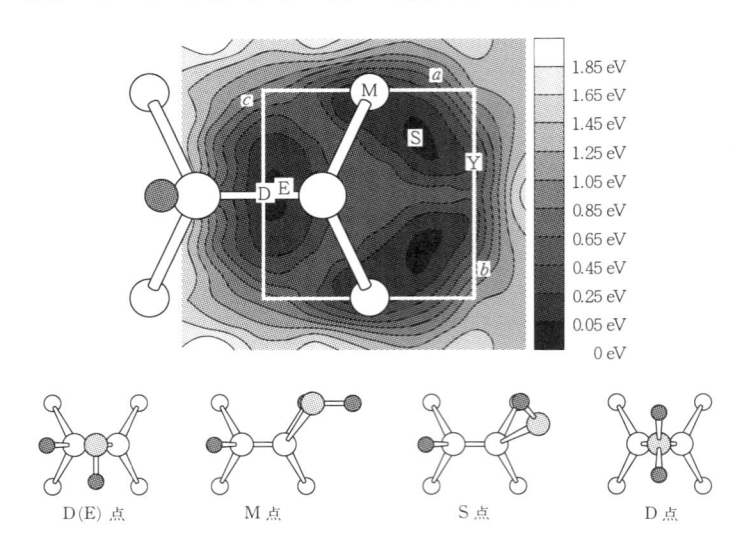

図 2.5.22 水素終端 Si(001)-(2×1) 表面における Si 吸着原子 (SiH 型) のポテンシャル面

SiH 型の Si 吸着原子に対する三つの縮退した安定吸着構造 (E, M, S 点) と SiH_2 型の最安定構造 (Si ダイマー上 D 位置) を示す．D 点と E 点はきわめて近くに位置する．SiH 型 (SiH_2 型) では，Si 吸着原子は Si 基板原子から 1 個 (2 個) の H 原子を奪い取っている．

2.5 量子工学材料としての表面

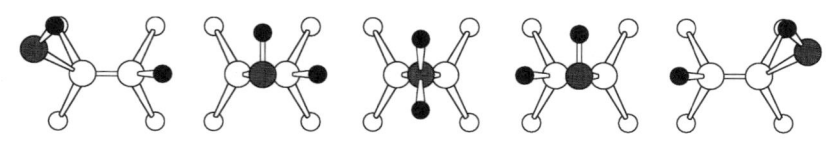

(a) SiH₂型-SiH型間の転移を伴う拡散

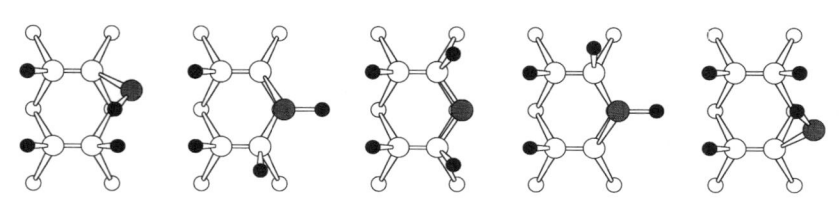

(b) SiH型-Si型間の転移を伴う拡散

図 2.5.23 水素終端 Si(001)表面における Si 吸着原子の拡散過程
(a) Si ダイマー上 D 位置での SiH_2 型から SiH 型への構造転移を伴う拡散，(b) (2×1) 単位胞境界 (M 点) における SiH 型から Si 型への構造転移を伴う拡散．Si 吸着原子は H 原子の移動に支援されて表面を拡散する．

ままでは拡散できず，1個の H 原子を Si 基板原子に戻して SiH 型となり拡散する (図 2.5.23 (a))．この SiH 型吸着原子はとなりの Si 基板原子に近づくときに，H 原子をもとの Si 基板原子に戻して Si 型となり，次にとなりの Si 基板原子から H 原子を奪い取って再び SiH 型となって拡散する (図 2.5.23 (b))．このように Si 吸着原子は H 原子の放出と獲得を繰り返しながら (H 原子移動に支援された) 拡散をする．その拡散障壁は Si 清浄表面と比べてかなり大きい．したがって，水素終端化は Si 表面拡散を抑制し，エピタキシャル成長を阻害すると考えられる．実際，Si(001)表面上の Si 薄膜の MBE 成長が低温で阻害されることが報告されている[34]．

2.5.7 表 面 反 応

a. GaAs(001)表面と塩素の相互作用

単原子層で制御されたエピタキシャル成長とエッチングは，原子スケール構造のデバイス作製に重要な技術である．最近，半導体表面における単原子層で制御された layer-by-layer エッチングが報告された[35]．エッチングは成長の逆過程と考えられ，エッチングにおける原子脱離により誘起される原子空孔と島形成は，エピタキシャル成長における吸着原子と島形成に対応する．しかし，エッチングに関する基礎的研究はエピタキシャル成長に比べて非常に遅れている．半導体表面のエッチングには反応性の強いハロゲンやハロゲン化物が多く用いられ，半導体表面とハロゲンの相互作用を理解することはエッチング機構の解明の第一歩である．

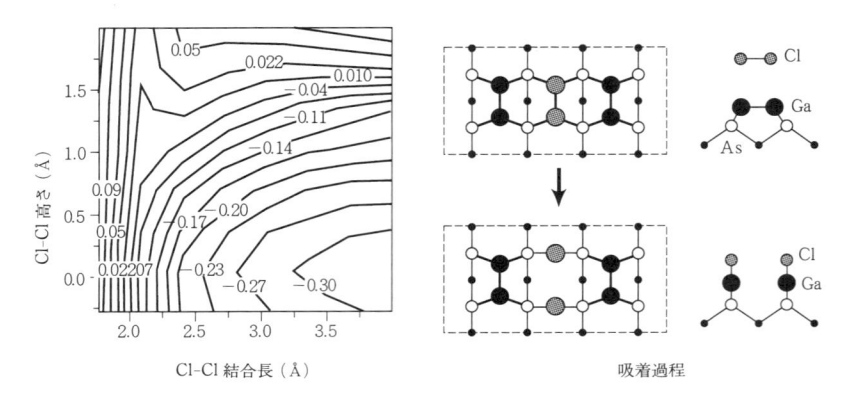

図 2.5.24 GaAs(001)-Ga 過剰(4×2)-β 表面における Cl_2 分子解離吸着のエネルギー面 横軸は Cl_2 分子の結合長さ, 縦軸は安定吸着位置から測った Cl_2 分子の高さである. Cl_2 分子が中央の Ga ダイマーの真上から分子軸を表面に平行にして接近する経路を考慮した. 黒丸は Ga 原子, 白丸は As 原子, 灰色丸は Cl 原子を表す.

密度汎関数法により塩素と GaAs 表面の相互作用, すなわち, 塩素分子の GaAs 表面への解離吸着過程, 塩素化した GaAs 表面の表面原子構造, 塩素化した GaAs 表面からの塩化物の脱離過程などが調べられた[36]. Ga 過剰(4×2)-β 表面では Cl_2 分子は Ga ダイマー上にエネルギー障壁なしに解離吸着する (図 2.5.24). これは Ga 原子のダングリングボンドが非占有であることに起因する. Cl_2 分子の解離吸着と同時に Ga ダイマーは切断される. 塩素吸着が進むと, 最終的には 2 個の Ga-As バックボンドをもつ GaCl 分子に覆われた表面が形成される. As 過剰(2×4)-β 表面では As 原子ダングリングボンドが占有されているため, Cl_2 分子の As ダイマーへの解離吸着は活性型の反応過程となる. その活性化エネルギーは表面における Cl 原子濃度 (結果としての As 原子ダングリングボンドの電子占有率) に強く依存する. Cl_2 分子の解離吸着後も As ダイマーは切断されない. Cl_2 分子は欠損ダイマー上やダイマー列の間でも解離吸着し, 表面第 2 層の Ga 原子と結合する. 最終的な塩素化 As(2×4) 表面では, すべての As ダイマー原子と第 2 層 Ga 原子は Cl 原子と結合を形成している.

塩素化した Ga(4×2) 表面上からの脱離過程を考える. GaCl 分子の脱離は 2 個の Ga-As バックボンドを切断するが, Cl 原子の脱離はただ 1 個の Ga-Cl ボンドを切断するだけである. しかし GaCl 分子の脱離エネルギーは Cl 原子に比べてかなり小さい. さらに, 清浄な(4×2)表面からの Ga 原子の脱離に比べても小さい (図 2.5.25). これは Ga-Cl ボンドの強さと Cl 吸着による Ga-As バックボンドの弱体化の結果である. 一方, 塩素化した As(2×4) 表面では Cl 原子は AsCl 分子より小さい脱離エネルギーをもつ. この表面を昇温すると, Cl 原子が AsCl 部分から離れてほかの AsCl

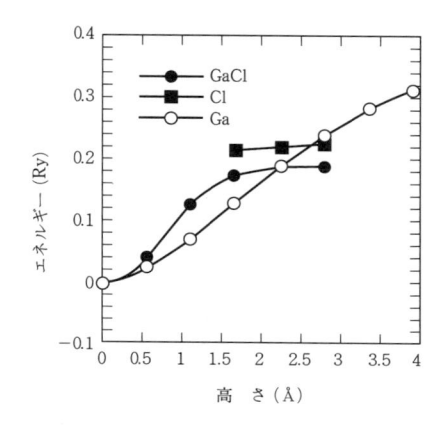

図 2.5.25 塩素化した Ga 過剰 (4×2)-β 表面からの GaCl 分子と Cl 原子の脱離過程のエネルギー曲線
Ga 過剰な清浄表面からの Ga 原子の脱離過程のエネルギー曲線も示す．Cl 原子は表面の近くではかならず Ga 原子を伴い，遠く離れて初めて単独で存在する．

部や GaCl 部と反応し，揮発性の塩化物 ($GaCl_3$ や $AsCl_3$) を形成して脱離すると考えられる．これらの結果は最近の昇温脱離実験の結果とよく一致している．ここでは塩素の吸着過程と塩化物の脱離過程を議論したが，layer-by-layer エッチングでは塩化物の脱離により形成される原子空孔の表面拡散なども重要な過程の一つとなる．原子空孔や吸着原子の kinetics まで含んだ議論は今後の課題である．

b. Si (0 0 1) 表面と酸素の相互作用

Si デバイスの微細化とともにゲート酸化膜の膜厚は数 nm に近づき，SiO_2/Si 界面構造の原子スケールでの制御が重要となる．高品質のシリコン酸化膜を形成するために，酸化の初期過程に関する研究が活発になされている．Si (0 0 1) 表面への酸素分子の吸着過程が密度汎関数法により調べられた[37]．酸素分子は Si (0 0 1) 表面にどのように接近しても解離吸着する (図 2.5.26 (a))．これは Si 原子のダングリングボンドから酸素分子の反結合軌道へと電荷移動が起こるためである．解離後の酸素原子のもっとも安定な吸着位置は Si ダイマー間に割り込む構造である (図 (b))．最近では水素終端化が酸化膜形成に与える効果も調べられ，水素終端 Si (0 0 1) 表面が層状に近い形で酸化されることが報告されている．酸化により形成される SiO_2 膜はアモルファス構造と考えられるが，界面数層には結晶 SiO_2 膜が存在するという報告がある．密度汎関数計算によると，結晶 SiO_2 の一つであるトリディマイトと Si (0 0 1) の理想界面からはひずみが相当に緩和された界面構造が得られる．この界面構造で計算され

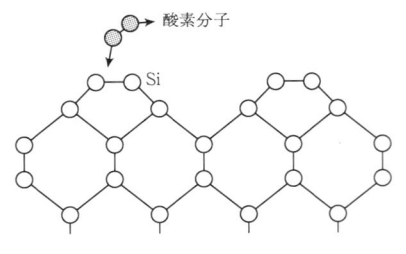

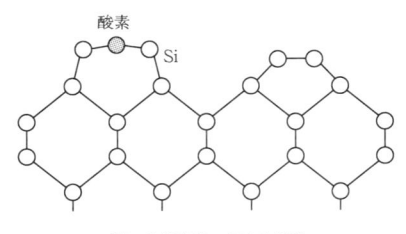

(a) 酸素分子に働く力　　　　　　　　　　　(b) 吸着酸素の最安定構造

図 2.5.26

(a) Si(001)表面への酸素分子の吸着過程．矢印は酸素原子に働く力であり，分子解離の方向に力が働いている．(b) 解離後の酸素原子のもっとも安定な吸着位置．

た Si 原子の 2p 準位の位置は XPS 実験による内殻準位シフトをよく説明し，可能性の高い SiO_2/Si 界面モデルの一つである[38]．ほかにも，クリストバライト，α クォーツなどの存在の可能性も検討されている．

2.5.8　薄　膜　成　長

a. 表面変性エピタキシー

Si 清浄表面への Ge 薄膜の MBE 成長では，Ge 薄膜は 2～3 原子層まで層状成長した後に島成長へと変化する．これは Si と Ge 間の格子不整合によるひずみを緩和するためである．しかし，Si 表面を As や Sb などで 1 原子層覆った上に Ge 薄膜を成長させると，島成長が大幅に抑えられる[39]．このように，成長表面を別の原子層で覆い表面の性質を変えてエピタキシー成長を促進させる方法を表面変性エピタキシー (surfactant-mediated expitaxy) 法と呼ぶ．成長を促進させる原子層としてはサーファクタント（界面活性剤を意味する）と呼ばれる表面偏析する物質が選ばれ，成長系の表面エネルギーや成長種の拡散などを変化させて成長形態を改善する．サーファクタントの表面偏析は表面変性エピタキシーのもっとも重要な素過程の一つである．

As を用いた Si(001)表面への Ge 薄膜成長に関して，As 原子が表面偏析し Ge 原子が基板に取り込まれる過程が密度汎関数法により調べられている[40]．1 原子層の As が吸着した Si(001)表面（図 2.5.27 (a)）では，As 原子はダイマーを形成しダングリングボンドはなく表面は安定化する．この As/Si(001)表面に 1 原子層の Ge が吸着した Ge/As/Si(001)表面に対しては，As 原子層全体の表面偏析(Ge/As/Si(001)→As/Ge/Si(001))はエネルギー的に有利な過程である．すなわち，As 原子層は表面エネルギーを低下させる．しかし，As 原子層全体の表面偏析は現実的な過程ではなく，個々の As 原子の表面偏析過程が重要である．実際，Ge ダイマーが 1 個

2.5 量子工学材料としての表面

(a) As 安定化表面

(b) 吸着 Ge ダイマー

(c) Ge-As 置換

(d) 2個の吸着 Ge ダイマー

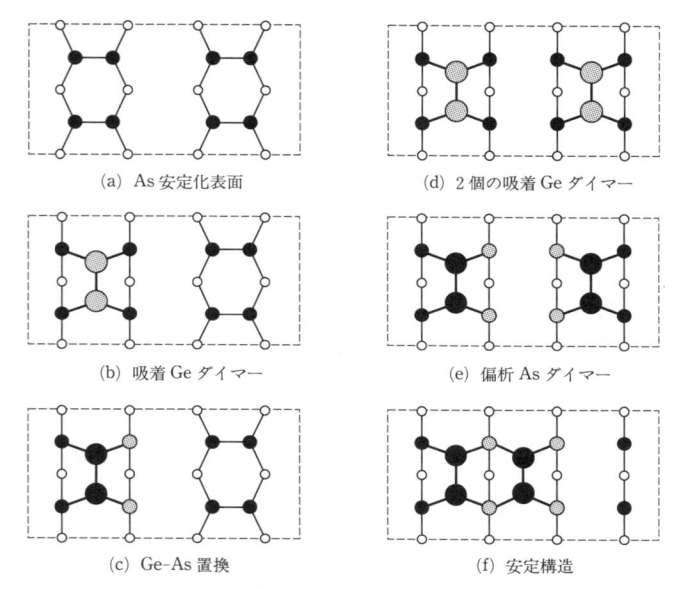

(e) 偏析 As ダイマー

(f) 安定構造

図 2.5.27 1原子層の As 原子が吸着した Si(001)表面における Ge-As 置換過程 (a) As 吸着安定化表面, (b) 吸着 Ge ダイマー, (c) Ge-As ダイマー置換, (d) 2個の吸着 Ge ダイマー, (e) Ge ダイマーとの置換により表面偏析した 2個の As ダイマー, (f) 2個の As ダイマーの安定構造. 白丸は Si 原子, 黒丸は As 原子, 灰色丸は Ge 原子を表す.

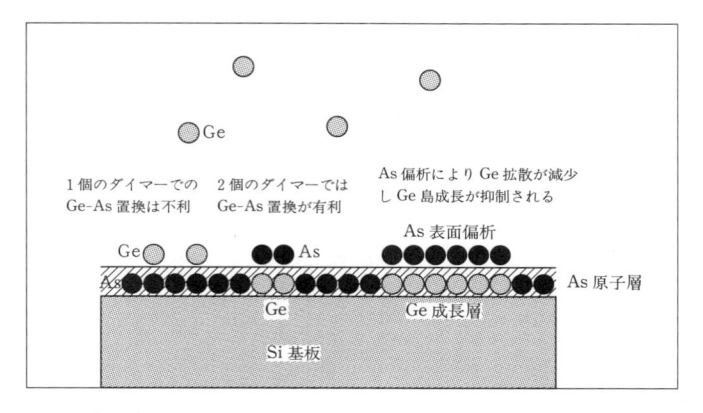

図 2.5.28 Si(001)表面への Ge 層成長における As サーファクタント層の効果の模式図

吸着した表面(図(b))では状況が異なり, Ge-As ダイマー置換による As 表面偏析 (図(c))は不利な過程となる. 吸着 Ge ダイマー間には弱い斥力が働き, Ge ダイマー

は凝集しにくい(図(d)). Ge-As 置換により表面偏析した As ダイマー間には引力が働き(図(e)),エネルギー的に安定な構造(図(f))が形成される. すなわち,吸着 Ge ダイマー2個の相互作用により初めて As 表面偏析がエネルギー的に有利な過程となる. As-Ge 置換により Ge の表面拡散が大幅に減少して Ge 島成長が抑制される. このように表面 As 原子層は吸着 Ge ダイマーのエナージェティクスを変化させ,サーファクタントとして働く(図 2.5.28). ほかの As-Ge 置換過程やステップ端での As 原子の効果なども研究されている.

b. GaAs(0 0 1)成長過程

通常 GaAs(0 0 1)の MBE 成長は As 過剰の条件下で行われるため,As 過剰表面での Ga 原子の拡散が成長の律速過程となる. As 過剰(2×4)-β 表面に吸着した Ga

(a) 吸着位置　　(b) 拡散ポテンシャル面

(c) 拡散係数

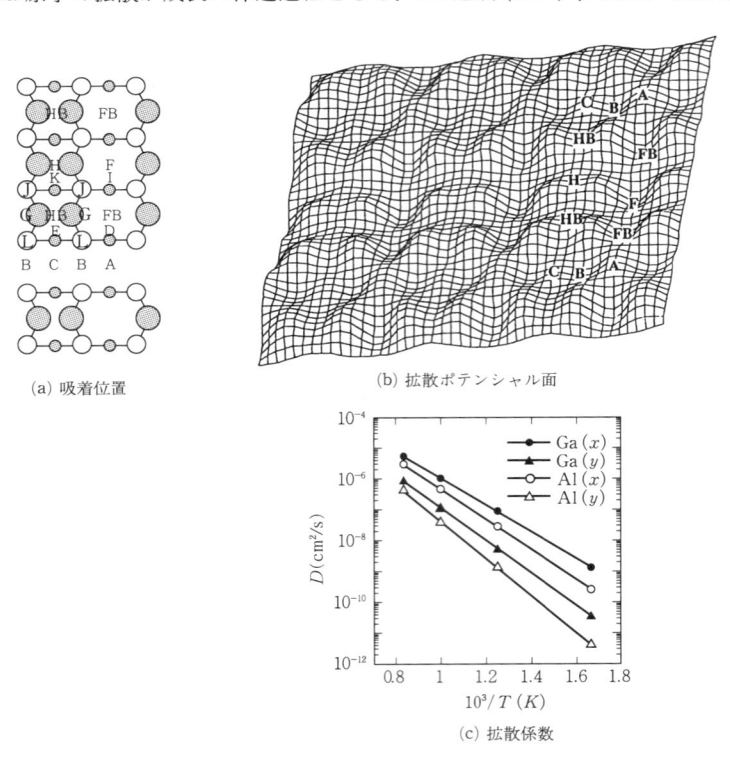

図 2.5.29 GaAs(0 0 1)-As 過剰(2×4)-β 表面における Ga 原子の拡散障壁 (a) As(2×4)表面上の Ga 原子の吸着位置,(b) 拡散ポテンシャル面,(c) 拡散係数(Al 原子の場合も). Ga 原子の最安定吸着位置は As ダイマー列間の F 位置である. $x(y)$方向は欠損ダイマー列に平行(垂直)な拡散方向である.

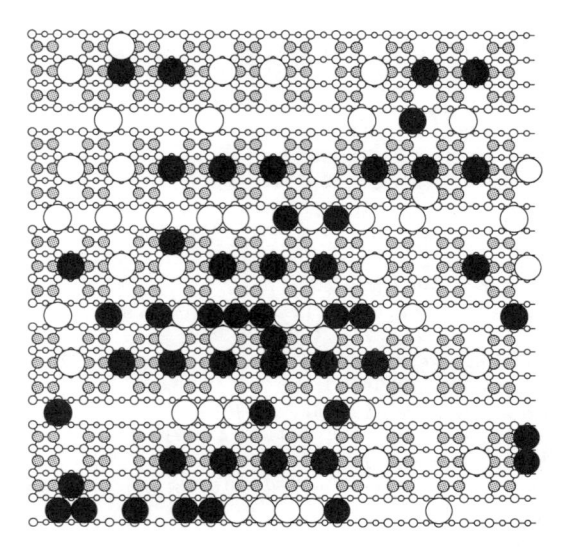

図 2.5.30　GaAs(0 0 1)-As 過剰 (2×4)-β 表面への $Al_{0.5}Ga_{0.5}$ 膜成長のモンテカルロシミュレーションの一例
温度 873 K で 0.25 原子層吸着した様子．白丸は Ga 原子，黒丸は Al 原子，灰色丸は基板 As 原子を表す．

原子の成長過程が理論的に研究されている[41,42]．

図 2.5.29 (b) は，密度汎関数法で計算された Ga 原子に対する拡散ポテンシャル面である[41]．Ga 原子は As ダイマー列間の F 位置にもっとも安定に吸着する．ダイマー列間の FB 位置および欠損ダイマー付近の B 位置は準安定な吸着位置である．遷移状態理論を用いて，この拡散ポテンシャル面から Ga 原子の拡散障壁および拡散係数が求められる (図 (c))[42]．拡散障壁は GaAs 表面の再構成構造を反映し非等方的であり，Ga 原子は欠損ダイマー列に沿って速く拡散する．Al 原子も Ga 原子と同様の特徴を示すが，拡散障壁が大きいため Ga 原子より数倍遅く拡散する．理論的に求められた拡散係数は実験値と比べてかなり大きい．これは実験値がステップ，キンクなどの表面欠陥，Ga 吸着原子間の相互作用など，巨視的な効果を包含しているためである．拡散ポテンシャル面と拡散係数の情報から，成長過程のモンテカルロシミュレーションが実行できる[41]．図 2.5.30 は $Al_{0.5}Ga_{0.5}$ の成長膜の様子である．このように，第一原理計算とモンテカルロシミュレーションを組み合わせることにより薄膜成長過程を微視的に理解する試みは，良質な結晶成長を得るために大変重要な課題である．

［大野隆央・橋詰富博］

引用文献

1) P. Hohenberg and W. Kohn : *Phys. Rev.*, **136** (1964) B864.
2) G. B. Bachelet *et al.* : *Phys. Rev.*, **B26** (1982) 4199.
3) G. Binnig *et al.* : *Phys. Rev. Lett.*, **49** (1982) 57.
4) J. A. Appelbaum and D. R. Hamann : *Surf. Sci.*, **74** (1978) 21.
5) R. J. Hamers *et al.* : *Phys. Rev.*, **B34** (1986) 5343.
6) M. Tsukada *et al.* : *J. Physique*, **48** (1987) C6-91 ; T. Hashizume *et al.* : *Jpn. J. Appl. Phys.*, **32** (1993) 1410.
7) Z. Zhu *et al.* : *Phys. Rev.*, **B40** (1989) 11868.
8) R. A. Wolkow : *Phys. Rev. Lett.*, **68** (1992) 2636.
9) M. Kubota and Y. Murata : *Phys. Rev.*, **B49** (1994) 4810.
10) J. J. Boland : *Phys. Rev. Lett.*, **67** (1991) 1539.
11) D. J. Chadi : *Phys. Rev. Lett.*, **59** (1987) 1691.
12) O. L. Alerhand *et al.* : *Phys. Rev. Lett.*, **61** (1988) 1973.
13) K. Takayanagi *et al.* : *J. Vac. Sci. and Technol.*, **A3** (1985) 1502.
14) K. D. Brommer *et al.* : *Phys. Rev. Lett.*, **68** (1992) 1355.
15) R. Wolcow and P. Avouris : *Phys. Rev. Lett.*, **60** (1988) 1049 ; P. Avouris and R. Wolkow : *Phys. Rev.*, **B39** (1989) 5091.
16) D. J. Chadi : *J. Vac. Sci. Technol.*, **A5** (1987) 834.
17) T. Hashizume *et al.* : *Phys. Rev. Lett.*, **73** (1994) 2208.
18) T. Ohno : *Phys. Rev. Lett.*, **70** (1993) 631 ; J. E. Northrup and S. Froyen : *Phys. Rev.*, **B50** (1994) 2015.
19) Q. Xue *et al.* : *Phys. Rev. Lett.*, **74** (1995) 3177.
20) X. Zhu *et al.* : *Phys. Rev. Lett.*, **63** (1989) 2112.
21) J. J. Boland : *Phys. Rev. Lett.*, **65** (1990) 3325.
22) J. E. Northrup : *Phys. Rev.*, **B44** (1991) 1419.
23) T. Hashizume *et al.* : *Jpn. J. Appl. Phys.*, **35** (1996) L1085.
24) Y. Nannichi *et al.* : *Jpn. J. Appl. Phys.*, **27** (1988) L2367 ; H. Sugahara *et al.* : *Surf. Sci.*, **242** (1991) 335.
25) T. Ohno and K. Shiraishi : *Phys. Rev.*, **B42** (1990) 11194.
26) T. Ohno : *Surf. Sci.*, **255** (1991) 229 ; T. Ohno : *Phys. Rev.*, **B44** (1991) 6306.
27) W. E. Spicer *et al.* : *Phys. Rev. Lett.*, **44** (1980) 420.
28) J. Tersoff : *Phys. Rev.*, **B32** (1985) 6968.
29) T. Ohno : *Phys. Rev.*, **B45** (1992) 3516.
30) G. Brocks *et al.* : *Phys. Rev. Lett.*, **66** (1991) 1729.
31) T. Yamasaki *et al.* : *Phys. Rev. Lett.*, **76** (1996) 2949.
32) Q.-M. Zhang *et al.* : *Phys. Rev. Lett.*, **75** (1995) 101.
33) J. Nara *et al.* : *Phys. Rev. Lett.*, **79** (1997) 4421.
34) M. Copel and R. M. Tromp : *Phys. Rev. Lett.*, **72** (1994) 1236.
35) T. Kaneko *et al.* : *Phys. Rev. Lett.*, **74** (1995) 3289.
36) T. Ohno : *Phys. Rev. Lett.*, **70** (1993) 962 ; T. Ohno : *Surf. Sci.*, **357/358** (1996) 322 ; T. Ohno and T. Sasaki : Proc. 23nd Int. Conf. on Physics of Semiconductors (World Scientific Publishing, 1996), p. 963.
37) Y. Miyamoto and A. Oshiyama : *Phys. Rev.*, **B41** (1990) 12680.
38) A. Pasquarello *et al.* : *Phys. Rev. Lett.*, **74** (1995) 1024.
39) M. Copel *et al.* : *Phys. Rev. Lett.*, **63** (1989) 632.

40) T. Ohno : *Phys. Rev. Lett.*, **73** (1994) 460.
41) K. Shiraishi *et al.* : *Solid State Electron.*, **37** (1994) 601.
42) T. Ohno *et al.* : Mat. Res Soc. Symp. Proc., Vol. 326, 1994, p. 27.

さらに勉強するために

1) 表面物理全般に関しては，A. Zangwill : Physics at Surfaces, Cambridge Univ. Press, 1988.
2) 半導体表面構造と動的過程に関しては，T. Ohno : Theoretical study of atomic structures and dynamics on semiconductor surfaces, *Thin Solid Films.*, **272** (1996) 331.
3) 密度汎関数法を用いた電子状態計算の詳細に関しては，M. C. Payne, M. P. Teter, D. C. Allan, T. A. Arias and J. D. Joannopoulos : Iterative minimization techniques for ab initio total-energy calculations : molecular dynamics and conjugate gradients, *Rev. Mod. Phys.*, **64** (1992) 1045.
4) STM 国際学会のプロシーディングスは，(1) *Surf. Sci.*, **181** (1987) 1-412, (2) *J. Vac. Sci. Technol.*, **A6** (1988) 257-554, (3) *J. Microscopy*, **152** (1988) 1-875, (4) *J. Vac. Sci. Technol.*, **A8** (1990) 153-720, (5) *J. Vac. Sci. Technol.*, **B9** (1991) 403-1411, (6) *Ultramicroscopy*, **42-44** (1992) 1-1717, (7) *J. Vac. Sci. Technol.*, **B12** (1994) 1439-2256, (8) *J. Vac. Sci. Technol.*, **B14** (1996) 787-1571, (9) *Appl. Phys.*, **A66** (1998) S3-S1288.

第3章　量子工学デバイスとシステム展開

3.1 量子電子デバイス

3.1.1 超薄膜ヘテロ構造,量子ナノ構造中の電子物性

　半導体作製技術の著しい発展に伴って,伝導電子の量子力学的波長と同程度の厚み(~ 10 nm)を有する半導体超薄膜およびその多層構造,さらには面内方向にも微細加工を施した量子ナノ構造の作製が可能となってきた.このような半導体超薄膜,量子ナノ構造中においては,電子の量子力学的波動性が材料の電気的・光学的特性に大きな影響を与える.

　半導体デバイスにおける量子力学的効果は,最初,高濃度にドープされたpn接合(エサキダイオード)中のトンネル効果[1]や,Si-MOS反転層中における伝導電子の2次元量子化[2]というかたちで確認された.しかし,これらのデバイス中における電子の閉じ込めやトンネルに必要な超薄膜は冶金学的につくられたものではなく,半導体内部または表面の強い静電界の助けにより実効的に形成されたものである.したがって,電子の運動を支配するポテンシャルの形状に関しては,ほとんど自由度が存在しなかった.

　他方,2種類の半導体ヘテロ接合における電子親和力の差を用いて電子を閉じ込めようとする試みは,1960年代後半からダブルヘテロ型レーザーなどにおいてマクロな寸法(>100 nm)でなされてきていた.この閉じ込めを電子波長と同程度の寸法で行うことを提案したのは,1970年のEsakiとTsuの人工的1次元超格子の論文[3]が初めてであろう.

　この提案と時期をほぼ同じくして開始された分子線エピタキシー技術[4]の発展に伴い,GaAsや$Al_xGa_{1-x}As$など,組成の異なる半導体を所望の厚さで形成したり,積層化することが可能になった.その結果,膜に垂直な方向の電子の運動を支配するポテンシャルを設計し,電子の波動関数や固有エネルギーを人為的に制御することが可能となってきた.

　このような状況の中で,1970年以来,半導体超薄膜ヘテロ構造中の電子物性の特異性が次々と明らかにされ,それらは量子効果デバイスとして光・電子デバイスの分野に大きなインパクトを与えてきている.たとえば,1976年に開始されたヘテロ界面に沿う方向の半導体超薄膜中の2次元電子の電気伝導に関する研究[5]は,その後,1978年に変調ドーピング[6,7]の概念が実証されるきっかけとなり,さらにこれが基礎

となって1980年には高電子移動度トランジスター(HEMT)[8]の誕生へと発展していくこととなった.また,Esakiグループにより先鞭をつけられたヘテロ界面に垂直な方向への電子のトンネル伝導の研究は,共鳴トンネルダイオードの実現[9]へと発展していった.さらに,半導体量子井戸中のバンド間遷移の研究[10]は,その後,量子井戸レーザー[11]などの光デバイスの誕生へと開花している.

このような研究の中で,電子をさらに面内方向にも閉じ込めた量子細線構造(1次元電子系),量子ドット構造(0次元電子系)を用いることにより,電子の超高移動度性[12]や高性能半導体レーザー[13]が実現できることが理論的に示され,半導体の超微細構造(量子ナノ構造)とそれを利用したデバイスの実現への関心が大いに高まった.

このような半導体ヘテロ構造,量子ナノ構造中の特異な電子物性を積極的に(または暗に)利用した光・電子デバイスを一般に量子効果デバイスと呼び,デバイスの重要な一群を形成している.本節では,電子デバイスを中心に取り上げる.量子井戸レーザーのような光デバイスに関しては,3.2節を参照されたい.

a. 半導体ヘテロ構造のバンドラインアップ

異なる組成の半導体の接合からなるヘテロ構造は,2種類の半導体A,Bの電子親和力 χ_A, χ_B およびバンドギャップエネルギー E_g^A, E_g^B の値の大小関係により,タイプI,タイプII,タイプIIIの三つのカテゴリーに分類される.

(i) タイプIヘテロ構造:$\chi_A > \chi_B$, $\chi_A + E_g^A < \chi_B + E_g^B$ の場合には,バンド構造は図3.1.1(a)のようになり,電子,正孔とも半導体Aに閉じ込められる.現在,最も盛んに研究が進められているGaAs-Al_xGa_{1-x}As系ヘテロ構造は,その代表的な例である.このように電子と正孔が同じ層に閉じ込められるような場合をタイプIと呼ぶ.

(ii) タイプIIヘテロ構造:$\chi_A > \chi_B$, $\chi_A + E_g^A > \chi_B + E_g^B$, かつ $\chi_A < \chi_B + E_g^B$ の場合には,バンド構造は図3.1.1(b)のようになる.このとき,電子は半導体A中に,正孔は半導体B中に閉じ込められることになり,電子と正孔が空間的に分離されるという特徴的な状況が実現される.InGaAs/GaAsSb系のヘテロ構造はこのタイプに属する.

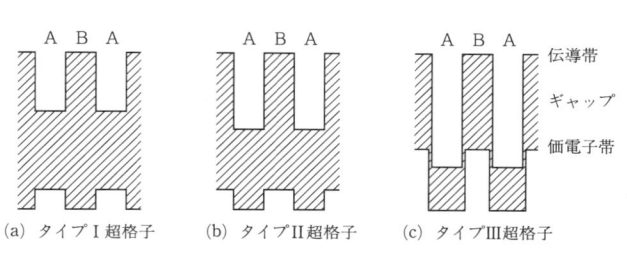

(a) タイプI超格子　　(b) タイプII超格子　　(c) タイプIII超格子

図 3.1.1 超薄膜ヘテロ接合のバンドラインナップ[2]

(iii) タイプIIIヘテロ構造：$\chi_A > \chi_B$，$\chi_A + E_g^A > \chi_B + E_g^B$，かつ $\chi_A > \chi_B + E_g^B$ の場合には，バンド構造は図 3.1.1(c)のようになる．この系の代表的な例は，InAs/GaSbヘテロ構造である．このときヘテロ構造部では，InAs の伝導帯が GaSb の価電子帯と重なり，半金属状態となる．

量子効果デバイスの原理は，これらのバンド構造と深くかかわっており，量子効果デバイスに期待する機能に応じて，適当なヘテロ構造の組合せを選択することが必要である．半導体材料に関するさらに詳しい解説は，2.1節を参照されたい．

b. 量子ナノ構造の寸法と物性

固体中には，その中での電子の伝導を記述する特徴的な寸法がいくつかある．その中でとくに重要なものは，

① フェルミ波長 λ_F：フェルミ面上の電子のド・ブロイ波長
② 電子波の位相コヒーレンス長 L_ϕ：電子の波がその位相情報を保ったまま伝搬できる距離
③ 平均自由行程 l_e：電子がその運動量を保ったまま直進する距離

などである．素子の微細化が進み，素子の寸法 L がこれらの特性距離と同程度またはそれ以下になると，電気的特性に大きな変化が生じる．

(1) $L < \lambda_F$ → 量子サイズ効果
(2) $L < L_\phi$ → 量子干渉効果
(3) $L < l_e$ → バリスティック伝導

これらの効果のうち，一般に(3)，(2)，(1)の順番にその達成が困難になっていく．以下，それぞれについてもう少し詳しく検討してみよう．

1) 量子極限状態（単一モード状態）が実現されるための条件

量子サイズ効果により，いくつかの電気的サブバンドが形成される状況において，電子がもっともエネルギーの低い基底準位のみを占有している状態を量子極限 (quantum limit) 状態という．この量子極限状態は，マイクロ波の導波管や光ファイバーとのアナロジーから，「単一モード状態」といってもよいであろう．この単一モード状態は，冒頭で述べた量子細線や量子箱構造で理論的に予測されている高い機能を実現するために必要不可欠である．たとえば後述の量子細線中で予測されている電子の高移動度性[12]は，電子の横方向の運動（つまり横モードの変換）が抑制され，後方散乱のみが許される状況を実現することが必要であるし，また量子箱構造で予測されている高い微分利得や光学非線形性は，光学遷移を起こす状態が単一エネルギーになることが望ましい．

さて，微小な寸法 L の中に閉じ込められた電子の運動は，電子の波数 k が $(2\pi/L)$ の整数倍のところで定在波を形成し量子化される．したがって，無限大の障壁高さを仮定すると，基底準位の量子化エネルギー E_0 は，$E_0 = (\hbar^2/2m^*)(\pi/L)^2$，また，第1

励起準位のエネルギー E_1 は，$E_1=(\hbar^2/2m^*)(2\pi/L)^2$ で与えられる．ここで，$\hbar$ はプランク定数を 2π で割った値，m^* は電子の有効質量である．

一般に，半導体中に蓄積する電子のフェルミエネルギーが約 30 meV 以下であること，また室温における熱エネルギーが約 26 meV であることを考え合わせれば，良好な量子極限状態を実現するには，基底準位と第 1 励起準位のエネルギー差 $E_1-E_0=3(\hbar^2/2m^*)(\pi/L)^2$ が，30 meV 以上であることが必要である．たとえば，半導体として GaAs を仮定すると，$m^*=0.067\,m_0$ であるから，L は約 23 nm 以下であることが必要となる．有効質量の大きな Si を用いると，この値はさらに小さくなり，寸法は約 8 nm 以下であることが必要となる．

2) 量子干渉効果が観測されるための条件

電子は量子力学によれば，伝搬する波としての性質をもつ．したがって，素子寸法が小さくなり，電子波の位相が保たれる距離(位相コヒーレンス長 L_ϕ)以下になると，電子波の干渉効果が電気伝導特性に，大きな影響を与える．その代表的なものがアハロノフ-ボーム (Aharonov-Bohm, AB) 効果である[14]．AB 効果とは，二つのパスに分かれて伝搬する波の行路長を，磁場あるいは電場により変化させて，波の干渉条件を制御するものであり，金属中[15] および半導体中[16,17] においても観測されている．またこの AB 効果を用いてスイッチング素子を実現しようという提案もなされている[18]．

このような量子干渉効果が観測されるためには，まず第一に電子波が伝搬する方向の素子寸法 L を L_ϕ よりも短くする必要がある．一般に，液体ヘリウム温度において，L_ϕ は半導体中で約 1 μm 程度である[19]．半導体超微細加工においてこの寸法を達成するのは比較的容易である．しかし，L_ϕ は温度の上昇とともに $T^{-1/3 \sim -1}$ に比例して短くなるため[20,21]，高温領域でも動作可能な素子の実現は困難になってくる．

上述のことは量子干渉効果が起こるための最低条件であり，$L<L_\phi$ の条件が満たされたからといって，必ずしも干渉効果が電圧-電流特性などに反映するとは限らない．素子長 L のリング構造を作製したとしよう．このとき，この素子は縦モード間隔 $\Delta k=\pi/L$ で電子波を透過させる波長フィルターとして働く．したがって，動作温度における熱エネルギー $k_B T$ (k_B: ボルツマン定数，T: 温度) に対して，縦モード間隔に対応するエネルギー $\Delta E_{n+1,n}=(\hbar^2/2m^*)(k_{n+1}^2-k_n^2)$ が非常に小さい場合には，複数の干渉成分がランダムに重なり合い，干渉効果を明瞭に観測することができなくなる．したがって，量子干渉効果を観測するためには，$\Delta E_{2,1}>k_B T$ である必要がある．たとえば GaAs を仮定し，この条件を満たす L と T の関係を求めると，$T=4.2$ K において $L=210$ nm，$T=77$ K においては $L=49$ nm となり，量子干渉効果を明瞭に観測するためには，かなり厳しい超微細加工が必要となることがわかる．

3) バリスティック伝導が実現されるための条件

GaAs のように比較的有効質量の小さな半導体においては，大きなフェルミ速度と

散乱確率の減少のために,バルク中においても数百 nm の平均自由行程が得られる.さらに変調ドープヘテロ構造を用いれば,数 μm 程度の平均自由行程を得ることは比較的容易である.とくに,最近報告された移動度 $10^7\mathrm{cm^2/Vs}$ クラスの超高移動度試料[22]を用いれば数十 μm から 100 μm 近い平均自由行程を得ることも可能になっている.したがって,バリスティック伝導は,素子寸法がサブ μm から数 μm の範囲の,実現が比較的容易な寸法から観測可能となる.電子のバリスティック伝導は,十字路構造における電気抵抗や[23],エレクトロンフォーカシングなど[24,25]の美しい実験で検証されている.

前項で半導体超微細構造中で量子サイズ効果,量子干渉効果などの新しい物理現象が観測されるための素子寸法について議論したが,それではいったいどの程度の精度でこの加工を行う必要があるのであろうか.いま,寸法 L の半導体超微細構造に,振幅 Δ の加工寸法ゆらぎがあったとしよう.このとき量子化エネルギーのゆらぎ ΔE は,無限大障壁高さを仮定すると,

$$\Delta E = (\partial E/\partial z)\Delta = -(\pi\hbar)^2/(m^*L^3)\Delta \tag{3.1.1}$$

となり,量子化エネルギーのゆらぎ ΔE は,素子寸法が小さくなるに従い,L^3 に反比例して急激に大きくなる.たとえば GaAs を仮定し,$L=10\,\mathrm{nm}$,Δ として 1 原子層の厚み約 0.3 nm を代入すると $\Delta E \sim$ 約 3 meV にもなる.このエネルギーのゆらぎが散乱ポテンシャルとなり,電気伝導を妨げたり,光学スペクトルのブロードニングなどを引き起こす.実際,井戸幅 10 nm 以下の変調ドープ量子井戸構造では,この構造幅のゆらぎが移動度を制限する支配的な散乱機構となっている[26].

界面ラフネス散乱の簡単な理論[26]から,超微細加工における寸法ゆらぎ Δ が素子特性に悪影響を与えないための条件を概算すると,ゆらぎの振幅 Δ は約 1 原子層程度の厚さ 0.3 nm,またゆらぎの横方向寸法 Λ は電子のフェルミ波長の 1/10 以下か 10 倍以上であること(たとえば,$\lambda_\mathrm{F}\sim 30\,\mathrm{nm}$ とすると,$\Lambda<3\,\mathrm{nm}$ または $\Lambda>300\,\mathrm{nm}$ であること)が要求される.

3.1.2 変調ドーピングと高電子移動度トランジスター

a. 量子井戸中での定在波の形成と 2 次元電子系

図 3.1.2 (a) に示すように,超薄膜 GaAs を AlGaAs 膜ではさんだダブルヘテロ構造では,伝導帯および価電子帯におけるバンド不連続 ΔE_c,ΔE_v により箱形ポテンシャルが形成され,電子および正孔が GaAs 内に閉じ込められる.このとき,ヘテロ界面において電子波が全反射されるため,正弦振動に対応した定在波が形成される.このような効果を量子サイズ効果と呼んでいる.定在波の波長 λ_z は,共鳴条件で定まり,GaAs の実効膜厚を L_z としたとき,$2L_z/(i+1)$;$i=0,1,2,\cdots$ で与えられる.したがって,量子井戸中の電子の定在波の波動関数 $\varphi_\mathrm{el}(z)$ は,図 3.1.2 (a) に示

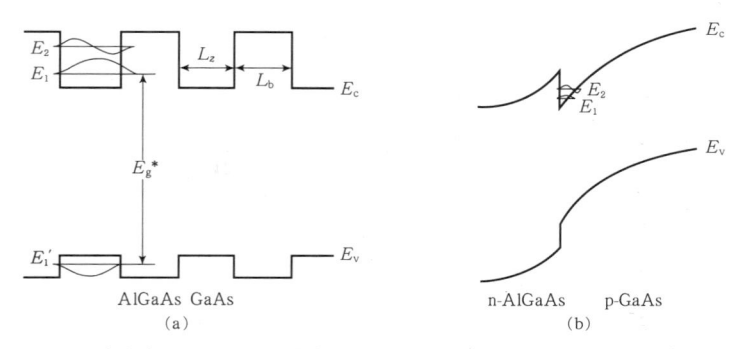

図 3.1.2 ダブルヘテロ構造，単一ヘテロ構造中の量子閉じ込め状態[2]

すように，正弦関数

$$\varphi_{\rm el}(z)=\sin\{(i+1)\pi z/L_z\} \tag{3.1.2}$$

で表される．ここで，i は定在波の節の数を表す量子数である．

他方，i 番目の定在波状態のもつ固有エネルギー $E_z(i)$ は，量子井戸内を往復する波の振動エネルギーであるから，電子の有効質量を m^* としたとき

$$E_z(i)=(\hbar^2/2m^*)\{(i+1)\pi/L_z^*\}^2 \tag{3.1.3}$$

で与えられる．たとえば，L_z^* として 10 nm，m^* として GaAs 中の電子の有効質量 0.07 m_0（m_0 は真空中の電子の質量）を用いると，基底準位のエネルギー $E_z(0)$ は約 55 meV となる．

こうして定在波化された電子は，ヘテロ界面に沿う方向（x, y 方向）にのみ自由粒子として振る舞うので，2 次元電子ガス (two-dimensional electron gas, 2DEG) と呼ばれる．このとき，電子のもつ全エネルギー E は，(x, y) 平面内の自由運動に対応する運動エネルギー $(\hbar^2/2m^*)(k_x^2+k_y^2)$ と，前述の定在波に対応する量子化エネルギーとの和で表され，

$$E=E_z(i)+(\hbar^2/2m^*)(k_x^2+k_y^2) \tag{3.1.4}$$

で与えられる．

このとき 2 次元電子の状態密度は，エネルギーに依存しない一定値 $m^*/\pi\hbar^2$（スピンを含む）で与えられるため，量子井戸の状態密度 $N_{2D}(E)$ は $E_z(i)$ で始まる階段状になる．すなわち

$$N_{2D}(E)=(m^*/\pi\hbar^2)\sum_i \theta(E-E_z(i)) \tag{3.1.5}$$

となる．ここに θ はステップ関数を表す．

電子の量子力学的な閉じ込めは，図 3.1.2(b) に示すようにアンドープ GaAs と n 型 AlGaAs とのヘテロ界面空間電化層を用いても行うことができる．この場合の量子準位は界面付近の三角ポテンシャルの傾き $eF(=dV(z)/dz)$ に依存し，近似的に

$$E_z(i) = (\hbar^2/2m^*)^{1/3}\{(3/2)\pi eF(i+3/4)\}^{2/3} \qquad (3.1.6)$$

で与えられるが，正確な解はシュレーディンガー方程式とポアソン方程式を連立させて解くことにより得られる．

AlGaAs/GaAsからなる超薄膜系では，電子と同様に正孔もGaAs内で定在波化され，重い正孔バンド，軽い正孔バンドに対して，ある程度上記のような描像が許される．しかし，とくにドーピングを施したヘテロ構造系においては，重い正孔バンドと軽い正孔バンドは，バンド混合効果と閉じ込めポテンシャルの空間反転対称性の有無が，価電子帯における正孔の分散関係に大きな影響を与え，複雑なバンド構造をとることが理論的・実験的に確かめられている[27,28]．

b. 変調ドーピングと高電子移動度

AlGaAs/GaAs量子井戸構造中では，電子親和力の差により，電子はエネルギー的により安定なGaAs層に閉じ込められ，2次元電子系を形成する．1978年ベル研究所のDingle, Stormerらは，AlGaAsとGaAsからなる多重量子井戸構造において，ドナー不純物を電子親和力の小さいAlGaAs層にのみドーピングすることにより，電子とドナー不純物を空間的に分離し，不純物散乱を抑制する構造を提案し，実際にバルク半導体において理論的に予想される移動度上限より高い移動度が達成できることを示した[6]．このようなドナー（またはアクセプター）不純物と伝導電子（正孔）を空間的に分離し，高移動度を得る構造を変調ドーピング構造と呼ぶ．

その後，n型AlGaAsと高純度GaAsの単一ヘテロ接合においても，同様な高移動度が達成されることが示された[7]．図3.1.3は，選択的にAlGaAs層のみをドナー不純物でドープした場合の，ヘテロ界面近傍の自己無撞着バンド計算の結果を示す[30]．通常，変調ドープ単一ヘテロ構造においては，電子系とイオン化不純物をさらに空間的に分離し高移動度を得るために，スペーサー層と呼ばれるアンドープAlGaAs層がGaAs層とn型AlGaAs層の間に挿入される．図3.1.3の場合には，5 nmの厚さのスペーサーが挿入されている．この図に示すように，ヘテロ界面近傍の空乏電荷による三角形ポテンシャルにより，厚さがおおよそ20 nmの高密度の2次元電子系が，ヘテロ界面から数nmのところに形成されることがわかる．変調ドーピング技術は，高移動度のみならず高い電子密度も同時に実現できる技術として，物性的にもデバイス応用上もきわめて画期的なものである．

変調ドーピングAlGaAs/GaAsヘテロ構造中のおもな散乱機構をリストアップすると以下のようになる．

① 非弾性散乱：有極性光学フォノン散乱，音響フォノン散乱（変形ポテンシャル結合，ピエゾエレクトリック結合）
② 弾性散乱：イオン化不純物散乱，界面ラフネス散乱，合金散乱

有極性光学フォノン散乱は，室温領域から約80 Kまでの温度領域で支配的な散乱

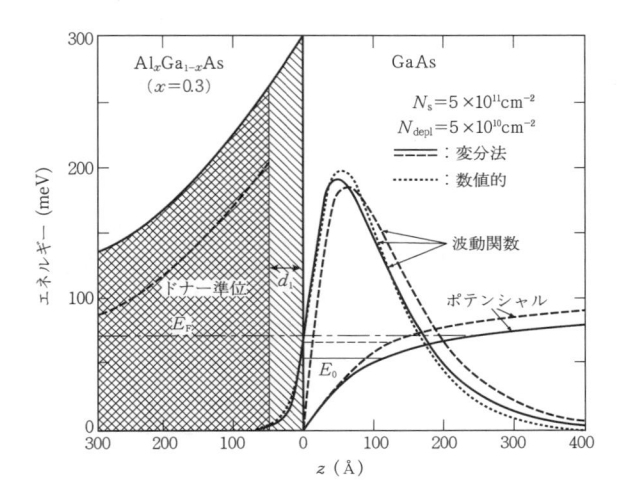

図 3.1.3 GaAs/Al$_x$Ga$_{1-x}$As 単一ヘテロ界面における電子波動関数
(点線：数値的に求めた厳密解，実線および破線：変分法により求めた解)[30]

機構であり，きわめて強い温度依存性を示す．また音響フォノン散乱は，約 80 K から約 20 K 程度の温度範囲で支配的になる散乱で，その散乱確率は温度に比例する．20 K 以下の極低温領域で支配的な散乱機構は，イオン化不純物散乱であり，結晶の高純度化とスペーサーの導入により，その散乱確率をきわめて減少させることが可能である．最近の結晶成長技術の発展により，厚いスペーサー層を挿入した高純度 AlGaAs/GaAs ヘテロ構造においては，移動度が飛躍的に増大し，現在，フォノン散乱が抑制される 1 K 程度の低温で，10^7 cm^2/Vs を越えるきわめて高い移動度が報告されている（図 3.1.4）[22,29]．界面ラフネス散乱は，ヘテロ界面の凹凸による散乱であり，通常の単一ヘテロ構造においては，界面ラフネス散乱により制限される移動度の上限は 10^7 cm^2/Vs 程度である．しかし，電子の閉じ込めが強い量子井戸幅が 10 nm 以下の薄い量子井戸構造中では，界面ラフネス散乱は井戸幅の 6 乗に反比例して強くなり，支配的な散乱機構となる[26]．合金散乱は，統計的に Al の組成が原子レベルでランダムにゆらいでいる AlGaAs 合金中に電子の波動関数がしみ出すことによる散乱であり，それにより制限される移動度は，AlGaAs/GaAs 系で，約 10^7 cm^2/Vs 程度である[30]．しかし，InGaAs/InAlAs 系変調ドープ構造中では，電子が InGaAs 合金チャネル中を走行するため，低温における支配的な散乱機構となっている．

1980 年，Si MOS 中の 2 次元電子系の面に垂直に強磁場を印加したとき，ホール抵抗が h/e^2 の整数分の一に量子化されるという効果（量子ホール効果（4.3 節参照））

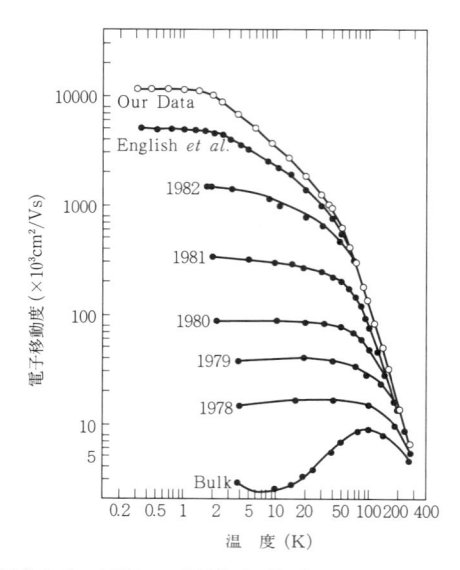

図 3.1.4 変調ドープ AlGaAs/GaAs ヘテロ構造中の
2 次元電子移動度の温度依存性[22]

が発見された[31]．同様の効果は変調ドープ AlGaAs/GaAs 2 次元電子系においてもまもなく追認された[32]．さらに高移動度変調ドープ 2 次元電子系においては，電子系へのポテンシャル乱れの効果が効果的に抑制されているため，電子間相互作用が顕著な形で現れてくる．1982 年，ベル研究所の Tsui, Stormer らは，極低温・強磁場中に置かれた高移動度ヘテロ接合 2 次元電子系において，ランダウ準位の占有率 ν が p/q（p：自然数，q：奇数）で表されるとき，縦磁気抵抗がゼロとなり，同時にホール抵抗の値が $h/\nu e^2$ に量子化されたプラトーになることを発見した（分数量子ホール効果）[33,34]．分数量子ホール効果は，強磁場下における電子-電子相互作用で生じる新しい量子状態がその成因であることがわかっている[35]．

c. 高電子移動度トランジスター (HEMT)

変調ドープヘテロ構造にゲート電極を形成すれば，電界効果型トランジスターとして動作することが，1980 年，富士通研究所の三村，冷水らによって示された[8]．このトランジスターは，高い電子移動度 (high-electron-mobility) を特色とするため，その頭文字をとって High-Electron-Mobility-Transistor (HEMT) と呼ばれている．

図 3.1.5 (a) に基本的な HEMT の断面構造を示す．Si ドープした AlGaAs 層は，表面準位と GaAs 側ヘテロ界面へと電子を供給することにより空乏化し，2 次元電子系と金属ゲートを隔てる絶縁物の役割を果たす．したがって，HEMT の動作原理は

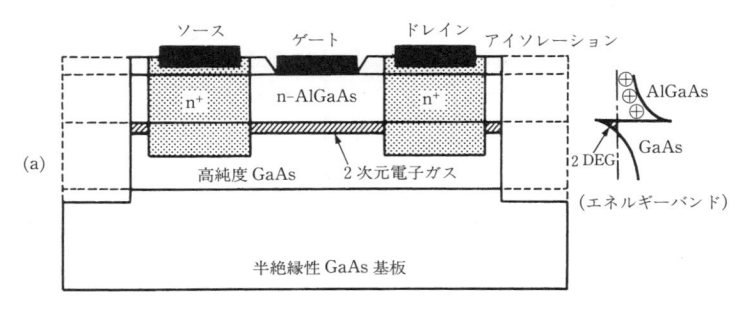

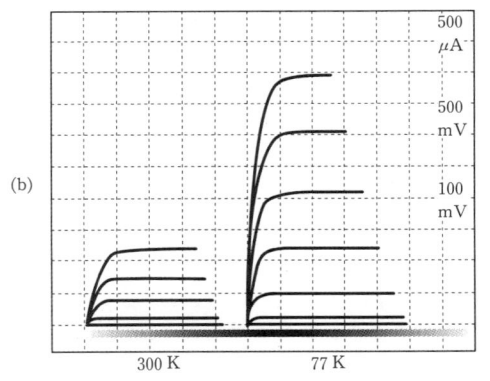

図 3.1.5[8)]
(a) HEMT の基本構造断面．(b) ゲート長 L_G=1.7 μm, ゲート幅 W_G=33 μm の E-HEMT における 300 K および 77 K の動作温度でのドレイン特性．

基本的に Si MOS トランジスターと同じであり，絶縁ゲート型電界効果トランジスターに分類される．図 3.1.5 (b) に，室温および液体窒素温度における HEMT のドレイン特性を示す．移動度が増大することを反映して，77 K における相互コンダクタンスが増大していることがわかる．HEMT の動作原理は，従来のトランジスターのそれと基本的に同じであり，いわゆる"量子効果"がデバイスとしての動作に顕著に現れることはない．しかし，活性層をなす 2 次元電子系が顕著な量子力学的な物性を示すという点で，量子効果デバイスとして考えられている．

HEMT の利点は，その高い利得による超高速性と低雑音性にある．最近の報告では，InGaAs ひずみ層をチャネルとして用いた HEMT 構造において，ゲート長 0.1 μm のトランジスターにおいて約 200 GHz 程度の遮断周波数を有する超高速性を示している．現在 HEMT は，衛星放送用アンテナの初段増幅器や携帯電話用のマイクロ波・ミリ波用増幅器として，確固とした地位を築いている．

d. 量子細線構造中の擬1次元電子系

電子系を2方向から電子のド・ブロイ波長と同程度の寸法(数十nm)に閉じ込め,電子の1次元方向の自由度だけ残した構造を量子細線(quantum wire)構造と呼ぶ.電子の閉じ込めをy, z方向とし,電子が自由に走行できる方向をx方向とすると,電子のエネルギーは

$$E = (\hbar^2/2m^*)k_x^2 + (\hbar^2/2m^*)(l\pi/L_y)^2 + (\hbar^2/2m^*)(n\pi/L_z)^2 \quad (3.1.7)$$

のように表される.ここで,lおよびnは量子数($=1, 2, 3, \cdots$),m^*は電子の有効質量,k_xはx方向の電子の波数である.この場合,電子の運動はx方向のみ許される.

1次元電子系については,特殊な鎖状分子からなる物質中に形成される電子系において,物性物理学の観点から調べられてきた.しかし,1980年,Sakakiが単一モード量子細線構造中では$10^7 \sim 10^8 \mathrm{cm^2/Vs}$という高い移動度が実現できることを予言し[12],それにより半導体量子細線構造を実現し,その物性やデバイス応用を研究しようという試みが盛んになった.

単一量子細線構造中できわめて高い移動度が期待されるのは,以下のような理由による.量子細線構造中では,電子は1方向に向かって走行する.このとき,イオン化不純物や界面の凹凸により電子が散乱されることを考える.前方散乱は抵抗の増加に寄与しないので,量子細線構造中では抵抗増加を起こす散乱は,電子の運動方向を180°変える後方散乱のみである.電子のフェルミ波数をk_Fとすると,後方散乱は$2\hbar k_F$という大きな運動量変化を伴うので,不純物散乱などの長距離力散乱体ではその散乱確率が大きく減少する.これが量子細線構造中での散乱抑制効果である.

しかし上記の機構をよく考えると,状況はそれほど単純ではない.それは,量子細線構造中で抵抗を発生させる散乱機構が波数変化$2k_F$を伴う後方散乱であること,一方,1次元電子系の分極関数は波数$2k_F$において発散するという事情による.したがって,散乱による状態のボケとそれによる分極関数の発散停止のかねあいにより,量子細線の電気抵抗は複雑な振舞いをすることが予想される.実際,理論的な考察から,1次元電子系はフェルミ流体として振る舞うのではなく,朝永-ラッティンジャー液体として振る舞い,電子間の多体効果が,その物性に顕著に反映することが指摘されている[36].ごく最近,きわめて高移動度の変調ドープヘテロ構造に電子ビーム露光法により微細加工を施した量子細線構造や,結晶のへき開端面に再成長することにより作製された量子細線構造中の1次元電子系の電気伝導特性が精密に調べられるようになった.それによれば,量子細線中の電気抵抗は温度の約0.7乗に反比例して増加することが見出され,1次元電子系が朝永-ラッティンジャー液体として振る舞っている一つの証拠として考えられている[37].

次に,1本の量子細線が担える電流駆動能力について考察しよう.散乱のない量子細線構造中のn番目のサブバンドを流れる電流I_nは,$I_n = ev_n(\partial N_n/\partial E)\Delta\mu =$

$e^2 v_n(\partial N_n/\partial E)V$ と書き表すことができる．$\Delta\mu(V)$ は量子細線構造の両端に印加する化学ポテンシャル（電圧）の差である．よく知られているように，1 次元電子系の状態密度 $\partial N_n/\partial E$ は

$$\partial N_n/\partial E = \frac{g_s}{h}\left[\frac{m^*}{2(E-E_n)}\right]^{1/2} \tag{3.1.8}$$

で表される．ここで g_s はスピン縮重度，E_n は n 番目のサブバンドの量子化エネルギーである．一方，n 番目のサブバンドにあるエネルギー E の電子の速度 $v_n(E)$ は，

$$v_n(E) = [2(E-E_n)/m^*]^{1/2} \tag{3.1.9}$$

で与えられる．したがって，n 番目のサブバンドが運ぶ電流 I_n は，状態密度と速度中のエネルギーに依存する項がキャンセルして，

$$I_n = g_s e\Delta\mu/h = g_s e^2 V/h \tag{3.1.10}$$

となり，量子細線中の一つのサブバンドは，その指数によらず，一定のコンダクタンス（$g_s e^2/h =$ 約 77μS）をもつことがわかる．したがって，無散乱の量子細線中に j 個のサブバンドが占有されている場合には，量子細線のコンダクタンス G は，

$$G = jg_s e^2/h = 約\ 77j\ (\mu S) \tag{3.1.11}$$

となる．さらに量子細線中に散乱がある場合には，ランダウアー公式（1.3 節参照）に従い，細線中の電子の反射率に比例して抵抗は増加する．量子細線が担えるコンダクタンスが，このような小さな値になってしまうのは，電子がフェルミオンであるという本質的な事実に起因している．量子細線 1 本が駆動できる電流は，デバイス応用という観点から見た場合，かなり小さく，応用範囲に制限を与える．しかし，量子細線を多重化することにより，電流駆動能力の問題を緩和することなどが検討されている．

e. 量子ポイントコンタクト

d 項で示したように量子細線中で散乱が起こらなければ，量子細線のコンダクタンスは e^2/h の整数倍の値に量子化される．電子の平均自由行程 l_e よりも十分短い量子細線構造を用いて，コンダクタンスが実際に量子化されることが，van Wees ら[38]，および Wharam[39] らにより示された．用いられた素子は，高移動度変調ドープヘテロ構造の表面にわずかな間げきを有する微細な対向ショットキーゲート（スプリットゲートと呼ばれる）を形成し，それに逆バイアスを印加することにより，長さ数百 nm，幅数十 nm のチャネルを実現したものである（図 3.1.6 (a)）．この素子においては，ゲートに印加する逆バイアス電圧を増大させることにより，チャネルの実行幅を減少させることができるので，細線中のサブバンド間エネルギー間隔が増大し，フェルミエネルギー以下にあるサブバンド数が減少していく．図 3.1.6 (b) は，素子のゲート電圧対コンダクタンスの特性を示したものであり，負バイアスを加えていくに

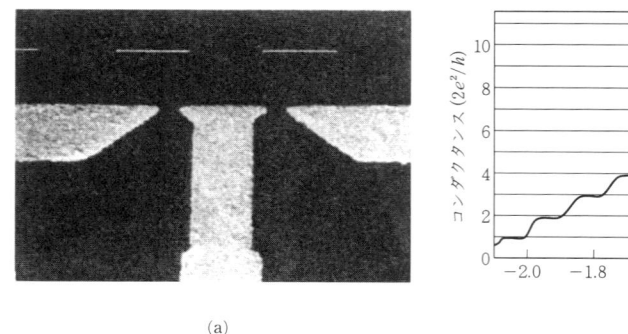

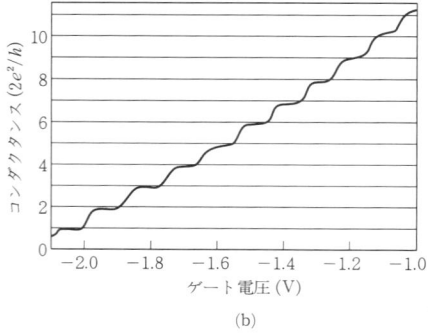

図 3.1.6[38]
(a) 二つの微細開口部を有するスプリットゲート構造，図中白い部分がスプリットゲート，黒い部分がGaAs結晶表面．図中の白線は1 μm のスケール．(b) 量子ポイントコンタクトのコンダクタンスのゲート電圧依存性．

従って，チャネルのコンダクタンスが e^2/h の整数倍に量子化された値をとりながら，階段状に減少していく様子がわかる．このような素子は，その形状と，量子力学的な効果により量子化されたコンダクタンスを示すことから，量子ポイントコンタクト構造と呼ばれている．

3.1.3　共鳴トンネル効果とその応用

電子の波動性が顕在化する現象の中でもっとも代表的なものの一つがトンネル効果である．ポテンシャル障壁高さよりも小さなエネルギーをもった電子は，古典的には障壁を通過することはできない．しかし，量子力学的には電子の波動関数は障壁中にしみ出し，障壁が十分薄い場合には，ある確率で障壁を透過し，反対側の電極に到達することができる．このような効果をトンネル効果という．固体中のトンネル効果は，まず高濃度にドーピングされたpn接合ダイオード[1]や金属-絶縁物-金属構造，ジョセフソン素子などにおいて観測されたが，1970年のEsakiらによる半導体超格子の提案[3]以来，半導体超薄膜ヘテロ構造を用いたトンネル効果の物理と応用に関する研究が活発に行われてきている．

半導体超薄膜ヘテロ構造では，トンネル障壁の高さや厚さなどのパラメーターをほぼ任意に実現することができるので，トンネル現象の物理の理解のみならず，それを制御してさまざまなデバイス機能の実現が可能である．とくに二重障壁構造を用いた共鳴トンネルダイオードでは，すぐれた微分負性抵抗が実現されており，超高速発振器や検波，スイッチへの応用が考えられている．

本項では，まずトンネル効果の基礎を概説したあと，共鳴トンネル効果の原理およ

びそのデバイス応用について述べる．とくに最近，共鳴トンネルダイオードをエミッターとして用いたトランジスター構造の高機能デバイスへの応用も実現されており，このような新しい試みについても述べる．

a. トンネル効果の基礎

トンネル電流の定式化のために，図3.1.7に示すような高さ V_0 の障壁構造を考える．障壁は電極層ではさまれているものとする．電極中の電子の運動エネルギーのうち，障壁面に垂直および平行な方向のものをそれぞれ，$E_z, E_{//}$ で表す．このとき電子の運動エネルギー E は，

$$E = E_z + E_{//}$$
$$= (\hbar^2/2m_z^*)k_z^2 + (\hbar^2/2m_{//}^*)k_{//}^2 \tag{3.1.12}$$

と表される．

さて古典論に従えば，これらの電子の中で，E_z が V_0 以上のものは障壁を完全に透過し，V_0 以下のものは反射される．しかし，量子力学的には電子の波動性により，E_z が V_0 以下でも，ある確率 $T(E_z)$ で電子は障壁を透過することができる．また E_z が V_0 以上であっても，界面における反射のために透過確率は1とはならない．

このような障壁構造を横切って流れる電流 J を計算するには，トンネルの前後で電子の運動量とエネルギーが保存することを考慮して，すべての電子について，その速度 $v_z = \hbar^{-1}(\partial E_z/\partial k_z)$ を掛けて和をとればよい．障壁を横切って左から右に流れる電流 $J_{L \to R}$ は，次式で与えられる．

$$J_{L \to R} = e \sum_k v_z \cdot f_L (1 - f_R) T = \frac{2e}{(2\pi)^3 \hbar} \iint d^2 k_{//} dk_z \left(\frac{\partial E_z}{\partial k_z} \right) f_L (1 - f_R) T$$
$$= \frac{e m_{//}^*}{2\pi^2 \hbar^3} \int_0^\infty \int_0^\infty dE_z dE_{//} f_L(E) (1 - f_R(E)) T(E_z) \tag{3.1.13}$$

ここで，f_L と f_R は，左および右の電極での電子の分布関数である．同様に障壁を右から左に向かって流れる電流 $J_{R \to L}$ も，式 (3.1.13) で L と R を入れ換えた式で求めることができる．したがって，正味流れる電流 J は，以下のように求められる．

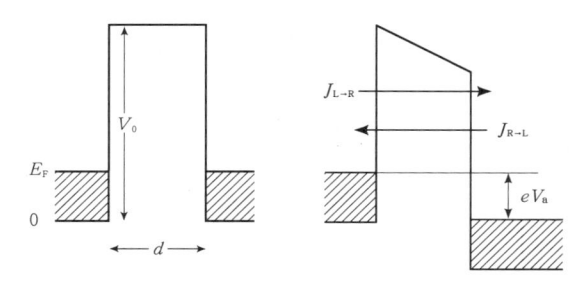

図3.1.7 矩形ポテンシャル障壁トンネル構造

$$J = (J_{L \to R} - J_{R \to L}) = \int_0^\infty dE_z T(E_z) S(E_z) \tag{3.1.14}$$

$$S(E_z) = \left(\frac{em_{//}^*}{2\pi^2 \hbar^3}\right) \int_0^\infty \{f_L(E) - f_R(E)\} dE_{//} \tag{3.1.15}$$

ここで，$f_L = \{1 + \exp(E - E_F)/k_B T\}^{-1}$，$f_R = \{1 + \exp(E + eV_a - E_F)/k_B T\}^{-1}$，$V_a$ は左右の電極間に印加した電圧である．式 (3.1.14)，(3.1.15) の中の $S(E_z)$ は，供給関数 (supply function) と呼ばれる量であり，単位エネルギー当たりの電流密度の単位をもっている．

障壁層を透過する電子波の透過確率は，電子の波長に対してトンネル障壁のポテンシャルの変化が空間的に緩やかな場合には，WKB (Wentzel-Kramers-Brillouin) 近似により，

$$T(E_z) \approx \exp\left[-2\int_{z_1}^{z_2} \kappa(z) dz\right] \tag{3.1.16}$$

$$\kappa(z) \equiv \sqrt{2m^*(V_B(z) - E_z)/\hbar^2} \tag{3.1.17}$$

と求めることができる．ここで，$V_B(z)$ はトンネル障壁の高さ，また z_1, z_2 はエネルギー E_z の電子がトンネル障壁に入射するときの古典的回帰点である．

またポテンシャル変化が急峻な場合には，トランスファーマトリックス (transfer matrix) 法により $T(E_z)$ を求めることができる．トランスファーマトリックス法は，ポテンシャル障壁をメッシュ状に分割し，各層における反射・透過電子波の波動関数と確率密度波の連続性をもとに，電子波の透過・反射率を計算するもので，任意のポテンシャルプロファイルに対して $T(E_z)$ を計算することができる．その詳細は文献[40,41]を参照されたい．

b. 共鳴トンネルダイオード

図 3.1.8 に示すように，左右の電極の間にトンネル可能な 2 枚の障壁層とそれにはさまれた厚さ L_w の量子井戸層からなる構造に電子波が垂直に入射すると，電子波の多重反射が生じる．このとき，入射電子波の波長 $\lambda (= h/(2m_z E_z)^{-1/2})$ が井戸層の厚さ L_w の 1/2 (またはその整数倍) であると，反射電子波が干渉し，反射波がうち消され，透過確率 $T(E_z)$ が 1 に近づく．この現象は，光学において 2 枚の半透明鏡からなるファブリー-ペロー共振器における波長選択性と同じものであり，共鳴トンネル効果と呼ばれる．このような二重障壁共鳴トンネル構造の透過確率の一例を図 3.1.8 に示す．入射電子のエネルギー E_z が，量子井戸の固有エネルギーに等しいとき，電子波の透過確率が 1 になることがわかる．

次に，二重障壁を介して電極を対向させたダイオードの電流-電圧特性を考察しよう．図 3.1.9 に示すように，両電極間に印加するバイアス電圧が小さく，井戸内の量子化準位が電極のフェルミエネルギーよりも大きい場合は，電極中の電子は二重障壁

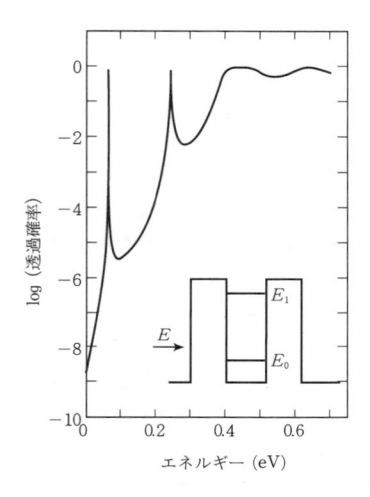

図 3.1.8 二重障壁共鳴トンネル構造の電子透過率[41]

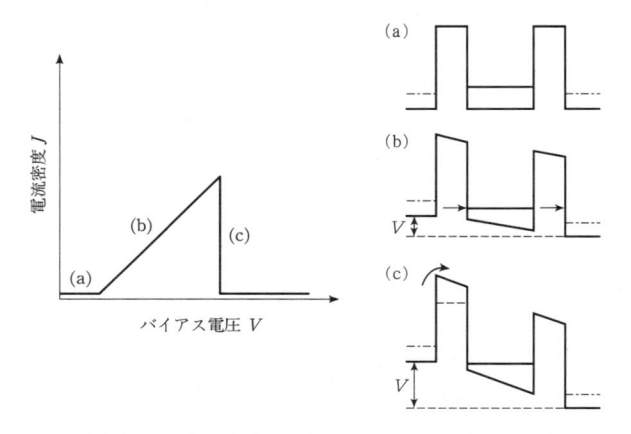

図 3.1.9 理想的な共鳴トンネルダイオードの電流-電圧特性

構造をほとんど透過することができず，流れる電流は小さい．しだいに印加するバイアス電圧を増大し，井戸内の量子化準位が左側電極のフェルミエネルギーよりも低くなると，共鳴トンネル効果が起こり，電流が増加する．とくに電極中の電子系が3次元的な自由度を有する場合，電流はバイアス電圧に比例して増加する．さらにバイアス電圧を増大させ，量子準位が電極のバンド端より低くなると，エネルギーの保存を満たしてトンネルすることができなくなるので，電流は急激に減少する．したがって，二重障壁共鳴トンネルダイオードの電流-電圧特性は，図 3.1.9 に示すような顕

著な微分負性抵抗を示す．

　この系は，EsakiとChangらによって，1974年量子準位の存在を検証する目的で，GaAs-AlGaAs系の二重障壁構造を用いて調べられた[9]．当時は結晶成長技術の未熟さから，極低温領域において電流-電圧特性に共鳴効果によるわずかな非線形性が認められたものの，負性抵抗成分はきわめて小さく，リーク電流成分が支配的であった．その後，結晶成長技術の進歩により良好な試料構造を作製できるようになったことにより，1983年，MITのSollnerらは同様の構造を作製し，極低温で良好な微分負性抵抗が現れることを見出した[42]．また，AlAsを用いて障壁層を高くし，熱電子放出電流を抑制するなどの素子構造の最適化により，東京大学[43]およびイリノイ大学[44]において独立に，室温においても微分負性抵抗が現れることが示され，実用上の関心が高まった．その後，さらに量子井戸層にInGaAsのひずみ層を用い，障壁層としてAlAsを用いた二重障壁構造において，室温において電流のピーク/バレー比で14，またピーク電流密度が10^4A/cm^{2}以上の共鳴トンネルダイオードが実現されるに至り[45]，実用的な負性抵抗デバイスとしての見通しがつけられた．

　共鳴トンネルダイオードには高速デバイスとしての関心が寄せられているが，これを負性抵抗素子として動作させる場合，その応答速度は次の諸要因で支配される．

　a) 共鳴トンネルダイオードの量子井戸内に電子が蓄積したり，蓄積した電子が抜け出るのに要する時間τ_aで定まる周波数f_a $(=1/2\pi\tau_a)$

　b) ダイオードの負性コンダクタンスG_nに加えて，これと並列に入る容量Cやこれらと直列に入る抵抗R_sのつくる合成インピーダンスZ $(=R_s+(j\omega C-G_n)^{-1})$が正に転じる周波数$f_b$ $(=(G_n/2\pi C)\{(1/G_nR_s)-1\}^{1/2})$

　c) ダイオードの中で二重障壁の外に生じる空乏層を電子が走行する時間τ_cで決まる周波数f_c $(=1/2\pi\tau_c)$

　周波数上限が100 GHz以上の超高速ダイオードを実現するには，上記の遅延の諸要素を十分に小さく保つ必要がある．上記の量子井戸内の電子の蓄積・滞在時間で決まる遅延は，電子の共鳴透過確率$T(E_z)$の半値幅ΔEに反比例し，$\tau_a \approx \hbar/\Delta E$で与えられる．したがって，高速化のためには$\Delta E$の大きな障壁構造を用いることが必要である．

　共鳴トンネルダイオードは，①動作電圧や電流を構造パラメーターの設計により容易に制御できること，②エピタキシャル技術により作製が容易であり，しかもGaAsなどの物質を用いることにより，安定で加工性のよい素子構造を作製できる，などの特色があり，デバイス応用が注目を集めている．これらのデバイスは，大きく分けると，ⓐ負性抵抗を用いるものと，ⓑ電流-電圧特性の非線形性を利用したものがある．ⓐの代表的な例として，ミリ波の発振デバイスとしての応用がある．現在，GaAs系の共鳴トンネルダイオードで最高発振周波数420 GHz[46]，またInAs/AlSb系ダイオードでは712 GHz[47]という高い発振周波数を記録している．一方，ⓑの代

表的な例として，共鳴トンネルダイオードの非線形電流-電圧特性を用いたサブミリ波の検出がある．MIT のグループは，遠赤外レーザーからの 2.5 THz の放射を共鳴トンネルダイオードに照射し，その検波に成功している[48]．

c. 共鳴トンネル効果を応用したその他のデバイス

通常のバイポーラトランジスターにおいては，ベース中のキャリヤーのうち，多数キャリヤーと少数キャリヤーをベース・コレクター pn 接合を用いて識別し，少数キャリヤーを選択的に収集することにより，トランジスターとしての機能を発揮している．このような pn 接合中のキャリヤーの伝導型を用いる代わりに，ベース中のキャリヤーが，大きな運動エネルギーを有するホットエレクトロンか，緩和した低エネルギーの電子かをコレクター障壁により識別して，ホットエレクトロンのみを収集することにより，トランジスター動作を実現することもできる．このような原理に基づくトランジスターは，ホットエレクトロントランジスター (HET) と呼ばれ，一つの伝導型からなる導電層と障壁層で構成されたユニポーラトランジスターである．Mead らによる初期の提案は，金属 (M) と酸化膜 (O) を積層した MOMOM 構造を用いるというものであったが[49]，その後 GaAs-AlGaAs 系の多層構造を用いることにより，利得を有する良好な HET が実現されるに至っている[50,51]．

この HET のベース・エミッター障壁として，二重障壁共鳴トンネルダイオードを組み込むことにより，論理機能を付加したデバイスが実現されており，共鳴トンネルホットエレクトロントランジスター (RHET) と呼ばれている[52]．その構造を図 3.1.10 (a) に，またトランジスター特性を図 3.1.10 (b) に示す．RHET は，その微分負性相互コンダクタンスを利用して，周波数逓倍器として動作する (図 3.1.11 (a)) とともに，抵抗を付加することにより単一の素子で Exclusive-NOR として動作し

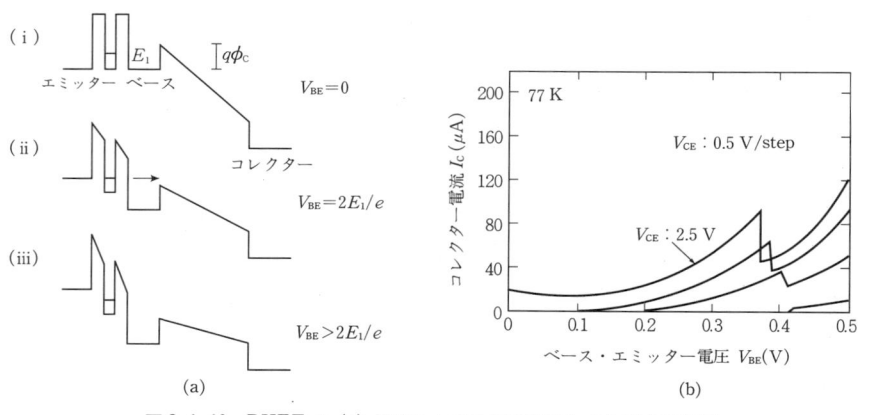

図 3.1.10 RHET の (a) 構造および動作原理図と (b) 動作特性[52]

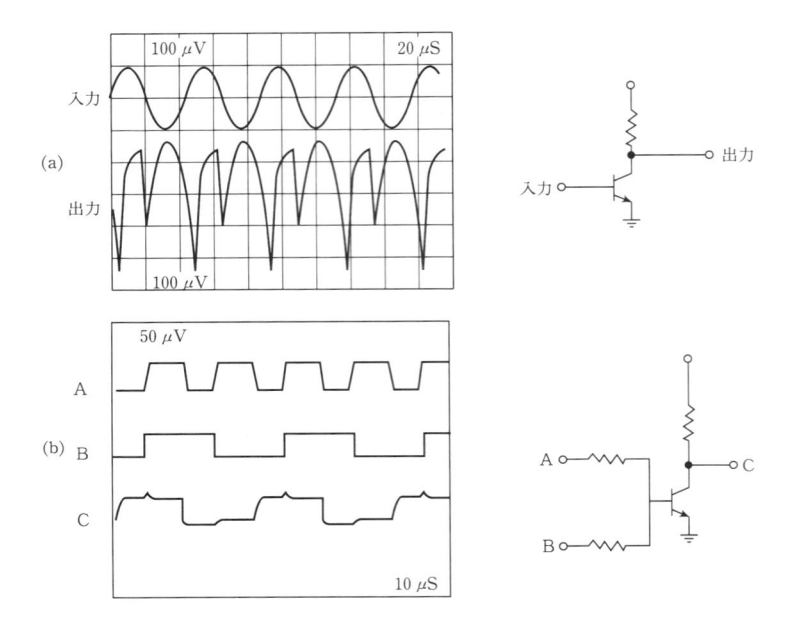

図 3.1.11 RHET の (a) 周波数逓倍動作と (b) Exclusive-NOR 動作[52]

(図 3.1.11 (b)), その機能性から論理集積回路の素子数を大幅に減らすことができる. さらにマルチエミッター構造にすることにより, NOR, AND, Ex-NOR など単一の素子で多彩な機能性を発揮できることなども示されている[53].

3.1.4 超格子中のミニバンドとブロッホ振動

a. 超格子構造中のミニバンド

障壁ではさまれた二つの量子井戸を近づけると, 障壁中への電子の波動関数のしみ出しにより, 隣接する量子井戸内の量子準位間に結合が生じ, 量子準位は結合状態, 反結合状態の二つの準位に分離する. 結合する量子井戸の数が十分に多く障壁層が薄い場合には, 分裂した量子準位はほぼ連続なエネルギー的に狭いバンド (ミニバンド) を形成し[54], 電子はトンネル効果により結晶全体を伝搬することができるようになる (図 3.1.12 (a)). このような量子井戸層と障壁層を周期的に繰り返した構造を超格子構造と呼ぶ.

図 3.1.12 (b) に超格子中を層に垂直に伝搬する電子の分散関係を示す. 電子の波数 k_z が (π/d ; d は超格子の周期) の整数倍に等しくなると, ブラッグ反射により, 電子の分散関係にギャップが生じる. また図に示したように, 分散関係 $E(k_z)$ には, k_z

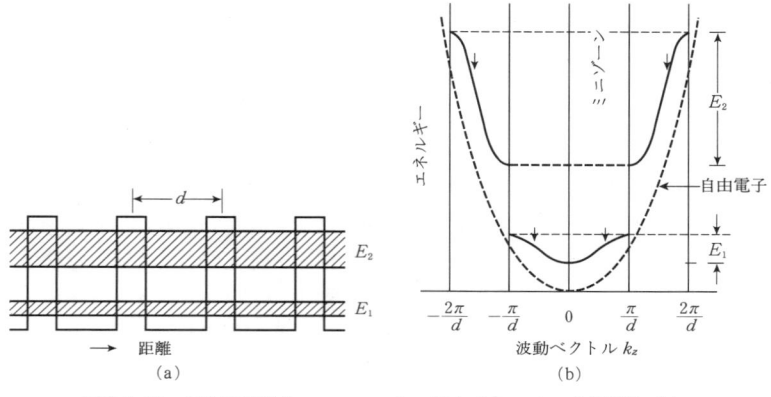

図 3.1.12 超格子構造中のミニバンドの形成 (a) とその分散関係 (b)

$=\pi/d$ の近傍で上に凸の領域，すなわち負質量領域が現れる．図 3.1.12 (b) に示した電子の分散関係は，超格子の面に垂直方向の電子の運動に対するものであり，面に沿う方向に関しては，電子は通常の放物線的な分散を有していることを忘れてはならない．

b. 電界を印加した超格子中の電子状態（ブロッホ振動）

前項で述べたような超格子構造に電界を印加したとき，電子はどのような運動をするであろうか．まず，図 3.1.12 (b) に示した超格子中の分散関係が電界により変化しないとして，電子の運動を半古典的に考察しよう．

波数 k_z の状態にある電子の群速度 v_g は，

$$v_g = \frac{1}{\hbar}\frac{\partial E_z}{\partial k_z} \tag{3.1.18}$$

で与えられる．面に垂直方向に電界が印加されたとき，電子の波数 k_z は

$$\hbar\frac{dk_z}{dt} = eF \tag{3.1.19}$$

に従って加速される．簡単のために電子のバンド間遷移は無視し，電子は一つのバンド内のみを運動するものとする．さらに超格子中のミニバンドを，

$$E_z(k_z) = \Delta E_n[1 - \cos(k_z d)] \tag{3.1.20}$$

と近似する．ここで ΔE_n は，n 番目のミニバンドのバンド幅の 1/2 である．

$k_z=0$ にあった電子が，$t=0$ の瞬間から直流電界 F により加速され始めたとすると，電子の波数は式(3.1.19)により求められ，したがって，電子の速度 v_g は，

$$v_g = v_0 \sin \omega_0 t \tag{3.1.21}$$

となる．ただし，$v_0 = \Delta E_n d/\hbar$，$\omega_0 = edF/\hbar$ である．さらに $t=0$ の瞬間に $z=0$ に

あった電子の位置座標 z の時間変化は,

$$z = \Delta E(1-\cos \omega_0 t)/eF \qquad (3.1.22)$$

となる．このことからわかるように，超格子のミニバンド中では，電界により電子が負質量領域に加速されるため，電子は角周波数 ω_0 で空間的に振動する．このような振動をブロッホ振動と呼ぶ．

一般の半導体などの結晶格子においては d は 0.3 nm 程度のオーダーであり，電界により電子を加速して負質量領域に到達させることは，強い散乱のために不可能である．しかし，1970 年，Esaki と Tsu は，厚さ 10 nm 程度の半導体薄膜を積層した人工超格子構造においては，負質量領域をもとの結晶のブリユアンゾーンの数十分の一程度の波数領域にもってくることができ，ブロッホ振動の実現可能性を示した[3]．

ブロッホ振動のユニークな点は，その振動数 ω_0 を外部から印加する電界強度により制御できること，さらに，たとえば d を 10 nm とすると，$10^{3\sim 4}$ V/cm 程度の電界を印加することにより，数百 GHz から数 THz の振動数を実現できることである．Esaki らはこのようなブロッホ振動を THz 領域の発振器に応用することを提案している[3]．

いままでの議論は，電子の分散関係が電界の印加によっても変化しないという半古典的な議論に基づいているが，次に量子力学的に考察する．超格子構造に一定の直流電界 E を印加すると，系の並進対称性が崩れるので，ミニバンドは離散的な準位に分裂する(図 3.1.13)．隣接する層間では，電界によるポテンシャルエネルギーが $\hbar\omega_0$ だけ異なるため，エネルギー準位の間隔は一定値 $\hbar\omega_0$ になる．このような等間隔の離散準位は，その形からシュタルク梯子 (Stark ladder) と呼ばれており，光学的な測定からそのような準位の存在が確認されている[55]．上記の古典的ブロッホ振動は，量子力学的にはシュタルク梯子準位間の量子ビートと見ることができる．

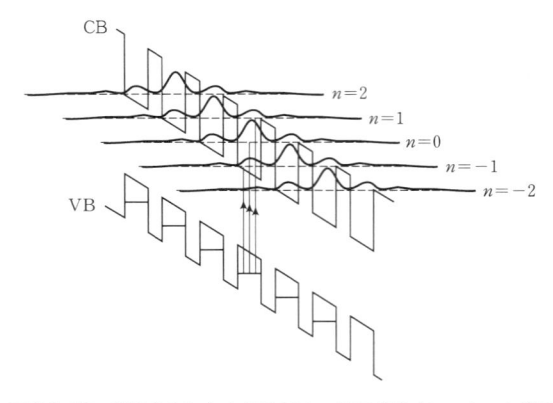

図 3.1.13 電界を印加した超格子中の量子準位(シュタルク梯子)

c. ブロッホ振動の観測

ブロッホ振動を THz 領域の発振器として利用しようとした場合,超格子構造内の散乱により電子の位相が乱されること,および電極から注入される電子の位相が揃っていないことなどにより,直流電界を印加しただけで高周波の振動電流を得ることはできない.したがって,これまでブロッホ振動を実際に観測することは困難であった.しかし,最近,ブロッホ振動を実験的に観測した例がいくつか報告されている.

Feldmann らは 4 光波混合の実験により,初めて結合量子井戸構造中のブロッホ振動の観測に成功した[56].その後,Waschke らは超格子構造中にフェムト秒レーザーパルスにより電子波束を励起し,波束がブロッホ振動するとき放出する電磁波を超高速光伝導アンテナを用いて観測することに成功している[57](図 3.1.14).またブロッホ振動をしている電子系に電磁波が照射されると,超伝導におけるシャピロステップと同じ構造が電流-電圧特性に現れることが理論的に予測されている[58].Unterrainer らは超格子構造に自由電子レーザーからの強い THz 光を照射しながら,素子の電流-電圧特性を測定し,ステップ的な構造を観測した[59](図 3.1.15).これらの実験事実により,超格子中で電子がブロッホ振動を行っていることが確かめられた.しかし,

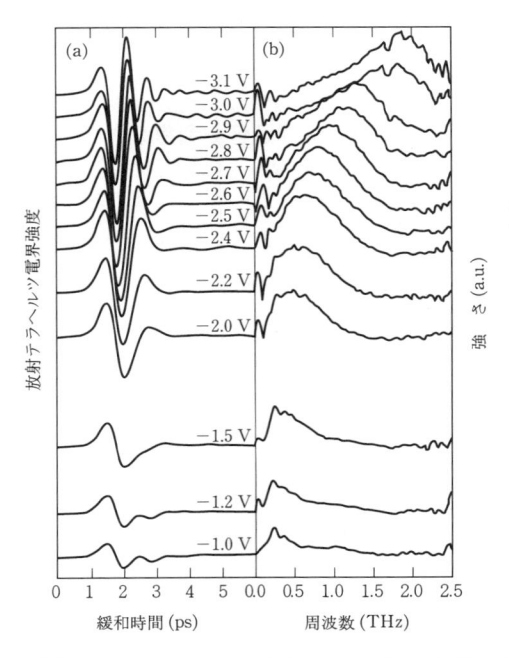

図 3.1.14 (a) 異なる電圧を印加した超格子からの電磁波放射の時間波形と (b) そのフーリエスペクトル[57]

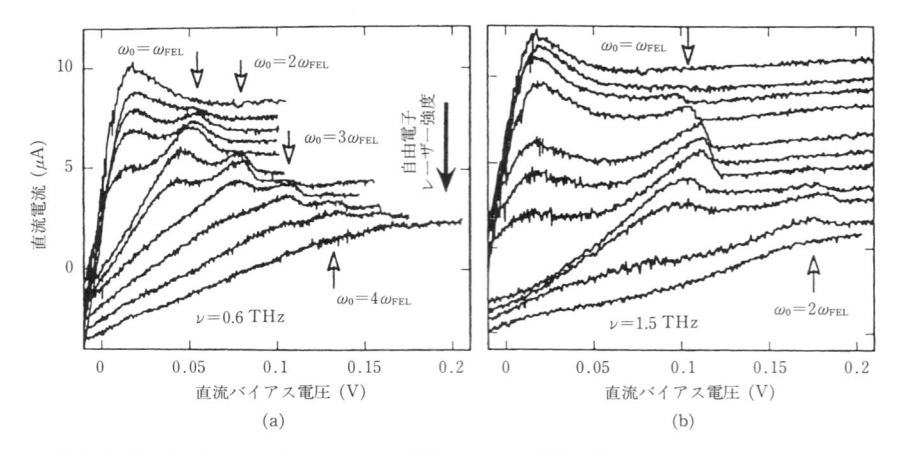

図 3.1.15 自由電子レーザーからの 0.6 THz (a), 1.5 THz (b) の放射を照射した超格子の電流-電圧特性（ω_{FEL} は自由電子レーザー光の周波数，ω_0 はブロッホ周波数）[59]

現在のところ，ブロッホ振動の緩和時間はせいぜい数 ps 程度であり，ヘテロ界面の凹凸による散乱が支配的であると考えられている．今後，どのような方法でブロッホ振動からコヒーレントな電磁波を発生させるかを検討する必要がある．

3.1.5 サブバンド間遷移を利用したデバイス

a. 量子井戸中のサブバンド間遷移

図3.1.16に示すように，無限に高い障壁ではさまれた幅 L_w の量子井戸中には，

$$E_n = \frac{\hbar^2}{2m^*}\left(\frac{n\pi}{L_w}\right)^2 \quad (n=1, 2, 3, \cdots) \tag{3.1.23}$$

で表されるエネルギー位置に量子準位が形成される．これらの準位を底とするサブバンド間のエネルギー差は数十から数百 meV 程度であり，量子井戸幅 L_w を適当に設計することにより，その値を対応する光の波長で近赤外から遠赤外の領域にわたって制御することができる．

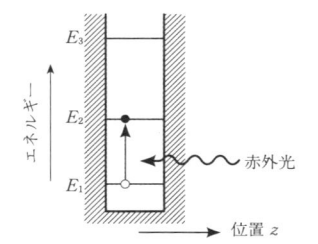

図 3.1.16 量子井戸中のサブバンド間遷移

量子井戸に赤外光が入射すると，電子は上位のサブバンドへ遷移することができる．サブバンド間遷移と呼ばれるこのような遷移は，きわめて大きなダイポール遷移強度を有しており，たとえば，基底状態1と第1励起準位2の間の遷移に対して，ダイポール遷移のマトリックス要素は，

$$\langle z \rangle = 16L_\mathrm{w}/9\pi^2 \approx 0.18 L_\mathrm{w} \tag{3.1.24}$$

またその振動子強度 f は，

$$f \equiv \frac{2m^*}{\hbar^2}(E_2-E_1)\langle z\rangle^2 = \frac{256}{27\pi^2} \cong 0.96 \tag{3.1.25}$$

である．ここで注意しなければならないのは，ダイポール遷移のマトリックス要素はヘテロ界面に垂直な方向（z方向）の成分のみをもつことである．したがって，サブバンド間遷移を誘起する光はヘテロ界面に垂直な電界成分を有する偏波をもったものでなければならない．

b. 量子井戸赤外ホトディテクター (quantum well infrared photodetector, QWIP)

半導体ヘテロ構造中のサブバンド間遷移の研究は，Si MOS界面における2次元電子系の量子準位の観測という目的で開始された[60]．その後，半導体量子井戸中のサブバンド間遷移が上記のようなきわめて大きな振動子強度を有していることが，WestとEglashにより初めて実験的に示された[61]．彼らはヘテロ界面に垂直な電界成分を得るためにブルースター角で光を入射させ，波長 $\lambda=8\,\mu\mathrm{m}$ において，約5%の吸収を観測した．その後，Levineらは，試料端を斜め研磨した素子構造で多重反射を利用することにより，きわめて強い吸収を観測した[62]（図3.1.17）．

サブバンド間遷移のエネルギーは，ちょうど赤外光の領域に対応するため，赤外光検出器への応用が注目されている[63]．従来，赤外領域のホトディテクターとして，

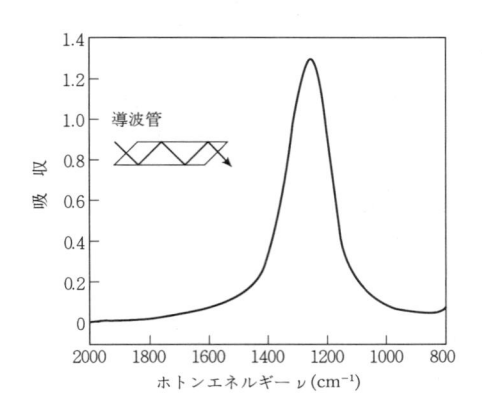

図 3.1.17 多重反射配置で測定した多重量子井戸構造中の
サブバンド間遷移による光吸収スペクトル[62]

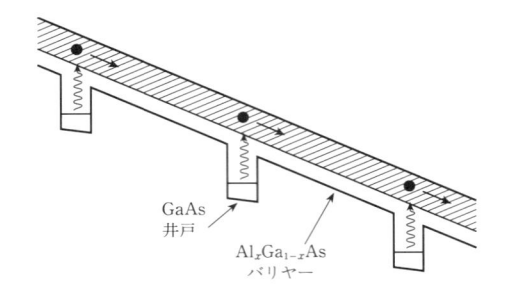

430　第3章　量子工学デバイスとシステム展開

図3.1.18　電界を印加したホトディテクターのバンド図
(bound-to-continuum 型の場合)

GaAs
井戸

$Al_xGa_{1-x}As$
バリヤー

HgCdTe や InSb など狭バンドギャップの半導体材料が用いられてきたが，このような材料系は結晶成長やその後のプロセスが安定ではない．一方，サブバンド間遷移を用いたホトディテクターでは，GaAs や InGaAs などの標準的でプロセスが確立している材料を用いることができるという利点がある．

サブバンド間遷移を用いてホトディテクターを実現するためには，サブバンド間光吸収による遷移を電気信号に変換する必要があり，そのためにヘテロ界面に垂直方向のトンネル確率が上位のサブバンドほど大きいという事実が利用されている．図3.1.18は，ヘテロ界面に垂直方向に電界を印加したホトディテクター構造のバンドダイアグラムを示す．基底準位にある電子は，エネルギー障壁により強く束縛されているため，となりの量子井戸へのトンネル確率は小さい．ところが電子が基底準位から第1励起準位へ励起されると，電子が感じる実効的な障壁高さが減少するため，トンネル確率(移動度)が指数関数的に大きくなる．基底準位と励起準位のトンネル確率の差が，大きな伝導率の変化となって現れ，これを光検出信号としている．第1励起準位がエネルギー障壁より低い位置にある場合を bound-to-bound 型，第1励起準位が障壁より高い場合を bound-to-continuum 型と呼ぶ．bound-to-bound 型のホトディテクターは，遷移に関与する二つの準位が束縛されているので，狭い光電流スペクトルを有している．一方，bound-to-continuum 型のホトディテクターは，励起準位が伝導帯の連続準位の中にあり，その寿命が短いため，広いスペクトルを有する[64]．

また bound-to-continuum 型では，励起準位にある電子は障壁により束縛されないので，障壁厚さを大きくすることができ，暗電流を小さくすることができる．現在，試料端面を斜め研磨し多重反射を用いる素子構造で，responsivity が約 0.5 A/W 程度，detectivity が約 10^{13} cm $\sqrt{Hz}$/W 程度，素子動作速度が約数百 ps の高感度・高速赤外検出器が実現されている．また素子構造の最適化により，BLIP (background limited performance, 格子温度による暗電流と 300 K 黒体輻射による光信号

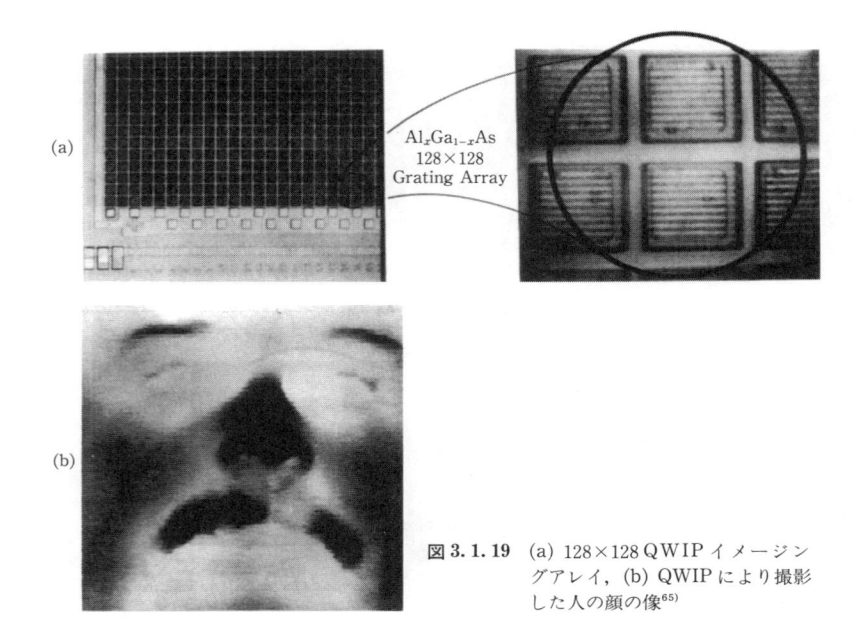

図 3.1.19 (a) 128×128 QWIP イメージングアレイ，(b) QWIP により撮影した人の顔の像[65]

電流が等しくなる状態)が 77 K 程度で，液体窒素温度で動作する QWIP も実現されている．

また光の斜め入射を用いる代わりに，グレーティングによる光の回折を用いて，赤外光をサブバンド間遷移に結合する素子を作製し，それをアレイ状に並べた 128×128 のイメージングアレイも実現されている(図 3.1.19(a))[65]．図 3.1.19(b) は，QWIP イメージングアレイにより撮影した人の顔の温度分布像である[65]．鼻の頭や口髭の温度が低いことがわかる．また鼻から出ている息の温度が高いことも見てとれる．この素子の雑音限界温度分解能は 10 mK と，きわめてよい値である．

c. 量子カスケードレーザー (quantum cascade laser)

サブバンド間遷移による発光を用いたデバイスは，近年，急速に注目されてきた．量子井戸中のサブバンド間遷移による発光は，Gornik らにより Si-SiO$_2$ 界面に形成される 2 次元電子系において初めて観測された[66]．この実験においては，素子に高電界を印加し，電子温度を上昇させて，熱的に電子を上位のサブバンドに励起していたため，発光効率はきわめて低かった．その後，同様な実験が AlGaAs/GaAs 多重量子井戸構造においてもなされている[67]．

この状況に大きな変化を与えたのが，Helm らによる多重量子井戸中のシーケンシャル共鳴トンネルを用いたサブバンド間発光の観測である(図 3.1.20)[68]．この素

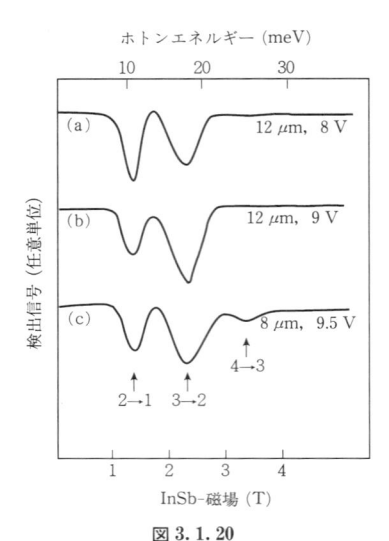

図 3.1.20
シーケンシャル共鳴トンネル構造からのサブバンド間発光スペクトル．測定手法のため，ディップが発光ピークに対応する[68]．

子構造においては，隣接する量子井戸から共鳴トンネル効果により，選択的に上の準位へ電子が注入される．この効果により，効率的な電子の励起が可能になり，Helmらは光学フォノン以下のエネルギーの波長においてサブバンド間発光を観測した．

サブバンド間発光は，素子パラメーターの設計により GaAs などの標準的な材料系で，赤外レーザーを作製できる可能性のために魅力的であるが，反転分布を実現するのは容易ではない．無限大障壁にはさまれた量子井戸中の基底準位と第1励起準位間のダイポール遷移による発光再結合寿命 τ_r は，

$$\frac{1}{\tau_r} = \frac{8\pi e^2 \hbar^2}{3c^3 \varepsilon_0 m_0} \frac{n_r^3}{\kappa} \frac{1}{(m^*/m_0)^3} \frac{1}{L_w^4} \frac{n^2 m^2}{(n^2-m^2)} \tag{3.1.26}$$

で与えられ，量子井戸幅 L_w の4乗に比例して長くなる．ここで，m_0 は電子の質量，κ は結晶の比誘電率，n_r は結晶の屈折率（$=\sqrt{\kappa}$），n，m はサブバンドの指数を表す．発光波長 λ が量子井戸幅 L_w の2乗に比例することを考えると，τ_r は発光波長 λ の2乗に従って長くなる．たとえば，材料系として GaAs を仮定し，$\lambda=100\mu m$ の場合を考えると，τ_r は約 10 μs 程度になる．一般に光学フォノンによる散乱時間はサブピコ秒のオーダーであるから，効率的に反転分布を実現するのはきわめて困難である．

この問題を解決したのが，Faist らによる量子カスケードレーザー構造である[69]．図3.1.21 に量子カスケードレーザーのバンド図を示す．この構造においては，電界を印加した状態でバンドがほぼフラットになるようなチャープした短周期超格子エミッターから，励起準位（準位3）に電子が注入され，サブバンド間遷移により準位2

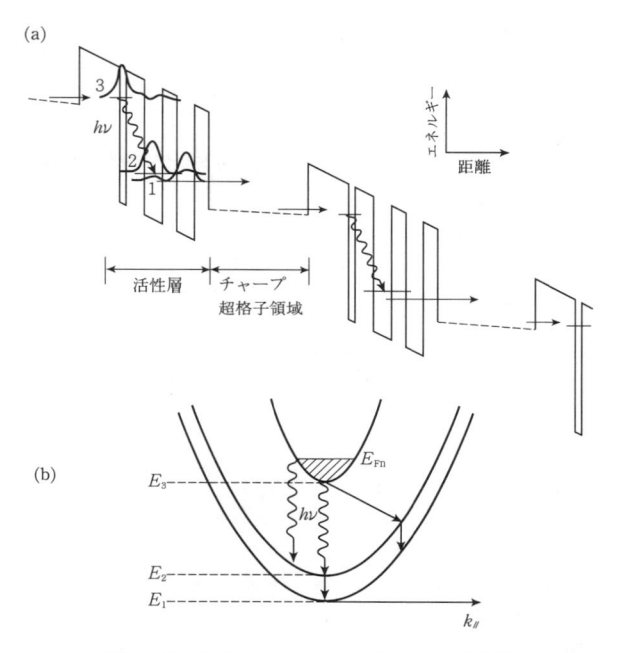

図 3.1.21 量子カスケードレーザーのバンド図[69]

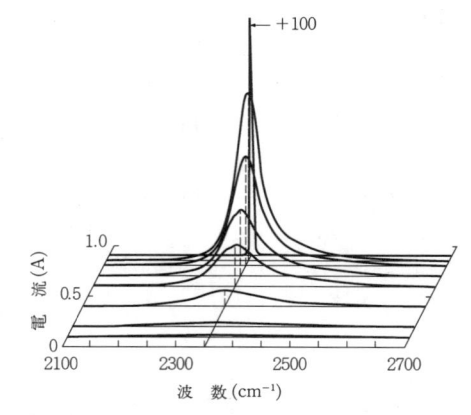

図 3.1.22 量子カスケードレーザーの発振スペクトル[69]

に遷移し,発光する.反転分布を実現するためには,準位2にある電子を高速に引き抜く必要があるが,量子カスケード構造では,準位2にある電子を光学フォノン散乱により準位1に遷移させ,それを共鳴トンネルにより高速に引き抜くしくみになって

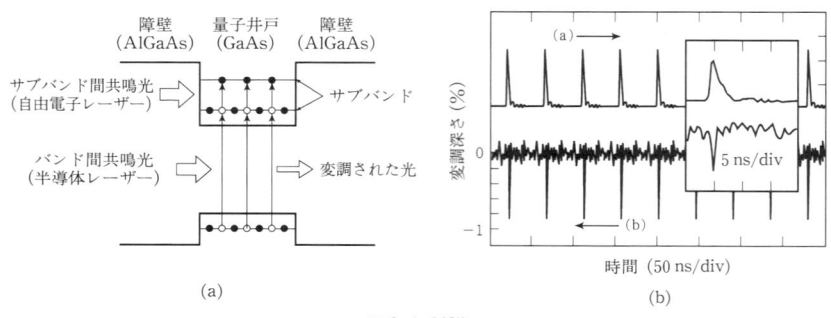

図 3.1.23[71]

(a) サブバンド間遷移を用いた光-光変調の原理.
(b) 自由電子レーザーによりサブバンド間遷移を励起したときの変調特性.

いる.光学フォノン散乱のエネルギー依存性により,準位3-2間の散乱時間(4.3 ps)は準位2-1間の散乱時間(0.6 ps)よりも長くなり,反転分布が実現される.準位1により引き抜かれた電子は,次段の量子カスケード構造に再度注入される.

Faistらは,量子カスケード構造を用いてレーザーを実現し,波長 4.2 μm でパルス発振を確認した(図3.1.22)[69].その後,素子構造の最適化により,110 K において連続発振も得られている[70].また,一般に長波長になるほど発光寿命が長くなるためレーザーの実現が困難になるが,現在,波長 8.6 μm における発振も観測されている[70].

d. サブバンド間遷移を用いた光-光変調

上位のサブバンドに励起された電子が,光学フォノンにより下のサブバンドにサブピコ秒のオーダーの短い時間で緩和することを利用して,高速光変調を実現しようという試みがある.Nodaらは,InGaAs量子井戸導波路構造に,伝導帯サブバンド間遷移エネルギーに対応する自由電子レーザーからの光パルス(パルス幅約3 ps)を照射することにより,数ピコ秒の時間オーダーで中赤外光により近赤外光を変調する高速光-光変調が可能であることを示した(図3.1.23)[71].現在,サブバンド間遷移光変調を実用化するために,InGaAs系の材料で狭い量子井戸を用いることにより,サブバンド間エネルギーを 1.55 μm 帯の光に対応する 0.8 eV 程度にまで高める試みが検討されている[72].

3.1.6 単一電子デバイス

a. 単一電子論理素子と単一電子メモリー

近年の超微細加工技術の発展により,寸法が 100 nm 以下の量子ドット構造を作製することが可能となってきた.このような量子ドット中に電子が一つ入ると,その静

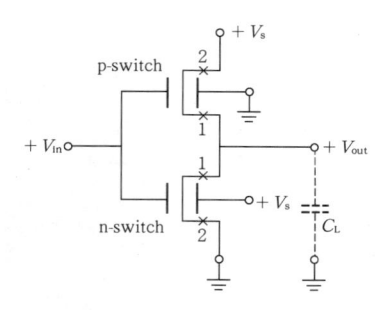

図 3.1.24 Tucker により提案された単一電子トランジスター2 個を用いた C-MOS 型インバーター[78]

電エネルギーは $e^2/2C$ (C は量子ドットのキャパシタンス)だけ増加する[73]. 量子ドットの寸法が小さくなると, この静電エネルギーの増加は熱エネルギーに比べて無視できなくなり, 量子ドット中の電子数を変化させるのに有限のエネルギーが必要となる. とくに, 近年, 10 nm 級の量子ドット構造も実現され, 室温においても単一電子トンネル (single electron tunneling) 現象を観測することも可能になりつつあり[74~77], 実用化の可能性が出てきた. 本項では, 単一電子素子の応用について簡単に言及し, 単一電子トンネル現象の基礎および電流標準などへの応用については 4.1 節で詳しく論じられているので, そちらを参照されたい.

単一電子素子の魅力は, その微細性と低消費電力性にあり, 超 LSI の一部の機能を単一電子素子で置き換えることが検討されている. Tucker は, 図 3.1.24 に示すような単一電子トンネル素子を組み合わせた回路でインバーターを実現できることを提案した[78]. このような単一電子素子の論理回路への応用が盛んに研究され始めているが, 現状では量子ドット中の電子数の初期値を制御すること (トランジスターでいえばしきい値を制御すること) が困難であり, 今後の検討課題である.

もう一つのデバイス応用は, 量子ドットを用いたメモリー素子である. Yano らはポリシリコンの細線中に自然に形成されたシリコンのグレーン中にトラップされた一つの電子の帯電効果により, 隣接するチャネルのコンダクタンスが室温においても影響されることを見出した (図 3.1.25)[79]. この素子の原理は, 基本的にはフラッシュメモリーと同じで, チャネル近傍の準位の帯電によりチャネルコンダクタンスが影響されることによっているが, 量子ドットの帯電効果によりトラップされた電子数のゆらぎが抑制されること, また消費電力が小さいことなどの点ですぐれている. また最近, 再現性よく量子ドットを作製するために, シリコン MOS トランジスターの酸化膜中にシリコンドットを形成する素子も作製されている[80].

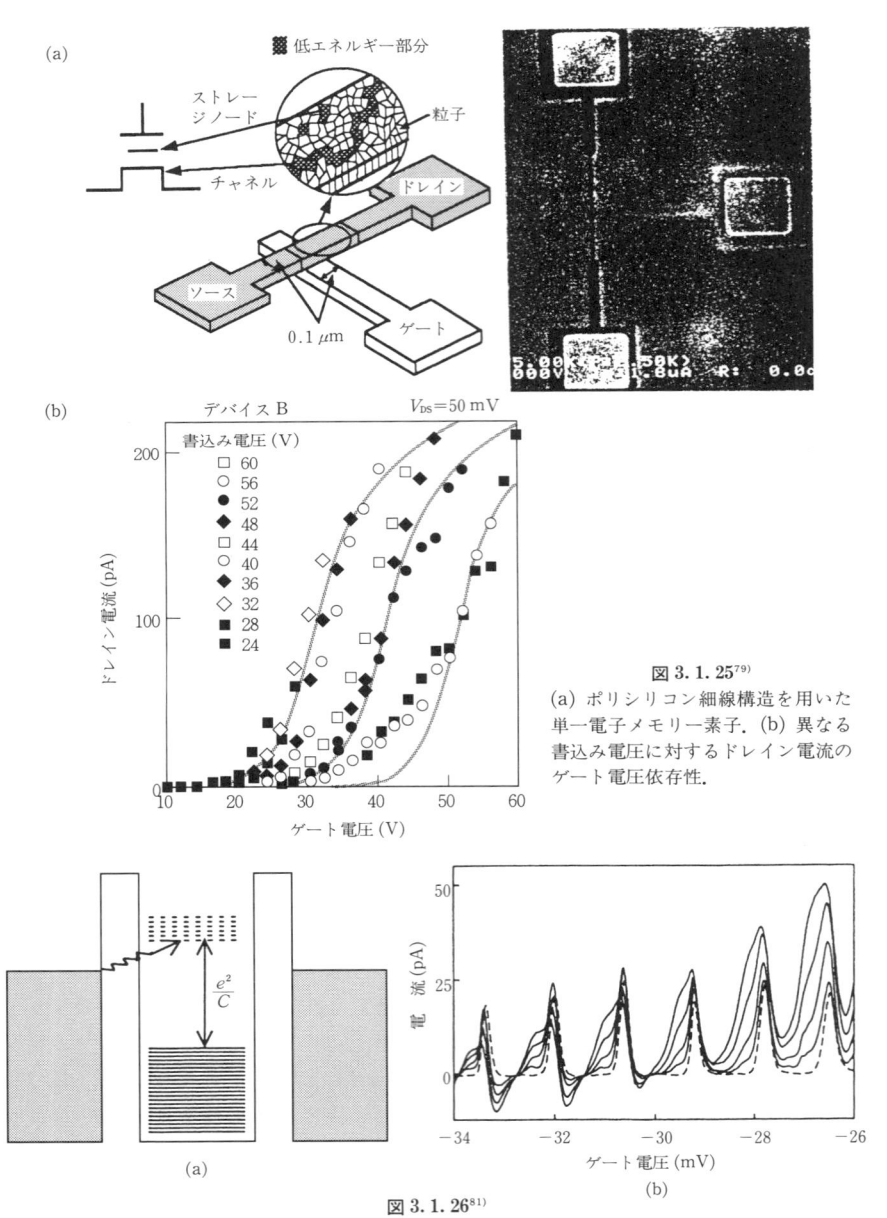

図 3.1.25[79]
(a) ポリシリコン細線構造を用いた単一電子メモリー素子. (b) 異なる書込み電圧に対するドレイン電流のゲート電圧依存性.

図 3.1.26[81]
(a) 単一電子トンネル構造のエネルギーダイアグラムと光支援トンネル効果. (b) 27 GHz のマイクロ波を照射したときの単一電子トンネル特性. 破線はマイクロ波を照射しないときの特性.

b. 単一電子素子のその他の応用

単一電子トンネル現象のその他の応用として，光検出への応用が考えられている．単一電子トンネル素子に高周波の電磁波を照射すると，2次の摂動効果である光支援トンネル効果により，ホトンを吸収または放出しながらトンネルすることが可能になり，素子を流れる電流が電磁波の照射により変化する（図3.1.26）[81]．この効果を利用して光検出を行うことが提案されている．

また単一電子トンネル素子はきわめて高感度の検流計として働くので，光起電力素子と組み合わせれば，超高感度の光検出を行うことができる．Clelandらは，単一電子トンネル素子と浅い不純物の光伝導を利用した光起電力部とを集積化し，detectivity $D^*=8\times10^{17}\mathrm{cm}(\mathrm{Hz})^{1/2}/\mathrm{W}$という超高感度の光検出器を実現している[82]．

さらにSETが電子を一つずつ制御しながら電流を流すことができることを利用して，発光素子から放出されるホトン数を制御しようという試みもある[83]．

[平川一彦]

引 用 文 献

1) L. Esaki : *Phys. Rev.*, **109** (1958) 603.
2) たとえば，榊　裕之，菅野卓雄：応用物理，**44** (1975) 1131 およびその参考文献．
3) L. Esaki and R. Tsu : *IBM J. Res. & Dev.*, **14** (1970) 61.
4) A. Y. Cho and J. R. Arthur Jr. : Progress in Solid State Chemistry, G. Somerjai and J. McCaldin eds., Pergamon, 1975.
5) L. L. Chang *et al.* : *Phys. Rev. Lett.*, **38** (1977) 1489.
6) R. Dingle *et al.* : *Appl. Phys. Lett.*, **33** (1978) 665.
7) H. L. Stormer *et al.* : *Solid State Commun.*, **29** (1979) 705.
8) T. Mimura *et al.* : *Jpn. J. Appl. Phys.*, **19** (1980) L225.
9) L. L. Chang *et al.* : *Appl. Phys. Lett.*, **24** (1974) 593.
10) R. Dingle *et al.* : *Phys. Rev. Lett.*, **33** (1974) 827.
11) J. P. van der Ziel *et al.* : *Appl. Phys. Lett.*, **26** (1975) 463.
12) H. Sakaki : *Jpn. J. Appl. Phys.*, **19** (1980) L735.
13) Y. Arakawa and H. Sakaki : *Appl. Phys. Lett.*, **40** (1982) 939.
14) Y. Aharonov and D. Bohm : *Phys. Rev.*, **115** (1959) 485.
15) R. A. Webb *et al.* : *Phys. Rev. Lett.*, **54** (1985) 2696.
16) S. Datta *et al.* : *Phy. Rev. Lett.*, **55** (1985) 2344.
17) K. Ishibashi *et al.* : *Solid State Commun.*, **64** (1987) 533.
18) S. Datta *et al.* : *Appl. Phys. Lett.*, **48** (1986) 487.
19) T. Hiramoto *et al.* : *Appl. Phys. Lett.*, **54** (1989) 2103.
20) H. Fukuyama and E. Abrahams : *Phys. Rev.*, **B27** (1983) 796.
21) B. L. Al'tshuler *et al.* : *J. Phys.*, **C39** (1982) 7367.
22) L. N. Pfeiffer *et al.* : *Appl. Phys. Lett.*, **55** (1989) 1888.
23) G. Timp *et al.* : *Phys. Rev. Lett.*, **60** (1988) 2081.
24) H. van Houten *et al.* : *Europhys. Lett.*, **5** (1988) 721.
25) J. Spector *et al.* : *Appl. Phys. Lett.*, **56** (1990) 1290.
26) H. Sakaki *et al.* : *Appl. Phys. Lett.*, **51** (1987) 1934.
27) T. Ando : *J. Phys. Soc. Jpn.*, **54** (1985) 1528.
28) J. P. Eisenstein *et al.* : *Phys. Rev. Lett.*, **53** (1984) 2579.

29) T. Saku *et al.*: *Jpn. J. Appl. Phys.*, **35** (1996) 34.
30) T. Ando: *J. Phys. Soc. Jpn.*, **51** (1982) 3900.
31) K. von Klitzing *et al.*: *Phys. Rev. Lett.*, **45** (1980) 494.
32) D. C. Tsui and A. C. Gossard: *Appl. Phys. Lett.*, **37** (1981) 550.
33) D. C. Tsui *et al.*: *Phys. Rev. Lett.*, **48** (1982) 1559.
34) H. L. Stormer *et al.*: *Phys. Rev. Lett.*, **50** (1983) 1953.
35) R. B. Laughlin: *Phys. Rev. Lett.*, **50** (1983) 1395.
36) M. Ogata and H. Fukuyama: *Phys. Rev. Lett.*, **73** (1994) 468.
37) S. Tarucha *et al.*: *Solid State Commun.*, **94** (1995) 413.
38) B. J. van Wees *et al.*: *Phys. Rev. Lett.*, **60** (1988) 848.
39) D. A. Wharam *et al.*: *J. Phys.*, **C21** (1988) L209.
40) B. Ricco and M. Ya. Azbel: *Phys. Rev.*, **B29** (1984) 1970.
41) E. E. Mendez: Physics and Application of Quantum Wells and Superlattices, E. E. Mendez and K. von Klitzing eds., Plenum, 1987, p. 159.
42) T. C. L. G. Sollner *et al.*: *Appl. Phys. Lett.*, **43** (1983) 588.
43) M. Tsuchiya *et al.*: *Jpn. J. Appl. Phys.*, **24** (1985) L466.
44) T. J. Shewchuk *et al.*: *Appl. Phys. Lett.*, **46** (1985) 508.
45) T. Inata *et al.*: *Jpn. J. Appl. Phys.*, **26** (1987) L1332.
46) E. R. Brown *et al.*: *Appl. Phys. Lett.*, **55** (1989) 1777.
47) E. R. Brown *et al.*: *Appl. Phys. Lett.*, **58** (1991) 2291.
48) T. C. L. G. Sollner *et al.*: *Appl. Phys. Lett.*, **43** (1989) 588.
49) C. A. Mead: *J. Appl. Phys.*, **32** (1961) 646.
50) N. Yokoyama *et al.*: *Jpn. J. Appl. Phys.*, **23** (1984) L311.
51) M. Heiblum *et al.*: *Phys. Rev. Lett.*, **56** (1986) 2854.
52) N. Yokoyama *et al.*: *Jpn. J. Appl. Phys.*, **24** (1985) L853.
53) M. Takatsu *et al.*: Technical Digest of IEEE International Solid-State Circuits Conference, 1994, p. 124.
54) R. Dingle *et al.*: *Phys. Rev. Lett.*, **34** (1975) 127.
55) E. E. Mendez *et al.*: *Phys. Rev. Lett.*, **60** (1988) 2426.
56) J. Feldmann *et al.*: *Phys. Rev.*, **B46** (1992) 7252.
57) C. Waschke *et al.*: *Phys. Rev. Lett.*, **70** (1993) 3319.
58) A. A. Ignatov *et al.*: *Phys. Rev. Lett.*, **70** (1993) 1996.
59) K. Unterrainer *et al.*: *Phys. Rev. Lett.*, **76** (1996) 2973.
60) A. Kamger *et al.*: *Phys. Rev. Lett.*, **32** (1974) 1251.
61) L. C. West and S. J. Eglash: *Appl. Phys. Lett.*, **46** (1985) 1156
62) B. F. Levine *et al.*: *Appl. Phys. Lett.*, **50** (1987) 273.
63) B. F. Levine: *J. Appl. Phys.*, **74** (1993) R1.
64) H. C. Liu: *J. Appl. Phys.*, **73** (1993) 3062.
65) B. F. Levine *et al.*: *Semicond. Sci. & Technol.*, **6** (1991) C114.
66) E. Gornik and D. C. Tsui: *Phys. Rev. Lett.*, **37** (1976) 1425.
67) E. Gornik *et al.*: *Solid State Commun.*, **38** (1981) 541.
68) M. Helm *et al.*: *Phys. Rev. Lett.*, **63** (1989) 74.
69) J. Faist *et al.*: *Science*, **264** (1994) 553.
70) C. Sirtori *et al.*: *Appl. Phys. Lett.*, **68** (1996) 1745.
71) T. Suzuki *et al.*: *Appl. Phys. Lett.*, **69** (1996) 4136.
72) T. Asano *et al.*: *J. Appl. Phys.*, **82** (1997) 3385.
73) H. Grabert and M. H. Devoret (eds.): Single Charge Tunneling, Plenum, 1991.
74) Y. Takahashi *et al.*: *Electron. Lett.*, **31** (1995) 136.

75) H. Ishikuro and T. Hiramoto : *Appl. Phys. Lett.*, **71** (1997) 3691.
76) L. Zhuang et al. : *Appl. Phys. Lett.*, **72** (1998) 1205.
77) K. Matsumoto et al. : *Appl. Phys. Lett.*, **68** (1996) 34.
78) J. R. Tucker : *J. Appl. Phys.*, **72** (1992) 4399.
79) K. Yano et al. : Technical Digest of IEEE International Electron Devices Meeting, 1993, p. 541.
80) S. Tiwari et al. : *Appl. Phys. Lett.*, **68** (1994) 1377.
81) L. P. Kouwenhoven et al. : *Phys. Rev. Lett.*, **73** (1994) 3443.
82) A. N. Cleland et al. : *Appl. Phys. Lett.*, **61** (1992) 2820.
83) M. Yamanishi et al. : *Phys. Rev. Lett.*, **76** (1996) 3432.

3.2 半導体レーザー

　半導体レーザーは，ほかのレーザーに比べて発光遷移に寄与する電子密度が高く，単位長さ当たりの光利得が高い．このため，きわめて小型の共振器や30%程度の比較的低い反射率の反射鏡で構成することができ，きわめて低電力での発振動作および高効率の電力-光出力変換効率が得られる．また，電流注入によりレーザー動作が得られるため，注入電流の直接変調によるGHz周波数帯での光信号変調が容易に行えるという特徴を有している．本節では，半導体レーザーの基本構造，動作特性をはじめ，半導体光素子の集積化による種々の機能性半導体レーザーの構造と特性について述べる．

3.2.1 半導体レーザーの構造と基本的動作特性

a. 基本構造

　現在実用化されている半導体レーザーは，共振器構造から，活性媒質の両端面に集中反射鏡を有するファブリー-ペロー共振器構造とブラッグ回折格子を反射鏡として用いる回折格子反射器レーザーに大別できる．ここでは基本となるファブリー-ペロー共振器半導体レーザーの構造を例として動作原理を説明する．

　図3.2.1に示すように，良質の単結晶基板の上に，誘導放出作用を起こす活性層の両側を活性層よりも大きな禁制帯幅材料であるクラッド層ではさむ二重ヘテロ接合構造，さらに表面の電極抵抗を下げるためのオーミック接触層（キャップ層あるいはコ

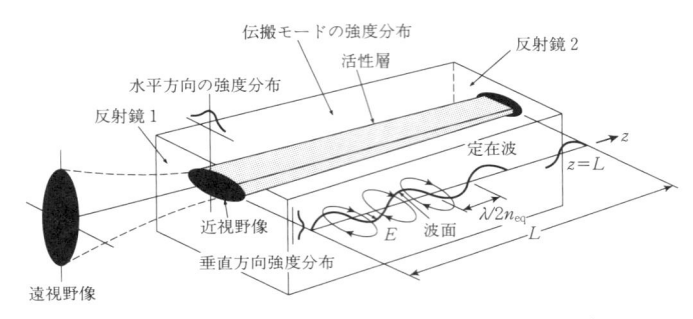

図 3.2.1　ファブリー-ペロー共振器半導体レーザーの構造

ンタクト層ともいう)が形成されている．正負電極間に順方向バイアス電圧を印加することによって，n側電極からは電子が，p側電極からは正孔が活性層に注入され，電子と正孔の再結合発光遷移が起こる．また，活性層よりも大きな禁制帯幅を有するクラッド層の屈折率は，活性層での発光遷移波長に対して活性層よりも低くなるため，活性層内で発生した光の一部分はクラッド層界面で全反射して導波モードを形成して伝搬する．この導波モードの光電界分布の2乗(光電力分布)のうち，活性層内に存在する割合を光閉じ込め係数と呼ぶ．

活性層に注入されるキャリヤー密度 N (cm^{-3}) が反転分布キャリヤー密度 N_g を越えると活性層内での光利得が負から正の値に変わり，さらに注入キャリヤー密度を高めていくと光利得 g (cm^{-1}) が増大し，やがて二つの反射鏡間を1往復する光のループ利得がクラッド層の光吸収損失 α_{ex} (cm^{-1})，活性層の光損失 α_{ac} (cm^{-1})，および反射鏡損失 α_m (cm^{-1}) の総和とつり合い，レーザー発振が生じる．このときの注入電流を発振しきい電流 I_{th}，電流を注入している活性層の面積で規格化した値を発振しきい電流密度 J_{th} と呼ぶ．

1) 発振条件

共振器長 L (cm)，二つの端面が反射率 R の反射鏡で構成されるレーザーの発振条件は，しきい値における活性層の利得を g_{th} とすると，以下の式で与えられる．

$$g_{th} = \alpha_{ac} + (1-\xi)/\xi \cdot \alpha_{ex} + \{1/(\xi L)\}\ln(1/R) \tag{3.2.1}$$

2) 発振しきい電流

注入キャリヤー密度 N を増加すると，活性層内で発生する光利得スペクトルは図3.2.2(a)に示すように変化し，光利得が最大となる波長が短波長側に変化する(バンドフィリング)．ピーク波長における光利得 g は，バルクの半導体材料においては図3.2.2(b)に示すように，注入キャリヤー密度 N に対してほぼ線形に増加すると見なせ[1]，微分利得 $A_0 (\equiv \partial g/\partial N)$ を用いて以下のように表される．

$$g = A_0(N - N_g) \tag{3.2.2}$$

発振しきいキャリヤー密度 N_{th} は，式(3.2.2)の g に式(3.2.1)の g_{th} を代入して，

$$N_{th} = [(\alpha_{in} + \alpha_{ac}) + (1-\xi)/\xi \cdot \alpha_{ex} + \{1/(\xi L)\}\ln(1/R)]/A_0 \tag{3.2.3}$$

と表される．ただし，$\alpha_{in}(=A_0 N_g)$ は，$N=0$ のときの活性層の吸収係数の外挿値である．

活性層内に注入される電流 I とキャリヤー密度 N の間には以下の関係が成り立つ．

$$N/\tau_s = \eta_i I/(edLW) \tag{3.2.4}$$

ただし，e は電子電荷量，d は活性層厚，L は共振器長，W は電流注入領域幅である．η_i は注入効率であり，注入電流が有効に活性層内に注入される割合を表す．τ_s はキャリヤー再結合寿命時間であり，発光再結合寿命時間 τ_r と非発光再結合寿命時間 τ_{nr} を用いて以下のように表される．

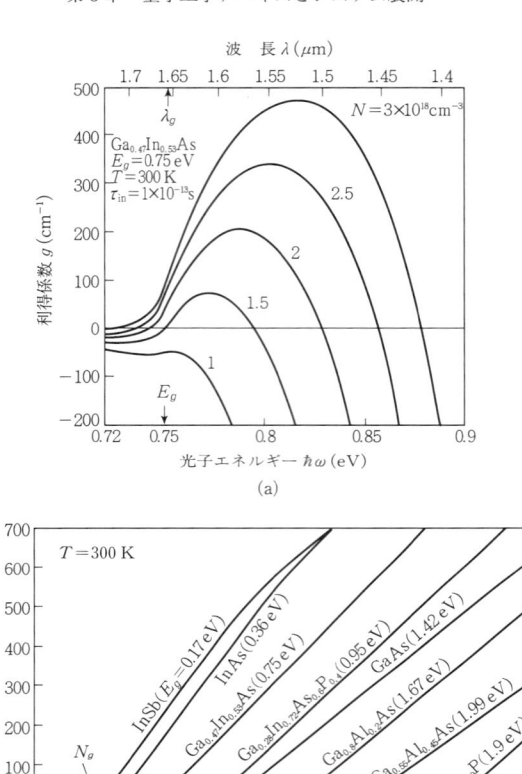

図 3.2.2 (a) $Ga_{0.47}In_{0.53}As$ 半導体の光利得スペクトルの注入キャリヤー密度依存性,および (b) 種々の半導体における光利得ピーク波長の注入キャリヤー密度依存性[1]

$$1/\tau_s = 1/\tau_r + 1/\tau_{nr} \fallingdotseq B_r N + (A_1 + A_2 N + A_3 N^2) \fallingdotseq B_{eff} N^{\gamma-1} \quad (3.2.5)$$

光通信用レーザーに用いられる GaInAsP/InP 長波長帯半導体レーザーでは $\gamma \fallingdotseq 2$, $B_{eff} = 1.5 \times 10^{-10}$ (cm^3/s) が報告されている[1]. 式 (3.2.3)〜(3.2.5) より,発振しきい電流 I_{th} は以下の式で与えられる.

$$I_{th} = (edLW)B_{eff}N_{th}^2/\eta_l \quad (3.2.6)$$

発振しきい電流密度 J_{th} は,$J_{th} = I_{th}/(LW)$ で与えられ,

$$J_{th} = edB_{eff}/\eta_l [(\alpha_{in} + \alpha_{ac}) + (1-\xi)/\xi \cdot \alpha_{ex} + \{1/(\xi L)\}\ln(1/R)]^2/A_0^2 \quad (3.2.7)$$

二重ヘテロ接合構造はキャリヤーを活性層内に有効に閉じ込めるだけでなく，屈折率差によって光を活性層内に閉じ込める役割を担っており，初期の半導体レーザーの低電流動作化および室温連続動作化に大きく貢献した[2]．最低の発振しきい値電流密度を与える活性層厚が存在し，バルク結晶を活性層とする半導体レーザーでは 0.1～0.2 μm 程度であるが，活性層を 10 nm 以下の量子井戸構造で構成する量子井戸レーザーには，活性層とクラッド層の間に光閉じ込め層 (optical confinement layer, OCL) を挿入した分離閉じ込めヘテロ構造 (separate confinement hetero-structure, SCH) が広く用いられている[3]．

3) **しきい電流の特性温度**

通常の半導体レーザーの発振しきい電流は，温度上昇とともに指数関数的に増加することが経験的に知られており，温度 T における発振しきい電流 $I_{th}(T)$ は，しきい電流の特性温度 T_0 を用いて次式で表される．

$$I_{th}(T) = I_0 \exp(T/T_0) \tag{3.2.8}$$

AlGaAs/GaAs 系などの短波長材料では T_0 は 150～200 K 程度の値であるが，長波長帯の材料ではオージェ過程やヘテロ障壁を越えるキャリヤー漏れなどの非発光再結合の影響が強くなる．光通信用の長波長帯 GaInAsP/InP 系レーザーでは，低温域では短波長系と同程度だが，20～80 ℃ 付近では 50～80 K 程度である．3.2.2項で後述するように，近年，特性温度 T_0 を増大させるための新しい材料の研究が活発化している．

b. ストライプ構造

発振しきい電流の低減化のためだけでなく，出射レーザー光と光ファイバーへの高い結合効率を実現するためには，横モード単一化が必要である．光ディスク用半導体レーザーでは点状のスポットに集光するため，円形ビーム出射特性が要求される．

ストライプ構造には，電流注入領域のみをストライプ状に形成したもの (利得導波型)，およびそれと同時に屈折率閉じ込め構造をストライプ状に形成したもの (屈折率導波型) の 2 種類がある．光ファイバー通信用に用いられている長波長帯 GaInAsP/InP レーザーでは露出面が比較的酸化しにくいため，活性層を 1～1.5 μm 幅のストライプ状にエッチングした後に再び周囲を低屈折率の半導体電流阻止層で埋め込む構造 (埋込みヘテロ構造：buried hetero-structure, BH) が実用されている．一方，光ディスク応用に用いられる短波長レーザーでは，酸化しやすい Al を含む AlGaAs/GaAs 系結晶 (波長 0.78～0.85 μm 帯) や AlGaInP/GaAs 系結晶 (波長 0.63～0.67 μm 帯) が用いられており，活性層のエッチングや再成長プロセスを行わないで形成できる構造がおもに用いられている．

c. 基本特性

半導体レーザーの基本特性として,直流動作時の光出力-電流特性,発振波長特性,発振線幅特性について以下に説明する.

1) 光出力-電流特性

半導体レーザーの光出力-電流特性を図3.2.3に示す.レーザー発振が始まるしきい電流以下では,発光ダイオードと同様に自然放出光がおもに出力され,そのスペクトル幅も広いが,しきい値以上では,光出力は注入電流に対して線形に増加し,その傾きが急増するとともに,レーザー共振器で選択された狭いスペクトル幅のレーザー光が出力される.

この光出力効率を表すものとして,発振しきい値以上で注入したキャリヤー数に対する出力光子数の増加 $\Delta P(\mathrm{W})$ の割合を表す外部微分量子効率 (η_d),あるいは単に注入電流に対する光出力の傾きを示すスロープ効率 (W/A) と呼ばれるものと,レーザー素子全体に投入された全電力に対する光出力の割合を表すデバイス効率 η_DEV がある.デバイス効率は wall plug efficiency とも呼ばれる.共振器長 L,反射率 R が等しい二つ反射鏡のレーザーの両方の反射鏡端面からの光出力効率はそれぞれ以下のように表される.

$$\eta_\mathrm{d} = \alpha_\mathrm{m}/(\alpha_\mathrm{WG}+\alpha_\mathrm{m}) = \eta_\mathrm{I}\{(1/L)\ln(1/R)\}/\{\xi\alpha_\mathrm{ac}+(1-\xi)\alpha_\mathrm{ex}+(1/L)\ln(1/R)\}$$
$$= 2\Delta P/(h\nu/e \cdot \Delta I) \tag{3.2.9}$$
$$\eta_\mathrm{DEV} = (全光出力)/(全入力電力) = 2P/(IV) \tag{3.2.10}$$

ただし,α_m は反射鏡損失,α_WG は導波路損失,h,ν,V はそれぞれプランク定数,レーザー光の周波数,レーザーに印加されている電圧である.

2) 発振波長特性

ファブリー-ペロー共振器レーザーでは,一つの横モードに対する等価屈折率を n_eq とすると,$\lambda_\mathrm{m} = 2n_\mathrm{eq}L/m$ (m:モード番号) を満足する波長で共振し,共振器内

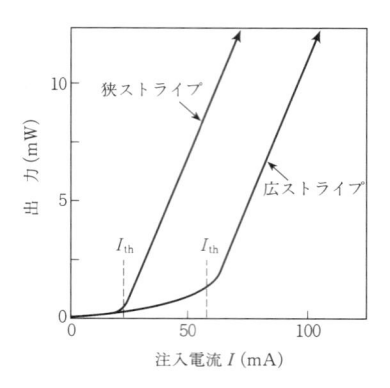

図3.2.3 半導体レーザーの光出力-電流特性

には半波長の整数倍 (m 個) の腹をもつ定在波分布が形成される．隣接する共振軸モード間隔 $\Delta\lambda_{ms}$ は次式で与えられる．

$$\Delta\lambda_{ms} = \lambda^2/(2n_{eff}L) \quad (3.2.11)$$

$$n_{eff} = n_{eq} - \lambda(\partial n_{eq}/\partial\lambda) \quad (3.2.12)$$

ただし，n_{eff} は導波路媒質の屈折率の波長分散を考慮したもので，導波路の実効屈折率と呼ばれる．GaInAsP/InP 系材料では，$\partial n_{eq}/\partial\lambda \fallingdotseq -0.25\,(\mu m^{-1})$ 程度であり，実効屈折率 n_{eff} は等価屈折率 n_{eq} よりも 10% 程度大きい値となる．

レーザー発振は，これらの共振軸モードのうち，もっとも発振しきい利得の低い軸モードで開始する．温度上昇に対する屈折率変化 $\partial n_{eq}/\partial T$ は，GaInAsP/InP 系材料では $3\times10^{-4}\,(\deg^{-1})$ 程度であり，共振軸モードの波長の温度係数は約 0.1 (nm/deg) であるのに対し，禁制帯幅エネルギー E_g が温度上昇に伴い狭くなることにより，利得ピーク波長は約 0.5 (nm/deg) の割合で長波長側に変化する．このため，ファブリー-ペロー共振器レーザーの発振波長は，温度上昇とともに共振軸モードの異なるモードにジャンプしながら変化する．

3) 発振線幅特性

単一の軸モード (単一波長) で発振している場合でも，そのスペクトルは周波数雑音に起因する線幅 $\Delta\nu_{(LD)}$ を有しており，次式に示すように，Schawlow-Townes のレーザーの線幅の公式 $\Delta\nu_{(ST)}$ よりも $(1+\alpha^2)$ 倍だけ増大する[4]．

$$\Delta\nu_{(LD)} = R_{spon}(1+\alpha^2)/(4\pi S) \quad (3.2.13)$$

ここで，R_{spon} は自然放出率であり，自然放出係数 n_{sp}，光の群速度 v_g を用いて，

$$R_{spon} = n_{sp}v_g(\alpha_{WG}+\alpha_m) \quad (3.2.14)$$

また，S は共振器内の平均光子密度である．レーザーの片端面からの光出力 P を用

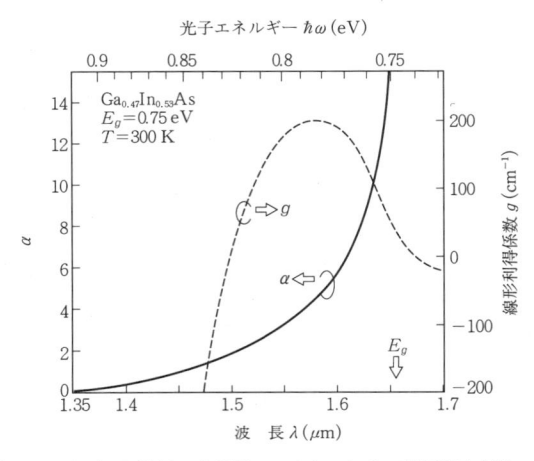

図 3.2.4 GaInAs/InP 材料の光利得スペクトルおよび線幅増大係数スペクトル[5]

いて $S=2P/(h\nu v_g\alpha_m)$ と表せるので，式(3.2.13)は次式のように表せる．

$$\Delta\nu_{(LD)} = h\nu n_{sp} v_g \alpha_m (\alpha_{WG}+\alpha_m)(1+\alpha^2)/(8\pi P) \quad (3.2.15)$$

α は線幅増大係数あるいは α-パラメーターと呼ばれ，半導体レーザーの活性媒質の複素屈折率 n を $n=n'-jn''$ と表したとき，注入キャリヤー密度 N を変動させた場合の活性媒質の屈折率の虚部 n'' の変動に対する屈折率の実部 n' の変動割合であり，次式で与えられる．

$$\alpha = (\partial n'/\partial N)/(\partial n''/\partial N) \quad (3.2.16)$$

図 3.2.4 に GaInAs/InP 材料の利得スペクトルおよび線幅増大係数スペクトルの計算結果の一例を示す[5]．注入キャリヤー密度にもよるが，レーザー発振が生じる利得ピーク波長近傍では，線幅増大係数は 2〜6 程度の値となる．また，量子井戸構造など利得スペクトル幅が狭くなる構造においては，その絶対値が小さくなる．線幅増大係数は直流動作時の発振線幅を与えるだけでなく，3.2.4項に述べるように，半導体レーザーの直接変調時の発振波長の動的変動を与える重要なパラメーターでもある．

d. 変調特性

半導体レーザーの出力光を変調する方法には，注入電流を変調して出力光強度を変調する直接変調，および別の光変調器を用いて変調する外部変調がある．発光ダイオードも直接変調可能であるが，その変調帯域は自然放出光のキャリヤー寿命時間で制限され，数百 MHz 以下であるのに対し，半導体レーザーでは数 GHz〜数十 GHz の広帯域変調ができることが大きな特徴の一つにあげられる．

1) 直接変調

実際の半導体レーザーには，浮遊容量など電気信号の帯域を制限する要因もあるが，より本質的な制限要因は電子と光の位相ずれによる共振状周波数（あるいは緩和振動周波数）である[6]．変調電流 I_m がバイアス電流としきい電流の差 (I_b-I_{th}) よりも十分小さい場合には，レート方程式を小信号解析することにより，光子密度の変調感度 S_m の周波数特性 $M(f)$ は次式で与えられる[6,7]．

$$M(f) = |S_m/I_m| = (\tau_p/eV_a)f_r^2/[(f^2-f_r^2)^2+\{\Gamma f/(2\pi)\}^2]^{1/2} \quad (3.2.17)$$

$$f_r^2 = (\xi G'S_0/\tau_p)/(2\pi)^2 = \{(I_b/I_{th}-1)(1+\xi G'\tau_p N_g)\}^{1/2}/\{2\pi(\tau_s\tau_p)^{1/2}\} \quad (3.2.18)$$

$$\Gamma = \xi G'S_0 + 1/\tau_s \quad (3.2.19)$$

ただし，τ_p は光子寿命時間であり，$1/\tau_p=v_g(\alpha_{WG}+\alpha_m)$，$V_a$ は活性層体積，f_r は共振状周波数，S_0 はバイアス電流における光子密度，G' は単位時間当たりの微分利得であり，式(3.2.2)の微分利得 A_0 を用いて $G'=v_g A_0$ で定義される．

図3.2.5に示すように，変調感度 S_m の周波数特性は直流から共振状周波数 f_r の近傍まで平坦な応答を有するが，f_r を越えると急激に低下する[8]．式(3.2.18)に示されるように，バイアス電流が高く，光出力が大きいほど変調帯域は広くなる．変調可能

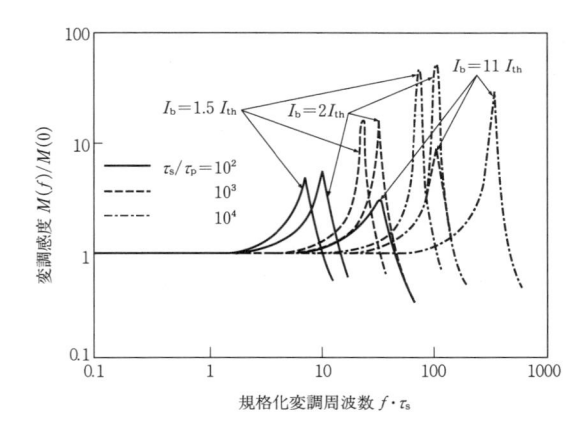

図 3.2.5 半導体レーザー変調感度の周波数応答特性[8]

周波数上限は変調感度が平坦な周波数応答領域より 3dB 低下する周波数 f_{3dB} で与えられ，$\Gamma \ll f_r$ の場合，近似的に次式で与えられる．

$$f_{3dB} = \{1+(2)^{1/2}\} f_r \fallingdotseq 1.55 f_r \qquad (3.2.20)$$

実際には，高い光出力領域ではキャリヤーの空間ホールバーニング[9]，線形利得の飽和[10] などで周波数応答が抑制（ダンピング）される．利得飽和パラメーター ε を用いて光利得を $G = G'(N-N_g)(1-\varepsilon S)$ と表したとき，変調可能周波数上限 f_{max} は K ファクターを用いて次式で与えられる[11]．

$$f_{max} = 2(2)^{1/2} \pi / K \qquad (3.2.21)$$
$$K = 4\pi^2 \{\tau_p + \varepsilon/(\xi G')\} \qquad (3.2.22)$$

また，量子井戸構造などを用いて活性媒質の微分利得 G' を高めることにより，直接変調の高速化が可能となる[12,13]．さらに量子井戸の障壁層のみにドーピングする変調ドーピングを用いることにより 30 GHz の緩和振動周波数が実現されている[14]．

2）パラメーター変調

半導体レーザーの光出力を変調するには，注入電流に信号を重畳する方法だけではなく，原理的にはほかのパラメーターに信号を重畳する方法もある．レート方程式に現れる変調可能なパラメーターには，電流 I，キャリヤー寿命時間 τ_s，利得係数 G'，光子寿命時間 τ_p がある．変調感度の周波数特性 $M(f)$ は，電流およびキャリヤー寿命時間の変調に対しては式 (3.2.17) となり，$f \gg f_r$ の領域では f^2 に反比例するように減衰するが，利得係数や光子寿命時間を変調する方法では，f に反比例するように減衰するため，共振状周波数以下での応答の平坦性は崩れるものの，高い周波数応答が得られる可能性がある[15]．

3.2.2 半導体レーザー材料

低しきい電流および高効率動作のために二重ヘテロ接合構造が用いられるが,ヘテロ障壁(ΔE)を越える無効電流(リーク電流)は温度が高くなるほど大きくなるため,可視光レーザー材料で0.3～0.4 eV以上,長波長通信用レーザー材料ではより大きなヘテロ障壁が必要とされている.十分な高さのヘテロ障壁を有する良質の二重ヘテロ接合構造を構成することが半導体レーザーの成否の鍵となる.

a. 混晶材料と格子整合条件

半導体レーザーに用いられる半導体結晶材料には,(B, Al, Ga, In)(N, P, As, Sb)などの元素からなるⅢ-Ⅴ族化合物半導体,(Mg, Zn, Cd, Hg)(O, S, Se, Te)などの元素からなるⅡ-Ⅵ族化合物半導体,(Sn, Pb)(S, Se, Te)などの元素からなるⅣ-Ⅵ族化合物半導体がある.化合物半導体結晶のことを混晶とも呼ぶ.結晶構造はいずれも閃亜鉛鉱(zincblende)構造である.また,青緑色領域の発光ダイオードに用いられているGaNやGa$_{1-x}$In$_x$Nは,サファイア基板やSiC基板上に成長され,ウルツ鉱(wurtzite)構造である.

これらのⅢ-Ⅴ族混晶およびⅡ-Ⅵ族混晶の格子定数aおよび禁制帯幅(バンドギャップ)エネルギーE_gは,化学量論的組成(Ⅲ族原子とⅤ族原子の比が正確に1：1)の二元混晶の格子定数およびバンドギャップエネルギーをもとに,組成比依存性を推定することができる[16～19].Ⅱ-Ⅵ族混晶についても同様の計算がなされ,青緑色波長域の半導体レーザーとしてGaAs基板上のCdZnSe/ZnSSe混晶[20]やMgZnSSe混晶[21,22]およびInP基板上のMgZnCdSe混晶[23]などの可能性が示された.図3.2.6は,代表的なⅢ-Ⅴ族混晶およびⅡ-Ⅵ族混晶のバンドギャップエネルギーの格子定数依存性であり,二元混晶基板(GaAs, InPなど)に格子整合する混晶材料のとりうるバンドギャップエネルギーの範囲が示されている[23].

また,活性層を10 nm程度の薄層とした量子井戸構造における量子準位を決定する際には,伝導帯および価電子帯におけるエネルギー不連続値を与える必要がある.ヘテロ接合を形成する二つの材料の電子親和力の差から伝導帯でのエネルギー不連続値ΔE_cが与えられ,AlGaAs/GaAs系材料では$\Delta E_c \simeq 0.65 \Delta E_g$程度と大きいのに対し,GaInAsP/InP系材料では$\Delta E_c \simeq (1/3)\Delta E_g$と小さいためキャリヤーのオーバーフローが起こりやすく,しきい値電流の特性温度T_0が低いと考えられている[24,25].近年,光ファイバー通信に用いられている1.3 μm波長レーザーのT_0を増大することを目的として,ΔE_cの大きな材料系のレーザーの開発が行われている.InP基板上のAlGaInAs/InP量子井戸[26],GaAs基板上のGaInNAs混晶[27,28],およびGaInAs三元基板上のGaInAsP混晶によるレーザーが研究されており[29],1.2～1.3 μm波長

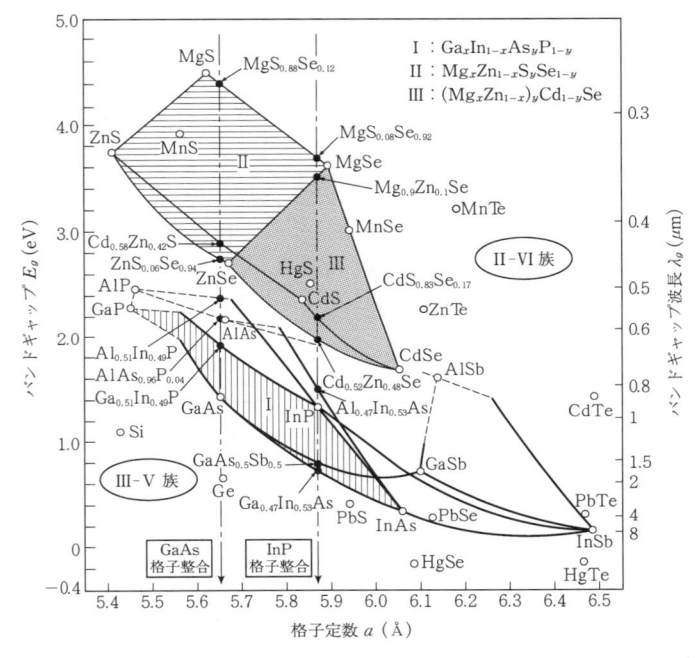

図 3.2.6 種々のIII-V族混晶およびII-VI族混晶のバンドギャップエネルギーと格子定数[23]

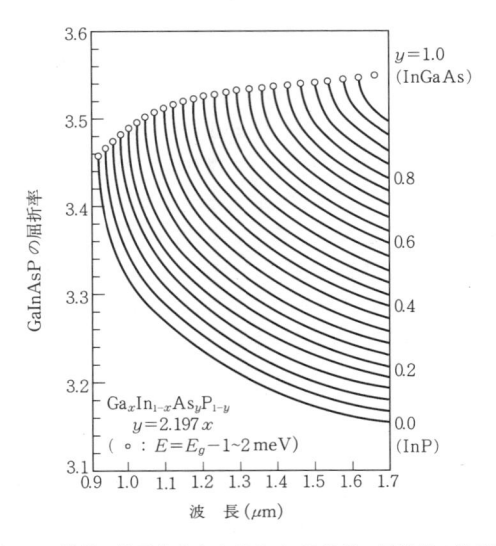

図 3.2.7 InP結晶に格子整合するGaInAsP混晶の屈折率の波長依存性[32]

帯で $T_0=120\sim220$ K が報告されている[30].

b. 混晶材料の屈折率

半導体レーザーの共振器構造設計のためには，各層のレーザー発振動作波長での屈折率を知る必要がある．AlGaAs 系材料では，改良型の単一振動子法 (MSEO, modified single oscillator method) で実験値とよく合う値が得られることが報告されている[31]．図 3.2.7 には，InP に格子整合する $Ga_xIn_{1-x}As_yP_{1-y}$ 材料 ($y=2.197\ x$) の屈折率の光波長依存性の計算結果を示す[32]．同様の方法を用いて，$Al_xGa_yIn_{1-x-y}P$ 材料[33] や $Mg_xZn_{1-x}S_ySe_{1-y}$ 材料系の屈折率の波長依存性が報告されている[34].

3.2.3 量子井戸構造レーザー

a. 量子井戸レーザーの歴史

二重ヘテロ接合構造において，クラッド層とのエネルギーポテンシャル井戸に閉じ込められた活性層内の電子および正孔は，膜厚方向に量子化されたエネルギー状態を有し，膜の面内方向に自由度を有する 2 次元電子 (正孔) 状態となる．量子化準位間のエネルギー差は活性層厚を薄くするほど大きくなり，数十 nm 程度以下の薄層になると，室温以上の温度域でも顕著な量子閉じ込め効果が現れ，半導体レーザーなどの光デバイスに新しい可能性が生まれると期待された[3].

初めての量子井戸構造レーザーは，Bell 研究所の Van der Ziel らによって 1975 年に報告されたが，当時の分子線エピタキシャル成長 (MBE) 法による AlGaAs/GaAs 結晶は液相成長 (LPE) 法に比べて結晶性の点で問題があった[35]．数年後，Illinois 大学の Holonyak は，Rockwell International 研究所と共同で有機金属気相成長 (MOCVD) 法による量子井戸構造レーザーを試作し，発光波長と量子化準位の関係等を報告した[36]．1981〜1982 年に，Bell 研究所の Tsang が MBE 法による AlGaAs/GaAs 量子井戸レーザーの低しきい値電流動作 (250 A/cm^2)[37]，および分離閉じ込め導波路 (GRINSCH) 構造による低電流・高効率動作 (160 A/cm^2, $\eta_d=65\sim80\%$)[38] を報告してから，さらに低電流密度動作化，および高速変調応答に関する理論的研究が行われ[39]，1988 年には短共振器・高反射率化による低電流 (0.55 mA) および無バイアス条件での高速変調 (1.3 Gbit/s) 動作が実現された[40]．これらは，AlGaAs/GaAs 短波長材料で実現されたが，1980 年代中頃以降の MOCVD 法による GaInAsP/InP 長波長材料製造技術の成熟化に伴い，光ファイバー通信波長帯の半導体レーザーに量子井戸構造が広く導入された．

これらの実験的研究と平行して，1980 年代初頭から量子井戸レーザーの光学利得特性や静特性・動特性全般にわたる理論的研究が非常に精力的に行われた．多次元的

に量子閉じ込めを行う量子細線や量子箱（量子ドット）構造における状態密度の尖鋭化によるしきい値電流温度特性改善可能性[41]，光利得の偏波面依存性[42,43]および多次元量子井戸構造化による低電流動作の可能性[44]，光利得の基板面方位依存性[45,46]，半導体レーザーの発振線幅および直接変調時の発振波長変動（チャーピング）を制限する α-パラメーターの低減[5]，変調ドープによる高速応答化など[14]，半導体レーザーの高性能化に量子井戸構造が有効であることの理論的背景が明らかにされるとともに，それらを実証する成果が多数報告された．

1986年にSurrey大学のAdamsおよびBell Communications ResearchのYablonovitchとKaneは，量子井戸層に二軸性ひずみを導入したひずみ量子井戸構造レーザーでは価電子帯正孔帯の重い正孔帯と軽い正孔帯が分離され，注入される正孔がどちらか一方に集中しやすいため，格子整合系量子井戸構造レーザーよりも低しきい値・高効率動作が可能であることを理論的に示した[47,48]．その後，光利得特性，変調応答特性，線幅増大係数（α-パラメーター）などにおける優位性が理論的に明らかにされるとともに[49~51]，MOCVDやMBEなどの超薄層結晶成長技術の成熟により，半導体レーザーの諸特性すべて（低電流・高効率・高出力・高温動作・高速応答・低チャーピング・狭線幅）において格子整合系量子井戸構造レーザーを超える実験結果が1990年前後から相ついで報告された[52~54]．

ここでは，量子井戸構造レーザーの高性能動作のもととなる光学利得特性，および最近の量子効果を用いる半導体レーザーの研究開発状況について簡単に述べる．

b. 量子井戸レーザーの光学利得

半導体材料中における角周波数 ω の光に対する単位長さ当たりの光学利得 $g(\omega)$ は，以下の式で表される．

$$g(\omega) = \pi\omega/(n_{eq}^2 \varepsilon_0) \int \langle R_{cv}^2 \rangle [f_c(E_{cv}) - f_v(E_{cv})] \rho_{red}(E_{cv}) L(E_{cv} - \hbar\omega) dE_{cv} \quad (3.2.23)$$

ここで，n_{eq} は屈折率，ε_0 は真空の誘電率，$\langle R_{cv}^2 \rangle$ は双極子モーメントの2乗平均値，$f_c(E_{cv})$ および $f_v(E_{cv})$ は電子および正孔に対するフェルミ-ディラック分布関数，$\rho_{red}(E_{cv})$ は換算（または既約）状態密度関数であり，バルク結晶内では次の式で表される．

$$\rho_{red}(E_{cv}) = (2m^*)^{3/2}/(2\pi^2\hbar^3)(E_{cv} - E_g)^{1/2} \quad (3.2.24)$$
$$m^* = m_c \cdot m_v/(m_c + m_v)$$

注入キャリヤー密度は，電子および正孔に対してそれぞれ以下のように表され，

$$N = \int f_c(E_{cv}) \rho_{red}(E_{cv}) dE_{cv}$$
$$P = \int f_v(E_{cv}) \rho_{red}(E_{cv}) dE_{cv} \quad (3.2.25)$$

通常は電荷中性条件により $N=P$ が成り立つ．$L(E_{cv} - \hbar\omega)$ は電子の散乱に起因する

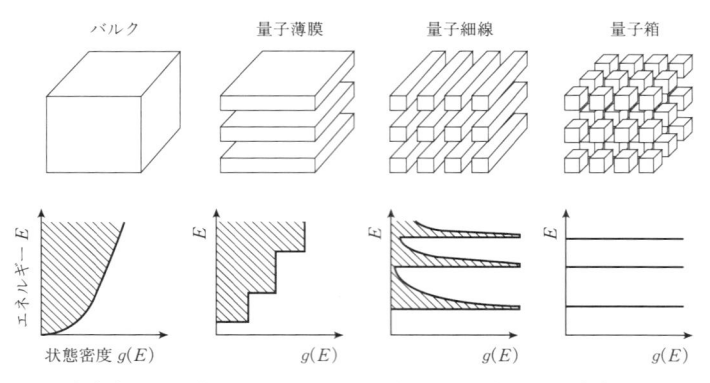

図 3.2.8 バルク結晶および量子井戸構造における電子の状態密度関数

スペクトル広がり関数であり,電子-正孔対の散乱確率から計算されている.緩和時間近似の解析ではローレンツ関数となり,その半値全幅はバンド内緩和時間 τ_{in} を用いて $\hbar/\tau_{in}$ と表せる[55].バルク結晶や量子井戸構造では $\tau_{in}=0.1$ ps 程度であり,スペクトル広がりは約 7 meV となる.

量子井戸構造においては,換算状態密度関数の離散化によりバルク結晶に比べて微分利得が増大することが特徴である.図 3.2.8 に示すように,バルク結晶内では,単位エネルギー・単位面積当たりの状態密度は放物線関数となるが,量子井戸構造では階段状関数となる.さらに量子化次元を高めた 1 次元電子状態(量子細線と呼ぶ)やゼロ次元電子状態(量子箱あるいは量子ドットと呼ぶ)では,状態密度はそれぞれ鋸状関数やデルタ関数状となる.

もう一つの大きな特徴は,式 (3.2.23) の $\langle R_{cv}^2 \rangle$ が入射する光に対して大きな偏波依存性を有していることである.伝導帯電子の波動関数は球対称 (s-like) 関数,価電子帯の重い正孔帯のそれは波数ベクトル $\boldsymbol{k}$ に垂直な面内に分布するダンベル状の (p-like) 関数となるため,これらの間の光学遷移の双極子モーメント R の方向成分 (R_x, R_y, R_z) は,z 方向を量子井戸の厚さ方向とし,波数ベクトル $\boldsymbol{k}$ の方向の極座標 (θ, ϕ) を用いると以下のように表される[42,43].

$$R_x = R(\cos\theta \cos\phi - j\sin\phi)$$
$$R_y = R(\cos\theta \sin\phi + j\cos\phi)$$
$$R_z = -R\sin\theta \tag{3.2.26}$$

ここで,θ は伝導帯電子のエネルギーに対する量子化準位 (n) のエネルギー $E_{cz,n}$ の大きさを表すものであり,$\cos^2\theta = E_{cz,n}/(E_{cz,n}+E_{cxy})$ で関係づけられている.式 (3.2.26) の各方向成分の 2 乗平均は,量子井戸層に平行な面内に電界成分を有する TE モード,およびそれと垂直方向の電界成分を有する TM モードに対して,それぞれ以下のように表される.

3.2 半導体レーザー

$$\langle R^2 \rangle = R^2(1+\cos^2\theta)/2 \quad \text{(TE モード)}$$
$$\langle R^2 \rangle = R^2 \sin^2\theta \quad \text{(TE モード)} \quad (3.2.27)$$

量子化準位エネルギー(サブバンド端)近傍では，$\theta \fallingdotseq 0$ であり，電子は x-y 面内方向にのみ運動可能となるため，TE モードに対する光利得が支配的となる．バルク結晶では，波数ベクトル $\boldsymbol{k}$ のすべての方向での平均として，$\langle R_{\text{bulk}}^2 \rangle = 2R^2/3$ となる．一方，電子と軽い正孔帯間のみの遷移に対しては，

$$\langle R^2 \rangle = R^2[2\sin^2\theta/3 + (1+\cos^2\theta)/6] \quad \text{(TE モード)}$$
$$\langle R^2 \rangle = R^2(\sin^2\theta/3 + 4\cos^2\theta/3) \quad \text{(TM モード)} \quad (3.2.28)$$

となり，サブバンド端($\theta \fallingdotseq 0$)近傍では TM モードに対する光利得が支配的であり，また，式(3.2.27)の TE モードに対する光利得よりも大きな値となる．格子整合結晶による量子井戸構造では正孔はおもに重い正孔帯に分布するため TE モードの光利得が支配的となるが，次項で説明する伸張ひずみを導入したひずみ量子井戸構造では価電子帯の縮退が解け，軽い正孔帯が価電子帯頂上を占めるため TM モードの光利得が支配的となる．

図 3.2.9 には，GaInAs/InP 長波長材料の量子井戸構造における各偏波方向に対する利得スペクトルの理論計算結果を示す[42]．TE モードの利得ピーク近傍では，約 2 倍の違いがあるが，サブバンド端から離れるに従い，バルク結晶と同様に等方的になる．

量子井戸構造では，状態密度関数が一つの量子化準位に対しては短冊状となってい

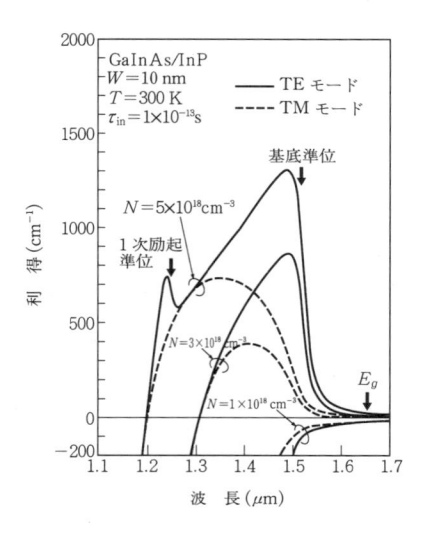

図 3.2.9 GaInAs/InP 量子井戸構造における TE モードおよび TM モードに対する光利得スペクトルの理論曲線[42]

るため，ある程度注入レベルを上げると光利得が飽和する傾向を示すため，レーザー共振器のしきい値モード利得が高い場合には高次の次量子化準位での発振が生ずる[56]．利得が生じ始める電流密度(透明電流密度)は量子井戸層数に比例して増加するが，同時に最大モード利得も増大するため，レーザー共振器の設計においては低電流動作あるいは高効率動作など，所望の特性に適合した適切な量子井戸層数を選択する必要がある．

c. ひずみ量子井戸レーザー

現在では，量子井戸レーザーと呼ばれるレーザーは，そのほとんどすべてがひずみ量子井戸構造からなっている．活性層厚さが 10 nm 程度の厚みになると，活性層に転位が発生しない程度の格子不整合の範囲であれば，クラッド層の表面の面内方向には格子が揃って良好なエピタキシャル膜が成長する．このひずみ量に対して転位が発生しない最大厚さは臨界膜厚と呼ばれる[57]．GaInAs/InP 材料系の臨界膜厚とひずみ量の積は約 40 nm%であるが，GaInAs/GaAs 系ひずみ量子井戸では，実験的に約 20 nm% が報告されている[58]．

積層方向の格子間隔は，活性層の格子定数がクラッド層のそれより大きい場合には，面内方向で圧縮応力を受け，積層方向に伸びる．このような量子井戸を圧縮ひずみ量子井戸(compressively-strained quantum-well, CS-QW)と呼ぶのに対して，活性層の格子定数がクラッド層のそれより小さい量子井戸を引張(伸張)ひずみ量子井戸(tensile-strained quantum-well, TS-QW)と呼ぶ．閃亜鉛鉱構造系におけるひずみ量子井戸では結晶単位セルが立方体ではなく直方体状になるため，価電子帯のバンド構造(形状，エネルギー位置，および有効質量)が大きく変化する．ひずみ量子井戸構造結晶のバンド構造は，$\boldsymbol{k}\cdot\boldsymbol{p}$ 法に包絡線関数を導入した方法，強結合法，擬ポテンシャル法などを用いて解析されている[59,60]．図 3.2.10 には，$Ga_{1-x}In_xAs/InP$ 量子井戸構造の価電子帯サブバンド構造の計算結果を示す．格子整合系量子井戸構造($x=0.53$)では，重い正孔帯と軽い正孔帯の分離が小さく，活性層に注入される正孔が重い正孔帯と軽い正孔帯の双方に分布するのに対し，適切なひずみ量のひずみ量子井戸では，どちらかに正孔が分布しやすい状況を実現できるため，透明キャリヤー密度の低減および微分利得の増大効果が得られる[61]．また，利得スペクトルが尖鋭化し，線幅増大係数も低減する[62]．単純に量子井戸層厚を固定してひずみ量を変化させた場合には，その層厚の設定によっても様子が大変異なるが，圧縮ひずみ量子井戸では TE モードに対する利得が大きいのに対して，引張ひずみ量子井戸では TM モードに対する利得が大きい．

実験的にも，圧縮ひずみ量子井戸構造レーザーに匹敵あるいは越える低しきい電流密度で，引張ひずみ量子井戸構造レーザーの TM モード発振が報告されている[63]．図 3.2.11 には，Philips 研究所の Thijs らが報告した $Ga_{1-x}In_xAs/InP$ ひずみ量子井

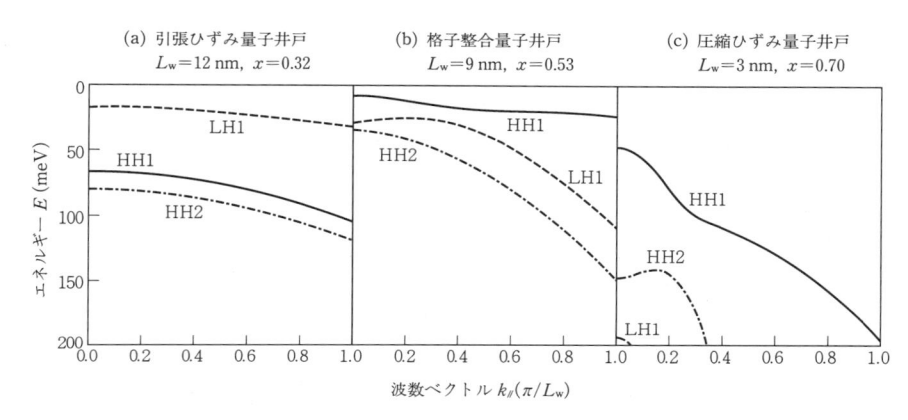

図 3.2.10 $Ga_{1-x}In_xAs/InP$ 量子井戸の価電子帯サブバンド構造の計算例
発光波長が $1.5\,\mu m$ となるように, In 組成 x に対して異なる量子井戸層厚 L_w を用いている.

戸構造レーザーのしきい電流密度のひずみ量(In 組成)依存性を示す. 引張ひずみ量が 1.6% の点で, しきい電流密度 $92\,A/cm^2$ が得られており, また圧縮ひずみ量が $1.2\sim1.8\%$ の範囲でも同程度のしきい電流密度が得られている. 文献[52]では, 圧縮ひずみ量子井戸構造レーザーに比べて引張ひずみ量子井戸構造レーザーのほうがすぐれた特性, つまり, 高いモード利得および微分利得, 低いダンピング係数 ($K=0.22$ ns, 圧縮ひずみ量子井戸構造レーザーでは 0.58 ns) と高い最大変調可能周波数 ($f_{max}=40\,GHz$, 同 $15\,GHz$), 小さな線幅増大係数 ($\alpha=1.5$, 同 2.5) が得られ, これらは理論的予想を越える結果であると結ばれているが, Huang らはこれらの実験結果を裏付ける理論解析結果を報告した[62].

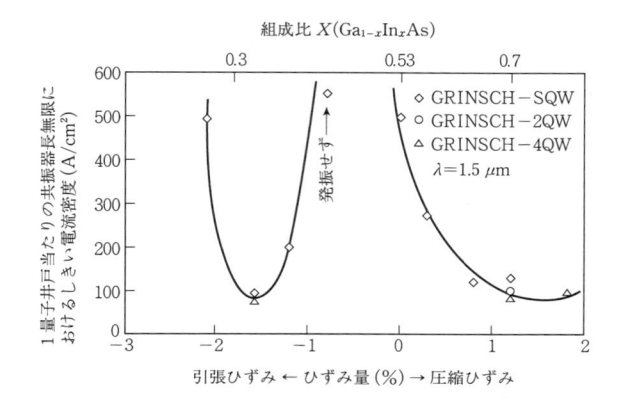

図 3.2.11 $Ga_{1-x}In_xAs/InP$ 量子井戸構造レーザーのしきい電流密度のひずみ量依存性[52]

ひずみ量子井戸構造レーザーでは，正孔キャリヤーの有効利用によるしきいキャリヤー密度の低減が達成されるため，オージェ再結合や価電子帯間吸収 (IVBA) の影響が低減され，高効率・高出力動作および高い特性温度 T_0 も同時に達成された．1.55 μm 波長帯光通信で使用するエルビウムドープ光ファイバー増幅器 (EDFA) の励起光源には，高出力の 1.47〜1.48 μm 波長レーザーあるいは 0.98 μm 波長レーザーが用いられるが，前者には $Ga_{1-x}In_xAs/InP$ 系材料，後者には $Ga_{1-x}In_xAs/GaAs$ 系材料が用いられている．光ディスク応用の 0.65 μm 波長可視光帯には，GaIn(As)P/AlGaInP/GaAs 系材料が用いられている．

近年では，多層のひずみ量子井戸を積層しても全体としてのひずみ応力が残らないように，0.5% 程度の圧縮ひずみ井戸層とそれにつり合う引張ひずみ障壁層を組み合わせるひずみ補償量子井戸 (strain compensated quantum-well) 構造も報告されている．井戸層の組成のみを変えて圧縮ひずみ応力を加える方法では，井戸層厚は動作波長に対して一義的に決まってしまい，必ずしもレーザーとして適切な層厚とはならないのに対し，ひずみ補償量子井戸構造では自由度が増えるため，動作波長と井戸層厚をある程度自由に選択できる[64]．

d. 量子細線・量子箱レーザー

半導体レーザーでは，発振に関与する二つの準位のみに有効にキャリヤーを注入することが究極的な低しきい値・高効率動作につながるため[58,63]，1980 年代後半から量子細線・量子箱構造レーザーの諸特性の理論解析，およびこれらを実現するための作製法の研究が行われている．一例として，図 3.2.12 に，GaInAs/InP 長波長材料系によるバルク結晶・量子薄膜・量子細線・量子箱構造における光利得と線幅増大係数の波長依存性を示す[5]．量子閉じ込めの多次元化に伴い利得スペクトルが尖鋭化し，利得ピーク波長での線幅増大係数が低減する．ピーク光利得は，量子薄膜から量子閉じ込め次元を増やすごとに約 3 倍となっており，周囲の障壁層を考慮したモード光利得 (ξg) が次元を増やしても一定値を保てるような密度で量子細線・量子箱構造を実現できれば，しきい値キャリヤー密度は一定のまま，活性媒質の体積に比例するようにしきい値電流が低減する[65]．

また，活性媒質はクラッド層よりもキャリヤー密度が高く，自由電子キャリヤー吸収や価電子帯内吸収の影響を受けやすいため，活性媒質の体積を小さくすることが高効率動作に有効である．さらに，ひずみ量子井戸構造の特徴である二軸性ひずみを維持した状態で量子細線・量子箱構造を実現できれば，さらに高性能な特性が期待できる[66,67]．図 3.2.12 の利得スペクトルは単一の量子細線・量子箱のものであり，半導体レーザー応用上は，非常に多くのエレメントが必要になる．利得ピーク波長のサイズ依存性は利得スペクトルが尖鋭であるほど大きく，サイズ分布の標準偏差が 20% 程度になると，量子閉じ込め効果によるレーザー特性改善の可能性が消失する．このた

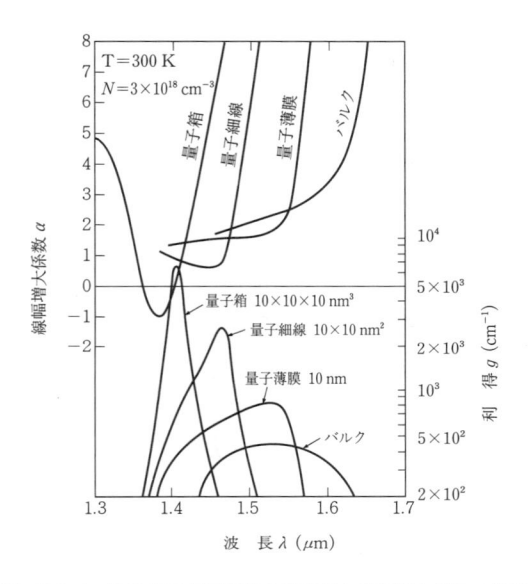

図 3.2.12 GaInAs/InP 量子井戸構造の光利得と線幅増大係数の波長依存性[5]

め，10 nm 程度の極微構造を精度 1～2 nm で実現することが，高性能な量子細線・量子箱レーザーには必須である[68]．これまで，種々の極微構造形成法を用いて作製されたレーザーが報告されているが，それらについては 2.1 節および 5.3 節を参照していただきたい．

e. サブバンド間遷移レーザー

これまでの半導体レーザーが伝導帯電子と価電子帯正孔間の遷移を利用していたのに対し，原理の全く異なる半導体レーザーの発振動作が 1994 年に AT&T Bell 研究所の Faist と Cappasso から報告された[69]．これは，図 3.2.13(a) に示すように，多数の超格子の厚さを制御することにより伝導帯内の二つのサブバンドに共鳴トンネルを用いて電子を注入し，サブバンド間での発光遷移を起こさせるものであり[70]，量子カスケード (quantum cascade) レーザーと呼ばれる．量子カスケードレーザーでは E-k 曲線が似た曲率をもち，k が異なっても遷移光エネルギー $h\nu$ はあまり変化しないため，k が異なる多数の電子がサブバンド間エネルギーに相当する波長での発光遷移に寄与する．

従来，長波長半導体材料では自由キャリヤー吸収や価電子帯間吸収が問題となり，室温動作する半導体レーザーは 2.5 μm 波長付近までが限界と考えられていたが，量子カスケードレーザーでは，3～11.5 μm の赤外領域で室温パルス (温度 320 K まで，

(a) 伝導帯エネルギーバンド構造

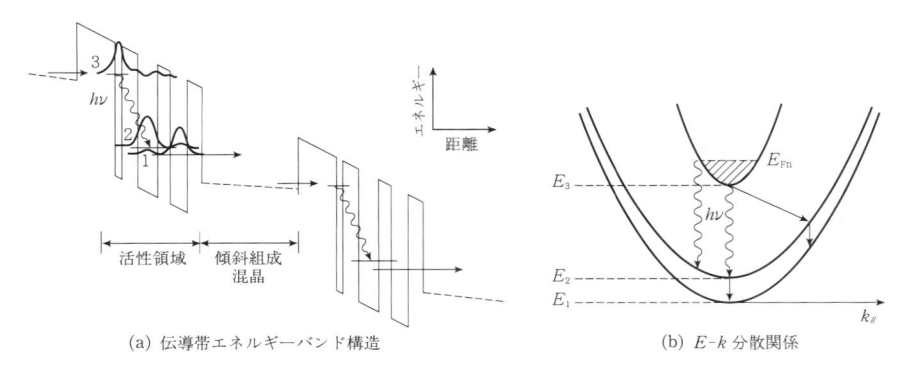

(b) E-k 分散関係

図 3.2.13 量子カスケードレーザーの動作の概略[69]

CW では 110 K まで) 動作が報告されている[71,72].

3.2.4 単一波長半導体レーザー

a. 動的単一モードレーザー

　半導体レーザーの光出力は注入電流に変調信号を重畳する直接変調方式で容易に数〜数十 GHz まで変調することができるが，高い変調周波数や深い変調度に対しては注入キャリヤー密度の変動が大きくなり，発振軸モードの跳びや多モード発振が生じ，光源の波長幅が数〜10 nm にもなる．低損失石英系光ファイバーは 1.55 μm 波長近傍での損失が約 0.2 dB/km であり，100 km 程度までは無中継伝送が可能であるが，当初の光ファイバーではこの波長帯での屈折率分散 (群遅延広がり) が約 17 ps/km/nm 程度であり，光ファイバーの伝送帯域 B は変調時の光源のスペクトル広がりで制限されていた．共振器長が数百 μm 以上のファブリー-ペロー共振器構造半導体レーザーでは，直流動作時には単一軸モード動作可能でも，GHz 程度の高速変調時には多モード発振してしまう．また，そのスペクトル広がりは約 10 nm にもおよび，光ファイバー伝搬中の光パルス幅広がりによる出射端での S/N 比の劣化が生じるため，Gbit/s 以上の高速変調時でも単一軸モード発振可能な半導体レーザーが求められていた．これらの要求に応える半導体レーザーの総称として動的単一モード (dynamic-single-mode, DSM) レーザーあるいは単一軸モード (single-longitudinal-mode, SLM) レーザーという呼称が生まれた[73]．図 3.2.14 に示すように，動的単一モードレーザーは共振状周波数近傍の高速直接変調時にも単一波長動作しており，その発振スペクトル幅は多モード発振してしまうファブリー-ペロー共振器レーザーに比べると 1/30〜1/40 となり，100 km の距離でも数 Gbit/s の広帯域伝送が可能となる．

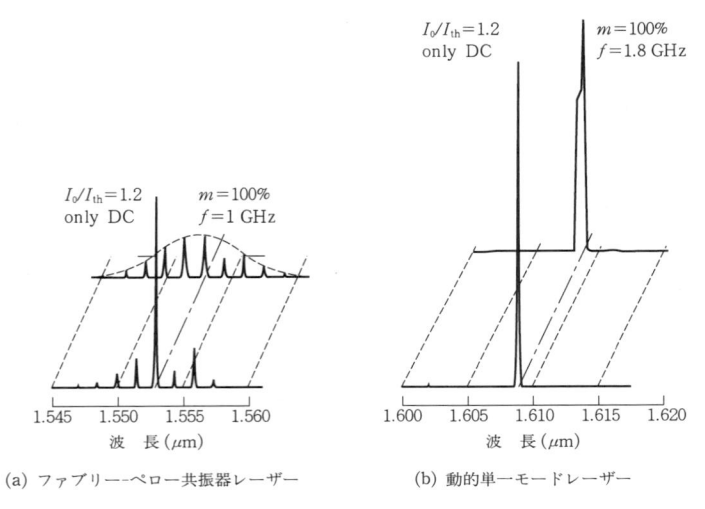

図 3.2.14 半導体レーザーの直接変調時の発振スペクトルの例[73]

(a) ファブリー-ペロー共振器レーザー
(b) 動的単一モードレーザー

　動的単一モードレーザーの厳密な定義はないが，強い波長選択性を有する共振器構造から構成され，注入電流の大きな変化やGHz以上の高速変調時でもある特定の一つの軸モードが発振する半導体レーザーを意味する．半導体媒質の光利得スペクトル幅よりも狭い波長選択性を有する回折格子反射器を用いるレーザーとして，分布ブラッグ反射器 (distributed-Bragg-reflector, DBR) レーザー，分布帰還型 (distributed-feedback, DFB) レーザー，分布反射器 (distributed-reflector, DR) レーザー，結合共振器 (coupled-cavity, CC) レーザーなどがある．また，後述する面発光レーザーのように，光利得スペクトル幅よりも十分広い共振軸モード間隔を有する短共振器レーザーがある．

　半導体レーザーの動的単一モード動作条件は，異なる共振器損失を有する複数の共振軸モードを扱った多モードレート方程式を用いて理論解析されている[74]．簡単のため，発振軸モードおよび非発振共振軸モードが一つずつあり，それぞれに対して反射率などの損失が異なる場合，それらの光子寿命時間を τ_{p0} および τ_{p1}，モード損失を α_0 および α_1 とすると，導波路の等価屈折率 n_{eq} および真空中の光速 c を用いてモード間損失差 $\Delta\alpha_m$ は次式で表せる．

$$\Delta\alpha_m = \alpha_1 - \alpha_0 = (n_{eq}/c)(1/\tau_{p1} - 1/\tau_{p0}) \tag{3.2.29}$$

発振軸モードに対するレーザー光強度 P_0 は，光子密度 S_0 を τ_{p0} 規格化した値に相当するので，直流動作時の発振軸モードと非発振モードの光強度比は近似的に，

$$P_0/P_1 = \eta_d/(\xi C')(\Delta\alpha_m/\alpha_1)(I/I_{th} - 1) \tag{3.2.30}$$

と表される．この光強度比は動的単一モードレーザーの波長選択性の強さの指標を与

えるものであり，副モード抑圧比(sub-mode suppression ratio, SMSR)と呼ばれる[75]。C' は自然放出光係数であり，共振器サイズ依存性があるが，共振器長数百 μm のレーザーでは通常 $10^{-4} \sim 10^{-5}$ である。しきい値の1.2倍程度のバイアス電流でも，$\Delta \alpha_m / \alpha_1 = 0.1 \sim 0.2$ 程度あれば30～40 dB以上が得られており，バイアス電流を高めることにより50 dBを越える値が実現されている。また，軸モードに対する共振器損失は一定で，利得が異なる場合には，モード間利得差 $\Delta g_m(=g_0-g_1)$ および発振しきい利得 g_{th} を用いて SMSR は次式で表される。

$$P_0/P_1 = 1/(\xi C')(\Delta g_m/g_{th})(I/I_{th}-1) \tag{3.2.31}$$

直流動作時には発振しきい値以上の注入電流に対してキャリヤー密度が固定され，光出力はしきい値以上で線形に増加するが，直接変調時にはキャリヤー密度が変調信号に応じて変化する。変調を加えたときのキャリヤー密度変動の振幅は，レート方程式より近似的に，

$$\Delta N_m = 1/(\xi g S_0)(dS_0/dt) \tag{3.2.32}$$

と表され，変調速度が速いほど，また，変調度が深いほど大きくなる。ただし，g は活性層中での利得係数であり，活性層の屈折率の虚部 n'' を用いて次式で与えられる。

$$g = -4\pi c/(\lambda n_{eq})(\partial n''/\partial N) \tag{3.2.33}$$

このキャリヤー密度変動によって非発振共振モードが発振しきい利得に達すると，多モード発振によるスペクトル広がりを生じるとともに，キャリヤー密度変動に起因する半導体中での屈折率変化が生じ，次式で与えられる発振波長変化 $\Delta\lambda$ が生じる[76]。この波長変化は動的波長変動(dynamic wavelength shift)あるいは波長チャーピング(wavelength chirping)と呼ばれている。

$$\Delta\lambda = \lambda/n_{eq}(\xi \Delta N_m \partial n'/\partial N) \tag{3.2.34}$$

ただし，n' は活性層の屈折率の実部であり，その微係数 $\partial n'/\partial N$ は自由キャリヤーのプラズマ振動およびバンド間遷移の異常分散によるものである。共振状周波数よりも低い周波数領域では，変調周波数および変調深さを高くするほどキャリヤー密度変動が大きくなり，それに応じて動的波長変動も大きくなる[76,77]。

式 (3.2.16) の Henry の線幅増大係数を用いると，式 (3.2.34) は次式のように表せることを Koch と Bowers は指摘した[78]。

$$\Delta\lambda = -\lambda^2/(4\pi c)(\alpha/S_0)(dS_0/dt) \tag{3.2.35}$$

この式は動的波長変動がレーザーの線幅増大係数と変調光の波形のみで決まることを示しており，光ファイバーの伝送帯域は入射光パルス波形と線幅増大係数が与えられれば求まることが示された[79]。パルス変調や高出力動作下での動的波長変動の解析には非線形利得も考慮に入れる必要がある[80]。また，吸収型光変調器を用いた場合の位相変調によるスペクトル広がりも同様に表されることが示された[81]。光ファイバー伝送の広帯域化のためには，線幅増大係数の絶対値を1以下にして波長チャーピングを低減することが必要であり，活性層を量子井戸構造やひずみ量子井戸構造とするこ

とが有効である．直接変調による DFB レーザーの波長チャーピングとして，10 Gbit/s 変調時に 0.5 nm（ピーク強度から 20 dB 下のレベルでのスペクトル幅）という低い値が報告されている[82]．

b. 回折格子を用いる動的単一モードレーザー

半導体レーザーの共振軸モード間に損失差を設ける方法として，回折格子反射器が一般的に用いられている．これは，光の伝搬方向 z に対して媒質の屈折率（あるいは利得）が周期的に変化している場合，その周期と屈折率の積に相当する波長が強く反射されるものであり[83,84]，屈折率結合型回折格子（あるいは利得結合型回折格子）と呼ぶ．

回折格子を用いる動的単一モードレーザーには，活性領域上に形成する分布帰還型 (DFB) レーザー，活性領域外の受動光導波路領域上に形成する分布反射器 (DBR) レーザー，その双方の機能を組み合わせた分布反射型 (DR) レーザーなどがある．DBR レーザーでは，活性領域にのみキャリヤー注入を行うため，活性領域と回折格子のある受動導波路領域の等価屈折率で定まる共振波長の温度依存性とブラッグ波長の温度依存性が異なり，50～60℃ ごとに発振軸モードが次の共振軸モードに跳ぶ現象が起こり，その近傍の温度では動的単一モード性が劣化するのに対し，DFB レーザーでは広い温度範囲で動的単一モード性が維持される[73]．

屈折率結合型回折格子を用いる DFB レーザーでは，端面からの反射が無視できる場合にはブラッグ波長での単一軸モード発振は起こらず，2 モード発振を生じやすい．これを避けるために，図 3.2.15 に示すような種々の構造が考案された．DFB レーザー共振器の片端面に位相調整のための適切な厚みの誘電体薄膜を付けた後，高反射多層膜を形成する方法，共振器中央部に $\lambda_B/4$ の位相シフトや位相調整領域を設

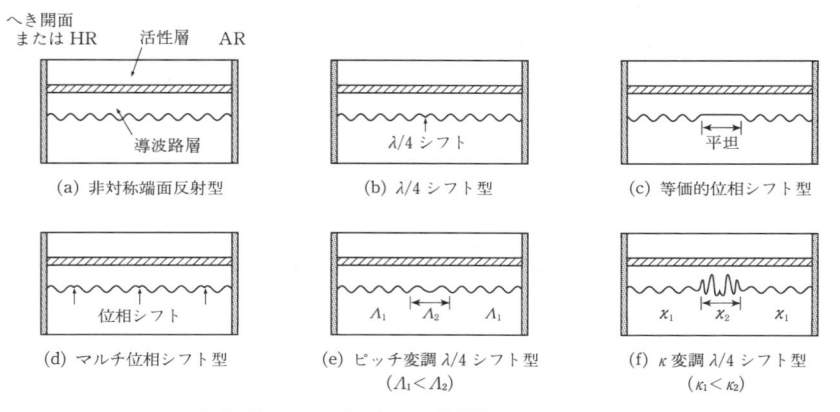

図 3.2.15　種々の分布帰還型 (DFB) レーザーの模式図

(a) 非対称端面反射型（へき開面または HR，活性層，AR，導波路層）
(b) $\lambda/4$ シフト型
(c) 等価的位相シフト型（平坦）
(d) マルチ位相シフト型（位相シフト）
(e) ピッチ変調 $\lambda/4$ シフト型（$\Lambda_1 < \Lambda_2$）
(f) κ 変調 $\lambda/4$ シフト型（$\kappa_1 < \kappa_2$）

ける方法などが報告されている[85~88]．一方，位相シフトおよび位相調整領域を設けると，その部分での光電界強度が高くなり，空間ホールバーニングが生じやすくなるため，光出力の線形性劣化，利得飽和による線幅増大係数増大などの問題が生じる[89]．コヒーレント通信用光源に要求される狭線幅の単一波長レーザーを実現するために，位相シフトおよび位相調整領域を複数設ける方法[90,91]，回折格子周期あるいは結合係数を変調させる方法[92]などが報告されている．共振器長を長く（1.2 mm）したMQW-DFBレーザーで発振線幅56 kHz，ひずみ量子井戸によるMQW-DFBレーザーで発振線幅3.6 kHzが報告されている[93]．

　一方，回折格子を導波路の屈折率周期構造ではなく，利得の周期構造で形成したDFBレーザーは利得結合型DFB (gain-coupled, GC-DFB) レーザーと呼ばれており，屈折率結合型DFB (index-coupled, IC-DFB) レーザーとは異なり，原理的に位相シフト領域がなくてもブラッグ波長での単一軸モード動作が可能であり，1989年に良好な単一軸モード特性および反射光雑音特性にすぐれる結果が報告された[94]．この素子は利得を生じる一様な活性層上にレーザー光に対する吸収性の層を周期的に設けた構造であり（吸収性回折格子），屈折率も周期構造を有しているという意味では複素結合型DFB (complex-coupled, CC-DFB) レーザーとも考えられる[95]．回折格子の結合係数を複素数（$\kappa = \kappa_l + j\kappa_g$）として結合波理論を適用した解析では，利得結合係数κ_gと屈折率結合係数κ_lをほぼ同等の大きさになるように，なおかつ，利得の高い部分で屈折率を低くする逆相配置にした場合に，純粋な利得結合型DFBレーザーの約半分の線幅増大係数（倍以上の実効的微分利得）が得られること[96]，および変調応答周波数の増大が理論的に示されるとともに[97]，実際のデバイスによる性能比較が報告されている[98]．

　DRレーザーは，基本的にはDFBレーザーと同じ動作原理を用いているが，受動導波路領域に形成したDBRにより光出力を片方の端面に集中させることを特徴とするものである[99]．DBR回折格子深さをDFB領域のそれより深くする非対称深さの回折格子構造によって，全出力の90%以上を前方端面から出力できることが示された．また，DBR領域のブラッグ波長をDFB領域のそれからわずかにデチューニングさせることによって，実効線幅増大係数α_{eff}を活性媒質の線幅増大係数の約半分に低減できることが理論的に示され，直接変調時の波長チャーピングおよび発振線幅がDFBレーザーよりも大幅に低減されることが実験的に確かめられた[100]．

c. 波長可変半導体レーザー

　動的単一モードレーザーの実現によって，コヒーレント光通信や波長多重通信などへの応用を目的とした波長可変半導体レーザー光源が1983年以降精力的に研究されてきた．図3.2.16には種々の波長可変半導体レーザーの構造模式図を示す．ファブリーペロー共振器レーザーをへき開によって二つの結合共振器構造としたC^3レー

3.2 半導体レーザー

(a) 位相調整型 DBR レーザー

(b) ブラッグ波長制御型 DBR レーザー

(c) 位相調整領域付 DBR レーザー

(d) C^3 レーザー

(e) 多領域型 DFB レーザー

(f) TTG-DFB レーザー

(g) SSG-DBR レーザー

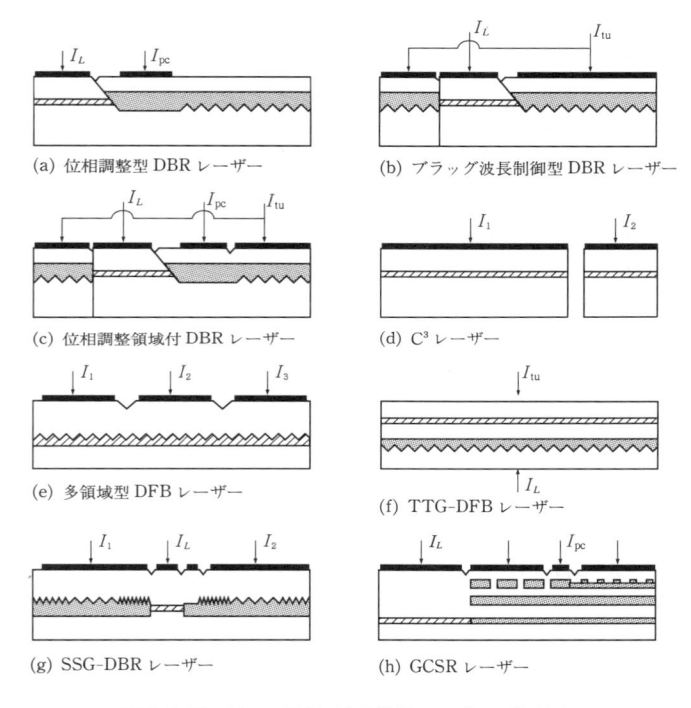

(h) GCSR レーザー

図 3.2.16　種々の波長可変半導体レーザーの模式図

ザー (cleaved-coupled-cavity laser) は，二つの領域への注入電流を同時に変えることによって結合共振器間の位相条件を変え，結合共振モードのうちの一つの軸モードを選択して発振させるものであり，二つの領域の注入電流を非対称にすることにより，発振波長も大きく変化できるが，一方，連続的に掃引可能な波長範囲は狭い[101,102]．これに対して，DBR レーザーの活性領域と DBR 領域の間に位相制御領域を形成し，それにキャリヤー注入による屈折率の低減を利用した波長可変 DBR レーザーが報告され[103]，DBR 領域にキャリヤー注入を行う構造では共振軸モード間隔に相当する連続波長掃引および周囲温度変動 (40 ℃ 以上) に対する一定波長動作が実現された[104]．さらに位相制御領域と DBR 領域の両方にキャリヤー注入を行う DBR レーザー構造で，完全連続波長掃引ではないが，5.8 nm の波長域を準連続的に掃引可能なレーザーが実現された[105]．一方，DFB レーザーを複数の領域に分けて独立電極を形成したレーザーで広範な連続波長可変動作が報告された[106]．その後，連続波長掃引範囲の拡大を目的として，DFB レーザーの活性層近傍に屈折率制御層を積層した二重導波路 (TG, twin guide[107] および CTAG[108]) DFB レーザーが考案され，10

nm 以上の連続波長掃引動作が実現された[109]. 回折格子を用いるこれらのレーザーは，キャリヤー注入による屈折率変化（自由電子プラズマ振動および媒質の異常分散の効果）をブラッグ波長に反映させるものであり，注入キャリヤー密度 $10^{18}\mathrm{cm}^{-3}$ 当たり $-0.2 \sim -0.3\%$ の屈折率変化が可能である．

一方，連続波長掃引よりもむしろ波長可変範囲の広い動作を目的として，キャリヤー注入による利得ピーク波長の変化に回折格子のブラッグ波長を整合させる方法がとられた．周期の異なる複数の比較的短い回折格子領域を多数並べた SSG (super-structure-grating)-DBR レーザーや SG (sampled-grating)-DBR レーザーが考案され[110,111], 100 nm を越える波長可変範囲が実現されている[112]（波長可変半導体レーザーについては p. 472 の文献[5]に詳述されている）.

d. 集積半導体レーザーとその特性

上述の動的単一モードレーザーおよび波長可変半導体レーザーは，活性導波路領域と回折格子のモノリシック集積したものであり，一種の集積半導体レーザーである．このほかにも，さらに高い性能や新しい機能を有する光通信用光源を目的として，電界吸収光変調器集積レーザー，波長多重 (WDM, wavelength division multiplexing) 用多波長レーザーアレイ，スポットサイズ変換器集積レーザーなどが実現されている．

動的単一モードレーザーは，数 GHz 程度の高速変調条件では比較的良好な特性を示すデバイスを比較的簡単に実現できたが，さらに変調速度を高速化する場合には，変調応答周波数の増大，動的単一モード性 (SMSR) の確保，波長チャーピングの低減を一つのデバイス中で実現する必要があり，その設計や実現は簡単ではない．一方，半導体への電界印加による吸収係数増加を用いる電界吸収光変調器 (EAM, electro-absorption modulator) では，電界印加時の屈折率の実部と虚部の変化比の絶対値が1以下となる波長域が比較的広く，また，デバイス面積の小型化によって 40 GHz 程度まで高速化できる[113]. この電界吸収光変調器を集積した DFB レーザーは，単体の動的単一モードレーザーを越える広帯域光ファイバー通信用光源として1980年代後半から盛んに研究されてきた．しかし，EAM とレーザーの活性領域の集積のため，その製造プロセスは大変複雑であった．近年，SiO_2 膜で成長基板を部分的に覆い，その SiO_2 マスクの幅を変えることにより成長結晶の組成を制御する方法（選択領域成長法：SAG, selective area growth）が開発され，EAM 領域とレーザー領域を1回の結晶成長プロセスで BH 構造に形成することが可能となった．この方法により，異種光デバイスのモノリシック集積が比較的簡単に行えるようになり，信頼性・量産性にすぐれた広帯域光ファイバー通信用レーザー光源が得られるようになった[114,115]. 波長多重通信への応用を目的として，発振波長の異なる複数の動的単一モードレーザーを集積したデバイスは古くから報告されていたが，最近では電子

ビーム直接描画法とSAG法を併用することにより，それぞれのブラッグ波長と利得ピーク波長が一致するように40波長のDFBレーザーとEAMをモノリシック集積した多波長レーザーアレイ素子が実現されている[116].

一方，1.3 μm波長帯の通信用レーザーの低コスト化を目的として，単一モード光ファイバーとの結合のためのレンズの代わりとなるスポットサイズ変換器を集積したレーザーの開発が精力的に行われてきた．低損失な出力用光導波路のコア厚さを徐々に薄くする方法[117,118]，次に導波路厚さと導波路幅をテーパー状に変化させてスポットサイズを拡大したレーザーが種々の方法で実現されている[119,120]．このレーザーではスポットサイズが従来レーザーの倍程度となり，単一モード光ファイバーとの結合効率が1 dB劣化する軸ずれ許容量は約2倍（±2 μm）となっている[120].

3.2.5 面発光半導体レーザー

a. 面発光レーザー

基板結晶上に活性層を含むレーザー共振器構造を積層し，基板面に垂直な方向に光を出力する（垂直共振器）面発光レーザー（SEL, surface emitting laser あるいは VCSEL, vertical cavity SEL）が，並列インターコネクトや光ネットワークへの応用の点で近年脚光を浴びている．図3.2.17に示すように，面発光レーザーは半導体多層膜反射鏡を有する共振器を1回のエピタキシャル成長により形成できるため，多数のレーザー素子を2次元アレイ状に製造できる特徴を有している．東京工業大学の伊

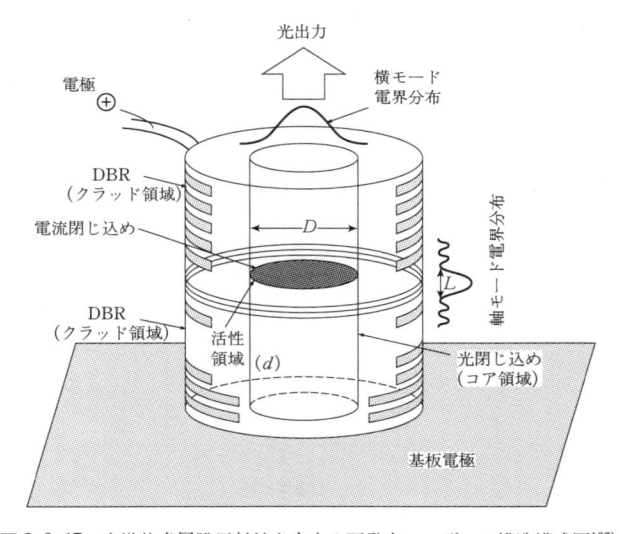

図3.2.17 半導体多層膜反射鏡を有する面発光レーザーの構造模式図[127]

賀が1977年に提案し[121]，1979年に液体窒素温度でのパルス発振動作が報告された[122]．低損失の誘電体多層膜反射鏡および半導体多層膜反射鏡の実現によってしきい値電流の低減化が進み[123,124]，1988年に室温連続動作が達成されたのを契機として[125]，世界中で活発な研究開発が行われるようになった．1 mA以下のしきい値電流で動作するマイクロ共振器レーザーとしても注目されている[126]．ここでは，面発光レーザーの基本構造と動作特性，および面発光レーザーを用いる光集積デバイスを紹介する[127]．

b. 基本的動作特性

半導体レーザーのしきい値電流は式(3.2.6)に示すように活性層体積 V_a およびしきいキャリヤー密度の2乗 N_{th}^2 に比例するため，低電流動作化のためには，しきいキャリヤー密度を低い値に保ちながら活性層体積を低減することが重要となる．このため，活性領域長が非常に短い面発光レーザーでは反射鏡損失をいかに低減できるかが低電流・高効率動作化の鍵となる．図3.2.18はAlGaAs/GaAs系面発光レーザーのしきい電流の活性領域径依存性であり，反射鏡の反射率によって到達可能しきい電流が決まることを示している[128]．TiO_2/SiO_2 誘電体多層膜反射鏡で95%[123]，15周

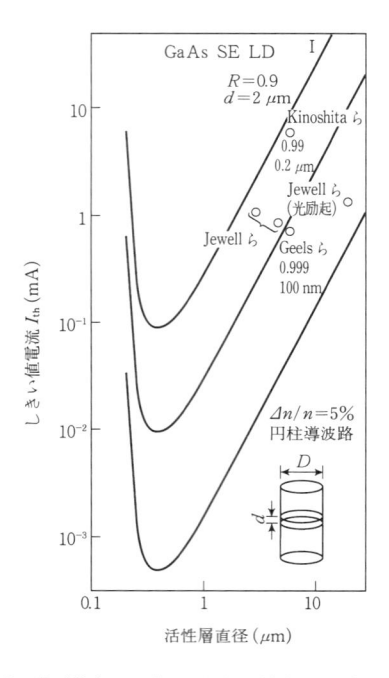

図3.2.18 GaAs系面発光レーザーのしきい電流の活性領域径依存性[128]

期の $Al_{0.1}Ga_{0.9}As/AlAs$ 多層膜反射鏡で 97% の値が達成された後[124]，周期数の増大などにより 99% 以上の反射率を有する反射鏡が実現されるようになった．

低電流動作を達成するうえでは，光閉じ込めとキャリヤー閉じ込めを同時に行える電流狭搾構造が不可欠である．近年，半導体多層膜反射鏡を GaAs/AlAs で構成し，air-post (メサ) 構造にエッチングしたあとに高温の水蒸気雰囲気中で AlAs 層を選択的に酸化する方法を用いた電流狭搾構造が注目されている[129]．AlAs 層が選択的に酸化されて絶縁体的な Al_xO_y 層に変化すると，その屈折率も大きく低減するため，垂直方向に光・キャリヤー閉じ込め構造ができあがる．この Al_xO_y 層表面における表面再結合速度は非常に小さく，また，酸化の均一性も高いため界面における光の散乱も低いことが実際に試作された面発光レーザーの極低電流動作特性から推察される．この方法は，GaAs 基板上の AlGaAs/GaAs 系面発光レーザー (波長 820〜860 nm) および GaInAs/GaAs 系圧縮ひずみ面発光レーザー (波長 980〜860 nm) に用いられており，近年では，ひずみ量子井戸構造導入と小口径化による活性層体積の低減化 (マイクロ共振器化) および強い電流狭搾構造の実現によって，数十 μA (最低値 8.5 μA) の極低しきい電流動作[130,131]，ならびに高い電力-光変換効率 (980 nm 波長帯で 50%[132]，850 nm 波長帯で 57%[133]) が達成されている．また，短共振器化による大きな軸モード間損失差 ($100\ cm^{-1}$ 程度) により，10 Gbit/s 以上の高速直接変調時の動的単一モード動作も達成されている[134]．

面発光レーザーは，活性層体積の低減による低電流動作を比較的大きなビーム系で実現できるため，ビーム放射角が通常のストライプ半導体レーザーに比べて非常に狭い素子が容易に形成できる．この特徴は光ファイバー結合の点で有利になるだけでなく，光ディスクシステムの光ピックアップの超小型・軽量化にも有利であり，DVD システム応用を目的とした 630〜670 nm 波長帯 GaInAlP/GaAs 系面発光レーザーも報告されている[135]．

一方，公衆光ファイバー通信網への応用を目的として，1.3〜1.55 μm 波長帯の面発光レーザーの研究も精力的に行われてきているが，上述の GaAs 基板上の AlGaAs や GaInAs 材料に比べると，GaInAsP/InP 材料系特有の強い温度依存性などの問題が多く，通常のストライプ構造レーザーを超える性能は達成されていない．1.3 μm 波長帯では，MgO/Si による反射鏡の放熱特性改善により室温連続動作が[136]，小口径化により 36 ℃ までの連続動作が達成された[137]．近年，GaAs 基板上にエピタキシャル成長した GaAs/AlAs 反射鏡構造の上に，活性層を含む GaInAsP/InP ウェーハーを熱的に融着する方法 (ダイレクトボンディング) により，1.55 μm 波長帯での低しきい値電流 (0.8 mA) 動作[138]，および 71 ℃ までの連続動作が達成された[139]．

c. 面発光レーザーを基本とする集積光デバイス

超並列光情報伝送を目的として2次元配列面発光レーザーアレイが試作されており，4 mm 角のウェーハー内に形成された 32×32 マトリックス (1024 個) の面発光レーザーアレイのパルス動作[140]，および 8×8 レーザーアレイの室温連続動作が比較的早期に報告されている[141]．波長多重通信システムへの応用を目的として，面発光レーザーの共振器中央部 (半導体多層膜反射鏡にはさまれた部分) の厚さをウェーハー面内で変化させることにより，7×20 多波長レーザーアレイが報告されており，波長 940～983 nm の範囲で約 0.3 nm ごとに 140 個の素子が集積されている[142]．また，高出力化を目的として大口径化や2次元アレイ化が行われている．200 μm 径の素子で 350 mW[143]，アレイ化素子で 650 mW の CW 出力が達成されている．

波長可変機能をもたせた面発光レーザーも報告されている．キャリヤー注入に伴う光吸収係数の増大は面発光レーザーのしきい値利得条件を大きく変化させてしまうため，共振器外部に設けた外部反射鏡の位置を機械的に制御する方法を用いて，1.5 μm 帯 GaInAsP/InP 面発光レーザーで 4 nm の連続波長可変動作が報告されている[144]．また，活性層上部側の半導体多層膜反射鏡と外部反射鏡部の間に電圧を印加し，静電引力によって反射鏡位置を変化させる方法が報告されており，印加電圧 5.7 V で 15 nm の波長可変動作が実現されている[145]．以上のほかにも，面発光レーザー共振器の中に pnp 接合を形成し，サイリスタ作用を有する VSTEP (vertical to surface transmission electro-photonic device) と呼ばれる光スイッチング素子なども報告されている[146]．

面発光レーザーでは，偏波方向はレーザー形状の不均一や結晶内ひずみなどによってかなりランダムに分布したり，バイアス電流変化や変調時に異なる偏波モード間でのスイッチングが生じる．偏波依存性のある受動素子や光導波路への安定な光結合を行ううえでは偏波の安定化が重要であり，面発光レーザーのメサ形状を非対称形状にする，反射鏡内に偏波依存構造を導入する，活性媒質を量子細線化するなどの方法が試行されてきた．近年，高次の面方位基板の上に量子井戸構造を成長することにより，光利得の異方性を利用して偏波を安定化することが提案され[145]，MBE 法では (311)A 基板[146]，OMVPE 法では (311)B 基板を用いることによって高い偏波安定性と低電流動作が実現されるようになった[147,148]．

紙幅の都合上，十分には説明できなかったが，半導体レーザー全般について3冊，ひずみ量子井戸のバンド構造解析と光学特性について1冊，波長可変半導体レーザーについて1冊を参考図書としてあげたので，さらに深いところまで学ぶ向きにはそちらを参照していただきたい．

[荒井滋久]

引 用 文 献

1) M. Asada and Y. Suematsu : *IEEE J. Quantum Electron.*, **QE-21**-5 (1985) 434-442.
2) I. Hayashi et al. : *Appl. Phys. Lett.*, **17**-3 (1970) 109-111.
3) N. Holonyak Jr. et al. : *IEEE J. Quantum Electron.*, **QE-16**-1 (1980) 170-186.
4) C. H. Henry : *IEEE J. Quantum Electron.*, **QE-18**-2 (1982) 259-264.
5) M. Asada : *Trans. of IECEJ*, **E68**-8 (1988) 518-520 ; Y. Miyake and M. Asada : *Japan. J. Appl. Phys.*, **28**-7 (1989) 1280-1281.
6) T. Ikegami and Y. Suematsu : *Proc. IEEE (Letter)*, **55**-1 (1967).
7) K. Y. Lau and A. Yariv : *IEEE J. Quantum Electron.*, **QE-21**-1 (1985) 121-138.
8) T. Ikegami and Y. Suematsu : *IEEE J. Quantum Electron.*, **QE-4**-4 (1968) 148-151.
9) K. Furuya et al. : *Appl. Opt.*, **12**-12 (1978) 1949-1952.
10) C. B. Su and V. A. Lanzisera : *IEEE J. Quantum Electron.*, **QE-22**-9 (1986) 1568-1578.
11) R. Olshansky et al. : *IEEE J. Quantum Electron.*, **QE-23**-9 (1987) 1410-1418.
12) Y. Arakawa and A. Yariv : *IEEE J. Quantum Electron.*, **QE-21**-10 (1985) 1666-1674.
13) K. Uomi : *Japan. J. Appl. Phys.*, **29**-1 (1990) 81-87.
14) K. Uomi : *Japan. J. Appl. Phys.*, **29**-1 (1990) 88-94.
15) K. Iga : *Trans. IEICE Japan*, **E68**-7 (1985) 417-420.
16) R. L. Moon et al. : *J. Electron. Mater.*, **3**-3 (1974) 635-644.
17) R. E. Nahory et al. : *Appl. Phys. Lett.*, **33**-7 (1978) 659-661.
18) A. Sasaki et al. : *Japan. J. Appl. Phys.*, **19**-9 (1980) 1695-1702.
19) 永井治男他 : III-V族半導体混晶, コロナ社, 1985.
20) H. Jeon et al. : *Appl. Phys. Lett.*, **59**-27 (1991) 3619-3621.
21) H. Okuyama et al. : *J. Cryst. Growth*, **117** (1992) 139-143.
22) N. Nakayama et al. : *Electron. Lett.*, **29**-16 (1993) 1488-1489.
23) 岸野克巳, 伊賀健一編著 : 半導体レーザ, 第2章, オーム社, 1994.
24) S. Seki et al. : *IEEE J. Quantum Electron.*, **32**-8 (1996) 1478-1486.
25) T. Higashi et al. : *IEEE J. Sel. Topics in Quantum Electron.*, **3**-2 (1997) 513-521.
26) C. E. Zah et al. : *IEEE J. Quantum Electron.*, **30**-2 (1994) 511-523.
27) M. Kondow et al. : *Japan. J. Appl. Phys.*, **35**-2B (1996) 1273-1275.
28) T. Kitatani et al. : *IEEE J. Sel. Topics in Quantum Electron.*, **3**-2 (1997) 206-209.
29) H. Ishikawa and I. Suemune : *IEEE Photon. Technol. Lett.*, **6**-3 (1994) 344-347.
30) K. Otsubo et al. : *Electron. Lett.*, **33**-21 (1997) 1795-1797.
31) M. A. Afromowitz : *Solid State Commun.*, **15**-1 (1974) 59-63.
32) K. Utaka et al. : *Japan. J. Appl. Phys.*, **19**-2 (1980) L137-L140.
33) Y. Kaneko and K. Kishino : *J. Appl. Phys.*, **76**-3 (1994) 1809-1818.
34) M. Ukita et al. : *Appl. Phys. Lett.*, **63**-15 (1993) 2082-2084.
35) J. P. Van der Ziel et al. : *Appl. Phys. Lett.*, **26**-8 (1975) 463-465.
36) N. Holonyak Jr. et al. : *IEEE J. Quantum Electron.*, **QE-16**-2 (1980) 170-186.
37) W. T. Tsang : *Appl. Phys. Lett.*, **39**-10 (1981) 786-788.
38) W. T. Tsang : *Appl. Phys. Lett.*, **40**-3 (1982) 217-219.
39) Y. Arakawa and A. Yariv : *IEEE J. Quantum Electron.*, **QE-22**-9 (1986) 1887-1899.
40) K. Y. Lau et al. : *Appl. Phys. Lett.*, **52**-2 (1988) 88-90.
41) Y. Arakawa and H. Sakaki : *Appl. Phys. Lett.*, **40**-11 (1982) 939-941.
42) M. Asada et al. : *IEEE J. Quantum Electron.*, **QE-20**-7 (1984) 745-753.
43) M. Yamada et al. : *Appl. Phys. Lett.*, **45**-4 (1984) 324-325.
44) M. Asada et al. : *IEEE J. Quantum Electron.*, **QE-22**-9 (1986) 1915-1921.

45) T. Hayakawa *et al.* : *J. Appl. Phys.*, **64**-1 (1988) 297-302.
46) T. Ohtoshi *et al.* : *Appl. Phys. Lett.*, **65**-15 (1994) 1886-1887.
47) A. R. Adams : *Electron. Lett.*, **22**-5 (1986) 249-250.
48) E. Yablonobitch and E. O. Kane : *J. Lightwave Technol.*, **LT**-4-5 (1986) 504-506.
49) E. Yablonobitch and E. O. Kane : *J. Lightwave Technol.*, **6**-8 (1988) 1292-1299.
50) I. Suemune *et al.* : *Appl. Phys. Lett.*, **53**-15 (1988) 1378-1380.
51) T. Ohtoshi and N. Chinone : *IEEE Photonics Technol. Lett.*, **1**-6 (1989) 117-119.
52) P. J. A. Thijs *et al.* : *IEEE Quantum Electron.*, **27**-6 (1991) 1426-1439 ; P. J. A. Thijs : *IEEE Int'l Semicon. Laser Conf., Takamatsu (Japan)*, **A**-1 (1992) 2-5.
53) Special Issue on Semiconductor Lasers : *IEEE Quantum Electron.*, **27**-6 (1991).
54) Special Issue on Semiconductor Lasers : *IEEE Quantum Electron.*, **29**-6 (1993).
55) M. Yamada and Y. Suematsu : *J. Appl. Phys.*, **52**-4 (1981) 2653-2664.
56) M. Mittelstein *et al.* : *Appl. Phys. Lett.*, **49**-25 (1986) 1689-1691.
57) R. People and J. C. Bean : *Appl. Phys. Lett.*, **47**-3 (1985) 322-324.
58) T. J. Andersson *et al.* : *Appl. Phys. Lett.*, **51**-10 (1987) 752-754.
59) J. M. Luttinger and W. Kohn : *Phys. Rev.*, **97**-4 (1955) 869-883.
60) M. O. Manasreh : Strained-layer Quantum Wells and Their Applications, Gordon and Breach Science Pub., 1997.
61) D. Ahn and S. L. Chuang : *IEEE J. Quantum Electron.*, **24**-12 (1988) 2400-2405.
62) Y. D. Huang *et al.* : *IEEE Photon. Technol. Lett.*, **5**-2 (1993) 142-145.
63) C. E. Zah *et al.* : *Electron. Lett.*, **27**-16 (1991) 1414-1416.
64) Special Issue on Strained-Layer Optoelectronic Materials and Devices : *IEEE J. Quantum Electron.*, **30**-2 (1994) 348-630.
65) A. Yariv : *Appl. Phys. Lett.*, **53**-12 (1988) 1033-1035.
66) S. Ueno *et al.* : *Japan. J. Appl. Phys.*, **31**-2 (1992) 286-287.
67) T. Yamauchi *et al.* : *IEEE J. Quantum Electron.*, **29**-6 (1993) 2109-2116.
68) K. J. Vahala : *IEEE J. Quantum Electron.*, **24**-3 (1988) 523-530.
69) J. Faist *et al.* : *Science*, **264** (1994) 553-556.
70) R. F. Kazarinov and R. A. Suris : *Sov. Phys. Semiconductors*, **5**-4 (1971) 707-709.
71) J. Faist *et al.* : *IEEE J. Quantum Electron.*, **34**-2 (1998) 336-343.
72) J. Faist *et al.* : *IEEE Photo. Technol. Lett.*, **10**-8 (1998) 1100-1102.
73) Y. Suematsu *et al.* : *IEEE J. Lightwave Technol.*, **LT**-1-1 (1983) 161-176.
74) K. Iga and Y. Takahashi : *Trans. IEICE*, **E61**-9 (1978) 685-689.
75) Y. Tohmori *et al.* : *Trans. IEICE*, **E70**-5 (1987) 494-503.
76) K. Kishino *et al.* : *IEEE J. Quantum Electron.*, **QE**-18-3 (1982) 343-351.
77) F. Koyama *et al.* : *IEEE J. Quantum Electron.*, **QE**-19-6 (1983) 1042-1051.
78) T. L. Koch and J. E. Bowers : *Electron. Lett.*, **20**-25/26 (1984) 1038-1040.
79) F. Koyama and Y. Suematsu : *IEEE J. Quantum Electron.*, **QE**-21-4 (1985) 292-297.
80) T. L. Koch and R. A. Linke : *Appl. Phys. Lett.*, **48**-10 (1986) 613-615.
81) F. Koyama and K. Iga : *IEEE J. Lightwave Technol.*, **LT**-6-1 (1988) 87-93.
82) K. Uomi *et al.* : *IEEE Photon. Technol. Lett.*, **2**-4 (1990) 229-230.
83) H. Kogelnik and C. V. Shank : *J. Appl. Phys.*, **43**-5 (1972) 2327-2335.
84) W. Streifer *et al.* : *IEEE J. Quantum Electron.*, **QE**-11-11 (1975) 867-873.
85) K. Sekartedjo *et al.* : *Electron. Lett.*, **20**-2 (1984) 80-81.
86) K. Utaka *et al.* : *Electron. Lett.*, **20**-24 (1984) 1008-1010.
87) F. Koyama *et al.* : *Electron. Lett.*, **20**-10 (1984) 391-393.
88) K. Tada *et al.* : *Electron. Lett.*, **20**-2 (1984) 82-84.
89) H. Soda *et al.* : *IEEE J. Quantum Electron.*, **QE**-23-6 (1987) 804-814.

90) G. P. Agrawal *et al.* : *Appl. Phys. Lett.*, **53**-3 (1988) 178-179.
91) T. Kimura and A. Sugimura : *IEEE J. Quantum Electron.*, **25**-4 (1989) 678-683.
92) M. Okai *et al.* : *IEEE J. Quantum Electron.*, **27**-6 (1991) 1767-1772.
93) M. Okai *et al.* : *Electron. Lett.*, **29**-19 (1993) 1696-1697.
94) Y. Nakano *et al.* : *Appl. Phys. Lett.*, **55**-16 (1989) 1606-1608.
95) E. Kapon *et al.* : *IEEE J. Quantum Electron.*, **QE-18**-1 (1982) 66-71.
96) K. Kudo *et al.* : *IEEE Photon. Technol. Lett.*, **4**-6 (1992) 531-534.
97) L. M. Zhang and J. E. Carroll : *IEEE Photon. Technol. Lett.*, **5**-5 (1993) 506-508.
98) A. J. Lowery and D. Novak : *IEEE J. Quantum Electron.*, **30**-9 (1994) 2051-2063.
99) K. Komori *et al.* : *Trans. IEICE*, **E71**-3 (1988) 318-320.
100) J. I. Shim *et al.* : *IEEE J. Quantum Electron.*, **27**-6 (1991) 1736-1745.
101) W. Tsang *et al.* : *Appl. Phys. Lett.*, **42**-8 (1983) 650-651.
102) L. A. Coldren and T. L. Koch : *IEEE J. Quantum Electron.*, **QE-20**-6 (1984) 659-670.
103) Y. Tohmori *et al.* : *Electron. Lett.*, **19**-17 (1983) 656-657.
104) Y. Tohmori *et al.* : *Electron. Lett.*, **22**-3 (1986) 138-140.
105) S. Murata *et al.* : *Electron. Lett.*, **23**-8 (1987) 403-405.
106) Y. Yoshikuni *et al.* : *Electron. Lett.*, **22**-22 (1986) 1153-1154.
107) S. Illek *et al* : *Electron. Lett.*, **26**-1 (1990) 46-47.
108) E. Yamamoto *et al.* : *Japan. J. Appl. Phys.*, **30**-11A (1991) L1884-L1886.
109) T. Wolf *et al.* : *Electron. Lett.*, **29**-24 (1993) 2124-2125.
110) Y. Tohmori *et al.* : *IEEE J. Quantum Electron.*, **29**-6 (1993) 1817-1823.
111) V. Jayaraman *et al.* : *IEEE J. Quantum Electron.*, **29**-6 (1993) 1824-1834.
112) P. -J. Rigole *et al.* : *IEEE Photon. Technol. Lett.*, **7**-7 (1995) 697-699.
113) H. Takeuchi *et al.* : *IEEE J. Sel. Top. in Quantum Electron.*, **3**-2 (1997) 336-343.
114) T. Sasaki *et al.* : *J. Cryst. Growth*, **132**-3/4 (1993) 435-443.
115) M. Aoki *et al.* : *IEEE J. Quantum Electron.*, **29**-6 (1993) 2088-2096.
116) K. Kudo *et al.* : *IEEE Photon. Technol. Lett.*, **10**-7 (1998) 929-931.
117) T. L. Koch *et al.* : *IEEE Photon. Technol. Lett.*, **2**-2 (1990) 88-90.
118) G. Müller *et al.* : *Electron. Lett.*, **27**-20 (1991) 1836-1838.
119) K. Kasaya *et al.* : *Electron. Lett.*, **29**-23 (1993) 2067-2068.
120) Y. Tohmori *et al.* : *Electron. Lett.*, **31**-13 (1995) 1069-1070.
121) K. Iga *et al.* : *IEEE J. Quantum Electron.*, **QE-24**-9 (1988) 1845-1855.
122) H. Soda *et al.* : *Japan. J. Appl. Phys.*, **18**-12 (1979) 2329-2330.
123) S. Kinoshita *et al.* : *Japan. J. Appl. Phys.*, **26**-3 (1987) 410-415.
124) T. Sakaguchi *et al.* : *Electron. Lett.*, **24**-15 (1988) 928-929.
125) F. Koyama *et al.* : *Trans. of IEICE*, **E71**-11 (1988) 1089-1090.
126) J. L. Jewell *et al.* : *Electron. Lett.*, **25**-17 (1989) 1123-1124.
127) 伊賀健一：電子情報通信学会論文誌, C-I, J81-C-I-9 (1989) 483-493.
128) T. Tamanuki *et al.* : *Japan. J. Appl. Phys.*, **30**-4A (1991) L593-L595.
129) D. L. Huffaker *et al.* : *Appl. Phys. Lett.*, **65**-1 (1994) 97-99.
130) Y. Hayashi *et al.* : *Electron. Lett.*, **31**-7 (1995) 560-562.
131) G. M. Yang *et al.* : *Electron. Lett.*, **31**-11 (1995) 886-888.
132) K. L. Lear *et al.* : *Electron. Lett.*, **31**-3 (1995) 208-209.
133) B. Weigl *et al.* : *IEEE J. Selected Topics in Quantum Electron.*, **3**-2 (1997) 409-415.
134) N. Hatori *et al.* : *IEEE Photon. Technol. Lett.*, **10**-2 (1998) 194-196.
135) K. D. Choquette *et al.* : *Electron. Lett.*, **32**-5 (1996) 459-460.
136) T. Baba *et al.* : *Electron. Lett.*, **29**-10 (1993) 913-914.
137) S. Uchiyama *et al.* : *IEEE Photo. Technol. Lett.*, **9**-2 (1997) 141-142.

138) N. M. Margalit *et al*. : *Electron. Lett*., **32**-8 (1996) 1675-1677.
139) K. A. Black *et al*. : *Electron. Lett*., **34**-20 (1998) 1947-1949.
140) M. Orenstein *et al*. : *Electron. Lett*., **27**-5 (1991) 437-438.
141) A. Von Lehmen *et al*. : *Electron. Lett*., **27**-7 (1991) 583-585.
142) C. J. Chang-Hasnain *et al*. : *IEEE J. Quantum Electron*., **27**-6 (1991) 1368-1376.
143) M. Grabherr *et al*. : *IEEE Photon. Technol. Lett*., **10**-8 (1998) 1061-1063.
144) T. Numai *et al*. : *Appl. Phys. Lett*., **58**-12 (1991) 1250-1252.
145) T. Ohtoshi *et al*. : *Appl. Phys. Lett*., **65**-15 (1994) 1886-1887.
146) M. Takahashi *et al*. : *IEEE J. Select. Topics Quantum Electron*., **3**-2 (1997) 372-378.
147) K. Tateno *et al*. : *Appl. Phys. Lett*., **70**-25 (1997) 3395-3397.
148) A. Mizutani *et al*. : *IEEE Photon. Technol. Lett*., **10**-5 (1998) 633-635.

さらに勉強するために
1) 末松安晴（編）：半導体レーザと光集積回路，オーム社，1984．
2) Y. Suematsu and A. R. Adams : Handbook of Semiconductor Lasers and Photonic Integrated Circuits, Chapman & Hall, 1994.
3) 伊賀健一（編著）：半導体レーザ，オーム社，1994．
4) M. O. Manasreh : Strained-layer Quantum Wells and Their Applications, Optoelectronic Properties of Semiconductors and Superlattices, Vol. 4, Gordon and Breach Science Pub., 1997.
5) M. -C. Amann and J. Buus : Tunable Laser Diodes, Artech House, 1998.

3.3 非線形光デバイス

3.3.1 2次非線形光デバイス

2次の非線形光学効果は中心対称性のない物質で生じ、第2高調波発生(second harmonic generation, SHG), 和周波発生(sum frequency generation, SFG), 差周波発生(difference frequency generation, DFG), 光パラメトリック発振(optical parametric oscillation, OPO)などの現象が生じる。SHGはレーザー光の短波長化技術として種々の非線形光学効果の中でもっとも実用化が進んでおり、表3.3.1におもなSHG材料の光学特性を示す。非線形光学効果により効率のよい波長変換を行うためには、発生する非線形分極波と媒質中の自由伝搬波の位相が強め合うような位相整合条件を満たす必要があり、複屈折を利用した角度整合、温度整合および擬似位相整

表3.3.1 おもなSHG結晶の光学特性

	$LiNbO_3$	$LiTaO_3$	$KTiOPO_4$ (KTP)	$KNbO_3$	$\beta\text{-}BaB_2O_4$ (BBO)
波長域(nm)	330〜5500	280〜5500	350〜4500	380〜4500	190〜3500
非線形光学定数 (pm/V)	$d_{33}=-27.2$ $d_{31}=-4.35$ $d_{22}=2.1$	$d_{33}=-13.8$ $d_{31}=-0.85$	$d_{33}=16.9$ $d_{31}=2.5$ $d_{32}=4.4$	$d_{33}=-27.4$ $d_{31}=-15.8$ $d_{32}=-18.3$	$d_{11}=1.9$ $d_{31}=0.1$
位相整合法	複屈折 QPM	QPM	複屈折 QPM	複屈折	複屈折
屈折率 (1064 nm)	$n_o=2.232$ $n_e=2.156$	$n_o=2.137$ $n_e=2.141$	$n_a=1.740$ $n_b=1.747$ $n_c=1.830$	$n_a=2.220$ $n_b=2.257$ $n_c=2.120$	$n_o=1.543$ $n_e=1.655$
温度許容度 (℃·cm)	0.7 1.6 (QPM)	2.5 (QPM)	25	0.3	37
波長許容度 (nm·cm)	0.1 0.1 (QPM)	0.1 (QPM)	0.56	0.06	0.1
結晶育成法	CZ法	CZ法	水熱法 フラックス法	TSSG法	フラックス法
結晶系(点群)	三方晶(3 m)	三方晶(3 m)	斜方晶 (mm 2)	斜方晶 (mm 2)	三方晶(3 m)
キュリー温度(℃)	1150	610	936	225	925

QPM : quasi-phase matching.

合 (quasi phase matching, QPM) などの種々の方式が採用されている.

表3.3.2は,このようなSHGの代表的なデバイス構成例を示したものであり,バルク型,内部共振器型および光導波路型のデバイス構成が採用される場合が多い.内部共振器型SHGは固体レーザー共振器の内部にSHG結晶を置く構成であり,共振器内の大きな光強度を利用することにより高効率化が可能である.また光導波路型は光閉じ込めにより高効率化を図るものであり,半導体レーザーのような低パワー光源を基本波として用いるときに有効である.

表3.3.2 SHG方式とデバイス構造

方 式	SHG 構 成	SHG 結晶
バルク型 SHG	基本波 → SHG結晶 → SHG	$MgO:LiNbO_3$ $QPM-LiNbO_3$ $KTP, KNbO_3$ BBO, LBO
内部共振器型 SHG	励起光 → 固体レーザー SHG結晶 レーザー用ミラー → SHG	KTP $QPM-MgO:LiNbO_3$ $QPM-LiTaO_3$
光導波路型 SHG	基本波 → 光導波路 ドメイン反転結晶 → SHG	$QPM-LiNbO_3$ $QPM-LiTaO_3$ $QPM-KTP$

a. SHG, SFG および DFG 材料・デバイス

SHGデバイスの開発においては,表3.3.1に示すように非線形光学定数が大きいだけではなく温度,角度および波長許容度を十分考慮する必要がある.以下それぞれの結晶とデバイスの特徴を述べる.

$LiNbO_3$, $LiTaO_3$は三方晶系に属する一軸異方性結晶であり,チョクラルスキー法により結晶育成が可能であるために3〜4インチ径の光学用大型結晶が実用化されている.$LiNbO_3$は大きな複屈折を有しているために,角度あるいは温度制御位相整合法によりNd:YAGレーザー(1064 nm)のSHGが可能である.ただし,高出力化のためには耐光ダメージ特性の向上を図ったMgOドープ$LiNbO_3$[1]を用いたほうが有利であり,モノリシック外部共振器型SHG構成[2]により基本波入力53 mW(位相整合温度107℃)において56%の変換効率が得られている.また,$LiNbO_3$はTi拡散法による低損失な光導波路の形成が可能であるために光導波路型SHGデバイス[3]による高効率化も有効であるが,光ダメージの影響を受けやすいために高出力化が困難である欠点がある.

3.3 非線形光デバイス

　LiNbO₃ および LiTaO₃ においては，ドメイン反転結晶を用いた QPM 方式による高効率 SHG デバイスの実現が可能である．QPM とは，強誘電体非線形光学結晶の誘電分極方向を周期的に 180 度反転させる構造を利用することにより擬似的に位相整合をとる方法であり，近年半導体レーザーの高効率 SHG を目的に LiNbO₃，LiTaO₃，KTP などのドメイン反転技術が急速に進展し現在実用レベルに至っている．本方式の原理は 1962 年に Armstrong ら[4]により提案されたものであるが，技術的にミクロンオーダーの周期的ドメイン反転の実現が困難であったために，デバイス化が遅れていたものである．

　LiTaO₃，LiNbO₃ 結晶の自発分極の方向は Li，あるいは Ta，Nb イオンのわずかな変位(0.05 nm 程度)によっており，外部電界などの作用により局所的なドメイン反転が可能になり，表 3.3.3 に示すように電界印加法，プロトン交換法，コロナポーリング法，電子ビーム照射法など種々の方法によりドメイン反転が行われている．

表 3.3.3 LiNbO₃，LiTaO₃ 結晶におけるおもなドメイン反転方法

方　法	原理と特徴	文献番号
電界印加法	抗電界(E_c)以上の電界を周期電極を通して印加する(室温)． LiNbO₃，MgO：LiNbO₃，LiTaO₃ 結晶に適用可能． 厚み 200〜500 μm のバルク結晶全体のドメイン反転が可能． X 板結晶の表面のドメイン反転も可能．	5) 6) 7)
プロトン交換/熱処理法	プロトン交換により周期パターンを作製した後，キュリー温度以下で熱処理する． 結晶表面の 2 μm 以下のドメイン反転が可能． LiNbO₃，LiTaO₃ 結晶に適用可能．	8)
コロナポーリング法	$+Z$ 面の周期電極(アース)と，$-Z$ 面のコロナ放電による負電荷の間で周期的電界を形成しドメイン反転する． LiNbO₃，MgO：LiNbO₃ のドメイン反転が可能．	9)
電子ビーム照射法	真空中で電子ビームを周期パターン状に照射． ドット状のドメイン反転形状になる． LiNbO₃，LiTaO₃ 結晶に適用可能．	10)

　電界印加法[5,6]は，図 3.3.1 に示すように抗電界(E_c)以上の電界を周期電極を通して印加する方法であり，LiNbO₃，MgO：LiNbO₃，LiTaO₃ 結晶に適用可能であり，厚み 0.2〜0.5 mm のバルク結晶全体のドメイン反転が可能であるために現在主流となっている．LiNbO₃ において E_c はほぼ 21 kV/mm であり，$+Z$ 面に周期電極を形成した 0.5 mm の結晶に 11 kV 以上の電圧を印加し，ドメイン反転電流をモニターしながら注入電荷の総量を制御することによりドメイン反転処理を行う．本方法は Z 板だけではなく，X 板結晶の表面のドメイン反転も可能である[7]．プロトン交換法[8]は，プロトン交換により周期パターンを作製した後，キュリー温度以下で熱処理することにより，LiNbO₃，LiTaO₃ 結晶表面の 2 μm 程度の浅いドメイン反転が可能であり，光導波路型 SHG デバイスの作製には有効である．またコロナポーリング

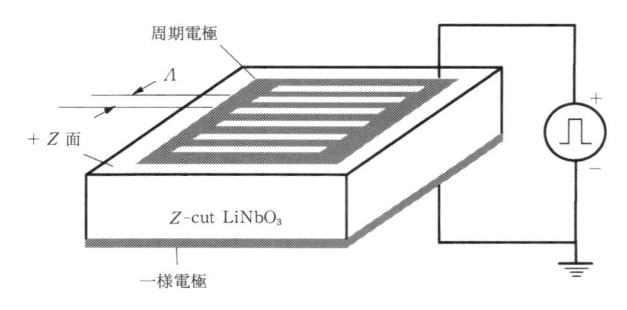

図 3.3.1 電界印加によるドメイン反転法

法[9]は，結晶の $+Z$ 面に周期電極を付け $-Z$ 面にコロナ放電により一様な負電荷を発生させ周期電極との間に周期電界を発生させるものであり，光ダメージに強い MgO：LiNbO$_3$ に対しても高品質なドメイン反転が実現できる点が大きな特徴である．これらのほかにも，電子ビーム照射法[10]，イオンビーム照射法，Li$_2$O の外拡散/熱処理法など種々のドメイン反転法が試みられたが，電界印加法が品質，再現性の点でもっともすぐれており実用レベルに至っている．

図 3.3.2 は，LiNbO$_3$ と LiTaO$_3$ 結晶におけるドメイン反転周期 (Λ) と SHG 位相整合波長の関係を示したものであり，たとえば LiNbO$_3$ における波長 860 nm の SHG には周期がほぼ 3 μm のドメイン反転が必要となり，このときの実効非線形光学定数 $d_{\text{eff}}(=2d_{33}/\pi)$ は 17.3 pm/V となる．このようなドメイン反転方法を用いた SHG デバイスとしては，電界印加法により作製した厚み 0.2 mm の LiNbO$_3$ 結晶を用いたドメイン反転周期 2.8 μm の光導波路型 SHG デバイスにおいて，波長 852 nm の光出力 196 mW の基本波から 20.7 mW の SHG 出力が得られ[5]，ドメイン反転構造が高効率化のためにきわめて有効であることが示された．また，LiTaO$_3$ 結晶は

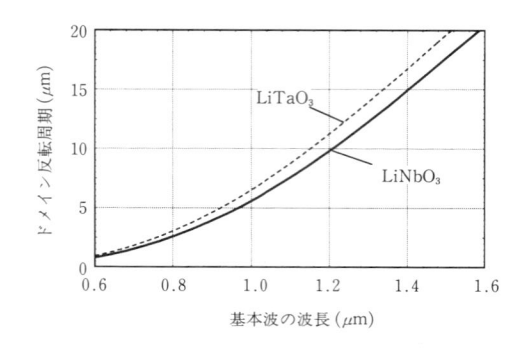

図 3.3.2 LiNbO$_3$，LiTaO$_3$ 結晶を用いた SHG における基本波長とドメイン反転周期の関係

280 nm まで透明であり LiNbO₃ より透過波長域が広いために青色 SHG に有利であり，プロトン交換法により作製したドメイン反転 LiTaO₃ 光導波路を用いて，波長 680～860 nm の半導体レーザーを基本波とした SHG[8] が可能である．ただし，LiNbO₃，LiTaO₃ いずれの SHG デバイスにおいても，波長許容度が 0.1 nm 以下と狭いために，グレーティングにより波長ロックした半導体レーザーあるいは DFB 半導体レーザーなどのモードホップが生じない波長安定化した基本波光源を使う必要がある．

QPM 方式の非線形光学デバイスは SHG だけではなく DFG にも有効であり，周期長 14.6 μm のドメイン反転 LiNbO₃ 光導波路[11] を 0.71 μm の波長で励起することにより 1.3 μm 帯と 1.55 μm 帯の波長変換を行うことができる．

QPM 方式の非線形光デバイスのおもな特徴を以下にまとめる．
○ ドメイン反転周期長の設定により位相整合波長を自由に設定できる．
○ ウォークオフがないために，高効率波長変換が可能である．
○ 同一結晶に複数のドメイン反転周期をつくりつけることや，ドメイン反転周期をチャーピングすることにより位相整合波長域を広げることが可能である．
○ 大きな非線形光学定数 d_{11} や d_{33} などを利用した高効率波長変換が可能である．
○ バルク型および光導波路型のいずれも適用できる．
○ 複屈折のない GaAs や ZnSe などの立方晶の結晶にも適用できる．

KTiOPO₄(KTP)[12] は斜方晶に属する二軸異方性結晶であり，水熱合成法やフラックス法により結晶育成されている．基本波長 1064 nm において Type II の複屈折位相整合（角度整合）が可能であり比較的温度許容度も大きいために，半導体レーザー励起 Nd：YAG レーザーの内部共振 SHG として実用化が行われている．また KTP は SHG だけではなく，1064 nm Nd：YAG レーザーと 809 nm 半導体レーザーの SFG による 459 nm の青色光発生[13] にも有用であり，さらに KTP は Rb イオン交換により形成した光導波路[14] を用いて半導体レーザーを基本波とした青色 SHG 光発生が可能である．このように KTP は多くの特徴があるが，LiNbO₃ と異なり大型化が容易なチョクラルスキー法では結晶成長が困難であり，結晶の大型・均質化と低コスト化などの課題がある．

KNbO₃[15] は斜方晶に属する二軸異方性結晶であり，基本波長 860 nm において Type I の 90° 位相整合が可能であり，半導体レーザー用青色 SHG 結晶として有用である．$d_{32}=18$ pm/V と大きな非線形光学定数を有しているが，温度許容度が 0.3℃・cm，波長許容度が 0.06 nm・cm ときわめて小さい難点があり，高効率 SHG のためには結晶の精密温度制御および半導体レーザーの精密波長制御が必要になる[16]．

β-BaB₂O₄(BBO)[17] は三方晶系に属する一軸異方性結晶であり，非線形光学定数はそれほど大きくはないが吸収端は 190 nm であり紫外光まで広い透過特性を有してい

るために，Nd：YAGレーザーの第4高調波(forth harmonic generation, FHG)の266 nm発生が可能である．多少吸湿性があるが温度許容値も37℃·cmと大きくダメージしきい値も大きいために，パルスNd：YAGレーザーと組み合わせて固体紫外光源として実用化されている．

LiB_3O_5(LBO)[18]，$CsLiB_6O_{10}$(CLBO)[19]はBBOを改良した結晶であり，結晶育成が容易で大型結晶が得られるほか，透過波長域が160 nmまで広い特徴がある．とくにCLBOはNd：YAGレーザーのFHGにおける角度許容度がBBOのほぼ3倍大きくwalk-off角が小さいなどのすぐれた特徴を有している．FHG光は紫外レーザー加工などの工業的応用が期待されており，吸湿性がBBOよりすぐれているが，本格的な実用化のためには研磨・コーティング技術の確立が急務である．

なお，有機非線形光学材料は，分子設計により無機材料を超える大きな非線形光学効果の発現が期待されてきたが，低分子結晶および高分子ポリマーのいずれにおいても，非線形光学定数，透過損失および均質性などの点で現在SHGデバイス応用のレベルに達しているものは見当たらない．

b. 光パラメトリック効果デバイス

光パラメトリック効果とは一種の光混合現象であり，光増幅および発振を行わせることができる．構成は図3.3.3に示すように共振器の中に2次の非線形光学結晶を置いて高出力レーザーで励起し，結晶の角度や温度を制御して波長可変を行うものである．固体レーザー発振と大きく異なる点は，発振波長が物質固有の遷移に関係なく，共振器と位相整合などの外部条件で決定されることであり，希土類イオンなどの遷移を利用する固体レーザーに比べはるかに広い波長可変範囲(数百nm以上)を同一結晶でカバーできる点が大きな特徴である．なお，共振器構成は図3.3.3に示すファブリー–ペロー共振器以外にもリング共振器，あるいはレーザー内部共振器構成も可能である．

励起光ω_p，シグナル光ω_sを入射するとアイドラー光$\omega_I(=\omega_p-\omega_s)$成分が生じ，さらにこの成分と$\omega_p$成分より$\omega_s$成分が生じるということを繰り返し，シグナル光が増幅される．波動ベクトル$k(=2\pi/\lambda)$の位相整合条件は次式で表される．

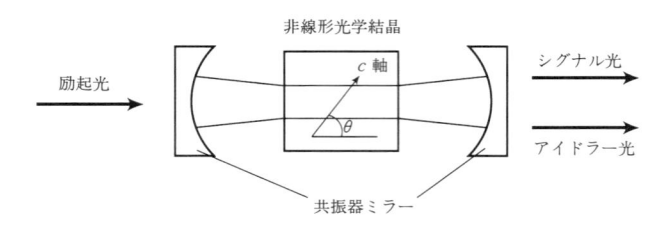

図3.3.3 光パラメトリック発振器の基本構成

$$\omega_\mathrm{p}=\omega_\mathrm{s}+\omega_\mathrm{l}, \quad \bm{k}_\mathrm{p}=\bm{k}_\mathrm{s}+\bm{k}_\mathrm{l}$$

非線形光学結晶の角度，または結晶の温度を変えることにより位相整合条件を満たす $\bm{k}_\mathrm{s}$, $\bm{k}_\mathrm{l}$ が変化することを利用して波長可変が可能になる．なお，パラメトリック発振をさせるためには，レーザー発振と同じく利得が損失を上回ることが必要である．

光パラメトリック発振器の基本構成としては，シグナル光とアイドラー光の両方を共振させる双共振型 (doubly resonant oscillation, DRO) と，いずれか一方を共振させる単共振型 (singly resonant oscillation, SRO) があり，DROの構成は発振しきい値が小さく CW-OPO に有利であるが連続的な波長可変が困難であり，実用的な波長可変光源としては連続波長可変が可能な SRO 構成の方が有利である．光パラメトリック発振デバイスとしては表3.3.4に示すように $LiNbO_3$，KTP，BBO，$AgGaS_2$ などを用いたバルク型構成をとっており，角度あるいは温度位相整合により波長可変を行っている．

表3.3.4 代表的な光パラメトリック発振例

結晶	励起波長 (μm)	位相整合法	発振波長 (μm)	文献番号
$LiNbO_3$	1.064	角度 (45〜50°)	1.4〜4.0	20)
ドメイン反転 $LiNbO_3$ (周期長 31 μm)	1.064	QPM 温度 (25〜180℃)	1.66〜2.95	21), 22), 23)
KTP	0.526	角度 (40〜80°)	0.6〜4.3	24), 25)
BBO	0.355	角度 (24〜33°)	0.412〜2.55	26)
	0.266	角度 (30〜48°)	0.302〜2.248	26)
$AgGaS_2$	1.064	角度 (36〜54°)	1.2〜10	27)

$LiNbO_3$ は，角度位相整合により 1.064 μm Nd:YAG レーザー励起により 1.4〜4 μm の波長可変赤外光発生[20]が可能であるが，walk-off の影響が避けられず発振波長 1.7 μm においてしきい値は 4 mJ と大きい．一方，ドメイン反転 $LiNbO_3$ 結晶を用いた光パラメトリック発振は，① 90°位相整合が可能であり walk-off がない．② ドメイン反転周期の設定により波長可変範囲を自由に設定可能であるなどの大きな特徴を有しているために，従来のバルク結晶では実現不可能であった波長域の光パラメトリック発振が可能になり，非線形光学技術におけるブレークスルーとして期待されている．

ドメイン反転周期長を $\varLambda$ とすると，QPM 方式の OPO の位相整合条件は以下のように表される．

$$\omega_\mathrm{p}=\omega_\mathrm{s}+\omega_\mathrm{l}, \quad \bm{k}_\mathrm{p}=\bm{k}_\mathrm{s}+\bm{k}_\mathrm{l}+2\pi/\varLambda$$

図3.3.4は，波長 1.064 μm Nd:YAG レーザーを励起光源とした QPM-$LiNbO_3$ の周期と位相整合波長（シグナル光とアイドラー光）の関係を示したものであり，ドメイン反転周期 $\varLambda$ を 28〜31 μm と変化させることにより広い波長範囲で赤外光の発生が可能であることがわかる．厚み 0.5 mm，長さ 5.2 mm，周期長 31 μm の QPM-

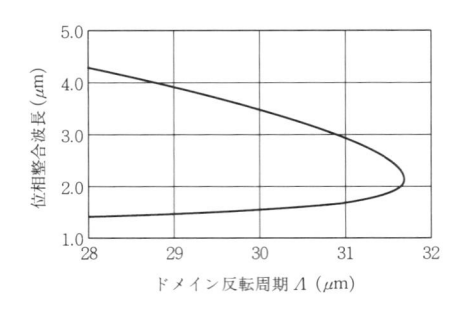

図 3.3.4 LiNbO₃ 結晶におけるドメイン反転周期と位相整合波長の関係（1.064 μm 励起の場合）

LiNbO₃ を用いた波長 1.064 μm Nd:YAG レーザー（Q スイッチ動作）を励起光源とした OPO[21]において，しきい値 0.1 mJ, 温度制御により 1.66～2.95 μm の波長可変が実現されている．また，高出力半導体レーザーを励起光源とした DRO 構成による CW-OPO（QPM-LiNbO₃ の長さが 9.3 mm）において，しきい値は 61 mW, 370 mW 励起により 60 mW 以上の 1.9 μm 赤外コヒーレント光の発生[22]にも成功しており，OPO も CW 半導体レーザー励起システムに世代交代が近いことが予想される．さらに最近，3 インチウェーハー結晶を用いた長さ 50 mm 以上のドメイン反転結晶の大型化，あるいはチャーピングした周期構造を有するドメイン反転結晶を用いることにより，フェムト秒パルス光の発生および増幅[23]などの多機能化の検討も進んでいる．

KTP は励起波長と位相整合角度条件により，種々の OPO 特性[24]を得ることが可能であり，0.532 μm 励起により 1.04～1.09 μm, 1.064 μm 励起により 1.8～2.4 μm の波長可変範囲が得られている．また KTP を用いた CW-OPO としては，15 mm 長 KTP を用いた 0.532 μm CW レーザー励起によるリング共振器型 SRO[25]において，シグナル発振波長 1.039 μm, しきい値 4.3 W, スロープ効率 78% が得られている．KTP-OPO は室温で動作可能であり，今後 1.5 μm より長波長の波長可変アイセーフ光源としての広い応用が期待される．

BBO は広い透過波長特性，広い波長可変性および高いダメージしきい値特性[26]を有しているために，光パラメトリック発振デバイスとしてもっとも開発が進んでいる．図 3.3.5 は Nd:YAG レーザーの THG（355 nm），FHG（266 nm）で励起したときの位相整合波長特性であり，BBO 結晶の角度変化により紫外～赤外域までの広い波長可変特性が得られることがわかる．現在 355 nm 励起により 410 nm から 2400 nm まで波長可変出力が得られる光パラメトリック発振器（10～30 pps のパルス動作）が製品化されており，光物性や光化学分野の分光測定システムに用いられているが，しきい値が大きいために 300 mJ 以上の大型励起レーザーを必要とする難点がある．

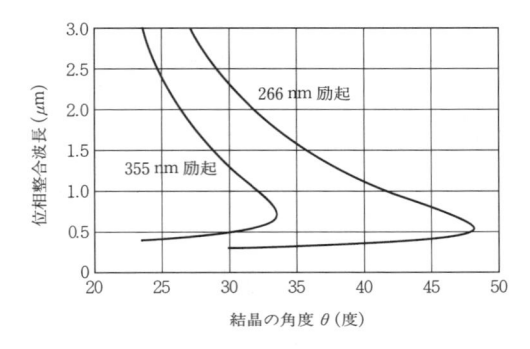

図 3.3.5 BBO 結晶を用いた光パラメトリック発振における結晶角度(θ)と位相整合波長の関係

中~遠赤外域は効率のよい固体レーザー材料が少ないために，$AgGaS_2$，$AgGaSe_2$，$CdGeAs_2$，$ZnGeP_2$ などを用いた光パラメトリック発振による波長可変コヒーレント光の発生が期待されている．なかでもカルコパイライト結晶である $AgGaS_2$ はブリッジマン法により大型結晶育成が可能であり，0.49~12 μm までの広い透過域と大きな複屈折を有しており，非線形光学定数も $d_{36}=12$ pm/V と大きいために，差周波発生による可視-赤外変換や 6~10 μm 帯の光パラメトリック発振[27]に有望な結晶である．このような中~遠赤外域は，有毒ガス検出などのリモートセンシングや生体分光などにおいて重要な波長域であり，高効率な全固体波長可変コヒーレント光源の開発が待たれている．

また，光パラメトリック発振における周波数と位相整合の関係は光~電磁波の領域で有効であり，光を用いて電磁波を発生させることも可能である．$LiNbO_3$ 結晶におけるフォノンポラリトンを用いた光パラメトリック発振によりテラヘルツ電磁波の発生が可能であり，Nd:YAG レーザーを励起光としてストークス光を共振させ，$LiNbO_3$ 結晶に対する励起光の入射角度を変化させることにより，0.4~2 THz（波長 153~708 μm）の波長可変テラヘルツ波発生[28]が確認されている．最近，テラヘルツ波をグレーティングカップラーあるいはプリズムカップラーを用いて効率よく発生させる方式[29]が開発され，波長可変コヒーレントテラヘルツ光源の新たな応用が広がることが期待されている．

このように，光パラメトリックデバイスは固体レーザーと組み合わされることにより，紫外光からテラヘルツ電磁波に至るきわめて広い波長空間の拡大に不可欠なキーデバイスになっており，半導体レーザー励起固体レーザーとともに光技術に大きな技術革新をもたらしている．

3.3.2 3次非線形光デバイス

3次の非線形光学効果としては,THG,ラマン散乱,ブリユアン散乱,光カー効果などが含まれ,最近2次の非線形光デバイスと同様に積極的なデバイス展開が行われている.とくに,光ファイバーと半導体超格子における光カー効果を用いた光ソリトン通信,超高速光-光SW,光双安定デバイスなどに関する研究開発が活発化している.また,誘導ラマン散乱を用いた光ファイバー増幅器[30]や分布型温度センサー[31],誘導ブリユアン散乱を用いた位相共役ミラー[32]は実用域にあり,非線形光学技術の新たな応用を拡大している.THGは,主として材料物性評価に利用されている程度であり,実用的にはより効率が高いSHGによる高調波と基本波のSFGにより第3高調波を得る方式が用いられることが多い.

ここでは,最近超高速情報通信システムやフェムト秒超高速ホトニクス分野への応用が具体化している光カー効果を用いた種々のデバイスに関して述べる.

a. 光カー効果デバイス

表3.3.5に代表的な3次の非線形光学材料の特性を示す.光カー効果は,$\chi^{(3)}$に比例して光強度により媒質の屈折率が変化する現象であり,従来からCS_2を用いたカーシャッターや自己集束現象として研究が行われてきたが,近年半導体超微粒子を用いたピコ秒光SWや双安定デバイスや,光ファイバー自体の光カー効果を用いた光ソリトンや光ゲートなどの研究が活発化している.

非線形性は,光吸収を伴う共鳴型とほぼ透明な波長域での非共鳴型とに大別できる.半導体超微粒子や超格子では吸収飽和などによりバンドギャップ近傍においては大きな非線形性が得られるが,共鳴型であるため応答速度が遅い欠点がある.

半導体における非線形光学効果としては,
① バンド間遷移による吸収飽和
② 束縛電子および自由キャリヤーの非線形光学応答
③ 超格子構造による非線形性の増大や,超格子によって生じるサブバンド遷移を使った非線形光学効果

表3.3.5 3次の非線形光学効果

	$\chi^{(3)}$ (esu)	τ (s)	タイプ
石英ガラス	1.1×10^{-14}	$<10^{-14}$	非共鳴
CS_2	5.2×10^{-13}	$<10^{-12}$	非共鳴
ポリジアセチレン	3×10^{-10}	$<10^{-10}$	非共鳴
CdSSeドープガラス	1.3×10^{-8}	$\sim10^{-11}$	共鳴
GaAs	$\sim10^{-4}$	$\sim10^{-8}$(オフ時)	共鳴
GaAs系MQW	5×10^{-2}	$\sim10^{-8}$(オフ時)	共鳴

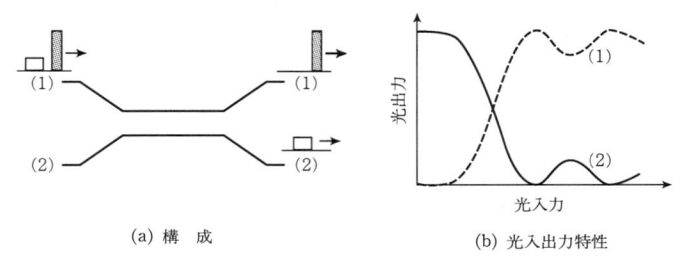

図 3.3.6 非線形方向性結合器の構成と光入出力特性

などがあり，とくに数 nm から数十 nm 程度のサイズの半導体超微粒子は大きな非線形性を有しており，超高速光双安定デバイスへの応用が可能である．

光カー媒質を用いた光デバイスとして，非線形ファブリー–ペロー (FP) 共振器，非線形方向性結合器，非線形マッハ–ツェンダー干渉計，非線形プリズム結合器などの超高速光制御デバイスの研究が行われている．なかでも非線形 FP 共振器[33]は，光双安定動作をするために光演算素子として有望であり，CdSSe や CuCl などの超微粒子をドープしたガラスや GaAs 系超格子を光カー材料に用いた数 ps の高速応答が確認されている．また，光カー材料により作製した非線形方向性結合器[34]は図 3.3.6 に示すようにゲート光により光パルスのスイッチングが可能であり，ギガビット以上の光パルス伝送システムに有望なデバイスとして期待されている．さらに，Ti サファイアレーザーをモードロック動作させるために，サファイア自体のカー効果を利用したカーレンズモードロック法や，GaAs 超格子における大きな過飽和吸収ミラー（非線形ミラー）がフェムト秒の超高速パルス光発生に用いられており，3 次の非線形デバイスが大きな役割を果たしている．また，光ファイバーのような SiO_2 ガラス材料の $\chi^{(3)}$ は $\sim 10^{-14}$esu と小さいが，吸収係数がきわめて小さいために相互作用長を大きくすることにより光カー効果の高効率化を図った非線形ループミラーは，モードロックファイバーレーザーによる光ソリトン発生に必要なキーデバイスとなっている．

b. 4 光波混合と位相共役波発生デバイス

4 光波混合とは，3 次の非線形光学材料中で二つの励起光と入射プローブ光と出射光の計四つの光波が相互作用する現象であり，位相共役波発生[32]や 3 次の非線形光学定数の測定などに応用されている．

図 3.3.7 に示すように 3 次の非線形光学効果を有する媒質に，等しい周波数 ω_p の二つのポンプ波を対向させて入射し，さらに周波数 ω の第三のプローブ波を入射させると，同じ周波数 ω の位相共役波がプローブ波とは逆向きに出てくるものである．四つの光波の周波数がすべて等しい場合，縮退 4 光波混合と呼ばれており，次のよう

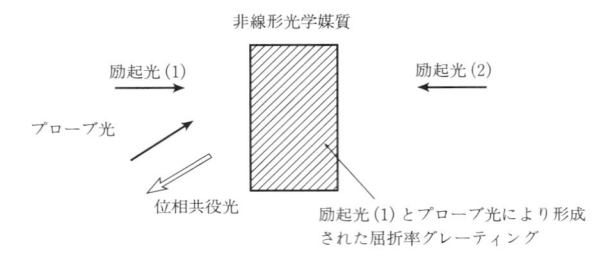

図 3.3.7 4光波混合による位相共役波発生の原理

な利点を有しているために位相共役波発生の主流になっている．

① 関与する光波の周波数が等しいため，同一光源が利用できる．また，周波数シフトがない．

② 3次の非線形光学効果はすべての媒質に存在するため，媒質として誘電体結晶のみならず，気体，液体，半導体，有機材料などが使える．

③ ポンプ光を対向して入射させておけば，位相共役波が自動的にポンプ波と逆向きに発生するので，位相整合に対する条件が緩和される．

位相共役波とは，図 3.3.8 に示すように入射プローブ光と波面の形はそのままで時間軸だけが反転していることを意味しており[35]，このような位相共役の関係を満たす二つの波はあたかも鏡（実際の鏡とは異なる）で反射したように振る舞うので，位相共役媒質は位相共役ミラーとも呼ばれている．

4光波混合は従来のホログラフィーのように記録・再生が分離していないので，情報の逐次書換えが容易であり，実時間ホログラフィー（real time holography）[36]として時間的に変化する空間信号を扱える点が大きな特徴である．

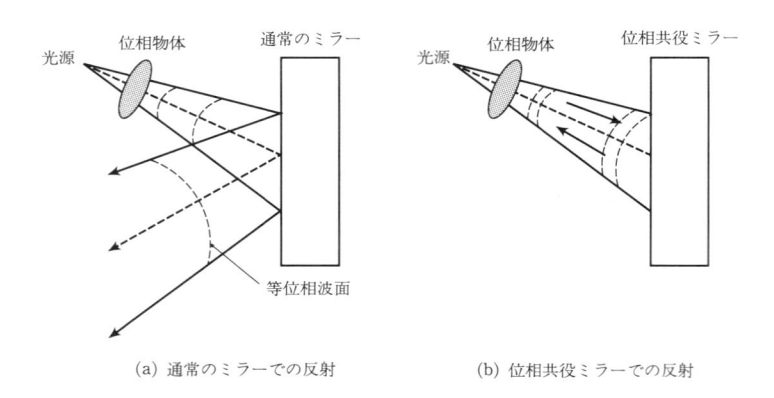

(a) 通常のミラーでの反射　　　(b) 位相共役ミラーでの反射

図 3.3.8 位相共役ミラーと通常のミラーにおける反射の違い

位相共役光は表3.3.6に示すように,位相補正作用,時間反転性があり,空間領域での乗算機能,時間領域での乗算作用および量子相関があり,光計測,通信,光情報処理などのさまざまな分野で応用が試みられている.

表3.3.6 位相共役波の性質とその応用デバイス

性　質	応　用　分　野
位相補正作用	レーザー共振器,光学像伝送,自動追尾,光干渉計,光リソグラフィー
乗算作用	リアルタイムホログラフィー,光演算,パターン認識,光連想記憶,マッチトフィルター
離調依存性	波長変換,光周波数フィルター
時間反転性	群遅延等化器
量子相関	スクイーズド光発生

また非線形光学効果ではないがホトレフラクティブ(photorefractive)媒質を用いた4光波混合により位相共役波発生が可能である.この効果は,光照射により生じたキャリヤーの電荷密度変化が空間電界をもたらし,これがポッケルス効果を通して入射光強度分布に応じた空間的な屈折率変化(回折格子)を形成するものである.ホトレフラクティブ媒質を利用した縮退4光波混合[37]は,形式的には光カー媒質と同様にして扱え,屈折率変化が光強度ではなく干渉縞の変調度に依存するために変調度さえ十分とれていれば,光カー媒質よりかなり低いmWオーダーの光パワーで位相共役波の発生が可能である.ただし,光カー効果に比べ応答速度は遅い点が課題である.

［谷内哲夫］

引 用 文 献

1) D. A. Bryan et al.: Appl. Phys. Lett., **44**-9 (1984) 847-849.
2) W. J. Kozlovsky et al.: IEEE J. Quantum Electron., **QE-24**-16 (1988) 913-919.
3) N. Uesugi and T. Kimura: Appl. Phys. Lett., **29**-9 (1976) 572-574.
4) J. A. Armstrong et al.: Phys. Review, **127**-6 (1962) 1918-1939.
5) M. Yamada et al.: Appl. Phys. Lett., **62**-5 (1993) 435-436.
6) H. Ito et al.: Nonlinear Optics, **14** (1995) 283-289.
7) S. Sonoda et al.: Appl. Phys. Lett., **70**-23 (1997) 3078-3080.
8) K. Mizuuchi et al.: Appl. Phys. Lett., **58**-17 (1991) 2732-2734.
9) A. Harada and Y. Nihei: Appl. Phys. Lett., **69**-18 (1996) 2629-2631.
10) H. Ito et al.: Electron. Lett., **27**-14 (1991) 1221-1222.
11) C. Q. Xu et al.: Electron. Lett., **30**-25 (1994) 2168-2169.
12) J. D. Bierlein and H. Vanherzeele: J. Opt. Soc. Am. B, **6**-4 (1989) 622-633.
13) W. P. Risk et al.: Appl. Phys. Lett., **52**-2 (1988) 85-87.
14) C. J. van der Poel et al.: Appl. Phys. Lett., **57**-20 (1990) 2074-2076.
15) P. Günter et al.: Appl. Phys. Lett., **35**-6 (1979) 461-463.
16) W. J. Kozlovsky et al.: Appl. Phys. Lett., **56**-23 (1990) 2291-2292.
17) C. Chen et al.: Scientia Sinica B, **28** (1985) 235-243.
18) C. Chen et al.: J. Opt. Soc. Am. B, **6**-4 (1989) 616-621.

19) Y. Mori et al.: Jpn. J. Appl. Phys., **34**-3A (1995) 296-298.
20) R. L. Herbst et al.: Appl. Phys. Lett., **25**-9 (1974) 520-522.
21) L. E. Myers et al.: Opt. Lett., **20**-1 (1995) 52-54.
22) L. E. Myers et al.: J. Opt. Soc. Am. B, **12**-11 (1995) 2102-2116.
23) A. Galvanauskas et al.: Opt. Lett., **22**-2 (1997) 105-107.
24) H. Vanherzeele et al.: Appl. Opt., **27** (1988) 3314-3316.
25) S. T. Yang et al.: Opt. Lett., **19**-7 (1994) 475-477.
26) D. Eimerl et al.: J. Appl. Phys., **62**-5 (1987) 1968-1983.
27) T. Elsaesser et al.: Appl. Phys. Lett., **44**-4 (1984) 383-385.
28) M. A. Piestrup et al.: Appl. Phys. Lett., **26**-8 (1975) 418-421.
29) K. Kawase et al.: Appl. Phys. Lett., **68**-18 (1996) 2483-2485.
30) R. H. Stolen: Proc. IEEE, **68** (1980) 1232-1236.
31) J. P. Dakin et al.: Electron. Lett., **21**-20 (1985) 569-570.
32) B. Y. Zel'dovich et al.: Sov. Phys. Lett., **15** (1972) 109-113.
33) S. S. Tarng et al.: Appl. Phys. Lett., **44**-4 (1984) 360-361.
34) S. M. Jensen: IEEE J. Quantum Electron., **QE-18**-10 (1982) 1580-1583.
35) R. W. Hellwarth: J. Opt. Soc. Am., **67** (1977) 1-3.
36) A. Yariv: Opt. Commun., **25** (1978) 23-25.
37) J. O. White et al.: Appl. Phys. Lett., **40** (1982) 450-452.

さらに勉強するために

1) Y. R. Shen: The Principles of Nonlinear Optics, John Wiley & Sons, 1984.
2) F. Zernicke and J. E. Midwinter: Applied Nonlinear Optics, John Wiley & Sons, 1973.
3) V. G. Dmitriev et al.: Handbook of Nonlinear Optical Crystals, Springer, 1997.
4) W. Koechner: Solid-State Laser Engineering, Springer, 1996.

3.4 光ソリトン発生デバイスとその伝送

は　じ　め　に

　ソリトンという言葉は，ZabuskyとKruskalが1965年に発表した論文に初めて用いられている[1]．彼らは非線形な1次元格子振動として知られているコルテベーグ-ドゥ・ブリエ(Korteweg-de Vries, KdV)方程式の数値解を求めるとき，孤立した波が互いに衝突を繰り返してもその形を変えないことを発見した．彼らは，そのパルスが"粒子的"な振舞いをする孤立波という意味で，ソリトンと名づけている．1971～1972年には，ZakharovとShabatはソリトンを記述する非線形シュレーディンガー方程式(nonlinear Shrödinger equation, NLS方程式)に逆散乱法という手法を適用して，その方程式が解析的に解けることを示し，NLS方程式で記述される多くの物理現象を理解するための手法を確立した[2]．

　1973年にベル研究所のHasegawaとTappertは，このNLS方程式で表されるパルスが光ファイバー中においてもつくり出せることを提案した[3]．このパルスは，光ファイバーの群速度分散(GVD, group velocity dispersion)と3次の非線形光学効果である自己位相変調効果(SPM, self-phase modulation)とがつり合うことにより発生する光パルスの包絡線ソリトンである．通常の光通信では群速度分散によりパルスが時間的に広がってしまうため伝送容量や伝送距離に限界があるが，光ソリトンでは伝送中に波形が変化しないため高速・長距離通信が可能となるのである．

　SPMのもととなる非線形屈折率 n_2 は，光ファイバー中では 3.2×10^{-16} cm²/W 程度と小さい．しかし，このような値で群速度分散を補償できるのは，単一モード光ファイバーのコア径が $10~\mu$m 以下と小さく，光のパワー密度を容易に高くできるためである．Mollenauerらは，1980年に700mの単一モード光ファイバーを用いてこの光ソリトン効果の観測に初めて成功している[4]．

　光ソリトン伝送は，光ファイバーにおけるパルス伝搬の性能をいままでの線形の範囲から非線形の範囲まで広げることにより，超短光パルスをひずませることなく伝搬できるようにしたものであり，いわば，光ファイバーの伝送媒体としての性能を最大限引き出したものであるといえよう．しかし，その性能を最大限に生かすためには，単に連続光を強度変調するのではなく，光パルスの発生とその制御が重要な課題となってくる．ソリトン伝送にはトランスフォームリミット(transform limit)なパル

ス(TLパルス)が重要であり,余分なスペクトル成分をもつパルスを用いると散逸波を発生し,ソリトンとしての伝送品質を劣化させる.そのためソリトンパルスとしての最適化を目指して,さまざまなパルス発生デバイスおよび技術がいままでに報告されている.

ソリトンの多中継伝送にはエルビウム添加光ファイバー増幅器(EDFA)をある間隔ごとに設置して光ファイバーの損失を補償していくのが一般的であるが,これは見方を変えるとモード同期レーザーと類似しているところがある.最近ではモード同期レーザー理論に着目し,雑音を制御してソリトンを長距離伝送させる新しい技術が報告されている.このように,ソリトンパルスの発生は表裏一体となってそのままソリトン伝送技術につながっているのである.本節ではまず光ソリトンの発生法およびデバイスについて述べ,後半においてソリトン伝送技術について述べる.

3.4.1 光ソリトンパルスの発生

a. 光ソリトンの基本的な性質

光ソリトン伝送に用いられるパルスはどのような形をしているのか,またどのようなパルスをソリトン伝送に用いることが最適なのか,光ソリトンを記述する非線形シュレーディンガー方程式を中心に述べる.

マクスウェルの波動方程式において,その非線形分極として光カー効果を,また線形な効果として群速度分散を考慮すると,光ファイバー中での光パルスの挙動を表す次のような非線形シュレーディンガー方程式が得られる.

$$(-i)\frac{\partial u}{\partial q} = \frac{1}{2}\frac{\partial^2 u}{\partial s^2} + |u|^2 u \tag{3.4.1}$$

式(3.4.1)の最低次の解(基本ソリトン)は次のような双曲線関数 sech で表されるパルスである.

$$u(q, s) = 2\eta \operatorname{sech}(2\eta s) e^{+i2\eta^2 q} \tag{3.4.2}$$

自然界におけるさまざまな現象は指数関数 exp で表されるものが多いが,このソリトンパルスもその裾野が $\exp[-2\eta s]$ という指数関数で表現されていることが大変興味深い.パルスの品質を表す量として時間・帯域幅積(time-bandwidth product) $\Delta\nu\Delta\tau$ がよく用いられるが,sech パルスの $\Delta\nu\Delta\tau$ は 0.32 である.ガウス形のパルスの $\Delta\nu\Delta\tau$ は 0.44 であり,sech パルスに比べて大きい.これは同じ半値全幅のパルスでもガウスパルス($\exp[-s]^2$)のほうが急速に時間とともにその裾の振幅が減少するため,スペクトル成分が広がるのである.一方,sech パルスはその裾野が指数関数的に減少するため,ガウス形のパルスに比べると裾の引き方が大きい.いいかえると,隣接するパルス間に干渉などの影響が起こりやすい.

ソリトンのピークパワー $P_{N=1}$ はパルス幅を τ_{FWHM} とすると,

$$P_{N=1} = 0.776 \frac{\lambda^3}{\pi^2 c n_2} \frac{|D|}{\tau^2_{\text{FWHM}}} A_{\text{eff}} \tag{3.4.3}$$

で与えられる．ここで A_{eff} はファイバーの断面積，D は群速度分散である．たとえば，波長 1.3 μm にゼロ分散がある単一モードファイバーを用いて 7 ps のソリトンを 1.5 μm 帯でつくろうとすると，そのピークパワーは約 1 W になる．しかし，1.5 μm 帯へゼロ分散波長がシフトした分散シフトファイバーを用いると，そのパワーは 6～30 mW 程度まで小さくなる．光ソリトン通信が現実のものとなった大きな理由はこの程度のピークパワーが EDFA を用いることにより容易に発生できたためである[5]．

　理想的なソリトンパルスは sech 形の波形で与えられるためこのパルスを何らかの方法で発生させ，光ファイバーに式 (3.4.3) を満たすような所定のパワーレベルで結合させれば理想的なソリトンが光ファイバー中に励振できる．sech パルスを発生させるためにはモード同期レーザーが用いられるが，ガウス形のパルスも近似的にソリトンと見なしてよく用いられる．これはソリトンが光ファイバー中を振幅と周波数について特定の固有値をもつ状態として伝搬するので，ガウスパルスを入力として用いても，やがて sech 形のソリトンに変換されていく現象を利用している．その際，問題となるのはソリトンに変換されなかった成分であり，これが分散性の散逸波として伝送品質を劣化させることになる．したがって，sech 波形に近いほど分散波の少ない理想的なソリトンを励振できる．

　レーザーから短パルスを発生させるモード同期には能動 (active mode-locking, AML) と受動 (passive mode-locking, PML) モード同期がある．AML はパルスの波形がガウス形であり，PML のそれは sech 形であることがよく知られている[6]．PML は sech パルスを発生できるがこのレーザーは伝送用光源として外部のクロック信号で制御しにくいこと，またパルス列にジッタがあるなどの理由により利用されにくい．その一方，AML はガウス形ではあるが，外部との同期がとれるためよく利用されている．また，ソリトンの伝送速度は 10 Gbit/s 以上であるので半導体レーザーのような短共振器レーザーでは基本波のモード同期が用いられるが，ファイバーレーザーなどの長い共振器をもつレーザーでは高調波モード同期と呼ばれる技術が利用される．

　以下，いままでに報告されているソリトン発生技術について述べる．

b. ソリトン発生方法
1) 高調波モード同期ファイバーレーザー
　AML ファイバーレーザーは GHz 帯で 10 ps 以下の短パルスを容易に発生できるため，近年注目を集めている．一般に，ファイバーレーザーはほかのモード同期レーザーより共振器長が長いため，機械的な振動や熱膨張が共振器に加わると，変調周波

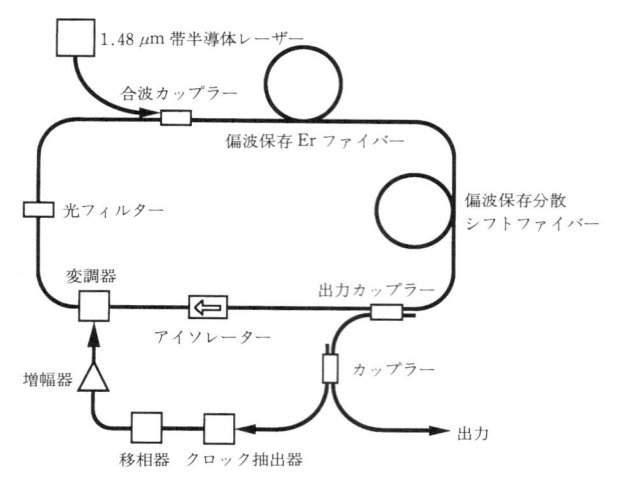

図 3.4.1 高調波-再生モード同期ファイバーレーザーの構成図

数とレーザーの基本周波数とのずれが大きくなり,その動作が不安定になる.これを回避する方法として,アクティブな負帰還回路を設ける方法[7]や,再生モード同期を用いる方法[8]がある.

図 3.4.1 に高調波-再生モード同期エルビウムファイバーレーザーを示す.本レーザーは偏波保存エルビウムファイバー (PM-EDF),励起光を合波するカップラー,偏波保存分散シフトファイバー (PM-DSF),15%透過の出力カップラー,偏波保存型アイソレーター,$LiNbO_3$ 強度変調器,および帯域 2.5 nm の波長可変光フィルターから構成されており,励起光源には 1.48 μm 帯半導体レーザーを使用している.

まずレーザーの出力の一部を光受光素子,狭帯域電気フィルター,および電気増幅器からなるクロック抽出器に入力する.狭帯域電気フィルターでは 10 GHz の正弦波のクロック信号を抜き出す.次に光パルスとクロック信号との間の位相を調整し,増幅後,$LiNbO_3$ の強度変調器に印加する.このとき,基本周波数の整数倍に一致した 10 GHz のクロック信号は,変調周波数と光パルスの繰返しが一致するため,安定なモード同期が達成される.

図 3.4.2(a) に自己相関計で測定した出力パルスの波形を示す.パルス幅は 2.7 ps であり,平均出力強度は 1.3 mW である.図 3.4.2(b) にスペクトルを示す.中心波長は 1.552 μm,スペクトル幅は 1.0 nm であり,10 GHz の縦モード間隔を示す微細構造がはっきり現れている.出力のパルス幅とバンド幅の積は 0.34 であり,出力パルスはほぼトランスフォームリミットな sech 形のパルスであることがわかる.これはファイバー共振器に 190 m の異常分散ファイバーを挿入することによりソリトン

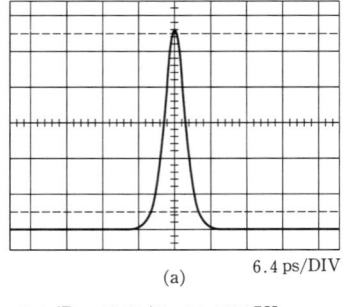

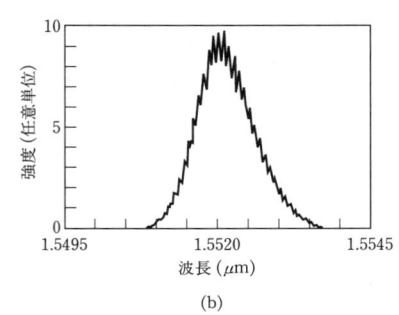

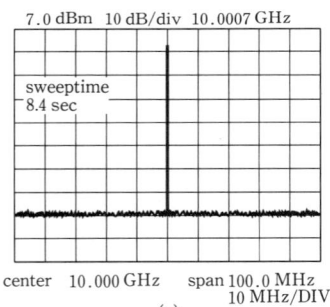

図 3.4.2 高調波-再生モード同期ファイバーレーザーの出力特性
(a) 自己相関計で測定した出力パルス波形．(b) 出力のスペクトル特性．(c) 再生モード同期用クロック信号のスペクトル．

効果を発生させているためである．クロック信号のスペクトルを図 3.4.2 (c) に示す．一つの 10 GHz のクロック信号しか存在しておらず，スーパーモード雑音が完全に抑制されている．

再生モード同期ファイバーレーザーは温度変動などにより共振器長が変化し，光パルスの繰返しが変化しても，光パルスの繰返しに一致した周波数でつねに変調を行うため，長時間にわたって安定にパルス発振が継続する．このため，超高速光ソリトン通信用の光源としてよく用いられている．最近では共振器のわずかな変動に伴う繰返し周波数の変化もオフセットロック法により安定化され，また共振器内の光フィルターの帯域を変えることにより所望のパルス幅の波形を取り出すことができるようになっている[9]．

2) 受動および能動形モード同期半導体レーザー

半導体レーザーデバイスのモード同期技術も古くから研究されており，当初半導体レーザーと外部反射鏡とで共振器を構成しモード同期が行われてきた．レーザー変調時のチャープを抑えるために共振器内部にエタロンを挿入し TL パルス化が行われており，最近ではソリトン通信用を意識して集積化 (monolithic) したモード同期半導体レーザーが開発されている．たとえば，ひずみ多重量子井戸 (strained MQW) 構造をした可飽和吸収体を共振器内部に設け，DBR 反射鏡を用いてスペクトル幅を制

御し安定なPMLを行うもので，40 GHzのトランスフォームリミットなパルスが得られている[10]．最近は，PMLでは繰返しにジッタがあるため強制的に外部信号を印加することにより，PMLでありながらAMLのよさを取り入れジッタを抑えたいわゆるハイブリッド型のモード同期がよく用いられている．衝突モード同期(CPM)やPMLによる数百GHz～THz帯での高繰返しパルスの発生が報告されているが，一番問題となるのは不必要なスペクトルの広がりである．半導体媒質に電流を流すと屈折率が変化し，それがスペクトル広がりとして現れる．このためパルス幅は狭くなるもののTLパルスが得られない．またスペクトルもチャーピングにより左右対称ではないため，このパルスをソリトンとして用いると波形ひずみが大きすぎて長距離伝送には適さなかった．しかし，スペクトルを積極的に制御するDBRミラーの使用によりTLパルスが得られつつあること[11]，モード同期の基本原理により繰返し周波数は固定されるが，ある程度の離調に対しても安定な動作が可能であることなどから，今後ソリトン通信に多く使われていくものと考えられる．

3) 利得スイッチ半導体レーザーと光フィルターによるパルス発生

半導体レーザーに深い正弦波変調信号を印加すると短パルスが得られることがよく知られている．この方法はモード同期半導体レーザーとは異なって任意の繰返しの高速なパルス列を簡便につくり出すことができる．しかし，そのままでは電流による正弦波変調のため非線形なチャープがパルスに発生しTLパルスからはかけ離れてしまう．このため利得スイッチにより得られたパルスをTL化するために"スペクトルフィルター法"が開発され，TB積が0.4～0.44程度のTLパルスに変換しソリトン光源として用いられた[12]．すなわち，利得スイッチのみではチャープによりスペクトル幅が1～2 nmに広がってしまうのであるが，0.2 nm程度の光フィルターを出力に挿入することによりチャープのごく一部を取り出すのである．こうすることによりスペクトル幅が大変狭くなるので，そこに含まれるチャープ成分はかなり小さくなり，ほとんどTLなパルスが得られるようになったのである．また，わずかに残った線形チャープもファイバーを用いた分散補償により完全にTLなパルスをつくり出すことができる．今日ではさまざまなソリトン光源があるが1988年当時この手法は簡便にTLパルスをつくり出すことができる唯一の方法であり，この手法により世界で初めての本格的なソリトン伝送実験が進められていった．光フィルターの挿入により光出力は減少するがEDFAによりソリトンのパワーレベルまで増幅できるためいろいろな実験が可能になっていることに注目したい．

最近では利得結合型のDFBレーザーの利得スイッチ法ではチャープが小さく，TB積が0.4程度のものが報告されており，短パルス光源として今後の研究が期待される．

4) 電界吸収型光変調器によるパルス発生

このパルス発生法は，バルク型もしくは量子井戸構造をもつ半導体のpn接合に電

界を印加するとシュタルク効果によって吸収端が長波長に移動することを利用して，電圧の大きさに応じて吸収量が変化することを用いたパルス発生法である．この方法は比較的 sech 型に近い波形が発生できるので，最近ソリトン伝送でよく用いられている[13]．図 3.4.3 (a) に InGaAs/InAlAs MQW 形の電界吸収型 (EA : electro-absorption) 変調器の構造を，図 3.4.3 (b) にその吸収特性を示す．逆バイアスを印加するとともに急速に吸収が大きくなり，$-3.5\,\text{V}$ に対して $-20\,\text{dB}$ の消光比が得られている．EA 変調器の光出力特性は印加電圧に対して指数関数的もしくはそれ以上に急激に変化する非線形性を有している．そこで変調器に十分消光する直流電圧を印加し，さらに直流電圧の 2 倍程度の正弦波を重畳すると深い負のバイアス点では光は透過せず，負の直流バイアス点から 0 V までの間で正弦波と非線形な伝達関数との積によりパルスが発生するのである．この点に着目し，連続光を正弦波変調した場合，その透過波形は sech もしくはガウスに近いパルス発生が可能であることから，

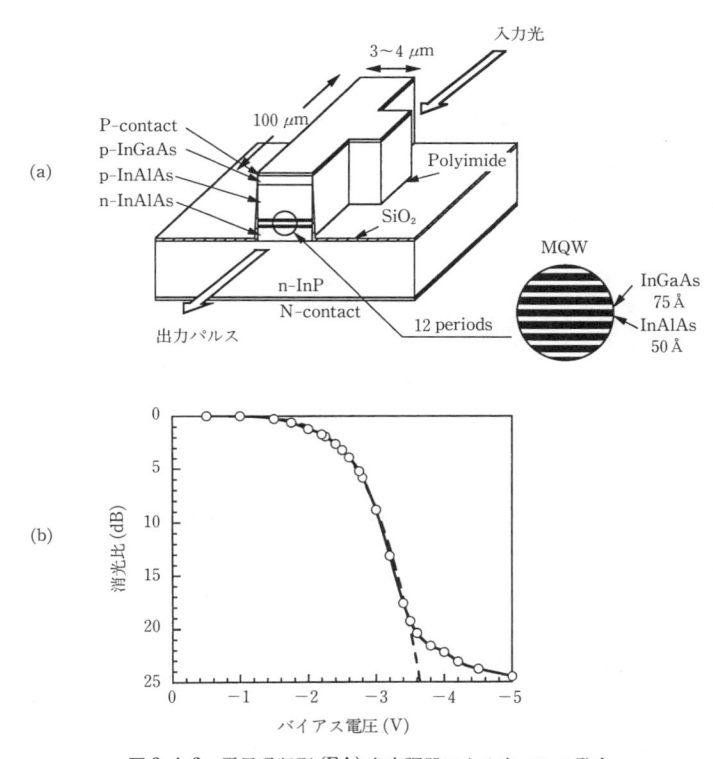

図 3.4.3 電界吸収型 (EA) 光変調器による光パルス発生
(a) EA 光変調器の構造．(b) 逆バイアス電圧に対する吸収特性．

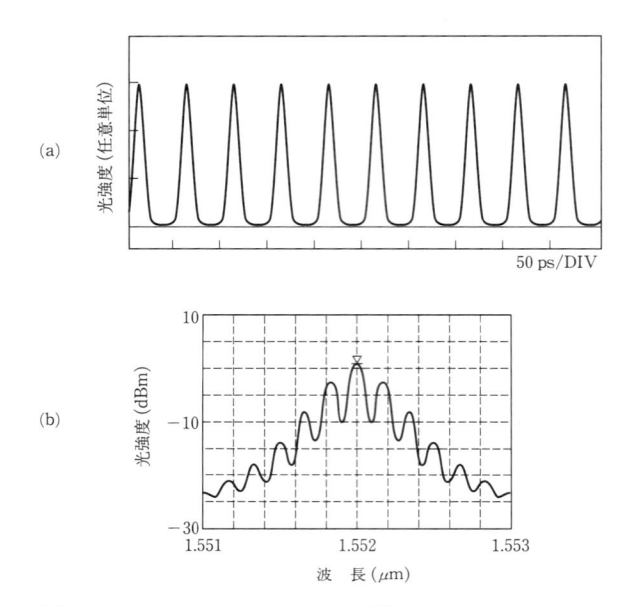

図 3.4.4 ストリークカメラで測定した EA 変調器によるパルス波形 (a) とそのスペクトル (b)

実際にソリトン伝送に用いられその有効性が示されている[13,14].

ストリークカメラで測定したパルス波形と光スペクトルを図 3.4.4 に示す.この波形は DC バイアス電圧 -3.6 V において,$+16$ dBm ($=4$ V_{p-p}),20 GHz の高周波電圧を印加して得られている.出力のパルス幅は 10.4 ps,スペクトル幅は 0.32 nm である.このパルス幅とスペクトル幅の積は 0.41 でガウス型の TL な短パルスが 20 GHz の繰返しで安定に発生していることがわかる.バイアス電圧を負に深く振っておき,その周りに全透過にならないように変調を加えると比較的細いパルスが得られるが,パルスピークの透過量が減るためパルスの振幅が低くなる欠点もある.

この方法は比較的簡便にソリトン伝送用のパルスが得られるため便利な方法であり,今後 30 GHz 以上の高速化が重要である.EA 変調器を 2 台タンデムに接続して両者を位相をずらして変調する方法により短パルス化が試みられている.

EA 変調器は半導体デバイス特有の α パラメーターに依存するチャーピングが問題とされ,バルク型のものが多く利用されてきた.しかし最近では,多重量子井戸構造をもたせることによりチャーピングを低減させ,さらにひずみ超格子を用いることにより変調器の偏波無依存化も実現されている[15].

表 3.4.1 に以上述べてきたパルス発生法の特徴をまとめて示す.

表 3.4.1 各種パルス発生法の特徴

レーザーの種類＼項目	モード同期半導体レーザー	モード同期ファイバーレーザー	利得スイッチ半導体レーザー＋光フィルタリング	EA変調器
サイズ	小型	中型	小型	小型
繰返し	ほぼ固定（わずかに可変）基本波モード同期を使用 〜数百 GHz	固定 高調波モード同期を使用 〜40 GHz	可変 〜20 GHz	可変 〜30 GHz
パルス波形	ガウス (AML) $sech^2$ (PML)	ガウス (AML) $sech^2$ (PML)	ガウス	$sech^2$〜ガウス
パルス幅	数百 fs〜50 ps	数百 fs〜30 ps	10〜40 ps	10〜40 ps
トランスフォームリミット (TL) 性	Non TL DBRを投置するとTLになる	TL（ソリトン通信に適している）	光フィルターと組み合わせるとほぼTL	TL（ソリトン通信に適している）
ピーク出力パワー	〜数十 mW	〜数十 mW	〜数百 mW	〜数十 mW
研究の流れ	DBRによるTL化	繰返し周波数の安定化	利得結合型DFBLDによるTL化	CWLDとのモノリシック集積化 低結合損失化

3.4.2 光ソリトン伝送の特徴

光ソリトンが超高速・長距離光通信へ有効な理由としては，
① 光ファイバーの損失が最小となる波長 1.55 μm 帯において光ソリトンを発生できること
② 狭いパルスを波形ひずみが小さいまま長距離伝送できること
などがあげられる．

線形伝送では，伝送速度 B と伝送距離 L の関係は "$B^2L=$一定" であるから，10 Gbit/s-10000 km のシステムでも 20 Gbit/s のシステムでは最大伝送距離は 2250〜2500 km となってしまう．最近ではいろいろな分散補償技術が提案されており，非線形光学効果を抑えながら高速の長距離伝送を行う波長多重伝送 (WDM) が盛んに行われている．たとえば，20 チャネルの 5 Gbit/s で 6100 km の WDM 伝送では，2 ps/km/nm の高分散ファイバーを用い，それを周期的にゼロ分散に補償している[16]．

経済的な光システムを実現するためには中継間隔を 80 km 程度に長くする必要があるが，この場合には信号光パワーが非線形光学効果が発生する領域に入り込む．このため，長距離伝送の場合には群速度分散ばかりでなく自己位相変調効果，4光波混

合，変調不安定性などの悪影響がでてくる．それゆえ 10000 km のような長い伝送距離を実現するには，全体の分散値を十分小さく設定し，かつ中継間隔を 30 km 程度まで短くする必要がある．

一方，ソリトン伝送の限界を決める要因はゴードン-ハウス (Gordon-Haus) ジッタであり[17]，B と L との間には "$BL=$一定" の条件がある．このため IM/DD よりソリトンのほうがより高速化が可能である．ソリトン伝送の場合には分散量をゼロとしないため，従来 IM/DD 伝送法で問題になった非線形光学効果が抑圧され，長距離化・高速化に有利になる．ソリトンは非線形による分散補償というよりも，むしろ性能を劣化させる非線形光学効果を取り除くために用いると考えたほうがよい．最近では，このゴードン-ハウス制限をも打破できる "ソリトン制御" という技術が確立されつつある．また，分散アロケーションを行った線路でのソリトン伝送技術が実用性が高いことから最近注目されている．

3.4.3 光ソリトンの伝送

理想的なソリトンは無ひずみのまま長距離にわたって伝搬するが，光ファイバーには損失があるため，光強度に依存した非線形性が弱められ，ついにはソリトンでなくなってしまう．この損失を補償する技術として光増幅が重要となってくる．EDFA はソリトンの光直接増幅に最適であり，EDFA を用いたソリトン伝送法はダイナミックソリトンと名づけられ，今日のソリトン伝送の基本的な伝送方法になっている[5,18]．この方法ではソリトンの振幅は周期的に変化するが，パルス幅は一定にできることがポイントである．見方を変えると周期的に変化する振幅の平均値的なソリトンの伝送と等価であり，average soliton もしくは guiding-center soliton とも呼ばれている．

EDFA を用いた光ソリトン伝送は，群速度分散と光損失による伝送制限を克服したわけであるが，新たにゴードン-ハウスジッタ，光増幅器の ASE の蓄積，非線形なソリトン間相互作用などの問題点を生じさせた．これらの問題点を解決するための技術としてソリトン制御という方法が提案されている[19~21]．ここでは超高速および長距離伝送をねらったソリトン伝送技術について述べる．

a. 超高速ソリトン伝送技術

図 3.4.5 にダイナミックソリトン通信法を用いて構成した 80 Gbit/s および 160 Gbit/s のソリトン伝送の実験系を示す[22]．ソリトン光源は，高調波-再生モード同期を用いたファイバーレーザーであり，10 GHz，3 ps の光パルスを発生させることができる．このパルス列を $LiNbO_3$ 光強度変調器を用いて変調する．80 Gbit/s の光パルス列は 10 Gbit/s のパルス列を PLC (planer lightwave circuit) を用いて，MUX してつくり出し，10 Gbit/s ユニットごとのソリトンの振幅にわずかな差をもたせる

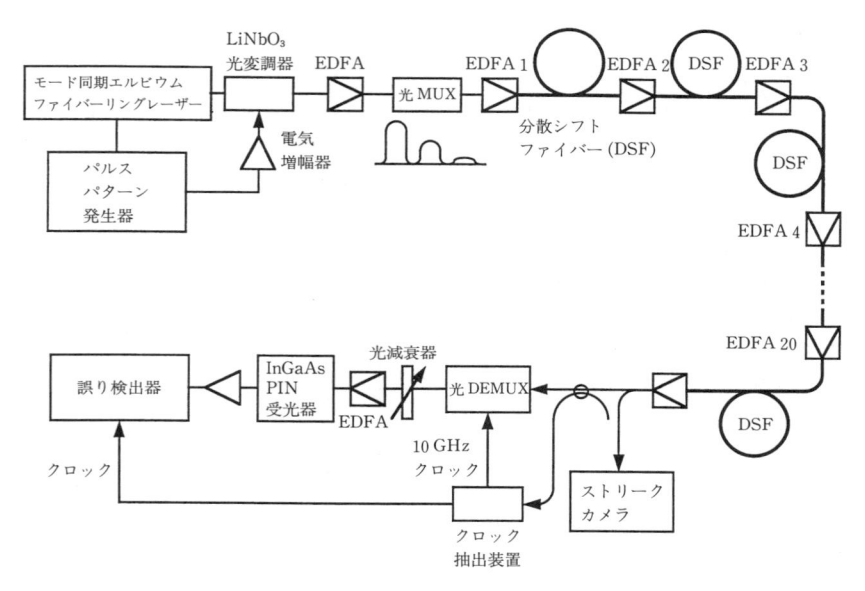

図 3.4.5 80 Gbit/s-500 km ソリトン伝送

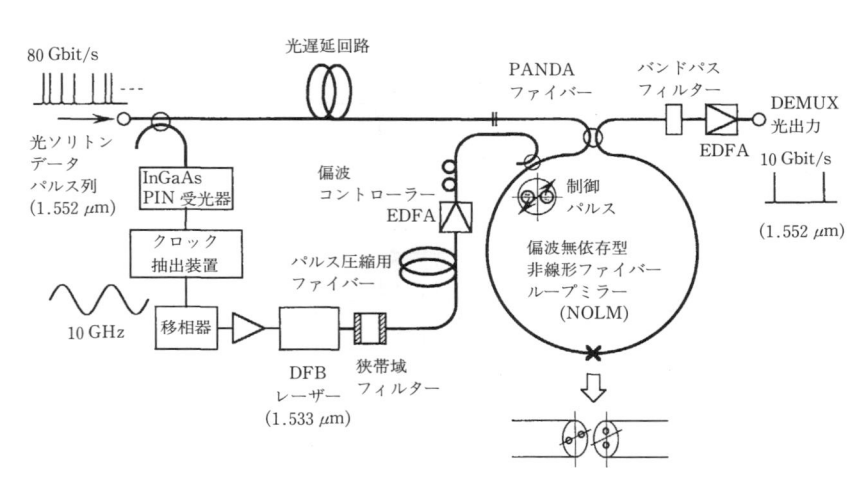

図 3.4.6 非線形ループミラー (NOLM) を用いた 80 Gbit/s データ信号の 10 Gbit/s への DEMUX

ことにより,クロックを抽出している.

500 km の伝送を行った後,図 3.4.6 に示す非線形ループミラー (NOLM: nonlinear optical loop mirror) を用いた DEMUX 回路により[19],高速な光パルス列を低

速でかつ幅の狭い光パルスを用いて打ち抜き，80 Gbit/s から 10 Gbit/s への変換を行っている．

160 Gbit/s のソリトン伝送も 80 Gbit/s のソリトンを偏波多重 (PM：polarization multiplexing) することにより実現されている．線形伝送の場合には PM を行っても伝送品質に変化はないが，ソリトンの場合にはソリトン間の相互作用が低減できる利点がある．このようにして 160 Gbit/s-225 km の安定なソリトン伝送が実現されている．

b. 時間領域でのソリトン制御

ソリトン制御には，伝送クロックに同期した変調をソリトンに加える時間領域のソリトン制御と[19,20]，バンドパスフィルターでソリトンの振幅を安定化する周波数領域のソリトン制御[21]がある．時間領域の制御では，ゴードン-ハウス効果やソリトン相互作用によるジッタを取り除くことができ，また，ASE の除去ならびにソリトンの波形整形も可能である．

図 3.4.7 に 500 km の光ループを用いたソリトン制御の実験の構成図を，また図 3.4.8 にそれにより得られた 5000 万 km および 1 億 8000 万 km 伝送後のソリトン波形を示す．ループの中に LN 光変調器を挿入し，10 Gbit/s のソリトンデータパルスに対してリタイミングと雑音除去を 500 km ごとに行っている．また，周波数領域の

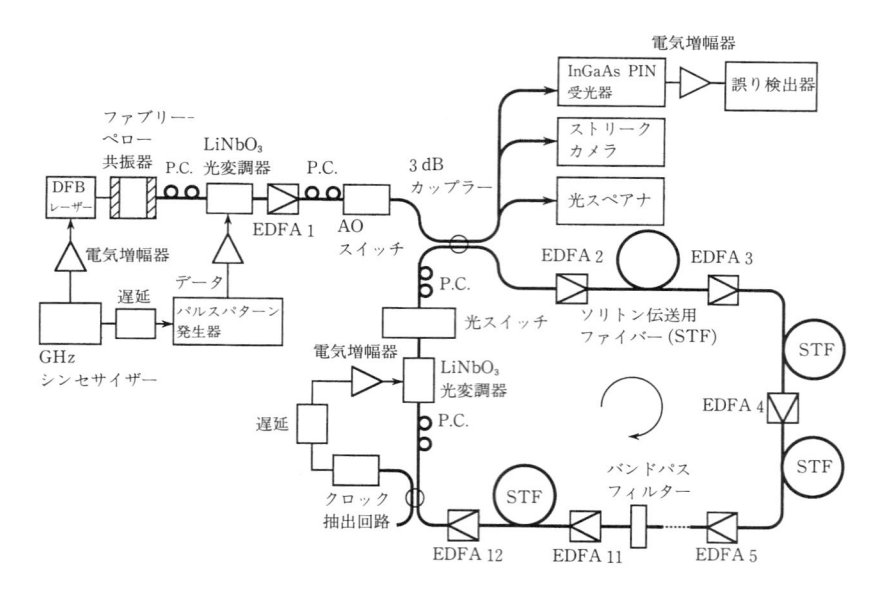

図 3.4.7 同期変調によるソリトン制御の構成図

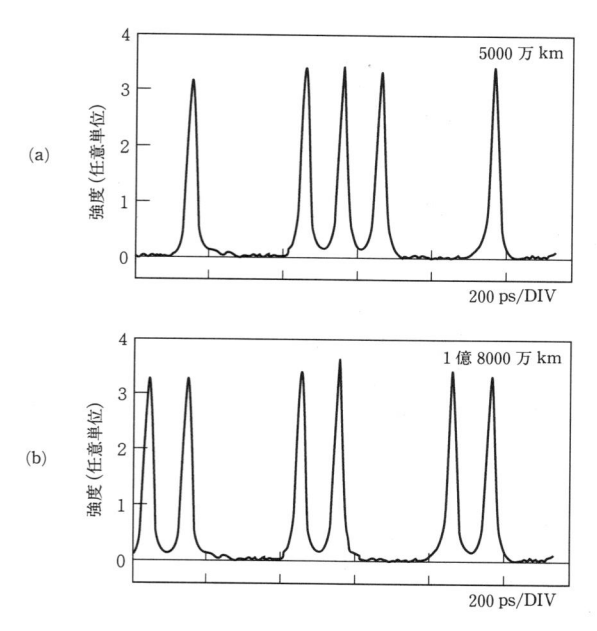

図 3.4.8 ソリトン制御によって得られた 5000 万 km (a) および 1 億 8000 万 km (b) 伝送後のソリトン波形

ソリトンの安定化は帯域 0.3〜0.4 nm のバンドパスフィルターにより行っている．この図から，パルスの広がりやソリトン間の相互作用によるパルス間の引込みなどがなく，安定なソリトン伝送が可能なことがわかる．また，符号"0"における ASE 雑音の蓄積は非常に少なく，本制御技術が雑音の抑制に大変有効であることがわかる．

長距離伝送したあとの光ソリトン信号がソリトン制御技術により劣化しないで伝送されていることは，1，20，100 万 km 伝送後の誤り率が変化しないことからも確かめられている．さらに，直線路においてもソリトン制御の実験が行われ伝送距離の拡大が図られている．

このソリトン制御技術は線形な雑音と非線形なソリトンとの性質の違いをうまく利用したもので，光ソリトンの伝送距離の制限がなくなることが理論的にも示されている[20]．本方法を用いると，中継間隔を 100 km 以上と，従来のソリトン通信に比べて 3 倍程度まで伸ばすことが可能であるため，大幅なコストダウンが図れる．最近では，BT，CNET，BNR，ALCATEL などのグループもこの同期変調方式を採用し，本方法が長距離伝送に有効であることを示している．

波長が異なるソリトンがランダムに衝突するとジッタが発生するが，この変化も強制的にリタイミング（ジッタが少ないうちにクロックを抜き出してそれによりリタイ

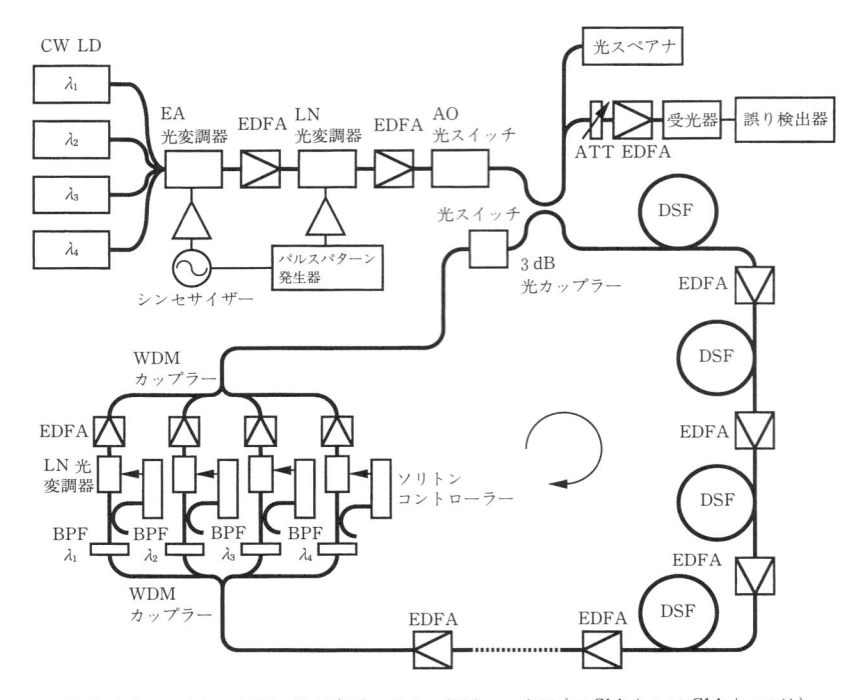

図 3.4.9 ソリトン制御の波長多重ソリトン伝送への応用（40 Gbit/s : 10 Gbit/s×4 波）

ミング）して WDM 伝送を可能とすることができる．筆者らは最近この手法を波長多重 (WDM) ソリトン伝送に適用し 40 Gbit/s-10000 km (10 Gbit/s×4 波) の伝送実験に成功している[23]．この実験系を図 3.4.9 に示す．図 3.4.9 は基本的には図 3.4.2 と同じであるが，1 波長の代わりに 1.5520 μm，1.5530 μm，1.5550 μm，および 1.5565 μm の 4 波長のソリトンを用いている点が異なる．波長間隔が等しく設定されていないのは 4 光波混合の発生を除去するためである．伝送速度は 10 Gbit/s であり，ソリトンのパルス幅は 22〜25 ps である．ソリトン制御回路は 500 km ごとに 1 台ずつ用意し，それぞれの波長を独立に制御した．この実験系により得られた結果を図 3.4.10 に示す．伝送信号は $2^{11}-1$ の擬似ランダム信号である．これによると誤り率が 1×10^{-8} 以下の伝送が実現できていることがわかる．

c. 周波数領域でのソリトン制御

もう一つの興味深いソリトン制御法は，ATT Bell 研究所の Mollenauer らが提案している sliding frequency filter 法である[21]．この方法は雑音の蓄積を防ぐためにソリトンの波長を徐々に長波長側に光フィルターで強制的に動かすものである．ソリト

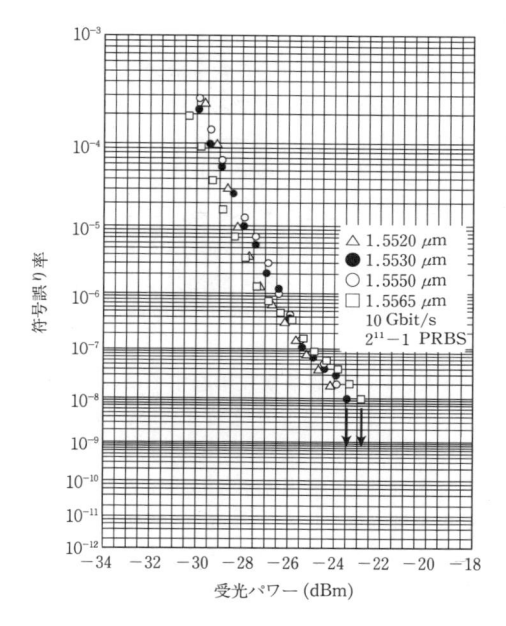

3.4 光ソリトン発生デバイスとその伝送   501

図 3.4.10 40 Gbit/s (10 Gbit/s×4 波) 波長多重ソリトンの 10000 km 伝送後の誤り率特性

ンはこのような断熱近似的な変化に対しては追随することができるが,その一方で雑音は光フィルターにより除去されてしまうことを利用している.最近 Mollenauer らはこの方法を WDM ソリトン伝送に適用し,80 Gbit/s-10000 km (10 Gbit/s×8 波) の伝送実験に成功している[24].

ソリトン制御技術は第 2 章で述べたレーザーのモード同期技術のように RZ パルスに関する手法であり,従来の NRZ パルスに応用するには難点がある.しかし,将来の高速ホトニックスイッチングには NRZ パルスよりもむしろ取扱いが簡便である RZ パルスを使用する可能性が高く,RZ パルス技術であるソリトン伝送・ソリトン制御・ソリトンスイッチングは大変興味深い技術であるといえる.

3.4.4 分散マネージソリトン伝送技術

a. 分散マネージ (DM) ソリトン

ソリトン伝送は,長距離高速通信を実現する方法として大変興味深い方法であるが,ファイバーは異常分散をもつように選ばなければならない.これでは光ファイバーを生産もしくは利用する立場からすると効率が悪く,光伝送システムのコストが

高くなってしまう．

しかし，最近，異常分散のファイバーと正常分散のファイバーとが適当に接続されていても伝送路全体の平均分散が異常分散であれば，安定なソリトン伝送が実現できることが見出されている[25]．これは"dispersion-managed soliton" DM ソリトンと呼ばれ，平均分散で定義されるソリトン周期より十分短い区間で分散の変化があっても，安定なソリトンが伝搬できることを意味する．DM ソリトンは個々のファイバーピースでは線形パルスのように振る舞い，正常分散と異常分散との間でパルスの広がりと圧縮を繰り返す．しかしそのパルスの挙動をソリトン周期の長さでみると，自己位相変調効果による位相変化が蓄積しており，この効果が平均分散とつり合ってソリトンが伝搬できるのである．

筆者らは 1992 年にソリトンの分散補償技術をすでに報告しているが[26]，ここで述べる DM ソリトンはさらに大きな意味をもっている．すなわち，ソリトン伝送にとっても分散マネージメントを行うことは，単に分散を補償するだけでなく，分散の変化のために光ソリトンと雑音との位相整合が成り立たなくなり，結果としてソリトン以外の非線形光学効果を抑えることができるのである．

図 3.4.11 にこの DM ソリトンの伝搬の様子を GVD$=-2$ ps/km/nm の 30 km のファイバーと GVD$=+1.3$ ps/km/nm の 60 km のファイバーとを接続した中継間隔 90 km の伝送路を例にとって示す．この場合，平均分散は $+0.2$ ps/km/nm である．太い実線で示される本ソリトンは，破線で示される従来のソリトン伝送に比べると，わずかにパルス幅の変化が大きい．これは，分散による摂動が比較的大きいためである．しかし，破線で示す線形パルスの広がりとは全く異なることに注目したい．細い実線は，GVD$=-0.4$ ps/km/nm の 30 km のファイバーと GVD$=+0.5$ ps/km/nm

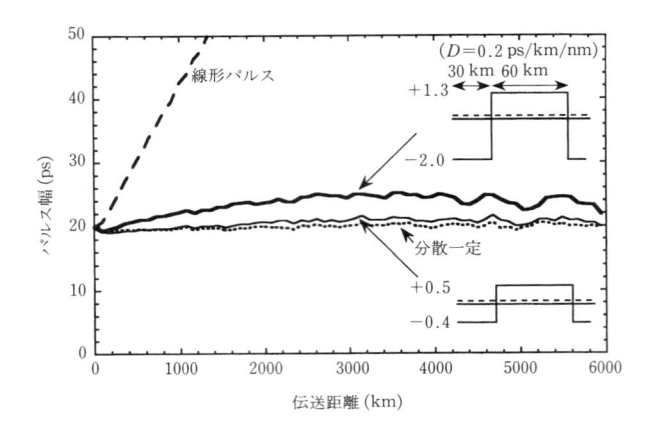

図 3.4.11 分散マネージ（DM）ソリトンの伝搬特性

の 60 km のファイバーとが接続された例であり，少ない分散摂動の場合の平均分散ソリトンの波形変化を示す．この場合，安定なソリトン伝送が行われていることがわかる．このように DM ソリトンは分散を適当に組み合わせることにより，通常の伝送路を高速なソリトン用伝送路に変換できるため，将来大変重要な技術になるであろう．

b. DM ソリトンによるパワーマージンと分散許容度の増加

ここでは Q 値と呼ばれる量を用いて DM ソリトン性能を従来の伝送技術と比較する．Q 値は受信後のアイパターンの信号対雑音比（SN 比）を表すが，この値は伝送システムの符号誤り率（BER）と一対一対応しており，従来からこの Q 値により伝送システムの性能を評価することが行われている[27]．ここで BER と Q 値との関係は次式で表される．

$$\text{BER} = \frac{1}{2}\text{erfc}(Q/\sqrt{2}) = \frac{1}{\sqrt{2\pi}}\int_Q^\infty \exp\left(-\frac{t^2}{2}\right)dt \quad (3.4.4)$$

Q 値が高いほど SN 比の良い伝送が行われていることを表し，たとえば，$Q=7$ は符号誤り率 10^{-12} に対応する．

ここで示す Q マップ法は，伝送後の光信号のアイパターンの Q 値を摂動のある非線形シュレーディンガー方程式をもとにしてシミュレーションにより求め，伝送光パワー（光ファイバー入射のピークパワー），ファイバーの群速度分散値に対する Q 値の等高線グラフを描くことによって，各種光通信システムの性能の評価を行う新しい手法である．これにより各種伝送システムのパワーマージン，安定性，分散トレランスなどの伝送特性を直ちに比較することができる．

伝送速度は 20 Gbit/s に設定し，ソリトンのパルス幅は 10 ps とした．ソリトン自己周波数シフト（SSFS）の係数を 5.9 fs，3 次分散を 0.07 ps/km/nm^2，中継間を 80 km，光ファイバー損失を 0.2 dB/km，光増幅器の雑音指数（NF）を 6 dB としている．ソリトンおよび RZ 伝送の場合は 2 nm，NRZ 伝送の場合は 10 nm の帯域の光フィルターを各光増幅器に挿入し，電気のベースバンドフィルターの帯域は 13 GHz に設定した．また，入力のソリトン波形は sech パルスを，NRZ 波形は指数 1.436 のスーパーガウシアンパルスを用いており，計算に当たっては 2^7-1 の擬似ランダムパターンのデータ列を用いている．

図 3.4.12 (a) および (b) に分散マネージソリトン伝送および NRZ 伝送の Q マップを示す．(a) の伝送距離は 5120 km であり，(b) の伝送距離は 2560 km である．ファイバーの分散マネージメントの条件は，(a) の場合にははじめの 30 km は分散値が 1 ps/km/nm（異常分散）であり，残り 50 km は分散値が -0.6 ps/km/nm（正常分散）である．(b) の場合にははじめの 30 km は分散値が -1 ps/km/nm（正常分散）であり，残り 50 km は分散値が 0.6 ps/km/nm（異常分散）とした．これは NRZ 伝送の

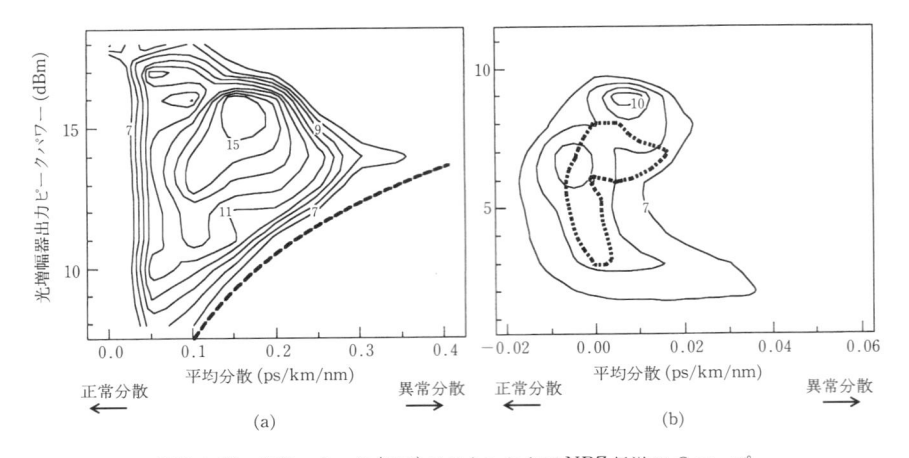

図 3.4.12 分散マネージ (DM) ソリトンおよび NRZ 伝送の Q マップ
伝送速度 20 Gbit/s, ソリトンのパルス幅は 10 ps に設定. (a) DM ソリトン伝送. 伝送距離は 5120 km, 破線は $N=1$ ソリトンピークパワーを示す. (b) DM NRZ 伝送. 伝送距離は 2560 km. 破線は 3200 km での $Q=7$ の等高線を示す.

場合, はじめに異常分散のファイバーを配置すると変調不安定が生じ, 伝送特性を改善することができないためである.

図 3.4.12 (a) と (b) より, 伝送距離 5120 km における DM ソリトンの $Q=7$ の広がりは, 3200 km における分散マネージメントを行った NRZ のそれと比較して大変大きいことがわかる. この広がりが大きいほど伝送時のパワーマージンおよび分散値の許容度が大きいことを意味する. また, 図 3.4.12 (a) の Q マップは, 分散が一様な場合の 5120 km 伝送後のソリトンと比較した結果, DM ソリトンの Q マップのほうが $Q=7$ の領域が大幅に広いことがわかっている. これは, 分散アロケーションによって生じる強制的な位相不整合により非線形光学効果が抑えられるためであり, DM ソリトンがほかの方式に比べてすぐれている点である.

分散マネージメントを行うことで NRZ パルスの伝送距離も伸ばすことができるのであるが, DM ソリトンの場合に比べて 3200 km 程度までしか伝送できない. 図 3.4.12 (b) において, 破線は伝送距離が 3200 km のときの Q が 7 の等高線を示しており, 伝送距離が 5120 km のときは Q が 7 以上の領域はなくなってしまう. また, 分散マネージメントを行った場合の RZ パルスは図 3.4.12 (a) の GVD がゼロの場合に相当するが, 伝送距離 5120 km で Q は 7 以下となる. したがって DM の RZ パルス伝送はやはり DM ソリトンに比べて伝送能力が劣る. この状況でのパルス伝搬は文献[28]に詳しく解析されている.

以上のことから, DM ソリトンがゼロ分散における DM NRZ および RZ パルス伝

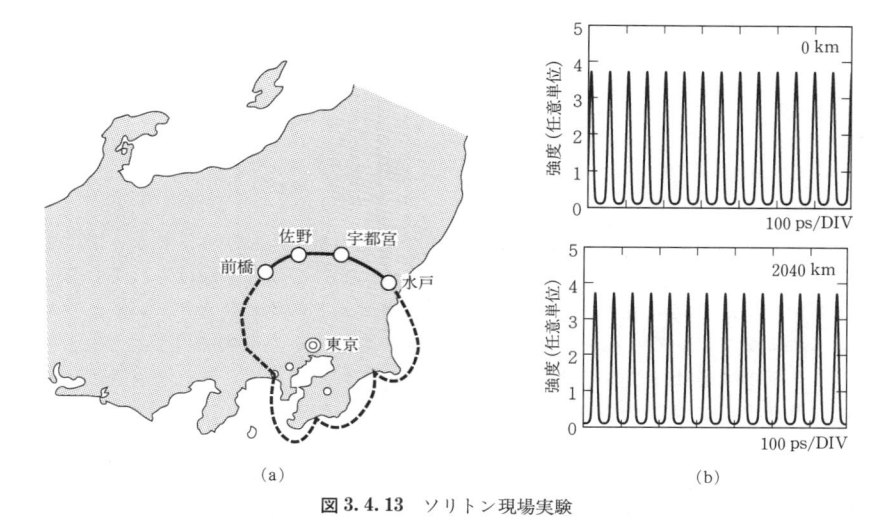

図 3.4.13 ソリトン現場実験
(a) 水戸-前橋現場実験ルート．(b) 送信部 (0 km) での 20 Gb/s 擬似ランダム信号と受信部 (2040 km) での受信信号．

送に比べてもっともすぐれた特性を示すことがわかる．

いままで説明してきたように，DM ソリトン伝送法は分散の正と負がランダムに混在する現用の光ケーブルを用いても可能であり，このことは従来特別なファイバーを必要としたソリトン通信にとっては大きなブレイクスルーとなった．この技術をもとにして現場に布設された商用回線 (首都圏ループ網) の一部を用いた 20 Gbit/s-2000 km の光ソリトン現場実験が行われている[29]．

図 3.4.13(a) に示すように，実験には東京を中心とした半径 100 km の首都圏ループ網の一部 (水戸―前橋) を用いており，この伝送路は 1.55 μm 分散シフトファイバーを用いた多心ケーブルで構成されている．水戸に送信部と受信部を設置し，水戸，宇都宮，佐野，前橋で増幅中継する線路構成としている．伝送用既設光ケーブルは従来の IM/DD 伝送用に使われているもので，平均単長 2 km，1.55 μm での分散が ±1 ps/km/nm 程度で分布しているファイバーがランダムに接続されている．このような環境下においても図 3.4.13(b) に示すように，20 Gbit/s のソリトン信号が 2000 km にわたって安定に伝送できており，この平均分散の考え方はソリトン技術を実用化に向けて大きく前進させたといえよう．図 3.4.13(b) には送信部 (0 km) での 20 Gb/s 擬似ランダム信号と受信部 (2040 km) での受信信号を示した．

KDD からは 20 Gbit/s-1 万 km 以上のループ実験や分散補償技術を用いた興味深いソリトン伝送技術も報告されている[30,31]．最初報告された分散補償ソリトンは全分散をゼロに設定していたが，3 次分散の影響により波長が異常分散側にシフトし，結

果的に DM ソリトンとして伝搬していたものと考えられる．彼らは最近では平均分散を最初からわずかに異常分散側に設定することにより，さらに伝送特性を向上させている．

展　望

ソリトン伝送は損失がない理想的なファイバーでの机上の話からはじまって，さまざまな変化をたどりながら実用性の高いシステムに向けて研究が続けられている．ソリトンシステムを実用化するためには，従来システムとの比較により，いかにソリトンシステムがすぐれているかを示していく必要がある．その意味で，ここで報告したソリトン制御技術は従来の線形伝送にはない特徴をもっており，これを有効に使うことにより線形システムを凌駕できる長距離伝送システムをつくることができる．また，高速でかつ長距離にわたるソリトン伝送を考えると，パルスが狭いほどいままで考えなくてよかった高次の分散や非線形光学効果が大きく影響する．このため，パルスをいかに制御するかがますます重要となってくる．

分散マネージしたソリトン (dispersion-managed soliton) は分散マネージした NRZ 伝送に比べて大変大きなパワーマージンをもつことを，Q マップを用いて示した．これは，ソリトン伝送路が分散制御してある場合，ソリトンがファイバー中で高次ソリトンとなるための位相整合がとれなくなり，高い強度の非線形パルスが次数の高いソリトンに育っていくことができないことを利用している．この方法はソリトンという原理を中心にして光非線形性と分散マネージメントを使うことにより従来より伝送品質の高いシステムが実現できるため，ソリトン通信の大きな進歩といえる．

最近のソリトンに関する爆発的な研究開発を見ると，ソリトン伝送技術は，将来の超高速通信の実現に向けてこれまで以上に大きな牽引力となるであろう．

［中沢正隆］

引用文献

1) N. J. Zabusky and M. D. Kruskal : *Phys. Rev. Lett.*, **15**-6 (1965) 240–243.
2) V. E. Zakharov and A. B. Shabat : *Sov. Phys. JETP*, **34**-1 (1972) 62–69 (*Zh. Eksp. Teor. Fiz.*, **61** (1971) 118–134.
3) A. Hasegawa and F. Tappert : *Appl. Phys. Lett.*, **23**-3 (1973) 142–144.
4) L. F. Mollenauer *et al.* : *Opt. Lett.*, **8**-5 (1983) 289–291.
5) M. Nakazawa *et al.* : *IEEE Photon. Technol. Lett.*, **2**-3 (1990) 216–219.
6) A. E. Siegman : Lasers, Univ. Science Books, Mill Valley, CA, 1986, Chap. 27–28.
7) X. Shan *et al.* : *Electron. Lett.*, **28** (1992) 182–184.
8) M. Nakazawa *et al.* : *Electron. Lett.*, **30**-19 (1994) 1603–1604.
9) M. Nakazawa *et al.* : *Jap. J. Appl. Phys. Lett.*, **35**-6A (1996) L691–L694.
10) S. Arahira *et al.* : *IEEE Photon. Technol. Lett.*, **5**-12 (1993) 1362–1365.
11) K. Sato *et al.* : OFC'95 TuI2, San Diego, 1995, pp. 37–38.

12) M. Nakazawa et al.: *Opt. Lett.*, **15**-12 (1990) 715-717.
13) M. Suzuki et al.: *Electron. Lett.*, **28**-28 (1992) 1007-1008.
14) 鈴木　正：レーザー研究，レーザー解説, **20**-8 (1992) 673-683.
15) K. Wakita et al.: *IEEE Photon. Technol. Lett.*, **7**-12 (1995) 1418-1420.
16) N. S. Bergano et al.: ECOC'95, Posrdeadline paper, Th.A.3.1, Brussels, 1995.
17) J. P. Gordon and H. A. Haus: *Opt. Lett.*, **11**-10 (1986) 665-667.
18) H. Kubota and M. Nakazawa: *IEEE J. Quantum Electron.*, **26**-4 (1990) 692-700.
19) M. Nakazawa et al.: *Electron. Lett.*, **27**-14 (1991) 1270-1272.
20) H. Kubota and M. Nakazawa: *IEEE J. Quantum Electron.*, **29**-7 (1993) 2189-2197.
21) L. F. Mollenauer et al.: *Opt. Lett.*, **17** (1992) 1575-1577.
22) M. Nakazawa et al.: *Electron. Lett.*, **30**-21 (1994) 1777-1778.
23) M. Nakazawa et al.: *Electron. Lett.*, **32**-9 (1996) 828-830.
24) L. F. Mollenauer et al.: OFC'96 PD 22, San Jose, 1996.
25) M. Nakazawa and H. Kubota: *Electron. Lett.*, **31**-3 (1995) 216-217.
26) H. Kubota and M. Nakazawa: *Opt. Commun.*, **87** (1992) 15-18.
27) G. P. Agrawal: Fiber-optic Communication Systems, John Wiley & Sons, 1992, p. 165.
28) M. Nakazawa et al.: *IEEE Photon. Technol. Lett.*, **8**-3 (1996) 452-454.
29) M. Nakazawa et al.: *Electron Lett.*, **31**-17 (1995) 1478-1479.
30) M. Suzuki et al.: PDP 20, OFC'95 (OSA, IEEE), San Diego, 1995.
31) N. Edagawa et al.: ECOC'95, Postdeadline Paper, Th. A. 3.5, Brussels, 1995.

3.5 自然放出制御光デバイス

はじめに

　量子力学では，一般に自然放出は量子化された電子と真空場(零点エネルギーをもつ光の電磁界)の相互作用によって引き起こされる現象と説明されており，電子と真空場をうまく制御すれば特定波長の自然放出を増強，無駄な発光を抑制できることがこれより予測される．半導体レーザーの研究において量子井戸構造の導入は効果的な電子の制御を実現し，誘導放出を制御することで低しきい値発振，安定動作，高速変調などをもたらした．一方，真空場の制御は自然放出制御という形で近年，研究が活発化している．自然放出は一般には制御不可能な現象と捉えられているが，どのようなレーザーの中でも共振器の境界条件によって決まる真空場の性質を反映して，微妙な自然放出の変調が起こっている．自然放出制御とは微小共振器によって真空場を大きく変化させ，利用価値の高い自然放出光を高速に取り出そうという概念であり，従来のレーザーとは異なる新しい素子や動作特性が期待されている．

　自然放出制御の歴史は 1946 年の Purcell の提案[1]に始まり，おもに金属共振器やミリ波帯の電磁波を用いた研究によって進展し，共振器 QED (cavity quantum electro-dynamics) という分野を形成してきた．1980 年以降，自然放出制御光デバイスの構想[2]，理想的な微小共振器(ホトニック結晶)の提案[3]，色素を用いた微小共振器レーザーの実験[4]などを通して周波数帯の目標が光へと移る．さらに面発光レーザーの成功[5,6]により半導体微小共振器が現実のものとなり，これを利用した自然放出制御の可能性が実験において示された[7]．この後，自然放出制御レーザーの動作特性解析[7,8]，自然放出光係数(自然放出制御の可能性を表す値)の計算[9]，微小周回レーザーの発明[10]，ホトンリサイクリングの議論[11]などがあり，最近では物理学，工学の両分野で広く話題を提供している[12]．

　3.5.1 項では自然放出制御の考え方とこれを利用した微小共振器半導体レーザーの一般的な特性について説明する．自然放出制御は専門家の間でも理解が混乱する点があるので，ここでは簡単な数式を用いて本質が明らかとなるように努めた．工学応用が可能な範囲という点に留意し，共振器ポラリトン[13]など現状で物理学的な興味が中心となっている現象は，ここでは割愛した．また微小共振器と絡めて議論されることがあるホトンリサイクリング効果については簡単な説明を加えた．3.5.2 項では具

体的な共振器構造としてホトニック結晶と周回共振器を取り上げ，それらの自然放出制御の可能性について議論するとともに，これまでの研究状況を紹介する．

3.5.1 自然放出制御と微小共振器

a. 自然放出レートの変化

微小光共振器による自然放出レートの変化についてはこれまでに多くの議論があるが，共振器構造と仮定する状況によって結論が異なる．ここではこの変化が何に依存して起こるかを，単純なモデルを使って示す．

体積 V_a の活性領域が完全導体反射鏡で囲まれた体積 V_c 共振器内部に置かれた状況を考える．フェルミの黄金則を出発点として多少の変形や項の付加を行うと，位置 r にある伝導帯電子が光を放出して価電子帯へ戻る正味の遷移レート $R(r)$ は次式で与えられる．

$$R(r)=\int_0^\infty \frac{2\pi}{\hbar}e^2\mu^2(r,\omega)E^2(r,\omega)\{(f_2-f_1)SV_a\delta(\omega-\omega_l)+f_2(1-f_1)\rho(\omega)\}d\omega \quad (3.5.1)$$

ここで，ω は光の角周波数，$\mu(r,\omega)$ はダイポールモーメントの大きさ，$E(r,\omega)$ は光の電界振幅，f_2 と f_1 はそれぞれ伝導帯と価電子帯のフェルミ-ディラック分布，S と ω_l はそれぞれレーザーモードの光子密度と角周波数，$\rho(\omega)d\omega$ はモード密度である．右辺 { } 内の第1項は誘導放出，第2項は自然放出を表す．特定周波数の μ を高めるのが電子の制御，特定周波数の E^2 を高めるのが電磁界あるいは真空場の制御である．両者の周波数が一致すれば遷移レートの増大が起こる．

ここでは自然放出の項のみを考える．いま，電子の均一な空間分布を仮定し，$\mu^2(r,\omega)f_2(1-f_1)$ を $(\bar{\mu}^2/3)F_{\rm sp}(\omega)$ という関数に置き換える．$\bar{\mu}$ は平均的なダイポールの大きさ，1/3 はダイポールの向きの確率である．$F_{\rm sp}(\omega)$ は電子のエネルギー分布が決める遷移スペクトル関数であり，$\int_0^\infty F_{\rm sp}(\omega)d\omega=1$ と規格化される．共振器体積 V_c が大きいと存在できるモードの数は多くなり，周波数スペクトル上でほぼ連続的に分布する．そして，モード密度は次式で与えられる．

$$\rho(\omega)d\omega=2\frac{\omega^2 V_c n_{\rm eq}^2(\omega)}{2\pi^2 c^2}\frac{dk}{d\omega}d\omega=2\frac{\omega^2 V_c n_{\rm eq}^2(\omega)n_{\rm eff}(\omega)}{2\pi^2 c^3}d\omega \quad (3.5.2)$$

ここで，c は真空中の光速であり，前に掛かる 2 は二つの偏波を表す．また $n_{\rm eq}(\omega)$ は光の等価屈折率であり，次式で与えられる．

$$n_{\rm eq}^2(\omega)\int_{共振器内}\varepsilon_0 E^2(r,\omega)d^3r=\int_{共振器内}\varepsilon_0 n^2(r)E^2(r,\omega)d^3r=\frac{\hbar\omega}{2} \quad (3.5.3)$$

ここで，$n(r)$ は屈折率分布であり，右の式は真空場エネルギーを表している．$n_{\rm eff}(\omega)$ は分散を考慮した実効屈折率であり，次式で与えられる．

$$n_{\text{eff}}(\omega) = n_{\text{eq}}(\omega) + \omega \frac{dn_{\text{eq}}(\omega)}{d\omega} \tag{3.5.4}$$

平均的な位置での自然放出レート $\bar{R}_{\text{sp}}$ を求めるには,式 (3.5.1) を活性領域内で積分し V_a で割ればよい.さらに式 (3.5.2),(3.5.3) を用いると次式が導かれる.

$$\bar{R}_{\text{sp}} = \int_0^\infty R_{\text{sp}}(\omega) d\omega = \frac{e^2 \bar{\mu}^2}{3\pi c^3 \varepsilon_0} \int_0^\infty \omega^3 n_{\text{eff}}(\omega) \Gamma_{\text{r}}(\omega) F_{\text{sp}}(\omega) d\omega \tag{3.5.5}$$

ここで,$R_{\text{sp}}(\omega)d\omega$ は自然放出スペクトル密度である.また Γ_{r} は相対光閉じ込め係数または定在波因子と呼ばれ,次式で定義される.

$$\Gamma_{\text{r}}(\omega) \equiv \frac{1}{V_a} \int_{\text{活性領域内}} E^2(\boldsymbol{r}, \omega) d^3\boldsymbol{r} \Big/ \frac{1}{V_c} \int_{\text{共振器内}} E^2(\boldsymbol{r}, \omega) d^3\boldsymbol{r} \tag{3.5.6}$$

Γ_{r} は電磁界もしくは真空場のモード定在波が活性領域と重なる効率のよさを表す因子であり,活性領域への電磁界エネルギーの閉じ込め係数 Γ との間に次のような関係がある.

$$\Gamma(\omega) \equiv \int_{\text{活性領域内}} n_a^2 E^2(\boldsymbol{r}, \omega) d^3\boldsymbol{r} \Big/ \int_{\text{共振器内}} n^2(\boldsymbol{r}) E^2(\boldsymbol{r}, \omega) d^3\boldsymbol{r} = \frac{n_a^2 V_a}{n_{\text{eq}}^2(\omega) V_c} \Gamma_{\text{r}}(\omega) \tag{3.5.7}$$

ここで,n_a は活性領域の屈折率である.Γ_{r} の特徴を図3.5.1にまとめる.活性領域がモード定在波の腹の部分のみに存在する場合は最大8,節の部分のみの場合は0となる.活性領域としてより低次元の量子井戸構造を用いることで,この因子を大きくできる.ただしモードが多い場合は平均化されて1となり,この因子は無視できるようになる.遷移スペクトル $F_{\text{sp}}(\omega)$ の中心周波数を ω_{sp} とし,ほかの関数に比べて広がりが小さいとすると,$\bar{R}_{\text{sp}}$ は次のようになる.

$$\bar{R}_{\text{sp}} \cong \frac{e^2 \bar{\mu}^2 \omega_{\text{sp}}^3 n_{\text{eff}}(\omega_{\text{sp}})}{3\pi c^3 \varepsilon_0} \tag{3.5.8}$$

屈折率 n_{ref} をもつ半導体の自然放出レートと比較したときの変化率を γ と定義すると,

$$\gamma = n_{\text{eff}}(\omega_{\text{sp}}) / n_{\text{ref}} \tag{3.5.9}$$

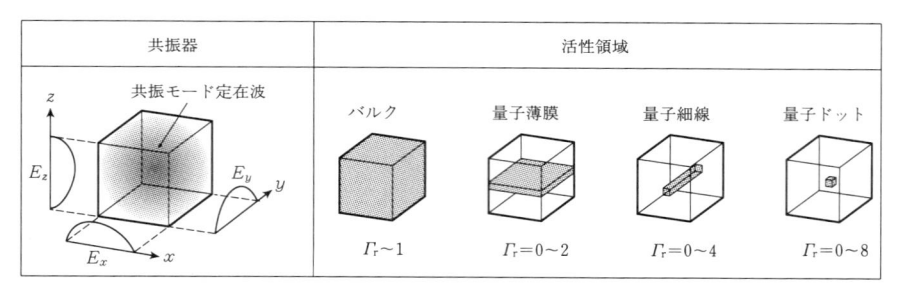

共振器	活性領域			
共振モード定在波 E_z, E_y, E_x	バルク $\Gamma_{\text{r}} \sim 1$	量子薄膜 $\Gamma_{\text{r}} = 0 \sim 2$	量子細線 $\Gamma_{\text{r}} = 0 \sim 4$	量子ドット $\Gamma_{\text{r}} = 0 \sim 8$

図 3.5.1 相対閉じ込め係数 Γ_{r} と共振モード,活性領域形状の関係
上は共振モードとして基本モードを仮定しているが,どのようなモードでも活性領域が定在波の腹にあれば Γ_{r} は増え,節にあれば減る.

となる．つまり大きな共振器でも実効屈折率によってレートは変化する．半導体薄膜を低屈折率誘電体ではさむとレートの減少が起こることが実験において確認されている[14]．

次に微小共振器によってスペクトル上でのモード分布が離散的になる場合を考える．共振モード間隔 $\Delta\Omega_c$ は，偏波の縮退を考慮しない式(3.5.2)の逆数をとることで次のように計算できる．

$$\Delta\Omega_c = \frac{2\pi^2 c^3}{n_{eq}^3(\omega) V_c \omega^2} \tag{3.5.10}$$

ここで，等価屈折率の分散は無視した．$F_{sp}(\omega)$ の周波数広がりが $\Delta\omega_{sp}$ であるとすると，$\Delta\omega_{sp} \leq \Delta\Omega_c$ のとき $F_{sp}(\omega)$ の中に二つの偏波を含むモード数が1個以下となる．モードのカットオフ条件を加えると，共振器の単一モード条件は

$$\left[\frac{\lambda_{sp}}{2n_{eq}(\lambda_{sp})}\right]^3 \leq V_c \leq \frac{\lambda_{sp}^4}{4\pi n_{ep}^3(\lambda_{sp})\Delta\lambda_{sp}} \tag{3.5.11}$$

となる．ここでは $\lambda_{sp} = 2\pi c/\omega_{sp}$ という関係より，$F_{sp}(\omega)$ の中心周波数 ω_{sp} を真空中の波長 λ_{sp} に変換した．さらに $\Delta\omega_{sp}/\omega_{sp} = \Delta\lambda_{sp}/\lambda_{sp}$ という関係により $\Delta\omega_{sp}$ を波長広がり $\Delta\lambda_{sp}$ に置き換えてある．このような共振器の自然放出レート R_{sp} は，次式のように導かれる．

$$R_{sp} = \frac{2\pi e^2 \bar{\mu}^2 \omega_c}{3\varepsilon_0 n_{eq}^2 V_c} \Gamma_r(\omega_c) \frac{\Delta\omega_{sp}/2}{\pi[(\omega_{sp}-\omega_c)^2 + (\Delta\omega_{sp}/2)^2]} \tag{3.5.12}$$

ここで，$F_{sp}(\omega)$ を中心周波数 ω_{sp}，半値全幅 $\Delta\omega_{sp}$ のローレンツ関数で近似した．また ω_c はモードの共振周波数である．この式の Γ_r は，モード定在波と活性領域の形状に応じて図3.5.1のようにさまざまな値をとる．式(3.5.8)と(3.5.12)より γ は

$$\gamma = \frac{n_{eq}(\omega_{sp})}{n_{ref}} \frac{4\pi \Gamma_r(\omega_{sp}) c^3}{n_{eq}^3(\omega_{sp}) V_c \omega_{sp}^2 \Delta\omega_{sp}} = \frac{n_{eq}(\lambda_{sp})}{n_{ref}} \frac{\Gamma_r(\lambda_{sp})\lambda_{sp}^4}{2\pi^2 n_{eq}^3(\lambda_{sp}) V_c \Delta\lambda_{sp}} \tag{3.5.13}$$

となる．ここで，$\omega_{sp} = \omega_c$ とした．V_c を式(3.5.11)の右辺で割った規格化共振器体積に対する γ の変化を図3.5.2に示す．ただし規格化された遷移スペクトル幅 $\Delta\lambda_{sp}/\lambda_{sp}$ は，典型的な直接遷移型半導体であるGaAsの発光スペクトル幅を参考にして0.03とおいた．この値は以降でも用いる．規格化共振器体積が1以下では自然放出レートが増大する．1以上ではモードが増えるので，式(3.5.13)の V_c が打ち消される．モードが多いと Γ_r も平均化されて1に近づくので，大きな共振器に対する式(3.5.9)に近づく．ところでモードが1個しかない状況で $|\omega_c - \omega_{sp}| > \Delta\omega_{sp}$ になると，式(3.5.12)のローレンツ関数が著しく小さくなる．上では $\omega_{sp} = \omega_c$ と仮定したが，本当は共振器の大きさを変えると ω_c が変化して ω_{sp} に対して離調・同調を繰り返すので，細かく見ると γ は激しく増減するはずである．図3.5.2はその最大値を結ぶ曲線を表している．

ここまでは無損失なモードを考えたが，共振モードに反射鏡損失や吸収損失がある

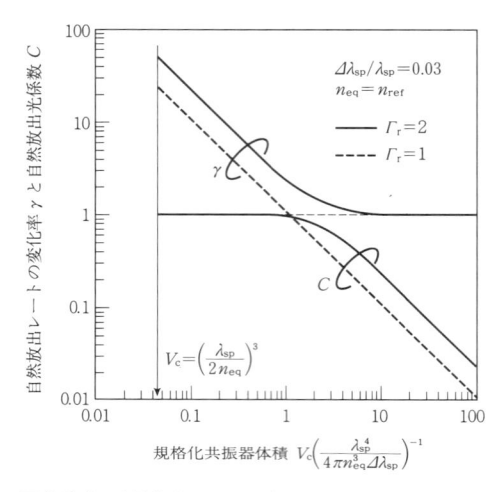

図 3.5.2 自然放出レートの変化率と自然放出光係数の共振器体積依存性

場合は，広がり $\Delta\omega_c$ をもつ規格化関数で共振スペクトルを表現すればよい．しかし $\Delta\omega_c \ll \Delta\omega_{sp}$ のときには式(3.5.13)がそのまま使える．$\Delta\omega_c \gg \Delta\omega_{sp}$ のときには式(3.5.12)の $\Delta\omega_{sp}$ が $\Delta\omega_c$ に置き換わり

$$\gamma = \frac{n_{eq}(\omega_{sp})}{n_{ref}} \frac{4\pi\Gamma(\omega_{sp})c^3}{n_{eq}^3(\omega_{sp})V_c\omega_{sp}^2\Delta\omega_c} = \frac{n_{eq}(\lambda_{sp})}{n_{ref}} \frac{\Gamma(\lambda_{sp})\lambda_{sp}^3 Q}{2\pi^2 n_{eq}^3(\lambda_{sp})V_c} \tag{3.5.14}$$

となる．ここで Q は $\omega_c/\Delta\omega_c$ で与えられる共振器 Q 値である．n_{eq}^3 と Γ_r を除く式(3.5.14)は，最初の導出者の名前にちなんでパーセル係数と呼ばれることもある．式(3.5.13)は $\Delta\omega_{sp}$ を，式(3.5.14)は $\Delta\omega_c$ を含んでいる．つまり γ は広いスペクトル幅で決まり，狭いスペクトルは無関係となる．極低温での励起子からの狭い遷移スペクトルを用いて自然放出光の増強が観測されているが[7]，これには式(3.5.14)が当てはまる．一方，室温における通常の半導体では電子のエネルギー分布に広がりがあるため，遷移スペクトルにも波長で 30 nm 以上の広がりがある．したがって共振モードが高い Q 値をもつときでも，式(3.5.14)は適用できないように思われる．ただしここまでの議論では，共振モードと重ならない遷移周波数をもつ電子は遷移できない，という仮定を用いていた．一方，電子のエネルギー準位が完全に孤立してしまう量子ドットの場合を除いて，ふつうの半導体ではサブピコ秒オーダーで起こるバンド内緩和によって電子のエネルギー分布が急激に変化し，平衡状態を形成する．したがって，$\Delta\omega_c < \Delta\omega_{sp}$ という状況でもバンド内緩和によって共振モードによる自然放出が継続的に起こり，遷移スペクトルが広がっていても式(3.5.14)を適用できる可能性がある．

式 (3.5.12)～(3.5.14) の導出ではレーザーモードに二つの偏波を含めている．非対称共振器で二つの偏波の共振周波数を分離し，一方の偏波のモードのみを遷移スペクトルに同調させた場合，これらの式の右辺はすべて 1/2 倍となる．量子井戸のようにダイポールの向きの制限によってもともと各モードの偏波が一様でない場合は，1/2～1 倍となる[9]．

b. 自然放出光係数の増大

自然放出光係数は「全モードへの自然放出レートに対する一つのレーザーモードの自然放出レートの割合」と定義され，C, β といった記号で表されることが多い．以下では C と表すことにする．二つの偏波を含むモードを考える場合，式 (3.5.8)，(3.5.12) より C は次式で与えられる．

$$C = \frac{4\pi \Gamma_\mathrm{r}(\omega_\mathrm{sp})c^3}{n_\mathrm{eq}^3 V_\mathrm{c} \omega_\mathrm{sp}^2 \Delta\omega_\mathrm{sp}} = \frac{\Gamma_\mathrm{r}(\omega_\mathrm{sp}) \lambda_\mathrm{sp}^4}{2\pi^2 n_\mathrm{eq}^3 V_\mathrm{c} \Delta\lambda_\mathrm{sp}} \tag{3.5.15}$$

ただし，ここでも特定偏波のモードを考えるときには 1/2 を掛ける必要がある．式 (3.5.15) は屈折率比 $n_\mathrm{eq}/n_\mathrm{ref}$ を除いて式 (3.5.13) と全く同型である．すなわち共振器体積 V_c を小さくすることで C は増大し，式 (3.5.9) の大きさに近づくと上限の 1 に達する．ただし特定偏波に対する上限は 1/2 となる．これを 1 近くまで引き上げるには，上と同様に非対称共振器かダイポールの異方性を利用する必要がある．図 3.5.2 には γ と同様に C の変化も示してある．ただし二つの偏波を含んでいる．これを見て明らかなのは，γ と C の積が共振器体積に単純に反比例することである．

c. 誘導放出レート

式 (3.5.1) に対して r の平均化を行い，式 (3.5.3) を用いると，正味の誘導放出レート R_st は

$$R_\mathrm{st} = \frac{n_\mathrm{a}^2 V_\mathrm{a}}{n_\mathrm{eq}^2 V_\mathrm{c}} \Gamma_\mathrm{r}(\omega_l) S \frac{\pi e^2 \mu_0^2}{3 n_\mathrm{a}^2 \varepsilon_0} F_\mathrm{st}(\omega_l) = \Gamma(\omega_l) S \frac{\pi e^2 \mu_0^2}{3 n_\mathrm{a}^2 \varepsilon_0} F_\mathrm{st}(\omega_l) \tag{3.5.16}$$

と求まる．ここで $F_\mathrm{st}(\omega_l)$ は電子のエネルギー分布が決める利得スペクトル関数である．しばしば R_st が C に比例して増大するという議論があるが，これには注意が必要である．共振器を微小化すれば C は増大するが，そのとき光子数を一定とすれば光子密度 S が大きくなるために R_st も増大する，というのがその本質である．光子密度が一定であれば R_st は光閉じ込め係数 Γ に依存するのみであり，自然放出レートに見られたような共振器の大きさに依存した効果は生まれないことがわかる．

d. 電流-光出力特性

電流対光出力特性にレーザーしきい値の折れ曲がりがなくなる状況を無しきい値化と呼び，しきい値以下の電流でも 100% 近い効率をもつ LED が実現できるため，自

然放出制御の目標の一つとなっている．この特性はレート方程式を解くことで導かれる．

式(3.5.16)の誘導放出レートは線形利得係数 G を用いて $\Gamma SG(N-N_0)$ と近似できる．ここで，N はキャリヤー密度，N_0 は透明キャリヤー密度である．また式(3.5.12)の自然放出レートは，発光再結合係数 B を用いて γBN^2 と近似できる．これらを用いると，微小共振器レーザーの N と S に対するレート方程式は，

$$\left. \begin{aligned} \frac{dN}{dt} &= -\Gamma SG(N-N_0) - \left(\frac{A_\mathrm{a}}{V_\mathrm{a}}v_\mathrm{s}N + \gamma BN^2\right) + \frac{I}{eV_\mathrm{a}} \\ \frac{dS}{dt} &= \Gamma SG(N-N_0) + \gamma CBN^2 - \frac{S}{\tau_\mathrm{ph}} \end{aligned} \right\} \quad (3.5.17)$$

となる．ここで非発光過程として表面再結合を含めた．A_a は活性領域の表面積，v_s は表面再結合速度，I は注入電流，τ_ph は光子寿命である．微小共振器レーザーでは微弱電流でもキャリヤー密度が高くなり，オージェ再結合も大きくなる可能性がある．しかしここではしきい値キャリヤー密度 N_th が低いものとし，この効果を無視する．自然放出レートの変化率 γ のほか，式(3.5.17)は表示上は通常の半導体レーザーに対するレート方程式と変わらない．

表面再結合を無視したとき，単位体積当たりのポンピングレート I/eV_a とレーザーモードの光子密度 S の関係を図3.5.3(a)に示す．計算に用いたパラメーターと記号 A〜F の意味は表3.5.1に示した．S が急上昇する I/eV_a がしきい値でのポンピングレートを表す．共振器を微小化すると C の増大によって低注入時の S が大きくなり，しきい値付近の変化が曖昧になる．$C=1$ になると見かけ上は無しきい値となる(記号 D〜F)．注入電流 I とレーザーモードパワー $P=\hbar\omega SV_\mathrm{a}/\tau_\mathrm{ph}$ の関係を図3.5.3(b)に示す．しきい値電流 I_th は $e\gamma BN_\mathrm{th}^2V_\mathrm{a}$ で与えられ，共振器の微小化によって V_a も同時に小さくなると I_th は単純に減少する．共振器を式(3.5.11)の大きさまで小さくすると，体積の減少と自然放出レートの増大が打ち消し合って I_th は減少しなくなる．

次に表面再結合を考慮したときの I/eV_a と S，および I と P の関係をそれぞれ図3.5.3(c)，(d)に示す．(a)，(b)と比較すると，低注入レートあるいは低注入電流での効率が明らかに悪くなる．この効率の低下は微小共振器において著しい((c)の E, F)．これは，共振器を小さくすると活性領域体積に対する表面積の割合が大きくなるためである．自然放出制御の効果を得るためには，表面再結合の抑制が不可欠である．

ところでこれらの図と直接は関係ないが，式(3.5.9)に示したように，レーザーモードの実効屈折率を小さくすると γ は小さくなる．この場合，自然放出寿命(自然放出レートの逆数)が長くなるので，共振器の大きさに関係なく I_th は減少する．

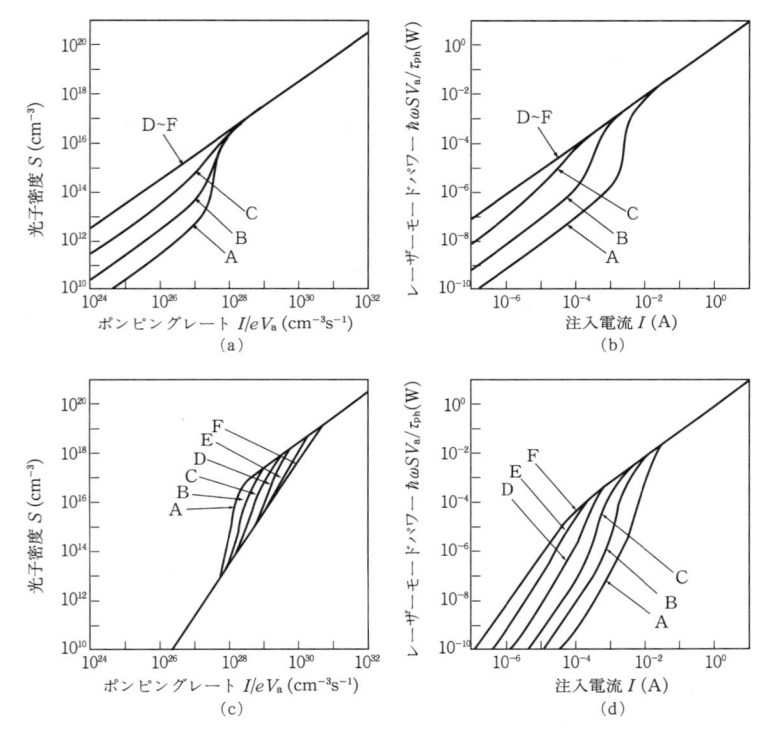

3.5 自然放出制御光デバイス 515

図 3.5.3 レート方程式より得られる微小共振器レーザーのポンピングレート対光子密度特性と注入電流対レーザーモードパワー特性

(a), (b) は $v_s=0$ cm/s, (c), (d) は $v_s=2\times10^4$ cm/s と仮定した。記号 A~F は表 3.5.1 に示すとおりである。

表 3.5.1 図 3.5.3, 3.5.4 で用いた各パラメーター

			V_c	C	γ
$\lambda_{sp}=1.55$ μm	$G=5\times10^{-5}$ cm^3/s	A	230 μm^3	0.001	1
$\Delta\lambda_{sp}/\lambda_{sp}=0.03$	$N_0=2\times10^{18}$ cm^{-3}	B	23	0.01	1
$\Gamma=0.04$	$B=2.5\times10^{-10}$ cm^3/s	C	2.3	0.1	1
$\Gamma_r=1$	$\tau_{ph}=3\times10^{-12}$ s	D	0.23	1	1
		E	0.023	1	10
		F	0.0023	1	100

e. 変調特性

光子寿命はレーザーの変調特性を決める重要なパラメーターである。微小共振器では光子寿命が短くなる，または高い Q 値のために光子寿命が長くなる，といった両端の議論がしばしば行われる。しかし極端な光子寿命の短縮はしきい値利得の上昇を招き，逆に極端な延長は外部微分量子効率を下げるという問題がある。これらは共振

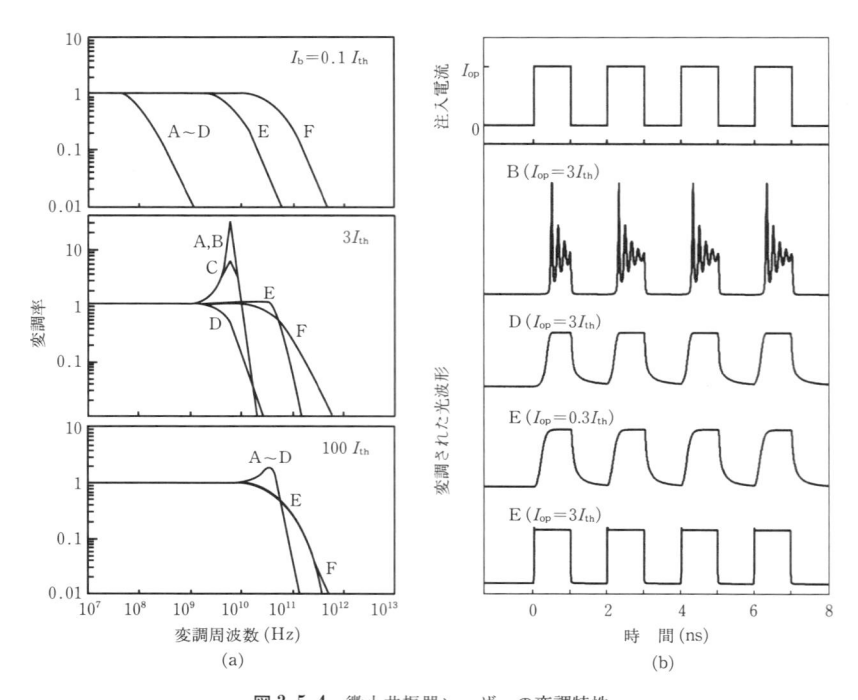

図 3.5.4 微小共振器レーザーの変調特性
(a) は小信号解析より得られる変調率特性を，(b) は無バイアス変調時の光出力波形の計算例を示す．仮定したパラメーターは図 3.5.3 (a)，(b) と同じであり，A～F は表 3.5.1 のとおりである．

器を設計する側の選択になるので，ここでは特別な光子寿命の変化を考えないことにする．

式 (3.5.17) より解析される微小共振器レーザーの変調特性を図 3.5.4 に示す．共振器の微小化によって C が増大すると，LED とレーザーの特徴が混在した変調特性を示すようになる．$\gamma=1$ の状態では，I_{th} 以下の変調電流に対して通常の LED と同様に自然放出寿命が変調帯域を制限する (A～D)．共振器の超微小化によって $\gamma>1$ になると I_{th} は固定されるが，$I_{th}/\gamma < I < I_{th}$ の電流領域では自然放出が速くなり，レーザー的な動作速度をもつ LED となる．たとえば $\gamma=10$，$I=0.1\,I_{th}$ での変調帯域は 10 GHz 近くに達する ((a) の E)．このときの帯域は実は光子寿命や I_{th} には無関係である．$I>I_{th}$ では誘導放出が起こるので，一般に緩和振動周波数が帯域を制限する．ただし $C\sim1$ では，この緩和振動自体が抑制される ((b) の D, E)．これはキャリヤー密度と光子密度が同時に増加するために起こる．I_{th} 付近はレーザーモードへの自然放出光の混入率が高く，時間波形はある程度自然放出寿命の影響を受ける．電流

をさらに上げると,光子密度 S の増大によって帯域は拡大する.$C\sim 1$ ではレーザーモード以外の余計な光がないので素子の発熱が小さくなり,S を高めることができる.たとえば $I=100\,I_{th}$ のような相対的に大きな電流で変調を行えば,帯域は 100 GHz 近くに達する.

ところで微小共振器レーザーに対して C の変調という方法が提案されている.これは共振器に内蔵した位相変調器によって共振周波数を変化させ,発光スペクトルに対して離調・同調を行うことで自然放出を変調する方法である.帯域は位相変調器の速度か光子寿命で決まり,1 THz 近い超高速変調も可能なことが理論的に示されている[15]).

f. ホトンリサイクリングと自然放出制御

ホトンリサイクリングとは,無駄な自然放出光が反射鏡によって活性領域へ戻され,誘導吸収によってキャリヤーへと再生される効果である.反射鏡によって引き起こされる,という点から,微小共振器と絡めて議論されることがある[11]).しかしリサイクルさせる余計な自然放出が存在しない $C=1$ の共振器では,この効果は起こらない.適度に低損失なモードを多くもつような共振器でこの効果が起こるので,むしろ大きな共振器のほうが有利である.また利得スペクトルが広くなると自然放出の誘導吸収は起こらなくなるため,この効果は減少する.したがって,レーザーでは理想的な条件でも I_{th} が半分程度しか減らない.低注入では誘導吸収が大きいので LED の超高効率化[15]) が期待できるが,自然放出制御による無しきい値状態とは異なり,等価的な自然放出寿命が長くなるので動作は遅くなる.

g. 自然放出制御半導体レーザーの特徴

最後に自然放出制御された微小共振器レーザーの特徴をまとめ,その用途について議論する.まず典型的な直接遷移型半導体を室温で用いる場合,自然放出制御に必要なのは共振器の 3 次元微小化である.これによる第 1 の効果は活性領域の微小化による単純なしきい値電流の減少であり,第 2 の効果は自然放出光係数の増大による発振特性の無しきい値化である.また自然放出レートは光の実効屈折率の影響を受けて増減する.低屈折率共振器を利用すればレートが減少し,しきい値電流が低くなる.共振器を超微小化すると逆にレートが増大するため,高速な LED が実現できる.ここでの光は通常のレーザーと LED の中間的なコヒーレンスをもつ.しきい値以上では微小共振器を反映して光子密度が高くなり,高速,低雑音となる.あまり大出力は期待できないが,共振器の微小化による低しきい値化の効果は発熱や熱抵抗が増大する効果を上まわるため,高い電流密度および高い光子密度での動作が可能となる.このため,超高速,超低雑音も可能であろう.

以上の特徴を考慮すると,特別小さなレーザーを多数集積化した高度な光情報処理

回路，あるいは LSI チップ間やチップ内の大規模光インターコネクトといったところに自然放出制御レーザー，あるいは LED の用途があると思われる．たとえば自然放出制御の低雑音化によって光子 40 個で信号を送受信する光回路が可能になるとしよう．このとき 10 Gbit/s の伝送速度に必要なレーザーパワーは 80 nW 程度である．これは体積 $10^{-4}\mu m^3$ の超微小共振器レーザーを 100 nA 程度で動作させれば実現できる．$C=1$ では極限的に効率が高く発熱が小さいので，このような素子を 1 万個集積しても消費電力は 1 mW 程度ですむ．これは極端に微小，微弱な話だが，各レーザーが 10 μW 程度で動作する光回路でも無しきい値化や高帯域化，低雑音化のメリットは大きいであろう．

3.5.2 半導体超微小光共振器の試み

自然放出制御を可能にする 1 μm^3 以下の微小共振器に対して，十分な Q 値を実現しつつ効果的な電流注入と光取出しを両立させるのは技術的に困難である．したがって実際には共振器全体の大きさを数 μm^3 以上とし，光だけを 1 μm^3 以下の領域に局在化させて，等価的に共振器体積を小さくする方法がとられる．光の局在化には99％以上の高反射率をもつ鏡が必要であり，これには多重反射または全反射が利用される．それぞれの代表的な共振器構造としてホトニック結晶と周回共振器があり，以下にこれらの特徴と実験での試みを紹介する．

a. ホトニック結晶（多重反射共振器）

ホトニック結晶は，ある媒質中に別の媒質（しばしば光原子と呼ばれる）を $\lambda_s/2n$ に近い周期で多数個配置した周期構造であり，光を多重反射させる機能をもつ．Yablonovitch が 3 次元周期性をもつ構造を提案したのが研究ブームの始まりであり[3]，これが分子結晶に類似した配列やバンド特性をもつことからホトニック結晶 (photonic crystal)，ホトニックバンド構造 (photonic band structure) といった名称で呼ばれるようになった．その後，同様の考え方が 1 次元，2 次元といった低次元周期構造にも適用され，最近では並進対称性をもつ周期構造に幅広くこの名前が用いられている．

1) 構造の次元とホトニックバンドギャップ

Yablonovitch が議論したホトニック結晶の大きな特徴は，光のバンドギャップ (photonic band gap, PBG) がモードの存在を禁止する点にある．半導体を用いてホトニック結晶をつくると，PBG と重なる周波数や放射方向の発光が禁止され，自然放出レートが減少する．この減少の度合いは，波数空間上の PBG の広がりから見積もることができる．ホトニック結晶のさまざまな次元の構造，PBG によってモードが禁止される波数空間，および発光が禁止される波数空間を図 3.5.5 にまとめる．遷

3.5 自然放出制御光デバイス

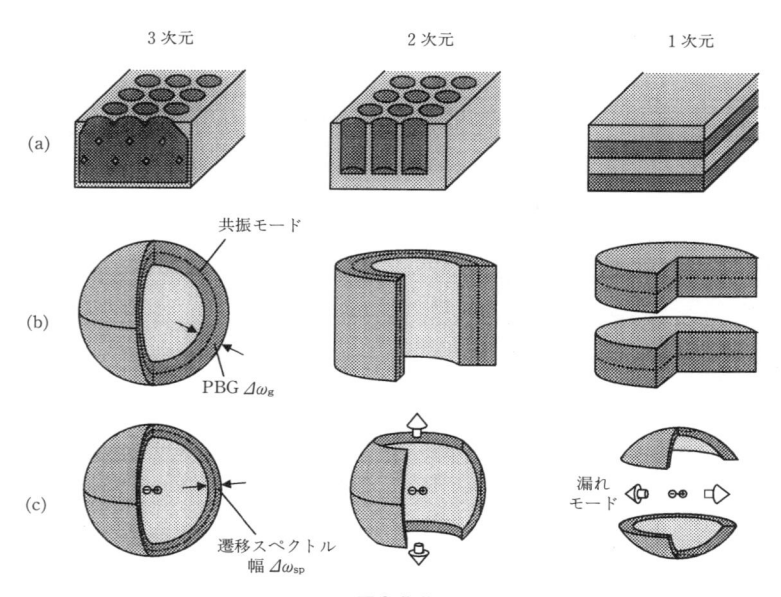

図 3.5.5
ホトニック結晶の各次元の構造 (a) と PBG がモードの存在を禁止する波数空間 (b),
および発光が禁止される波数空間 (c). 各中心からの距離は周波数 ω に相当する. 破線はドーピング原子が存在するとき発生する共振モードを表す.

移スペクトルは半径 ω_s, 厚さ $\Delta\omega_{sp}$ の球殻で表現され, 図 3.5.5 では ω_{sp} が PBG の中心周波数 ω_g に一致するものとしている. 1 次元構造は厚さ $\lambda_{sp}/4n$ の 2 種類の媒質からなる多層膜が典型例であり, PBG はよく知られた多層膜のストップバンドと等価である. 横方向の放射に対してこの PBG は効果がないため, 発光の抑制は不完全である. 2 次元構造は基板上に形成された孔または柱の周期配列が典型例であり, 上下方向の光に対して PBG にすき間があるものの, 発光が禁止される立体角は 1 次元の場合より大きい. 3 次元構造は複雑なモザイク構造であり, 最適設計すると任意方向の光を抑制する球殻に近い PBG が生じることが知られている.

PBG に無関係な放射方向をもつモードを漏れモードと呼ぶことにすると, 1 次元, 2 次元構造に対して漏れモードが占める放射立体角 $\Omega_1^{(\text{leak})}$, $\Omega_2^{(\text{leak})}$ は

$$\Omega_1^{(\text{leak})} = 4\pi(1 - \Delta\lambda_g/2\lambda_g) \tag{3.5.18}$$

$$\Omega_2^{(\text{leak})} = 4\pi\left[1 - \sqrt{(\Delta\lambda_g/\lambda_g) - (1/4)(\Delta\lambda_g/\lambda_g)^2}\right] \tag{3.5.19}$$

と与えられる. ここで $\Delta\lambda_g/\lambda_g = \Delta\omega_g/\omega_g$ は規格化された PBG の幅である. 漏れモードの数がこの立体角に比例するものと仮定すると, 自然放出レートの変化率 γ は

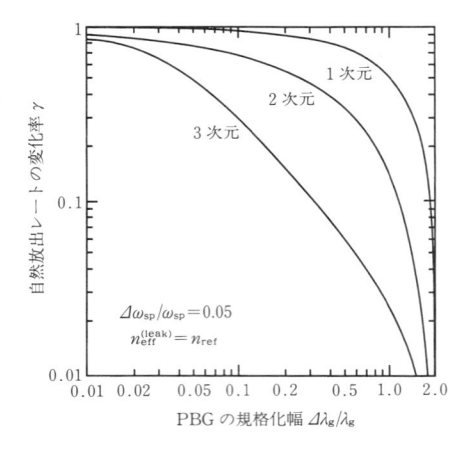

図3.5.6 PBGがモードを禁止することによる自然放出レートの減少

$$\gamma_{1,2} = \frac{n_{\mathrm{eff}}^{(\mathrm{leak})}}{n_{\mathrm{ref}}} \frac{\Omega_{1,2}^{(\mathrm{leak})}}{4\pi} \tag{3.5.20}$$

となる.ここで $n_{\mathrm{eff}}^{(\mathrm{leak})}$ は漏れモードの平均的な実効屈折率である.$\Delta\lambda_{\mathrm{g}}/\lambda_{\mathrm{g}}$ に対する γ の変化を図3.5.6に示す.$\Delta\lambda_{\mathrm{g}}/\lambda_{\mathrm{g}}$ の拡大によって $\Omega_{1,2}^{(\mathrm{leak})}$ が小さくなり,γ は緩やかに減少する.もし漏れモードをレーザーモードとして利用すれば,しきい値電流を低くできる.一方,3次元構造ではPBGからわずかにはみ出たモードでしか発光が起こらない.すなわち

$$\gamma_3 = \frac{n_{\mathrm{eff}}^{(\mathrm{leak})}}{n_{\mathrm{ref}}} \int_{|\lambda-\lambda_{\mathrm{g}}|>\Delta\lambda_{\mathrm{g}}} F_{\mathrm{sp}}(\lambda) d\lambda \tag{3.5.21}$$

である.PBGが完全に発光スペクトルを覆ってしまえば,γ はほとんど0となる.このようなわずかな漏れモードをレーザーへ利用するのは難しい.

2) 共振モードと自然放出制御

1次元構造の特定の層を厚くするとストップバンド中に共振モードが現れることはよく知られており,同様のモードは2次元,3次元構造でも生じる.一般にホトニック結晶の周期性を壊すように一部の光原子の大きさを変化させると,光がその周囲に強く局在化する共振モードが生じる.このモードの共振周波数はPBGの中に位置するので,ドーピング準位,欠陥準位などとも呼ばれ,この光原子はドーピング原子と呼ばれる.活性領域は一般にほかより高い屈折率をもつため,境界条件を考えるとドーピング原子の大きさを λ_{sp}/n 程度としたとき中央でモード定在波が腹となり,Γ_{r} を大きくできる.波数空間上でも共振周波数と遷移スペクトルは効果的に重なるので,このモードをレーザーモードとして利用できる.1次元構造では,ドーピング原

子に相当する高屈折率層の厚さ d_c を λ_{sp}/n としたときをとくに1波長共振器 (λ-cavity) と呼び, 理論や実験の対象となることが多い.

各構造に共振モードが発生するとき, このモードと遷移スペクトルの重なりを図 3.5.5に破線で表した. 1次元構造の共振モードは, z 方向には離散的となるが xy 方向には連続的であり, 共振周波数と放射方向の間に分散関係が生じる. 共振モードの光は上下方向に放射され, その放射立体角は $2\pi\Delta\lambda_{sp}/\lambda_{sp}$ で与えられる. つまり遷移スペクトル幅が狭ければ, 共振モードの発光は鋭いビーム状となる. また漏れモードも加えた全モードへの自然放出レートの変化率 γ_1 は式 (3.5.8) との比較より,

$$\gamma_1 = \frac{n_{\text{eff}}^{(\text{leak})}}{n_{\text{ref}}} \frac{\Omega_1^{(\text{leak})}}{4\pi} + \frac{n_{\text{eq}}}{n_{\text{ref}}} \frac{\Gamma_r(\lambda_{sp})\lambda_{sp}}{4n_{\text{eq}}L_z} \tag{3.5.22}$$

と導かれる. ここで L_z は z 方向のモード長である. 第1項は漏れモード, 第2項は共振モードの寄与を表す. 共振モードのみに注目すると, 自然放出レートは

$$\gamma_1^{(\text{res})} = \frac{n_{\text{eq}}}{n_{\text{ref}}} \frac{\Gamma_r(\lambda_{sp})\lambda_{sp}^2}{2n_{\text{eq}}L_z\Delta\lambda_{sp}} \tag{3.5.23}$$

という割合だけ変化している. また多層膜理論より, 1次元構造のPBGの規格化幅は

$$\frac{\Delta\lambda_g}{\lambda_g} = \frac{4}{\pi}\sin^{-1}\left(\frac{n_h - n_l}{n_h + n_l}\right) \tag{3.5.24}$$

で与えられる. ここで n_h と n_l はそれぞれ高屈折率層と低屈折率層の屈折率である. 両者の差が大きい方がPBGは広くなるのはこの式より明らかである. 屈折率分散を無視すると, 式 (3.5.3) より漏れモードに対しておよそ次式が成り立つ.

$$n_{\text{eff}}^{(\text{leak})} = \sqrt{n_h n_l} \tag{3.5.25}$$

d_c を λ_s/n_h の整数倍とし $n_{\text{eq}} = n_h$ としたとき, 共振モードの電磁界エネルギー分布を考えると,

$$L_z = d_c + \frac{\lambda_s}{2n_h}\frac{n_l}{n_h - n_l} \tag{3.5.26}$$

と近似できる[17]. 式 (3.5.19), (3.5.20), (3.5.22)〜(3.5.26) より計算した $\Delta\lambda_g/\lambda_g$, $\gamma_1^{(\text{res})}$, γ_1 を図 3.5.7にまとめる. n_l が小さいと $\gamma_1^{(\text{res})} > 1$ となる. これは上下方向から観測される自然放出強度が強くなることを意味する. しかし立体角 $\Omega_1^{(\text{leak})}$ の変化と L_z の変化が相殺し, $n_{\text{eff}}^{(\text{leak})}$ の減少によって γ_1 は 1 より減る. GaAs/AlAs 多層膜からなる1次元構造について自然放出寿命の詳細な計算が行われ, $\Delta\lambda_{sp}/\lambda_{sp}$ が 0.01 以下と特別小さいとき以外, バルク GaAs の場合とほとんど変わらないことが示されている[9]. また自然放出寿命の屈折率依存性も計算され, $n_l < 1.5$ で 1.6倍程度寿命が長くなることが示されている[7]. 自然放出寿命は全モードへの自然放出レートと反比例の関係にあり, これらの結果は図 3.5.7にほぼ一致した結論となっている. いずれにせよ1次元構造では大幅なレートの変化は起こらないことがわかる.

2次元構造では面内方向に共振モードが生じ, その放射立体角は $4\pi\sqrt{\Delta\lambda_{sp}/\lambda_{sp}}$ で与

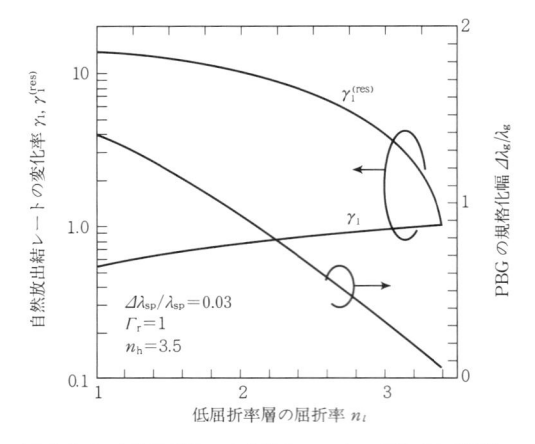

図 3.5.7 1次元構造の自然放出レートの変化率と PBG の規格化幅の屈折率依存性

えられる．図 3.5.5 よりわかるように，xy 方向には離散化するが z 方向には連続的である．1次元構造と同様にして γ_2 は次式のように導かれる．

$$\gamma_2 = \frac{n_{\text{eff}}^{(\text{rad})}}{n_{\text{ref}}} \frac{\Omega_{\text{rad2}}}{4\pi} + \frac{n_{\text{eq}}}{n_{\text{ref}}} \frac{\Gamma_r(\lambda_{\text{sp}})\lambda_{\text{sp}}^2}{4\pi n_{\text{eq}}^2 L_x L_y \sqrt{\Delta\lambda_{\text{sp}}/\lambda_{\text{sp}}}} \tag{3.5.27}$$

共振モードに対する自然放出レートの変化率 $\gamma_2^{(\text{res})}$ は次式のようになる．

$$\gamma_2^{(\text{res})} = \frac{n_{\text{eq}}}{n_{\text{ref}}} \frac{\Gamma_r(\lambda_{\text{sp}})\lambda_{\text{sp}}^3}{4\pi n_{\text{eq}}^2 L_x L_y \Delta\lambda_{\text{sp}}} \tag{3.5.28}$$

3次元構造では共振モードが完全に離散的となり，放射立体角は 4π である．局在化したモードの体積を共振器体積 V_c と見なせば，式 (3.5.10)～(3.5.14) が適用できる．式 (3.5.13) を式 (3.5.22)，(3.5.27) と同形に書き直し，ギャップからはみ出す漏れモードの寄与を加えると，次のようになる．

$$\gamma_3 = \frac{n_{\text{eff}}^{(\text{leak})}}{n_{\text{ref}}} \int_{|\lambda-\lambda_g|>\Delta\lambda_g} F_{\text{sp}}(\lambda)d\lambda + \frac{n_{\text{eq}}}{n_{\text{ref}}} \frac{\Gamma_r(\lambda_{\text{sp}})\lambda_{\text{sp}}^3}{2\pi^2 n_{\text{eq}}^3 L_x L_y L_z (\Delta\lambda_{\text{sp}}/\lambda_{\text{sp}})} \tag{3.5.29}$$

式 (3.5.22)，(3.5.27)，(3.5.29) を比較すると，構造の次元を高めることでモード体積と遷移スペクトル幅に対する自然放出レートの依存性が強くなっていくことがわかる．具体的な 2 次元，3 次元構造の γ に関する精密な計算は報告されていない．これは共振モードの Γ_r と n_{eq}, L，およびすべての漏れモードの n_{eff} を計算するのに膨大な時間を要するためと思われる．

ところで式 (3.5.24)～(3.5.26) を見ると，$n_{\text{eff}}^{(\text{leak})} \sim n_{\text{eq}}$，$d_c = \lambda_{\text{sp}}/n_h$ の 1 次元構造に対して $\Delta\lambda_g/\lambda_g$ はファブリー–ペロー共振器のモード間隔 $\lambda_{\text{sp}}/2n_{\text{eq}}L_z$ にほぼ等しいことがわかる．これはホトニック結晶の PBG の規格化幅が 3.5.2 項で説明した単純な共振器のモード間隔におよそ対応することを示している．3 次元共振器のモード間隔

3.5 自然放出制御光デバイス

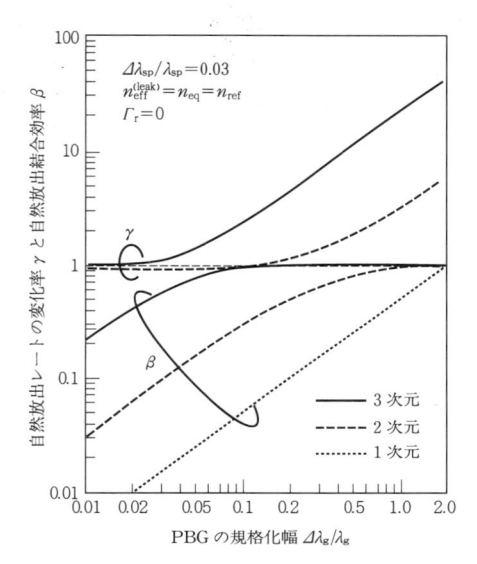

図 3.5.8

PBG と共振モードの関係に free spectral range とファブリーーペローモードの関係を適用して近似的に得られるホトニック結晶の自然放出レートの変化率と自然放出結合効率．等価屈折率が変化する効果は無視している．そのため 1 次元構造の γ の結果が図 3.5.7 とはやや異なる．この図の γ と β の関係は図 3.5.2 の γ と C の関係によく似ていることがわかるだろう．

は式 (3.5.10) に示されており，これを書き直すと $\Delta\lambda_g/\lambda_g \sim \lambda_{sp}^3/4\pi n_{eq}^3 L_z L_y L_z$ となる．2 次元構造に対しても $\Delta\lambda_g/\lambda_g \sim \lambda_{sp}^2/2\pi n_{eq}^2 L_z L_y$ と導かれる．式 (3.5.22)，(3.5.27)，(3.5.29) とそれぞれの共振モードの放射立体角を用いると，図 3.5.8 のように各構造の γ の変化を知ることができる．1 次元構造とは異なり，2 次元，3 次元構造では PBG が広いほど γ が増大する．後述するホトニックバンド計算で得られる 3 次元構造の最大の $\Delta\lambda_g/\lambda_g$ は 0.3 であり，このとき $\gamma_3=7$ となる．2 次元構造でも特定偏波に限れば $\Delta\lambda_g/\lambda_g \sim 0.5$ が可能であり，このとき $\gamma_2=2$ となる．図 3.5.8 は $\Gamma_r=1$ として計算しているので，もし Γ_r が 2〜8 と大きくなればそれに応じて γ も大きくなる．この場合は最大で 10 を超える値が期待できる．

3) 共振モードへの自然放出光結合効率と自然放出光係数

自然放出結合効率 β を「全モードの自然放出レートに対する全共振モードの自然放出レートの割合」と定義すると，β はそれぞれ式 (3.5.22)，(3.5.27)，(3.5.29) の全体に対する第 2 項の割合で与えられる．γ と同じ近似を使えば，図 3.5.8 のように β のおよその変化を知ることができる．PBG が広がると β は急激に大きくなる．3 次元構造で遷移スペクトルを覆うほどの PBG があれば，$\beta \sim 1$ となる．1 次元，2 次元

構造では漏れモードのために β は小さいが，2次元構造で $\Delta\lambda_\mathrm{g}/\lambda_\mathrm{g}\sim0.5$ が可能ならば $\beta>0.8$ が実現できる．また Γ_r が大きい場合は共振モードへの自然放出レートが大きくなるので，全体がさらに1に近づく．

次に自然放出光係数 C について考えてみる．C は離散モードに対して定義されるので，二つの偏波が縮退したモードを考えると3次元構造に対しては $C\equiv\beta$ であり，わずかなギャップでも $C=1$ となる．一方，1次元構造は xy 方向に光を局在化させる反射鏡が必要である．もっとも簡単なのは多層膜をポスト状に加工することである．ポスト状加工された GaAs/AsAs 1次元構造の C が計算されており，ポスト幅を $\lambda_\mathrm{sp}/n_\mathrm{h}$ (0.5 μm 以下) まで小さくすることで一方の偏波に対して $C>0.1$ となることが示されている[10]．屈折率差の大きな材料の組合せを選んで PBG を拡大すれば，C はさらに大きくなる．同様に2次元構造は z 方向に反射鏡が必要であり，一つの候補として1次元構造の多層膜に2次元構造をつくり込む方法が考えられる．この場合も z 方向の光の広がりを λ_s/n 近くに抑えれば，図3.5.8の β と同等の大きな C が可能になる．

4) ホトニックバンド計算

1次元構造の PBG は，特性マトリックス法[9]を利用して容易に解析できる．一方，2次元，3次元構造に対しては，ホトニックバンド法を用いて解析される．詳細は文献[18,19]に述べられているが，ここでは概略の説明と計算例の紹介を行う．

ホトニック結晶に対して，図3.5.9に示すように単位胞とブリユアンゾーン，格子ベクトル $\boldsymbol{R}$ と逆格子ベクトル $\boldsymbol{G}$ を考えることができる．屈折率分布 $n(\boldsymbol{r})$ に次の周期性を仮定する．

$$n^2(\boldsymbol{r})=n^2(\boldsymbol{r}-\boldsymbol{R}) \tag{3.5.30}$$

磁界ベクトルを $\boldsymbol{H}(\boldsymbol{r})$ とすると，

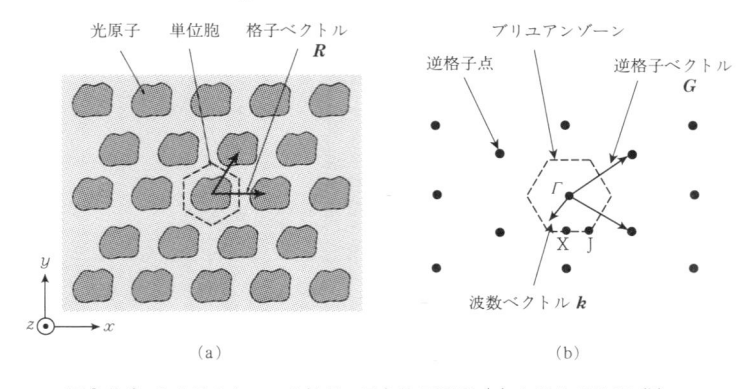

$$\boldsymbol{H}(\boldsymbol{r})=\sum_{\boldsymbol{G}}\boldsymbol{H}_{\boldsymbol{G}}\exp[j(\boldsymbol{k}+\boldsymbol{G})\cdot\boldsymbol{r}] \tag{3.5.31}$$

図3.5.9 2次元ホトニック結晶の三角格子配列 (a) と逆格子空間 (b)

と書ける.ここで H_G は $H(r)$ のフーリエ成分,k は波数ベクトルである.式(3.5.30),(3.5.31)を磁界に関するベクトル波動方程式へ代入すると,次式が導かれる.

$$(k+G)\times[\sum_{G'}h_{G-G'}(k+G')\times H_{G'}]+\omega^2 H_G=0 \qquad (3.5.32)$$

ここで,$h_{G-G'}$ は $n^{-2}(r)$ のフーリエ成分である.式(3.5.32)は H_G に関する行列形式の固有値方程式であり,適当な数の逆格子ベクトルを用いて数値的に解くと,ホトニックバンド(k と ω の分散関係)と磁界ベクトル $H(r)$ を求めることができる.

例として,屈折率 n_a の円形光原子を屈折率 n_b の媒質中に周期 a で配列させた2次元構造を考えてみよう.図3.5.9に示す三角格子配列を仮定すると,単位胞もブリユアンゾーンも六角形となる.k が xy 面内にあるときは,式(3.5.32)が H_G の xy 成分に関する項と z 成分に関する項に分離される.前者を TM 偏波,後者を TE 偏波と呼ぶと,両偏波に対するホトニックバンドは図3.5.10のように求まる.(a)は半導体に孔が開いている状況,(b)は半導体の柱が並ぶ状況を仮定した.いずれも半導体占有率 f を 0.1 と固定している.(a)にはブリユアンゾーン内のどの k に対してもバンドがない $\Delta\omega_g/\omega_g \sim 0.1$ の PBG が存在する.一方,(b)では $\Delta\omega_g/\omega_g \sim 0.5$ の広い TM 偏波の PBG はあるが,両偏波に共通する PBG は見られない.PBG が生じる要因はブリユアンゾーン外周付近でのブラッグ条件による電磁界分布の急激な変化にあり,この変化が大きいほど PBG は広くなる.$\Delta n=|n_a-n_b|$ が大きいほどこの変化は大きく,完全な PBG が開くためには $\Delta n \geq 1.6$ が必要とされる.さらに TM 偏波では高屈折率領域が分離している方が,TE 偏波では連続している方がこの変化が大きい.(a)の円形孔は両方の特徴が混在した光原子の形をしているため,両偏波に共通の PBG が現れる.また1次元構造は各層の最適厚さが $\lambda_s/4n$ で与えられ,高屈折率層は屈折率の分だけ薄くなる.これより類推されるように,半導体と空気からなる2次元構造では,最適な半導体占有率 f が 0.1〜0.15 と小さい.このとき PBG の規格化幅は最大で約 0.2 となる.その他の形状,配列,半導体占有率と PBG の関係も一通り調べられており,円形孔と同様に完全な PBG が得られる構造として,円柱の蜂の巣配列が知られている.また図3.5.10にはバンド図に加えて状態密度 $dk/d\omega$ も示した.これは n_{eff}/c に等しい値であり,式(3.5.9)からわかるように γ に比例する.図3.5.10では周波数によって状態密度が大きく変化し,とくに PBG 上下端で等価屈折率分散が大きくなるために,最大で3倍程度 γ が増えることがわかる.またホトニックバンド計算に屈折率の摂動を与えることで,共振モードの分散曲線や電磁界分布も計算されている.半導体円柱配列の欠損による TM 偏波の共振モードはおよそ $(\lambda/n_{\mathrm{eq}})^2$ の面積の中におさまることがわかっており,2次元構造でも1次元構造と同程度の光の局在化が可能と思われる.以上は波数ベクトル k が xy 成分のみをもつときの計算であるが,z 成分を含むときの PBG も調べられている[20].図3.5.5の共振モードと発光スペクトルが重なる範囲で PBG は開いており,式

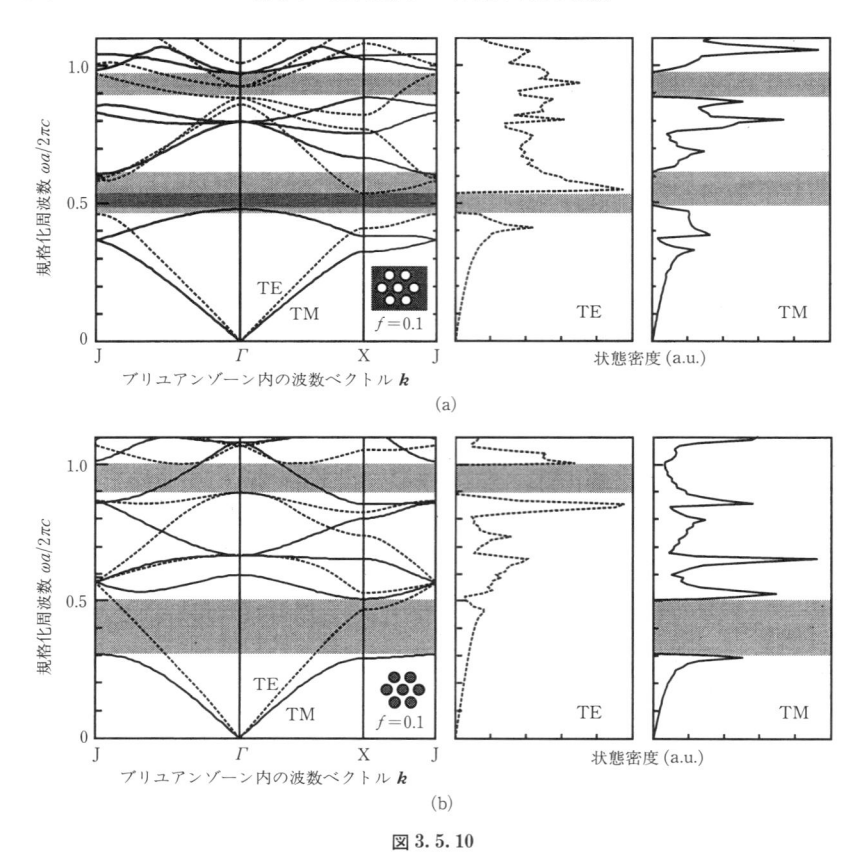

図 3.5.10
円形光原子の三角格子配列2次元ホトニック結晶に対するホトニックバンドと状態密度図．灰色の帯はPBGを表す．(a) $n_a=1$, $n_b=3.5$, (b) $n_a=3.5$, $n_b=1$．

(3.5.28)の共振モードの増強は可能と思われる．

　3次元構造でも同様の計算が行われている．ただしこの場合は偏波の分離はできず，式(3.5.32)を直接解くことになるので，より長い計算時間を必要とする．ダイヤモンド格子によりとくに大きなPBGが開くことが発見され，図3.5.11に示す3種類が代表的な構造として提案されている．(b)のヤブロノバイトでは，半導体と空気の組合せでPBGの規格化幅0.19となることが解析されており，また欠損による共振モードの広がりは $(\lambda/n_{eq})^3$ 程度となることがわかっている．図3.5.8を見ると，これらは $C \equiv \beta = 1$ を実現するのに十分である．ただし2次元，3次元構造の共振モード分布を系統的に調べた研究はなく，具体的な構造に対する C の大きさは十分明らかになっていない．

3.5 自然放出制御光デバイス

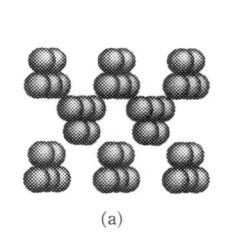

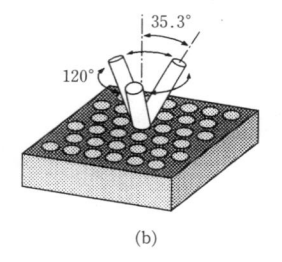

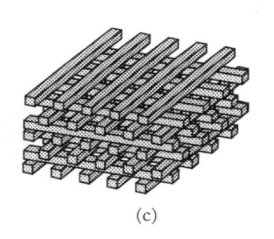

(a)　　　　　　　(b)　　　　　　　(c)

図 3.5.11
PBG の存在が理論的に確認されているダイヤモンド格子をもつ代表的な 3 次元ホトニック結晶構造．(a) 球形の光原子の配列 (K. M. Ho *et al.*: *Phys. Rev. Lett.*, **65**-25 (1990) 3152-3155)，(b) 3 回対称直線孔の配列 (E. Yablonovitch *et al.*: *Phys. Rev. Lett.*, **67**-17 (1991) 2295-2298)，(c) 正方格子の積層 (K. M. Ho *et al.*: *Solid State Commun.*, **89** (1994) 413).

5) 実験における試み

1 次元構造は，自然放出制御の研究が活発化する前から面発光レーザーの研究が先行している．99.9％近い超高反射率をもつ半導体多層膜のエピタキシャル成長技術がほぼ確立されており，自然放出制御を評価しようという試みは多い．まず半導体多層膜を用いて式 (3.5.23) に対応した自然放出強度の増強と鋭い放射ビームが観測されている[7]．ここでは量子井戸を定在波の腹または節の位置に置いたときの自然放出の増強・抑制も観測され，Γ_r の効果が確認されている．また自然放出寿命の減少が観測されており[4,8]，これは自然放出レートの増大を意味する．ここでは多層膜のフィルター効果によって共振モードの発光のみがとらえられており，図 3.5.7 の γ_1 よりは $\gamma_1^{(\text{res})}$ を表す結果と考えられる．ただし 3.5.1 項 a で述べたように，半導体のバンド内緩和によるダイポールのダイナミックな変化を通して，共振モードの大きな自然放出レートが全体のレートを増大させる効果も考えられる．このような効果はこれまで議論されていないが，$\beta > 0.1$ といった状況では顕著になる可能性もある．自然放出光係数 C は，面発光レーザーの電流対光出力特性を図 3.5.3 の理論曲線と比較することで評価されている．1 波長共振器を用いた面発光レーザーで，最大で 2×10^{-3} という値が報告されている[21]．ただしこの素子は横方向の大きさが 5 μm 以上であり，微小化が不足している．極微小化の例として，直径 0.5 μm の素子の光励起発振が実現されている[6]．この直径は $C > 0.1$ を実現するのに十分であるが，表面再結合による低励起時の内部量子効率の低下が大きく，C は評価されていない．

2 次元，3 次元構造は製作法を模索する段階にある．孔を開けた光ファイバープレートを延伸させる方法，陽極酸化エッチングを用いて Si に垂直孔を開ける方法などにより比較的大きな 2 次元構造が製作され，赤外波長での PBG が評価されている．ただし 2 μm 以下の波長に対応する半導体構造をつくる場合，孔の配列を例にとると配列ピッチ 0.5 μm 以下，孔と孔の間の半導体の厚さ 0.1 μm 以下，深さ数 μm

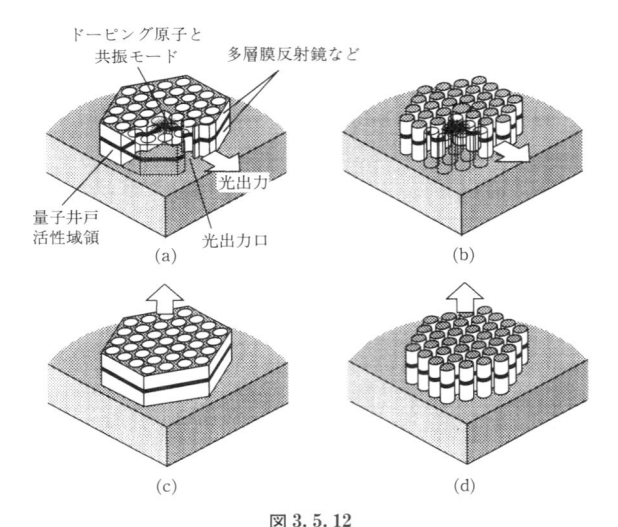

図 3.5.12
円形孔または円柱2次元ホトニック結晶を半導体レーザーに適用する例. (a),
(b) は横方向, (c), (d) は縦方向に共振を起こし光を出力する.

が必要となる. つまり加工には高アスペクト比が要求される. 反応性イオンビームエッチング (reactive ion beam etching, RIBE) を用いて GaAs 系半導体に対してこの加工が実現されているが, 半導体の露出面積が大きいために表面再結合が著しく, 発光については評価されていない[22]. そこで表面再結合速度が GaAs 系よりも遅い InP 系半導体を用いる試みもある. InP のエッチングは GaAs ほど容易ではないが, メタン系ガスを用いた RIBE によって直径 $0.2\ \mu m$ の円柱配列が実現され, 発光の偏波特性が評価されている[23]. 2次元構造をレーザーに適用する例を図 3.5.12 に示す. 半導体に空気孔または柱の配列を形成し, 中央のドーピング原子に電流注入を行うと共振モードが発生する. 中央から端部までの距離を一部短くしておくと, その方向から光が放射される. あらかじめ半導体層構造として1次元共振器を成長しておけば, 孔や柱を形成した後に共振モードが完全に離散化するので, 図 3.5.8 に示した β に等しい大きな C が可能になる. またドーピングを行わずに上下方向の漏れモードをレーザーモードとして利用すれば, 図 3.5.6 に示すように PBG によって γ が小さくなるため, しきい値電流を下げることもできる.

3次元構造については, 図 3.5.11 に示すヤブロノバイトや正方格子の積層構造が機械的な手法で製作され, マイクロ波に対する PBG や共振モードの存在が確認されている. また可視光に対応した超微細な GaAs 系ヤブロノバイトが RIBE によって形成され, PBG が観測されている[24]. ただし3次元構造をレーザー化するには構造内部にドーピング原子が必要であり, これをエッチングで実現するのは難しい. エピ

タキシャル接着や精密マニピュレーションを利用した3次元組立技術を模索する動きもある．

いずれにせよ2次元，3次元構造は技術的課題が多い．すべての議論は，微小共振器が良質の共振状態をもつことを前提としている．面発光レーザーを実現するために多層膜の平滑化，高精度化の研究が数多く行われたが，2次元，3次元ではそれ以上の努力が必要と思われる．精密な製作技術の確立によるPBGの明確な評価，共振モードの発生，レーザー化，自然放出制御の観測といった研究の進展が今後期待される．

b. 周回共振器（全反射共振器）

周回共振器は3方向すべてに全反射を利用して光を閉じ込めるため，単純な構造で良質の共振状態を得ることができる．半導体レーザーに応用する例としてリング共振器レーザーが古くから知られているが，当初はリング導波路の光閉じ込めが弱く，曲げ導波損失が素子の微小化を制限していた．しかし半導体/空気境界面での全反射を利用した微小ディスクレーザー[10]が発明されてからは直径10 μm以下が容易となり，同様の全反射を利用した微小リングレーザー，多角形周回レーザーなど多彩な共振器が登場する．そして直径1 μm以下の素子が実現されるに至り，自然放出制御の可能性も議論されるようになった．

1) 共振モードの回折損失と自然放出制御

もっとも単純な周回共振器は，周囲よりも高い屈折率をもつ球または円形ディスクであり，全反射を繰り返しながら周回する共振モードが知られている．円形ディスク内のモードは円筒座標系の波動方程式を解くことで導かれ，ディスク内部ではベッセル関数，外部ではハンケル関数の電磁界分布をもつ．円形ディスクに対するこのようなモードの電磁界分布の計算例を図3.5.13に示す．最外周を回るモードが共振器の最高次モードであり，周りをなめるように進むことからwhispering galleryモード

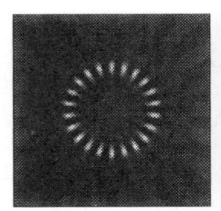

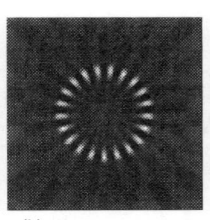

(a) $M=22$, $\lambda_c=1.527$　　(b) $M=21$, $\lambda_c=1.590$　　(c) $M=17$, $\lambda_c=1.595$　　(d) $M=14$, $\lambda_c=1.587$

図3.5.13 直径5 μmの半導体円形ディスク内に発生する横方向電界ベクトルをもつ共振モード ここでは磁界分布を濃淡表示している．ディスクが薄いときの面外方向への光の広がりを考慮し，ディスクの屈折率を2.65と仮定した．Mはモード番号を表す．また共振波長λ_cは，境界条件を適用した固有値方程式を解くことで求められる．

と呼ばれている．低次モードほど内側を周回する様子がこの図よりわかる．

球やディスクが十分大きく完璧な境界面をもつとき，これらのモードは高い Q 値をもつ．しかし大きさが $(\lambda_{sp}/n)^3$ に近くなると，回折損失が Q 値を急激に減少させる．球の直径を r，屈折率を n_{sphere}，周囲を空気としたとき，球面に接する電界ベクトルをもつ最高次モードの Q_{sphere} は次式で与えられる[25]．

$$Q_{sphere} = \sqrt{n_{sphere}^2 - 1}\frac{2\pi}{\lambda_c} r \exp\left[2\frac{2\pi}{\lambda_c}r(\cosh^{-1}n_{sphere} - \sqrt{1-n_{sphere}^{-2}})\right] \quad (3.5.33)$$

球の体積を共振器体積と考え，図 3.5.2 と同じ規格化共振器体積に対して Q_{sphere} と回折損失 α を計算した結果が図 3.5.14 である．ここで γ と C，球の半径 r も同時に示した．規格化共振器体積が 1 のとき，Q_{sphere} はおよそ 100 となる．これを共振スペクトル幅に直すと $\Delta\omega_c/\omega_c \equiv Q_{sphere}^{-1} \sim 0.01$ となる．式 (3.5.14) の議論から，$\Delta\omega_c > \Delta\omega_{sp}$ になると自然放出制御の効果は飽和する．図 3.5.13 で γ が飽和するのは，この様子を概念的に表している．

次に円形ディスクの縁を回るモードについて考える．このモードに対する Q_{disk} の厳密解が得られないが，ディスク面内を導波する光の等価屈折率 n_{eq} を用いて近似的に

$$Q_{disk} = \frac{1}{6.5}\exp\left[2\frac{2\pi}{\lambda_c}n_{eq}r\left(\tanh^{-1}\sqrt{1-n_{eq}^{-2}} - \sqrt{1-n_{eq}^{-2}}\right)\right] \quad (3.5.34)$$

と与えられる[10]．この式で与えられる Q_{disk} と規格化共振器体積の関係は図 3.5.14 と

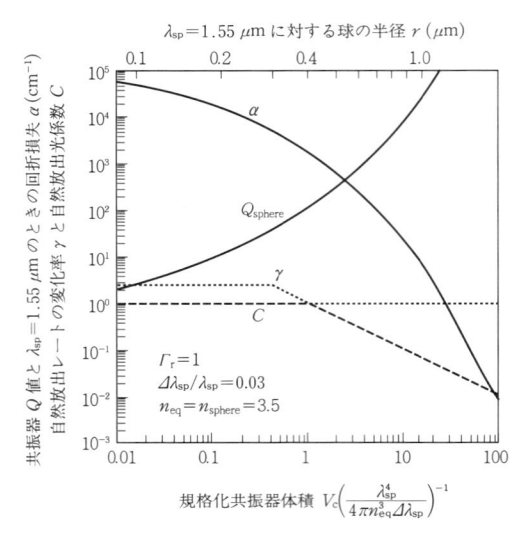

図 3.5.14 球体の規格化共振器体積と共振器 Q 値，回折損失，自然放出レートの変化率と自然放出光係数の関係

ほぼ等しくなる．ディスクの屈折率を3.5，厚さを0.2 μm とすると $\lambda_c=1.55$ μm に対して $n_{eq}=2.65$ となり，$\Delta\lambda_{sp}/\lambda_{sp}=0.03$ のとき $C=1$ に要求されるディスク半径は約 0.5 μm となる．

図 3.5.14 よりわかるように，$C=1$ を実現する微小球あるいはディスクでは，Q の低下に対応して回折損失 α が 1000 cm^{-1} 以上と大きい．したがってレーザーとしてのしきい値は高く，発振は容易ではない．しかし無しきい値動作する高効率 LED としての利用は可能である．

2) 微小円形ディスクレーザー

球は周回モードを乱さずに支持することができないため，素子としての利用は難しい．一方，微小円形ディスクレーザーは巧みな構造でディスクの支持と光閉じ込め，電流注入を両立させている．その基本構造と製作された素子を図 3.5.15 に示す．ディスク状の活性領域は，中心部分が上下のクラッドで支えられている．空気中に露出されている縁の部分は上下方向に光導波路を構成しており，ここを whispering gallery モードが周回する．電流を流すとキャリヤーが縁の部分まで拡散し，利得が発生する．半導体と空気の高い屈折率差のために活性領域への光閉じ込め係数 Γ は通常のレーザーよりも 2～3 倍大きく，利得が大きくなる．また光が空気中へしみ出すことによってモードの等価屈折率が小さくなり，式(3.5.9)に従って γ が減少する．これらの効果により，150 μA という極低しきい値電流でのレーザー発振が実現されている．このようなレーザーは，ウェーハーを円形メサ状にドライエッチング加工した後，活性領域をはさむクラッドのみを選択化学エッチングすることで製作される．電流注入で発振する素子としては最小直径 2 μm[26]，光励起では 1.6 μm[10] までが実現されており，いずれも $C=1$ の条件に迫っている．ただしこの実験では遷移スペクトル幅 $\Delta\lambda_{sp}/\lambda_{sp}$ が 0.14 と広く，その中に含まれるモード数が 4～5 個と増えたために，評価された C の値が 0.2 に止まっている．しかし面発光レーザーでの値に比べると，2桁程度大きい．

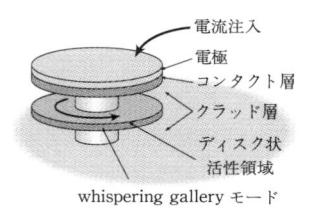

図 3.5.15 微小ディスクレーザーの構造と電流注入型では最小の直径 3 μm の素子の走査型電子顕微鏡写真．ディスクの縁へのキャリヤー注入を促進するため，ディスクの幅は狭く抑えられている．電流 1 mA 以下で発振を起こす[26]．

3) その他の周回共振器

最後に円形ディスク以外に実現されている微小周回レーザーを紹介しておく．まず有機金属気相成長法を利用して，正六角形や正三角形のディスクレーザーが製作されている[25]．これは特定の基板面と成長条件に対してこのような形が自動形成されることを利用したもので，きわめて高精度なディスク側面が得られ，光励起でのレーザー発振に成功している．ディスク形状ではないが，単純な垂直メサで周回共振器を形成する試みもあり，円形，三角形，四角形，六角形でレーザー発振が報告されている．ただしいずれも大きさが 5 μm 以上であり，微小化が今後の課題である．また垂直メサでは半導体/半導体導波路を利用して上下に光を閉じ込めるため，究極的な 3 次元光閉じ込めは難しい．図 3.5.15 の微小ディスクレーザーでは中心をディスクの支持部として利用していたが，この部分は余計なモードを発生させ，無駄な電流を消費する．そこでここを除去した微小リングレーザーも報告されている[27]．リングの直径は 4.5 μm，導波路の幅は 0.4 μm と狭く，上下を誘電体膜ではさんでいるために 3 次元光閉じ込めはディスクよりも効率がよい．光励起により発振が得られているが，電流注入を可能にするには特別な工夫が必要と思われる．

展　　望

無しきい値動作に必要な自然放出光係数 $C \sim 1$ は，ホトニック結晶と微小周回共振器の両方で実現される可能性がある．等価屈折率の減少まで考慮すると自然放出レートの増大はやや難しいが，高次のホトニック結晶では可能性がある．$C=1$ では必ずしもレーザー発振は必要なく，高効率・高速，低雑音な LED としての利用も考えられる．このときの動作速度は光子寿命やしきい値とは無関係なため，意図的に共振器 Q 値を低くして外部量子効率を高めれば，比較的大きな光出力が得られる．

技術的課題は多いが，おもなものをまとめると次のようになる．① 半導体の精密加工技術の向上：さまざまな形状加工に対応できるドライエッチング技術が望ましい．加工表面での光散乱を抑えるため，加工表面粗さは 10 nm 以下に抑える必要がある．また加工損傷も抑制したい．② 3 次元形状制御技術の開発：本節で述べたどの共振器も，形状は 3 次元的に複雑である．多元的なエッチング技術や自己形成的手法，微細マニピュレーション技術などが待望される．③ 表面再結合の抑制：微小化による表面効果の増大はあらゆる物理現象に共通して起こるが，半導体微小共振器では自然放出制御の効果を決定的に消失させてしまう深刻さをもつ．したがって表面再結合の小さな材料の利用，あるいは新しい表面物性をもつ材料の開拓が必要である．④ 高屈折率材料の開拓：ホトニック結晶，周回共振器はどちらも大きな屈折率境界を利用して光を局在化させるので，この点にも期待したい．⑤ 低次元電子構造の導入：量子細線，量子ドットといった低次元電子構造は誘導放出利得を増大させるの

で，それだけでもレーザーにとって大きな意味をもつ．しかしこれに伴う遷移スペクトルの狭幅化と相対閉じ込め係数の増大，ダイポールの異方性による特定偏波の発光は，自然放出制御を桁違いに大きく，また容易にさせることが本節の多くの式を見ればわかるであろう．⑥ 実装技術の開発：これは先の話になるが，1 μm 以下の素子をどのように集積化するか，どのように駆動するか，光をどう利用するか，といった点については従来の発光素子とは別次元の難しさ，面白さがあると思われる．前に述べたような大規模光回路などを考える場合，具体的な構成法についても検討していく必要があるだろう．　　　　　　　　　　　　　　　　　　　　　　　　　　　　[馬場俊彦]

引 用 文 献

1) E. M. Purcell : *Phys. Rev.*, **69** (1946) 681.
2) 小林哲郎他：応用物理学会講演予稿集 (1982) 127.
3) E. Yablonovitch : *Phys. Rev. Lett.*, **58**-20 (1987) 2059-2062 ; E. Yablonovitch *et al.* : *Phys. Rev. Lett.*, **67**-24 (1991) 3380-3391.
4) F. De Martini *et al.* : *Phys. Rev. Lett.*, **59**-26 (1987) 2955-2958 ; F. De Martini and G. R. Jacobovitz : *Phys. Rev. Lett.*, **60**-17 (1988) 1711-1714.
5) K. Iga *et al.* : *IEEE J. Quantum Electron.*, **24**-9 (1988) 1845-1855.
6) J. L. Jewell *et al.* : *IEEE. J. Quantum Electron.*, **27**-6 (1991) 1332-1346.
7) 山本喜久他：応用物理，**59**-9 (1990), 1204-1210 ; G. Bjork and Y. Yamamoto : *IEEE. J. Quantum Electron.*, **27**-11 (1991) 2386-2396.
8) H. Yokoyama and S. D. Brorson : *J. Appl. Phys.*, **66**-10 (1989) 4801-4805 ; H. Yokoyama *et al.* : *Appl. Phys. Lett.*, **57**-26 (1990) 2814-2816 ; 横山弘之：応用物理，**61**-9 (1992) 890-901.
9) T. Baba *et al.* : *IEEE J. Quantum Electron.*, **27**-6 (1991) 1347-1357, **28**-5 (1992) 1310-1319.
10) A. F. J. Levi *et al.* : *Electron. Lett.*, **28**-11 (1992) 1010-1012 ; A. F. J. Levi *et al.* : *Electron. Lett.*, **29**-18 (1993) 1666-1667 ; S. L. McCall *et al.* : *Appl. Phys. Lett.*, **60**-3 (1992) 289-291.
11) T. Numai *et al.* : *IEEE J. Quantum Electron.*, **29**-6 (1993) 2006-2012.
12) T. Baba : *IEEE J. Selected Topics in Quantum Electron.*, **3**-3 (1997) 808-830.
13) C. Weisbuch *et al.* : *Phys. Rev. Lett.*, **69**-23 (1992) 3314-3317.
14) E. Yablonovitch *et al.* : *Phys. Rev. Lett.*, **61**-22 (1988) 2546-2549.
15) M. Yamamishi *et al.* : *IEEE Photon. Technol. Lett.*, **3**-10 (1991) 888-890.
16) T. Baba *et al.* : *Jpn. J. Appl. Phys.*, **35**-1A (1996) 97-100.
17) D. I. Babic and S. T. Corzine : *IEEE J. Quantum Electron.*, **28**-2 (1992) 514-524.
18) K. M. Leung and Y. F. Liu : *Phys. Rev. Lett.*, **65**-21 (1990) 2646-2649 ; Ze Zhang and S. Satpathy : *Phys. Rev. Lett.*, **65**-21 (1990) 2650-2653.
19) J. D. Joannopoulos *et al.* : Photonic Crystals, Princeton Univ. Press, 1995.
20) X. P. Feng *et al.* : *IEEE J. Quantum Electron.*, **32**-3 (1996) 535-542.
21) G. Shtengel *et al.* : *Appl. Phys. Lett.*, **64**-9 (1994) 1062-1064.
22) T. Krauss *et al.* : *Electron. Lett.*, **30**-17 (1994) 1444-1446.
23) T. Baba and T. Matsuzaki : *Jpn. J. Appl. Phys.*, **35**-2B (1996) 1348-1352.
24) A. Scherer *et al.* : Proc. the Pasific Rim Conf. Laser and Electro-Optics, 1995, p. 29.
25) C. G. B. Barrett *et al.* : *Phys. Rev.*, **124**-6 (1961) 1807-1809.
26) T. Baba, M. Fujita *et al.* : *IEEE Photon. Technol. Lett.*, **9**-7 (1997) 878-880 ; M. Fujita *et al.* : *Electron. Lett.*, **25**-3 (1998) 278-279.
27) S. Ando *et al.* : *Jpn. J. Appl. Phys.*, **32**-9B (1993) L1293-L1296.
28) J. P. Zhang *et al.* : *Phys. Rev. Lett.*, **75**-18 (1995) 2678-2681.

さらに勉強するために

1) Y. Yamamoto (ed.) : Coherence, Amplification, and Quantum Effects in Semiconductor Lasers, Wiley Interscience, 1991.
2) H. Yokoayama and K. Ujihara (eds.) : Spontaneous Emission and Laser Oscillation in Microcavities, CRC Press, 1995.
3) C. M. Bowden *et al.* (eds.) : Development and Applications of Materials Exhibiting Photonic Band Gaps, *J. Opt. Soc. Am. B*, **10**-2 (1993) 283-413.

3.6 非古典的光子生成デバイス

はじめに

　非古典光とは，電磁場を古典的なマクスウェル方程式で扱ったのでは説明のできない現象を示す光のことである．多くの光学現象は，電磁場を量子化しなくても説明することが可能であるが，とくにゆらぎの関与する現象の場合には電磁場を量子化して扱うことの重要性が最近認識されるようになった．

　1960年のレーザーの発明以降，光のコヒーレンスを制御する技術は飛躍的に進歩し，レーザー光を使った測定・計測の精度は著しい進歩を遂げた．しかし，そのレーザー光も量子力学の不確定性原理によって定められる不確定さをもっており，それは，測定の際に，量子限界と呼ばれる測定精度の限界を与える．現在，光通信やレーザージャイロの性能は，すでに量子限界にほぼ到達しており，また，重力波の検出のような最先端の精密測定では，その要求される感度ゆえ量子限界の問題を避けて通れない．このように，電磁場の量子力学的なゆらぎ(量子雑音)が，先端的な技術分野において現実的な限界を与えるものとして意識されるようになり，その限界を越える手段として，光の量子力学的な性質を制御する研究が応用面でも注目を集めるようになった．

　自然放出の制御によるレーザーダイオードや発光ダイオードの動作特性の飛躍的な改善の可能性が大きな関心を集めているが，その技術は，同時に，半導体デバイスによる光の量子力学的な性質のより進んだ制御を可能にする技術でもある．よって，この技術の潜在的な可能性を生かしきるには，素子の動作特性について理解するだけでなく，発生する光の性質の量子力学的側面についても理解しておくことが重要であると思われる．

　近年の研究により，光の量子力学的な性質を人為的に制御できることが実験的に示され，量子雑音限界を越えた測定も行われるようになった．本節では，これらの研究を紹介し，とくに，非古典光を発生させる具体的な方法について記す．

3.6.1 非古典光とスクイズド状態

　本項では，非古典光という言葉の定義と二つの種類のスクイズド状態について述べ

る．これらのスクイズド状態にある光は代表的な非古典光である．

a. 非古典光の定義

電磁場を量子化しない古典論によれば，角周波数 ω で z 方向に伝搬するシングルモードの電場は，振幅 E_0 と位相 ϕ を定めることにより次式のように記述することができる．あるいは，振幅と位相の代わりに，二つの直交する振動成分の振幅 E_1 と E_2 を与えてもよい．

$$E(t, z) = E_0 \cos(\omega t - kz - \phi) \tag{3.6.1}$$
$$= E_1 \cos(\omega t - kz) + E_2 \sin(\omega t - kz) \tag{3.6.2}$$

図 3.6.1(a) に電場の様子を示す．このように古典論では，電場の振幅 E_0 と位相 ϕ，あるいは，二つの直交位相振幅 E_1, E_2 の値を両方同時に正確に定めることができる．ところが，量子論では，ハイゼンベルグの不確定性関係により，これらの値を同時に正確に定めることが許されない．これは，よく知られている，粒子の位置と運動量の不確定性関係と同様である．そのため，振幅を正確に定めようとすると位相は全く不定になり，逆に，位相を正確に定めようとすると振幅は不定になる．このような不確定性関係に起因するゆらぎのことを量子ゆらぎという．二つの直交位相振幅についても同じことがいえる．つまり，二つの値が正確に定まった古典論のような電場は存在しえない．一方，通常のレーザーから発生する光は，振幅も位相もよく定まっているように見える．その理由は，光の強度が強いとき，量子ゆらぎの寄与は相対的に小さいので，不確定さが二つの共役な物理量の間で平等に分配されている場合には，どちらの物理量の不確定さも無視できるほど小さいからである．二つの直交位相振幅の不

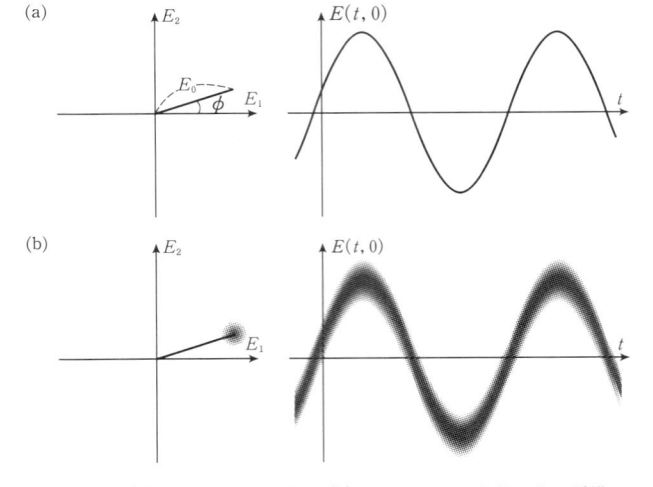

図 3.6.1 (a) 古典論による電場, (b) コヒーレント状態にある電場

確定さが等しく,かつ,最小不確定の状態にある電場の状態を,コヒーレント状態という.通常のレーザーから発生する光は,コヒーレント状態にあると思ってよい.コヒーレント状態にある電場の様子を,図3.6.1(b)に示す.前述のように,強度が強くなると量子ゆらぎは相対的に小さくなる.電磁場の量子論についての詳細は,最後にあげた教科書を参照されたい.以下ではおもに非古典光の定義について述べる.

コヒーレント状態は,古典論における電磁場にもっとも近い状態であり,電場の複素振幅の期待値を与えることにより指定することができる.絶対値の2乗が光子数になるように規格化した複素振幅を α とすると,コヒーレント状態は $|\alpha\rangle$ と表せる.シングルモードの電磁場の密度行列 ρ を,コヒーレント状態で対角表現したものを,グラウバー–スダーシャン (Glauber–Sudarshan) の P 表示という.

$$\rho = \int P(\alpha) |\alpha\rangle\langle\alpha| d^2\alpha \tag{3.6.3}$$

$P(\alpha)$ が正の値をとるとき,電磁場の統計的な性質は,古典的な確率として解釈することができる.逆に,$P(\alpha)$ が負になったり,高い特異性をもつ場合には,古典統計でその状態を記述することができず,電磁場を古典的に扱ったのでは説明のつかない現象が現れる.そこで,このような状態にある光を,一般に,非古典光 (nonclassical light) と呼ぶ.コヒーレント状態 $|\alpha_0\rangle$ の P 表示は,$P(\alpha) = \delta^2(\alpha - \alpha_0)$ であり,非古典光と古典光の境目の状態である(非古典光とは呼ばない).

b. 光子数スクイズド状態,サブポアソン光

光の古典論において,光検出器から光電子が放出される確率が光の強度に比例するとして,ある有限時間の間に放出される光電子の数を求めると,光強度に全くゆらぎがない場合には光電子の分布はポアソン分布となる.つまり,光電子の分散 $(\Delta n)^2$ は,平均 $\bar{n}$ に等しい.光強度にゆらぎがある場合には,分布の幅はポアソン分布より広くなり(スーパーポアソン分布,$(\Delta n)^2 \geq \bar{n}$),光電子の分布がサブポアソン分布 $((\Delta n)^2 \leq \bar{n})$ になることはありえない.一方,量子論によると,光子数の分散は,シングルモードの場合 P 表示を使って以下のように表せる.

$$(\Delta n)^2 = \langle n \rangle + \int (|\alpha|^2 - \langle |\alpha|^2 \rangle)^2 P(\alpha) d^2\alpha \tag{3.6.4}$$

よって,$P(\alpha) < 0$ となるような非古典光の場合には,光子数の分布がサブポアソンになりうる.検出器の量子効率が1より小さいとき(1個の光子に対して放出される電子数の期待値が1より小さい)は,光電子の分布はポアソン分布に近づいてしまうが,やはりサブポアソン分布になりうる.つまり,サブポアソン分布は,非古典光の場合のみに現れる量子論特有の現象である.光子数がサブポアソン分布している光を,サブポアソン光といい,非古典光の一種である.サブポアソン光という言葉は,電磁場が複数のモードからなっているときによく用い,レーザーから発生するような

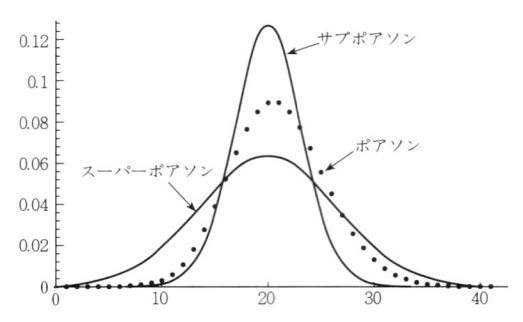

図 3.6.2 平均個数 20 のポアソン分布
スーパーポアソン分布とサブポアソン分布は分散が 2 倍と 1/2 倍のガウス分布．

シングルモードに近い光の場合は，光子数のゆらぎが圧縮されているという意味で，光子数スクイズド状態という言葉が用いられる．光子数のゆらぎが小さくなっているとき，その代償として位相のゆらぎは増大する．

コヒーレント状態にあるレーザーパルスの光子数分布はポアソン分布である（図 3.6.2 参照）．パルス当たり平均 20 個の光子が含まれるとき，あるパルス中に光子が全くない確率は，$e^{-20} \sim 2 \times 10^{-9}$ である．よって，このようなパルス光を使ったオン-オフ信号の誤り確率は，2×10^{-9} となる．つまり，通常のレーザー光を使った通信で，10^{-9} より小さい誤り確率を実現するためには，オン信号の平均光子数はおよそ 20 個以上必要である．サブポアソン光を使えば，より少ない光子でも，小さな誤り率を実現することができ，古典光では不可能な低雑音通信が可能になる．ポアソン分布の場合のゆらぎの大きさを，光子数ゆらぎの標準量子限界と呼ぶ．

c. 直交位相振幅スクイズド状態

不確定性関係から生じる直交位相振幅のゆらぎは，P 表示により次式のように表せる．

$$(\Delta X_1)^2 = \frac{1}{4}\left\{1 + \int[(\alpha+\alpha^*)-(\langle\alpha\rangle+\langle\alpha^*\rangle)]^2 P(\alpha)d^2\alpha\right\} \quad (3.6.5)$$

ただし，X_1 は（規格化された）直交位相振幅を表すエルミート演算子で，消滅演算子 a と，$a = X_1 + iX_2$ という関係がある．このとき，$[X_1, X_2] = i/2$ という交換関係が成り立つので，二つの直交位相振幅の間には，$\Delta X_1 \Delta X_2 \geq 1/4$ という不確定性関係が成り立つ．コヒーレント状態は，$\Delta X_1 = \Delta X_2 = 1/2$ という最小不確定状態である．式 (3.6.5) より，$\Delta X_1 < 1/2$ は，$P(\alpha)$ が負になる非古典光の場合にのみ可能であることがわかる．直交位相振幅のゆらぎがコヒーレント状態より小さい状態のことを，直交位相振幅スクイズド状態という．非古典光の P 表示は存在しないので，密度行列の

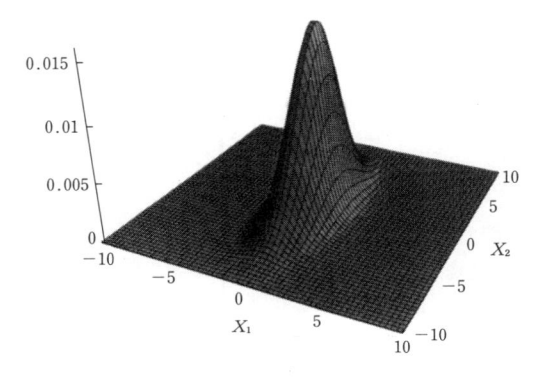

3.6 非古典的光子生成デバイス   *539*

図 3.6.3 直交位相振幅スクイズド状態の Q 表示
X_1 のゆらぎが小さくなっている代償として，X_2 のゆらぎが増大している．

表現にはウィグナー関数や Q 表示が用いられる．Q 表示は，$Q(\alpha)=\langle\alpha|\rho|\alpha\rangle$ と定義されるものである．図 3.6.3 に，直交位相振幅スクイズド状態の Q 表示を示す．一方の直交位相振幅のゆらぎを小さくする代償として，共役なもう一方の直交位相振幅のゆらぎは増大している様子がわかる．

3.6.2 サブポアソン光生成デバイス

本項ではサブポアソン光発生の原理と実際について述べる．

a. 定電流駆動によるサブポアソン光発生-原理

サブポアソン光のもっとも簡単で効率的な発生法は，電流注入型の発光素子を用い，そこへ注入する電子の数のゆらぎを小さくして，その低雑音性を光子に「伝染」させる方法である（図 3.6.4 参照）[1,2]．もし，注入する電子が完全に規則的で，かつ，電子1個に対して光子1個が時間遅れなく発生するのであれば，発生した光子も完全

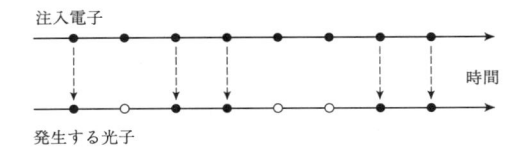

図 3.6.4 定電流駆動によるサブポアソン光発生の原理
電子の低雑音性を光子に「伝染」させる．発光しない電子があると，それに伴うランダムさが生ずる．

に規則的となり，光子数ゆらぎの全くない光を発生することができる．発光の量子効率が1より小さい場合は，ある一つの電子が発光するかどうかは確率過程に従うので，それに伴う不規則さが生じる．

数のゆらぎを表す量として，分散をポアソン分布の場合（＝平均値）に対して規格化したファノ因子という量が用いられる．

$$W \equiv \langle \Delta n^2 \rangle / \langle n \rangle \tag{3.6.6}$$

$\langle n \rangle$ はある有限の時間間隔に含まれる個数の平均で，W はその時間間隔の中に含まれている個数のゆらぎを表す量である．確率過程の議論から，半導体発光素子から発生する光のファノ因子 W_{ph} は，注入する電子のファノ因子 W_{el} と次のような関係にあることが導かれる．

$$W_{ph} = 1 - [1 - W_{el}]\eta \tag{3.6.7}$$

ここで，η は，1個の電子が注入されたときに1個の光子が放出される確率である．もし，注入する電子に全くゆらぎがない場合は（$W_{el}=0$），$W_{ph}=1-\eta$ である．注入する電子がポアソン的なゆらぎをもつ場合は（$W_{el}=1$），ランダムな抜取りが生じても統計性は変化しないので，光子もポアソン的なゆらぎをもつ（$W_{ph}=1$）．

注入する電子のサブポアソン化は，電源と発光素子の間に直列に抵抗体をはさむことにより実現できる．これは，抵抗体を流れる電流に，ショット雑音が付加されないという原理に基づいている．抵抗 R の両端の電圧を測定すると，ジョンソン雑音（熱雑音）に起因する雑音電圧が観測される．その大きさは，単位周波数当たり，

$$(\Delta v)^2 = \langle (v - \langle v \rangle)^2 \rangle = 4 k_B T R \tag{3.6.8}$$

である．ここで，k_B はボルツマン定数，T は温度を表す．抵抗に電流が流れても，電圧の平均値が増加するだけで，ゆらぎの大きさは一定である．これは，経験的によく知られた事実である．電流 i が流れているとき，その電子数がポアソン分布している場合の電流雑音の大きさは（ショット雑音），

$$(\Delta i)^2 = 2ei \tag{3.6.9}$$

である．ここで，e は素電荷を表す．熱雑音の大きさがショット雑音レベル（SNL）に比べて十分小さい場合は，抵抗を流れる電子のファノ因子はほぼゼロであると見なせる．この条件は，式 (3.6.8)，(3.6.9) より，$2k_B T/e \ll V$ のとき満たされる．ここで，$V=iR$ は抵抗両端の電圧を表す．たとえば，室温では $2k_B T/e \sim 52$ mV となるので，抵抗での電圧降下の値がこれより十分大きければ，流れる電子のファノ因子はゼロであると見なせる．さらに，抵抗値 R が，発光素子の（微分）抵抗よりも十分大きい場合は，発光素子を流れる電流のファノ因子もゼロであるとしてよい．

半導体発光素子として発光ダイオード（LED）を使った実験の例を図3.6.5に示す[3]．サブポアソン光は，上述のように，高いインピーダンスの抵抗を通して電流を発光素子に注入することにより容易に発生できる．光強度のゆらぎの大きさは，高効率のホトダイオード（PD）により電流に変換した後，スペクトラムアナライザーで周

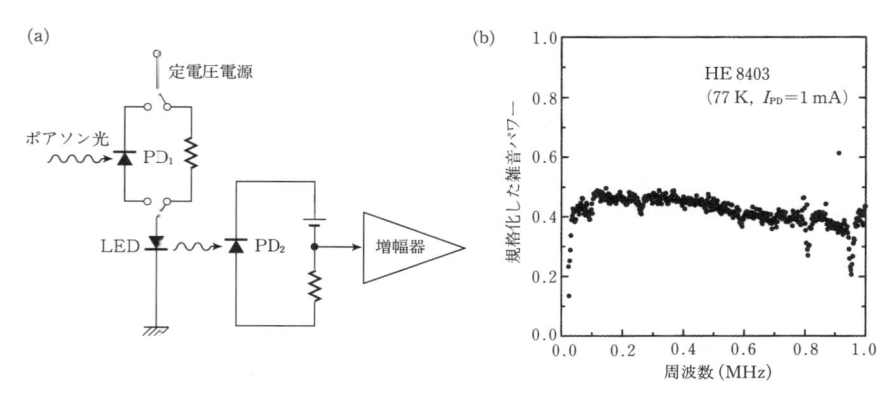

図3.6.5 発光ダイオードによるサブポアソン光の発生
(a) 実験配置図，(b) ファノ因子の測定結果.

波数ごとに分解して，雑音パワーを測定する．この実験では，発光波長が $0.8\,\mu m$ 帯の GaAlAs ダブルヘテロ接合構造の赤外発光 LED（日立製 HE8403R）が用いられた．Si-PD はこの波長で1に近い量子効率（>0.9）をもつ．SNL の校正は，ポアソン的なゆらぎをもつ電流（$W_{el}=1$）を LED に注入したときの雑音レベルを基準としている．

図3.6.5(b) の横軸は測定周波数で，縦軸は SNL で規格化したサブポアソン光のゆらぎの大きさ（ファノ因子）を表している．たとえば，測定周波数 500 kHz におけるファノ因子の大きさは，その逆数程度の時間間隔に含まれる光子数の分散を，光子数の平均値で規格化した量を表していると考えてよい．この図より，観測周波数内でほぼ一様な光子数のスクイージングが起こっていることがわかる．ゼロ周波数付近のファノ因子の大きさは 0.43 で，これはトータルの量子効率（発光効率と受光効率の積）57%から予測される値（式(3.6.7)参照）と一致する（この素子で効率が50%を越えているのは，発光領域下面が鏡のようになっているためである）．

以上のように，定電流駆動による半導体発光素子からのサブポアソン光発生の原理は，回路のゆらぎを古典的な回路理論により見積もり，発光効率が1より小さい効果を統計的に扱うことにより，容易に理解することができる．実験的にも，LED を使用した場合には，ほぼ発光効率で決まるスクイージングが得られ，応用上重要な微弱なサブポアソン光の発生もある程度可能である[4]．しかしながら，現実のデバイスの振舞いを理解するには，もう少しデバイスの詳細に立ち入った議論が必要である．まず，スクイージングの起こる周波数の上限を議論するには，デバイス内部でキャリヤーの統計性が乱される効果（コレクティブクーロンブロッケイド効果）を理解する必要がある．また，とくに半導体レーザーの場合は，縦モード間の相関や異なる偏光成分間の相関の役割も重要である．以下ではこれらのことがらについて述べる．

b. 半導体レーザーによる光子数スクイージング

発光ダイオードと異なり、レーザーでは誘導放出の効果が重要になる（一般に増幅過程では雑音も増幅される）。単一モードレーザーの量子力学的な理論によれば、しきい値より十分強くポンプされているレーザーから出力される光の強度雑音は、共振器のカットオフ周波数（光の周波数を共振器の Q 値で割ったもの）より低い周波数ではポンプのゆらぎに由来し、カットオフ周波数より高い周波数では出力鏡で反射された真空のゆらぎに起因することが示されている。よって、ポンプのゆらぎを小さくすることにより、カットオフ周波数以下の帯域では、出力光の強度雑音をショット雑音レベル以下にすることができる[5]。

1) 電流分岐雑音と 10 dB スクイージング

これまでに報告されているもっとも大きな光子数のスクイージングは、TJS (tranverse-junction-stripe) 半導体レーザーを 66 K で使用して実現されている[6]。レーザーの発振しきい電流値は 0.45 mA である。戻り光の影響を小さくし、かつ、受光効率をよくするために、レーザーと Si-PD は接するように配置されている。図 3.6.6 にその実験結果を示す。この図では、検出器の雑音（おもに熱雑音に起因する）は引き算して除かれている。(a) は PD に流れる電流が 8.6 mA のときのショット雑音レベル（SNL）を表している。この校正には、（効率の低い）LED が用いられた。(c) は同じ強度のレーザーの場合の雑音レベルで、SNL より 5.6 dB 小さくなっている（ファノ因子は $W \sim 10^{-0.56} \sim 0.28$）。このときレーザーの注入電流は、発振しきい値の 42 倍であった。(b) は別の PD を用いたときの実験結果である。(d) は注入電流をしきい値の 53 倍まで増やしたときの実験結果で、PD の電流値は 11.3 mA であった。データは、(a) が SNL になるように補正されており、8.3 dB のスクイージングが観測されている（$W \sim 0.15$）。このときのトータルの量子効率は 0.48 であり、式 (3.6.7)

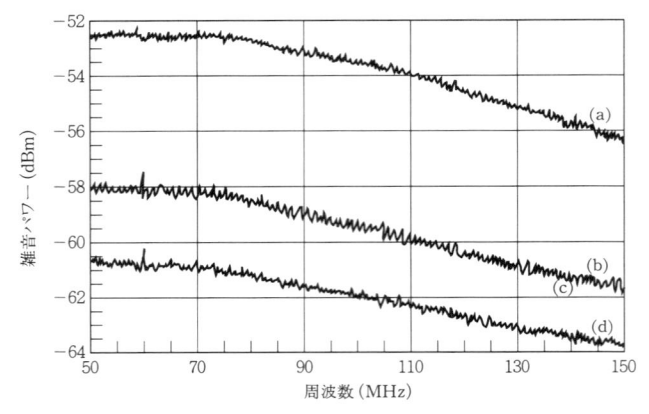

図 3.6.6 半導体レーザーによる光子数スクイズド状態の発生

が正しいとするとファノ因子は 0.52 となるはずで,実験結果と食い違っている.式 (3.6.7) は,損失がすべてポアソン過程により記述され,損失があると必ずランダムさが生じるという仮定に基づいているので,ランダムさを生じない損失があれば,この食い違いを説明することができる.このようなポアソン的分岐雑音を含まない損失は,レーザーの内部に存在する nonlasing junction の存在により説明されている.一般に,光子をビームスプリッターなどで分岐すると必ず分岐雑音が発生するが,古典的な回路を流れる電流を分岐しても雑音は発生しない[7].つまり,古典的な電流分岐が LD 内部に存在すれば,見かけの量子効率で予測されるよりも大きなスクイージングを実現しうることになる.この実験の検出効率は 89% と見積もられているので,測定された 8.3 dB のスクイージングは,LD の出射面では 14 dB ($W\sim 0.04$) のスクイージングに相当する.

電流分岐により雑音が発生しないこと(ただし,発光素子の微分抵抗が回路の直列抵抗より小さいことが必要)を検証する実験は LED を使って行われており,理論と一致する結果が得られている[8].

2) モード間の相関

半導体レーザーによるサブポアソン光発生の実験では,素子によってスクイージングが観測できるものとできないものがあることが知られている.また,理論限界に近いスクイージングが観測された例は少なく,これらの現象を説明するメカニズムとしてモード間の相関が考えられている.

レーザー共振器の共振周波数は,周波数軸上でほぼ等間隔に並んでいる.いわゆる単一モード発振をしている半導体レーザーであっても,サイドモードの抑圧比は通常 25~30 dB 程度である.一方,波長 0.8 μm,平均出力 10 mW のレーザー光に含まれる光子数は 4×10^8 個/10 ns であるので,ショット雑音によるゆらぎの相対的な大きさは -40 dB 程度となり,サイドモードの影響を無視することはできない.サイドモードにゆらぎがあったとしてもその影響は,発振モードとサイドモード間の相関により異なる結果を与える.もし,両者のゆらぎに負の相関がある場合は,たとえ個々のモードの雑音レベルが SNL よりも大きくても,モード全体ではそれぞれのゆらぎが打ち消されて,全体の和のゆらぎを見たときは SNL より雑音が小さくなることが可能である.一方,相関がない場合は,何らかの手段でサイドモードを抑圧することが重要になる.複数の縦モード間に相関が生じるかどうかは,利得の均一幅と縦モードの周波数広がりの大小によって決まると考えられる.利得の均一幅は,発光領域のドープ量や温度によって変化するので,デバイスの組成や構造などにより,雑音特性が異なることになる.

TJS 半導体レーザーを使った実験では多軸モード発振していて,強度の弱いサイドモードの雑音レベルのほうがメインモードより大きいような状況下でも全モードの和のゆらぎは SNL 以下であることが測定されている[9].動作温度は 20 K で,活性領

域には高濃度にドープされていて，低温での均一幅が広い状況になっていた．室温での実験でも，モード間に負の相関があることが観測されている[10]．この実験では，市販の量子井戸GaAlAsレーザーをフリーランニングで発振させたとき，サイドモードの抑圧比は－25 dBであった．このとき，全体の強度のゆらぎはSNLより2 dBだけ大きかったにもかかわらず，分光器を使って切り出したメインモードのみのゆらぎは，SNLより39 dBも過剰であった．つまり，メインモードとサイドモードのゆらぎには負の相関が存在することになる．実際分光器のスリットを開けていき，測定するモードの個数を増やしていくと雑音が減少するのが観測された．次に，同じレーザーに注入同期を施すと，サイドモードの抑圧比は－45 dB程度に改善した．このとき，メインモードのみの雑音はSNLより大きかったにもかかわらず，全体ではSNLより－2.3 dB小さくなった（$W \sim 0.59$）．さらに，グレーティングを外部鏡に用いてフィードバックを施したレーザーでは，サイドモードの抑圧比が－55 dBに改善し，メインモードのみのゆらぎも－1.6 dBにスクイージングされるようになった．

メインの発振モードの偏光に対して垂直な偏光成分についても，縦サイドモードと同様な現象が実験的に測定されている[11]．窒素温度以下で動作させた量子井戸半導体レーザーに色素レーザーで注入同期をかけると，－40 dB以上の縦サイドモードの抑圧比が得られた．レーザー光の消光比は170：1で，メインの直線偏光成分のみの強度ゆらぎがSNLより1 dBだけ小さいとき，両方の偏光成分の和のゆらぎはSNLより3 dB小さくなっていた．つまり，二つの偏光成分間の強度ゆらぎは負の相関をもっていたことになる．この実験で測定された最大のスクイージングは，4.5 dB（$W \sim 0.35$）であり，トータルの量子効率0.68から予測される値と近い結果が得られている．

c. コレクティブクーロンブロッケイド効果

この項の最初で，サブポアソン光発生の原理の説明を，粒としてとらえた電子や光の一つ一つの振舞いをイメージすることにより与えた．この説明は直観的にわかりやすいが，厳密には正しくない．それは，デバイスに注入した電子が光に変換されるまでのプロセスを単純化しすぎているからである．たとえば，ダブルヘテロ構造の発光素子を考えると，そのバンド構造は図3.6.7のように表せる．図に示すように，ヘテ

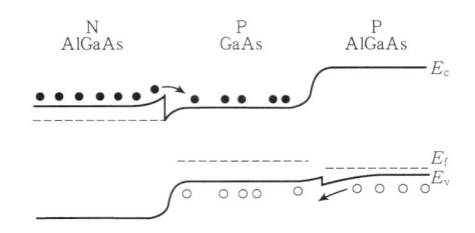

図3.6.7 コレクティブクーロンブロッケイド効果の説明図

ロ界面にはスパイク状のポテンシャル障壁が存在する．そのため，定電流駆動により素子に注入する電子を規則化したとしても，この障壁を越える過程は統計的な現象なので，発光領域に注入される電子は不規則になると考えられる．しかし，これまでの実験ではサブポアソン光の発生が確認されているので，発光領域に注入される電子を規則化する何らかのメカニズムが存在しなくてはならない．このメカニズムは，コレクティブクーロンブロッケイド効果と呼ばれている．

クーロンブロッケイドは，静電容量 C が非常に小さく，電子1個がトンネリングを起こしたときの静電エネルギーの変化 $e^2/2C$ が，熱エネルギー k_BT より大きい場合に，トンネルする電子が規則化される現象である．通常の LED の場合は，接合容量は大きいので，このようなクーロンブロッケイドは起こらない．しかし，次のように考えると，多数の電子集団に対して，クーロンブロッケイドのような効果が働いていることがわかる．

定電流駆動により規則的な電子を注入しているとき，接合電圧は，時間とともに一定な割合で増加する．電子1個がトンネル (thermionic emission) して発光領域に入ると，接合両端の電圧 V_j は，e/C_{dep} だけ減少する．時刻 t でトンネルする確率 $\kappa(t)$ は接合電圧 V_j で

$$\kappa(t) \propto \exp\left(\frac{eV_j(t)}{K_BT}\right) \qquad (3.6.10)$$

と表せる．トンネリングは確率的に起こるので，1個1個の電子を見ると，トンネルした電子は不規則になる．しかし，多数の電子に対しては，式(3.6.10)に従うとすると規則化が起こることがわかる．素子に注入された電子に比べて，トンネルした電子が少ないときは，接合電圧が上昇するので，トンネルする確率が大きくなる．逆に，多くトンネルしすぎた後は接合電圧が減少し，トンネル確率が小さくなり，トンネルが起こりにくくなる．つまり，トンネルする確率が十分変化するような多数の電子，あるいは，長い時間に対しては，クーロンブロッケイドのようなフィードバックメカニズムが働く．これが，コレクティブクーロンブロッケイド効果と呼ばれている現象である[12]．式の上で考えると次のようになる．時刻 t における接合電圧は，時刻 t までにトンネリングした個数を $n(t)$ として $V_j = (It - en(t))/C_{dep}$ と表せるので，これを式(3.6.10)に代入すると，

$$\kappa(t) \propto \exp\left(\frac{eI}{K_BTC_{dep}}t - \frac{e^2}{K_BTC_{dep}}n(t)\right) \qquad (3.6.11)$$

が得られる．この式から，$\tau_{te} = K_BTC_{dep}/eI$ 程度の時間が経過する，つまり，$N_{te} = K_BTC_{dep}/e^2 = (I/e)\tau_{te}$ 個程度たまるとトンネル確率が十分変化し，集団としての個数が規則化される．逆に，τ_{te} より短い時間では，サブポアソン化は起こらない．また，サブポアソン化の起こる最小の個数は N_{te} であり，これより小さな個数ではポアソン分布になる．スクイージングの起こる周波数帯域 B は，輻射寿命 τ_{rad} によって

も制限されるので，

$$B=\frac{1}{2\pi(\tau_{\text{te}}+\tau_{\text{rad}})}=\frac{1}{2\pi(K_\text{B}TC_{\text{dep}}/eI+\tau_{\text{rad}})} \tag{3.6.12}$$

と表せる．注入電流の小さい領域では τ_{te} が支配的になり，注入電流を小さくするに従って，バンド幅が狭くなる．一方，高注入領域では τ_{rad} の項が支配的になり，バンド幅は一定の値に近づく．スクイージングの帯域が (3.6.12) 式で与えられることは実験的にも確かめられている[13]．

以上のように，サブポアソン光の個数や周波数帯域は，コレクティブクーロンブロッケイド効果により大きな制限を受ける．また，応用への適用を考慮したときに研究の目標となる平均個数 10 個でパルス幅 100 ps のサブポアソン光を発生するような場合は，3.6.2 項で述べた注入電流の規則化が困難になると予測されている[1]．これらの困難を克服する方法として，発光素子にサブポアソン化の機構を組み込むことが模索されており，たとえば，量子閉じ込めシュタルク効果 (quantum-confined Stark effect) の利用が提案されている[14]．

3.6.3 直交位相振幅スクイズド光の発生

直交位相振幅スクイズド光（この項では単にスクイズド光と呼ぶ）は，直交位相振幅のゆらぎが真空よりも小さい光であり，その代償として，もう一方の直交位相振幅のゆらぎは増大している．二つの直交位相振幅は，互いに位相が 90° ずれた振幅を表すので，スクイズド状態を発生するには，位相に敏感な利得をもつ非線形光学過程を用いるのが一般的である．実際に用いられる非線形光学効果は，2 次の非線形効果（第 2 高調波発生やその逆過程であるパラメトリック増幅）と，3 次の非線形効果（四光波混合など）に分けられる．これらの光学過程が位相に敏感な利得をもつことは，マクスウェル方程式を用いた通常の非線形光学の議論で確かめることができる[31]．

物質と光が非共鳴と見なせるような非線形光学過程では，物質の応答を現象論的に扱い光のみを量子化して扱う半古典的な取扱いが有効である．このとき，古典的なマクスウェル方程式の解を，ハイゼンベルグ表示の関係式に読み換えることにより，スクイズド光の発生過程の量子力学的な理論を得ることができ，理論的な取扱いが容易である．スクイズド光は，真空状態またはコヒーレント状態からのユニタリー変換で得られるので，その性質（強度相関関数や密度行列）についても詳細に予測することができる．また，ゆらぎに関しては，量子ゆらぎと同じ大きさの古典的なゆらぎの存在を仮定し，その古典的なゆらぎの変化を全くの古典論で記述しても，量子論と等しいゆらぎの増減率が得られるので，スクイズド光の発生過程は古典論のみでも理解できるといえる．

大きなスクイージングを実現するためには，非線形効果が大きいこと以外に，光吸

収や余分な雑音発生機構などのスクイージングを破壊する過程がないことが必要である．スクイージングが通常の光損失によっても容易に破壊されてしまうことは，大きなスクイージングを実現したり，それを応用する際に忘れてはならない重要な要素である．たとえば，スクイズド光を使って 10 dB の S/N 比の向上を実現するためには，光損失が 10％未満でなければならない．

　非線形効果を強くするには，非線形感受率の大きな非線形媒質を使うことがもちろん望ましいが，実験的な工夫により実効的に高い非線形性を得ることができる．そのための工夫としては，これまで，ファブリー–ペロー共振器を用いる方法，パルス光の高い瞬間強度を利用する方法，導波路により長い相互作用長を得る方法が行われてきた．実際の実験で達成可能なスクイージングの大きさは，非線形媒質や実験配置によりさまざまな理由で制限される．以下では，2 次と 3 次の光学過程に分類し，具体的な実験例を紹介する．

a. 2 次の光学過程によるスクイズド光の発生

　2 次の非線形感受率は，非共鳴の条件下でも，3 次の非線形感受率に比べて，大きな値をもつので，共鳴に伴う光損失や余分な雑音の少ない条件下で，十分な非線形利得を得ることが可能である．ただし，中心対称性をもたない物質を使い，位相整合条件を満たさなくてはならないので，使用可能な波長が限定される欠点がある．

　2 次の非線形光学効果には，第 2 高調波発生とその逆過程であるパラメトリック過程がある．パラメトリック過程は，周波数 2ω の励起光により，周波数 ω の電磁場を増幅または減衰する光学過程である．この過程が，位相に敏感な利得をもつことはブランコとのアナロジーにより直観的に理解できる．

1) パラメトリック増幅によるスクイージング

　これまでに観測されたもっとも大きな直交位相振幅スクイージングは，共振器を用いた，$KNbO_3$ 結晶中でのパラメトリック増幅で実現された[15]．図 3.6.8 にその実験配置図と観測結果を示す．光源は，Ar レーザー励起の単一モード Ti：サファイアレーザーである．その第 2 高調波を外部共振器を使って効率よく発生し（～50％），パラメトリック増幅の励起光として用い，波長可変なスクイズド光を発生することができる．三つの共振器，つまり，レーザー共振器，第 2 高調波のための共振器，リング型パラメトリック発振器の周波数は，すべて参照用の共振器に FM サイドバンド法を使ってロックされている．パラメトリック発振器は，初期の実験のものとは異なり，スクイズド光に対してのみ共鳴しており，励起光に対してはシングルパスとなっている．

　直交位相振幅スクイズド光は，ある位相のゆらぎが量子雑音レベルより小さくなっている代わりに，それと 90°位相の離れた振幅のゆらぎは大きくなっている．位相に敏感な雑音パワーの検出は，平衡型ホモダイン検出法によって行われる[35]．局所発振

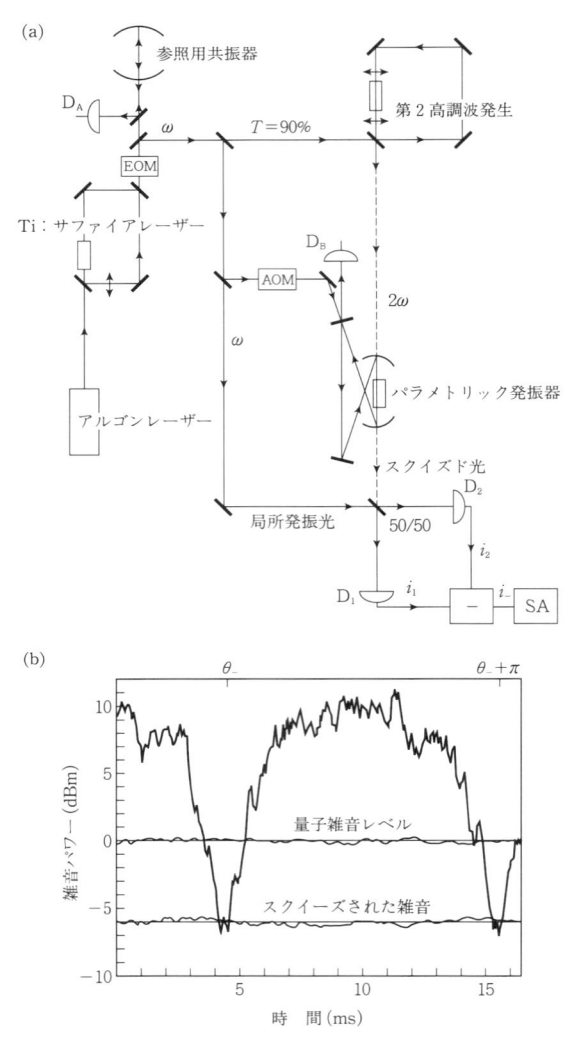

図 3.6.8 パラメトリック過程によるスクイズド光の発生と観測
(a) 実験配置図, (b) 測定結果.

光 (LO) には,Ti:サファイアレーザーの一部が用いられている.LO の位相を変えていくと,特定の位相値で雑音パワーは量子雑音レベルより 75% (6 dB) 小さくなった.彼らは,このスクイズド光を用いた FM 飽和分光を行い,量子限界に比べて 3.1 dB の S/N 比の向上を達成した.この実験でスクイージングの大きさを制限してい

たのは，$KNbO_3$ のスクイズド光に対する吸収である．これは第 2 高調波によって誘起される，1% 程度の損失である．このような微弱な吸収が大きな効果を及ぼすのは，共振器によって非線形性とともに，損失も実効的に増大するからである．

図 3.6.8 のパラメトリック共振器をモノリシックなものに置き換えた実験では，72%(5.5 dB) のスクイージングが観測されている[16]．励起光源は半導体レーザー励起の YAG レーザーである．モノリシック共振器は，$MgO:LiNbO_3$ 結晶の両面にコーティングを施したもので，実験装置全体としても，図 3.6.8 に比べてかなりコンパクトになっている．この実験では，スペクトラムアナライザーの自乗検波する前の中間出力信号を記録することにより，スクイズド光の密度行列も測定された．

共振器を用いたスクイズド光の発生では，もし，共振器内に光損失がなければ，利得が大きくなって発振のしきい値に近づくとき，無限に大きなスクイージングが得られる．しかし，光損失が存在するときのゆらぎの縮小率は，(出力鏡による損失)/(共振器内の光損失＋出力鏡による損失) 程度となる．励起光強度が発振しきい値より小さいとき発生するスクイズド光は，振幅の期待値がゼロの，真空のスクイズド状態になる．

共振器のもう一つの働きは，スクイズド光の空間的なモードと周波数に対する選択性を与えることである．つまり，共振器から発生するスクイズド光は，共振器で定義されるよい空間モードをもつが，その帯域も共振器の透過帯域で制限されたものになる．そこで，パルス光の高い瞬間強度を利用し，シングルパスの進行波型パラメトリック増幅でスクイズド光を発生すれば，広帯域のスクイージングを実現でき，さらに，光損失の影響を小さくできる．広帯域スクイズド光は，短い時間領域での S/N 比の向上に利用することができる．シングルパスの方法のもう一つの長所は，共振器を用いる場合に必要な複数の共振器に対する制御が不要で，システムが簡便な点である．

進行波型縮退パラメトリック増幅による実験の配置図と結果を図 3.6.9 に示す[17]．光源は，繰返し周波数が 82 MHz の連続波モード同期 YAG レーザーである．パラメトリック増幅は，オーブンの中で温度制御された非線形結晶の中で起こる．LO とスクイズド光の相対的な位相の掃引は，PZT を取り付けた鏡により行われる．広帯域スクイージングを観測するために，スペクトラムアナライザーの周波数と LO の位相を同時に掃引してある．図 3.6.9 より，スクイージングは少なくとも観測周波数範囲内で一様であり，最大で 34%(1.8 dB) の量子ゆらぎの減少が観測されていることがわかる．この実験で，スクイージングの大きさを制限していたのは，非線形結晶の "ダメージ" である．そのために，励起光の強度が制限され，より大きな非線形効果を得ることができなかった．

モード同期 Q スイッチレーザーを使った実験では，さらに高い瞬間強度が得られるので，約 5.9 dB のスクイージングが報告されている[18]．この実験では，特別な LO

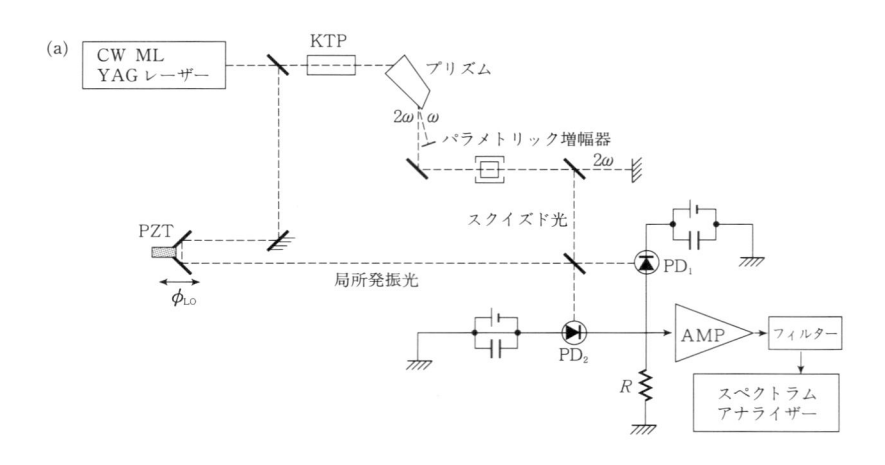

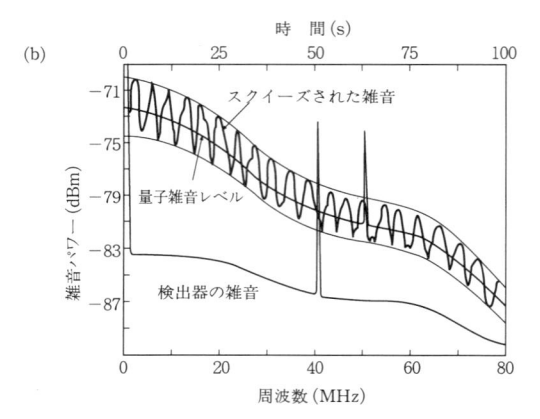

図 3.6.9 パルス光によるスクイズド光の発生と観測
(a) 実験配置図, (b) 測定結果.

を用いて,空間的なモードの乱れが補正されている.これは,進行波型の増幅では,たとえ励起光がガウシアンビームであっても,場所により非線形利得が異なるため,スクイズド光は複雑な空間モードをもってしまい (gain-induced diffraction),とくに,LO もガウシアンビームである場合には,ホモダイン検出の際に両者の波面が一致しなくなるからである.

導波路構造の非線形材料を用いれば,空間的なモードの乱れを避けることができるだけでなく,実効的な相互作用長を長くできる,装置がコンパクトになるといったメリットがある.分極反転により疑似位相整合をとった $LiNbO_3$ あるいは KTP 導波路

を使ってスクイズド光の発生が報告されている．LiNbO$_3$ 導波路を使った実験では，14％のスクイージングが報告されている[19]．

2) 第2高調波発生によるスクイージング

第2高調波発生は，高強度の周波数 ω の基本波を非線形結晶に入射することにより周波数 2ω の2倍波を発生する過程であり，基本波と2倍波のどちらもスクイージングを起こす．とくに2倍波のスクイージングは，光子数ゆらぎの少ない高強度のスクイズド光(bright squeezed light)を波長の短い領域で発生できるという特徴がある．光共振器中に KNbO$_3$ を入れた実験では，波長 431 nm で光子数スクイズド光の発生が報告されている[20]．測定されたスクイージングの大きさは 42％ (2.4 dB) で，検出効率 61％(波長が短いので PD の量子効率が低い)から見積もった検出前の雑音減少量は 70％ (5.2 dB) であった．

b. 3次の光学過程によるスクイズド光の発生

3次の非線形効果によるスクイージングは，基本的に物質を選ばず位相整合の必要もないので，広い波長域での発生と装置の単純さの点で有利であると考えられる．スクイズド光の初めての実験は 1985 年の Slusher などによる実験で，共振器を用いた，Na 原子ビームを非線形媒質とする4光波混合による方式である[21]．彼らは，レーザーの周波数を Na の D$_2$ 共鳴に近づけて，共鳴効果による非線形性の増大を利用した．しかし，共鳴に近づくことは，吸収と自然放出による雑音の増大をももたらす．このことにより，この方式による最大のスクイージングは，20％ (1 dB) であった．

非共鳴の3次の非線形性を用いれば，1光子共鳴に伴う問題点を回避することができる．光ファイバー中のカー効果は，非線形感受率そのものは大きくないが，相互作用長を長くすることやパルス光を用いることにより，大きな非線形効果が得られる．IBM のグループは，非線形サニャック干渉計を用いて[22]，ソリトンのスクイージングを行った[23]．しかしながら，光ファイバー中には，導波性音響ブリユアン散乱 (GAWBS, guided-accoustic-wave Brillouin scattering，ファイバー屈折率の熱的なゆらぎによる光の非弾性散乱)やラマン散乱が存在し，スクイージングを破壊するため，雑音パワーの減少は最大で 32％ (1.7 dB) であった．MIT のグループは，繰返し周波数の高い (1 GHz) パルス光を用いて，隣り合う縦モードの間隔を広くし GAWBS の重なり合いを小さくすることにより，70％ (5.1 dB) のスクイージングを報告している[24]．

半導体の2光子共鳴による非線形感受率の増大を利用した実験では，40％ (2.2 dB) のスクイージングが報告されている[25]．2光子吸収が禁制なので光損失の少ない状況で大きな非線形効果が実現された．サンプルは室温の ZnS，光源はパルス幅 125 fs のモード同期パルスで，カー効果を用いるサニャック配置の実験である．半導体を使う方法は，波長域を広げたりデバイス化の潜在的な容易さが特徴といえる．

c. 量子相関をもった光子対

パラメトリック過程では,角周波数 2Ω の光子一つ(励起光)から角周波数 $\Omega\pm\varepsilon$ の光子二つ(シグナル光とアイドラー光)が必ず同時に生成される.そこで,パラメトリック過程で放出されるシグナル光とアイドラー光の光子数の差は,非常に小さくなることが容易に予想される.シグナル光とアイドラー光の偏光や周波数が異なっており,それらを別々のビームとして取り出すことができるとき,これをツインビームと呼ぶ[26].ツインビームは,二つのビームの間の位相ゆらぎを犠牲にして,強度の差のゆらぎを小さくしたものなので,スクイージングの一種であるといえる.ツインビームの応用例としてわかりやすいのは,吸収分光の感度の向上である.これは,一方のビームを試料に通し,もう一方をレファレンスとして用いることで,通常の量子限界を越えた感度が実現できる.非線形効果を使わないツインビームの発生方法として,直列もしくは並列に接続した二つの LED を使う方法もある[27].

基礎的な面では,パラメトリック過程で生成される光子対は,アインシュタイン-ポドルスキー-ローゼン (EPR) によって議論されたような量子相関をもっており,ベル不等式の検証といった,量子力学の基礎に関する研究が活発に行われている[34].

3.6.4 量子非破壊測定

量子非破壊 (quantum non demolition, QND) 測定の研究は,もともと,重力波検出のための理論的な研究の中で発展してきた[28].重力波の検出では,一つの同じ対象の状態を何度も繰り返して測定し,その対象の変化を調べる必要があるので,測定によって対象が乱される効果をきちんと考察する必要があるからである.たとえば,自由粒子の位置を厳密に測定すると,不確定性原理により,運動量つまり粒子の速度は不定になってしまい,有限の時間が経過した後に 2 回目の位置の測定を行ってもその結果は不定になってしまう.理想的な QND 測定は,測定によって測定したい物理量が影響を受けないようにするものである.光を対象とした QND 測定の実験的な研究は,これまで述べてきた非古典光の発生技術と関連しているので,この項では非線形光学と半導体発光素子を用いた実験を紹介する.

a. 非線形光学による QND 測定

非線形光学効果を使った QND 測定の最初のアイデアは,カー効果を使う方法である.カー効果は光の強度によって物質の屈折率が変化する現象である.信号光によって誘起された屈折率の変化をメーター光の位相変化として読み出せば,信号光の強度を変化させずに信号光の強度の測定が原理的には可能である.このとき,測定の反作用として,信号光の位相のゆらぎは増大する.もっとも成功している方法は,進行波型のパラメトリック増幅により直交位相振幅を読み出す方法である.この方法によ

3.6 非古典的光子生成デバイス

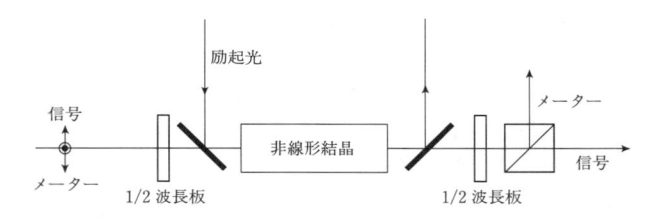

図 3.6.10 パラメトリック増幅による QND 測定の概念図

り，2 度測定を繰り返す実験も行われた[29]．図 3.6.10 に QND 測定の概念図を示す．用いられた非線形結晶は KTP で，位相整合は typeII なのでシグナル光とアイドラー光の偏光は直交している．信号光とメーター光は同じ方向に伝搬する二つの偏光成分であり，$\lambda/2$ 板を使って適当に偏光面を回転してパラメトリック増幅する．信号光とメーター光は偏光ビームスプリッターにより分離できる．信号光の二つの直交位相振幅(X_S と Y_S)とメーター光の直交位相振幅(X_M と Y_M)の，入力と出力の関係は次式のようになる．

$$\left.\begin{array}{ll} X_S^{OUT}=X_S^{IN}, & X_M^{OUT}=X_M^{IN}+fX_S^{IN} \\ Y_S^{OUT}=Y_S^{IN}-fY_M^{IN}, & Y_M^{OUT}=Y_M^{IN} \end{array}\right\} \quad (3.6.13)$$

f はパラメトリック増幅の大きさで決まる量である．この式から，X_S を変化させずに，その情報を X_M^{OUT} から読み出せることがわかる．測定を繰り返すには，図 3.6.10 の装置を繰り返せばよい．実験では，信号が変化していないこと，信号光とメーター光，1 度目と 2 度目の測定などに量子的な相関があることが確かめられている．

b. 半導体発光素子を使った量子光リピーター

もし，量子効率が 1 に等しい受光器で光の強度を測定し，ゆらぎを付加しない古典的な回路で情報を読み出し，量子効率が 1 の発光素子により再び光に戻せば，光子数の量子非破壊測定が可能である（応答速度も無限に速いことが望ましい）．このようなデバイスを光ネットワーキングのノードとして用いれば，情報の読出しによる信号の乱れを避けることができる．現実には量子効率が 1 の素子は存在しないが，ビームスプリッターを使う古典的な装置では実現することのできない性質をもった分岐を，量子光リピーター(quantum optical repeater)という[30]．半導体発光素子を使った量子光リピーターは，3.6.2 項で述べたサブポアソン光の発生技術を用いて実現することができ，LED を用いた実験が行われている（文献[30]中の参考文献を参照）．

展　　望

本節では，光の量子論に関する研究のうち，おもに非古典光の発生方法について述

べた.とくに,非線形光学効果と半導体発光素子を使用したスクイズド光の発生に重点をおいた.また,デバイス化の現状が理解していただけるよう配慮したつもりである.電磁場の量子力学的な性質を制御する研究は,ここでは述べることのできなかった多くのトピックスについて行われており,中長期的には重要な技術になると予想される.光の量子制御は,古典的な電磁場に比べて,格段に大きな自由度をもっており,従来は不可能であったことが可能になるからである.現状では,多くの研究が原理の実証の段階にあるといえるが,微細加工技術や光学材料の進歩とともに実用化に近づいていくと思われる. [平野琢也]

引用文献

1) 清水 明:応用物理学会誌, **62** (1993) 881.
2) 山西正道:応用物理学会誌, **63** (1994) 885.
3) G. Shinozaki et al.: Pacific Rim Conference on Lasers and Electro-Optics, WG-3, 1995.
4) T. Hirano and T. Kuga: *IEEE J. QE.*, **31** (1995) 2236.
5) Y. Yamamoto et al.: *Phys. Rev.*, **A34** (1986) 4025.
6) W. H. Richardson et al.: *Phys. Rev. Lett.*, **66** (1991) 2867.
7) Y. Yamamoto and H. A. Haus: *Phys. Rev.*, **A45** (1992) 6596.
8) E. Goobar et al.: *Phys. Rev. Lett.*, **70** (1993) 437.
9) S. Inoue et al.: *Phys. Rev.*, **A46** (1992) 2757.
10) F. Marin et al.: *Phys. Rev. Lett.*, **75** (1995) 4606.
11) D. C. Kilper et al.: *Opt. Lett.*, **21** (1995) 1283.
12) A. Imamoḡlu and Y. Yamamoto: *Phys. Rev. Lett.*, **70** (1993) 3327.
13) J. Abe et al.: *J. Opt. Soc.*, **B14** (1997) 1295.
14) M. Yamanishi et al.: *Phys. Rev. Lett.*, **76** (1996) 3432.
15) E. S. Polzik et al.: *Appl. Phys.*, **B55** (1992) 279.
16) S. Schiller et al.: *Phys. Rev. Lett.*, **77** (1996) 2933.
17) T. Hirano and M. Matsuoka: *Appl. Phys.*, **B55** (1992) 233.
18) C. Kim and P. Kumar: *Phys. Rev. Lett.*, **73** (1994) 1605.
19) D. K. Serkland et al.: *Opt. Lett.*, **20** (1995) 1649.
20) H. Tsuchida: *Opt. Lett.*, **20** (1995) 2240.
21) R. E. Slusher et al.: *Phys. Rev. Lett.*, **55** (1985) 2409.
22) M. Shirasaki and H. A. Haus: *J. Opt. Soc. Am.*, **B7** (1990) 30.
23) M. Rosenbluh and R. M. Shelby: *Phys. Rev. Lett.*, **66** (1991) 153.
24) K. Bergman et al.: *Opt. Lett.*, **19** (1994) 290.
25) A. M. Fox et al.: *Phys. Rev. Lett.*, **74** (1995) 1728.
26) A. Heidmann et al.: *Phys. Rev. Lett.*, **59** (1987) 2555.
27) E. Goobar et al.: *Phys. Rev. Lett.*, **70** (1993) 437.
28) V. B. Braginsky and F. Ya. Khaili: *Rev. Mod. Phys.*, **68** (1996) 1.
29) K. Bencheikh et al.: *Phys. Rev. Lett.*, **75** (1995) 3422.
30) Y. Yamamoto: *Science*, **263** (1994) 1394.

さらに勉強するために

1) A. Yariv: Qunatum Electronics, Wiley, 1988.

2) P. Meystre and M. Sargent III : Elements of Quantum Optics, Springer-Verlag, 1991 (矢島達夫,清水忠雄訳:量子光学の基礎, シュプリンガー・フェアラーク東京, 1995).
3) D. F. Walls and G. J. Milburn : Quantum Optics, Springer-Verlag, 1994.
4) L. Mandel and E. Wolf : Optical Coherence and Quantum Optics, Cambridge Univ. Press, 1995.
5) 松岡正浩:量子光学, 東京大学出版会, 1996.

3.7 磁性デバイス

はじめに

1988年に発見された磁性金属と非磁性金属からなる金属人工格子の巨大磁気抵抗(giant magneto-resistance, GMR)効果[1]は伝導電子のスピンに依存した散乱を起源とするものであり,従来のパーマロイに代表される異方性MR効果とはメカニズムを異にする.以下,このスピン依存散乱を起源とする磁気抵抗効果をGMR効果と称する.GMRの発見によって伝導電子の散乱に対してスピンの寄与が非常に大きいことが認識され,これを利用したスピンエレクトロニクスデバイスが種々検討されている.GMRヘッドはMR変化率が従来のパーマロイを用いたMRヘッドを大幅に上回ることから,磁気記録の超高密度化の展望を大きくひらくキーデバイスとして期待されている.このほかGMRメモリー,スピントランジスターといったスピン伝導機能を利用した新しい固体デバイスも提案されている.本節ではこれらの現状について解説する.

3.7.1 GMR効果

GMR効果については2.3節で詳しく述べられているので,ここでは簡単に触れる程度にしておく.図3.7.1はCo/CuおよびCo$_9$Fe/Cu人工格子のGMRのCu膜厚依存性を示したものである[1].CoおよびCo$_9$Fe合金の膜厚はそれぞれ1 nmであり,その結晶構造はfcc Cuの影響を受けていずれもfccである.GMRはCu膜厚に対して約1 nmの周期をもって振動している.MRが極大を示すCu膜厚ではCu層を介した磁性層のスピンが互いに反平行,極小を示すCu膜厚では平行になっていることが知られている.すなわち,抵抗は図3.7.2に示すように,非磁性層を介した磁性層のスピンが互いに反平行のときに大きく平行のときに小さい.これは伝導電子の散乱がスピンに依存するためである.スピン依存散乱(spin-dependent scattering)は伝導電子のスピンと磁性層のスピンとの交換相互作用に起因しており,それは互いのスピンが平行のときに小さく反平行のときに大きいため,人工格子の磁気構造に依存するのである.非磁性層を介して隣接する二つの磁性層の磁化の相対角度をθとすると,GMRは現象論的には$\cos\theta$に比例する.

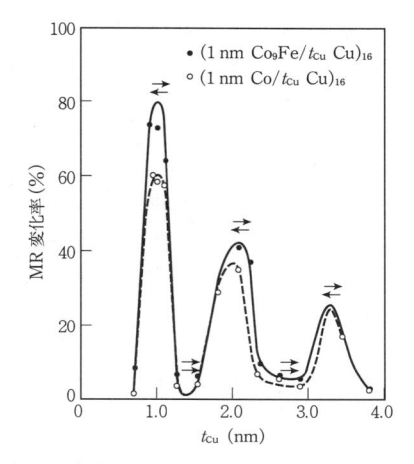

図 3.7.1 GMR の Cu 膜厚依存性

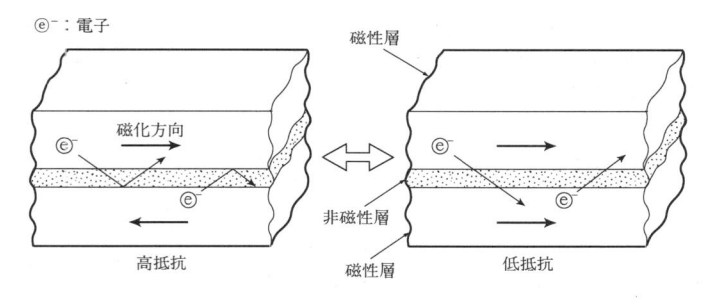

図 3.7.2 GMR 効果の原理

　スピン依存散乱は主として界面で起こり界面磁化の大きさに関係するため，GMR の大きさは界面状態に依存するとともに磁性層や非磁性層の物質に依存する．これまでのところ，Co/Cu や Co-Fe 合金/Cu において最大の MR 変化率が得られ，その値は室温で 50% を越えている．GMR の振動および振動周期のメカニズムは，平行および反平行のスピン配置をもたらす層間交換結合の振動に起因しており，それは量子サイズ効果として理解されている[2,3]．GMR 効果および層間交換結合の詳細解説については文献[4]を参照願いたい．

3.7.2 GMR ヘッド

a. スピンバルブ (spin valve)

　スピン依存散乱は主として界面で起こるので，GMR は界面を多くもつ多層膜にお

いて大きい.したがって,MR変化率を大きくするという観点からは多層膜を用いたGMRヘッドが望ましい.しかし,一般に多層膜の各磁性層の磁気特性を均質にして磁区構造を一定に制御することは困難であるため,実用上はMRの大きさを犠牲にしても,磁区構造を制御しやすい構造にすることが必要である.しかも,再生ヘッドは小さな媒体磁界を検出するものであるから,GMRヘッドは小さな磁界で機能しなければならない.すなわち,小さな磁界で磁化反転が起こるものでなければならない.図3.7.1に示したような人工格子では,大きな反強磁性的層間交換結合のために磁化反転に要する磁界が大きくなりこのままではGMRヘッドに向かない.

GMRヘッドの要求を満たすものとしてスピンバルブと呼ばれる4層構造の積層膜が提案された[5].その構造は図3.7.3に示すように,磁性層1/非磁性層/磁性層2/反強磁性層からなる.反強磁性層は磁性層2のスピンと磁気結合して交換異方性 (exchange anisotropy) を与え,これによって磁性層2のスピンの向きを交換異方性磁界よりも小さな磁界範囲内で固定する役目をする.スピンの向きが固定されるという意味で磁性層2はピン層 (pinned layer) と呼ばれる.非磁性層の膜厚は磁性層1と2の交換結合が小さくなるように比較的厚くする.こうすると,外部磁界が印加されたときピン層のスピンの向きは一定のままで,磁性層1のスピンのみが外部磁界に応じて容易にその方向を変えることができるため,小さな磁界でGMR効果を発現でき

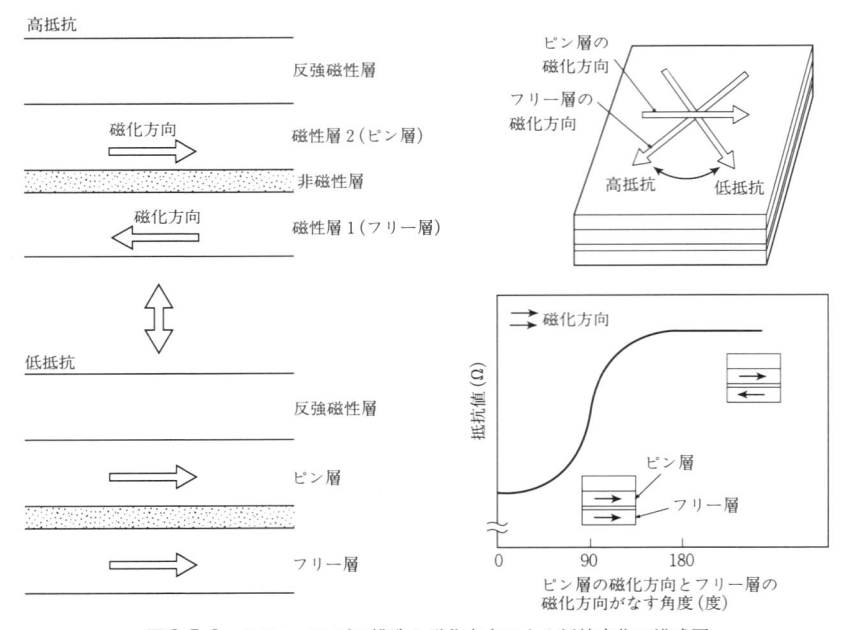

図 3.7.3 スピンバルブの構造と磁化方向による抵抗変化の模式図

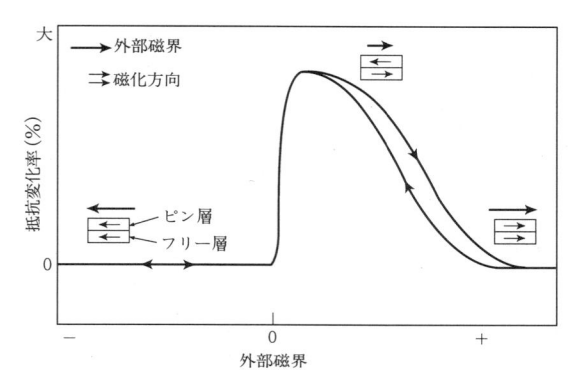

図 3.7.4 スピンバルブ膜の抵抗変化率の磁界依存性

ることになる．磁性層1はフリー層 (free layer) と呼ばれる．このようにスピンバルブはフリー層のスピンのみをスイッチすることで磁気抵抗を制御できるものであり，まさにスピンが伝導のバルブの役目を演じている．スピンを人工的に制御するという意味でスピンエンジニアリングということができる．

スピンバルブの磁化過程を考える．まず図3.7.4に示すように，ピン層の磁化の向き（マイナスとする）と同じ方向に磁界を印加してピン層とフリー層の磁化の向きを揃える．このときMRは小さい．次に逆方向に磁場を印加すると，フリー層の磁化が先に反転してピン層とフリー層の磁化が互いに反平行になり，MRが最大になる．さらに大きな磁界を印加するとピン層の磁化も反転してMRは再び小さくなる．この状態から磁界を減じるとピン層の保磁力は大きいためヒステリシスが生じるが，フリー層はソフト磁性を用いるためほとんどヒステリシスがない．したがって，フリー層の磁化のみが反転する磁界範囲でGMRヘッドを動作させればヒステリシスのない再生ヘッドをつくることができる．逆にいえばピン層はできるだけ大きな外部磁界に対してそのスピンの向きが変わらないことが望ましい．そのためには反強磁性層との交換異方性をできるだけ大きくする必要がある．

いま，反強磁性層と強磁性層との2層膜を考え，その間の交換結合を J_k，強磁性層の磁化を M，膜厚を t，反強磁性体の磁化と強磁性体との磁化のなす角度を θ とすると，単位体積当たりの交換異方性エネルギー E_a は式 (3.7.1) のように書ける．

$$E_a = -(J_k/t)\cos\theta \tag{3.7.1}$$

この膜に磁界を印加するとゼーマンエネルギーが加わり，全磁気エネルギーは

$$E = -MH\cos(\pi-\theta) + E_a$$
$$= M(H - J_k/tM)\cos\theta$$
$$= MH'\cos\theta$$
$$H' = H - J_k/tM \tag{3.7.2}$$

となる．$H_k = J_k/tM$ は交換異方性磁界と呼ばれる．式 (3.7.1) は磁化容易軸方向に磁界を印加すると，H_k のために磁化曲線は原点から J_k/tM だけシフトすることを意味する．このシフト量から J_k を求めることができる．反強磁性体としてはこれまで FeMn, NiMn, NiO などが検討され，最近 IrMn も報告されている．これらの J_k の値を比較して表 3.7.1 に示した．NiO は絶縁体である．NiMn は面心正方規則相をもつときのみ反強磁性体になり，高温での熱処理が必要である[6]．

表 3.7.1 反強磁性体の交換異方性エネルギー (J_k) とブロッキング温度 (T_b)

	$J_k(10^{-3} J/m^2)$	$T_b(℃)$
IrMn/Co$_9$Fe	0.19	200
FeMn/NiMn	0.09	150
NiMn/NiFe	0.27	>400
NiO/NiFe	0.05	200

GMR ヘッドでは再生感度 (read out sensitivity)，すなわち単位磁界当たりの MR 変化率の大きいことが期待されている．スピンバルブでは積層数を増やすことで MR を増大させることは期待されないので，再生感度を上げるためには材質の選定が重要になる．図 3.7.5 は Co$_9$Fe/Cu/Co$_9$Fe スピンバルブの MR 変化率の磁性層厚依存性を，NiFe/Cu/NiFe スピンバルブおよび NiFe 単層膜（異方性 MR 効果）と比較して示したものである[7]．Cu 膜厚は 2 nm である．Co$_9$Fe/Cu/Co$_9$Fe スピンバルブは図 3.7.1 の多層膜からも予想されるように，明らかに大きな MR 変化率を示しており，その値は 10% を越え 250℃ で熱処理するとさらに増大して最大 13% を示している．Co$_9$Fe 合金は磁歪が小さいので後に述べるようにソフト化できるため，スピンバルブのフリー層として用いることができる．

交換異方性磁界は温度上昇とともに小さくなり，反強磁性体のネール点以上で消失

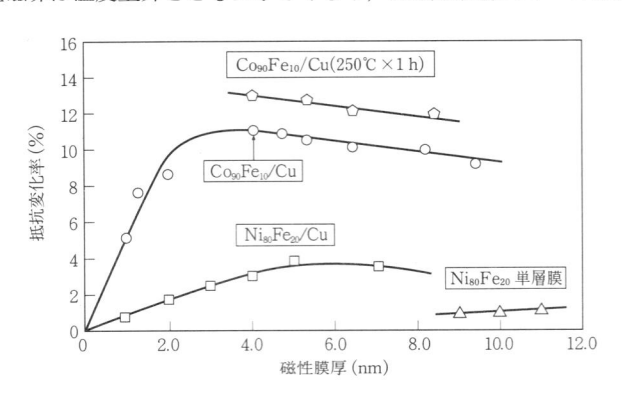

図 3.7.5 スピンバルブの抵抗変化率の磁性層厚依存性

する.実用を考えると交換異方性磁界が消失する温度,すなわちブロッキング温度 (blocking temperature) の高いことが必要になる.表 3.7.1 にブロッキング温度 T_b も併せて示した.

b. GMR ヘッド

GMR ヘッドは磁気記録,とくに HDD (hard disk drive) の超高密度化のキー部品であり,その特徴は誘導型ヘッドや MR ヘッドに比べて再生感度が格段にすぐれていることである.MR ヘッドはすでに HDD の再生ヘッドに利用されており,磁気ディスクからの磁界によって MR 膜の抵抗が変化することを利用してデータを読み取る.この MR 膜を GMR 膜に置き換えたのが GMR ヘッドである.GMR ヘッドは先に述べた理由により現在スピンバルブ膜を用いた開発が進んでいる.図 3.7.6 は GMR ヘッドの再生原理を模式的に示したものである.記録されたディスクを動かすとその磁化が発生する磁界の方向によって GMR 膜の磁化方向が変化し,これによって GMR 膜の抵抗値が変化する.GMR ヘッドの両端に付けた端子から電流を流して端子間の電圧を測定すれば電圧変化として GMR 膜の抵抗変化を検知できる.

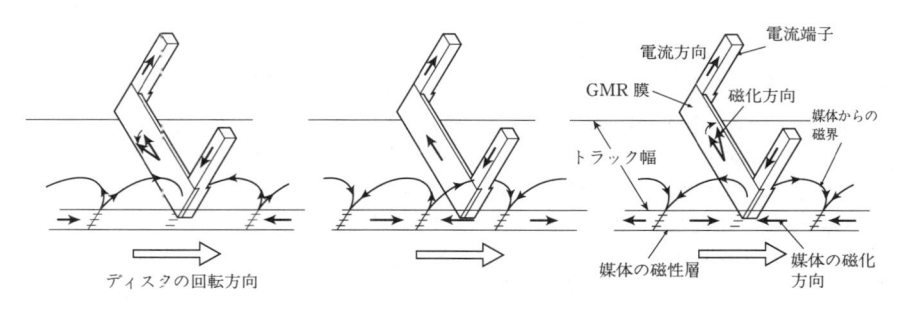

図 3.7.6 GMR ヘッドの再生原理

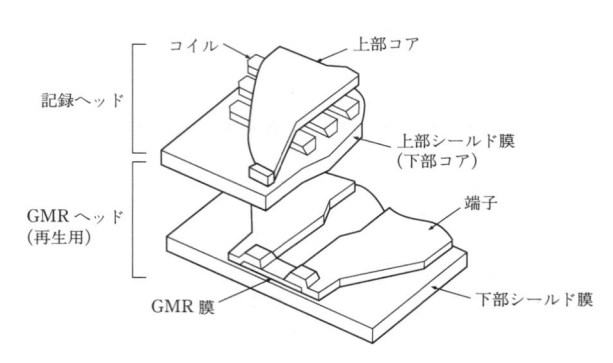

図 3.7.7 記録・再生一体型ヘッド

GMRヘッドは再生のみの機能しかないため，図3.7.7に示すように記録ヘッドと一体化して用いられる．これらの作製はコイルを含め薄膜技術を用いて作製する．GMRヘッドは記録ヘッドと外部攪乱磁界に対して磁気シールドされる．作製された記録再生一体化ヘッドはスライダーの形状に加工し，アームの先端に取り付けられる．

GMRヘッドには次のような特性が要求される：① 再生感度が大きい．② バルクハウゼンノイズ (Barkhausen noise) がない．③ 外部攪乱磁界に強い．④ 耐腐食性にすぐれる．⑤ 耐熱性にすぐれる．⑥ エレクトロマイグレーション (electromigration) による特性劣化がない．

以下，これらに対する現状について述べる．これまで報告されているスピンバルブGMRヘッドには，フリー層にNiFeを用いたNiFe/Cu/NiFe，Co/Cu/NiFeおよびMR変化率を増大させるためにNiFeとCuの間に極薄のCoをはさんだCo/Cu/Co/NiFeと，Co_9Feを用いたCo_9Fe/Cu/Co_9Feなどがある．これらの再生感度は1%/Oe程度の大きな値を示しており，従来のMRヘッドの3倍以上である．一般にフリー層にNiFeを用いたものはソフト磁性を得やすいが，耐熱性に難点がある．たとえばNiFe/Cu/Coでは耐熱性が220℃程度といわれている．一方，図3.7.5に示したようにCo_9Fe合金を用いたものは大きなMR変化率と300℃以上の高い耐熱性が得られる特徴があるが，そのソフト磁性を得るためには技術的工夫が必要である．Co_9Fe合金は磁歪が小さいので膜面内での結晶磁気異方性 (magnetocrystalline energy) を小さくできればソフト磁性が期待される．その施策としては，結晶の(111)配向度を高めればよい．

立方晶の(111)配向膜では膜面内で結晶磁気異方性の1次の係数K_1は寄与せず2次の係数K_2のみが寄与するが，fcc CoのK_2は小さいからである．(111)配向度を高めるにはアモルファス構造の下地上に成膜すればよいが，アモルファスが強磁性体の場合にはさらにバイアス磁場が加わるので，スピンバルブ膜をよりソフト化できる[8]．たとえば，NiFe膜の上にアモルファスCoZrNb膜を成長させ，さらにその上にフリー層のCo_9Feを成膜した場合，1 Oe ($4\pi/10^3$ A/m) 以下の保磁力と3～10 Oeの異方性磁界が達成される．これによりGMRヘッドとして1%/Oeの再生感度が得られている[9]．

バルクハウゼンノイズは磁化過程における磁壁 (magnetic domain wall) の不連続的な運動によって生じる．そのためバルクハウゼンノイズをなくすためにはフリー層がつねに単磁区になるよう磁区を制御する必要がある．その施策として図3.7.8(a)に示すように，GMR膜に隣接してハード膜を配置し，外部磁界がないときにもフリー層の磁化が一定の方向を向くようにするなどの方法が検討されている．図3.7.8(b)にはアモルファス合金下地膜の上に成長させたCo_9Fe(111)配向膜をフリー層に用い，さらにバルクハウゼンノイズ対策を施したGMRヘッドを示しているが，この構造においてトラック幅1 μmで1.3 $mV_{pp}/\mu m$の大きな再生出力が得られている．

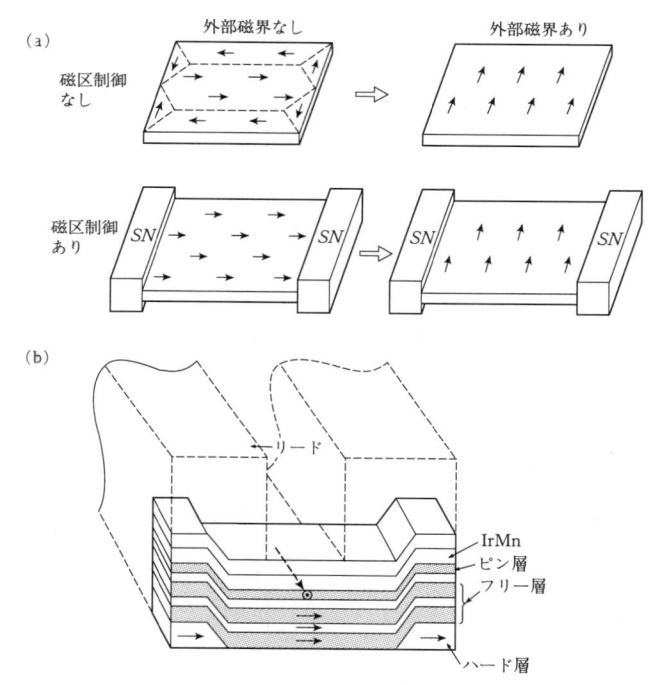

図 3.7.8 バルクハウゼンノイズをなくすための磁区制御法 (a) とそれを用いた GMR ヘッド構造 (b)

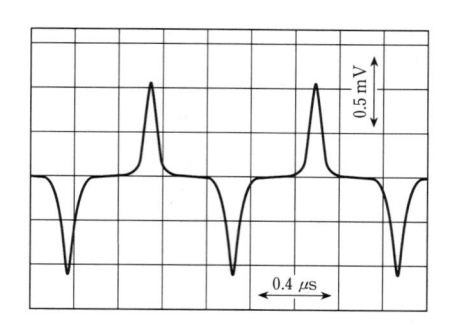

図 3.7.9 1 μm トラック GMR ヘッドによる再生波形

その出力波形は図 3.7.9 に示すように,バルクハウゼンノイズが観測されない[9].
　スピンバルブ GMR ヘッドでは GMR 膜に数十 Oe から数百 Oe といった強い外部攪乱磁界が加わると,固定していたピン層の磁化までその向きを変えてしまうという問題が起こる.これを防ぐためには反強磁性層がピン層に与える交換異方性磁界を高

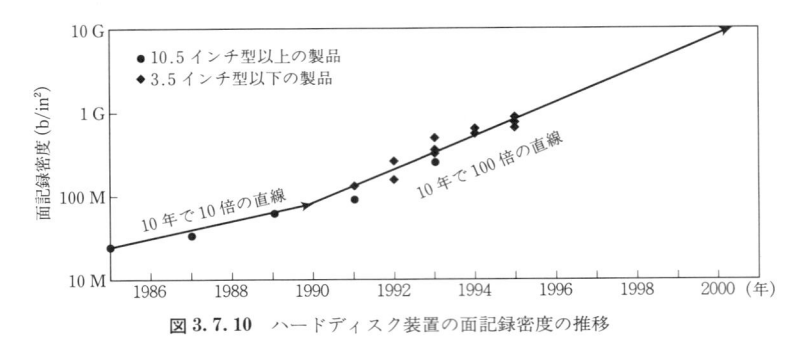

図 3.7.10 ハードディスク装置の面記録密度の推移

める必要がある．反強磁性体として FeMn や NiO がよく研究されているが，これらの交換異方性磁界は 20～30 Oe 程度である．最近，FeMn と同じ結晶構造をもつ IrMn は Co_9Fe に対して 100～500 Oe の大きな交換異方性磁場を与えることが見出されている．FeMn は耐食性に難点があるが IrMn はその点にもすぐれている．GMR ヘッドの耐熱性は記録ヘッドとの一体化プロセス過程で要求される．この過程で通常 250℃程度の高温にさらされるので，GMR 膜としてはこの温度以上，できれば 300℃程度の耐熱性が望ましい．NiFe は Cu と固溶しやすいため界面で合金を形成しやすく，耐熱性は 220℃程度といわれている．その点 Co_9Fe は Cu と固溶しないので 300℃以上の耐熱性がある．

c. HDD の展望

ハードディスク装置の面記録密度は図 3.7.10 に見るように[10]，1990 年に入ってから 10 年で 100 倍という驚くべきペースで拡大してきた．このペースが続けば 2000 年ごろ $10\,Gb/in^2$ になる．GMR ヘッドの登場によりこの目標が現実味を帯びてきたといえる．もちろん，超高密度化のためには GMR ヘッドだけではなく図 3.7.11 に示すように，HDD を構成するディスクやサーボ技術，信号処理技術などの革新が必須である[10]．面記録密度の向上はトラック密度あるいは線記録密度の向上によってもたらされるが，どちらに重点をおくかで必要な技術が変わってくる．GMR ヘッドはとくにトラック密度の向上に寄与する．

3.7.3 磁気抵抗効果型メモリー (MRAM)

スピンバルブ膜はメモリーへの応用も検討されている．これまで二つの方式が提案されている．一つはフリー層をメモリーに用いる方法である[11]．図 3.7.12 に示すように，フリー層に信号磁界を記録してそのスピンの向きをピン層のスピンの向き (→) と同じ，あるいは逆 (←) を記録の 1, 0 に対応させ，読出しは GMR 効果を用いて行

3.7 磁性デバイス

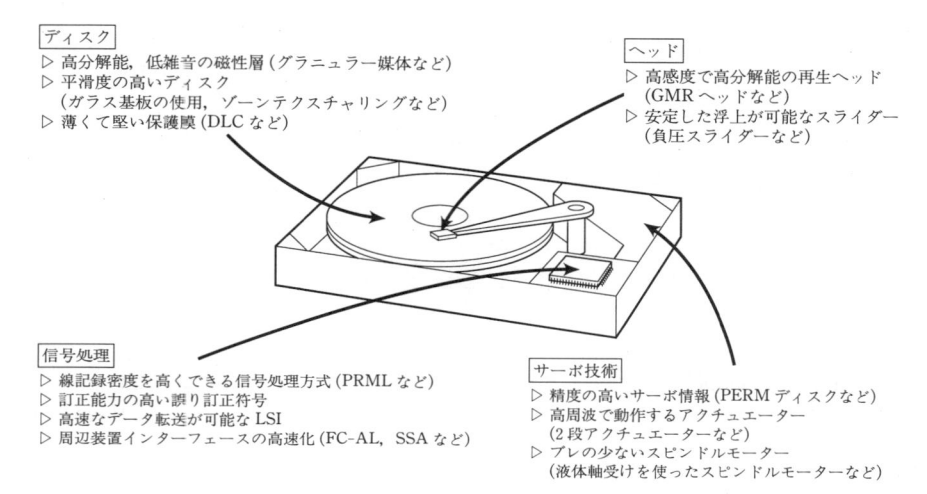

ディスク
▷ 高分解能，低雑音の磁性層（グラニュラー媒体など）
▷ 平滑度の高いディスク
　（ガラス基板の使用，ゾーンテクスチャリングなど）
▷ 薄くて堅い保護膜（DLC など）

ヘッド
▷ 高感度で高分解能の再生ヘッド
　（GMR ヘッドなど）
▷ 安定した浮上が可能なスライダー
　（負圧スライダーなど）

信号処理
▷ 線記録密度を高くできる信号処理方式（PRML など）
▷ 訂正能力の高い誤り訂正符号
▷ 高速なデータ転送が可能な LSI
▷ 周辺装置インターフェースの高速化（FC-AL，SSA など）

サーボ技術
▷ 精度の高いサーボ情報（PERM ディスクなど）
▷ 高周波で動作するアクチュエーター
　（2段アクチュエーターなど）
▷ ブレの少ないスピンドルモーター
　（液体軸受けを使ったスピンドルモーターなど）

図 3.7.11　10 Gb/in² 達成に必要な技術課題
DLC : diamond like carbon, FC-AL : fibre channel arbitrated loop, GMR : giant magnetoresistive, PERM : pre-embossed rigid magnetic, PRML : partical response maximum likelihood, SSA : serial storage architecture.

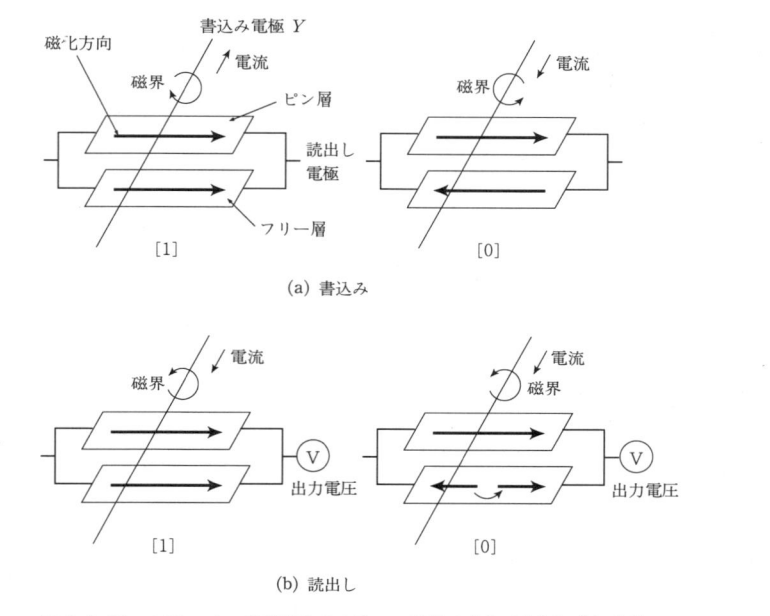

図 3.7.12　スピンバルブ GMR メモリーの書込み (a), 読出し (b) 方法

う．たとえば，0の記録のフリー層の磁化が反転するように磁界を印加すると，0の抵抗は減少するが1の場合はスピンの向きが変化しないので抵抗は変わらない．したがってスピンバルブ膜の両端に電流を流して出力電圧として測定すればその違いから1，0を判別できる．磁界の印加は書込み電極に電流を流して行う．多数のワード線をX, Yのマトリックス状に配置し，交点にメモリーを配置すれば各1本の書込み電極と読出し電極を選んで適当な電流を流せば，交点の素子のみが磁化方向を変える．これによってマトリックス上の任意のメモリー素子に記録できる．この方式はフリー層の保磁力が小さいため記録および読出し電流が小さくてすむという特徴があるが，破壊読出しになるという問題がある．

　もう一つの方式はピン層を記録に用い，フリー層を読出しに用いる凝スピンバルブ(pseudo spin-valve)方式である[12]．図3.7.13に示すように，書込み線に正，負のパルス電流を流してピン層のスピンの向きを反転させ，その向き →，← を記録の1，0に対応させる．このときフリー層のスピンはピン層のスピンと同じ方向を向く．読出しは両極性のパルス電流を流してフリー層のスピンのみを反転させGMR効果を用いて行う．いま，正から負に変わる両極性のパルス電流を流すとフリー層のスピンは → から ← に変化する．したがって，1の記録に対しては抵抗が大きい方向に変化するので出力は増大し，0の記録に対しては抵抗が小さい方向に変化するので出力が減

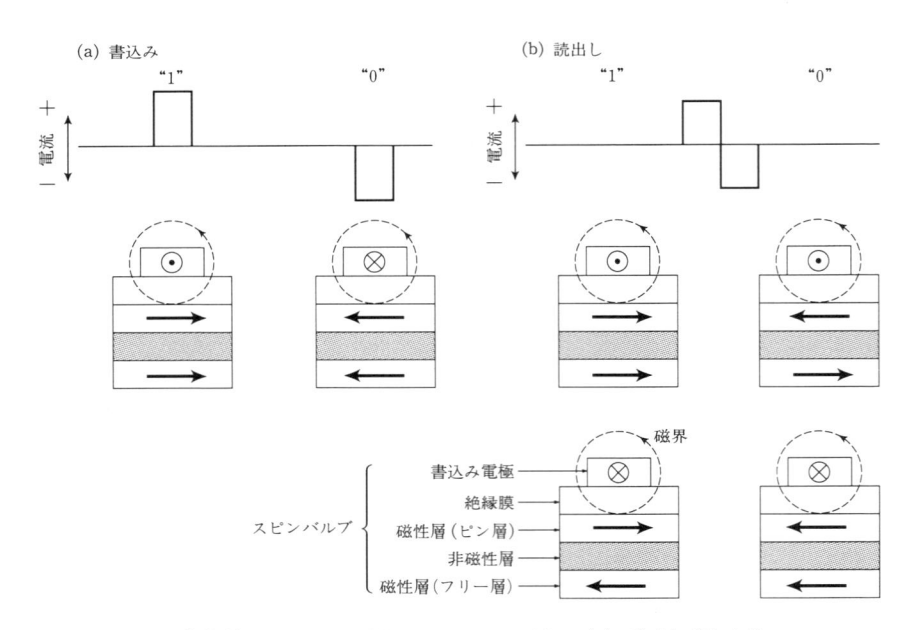

図 3.7.13　スピンバルブ GMR メモリーの書込み (a)，読出し (b) 方法

3.7 磁性デバイス

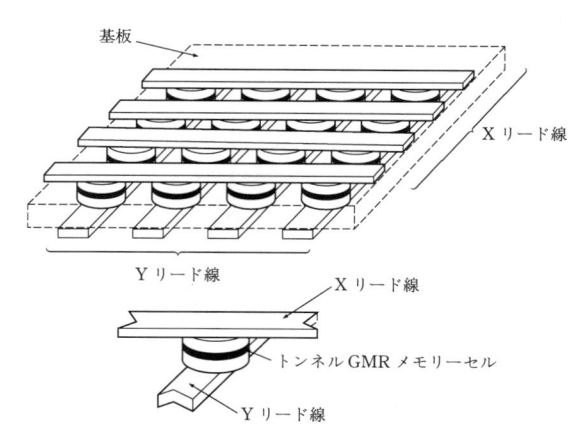

図 3.7.14 スピントンネル GMR メモリーの構成

少する．この違いから 1, 0 を判別できる．この方式では再生のときに記録層のスピンは変化しないので非破壊読出しという特徴がある．一方，ピン層の保磁力はフリー層のそれよりも大きいので，記録の際により大きな記録電流が必要になる．

実際のメモリーではビット数に応じて小さなスピンバルブセルを 2 次元的に配列することになり，セルどうしは電気的に直列に接続される．この場合，スピンバルブの抵抗が小さいため，選択した任意のセルの有効抵抗が検出端子間の全抵抗に占める割合が非常に低い．このためビット数が大きくなると任意の素子の再生信号を識別できなくなり，再生が困難になる．これに対して図 3.7.14 に示すような強磁性トンネル接合の MR（トンネル MR）効果を利用したメモリーの提案がなされている[13]．この場合，トンネル抵抗は高いのでメモリーセルを半導体トランジスタやダイオードの上に作製しセル選択をできるようにしておけば，各メモリーセルの出力を読み出せる．しかし，メモリーセルの抵抗が高すぎるとメモリーの速度が遅くなるので，適当な大きさに調整しなければならない．最近では GMR およびトンネル MR を用いたメモリーのいずれにおいても，素子選択用のトランジスター (FET) を用いた研究がなされている．

MRAM (magnetoresistive random access memory) は不揮発性でソフトエラー耐性にも強く，データ保持時間もハードディスク並に半永久である．また，書込み/読出し時間は 1 ビットのみの試作 GMR セルで 2 ns が得られている[11]．最近，GMR 素子を用いて 1 M ビットメモリーチップの試作が報告されている[14]．TMR 素子を用いた MRAM ではより大きな出力が得られるため期待が大きいが，MRAM を実現するためには材料，回路を含め総合的な詳細検討が必要である．

3.7.4 スピントランジスター

a. スピン注入

図 3.7.15 に示すように，非磁性体に二つの強磁性電極を接合して電流を流す場合を考える．強磁性体は完全強磁性体 (strong ferromagnetism)，すなわちフェルミ面には一方のスピンバンドのみが存在すると仮定すると，強磁性体の伝導電子は一方のスピン（図では↓スピン）のみをもっているので，強磁性体の磁化が互いに平行であればその電子は非磁性体に注入され他方の強磁性電極に移動できる．このとき強磁性電極間距離がスピン拡散長 (spin diffusion length)，すなわち電子がスピンの向きを保存したまま移動できる距離よりも短ければ，↓スピンが向きを変えることなく非磁性体を通過できることになる．このような現象をスピン注入 (spin injection) という．スピン注入は非平衡現象であり，もしも強磁性電極間距離がスピン拡散長よりも長ければ，スピンは非磁性体の途中で反転して緩和してしまう．

b. スピントランジスターの原理

スピントランジスター (spin transistor) はスピン注入をうまく利用した 3 端子素子である[15]．図 3.7.16 (a) にそれを模式的に示した．F1, F2 は強磁性体，N は非磁性体である．N の膜厚 d はスピン拡散長 δ_s よりも短いとする．スピントランジスターの骨子は F1 から N に電流 I_e を流したとき N と F2 の間に電圧が発生し，それが F1 と F2 の磁化が平行のときと反平行のときとで符号が異なるというものである．以下，この原理について図 3.7.16 (b) を用いて熱力学的に説明する．説明を簡単にするために強磁性体はいずれも完全強磁性体とする．より一般的な場合については後に輸送理論の立場から説明する．いま，F1 から N に↑スピンを注入すると N の中

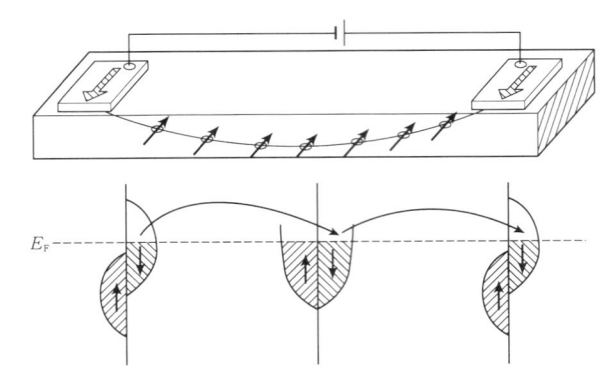

図 3.7.15 スピン注入

3.7 磁性デバイス

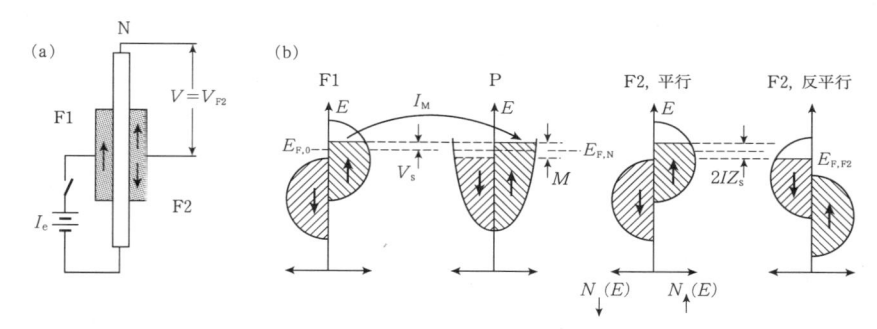

図 3.7.16 スピントランジスターの原理

の電子が増えるため，電荷の中性を保つために↓スピンが減少し，Nの↑スピンのフェルミ準位は初期の $E_{F,N}$ より上昇してF1のそれと一致する．したがって，Nは分極して磁化Mが発生する．F2の磁化がF1の磁化と平行の場合，F2の↑スピンのフェルミ準位はNの↑スピンのフェルミ準位と一致するように上昇し，その結果F2の電位は $E_{F,N}$ に比べ V_s だけ上昇する．一方，F2の磁化がF1のそれと反平行のときには，F2の↓スピンバンドのフェルミ準位がNの↓スピンバンドのトップと一致し，V_s だけ電位が低下する．このようにしてF2とF1の磁化が平行か反平行かによってF2とNの間に $+V_s$, $-V_s$ の電位が発生することになる．この発生源はN内に生じた非平衡のスピン分極(spin polarization)である．

次にこの V_s の値を見積もってみよう．まず，F1からNに注入されるスピン偏極電流 I_M は次式で与えられる．

$$I_M = \beta I_e / e \tag{3.7.3}$$

ここで，β はボーア磁子，e は電子の電荷である．I_M によってNにスピン分極が生じ非平衡磁化(non-equilibrium magnetization) M が発生する．A をF1とNの接合面積とすると，M は I_M が T_2 時間流れたときの単位体積当たりの磁化であるので

$$M = I_M T_2 / Ad \tag{3.7.4}$$

となる．T_2 はスピン緩和時間(spin relaxation time)である．Nの磁化率を χ とすると M によって M/χ の磁界が生じたことに相当する．$\beta M/\chi$ はゼーマンエネルギーに相当し，それは eV_s に等しいので

$$V_s = \beta M / \chi e \tag{3.7.5}$$

となる．T_2 は δ_s と次式で関係しており

$$\delta_s = (DT_2)^{1/2} \tag{3.7.6}$$

自由電子近似を用いると電子の拡散係数 D は比抵抗 ρ とドルーデの関係式がある．

$$\rho = 1/e^2 DN(E_F) \tag{3.7.7}$$

ここで，$N(E_F)$ はフェルミ面における状態密度である．また，χ は次式で与えられ

る．

$$\chi = \beta^2 N(E_F) \tag{3.7.8}$$

式 (3.7.3), (3.7.4), (3.7.6)〜(3.7.8) を式 (3.7.5) に代入すると，

$$V_s = (\rho \delta_s^2 / Ad) I_e$$
$$= Z_s I_e \tag{3.7.9}$$
$$Z_s = \rho \delta_s^2 / Ad \tag{3.7.10}$$

を得る．

　以上，スピントランジスターの電圧の発生原理とその値を完全強磁性体の場合について熱力学的に導いたが，ここでは伝導理論を用いてより一般的な強磁性体の場合について図 3.7.17 を用いて説明する[16]．この図は半導体トランジスターにおけるベース接地回路に相当し，それぞれ F1, N, F2 はエミッター，ベース，コレクターとみなすことができる．いま，F1 と N の間に電圧 V_e を加えたとき F1 から N へ流れる電流を I_e，↑スピンと↓スピンのコンダクタンスをそれぞれ $g^\uparrow, g^\downarrow$ とすると，

$$I_e = (g^\uparrow + g^\downarrow) V_e \tag{3.7.11}$$

と書ける．また，スピン分極電流 (spin polarized current) I_M は

$$I_M = \beta (g^\uparrow - g^\downarrow) V_e / e \tag{3.7.12}$$

となる．一方，N から F2 に流れる電流を I_c，↑スピンおよび↓スピンのコンダクタンスを $G^\uparrow, G^\downarrow$ とすると，F1 からのスピン偏極電子の注入により N のフェルミ準位は初期の $E_{F,N}$ より $\beta M/\chi$ だけ，↑スピンが上昇し↓スピンは減少するので，コレクター電流は

$$\begin{aligned}I_c &= G^\uparrow (E_{F,N} + \beta M/\chi - E_{F,f})/e \\ &\quad + G^\downarrow (E_{F,N} - \beta M/\chi - E_{F,f})/e \\ &= (G^\uparrow - G^\downarrow) \beta M/\chi e + (G^\uparrow + G^\downarrow)(E_{F,N} - E_{F,f})/e\end{aligned} \tag{3.7.13}$$

となる．これに式 (3.7.5)〜(3.7.8) を代入すると式 (3.7.13) は

$$I_c = (G^\uparrow + G^\downarrow)(I_e \eta_e \eta_c \rho \delta_s^2 / Ad + (E_{F,N} - E_{F,f})/e) \tag{3.7.14}$$

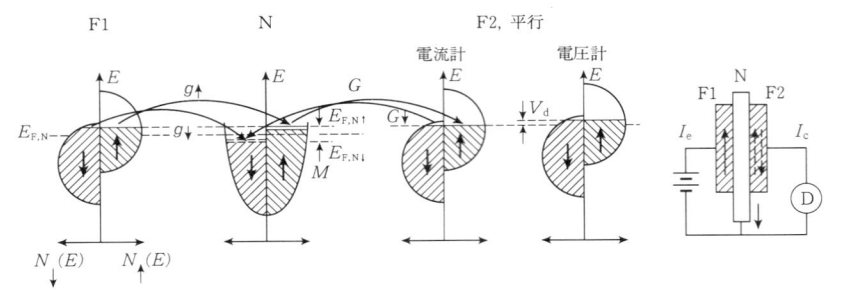

図 3.7.17 強磁性体がフェルミ面で両スピンバンドをもつ場合の F1-N-F2 系の状態密度の関係および伝導の説明図

となる.ただし,η_e, η_c はそれぞれ F1, F2 のスピン分極率で

$$\eta_e = (g^\uparrow - g^\downarrow)/(g^\uparrow + g^\downarrow) \tag{3.7.15}$$

$$\eta_c = (G^\uparrow - G^\downarrow)/(G^\uparrow + G^\downarrow) \tag{3.7.16}$$

である.式 (3.7.13) の第 1 項は N から F2 に流れるスピン分極電流であり,スピントランジスターメカニズムによるものである.第 2 項は N と F2 間の電位差 $(E_{F,N} - E_{F,f})/e$ によって流れる非分極電流である.検出計 D が高インピーダンス電圧計の場合には電流が流れず $I_c = 0$ であるから,式 (3.7.14) は

$$-(E_{F,N} - E_{F,f})/e = I_e \eta_e \eta_c \rho \delta_s^2 / Ad$$
$$= I_e Z_s$$
$$Z_s = \eta_e \eta_c \rho \delta_s^2 / Ad \tag{3.7.17}$$

となり,Z_s は式 (3.7.10) のより一般的な場合に相当する.$\eta < 1$ であるので完全強磁性体の場合に比べて Z_s は積 $\eta_e \eta_c$ だけ小さくなっている.検出計 D が電流計の場合には F1, F2 のスピンが平行か反平行かによって流れる電流の方向が反対になる.

　スピントランジスターを半導体トランジスターと比較してみよう.図 3.7.18 はベース接地の pnp トランジスター (a) とスピントランジスター (b), (c) の回路を対比して示したものである.F1, N, F2 がそれぞれエミッター,ベース,コレクターに対応する.半導体ではエミッターに順方向電圧,コレクターに逆方向電圧を加えると,少数キャリヤー(図ではホール)によるエミッター電流 I_e がベースを経てコレクターに注入されコレクター電流 I_c が流れる.I_e の変化に対する I_c の変化を電流増幅率 α といい,トランジスターでは α は 0.9~0.99 程度である.エミッター入力側は順方向にバイアスされているのでエミッター接合のインピーダンス Z_e は小さく,コレクター出力側は逆方向にバイアスされているからコレクター接合のインピーダンス Z_c は非常に大きくなっている.そこで電圧増幅率を考えてみると,近似的に次式で表すことができる.

$$電圧増幅率 = \alpha Z_c / Z_e \tag{3.7.18}$$

$Z_e = 1000\,\Omega$, $Z_c = 1\,M\Omega$ とすると,$\alpha \sim 1$ として約 1000 倍の電圧増幅率が得られることになる.結局,電力も同様に増幅される.

　ベース接地回路ではエミッター電流をパラメーターとしてコレクター電流とコレクター電圧の関係でトランジスターの出力特性を表すことができる.図 3.7.19 にベース接地回路でエミッター電流をパラメーターとしたコレクターの電圧電流特性例を示す.電流増幅率は約 1 であるから,エミッターから注入された電流はそのほとんどがコレクターに流れ,同じエミッター電流においてコレクター電圧を変えてもコレクター電流はほとんど変化しない.半導体トランジスターではこのような非線形性が機能を発揮しており,これによって電圧増幅あるいは電流増幅(エミッター接地)が行われる.

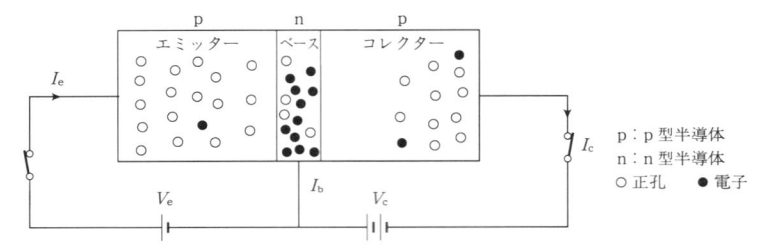

(a) 半導体の p-n-p ジャンクション

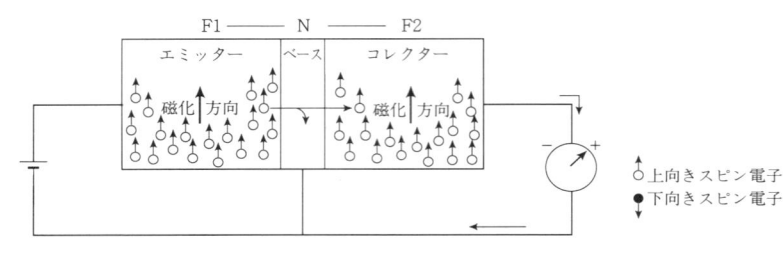

(b) 磁性体の F-N-F ジャンクション（コレクター ↑ 磁化）

(c) 磁性体の F-N-F ジャンクション（コレクター ↓ 磁化）

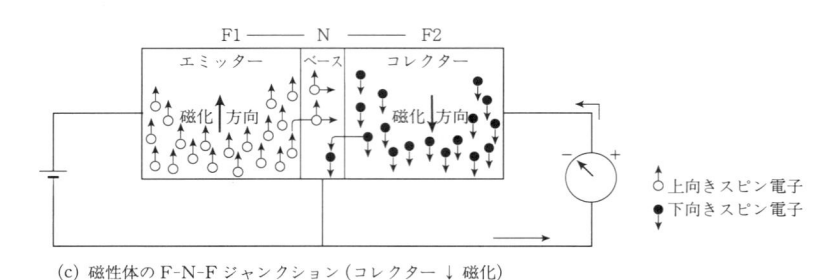

図 3.7.18　ベース接地半導体トランジスター (a) とスピントランジスター (b), (c) の比較

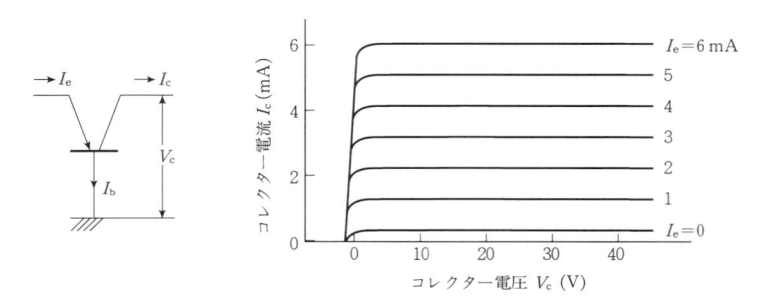

図 3.7.19　半導体トランジスターのベース接地の出力特性

3.7 磁性デバイス

一方,スピントランジスターの場合,半導体の少数キャリヤーに対応するものは非平衡磁化,すなわちスピン偏極電子である.非磁性体中に注入されたスピン偏極電子は強磁性体 F2 および N を経てリード線に流れるので,スピントランジスターの電流増幅率は 1 よりかなり小さいと思われる.スピントランジスターの特徴は,F2 のスピン反転によってコレクターの電流方向あるいは電圧の極性が変わることである.これはデバイスの観点からは大きなメリットである.

以下,実験結果を示し式 (3.7.17) を吟味してみよう.図 3.7.16 (a) の配置において,面積 $A = 0.1$ mm × 0.1 mm の F1=NiFe, N=Au, F2=Co を用い $I_e = 0.2$ mA を流したときの結果を図 3.7.20 に示す[17].(a) は出力インピーダンス Z_e の外部磁界依存性であり,実線は負から正に,点線は正から負に磁界を走査した場合である.対応する磁化曲線を (b) に示してある.測定温度は 4.2 K である.外部磁界によって NiFe のスピンが反転しそれに伴い電圧の符号が変化している様子がわかる.次に,スピントランジスターのスピン拡散長について検討する.図 3.7.21 は NiFe/Au/NiFe (○) と NiFe/Au/Co (●) を用いたスピントランジスターの出力電圧から求めた Z_sAd の値を Au の膜厚 d に対してプロットしたものである.測定温度は同じく 4.2 K である.式 (3.7.17) によれば δ_s が一定であれば Z_sAd は一定であるので,Z_sAd が一定の値を取る d の最大値が δ_s を与える.これから非磁性体が Au の場合

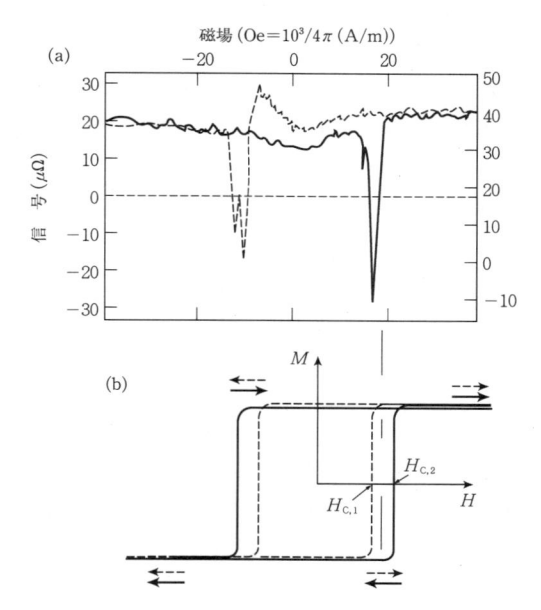

図 3.7.20 スピントランジスターの出力の外部磁場依存性 (a) および対応する磁化曲線 (b)

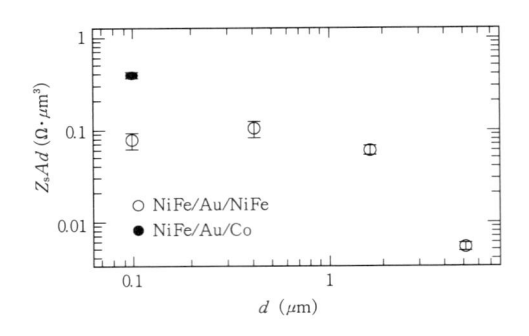

図 3.7.21 $Z_s Ad$ の Au 膜厚 (d) 依存性

には $\delta_s = 1.5\ \mu\mathrm{m}$ と求まる．また，Z_s の値は Co を用いたほうが NiFe の場合より5倍大きい．δ_s の値は膜面に垂直に電流を流した場合の GMR(CPP-GMR) の測定からも見積もられているが，その値は数 100 nm のオーダーであり，上の値はこれより1桁大きい．これは Au 層と磁性層との界面状態が反映しているものと思われる．

図 3.7.20 の実験では用いた試料の面積が大きいため出力電圧の値は 10^{-8} V 程度と小さいが，式 (3.7.17) は試料の体積に反比例するので素子が小さくなれば大きな出力が期待され，スピントランジスターはスケーリング則に沿った微細化に適した素子のように見える．しかし，微細化に伴い電流密度が増大するのでそれには限界がある．また，式 (3.7.17) は N 層内のスピン拡散を考慮しておらず，これを考慮すると有効面積が大きくなりその分出力は低下する．このような課題はあるものの，電圧が発生しさらにその極性を変えることができるというのはこれまでになかったスピンデバイスであり，将来の新しいメモリーデバイスとして十分魅力的であることには変わりがない．

展　　望

GMR 効果の発見を契機にスピン伝導を利用したスピンエレクトロニクスデバイスが注目されるようになってきた．本節で取り上げたもの以外にもスピン分極電界効果トランジスター（スピン FET）[18]，スピンブロッケイド[19] などのアイデアが提案されている．前者は半導体2次元電子系へのスピン注入電極として強磁性体を用いるものである．スピン分極した電子が2次元電子系 (two-dimensional electron gas) に導入されると，電子はスピン軌道相互作用 (spin-orbit interaction) のために伝搬中にスピンの向きを変え，外部磁界なしでスピンを反転できる可能性がある．実験にはまだ成功していない．スピンブロッケイドはクーロンブロッケイドにスピンの効果をもち込んだアイデアであり，最近，トンネル MR のエンハンス効果が観測されている．

このほかにも磁性半導体や1次元(細線),0次元(ドット)磁性体の研究が新機能発現を目指して行われている.スピンエレクトロニクスは電子のもつスピンと電荷をカップルさせた夢の多い技術分野であるが,それを実現するためには材料の問題に加え微細加工技術の開発が必須である.半導体で培った技術をベースに磁性体を対象とした新しいナノ加工技術が待たれる.　　　　　　　　　　　　　　　　　[猪俣浩一郎]

引用文献

1) K. Inomata and Y. Saito : *J. Magn. Magn. Mater.*, **129** (1993) 425-429.
2) D. M. Edwards *et al*. : *Phys. Rev. Lett.*, **67** (1991) 493-496.
3) P. Bruno : *J. Magn. Magn. Mater.*, **121** (1993) 248-252.
4) 新庄輝也:応用物理,**61** (1992) 1214-1224;猪俣浩一郎:応用物理,**63** (1994) 1198-1209;藤森啓安:日本応用磁気学会誌,**19** (1995) 4-12;前川禎通:固体物理,**31** (1996) 519-527.
5) B. Dieny *et al*. : *Phys. Rev.*, **B43** (1991) 1297-1300.
6) T. Lin *et al*. : *Appl. Phys. Lett.*, **65** (1994) 1183-1185.
7) 上口裕三他:日本応用磁気学会誌,**18** (1994) 341-344.
8) Y. Takahashi and K. Inomata : *J. Appl. Phys.*, **77** (1995) 1662-1666.
9) 興田博明他:信学技報,**MR96-15** (1996) 1-6.
10) 日経エレクトロニクス,**4-24** (1995) 92-107.
11) O. Tang *et cl*. : *IEEE Trans. Magn.*, **31** (1995) 3206-3208.
12) Y. Irie *et al* : *Jpn. J. Appl. Phys.*, **34** (1995) L415-L417 ; S. Tehrani *et al*. : *Proc. IEDM*, **193** (1996).
13) 王 智剛,中村慶久:日本応用磁気学会誌,**20** (1996) 369-372.
14) J. L. Brown and A. V. Pohm : *IEEE Trans. Magn.*, **17** (1994) 373-379.
15) M. Johnson : *Science*, **260** (1993) 320-323.
16) M. Johnson : *J. Magn. Magn. Mater.*, **156** (1996) 321-324.
17) M. Johnson : *Mater. Sci. Engn.*, **B31** (1995) 188-205.
18) S. Datta and B. Das : *Appl. Phys. Lett.*, **56** (1990) 665.
19) S. Maekawa and J. Inoue : *J. Magn. Magn. Mater.*, **156** (1996) 315.

さらに勉強するために

1) 中谷 功:電子線リソグラフィーによる磁性材料の超微細加工,日本応用磁気学会誌,**19** (1995) 831-839.
2) 溝下義文他:スピンバルブヘッドによる5 Gbit/in² 記録技術,信学技報,**MR96-8** (1996) 9-16.
3) J. M. Daughton : Magnetoresistive memory technology, *Thin Solid Films*, **216** (1992) 162-168.
4) M. Johnson : The all-metal spin transistor, *IEEE Spectrum*, May (1994) 47-51.
5) A. Fert and S. F. Lee : Theory of the bipolar spin switch, *Phys. Rev.*, **B53** (1996) 6554-6565.
6) 猪俣浩一郎:スピンエレクトロニクスの展開,日本応用磁気学会誌,**23** (1999) 1826.

3.8 超伝導デバイス

3.8.1 超伝導ディジタルデバイス

a. はじめに

ジョセフソン接合を基本とする超伝導デバイスは次世代の情報処理・通信の基盤デバイスとして研究が続けられている．過去，多くの新デバイスがディジタル応用素子として研究されてきた．しかしながら，超伝導デバイスの高速性，低消費電力性を越える性能のものはなく，超伝導デバイスはいまもなお将来のデバイスとして可能性を期待されている[1]．

その理由の第一は，すでに述べたように超伝導デバイスの動作速度・消費電力積の小ささにある．図3.8.1に示すように従来の半導体素子に比べ電圧モード型（後述）の素子では約1桁，単一磁束量子型（後述）の素子では約2桁の性能向上が見込まれている．これはデバイスの本質的な性能であり，今後も変わることはないであろう．動作速度・消費電力積は換言すれば消費エネルギーに対応し，超伝導デバイスは究極の省エネ素子ということができる．これは環境問題，エネルギー問題がいまよりさらに重要になると予想される21世紀のエレクトロニクスにとって非常に重要な点であ

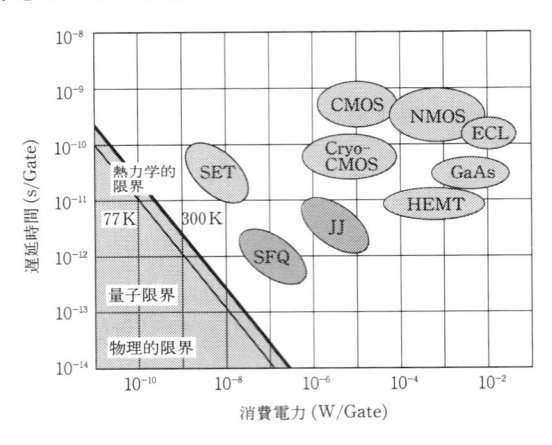

図3.8.1 超伝導デバイスの遅延時間・消費電力特性
JJ：電圧モード型超伝導デバイス，SFQ：単一磁束量子型超伝導デバイス．

3.8 超伝導デバイス

る.

　第二の理由はその高速性にある.従来,Si以外の固体素子が活躍している場はアナログの領域である.自然界の信号はすべてアナログ信号である.そのアナログ信号を変調したり,ダウンコンバートしたりしてディジタル素子が動作できる領域にまで周波数を変換し,Siの世界につないでいるのである.しかし,高度情報処理化の波が押し寄せる社会において処理すべき情報量は膨大なものになる.したがってディジタル処理自体の性能向上への要求は高まる一方であることが予想される.

　一般に通信を含めた情報処理機能を評価するパラメーターとして重要なものにスループットとレイテンシィがある.スループットは単位時間当たりに処理できる情報量,レイテンシィはある情報量の処理時間である.最近の並列処理による情報処理の高度化技術は複数のプロセッサーを同時に動かしてスループットを向上させているにほかならない.たとえていえば道路の幅を広げて交通量の増加を可能にしているのと似ている.ただし,この場合は1台の自動車が出発地点から到着地点までにかかる時間は一定のままである.つまりレイテンシィについては短くなっていないのである.この場合にはアプリケーションによっては並列化しても性能向上が期待したほど大きくない可能性がある.他方,自動車の速度を高めることにより同じ道路であっても交通量を増加させることが可能となる.この場合はスループットの増加のみならずレイテンシィの短縮にもつながっている.すなわちスイッチングデバイスを高速に動作させることはスループットの増加とレイテンシィの短縮の両面に貢献することになり,アプリケーションに対するフレキシビリティも増すことになる.これが超伝導デバイスが将来のシステムのキーコンポーネントとして期待されるゆえんである.

　超伝導ディジタルデバイスは1980年代から日米を中心として活発に研究が進められてきた.特にIBMがジョセフソンコンピュータプロジェクトを1983年にうち切って以降は,日本が超伝導ディジタルデバイスの分野をリードしてきた.ATTベル研究所においてNb/AlO$_x$/Nbジョセフソン接合という理想的な接合が発見されたこともあり,論理回路,記憶回路などディジタル回路の数多くの基本回路が開発された.これらのディジタル回路はジョセフソン接合の零電圧状態と電圧状態を"0"と"1"の2値信号に対応させる電圧モード型素子を基本として開発された.電圧モード型素子は半導体回路と類似のコンセプトで回路を設計できる事や,熱雑音による誤動作にも強いなどの利点があり,クロック1GHzで動作するLSIを目指して積極的に開発が行われた.しかしながら,半導体素子の進展が著しい昨今では1GHzのクロック動作も大きな利点ではなくなり,より高いクロック周波数での動作が期待されるようになってきた.そのため,電圧モード型素子よりもより高い周波数で動作可能と期待されている単一磁束量子を利用した素子の研究が盛んになってきた.

　本項では従来研究開発されてきた超伝導ディジタルデバイスから電圧モード型素子を使った論理回路,記憶回路を紹介するとともに,最近,進展が著しい単一磁束量子

を用いたディジタル回路の展開について紹介する．

b. 論理回路

ジョセフソン接合を用いた論理回路は数 ps/ゲートの高速性と数 μW/ゲートの超低消費電力特性を特徴とする．そのため従来より数多くの基本ゲートの提案がなされ集積回路としての成果もあげられてきた．ここでは電圧モード型の超伝導デバイスを用いた論理ゲート回路およびそれらを用いた集積回路について紹介する．

1) 論理ゲート回路

ジョセフソン接合は 2 端子素子であるために半導体のような 3 端子動作（ゲインをとること，入出力の分離をはかること）をするためには，ゲート回路として工夫が必要である．またジョセフソン接合の半導体と動作上大きく異なる点はラッチ動作するという点である．すなわち一度入力信号が入ってスイッチすると入力信号が切れてももとの状態に復帰しない．復帰するためには回路に加えるバイアス電流を下げる必要がある．そこでバイアス電流は直流ではなく交流駆動となる．このように半導体回路とはかなり異なる動作をすることから超伝導論理ゲート回路固有の回路構成が必要となる（もちろん，ブール代数による論理処理を行うというコンセプトは半導体回路と同様である）．従来より各種の論理ゲート回路が提案されてきた（図 3.8.2）．この中で動作マージン，プロセスへの適合性，動作速度などの観点から淘汰され，MVTL[2]，RCJL[3]，4 JL[4] または SQUID 型[5] が集積回路へ応用されている．

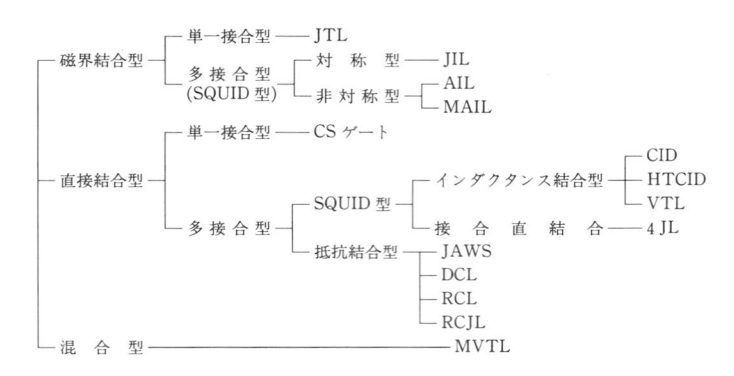

図 3.8.2 各種理論ゲートの分類（ジョセフソン論理ゲート）

JTL : Josephson tunneling logic, JIL : Josephson interferometer logic, AIL : asymmetric interferometer logic, MAIL : magnetically-coupled asymmetric interferometer logic, CS ゲート : current switched gate, CID : current injection device, HTCID : high tolerance current injection device, VTL : variable threshold logic, 4 JL : 4 junction logic, JAWS : Josephson Atto Weber switch, DCL : direct coupled logic, RCL : resistor coupled logic, RCJL : resistor coupled Josephson logic, MVTL : modified variable threshold logic.

3.8 超伝導デバイス

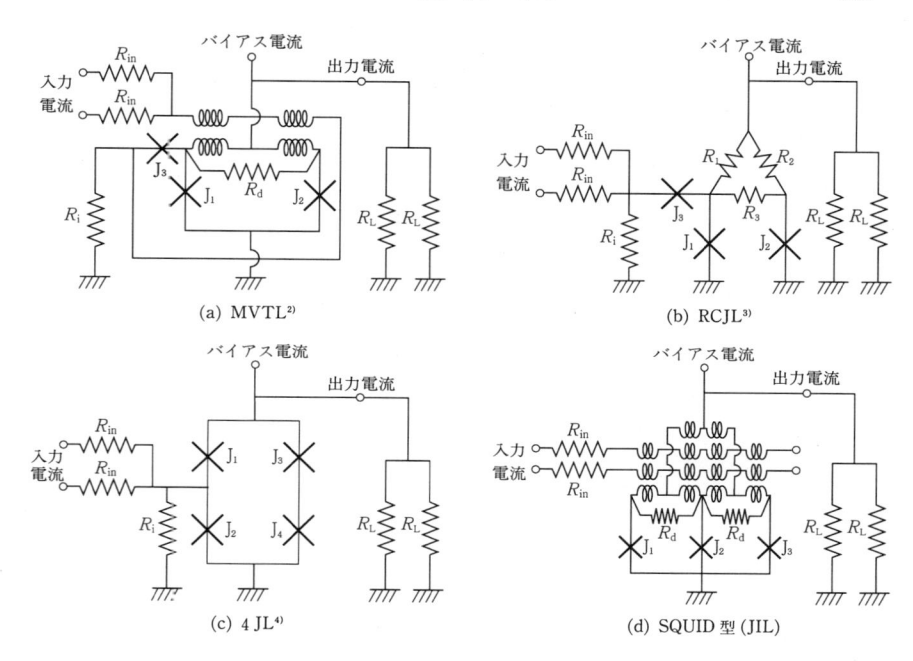

図 3.8.3 MVTL, RCJL, 4 JL, SQUID 型各ゲートの等価回路

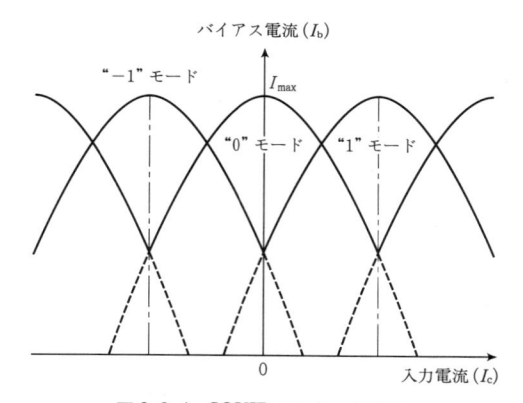

図 3.8.4 SQUID のしきい値特性

　図 3.8.3 に MVTL, RCJL, 4 JL, SQUID 型それぞれの等価回路図を示す．磁気結合型，抵抗結合型，混合型の代表として SQUID 型，RCJL, MVTL の動作を簡単に説明する．図 3.8.4 に 2 接合 SQUID のしきい値特性（バイアス電流 I_b の制御電流 I_c 依存性）を示す．しきい値の山が周期的に変化しているのはジョセフソン接合とイ

ンダクタンスからなるループに磁束量子が1個ずつ取り込まれることに対応している．それぞれの山が磁束モードに対応しており，磁束がない状態（"0"モード），1磁束モードの状態（"1"モード），−1磁束モードの状態（"−1"モード）（逆向きの磁束が取り込まれている状態）などに対応している．山の内側は超伝導状態，外側は常伝導状態である．しきい値の山の重なり具合は LI_0/Φ_0（L：SQUIDのインダクタンス，I_0：ジョセフソン接合の臨界電流値，Φ_0：単一磁束量子 2.07×10^{-15} Wb）の大きさにより決まる．たとえば $LI_0/\Phi_0=0$ のときには全く重なりのない状態，$LI_0/\Phi_0=0.5$ のときには山の重なりの交点の電流値が $I_{max}(=2I_0)$ の1/2の状態となる．

このように磁束モードの重なりを LI_0/Φ_0 という値で特徴づけることができる．論理ゲート回路として動作させるためにはバイアス電流 I_b を I_{max} 以下に印加した状態で入力電流 I_c を加えることにより，動作ポイントを磁束モードの山からいったん電圧状態の領域にずらすことによって論理ゲート回路を電圧状態にスイッチさせる．入力線は磁気的に結合しているため入出力の分離はDC的には完全にとれている．また論理ゲート回路として電流利得をもたせるためにはできるだけ小さな I_c でSQUIDがスイッチすることが望ましいが，その値は入力線とループのインダクタンスとの相互インダクタンスに依存する．最適な設計を行うことにより1以上の電流利得を有することができるが，大きな電流利得をもつことには限界がある．

電流利得が小さいという欠点を補うために考案されたのが抵抗結合型の論理ゲート回路である．その一例としてRCJLを説明する．抵抗結合型論理ゲート回路の欠点は入出力の分離が難しい点であるが，この問題は入力線に入出力分離用のジョセフソン接合を設けることで解決された．RCJLのしきい値特性は図3.8.5のようになる．電流増幅度を高めるために J_1, J_2 の2個の接合が配置されており，この部分に並列に

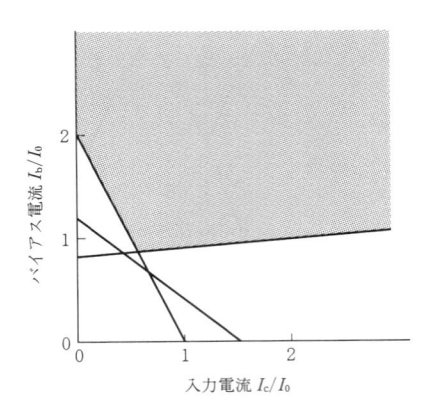

図3.8.5 RCJLのしきい値特性[3)]
I_b：バイアス電流，I_c：入力電流，I_0：図3.8.3の(b)図の J_1 の臨界電流値．

接合を増やすことにより電流増幅度はさらに高めることができる（入力感度を高めすぎると入力ノイズに弱くなるため，実質的には2個のジョセフソン接合を通して接地されることが多い．）．入出力分離用に J_3 の接合が配置されており，入力電流が J_1, J_2 をスイッチした後，バイアス電流は J_3 を通って流れ J_3 をスイッチさせる．ジョセフソン接合 J_3 が高抵抗になることにより入力電流は入力抵抗 R_1 を通って接地に流れ込むことになり，入出力分離がなされる．抵抗結合型の論理ゲート回路の電流増幅率をさらに向上させるように工夫されたゲートが混合型の MVTL である．図3.8.3に示されるように MVTL では入力信号線が磁気結合したあとに直接ループに注入されるため，感度を高めると同時に高速化も図れている．入出力分離は抵抗結合型と同様にジョセフソン接合により分離されている．MVTL は電圧モード型回路の中ではもっとも早い論理ゲート回路であり，1.5 ps 秒/ゲートという結果が得られている[6]．

2) 論理 LSI

上述の論理ゲート回路を用いた LSI もいくつか試作されている．ジョセフソン接合を用いた LSI が試作されるようになった背景にはプロセス技術の向上がある．とくにジョセフソン接合として $Nb/AlO_x/Nb$ トンネル接合が開発されて以降，大きな進歩を示した[7]．図3.8.6に標準的な超伝導 LSI の断面図を示す[8]．超伝導材料は Nb で，抵抗体に Mo，層間絶縁膜に SiO_2 が用いられている．そのほかに超伝導材料として NbN，抵抗材料として Pd，層間絶縁膜に SiO などが使われている．超伝導材料として酸化物高温超伝導体は動作温度の観点から魅力的な材料ではあるが，まだ LSI に用いられるレベルには達しておらず今後に期待される．図3.8.6に示すように超伝導デバイスは薄膜を積層して作製するため，半導体デバイスに比べ比較的容易で工程数も少なくなる（マスク数にして10枚程度である）．プロセス技術において重要となるのは薄膜作製技術，加工技術，積層プロセス技術などである．

論理 LSI チップとして4ビットマイクロプロセッサー[9]，4ビットデータプロセッサー[10]，8ビット DSP[11] などが開発されている．実験室レベルの集積回路であるがゆえに完全に動作していることを実証したわけではないが，それぞれ基本回路の動作

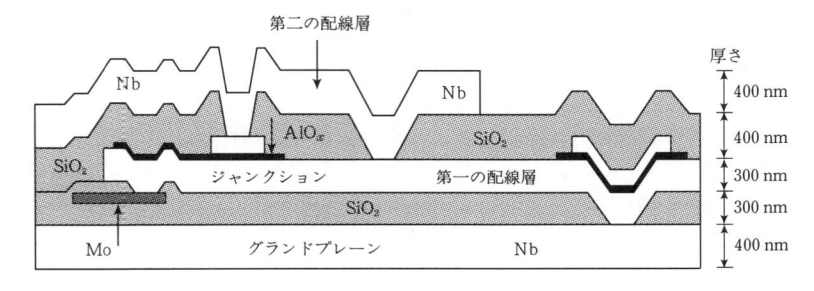

図 3.8.6 超伝導デバイスの断面図[8]

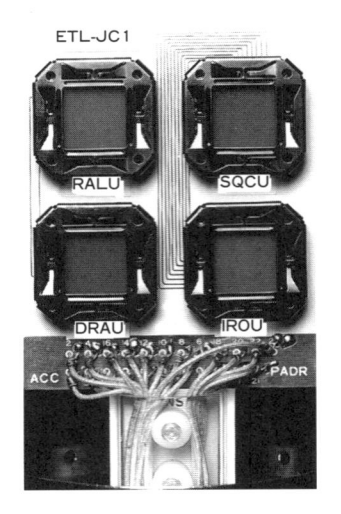

図 3.8.7 ETL-JC 1 のボード写真[12]

は確認しており，また 1 GHz レベルのクロック周波数で動作可能であることを示している．それぞれのチップの消費電力は 10 mW レベルで，半導体の同レベルのプロセッサーに比べ 1 桁から 2 桁小さく，超伝導デバイスの低消費電力特性を示している．

小規模ながらもジョセフソンマイクロコンピューターと呼べるものも開発されている[12]．ジョセフソンコンピューターの可能性を実証するためにはコンピューターを構成する主要な論理回路やメモリーなどを有機的に結合したシステムとしての評価，検証が不可欠である．図 3.8.7 は ETL-JC 1 と名付けられたこの 4 ビットマイクロコンピューターのボード図である．ETL-JC 1 はレジスター算術論理演算ユニット (RALU)，シーケンス制御ユニット (SQCU)，命令メモリーユニット (IROU) およびデータメモリーユニット (DRAU) の四つのチップから構成される．システム設計としては一つの命令を 1 クロックで実行する RISC (riduced instruction set computer) アーキテクチャーと命令とデータのバスを分離するハーバードアーキテクチャーが採用されている．内部メモリーに書き込まれたコンピュータープログラムを実行させ，すべての命令が誤りなく正常に動作することを検証できている．高速性の実証が不十分であるものの世界初のジョセフソンコンピューターの実証は高く評価される．

コンピューター応用だけでなく，データ交換への超伝導ディジタルデバイスの応用も盛んに提案されている[13,14]．コンピューターの性能を向上させるために多数のプロセッサーを用いてスループットの向上を図っている．しかしながら，その際に問題となるのがプロセッサー間をつなぐネットワークの性能である．理想的にはコンピューターの性能はプロセッサーの数に比例して増加する．しかし，実際にはプロセッサー

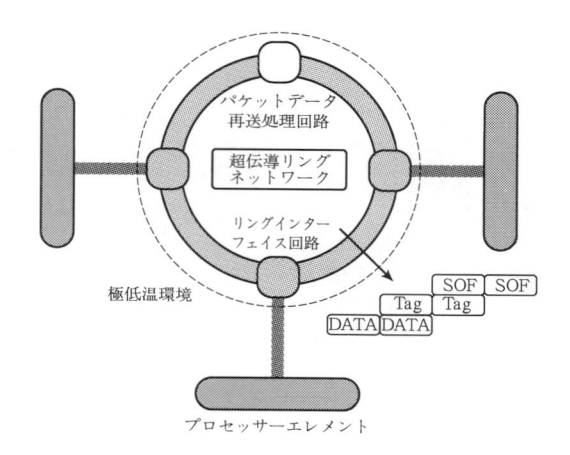

図 3.8.8 リングネットワークの模式図[13]

間の通信がボトルネックとなり性能はリニアには向上しない．もちろんその性能低下はアプリケーションに大きく依存し，プロセッサー間の通信が少ない場合は性能低下の度合いは少なく，通信が多い場合には性能低下は著しい．この問題を解決するためにはネットワークの部分を高速に動作させればいいのだが，プロセッサーと同一の半導体デバイスを用いる限り，通信のオーバーヘッドを減少させることは困難である．したがって，半導体よりも高速な超伝導デバイスをネットワークの部分に用いることには大きな意義がある．また大容量のデータを交換するために従来のネットワークでは並列化が進められるが，ピンネックや消費電力の問題で実装密度の向上には限界がくることが予想されている．その解決には超伝導デバイスの低消費電力特性を利用した高密度実装が期待される．

データ交換のためのトポロジーにはクロスバー，バンヤンなどの多段網型，リングなどのバス型など多くのものがある．どれも一長一短があり超伝導デバイスにとって最適なものを決定するのは容易なことではない．現在リング型[13]，バンヤン型[14]，クロスバー型[15]などが研究されている．図 3.8.8 はコンピューター内のプロセッサーエレメント間のネットワークを目的として提案されたネットワークである．このネットワークはリングパイプラインアーキテクチャーをとり，その特徴はリング上を一方向にデータが流れるため，ネットワーク上でのデータのぶつかり（コンテンション）がないこと，構成要素数が比較的少なくてすみ作製が容易であること，各ノードへのデータのブロードキャストが容易であることなどである．図に示されているプロセッサーエレメントとのインターフェイス回路が超伝導論理 LSI で構成される．各インターフェイス回路の間は超伝導配線で結ばれる．超伝導配線は無損失（DC 的には）で広帯域特性をもつ理想的な配線であり，ジョセフソン接合の高速性とあわせて高速な

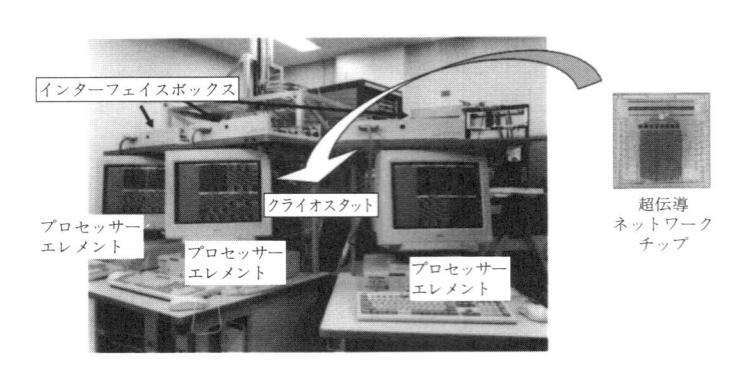

図 3.8.9 超電導ネットワークを用いたプロセッサーシステム[17]

ネットワークが実現できる．主要コンポーネントは2 GHz のクロックで動作することが実証されている[16]．

この超伝導ネットワークチップを用いて複数のプロセッサーエレメント（パソコン）を結合したデモンストレーションシステムが開発された[17]．図 3.8.9 にそのシステムを示す．中央のクライオスタット中の液体ヘリウムの中に超伝導ネットワークチップが実装され，超伝導デバイスとパソコンとは半導体素子から構成されるインターフェイスボックスにより接続されている．このインターフェイスボックスは超伝導デバイスと半導体素子の動作電圧レベルの違い，動作周波数レベルの違いを補正する役割を果たす．実験では超伝導ネットワークチップを介してパソコン間のデータ交換が正常に行われていることが実証された．

バンヤン型のスイッチも提案されている．バンヤン型は多段網のスイッチの一種で高スループットとノードからノードへの転送時間が一定という特徴をもつ．比較的高速のデータ転送が実現できるが，スイッチ内部でのデータのぶつかり，すなわちコンテンションを防ぐためにコンテンションソルバーとバッファーメモリーが必要である．2×2 のスイッチを試作し（図 3.8.10），3.5 GHz の高速特性を実証している[18]．

超伝導論理 LSI には交流電源を用いる必要があり，しかもそのクロック周波数は 1 GHz 以上と非常に高速であることから解決すべき問題がいくつかある．まず，外部回路とのインピーダンスミスマッチの問題がある．ジョセフソン接合は低インピーダンスの素子である．したがって外部回路である半導体回路のインピーダンス 50 Ω とのあいだには大きな差がある．たとえば数千ゲートの LSI の場合トータルの入力インピーダンスは数 mΩ 程度となる．したがって GHz レベルの高速な信号をチップに入力するには何らかのインピーダンス整合技術が不可欠である．これまでにトランスフォーマー型[19]，LC 共振型[20]，1/4 波長型[21,22] などが提案され検討されている．トランスフォーマーは図 3.8.11 に示されるように薄膜トランスが用いられる．電流利

3.8 超伝導デバイス

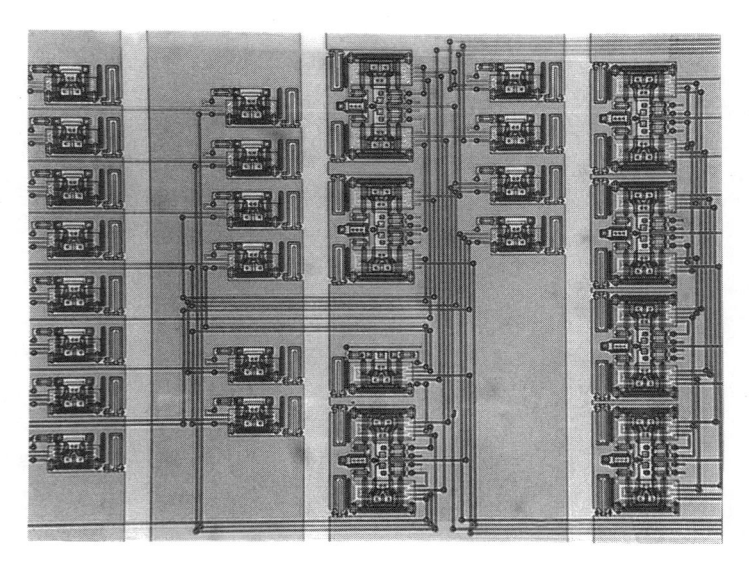

図 3.8.10 バンヤン型 2×2 スイッチのチップ写真[14]

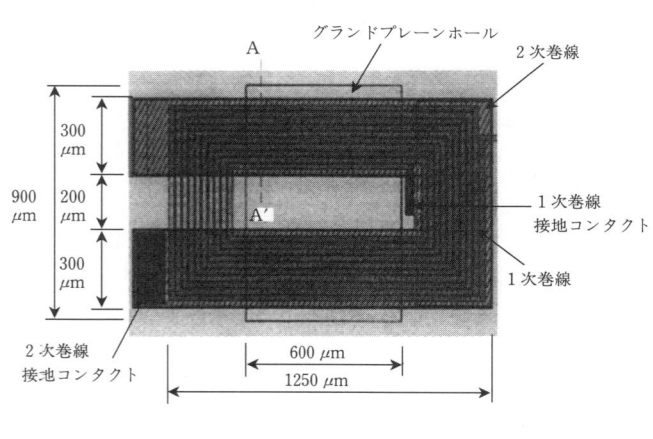

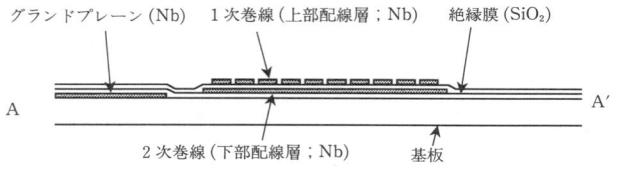

図 3.8.11 トランスフォーマーの構造図[25]

得 γ は

$$\gamma = M/L_2 = kL_1/L_2 \quad (\text{動作周波数} f \ll R/2\pi L_2 \text{のとき}) \tag{3.8.1}$$

と求められる.ここで,k は結合係数,L_1, L_2, M は1次巻線,2次巻線の自己インダクタンス,および相互インダクタンス,R は1次巻線からみた入力線路のインピーダンス,である.ただし高周波側では巻線のインダクタンスと巻線間の容量との結合による共振が起こり,電流利得がとれなくなる.LC 共振を利用したものはトランスを利用したものとことなり原理的には周波数の上限はないが,共振周波数のみでインピーダンス整合がとれるため測定のフレキシビリティがないという欠点がある.この問題を解決するためにマルチピーク型の LC 共振型インピーダンス整合回路も提案されている[23](図 3.8.12).また数 10 GHz を越えるような場合は L や C の作製が難しくなる.その場合には 1/4 波長の反射特性を利用することが提案されている.ただし,1/4 波長の反射を利用して整合をとる場合は周波数が低い場合は物理的な大きさが大きくなりすぎて実現が困難であり,10 GHz から数十 GHz の動作周波数の場合に有効と思われる.このように希望の動作周波数に合わせたインピーダンス整合技術を用いることが重要と思われる.

　超伝導論理 LSI では交流電源がクロックとして使われる.アプリケーションを考えるとクロックを高速化することが性能向上につながるが,上述したインピーダンス

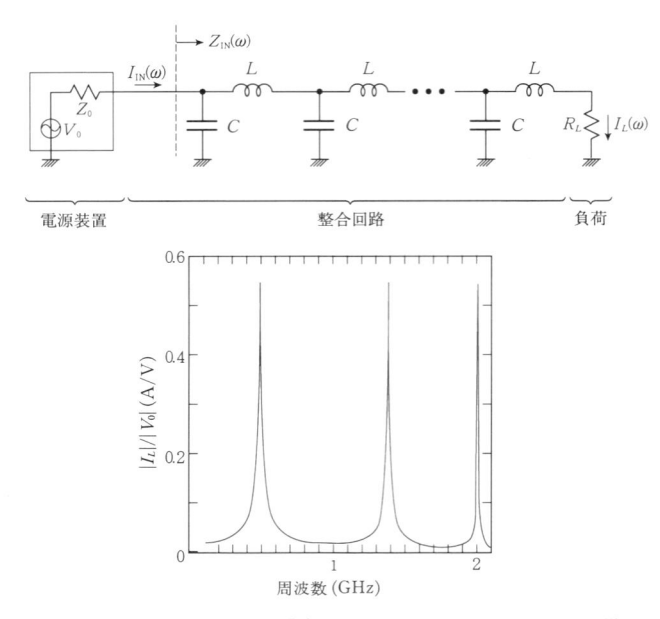

図 3.8.12 マルチピーク型 LC 共振回路の等価回路と周波数特性[23]

整合のほかにパンチスルーの問題やクロストーク，グランドノイズなどの問題がある．これらの問題を解決するために二相や三相などの多相電源方式が提案されている．そのほかにもピンの配置やグランドのとりかたでクロストークやグランドノイズが低減されたという報告もある．超伝導ディジタルデバイスはそれだけでシステムが構築できるとは考えにくく，半導体素子とのハイブリッド技術が重要となるであろう．低温環境下では半導体素子の性能も向上するため超伝導-半導体のハイブリッド技術が，それぞれの利点を生かした新しい応用を広げる可能性もある．その場合には実装技術がきわめて重要となる．マルチチップモジュール技術，超伝導配線技術，フリップチップボンディング技術などが必要になる．図3.8.13は超伝導マルチチップモジュール（スーパーMCM）である[22]．スーパーMCMはセラミック基板にはムライトと配線層を10層ずつ重ねて用いる．さらに基版上にニオブ/ポリイミドからなる4層の超伝導配線をもつ．実験の結果，3.6 GHzまで対応可能であることが示された．

c. 記 憶 回 路

1) 記憶回路の原理

超伝導リングを貫く磁束は $h/2e$ の整数倍に量子化されており，また磁束の変化に

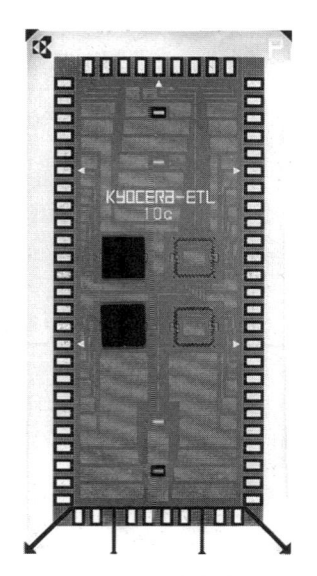

図3.8.13 スーパーMCMのチップ写真[22]

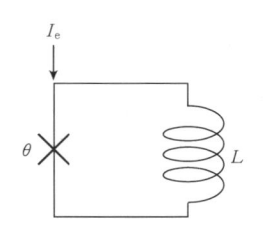

図3.8.14 記憶回路の基本要素

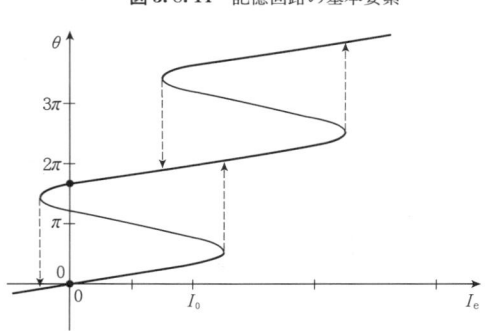

図3.8.15 記憶ループへの印加電流 I_e とジョセフソン接合の位相 θ との関係
I_e：外部からの入力電流，θ：ジョセフソン接合の位相差，I_0：ジョセフソン接合の臨界電流値．

伴いリングに発生する電流は外部からのエネルギーの供給がなくとも永久に流れつづける．この超伝導の物理に基づいた現象は超伝導リングがディジタル情報を蓄える良好な記憶媒体となりうることを示唆するものである．この超伝導リングにデータ書込みのためのジョセフソン接合を付加し，データ読出しの工夫を加えて記憶セルとなる．ディジタルシステムにおいて記憶回路は不可欠の存在であるが，超伝導デバイスでも多数の記憶セルの提案がされている．とくにジョセフソン接合の超高速性を生かした高速メモリーはその高速性が実証されてきている[26]．

記憶回路の基本は記憶セルにある．記憶セルの基本構造はジョセフソン接合を含んだインダクタンスループである（図3.8.14）．ループに流れこむ電流 I_e とジョセフソン接合の位相差 θ との間には

$$I_e = I_0 \sin\theta + (\phi_0/2\pi)(\theta/L) \tag{3.8.2}$$

（I_0：ジョセフソン接合の臨界電流値，L：超伝導ループのインダクタンス）

(a) 磁束量子転移型記憶セル[27]

(b) 可変しきい値型記憶セル[28]

(c) SQUID 入出力型記憶セル[29]

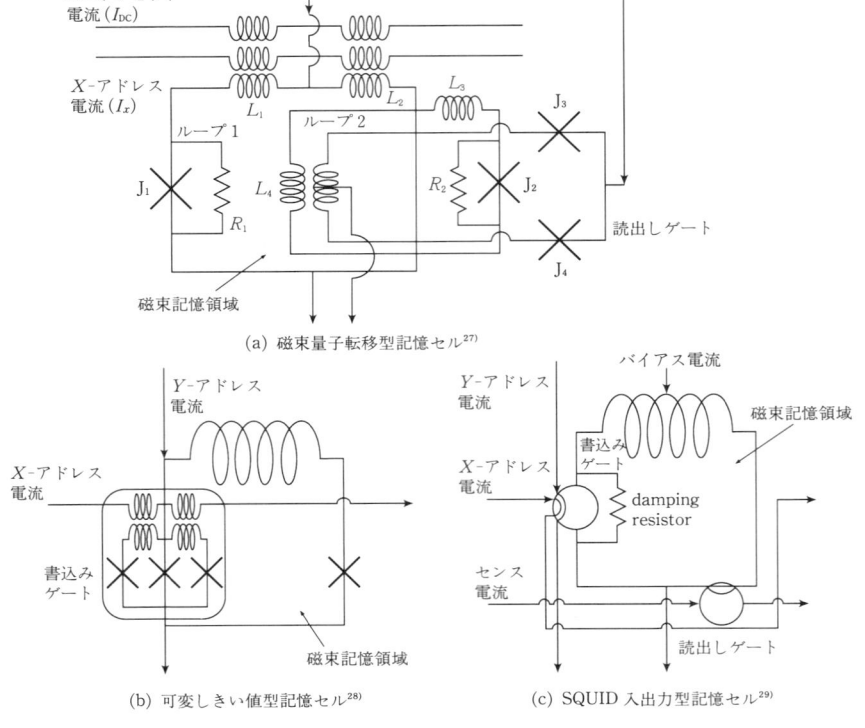

図 3.8.16 いままでに提案された記憶セルの例

の関係がある(図 3.8.15)．ここで $2\pi LI_0/\Phi_0>1$ のとき，θ は I_e の多価関数となり $I_e=0$ のときに複数の安定点があり，記憶セルとしての動作が可能となる．

2) 記憶セル

超伝導論理 LSI は GHz 領域の高速動作が可能であるためにその速度に整合のとれた記憶回路が不可欠となる．記憶セルの基本動作はデータ 1, 0 の書込みと読出しである．読み出した後，データが壊れ再書込みが必要な破壊読出し型記憶セル(destructive read-out)とデータは破壊されない非破壊読出し型記憶セル(non-destructive read-out)とに分類される．一般に破壊読出し型は読出しゲートの構造が簡単で小型化に向き，非破壊読出し型は再書込みが不要な分，高速動作に向いている．図 3.8.16 にいままで集積化がなされた記憶セルの例を示す[27~29]．集積化のためには動作マージンが広く，構造が簡単であることが望ましい．高速化の点からは非破壊読出しであることや複数の入力信号のタイミングに動作が無関係であることが望ましい．これらの観点から磁束量子転移型記憶セルは高速メモリーに適した記憶セルといえるであろう．図 3.8.17 に磁束量子転移型記憶セル[27,30]の顕微鏡写真を示す．

記憶セルは記憶回路の基本となるもので，その動作原理から周辺回路のアーキテクチャーが決定されるばかりでなく，記憶セルの設計値から周辺回路の動作電流，あるいは各回路パラメーター値が決定される．磁束量子転移型記憶セルは 1 磁束量子を記憶媒体として高速動作を可能とし，広い動作マージンをもつことを特徴とする．またその動作にはタイミングシーケンスを全く必要としないためサイクル時間の短縮にも効果的である．この記憶セルはジョセフソン接合を含む二つの超伝導ループ(ループ 1，ループ 2)と，ループ 1 に直結された制御配線 (I_Y) と，ループ 1 に磁気的に結合するように配置された二つの制御配線 (I_X, I_{DC}) と，ループ 2 に磁気的に結合するように配置された読出しゲート(2 接合 SQUID)から構成されている．ループ 1 は単一磁束量子を記憶媒体として，情報を蓄え，ループ 2 はループ 1 に蓄えられた情報に従い

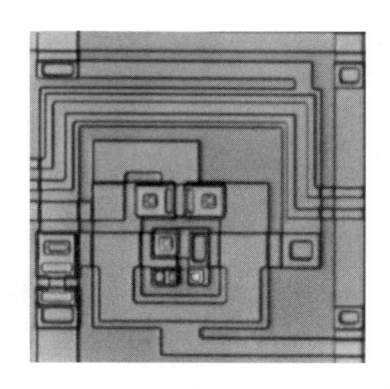

図 3.8.17 磁束量子転移型記憶セルの顕微鏡写真[27,30]

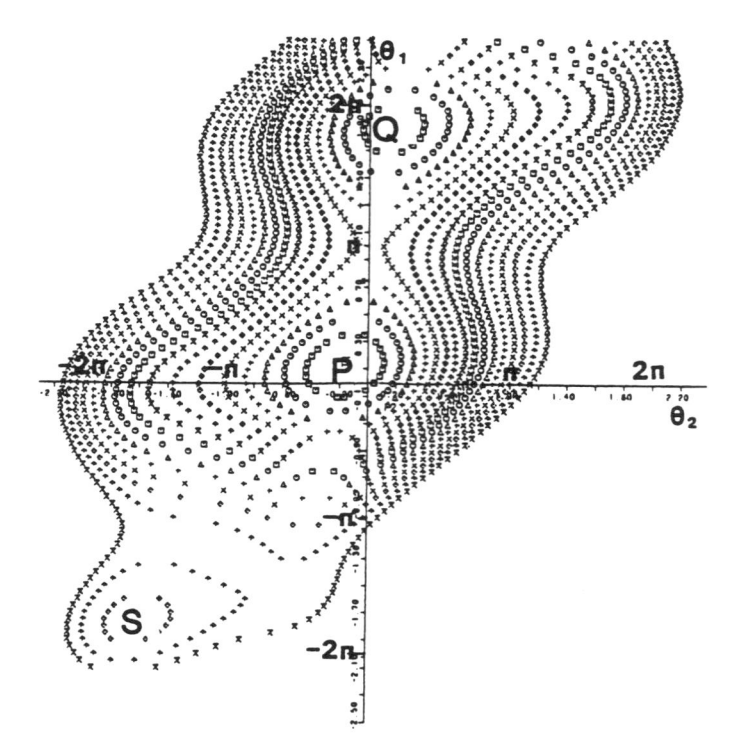

図 3.8.18 磁束量子転移型記憶セルの入力電流 0 の場合のポテンシャルエネルギー図[30]
θ_1：図 3.8.16 (a) の J_1 の位相差，θ_2：図 3.8.16 (a) の J_2 の位相差.

磁束量子転移を行い，蓄えられた情報を読み出す．この記憶セルは ±23％ という広い動作マージンをもつことが実験的に確認された．

磁束量子転移型記憶セルの動作をポテンシャルエネルギーの観点からみてみよう．同様の解析はほかの記憶セルにも可能である．磁束量子転移型記憶セルのポテンシャルエネルギー E は

$$\begin{aligned}E=&(\Phi_0/2\pi)(I_1(1-\cos\theta_1)+I_2(1-\cos\theta_2))\\&+(\Phi_0/2\pi)(-I_X\theta_1+I_X\theta_4-I_Y\theta_3)\\&+(1/2)(\Phi_0/2\pi)((\theta_3-\theta_1)^2/L_1+(\theta_3-\theta_4)^2/L_2\\&+(\theta_4-\theta_2)^2/L_3+\theta_4^2/L_4)\end{aligned} \quad (3.8.3)$$

と表すことができ（I_1, I_2：等価回路における J_1, J_2 の臨界電流値，$L_1 \sim L_4$：等価回路における $L_1 \sim L_4$ のインダクタンス値，θ_1, θ_2：J_1, J_2 の位相差，θ_3, θ_4：インダクタンス L_2 の両端の位相），入力信号が入っていない状態でのポテンシャルエネルギーは図 3.8.18 のようになる．図に示すように三つの極小点がありメインの極小点 P, Q それ

それがデータ1,0の場合に対応する．理想的には二つの極小点しか極小点が存在しない，またはほかの極小点は非常に小さいことが望ましい．記憶セルの動作はこの平面を移動するボールの動きで説明することができる．はじめの状態は図の二つの極小点P,Qのいずれかにボールがとどまっている．入力信号を加えることによりポテンシャルエネルギー平面が変化し，たとえばデータ1の書込みのときには図3.8.18の極小点Pが極小値ではなくなり，安定点はQにしか存在しなくなる．すなわちボールは必ず極小点Qに移動し，データ1が書き込まれることになる．データ0の書込みや，読出しも同様にして説明することができる．このようにポテンシャルエネルギー平面の極小点を制御することで，記憶セルの動作を行わせることになる．

3) 記 憶 回 路

メモリーは記憶セルを集積し，セルのアドレスを指定する周辺回路を組み合わせることが必要である．表3.8.1はこれまで部分的にではあってもメモリーとしての動作を確認できたRAMの一覧である[26,31~35]．この中でほぼ実用レベルにあるものは可変しきい値型記憶セルを用いた1 kbitRAM[33]と磁束量子転移型記憶セルを用いた4 kbitRAM[26]である．

図3.8.19に試作した4 kbitRAMのチップの顕微鏡写真を示す．チップサイズは6 mm×6 mmである．4 kbitRAMは64×64 bitの磁束量子転移型記憶セルアレイと128 bitデコーダー回路[26]，極性切換型駆動回路[36,37]，抵抗負荷型センス回路[38]などの周辺回路とから構成されている．周辺回路には抵抗結合型ジョセフソン論理回路

表3.8.1 Nb系プロセスにより試作されたジョセフソン記憶回路

年	製作者	サイズ	セル	アクセス時間	出力	文献番号
1988	Nagasawa et al. (NEC)	1 k	Henkels type NDRO	570 ps	13 mW	31)
1989	Suzuki et al. (Fujitsu)	4 k	Capacitively Coupled DRO	590 ps	19 mW	32)
1991	Kurosawa et al. (ETL)	1 k	Variable Threshold DRO	520 ps	1.9 mW	33)
1991	Tahara et al. (NEC)	4 k	Vortex Transitional NDRO	580 ps	6.7 mW	34)
1993	P. F. Yuh (Hypres)	2 k	Buffered cell NDRO	740 ps	1.6 mW	35)
1994	Nagasawa et al. (NEC)	4 k	Vortex Transitional NDRO	380 ps	9.5 mW	26)

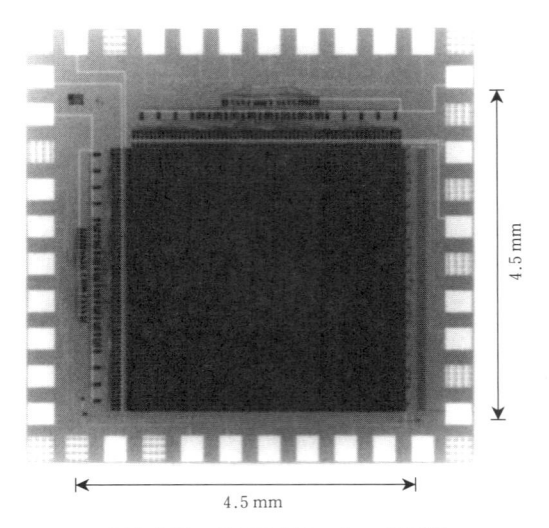

図 3.8.19　4 kbitRAM のチップ写真[26]

(RCJL) を基本ゲートとしてゲートの高速化を図り，また AC 駆動することによりタイミングシーケンスを不用としている．

ジョセフソン接合は磁場感度が高く，とくに SQUID 型の構造をしている記憶セルは外部磁場に非常に敏感である．4 kbitRAM のフェイルビットマップの測定からビットイールドは外部磁場に大きく依存することがわかってきた．一般にチップ上には超伝導グランド面があるために，そのグランド面が常伝導状態から超伝導状態に転移するときに外部磁場はマイスナー効果により排除される．しかしながら，グランド面の欠陥やグレインバウンダリーなどの不完全な超伝導部分が存在すると，磁束がトラップされてしまう．このトラップされた磁束が回路の動作に影響を与える場合がある．したがって，外部磁場を低減するために外部磁場を遮蔽した磁気シールドの環境が必要となる．

4 kbitRAM のセルアレイ部分の面積からその下部のグランド面に磁束がトラップされないためには $1\sim 2\ \mu G$ の低磁場が必要であることが見積もられる．しかしながら，4 kbitRAM の動作に影響を与えないほどの低磁場を実現することは容易ではない．そこで，磁束トラップの影響を受けにくい素子構造として超伝導グランド面に溝を掘るモート構造[39]が検討されている．モート構造を用いれば超伝導グランド面を分割し，常伝導状態のときに分割した面積を貫いていた全磁束を単一磁束量子以下にすることで磁束トラップを防止することが可能となる．SQUID アレイによるモート構造の最適化の検討の結果，図 3.8.20 に示すような格子状のモートが採用された[40]．写真上で黒く見えるのがモートで記憶セル間に幅 $0.8\ \mu m$ の溝を形成した．図 3.8.21

3.8 超伝導デバイス

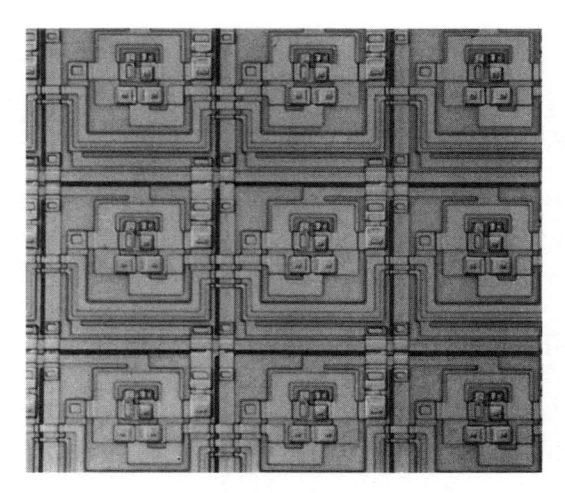

図 3.8.20 モート構造を含む磁束量子転移型記憶セル[40]
　　　　　黒いスリット状の部分がモート.

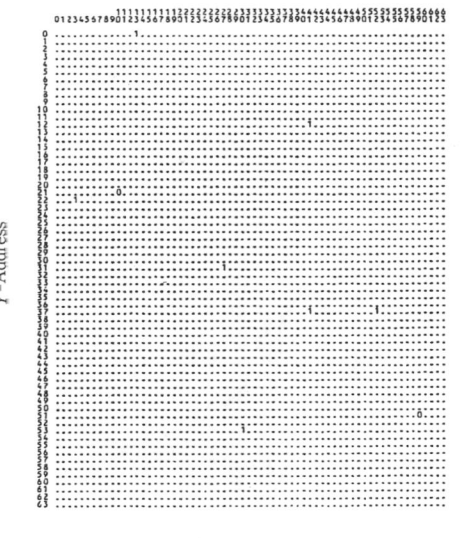

Chip A
Fail Bits : 9
Bit Yield : 99.8%

図 3.8.21 4 kbitRAM のフェイルビットマップ[40]
　　　　　ドットは正常動作を示す.

は格子状のモート構造を導入した4 kbitRAMのフェイルビットマップの一例である[40]．フェイルビットの数は全部で9で，ほぼ完全動作に近いビットイールド99.8%が得られた．このエラーのビットは何回かの測定においてもその位置を変えないことから，磁束トラップによるものではなくゴミなどの欠陥によるものと考えられる．

次に，4 kbitRAMのアクセス時間の測定結果を示す．アクセス時間は，外部からのトリガー信号が直接チップ内の最終段の出力ゲートに入力されて出力される参照信号（図ではトリガー信号）と，4 kbitRAMのアクセス動作の信号が伝わるパスを通って最終段の出力ゲートに達した出力信号（図では読出し信号）の遅延時間差を測定することにより求められる．図3.8.22は，このようにして求められたアクセス時間を示す測定波形の一例である．"1"書込みと読出しの制御信号を繰り返し入力したときのサンプリング波形である．このとき，同じバイアス条件で同時に"0"書込みと読出しが正常になされていることも確認されており，正常な記憶動作がなされているときのアクセス動作の出力波形であることは確認されている．あるアドレス動作マージンの範囲内でデコーダー回路，ドライバー回路，センス回路の各バイアス電流を最大にして最小遅延時間差として380 psが得られている．

これまでにいくつかのジョセフソン記憶回路が試作され，サブナノ秒のアクセス動作が実証されてきた．サブナノ秒のアクセス動作に見合ったGHzのクロックでの評価は論理回路と同様に電源電流供給の問題，グランドノイズの問題などで困難とされてきた．しかし，最近ではそれらの問題にも解決の糸口が見えてきて，記憶回路のクロック動作の実験も行われてきた[41]．図3.8.23は512 MHzのクロックで動作を確認した256 bit RAMの動作波形である．小規模のRAMではあるが，世界で初

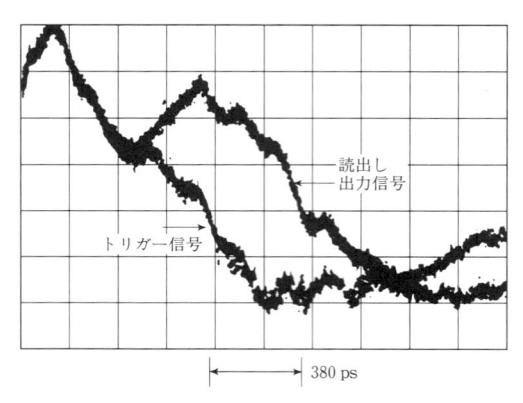

図 3. 8. 22　アクセス時間の測定波形[26]

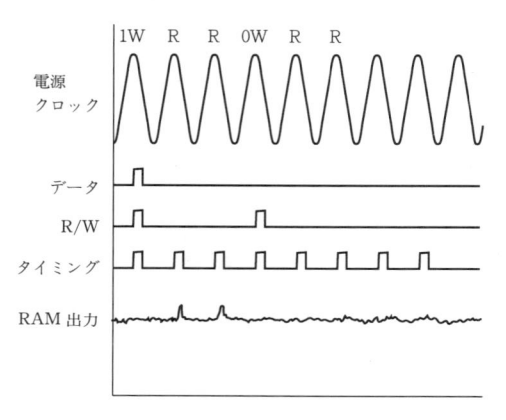

図 3.8.23 高速クロック評価結果[41]
クロック周波数 512 MHz での記憶回路の書込み,読出し動作が正常に行われている.

めて高速クロック動作したという点で大きな成果ということができよう.最近では 256 bit RAM が 1.07 GHz で,また 256×16 bit の RAM が 620 MHz で動作したという報告もある[42].このように超伝導集積回路において従来大きな課題とされてきた磁束トラップの問題や高速電源供給の問題が解決しつつあり,記憶回路の研究も新たなフェーズに入ってきたといえるであろう.また,CMOS メモリーのセンス回路に超伝導デバイスを使い,感度をあげるという新しい提案もなされている[43].まだ試作段階ではあるが新たな応用の一つとして注目される.

d. 単一磁束量子素子

記憶回路の項でも述べたとおり磁束の量子化は超伝導のもっとも基本的な物理現象である.量子化された磁束を情報の媒体として論理素子としても用いることが提案され,研究されている.単一磁束量子 (single flux quantum, SFQ) は単一電子とならび電磁気学の最小単位の一つである.SFQ を取り扱う基本回路は図 3.8.24 に示すようにジョセフソン接合とインダクタンスからなる.ジョセフソン接合の両端の電位差と位相差をプロットしたものが図 3.8.25 である.磁束が侵入することに対応して位相が 2π 変化し,電圧がパルス的に発生する.この電圧を時間積分した値が

$$\int v \cdot dt = \Phi_0 = 2.07 \quad (\mathrm{mV \cdot ps})$$

となり,非常に高速で低消費電力な素子を構成することを期待させる.

単一磁束量子素子の特徴は伝搬,分岐,結合といった単一磁束量子の動きで機能を実現させることにある.伝搬という機能は信号の方向性を確定できるということであり,また分岐という機能は複数のファンアウトをとることが可能であることを示唆し

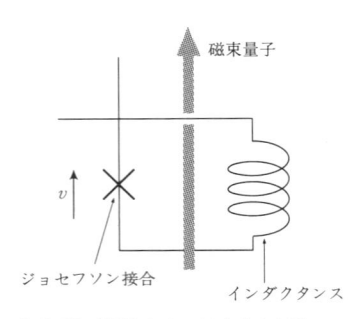

図 3.8.24 SFQ を取り扱う基本回路

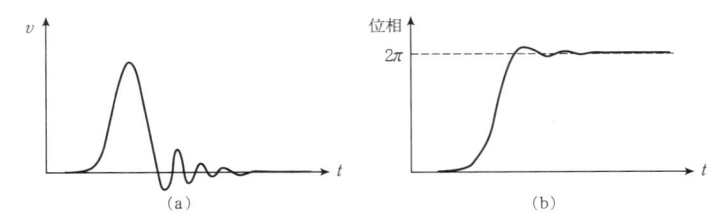

図 3.8.25 SFQ基本回路のジョセフソン接合の両端の (a) 電位差と (b) 電位差の時間変化磁束量子の侵入に伴い電圧がパルス的に発生し，位相が約 2π 変化する．

ている．すなわちディジタル素子として回路を構成するうえで必要な条件を揃えているということができる．単一磁束量子の伝搬はいいかえれば素子を構成するジョセフソン接合の両端に発生する電圧パルスが伝搬するということである．これは従来のレベル論理型の素子に対してパルス論理型の素子ということができる．現在までにいくつかの SFQ 素子が提案されている．そのおもなものを紹介しよう．

1) RSFQ[44]

単一磁束量子が進入する際のジョセフソン接合の両端に発生する電圧パルスを信号としてとらえ，回路設計においても接地による基準電圧という考え方をとる．論理演算動作もパルス信号のやりとりで実行されるパルスロジックである．

図 3.8.26 に単一磁束量子を用いた基本回路の一つであるセット/リセット (R/S) フリップフロップの模式図を示す．セットパルスの入力によりリングの中に単一磁束量子を書き込み，リセットパルスの印加により出力として電圧パルスを発生させる．DC バイアスは動作マージンを配慮して設定される．フリップフロップはセット信号が入力されて，リセット信号が入力されるまでリングの中に単一磁束量子を保存しておくことになる．超伝導リングは抵抗ゼロであるため，この間，回路はまったく電力を消費しない．すなわち本質的に記憶機能をもった論理素子ということができる．この機能を半導体素子で実現する場合には多くのトランジスタを必要とし，超伝導デバ

3.8 超伝導デバイス

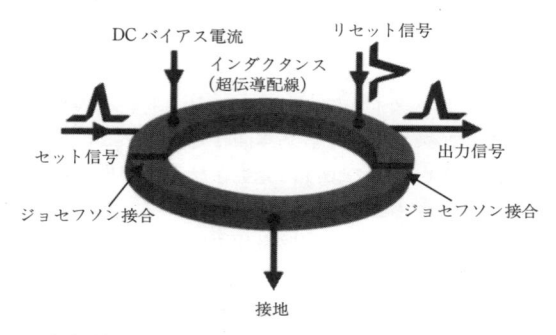

図 3.8.26 セット/リセットフリップフロップ回路の模式図

イスと比較して多くの電力を必要とする．

そのほかに論理演算を実行するためにいくつかの基本要素回路が提案されている．図 3.8.27 に示されるように，たとえばトランスミッション，パルススプリッター，バッファーステージなどである．トランスミッションはジョセフソントランスミッションライン (JTL) とも呼ばれ，信号の伝搬と増幅の機能をもつ．パルススプリッターは信号の分配に用いられ，次段の回路に必要なファンアウトを取ることができる．バッファーステージは信号の逆流を防ぎ，信号の一方向への伝搬を保証する．いいかえると入出力分離の機能をはたす．これらの回路はいわゆるディジタル回路を構成するために不可欠な機能を実現し，これらを組み合わせることで論理回路を構成することができる．現在ではいくつかの改良型の RSFQ 回路も提案されているが，上述の基本回路が構成要素となっていることは変わりない．

パルスを用いて論理素子を構成するためにはタイミングの考え方が重要となる．つまり，通常はどのタイミングでパルス信号が入力されるか不明であるため，データが入力されたかどうかを判断するタイミングをあらかじめ設定する必要がある．タイミ

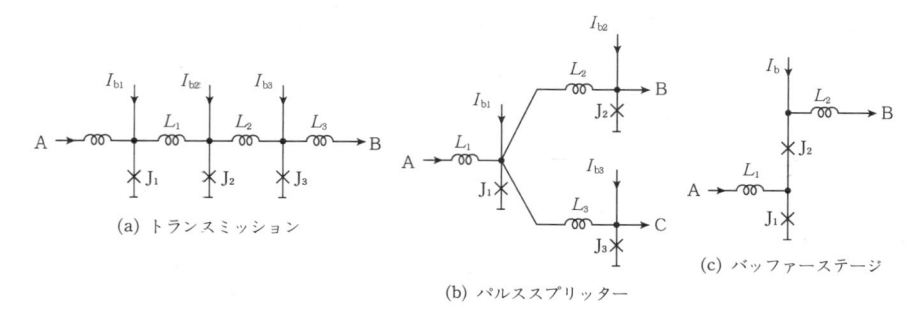

図 3.8.27 RSFQ の基本回路[44]

ング信号パルス間にデータパルスが入力されたときはデータ"1", 入力されていないときはデータ"0"と判断することができる. 図3.8.26のR/Sフリップフロップで考えると, リセットパルスをタイミングパルス, セットパルスをデータ信号とおきかえると入力に対応したパルスを出力する基本回路となる. このタイミングパルスをどのように分配するか, あるいはどのように発生させるかが単一磁束量子素子の一つのキーポイントであり, さまざまな工夫が提案されている. RSFQ回路は数十GHzで動作させることを想定しているため, 回路全体の同期を取ることはほとんど不可能である. そのため局所的にタイミングをとり, それらの間はリクエスト信号とアクノリッジ信号でハンドシェイクする方法が提案された. 最近では, 回路全体に同期を取らない, いわゆる非同期アーキテクチャーが盛んに研究されている. たとえばタイミング信号を入力信号より作り出すために入力信号としてその真信号と補信号を用いることなどが提案されている(デュアルレール方式). これらの非同期アーキテクチャーは, 今後のRSFQ回路をLSIとして発展させるためにも重要な技術になると考えられる. RSFQ回路は米国を中心に研究が進められてきたが, 最近では日本でも盛んに研究されるようになってきた. SFQを利用した回路形式の中ではもっとも進んだものとなっており, 米国ではすでに7bit A/Dコンバーターのようなかなり大規模のLSIも試作され, その動作と高速性が確認されている[45].

2) 位相モードロジック[46]

RSFQに先立ち, 日本でもSFQ回路の研究は行われていた. 位相モードロジックと名づけられた論理回路で, ジョセフソン線路を走る磁束量子(フラクソン)の存在の有無で論理レベルを設定するものである. 回路構成はインダクタンスとジョセフソン接合からなり, RSFQと同様であるが, 電圧は磁束量子の移動に際してパルス的にジョセフソン接合両端に発生するものとして, 接地からの基準電圧という考え方はしない. フラクソンを粒子としてとらえて, その粒子の移動と相互作用からすべての論理演算を行うものである.

基本要素はジョセフソン線路をインダクタンスとジョセフソン接合からなる線路と等価的に考え, 図3.8.28のようなTならびにSの2種類の分岐回路で考える. フラ

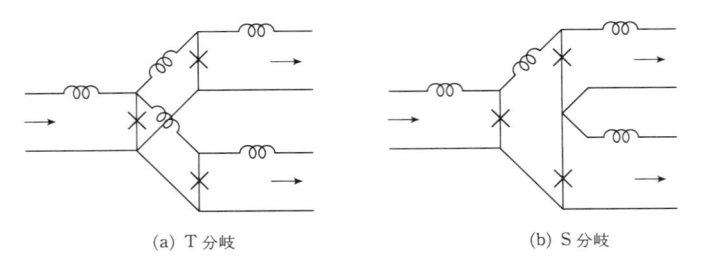

(a) T分岐   (b) S分岐

図3.8.28 位相モードロジックの基本回路[46]

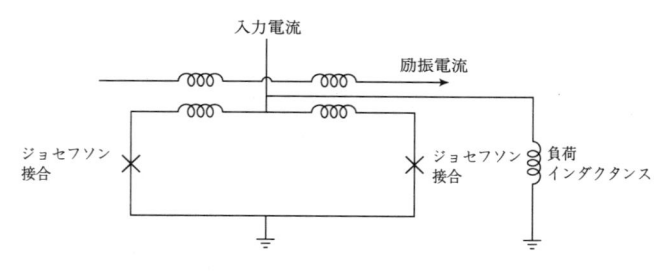

図 3.8.29 QFP の基本回路[47]

クソンの発生には信号分配用の T 分岐を用い，消去は量子の保存性から基本的に反フラクソンとの対消滅で行う．S 分岐は信号合流用で，回路構成としては RSFQ のパルススプリッターと同一である．さらに T と S の組合せによりユニバーサル演算子の INHIBIT の機能をもち，位相モードロジックの基本ゲートとなる ICF (INHIBIT circuit controlled by fluxons) ゲートが構成できる．これらを集積したチップの試作と評価を行い，基本的動作を確認している．

3) QFP[47]

QFP は磁束量子の蓄えられる向きにより発生する磁場の違いを出力信号として取り扱う．交流励振で動作が定点から不安定になるぎりぎりのポイントまでゲートをバイアスする．そのバイアスされたゲートに加えられたわずかな入力磁場がトリガーとなって +1 または −1 の磁束量子が蓄えられる．蓄えられる磁束量子の向きは入力磁場の向きにより決定される．前記の二つのデバイスと異なり，磁束量子そのものを信号としてやりとりすることはしない．交流励振によりバイアスされることで大きなゲインをもつ．また信号の方向性を決定するために 3 相励振方式が提案されている．

基本回路は図 3.8.29 に示されているように dc-SQUID の中心を出力用インダクタンスで短絡した形をとる rf-SQUID 2 個からなり，その組合せで複合論理を実行する．交流励振は dc-SQUID 部分の制御線に対して行われ，シフトレジスターや 1 ビット ALU[48] などが試作され，36 GHz の高速動作の確認も行われている．

このような従来素子とは異なる原理で動作する素子に対して従来のアーキテクチャーが必ずしも最適とはいえない．また，数 GHz から数十 GHz の超高速クロック周波数を念頭においたディジタルシステムでは同期・非同期の問題がアーキテクチャーと関連して重要な課題となる．このような課題を鑑みて単一磁束量子素子に最適なアーキテクチャーを検討することは不可欠と考えられる．上述のように現在提案されている RSFQ，QFP，位相モードロジックなどはそれぞれ長所・短所をもっている．いずれの回路がすぐれているかは動作余裕度，雑音耐性，設計容易性などを考慮して総合的な評価を行う必要がある．またこれらの回路は静的な回路動作を考えるだ

けでは不十分で，ジョセフソン接合の AC 振動，プラズマ振動などを考慮に入れた動的な回路動作を考えることが重要である．そのためには回路シミュレーターを用いた動的評価が不可欠である．これらの要素回路の最適設計，動作評価に加え，従来提案されている要素回路の欠点を補った新たな要素回路の提案も重要な課題である．

e. ま　と　め

超電導デバイスは数 GHz から数十 GHz のクロックで動作する唯一のデバイスである．システムのスループットを向上するために並列化技術が進められているが，レイテンシィの短縮まで念頭におくとクロック周波数を高めることが重要と考えられる．半導体素子で数 GHz 以上のクロック動作を実現した場合，素子の発熱が非常に大きくなり，実装密度を高めることが困難になる．このことは実装されたチップ間の信号伝搬遅延時間の増大をまねき，システムの性能低下を招く．すなわち，超高速クロック動作可能なデバイスは，超低消費電力特性が不可欠なのである．超電導デバイスはこの要請に応える可能性をもったデバイスであることは疑いがない．もちろんその実現のためにはデバイス技術以外に低温での実装の問題や冷凍機の問題，低温と室温との温度差の問題など解決すべき問題は山積している．しかしながら，スループットの増加とレイテンシィの短縮を同時に実現するハードウェアとしての期待は大きい．数 GHz から数十 GHz のクロックで超伝導デバイスが動作することは，すでに，単一磁束量子を用いた素子で実証されつつある．もちろん素子だけの性能がシステムの性能を決めるわけではなく，周辺技術の習熟は必要不可欠ではある．また，それらの課題を乗り越えるに十分なアドバンテージをもつアプリケーションを考えることも重要であろう．それらのアプリケーションを通して超伝導デバイスを用いた GHz エレクトロニクス技術が将来のキーテクノロジーとして大きく広がることを期待する．

[田原修一]

引 用 文 献

1) T. Sterling *et al.*: Enabling Technologies for Petaflops Computing, Scientific and Engineering Computation Series, The MIT Press, 1996.
2) N. Fujimaki *et al.*: *IEEE Trans. Electron Device*, **36** (1989) 433-446.
3) J. Sone *et al.*: *Appl. Phys. Lett.*, **40** (1982) 741-744.
4) S. Takada *et al.*: Proc. 11th Conf. Solid State Devices (Tokyo), 1979, pp. 607-611.
5) M. Klein and D. J. Herrel: *IEEE J. Solod-State Circuits*, **SC-13** (1978) 577-590.
6) S. Kotani *et al.*: Tech. Dig. Int. Electron Devices Mtg. San Francisco, 1988, pp. 884-885.
7) M. Gurvitch *et al.*: *Appl. Phys. Lett.*, **42** (1983) 472-474.
8) H. Numata *et al.*: Extended Abstracts of 4th International Superconductive Electronics Conference, 1993, pp. 280-281.
9) S. Kotani *et al.*: Dig. Tech. Papers Int. Solid State Circuits Conf., 1988, pp. 150-151.
10) Y. Hatano *et al.*: Dig. Tech. Papers Int. Solid State Circuits Conf., 1989, pp. 234-235.
11) S. Kotani *et al.*: Dig. Tech. Papers Int. Solid State Circuits Conf., 1990, pp. 148-149.

3.8 超伝導デバイス

12) H. Nakagawa et al. : *IEEE Trans. on Applied Superconductivity*, **1** (1991) 37–47.
13) S. Tahara et al. : *IEEE Trans. on Applied Superconductivity*, **5** (1995) 3164–3167.
14) M. Hosoya et al. : *IEEE Trans. on Applied Superconductivity*, **5** (1995) 3316–3319.
15) B. Murdock et al. : Extenced Abstracts of Low Temperature Physics, 1993.
16) S. Yorozu et al. : Extended Abstracts of 5th International Superconductive Electronics Conference, 1995, pp. 222–224.
17) S. Yorozu et al. : Applied Superconductivity Conference, EBB-01, 1998.
18) M. Hosoya et al. : Extended Abstracts of 5th International Superconductive Electronics Conference, 1995, pp. 37–39.
19) P. C. Arnett and D. J. Herrell : *IEEE Trans. on Microwave Theory and Tech.*, **MTT**-28 (1979) 500–508.
20) J. S. Tsai and Y. Wada : *IEEE Trans. on Magn.*, **MAG**-23 (1987) 879–882.
21) M. Hosoya et al. : *IEEE Trans. on Applied Superconductivity*, **5** (1995) 2831–2834.
22) T. Kubo et al. : *Technical Report of IEICE*, **SCE 93**-36 (1993) 31–36.
23) 橋本義仁：高周波電源供給回路，特願平 08-301731, 1996.
24) K. Aoki et al. : *IEEE Trans. on Magn.*, **MAG**-21 (1985) 741–744.
25) Y. Hashimoto et al. : *Technical Report of IEICE*, **SCE 96**-18 (1996) 1–6.
26) S. Nagasawa et al. : *IEEE Trans. on Applied Superconductivity*, **5** (1995) 2447–2452.
27) S. Tahara et al. : *J. Appl. Phys.*, **65** (1989) 851–856.
28) I. Kurosawa et al. : *Appl. Phys. Lett.*, **43** (1983) 1067–1069.
29) W. H. Henkels and J. H. Greiner : *IEEE J. Solid-State Circuits*, **SC**-14 (1979) 794–796.
30) S. Tahara et al. : *Japan. J. Appl. Phys.*, **26** (1989) 1463–1466.
31) S. Nagasawa et al. : *IEEE J. Solid-State Circuits*, **24** (1989) 1363–1371.
32) H. Suzuki et al. : *IEEE Trans. on Magn.*, **25** (1989) 783–788.
33) I. Kurosawa et al. : *IEEE J. Solid-State Circuits*, **26** (1991) 571–577.
34) S. Tahara et al. : *IEEE Trans. on Magn.*, **27** (1991) 2626–2633.
35) P. F. Yuh : *IEEE Trans. on Applied Superconductivity*, **3** (1993) 3013–3021.
36) S. Tahara et al. : *Electron Letters*, **24** (1988) 1220–1221.
37) S. Nagasawa et al. : *IEICE Trans. Electron.*, **E77-C** (1994) 1176–1180.
38) M. Hidaka et al. : *IEEE Electron Device Lett.*, **EDL**-6 (1985) 267–269.
39) S. Bermon and T. Gheewala : *IEEE Trans. on Magn.*, **19** (1983) 1160–1164.
40) S. Nagasawa et al. : Extended Abstracts of 5th International Superconductive Electronics Conference, 1995, pp. 192–194.
41) S. Nagasawa et al. : Technical Report of IEICE, **SCE 96**-20, 1996, pp. 13–18.
42) S. Nagasawa et al. : Applied Superconductivity Conference, ELC-01, 1998.
43) U. Ghoshal et al. : Tech. Dig. Int. Electron Devices Mtg., San Francisco, 1994.
44) K. K. Likharev and V. K. Semenov : *IEEE Trans. on Applied Superconductivity*, **1** (1991) 3–28.
45) V. K. Semenov et al. : Applied Superconductivity Conference, EDA-4, 1996.
46) K. Nakajima et al. : *IEEE Trans. on Applied Superconductivity*, **1** (1991) 29–36.
47) E. Goto et al. : DC Flux Parametron, Singapore, World Scientific, 1986.
48) W. Hioe et al. : *IEEE Trans. on Applied Superconductivity*, **5** (1995) 2992–2995.

さらに勉強するために

1) 早川尚夫（編）：超高速ジョセフソン・デバイス，培風館，1986.
2) T. Van Duzer and C. W. Turner : Principles of Superconductive Devices and Circuits, Elsevier, 1981.

3.8.2 超伝導トランジスター

a. はじめに
1) 超伝導トランジスター研究開発の動機
ジョセフソン接合は代表的な超伝導素子であり、超伝導キャリヤーの波動関数の位相がマクロな系で定義でき、位相の振舞いが素子特性に直接現れる典型的な量子効果素子である。しかしジョセフソン接合を用いた回路では、動作信号の種類、素子の駆動方法、電源の種類などが従来の半導体回路と異なるために、超伝導に特有の回路構成を採用する必要がある。超伝導素子の特徴を生かせる一方で、回路やシステム構成の新たな構築を求められるという煩雑さを生じる。そこで、① 超伝導素子の高速性と低消費電力性能を有し、② 信号の種類が電圧あるいは電流であり、③ 直流電源で駆動でき、④ 半導体素子と同様の回路構成が可能である、という条件を備えた素子を得ることを目的として、超伝導トランジスターの研究開発が進められた[1]。

2) 超伝導トランジスターの分類
超伝導トランジスターの種類と動作方式の概略を表 3.8.2 に示した。① 電流注入素子は超伝導ギャップなどの熱的非平衡現象を利用したものである。② 電界効果素子と ③ 超伝導ベーストランジスターは半導体トランジスターと対応する動作原理で、超伝導電流など、超伝導の特徴を加味したものである。④ フラックスフロート

表 3.8.2 超伝導トランジスターの種類と動作方式

種類		構造	動作方式
電流注入素子		インジェクター接合＋アクセプタ接合(二重トンネル接合)	準粒子注入によるアクセプターギャップ電圧の制御
電界効果素子	MISFET	超伝導薄膜チャネル＋ゲート	ゲート電圧によるキャリヤー分布制御 → チャネル層特性制御
	JFET	常伝導チャネル＋ゲート＋超伝導ソース・ドレイン電極、電極間距離：常伝導層の減衰長	近接効果による超伝導特性＋電界効果による特性制御
	準粒子波動関数制御素子	常伝導チャネル＋ゲート，針状超伝導電極	アンドレーエフ反射＋電界効果による準粒子行路長の制御
超伝導ベーストランジスター	SUBSIT	ベース：超伝導，エミッター－ベース：トンネル接合，コレクター：半導体分離層＋電極	エミッター－ベース間のトンネル特性でエミッター-コレクター特性を制御
	Super-HET	ベース：超伝導，エミッター・コレクター：半導体	超伝導ベースをバリスティックキャリヤーの通過
超伝導フラックスフロートランジスター (SFFT)		チャネル：弱超伝導領域(ジョセフソン接合)＋磁場印加用制御線	ローレンツ力によるフラックスフロー → チャネル層電圧の発生

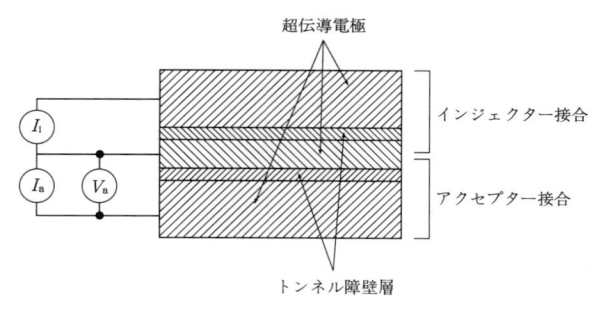

図3.8.30 電流注入素子の構造

ランジスターは超伝導体に特有な，磁束の移動現象に伴って発生する電圧を素子動作に利用したもので，このような動作機構を利用したトランジスターは半導体素子には見当たらない．超伝導ベース素子以外の超伝導トランジスターは一方の論理状態として，零電圧状態を含むのが特徴である．素子に対する入力信号の種類として，① 電圧：電界効果素子，超伝導ベーストランジスター，② 電流：電流注入素子，および ③ 磁束：フラックスフロートランジスターなどがある．

b. 電流注入素子

電流注入素子は超伝導トランジスターの中でも比較的初期に考案，作製されたものであり，1960年代のGiaeverの発明までさかのぼることができる[1]．電流注入素子は中央の電極を共通として，超伝導材料を電極とするトンネル接合を2個積層した構造である(図3.8.30)[2]．素子は電流を注入するインジェクター接合と，電流注入によって特性変化を受けるアクセプター接合から構成される．

電流注入素子は超伝導体のエネルギーギャップおよび準粒子密度の熱的な非平衡特性を利用したものである．準粒子が注入された場合，超伝導体中の準粒子密度は環境温度での平衡状態より増大する．非平衡度に対応して，エネルギーギャップが低下する．ギャップ電圧以上のバイアス電圧でインジェクター接合に電流を流すことによって，中央の電極に準粒子を注入できる．高電流密度 ($\geqq 10^4 \text{ A/cm}^2$) のインジェクター電流を流したときのアクセプター接合の電圧-電流特性はギャップ電圧が低い値に移動した特性となる(図3.8.31)．負荷にもトンネル接合を用いた場合，負荷とアクセプター接合のギャップ電圧を合わせ込めば，素子から負荷への電流の転送割合を増大できる．すなわち動作点をギャップ電圧近傍に保てば，インジェクター電流の有無によって，動作点をギャップ電圧より低く，コンダクタンスの低い状態から，ギャップ電圧より高く，コンダクタンスの高い状態にスイッチさせることができる．

準粒子注入によるエネルギーギャップの変化割合は非平衡準粒子密度と平衡状態でのキャリヤー密度の比によって決まる(図3.8.32)．キャリヤー密度の低い超伝導材

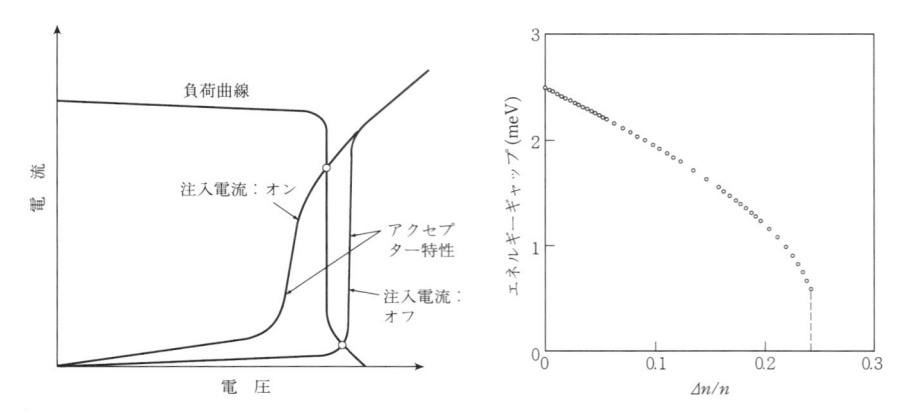

図 3.8.31 電流注入素子の電圧-電流特性模式図[2]

図 3.8.32 エネルギーギャップの変化割合と非平衡準粒子密度割合 $\Delta n/n$ の関係 (Pb 接合の例)

料を電極に用いることによって，非平衡準粒子面密度の相対的な割合を高められる．酸化物超伝導材料のキャリヤー密度は金属系超伝導材料に比べて 1 桁低く，$10^{21}/cm^3$ 台である．非平衡準粒子密度は注入準粒子面密度だけでなく，準粒子の再結合時間などにも依存する．準粒子の再結合時間が長くなるに従い，エネルギーギャップの変化割合が増大するが，信号オフ時のスイッチング時間が長くなる．再結合時間は臨界温度の高い材料ほど短く，Nb で 150 ps，$YBa_2Cu_3O_{7-x}$ で 1〜2 ps である[3,4]．注入準粒子面密度を増大するには，トンネル接合の臨界電流密度を高めることと，電極の膜厚を薄くすることである．トンネル接合の電流密度は $10^4/cm^2$ 以上にするのが望ましい．電極膜厚を数十 nm にすることによって，中央の電極のエネルギーギャップを選択的に低減できる．なお電流注入素子は磁場印加などによってゼロ電圧電流を抑えた状態で用いられる．

電流注入素子の問題点はいくつかあるが，その第一は入力信号と出力信号電流の分離をできないことである．これは素子構造上，避けることのできない問題点である．第二の問題点はインジェクター電流オフ時のスイッチング波形がテールを引くことである．オフ時のスイッチング時間は準粒子の再結合時間の関数である．準粒子の再結合過程ではキャリヤー対の生成とフォノンの発生，発生したフォノンと別のキャリヤー対との相互作用による準粒子の再生成過程などを含む．スイッチング時間はこれらの過程を考慮した因子を掛けた値になるので，1 回の準粒子再結合時間より数倍〜数十倍長くなる．これは基板あるいは素子表面を通って，非平衡フォノンが冷媒に拡散するのに要する時間に対応し，素子寸法や冷却条件にも依存するが，通常 ns のレベルである．

c. 電界効果素子

超伝導電界効果素子(SFET)は半導体 FET と同じく,電圧信号を印加してチャネル部に生じる電界によってキャリヤー面密度を変調し,電気伝導特性を制御する素子である.SFET の特徴は入出力信号を分離できるだけでなく,超伝導特性を示すチャネルを用いることによって,ゼロ電圧状態と有限電圧間でスイッチできることである.SFET には,① 超伝導薄膜をチャネルとする金属-絶縁体-超伝導(MIS)FET,② 超伝導-常伝導-超伝導構造の近接効果接合で,常伝導層をチャネルとするジョセフソン電界効果素子(JFET),および ③ 近接効果接合で,準粒子の波動性を利用した素子がある.この型の素子は電圧状態で用いられる.

1) MIS 電界効果素子

MISFET は極薄超伝導薄膜の一部をチャネル層とし,両側をソースおよびドレイン電極とする(図 3.8.33)[5~12].チャネル層の上部にゲート絶縁膜を介してゲート電極を設ける.ゲート電圧信号を印加することによって,臨界電流,臨界温度およびコンダクタンスなどのチャネル特性を制御する.これらの特性の変化割合はゲート電圧によって誘起されるキャリヤー面密度 $\varDelta N_\mathrm{s}$ とチャネル層のキャリヤー面密度 N_s の比に依存する.チャネル層のキャリヤー面密度を低くするには,キャリヤー密度の低い超伝導材料を用い,膜厚を薄くすることである.金属超伝導材料のキャリヤー密度は $10^{22}\sim 10^{23}/\mathrm{cm}^3$ 以上であり,膜厚 1 nm 程度の極薄膜でも検出可能な特性変化をもたらすことは困難である.酸化物超伝導材料はキャリヤー密度が比較的低く,$10^{21}/\mathrm{cm}^3$ 台であり,電界効果による有意な変化を検出できる.

酸化物超伝導材料のキャリヤー密度が低いとはいえ,半導体 FET に用いられるチャネル層のキャリヤー密度と比べて数桁高いので,チャネル層の誘起キャリヤー面密度を高める必要がある.たとえば,1 ユニットセル厚の $\mathrm{YBa_2Cu_3O_{7-x}}$ 薄膜に 10% のキャリヤー密度変化割合を与えるには,面密度 $6\times 10^{13}/\mathrm{cm}^2$ のキャリヤーを誘起する必要がある.チャネル層内の電界分布を無視できれば,ゲート電極,ゲート絶縁膜およびチャネル層を単純なキャパシターと見なせる.ゲート電圧を 1 V,ゲート絶縁

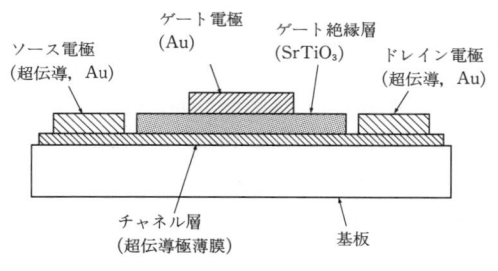

図 3.8.33 MIS 電界効果素子の構造

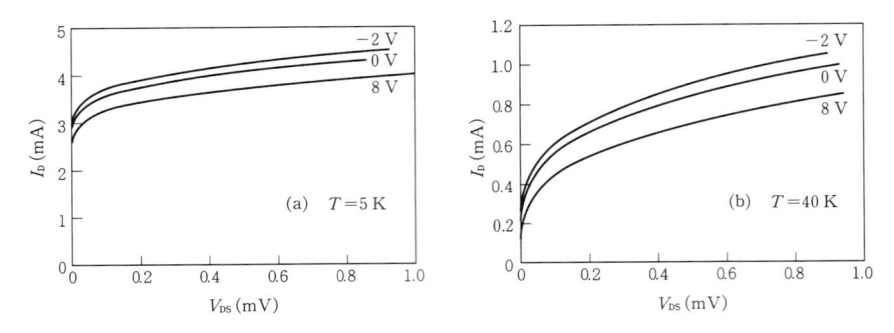

図 3.8.34 MIS電界効果素子のゲート電圧をパラメーターとする電圧-電流特性[12]
（YBa$_2$Cu$_3$O$_{7-x}$薄膜チャネル，膜厚：5nm）

膜の厚みを100nmとすれば，比誘電率1100の絶縁材料を用いる必要がある．SrTiO$_3$は比誘電率が温度と直流電界に依存するが，薄膜でも10Kで700の比誘電率が得られている[9]．

YBa$_2$Cu$_3$O$_{7-x}$薄膜をチャネルとするMISFETは多数検討されているが，この中から電界効果特性の一例を図3.8.34に示した[12]．YBa$_2$Cu$_3$O$_{7-x}$チャネル層の膜厚は5nmである．正負のゲート電圧による臨界電流の増減，抵抗の変化，さらには臨界温度の変化が見られる．このようなゲート電圧の符号と電気伝導特性変化の関係はYBa$_2$Cu$_3$O$_{7-x}$薄膜に関するいくつかの実験結果，あるいはBi系酸化物での結果でも認められていて，YBa$_2$Cu$_3$O$_{7-x}$などのキャリヤーがホールであることと対応している．すなわちゲート電圧が正の場合，キャリヤー面密度が減少して電気伝導特性が低下し，ゲート電圧が負の場合，キャリヤー面密度が増大して電気伝導特性が向上する．半導体FETでは，ほぼ絶縁体に近い状態から導通状態へのスイッチング動作が行われ，オフ時のリーク電流の十分低いことが要請される．MISFETの場合，チャネル固有のキャリヤー密度が高いためにオフ時に絶縁状態にはできない．逆にオン時にゼロ電圧状態であれば，オフ時のリーク電流が有限でも，超伝導回路の論理ゲートとして用いることができる．

酸化物超伝導材料の電気伝導度がキャリヤー密度と移動度に比例する一般的な表式に当てはまる場合，電界効果による電気伝導度の変化割合はキャリヤー密度の変化割合に比例するはずである．実際に超伝導相のYBa$_2$Cu$_3$O$_{7-x}$薄膜の抵抗変化割合は膜厚にかかわりなく，ゲート電圧印加によるキャリヤー面密度の変化割合にほぼ比例するデータが得られている（図3.8.35）[11]．したがって，酸化物超伝導材料のキャリヤー系はその伝導機構を別にして，見かけ上金属と同じ拡散過程に従うと見なせる．一方電界効果による抵抗変化をキャリヤー密度変化によるボルテックスのピンニングポテンシャル変化[7]，あるいはKT (Kosterlitz and Thouless)転移モデル[13]でボル

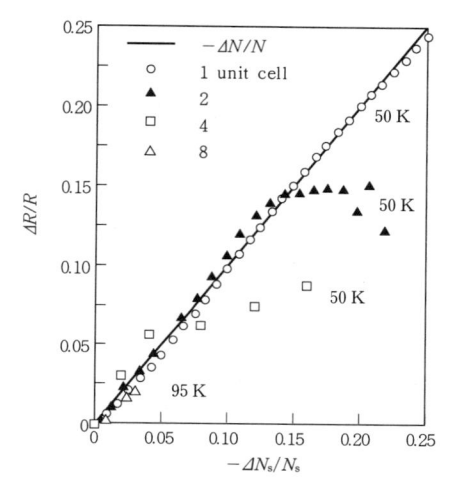

図 3.8.35 抵抗変化割合 $\Delta R/R$ のキャリヤー密度変調割合 $\Delta N_s/N_s$ 依存性[11] ($YBa_2Cu_3O_{7-x}$ 薄膜チャネル)

テックス対の結合ポテンシャルがキャリヤー密度に比例することによる,溶融状態ボルテックス密度の変化など[8],超伝導特有の現象として解釈する試みもなされている.電界効果によって臨界温度が変化することは,酸化物超伝導材料の臨界温度がキャリヤー密度の関数であることから理解できる.さきに述べたピンニングポテンシャルの変化は抵抗だけでなく,臨界電流の変化ももたらす.この結果,臨界温度の変化と相まって電界効果による臨界電流の変化が引き起こされる.

$YBa_2Cu_3O_{7-x}$ などの銅系酸化物で金属元素サイトの置換や酸素量の調節によってキャリヤー密度を低減していくと,超伝導状態から非超伝導状態になる.このような非超伝導状態の酸化物はキャリヤー系の波動関数が不連続になり,キャリヤーが局在化する.局在化したエネルギー準位の近い状態間をキャリヤーは空間的なホッピングによって伝導する.このようなキャリヤーの伝導過程では,伝導特性はキャリヤー密度に対して非線形である.非線形な効果によって,ゲート電圧による伝導度の変化割合がキャリヤー密度の変調割合の数十倍に達する場合がありうる[14].

2) ジョセフソン電界効果素子

ジョセフソン電界効果素子(JFET)は Clark ら[15]によってモデルが提案され,その後実験的に原理動作が確認されたものであり,半導体 FET と超伝導接合の特質を兼ね備えた素子として研究された[16~19].JFET は超伝導-常伝導-超伝導(S-N-S)接合で,常伝導部をチャネル層,超伝導部をソースおよびドレイン電極とし,ゲート絶縁膜とゲート電極を設けた構造を有する(図 3.8.36).S-N-S 接合では超伝導近接効果により,常伝導層が S-N 界面で超伝導性を帯びる[20].その界面からの距離は超伝

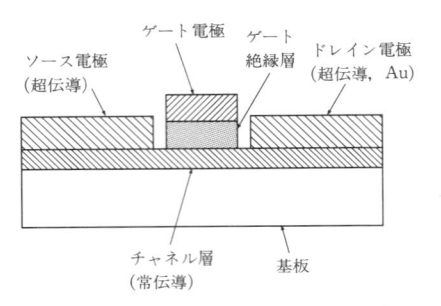

図 3.8.36 ジョセフソン電界効果素子の構造

導減衰長 d_n に相当するので，常伝導層の長さを d_n 値程度にすれば，S-N-S 接合は超伝導電流特性を示す．d_n 値はキャリヤー密度の関数であるから，d_n 値の調節を通じて電界効果によって S-N-S 接合の超伝導特性を制御できる．非超伝導酸化物や半導体等，MISFET に比べてキャリヤー密度の低いチャネル層を用いることができるので，特性変化を大きくとれる可能性がある．

S-N-S 接合の超伝導電流はチャネル長を L，超伝導キャリヤー系の電極間位相差を ϕ として，

$$I = I_c \exp(-L/d_n)\sin\phi \tag{3.8.4}$$

で表される．すなわち，チャネル長に依存した減衰項を除けば，超伝導電流は磁場依存性や交流特性など，ジョセフソン接合としての性質を示す．減衰長 d_n の値は常伝導層の平均自由行程 l_n がコヒーレンス長 $\xi_n (=\hbar v_F/2\pi k_B T_{csn})$ より長いクリーンリミットか，あるいは ξ_n より短いダーティリミットかによって異なる．クリーンリミットの場合，v_F をフェルミ速度として，

$$d_n = \hbar v_F / 2\pi k_B T \tag{3.8.5}$$

となる．ダーティリミットの場合，キャリヤー対は拡散過程に従って移動し，散乱過程で対が壊される．拡散係数を D_n とすれば，$D_n = v_F l_n/3$ であるから，減衰長 d_n は

$$d_n = (\hbar D_n/2\pi k_B T)^{1/2} = (\hbar v_F l_n/6\pi k_B T)^{1/2} \tag{3.8.6}$$

となる．通常の金属，半導体などはダーティリミットの範疇に入ると考えられる．

フェルミ面が球面状の場合，フェルミ速度 v_F はキャリヤー密度を n，質量を m として，自由電子モデルで

$$v_F = \hbar(3\pi^2 n)^{1/3}/m \tag{3.8.7}$$

となる．平均自由行程 l_n および移動度 μ は緩和時間を τ として，

$$l_n = \tau v_F \tag{3.8.8}$$

$$\mu = e\tau/m$$

であるから，減衰長 d_n は

$$d_n = (\hbar^3 \mu/6\pi e m k_B T)^{1/2}(3\pi^2 n)^{1/3} \tag{3.8.9}$$

となる[21]. したがって, 減衰長 d_n はキャリヤー密度の関数であり, キャリヤー密度および減衰長を介して, ゲート電圧によって超伝導電流を制御できることがわかる. キャリヤー密度はフェルミ速度を通じて減衰長の変化に寄与している. FET のようにチャネルのキャリヤー面密度 N_s が電界効果によって変化する場合, 減衰長 d_n は2次元系で表す方が有効であり,

$$d_n = (\hbar^3 \mu N_s / 2emk_B T)^{1/2} \qquad (3.8.10)$$

である. 以上の表式はカップリング層が常伝導材料の場合であるが, 超伝導電極より低い臨界温度 T_{cn} の超伝導特性を有するカップリング材を用いる場合, キャリヤー対形成相互作用のために減衰長が伸びる. 動作温度 T が $T_c > T > T_{cn}$ の場合, 減衰長 d_n は

$$d_n = (\hbar v_F l_n / 6\pi k_B T)^{1/2} [1 + 2/\ln(T/T_{cn})] \qquad (3.8.11)$$

となる[20].

超伝導電流はチャネル長だけでなく, S-N 界面でのキャリヤーの散乱によって減衰を受ける. 界面での結晶格子の乱れや不連続性, 不純物分布など構造的な要因以外に, 超伝導層と常伝導層でのフェルミ速度が異なることによる界面での反射も大きな散乱要因となる. 界面の減衰分を考慮した, 電圧を単位とする定数 V_0 を用いて, 超伝導電流 I_c は

$$I_c = V_0 \exp(-L/d_n)/R_c \qquad (3.8.12)$$

で表される. R_c はチャネル抵抗であり, キャリヤー面密度 N_s, チャネル幅 W を用いて,

$$R_c = L/(e\mu N_s W) \qquad (3.8.13)$$

であり, 電界効果によって誘起されたキャリヤー面密度に依存する. 以上の表式を用いることにより, ゲート電圧が印加されたときのキャリヤー面密度 N_s を用いて, 素子抵抗および超伝導電流などを計算できる.

チャネル層に Si や GaAs などの半導体を用いた FET では, ゲート電界によって蓄積層や反転層を形成してキャリヤー面密度を増大させたり, 空乏層を形成して面密度を低減することができる[22]. 半導体 FET の計算法を適用することにより, ゲート電圧印加によるキャリヤー面密度 N_s を算出できる[23,24]. ゲート電圧をパラメーターとする JFET の電流-電圧特性の計算例を図 3.8.37 に示した[23].

ソース, ドレイン電極が Nb などの金属超伝導材料の場合, チャネル層には Si, GaAs, InAs などの半導体が用いられている. 一方, $YBa_2Cu_3O_{7-x}$ などの酸化物超伝導材料を電極とする場合, $PrBa_2Cu_3O_{7-x}$ などの結晶構造が同一で非超伝導相の酸化物, あるいは超伝導電極の結晶粒界が用いられる[25,26]. これらの JFET ではゼロ電圧と電圧状態間のスイッチング動作を生じる. InAs をチャネル層とする JFET の素子特性の一例を図 3.8.38 に示した[18,19]. InAs のように移動度が大きい場合, ゲート電圧あるいはキャリヤー密度に対する伝導特性の変化割合を増大できる.

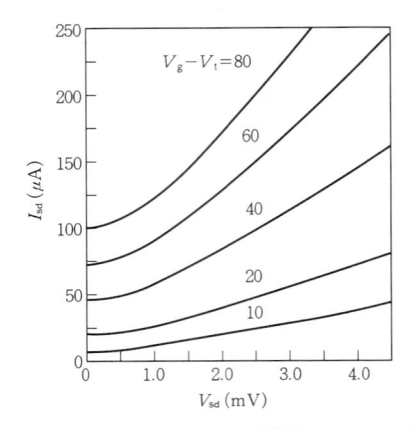

図 3.8.37 ゲート電圧をパラメーターとする JFET の電流-電圧特性の計算例[23]
(チャネル：p-InSb (キャリヤー密度 5×10^{15}/cm^3))

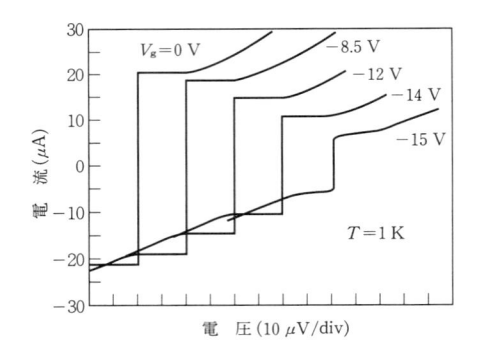

図 3.8.38 InAs をチャネル層とする JFET の素子特性の一例[18,19]

JFET を論理回路に用いるには電圧利得を確保すること，すなわちゲート電圧に対するソース・ドレイン電圧 V_{sd} の比を 1 以上にする必要がある．負荷抵抗と，ゲート電圧による抵抗値の振れ幅によって，電圧状態での V_{sd} 値が決まる．一方，電圧状態で超伝導モードを保つには，V_{sd} 値を I_cR_c 値の 2～3 倍以内に制限する必要がある．これ以上の電圧値では超伝導電流成分が減少し，接合部に流れる電流は常伝導成分になる．このような高い電圧領域では，スイッチング速度に対して超伝導特性の寄与がゼロになり，通常の電界効果素子のスイッチング特性と変わらない．したがって，I_cR_c 値を大きくする必要があるが，この上限は超伝導電極のギャップ電圧であり，エネルギーギャップの大きい高温超伝導材料を電極に用いるのが有利である．さらにチャネル長を減衰長程度に短くして，常伝導層での超伝導電流の減衰を抑えること，

およびS-N界面での電気伝導特性の連続性を保つことが必要である．半導体などをチャネル層に用いる場合はバンドギャップの狭い材料を選択する必要がある．

JFETのスイッチング時間は通常の半導体FETと同じく，主としてゲート容量C_gとチャネル抵抗R_cの積に依存するが，超伝導電流成分の変化は$C_g R_c$積より短くなる．これは近接効果による超伝導電流が減衰長に対して指数関数的な依存性を示すために，チャネル層でのキャリヤーの蓄積速度が一定であっても，超伝導電流はこれより速い速度で変化するためである．このような超伝導モードを用いることによる，スイッチング速度高速化の効果は計算によるシミュレーション結果でも示されている（図3.8.39）[24]．ジョセフソン接合の場合，ゼロ電圧状態，電圧状態ともに超伝導電流の振幅は等しい．JFETの場合，オンとオフ時で超伝導電流値が変化する．すなわち，スイッチングの過程で超伝導キャリヤー対が対破壊して準粒子になり，あるいは準粒子がキャリヤー対に再結合する．このような過程によるスイッチング時間の遅延を見込む必要がある．これらの特性時間は電流注入素子の項で述べたとおりである．

3) 準粒子の波動性を利用した超伝導素子

超伝導キャリヤー系はマクロなスケールで量子化され，超伝導体中の波動関数の位相を定義できる．半導体や金属などの常伝導体でも欠陥密度が低く，位相コヒーレンス長を0.1 μm以上に長くできれば，異なった経路を通る位相の干渉など，電子系の波動としての側面を観測することができる．常伝導材料で超伝導電極間を結合した接合で，電極間隔が位相コヒーレンス長と同等の寸法の場合，準粒子すなわち常伝導

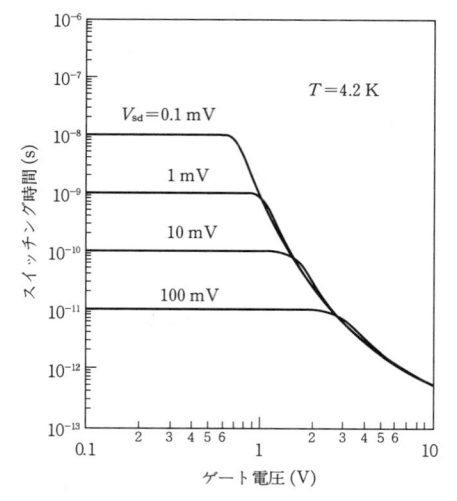

図3.8.39 JFETのスイッチング速度計算値[24]
Siと等価なパラメーターを有するチャネル層を仮定．チャネル長：100 nm，チャネル移動度：0.1 m²/Vs，電極臨界温度：90 K，動作温度：4.2 K．

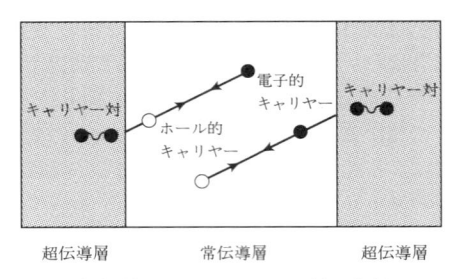

図 3.8.40 アンドレーエフ反射の模式図

キャリヤー系でも波動としての振舞いを検出することができる．準粒子キャリヤー系の波動の位相を制御できれば，新たな機能を有する超伝導素子を開拓する可能性も期待できる．

常伝導層中での準粒子キャリヤーの伝搬に関して，超伝導層との界面での準粒子の反射現象には超伝導接合に特有の現象が見られ，これはアンドレーエフ (Andreev) 反射[27]と呼ばれる．超伝導ギャップ以下のエネルギーをもった準粒子が常伝導層に入射した場合，逆方向の波動ベクトルをもった準粒子と結合して超伝導キャリヤー対となる．常伝導層には逆方向の波数ベクトルをもった空の状態，すなわちホールが残される．ホールは準粒子の伝搬した経路を逆方向に進行する．この反射過程の結果として，超伝導層内には1個の超伝導キャリヤー対が，常伝導層内には逆方向で反対電荷の準粒子が1個生成され，伝導度が増大する．これがアンドレーエフ反射である（図 3.8.40）．この反射過程では伝搬するキャリヤーの数が増大するが，準粒子は超伝導層内で生成されない．熱伝導を担う準粒子が常伝導層内に閉じ込められることになるので，熱抵抗が増大する．アンドレーエフ反射は超伝導状態から磁気的な中間状態になると超伝導体の熱抵抗が増大するというバルク試料の熱的現象を説明するために，アンドレーエフによって提案されたが，超伝導接合での微視的な過程でも重要な役割を果たす過程であることがわかってきた[28]．常伝導状態の接合特性だけでなく，ジョセフソン効果もアンドレーエフ反射過程として説明できることが明らかにされた．

超伝導近接効果によって，常伝導層中の超伝導-常伝導接合の近傍では，界面から減衰長の距離まで有限のペアポテンシャルが分布する．超伝導キャリヤー対が常伝導層に侵入して近接効果が生じると同時に，超伝導層にも常伝導キャリヤーが侵入してペアポテンシャルが超伝導材料固有のエネルギーギャップより低下する（図 3.8.41）．このような超伝導-常伝導接合のペアポテンシャルの分布はアンドレーエフ反射による伝導度の増大現象を利用して決定できる．異種物質で構成される超伝導-常伝導界面では，フェルミ速度の違いや不純物のためにアンドレーエフ反射以外の散乱過程の割合が増大する．一方，常伝導層内の近接効果によるペアポテンシャルの分布領域で

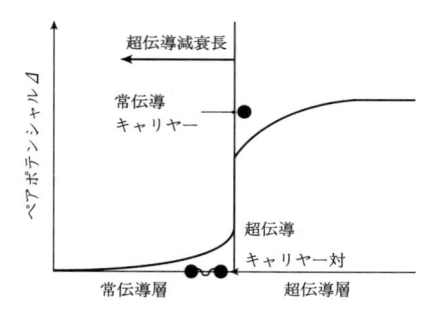

図 3.8.41 超伝導-常伝導界面のペアポテンシャル分布

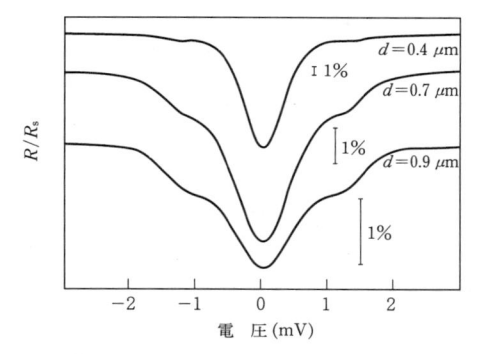

図 3.8.42 Ag 膜厚をパラメーターとする Ag-Pb 接合の微分抵抗特性[28]
電圧軸は接合部 Ag のエネルギー準位に相当.

は，ポテンシャル端での散乱過程はアンドレーエフ反射過程のみなので，電極のギャップ電圧以下のバイアスレベルで伝導度増大が強調される（図 3.8.42）[29]．バイアス電圧をゼロに近づけてペアポテンシャルを先端までたどるに従って，準粒子の走行距離が短くなって散乱確率が減少し，伝導度が増大するので，伝導度のバイアス電圧依存性はペアポテンシャル分布を反映する．通常の反射をはじめとする種々の散乱過程の中で，アンドレーエフ反射の割合を増大させるには，その性質を利用して，常伝導層の厚みに対して幅を小さくして，一方の電極を針状にする必要がある．

　常伝導層での準粒子の波動性は準粒子のエネルギーに対応するバイアス電圧，あるいは実効的なペアポテンシャル端間の距離 d_{po} に対する伝導特性の振動現象によって知ることができる．超伝導-障壁層-常伝導-超伝導構造で，常伝導層を通過してペアポテンシャル端に入射した準粒子は，その波長が障壁層とペアポテンシャル端間の距離 d_{po} の4倍に等しい条件を満足すると，ペアポテンシャル端でアンドレーエフ反射が連続的に生じて，一種の共鳴現象が生じる．この結果，伝導度が増大する．アンド

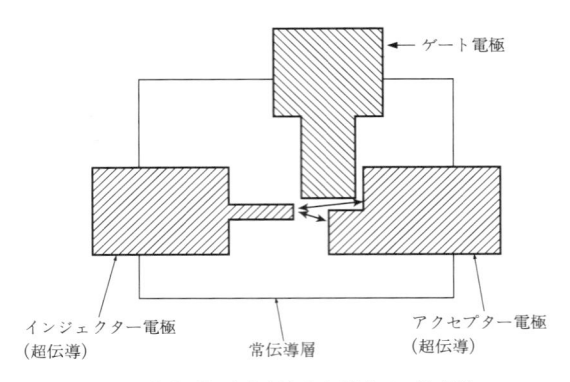

図 3.8.43 位相制御超伝導素子の構造[31]

レーエフ反射によって準粒子が電子的およびホール的キャリヤーの間を移り変わるために，同一種類のキャリヤーとして界面に入射するために必要な行路長が距離 $4d_{po}$ である．準粒子のエネルギー E_{qp} は Δ_n を反射端のペアポテンシャル，p を運動量，v_F をフェルミ速度として，

$$E_{qp}=[\Delta_n^2+(pv_F)^2]^{1/2} \tag{3.8.14}$$

で表される[30]．これは超電導体中の準粒子エネルギーと同じ表式である．一般に運動量 p は $\hbar k$ であり，波動ベクトル k は準粒子の波長を λ として，$2\pi/\lambda$ である．

超伝導近接効果とアンドレーエフ反射および準粒子の波動性を利用して動作する超伝導素子が考えられる[31]．常伝導層の行路長が異なる接合を作製する(図3.8.43)．2通りの行路で距離の違いのために位相が一致しない場合，このバイアス電圧でのアンドレーエフ反射による伝導度の増大は発生しない．一方，超伝導近接効果による常伝導層中のペアポテンシャルの広がりはキャリヤー密度に依存する．常伝導層の真上に絶縁膜を介してゲート電極を設ける．ゲート電圧によって，一方の行路領域のみ常伝導層キャリヤー密度を増大させた場合，ペアポテンシャルが伸びるために，行路長が短くなる．この結果準粒子の位相が変化する．ゲート電圧条件を調整すれば，2通りの行路の位相が合致してアンドレーエフ反射による伝導度の増大が極大になる条件が得られる．したがって，ゲート電圧信号によって，準粒子系の位相のずれを調整し，伝導度を制御できる．

d. 超伝導ベーストランジスター

超伝導ベーストランジスターは Frank ら[32]によって最初に提案された．トンネル接合を2個積層した構造の電流注入素子にヒントを得て，半導体のバイポーラトランジスターに対応する素子として考案された．すなわち1個のトンネル接合の電極をエミッターおよびベースとし，もう一方のトンネル接合の障壁層および電極に代えて，

3.8 超伝導デバイス

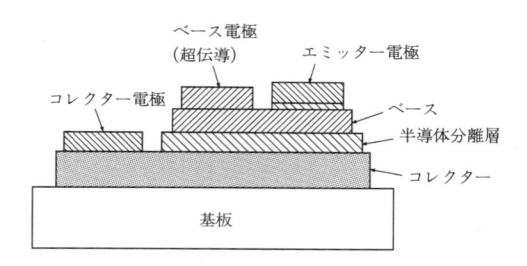

図 3.8.44 超伝導ベーストランジスターの構造

半導体分離層およびコレクターによって素子を構成するので，SUBSIT (superconducting-base semiconductor-isolated transistor) と名づけられた（図 3.8.44）．この素子はエミッター・ベース間の電圧に依存したコンダクタンスによって，コレクター電流を制御するものである．このために電極の超伝導ギャップに起因するトンネル接合特性の非線形性を利用する．超伝導-超伝導接合だけでなく超伝導-常伝導接合でも，ギャップ電圧以下でコンダクタンスが低く，オフ状態にあり，ギャップ電圧以上でオン状態になるので，SUBSIT を構成できる．

半導体分離層はベースとコレクター間のリーク電流を低減するために設けられるもので，電流利得を得るには界面でオーミック接続が得られ，フェルミ準位からバンド端までの高さが超伝導電極のエネルギーギャップと同じレベルであることが望ましい（図 3.8.45）．一般的な超伝導体のエネルギーギャップと半導体のバンドギャップを比較した場合，これはかなり困難な要請である．Nb などの金属超伝導材料をベースに用いた場合，III-V 族半導体の中で，p-InSb, GaSb などが候補として考えられる[32]．酸化物系超伝導材料の場合，Nb ドープの $SrTiO_3$ 単結晶基板をコレクターとし，$Ba(K_xBi_{1-x})O_3$ をベース電極とするトンネル接合によって素子が構成されている[33,34]．これら酸化物は同じペロブスカイト系の結晶構造を有する．

SUBSIT とは別構造の超伝導ベーストランジスターとして，メタルベーストランジスターのベースを超伝導に置き換えた素子構造が提案された[35]．メタルベーストランジスターでベース膜厚を薄くすれば，キャリヤーの散乱割合が減少するので電流利得が向上するが，一方ではベース抵抗が増大するために動作周波数が低下する．ベース材料を超伝導に置き換えれば膜厚を薄くしても直流抵抗がゼロであり，利得と動作周波数ともに向上が期待できる．この素子ではエミッターとコレクター半導体層のベース界面でのショットキー障壁により電流分離を行う（図 3.8.46）．

ベースをキャリヤーの平均自由行程と同じ程度まで薄くすることによって，フェルミ準位より十分高い高エネルギーのキャリヤー，すなわちホットエレクトロンがバリスティックに通過することが期待できる．これはホットエレクトロントランジスター(HET) でもある．コレクターのショットキー障壁より十分高いエミッターコレク

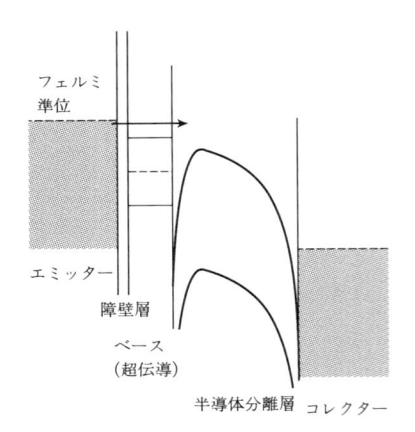

図 3.8.45 超伝導ベーストランジスター(SUBSIT)のエネルギーダイアグラム[32]

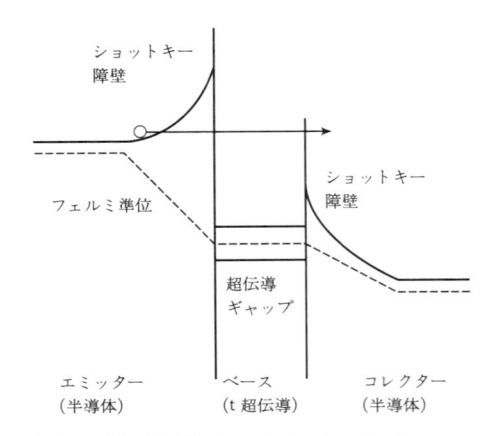

図 3.8.46 超伝導ベーストランジスター(Super-HET)のエネルギーダイアグラム[35]

ター電圧を印加すれば，エミッターのショットキー障壁をトンネルしてベースに入射したキャリヤーはコレクターのショットキー障壁より高いエネルギーレベルでコレクターを走行し得る．このようなキャリヤー走行過程を可能にするには，平均自由行程の長い材料を用いること，およびエミッターのショットキー障壁をコレクターより高くすることが望ましい．さらにベース-コレクター界面でのキャリヤーの反射を抑え，コレクターへの透過係数を1に近づける必要がある．このための条件はキャリヤーのエネルギーレベルにも依存するが，ベースとコレクターのフェルミ速度が近いことである．

金属系超伝導材料の場合，NbとInSbの組合せで透過係数が1に近いことが明らかにされた[35]．HETを構成するには，Nbなど金属の上に半導体をエピタキシャル成長させる必要があり，作製技術上困難である．コレクターにGaAsを用い，Nb膜ベースの上にInSbエミッターを積層する試みがなされている[35]．酸化物系超伝導材料の場合，キャリヤー密度が低いために，コレクター用半導体とのフェルミ速度の差が小さく，透過係数の高いことが期待される．超伝導材料および半導体材料ともにペロブスカイト系の酸化物を用いることができるので，多様な積層構造が可能である．NbドープのSrTiO$_3$単結晶基板をエミッターとし，Ba(K$_x$Bi$_{1-x}$)O$_3$をベース電極，InO$_x$などの酸化物をコレクターとするHETが作製されている[36]．

SUBSITを含めて，超伝導ベーストランジスターはゼロ電圧と有限電圧間のスイッチングではなく，もっぱら常伝導状態でのエミッター-コレクター間コンダクタンスの制御を行う．したがって，素子の高周波特性は半導体素子と同様の等価回路を用いて計算することができる．半導体素子との違いはベースが超伝導であるため，準

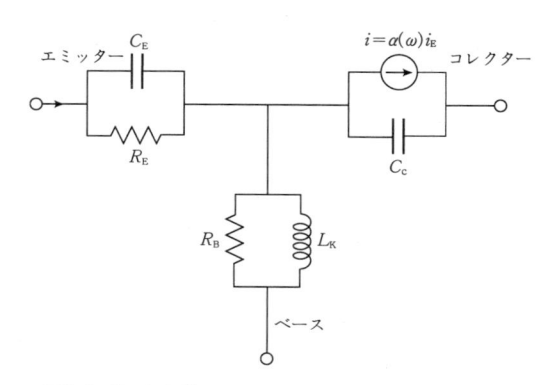

図 3.8.47 超伝導ベーストランジスターの等価回路[38]

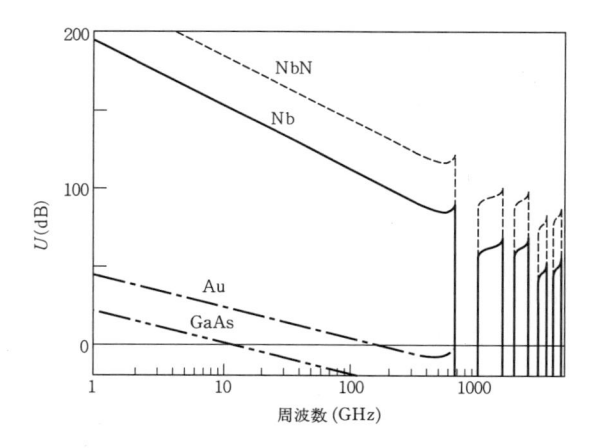

図 3.8.48 超伝導ベーストランジスターの利得の周波数特性の計算値[35]

粒子による抵抗成分がベース抵抗となり，これと並列に超伝導電流によるカイネテックインダクタンス成分が配されることである（図3.8.47）．インダクタンス成分のために，常伝導ベースと比較して利得が1以上となる周波数領域が伸びる[35]（図3.8.48）．高温超伝導材料を用いれば，エネルギーギャップが大きいために準粒子密度が低くなり，ベース抵抗が増大する．利得の向上にはベース抵抗の増大が，周波数帯域の増大にはコレクター走行時間の短縮が有効である．別の構造のトランジスターとして，コレクターとエミッター電極の間に低誘電率絶縁体−高誘電率半導体−低誘電率絶縁体のサンドイッチ構造をはさみ，高誘電率半導体をベースにする素子が提案されている[37]．低誘電率絶縁体はトンネル障壁層となり，高誘電率半導体の電位分布を平坦にする役割を有する．

e. 超伝導フラックスフロートランジスター（SFFT）
1） 素子構造

超伝導フラックスフロートランジスター（superconducting flux flow transistor, SFFT）は超伝導電極, 電極にはさまれた超伝導性のチャネルおよび超伝導制御線を設けた構造を有する[38〜40]（図 3.8.49）. チャネルは膜厚を薄くする, 弱結合（ジョセフソン接合）とするなどの方法により超伝導性を弱めた領域とする. とくにチャネルをジョセフソン接合とした場合は JFFT と名づけられている. チャネルは臨界温度を低下させずに, 臨界磁場および臨界電流密度を抑えるのが望ましい. スリットは必ずしも必要ではないが, 磁束をため, 超伝導部に磁束が侵入するのを容易にする効果を有すると考えられている.

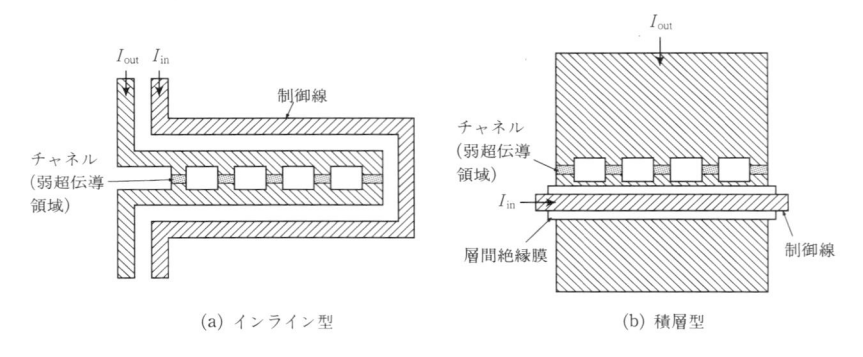

図 3.8.49 SFFT の構造[40]

チャネル部に垂直な磁場を印加するための制御線を近接させて配置する. 制御線は電極やチャネルと同一面に並べて配置する構造（インライン型）と, 絶縁膜を介してチャネルの上部に配置する積層構造がある[41]. インライン型ではチャネル構造の非対称性のために, 電極間を流れる電流によって発生する磁場（自己磁場）が制御線による磁場に加算される. このために制御電流に対して, チャネル特性が非対称となり, 利得の向上に寄与する. 積層型は素子構造と同様, 制御電流に対してチャネル特性が対称的である. いずれの構造でも制御線によってチャネルに印加される磁場は超伝導電極のマイスナー効果によってチャネル部分に集中するので, 磁場の印加効率を向上できる.

2） 素子動作

SFFT の基本動作はチャネルの臨界電流より低いバイアス電流を印加し, 入力電流すなわち制御電流によって, チャネルに分布する磁束の移動すなわちフラックスフローを生じさせて出力電圧を発生させ, スイッチングを行わせる（図 3.8.50）. 超伝導体中での磁束は磁束量子を単位とするボルテックス（渦糸）の分布として存在する.

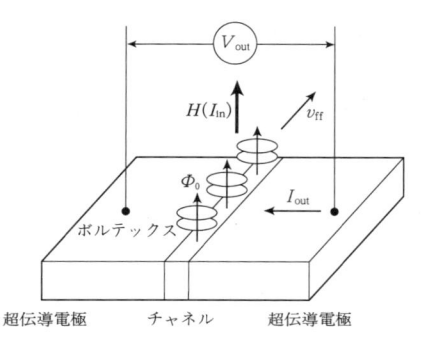

図 3.8.50 チャネル中でのフラックスフロー現象
I_{out}：チャネル電流，v_{ff}：ボルテックス移動速度，Φ_0：磁束量子，$H(I_{in})$：制御電流 I_{in} によってチャネルに印加される磁場，V_{out}：フラックスフローによってチャネルに発生する電圧.

通電電流や印加磁場が材料によって決まる臨界値を越えると，ボルテックスはバイアス電流とのローレンツ力によって安定点から抜け出して，チャネルを横切る方向に移動する．すなわちボルテックスフローあるいは全体としてのフラックスフローを生じる．磁束量子 Φ_0 の分布密度を n_v，移動速度を v_{ff}，チャネル長を L として，単位時間当たり磁束の移動量 $n_v\Phi_0 v_{ff} L$ を制御電流によって発生する磁場の大きさによって制御するものである．$n_v\Phi_0 v_{ff} L$ はチャネルの両端でフラックスフローによって発生する電圧 V_{out} に相当する．磁束密度 B を用いて書き換えると，

$$V_{out} = n_v\Phi_0 v_{ff} L = B v_{ff} L \tag{3.8.15}$$

と表される．発生電圧を効率的に得るには高い v_{ff} 値が必要である．

SFFT は入力電流信号を出力電圧信号に変換する素子である．制御電流 I_{in} に対する出力電圧 V_{out} の割合 V_{out}/I_{in} すなわち，トランスレジスタンス R_m が性能の指標となる．これは半導体 FET のトランスコンダクタンスに対応するパラメーターである．R_m はバイアス電流 I_{out} および I_{in} に対して非線形な量であり，チャネルのフラックスフロー特性に依存する．SFFT の等価回路を(図 3.8.51)に示した．R_0 は入力電流ゼロの場合のチャネル抵抗である．発生する電圧 V_{out} はバイアス電流と制御電流

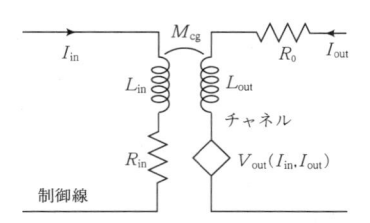

図 3.8.51 SFFT の等価回路[38]

の関数である．

3) 動作機構

式 (3.8.15) は見かけ上古典的な電磁誘導の式と同じであるが，これだけで V_{out} の発生機構を説明することはできない．電磁誘導では全磁束の時間変化割合が発生電圧に等しい．一方，SFFT の場合，磁束はチャネルの片側から入り，一方から等しい割合で抜け出るので，チャネル部での全磁束量は時間変化しない．チャネル以外の部分を超伝導電極のループで閉じれば，ループ内の磁束量が時間変化することになるが，SFFT の場合，外部は磁束を閉じ込めることのできない常伝導配線で電源に接続されているので，このような状況は当てはまらない．超伝導電流はボルテックス芯を迂回して流れるので，常伝導状態にあるボルテックス芯が抵抗の発生源であると解釈することもできない．このようなフラックスフローに伴う電圧発生の歴史的な議論の詳細については文献[42]を参照されたい．

フラックスフローによる電圧発生は超伝導キャリヤー系がマクロな量子状態にあることに起源を求めることができる．1.7 節で述べたように，マクロな量子状態にある系ではキャリヤー系全体を単一の位相で表すことができる．チャネルに磁束が存在する場合，電極間で場所に依存した位相差が生じる．この位相差 $\Delta\phi$ は磁束 $\Phi(=n\Phi_0 LW)$ を囲む経路の線積分を計算することによって与えられる．つまり

$$\Delta\phi = 2\pi\Phi/\Phi_0 \tag{3.8.16}$$

なる関係がある．すなわち位相差は磁束量と等価である．一方，位相差の時間変化は

$$d\Delta\phi/dt = 2\pi V/\Phi_0 \tag{3.8.17}$$

で与えられるように，電圧 V を発生する．したがって，チャネル部での磁束の時間変化が位相変化を通じて電圧の発生を生じる．たとえば時間 Δt で 1 磁束量子 Φ_0 がチャネル部を通過した場合を想定する．古典的な電磁誘導では Φ_0 がチャネル部に入る $\Delta t/2$ の時間と，出る時間で逆方向の電圧が発生する．平均電圧はゼロである．しかしマクロな位相を定義できる系では，磁束が一方向に移動する限り位相差は加算されるので，Φ_0 の通過によって位相が 2π 変化したという結果が残される．すなわち，平均電圧 $\Phi_0/\Delta t$ が発生する．

フラックスフローおよびこれに伴う電圧の発生が超電導体に特有の現象であることは，磁場中で金属や半導体に電流を流したときの様子を想起してみれば明らかである．この場合に発生するのはホール効果，あるいは 2 種類のキャリヤーが存在する半導体での磁気抵抗効果である．これらの効果による電圧発生や抵抗変化はキャリヤーの再配置によるものであり，スイッチング素子として用いるには小さすぎる．フラックスフローによる電極間電圧の発生は位相差変化によるものであるから，電圧は化学ポテンシャル差に相当し，直接的に損失を伴うものではない．位相差変化に伴って発生する局所的な交流電流の吸収や，フラックスフローに対する粘性抵抗などが損失の原因となる．

4) SFFT の特性

　高温超電導体を含む第二種超伝導体ではマイスナー領域より高い磁場，すなわち下部臨界磁場 H_{c1} を越えると，ボルテックスが超伝導体の内部に分布する．ボルテックスはコヒーレンス長 ξ を半径とする常伝導状態の芯を有し，これより寸法の大きい磁場侵入長 λ を半径として磁束が分布するとともに，この範囲を遮蔽電流が周回する．このような構造のボルテックスはアブリコゾフ (Abrikosov) ボルテックス[43] と呼ばれる．ボルテックスは析出物などの常伝導領域，あるいは結晶粒界などの超伝導性の弱い部分に安定に分布する．結晶の欠陥密度が十分低く，超伝導特性が均一な場合，ボルテックスに対する特定の安定点，すなわちピン止め点が存在しないので，相互作用が低くなるようにボルテックスは三角格子状の配列を組む．高温超伝導材料は超伝導特性の強い 2 次元性のためにさらに複雑な磁束状態を呈する．

　超伝導薄膜の超伝導性を弱めた部分をチャネルとする SFFT では，ボルテックスがチャネル層に分布する．電流利得を得るためにはチャネルの長さを広げる必要があるが，これは高速化に対する要請と相反する．チャネル幅は通常ボルテックスの寸法の数倍にする．ボルテックスの寸法は磁場侵入長 λ のほぼ 2 倍である．磁場侵入長の典型的な値は Nb や Pb 合金などの金属超伝導材料で数十 nm，$YBa_2Cu_3O_{7-x}$ や $Tl_2Ba_2Ca_2Cu_3O_y$ などの酸化物超伝導材料で数百 nm である．したがって，SFFT 全体の寸法として，数 μm～数十 μm の大きさが必要である．

　フラックスフローの発生を容易にするにはピンポテンシャルが浅く，ピン止め点密度の低い材料を用いることが必要である．金属超伝導材料よりピンポテンシャルが浅いこと，H_{c1} が低くなることなどの点で，酸化物超伝導材料を液体窒素温度付近の臨界温度直下で用いるのが有利である．ボルテックスの移動は自由エネルギーの高い常伝導芯の動きを伴うので，粘性抵抗を発生する．ボルテックスの移動速度 v_{ff} はバイアス電流によるローレンツ力と，粘性抵抗とのつり合う条件などで決まる．v_{ff} 値はチャネルのバイアス電流条件などにも依存するが，酸化物超伝導材料の典型的な v_{ff} 値として 10^5 m/s 台が得られている[38]．この値は金属超伝導材料の v_{ff} 値より 2, 3 桁大きい．

　超伝導性を弱めるチャネル構造として，① 膜厚を薄くする，あるいは ② イオンを注入する，などの方法が用いられている[44,45]．膜厚を薄くする場合，通常膜厚が数分の 1 に絞られると同時に，臨界電流密度は 1～2 桁低減され，10^4～10^5 A/cm^2 で用いられる．$YBa_2Cu_3O_{7-x}$ などの酸化物超伝導薄膜の典型的な臨界電流密度は液体窒素温度で 10^6 A/cm^2 台であり，臨界電流密度の低下はイオン加工などの膜厚低減工程でもたらされる．Ga などのイオン注入はもっぱら臨界電流密度を低減する作用を有する．臨界電流密度の低下は損傷の導入だけでなく，結晶粒界など超伝導性の弱い部分が強調された結果であると考えられている．SFFT の典型的な動作電流は mA，電圧は 1～10 mV であるから，消費電力は 1～10 μW である．スイッチング時間はフ

ラックスがチャネルを走行する時間 τ_{tr} と，回路定数によって決まる．τ_{tr} は W/v_{ff} であり，W を $10\ \mu m$ 以下，v_{ff} は 10^5 m/s 台として，約十 ps となる．これはチャネル固有のスイッチング時間であり，実際にはむしろ回路定数によって制約を受ける．チャネル領域のインダクタンス L_{out}，チャネルの電圧状態の抵抗を R_{ch} として，チャネル部でのこれらパラメーターによる時定数は L_{out}/R_{ch} である．L_{out} は数十 pH，R_{ch} は $1\ \Omega$ 前後である．

電流利得 $\Delta I_{out}/\Delta I_{in}$ に関しては1を越える値から，1/100 以下までさまざまな値が報告されている．R_m 値も同様に数 Ω から mΩ まで多様な結果が得られている．10^5 m/s 台の v_{ff} 値は比較的大きい電流利得および R_m 値に対応するものである．第二種超伝導体の磁束状態の温度-磁場ダイアグラムが素子特性に当てはまるとすれば，臨界温度近傍でも H_{c1} は 100 Oe を越える値であり，制御電流でこれだけの磁場を発生できない．純粋にバルク的な超伝導特性を有するチャネルを用いた SFFT で 1 以上の電流利得や，数 Ω 以上の R_m 値は期待できない．面内配向がランダムな多結晶性の酸化物超伝導薄膜は結晶粒界が弱結合特性，あるいはジョセフソン特性を示し，100 Oe より十分低い印加磁場で臨界電流は低下する．従来作製されている SFFT で，電流利得が 1 に近い値を有する素子はバルク的な超伝導特性と弱結合特性が混在した状態にあると考えられる[46,47]．

5) JFFT の特性

ジョセフソン接合は Φ_0 に相当する磁場を単位として臨界電流が変化するので，数 Oe 以下の磁場信号によって JFFT をスイッチングさせることができ，電流利得1以上を得ることが可能である[48,49]．ジョセフソン接合中のボルテックスは常伝導の芯のない構造であり，電極方向には λ の深さで広がり，幅方向にはジョセフソン磁場侵入長を λ_J として，$2\lambda_J$ の広がりをもつ．λ_J の値が JFET のチャネル幅の基準となる．λ_J の値は $\{\Phi_0/4\pi\mu_0 J_c(2\lambda+t)\}^{1/2}$ (t：障壁層厚さ) であり，接合の臨界電流密度 J_c によってほぼ決まる．λ_J 値は J_c を 10^4 A/cm^2 として，約 $4\ \mu m$ であり，λ より 1～2 桁大きい寸法となる．接合中ではこのようなボルテックスが一列に並んだ配列をとる．

ジョセフソン接合中でのボルテックスの挙動は，ジョセフソン効果に関する等式，およびマクスウェルの方程式によって導かれる，超伝導キャリヤー対の位相に関する波動方程式，あるいは電磁場の波動方程式を用いて計算できる．この結果によれば，準粒子による損失項を無視できる場合，v_{ff} の値は $(\mu\varepsilon\varepsilon_0)^{-1/2}\{t/(2\lambda+t)\}^{1/2}$ である．ε は比誘電率である．この値は 10^7～10^8 m/s であり，幅 $10\ \mu m$ の接合を ps で通り抜ける速度である．なお，接合が電圧状態で準粒子による損失が無視できない場合，波動方程式に損失項を加えて計算する必要があるが，v_{ff} 値の桁は変わらない．

ジョセフソン接合には，① 膜厚約 1 nm の絶縁層を介したトンネル接合，② 超伝導体の寸法をコヒーレンス長の数倍以内に絞ったマイクロブリッジ，③ 常伝導層を介した接合などがある (図 3.8.52)．ノンラッチング特性が望ましいので，電流-電圧

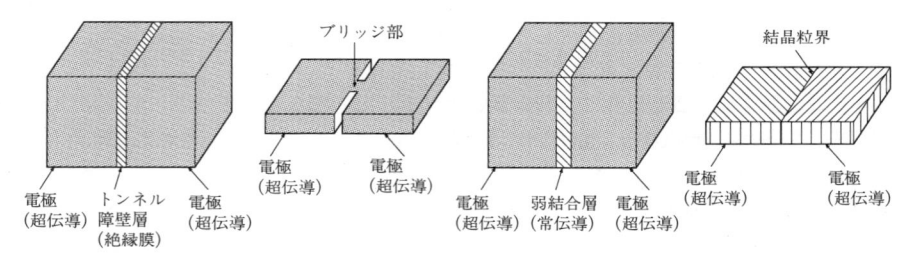

(a) トンネル接合 (b) マイクロブリッジ (c) 常伝導層を介した接合 (d) 結晶粒界接合

図 3.8.52 ジョセフソン接合の種類

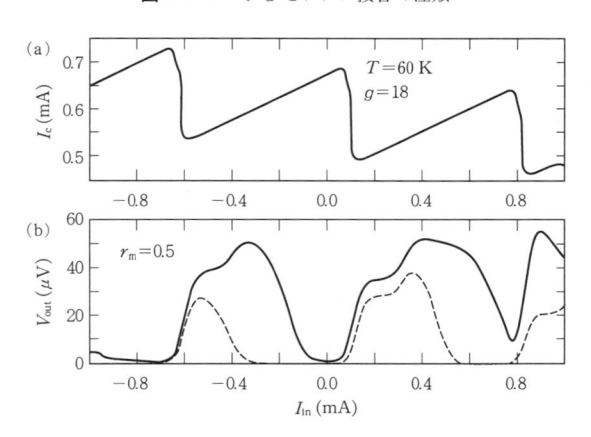

図 3.8.53 インライン型 JFFT の臨界電流-制御電流特性および出力電圧-制御電流特性[49] 電極は $YBa_2Cu_3O_{7-x}$, チャネルは粒界接合.

特性に履歴を示すトンネル接合は用いられない．酸化物超伝導体の場合，コヒーレンス長が 1～2 nm なので，実効的な臨界電流を有するマイクロブリッジを得ることはできない．したがって酸化物 JFFT の場合，常伝導層や結晶粒界を介したジョセフソン接合が用いられる．このような接合では容量成分が十分小さいので無視でき，ジョセフソン電流項 $I_c \sin\phi$ と抵抗 R_{ch} の並列接続として，電流-電圧特性を計算できる．電圧値 V_{out} は $I_c(I_{In})R_{ch}[\{I(I_{In})/I_c\}^{1/2}-1]^{1/2}$ である．制御電流 I_{In} に依存した I_c 値によって，I_c-I_{In} 特性および V_{out}-I_{In} 特性は図 3.8.53 のようになる．

トランスレジスタンス R_m は臨界電流の変化 ΔI_c により生じる V_{out} の変化分 ($\Delta V_{out}/\Delta I_c$) と，$\Delta I_c$ と制御電流の割合 $g=(\Delta I_c/\Delta I_{In})$，すなわち電流利得の積である．$V_{out}$ は臨界電流の変化によって生じる電圧であるから，その値は高々 $I_c(0) R_{ch}$ である．この値は本来超伝導電極のギャップ電圧に相当するが，常伝導層を用いたジョセフソン接合の場合，接合部での超伝導電流の減衰などによってこの数分の一あるいは

1桁低い値となる.この値をギャップ電圧に相当する値まで高めるにはジョセフソン接合作製技術の向上を要する.

 g 値は臨界電流の磁場依存性と制御線とチャネル部の相互インダクタンス M_{cg} の積である.制御線がチャネルの幅方向に配されている場合, M_{cg} 値はチャネル幅 W に比例する.したがって, R_m および g 値はチャネル幅とともに増大する.この場合の基準となる寸法は λ_J 値であり,制御線の配置にも依存するが,1以上の g 値を得るにはチャネル幅を λ_J 値の数倍以上にする必要がある. g を増大させるためには,チャネル幅だけでなく,超伝導膜のマイスナー効果によって,制御線による磁束がチャネル部に集中するチャネル層構造や制御線の配置を工夫する必要がある.図 3.8.49 (a) のような非対称のチャネル部構造では,バイアス電流によって発生する自己磁場もチャネル部に印加される.自己磁場により,臨界電流の制御電流依存性は非対称になる.図 3.8.53 のように制御電流に対して臨界電流が急峻に立ち上がる部分を利用すれば, g 値をさらに向上させることができる.

 JFFT のスイッチング時間はボルテックスの接合走行時間,接合容量 C_J と抵抗 R_{ch} の積,およびチャネルインダクタンス L_{out} と R_{ch} の比などからなる.常伝導層を用いた接合では $C_J R_{ch}$ 積は十分小さく,ボルテックス走行時間も無視できるので,スイッチング時間はほぼ L_{out}/R_{ch} で決まる. 〔樽谷良信〕

引用文献

1) W. J. Gallagher : *IEEE Trans. Magn.*, **MAG-21** (1985) 709.
2) S. M. Faris et al. : *IEEE Trans. Magn.*, **MAG-19** (1983) 1293.
3) S. B. Kaplan et al. : *Phys. Rev. B*, **14** (1976) 4854.
4) F. A. Hegmann et al. : *Appl. Phys. Lett.*, **67** (1995) 285.
5) J. Mannhart et al. : *Phys. Rev. B, Phys. Rev. Lett.*, **67** (1991) 2099.
6) X. X. Xi et al. : *Appl. Phys. Lett.*, **59** (1991) 3470.
7) M. V. Feigel'man et al. : *Phys. Rev. Lett.*, **63** (1989) 2303.
8) A. Walkenhorst et al. : *Phys. Rev. Lett.*, **69** (1992) 2709.
9) C. Doughty et al. : *IEEE Trans. Appl. Superconductivity*, **3** (1993) 2910.
10) X. Han et al. : *IEEE Trans. Appl. Superconductivity*, **3** (1993) 2918.
11) X. X. Xi et al. : *Phys. Rev. Lett.*, **68** (1992) 1240.
12) X. X. Xi et al. : *Appl. Phys. Lett.*, **61** (1992) 2353.
13) J. M. Kosterlitz and D. J. Thouless : *J. Phys.*, **C6** (1973) 1181.
14) U. Kabasawa et al. : *J. Appl. Phys.*, **79** (1996) 7849.
15) T. J. Clark et al. : *J. Appl. Phys.*, **51** (1980) 2736.
16) T. Nishino et al. : *IEEE Electron Device Lett.*, **10** (1989) 61.
17) H. Takayanagi and T. Kawakami : *Phys. Rev. Lett.*, **54** (1985) 2449.
18) H. Takayanagi et al. : *Jpn. J. Appl. Phys.*, **34** (1995) 1391.
19) T. Akazaki et al. : *IEEE Trans. Applied Superconductivity*, **5** (1995) 2887.
20) P. G. de Gennes : *Rev. Mod. Phys.*, **36** (1964) 225.
21) T. Van Duzer and C. W. Turner : Principles of Superconductive Devices and Circuits, Elsevier, 1980.

22) S. M. Sze : Physics of Semiconductor Devices, John Wiley & Sons, 1981.
23) Z. Ivanov and T. Claeson : *IEEE Trans. Magn.*, **MAG-23** (1987) 711.
24) M. Okamoto : *IEEE Trans. Electron Devices*, **39** (1992) 1661.
25) J. Mannhart et al. : *Appl. Phys. Lett.*, **62** (1993) 630.
26) Z. G. Ivanov et al. : *IEEE Trans. Appl. Superconductivity*, **3** (1993) 2925.
27) A. F. Andreev : *Sov. Phys. JETP.*, **19** (1964) 1228.
28) P. C. van Son et al. : *Phys. Rev. Lett.*, **59** (1987) 2226.
29) G. E. Blonder et al. : *Phys. Rev. B*, **25** (1982) 4515.
30) J. M. Rowell and W. L. McMillan : *Phys. Rev. Lett.*, **16** (1966) 453.
31) M. Hatano et al. : *Appl. Phys. Lett.*, **61** (1992) 2604.
32) D. J. Frank et al. : *IEEE Trans. Magn.*, **MAG-21** (1985) 721.
33) K. Takahashi et al. : *Jpn. J. Appl. Phys.*, **31** (1992) 231.
34) H. Suzuki et al. : *Jpn. J. Appl. Phys.*, **32** (1993) 783.
35) M. Tonouchi et al. : *IEEE Trans. Magn.*, **MAG-23** (1987) 1674.
36) T. Toda et al. : *Advances in Superconductivity*, **5** (1993) 1087.
37) H. Tamura et al. : *Appl. Phys. Lett.*, **59** (1991) 298.
38) J. S. Martens et al. : *IEEE Trans. Appl. Superconductivity*, **1** (1991) 95.
39) P. Lebwohl and M. J. Stephen : *Phys. Rev.*, **163** (1967) 376.
40) J. S. Martens et al. : *IEEE Trans. Appl. Superconductivity*, **2** (1992) 111.
41) R. Gross et al. : *Appl. Superconductivity*, **3** (1995) 443.
42) Y. B. Kim and M. J. Stephen : Superconductivity, Marcel Dekker, 1969, p. 1107.
43) A. A. Abrikosov : *Sov. Phys. JETP*, **5** (1957) 1174.
44) J. Schneider et al. : *IEEE Trans. Appl. Superconductivity*, **5** (1995) 3393.
45) K. Miyahara et al. : *IEEE Trans. Appl. Superconductivity*, **5** (1995) 3381.
46) A. Davidson et al. : *IEEE Trans. Appl. Superconductivity*, **4** (1994) 228.
47) A. Davidson and N. F. Pedersen : *IEEE Trans. Appl. Superconductivity*, **5** (1995) 3373.
48) Y. M. Zhang et al. : *Appl. Phys. Lett.*, **64** (1994) 1153.
49) R. Gerdemann et al. : *Appl. Phys. Lett.*, **67** (1995) 1010.

3.8.3 高温超伝導デバイスと線材技術

本項では，2.2節超伝導材料の具体的応用として，デバイス/線材応用に関する発展を紹介する．

薄膜のデバイス応用分野としては，能動素子と受動素子の二つがある．現在までに研究されてきた酸化物超伝導能動素子のほとんどはジョセフソン接合にかかわるもので，半導体電子デバイスでいえば，点接触のバイポーラトランジスターの世代といえよう．当初エレクトロニクスへの応用は，もっと容易であると考えられていたが，性能のよいジョセフソン接合の形成が予想以上に難しいことがわかり，現在までに粒界接合を用いた SQUID が，市販され始めた段階にとどまっている．

受動素子のほうは，マイクロ波領域での表面抵抗が低いことを用いて，Q値の大きな受動部品(フィルター，アンテナ，レゾネーター，遅延線)をつくろうとする研究である．とくに，アメリカでは宇宙通信を目指した HTSSE (high temperature superconductivity space experiment) プロジェクトで培われた技術力をベースに，1993年移動体通信システムを高性能化する帯域分離用超高性能フィルターへの応用が提案され，移動体通信基地局用の送受信用フィルターの研究が一躍注目を集めることになった．数年後の実用を目指した研究開発がアメリカを中心に盛んに行われている．1995年より日本でも，移動体通信先端技術研究所，および松下，住友電工，京セラ，3社による共同プロジェクトでマイクロ波フィルターが開発されている．本項では，デバイス，プロセス技術の現状を概観したい．

a. ジョセフソン接合技術

接合技術は，薄膜技術，表面界面制御などのプロセス現状技術の集合体であり，それ自身次のデバイス発展の牽引技術である．金属系超伝導体の場合，数多くの接合技術の検討がなされ，Nb/AlO_x-Al/Nb SIS 接合技術(3.8.1項超伝導ディジタルデバイスおよび文献[1] 参照)がデバイススタンダードの地位を確立している．このような，① きわめて再現性に富み，② 信頼性の高い接合技術は酸化物超伝導体では，残念ながら実現されていない．酸化物超伝導体で，完成度の高い接合ができていない理由は，一言でいえば，接合界面を制御する技術が見出されていないからである．

酸化物超伝導体では，コヒーレンス長が金属系超伝導体に比べて著しく小さく，接合界面の不完全さにマクロな波動関数がきわめて敏感で，界面近傍で壊れやすいために，金属系超伝導体の接合では許された接合の構造的不完全さがマイクロショートや臨界電流の極端な減少の原因になる．とくに Si や GaAs などの半導体エピタキシャル薄膜のように，粒界やピンホールがなく平坦な薄膜をつくる技術が完成していないので，結晶構造に乱れができないような SNS (または SIS) 積層構造を再現性よく作

製できる技術が確立していない．本命になる接合技術を探索している段階である．
　YBCO系酸化物超伝導体の接合には，大きく分けて，(A) 形態と(B) N層(正常伝導層)またはI層(絶縁層)選択と形成の問題がある．初期のころより金属系超伝導体と同じくSIS構造の試作が，試みられてきたが均一な極薄絶縁I層の形成が難しいために成功していない．そのため弱結合によるSNS構造が主として研究されてきた．高温超伝導体によるジョセフソン接合は，① 粒界接合と人工障壁を利用した接合とに分類できる．後者については，もっともよく研究されている，② 積層型接合，③ ランプエッジ型接合を紹介する．"弱結合"とは超伝導体中に超伝導体のマクロな波動関数に"くびれ"をつけ弱らせた結節部分をもつものをいう．ジョセフソン接合の物理はここでは深くは立ち入れないので，1.8節超伝導，3.8.2項超伝導トランジスターおよび文献[2]を参照されたい．

1) 粒界接合

　粒界接合は，酸化物超伝導体の粒界におけるマクロな波動関数の"くびれ"を利用する．ただ，"くびれ"がいかに生じるかという物理には不明な部分が多いが，非対称粒界部分でSTEM (scanning transmission electron microscope)によるZ-contrast像観察により，無秩序/アモルファス領域が見出されている[3]．さらにEELS (high-resolution electron engy loss spectroscopy)法により，非対称粒界近傍5 nmの領域で正孔濃度の顕著な減少が見出されている[3]．粒界接合の代表的なものとして，バイクリスタル接合とFIB (focused ion beam：収束イオンビーム)接合を紹介する．バイクリスタル接合[4]は，図3.8.54に示すように，結晶方位の異なる面を接

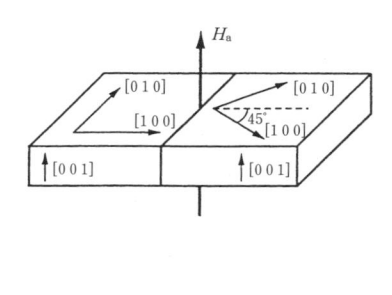

図3.8.54　非対称バイクリスタル接合の基板とYBCO薄膜形成後のAFM像

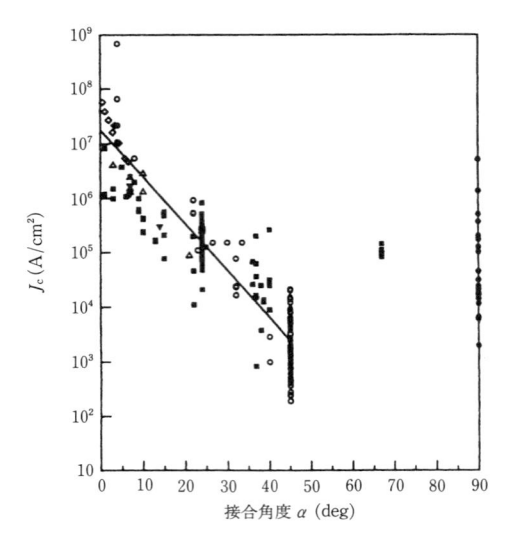

図 3.8.55 対称バイクリスタル接合の臨界電流密度 J_c の接合角度 α 依存性

合させた基板上に酸化物をエピさせると，基板の接合面に沿って酸化物粒界が形成され弱結合になることを利用する．ただし，接合界面は設定面方位からずれたサブミクロンファセットの集合体であり，平坦な界面とはいいがたい．そのため，臨界電流のロット間ばらつきが多い．臨界超伝導電流 I_c の基板接合角度依存性の報告例を図 3.8.55 に示す[5]．一般的には，接合角度 24～30°がよく用いられている．バイクリスタル接合は，薄膜の T_c と接合の T_c に数度程度の差しかなく，液体窒素温度 (77 K) で数 $10^4 A/cm^2$ の臨界電流密度 J_c と約 $0.1 \sim 0.2$ mV の $I_c R_n$ 積 (3.8.3 項 b. 1) 参照) をもち，新たに超伝導配線をすることなく SQUID を形成できる簡便性があり，比較的良好な SQUID 特性[6]が報告されている．ただ形態からもわかるように，接合を多数集積化することは難しい．

一方，簡便に粒界接合をつくるには，基板に微小な V 字形状を FIB 法などで形成し，その上に酸化物超伝導体をエピさせると，図 3.8.56 に示すような粒界接合が形成される[7]．異なる面方位上に成長した酸化物超伝導体が境界でぶつかり，粒界接合ができあがる．V 字形状が再現性よく形成でき，V 字近傍の超伝導体に発生する FIB ダメージをうまく取り除く方法が見つかれば，基板の所定の場所に多数の接合を形成できる可能性を秘めている．接合面積がエピの膜厚で両者ともに決まるので，リソグラフィー技術にあまり頼らずに接合面積の小さい接合を形成できる長所がある．将来的には，超伝導グラウンドプレーンをどうするか，粒界界面でのマイクロショートをいかになくすかなどの課題がある．

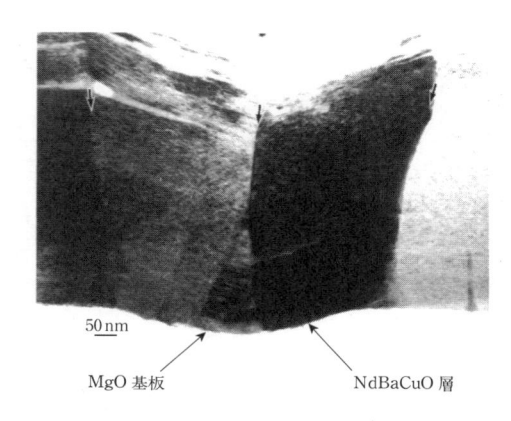

図 3.8.56 FIB 接合断面 TEM 写真
FIB 法による (100) MgO 基板表面の V 溝上 NdBa$_2$Cu$_3$O$_y$ 薄膜.

2) 積層型接合

積層型接合は SNS に対応する層を基板に順次堆積させるもっとも自然な接合形態である．人工障壁の材質や膜厚を選ぶことで接合の特性を制御できる可能性がある点が，粒界接合に比べてすぐれている点である．ただし薄膜技術で言及したように，薄膜自身が，① 100～1000 nm の多結晶集合体で，② 粒界における段差やピンホールの存在のために，マイクロショートが発生しやすいという大きな問題がある．c 軸配向膜を用いた SNS 接合は，YBCO/PBCO/YBCO による積層型接合として最初につくられ，マイクロ波に応答する超伝導電流 (ac ジョセフソン効果) は観察されたがフラウンホーファーパターン (磁場応答) は観測されていないようである[8]．接合における超伝導リーク電流が原因と考えられる．最近では，膜質も向上し，25 nm PBCO でも c 軸配向膜を用いた SNS 接合では超伝導電流は流れないことが報告されている[9]．ただ，PBCO 膜や接合界面の電気伝導には不明な点も多く，c 軸配向膜を用いた SNS 接合の正しい理解にはしばしの時間が必要と思われる．

一方表面平坦性にすぐれる a 軸配向 YBCO 膜を用いた積層型接合の例としては，共蒸着法により SrTiO$_3$ 基板上に YBCO/PBCO/YBCO SNS 接合を形成した例を図 3.8.57 に示す[10]．磁場応答も正常なフラウンホーファーパターンを示している．積層型 SNS 接合は PBCO 膜厚を薄くするとリーク電流が増加する傾向にあり，現状では高い I_cR_n 積は得られていない．

SIS 型接合は，薄膜技術の完成度をはかる目安であるとともに，次の酸化物薄膜エレクトロニクスへの発展への key 技術である．数ある試作例の中で，現状もっともすぐれた I-V 特性の例を図 3.8.58 に示す[11]．(100) SrTiO$_3$ 基板に自己テンプレート法を用いて a 軸配向 YBCO 薄膜をレーザーMBE で形成している．接合面積は 5

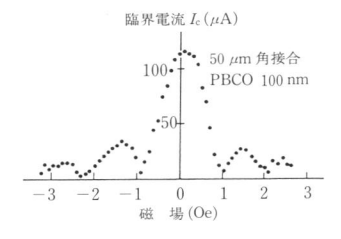

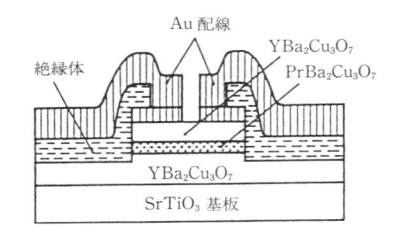

図 3.8.57 積層型 a 軸配向 YBCO/PBCO/YBCO SNS 接合の模式図と I_c の磁場依存性（接合面積 50 μm×50 μm）

材料	P_{O_2}(Torr)	T_{sub}(℃)	厚さ
Au 層	$V_{ac}(=10^\circ)$	R.T.	100 nm
a-YBCO	0.6	735	100 nm
seed a-YBCO	0.6	680	5 nm
PrGaO$_3$	1.0×10^4	580	1.2〜3.2 nm
a-YBCO	0.6	735	300 nm
バッファー a-YBCO	0.6	735〜580	40 nm
seed a-YBCO	0.6	580	10 nm
BaO 層	1.0×10^4	440	0.28 nm
SrO 層	1.0×10^4	440	0.26 nm
wet etched SrTiO$_3$ 基板			

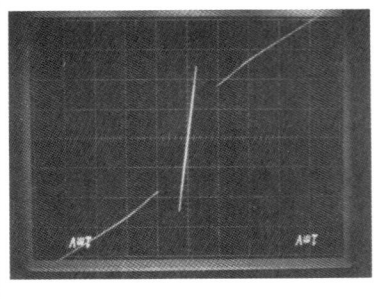

図 3.8.58 SIS 接合の試作例
(a) 薄膜の構造と (b) I-V 特性（x：1 mV/div，y：1 mA/div），電極の接触抵抗のために超伝導電流に抵抗成分が乗っている．

μm×5 μm で絶縁層には PrGaO$_3$ を用いている．金属系超伝導体の Nb/AlO$_x$-Al/Nb SIS 接合のように強いヒステリシス曲線にならないのは，接合面積 5 μm×5 μm の中で PrGaO$_3$ 中に極端に薄い部分があり，リーク電流が発生しているものと思われる．高温超伝導体による完全な SIS 接合が実現されれば，本来の SIS 接合特性を議論することが可能となろう．下地の a 軸配向 YBCO 膜の凹凸が 2 μm×2 μm 内の AFM 観察で 8 nm 程度あり，PrGaO$_3$ 薄膜の膜厚 2.4 nm に比べ 3 倍以上ある．直交グレインでの段差が原因なのかどうか TEM 観察などで確かめたいところである．しかし，本接合は接合面積が小さく I 層も薄いので，4.2 K での I_cR_n 積は 2.8〜5.8 mV と高い．このように積層型接合では，マイクロショートの影響を避けるためには接合面積を小さくするのが有効である．また積層型接合は，集積化には酸化物超伝導体による配線技術が必要になる．

3) **ランプエッジ型接合**

ランプエッジ型接合[12]は，積層型接合の困難を巧みに回避する目的で考案された．c 軸配向膜は，凹凸のある多結晶であるが，幸い配向性は比較的簡単に制御できる．

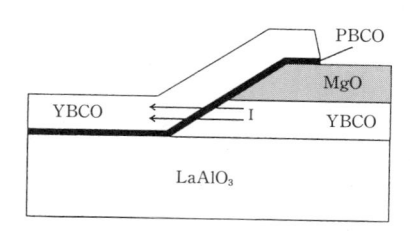

図 3.8.59 ランプエッジ型接合の素子断面図

具体的デバイス構造の断面図 3.8.59 に示す．上下の超伝導体間を ab 軸に沿って N 層を電流が流れる．斜めに切り出した面（ランプ）が比較的滑かにできることがわかり比較的安定にデバイス作製ができるようになっている．3.8.3 項 c. 2) で紹介するように，低角度のランプ上に比較的一様な c 軸配向膜が形成できることがわかってきたからである．ただし，この接合は再成長技術を使うので，(a) ランプエッジを平坦に形成する技術と，(b) その平坦面と再成長超伝導体の界面制御技術を開発する必要がある．ランプエッジ型接合は高度なプロセスを使う反面，接合面積を小さくでき，ピンホールの影響を巧に避け，超伝導配線をランプエッジ上に形成した超伝導体で代用でき，新たに形成する必要がない点で高集積化に適している．事実，バリヤー層が 8 nm と薄い $PrBa_2Cu_{2.6}Ga_{0.4}O_{7-\delta}$ を N 層に用いて 8 mV (4.2 K) の高い I_cR_n 積が得られたと報告されている[13]．

以上，各種のジョセフソン接合の現状を簡単に紹介したが，ここまではデバイス基礎研究である．具体的な接合技術の選択には，① 動作温度を 77 K にするのか 20 K にするのか，② 集積度をどこまでに設定するのか，③ 具体的な商品でのデバイス仕様とそれを実現するプロセスの安定性などを考慮する．たとえばはじめから臨界電流密度 J_c がきわめて高い接合では，基本的にそれ以上高性能になることはない．具体的な応用としては SQUID（超伝導量子干渉素子），単一磁束量子（SFQ, single flux quantum）素子に代表されるディジタル素子，ミキサーなどのマイクロ波素子がある．これらの詳しい動作原理や解説は，4.2 節 SQUID とその応用，3.8.1 項超伝導ディジタルデバイスを参照されたい．

b. デバイス特性と接合の物理
1) 接合の物理

超伝導層と絶縁体との間ではクーパー対のしみだしは起こらない．しかし，絶縁体層が非常に薄くなった SIS 接合では，超伝導層間でクーパー対のトンネリングプロセスが起こり超伝導電流が流れる．しかしながら，酸化物超伝導体の積層型 SIS 接合で説明したように構造自身に不確かな要素が多すぎる現在の試料では，真性 SIS 接合の特性を議論するのは難しい．d 波 ($d_{x^2-y^2}$) BCS モデルに基づく I-V 特性が

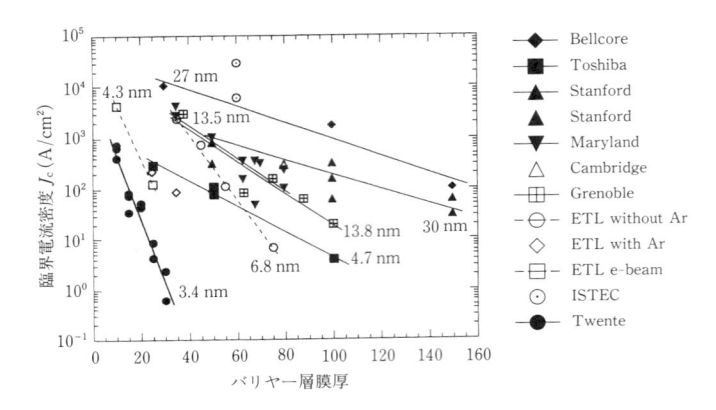

図 3.8.60 現在までに発表された SNS 接合の J_c とバリヤー層膜厚 d_N の関係
(傾きが ξ_N を与える)

理論的に議論されていること[14]を指摘するにとどめる.

結晶粒界や人工障壁層(ノーマル層,N層,バリヤー層)を用いる SNS 接合の物理的モデルでは,超伝導層と N 層の間での近接効果,すなわちクーパー対の N 層中への拡散過程を通じて超伝導電流が流れる.現状では,近接効果に対するドゥ・ジェンヌ (de Gennes) の現象論的理論[15]を援用して理解されている.それによれば,SNS 構造の臨界電流 I_c は

$$I_c = I_{c0}\exp[-d_N/\xi_N] \tag{3.8.18}$$

ただし,d_N はバリヤー層の厚み,クーパー対のしみだし長 ξ_N は,

$$\xi_N = \frac{\hbar v_F}{2\pi kT} \text{ (clean, limit)}, \quad \xi_N = \sqrt{\frac{\hbar D}{2\pi kT}} \text{ (dirt, limit)} \tag{3.8.19}$$

で与えられる.ただし,v_F はフェルミ速度,D は拡散係数である.

過去発表された SNS 接合の臨界電流密度 J_c とバリヤー層膜厚 d_N の関係をまとめたものを図 3.8.60 に示す[16].図中直線の傾きが ξ_N を与えるが,ξ_N は 3.4〜30 nm と非常に広い範囲でばらつき,バリヤー層の形成方法と界面の特性に依存しているものと思われる.このばらつきはいずれは収束していくと思われるが,現状のデバイス作製技術レベルを端的に表している.

Deutscher[17] は N 層のバルクの抵抗に比べ,S/N 接合界面の接触抵抗が無視できない場合,コヒーレンス長が短くダーティリミットの条件で $I_c R_n$ 積が R_n の逆数に比例することを見出した.この理論では,$I_c R_n$ 積が臨界電流密度 J_c の 1/2 乗に比例することになる.Akoh[18] は,過去の SNS 接合を調べ,図 3.8.61 に示すように非常によく一致することを見出している.つまり,これまでの接合の多くは接合特性が S/N 接合界面の接触抵抗に支配されていることになる.これが $I_c R_n$ 積を大きくでき

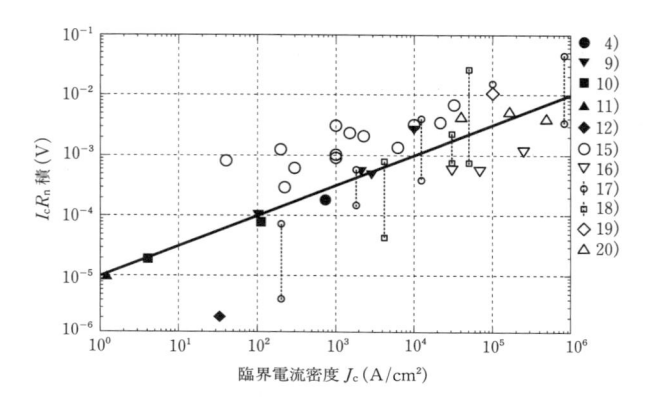

図 3.8.61 現在までに発表された SNS 接合の I_cR_n 積と J_c の関係
実線 $I_cR_n \propto \sqrt{J_c}$. 図中参照番号は文献[18]参照.

なかった原因の一つであると思われる.

これまで積層型 SNS 接合は I_cR_n 積が小さくランプエッジ接合は大きいと思われていた. しかし, 両者ともに同じスケーリング則に従うことから, これは本質的な差ではなく, 積層型 SNS 接合では面積が大きく N 層のピンホールなどの影響で膜厚を薄くして臨界電流密度を上げられなかったことが原因と思われる.

2) N 層の選択

N 層を具体的にどの材料にし, どの方法で形成するかは接合形成最大の問題である. いままで N 層としてもっとも多く調べられてきたのは, $PrBa_2Cu_3O_{7-\delta}$ (PBCO) であろう. PBCO が, YBCO と結晶構造が同じで, 格子定数が近い超伝導にならない物質と考えられてきたためである. しかしながら, 2.2.3 項 c.2) でも述べたように, Pr の Ba サイトへの置換の割合に応じて電気抵抗率は, きわめて広い範囲で変化し, その温度特性自身も大きく変化する. この組成制御は成膜法に強く依存する. さらに電気伝導自身のメカニズムも十分には理解が進んでいない[19]. PBCO の比抵抗を安定させる目的で, Ga などをドープすることが検討され, 高い I_cR_n 積を実現しているのは 3.8.3 項 a.3) で述べたとおりである.

最近では, PBCO に代わる材料として Co ドープ YBCO を N 層に用いた SNS 接合[20] がランプエッジ接合で検討されている. N 層の比抵抗が mΩ cm と低いこと, S/N 層接合界面の比接触抵抗 ρ_c が十分小さいので接合特性はドゥ・ジェンヌの理論でよく説明できるようである. S/N 接合界面の接触抵抗が無視できる場合, I_cR_n 積は臨界電流密度 J_c に依存しない量になることが期待されるが, 実験データが現状では不十分である. 比抵抗が十分大きく, S/N 層接合界面の比接触抵抗 ρ_c を十分低く, 再現性よく形成できる技術が待たれている.

以上簡単に SNS 接合の現状を報告した．とくに，c 軸方向の SNS 接合での輸送現象の理解は初期的なレベルにある．SNS 接合の正しい理解には，物性解明に良質の単結晶が不可欠であったように，マイクロショートなどのリーク（過剰電流）がなく，構造的にも問題のない理想的な接合技術の開発が不可欠であると思われる．

最後に酸化物超伝導体による接合特性の理解に対して問題点を二つ指摘しておく．

a) 長距離近接効果 de Gennes の理論によれば比抵抗 ρ，膜厚 d の N 層中へクーパー対の拡散長は上記の式 (3.8.19) で与えられる．当初 N 層としては PBCO がもっとも検討された．典型的な PBCO では，キャリヤー密度が小さい（$n=10^{19}\sim10^{20}$ cm^{-3}）半導体と考えられるので，$T=4.2$ K でも数 nm 程度にしかならない．ところが現実に YBCO/PBCO/YBCO などの SNS 接合を作製してみるとサブミクロン程度の N 層膜厚でも超伝導電流が観測されるという報告がなされ，長距離近接効果と名付けられた[21]．これが接合内のマイクロショートなどのつまらない原因に由来する現象なのか，酸化物超伝導体に固有の問題なのかということで多大な関心を集め数多くの議論がなされた．現在では，真性な現象ではないということで一応の決着をみているようであるが，接合技術の向上により酸化物での近接効果という立場で理解が進むことを期待したい．

b) S/N 層接合界面の比接触抵抗 ρ_c の問題 N 層あるいは，I 層の比抵抗を調べることはかなり行われているが，酸化物超伝導体と N 層の比接触抵抗 ρ_c を求めている例は少ない．接合界面に接触抵抗があると，超伝導体側からしみだすマクロな波動関数の振幅 Δ が界面で小さくなり，結果として実効的なしみだし距離が小さくなる．接合界面の接触抵抗を再現性よく制御できないと，臨界電流 I_c の減少と I_c および接合抵抗 R_n のばらつきが大きくなる．YBCO に不純物をドープして N 層をつくる場合の ρ_c は，Au，PBCO，Ga ドープ PBCO，CaRuO$_3$，SrRuO$_3$ などの比接触抵抗 ρ_c の値，$10^{-8}\sim10^{-7}$ Ωcm^2 に比べて 2 桁以上低い値になることが報告されている[22]．S/N 層接合界面の比接触抵抗 ρ_c の問題は，接合デバイスとその物理に本質的な問題と思われるが，酸化物における ρ_c の問題はその重要性のわりには理解が十分には進んでいない．酸化物超伝導体と N 層界面の物理的描像が Si や GaAs 半導体ほど明確になっていないのである．

3) I-V 特性

SNS 接合構造での電流電圧特性（I-V 特性）を FIB 接合を例にとり以下に説明する．典型的な I-V 特性[23]は，図 3.8.62 (a) に示す RSJ (resistively shunted junction) 型と図 3.8.62 (b) に示す flux flow 型に分けられる．RSJ 型では，超伝導が壊れて抵抗が発生している領域を原点に外挿して抵抗値 R_n を定義する．超伝導電流を壊すほど接合に電流を流したときに，接合に発生する電圧の目安を与える．理想的な接合が形成できれば，図 3.8.62 (a) に示す RSJ 型の静特性を示す．このとき，マイクロ波照射に対してシャピロステップが $h\nu/2e$ の間隔で現れる（図 3.8.63）．ところ

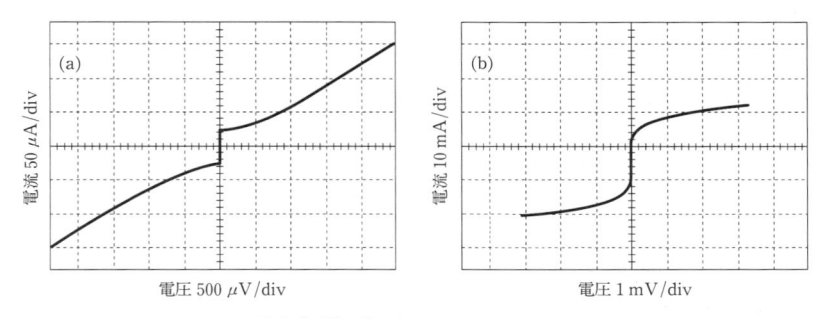

図 3.8.62 典型的な接合の I-V 特性
(a) RSJ 型, (b) flux flow 型, 接合面積 150 nm×5 μm.

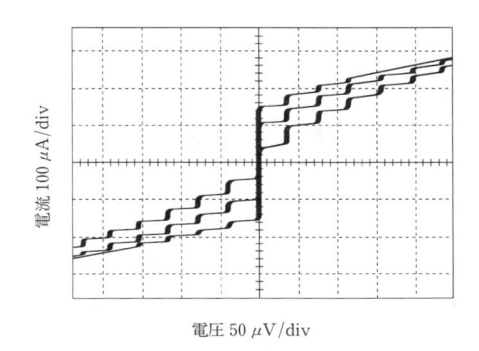

図 3.8.63 RSJ 型接合のマイクロ波応答：シャピロステップの観察 (18.51 GHz, 4.2 K)

が,接合界面にマイクロショートしている部分があると図3.8.62(b)に示すflux flow型に移行する.flux flow型では,マイクロショートのために過剰な超伝導電流が流れ,$I_c R_n$ 積が大きくみえる.一般にflux flow型接合はマイクロ波にも磁場にも応答しない.マイクロ波に応答するRSJ型接合でも磁場応答(フラウンホーファー図形)が不完全なものが多い.デバイス技術としては,接合面でのマイクロショートをなくし,超伝導体のマクロな波動関数につくる"くびれ"を完全なものにする技術が大きな課題である.

c. プロセス技術

素子実現のプロセス技術としては,リソグラフィー,電極形成,酸化,加工技術,層間絶縁,表面保護膜,超伝導配線などがある.たとえば,リソグラフィー技術自身は,ホト工程で使う有機溶剤,アルカリ,水の影響を防ぐ必要があるが,半導体で培

われたものが転用されている．酸化物超伝導体の加工技術は，Ar イオンミリングなどが主流で，選択的 RIE（反応性イオンエッチング）などの検討にはブレークスルーが必要である．半導体プロセスともっとも異なる点は酸素がキャリヤーの供給源になる点で，酸化物超伝導体からの酸素の出入りに注意してトータルプロセスを設計する必要がある．ここでは，酸化物超伝導体にもっとも基本的な金属と YBCO との接触抵抗，配線やランプエッジ接合に必要な基板段差上の薄膜成長，酸素の拡散の問題に限定する．

1) 金属との接触抵抗

YBCO 表面はきわめて活性で，酸化源になる．酸化に弱い金属を接合させると界面に金属酸化層が形成され，100℃程度の低温加熱工程でも酸化が加速される．このため，酸化されない Au（あるいは，Ag）をオーミック電極に用いる場合がほとんどである．Au 電極の形成法には，スパッタ法，EB（電子線）蒸着法，抵抗加熱法などがある．Au の接着性はもともと強くないうえに，真空度チャンバー内の汚染や YBCO の表面状態に敏感である．加熱工程で，粒界に拡散したり，Cu との置換を引き起こしたりするので，具体的素子作製時には注意を要する．

Au と YBCO の in situ 接触の比接触抵抗 ρ_c を評価した例[24]として，単結晶 YBCO の (1 0 0) 面に Au を形成した場合がある．超伝導転移点直下で，$2\times10^{-9}\,\Omega\,\text{cm}^2$ の値を得ている．比接触抵抗 ρ_c は①酸素欠損 δ，および②結晶の面方位に大きく依存すると考えられるが，これを系統的に評価した例は報告されていない．

一方，実際の素子作製プロセスでは，多くの場合，大気にさらされた表面やプロセス工程後の Au と YBCO の比接触抵抗 ρ_c が問題になる．通例の，c 軸配向 YBCO 膜では，ex situ 接触の比接触抵抗 ρ_c は，$1\sim5\times10^{-6}\,\Omega\,\text{cm}^2$ 程度である．Au 被着後酸素中 500℃ 高温加熱工程で ρ_c が 3 桁近く下がる例が報告されている．しかし，このような高温での酸素中のアニーリングは，薄膜中の酸素の移動を伴うので注意を有する．デバイス作製工程での電極形成プロセスでは，YBCO 表面の変成層をエッチバックで除去し，電極形成が行われる場合もある．比接触抵抗が小さく（たとえば，$10^{-9}\,\Omega\,\text{cm}^2$ 以下）なると ρ_c の評価方法自身にも問題が残っている．半導体でポピュラーな形状問題（Kelvin 法[25]）をどの程度取り入れる必要があるのか，下地が超伝導に転移した後試料での比接触抵抗 ρ_c 評価に対して，明確には理解されていないようである．

YBCO はホール測定[26,27]の結果を単純に理解するとキャリヤー濃度 N_A が，$6\times10^{21}/\text{cm}^3$，移動度 $\mu=10\,\text{cm}^2/\text{Vs}$ 程度の p 型半導体である．半導体と比べて見る．p^{++} GaAs（キャリヤー濃度 $N_A=1\times10^{21}/\text{cm}^3$，移動度 $\mu=18\,\text{cm}^2/\text{Vs}$）に対する Mo（ショットキー障壁高さ $\varPhi_b=0.575\,\text{V}$）の ρ_c[28]は，室温，77 K で，$8\times10^{-9}\,\Omega\,\text{cm}^2$ である．ρ_c は一般に

$$\rho_c = k^2 \exp(qV_{bi}/E_{00})/qA^*E_{00} \tag{3.8.20}$$

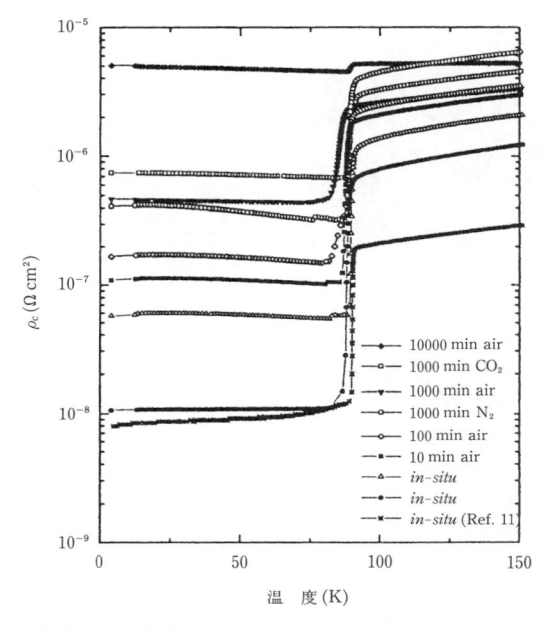

図 3.8.64 Ag/YBCO 界面の比接触抵抗 ρ_c の大気中放置時間 t 依存性(試料は図 2.2.61 と同じ)

ただし,E_{00} は

$$E_{00} = q\hbar\sqrt{\frac{N_A}{4m^*\varepsilon}} \qquad (3.8.21)$$

と表される.ただし,m^* は有効質量,$A^* = qm^*k^2/2\pi\hbar^3$ はリチャードソン定数である.N_A は不純物濃度,ε は誘電率,V_{bi} は接合のビルトインポテンシャルである.

これは,トンネル効果により金属/半導体界面を電流が流れるとして求めたものである.YBCO の正孔質量 m_h が $2\sim3\ m_0$(m_0;真空中電子質量)(2.2.1 項 c 参照),GaAs の正孔質量 m_h が $0.62\ m_0$ であることを考え,Au/YBCO のショットキー障壁高さ Φ_b が GaAs の場合と同じと仮定すれば,Au と YBCO の in situ 接触の ρ_c は妥当な値と考えられる.上記 GaAs の例では,界面のキャリヤー空乏層の厚みは,1 nm 程度と推定される.大気にさらされた YBCO 表面は,数 nm 程度の厚み改変を受けている[29]と考えられ,このことが ρ_c 劣化の原因と推定される.事実,MgO 基板上に c 軸配向 YBCO を形成し,大気にさらした時間 t をパラメーターにして,Ag と YBCO 薄膜の ρ_c 劣化の様子を調べた例を図 3.8.64 に示す[29].約 1 週間の大気中への放置で 2 桁以上の劣化が見られる.この値は,通例得られる $\rho_c = 1\sim5\times10^{-6}\ \Omega\ cm^2$ によく一致している.

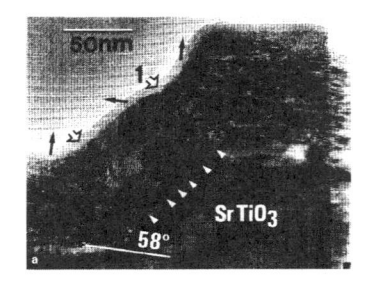

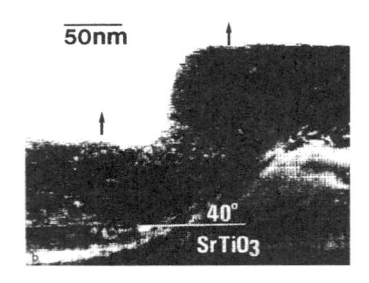

図 3.8.65 ステップ段差基板上 YBCO 薄膜成長の断面 TEM 観察

図 3.8.66 YSZ ランプエッジ上 YBCO 薄膜成長の断面 TEM 観察

現実の素子作製プロセスで，表面劣化層を取り除いて，本来の比接触抵抗を出せるか否かは，具体的なデバイス作製時の課題である．

2) 基板段差上の薄膜形成

最後にランプエッジ SNS 接合の端緒となったステップ段差上の YBCO 薄膜の TEM 写真を図 3.8.65 に示す[30]．薄膜は PLD 法により (1 0 0) $SrTiO_3$ 基板とのステップ段差角度 (58°, 38°) に依存して，c 軸配向膜の形成方向がエッジ斜面の角度で大きく変わることが理解できる．エッジ角度が大きいと粒界を形成し，臨界電流密度 J_c の低下を招く．さらに全く格子整合する軸がない面上への YBCO の成長として YSZ 膜ランプエッジ上 YBCO 薄膜の TEM 写真を図 3.8.66 に示す[31]．下地の格子と無関係に下地面垂直方向に c 軸配向膜を形成しているのがわかる．これは 2.2.5 項 b の薄膜成長メカニズムで説明できる．

3) 酸素拡散

YBCO 系の特徴は伝導キャリヤーが酸素欠損から発生し，結晶自身の強い異方性のために，酸素の拡散も，結晶の方位に強く依存する[32]．単結晶を使った拡散係数 D の面方位と温度依存性の実験例を図 3.8.67 に示す．O^{18} をトレーサーにして

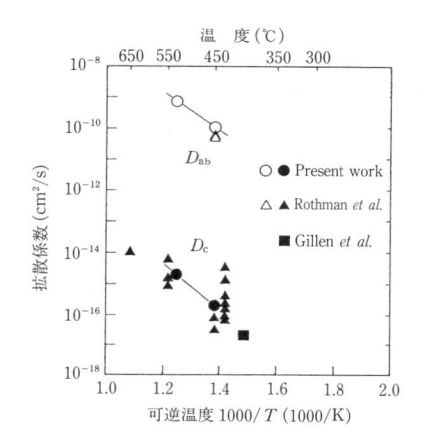

図 3.8.67 単結晶 YBCO 中の酸素拡散における拡散係数 D の面方位と温度依存性

SIMS 分析により酸素分布を求めている．c 面方向の拡散係数を D_c，a または b 面方向の拡散係数を D_{ab} とすると，D_{ab}/D_c は 5×10^5 と c 面に比べ，ab 面が圧倒的に酸素の拡散が早い．多結晶薄膜の場合，粒界を通して酸素が拡散するので単結晶の場合に比べて事情は一変するので注意が必要である．実際，MgO 基板上に形成した c 軸配向 YBCO 薄膜などは，酸素拡散が単結晶 YBCO に比べて非常に速い．そのため，薄膜の論文では，薄膜形成中に用いた酸素ガスを封じ切り冷却させて，ポストアニールなし (As grown) で高い T_c の超伝導体薄膜を得たと報告されるケースがときどきあるが，これは間違いである．結晶粒界が小さいので，わずかな残留酸素でも冷却中に薄膜に拡散し高い T_c を示すのである．酸素欠損 δ は超伝導キャリヤー数に直接関係するため，薄膜中での酸素プロファイルの制御技術および評価技術がデバイス開発で重要になる．

d. 新奇な接合と新しい応用の可能性

ここでは，従来の金属系超伝導の接合技術では実現できない新奇な現象として a/c (非 c 面と c 面との接合) 接合，Bi 系 intrinsic 接合とジョセフソンプラズマを，新しい応用分野を形成する可能性があるので紹介しよう．

1) a/c 接合とオーダーパラメーターの対称性

酸化物超伝導体 YBCO のクーパー対 (オーダーパラメーター) の軌道空間での対称性が dx^2-y^2 であるらしいことは 2.2.2 項 a. 5, 6) で言及した．その直接的証拠として "コーナー接合" に見られる I_c の磁場依存性 (フラウンホーファーパターン) について議論した．

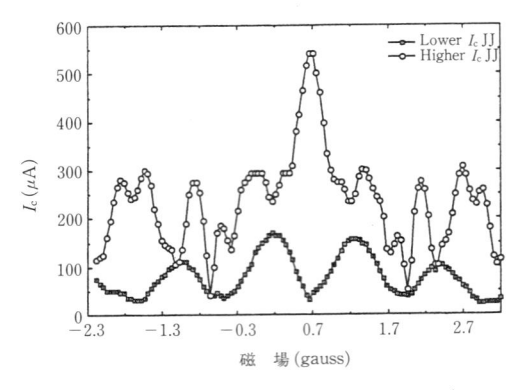

図 3.8.68 a/c 接合における臨界電流 I_c の磁場 H 依存性(図中下のデータ) $H=0$ で I_c に明瞭な dip が観測される.

MgO 基板上に PLD 法で形成された c 軸配向 YBCO 膜には，ときどき細い $(0.1～0.3~\mu\text{m})$ a 軸配向 YBCO 膜が混じって形成されることがある．注意深くみると c 軸配向 YBCO 膜の(110)面と a 軸配向 YBCO 膜の(001)面との間に自然に形成された粒界接合ができることがある．このような接合(a/c 接合)界面の平面 TEM (透過電子顕微鏡)写真を図 2.2.9 (2.2 節超伝導材料)に示したのであった．臨界電流 I_c の印加磁場 H 依存性(フラウンホーファーパターン)の測定例を図 3.8.68 に示す[33]．TEM 写真を見る限り，a/c 接合界面の(110)面は，原子スケールの「コーナー接合」の集まりのように見え，きわめて平坦な接合界面といえる．一方磁場特性はコーナー接合と同様な π 接合パターン(磁場 0 で，I_c 最小)の特性を示す．最近では，人工的に a/c 接合を形成できるようになり，零磁場で $I_c=0\text{A}$ も見出され，この特異な π 接合パターンに特徴的なデバイス応用への発展があるかもしれない．この実験は，一方で図 2.2.9 に示す原子的に平坦な a/c 接合界面がなぜ π 接合パターンを示すか，という基本的な接合物理に対する問題を投げかけている．

2) Bi 系 intrinsic 接合とジョセフソンプラズマ

Bi 2212 系($\text{Bi}_2\text{Sr}_2\text{CaCu}_2\text{O}_8$; $T_c=86\text{ K}$) は Bi_2O_2 ブロック層が存在するためキャリヤー供給層が，1.2 nm と厚く絶縁層と見なせる可能性が高い．すなわち，高温超伝導体を異方性を有する 3 次元均質媒質と考えるのではなく，超伝導を担う 2 次元電子ガスジョセフソン多重接合と考える[34]．c 軸方向の構造を模式的に図 3.8.69 に示す．Bi 系単結晶 c 軸方向の電流電圧特性にジョセフソン多重接合としての跳びが接合の個数だけ観測され，ジョセフソントンネル電流が見事にとらえられた(図 3.8.70)[35]．超伝導ギャップが大きく，層と垂直方向のプラズマ周波数が非常に小さいためにジョセフソンプラズマ振動が減衰しないで安定に存在する．このジョセフソン多重接合のモデルからジョセフソン電流と電磁場が結合して低い周波数の安定なプラズマ振動が

図 3.8.69 Bi 2212 系単結晶の多重ジョセフソン接合モデル

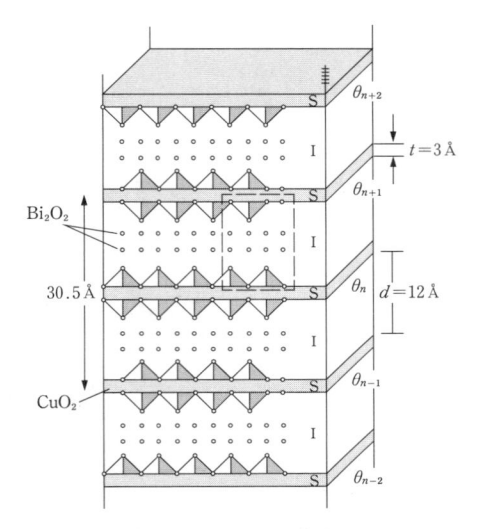

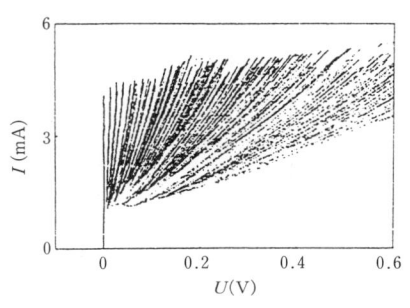

図 3.8.70 Bi 2212 系単結晶の多重トンネル特性
接合面積 30 nm×30 μm, c 軸方向 5 μm (2000 接合).

存在することが予測され,遠赤外領域の反射率の測定,マイクロ波の吸収実験により実験的に確認されている(ジョセフソンプラズマ)[34].

ジョセフソンプラズマ振動を利用したサブミリ波の領域で動作する新しいデバイスが出てくる可能性もある.

e. マイクロ波応用受動素子

有限温度の超伝導体では,超伝導クーパー対(超伝導電子)と超伝導クーパー対が熱的に壊れた準粒子(常伝導電子)の2種類のキャリヤーが存在する.超伝導電子が交流電界に慣性のために追随できず,超伝導電子の交流運動に伴う誘導電界で常伝導電子が加速され,ジュール熱を発生させる.これが超伝導体における交流抵抗発生の原因である(2流体モデル).マティス-バーディーン(Mattis-Bardeen)の理論[36]によると,超伝導電子が十分存在する温度 $(1 \gg (T/T_c))^4$ で表面抵抗 R_s は

$$R_s = A\omega^2 \ln(2\pi\Delta/\omega h)\exp(-\Delta/kT)/T \tag{3.8.22}$$

で与えられる. A はロンドンの侵入長に依存した定数, h はプランク定数である.

一般の金属では,表面抵抗 R_s は電気伝導度 σ と透磁率 μ により $(\mu\omega/2\sigma)^{1/2}$ で表され,角周波数 ω の 1/2 乗に比例する.一方,超伝導体は角周波数 ω の 2 乗に比例する.マイクロ波からミリ波の領域での実験値を図 3.8.71 に示す[37].試料は PLD 法で(1 0 0)LaAlO$_3$ 基板上に作製した 300 nm の c 軸配向 YBCO 薄膜($T_c > 90$ K, $J_c = 5 \times 10^6$ A/cm^2; 77 K)である.表面抵抗 R_s はほぼ理想的に周波数 f の 2 乗に比例し

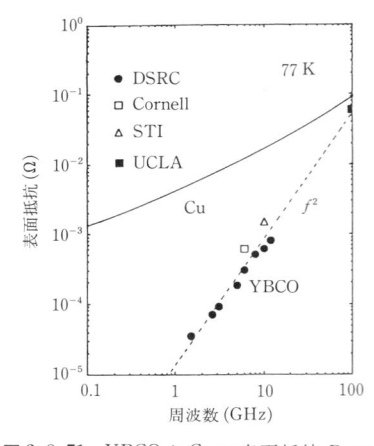

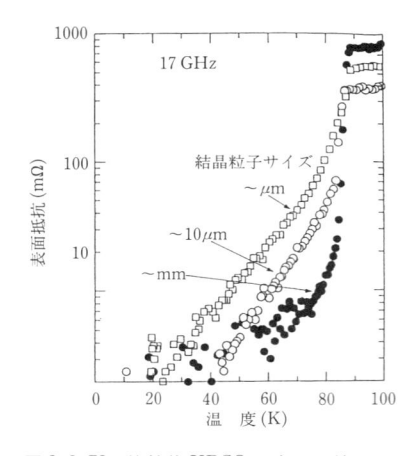

図 3.8.71 YBCO と Cu の表面抵抗 R_s の比較（周波数依存性）

図 3.8.72 焼結体 YBCO の表面抵抗 R_s における粒界径依存性

上記 2 流体モデルで説明できることがわかっている．液体窒素温度 (77 K) における高温超伝導体の表面抵抗が Cu（金属銅）よりも 100 GHz 程度以下のマイクロ波領域では小さくなり，周波数が低いほどさらに差が大きくなる．とくに，移動体通信に用いる 1～3 GHz では，金属銅に比べて 2 桁以上小さいことがわかる．このことが非常に平坦な通過帯域特性と帯域外周波数をシャープにカットできるマイクロ波フィルターを実現することになる．

しかしながら現実の薄膜では，表面抵抗 R_s（マイクロ波損失）の温度依存性と周波数依存性は薄膜作製者間により大きく異なっている．その理由は，試料の具体的薄膜組織（結晶粒の大きさ，不純物や異相，クラックの存在，粒界相互の角度）が異なるからである．実際，結晶粒径の大きさを μm レベルから mm レベルまで変えた焼結体に対して，周波数を 17 GHz に固定測定した表面抵抗 R_s の温度変化の実験（図 3.8.72）はこれを裏付けている[38]．超伝導転移直下の R_s の急激な減少は粒径が大きいほど大きく YBCO 結晶粒の性質を反映している．一方，中間温度領域では，結晶粒のサイズが小さいほど，粒界による弱結合の数が増加し，R_s も増加する．R_s の対数の直線的変化は弱磁場（～100 Gauss）で容易に壊され，粒界弱結合の寄与を裏付けている．低温での飽和は不純物や異相，表面でのクラックの存在が原因であると考えられている．

マイクロ波応用の受動素子は，このマイクロ波領域での低い表面抵抗 R_s のメリットを用いて，高い Q 値を利用するものである．たとえば，MgO 基板上 350 nm YBCO 薄膜（$R_s=0.61$ mΩ；$f=8.8$ GHz）で 77 K において 1300 の値が報告されている[39]．現在実用にもっとも近く注目を集めている受動素子は移動体通信基地局用の

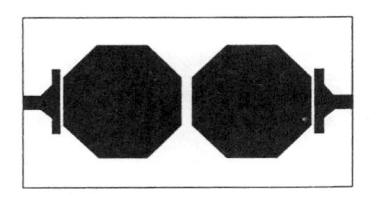

図 3.8.73 高出力フィルターの平面図例

送受信用フィルターである．詳しいフィルター設計に関する技術は専門文献[40]に譲り，ここでは送信用高出力フィルターに関する主として材料技術の問題を紹介する．高出力を伝送しようとすると，伝送線路の端部に電磁界が集中し入力損失が発生するので，たとえば，図 3.8.73 に示すような八角形の共振フィルターとして電力特性改善しようとする[40]．これは $LaAlO_3$ 基板状の Tl 系超伝導薄膜で実現され，6 GHz において，115 W (77 K 動作) 以上の電力特性が達成されている．問題は，YBCO 薄膜では T_c が低く 77 K 動作は難しく T_c の高い薄膜が必要なのか，薄膜粒界部分で発生する損失は，結晶粒を大きくすることでこの損失を小さくできるのか，これらの問題は設計技術で解決できるのか，などが材料サイドからの関心事である．薄膜技術としては，フィルターはマイクロストリップライン構造なので基板の両面に超伝導体薄膜を形成することも技術課題である．マイクロ波フィルターは実用に近く主としてアメリカで研究開発が盛んであり参考文献も多い．興味ある読者はそれらを参照していただきたい．

最後に本項では取り上げなかったが，3 端子で動作する酸化物超伝導トランジスターの研究が，高温超伝導体の発見直後から，主として日本で産業科学技術開発制度の一環として，NEDO プロジェクトで取り上げられたことを付記しておこう．その一部は，3.8.2 項超伝導トランジスターを参照していただきたい．

f. 酸化物線材技術

高温超伝導体線材の実用化の中では，ビスマス Bi 系線材の開発がとくに進展している．20 K 以下の低温では，金属系実用線材を越える性能を示しているが，液体窒素温度での強磁界発生には，銅系酸化物超伝導体の層状構造に特有な問題を抱えており，ブレークスルーが待たれる．線材の現状を知るには文献[41]がよい解説書になる．

線材としての応用を念頭においた場合，もっとも重要な特性は線材全体を流しうる輸送臨界電流密度 J_c である．線材は通常多結晶により構成されているが，J_c は，①ピン止め力によって決まる結晶粒内臨界電流密度 (粒内 J_c) と，②結晶粒界を通過しうる臨界電流密度 (粒間 J_c) の二つの因子からなる．したがって，線材の J_c を高めるためには，両者ともに高くなるように線材構造とプロセスを工夫しなければならな

い．どちらの因子で J_c が決まるかは材料によって大きく異なる．YBCO 系は液体窒素温度近くまでピン止め力が強く高い粒内 J_c を有する（2.2.3 項 b 参照）が，粒間 J_c を大きくすることが難しい．YBCO 系の粒界弱結合の問題を解決するには，c 軸だけでなく，a, b 軸も揃えなければならない．粒間配向を制御する技術は YBCO 系の大きな研究課題である．現状では粒界部分での超伝導の不連続が生じるため，YBCO 系では長い線材をつくることができていない．

1) **Bi 系線材の基本特性**

一方，Bi 系は，ほかの材料に比べ粒界弱結合の解決が容易である．すなわち，結晶粒の c 軸を揃えるだけで，弱結合は大幅に改善される．しかも c 軸方向が圧延とか溶融凝固という簡単なプロセスで達成できる．c 軸配向した Bi 系超伝導線材の温度-磁界-臨界電流密度（T-H-J_c）局面を従来の金属系実用線材，Nb-Ti，Nb$_3$Sn 線材との比較で図 3.8.74 に示す．20 K 以下の低温では，高い H_{c2} を反映してきわめて強磁界まで J_c が落ちず，Nb-Ti，Nb$_3$Sn 線材をしのぐ磁界特性を示す．Bi 2223 系（Bi$_2$Sr$_2$Ca$_2$Cu$_3$O$_{10}$；T_c＝117 K）は T_c が高いので 30 K 以上での特性がすぐれるが，Bi 2212 系（Bi$_2$Sr$_2$CaCu$_2$O$_8$；T_c＝86 K）の方が 20 K 以下の低温では，粒子間の結合が良好なため，より大きな電流が得られている．磁気的特性は両者で類似しているので，図 3.8.74 には模式的に示してある．

Bi 系線材の最大の問題は，高温で磁場を c 軸に平行（c 軸配向したテープ面に垂直）にかけた場合，極端に J_c が低くなることである．c 軸配向した Bi 2212 テープに磁場をテープ面に水平と垂直にかけた場合の J_c の温度特性を図 3.8.75 に示す．垂直磁場中の J_c は温度の上昇とともに急速に小さくなり，77 K ではほとんど流れなくな

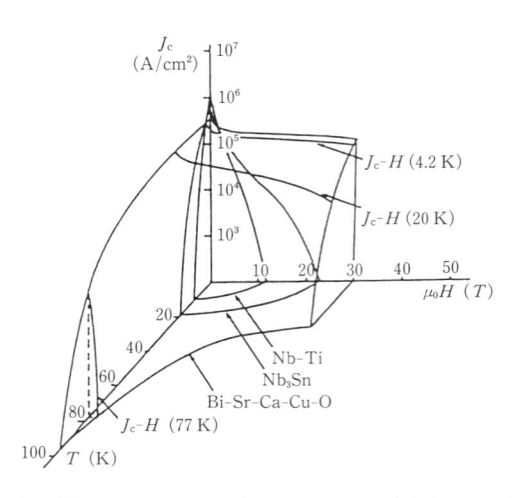

図 3.8.74 Bi 系超伝導線材の温度-磁界-臨界電流密度（T-H-J_c）曲面

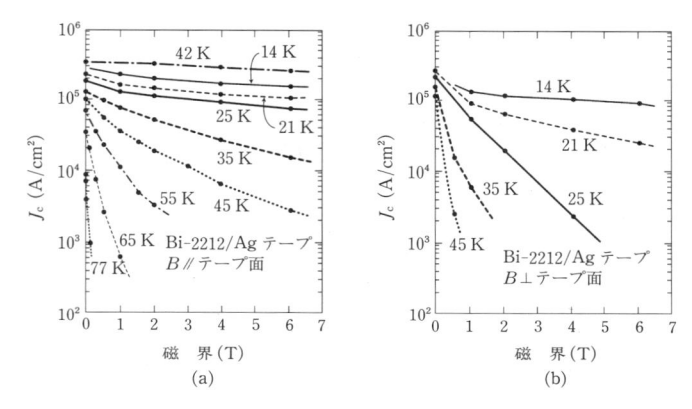

図 3.8.75 c 軸配向 Bi 2212/Ag テープの臨界電流密度 J_c と磁界 H と温度依存性
(a) テープ面に平行 (c 軸に垂直) 磁場, (b) テープ面に垂直 (c 軸に平行) 磁場.

る.すなわち 20～30 K を越すと急速にピン止め力が弱くなり,クリープが顕著になることである.これは,銅系酸化物超伝導体の層状構造に特有な磁束運動の可逆領域の存在という現象である.従来の金属系超伝導線材では,臨界磁界 H_{c2} 近傍まで有限の力でピン止めを起こさせることが可能で,有限の超伝導電流を流すことができた.しかし銅系酸化物超伝導体では,H_{c2} よりはるかに低い磁場でピン止めがほとんど(あるいは全く)効かなくなる境界が存在することがわかっている.この境界では,履歴が消失することが観測されるので,不可逆磁界(曲線)H_{irr} と呼んでいる.Bi 系は2次元性がもっとも強く高温になると急激に H_{irr} は小さくなる.重イオンなどを照射して J_c を改善したという報告はあるが,材料技術としてこの問題を解決するには,もっと実用的なピン止め中心を人工的につくる技術を必要としている.しかしながら,磁場を c 軸平行方向にかける工夫をすることで,液体窒素温度で 0.61 T を発生するマグネットをアメリカ ASC 社が作製している.高磁場を印加しないで使う送電ケーブルやリード線などでは,液体窒素温度で $10^4 A/cm^2$ を十分越える実用的な J_c が得られている.次世代材料候補としては,77 K で磁場特性のすぐれる YBCO 系,臨界温度最高で,不可逆磁界の高い $HgBa_2Ca_2Cu_3O_{8+\delta}$ (Hg 1223;T_c=135 K) 系,およびまた Bi 系の 77 K までのピン止め力を改善した $(Pb, Bi)_2Sr_2CaCu_2O_8$ などがある.

2) 線材化プロセス

ビスマス Bi 系は雲母のようにへき開する性質があるため,これを利用して高度に配向した線材をつくる銀被覆法(PIT, powder-in-tube)法がもっとも一般的で,Bi 2212,Bi 2223 ともにこの方法で多くの線材がつくられている.

Bi 2212 多心テープの線材作成プロセスを模式的に図 3.8.76 に示す.銀シース(銀

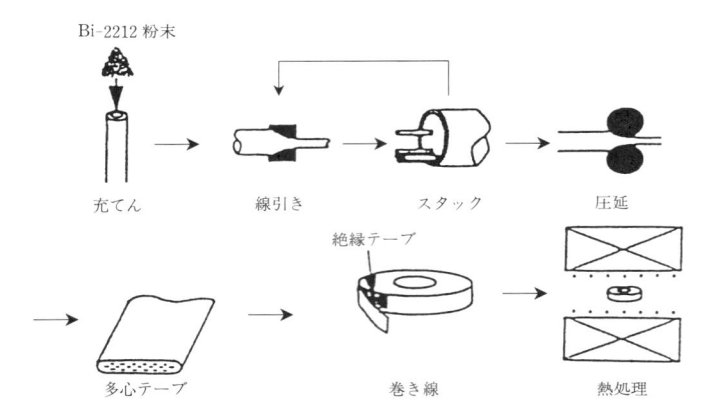

図 3.8.76 Bi 2212 多心テープのコイル作製プロセス

管) に原料粉末を充てんし，これを線引きし複数本を束ね，熱処理，圧延などを配向性をあげるため反復して最終的に厚み 0.3 mm, 幅 3 mm 程度のテープ形状とする．Bi 2212 と Bi 2223 では，c 軸配向させるプロセスが全く異なる．Bi 2212 は部分溶融状態からの結晶成長を利用しての結晶配向化が可能である．つまり，融点直上まで部分溶融状態にした後，非常にゆっくり冷却させると，Bi 2212 の板上結晶がテープ面に平行に配列した c 軸配向が得られ，弱結合の問題が解決される．Bi 2223 では，部分溶融状態からの結晶成長ができない．しかし，液相焼結で Bi 2223 は板状に生成されるため，機械的に圧縮応力を加えて強制的に配列する．実際の作製では酸化物と銀の複合体として均一加工の難しさ，熱処理における膨れの防止など再現性のよいプロセスに多くのノウハウがある．多心化の利点は，① 機械的応力がかかった場合の J_c の劣化を少なくする，② J_c の長手方向の均一性をよくする，③ 単心テープより J_c が高くなる，などがあげられる．現状では線材断面積の中で銀の占める割合は高温超伝導体の 3〜4 倍である．線材としての臨界電流密度は銀比を低くとることで向上できる．しかし，銀比を小さくすると線材中で超伝導ファイバーが長さ方向に不均一になるソーセージ現象が起こり，これが臨界電流密度向上の最大のネックになっている．銀被覆線材としては課題の一つに機械的特性の改善がある．銀シースへの Mg, Ni などの元素を添加することで強度が 2〜3 倍向上する．

現在，60 心程度の多心細線技術が開発され，臨界電流密度でも短尺物で 60000 A/cm^2, 200 m 程度以上 1 程度までの長尺物で 12000 A/cm^2 に達している．このほかにも線材作製プロセスには塗布法があるが，ここでは省略する．

線材の応用分野には，超伝導磁石，パワーリード (超伝導磁石用電流導入棒)，電力ケーブル，変圧器，超伝導電力貯蔵 (SMES, superconducting magnetic energy storage)，MRI (magnetic resonance imaging system；磁気共鳴断層撮影診断装置) など

多彩である．

g. おわりに

本節で紹介したように高温超伝導材料では，いくつかの分野で実用化への展望が少しずつ見えてきた．特殊な応用分野で具体的な商品の顔が見え始めているので，最近の冷凍技術の急速な発展と相まって着実に応用分野が広がっていくであろう．エレクトロニクスへの応用という点では，再現性が高く，信頼性にすぐれる SNS 接合技術の開発が鍵を握ると思われる．Si や GaAs などの半導体デバイスでは実現不可能な特性を生かせる応用から市場は開けていくであろう．デバイスおよび線材応用に関する過去 10 年の研究現状報告として文献[42]が参考になる．高温超伝導材料の材料技術に関しては，2.2 節超伝導材料を参照されたい．なお文献引用については，本書の性格と初学者への配慮から豊富なデータをもつ文献や総合報告に頼った部分もあり，オリジナル論文はその中に求めていただく場合があった．　　　　　　　　　　［宇佐川利幸］

引 用 文 献

1) S. Morohashi and S. Hasuo : *J. Appl. Phys.*, **61** (1987) 4835.
2) K. K. Likharev : *Rev. Mod. Phys.*, **51** (1979) 101.
3) N. D. Browning *et al.* : *Physica*, **C212** (1993) 185.
4) D. Dimos *et al.* : *Phys. Rev. Lett.*, **61** (1988) 219 ; J. Mannhart *et al.* : *Phys. Rev. Lett.*, **77** (1996) 2782.
5) H. Hilgenkamp *et al.* : *Phys. Rev.*, **B53** (1996) 1458.
6) M. S. Dilorio *et al.* : *Appl. Phys. Lett.*, **67** (1995) 1926.
7) S. Morohashi *et al.* : *Jpn. J. Appl. Phys.*, **36** (1997) L5086.
8) C. T. Rogers *et al.* : *Appl. Phys. Lett.*, **55** (1989) 2032.
9) A. M. Cucolo *et al.* : *Phys. Rev. Lett.*, **76** (1996) 1920.
10) T. Hashimoto *et al.* : *Appl. Phys. Lett.*, **60** (1992) 1756.
11) R. Tsuchiya *et al.* : *Appl. Phys. Lett.*, **71** (1997) 1570.
12) J. Gao *et al.* : *Physica*, **C171** (1990) 126 ; J. B. Barner *et al.* : *Physica*, **C207** (1993) 381.
13) M. A. J. Verhoeven *et al.* : *Appl. Phys. Lett.*, **69** (1996) 848.
14) Y. Tanaka : *Phys. Rev. Lett.*, **72** (1994) 3871.
15) P. G. de Gennes : Superconductivity of Metals and Alloys, W. A. Benjamin, 1966.
16) H. Rogalla : ISTEC ジャーナル, **10**-2 (1997) 2.
17) G. Deutscher : *Physica*, **C185**-189 (1991) 216.
18) 赤穂博司, 佐藤　弘：応用物理, **63**-4 (1994) 378.
19) B. Fisher *et al.* : *Physica*, **C176** (1991) 75.
20) L. Antognazza *et al.* : *Phys. Rev.*, **B51** (1995) 8560.
21) Y. Tarutani *et al.* : *Appl. Phys. Lett.*, **58** (1991) 2707.
22) K. Char *et al.* : *Appl. Phys. Lett.*, **63** (1993) 2420.
23) Y. Ishimaru *et al.* : *Jpn. J. Appl. Phys.*, **35** (1996) L15.
24) T.W. Jing *et al.* : *Appl. Phys. Lett.*, **55** (1989) 1912.
25) S. J. Proctor *et al.* : *IEEE Trans. on Electron Devices*, **30** (1983) 1535.
26) R. J. Cava *et al.* : *Physica*, **C165** (1990) 419.
27) T. Ito *et al.* : *Phys. Rev. Lett.*, **708** (1993) 3995.

28) T. Usagawa et al.: *J. Appl. Phys.*, **69** (1991) 8227.
29) S. E. Russek et al.: *Appl. Phys. Lett.*, **64** (1994) 3649.
30) C. L. Jia et al.: *Physica*, **C175** (1991) 545.
31) J. G. Wen et al.: *Physica*, **C255** (1995) 293.
32) S. Tsukui et al.: *Physica*, **C185-189** (1991) 929.
33) Y. Ishimaru et al.: *Phys. Rev.*, **B55** (1997) 11851.
34) 松田祐司, M. B. Gaifulin:固体物理, **31**-4 (1996) 401.
35) R. Kleiner et al.: *Phys. Rev. Lett.*, **68** (1992) 2394.
36) 瀬恒謙太郎, 榎原 晃:応用物理, **66**-4 (1997) 351.
37) A. Inam et al.: *Appl. Phys. Lett.*, **56** (1990) 1178.
38) 小中庸夫他:応用物理, **60**-5 (1991) 482.
39) A. A. Valenzuela et al.: *Appl. Phys. Lett.*, **55** (1989) 1029.
40) Z. Y. Shen et al.: *IEEE Trans. on Applied Superconductivity*, **7** (1997) 2446.
41) 戸叶一正:応用物理, **65**-4 (1996) 356.
42) 高温超伝導研究10年, 日本応用磁気学会第101回研究会資料, 1997.

3.9 アトムテクノロジーとデバイス応用

はじめに：原子サイズの情報処理デバイスの可能性

近年，従来の技術では実現しえない新材料，新機能を実現できる可能性を秘めている，原子，分子サイズの材料，デバイスの研究が注目を集めている．ノーベル物理学賞受賞者のFeynmanは，1960年に "There is plenty room at the bottom" と題する講演を行い，1/4の寸法の機械を自己複製させることを何度か繰り返せば，原子を操る機械をつくれるはずであると述べた[1]．その後，1982年になり，IBMのBinnig, Rohrerによって走査トンネル顕微鏡（STM, scanning tunneling microscope）が発明され[2]，固体表面の原子を見ることができるばかりでなく原子に直接触ることが可能になった．これを受けてFeynmanは1985年に "Infinitesimal Machinary" と題する講演を行い[3]，原子1個でメモリー1ビット，原子3個でトランジスターを形成することが可能であると述べた．原子，分子サイズのデバイスの提案としては，1980年にNRL (Naval Research Laboratory) のCarterが分子デバイス[4]を，1986年にはStanford大学のQuateが原子サイズのファイルメモリー[5]を，1993年には日立の和田が原子サイズのスイッチングデバイス[6]という概念をそれぞれ発表している．1990年になり，IBMのEiglerが，STMを用いて固体表面の原子を操作可能であることを実証し[7]，いよいよこれらの原子，分子サイズデバイスが現実のものになる可能性がでてきた．

本節では，まず現在の情報処理デバイスの歴史と限界を論じた後，原子，分子サイズの情報処理デバイスの提案とその実現に向けた研究状況を解説する．次に原子，分子サイズ情報処理デバイス作製に必要な原子，分子レベルの観察，操作技術について概観する．最後にこれらの原子操作および原子，分子サイズデバイス技術の基礎研究への応用として，「原子プロキシミティ場の極限物理現象」の解明に関する可能性を述べる．

3.9.1 情報処理デバイスの歴史と限界

「温故知新」という言葉があるように，革新的なアイデアは，歴史的に展望することによって見通しのよくなることがある．ここでは情報処理デバイスの歴史を振り返

ることにより，今後の発展を予測してみよう．情報処理デバイスは，
  ① トランジスターに代表されるスイッチングデバイス，
  ② 磁気ディスクに代表される記録（ファイル）デバイス，
  ③ その他通信用や，たとえば発光素子のようなデバイス，
の3種に分類できる．以下おもにスイッチングデバイスに焦点を当てながら，これらのデバイスに関し歴史と限界を概観する．

a. 情報処理スイッチングデバイスに必要な性能
情報処理スイッチングデバイスに要求される性能は，最低限次の5項目に要約できる[6]．
  ① 入出力バランス：出力による次段デバイスの直接ドライブ
  ② 入出力分離：入力と出力の分離，3端子素子
  ③ 高速動作：高速スイッチング特性
  ④ 高密度集積：微小寸法，高集積化可能性
  ⑤ つくりやすさ：プロセス的な作成の容易さ

これまで「新概念デバイス」は，③の高速動作特性のみが評価ファクターとなっているきらいがあったが，いくら単一のデバイスが高速でスイッチング動作しても，システム全体の性能が向上しないと，情報処理デバイスとしては意味をなさない．したがって，これらの5項目をバランスよく満足させるデバイスの提案が必要である．無論，雑音耐性，信頼性，低電力消費特性などのファクターも重要であることはいうまでもない．これらのファクターも，デバイスレベルと別個に集積回路レベルで評価される必要がある．

b. 情報処理スイッチングデバイスの歴史と限界
人類がこれまで用いてきた情報処理デバイスの歴史を振り返ると，最初に用いられた電子的デバイスは機械的エレクトロニクス (mechanical electronics) に基づいたリレーであった．しかし速度，信頼性といった問題によって，まもなく真空エレクトロニクス (vacuum electronics) に基づいた真空管[8]にとって代わられ，初めての実用的計算機システムが開発された．しかし，これとても消費電力，信頼性といった問題から，真の実用的情報処理スイッチングデバイスは，固体エレクトロニクス (solid state electronics) によるトランジスター[9]の出現を待つ必要があった．さらに情報処理が大発展を遂げるのは集積回路の発明[10]に負うところが大である．図3.9.1はこれらの歴史的な情報処理スイッチングデバイスの特性をスイッチング速度と単位面積当たりの集積度という点に着目してプロットしたものである[6]．図から明らかなように，それぞれのデバイスの特性は2～3桁の差があり，このようなシステムの変更を伴うようなパラダイムシフトが起こるためには，デバイスの特性がそれ以前のものに

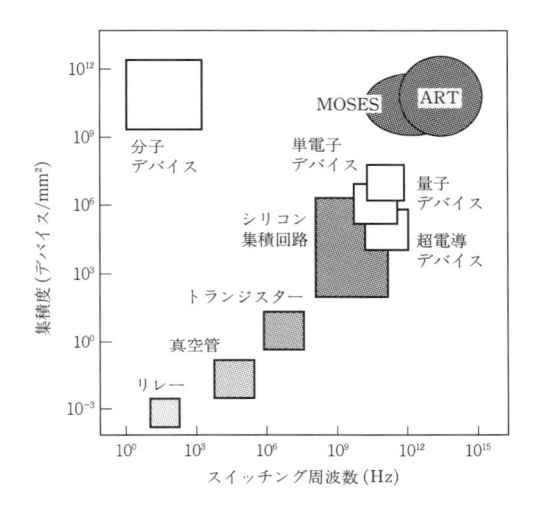

3.9 アトムテクノロジーとデバイス応用

図 3.9.1 歴史的な情報処理スイッチングデバイスの特性比較
パラダイムシフトには速度，集積度といった特性が数桁すぐれている
必要のあることを示す．

比べ数桁すぐれていることが必須であることがわかる．図中で ART, MOSES と名づけられているデバイスは後に説明する原子，分子サイズのスイッチングデバイスで[6]，現在の集積回路デバイスよりも数桁高い特性をもつ可能性があるため，次世代の情報処理スイッチングデバイスの有力候補である．

1) 集積回路デバイスの進歩と限界

では，集積回路デバイスはどのように進歩してきたのであろうか．現在の集積回路用情報処理スイッチングデバイスはおもにシリコン MOS 電界効果トランジスター (MOS FET, metal-oxide semiconductor field effect transistor) 技術[11]を基本としている．この理由は MOS FET が前述の五つの必要特性をほぼ理想的に満足しているためである．MOS FET を集積した大規模集積回路 (large scale integrated circuit, LSI) は，MOS FET の寸法を縮小して性能を向上させる，いわゆるスケーリング則[12]に従って特性の向上が図られている．

表 3.9.1 はスケーリング則を簡単化して示したもので，寸法を $1/k$ にすると，スイッチング遅延が $1/k$，消費電力は $1/k^2$，スイッチングエネルギーは $1/k^3$ になることを示している．したがって，寸法を 1/10 にできれば，速度は 10 倍，消費電力は 1/100，スイッチングエネルギーは 1/1000 と，高性能化が可能になる．図 3.9.2 は LSI の集積度とそれを構成する MOS FET の最小加工寸法の歴史的な推移を，代表的な LSI である DRAM (dynamic random access memory) について示したものである．3 年間で集積度は 4 倍，最小加工寸法は 0.7 倍という大規模化，高集積化傾向が

表 3.9.1 MOSトランジスターのスケーリング則の概略

デバイス寸法 (幅, 長さ)	$1/k$
デバイス面積	$1/k^2$
ゲート酸化膜厚さ	$1/k$
容量	$1/k$
不純物濃度	k
電源電圧	$1/k$
電流密度	k
信号遅延	$1/k$
消費電力	$1/k^2$
電力-遅延積	$1/k^3$

寸法を $1/k$ にすると, スイッチング遅延が $1/k$, 消費電力は $1/k^2$, スイッチングエネルギーは $1/k^3$ になることを示す.

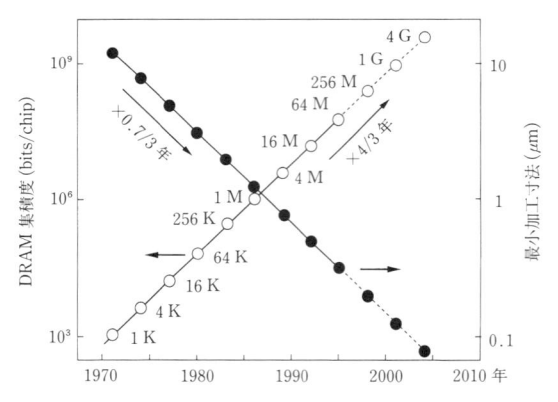

図 3.9.2 LSIの集積度と最小加工寸法の推移を, 代表的なLSIであるDRAMについて示した図
集積度は3年で4倍, 最小加工寸法は3年で0.7倍になっている.

25年以上にわたって継続されている. 無論このような進歩は, 一朝一夕になされたものではなく, 多くの知恵の集積により, 初めて可能になったのはいうまでもない[13]. 論理LSIも同様な傾向で大規模集積化が進められており, 西暦2005年ごろには最小加工寸法 $0.1\,\mu$m 技術による1ギガ (10億) ビットDRAM LSI, 1億トランジスターを集積した論理LSIの実現が期待されている[14].

しかしながらこのような進歩も無限に続くものではなく, 以下の理由により, MOS FETの寸法縮小は最小寸法 $0.1\,\mu$m 程度に限界があると考えられている[6,15].

① トランジスター特性: 寸法を縮小してもMOS FETの特性が, 寄生抵抗, 寄生容量のため向上しなくなる.

② 絶縁体の特性: 絶縁体の厚さを $3\sim4$ nm よりも薄くすると, トンネル電流が流

れ，もはや絶縁体としての特性を示さなくなる領域に入る．

③ p-n 接合の特性：p-n 接合の空乏層幅は，最小約 20～30 nm 程度で，これ以下にはできない．

④ 導電体の電流容量特性：スケーリング則により，導体中を流れる電流密度が高くなるため，材料の許容電流容量を越え，ひいては破壊が起こる．

⑤ 統計的な誤差：添加する不純物量が少なくなり $\Delta N/N$ という統計誤差が無視できなくなる．現在の誤差は数%以下であるが，たとえば不純物量が 10 個になると，誤差は 30%を越え，デバイス特性を制御できなくなる．

⑥ スイッチングエネルギー：室温のエネルギー (約 25 meV) に比較して十分大きなスイッチングエネルギーをもつ必要があるが，スケーリングにより寸法を $1/k$ にするとスイッチングエネルギーは $1/k^3$ に小さくなるため，熱エネルギー限界や量子限界の影響が出る．

このように現在の半導体技術に基づいた MOS FET 構造では，$0.1\,\mu\mathrm{m}$ 程度の寸法に材料的，物理的な限界があり，これ以上の寸法の縮小による性能の向上は望めなくなってきている．したがって新しい原理に基づいた情報処理デバイスの必要性が認識され，次に述べるようなデバイスが提案されている．

2) MOS FET 以外の原理に基づいたスイッチングデバイス

a) 量子効果デバイス　量子効果デバイスに関しては，すでに 3.1 節に詳細に述べたが，ここでは情報処理デバイスという面から簡単に評価する．量子効果デバイスは，一般に以下の 2 種類に大別できる．しかしいずれの原理に基づいたデバイスも単独では高速動作の可能性をもつが，前述の 5 項目のスイッチングデバイスとしての必要条件を必ずしもすべて MOS FET 程度には満足できていないと考えられる．

① 寸法を縮小したときに生ずるバンド構造の離散化を利用するもの (例：共鳴トンネルデバイス[16])：二つのトンネルバリヤーではさまれた，微小な量子化部分を作成し，両端に電圧を印加していくと，量子化したレベルが注入層のレベルと一致した場合に電流が流れ，一致しないと電流が流れにくくなる．したがって電流-電圧特性は負性抵抗を示す．一般にピーク-バレー比は 2～10 程度と小さく，十分な信号振幅を得られない．

② 縮小された構造中を電子が波動性をもって伝搬するときの波動的な性質を利用するもの (例：電子波干渉デバイス[17])：電子は，コヒーレンス長よりも小さい構造中で波としての性質が顕著になる．細線を分岐し，位相制御領域を設け，位相を変化させた後，再び合流させて位相干渉を起こさせると，トランスコンダクタンスのゲート電圧依存性が得られる．電子の位相は感度のよい応答特性が得られるが，一般に出力のダイナミックレンジが低い．

b) 単電子トンネルデバイス　単電子トンネルデバイス (single electron tunneling device, SET) は上記のスイッチングデバイスとしての 5 条件を比較的よく満足す

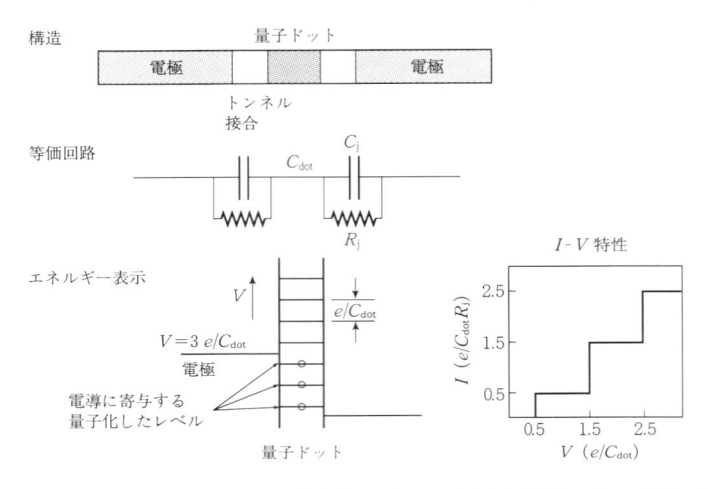

図 3.9.3 単電子トンネルデバイスの基本構造の模式図と電流-電圧特性の表れる原理の説明図

ると考えられているため，MOS FET の限界を越えるスイッチングデバイスとして注目されている[18]．SET の基本構造は，図 3.9.3 に示したように二つのトンネル接合 (tunnel junction) によってそれぞれ導電体 (electrode) に接続された量子ドット (quantum dot) からなる．量子ドットに電子を 1 個注入すると，量子ドットの電位 V_{dot} は量子ドットの容量を C_{dot}，電子の電荷を e とすると，

$$V_{dot} = e/2C_{dot} \quad (=80(\mathrm{mV})/C(\mathrm{aF})) \tag{3.9.1}$$

だけ高くなる．したがって，1 個の電子が量子ドットに注入されると，V_{dot} だけポテンシャルが上がるため，次の電子は V_{dot} 以下の電位の場合には量子ドットに入れなくなり，量子ドットに電子が 1 個ずつ注入されることになる．これをクーロンブロッケイド現象と呼ぶ．単電子トンネル現象を観測するための物理的な制限は，トンネル抵抗 (R_j) が量子限界 ($2h/e^2$：約 6 kΩ) より大きいこと，量子ドットのエネルギー (E_{dot}：eV_{dot}) が熱エネルギー (kT：室温で約 25 meV) よりも大きいこと，の 2 点である．量子ドット中に離散的なレベルが形成されるため，電圧の上昇とともに電導に関与するレベルの数が増加し電流が増すことになり，マクロに観察すると階段状の電流-電圧特性を示す．このような単電子トンネリング現象が観測されたのは非常に古く，1969 年にはすでに階段状の電流-電圧特性が報告されている[19]．量子ドットの寸法を小さくすると，容量 C_{dot} が小さくなるため，式 (3.9.1) から V_{dot} が大きくなり，室温でもこのような現象を観測できるようになる．この境界条件は数 aF であり，後に述べるようにこのときの量子ドットの寸法は数 nm である．

量子ドットのポテンシャルを外部から制御すれば，量子ドットを介して流れる電流に介在するレベル数を変えられるため電流-電圧特性を変化でき，単一電子トンネリ

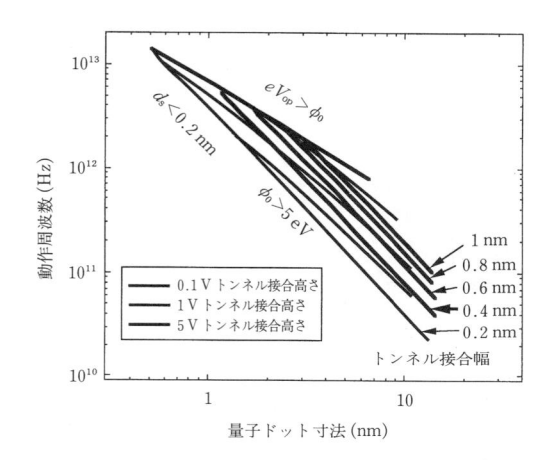

3.9 アトムテクノロジーとデバイス応用

図 3.9.4 単電子トランジスターの高速動作特性の量子ドット寸法依存性のシミュレーション結果

ング現象を利用したトランジスターを形成できる．具体的には量子ドットにゲートを付ければよい．このようなトランジスターにおいては，デバイスの増幅率（ゲイン）はゲートとドットの容量の比で決まる．このため論理デバイスのように大きなゲインが必要な場合には，ゲート容量を大きくする必要がある[20]．また，スイッチング速度は，おもに容量とトンネル接合の抵抗の積で決まるため，寸法縮小により高速化できる．図 3.9.4 は論理デバイスについて量子ドットの寸法とスイッチング速度の関係をシミュレーションで求めたもので，最高性能を得るためには量子ドットの寸法を 1 nm 以下にすることが必要であることを示している[20]．

以上述べたように SET は，電流のオン-オフ比，入出力バランスなど改善すべき点もあるが，基本的な動作は確認されている．最近，安定な動作特性を実現するため，CMOS 型の構成をもつ SET が提案され，シミュレーションにより特性が予測されている[21]．また，SET の原理に基づいた読出し専用メモリー（read only memory, ROM）の動作も確認されている[22]．

c. 記録用デバイスの現状と限界

現在おもに用いられている記録用（ファイル）デバイスとしては，磁気ディスク，光ディスクなどをあげることができる．図 3.9.5 は代表的な情報処理用メモリーデバイスとしての半導体メモリーとファイルメモリーとしての磁気メモリーの単位面積当たりのビット数の推移を示したものである．1960 年代には 1 桁以上の差のあった半導体メモリーの集積密度は 1990 年ごろには磁気メモリーのそれを凌駕し，1 ビット/$1\,\mu m^2$ を越えつつある．半導体メモリーの高密度化はおもに微細加工技術の進歩に

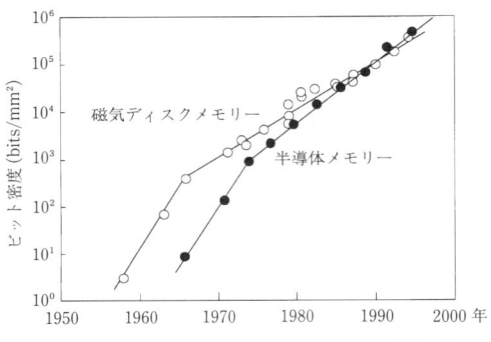

図 3.9.5 半導体メモリーと磁気メモリーの単位面積
当たりのビット数の推移

よっており，今後の進歩もほぼ直線的に達成されることが予想される．一方，磁気記録は記録媒体，ヘッド構造，読出し書込み方式，信号処理方式などのさまざまな改善を経て記録密度を向上している[23]．とくにビット当たりの価格がほかの記録方式に比して1桁以上安価であるため，大量の記録には磁気記録がおもに用いられている．

磁気記録技術，光記録技術，光磁気記録などの記録用デバイスの今後の技術開発の予測によれば，2000年には現在のさらに10倍以上の10ビット/1 μm^2 程度の超高密度記録が実現される．このような目標を達成するためには，さまざまな面での急速な技術的進歩が必要であるが，おもに高性能磁気/光記録媒体，ヘッドと読出し書込み方式の改良，記録方式の改良などの技術開発が必要になると予想されている．しかし，いずれの技術も10ビット/1 μm^2 以上の高密度記録技術については，まだ見通しは立っていない．これを可能にするもっとも有力な候補が，後述する原子サイズの記録方式である．

無論，単位面積当たりの記録密度の向上とともに，入出力速度の向上も不可欠な技術である．記録デバイスの集積度の向上とともに入出力速度も高速化することが必須になることは，たとえば1テラバイト（10^{12}：1兆バイト）の情報を1時間で読み書きするためには，1秒間に300メガバイトの入出力速度が必要であることからも明らかであり，これは現状のデータ入出力速度の約30～300倍である．

3.9.2　情報処理デバイスとしての原子，分子サイズ構造

前項の議論から，現在の情報処理デバイスが材料的，物理的な限界に直面していることがわかった．またこの限界を越えるためには，新しい動作原理に基づいた原子，分子サイズの情報処理デバイスの提案が必要であることを明らかにした．これらの結果を踏まえて，次に極限的な原子，分子サイズ情報処理用スイッチングデバイスおよ

び記録(ファイル)用デバイスのアイデアを説明する．

a. スイッチングデバイス
1) 単原子デバイス

原子,分子レベルスイッチングデバイスとして,原子,分子の機械的な動きによってオン-オフするデバイスが提案されている[6]．図3.9.6は原子を直線状に並べて構成したアトムリレートランジスター(ART, atom relay transistor)の概念図である．スイッチング原子(switching atom)が原子細線(atom wire)中にあると原子細線中を電子が流れるためオン,細線から外れた位置にくれば電子が流れなくなりオフとなる．スイッチング原子の動きは,スイッチングゲート(switching gate)およびリセットゲート(reset gate)から供給される電界で制御される．スイッチング原子のスイッチング速度は第一原理に基づいたシミュレーションにより約30 THzと予測されている[24]．ARTの電導特性をシミュレーションした結果,図3.9.7に示したように期待

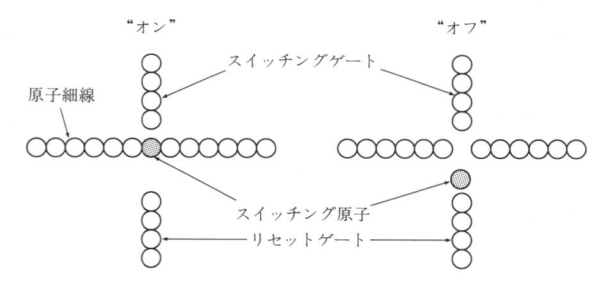

図 3.9.6 アトムリレートランジスター(ART)の概念図
丸は原子を表し,スイッチング原子が原子細線中にあればオン,外に出るとオフとなる．

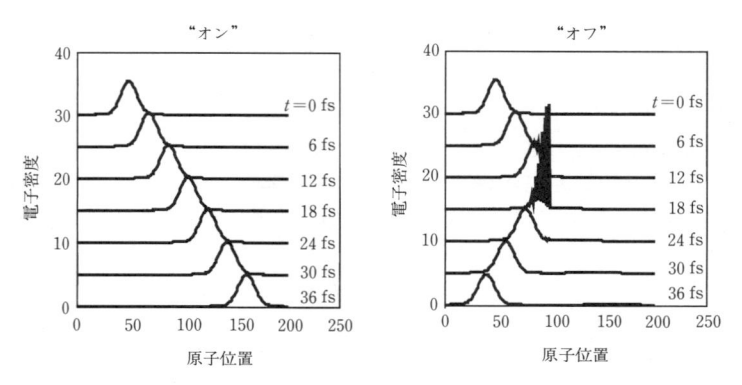

図 3.9.7 ARTの動作特性シミュレーション結果
スイッチング原子が原子細線中にあればオン,外に出るとオフとなる状態を示す．

どおりのスイッチング特性を示す可能性のあることが予測された[6]．

ART の特徴は原子で形成された細線中のスイッチング原子の有無でオン，オフが決まる点にある．このため，速度は 10 T（テラ：10^{12}）Hz 以上（現在のトランジスターの 1000 倍以上），寸法は 1 nm（現在のトランジスターの 1000 分の 1 以下）程度と，図 3.9.1 に示したように，現在の半導体デバイスの性能を 2〜3 桁越える，非常に高速，高密度なスイッチング素子となる可能性がある．また ART は，速度，集積度ばかりでなく，最初に述べた情報処理デバイスの五つの要件はすべて満たしていると考えられる．ART を用いて論理ゲートおよびメモリーを構成することができ，これを用いてコンピューターをつくると，現在の 1000 倍程度の性能のものを実現可能であると予想される．

ART を製作するためには，絶縁体上での原子操作技術，微小接続技術，超高速超微細信号計測技術などの開発が必要である．また単原子レベルの操作技術のみでシステムを構成することは，10^{10} 個程度の原子を操作する必要があるため，後述の自己組織化技術や，並列製造技術の開発が必要であろう．次項で述べるように，励起型 STM[25]，探針評価技術[26]，マイクロマシン STM[27] などの基礎データを集積し，表面超構造の形成技術が確立されつつある．

2) 分子レベル単電子デバイス

これまでカーター（Carter）[4] などによって分子レベルのデバイスの可能性が提案されてきたが，スイッチング速度が遅い点や分子一つ一つへのアクセスができないといった技術的な問題点があり，一時のブームは去った．一方，単電子トンネリング現象[18] は，前述のように 1980 年代末になって LSI の限界が議論され始めるとともに再び脚光を浴び始めた．分子はきわめて小さい閉じた系であり，また自己組織化によって必要な構造を形成できるため，「量子ドット」構造を実現する材料として適していると考えられる．また 1 個の原子，分子を操作することも STM[2]，原子間力顕微鏡（atomic force microscope, AFM）[28] の進歩により現実性を帯びてきた．このような技術的な進歩の背景のもとに，本項では単電子トランジスター構造を基本とした情報処理用分子サイズデバイスの可能性を再考してみたい．

分子の特徴を生かした単電子トランジスター，MOSES (molecular single electron switching transistor) の基本構造が提案されている[29]．MOSES の基本構造は量子ドットとトンネル接合を分子で形成する点にある．図 3.9.8 はポリアセチレンを導電体，ポリエチレンを絶縁体として形成したトンネル接合のアイデアと，分子軌道法による電子分布のシミュレーション結果を示したものである．ポリアセチレンの側鎖に電子供与性あるいは電子吸引性の基を付与すれば，n 型あるいは p 型にドープすることも可能であると考えられる．トンネル接合を二つ組み合わせれば量子ドットを形成できるが，従来の無機材料からなる系と異なり，量子ドットの容量やトンネル接合を分子のサイズで制御可能であるため，基本的にばらつきのない構造を形成できる．た

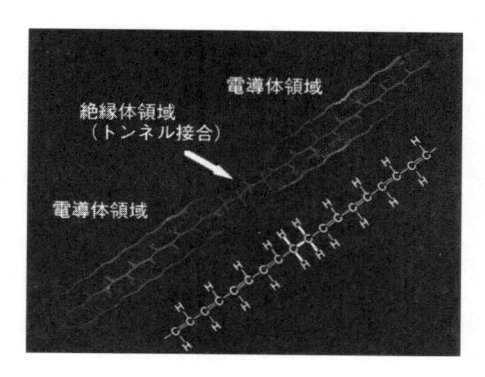

図 3.9.8 ポリアセチレンを導電体,ポリエチレンを絶縁体として形成したトンネル接合のアイデアと,分子軌道法による電子分布のシミュレーション結果

とえばフラーレン (C60) は直径約 0.7 nm あり,これを MOSES の量子ドットに用いれば,図 3.9.4 から 1 THz 以上の性能が期待でき,図 3.9.1 に MOSES と示したような超高性能情報処理デバイスが実現できよう.

トランジスターのゲインを大きくするためには,ゲートと量子ドットの容量を大きくするため,分子間の結合数を増やして接触面積を大きくするなど,分子設計上の工夫も必要である.MOSES を基本デバイスとして論理回路,記憶回路を合成すれば,分子レベルのコンピューターの実現も可能である.このように MOSES は,寸法が現在の半導体デバイスよりも 3 桁程度小さくできるため,図 3.9.1 に示したように 3 桁程度の高性能化が期待できる.

MOSES が所望の特性をもつことを確認するためには,まず単一分子の電気的測定を行うことが可能になる必要がある.このためには,単一分子の両端を電極に接続し,電圧-電流特性を測定する必要があるが,世界の約 20 の研究機関で研究がなされているものの,まだ成功していない.接続のしやすい直鎖構造の実現という考えに基づいて分子設計を行い,実際に合成している例がある[30].このようなチオールを主体とした直鎖状分子構造にすると,分子の長さが既知であることと,3 次元形状が通常の分子のように折り畳まれずに直線状であるため,電導度の測定などを行う場合に信頼性の高いデータを得られる.電導度を測定するためには,分子の両端に付けた硫黄原子を探針部と試料部に設けた金電極にそれぞれ吸着させ,この電極間の距離を通常の STM によって精密に制御する方法がもっとも可能性がありそうである.電子顕微鏡で探針先端を観察可能な STM をマイクロマシン技術で実現し,分子の電導特性の測定を試みている例がある[27].後に詳述するように,0.1 nm 以下の寸法精度で電極間隔を制御可能であることが確認されており,単一分子の電導特性測定に威力を発揮することが期待される.

b. 記録用デバイス

もしも Feynman が述べたように，1原子を1ビットに対応させれば，約 10^7 ビット/$1\,\mu m^2$ 程度と，現状の1000万倍の密度の極限的な記録密度をもつデバイスを実現できる．この方式の本質的な問題点は，1個1個の原子へのアクセス速度(書込み，読出し速度)を数10 Mbit/s 以上に早くできないと高密度化の意味をなさない点である．一方，約30 nm 程度の寸法を1ビットにすれば，約 10^3 ビット/$1\,\mu m^2$ と，現状の1000倍程度の記録密度となり，今後20年程度の間に必要とされる性能は確保できるため，これが原子サイズの記録方式の当面の技術目標となろう．この場合にもアクセス速度は基本的な技術課題である．仮に情報の読出しを STM で行う場合には，通常の STM の走査速度は最高でも 10 μm/s 程度であるから，1ビットの寸法を 30 nm とすると，アクセス速度は約 1 kbit/s と必要速度よりも3桁以上低い．この問題を解決するためには，たとえば STM を多数並列に並べ，同時にアクセスして並列書込み，読出しをするなどが考えられるが，今後の研究開発に待つところが多い．図 3.9.9 は，原子サイズの記録方式の一例として，直径約 30 nm の金のクラスターを1ビットに対応させたものを示す[31]．金ドットにより，T bit MEMORY HITACHI (テラビットメモリ日立) と書いてあり，将来の高密度記録への道をひらく第一歩と位置づけられる．原子，分子レベルの機械式記録，光記録などを含めた STM などのプローブ技術による極限ファイル技術に関しては，比較的悲観的な見方もある[32]．

図 3.9.9 原子サイズの記録方式の一例として，直径約 30 nm の金のクラスターを1ビットに対応させ，T bit MEMORY HITACHI (T：テラ) と書いた例

3.9.3 原子，分子レベルの観察，操作技術

前項で述べたような，新しい動作原理に基づいた原子，分子サイズの極限的な構造のデバイスを実現するためには，原子，分子レベルの操作技術が不可欠である．本項では，原子分子レベル操作技術の現状について概観する．単一原子，分子を操作する手段としては，現在のところ走査トンネル顕微鏡(scanning tunneling microscope, STM)が唯一である．工業的に前述の原子，分子サイズデバイスを実現するためには，原子，分子を操作する速度を非常に早くする必要があるが，これを可能にする並列化STMならびに，超構造を自然に形成する，いわゆる自己組織化についても簡単に触れる．

a. STM技術

STMは前述のように1982年にIBMのBinnigとRohrerによって発明されて以来[2]，さまざまな改良が加えられ現在では表面の原子サイズ評価手段として欠かせない技術になっている．STMの動作原理の詳細については4.6節を参照されたい．ここではおもに原子，分子サイズデバイス作製という面から原子操作技術の現状を説明する．

1) 動作原理と原子操作の例

STMの概略構造を図3.9.10に示す．タングステン，白金などの針を電解研磨などにより鋭くとがらせた探針と，試料との間に1V程度の電圧を印加し，1nm程度の距離まで近付けると，1nA程度のトンネル電流が流れる．平面的に探針を2次元走査しながら，この電流値が一定になるよう，圧電素子に印加される電圧を制御することにより，試料表面の凹凸を検知する．トンネル電流 i，探針-試料間距離 d，電圧 V，仕事関数の平均 ϕ の関係は A を定数として次式で与えられる[2]．

$$i \sim (\sqrt{\phi}V/d)\exp(-Ad\sqrt{\phi}) \tag{3.9.2}$$

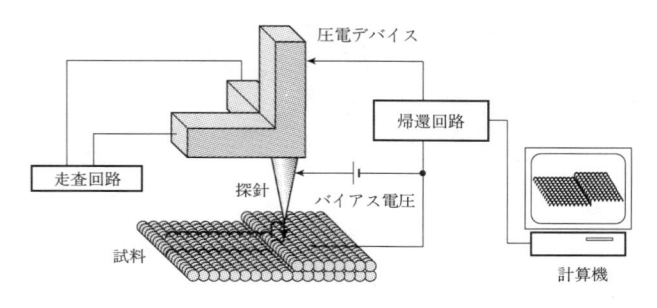

図3.9.10 走査トンネル顕微鏡(STM)の原理の概略模式図

式 (3.9.2) から明らかなように，トンネル電流値は探針と試料の間隔が 0.1 nm 変化すると約 1 桁変化するため，表面の 0.01 nm 以下の凹凸も検出できる．平面方向の分解能も 0.01 nm 程度と考えられる．

STM 探針によって固体表面上の原子を移動させる原子操作技術は，IBM の Eigler によって初めてその可能性が示された．彼らはニッケル表面にキセノン原子を配列させて文字を書いたり[7]，銅表面に鉄原子を配列させて金属表面電子の定在波を観測し[33]，STM の可能性を広げた．また，理化学研究所の青野は，シリコン表面から 1 個の原子を取り除く，動かす，付加するという技術の可能性を示した[34]．このような単一原子操作のメカニズムについてはいくつかの説があるが，原子の固体表面からの脱離に関しては，電界蒸発によるメカニズム[35]，熱励起によるメカニズム[36]，トンネル電子による固体結合の励起によるメカニズム[37] などが提案されている．図 3.9.11 はシリコン (111) 表面から原子を 1 個引き抜き，すぐ横に置いた状態を示す STM 像である．白く見えている部分がシリコン原子であり，丸で囲んだ原子が引き抜かれて表面に置かれた原子である．0.01 nm 程度の分解能でシリコン原子が明瞭に見えていることがわかる．厳密には，STM 像で白く見える部分は電子密度の高い部分であり，原子の位置とは対応しない場合もある[38]．にもかかわらず，このような原子の直接操作手段はこれまで全くなかったため，全く新しい工学の世界を切りひらいた．

ART のような構造をデバイスとして用いるためには，絶縁体の表面に原子細線構造を形成する必要がある．前述のように，STM は電流を流す必要があるため，この目的には適さない．一方，AFM は原子，分子を操作するに十分の解像度をもたな

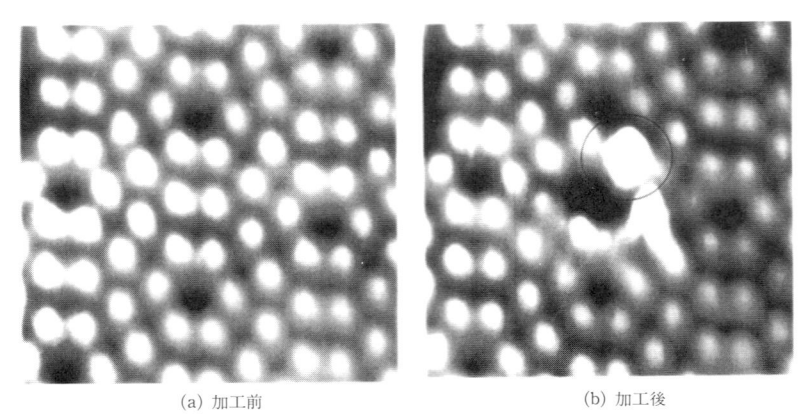

(a) 加工前　　　　　　　　　　　(b) 加工後

図 3.9.11
シリコン (111) 表面 (a) からシリコン原子を 1 個引き抜いた状態を示す STM 像 (b)．白く見えている部分がシリコン原子．

い．そこで，絶縁体に電子線，紫外線などのエネルギービームを当て，絶縁体を導電体化してSTM観測する励起型STM[25]が提案され，シリコン表面に形成したシリコン酸化膜の構造を解像した．また，STMで原子操作を行う場合には，再現性を得るために，探針先端をつねに同じ条件に保っておく必要がある．しかし従来の方法ではSTM探針先端をその場で評価することはできなかった．NFTI (needle formation and tip imaging) 探針評価技術[26]は，図3.9.12 (a)の模式図に示すように，シリコン試料表面に直径1～2 nm，高さ10 nmの鋭い針状突起(b)を形成し，それによりSTM探針を評価する手法である．従来不可能であった探針先端の原子レベルのその場評価(c)が可能になり，原子操作技術の再現性が確認できるようになった．

2) STMによる原子細線構造の形成

2次元的に制御された構造は従来半導体技術においてはリソグラフィー技術と呼ばれる技術[13]により人工的に形成されてきた．これまでの光や電子線を用い，感光性の有機材料であるレジストにパターンを形成する技術では，10～100 nm程度に微細化の限界があるが，STMを用いれば1 nm程度の原子，分子レベル構造が形成できる．Illinois大学のTucker教授らは，シリコン(Si)の(１００)面に水素を終端させ，

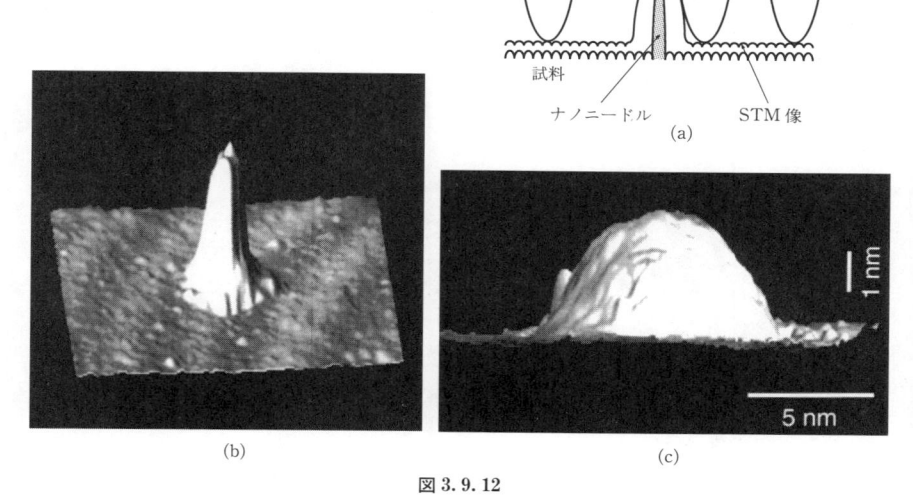

図3.9.12
STM探針の原子レベル直接評価手段として有効なNFTI法の原理図(a)，シリコン試料表面形成された直径1～2 nmの鋭い針状突起(b)，それにより初めてその場で観測されたSTM探針先端の原子レベルSTM像(c)．

この水素を STM 探針に電圧を印加することにより除去して 1 nm 程度の幅のパターンを形成した[39]．水素をレジストの代わりに使うことにより，超微細構造の実現が可能になり，この技術を応用すれば任意の原子細線の配列構造を形成可能である．図 3.9.13 は水素を終端させた Si(100) 面から水素を 1 列除去し，さらにガリウム (Ga) を吸着させた原子細線を形成した状態を示す STM 像である[40]．このように，原子サイズのデバイスのアイデアは実証に向け着実に技術を確立しつつあり，数年を経ずし

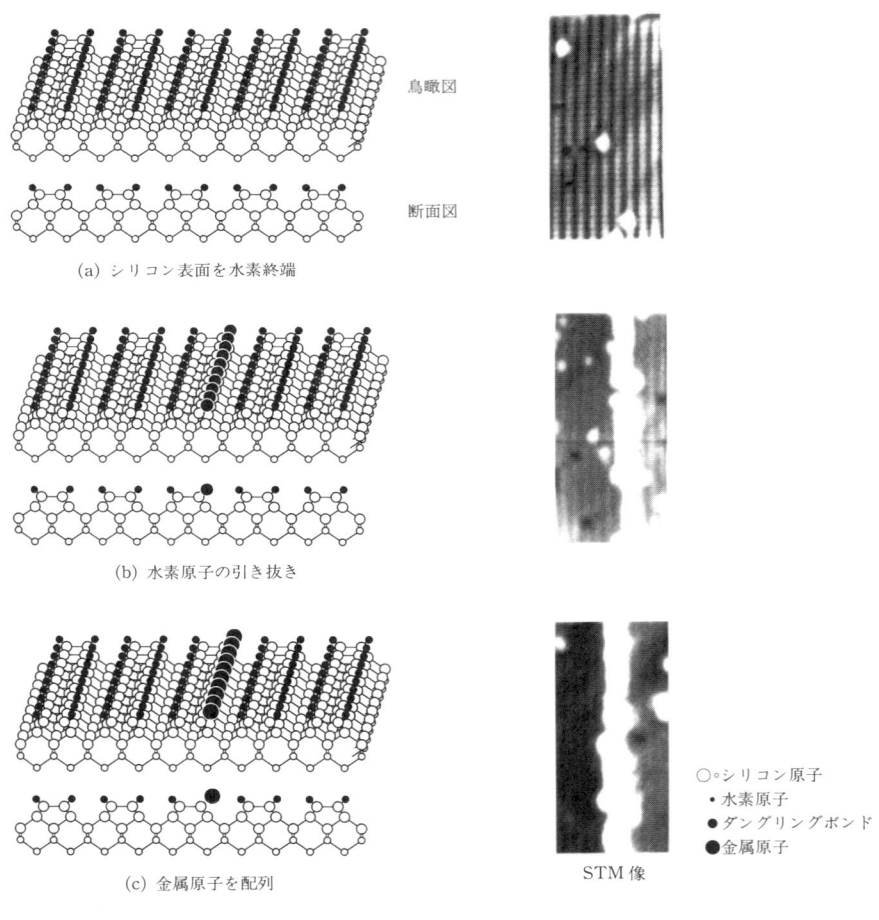

(a) シリコン表面を水素終端

鳥瞰図

断面図

(b) 水素原子の引き抜き

(c) 金属原子を配列

STM 像

○ シリコン原子
・水素原子
● ダングリングボンド
● 金属原子

図 3.9.13
水素を終端させた Si(100) 面 (a) から水素を 1 列除去してダングリングボンド列を形成し (b)，さらにガリウム (Ga) を吸着させた原子細線を形成 (c) した状態を示す模式図と STM 像．

て，その可能性が現実のものとして示されることであろう．

3) マイクロマシン技術を用いた並列化

以上のような報告は，STMにより，原子や分子一つ一つを所定の位置に置き，機能をもたせて情報処理に用いるという技術の実現性を示した．しかし，ARTを情報処理デバイスとして用いたLSIを製造するためには，少なくとも10^{10}個の原子を所定の配置に並べる必要がある．しかしこの方法では，原子を1秒に1個ずつ動かしても完成まで約300年の歳月を要し，工学的な見地からは全く非現実的である．これを現実の値にするには，少なくとも原子操作の速度を1000倍にする必要がある．1個のSTMの速度を上げるのはほぼ不可能であるため，1000個程度のSTMを並列に動作させ方法が実際的である．しかし従来の圧電素子を用いたSTMでは，最小寸法を10 mm以下にすることは非常に困難で，これを集積化することはできない．近年マイクロマシン技術を用いた200 μm角程度の寸法の超小型STM (マイクロマシンSTM, μ-STM) の動作が実証された[27]．

図3.9.14はμ-STMの全体構造のSEM写真およびトンネル状態における探針先端の透過電子顕微鏡 (transmission electron microscope, TEM) 写真である．STM発明から13年目にして初めて真空トンネルギャップの直接観察に成功したものである．μ-STMの動作原理は，comb actuator両端に電圧を印加すると，静電力によって電極どうしが引き合い，その力によってtipとsampleの間隔が制御される．全体の動きは4本のspringによって支えられている．図から明らかなように，電極間隔を0.1 nm以下の寸法精度で制御可能であることが確認された．μ-STMの寸法は，最小加工寸法を$1/k$にすると，$1/k^2$にできるため，図3.9.14の構造のままでも数十μmの構造を製作することは比較的簡単で，さらに設計を工夫することにより，1000

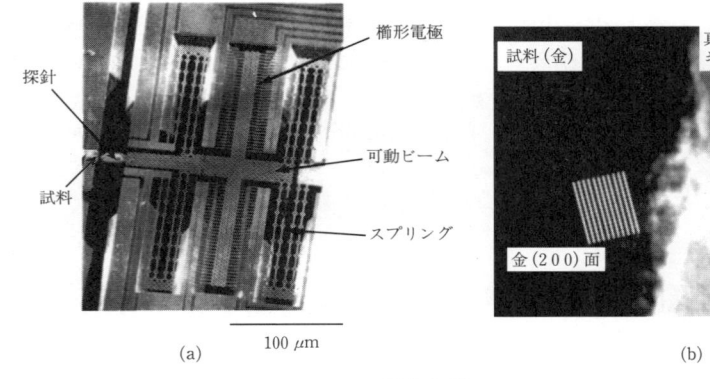

図 3.9.14
マイクロマシンSTM (μ-STM) の全体構造のSEM写真 (a)，および探針先端のTEM写真 (b)．約200 μm角のμ-STM構造が最小加工寸法0.6 μmのULSI技術で製造された．

個程度並列化して動作させることは技術的に十分可能である．

後述のように，このTEM/μ-STM技術を用いることにより，従来不可能であった原子プロキシミティ場の量子現象を直接観察可能になった．すなわち，トンネル状態にある電極間に高い電圧を印加した場合の原子の動きをμ-STMとTEMを組み合わせて直接観察することにより，前述の単一原子操作のメカニズムを明らかにできる，電極間に流れるトンネル電流に起因する発光などの量子現象を観察できる，などの原子レベル計測が可能になった．

b. 自己組織化構造形成技術

自己組織化構造形成技術の詳細は2.5節に述べてあるため，ここでは原子，分子サイズデバイスに直接関連する現象のみを簡単に取り上げる．原子，分子サイズデバイスを工学的に現実のものとするためには，μ-STMによる高速化に加え，自己組織化構造形成技術による一括形成方法がある．これは，原子，分子の自己エネルギーにより，結晶表面のステップや特定の原子位置に原子，分子を選択的に付着させ，所定の構造を一度に形成する技術である．たとえば，GaAs結晶上にアルカリ金属原子が配列する現象[41]のような1次元配列構造が観察されている．このような現象の起こる原因は，結晶表面の特定の位置に原子が吸着されるためと考えられている．直線状に配列した原子細線を利用すれば，STMを用いずに比較的容易にデバイス構造を形成可能になると考えられる．

2次元超薄膜等平面方向に均一に配列され，縦方向に制御された構造を形成する技術は，有機分子，無機結晶ともに比較的古くから報告されている．無機材料の超薄膜形成技術には，たとえば分子線成長法(molecular beam epitaxy, MBE)，化学蒸着法(chemical vapor deposition, CVD)などがあり，一般に真空中で原子，分子を固体表面に秩序立てて付着する方法である．とくに化合物半導体では原子層レベルでの構造制御も可能になっている[42]．一方，有機材料では，前述のような真空中の成長方法と，溶液中で成長させるウエットプロセスがある．ラングミア-ブロシェット(Langmuir-Blodgett, LB)膜技術，自己組織化単分子(self-assembled monolayer, SAM)膜技術などが後者の代表的なものである[43]．これらの技術を駆使することにより，原子，分子サイズの集積回路を工学的に許容可能な範囲で形成できるようになるであろう．

3.9.4 計算機シミュレーションによる原子，分子レベル材料，デバイスの特性予測

計算機シミュレーションによる原子，分子レベル材料，デバイスの特性予測について簡単に触れておく．材料の原子，分子レベルシミュレーションによる特性予測法

は，経験/半経験的方法と第一原理による方法との2種類に大まかに分類できる．前者は実験データなどに基づいて，経験的にパラメーターを決め，これにより比較的簡便に特性の予測をしようとするものである．計算量は比較的少なくてすむため，相当複雑な系についても電子状態や構造，特性をある程度正確に予想できるようになったが，固体の表面構造については必ずしも十分な解は得られない．また，この方法は実用的には薬学の分野を含めさまざまな分野で用いられてきたが，計算の前提としてパラメーターを用いるため，結果の信頼性に多少問題のある場合がある．これに対して後者は，このようなパラメーターを全く使用せずに，原子，分子レベルの構造を直接算出可能であるため，信頼性の高い結果が得られることが特徴である．しかしながら第一原理は，計算の規模が大きくなるという問題点があった．

　従来は，第一原理に基づいたシミュレーションによって原子レベルから材料の構造を集積し，その特性を予測することはたいへん困難なことと考えられていた．この理由は，おもにこれまで計算機の能力が低く，多数の原子を一度に取り扱うことができなかったためである．しかし近年計算機の能力が飛躍的に向上し，また解法にも大きな進展があったため[44]，原子数にして数百個程度までの計算が可能になってきた．これにより，固体表面の原子および電子構造を何の仮定もなしに，原子のエネルギー状態のみから正確に算出できるようになってきた．一例として，図3.9.15に第一原理によるシミュレーションで求められた，図3.9.13(b)に対応する，水素を終端させたSi(100)面(a)から水素を1列除去しダングリングボンド列の電子状態を示す[45]．

　このように現状のコンピューターでも，原子レベル構造，原子レベル新デバイスの特性予測など，ある程度意味のある寸法の構造について特性を算出できるまでになってきた．材料レベルで意味のあるシミュレーションを行うためには少なくとも現在よりも数桁大きな寸法の構造を考慮できなくてはならない．このためには，能力が現在よりも数桁高い計算機が必要とされている．原子，分子レベルの超高速コンピューターはこのような高性能化を実現できる可能性を秘めており，この実現により，将来的にはわれわれが直接手に触れることのできる程度の大きさの材料の電気特性や物性値もシミュレーションで算出可能になる日がくると期待できる．

3.9.5　原子プロキシミティ場における極限物理現象の解明

　本節の最後に原子，分子サイズのデバイス構造が実現できたときの科学への波及効果をあげる．原子操作技術により，原子，分子を所望の構造に構成できるようになると，従来理論的なシミュレーションをすることしかできなかった，原子が非常に近接した状態におかれる，いわゆる「原子プロキシミティ場」を実体構造として実現でき，その挙動を実験的に測定可能になる．このような場では，原子間の相互作用ばかりでなく原子と電子，光の間の相互作用に新しい物理の世界がひらけ，工学的な応用への

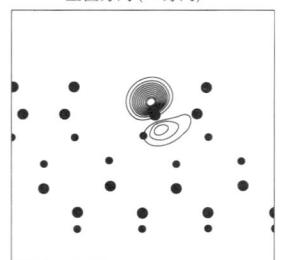

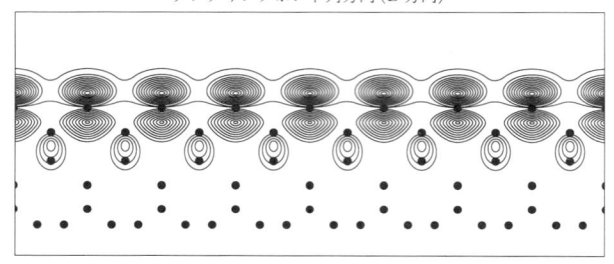

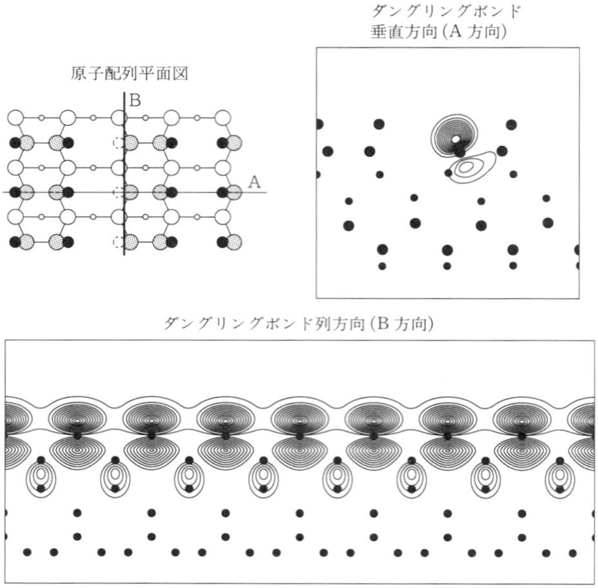

図 3.9.15
第一原理によるシミュレーションで求められた，図3.9.13(b)に対応する，水素を終端させたSi(100)面から水素を1列除去したダングリングボンド列の構造と断面方向(A方向)および平行方向(B方向)の電子状態．

新しいフロンティアの開拓につながることが期待される．図3.9.16はこのような「原子プロキシミティ場」の物理現象の解明という新しい学問分野の広がりを模式的に描いたものである．
① 原子細線中の導電現象．
② 原子レベルのトンネル現象．
③ 原子レベルのクーロンブロッケイド現象．
④ 原子細線中の導電電子と，磁場との相互作用．
⑤ 原子細線中の導電電子と，光との相互作用．
⑥ 光の閉じ込め現象．

これらの実験結果を，第一原理に基づいた理論的な考察と対比させることにより，原子プロキシミティ場における極限物理現象の理論を構築し，観測された現象を解明することができる．すなわち，「原子プロキシミティ場」の極限物理現象という新しい学問体系を構築することができよう．

3.9 アトムテクノロジーとデバイス応用

(a) 原子・分子細線
の電気抵抗
● 原子・分子

(b) 電子のトンネル
現象

(c) クーロンブロッ
ケイド

(d) 電流と磁場との
相互作用

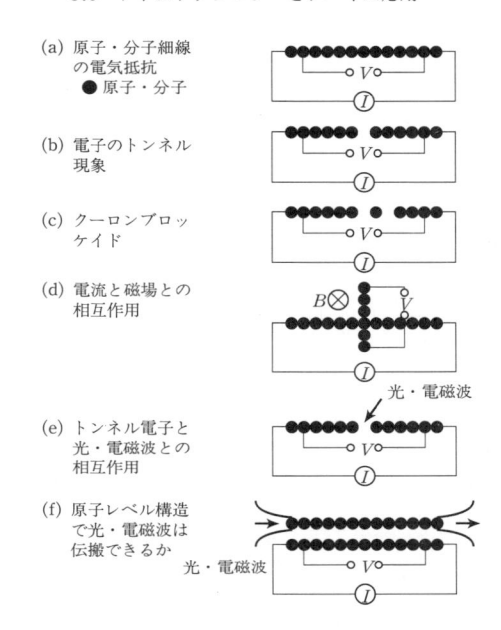

(e) トンネル電子と
光・電磁波との
相互作用

(f) 原子レベル構造
で光・電磁波は
伝搬できるか

光・電磁波

図 3.9.16 「原子プロキシミティ場」の極限物理現象の解明
という新しい学問分野の広がりの模式図

まとめと展望

　現在の半導体(スイッチング)デバイス，磁気および光記録(ファイル)デバイスの限界について概説した．これらに代わる極限的なデバイスとして，原子レベルのスイッチングデバイス，アトムリレートランジスター(atom relay transistor, ART)，分子により構築する単電子トランジスター，分子単電子トランジスター(molecular single electron switching transistor, MOSES)，1ビット数十nmから原子サイズの極限ファイルデバイスのアイデアを紹介し，その動作特性をシミュレーションで予想した．その結果，現在のデバイスよりも3桁以上高性能なシステムを実現可能であることを示した．極限ファイルデバイスは，現在の10^7倍程度の集積密度を実現できるため，有望な応用であるが，高速入出力技術を含めた総合的な検討を必要としている．これらの超高性能デバイスを実現するためには今後，原子，分子レベルのマニピュレーション技術および周辺技術の開発が必要であり，現在の研究開発状況を示した．計算機シミュレーションによる原子，分子レベル材料，デバイスの特性予測について簡単に触れ，最後に原子，分子サイズのデバイスが実現できたときの科学への波及効果として，原子プロキシミティ場の物理現象の解明という新しい学問分野への展

開をあげ，その具体例を示した．このように，ここ数年以内に STM を用いた原子操作技術によってアトムテクノロジーが確立され，原子，分子サイズの情報処理デバイスが実現されるようになるであろう．これらのデバイスを用いたシステムの実現により，さらなる高度情報処理が可能になり，人類のいっそうの知的な発展に寄与できるであろう．

[和田恭雄]

引 用 文 献

1) R. Feynman : *J. Microelectromechanical Systems*, **1**-1 (1992) 60 (reprinted).
2) G. Binnig *et al*. : *Phys. Rev. Lett*., **49** (1982) 57.
3) R. Feynman : *J. Microelectromechanical Systems*, **2**-1 (1993) 4 (reprinted).
4) F. T. Hong (ed.) : Molecular Electronics, Plenum Press, 1989.
5) C. F. Quate : U. S. Patent 4575822 (1986).
6) Y. Wada *et al*. : *J. Appl. Phys*., **74** (1993) 7321.
7) D. M. Eigler and E. K. Schweizer : *Nature*, **344** (1990) 524.
8) K. R. Spangenberg : Vacuum Tubes, McGraw-Hill, 1948.
9) H. E. Bridgers *et al*. (eds.) : Transistor Technology, D. Van Nostrand, 1958.
10) J. Kilby : *IEEE Trans. Electron Devices*, **ED-23** (1976) 648.
11) S. R. Hofstein and F. P. Heiman : *Proc. IEEE*, **51** (1963) 1190.
12) R. H. Dennard *et al*. : *IEEE J. Solid St. Circuits*, **SC-9** (1974) 256.
13) 徳山 巍，橋本哲一 (編) : VLSI 製造技術，日経 BP，1989.
14) D. Leebaert (ed.) : Technology 2001, MIT Press, 1991.
15) R. W. Keyes : *Physics Today*, **45** (1992) 42.
16) R. Tsu and L. Esaki : *Appl. Phys. Lett*., **22** (1973) 562.
17) S. Datta *et al*. : *Phys. Rev. Lett*., **55** (1985) 2344.
18) K. K. Likharev : *IBM J. Res. Devolop*., **32** (1988) 144.
19) J. Lambe and R. Jacklevic : *Phys. Rev. Lett*., **22** (1969) 1371.
20) M. I. Lutwyche and Y. Wada : *J. Appl. Phys*., **75** (1994) 3654.
21) J. R. Tucker : *J. Appl. Phys*., **72** (1992) 4399.
22) K. Yano *et al*. : Technical Digest, IEEE International Electron Devices Meeting, 1993, p. 541.
23) C. D. Mee and E. D. Daniel (eds.) : Magnetic Recording Handbook, McGraw-Hill, 1989.
24) P. von Allmen and K. Hess : *Phys. Rev*., **B52** (1995) 5243.
25) S. Heike *et al*. : *Appl. Phys. Lett*., **64** (1994) 1100.
26) S. Heike *et al*. : *Japan. J. Appl. Phys*., **34** (1995) L1061.
27) M. I. Lutwyche and Y. Wada : *Appl. Phys. Lett*., **66** (1995) 2807.
28) G. Binnig *et al*. : *Phys. Rev. Lett*., **56** (1986) 930.
29) Y. Wada : *Microelectronic Engineering*, **30** (1995) 375.
30) D. L. Pearson *et al*. : *Macromolecules*, **27** (1994) 2348.
31) S. Hosaka *et al*. : *J. Vac. Sci. Eng*., **B12** (1994) 1872.
32) H. J. Mamin *et al*. : *IBM J. Res. Develop*., **39** (1995) 681.
33) M. F. Crommie *et al*. : *Science*, **262** (1993) 218.
34) M. Aono : Extended Abstract, 1994 International Conf. Solid St. Devices and Mat., 1994.
35) A. Kobayashi *et al*. : *Science*, **259** (1993) 1724.
36) R. E. Walkup *et al*. : *Phys. Rev*., **B48** (1993) 1858.
37) S. Kondo *et al*. : *J. Appl. Phys*., **78**-1, (1995) 155.
38) S. Watanabe *et al*. : *Phys. Rev*., **B44** (1991) 8330.
39) J. W. Lyding *et al*. : *Appl. Phys. Lett*., **64** (1993) 2010.

40) T. Hashizume et al.: *Japan. J. Appl. Phys.*, **36**-38 (1997) L361.
41) L. J. Whitman et al.: *Science*, **251** (1991) 1206.
42) 榊　裕之 (編)：半導体ヘテロ接合超格子，日本物理学会，1984.
43) A. Ulman: An Introduction to Ultrathin Organic Films, Academic Press, 1991.
44) G. Galli et al.: *Phys. Rev. Lett.*, **62** (1989) 555.
45) S. Watanabe et al.: *Phys. Rev. B*, **54**-24 (1996) 17308.

さらに勉強するために
1) 藤島　昭，中原弘雄，北沢宏一 (編)：驚きのマテリアル―超，薄，微，一億人の化学，日本化学会，1994.
2) 徳山　巍，橋本哲一 (編)：VLSI 製造技術，日経 BP，1989.
3) 榊　裕之 (編)：半導体ヘテロ接合超格子，日本物理学会，1984.

第4章 量子工学における計測・評価技術

4.1 単一電子現象とその量子標準への応用

は じ め に

過去約30年間の微小化への技術的傾倒が，コンピューターの世界に計りしれない革新をもたらしてきた．この常に微小化に進む傾向は逆にその基礎となる固体物理や量子工学にも大きな影響を与え，いまや科学者はこれら半導体工業の作製技術を用い量子効果が重要となるサイズの構造を日常的に作製することができるようになってきている．

これらの微小構造内で，電子は Schrödinger, Bohr, その他の研究者によって1920年代に原子の特性を記述するために用いられてきた量子力学的波動として扱うことができるが，一方で単一電子としての粒子性を示す．電荷が e の単位で量子化されるという事実は，歴史的には1909年の Millikan の油滴の落下実験により発見されたが，これは二つの静電的に結合した電極間を一つの電荷量子(電子)がトンネルしたとき，$\Delta V = e/C$ の電圧変化が生じることを意味している．ここで，C は接合の静電容量と呼ばれる．

現在では，10^{-15} F $= 1$ fF (フェムトファラッド)以下の静電容量をもつ接合を容易に作製することが可能で，そのときの静電エネルギー $e\Delta V = e^2/C$ は，液体ヘリウム温度における熱的ゆらぎのオーダーに達している．したがって，温度をそれ以下にしかつ接合のコンダクタンスを量子化コンダクタンス e^2/h より小さくすれば緩和に伴う量子ゆらぎも抑えることができるので，外部電圧により一つの電子のトンネルをほぼ完全に制御することができるようになる．このような現象は，二つのトンネル接合に連結したいわゆる量子ドットを介した電気伝導においてより明瞭に観測される．

本節では，ポイントコンタクト構造によるトンネル接合を用いたトランジスターの電気伝導に見られるこのような単一電子現象を引き起こす物理，とくにクーロンブロッケイドについての基礎的事項について説明し，電流標準や電荷計あるいはホトン検出器などへの応用について概観する．

4.1.1 単一電子トンネリングの基礎

a. 理論的背景

図 4.1.1 に示すように，量子ドットと呼ばれる非常に小さい一つの島状の孤立した系が，二つのリザーバーと呼ばれる電極(リード線)にトンネル障壁(あるいはトンネル接合)により電気的に弱く結合した系を考えよう．ただし，ここではドット内の電子数を変化させるゲート(あるいはサイドゲート)と呼ばれる電極がドットと静電的に結合されている．もし，ゲートを除く全体のコンダクタンスがゼロでないならば，左右のリザーバーの間に小さな電位差 V を印加するとドットを通して電流 I が流れるであろう．ここで，線形応答の範囲においてコンダクタンス G は，$G=I/V$ と定義される．一方，ドットがリザーバーと平衡状態にあるとき，ドットの中に N 個の電子を見出す確率 $P(N)$ は，グランドカノニカル分布(大正準分布)に従うとすれば，次のように与えられる[1]．

$$P(N)=1/\varXi \exp[-\{F(N)-NE_\mathrm{F}\}/(k_\mathrm{B}T)] \quad (4.1.1)$$

ここで，$F(N)$ はドットの自由エネルギー，E_F はリザーバーの伝導帯の底を基準としたフェルミエネルギーでリザーバーの化学ポテンシャルに等しい．また，k_B はボルツマン定数，T は温度，$\varXi$ は規格化定数である．以下の議論では簡単のため $T \approx 0$ を仮定するが，このことは一般に，ある一つの整数 N に対してのみ $P(N)$ がゼロ

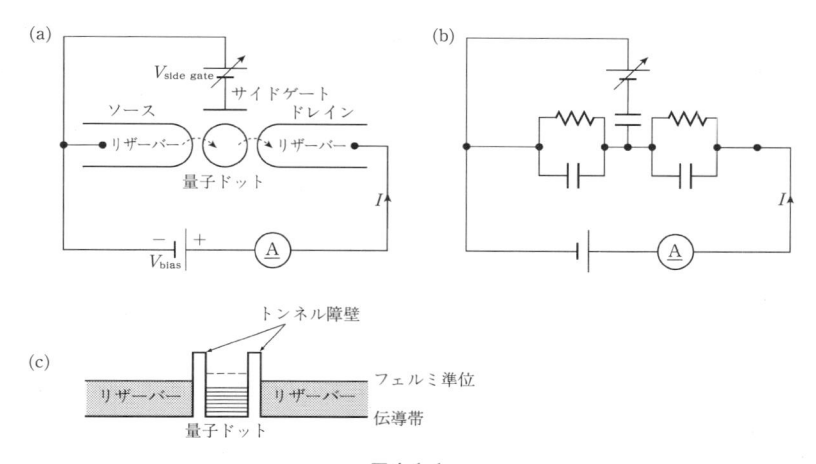

図 4.1.1
(a) 二つのリザーバーと接続した量子ドットを介した単一電子トンネリングの概念図．いまの配置では左右のリザーバーは，電界効果トランジスター同様それぞれソース，ドレインと呼ばれる．(b) その等価回路．ここで，トンネル障壁は並列に接続した抵抗とコンデンサーで表される．(c) 伝導帯の概念図．

でないということを意味し，そのとき右辺の指数の分子もゼロに近い最小値をとる．つまり，系が N 個の電子を含むある一つの安定な状態をとりそれを維持し続けるため，その系を介して電子が流れることができなくなる，すなわちコンダクタンスはゼロとなる．しかしながら，もし $P(N)$ と $P(N+1)$ の両方がともにゼロでない場合（安定な状態が二つある場合）が存在すれば，コンダクタンスは有限となる．なぜなら，電子数が N 個の状態と $N+1$ 個の状態を逐次（シーケンシャルに）交番することにより，ドットを介して電子が流れうるからである．$P(N)$ と $P(N+1)$ の両方を有限にするということは，電子が N 個の状態と $N+1$ 個の状態に対して式 (4.1.1) の右辺の指数を等しく最小にすることを要求する．したがって，

$$F(N+1)-(N+1)E_F = F(N) - NE_F \tag{4.1.2}$$

となるので，この関係から定義に従ってドットの化学ポテンシャル μ_{dot} に関する次の条件が得られる．

$$\mu_{\text{dot}}(N+1) \equiv F(N+1) - F(N) = E_F \tag{4.1.3}$$

この方程式は，平衡状態にあるドットの化学ポテンシャル $\mu_{\text{dot}}(N+1)$ がリザーバーのそれと一致するとき，有限のコンダクタンスを示すということを意味している．ここで，$T \approx 0$ を仮定しているので，自由エネルギー $F(N)$ はドットの基底状態におけるエネルギーに等しい．したがって，自由エネルギーとして，

$$F(N) = U(N) + \sum_{p=1}^{N} E_p \tag{4.1.4}$$

を用いることにしよう．ここで，$U(N)$ はドットの静電エネルギーで，E_p はドットのポテンシャル井戸の底から測った電子のエネルギー準位で 0 次元エネルギー準位と呼ばれる．また，ドットの静電エネルギー $U(N)$ は以下のように書くことができる．

$$U(N) = \{-e(N-N_0) + Q_0\}^2/(2C) \tag{4.1.5}$$

ここで，素電荷 e は正の値にとっている．また，N はある条件におけるドットの中の電子数であり，N_0 はバイアス電圧およびゲート電圧がともにゼロのときの電子数で，電荷中性条件により，ドナーなどによるバックグラウンド電荷を相殺するように決まる．一般にゲートには負の電圧を印加するので，$N_0 > N$ である．また，C はドットの接地（グランド）に対する全静電容量で，ドットとゲートとの間の静電容量 C_g とドットと左右のリザーバーとの間の静電容量 C_l および C_r との和で表される．一方，Q_0 はドットとゲートとの電圧差 V_g により生じる分極電荷 $C_g V_g$ とドットと二つのリザーバーとの電圧差 V_l および V_r により生じる分極電荷 $C_l V_l$ および $C_r V_r$ との和として表されるが，バイアス電圧が十分小さいときは $Q_0 = C_g V_g$ としてよい．したがって，式 (4.1.3)〜(4.1.5) より，ドットの化学ポテンシャルは，

$$\mu_{\text{dot}}(N+1) = E_{N+1} + (N - N_0 + 1/2)e^2/C - eC_g V_g/C = E_F \tag{4.1.6}$$

と表すことができ，これがコンダクタンスを有限にするための条件となる．ここで，この関係式はある N に対して，あるゲート電圧 V_g により保持されることに注意し

よう.

さて，N 個の電子状態に対して電子数が 1 増えた場合，化学ポテンシャルの変化は，式 (4.1.6) から，

$$\mu_{\text{dot}}(N+1) - \mu_{\text{dot}}(N) = E_{N+1} - E_N + e^2/C \tag{4.1.7}$$

となる．ここで，e^2/C はチャージングエネルギーと呼ばれる．化学ポテンシャルの変化はチャージングエネルギーが大きいほどすなわち C が小さいほど大きい．また，ドット内の電子の 0 次元エネルギー準位のエネルギー差 $\Delta E = E_{N+1} - E_N$ は典型的な大きさの半導体量子ドットでチャージングエネルギーと比較して 1 桁程度小さい．

次に，チャージングエネルギーが大きい場合，具体的にどのようなことが起こるのか見てみよう．図 4.1.2 は，ゲート電圧の変化に対して電子のトンネルや化学ポテンシャルがどのように変化するのかを示している．ただし，ここでは電流の方向を規定するために印加した小さなバイアス電圧をあらわに示している．まず，図 4.1.2 (a) は，コンダクタンスがゼロの状態で，電子のトンネリングが抑制（ブロッケイド）されている状態を示している．この状態ではドットの中には電子が N 個入っているが，$N+1$ 番目の電子はドットの中にトンネルして入ることができない．なぜなら，$N+1$ の状態（チャージ状態）がリザーバーの化学ポテンシャルあるいはフェルミエネルギーより上になってしまうからである．この状態を，クーロン相互作用による電荷の反発を基本とする効果であるという意味を含めて，クーロンブロッケイド状態と呼ぶ．

一方，クーロンブロッケイド状態は，図 4.1.2 (b) に示すように $\mu_{\text{dot}}(N+1)$ が左右のリザーバーの化学ポテンシャル μ_l または μ_r に一致するあるいはその間に入るようにゲート電圧を変化させることで解消される．この場合，小さなバイアス電圧でも電子数が N 個の状態と $N+1$ 個の状態を交番することで電気伝導が生じる．つまり，図 4.1.2 (b) の状態ではじめ電子が N 個入っていたとすると，$\mu_{\text{dot}}(N+1) \leq \mu_l$ なので，さらに $N+1$ 番目の電子が左からトンネルして入ることができ，それにより図 4.1.2 (c) に示すようにドットのポテンシャルの底がチャージングエネルギー e^2/C

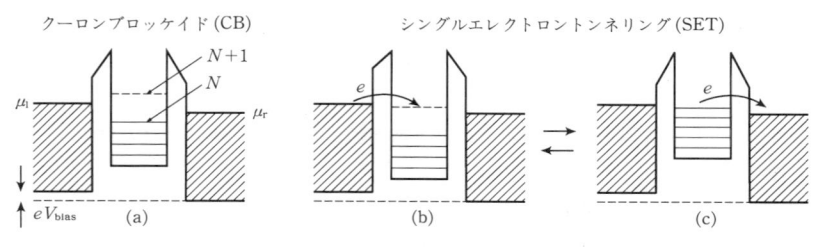

図 4.1.2 クーロンブロッケイドの原理図
(a) はクーロンブロッケイド状態を，(b)，(c) はクーロンブロッケイドが解除された状態を表しているが，(b)，(c) を交番することで単一電子トンネリングが起こる．

分上昇し，化学ポテンシャルが $\Delta E+e^2/C$ 増加する．そして，その $N+1$ 番目の電子に対しては $\mu_\mathrm{dot}(N+1) \geqq \mu_\mathrm{r}$ となるので電子はトンネルして右のリザーバーに出ていき，図 4.1.2(b) で示す最初の N 個の状態に戻る．これがある平均周期で次々と繰り返し起こるが，電子がドットを一つ一つ流れていくことになるので，これを単一電子トンネリングまたはシングルエレクトロントンネリング (SET) と呼んでいる．そして，全体の電流 I はこのアンサンブル平均になっている．

ここで，このような現象はシーケンシャルトンネルを基本とする現象で，トンネル障壁のコンダクタンスが量子化コンダクタンス ($e^2/h=38.740\ \mu\mathrm{S}$) よりも十分小さい，換言すればトンネル抵抗が量子化抵抗 ($h/e^2=25.813\ \mathrm{k\Omega}$) よりも十分大きい状況での現象であって，透過係数が1となる共鳴トンネル[2]とは異なる現象であることに注意しよう．というのは，ドットが帯電あるいは放電する典型的な緩和時間 Δt はトンネル抵抗を R_t とすると，$\Delta t=R_\mathrm{t} C$ で与えられる．一方，ハイゼンベルグの不確定性原理より，$\Delta t \Delta E>h$ であるので，$R_\mathrm{t}>h/(C\Delta E)$ となる．ここで，単一電子現象が確実に起こるためにはエネルギーの不確定性あるいは量子ゆらぎがチャージングエネルギー e^2/C より十分小さい必要があるので，$R_\mathrm{t} \gg h/e^2$ となるからである．

b. 単一電子トランジスター

単一電子トンネル現象を引き起こすためには，素子の静電容量をできるだけ小さくする必要がある．また，そのような素子の中に電子がフェルミ波長程度の大きさに3次元的に閉じ込められるようになると0次元的な量子効果が重要になってくる．電子を3次元的に閉じ込める方法はいくつか考案されているが[3]，ここでは GaAs/$\mathrm{Al}_x\mathrm{Ga}_{1-x}\mathrm{As}$ 系半導体ヘテロ構造を用いた高電子移動度トランジスターにおける2次元電子ガスを用いた例について紹介する．ここで，x は通常 0.3 程度である．

GaAs と AlGaAs では価電子帯と伝導帯の間のバンドギャップと真空準位に対する仕事関数が異なるので，そのヘテロ接合を形成すると伝導帯にポテンシャルステップが形成される．もし，AlGaAs 層が Si がドープされるなどしてn型であれば，ポテンシャルステップは三角ポテンシャルとなり，ドーピング層の Si から分離した電子が三角ポテンシャルの底に閉じ込められる．ここで，三角ポテンシャルの有効幅は 5 nm 程度であるので電子はほぼ完全に1次元的に閉じ込められヘテロ接合の2次元平面内でしか運動できないようになる．このような電子は2次元電子ガスと呼ばれる[2]．

図 4.1.3 にヘテロ構造の断面図とその伝導帯のポテンシャルを模式的に示す．このような構造は分子線エピタキシー (MBE) 法[4]あるいは有機金属気相成長 (MOCVD) 法[5]により作製される．作製工程としては，まず，半絶縁性の GaAs 基板の上にバッファー層と呼ばれるノンドープの GaAs 層を 1 μm 程度成長する．一般に成長前の基板表面は平坦性が悪く不純物で汚染されているのでバッファー層の成長により原子レベルで平坦でかつ清浄な表面が得られる（バッファー層には成長初期に超格子層を入

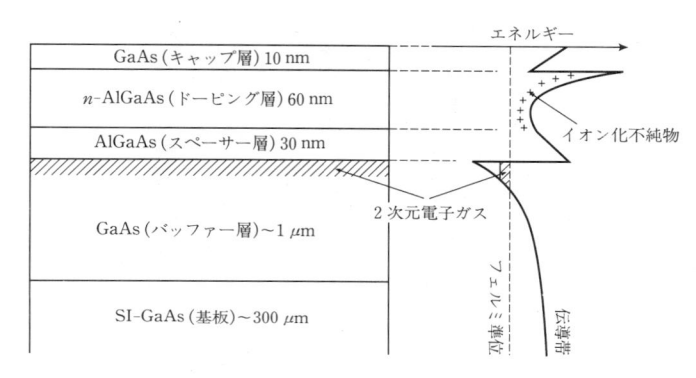

図 4.1.3 単一電子トランジスター作製のために用いたヘテロ構造の断面と伝導帯の概念図

れる場合もあるが，これは不純物や欠陥をトラップする効果があるとされている）．次に，スペーサー層と呼ばれるノンドープの AlGaAs 層を 30 nm 程度成長した後，$10^{23} \sim 10^{24}$ 個/m³ の Si をドープした n 型 AlGaAs 層を 60 nm 程度成長し，最後にキャップ層と呼ばれるノンドープの GaAs 層を 10 nm 程度成長する．電子はバッファー層とスペーサー層のヘテロ界面の GaAs 側に閉じ込められるが，この伝導層から表面までの厚さが 40 nm 程度以上あれば電子が空乏化することはない．また，GaAs キャップ層は AlGaAs 層の酸化を防ぐとともにその酸化により有毒なアルシンが発生するのを防ぐために形成されるが，この層によりドーピング層と表面が電気的に絶縁される．

一方，スペーサー層はドーピング層内でイオン化した Si の伝導層に対する影響を少なくするために形成される．これは変調ドーピングと呼ばれる手法で，GaAs のように電子の有効質量が $0.067 m_0$（m_0 は電子の静止質量）と小さい場合，液体ヘリウム温度で 100 m²/Vs 以上の非常に大きな電子移動度と 10 μm 以上の非常に長い弾性的な平均自由行程を実現することができる．このような構造を高電子移動度トランジスター (HEMT) 構造と呼ぶ[2]．なお，スペーサー層があまり厚いと電子はたまらなくなる傾向にあるが，いまの構造では伝導層の電子密度 N_s は液体ヘリウム温度で，2×10^{15} 個/m² 程度で，このときのフェルミ波数 $k_F = (2\pi N_s)^{1/2}$，フェルミ波長 $\lambda_F = 2\pi/k_F$，およびフェルミエネルギー $E_F = \hbar^2 k_F^2/(2m_e^*)$ は，それぞれ，1.1×10^8 m⁻¹，60 nm，6.8 meV となる．なお，以上の構造は HEMT 構造としての基本的な構造であり，電子移動度をさらに上げるための構造的あるいは結晶成長におけるさまざまな工夫がなされている．現在，記録としては 0.35 K で 1,170 m²/Vs の電子移動度が達成されている[6]．

次の段階として，まず作製した HEMT 構造に通常のリソグラフィーとメサエッチング（アンモニア系あるいはリン酸系などのエッチャントを用いたウエットエッチン

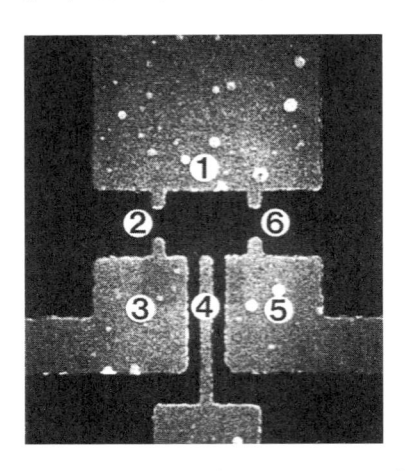

図 4.1.4 スプリットゲートによる単一電子トランジスターの電子顕微鏡写真[9]
ここで，ゲート 1, 3, 5 はスプリットゲートと呼ばれ，ゲート 4 はおもにドット内の電子数を変化させるためのゲートで，サイドゲートとも呼ばれている．

グ）により電気的測定の基本となるホールバーを形成した後，2次元電子ガスと外部回路をつなぐためのオーミック電極を形成する．これは InSn や AuGe などの金属を電極とする部分に半田ごてあるいは真空蒸着により堆積した後，真空または不活性ガスを満たした容器内で400℃，1分程度アニールすることにより作製する．ここで，オーミック電極は，磁場効果を測定する際に問題となるエッジ状態（試料のエッジ部分にバリスティック的な伝導領域が形成される状態）[7] を殺すため，エッチングされた部分との境界線に接するようにあるいはそれをまたいで形成することが望ましい．次に，電子の面内の運動を制限するために図 4.1.4 に示すように表面に電子ビームリソグラフィーを用いたリフトオフ法により金属のゲート電極を形成する[8]．ここでは，スプリットゲートとサイドゲートを用いた量子ドットの例を示している[9]．これは，HEMT 基板表面にレジストをスピナーにより塗布した後，電子ビームリソグラフィー装置により必要とするパターンを描画し，現像液により描画部分（ネガレジストの場合は描画していない部分）を除去した後，Au などの金属を真空蒸着などにより堆積しその後レジストとともにレジスト表面の金属を溶剤により除去すればパターン内にのみ金属ゲート電極を形成することができる．なお，Au 蒸着の前に糊として Ti あるいは NiCr などを薄く蒸着しておくと基板表面から Au がはがれにくくなりリフトオフが容易に行える．また，Au と GaAs は高温で反応してしまうので[10]，作製プロセスの順序としてゲート形成はオーミック電極形成後に行うことが望ましい．そして，最後に素子をへき開などにより個々に分離した後，セラミックパッケージなどにマウントし，ボンダーあるいは半田ごてを用いて金線により素子上の電極とセラ

図 4.1.5 単一電子トランジスター素子の全体写真
(b) ではパターンがよく見えるようにライティングを少し変えている.

ミックパッケージ上の電極を電気的につなげば完成である．図 4.1.5 に完成した素子の全体写真を示す．

さて，ゲート電極に負の電圧を印加するとゲート電極の下の電子が空乏化され電極のない部分にのみ電子が存在するようになる．また，電極下が空乏化した後もさらに電圧を印加すると横方向の電場の影響でとくにスプリットゲート間の電子の存在領域が狭くなり，量子ドットが形成される．ここで，スプリットゲートによる，ドットとリザーバーとの接続部分の構造（図 4.1.4 の 2, 6) をポイントコンタクト構造と呼ぶ．単一ポイントコンタクト構造においては，コンダクタンスの量子化などが観測されているが[11]，シーケンシャルトンネルを起こすためには，ポイントコンタクトのコンダクタンスを量子化コンダクタンスより小さく設定する必要がある．また，スプリットゲート以外のもう1種類のゲート電極（図 4.1.4 の 4) はおもにドット内の電子数を変化させるためのゲートで，サイドゲートとも呼ばれている．

図 4.1.4 の例で，チャージングエネルギーなどを見積もってみよう．ドットの全静電容量 C は，2次元電子ガスを含む円盤構造に対しては，

$$C = 16\, \varepsilon_r \varepsilon_0 r \qquad (4.1.8)$$

で与えられる．ここで，r はドットの半径，$\varepsilon_r = 13$ は GaAs の比誘電率，ε_0 は真空の誘電率である．図 4.1.4 の矩形構造内に形成された量子ドットを円形と見なして，$r = 150$ nm とおくと $C = 0.28$ fF $= 280$ aF（アトファラッド）となり，チャージングエネルギー e^2/C は 0.6 meV となる．また，ドット内の電子数は，$N_{dot} = \pi r^2 N_s = 140$ 個程度であるから0次元エネルギー準位のエネルギー間隔は，$\Delta E \approx 2E_F/N = 100$ μeV となる．

ドットを形成するためのその他の構造としては，エッチングとゲートを組み合わせた方法がある．これはホールバーの幅を 500 nm 程度に細くエッチングし，エッチン

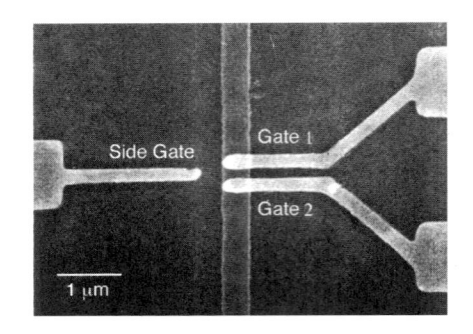

図 4.1.6 エッチングとゲート形成を組み合わせた単一電子ト
ランジスターの電子顕微鏡写真
Gate 1 および Gate 2 によりトンネル障壁を形成し，Side Gate
によりドット内の電子数を制御する．

グ界面からの電子の横方向の空乏化（界面から 200 nm 程度）を利用してまず電子を 100 nm 程度の細線状に閉じ込め，ついで細線上に形成した二つのゲートによりトンネル障壁を形成し，電子をドット状に閉じ込める方法である[12]．図 4.1.6 の例ではドットをさらに小さくするためのサイドゲートが形成されているが，これは同時にドット内の電子数を変化させる．このような構造では，不要な伝導領域をエッチングにより完全に空乏化させているのでスプリットゲートでしばしば問題となるリーク電流が少ない利点があり，そのうえゲート金属の量が少なくてすむので，とくに高周波特性に優れている．また，ゲートの幅を比較的広くとることで小さなゲート電圧変化でトンネル抵抗を大きく変化させることが可能である．

c. チャージング効果の測定

測定は，熱エネルギー $k_B T$ がチャージングエネルギー（上の例では 0.6 meV 程度）と 0 次元閉じ込めエネルギーのエネルギー間隔（100 μeV 程度）よりも十分小さくなるように，一般に He^3/He^4 希釈冷凍器を用いて 10 mK（$k_B T$=0.86 μeV）程度の非常に低い温度に素子を冷やして行われる．また，バイアス電圧もホットエレクトロン効果を避けるため μV オーダーにする必要がある．このとき，試料の抵抗は，量子化抵抗（25.8 kΩ）よりはるかに大きくクーロンブロッケイドが解除された付近で 1 MΩ 程度，クーロンブロッケイド近傍で 1 GΩ 以上になるので，実際に測定する電流は pA オーダー以下になる．このように高インピーダンス試料に対して微小な電流を測定するには，電気的絶縁やアースのとり方に注意し，静電シールドや磁気シールドによるノイズの遮断あるいはフィルターによるノイズの除去などにより極力ノイズを抑える必要がある．また，ロックインアンプを用いた測定では，位相が大きくずれたりゼロ点が不明瞭になるという問題が生じるので，直接 DC 測定を行うことが望ましい．

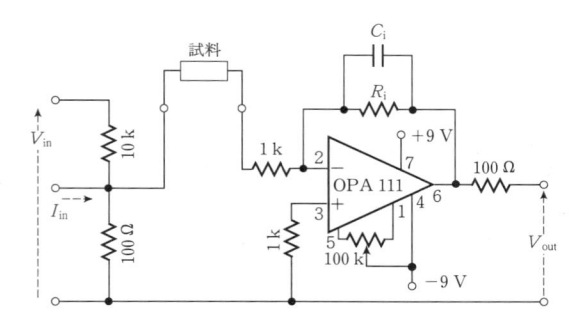

図 4.1.7 測定回路例

図 4.1.7 に微小電流を測定するための測定回路例[13]を示す．これは，ピコアンメーターの入力段に使われている回路と基本的には同じであるが，ここでは定電圧源が V_{in} に接続され，それがおよそ $100\,\Omega/10\,\text{k}\Omega=1/100$ にアッテネートされて試料に掛かるバイアス電圧 V_{bias} を与える．また，定電流源を用いる場合はそれを I_{in} に接続すると，試料に掛かるバイアス電圧は，$V_{bias}\approx 100\,\Omega\times I_{in}$ となる．そして，試料を流れる電流 $I\approx V_{bias}/R_{sample}$ は負のフィードバックの掛かったオペアンプにより電圧出力 V_{out} として出力され，デジタルボルトメーター（デジボル）により測定される．ここで，必要な増幅率に応じて R_i を適当に選ぶ（たとえば，100 M 程度）が，カットオフ周波数を $f=\omega/2\pi$（たとえば 10 Hz 程度）としたときに，$C_iR_i=1/\omega$ となるように C_i を選ぶと帯域幅が狭くなり回路が安定化する．そして，オペアンプの原理に従って，

$$V_{out}=R_i\times I=R_i\times V_{bias}/R_{sample} \tag{4.1.9}$$

より，I または R_{sample} が求まる．

一方，ゲート電圧は，複数の高性能電圧源を使わなくてもたとえばパーソナルコンピューター（パソコン）などに接続した多チャネルのデジタルアナログ（DA）コンバーターを通じて印加できるが，DA コンバーターとパソコンの間は光ファイバーで接続し，パソコンが発生する比較的大きなノイズを遮断することが望ましい．また，正確なゲート電圧は高性能のデジボルにより直接測定すべきであるが，マルチプレクサー（スキャナーとも呼ばれる）付きのデジボルであればそれ 1 台により複数のゲート電圧を逐次測定することができる．また，デジボルの絶縁性がしっかりしていればデジボルからの信号は IEEE ケーブル（GPIB ケーブル）を通じてパソコンに転送してもとくに問題ないようである．なお，素子と直接接続するケーブルにはローパスフィルターを付けることが望ましい．

そのほか，素子の直前で大きくアッテネートした電圧源を用いる，通常素子を冷却するためのクライオスタットにグランドが接続されるが，そのグランドに対してバイ

アス電圧をプラスマイナス対称に素子に印加する，温度勾配に伴う熱起電力によって発生するノイズを防ぐため素子とアンプを熱的にショートする，といったノイズを抑えるためのさまざまな工夫がなされている[14]．

d. クーロン振動

二つのトンネル障壁を適当に調整し，4.1.1項a.で述べたような量子ドットが形成される状況に設定した後，サイドゲート電圧をスイープさせドットの伝導帯の底をシフトさせると図4.1.8(a)に示すように，コンダクタンスがゼロの状態（クーロンブロッケイド状態）とノンゼロの状態（クーロンブロッケイドが解除された状態）の間を振動することになる．これをクーロンブロッケイド振動またはクーロン振動と呼んでいる．図4.1.8(b)に，電子数，ドットの化学ポテンシャル，静電エネルギーとコンダクタンスの関係を式(4.1.6)の左側の方程式に基づいて示している．また，実際のクーロン振動の測定例を図4.1.9に示す．

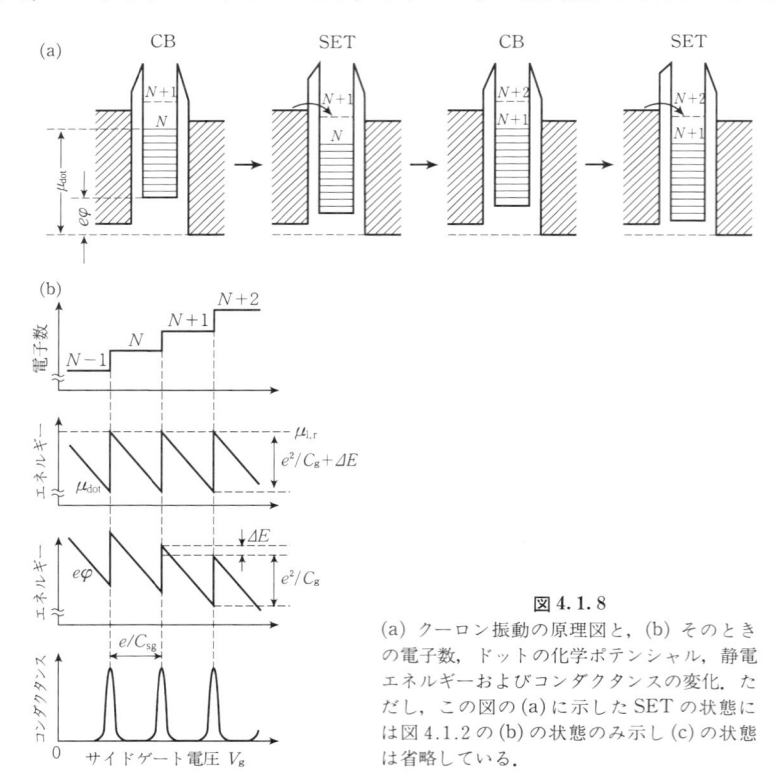

さて，コンダクタンスがゼロのとき，ドットの中の電子数はたとえば N に固定さ

図 4.1.8
(a) クーロン振動の原理図と，(b) そのときの電子数，ドットの化学ポテンシャル，静電エネルギーおよびコンダクタンスの変化．ただし，この図の(a)に示したSETの状態には図4.1.2の(b)の状態のみ示し(c)の状態は省略している．

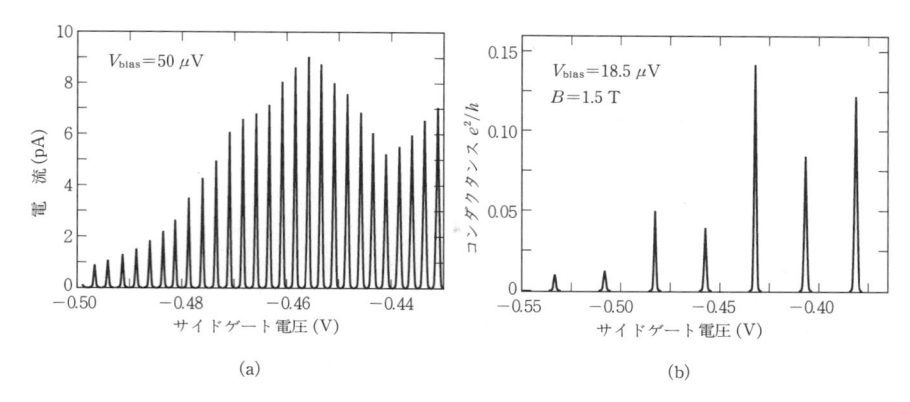

図 4.1.9
単一電子トランジスターのサイドゲート電圧-電流(コンダクタンス)特性,振動的な構造はクーロン振動と呼ばれる.(a),(b)はドットの大きさが異なる場合の結果で,大きさはそれぞれ,$300 \times 300 \text{ nm}^2$,$60 \times 250 \text{ nm}^2$ である.また,(b)では磁場が 1.5 T 印加されている.

れている.一方,コンダクタンスがピークになるところで電子数は N と $N+1$ を交番するが,図 4.1.2(b),(c)または図 4.1.8(b)に示しているように N が 1 変化すると,それにより静電ポテンシャルが e^2/C,化学ポテンシャルが $\Delta E + e^2/C$ 変化する.そこで,式 (4.1.6) と条件 $\mu_{\text{dot}}(N, V_g) = \mu_{\text{dot}}(N+1, V_g + \Delta V_g)$ から,クーロン振動のピーク間隔あるいは 1 周期の間のゲート電圧変化を求めると,

$$\Delta V_g = C(\Delta E + e^2/C)/(eC_g) \tag{4.1.10}$$

となる.ここで ΔE が e^2/C より十分小さい場合は,$\Delta V_g = e/C_g$ とすることができるので,クーロン振動のピーク間隔 ΔV_g から直接 C_g を求めることができる.図 4.1.9(b) では $\Delta V_g = 25 \text{ mV}$ であるので,$C_g = 6.4 \text{ aF}$ と求められる.一方,ドットの大きさが小さく ΔE が無視できない場合,ΔE は一般に準位間で一定していないので擬周期的な振動になる.また,スピン縮退が十分解けていない場合は原理的には二つの振動が重なったものになるが,磁場が印加されるなどスピン縮退が十分解けている場合には,振動はより規則的なものになると考えられる.図 4.1.9(b) の例ではすでに若干磁場が印加されている.

e. クーロン振動の温度依存性

次に,クーロン振動の温度依存性について考えよう.ここで,熱エネルギー $k_B T$ はドットの 0 次元エネルギー準位の量子力学的広がりよりも大きいものとする.その場合,次の三つの温度領域に区分して考えることができる.

$$(1)\ k_B T \ll \Delta E \ll e^2/C, \quad (2)\ \Delta E \ll k_B T \ll e^2/C, \quad (3)\ e^2/C \ll k_B T \tag{4.1.11}$$

領域 (1) は,量子クーロンブロッケイド領域と呼ばれ,一つあるいは二つ程度のエ

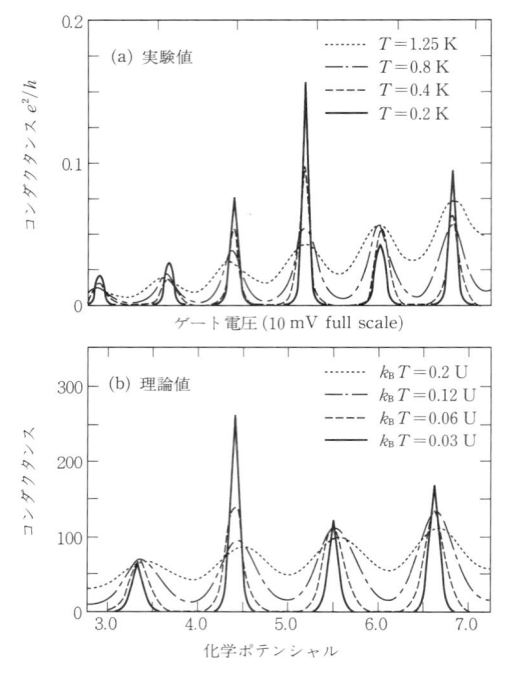

図 4.1.10 クーロン振動の温度依存性[15]

ネルギー準位が関連している．領域(2)は，古典的あるいは金属におけるクーロンブロッケイド領域で，多くの0次元エネルギー準位が温度ゆらぎにより励起されている．ここでは，いわゆるオーソドックスなクーロンブロッケイド理論が適用される．領域(3)では，電荷の量子化あるいは不連続性は分離できず，コンダクタンスは電子数にあまり依存せず二つの障壁のコンダクタンスのオーミック和により与えられる．図4.1.10に領域(2)における実験および計算例を示す[15]．この領域ではピークの幅は温度に比例して増大する．

一方，古典的領域におけるクーロン振動のピークは，原理的にはゲート電圧が異なっていてもすべて同じ高さをもっているはずである．しかしながら，量子的領域ではピークの高さはドットとリードにおけるエネルギー準位の結合状態に強く依存する．この結合は一般に準位間で非常に大きく変化しているので，ピークの高さは一定とはならない．逆にいえば，あるピークの高さはその電子数におけるドットのエネルギー準位とリードとのそれの結合状態を反映していることになる．このように量子的領域あるいはそれに近い領域では，通常クーロン振動のピークの高さは図4.1.9に示したように緩やかにあるいはほぼランダムに変化する場合が多い．

f. クーロン階段

古典的領域において，図 4.1.2 (a) で示しているように，μ_l と μ_r との間にチャージ状態が含まれていなければコンダクタンスあるいは電流はゼロである．しかしながら，この状態でもバイアス電圧を増加し，$\mu_l > \mu_{dot}(N+1)$ あるいは $\mu_{dot}(N) > \mu_r$ の状態になると電流が流れる．また，さらにバイアス電圧を増加すると μ_l と μ_r の間に二つのチャージ状態が含まれるようになるので，電流がほぼ2倍になる．このようにクーロンブロッケイド状態にあるドットに対して，バイアス電圧を増加するとはじめゼロであった電流が I-V 曲線においてステップ状に増加するようになる．これをクーロン階段と呼ぶ．

ところで，完全に左右対称なドット系を作製するのは容易ではなく，通常非対称になってしまい，電圧が二つのトンネル障壁のうちドットの入口のトンネル障壁で降下する場合や出口で降下する場合あるいはそれらの混合状態もありうるので，クーロン階段を解析する際には注意が必要である．左右のトンネル障壁の高さあるいは長さが大きく異なるトンネル障壁をもつ系では，電圧はおもにトンネル抵抗の大きい方のトンネル障壁を通して降下する．これは図 4.1.11 (a) に示すようにトンネル抵抗が小さい障壁の側のリザーバーの化学ポテンシャルをドットのチャージ準位に対して固定し，もう一つのリザーバーの化学ポテンシャルをバイアス電圧に従って動かすことにほぼ対応する．したがって，この非対称の場合では電流変化はより明瞭なクーロン階

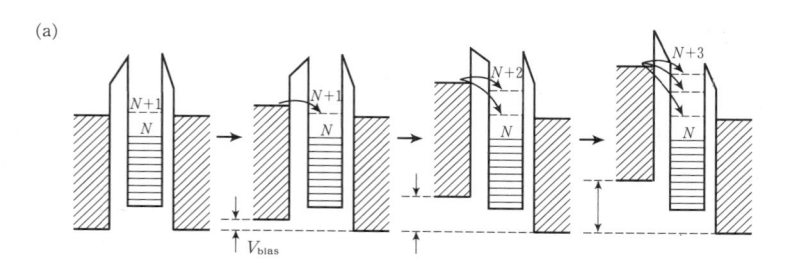

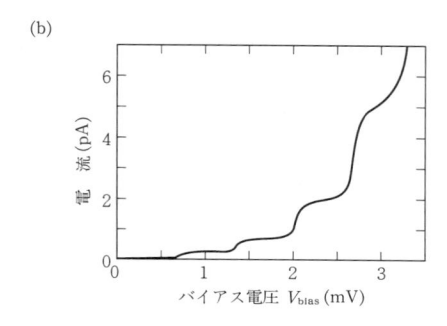

図 4.1.11
(a) クーロン振動の原理図と，(b) 単一電子トランジスターの電圧-電流特性．ステップ状の構造はクーロン階段と呼ばれる．

段として I-V 曲線に現れ，

$$\Delta V = e/C \tag{4.1.12}$$

の間隔でステップ状に変化するので，これからドットの全静電容量 C を求めることができる．図 4.1.11(b) に実験結果を示す．この図では高バイアス領域でホットエレクトロン効果によりクーロン階段がもち上がってしまっているが，低バイアス域のデータから C を求めると，$\Delta V = 0.67$ mV であるから $C = 240$ aF となる．

さて，電流ステップの定電流領域では，チャージ準位はほとんどいつも空いているかほとんどいつも詰まっているかのどちらかである．図 4.1.11(a) に示した例では $N+1$ あるいは $N+2$ のチャージ準位はほとんどいつも空いている．一方，これと逆にバイアス電圧を印加するとそれらのチャージ準位はほとんどつねに詰まっているようになる．

4.1.2 単一電子トランジスターの AC 特性

量子ドットの DC 特性に関する研究ではこのように興味深い現象が観測されてきた．一方，AC 特性に関してはまだ十分に研究されていないのが実情であるが，それでも同様に大変興味深い現象が観測されてきている．ここでは，以下の時間スケールについての分類を基準として，AC 電気伝導におけるいくつかの初期の研究について紹介する．また，MHz オーダーのラジオ周波数 (RF) 信号を用いてドットを通して 1 周期に一つの電子を動かすいわゆるターンスタイル操作[14]についてやや詳しく述べる．さらに，ホトンアシストトンネリングが観測されるマイクロ波を使った実験[16]についても簡単に触れる．

a. AC 特性におけるエネルギースケールと時間スケール

量子ドットにおける伝導過程はいくつかのエネルギースケールあるいは時間スケールにより分類することができる[17]．表 4.1.1 に典型的なエネルギーに対する等価的な

表 4.1.1 ポイントコンタクトトランジスターの AC 特性に関するエネルギーおよび時間スケール

項　　目		典型的な値	(等価的な)振動数	典型的な値
熱エネルギー	$k_B T$	0.86 μeV (10 mK)	$k_B T/h$	0.2 GHz
0 次元エネルギー準位間隔	ΔE	20〜200 μeV	$\Delta E/h$	4〜40 GHz
チャージングエネルギー	e^2/C	0.2〜2 meV	$(e^2/C)/h$	40〜400 GHz
広義のトンネル時間	$1/\Gamma$	100 ps〜∞	Γ	0〜10 GHz
狭義のトンネル時間	τ_{tunnel}	〜2 ps	$1/\tau_{\text{tunnel}}$	〜500 GHz

振動数と，伝導時間の時間スケールに対する振動数を示す．ここで，典型的な大きさのドットで電子の 0 次元エネルギー準位のエネルギー間隔 ΔE は，$0.02 \sim 0.2$ meV 程度で，チャージングエネルギー e^2/C は，$0.2 \sim 2$ meV 程度である．そして，エネルギー準位の熱的広がり $k_B T$ の効果は，これらのエネルギー準位の観測可能性を決める．一方，伝導時間に関する時間スケールとしては，まず障壁をトンネルするために必要な確率的なトンネリング率 Γ に対する広義のトンネル時間 $1/\Gamma$ が考えられる．この時間は，障壁の高さと幅を制御することにより任意に変化させることができる．もう一つの時間スケールは電子が障壁を実際にトンネルするときに要する狭義のトンネル時間である．そのような時間の本当の意味についてはいまだ多くの論争があるが，典型的な障壁に対して，Landauer-Büttiker の理論[18]によると 2 ps 程度と推定されている．

これらの時間スケールに対する特性を調べるためには，ある周波数の AC 信号を何らかの方法でドットに印加しそのときの DC 特性の変化を測定すればよい．これは同軸ケーブルからの AC 信号をゲート電極の一つあるいは複数に結合させるようにすることで可能である．この場合，印加できる AC 信号の周波数は RF の MHz オーダーから約 40 GHz にわたる．さらに高い周波数の AC 信号（数十 GHz～数 THz 程度）については，ゲート電極に密接して接続した小さなアンテナに空間を通して外からマイクロ波を照射することで可能となる[19]．

さて，ドット内の電子の 0 次元エネルギー準位の準位間隔 ΔE を無視すると，印加する AC 信号の振動数 f がトンネリング率 Γ より大きいか小さいかにより，電気伝導は二つの領域に分割して考えることができる．すなわち，$f \ll \Gamma$ ならば電子は印加する AC 信号を静的ポテンシャルと見ることになり，断熱的な過程として考えることができる．一方，$f \gg \Gamma$ ならば電子はドットにいる間 AC 信号の多くの周期を経験することになるので，非断熱的な扱いが必要になる．もう一つの問題として，振動数 f に対するホトンエネルギー hf が熱的な広がり $k_B T$ より大きいか小さいかということがある．もし $hf < k_B T$ ならば単一ホトン過程が熱的ゆらぎにより隠されるので，古典的表現が適当である．もし $hf > k_B T$ ならば，単一ホトン過程が観測可能になるはずである．

もっとも簡単な古典的断熱領域では，素子の特性はこれまでの DC 特性の延長として理解することができる．図 4.1.12 にこの領域における実験結果を示す[17]．ここでは DC 電圧に付け加えて 10 MHz の AC 信号を障壁を形成しているゲートの一つに印加したときのクーロンブロッケイド振動の変化が測定されており，それぞれの実験カーブは異なった振幅の AC 信号を用いた場合の結果である．これらの結果は，AC 信号がドットの静電ポテンシャルを正弦波的にゆっくりと変調していることに注意すれば理解しやすい．つまり，クーロン振動のピークの位置が AC 信号の振幅に比例してゲート電圧軸上で前後に動きその保持時間に比例して電流が流れるだけであり，実

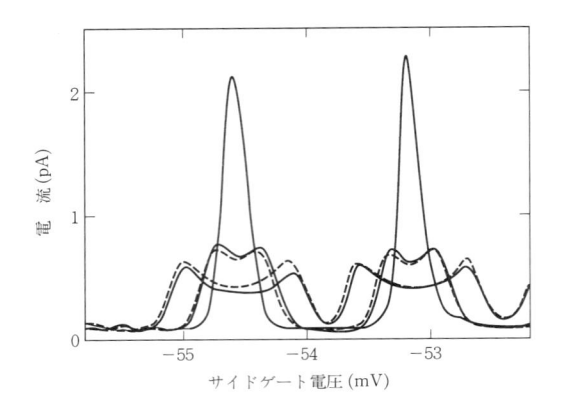

図 4.1.12 古典的断熱領域における AC 信号のクーロン振動に対する影響
ここでは DC 電圧に付け加えて 10 MHz の AC 信号を障壁を形成しているゲートの一つに印加したときのクーロンブロッケイド振動の変化が測定されており、それぞれの実験カーブは異なった振幅の AC 信号を用いた場合の結果である．破線は、AC 信号が印加されていない場合の実験カーブ（鋭い二つのピークをもつカーブ）をもとにした理論計算である．

験結果はその時間積分になっている．

b. ターンスタイル操作

もし障壁の高さあるいはトンネル確率を適当な周波数の AC 信号で周期的に変動し，その変化速度により断熱領域と非断熱領域をクロスオーバーさせることができれば，ドットを介して AC 信号の 1 周期で 1 電子を動かすことが可能となる．図 4.1.13 にこれを可能とする操作の原理を模式的に示す．ここでは二つの AC 信号が使われているが，一つは左の障壁をもう一つは右の障壁の高さを制御するゲート電極に結合されており，位相が互いに 180 度ずらしてある．もし素子が対称ならば，二つの障壁の高さを等しい量で逆相で動かせば，ドットの静電ポテンシャルは影響を受けずに障壁の高さすなわちトンネル確率だけを変動させることができる[14]．

具体的な操作としては，まず障壁の高さをその透過係数が AC 信号を印加しないときに非常に小さくなるように調整する．そして，印加する AC 信号の振幅は AC 信号のピークにおいてトンネルが容易に起こるように調整し，その他のときにはトンネル確率が十分小さくそれが無視できるよう選ぶ．すなわち，図 4.1.13 (a) に示しているように，まず最初にトンネルはほとんど無視できるが，エネルギー的には 1 電子が左のリードからドット内にトンネルして入りそして右に出ていくことができるように調整する．そして，次の (b) では左の障壁を 1 電子がドットにトンネルできるように低くし，そのとき右の障壁はドットのポテンシャルが変化しないように逆に高くする

がこのとき電子はよりトンネルして出ていきにくくなる．そして(c)で一つの電子がドット内に輸送され少なくとも広義のトンネル時間の間はそれが維持される．最後の(d)では右の障壁が低く設定され電子が右にトンネルして出ていく．全体として，一つの電子がドットを通して AC 信号の1サイクルごとに輸送されることになり，電流は $I=ef$ に完全に量子化される．このような操作は，劇場や遊園地の入口に人を1人ずつ通すために設けられている回り木戸（ターンスタイル）に似ていることから，ターンスタイル操作と呼ばれている．

図 4.1.14 はターンスタイル操作時における電流をバイアス電圧に対してプロットしたものである[12]．この実験では，$f=10\,\mathrm{MHz}$ でその場合 $I=1.602\,\mathrm{pA}$ の電流が1

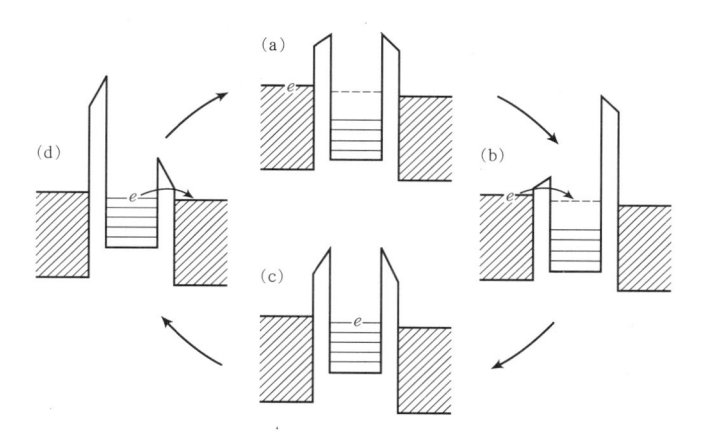

図 4.1.13 ターンスタイル操作の概念図

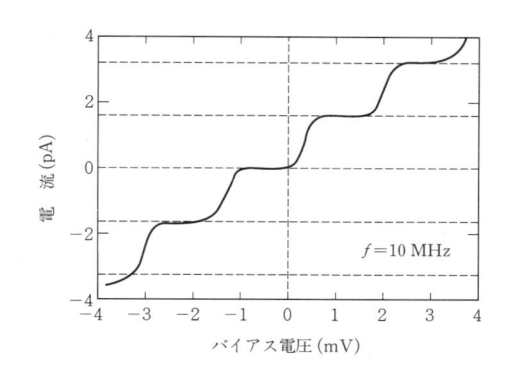

図 4.1.14 ターンスタイル操作時における単一電子トランジスターの電圧-電流特性

サイクルにおける1電子の流れに対応する．バイアス電圧が小さいとき，電流はこの値に量子化されているが，バイアス電圧が大きいときは，整数倍の電子が1サイクルにトンネルするようになりその結果1.602 pAの整数倍のところにさらに平坦な部分（プラトー）が観測される．表面的にはこの図はクーロン階段に似ているが（図4.1.11(b)参照），ここではプラトーの高さがトンネル障壁の抵抗によらずRF信号の周波数によって，

$$I = nef \tag{4.1.13}$$

のように調整されているところが本質的に違っている．ここで，nは整数で1サイクルの間にドットを流れる電子数である．

ところで，もし二つの障壁を制御するAC信号の振幅が等しくないかあるいは位相のずれが180度でないならば，ドット内のポテンシャルは周期的に大きく変化することになる．そして，結果的に電子を一方向に押しやる形になる．これは，ポンプと呼ばれる操作で，バイアス電圧を印加しなくてもあるいは印加したバイアス電圧に逆らって電子を輸送することができる[20]．

c. ホトンアシストトンネリング

より高い周波数のAC信号を印加する場合，その周波数に対応する単一ホトンのエネルギーが重要になってくる．この量子的な領域では，電子のトンネルがホトンの吸収あるいは放出と関連して起こる．たとえば，図4.1.15に示すように，ドットがクーロンブロッケイド状態になっていても，電子はホトンの吸収によりより高いエネルギー状態に遷移し，ドットにトンネルして入ることができるようになると考えられる．このようなホトンアシストトンネルはドットを通過するDC電流に強い影響を与えるはずである．

図4.1.16(a)は，数十GHzオーダーのマイクロ波を印加したときのクーロン振動の変化を示したものである．ここでは，マイクロ波を印加しない場合と三つの異なった周波数のマイクロ波をパワーを変化させて印加した場合を示している．注目すべき特徴は，クーロンブロッケイドのピーク構造の左側に肩が存在していることである．

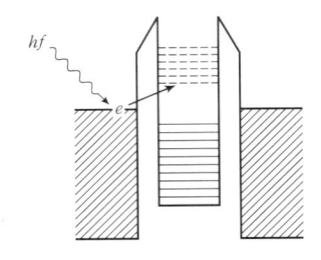

図4.1.15 ホトンアシストトンネリングの概念図

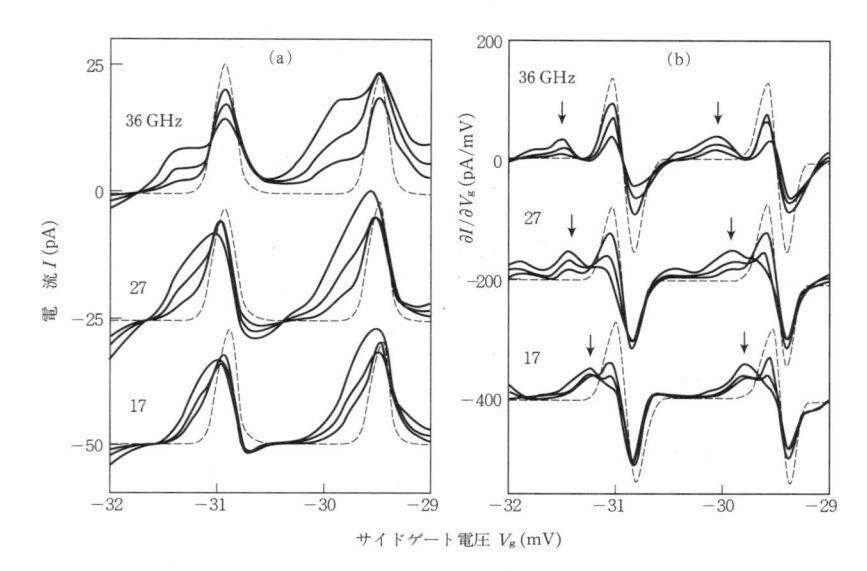

図 4.1.16 数十 GHz オーダーの AC 信号を印加したときのクーロン振動の変化
ここでは，マイクロ波を印加しない場合(破線)と三つの異なった周波数のマイクロ波を
パワーを変化させて印加した場合(実線)を示している．

図 4.1.16 (b) にはその微分 $\partial I/\partial V_g$ を示しているが，この場合，肩は矢印で示している位置にほぼピーク構造として現れている．このピーク位置はマイクロ波のパワーには依存しておらず，周波数あるいはホトンエネルギーに比例してシフトしており，実際クーロンブロッケイドピークから hf 離れたところに位置している．この肩あるいはピーク構造は図 4.1.15 に示すホトンアシストトンネリングに相当する．一方，マイクロ波照射により負の電流が引き起こされている箇所があるが，これはマイクロ波が素子に非対称に結合していると考えれば理解できる[16]．

量子ドットを介したホトンアシストトンネルは 1960 年代において研究された超伝導トンネル接合におけるマイクロ波吸収と非常に類似しており，そこではホトンの吸収・放出のトンネル接合の透過率に与える影響がより詳しく研究されている[21]．そのような精密な理論を用いれば，マイクロ波照射時のクーロン振動において観測された肩や負のホトカレントを含む全体の様子をより精密に説明することができると考えられるが，まだ十分には検討されていない．

一方，量子準位が重要になってくる場合のホトンアシストトンネルについては，実験的なことは全く行われていない．また，もし hf が量子準位間隔に一致するならば，マイクロ波信号はドット内の電子の古典的な運動と共鳴状態になると予想される．AC 電気伝導において予測されるこのような興味深い現象はまだほとんど探索さ

れていない．

4.1.3　単一電子現象の応用と展望

　単一電子トランジスターにおける1電子レベルでの測定や制御性がより確実なものになれば，それを利用した多くの応用が考えられる．それは，度量衡や電気測定あるいはコンピューターの分野にまで及ぶと考えられるが，現在でも低温動作に制限されてはいるものの，すでにいくつかの応用が実施されている．一方，これらの利用をより簡便にするためには，素子は室温において動作するよう開発されなければならない．ここでは，単一電子現象の応用と展望について考え，さらに，基礎研究の将来的方向としてとくに結合ドットに関しての基本的な考え方を紹介する．

a. 計測・量子標準への応用

　もっとも重要なクーロンブロッケイドの応用の一つは，単一電荷の測定である．単一電子トランジスターは局所的な静電環境に非常に敏感であり，$10^{-5}\,e/\mathrm{Hz}^{1/2}$ の感度が可能である[22]．換言すれば，もしある電荷から出ている電束線の 10^{-5} がドットの部分に終結していれば，1秒で1電荷 e を検出することができることになる．このような素子は磁束に対して敏感である超伝導素子スクイドに対して相補的な関係にある[1]．しかしながら，スクイドが超伝導接合に接続したループを通過する磁束を電気的に変換してマクロな磁場を測定しているのに対して，電荷にはそのような変換は存在していないので，大きな物体における電荷を正確に測定することは困難である．しかしながら，局所的な電荷計としては利用可能で，科学的な応用としてドットと密接した他の回路における単一電子の振舞いを計測するために用いられている[23]．

　その他の応用として，単一電子ターンスタイル素子が電流標準を与えるものとして研究されている．4.1.2項bで示したように，それらは標準 RF 周波数から電子の電荷 e の変換係数を用いて標準電流をつくり出す．現在 10^6 オーダーの精度が多重金属ドットを用いたターンスタイル回路で実現されている[24]．これはまだ理論限界よりかなり悪いが，外界からドットへの放射により不必要なホトンアシストトンネリングが起こっているためだと考えられており，精度を改善するためのさまざまな方法が提案されている．

　一方，これらのターンスタイル効果は固体素子における周波数，電流，および電圧に関するいわゆる"計測三角形"を完結するであろうと期待されている．すでに，量子ホール効果が電流と電圧を関係づけるために，ジョセフソン効果が周波数と電圧を関連づけるのに利用されている．ターンスタイル効果により周波数と電流を関連づけることができれば三角形の最後の1辺を完成させることができる．

　もう一つの応用は温度の測定と制御に関するものである．クーロン振動のピーク幅

は $k_\mathrm{B}T$ に比例しているので，一度校正を行えばドットあるいはその周りの局所的な温度を測定するのに利用することができる．高温ではクーロン振動の構造が広がりすぎてその幅を測定することが困難になるが，I-V 特性に非線形が存在しているのでこれを利用することも考えられる．また，ドットの温度パワー測定の実験[25]が示しているように，温度勾配を検出することも可能であり，逆の過程として温度を制御することも可能になると考えられている[26]．

4.1.2 項 c ではホトンアシストトンネリングが量子ドットのコンダクタンスを変化させることを示した．これは，マイクロ波領域における周波数選択性をもったホトン検出器としての応用の可能性を示している．また，ホトン検出への応用はマイクロ波の領域に制限されておらず，たとえば単一金属ドットは間接的に可視域のホトンを検出するために使われている．そこでは，ドットは半導体基板上につくられており半導体中に光励起された電子の存在を静電的に検出するような構造になっている．

さらに，これらの素子を利用したエレクトロニクスの分野への応用にも目を向けることができる．これは，しばしばシングルエレクトロニクスと呼ばれている[27]が，原理的には量子ドットにおけるチャージングあるいは量子コヒーレント現象を利用して計算を実行することが可能であり，またメモリー[28]としての要素ももっている．これら単一電子現象を利用したエレクトロニクスは消費電力が非常に小さいことからも次世代のエレクトロニクスの根幹をなす可能性があるとして注目されているが，実際に製品化するにはより大きな注意が必要であり，微小で複雑な回路を作製する技術的な障壁が非常に高いこともまた事実である．

b. 室温動作

単一電子現象を室温で動作させるためには，チャージングエネルギー e^2/C が室温の熱エネルギー $k_\mathrm{B}T = 25.8\,\mathrm{meV}$ を上回るように，ドットの大きさを小さくし，その静電容量 C を $C < 6.21\,\mathrm{aF}$ と非常に小さくする必要がある．式(4.1.8)に従ってこのときのドットの半径を求めると $r < 3.3\,\mathrm{nm}$ になる．通常のリソグラフィーによりそのような小さい構造を作製することは困難で，室温におけるクーロン階段や単一電子メモリー効果などの実現には，自然に形成した金属粒子[29]や半導体微結晶[30]を介したものが利用されている．ただし，従来のリソグラフィーによる素子において室温でランダムテレグラフノイズ[31]が観測されており，これが単一電子トンネルに関連したノイズであると考えられている．

現在，微粒子についてはその形成を偶然に頼っていることもあって再現性や安定性の問題が残っているが，最近，走査型トンネル顕微鏡(STM)を用いて単一電子トランジスターを作製する方法が開発され注目されている．これは金属 Ti 薄膜を STM により局所的に酸化させそれによりトンネル障壁を形成することを基本としている．図4.1.17 に STM 加工法により作製された素子の原子間力顕微鏡(AFM)像を示

図 4.1.17 走査型トンネル顕微鏡により作製された単一電子トランジスターの原子間力顕微鏡像[32)]
ドットの面積は 30×35 nm² で，金属 Ti 膜の厚さは 2 nm，酸化 Ti 膜との段差は約 1 nm である．

す[32)]．このほか，AFM を利用してレジストを加工するリソグラフィー技術も提案されており，アトムマニピュレーション[33)] を基本とするアトムテクノロジーとともにこのような微細加工技術が今後さらに発展していくものと期待される．

c. 多重ドット系

もし量子ドットが人工原子であるとするならば，結合ドットやドットアレイは人工分子あるいは人工固体になる．固体においてそうであったように，ドットが互いに結合するための2種類の効果がある．一つは，あるドットの電荷がほかのドットの静電ポテンシャルに影響を及ぼすクーロン相互作用的な効果で，分子や固体におけるイオン的な効果に類似している．二つ目の効果は，一つの電子がドット間をコヒーレントにトンネルして出入りする量子的な効果であるが，これは分子や固体における共有結合に類似している．

金属系においては，多重ドット系は当初から広く研究されてきている．これらの構造では，量子効果は非常に小さくドット間のクーロン相互作用だけが重要であり，オーソドックスなクーロンブロッケイド理論が適用できる利点がある．一方，半導体多重ドットにおいては量子効果も重要である．量子分子と見なせる二つの直列した結合ドットは多くのグループによって研究されつつあり，たとえばドット間のクーロン相互作用やチャージングエネルギーを含む量子準位の再配置について研究が行われている．ここでの最終的な研究目標はコヒーレント伝導が二つのドットの間で実際に起こっていることを明らかにし本当の分子状態が形成されていることを示すことであろ

う．さらに1次元や2次元のドットアレイについての研究も着手されている．

多重ドット系における，量子力学的相互作用，クーロン相互作用および乱雑さとの競合を明らかにするにはより多くの研究と努力が必要であり，そのような研究に耐えうる十分良質なドット系を実現することが強く望まれている． 　　　　　［永宗　靖］

引 用 文 献

1) H. Grabert and M. H. Devoret (eds.) : Single Charge Tunneling, Plenum, 1991 ; D. V. Averin and K. K. Likharev : *J. Low Temp. Phys.*, **62** (1986) 345 ; B. L. Altshuler *et al.* (eds.) : Mesoscopic Phenomena in Solids, Elsevier, 1991 ; G. Timp (ed.) : Nano-Science and Technology, AIP Press, to be published.
2) 日本物理学会（編）：半導体超格子の物理と応用，培風館，1984；榊　裕之（編著）：超格子ヘテロ構造デバイス，工業調査会，1988；小長井誠：半導体超格子入門，培風館，1987．
3) C. Weisbuch and B. Vinter (eds.) : Quantum Semiconductor Structures, Academic Press, 1991.
4) 高橋　清：分子線エピタキシー技術，工業調査会，1984．
5) 森　芳文，冷水佐壽（編）：エピタキシャル成長技術実用データ集，第1集，第1分冊，サイエンスフォーラム，1986．
6) L. Pfeiffer *et al.* : *Appl. Phys. Lett.*, **55** (1989) 1888.
7) R. J. F. van Haren *et al.* : *Phys. Rev. B*, **52** (1995) 5760.
8) 鳳　紘一郎（編）：半導体リソグラフィー技術，産業図書，1984．
9) U. Meirav and E. B. Foxman : *Semicond. Sci. Technol.*, **11** (1996) 255.
10) 生駒俊明他：ガリウムヒ素，丸善，1988, p. 196.
11) B. J. van Wees *et al.* : *Phys. Rev. Lett.*, **60** (1988) 848.
12) Y. Nagamune *et al.* : *Appl. Phys. Lett.*, **64** (1994) 2379.
13) P. Horowitz and I. Hill : The Art of Electronics, Cambridge Univ. Press, 1987.
14) L. J. Geerligs *et al.* : *Phys. Rev. Lett.*, **64** (1990) 2691.
15) Y. Meir *et al.* : *Phys. Rev. Lett.*, **66** (1991) 3048.
16) L. P. Kouwenhoven *et al.* : *Phys. Rev. Lett.*, **73** (1994) 3443.
17) L. P. Kouwenhoven *et al.* : *Surface Science*, **361/362** (1996) 591.
18) R. Landauer and T. Martin : *Rev. Mod. Phys.*, **66** (1994) 217.
19) C. Karadi *et al.* : *J. Opt. Soc. Am. B*, **11** (1994) 2566.
20) H. Pothier *et al.* : *Europhys. Lett.*, **17** (1992) 249.
21) P. K. Tien and J. R. Gordon : *Phys. Rev.*, **129** (1963) 647.
22) E. H. Visscher *et al.* : *Appl. Phys. Lett.*, **66** (1994) 305.
23) P. D. Dresselhaus *et al.* : *Appl. Phys. Lett.*, **66** (1994) 305.
24) J. M. Martinis *et al.* : *Phys. Rev. Lett.*, **72** (1994) 904.
25) A. M. M. Starring *et al.* : *Europhys. Lett.*, **22** (1993) 57.
26) H. L. Edwards *et al.* : *Appl. Phys. Lett.*, **63** (1993) 1815.
27) 上田正仁：応用物理，**62**-9 (1993) 889.
28) K. Nakazato *et al.* : *Electron. Lett.*, **29** (1993) 384.
29) C. Schönenberger and H. van Houten : Extended Abstracts of the 1992 International Conference on Solid State Devices and Materials, Tsukuba, Japan Society of Applied Physics, 1992, p. 726.
30) 矢野和男他：応用物理，**63**-12 (1994) 1248.
31) M. J. Kinton and M. J. Uren : *Advances in Physics*, **38** (1989) 367.
32) K. Matsumoto *et al.* : *Appl. Phys. Lett.*, **68** (1996) 34.
33) M. F. Crommie *et al.* : *Nature*, **363** (1993) 524.

さらに勉強するために

1) 高バイアスにおける高準位に関するクーロン振動について
   A. T. Johnson *et al.* : Zero-dimensional states and single electron charging in quantum dots, *Phys. Rev. Lett.*, **69** (1992) 1592.
2) ドット内の化学ポテンシャルの測定について
   P. Lafarge *et al.* : Direct observation of macroscopic charge quantization, *Z. Phys. B-condensed Matter*, **85** (1991) 327 ; M. Field *et al.* : Measurement of Coulomb blocade with noninvasive voltage probe, *Phys. Rev. Lett.*, **70** (1993) 1311.
3) 金属ドットについて
   蔡　兆申他：シングルエレクトロニクス，応用物理，**63**-12 (1994) 1232.
4) 磁場効果について
   N. C. van der Vaart *et al.* : Time-resolved tunneling of single electrons between Landau levels in a quantum dot, *Phys. Rev. Lett.*, **73** (1994) 320.

4.2 SQUIDとその応用

4.2.1 超伝導センサー

　超伝導体で観測される量子効果を利用することにより,非常に高感度なセンサーを開発することができる.その代表的なものとしては磁気センサーと電磁波センサーがある.磁気センサーは超伝導電流に起因する磁束の量子化を利用したものであり,SQUID (superconducting quantum interference device) 磁気センサーと呼ばれている.これは $B=10^{-15}$ T(テスラ)までの微弱な磁界が検出できる唯一の磁気センサーであり,生体磁気計測,精密計測,材料評価などに応用されている.電磁波センサーは SIS (superconductor/insulator/superconductor) トンネル素子における準粒子電流の量子効果を利用したものである.これはミリ波・サブミリ波帯で最高の感度をもつ電磁波センサーであり,電波天文などに応用されている.また X 線センサーとしても研究されている.以下にこれらのセンサーの動作について説明する.

a. SQUID 磁気センサー
1) **SQUID の動作**
   a) 構成要素　SQUID は図 4.2.1 に示すように超伝導ループとジョセフソン素子 (Josephson junction, JJ) により構成される.ジョセフソン素子を 1 個用いるものを rf SQUID,2 個用いるものを dc SQUID と呼ぶ.SQUID の電流-電圧特性が

(a) dc SQUID　　(b) rf SQUID

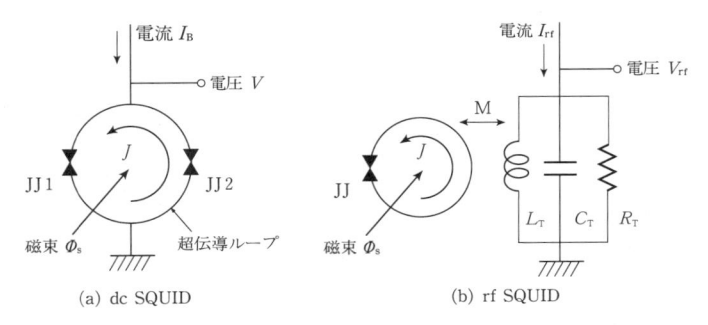

図 4.2.1 SQUID の模式図
図で JJ はジョセフソン素子を表す.

ループに鎖交する磁束 Φ_s により変調されることを動作の基本としている．ただし駆動用の電流として，rf SQUID では 100 MHz 程度の高周波 (rf) 電流が用いられるのに対して，dc SQUID では直流 (dc) 電流が用いられており名前の由来となっている．現在は主として dc SQUID が用いられているため，以下にその動作について説明する．SQUID 動作の詳細については文献[1,2]を参照してほしい．

簡単のため，図 4.2.1 でジョセフソン素子をなくした超伝導ループのみを考えてみる．この場合にはループ内の磁束は量子化磁束 $\Phi_0 (=2.07\times10^{-15}\,\mathrm{Wb})$ を単位として量子化されており，これを磁束の量子化と呼ぶ．ただし量子状態 (ループ内の磁束の数) を変化させるためにはループへの磁束の出入りを制御する必要があるが，超伝導ループ単体では不可能である．このため，ジョセフソン素子がループに挿入される．

ジョセフソン素子は超伝導体間の超伝導結合を弱めたものであり，素子に流れる超伝導電流はいわゆるジョセフソン方程式により記述される．二つの超伝導体間の位相差を θ とすると，ジョセフソン電流は

$$I_J = I_c \sin\theta \tag{4.2.1}$$

と与えられる．これを直流ジョセフソン効果と呼ぶ．ただし，I_c は素子の臨界電流であり，素子に流れる電流が I_c 以下であれば電圧は発生しない．臨界電流以上では素子には電圧が発生するが，そのときの発生電圧 V と位相差 θ との関係は

$$V = (\Phi_0/2\pi)(d\theta/dt) \tag{4.2.2}$$

で与えられる．これを交流ジョセフソン効果と呼ぶ．式 (4.2.1)，(4.2.2) によりジョセフソン素子を流れる超伝導電流の特性が決められる．

b) 動作原理 SQUID の動作について簡単に説明する．磁束の量子化を満たすためには，図 4.2.1(a) に示すように外部磁束 Φ_s が印加されるとループには周回電流 J が流れなければならない．ジョセフソン素子を含んだループでは磁束の量子化は以下の式で与えられる．

$$\Phi_s - LJ + (\Phi_0/2\pi)(\theta_1 - \theta_2) = n\Phi_0 \tag{4.2.3}$$

ただし，L は超伝導ループのインダクタンスであり，LJ は電流による自己磁束を表す．また，θ_1, θ_2 は二つの素子の位相を表す．式 (4.2.3) はジョセフソン素子の位相を含んでおり，厳密にはフラクソイドの量子化と呼ばれる．なお，n は整数でありループ内のフラクソイドの数を表す．外部磁束 Φ_s と周回電流 J の関係は式 (4.2.1)，(4.2.3) から求められる．

周回電流が存在する場合には，SQUID にバイアス電流 I_B を流すと図 4.2.1(a) で素子 1 に流れる電流は $I_B/2+J$，素子 2 では $I_B/2-J$ となる．このため素子 1 を流れる電流が臨界電流となるのは $I_B/2+J=I_c$ の場合であり，このときのバイアス電流の値 ($I_B=2I_c-2J$) は $2I_c$ に比べて周回電流の分だけ減少する．バイアス電流がこの値を越えると素子 1 は電圧状態となり，その後電流の再配分が生じ素子 2 も電圧状態となる．したがって，SQUID に流れる超伝導電流の最大値は磁束により変調されるこ

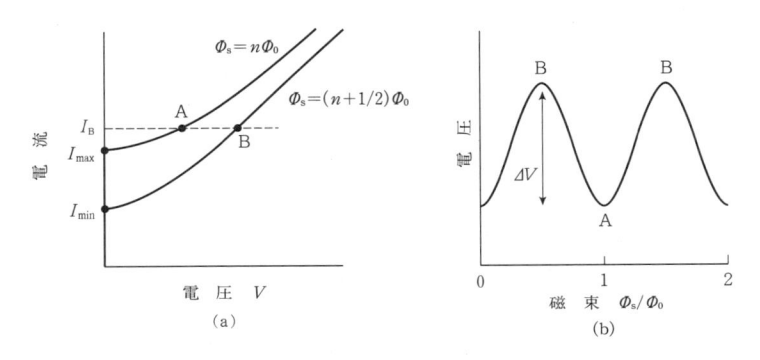

図 4.2.2 dc SQUID の特性
(a) 印加磁束 Φ_s による電流-電圧特性の変化, (b) バイアス電流 I_B を一定とした場合の磁束-電圧特性.

とになる.

図 4.2.2(a) に SQUID の電流-電圧特性を示す. 磁束がない場合の超伝導電流の最大値は $I_{max}=2I_c$ である. 外部から磁束を印加すると周回電流 J のため超伝導電流の値は減少し, 磁束が $\Phi_s=\Phi_0/2$ のときに最小となる. このときの電流を I_{min} とする. この後磁束を増加すると超伝導電流の値は再び増加し, 量子磁束 Φ_0 を周期として周期的に変化する. なお, 磁束による超伝導電流の変調分 $\Delta I=I_{max}-I_{min}$ は後述するパラメーター β を用いれば $\Delta I=2I_c/(1+\beta)$ と与えられる[3].

したがって, SQUID に流すバイアス電流 I_B を一定にしておくと, 発生電圧 V は図 4.2.2(b) に示すように外部磁束 Φ_s により Φ_0 を周期として周期的に変化する. この特性を SQUID の電圧-磁束特性 (V-Φ 特性) と呼ぶ. すなわち SQUID は入力磁束を出力電圧に変換する変換器としての機能をもつ. 磁束による電圧の変化分を変調電圧 ΔV, $V_\Phi=dV/d\Phi$ を変換係数と呼ぶ. 磁気センサーとして使用する場合にはこの特性を利用する. 量子磁束 Φ_0 の数十万分の 1 のきわめて小さな磁束の変化を検出することが可能なため, 高感度の磁気センサーが実現できる.

c) 設　計　　図 4.2.3 に SQUID の等価回路を示す. 実際のジョセフソン素子にはジョセフソン電流 I_J のほかに常伝導電流と変位電流も流れるため, 等価回路では抵抗 R_s と容量 C が加えられている. また抵抗から発生する雑音電流 I_n も加えられている. なおインダクタンス L に並列な抵抗 R_d はダンピング抵抗と呼ばれており, SQUID の特性を改善するために用いられる[4]. 以下に SQUID 設計のポイントについて説明する.

ⅰ) 熱雑音の影響：　まず熱雑音の影響について調べ, SQUID で使用できる素子の臨界電流とインダクタンスの範囲について示す. 等価回路に示すように熱雑音により抵抗から雑音電流 I_n が発生し, この雑音電流はバイアス電流に重畳される. この

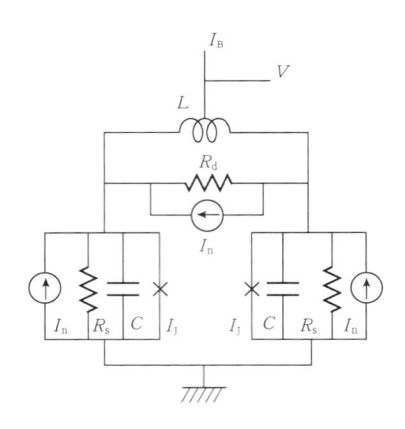

図 4.2.3 dc SQUID の等価回路
I_J はジョセフソン電流を, I_n は抵抗から発生する熱雑音電流を表す.
R_s, C は素子の抵抗と容量を表す. また R_d はダンピング抵抗である.

ため, SQUID の臨界電流よりも小さなバイアス電流値で電圧が発生することになる. この現象は電流-電圧特性の noise rounding[5]と呼ばれている. SQUID 動作のためには超伝導電流が観測される必要があり, この条件から利用できる臨界電流の大きさは $T=4.2$ K では, $I_0>1$ μA, $T=77$ K では $I_0>6$ μA となる.

同様に, 抵抗から発生する雑音電流はインダクタンスを流れ雑音磁束も発生する. この雑音磁束の大きさが Φ_0 に比べて無視できなくなると量子干渉効果は劣化する. インダクタンスに鎖交する雑音磁束の大きさは $\delta\Phi_n=(k_BTL)^{1/2}$ で与えられる[6]. 雑音磁束による量子干渉効果の劣化を避けるためには $\delta\Phi_n<\Phi_0/4$ の必要があり, この条件により SQUID に使用できるインダクタンスの範囲が決まる. $T=4.2$ K では $L<4.6$ nH, $T=77$ K では $L<250$ pH となる.

ii) パラメーター β: 前述したように SQUID の電流-電圧特性は周回電流 J を介して変調される. 周回電流の大きさはインダクタンス L の値に依存することが式 (4.2.3) から示される. 簡単のため式 (4.2.3) において位相差 $\theta_1-\theta_2$ の項を無視すれば周回電流は近似的に $J=\Phi_s/L$ で与えられ, インダクタンスの増加とともに減少することがわかる. SQUID の電流-電圧特性が周回電流で効果的に変調されるためには, その大きさが臨界電流 I_c と同程度になる必要がある. この条件を満たすためには I_c と L の積が Φ_0 の程度になるように設計する必要がある. このためのパラメーターとして

$$\beta=2LI_c/\Phi_0 \qquad (4.2.4)$$

が用いられており, 通常は β の値が 1 程度になるように選ばれる[3].

iii) 交流ジョセフソン効果の影響: 式 (4.2.1), (4.2.2) から明らかなように,

ジョセフソン素子に直流電圧 V_{dc} が発生した場合にはジョセフソン電流は $I_J=I_c\sin[(2\pi V_{dc}/\Phi_0)t]$ となり，高周波電流が生じる．すなわちジョセフソン素子は電圧で周波数が決められる発振器と見なすことができる．発振の周波数は $0.5\,\mathrm{GHz}/\mu\mathrm{V}$ となる．通常 SQUID の動作電圧は数十 $\mu\mathrm{V}$ であるので，発振の周波数は数十 GHz のマイクロ波帯となる．このように SQUID の内部では交流ジョセフソン効果によりマイクロ波帯の自己発振が生じており，この内部発振は SQUID の特性に影響を与える．SQUID 磁気センサーは低周波（直流から数 kHz）の信号検出に使用されるが，その設計においてはマイクロ波特性を考慮しなければならない．以下に高周波電流の影響について述べる．

図 4.2.3 の等価回路に示すように二つのジョセフソン素子はインダクタンス L を介して結合しているが，L の値が大きくなると素子から発生した高周波電流の大部分は抵抗 R_s に流れ，二つの素子間の高周波的な結合は弱くなる．良好な SQUID の特性を得るためには素子間の高周波結合を確保する必要があり，このためにはインピーダンス ωL と抵抗 R_s が同程度の必要がある．SQUID の動作電圧は $V_{dc}=I_cR_s/2$ 程度であるのでジョセフソン発振の周波数は式 (4.2.2) から $f_J=V_{dc}/\Phi_0=I_cR_s/2\Phi_0$ となり，上述の条件は $\pi LI_cR_s/\Phi_0 < R_s$ となる．式 (4.2.4) のパラメーター β を用いれば $\beta\simeq 1$ となる．この条件は高性能 SQUID が得られるためのインダクタンスの範囲を制限する．

なお等価回路に示すようにダンピング抵抗 R_d を挿入すれば，二つの素子間の高周波的な結合はインダクタンスに依存せず抵抗 R_d で決まる．したがって，インダクタンスが大きくても高周波結合は確保されており，SQUID 特性の劣化は少ない．したがってこの場合には β の値は 1 に比べて大きくとり，インダクタンスの選定の自由度が広がる．なお，ダンピング抵抗の最適値は素子抵抗 R_s と同程度である[4]．

次に素子の容量の影響について述べる．図 4.2.3 の等価回路において高周波電流は容量 C にも流れる．容量に流れる高周波電流が大きい場合には SQUID の電流-電圧特性にヒステリシスが生じ，特性が劣化することが知られている．この劣化を防ぐためには，インピーダンス $1/\omega C$ が抵抗 R_s に比べて大きいことが必要である．この条件を表す量として McCumber パラメーター

$$\beta_c=2\pi I_c C R_s^2/\Phi_0 \tag{4.2.5}$$

が用いられ，$\beta_c<1$ となるように設計される[3]．この条件は素子容量により使用できる素子抵抗の上限が決まることを示している．後述するように SQUID の高性能化のためには大きな抵抗が望ましいが，このためには素子容量を小さくする必要がある．

最後に共振現象について述べる．等価回路に示すように素子容量とインダクタンスにより共振回路が構成される．この共振回路とジョセフソン素子から発生する高周波電流が結合すると SQUID 特性が劣化する．共振現象による劣化を抑えるためには，素子抵抗 R_s やダンピング抵抗 R_d により共振回路の Q 値を小さくする必要がある．

また後述する磁気結合回路における磁束トランスにおいても共振回路が構成される[7,8]．この場合も Q 値を小さくするために，トランスのコイルに並列に抵抗 R_l が挿入される[2]．

iv) 性能： 上述の点を考慮してSQUIDが設計されるが，その性能は以下の設計式として与えられている．SQUIDセンサーの性能を決める量としては，① SQUIDの入力磁束と出力電圧の関係を示す変換係数 $V_\Phi = dV/d\Phi$ と ② SQUIDが検出できる磁束の最小値を示す磁束ノイズのパワースペクトル S_Φ がある．式(4.2.4)，(4.2.5)のパラメーター β, β_c が $\beta \simeq 1$, $\beta_c < 1$ の場合には，これらの表式は以下のように与えられている[3,6]．

$$V_\Phi \approx (R_s/L)\exp[-3.5\pi^2 k_B TL/\Phi_0^2] \tag{4.2.6}$$

$$S_\Phi \approx (16 k_B TL^2/R_s)\exp[7\pi^2 k_B TL/\Phi_0^2] \tag{4.2.7}$$

なお，式(4.2.6)，(4.2.7)の指数関数の項は $T=77$ K の場合に重要となるが，$T=4.2$ K では無視できる．上式に示すように大きな抵抗を用いることにより変換係数 V_Φ を増加し，磁束ノイズ S_Φ を減少することができる．このためSQUIDの高性能化には大きな抵抗をもつジョセフソン素子を用いることが重要である．

2) 磁気結合回路

SQUIDを構成するインダクタンスは $L=100$ pH 程度であり，その面積は $A_s=0.1$ mm×0.1 mm と非常に小さい．このため，SQUID単体で磁界を検出する場合にはその感度はそれほど高くない．磁束の分解能を $\Phi_n = S_\Phi^{1/2} = 10^{-5} \Phi_0/\mathrm{Hz}^{1/2}$ とすると，磁界分解能は $B_n = \Phi_n/A_s = 2$ pT/Hz$^{1/2}$ 程度となる．このため，磁気センサーとして用いる場合には図4.2.4に示すように磁界を $A_p=1$ cm×1 cm 程度の面積をもつ磁界検出コイルで検出し，その磁束を磁気結合回路を介してSQUIDへ伝達する方法がとられる．

磁気結合回路の構成法としては，(a) 直接結合型，(b) 磁束トランス型および(c) マルチループ型が主として用いられている．その性能は検出コイルで検出した磁界 B がどれくらい SQUID に信号磁束 Φ_s として伝達されるかを示す有効面積 $A_\mathrm{eff} = \Phi_s/B$ で表される．直接結合型は図4.2.4(a)に示すように磁界検出コイルをSQUIDインダクタンスに直接結合したものである[9]．この場合の有効面積は

$$A_\mathrm{eff} = A_p L/(L_p + L) \tag{4.2.8}$$

で与えられる．ここで A_p, L_p は検出コイルの面積およびインダクタンスである．$A_p = 1$ cm×1 cm, $L_p = 25$ nH, $L = 100$ pH とした場合には $A_\mathrm{eff} = 0.4$ mm^2 となる．この結合方法は単層の製膜プロセスでSQUIDと検出コイルを同時に製作できるため，プロセスが容易であり信頼性が高い．しかしながら有効面積 A_eff は小さい．

磁束トランス型の結合方式は，図4.2.4(b)に示すように検出コイルとSQUIDとの磁気結合を薄膜の磁束トランスを用いて行うものである[10]．SQUIDに磁気結合するためのコイルを入力コイルと呼ぶ．この場合の有効面積は

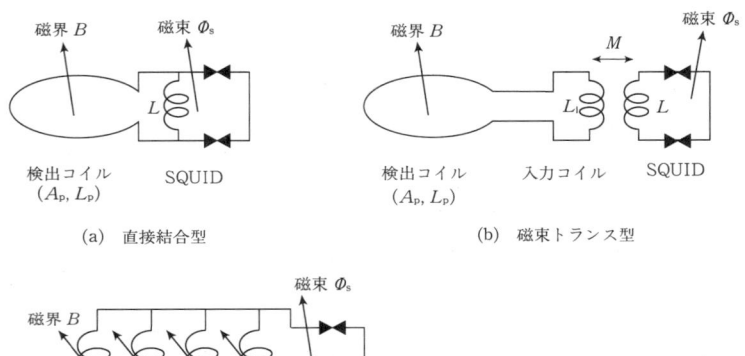

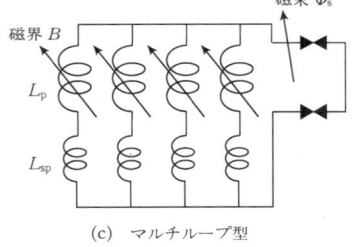

図4.2.4 磁気結合回路

(a) 直接結合型
(b) 磁束トランス型
(c) マルチループ型

$$A_\text{eff} = A_\text{p} M/(L_\text{p}+L_\text{l}) \tag{4.2.9}$$

で与えられる．ただし，L_l は入力コイルのインダクタンス，M は入力コイルと SQUID の間の相互インダクタンスである．入力コイルの巻数を N とすれば，M および L_l はおおまかに $M=NL$，$L_\text{l}=N^2L$ と与えられる．巻数を $N=15$ にすれば $A_\text{p}=1\,\text{cm} \times 1\,\text{cm}$，$L_\text{p}=25\,\text{nH}$，$L=100\,\text{pH}$ に対して $A_\text{eff}=3.2\,\text{mm}^2$ の値となり，同じ検出コイルに対して有効面積は直接結合型に比べて1桁大きくなる．ただし，薄膜トランスの製作のためには超伝導/絶縁体の多層構造および超伝導コンタクトのプロセス技術が必要となる．

マルチループ型の結合方式[11]は SQUID インダクタンスをそのまま検出コイルとして用いるものである．前述したように単純な構造では SQUID インダクタンスの検出面積は非常に小さい．検出面積を大きくし，かつインダクタンスの値を $L=150\,\text{pH}$ 程度に抑えるため，図4.2.4(c)に示すように多数のインダクタンスを並列に接続した方法がマルチループ型である．一つのループの面積を A_p，インダクタンスを L_p とすれば，おおまかに

$$A_\text{eff}=A_\text{p}, \quad L=(L_\text{p}+L_\text{sp})/N \tag{4.2.10}$$

となる．ただし L_sp はループを接続するための配線のインダクタンスである．7 mm ×7 mm の領域を16分割することにより $A_\text{eff}=1.89\,\text{mm}^2$，$L=145\,\text{pH}$ が得られており，有効面積を大きくとることができる．ただし，この場合にも多層成膜プロセスが必要となる．

3) 作製プロセス

現在液体ヘリウム温度 ($T=4.2$ K) または液体窒素温度 ($T=77$ K) で動作するSQUIDが開発されている．超伝導薄膜としては液体ヘリウム温度ではNbが，液体窒素温度では$YBa_2Cu_3O_{7-x}$が用いられており，それぞれスパッタ法およびレーザー蒸着法により作製されている．ジョセフソン素子としてはNb系ではNb/Al/Nbトンネル素子が用いられる．二つの超伝導体 (S) を数nmの絶縁体 (I) を介して結合したものでSIS素子とも呼ばれる．絶縁体としてはAlを酸化したAl_2O_3が用いられている．素子の面積としては3〜5 μm角のものが用いられる[2]．素子の臨界電流が$I_c=5$〜10 μA程度になるようにAl酸化膜の厚さを制御する．素子容量としては$C=0.4$〜1.0 pF程度となる．トンネル型素子では素子固有の抵抗は非常に高く，電流-電圧特性にヒステリシスが生じる．このため外部抵抗を素子に並列に接続し，式 (4.2.5) のパラメーターβ_cを1以下にする必要がある．外部抵抗は金属薄膜を用いて形成され$R_s=5$ Ω程度となる．

$YBa_2Cu_3O_{7-x}$酸化物超伝導体では結晶粒界を利用したジョセフソン素子が用いられている[12]．酸化物超伝導体の超伝導特性はその結晶構造に敏感であり，結晶構造の乱れにより超伝導性が弱まることが知られている．この特性を利用して人工的に結晶粒界を形成し，その部分にジョセフソン素子を作製する方法が開発されている．結晶方位の異なる面を張り合わせた基板 (バイクリスタル基板) を用いたバイクリスタル素子や段差部に発生する結晶粒界を利用したステップエッジ素子などがある．Nb/Al/Nb素子と異なり，単層の成膜プロセスにより作製される．素子の幅は3 μm程度であり，臨界電流は$I_c=10$〜20 μA，素子容量は$C=0.2$ pF程度になる．ただし，基板として$SrTiO_3$基板が用いられるが，その比誘電率は液体窒素温度で$\varepsilon_r=1900$と非常に大きい．素子容量にはこの影響も含まれており，低誘電率基板を用いれば素子容量は減少する．素子の抵抗は$R_s=6$ Ω程度であり，電流-電圧特性にはヒステリシスは生じない．このためNb系とは異なり外部抵抗は用いられない．なお，二つの超伝導体 (S) を数十nm程度の金属 (N) を介して結合したSNS素子も開発されている．

磁気結合回路を作製するためには，超伝導体/絶縁体/超伝導体の積層構造および超伝導コンタクトの技術が必要である．Nb系ではNb/SiO_2/Nbの積層構造が用いられており，$YBa_2Cu_3O_{7-x}$では$YBa_2Cu_3O_{7-x}$/$SrTiO_3$/$YBa_2Cu_3O_{7-x}$の積層構造が用いられている[2,13]．

図4.2.5(a)に入力コイルと結合したSQUIDの写真を示す．SQUIDに巻数$N=20$ターンの入力コイルが集積化されている．図4.2.5(b)には測定したSQUIDの磁束ノイズ$\Phi_n=S_\Phi^{1/2}$を示している．1 Hz以上の周波数領域では磁束ノイズは周波数によらない一定値となる．この雑音は白色ノイズ (white noise) と呼ばれており，この例では$\Phi_n=7\times10^{-6}$ $\Phi_0/Hz^{1/2}$の性能が得られている．

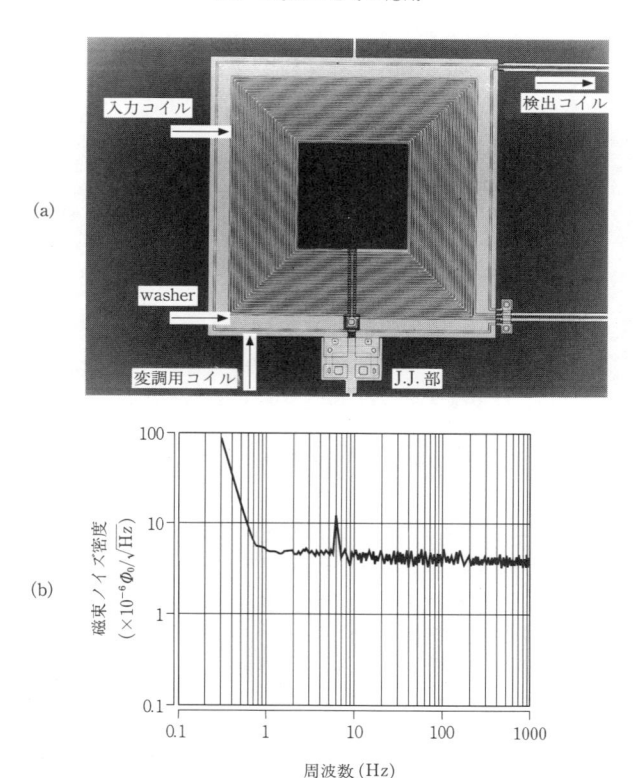

図 4.2.5 dc SQUID の実例
(a) 入力コイルと結合した SQUID の写真．(b) SQUID の磁束ノイズ Φ_n の測定例（セイコーインスツルメント，茅根一夫氏提供）．

なお，図 4.2.5(a) から予想されるように入力コイルと SQUID インダクタンス (washer と呼ばれる) の間には大きな浮遊容量が存在し，入力コイルのインダクタンスとともに共振回路が構成される[2]．前述したように，交流ジョセフソン効果により素子から発生する高周波電流がこの共振回路と結合して SQUID の特性が劣化する．これを防止するため，入力コイルに並列に抵抗 R_l が外付けされる．

4) 電子回路

a) FLL 動作 図 4.2.2(b) に示すように SQUID の出力電圧は信号磁束に対して線形ではなく，量子磁束 Φ_0 を周期として周期的に変化する．センサーとしての直線性を確保するため，図 4.2.6 に示すような負帰還回路 (flux locked loop, FLL 回路) が用いられている[14]．出力電圧に比例した磁束 (フィードバック磁束 Φ_f) を SQUID へ帰還させ，信号磁束 Φ_s を打ち消す ($\Phi_s - \Phi_f = 0$) ような回路構成となって

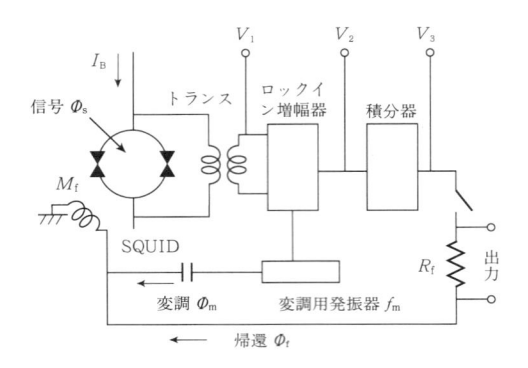

図 4.2.6 FLL (flux locked loop) 回路

いる．この場合には SQUID の動作点は磁束がゼロの点にロックされるため FLL 回路と呼ばれる．

　図 4.2.6 に示す FLL 回路では SQUID 出力を高感度に読み出すために変調磁束 Φ_m が用いられている．変調磁束としては周波数が $f=100\,\mathrm{kHz}\sim10\,\mathrm{MHz}$ で $\Phi_0/4$ の振幅をもつ正負のパルスが用いられる．図 4.2.7 に FLL 回路の動作を示す．図の $V\text{-}\Phi$ 特性で破線は信号磁束のない場合のものであり，実線は磁束 Φ_s を印加した場合のものである．変調磁束が印加されると，信号磁束がない場合には SQUID の動作点は図の P 点と Q 点を交互に移動する．これに対して磁束 Φ_s を印加した場合には動作点は A 点と B 点を交互に移動することになる．このとき，図 4.2.6 に示す FLL 回路の各点の電圧 V_1, V_2, V_3 は以下のようになる．SQUID の出力電圧 V_1 の時間変化は図 4.2.7 に示すように動作点 A では高電圧に，動作点 B では低電圧になる．図の斜線の部分が磁束 Φ_s による変化分を表している．この出力電圧を変調磁束用の信号を用いて位相検波（ロックイン検波）し，電圧 V_2 を得る．積分器により電圧 V_2 を積分すると，V_2 の斜線部分に対応した低周波電圧 V_3 が得られる．この低周波電圧は信号磁束 Φ_s に比例しており，フィードバックをかけない場合には，図に示すように時間とともに増大する．この電圧 V_3 を帰還回路を通してフィードバック磁束 Φ_f として SQUID に負帰還し，信号磁束を打ち消す．この場合にはフィードバック量は信号磁束に比例した一定値になる．

　なお，SQUID とロックイン増幅器の間には図 4.2.6 に示すような信号昇圧用のトランスが用いられる．これは SQUID の出力電圧が小さくロックイン増幅器のプリアンプの雑音の影響が大きくなるためである．このため昇圧トランスにより信号を 10 倍程度昇圧することによりプリアンプの影響を低減している．ただし昇圧トランスは周波数特性をもつため，FLL 回路の設計においてはこの周波数特性を考慮する必要がある．とくに変調周波数が高くなった場合には重要である．

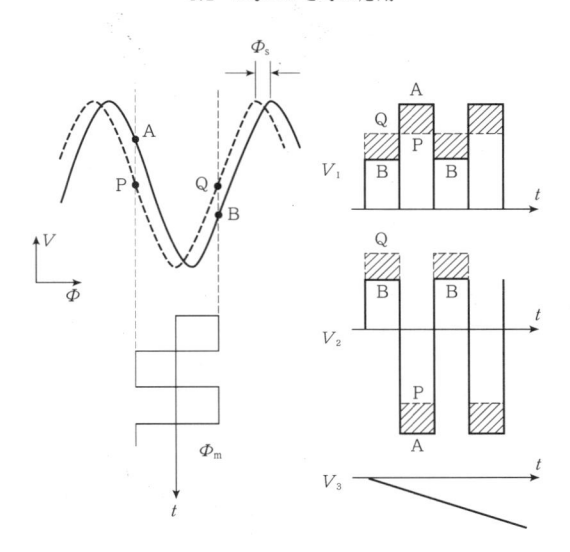

図 4.2.7 FLL 回路の動作
破線と実線は信号磁束 Φ_s のない場合とある場合の V-Φ 特性を表す．変調用磁束 Φ_m を印加した場合の FLL 回路の各点における電圧波形を示している．

FLL 回路の構成法として図 4.2.6 に示す変調磁束をなくした方法も開発されている[15]．この場合には SQUID 出力を直接プリアンプで増幅し，積分回路を通した後にフィードバック磁束として負帰還させる．変調磁束を用いる場合に比べて回路構成が非常に簡単になる．ただし，この場合にはプリアンプの雑音の影響を低減するために，SQUID には APF (additional positive feedback) という回路が付加される．APF 回路は SQUID の出力電圧に比例した磁束を SQUID に正帰還させ，SQUID 自体に増幅作用をもたせたものである．この回路を用いることにより SQUID の変換係数 $V_\Phi = dV/d\Phi$ を通常の場合に比べて数十倍増大させることが可能である．

b) 動特性 FLL 回路の動特性は SQUID センサーを使用する場合に重要となる．図 4.2.6 の FLL 回路で，昇圧トランス，ロックイン増幅器，積分器を含めた電子回路のゲインの周波数依存性を $G(f)$ とする．もっとも簡単な場合にはゲインの周波数特性は積分器により決まり，その周波数特性は $G(f) = -jA/f$ と与えられる．ただし，A は定数，j は虚数単位である．この場合には負帰還ループで帰還される帰還磁束 Φ_f とエラー磁束 $\Phi_e = \Phi_s - \Phi_f$ の表式は以下のように与えられる[16]．

$$\Phi_f/\Phi_s = 1/(1+jf/f_c) \qquad (4.2.11)$$
$$\Phi_f/\Phi_e = -jf_c/f \qquad (4.2.12)$$

ただし，$f_c = AM_f V_\Phi/R_f$ であり，M_f, R_f は帰還回路の相互インダクタンスと抵抗である．式 (4.2.11) に示すように，帰還磁束 Φ_f の量は周波数とともに減少する．このた

め FLL 回路が追随できる周波数の上限は f_c で与えられ，この周波数を遮断周波数と呼ぶ．この遮断周波数は FLL 回路で測定できる信号周波数の上限を決める．

前述したように FLL 回路では信号磁束を打ち消すように帰還磁束が加えられる．増幅器のゲイン A が無限大である場合には式 (4.2.11) で $f_c \gg f$ となり Φ_s は Φ_f で完全に打ち消される．これに対して有限のゲインの場合には完全には打ち消されず式 (4.2.12) に示すエラー磁束 $\Phi_e = \Phi_s - \Phi_f$ が残る．このエラー磁束が $\Phi_0/4$ の範囲にとどまっていれば，FLL 動作が正常に行われることが知られている[16]．したがって，FLL 動作が正常に行われる場合の帰還磁束の最大値 $\Phi_{f,max}$ とその時間微分（スルーレート）$SR = d\Phi_{f,max}/dt$ は式 (4.2.12) から以下のように与えられる．

$$\Phi_{f,max} = \Phi_0 f_c / 4f, \quad SR = \pi \Phi_0 f_c / 2 \qquad (4.2.13)$$

帰還磁束の最大値は SQUID が計測できる信号磁束の振幅の最大値を与える．すなわち SQUID のダイナミックレンジを与える．この値は式 (4.2.13) に示すように周波数とともに減少する．またスルーレート SR は単位時間に帰還できる帰還磁束の最大値を与える量であり，式 (4.2.13) に示すように FLL 回路の遮断周波数 f_c に依存する．なお，図 4.2.7 に示すように FLL 回路の積分器の出力はフィードバックをかけない場合には時間とともに増大する．スルーレートは積分器出力の時間変化に対応した量である．

式 (4.2.11)～(4.2.13) に示すように SQUID の動特性は主として遮断周波数により決まる．この遮断周波数の設定は SQUID センサーを雑音の大きな環境下で用いる場合に重要となる．SQUID センサーで測定する信号磁界は微弱でありその周波数も通常数 kHz 以下であるので，環境磁気雑音が小さい場合には遮断周波数 f_c を数 kHz 程度にしておけば十分である．これに対して環境磁気雑音が大きい場合には遮断周波数を高くしなければならない．例として商用周波数（$f=50/60\,Hz$）の磁気雑音下で SQUID を動作させる場合を考える．磁気雑音の代表例として $B_n = 300\,nT = 3\,mG$ を考え，SQUID センサーの有効面積を $A_{eff} = 1\,mm^2$ とすると，SQUID には $\Phi_n = 150\,\Phi_0$ の大きな雑音磁束が鎖交する．この場合の単位時間当たりの雑音磁束の変化量は $d\Phi_n/dt = 5 \times 10^4\,\Phi_0/s$ となる．このように速い雑音磁束の変化に負帰還動作が追従するためには，式 (4.2.13) より少なくとも $f_c = 30\,kHz$ 以上の遮断周波数をもつ回路構成としなければならない．現在，100 kHz から数 MHz の遮断周波数をもつ FLL 回路が開発されている[17]．

c) **AC バイアス法**　図 4.2.3 の等価回路では SQUID の雑音源としては抵抗による熱雑音のみが示されている．この雑音は周波数に依存しない白色雑音 (white noise) である．実際の SQUID ではこのほかに超伝導薄膜にトラップした磁束やジョセフソン素子の不完全さによる低周波雑音が加わる．この雑音は周波数の低下とともに増大する，いわゆる $1/f$ ノイズとして現れる．SQUID は主として低周波の信号計測に用いられるため，この低周波ノイズの低減が重要である．このためには超伝導薄

膜およびジョセフソン素子の高品質化が重要である．Nb 系の SQUID ではプロセス技術が確立しており，低周波ノイズも許容できる範囲にある．これに対して，高温超伝導ではプロセス技術が十分には確立していないため，低周波ノイズが大きい．たとえば高温超伝導ジョセフソン素子の臨界電流のゆらぎ δI_c の大きさは周波数 $f=1\,\mathrm{Hz}$ で $\delta I_c/I_c = 10^{-4}$ 程度であり，この値は Nb 系の素子に比べて 100 倍程度大きい．

幸いなことに臨界電流のゆらぎに起因する低周波ノイズは FLL 回路の駆動方法を改良することにより，回路的に除去できる．このための種々の方法が提案されているが，代表的な AC バイアス法[18]について説明する．AC バイアス法とは図 4.2.6 に示す SQUID のバイアス電流 I_B を直流から交流(AC)に変えて FLL 回路を構成したものである．

図 4.2.8 に SQUID の電圧-磁束 (V-Φ) 特性を示す．破線は臨界電流のゆらぎのない場合であり，上下二つの特性はバイアス電流が正負の場合に対応する．ジョセフソン素子の臨界電流にゆらぎ δI_c がある場合にはこの電流ゆらぎにより $\delta\Phi = L\delta I_c$ の雑音磁束が SQUID インダクタンスに発生する．この場合には電圧-磁束特性は図の実線に示すように磁束 $\delta\Phi$ だけずれる．ここで注意すべきことは磁束 $\delta\Phi$ の符号がバイアス電流 I_B の符号に依存することである．AC バイアス法では，以下に示すようにこの特性を利用して低周波ゆらぎを除去している．

バイアス電流が正の場合に FLL 動作を行わせると動作点は A 点と B 点になり，FLL 回路の出力は磁束 $\delta\Phi$ に比例したものとなる．この磁束は時間とともにゆらぐため，このままでは FLL 回路の出力には低周波ノイズが観測される．そこでバイアス電流の符号を反転すると FLL 動作の動作点は C 点と D 点となる．この場合の

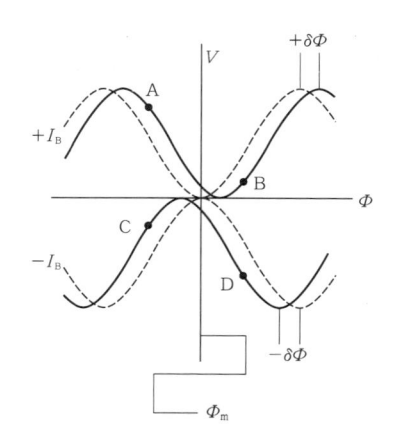

図 4.2.8 AC バイアス法の原理
ジョセフソン素子の臨界電流がゆらぐ場合には雑音磁束 $\delta\Phi$ が発生し，V-Φ 特性は破線から実線のように変化する．

FLL 出力は $-\delta\Phi$ に比例したものになり，大きさは等しいが符号が異なる．したがって，バイアス電流が正の場合と負の場合の FLL 出力を加算すれば，雑音成分は互いに打ち消し合ってゼロとなる．すなわちバイアス電流を反転することにより，臨界電流のゆらぎの影響を除去できる．なお，バイアス電流反転の周波数としては数 kHz が用いられる．

5) グラジオメーター

SQUID センサーは高感度であり微弱磁界の計測に用いられるが，その際に問題となるのが環境磁気雑音である．磁気雑音の大きさは信号磁界に比べて $10^4 \sim 10^6$ ほど大きいため，環境磁気雑音を除去しないと信号磁界は計測できない．環境磁気雑音を除去する方法としては，磁気シールドとグラジオメーターがある．磁気シールドは磁性体や高温超伝導体を用いて製作されており磁気雑音を $1/10^4 \sim 1/10^6$ 程度にまで減衰できるが，高価でありその低価格化が望まれている．

グラジオメーターは磁界の空間微分を測定することにより，空間的に均一な環境磁気雑音を除去する方法である．図 4.2.4 に示す磁気結合回路では磁界検出コイルに鎖交する磁束をそのまま検出しており，このタイプのセンサーはマグネトメーターと呼ばれる．この場合には信号磁界と環境磁気雑音が同時に検出される．これに対して検出コイルを 2 個用いて互いに差動的になるようにコイルを接続した場合には，磁界の空間微分を測定することになる．このタイプのセンサーをグラジオメーターと呼ぶ．この場合には空間的に均一な磁界成分は SQUID へは伝達されず，磁界の空間微分のみが SQUID への入力磁束となる．磁界の 1 次微分を測定する場合と 2 次微分を測定する場合がある．

一方，二つのマグネトメーターを空間的に 2 個配置し，その出力を電気的に差し引くことにより磁界の空間微分を測定する場合もある．この方法は電気的グラジオメーター[19]と呼ばれる．これらのグラジオメーターのみで磁気雑音を除去する場合と簡易型のシールドルームと共用する場合がある．

Nb 系の SQUID では主として差動型コイルを用いる方法がとられてきたが，高温超伝導体では差動型コイルを作製する技術が確立していないため電気的な方法が用いられている．後者の方法では SQUID には環境磁気雑音がそのまま入力されるため，SQUID が正常に動作するためには前述したように FLL 回路のスルーレートを高くしなければならない．

6) SQUID 応用

図 4.2.9 に SQUID センサーの代表的な応用分野における磁界信号の大きさと周波数領域を示す．センサーシステムに対する要求は応用分野により異なるため，それぞれの分野に適したようにバランスよくシステムを開発しなければならない．以下に代表的な応用[20]について簡単に説明する．

生体磁気計測では数 kHz 以下の低周波領域における磁界分解能と信号処理のため

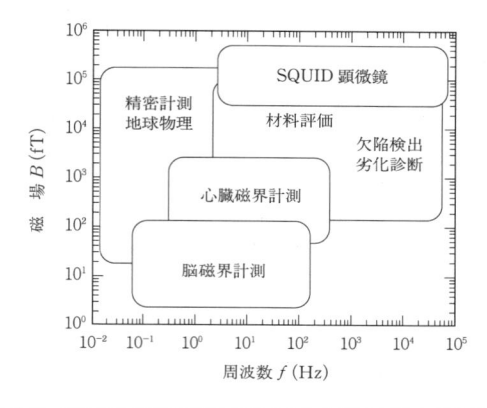

図 4.2.9 SQUID の応用分野で要求される磁界感度と周波数領域

の多チャネル化が重要である．測定信号の代表的なものとしては脳磁界や心臓磁界があり，その大きさは 10 fT～数 pT の範囲にある．このような微弱な磁界を測定できるセンサーは SQUID 以外にはない．センサーに要求される空間分解能は数 mm 程度であるため，磁界検出コイルの大きさは $A_p=2$ cm×2 cm 程度となる．現在 100 チャネル程度のセンサーシステムが開発されており，基礎医学や医療応用に用いられている．

精密計測では試料の磁化特性を SQUID を用いて測定する．小さな試料や微小な磁気的変化を測定できる．ただし測定のため試料に磁界を印加するため，この磁界をキャンセルすることが必要である．このためグラジオメーターコイルが用いられる．温度コントローラーと磁界印加用コイルが付属された測定システムが開発されている．なお，SQUID を高感度の電流計として用いることも可能である．

SQUID の材料評価への応用としては欠陥検出，劣化診断，不純物検出などがある．SQUID センサーでは低周波数での測定が可能になるため，従来の方法では不可能であった材料内部の欠陥検出が可能になる．また材料劣化の大きな要因として力学的ストレスや腐食があるが，SQUID センサーはこれらの劣化の機構解明および診断法として期待されている．測定法は以下のとおりである．① 材料に力学ストレスを加えるとその磁気的性質が変化するため，この変化を SQUID 磁気センサーを用いて測定する．② 腐食が発生すると化学反応に伴って微小な電流が生じるため，この電流により発生する磁界を検出する．

SQUID 顕微鏡は微小な SQUID を用いて試料表面の磁界分布を高精度に測定するものである．空間分解能としては数 μm から数十 μm が実現されている．このためには磁界検出コイルを小さくし，サンプルとの距離を近づける必要がある．サンプルとセンサーの温度が異なる場合には，センサーの冷却が重要な問題となる．

b. 電磁波センサー

超伝導体中には超伝導電流を担う対電子(クーパー対)と対が壊れた電子(準粒子)が存在する．SQUIDは超伝導電流に起因する量子効果(磁束の量子化)を用いたものであるが，準粒子電流の量子効果を利用した電磁波センサーも開発されている．これらのセンサーでは二つの超伝導体(S)を数nmの薄い絶縁層(I)を介して結合したSIS型トンネル素子が用いられるので，この素子における準粒子トンネル電流の振舞いを半導体と同様のエネルギー帯図を用いて説明する．

1) 準粒子トンネル電流

図4.2.10にSISトンネル素子のエネルギー帯図[21]を示す．図に示すように薄い絶縁層を介して超伝導体が結合されており，超伝導体にはフェルミレベル E_F を中心に Δ のエネルギーギャップが存在する．このエネルギーギャップの値はNb超伝導体では1.5 meVであり，半導体で見られる1 eV程度のエネルギーギャップに比べるときわめて小さい．このエネルギーギャップのため，フェルミエネルギーからの差を E とおくと $E<\Delta$ の範囲には準粒子は存在しない．すなわち，準粒子に対する状態密度関数は

$$N_s(E) = N_n(0)|E|/(E^2-\Delta^2)^{1/2} \quad |E|>\Delta$$
$$= 0 \quad |E|<\Delta \quad (4.2.14)$$

で与えられる．ここで $N_n(0)$ は常伝導状態におけるフェルミエネルギーでの状態密度である．

このエネルギー帯図を用いてSIS素子における準粒子電流のトンネル効果について説明する．まず温度 $T=0$ の状態について考える．温度 $T=0$ ではギャップ以下のレベルまでは状態が占有されており，ギャップ以上のレベルは空の状態である．素子

(a) エネルギー帯図

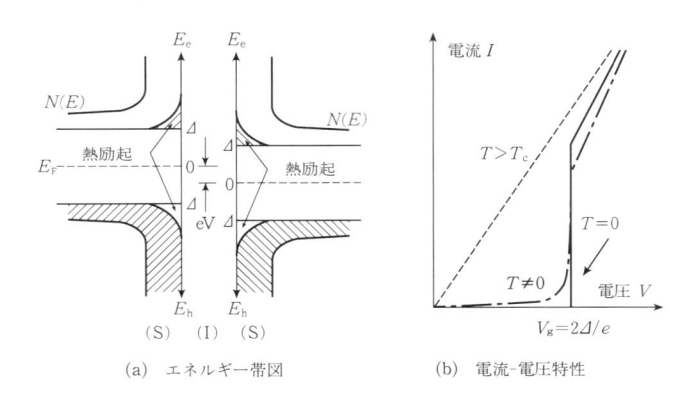

(b) 電流-電圧特性

図4.2.10 SIS素子の準粒子トンネル電流
(a) 半導体モデルによるエネルギー帯図．斜線のない部分は電子の空席，斜線の部分はホールの空席を示す．(b) トンネル電流-電圧特性．

に印加する電圧 V が $V<2\varDelta/e$ の場合には，エネルギーギャップのため相手側の状態密度がゼロであり，トンネル電流は流れない．電圧が $V=2\varDelta/e$ になると相手側に大きな状態密度が存在するため，トンネル電流が急激に流れ始める．したがって SIS トンネル素子の準粒子の電流-電圧特性は図 4.2.10 (b) のようになる．

温度 T がゼロでない場合には，図 4.2.10 (a) に示すように熱エネルギーによりギャップの上下に準粒子が励起されている (熱励起)．このため，$V<2\varDelta/e$ においてもわずかな電流が流れる．

トンネル電流の表式は図 4.2.10 のエネルギー帯図と式 (4.2.14) の状態密度関数を用いて以下のように与えられる[21]．

$$I_{\mathrm{qp}}(V) = A \int_{-\infty}^{\infty} N_{\mathrm{s}}(E-eV) N_{\mathrm{s}}(E) [f(E-eV) - f(E)] dE \tag{4.2.15}$$

ここで，A は定数，f はフェルミ関数である．上式は準粒子電流の振舞いをよく説明する．ただし，図 4.2.10 に示すエネルギー帯図は簡単化したモデルであり，クーパー対電子の振舞いを無視していることを注意しておく．実際には温度 $T=0$ ではクーパー対電子はフェルミレベル E_{F} に存在している．電圧 $V=2\varDelta/e$ で急激に準粒子電流が流れることは，電圧により与えられたエネルギー eV によりクーパー対が破壊され，多数の準粒子電流が励起されることに対応する．

2) ホトンアシステッドトンネル効果

SIS 素子に電磁波を照射すると，準粒子トンネル電流は影響を受ける．素子に照射する電磁波のエネルギー $\hbar\omega$ が $2\varDelta$ より大きい場合には，図 4.2.11 (a) に示すように準粒子が電磁波により直接励起される．したがって，準粒子トンネル電流は電磁波の照射により増加することになる．この現象は半導体における光励起電流と同様なもの

(a) エネルギー帯図　　(b) PAT 電流

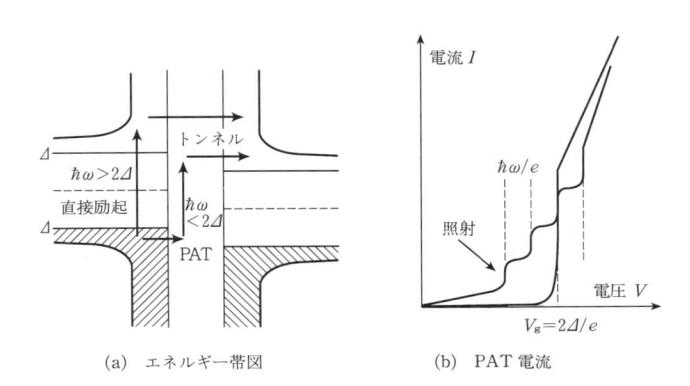

図 4.2.11 SIS トンネル電流に及ぼす電磁波の影響
(a) エネルギー帯図．ホトンのエネルギーが $2\varDelta$ より大きい場合には準粒子が直接励起され，$2\varDelta$ より小さい場合にはホトンアシステッドトンネル (PAT) 効果が生じる．(b) PAT 効果による準粒子トンネル電流の特性変化．

である．この現象を利用したX線検出器が開発されているが，これについては後で述べる．

電磁波のエネルギーが$2\varDelta$よりも小さい場合にも準粒子電流は影響を受ける．この現象はホトンアシステッドトンネル(PAT)効果[22]と呼ばれており，この効果を利用した高感度の電磁波センサー(SISミキサー)が開発されている．電磁波の照射がない場合には，前述したように$V<2\varDelta/e$の範囲ではエネルギーギャップのため準粒子はトンネルできない．しかしながら電磁波が照射されると，図4.2.11(a)に示すように$V<2\varDelta/e$においても準粒子は電磁波のエネルギー$\hbar\omega$を吸収することによりトンネルすることができる．すなわち電圧によるエネルギーと吸収したn個のホトンが

$$eV+n\hbar\omega=2\varDelta \tag{4.2.16}$$

の関係を満たす場合にはクーパー対電子の破壊により準粒子電流が急激に流れることになる．この効果を考慮した場合の準粒子電流の表式は以下のように与えられている．

$$\begin{aligned}I_{\mathrm{pa}}(V)&=A\sum_{n=-\infty}^{\infty}J_n^2(\alpha)\int_{-\infty}^{\infty}N_\mathrm{s}(E-eV)N_\mathrm{s}(E+n\hbar\omega)[f(E-eV)-f(E+n\hbar\omega)]dE\\&=\sum_{n=-\infty}^{\infty}J_n^2(\alpha)I_{\mathrm{qp}}(V+n\hbar\omega/e)\end{aligned} \tag{4.2.17}$$

ただし，$\alpha=eV_{\mathrm{rf}}/\hbar\omega$であり，$J_n$は$n$次のベッセル関数である．なお$\alpha$はSIS素子に照射される電磁波の電圧振幅$V_{\mathrm{rf}}$の大きさを表す量である．式(4.2.17)に示すように，電磁波が照射された場合の準粒子電流I_{pa}は電磁波がない場合の電流I_{qp}を$\hbar\omega/e$の整数倍だけ電圧軸方向にずらせたものの和として与えられる．

図4.2.11(b)に電磁波を照射した場合の準粒子電流の電流-電圧特性を示す．同図に示すように$2\varDelta$に対応した電圧$V_\mathrm{g}=2\varDelta/e$を中心として$\hbar\omega/e$の電圧間隔で電流ステップが見られる．電圧が$V<V_\mathrm{g}$の領域では電磁波の照射により準粒子電流は増加する．なお，電圧$V=V_\mathrm{g}-n\hbar\omega$の位置の電流ステップは式(4.2.16)において$n$個のホトンを吸収したトンネルに対応する．これに対して電圧が$V>V_\mathrm{g}$の領域では電磁波の照射により準粒子電流は減少する．電圧$V=V_\mathrm{g}+n\hbar\omega$の位置における電流ステップは式(4.2.16)の$n$が負の場合であり，これは準粒子のトンネルに伴って$n$個のホトンが放出されることに対応する．

なおこのようなホトンアシステッドトンネル効果は，通常，照射する電磁波の周波数が30 GHz以上で観測される．このようにエネルギーの低いホトンにより量子効果が引き起こされることは注目すべきことである．これは超伝導体のエネルギーギャップが1 meV程度と非常に小さく，動作温度が$T=4.2$ Kと非常に低いためである．

3) SISミキサー

上述のホトンアシステッドトンネル効果を利用したミリ波・サブミリ波帯の高感度

電磁波検出器(SIS ミキサー)が開発されている[23]．ミキサーはミリ波・サブミリ波帯の信号波を低周波信号に変換するのに用いられる．これは周波数の高い信号波を直接検出することが困難なためである．周波数の変換のためには素子の非線形性が用いられる．すなわち，素子に周波数 ω_s の信号波と周波数 $\omega_{Lo}(\simeq\omega_s)$ の局部発振波を同時に印加すると素子の非線形により $\omega_{IF}=\omega_s-\omega_{Lo}$ の中間周波数をもった成分が生じる．この中間周波数の成分を測定することにより信号波が検出できる．この際，中間周波数成分の電力 P_{IF} と信号波の電力 P_s の比 $\eta=P_{IF}/P_s$ をミキサーの変換効率と呼ぶ．$\eta<1$ の場合には変換損となり，$\eta>1$ の場合には変換利得となる．

SIS 素子の準粒子電流は図 4.2.11(b) に示すようにホトンアシステッドトンネル電流により非常に強い非線形を示す．このためこの非線形性を用いてミキサーを構成できる．ただし，前項で述べたように準粒子のトンネル過程においてホトンとの相互作用が生じるため，SIS ミキサーの動作解析には量子論的な取扱いが必要となる．詳しい動作は文献[24]を参照してほしい．SIS ミキサーの特徴は変換損を小さくでき，場合によっては変換利得が得られることである．さらにミキサーの雑音も小さい．このため，ミリ波・サブミリ波帯では従来の半導体ショットキーダイオードを用いたミキサーが SIS ミキサーに置き換えられている．とくにこの周波数帯での電波天文に応用され多くの成果を得ている[25]．

図 4.2.12 に SIS ミキサーの特性を示す．図で(1)はミキサーの電流-電圧(準粒子トンネル)特性を，(2)は $f_{Lo}=106\,\mathrm{GHz}$ の局部発振波を印加した場合のホトンアシステッドトンネル特性を示している．このミキサーに局部発振波とともに $T=300\,\mathrm{K}$ と 80 K の雑音源(信号波に対応)を印加し，ミキサーのバイアス電圧を変化した場合

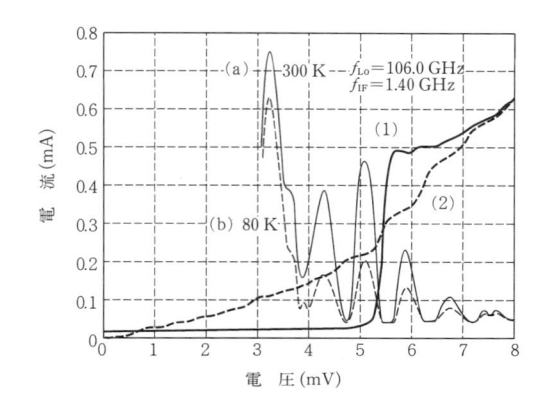

図 4.2.12 SIS ミキサーの特性

図で(1)，(2)は局部発振波を印加しない場合とした場合の SIS 素子の電流-電圧特性を表す．また，(a)，(b) は $T=300\,\mathrm{K}$ と 80 K の雑音を入射した場合のミキサーの IF 出力を表す (東京天文台，野口卓氏提供)．

のミキサーの出力 ($f_{IF}=1.4$ GHz の中間周波成分) を測定した結果を図の (a) と (b) に示している．同図に示すようにミキサーの出力はバイアス電圧に依存し，最適なバイアス電圧はギャップ電圧 V_g とホトンアシステッドトンネル効果によるステップの中間，すなわち $V_g-(1/2)(\hbar\omega/e)$ となる．また，図に示す特性からミキサーのシステム雑音が評価でき，この場合のシステム雑音温度として $T_N=20$ K が求められている．これは 100 GHz 帯で最高の感度をもつ受信システムであることを示している．

現在数百 GHz 帯までの SIS ミキサーは実用化されている．ミキサーの高周波化に対する要求は強く，$f=1$ THz までのミキサーを開発する研究がなされている．高周波化においては以下の問題を解決する必要がある．ミキサーの変換効率を高めるためにはいわゆるインピーダンス整合が重要となるが，このためには SIS 素子の抵抗 R_s が $20\,\Omega<R_s<100\,\Omega$ の範囲にあることが必要である．また素子の容量 C は $1<\omega_s R_s C<10$ の条件を満たすことが必要である．したがって，容量 C に対する条件により SIS ミキサーの動作周波数 ω_s の上限が決まることになる．動作周波数を高くするためには，素子容量を小さくする必要があり，このためには素子の微細化が重要になる．現在用いられている Nb/Al$_2$O$_3$/Nb トンネル素子の素子容量は 45 fF/μm^2 である．このため 100 GHz 帯のミキサーでは $1\sim4\,\mu$m^2 の素子面積が用いられているが，これをさらに微細化する必要がある．

SIS ミキサーの周波数上限を与えるもう一つの量としては超伝導体のエネルギーギャップ $\varDelta$ がある．電磁波のエネルギー $\hbar\omega$ が $\varDelta$ より大きくなると，前項で述べたように準粒子が電磁波により直接励起される．この場合には超伝導配線の損失が急激に増大し，ミキサーの変換損は大きくなる．超伝導体として Nb を用いた場合には $\varDelta$ が 1.5 meV であるので周波数上限は 1 THz 程度となる．動作周波数をもっと高くするためには $\varDelta$ の大きな超伝導体を用いる必要があり，このため NbN を用いた SIS ミキサーが開発されている．NbN のエネルギーギャップは Nb の 2 倍ほど大きいため，動作周波数を 2 倍高めることが可能である．

なお，SIS 素子にはジョセフソン電流も存在することを注意する必要がある．このジョセフソン電流はミキサーの動作に悪影響を与えることが知られている．前述したようにミキサーの動作電圧は $V=V_g-\hbar\omega_s/2e$ の近傍に設定される．この動作電圧が V_g の近傍であればジョセフソン電流の悪影響は無視できる．信号波の周波数 ω_s が高くなると，動作電圧は低くなりジョセフソン電流の影響によりミキサーの雑音が増大する．このため SIS ミキサーを安定に動作させるためには動作電圧をあるしきい値 V_T 以上にしなければならない．このため，条件 $V=V_g-\hbar\omega_s/2e>V_T$ によりミキサーの周波数上限が決まる．

このように SIS ミキサーの高周波化には多くの問題があるが，この問題を解決し $f=1$ THz までのミキサーを開発する研究が現在活発に行われている．

4) X線検出器

図 4.2.11(a) に示したように SIS 素子に照射する電磁波のエネルギー $\hbar\omega$ がエネルギーギャップ $2\varDelta$ に比べて大きい場合には，準粒子が直接励起される．この場合にはトンネル電流が増加し，この増加分により電磁波を検出できる．この現象を利用したX線検出器が開発されている[26]．

SIS 素子に数 keV 程度のエネルギー E をもった1個の α 粒子が入射した場合を考える．素子はこのエネルギーを吸収して準粒子が励起される．このとき α 粒子のエネルギーは $\varDelta$ (数 meV) に比べてきわめて大きいため，非常に大きなエネルギーをもった準粒子が生成されることになる．このような大きなエネルギーをもった準粒子は結晶格子と相互作用し，多数のフォノンを生成しながらエネルギーを失う．このとき生成されたフォノンのエネルギーはクーパー対電子を破壊するのに十分な大きさであるため，フォノンにより新たに準粒子が生成されることになる．このような緩和過程を経ることにより α 粒子1個により多数の準粒子が励起されることになる．準粒子のもつエネルギーは最後には $2\varDelta$ 程度になるため，1個の α 粒子により生成される準粒子の数は $N=E/2\varDelta$ 程度になる．

半導体に α 粒子が入射した場合にも同様に電子が励起され，この現象を利用した半導体X線検出器が開発されている．半導体と比較すると超伝導体のエネルギーギャップは千分の1程度である．このため，励起される電子の数 N は超伝導の場合には半導体に比べて千倍程度大きくなる．この特性はX線検出器のエネルギー分解能を向上させるうえで非常に重要となる．すなわち，入射した α 線のエネルギーを励起された電子数で測定する場合には，電子数 N の統計ゆらぎによる分解能は $N^{-1/2}$ で減少する．このため，生成される電子数が大きいほどエネルギー分解能は向上する．SIS 素子を用いることにより半導体に比べて千倍程度の電子を励起できるため，30倍程度のエネルギー分解能をもった検出器が期待できる．

X線検出器では励起される準粒子の数を増大させることが重要であり，このためにはフォノンの振舞いを明らかにする必要がある．とくに生成されたフォノンの一部は電極配線を介して SIS 素子の外へ逃げて，準粒子の生成には関与しない．このようなフォノンの逃げを少なくして，生成される準粒子の数を多くすることが重要であり，このための種々の素子構造が研究されている[27]．

また前項で述べたように，温度 T がゼロでない場合には熱励起による準粒子が存在し，$V<V_g$ でも準粒子電流が流れる．この電流はX線に無関係に存在するいわゆる暗電流であり，検出器の雑音を増加させる．このため，高感度の検出器を実現するためには，この暗電流をいかに小さくするかが大きな課題である．式(4.2.15)から熱励起による暗電流は温度に対して指数関数的に減少することが示される．このため動作温度を下げることが一つの有効な方法である．ただし実際の SIS 素子では，熱励起による暗電流以外にも素子の不完全さに起因するリーク電流が存在し，低温では

この電流が支配的となる．このため，素子の高品質化によるリーク電流の低減が重要となる．
[円福敬二]

引用文献

1) J. Clarke : *IEEE Trans. Electron Devices*, **ED-27** (1980) 1896.
2) T. Ryhanen *et al.* : *J. Low Temp. Phys.*, **76** (1989) 287.
3) C. D. Tesche and J. Clarke : *J. Low Temp. Phys.*, **29** (1977) 301.
4) K. Enpuku *et al.* : *J. Appl. Phys.*, **60** (1986) 4218.
5) C. M. Falco *et al.* : *Phys. Rev. B*, **10** (1974) 1865.
6) K. Enpuku *et al.* : *J. Appl. Phys.*, **73** (1993) 7929.
7) V. Foglietti *et al.* : *Appl. Phys. Lett.*, **55** (1989) 1451.
8) K. Enpuku *et al.* : *J. Appl. Phys.*, **72** (1992) 1000.
9) Lee *et al.* : *Appl. Phys. Lett.*, **66** (1995) 1539.
10) M. B. Ketchen : *IEEE Trans. Magn.*, **27** (1991) 2916.
11) D. Drung *et al.* : *J. Appl. Phys.*, **77** (1995) 4088.
12) R. Gross *et al.* : *Appl. Phys. Lett.*, **57** (1990) 727.
13) F. Ludwig *et al.* : *Appl. Phys. Lett.*, **66** (1995) 373.
14) J. Clarke *et al.* : *J. Low Temp. Phys.*, **25** (1976) 99.
15) D. Drung : *IEEE Trans. Appl. Supercond.*, **4** (1994) 121.
16) F. Wellstood *et al.* : *Rev. Sci. Instrum.*, **55** (1984) 952.
17) D. Drung *et al.* : *Rev. Sci. Instrum.*, **66** (1995) 3008.
18) R. H. Koch *et al.* : *Appl. Phys. Lett.*, **60** (1992) 502.
19) R. H. Koch *et al.* : *Appl. Phys. Lett.*, **63** (1993) 403.
20) J. P. Wikswo Jr. : *IEEE Trans. Appl. Supercond.*, **5** (1995) 74.
21) L. Solymar : Superconducting tunneling and applications, Chapman and Hall, 1972.
22) P. K. Tien and J. Gordon : *Phys. Rev.*, **129** (1963) 647.
23) P. L. Richards *et al.* : *Appl. Phys. Lett.*, **34** (1979) 345.
24) J. R. Tucker and M. J. Feldoman : *Rev. Mod. Phys.*, **57** (1985) 1055.
25) T. Claeson and D. Winkler : *J. Appl. Phys.*, **62** (1987) 4482.
26) A. Barone (ed.) : Particle Detectors, World Scientific, 1988.
27) D. Twerenbold : *Phys. Rev. B*, **34** (1986) 7748.

さらに勉強するために

1) 原　宏，菅原昌敬（訳）：超伝導デバイス及び回路の原理，コロナ社，1983．
2) 原　宏（編著）：超電導エレクトロニクス，オーム社，1985．
3) 原　宏（編著）：量子電磁計測，電子情報通信学会，1991．
4) K. K. Likharev : Dynamics of Josephson Junctions and Circuits, Gordon and Breach Science, 1986.
5) S. T. Ruggiero and D. A. Rudman : Superconducting Devices, Academic Press, 1990.
6) H. Weinstock (ed.) : SQUID Sensors : Fundamentals, Fabrication and Applications, Kluwer Academic Publishers, 1995.

4.2.2 ジョセフソン電圧標準

はじめに

わが国の電気標準の維持・供給の責任がある電総研(通産省工業技術院電子技術総合研究所)では，1977年1月より，ジョセフソン効果に基づいて電圧標準を供給している．すなわち，電圧の2次標準器として使われている標準電池や標準電圧発生器(それらは約1Vまたは約10Vの出力電圧をもつ)を依頼に応じてジョセフソン電圧標準によって校正している．本項では電総研のジョセフソン電圧標準システムを中心に説明し，広範な分野に関連する標準における技術と量子標準と物理定数との関係について解説を試みる．

ジョセフソン電圧標準は超伝導デバイスの一つであるジョセフソン接合素子を利用した電圧標準である．ジョセフソン接合素子はいろいろな特徴をもち，超伝導量子干渉素子(SQUID)や高速スイッチングデバイスとしても用いられている．ジョセフソン接合素子の周波数-電圧変換機能を利用した応用がジョセフソン電圧標準である．ジョセフソン接合素子にマイクロ波を照射すると，その両端には定電圧が発生する．後述するように，この電圧はマイクロ波の周波数と素電荷(電子などの電荷)とプランク定数で決まる．現在，周波数はセシウム原子(セシウム133)の基底状態の二つの超微細準位間の遷移で定められており，10^{-14}の高い安定度をもつ．素電荷とプランク定数はともに基礎物理定数で値は一定である．そのため，マイクロ波に誘起された電圧値はきわめて正確で，時間や場所に影響されず普遍性がきわめて高いことが原理的に保証されており，普遍性の高さは実験的にも確かめられている．

ジョセフソン接合素子を電圧標準に用いる場合は，原理を忠実に実現することが重要である．そのためには多くの工学的課題を解決しなければならない．たとえば，マイクロ波については，周波数もパワーも安定なマイクロ波を効率よくジョセフソン接合素子に照射しなければならない．このためにはマイクロ波工学の技術が必要である．また，実験室で用いられる計算機や微小信号増幅用のチョッパーアンプなどはマイクロ波に近い周波数の雑音を発生する．この雑音が侵入すると，電圧が変化することがある．雑音を遮蔽するためにはフィルタリングの技術が必要である．さらに，極低温環境下のジョセフソン接合素子に発生している電圧と室温の電圧発生器の電圧とを高い精度で比較する測定技術も必要である．加えて，日常的に用いるためにはジョセフソン接合素子を安定に作製するための超伝導デバイス作製技術も必要である．このように，きわめて明快な原理に基づくジョセフソン電圧標準であるが，実際の実現には広い工学的な技術が関連している．

素電荷とプランク定数は自然界に存在する量である．一方，周波数の基準である1ヘルツ(Hz)や電圧の基準である1ボルト(V)は人間が科学・工学の測定のために人

為的に定めた値で，ヘルツもボルトも SI (Système International d'Unités, 国際単位系) の組立て単位の一つである．したがって，ジョセフソン電圧標準実現のためには，SI で測定した場合の素電荷の値とプランク定数の値が必要である．これらは種々の基礎物理定数の測定結果を総合的に評価し，SI の中でもっとも合理的な値として導出される．種々の基礎物理定数の値の導出は CODATA (Committee on Data for Science and Technology, International Council of Scinetific Unions, 国際科学連合会議，科学技術データ委員会) によって行われている．さらに，SI にも整合がとれ，かつ世界的に統一のとれた電気の標準体系のために，ジョセフソン効果を電圧の標準の実現という特定の実用目的に使う際には，CIPM (Comité International des Poids et Mesures, 国際度量衡委員会) の下で電磁気量の標準に関連した問題を審議する組織である CCE (Comité Consultatif d'Électricité, 電気諮問委員会) の結論に基づいて CIPM が勧告した値が用いられている．

CIPMの勧告値を用いていることを明確にするために，ジョセフソン接合の周波数-電圧変換係数はジョセフソン定数と呼ばれ K_J と表す．同じように，量子電気標準の一つである量子ホール効果による抵抗標準にも CIPM の勧告値が用いられており，この場合にはフォン・クリッツィング定数と呼ばれ R_K と表す．ジョセフソン電圧標準は SI を通し種々の基礎物理測定と相互に深く結びついている．本項ではそれについても簡潔な説明を試みる．

筆者の力量などにより限界があるが，原理を実現するためには多くの技術を必要とすること，標準は SI を通して基礎物理の分野へ大きく寄与していることを少しでもわかっていただければ幸いである．

a. ジョセフソン接合素子と定電圧ステップ

超伝導現象の研究は，1911 年に Onnes が水銀の電気抵抗が極低温で急激に低下する現象[1]を発見したことから始まった．しかし，超伝導現象が理論的に解明されたのは 1950 年以降である．Bardeen と Cooper と Schrieffer の理論[2]は，3 人の頭文字をとって BCS 理論と呼ばれている．BCS 理論はどのようにして超伝導が起こるかという超伝導機構の説明である．また，Landau と Ginzburg が導いた方程式 (G–L 方程式)[3]は，超伝導についての現象論である．BCS 理論に基づく現象論は Gor'kov がさらに発展させた[4]．これらは個々の粒子の運動を考察した理論と粒子の数が多い場合に観察される力学量を説明する方程式の関係で，統計力学における粒子の運動と力学量の関係に似ている．これらの理論によれば，超伝導状態は超伝導体の中の電子 (正確には二つの電子が格子の振動を介して結合した電子対) の波が巨視的距離 (この場合は超伝導体全体) にわたりコヒーレントになっている状態である．「電子が波だ」というのは量子力学的な描像であり，これが巨視的距離に広がっていることから，「超伝導現象は巨視的量子効果の一つである」と表現されることもある．

波の位相は波の状態を表す重要な物理量の一つである．ある超伝導体の電子対の波の位相を θ_1 と表し，別の超伝導体の電子対の波の位相を θ_2 で表すことにする．この二つの超伝導体が絶縁体をはさんだサンドイッチ構造(超伝導体がパンで絶縁体がハムのサンドイッチ)になっていて絶縁体が十分薄ければ，一方の超伝導体の電子の波は絶縁体をトンネルして他方の超伝導体ににじみ出る．

このトンネル現象は1962年にJosephsonにより理論的に予言されたので[5]，このような構造の素子をジョセフソン接合素子と呼ぶ(ジョセフソン接合素子にはほかにも，二つの超伝導体を極細い超伝導体でつないだ構造の素子や一つの超伝導体を鉛筆の先のようにとがらせてもう一つの超伝導体に押し付ける構造の素子がある．細い超伝導体でつなぐ素子を弱結合(weak-link)，とがった超伝導体を用いる素子をポイントコンタクト(point contact)と呼ぶ．絶縁膜を超伝導体ではさんだ構造の素子をトンネル接合(tunnel junction)と呼ぶ)．トンネル現象により二つの超伝導体にまたがる電子の波はコヒーレントを保とうとする．つまり，θ_1 と θ_2 の差 ($\theta = \theta_1 - \theta_2$) は，できるだけ 0 または 2π の整数倍に近い値をとろうとする．これは二つの超伝導体の界面エネルギーが

$$E_{12} = -U \cos \theta \tag{4.2.18}$$

となることを意味する．通常はトンネルする電子対の数 n よりも超伝導体の電子対の数が多いので，電子対1個トンネルするときのエネルギーの変化は化学ポテンシャルの2倍になる(化学ポテンシャルは1個の電子増減によるエネルギーの変化を表すので，2個の電子が対になった電子対1個がトンネルするときのエネルギーの変化は化学ポテンシャルの2倍)．二つの超伝導体の化学ポテンシャルを μ_1, μ_2 とすると，ジョセフソン接合素子全体のエネルギーは

$$E = 2(\mu_1 - \mu_2)n - U \cos \theta \tag{4.2.19}$$

となる．n と θ (正確には $h\theta$) は正準共役変数なので，

$$\frac{dn}{dt} = -\frac{\partial E}{\partial h\theta} = -\frac{U}{h} \sin \theta \tag{4.2.20}$$

$$h\frac{d\theta}{dt} = \frac{\partial E}{\partial n} = 2(\mu_1 - \mu_2) \tag{4.2.21}$$

となる．電子対1個がトンネルすると電荷 $-2e$ が移動するので，トンネル電流は

$$I = -2e\frac{dn}{dt} = \frac{2eU}{h} \sin \theta \tag{4.2.22}$$

となる．とくに

$$I_c = \frac{2eU}{h} \tag{4.2.23}$$

と表し，I_c を臨界電流と呼ぶこともある．また，二つの超伝導体間の電圧を V とすると

$$V = \frac{\mu_1 - \mu_2}{e} \tag{4.2.24}$$

なので,

$$\frac{d\theta}{dt} = \frac{2eV}{h} \tag{4.2.25}$$

となる.

式 (4.2.22) で表される電流-位相差関係を直流ジョセフソン効果, 式 (4.2.25) で表される電圧-位相差関係を交流ジョセフソン効果と呼ぶ.

式 (4.2.22) を時間微分して式 (4.2.25) を代入すると

$$\frac{dI}{dt} = V \frac{2eI_c \cos\theta}{h} \tag{4.2.26}$$

となる. この式は電流の時間変化が電圧に比例し, 比例項 L_J

$$L_J = \frac{h}{2eI_c \cos\theta} \tag{4.2.27}$$

であることを表している. 二つの超伝導体の電子対の位相差 θ は内部変数であり, 式 (4.2.25) からわかるように電圧がゼロでなければ ($V \neq 0$) θ も時間的に変化する. つまり, ジョセフソン接合素子は非線形インダクタンス L_J である. よく知られているように, 非線形素子はある周波数成分をもつ信号を別の周波数成分をもつ信号へ変換する機能をもつ. 次式で表されるマイクロ波電流と

$$I_{rf} = I_0 \sin 2\pi f t \tag{4.2.28}$$

n を任意の整数とした直流電圧 V_n が

$$V_n = \frac{2e}{h} n f \tag{4.2.29}$$

式 (4.2.22) を満足することから (式 (4.2.28), (4.2.29) が式 (4.2.22) を満足する), ジョセフソン接合素子にマイクロ波電流を流した場合, 直流電圧が発生することがわかる[6]. これはマイクロ波の1周期の間にジョセフソン接合素子の位相差 θ が $2\pi n$ 変化したことに相当する. このような簡単な解析では n がどのような整数値でも成立することになるが, 実際のジョセフソン接合素子の電圧値 (どの整数値 n が式 (4.2.22) を満足するか) はマイクロ波電流の大きさや周波数に依存する.

実際のジョセフソン接合素子にマイクロ波を照射したときの電圧-電流特性を図 4.2.13 に示す. ただし, この測定では単一のジョセフソン接合素子ではなく, 3000 個のジョセフソン接合素子を直列に並べた素子 (1 V ジョセフソンアレイ) を用いている. 図の縦線1本がマイクロ波を照射されたジョセフソン接合素子に発生する直流電圧に対応する. 縦線の長さはその電圧が安定である直流バイアス電流値である. 安定に発生できる電圧値 (n の値) とその電圧が安定である直流バイアス電流値はマイクロ波のパワーなどに依存するが, 一般に n が大きいほど直流バイアス電流の最大値は小さくなる傾向がある[6]. 電流バイアス方法にもよるが, 1個のジョセフソン接

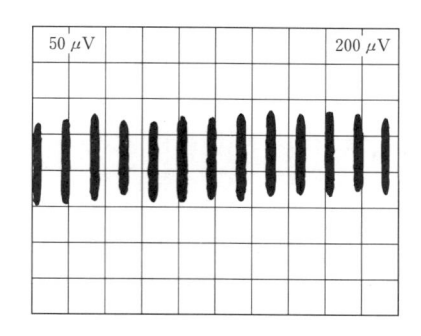

図 4.2.13 ジョセフソン接合素子にマイクロ波を照射したときの電圧-電流特性
使用した素子は 3000 個のジョセフソン接合素子を直列に接続したジョセフソン接合アレイ．マイクロ波の周波数は約 90 GHz．定電圧の間隔は約 200 μV．

合素子の発生する電圧の中で実際に使用可能な電圧値には限界がある．
 ジョセフソン接合素子の二つの超伝導体が絶縁膜をはさむ構造はコンデンサーと同じである．絶縁膜が薄いので静電容量はかなり大きい．電総研のジョセフソン電圧標準で用いている Nb/Al/Aloxide/Nb 接合の場合 6 mF/cm² である．この静電容量を C とすると，ジョセフソン接合素子は式 (4.2.22), (4.2.25) で表される非線形インダクタンスと C の並列回路と等価で，非線形インダクタンスと C の間に共振が発生する可能性がある（ジョセフソン接合素子には，電圧に依存する電流成分も流れる．この電圧依存電流は電圧にほぼ比例するので，比例係数を一定抵抗 R で表すこともある．非線形インダクタンスと C と R の並列回路で表すジョセフソン接合素子の等価回路を RSJ モデルと呼ぶ．R は共振のダンピング抵抗として働くが，共振周波数は R によらず一定である）．共振周波数は $L_J = h/2eI_c$ のとき最低となる．そのときの周波数をプラズマ周波数と呼ぶ．プラズマ周波数 f_J は

$$f_J = \frac{1}{2\pi}\sqrt{\frac{2eI_c}{hC}} \tag{4.2.30}$$

である．ジョセフソン接合素子にマイクロ波を照射した状態は，RSJ モデルに I_{rf} を入れた式で表すことができる．解はベッセル関数で表されるので，特殊関数の理解を深めるため自分で解いてみることを薦める．

b. 初期のジョセフソン電圧標準システム

 電総研では 1977 年 1 月以降標準電池や標準電圧発生器をジョセフソン電圧標準によって校正している．1977 年時点でのジョセフソン効果電圧標準は「10 mV ジョセフソン効果電圧標準システム」[7] と呼ばれていた．このシステムは大きく分けるとジョセフソン接合素子を用いて約 10 mV の電圧を発生させる部分と，10 mV の電圧

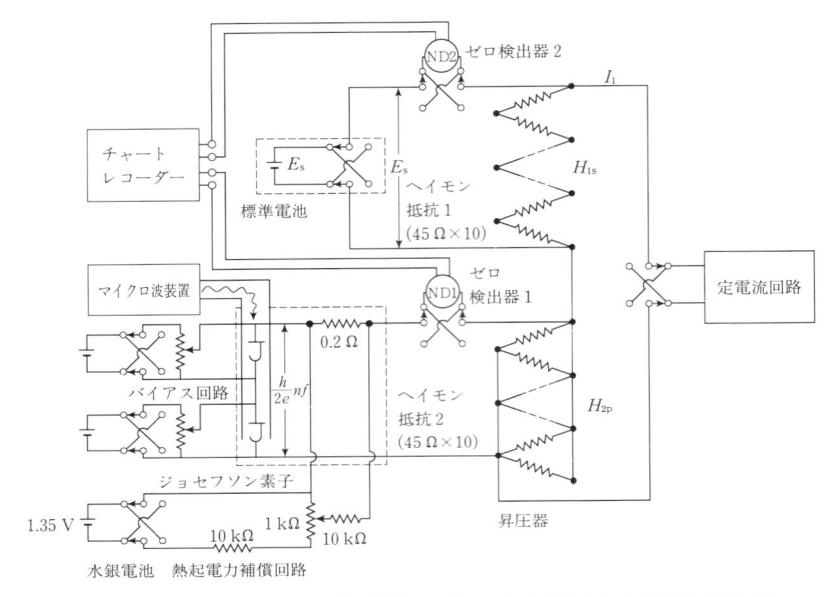

図 4.2.14 10 mV ジョセフソン電圧標準システムの基本回路構成（詳細は文献[7]参照）

と標準電池や標準電圧発生器が発生する約1Vの電圧を精度よく比較する部分になる．全体の構成を図4.2.14に示す．

　まずジョセフソン接合素子による電圧発生部分について説明する．このシステムでは2個のジョセフソン接合素子を用いており，ジョセフソン接合素子は鉛系（鉛・インジウム・金などの合金）超伝導デバイス作製技術を用いて作製された．使用していたマイクロ波の周波数は約10 GHzである．$n=1$の場合，ジョセフソン接合素子に発生する電圧は約 20 μV である．このシステムではジョセフソン接合素子1個ごとに電流バイアス回路を用いて最適な電流を流し，約5 mV（nは約250）の電圧値にバイアスし，合計で約10 mVの電圧を発生させた．バイアス電流の調整でnを選ぶことにより約 20 μV 単位で電圧を変化できるだけでなく，マイクロ波の周波数の調整により電圧値を細かく調整できる．マイクロ波の周波数の可変範囲は限られているが，周波数の変化による電圧の変化はnに比例するので，電圧が高いほど調整可能な電圧範囲は広い．10 mV 近傍ではほとんど任意の電圧が出力可能である．

　当時の鉛系超伝導デバイス作製技術は微細加工技術と特性の揃った素子を作製する技術が現在の技術（ニオブ系超伝導デバイス作製技術）と比較すると必ずしも十分でなかったので，作製できるジョセフソン接合素子の数も限られていたし，特性もばらつく可能性があった．このシステムではジョセフソン接合素子ごとにバイアス電流を

調整するので，2個のジョセフソン接合素子特性がばらついたり，マイクロ波との結合効率が多少ばらついても，必要な電圧を発生できることが特徴である．

2個のジョセフソン接合素子で発生する電圧は約 10 mV であり，標準電池や標準電圧発生器は約 1 V の電圧を発生するので，100 倍異なる電圧値を精度よく測定する技術が必要である．このシステムでは二重ヘイモン抵抗昇圧器を用いている．ヘイモン抵抗器[8)] に応用されるもっとも基本的な回路構成は m 個の抵抗素子が，図 4.2.15 (a) に示すように直列接続の状態，および図 4.2.15 (b) に示すように，並列接続の状態に組換え可能な構造につくられたものである．各抵抗素子のコンダクタンスが平均値 G から偏差を g_i とする．偏差が十分小さいと，直列接続された状態の合成抵抗 H_s は，

$$H_s = \frac{m}{G}\left[1+\frac{1}{m}\sum\left(\frac{g_i}{G}\right)^2\right] \tag{4.2.31}$$

並列接続された状態の合成抵抗 H_p は

$$H_p = \frac{1}{mG} \tag{4.2.32}$$

となる．直並列の比 H_s/H_p は

$$\frac{H_s}{H_p} = m^2\left[1+\frac{1}{m}\sum\left(\frac{g_i}{G}\right)^2\right] \tag{4.2.33}$$

となる．この式は，m 個の抵抗素子で構成される合成抵抗の直並列の比を $m^2:1$ とすると，その比の誤差は高々 $\sum 1/m(g_i/G)^2$ であることを示している．すなわち，相対的に 1×10^{-4} 程度で値の揃った抵抗素子を使えば，1×10^{-8} 程度の相対誤差で $m^2:1$ の直並列の比を得ることが原理的に可能である．この抵抗の直並列の原理を応用し

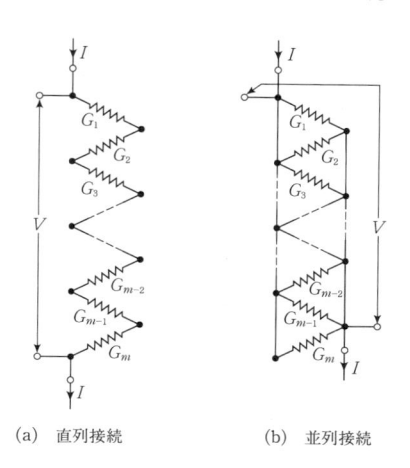

(a) 直列接続　　(b) 並列接続

図 4.2.15 ヘイモン抵抗
$G_1, G_2, \cdots, G_m$ は各抵抗素子のコンダクタンスを表す．

て,実際に小さな誤差で直並列の比を得るため,直列接続・並列接続と接続を変更しても等価的に抵抗値が変化しないための四端子接合を用いるとか,並列接続したときの電流分布を一様にするためのファン抵抗を用いるとかの工夫をこらした抵抗がヘイモン抵抗器である.

ヘイモン抵抗器を二つ用いた二重ヘイモン抵抗昇圧器で100:1の電圧比を測定する方法について説明する.最初ヘイモン抵抗器1を直列接続(抵抗値H_{1s})ヘイモン抵抗器2を並列接続(抵抗値H_{2p})し,先ほど述べたようにマイクロ波の周波数を調整して(f_1)ジョセフソン接合素子の電圧を調整する.同時に定電流回路の電流値を調整することで,ヘイモン抵抗器1と標準電池のゼロ平衡状態とヘイモン抵抗器2とジョセフソン素子の電圧のゼロ平衡状態が達成されたとき

$$\frac{h}{2e}nf_1 = E_s \frac{H_{2p}}{H_{1s}} \tag{4.2.34}$$

になる.次にヘイモン抵抗器1と2の電気的な位置を置き換え,同時にそれぞれの直並列の接続も組み換える.このとき同様にマイクロ波の周波数を調整し(f_2)定電流回路の電流値を調整することでゼロ平衡状態が達成されたとき

$$\frac{h}{2e}nf_2 = E_s \frac{H_{1p}}{H_{2s}} \tag{4.2.35}$$

になる.標準電池の起電力E_sは

$$E_s = \frac{h}{2e}n\sqrt{f_1 f_2}\sqrt{\frac{H_{1s}}{H_{2p}}\frac{H_{2s}}{H_{1p}}} \tag{4.2.36}$$

で与えられる.ここで,それぞれの抵抗比H_{1s}/H_{1p}とH_{2s}/H_{2p}が1×10^{-8}より小さな誤差で100となっているとすれば,比($\sqrt{H_{1s}/H_{2p}H_{2s}/H_{1p}}$)も$1\times10^{-8}$より小さな誤差で100である.したがって,$H_{1s}/H_{1p}$と$H_{2s}/H_{2p}$を外部校正することなく,標準電池の起電力$E_s$は$n$とマイクロ波の周波数$f_1$および$f_2$の測定から求められる.実際には,回路中にはドリフトする熱起電力が存在し,定電流回路の電流値もドリフトするから,それらの影響が消去されるような手順で測定しなければならない.実際の手順についての詳細な説明は文献を参照してほしい[7].

c. 1Vジョセフソンアレイ電圧標準システム

電総研では1990年に「10 mVジョセフソン電圧標準システム」に代えて「1Vジョセフソンアレイ電圧標準システム」[9,10]の使用を開始した.このシステムは1Vジョセフソンアレイ[9]により約1Vの電圧を発生させ,約1Vの電圧を発生する標準電池や標準電圧発生器を直接校正できる.比較的複雑な測定手順が必要な昇圧器を用いなくてもよいので,測定時間が大幅に短縮された.また,約10Vの電圧を発生するツェナーダイオード標準電圧発生器[11]が普及してきたので,その校正のために10:1電圧ディバイダーを開発し,10Vの校正も行っている[12].

標準電池や標準電圧発生器の発生する 1 V に近い電圧をジョセフソン接合素子で発生できれば，昇圧に伴う煩わしい操作を省くことができるが，個々のジョセフソン接合素子で発生できる電圧は限られているので，ジョセフソン接合素子の数を増やすことになる．ジョセフソン接合素子の数が増えると一つ一つに最適なバイアス電流を流すことは非常に困難である．そこで大きなバイアス電流まで安定な $n=1〜3$ の電圧を用いることにして，すべての素子を直列に並べ一つのバイアス電流回路から同じ電流を流すように設計した素子をジョセフソンアレイと呼ぶ．電総研では 1 V 用のジョセフソンアレイを数種類作製した．各ジョセフソンアレイのジョセフソン接合素子の数は 2400〜3000 個である．同じ電流でバイアスしても安定に動作するためには，すべてのジョセフソン接合素子の特性が数%以内に揃っていなければならない．また，マイクロ波に対する結合がすべてのジョセフソン接合素子で揃っていなければならない．1 V ジョセフソンアレイの作製は，ジョセフソンコンピューター用に電総研で開発されたニオブ系超伝導デバイス作製技術[13〜16]により，可能になった．

図 4.2.16 に 1 V ジョセフソンアレイの断面図を示す．基板はシリコンウェーハーである．まず 400 nm 厚のニオブ膜 (ground plane) があり，その上に 3 μm 厚の酸化シリコン膜 (SiO, dielectric layer)，さらにその上にジョセフソン接合素子が集積化されている．ジョセフソン接合素子は Nb/Al/Aloxide/Nb 接合で大きさは 25 μm × 40 μm である．下部電極の Nb 膜と上部配線用の PbIn 膜で 3000 個のジョセフソン接合素子が直列接続されている．臨界電流の設計値は 400 μA (臨界電流密度 40 A/cm^2) で，実際に作製した 3000 個の臨界電流を測定するとばらつきは 5%以内であった．酸化シリコン膜は絶縁体なので直列接続されたジョセフソン接合素子と ground plane はマイクロ波が伝送できるストリップラインを構成している．

つまり，マイクロ波が左から右に伝送されているとき，ジョセフソン接合素子と

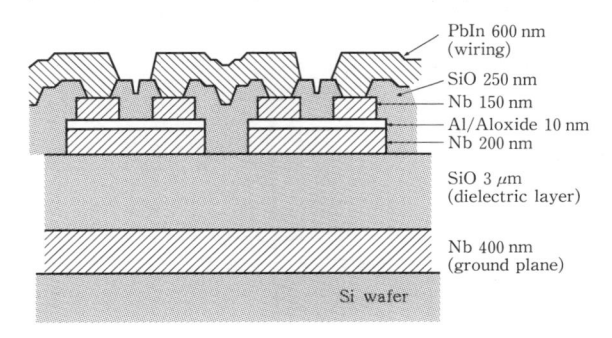

図 4.2.16 1 V ジョセフソンアレイの断面図
直径 2 インチのシリコンウェーハー上に作製されている．25 μm×40 μm 角の Nb/Al/Aloxide/Nb 接合を使用．下部電極の Nb とワイヤリングの PbIn で 3000 個のジョセフソン接合素子が直列に接続されている．詳細は文献[9,12]参照．

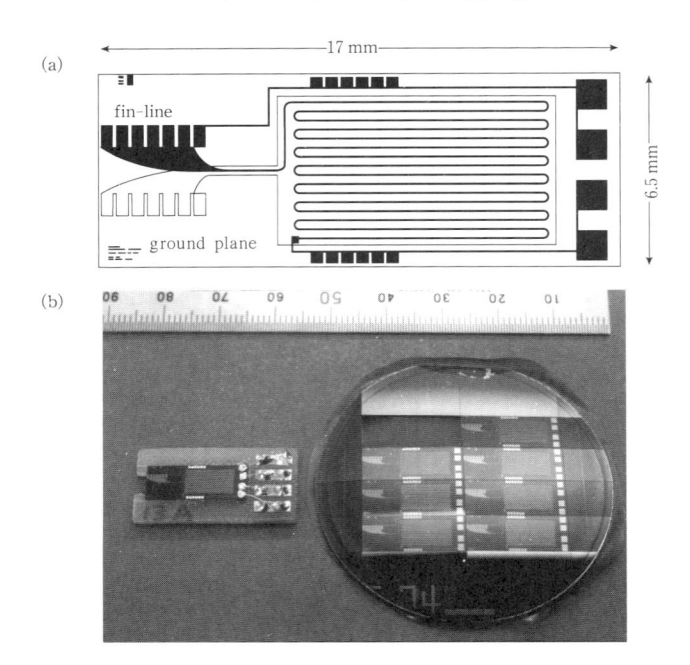

図 4.2.17 1 V ジョセフソンアレイ
(a) 概略図．(b) 1 V ジョセフソンアレイと作製用シリコンウェーハー．黒く塗った線が，直列に接続された 3000 個のジョセフソン接合素子を表す．この 3000 個のジョセフソン接合素子とグランドプレーンがマイクロ波が伝送されるストリップラインを構成する．左端の扇形状は導波管を通ってきたマイクロ波をストリップラインに効率よく伝送するためのフィンラインアンテナ．右端の黒い四角は電圧・電流用リード線を取り付けるボンディングパッド．ボンディングパッドとジョセフソン接合素子をつなぐリード線上の 6 個の黒く小さい四角はマイクロ波がボンディングパッドへ伝送されるのを防ぐ役目をもつ．

ground plane 間に電界が発生し，それぞれのジョセフソン接合素子と ground plane に電流が流れる．ストリップラインに沿ってマイクロ波のロスがあるが，ストリップラインの長さが十分短ければすべてのジョセフソン接合素子にほぼ同じ大きさの電流が流れると考えてよい．

図 4.2.17 に 1 V ジョセフソンアレイを上から見た写真を，図 4.2.18 にマイクロ波の導波管に組み込む状態の写真を示す．このシステムでは周波数が約 90 GHz のマイクロ波を使用している．マイクロ波はインピーダンス 50 Ω の導波管内を伝搬してくる．このマイクロ波を効率よくストリップラインへ導入するために，ストリップラインのマイクロ波導入側はフィンラインと呼ばれるアンテナ構造になっている．図 4.2.17 の左端の翼のような形をした部分である．また，ストリップラインの反対側（終端）はマイクロ波の反射を抑えるために，マイクロ波減衰用の抵抗体（金インジウ

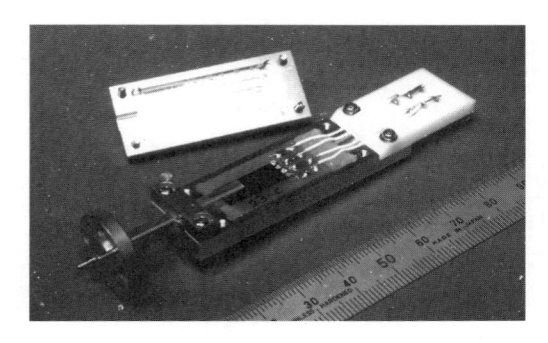

図 4.2.18 1 V ジョセフソンアレイをマイクロ波導波管にマウントした図

ム合金またはアルミ)である．マイクロ波が反射するとストリップラインに定在波が立つため，マイクロ波の電流値が場所により変化するので，3000 個のジョセフソン接合素子に流れるマイクロ波電流のばらつきが大きくなる．

先に簡単に説明したように，ジョセフソン接合素子に発生する電圧が安定か不安定かはジョセフソン接合素子に流れるマイクロ波電流で決まるので，マイクロ波電流のばらつきが大きいと一部のジョセフソン接合素子だけが安定な電圧を発生できることになり，全体で発生できる電圧の最大値が小さくなる．流れるマイクロ波電流が均一で，すべてのジョセフソン接合素子が安定に $n=2$ の電圧(約 360 μV)を発生しているとすると，0 V から約 1.08 V まで同じ電圧(約 360 μV)刻みで安定な電圧が発生できる．電圧はマイクロ波の周波数で微調可能である．実際のシステムでは，バイアス電流の調整とマイクロ波の周波数の微調により，数 10 mV～約 2 V の電圧範囲で任意の電圧が発生可能である．そのため，ジョセフソンアレイを用いた電圧標準装置は A/D 変換器の校正やポテンショメーターへの応用なども可能である．

図 4.2.19 に 1 V ジョセフソンアレイ電圧標準システムによる標準電圧発生器の校正の概念図を示す．外部から侵入する雑音の影響でジョセフソン接合素子が発生する電圧が変化する可能性があり，雑音除去用のフィルターが，ジョセフソン接合アレイ用電流・電圧リード線に使われている．このフィルターのおかげで電気回路のツェナーダイオード標準電圧発生器やディジタルマルチメーターが使用可能になり，全体を計算機で制御できるようになり，操作性が著しく向上した．

1 V ジョセフソンアレイは通常液体ヘリウム内で用い，4.2 K に冷却されている．1 V ジョセフソンアレイの両端電圧を室温で測定するためのリード線の両端で約 300 K の温度差が生じる．この温度差によりリード線には熱起電力が生じる．熱起電力はリード線の材質に依存するので，完全に同じ材質の 2 本のリード線を用意して + 端子用と - 端子用に用いれば熱起電力は相殺されるはずである．しかし，完全に同じ材質のリード線を 2 本用意することは不可能なので，2 本のリード線の熱起電力の差

図 4.2.19 1 V ジョセフソンアレイ電圧標準システム
(a) 概念図, (b) 全体図. ミリ波周波数の調整, 量子化次数の選択, 極性の切換えなど精密測定と, さらにデータの処理に必要なすべての操作が, パーソナルコンピューターを使って完全に自動化されている. ツェナーダイオード標準電圧発生器の公称 1 V あるいは 1.018 V の出力を 1.3×10^{-8} の不確かさで測定できる. 詳細は文献[10,12]参照.

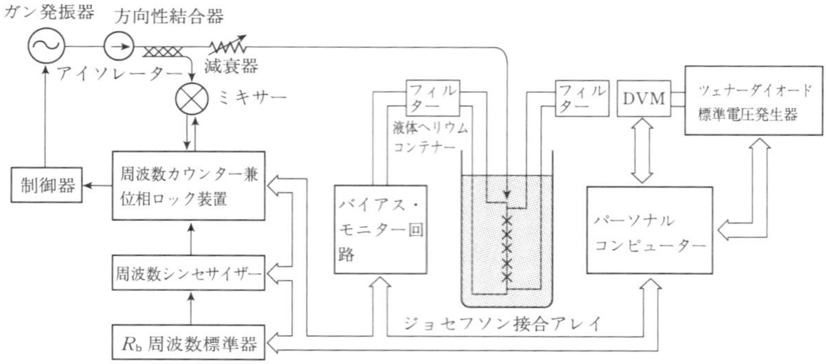

が室温の端子間には加わる.

　ジョセフソン接合素子は正の電圧も負の電圧も安定に発生できるので, もしも校正を行っている間熱起電力が変化しなければ, 電圧の反転により熱起電力の影響は除去できる. 熱起電力が変化するもっとも大きな原因は液体ヘリウムの量の変化である. リード線の材質は厳密には均一でないので, 熱起電力はリード線の温度分布に依存して変化する. 液体ヘリウムの量が変化すれば, リード線の温度分布は変化しリード線の熱起電力も変化する. 電総研では 100 l の液体ヘリウムコンテナーを用いており, 1 V ジョセフソンアレイ用のインサートを取り付けた状態で, 100 l の液体ヘリウムが蒸発するのに 4 週間以上かかる. 1 回の校正は 30 分以内で終了するので, この間

の液体ヘリウム液面の変化とリード線の温度分布の変化は無視できる．実験室でよく使われているガラスデュワーを用いる場合には液体ヘリウムの蒸発によるリード線の温度分布の変化の影響を除去するような手順で測定を行わなければならない．

室温にあるマイクロ波発生器や減衰器から液体ヘリウム中のジョセフソンアレイまでマイクロ波を伝送しなければならない．1Vジョセフソンアレイ電圧標準システムでは，同軸構造の誘電体線路を用いている．この誘電体線路では液体ヘリウムの量の変化の影響は受けにくい．仮に液体ヘリウムが導波管内に入ると誘電率が変化するのでマイクロ波の反射が起こり，ジョセフソン接合素子へ伝達されるマイクロ波の効率が低下する．また，液体ヘリウムの液面が変化すると，導波管内を伝わるマイクロ波のモードが変化することがある．このような影響を除くために，10mVジョセフソン電圧標準システムでは中空の導波管を密封して用いていた．

異種金属の接触部分には接触起電力が生じる．リード線と標準電圧発生器の端子とはできるかぎり銅製のバインディングポストで圧着するなどの方法を用いているが，厳密には金属の材質が異なるので接触起電力が生じる．細心の注意を払っても数十〜数百nVの接触起電力は避けられない．1Vの測定では10^{-8}〜10^{-7}の誤差になる．つねに同じリード線とバインディングポストを用いる方法もあるが，電総研では標準電圧発生器に極性切換えスイッチを組み込み接触起電力を評価できる部分を発生電圧の定義点とする方法を推奨している．

電総研では20144個のNb/Al/Aloxide/Nb接合を集積化した10Vジョセフソンアレイ[17]の作製に成功した．このアレイを用いたシステム(10Vジョセフソンアレイ電圧標準システム)が近日中に稼働する予定である．このシステムは数10mV〜約10Vの電圧を発生できるので，約1Vの電圧を発生する標準電圧発生器も約10Vの電圧を発生するツェナーダイオード標準電圧発生器も直接校正できる．10Vジョセフソンアレイの作製は1Vジョセフソンアレイよりさらに高度な超伝導デバイス作製技術が必要である．超伝導デバイス作製技術の発展により10Vジョセフソンアレイが実現されたが，10Vジョセフソンアレイやシステムの設計および校正上の注意点は1Vジョセフソン電圧標準システムと同様なので詳しい説明は省略する．また，10Vジョセフソンアレイ電圧標準システムが稼働し始めると10:1電圧ディバイダーは必要なくなるので，10:1電圧ディバイダーによる10Vの校正についての説明は省略する．

d. ジョセフソン接合素子とカオス

ジョセフソン接合素子と定電圧ステップの項で説明したように，ジョセフソン接合素子は非線形のインダクタンスLと静電容量Cとの並列回路と等価である．非線形の共振回路をマイクロ波で強制振動させているので，マイクロ波の周波数やパワーによってはカオス状態[18〜20]になる．カオス状態ではジョセフソン接合素子の動作は不

規則なので，マイクロ波の周期とジョセフソン接合素子の位相差の変化の関係は不規則になる．当然，ジョセフソン接合素子に発生する電圧は定電圧ではない．学問的にはカオスは興味深い課題であり，積極的に利用しようという応用もいくつかあるようだが，電圧標準ではカオスは避けなければならない．カオスを避け，ジョセフソン接合素子の動作をマイクロ波の振動に合わせるためには，共振周波数の最低値を表すプラズマ周波数よりもマイクロ波の周波数を十分高くするかまたは低くすること，マイクロ波のパワーを大きくしてジョセフソン接合素子の位相差 θ の変化をマイクロ波の振動に同期させてしまうことが必要である．

実用上は商品化されたマイクロ波コンポーネントを利用するのが便利である．ジョセフソンアレイによる電圧標準システムの設計は，商品化されたマイクロ波コンポーネントの種類と作製できるジョセフソン接合素子のプラズマ周波数との兼ね合いになる．マイクロ波の周波数が低いと発生する電圧も小さいので，周波数の低いマイクロ波を用いて 1 V の電圧を発生するには，ジョセフソン接合素子の数を増やさなければならず，高度な超伝導デバイス作製技術が必要である．そこで，通常はマイクロ波の周波数を高くする方法が行われている．数値計算によりマイクロ波の周波数がプラズマ周波数の 3 倍以上であればカオス現象は避けられることが示されている．電総研ではプラズマ周波数が約 30 GHz (設計値は 22.6 GHz) の Nb/Al/Aloxide/Nb 接合を作製し，90～94 GHz のマイクロ波を用いている．

e. ジョセフソン定数の導出

現在のジョセフソン定数の導出は「量子ホール効果抵抗標準」[21] に用いられるフォン・クリッツィング定数の導出と同時に行われた．量子ホール効果抵抗標準は，量子力学的な効果に基づく電気標準の一つである．詳細は 4.3 節の「量子ホール効果とその量子標準への応用」を参照してほしい．同節の説明と重複する可能性もあるが，二つの定数の導出は同じ作業部会で同時に行われた[22,23]ので，同時に説明する．

種々の基礎物理定数の値の導出は，CODATA によって行われている．CODATA は，新しい原理の発見や測定技術の進歩によって種々の基礎物理定数の測定精度の顕著な向上があるごとに，データの見直しと，定数の値の再調整を行っている．『理科年表』やその他の定数表に見られる基礎物理定数の値は，CODATA の調整に基づくものである．最新の CODATA の調整は 1986 年に行われた[24]．

1986 年の中期までに，量子ホール効果抵抗標準を実現できるという認識が得られた．また，ジョセフソン効果電圧標準に使用する $2e/h$ の値がいくつかの国で異なり，しかも SI に基づく値とは 8 ppm 程度差があるらしいことが判明してきた．そのような背景により，SI 標準体系にも整合がとれ，世界的に統一のとれた電気の標準体系の整備を望む産業界からの要請が強くなってきた．そこで，CCE の中に，1986 年 9 月に「ジョセフソン効果と量子ホール効果についての作業部会」が設置された．

4.2 SQUID とその応用

作業部会ではまず次の三つの方針を定め，ジョセフソン定数 K_J とフォン・クリッツィング定数 R_K の値の導出の作業を始めた．① 有限温度，有限の大きさの試料など実際の実験条件下ではジョセフソン効果が $V_n=2enf/h$，量子ホール効果が $R_H(i)=h/e^2i$ で表される理論的な根拠はない．② K_J, R_K の導出の最大の目的は世界的に統一のとれた電気の実用標準を産業界へ提供することなので，K_J, R_K の値を今後相当の長期間にわたって変更しないですむように CODATA の統計処理アルゴリズムは用いず，誤差を少々過大に評価する．③ K_J, R_K は電気の標準のみに関連した量であり，基礎物理定数 $2e/h$ と h/e^2 とは異なることを明らかにする．

図 4.2.20 に K_J 導出の際に検討されたデータを示す．それぞれの測定については文献[22,23]を参照してほしい．図に示されたように，同じ物理量 X に対し独立に測定された測定値 X_i が N 個あり，各測定値 X_i の標準偏差が σ_i で与えられているとき，X_i の加重平均は

$$\bar{X} = \frac{\sum_{i=1}^{N}(X_i/\sigma_i^2)}{\sum_{i=1}^{N}(1/\sigma_i^2)} \tag{4.2.37}$$

で与えられる．X の不確かさは，内部誤差と

$$\sigma_I^2 = \frac{1}{\sum_{i=1}^{N}(1/\sigma_i^2)} \tag{4.2.38}$$

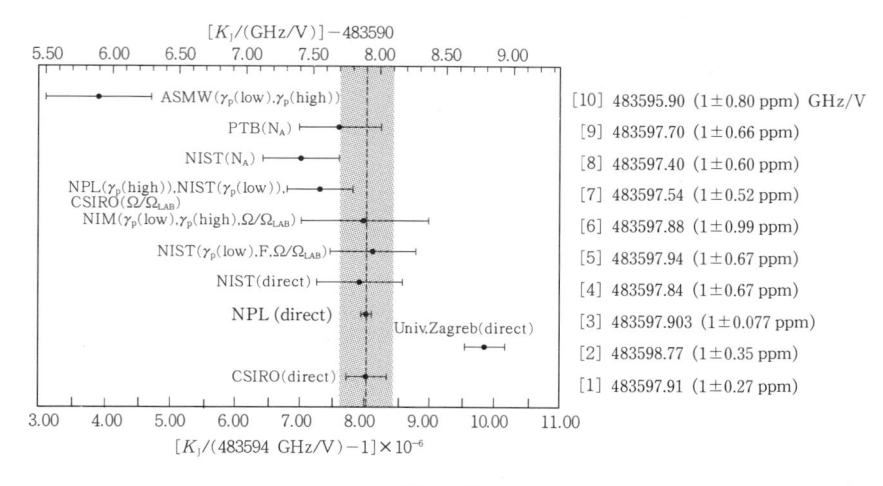

図 4.2.20
CCE 作業部会で，ジョセフソン定数 K_J を導出するのに使われたデータ．右側に示された値の主値が左側の黒丸，不確かさがエラーバーに対応している．中央の点線が導出された K_J の主値を，陰影をつけた範囲が不確かさを示している[23]．

外部誤差

$$\sigma_E^2 = \frac{1}{N-1} \frac{\sum_{i=1}^{N}[(X_i-\bar{X})^2/\sigma_i^2]}{\sum_{i=1}^{N}(1/\sigma_i^2)} \quad (4.2.39)$$

の二つの方法で与えられる．データの採用の妥当性の判断基準を与える量として，バージレシオ (R_B, Birdge ratio) が考慮された．R_B は

$$R_B = \frac{\sigma_E}{\sigma_I} \quad (4.2.40)$$

で定義される．統計データの検討に一般的に用いられている自由度 $(N-1)$ の χ^2 (カイ2乗) と R_B は

$$R_B = \sqrt{\frac{\chi^2}{N-1}} \quad (4.2.41)$$

の関係にある．X_i 間のばらつき，各 σ_i 間の大きさの違いがすべて統計的な誤差要因から生じているとすれば，$R_B = 1$ となるはずである．しかし，実際の測定では，見落とされている誤差要因，正当性を欠く誤差評価などが含まれているので，$R_B = 1$ とならない．そこで，便宜的に $R_B = 0.7 \sim 1.3$ 程度内になっていれば，各データは統計処理上のデータとして採用しても妥当と判断された．また，得られた χ^2 より大きい確率 $P(\chi^2|N-1)$ が 0.05 より大きければ，各データは互いに統計データとして採用しても妥当と判断された．

図 4.2.20 のデータをすべて利用すると $R_B = 2.55$，$\chi^2 = 58.7$，$P(58.7|9) = 0$ になる．これは検討したデータのうち，統計データとして妥当性を欠くものがあることを意味している．そこで，仮に [2] と [10] のデータを除いて，ほかの八つのデータを用いると $R_B = 0.86$，$\chi^2 = 5.22$，$P(5.22|7) = 0.63$ になる．したがってこの八つのデータは互いに統計処理上のデータとして扱っても問題はないといえる．八つのデータの加重平均は 483597.877(1±0.071 ppm)GHz/V となる．

データ [3] の不確かさは，ほかのデータの不確かさに比べて極端に小さい．したがって，加重平均によって得られた値は [3] のデータの寄与が支配的になる．そこで，[2][3][10] を除いた七つのデータを用いると，$R_B = 0.82$，$\chi^2 = 4.03$，$P(4.03|6) = 0.67$ となり，この七つのデータは互いに統計処理上のデータとして扱っても問題はないといえる．七つのデータの加重平均は 483597.794(1±0.19 ppm) GHz/V となる．

データ [3] の次に不確かさが小さいデータは [1] である．そこで，[1][2][3][10] を除いた六つのデータを用いると，$R_B = 0.69$，$\chi^2 = 2.38$，$P(2.38|5) = 0.79$ となり，この六つのデータは互いに統計処理上のデータとして扱っても問題はないといえる．六つのデータの加重平均は 483597.67(1±0.27 ppm) GHz/V となる．

これらの考察と，誤差を少々過大に評価するという方針を考慮して，CCE 作業部会は $K_J = 483597.9(1±0.4 ppm) GHz/V$ と決定した．図 4.2.20 の点線が K_J の主値，

4.2 SQUIDとその応用

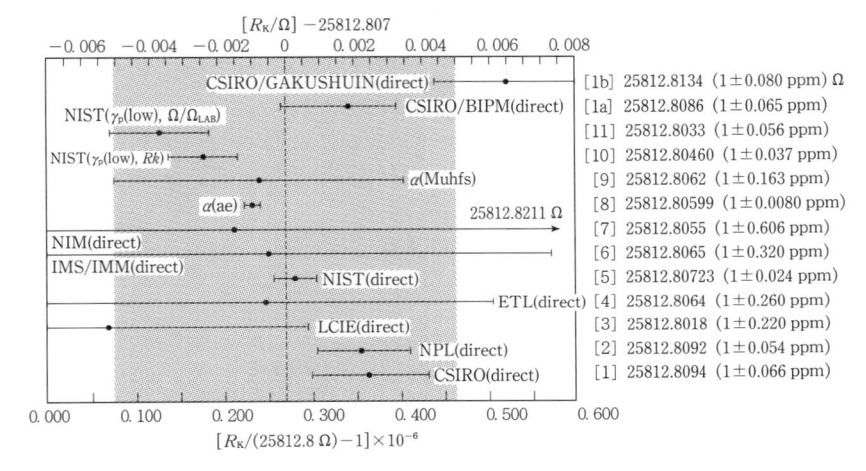

[図: R_K導出のためのデータ、各機関の測定値とエラーバー]

図 4.2.21
CCE作業部会で，フォン・クリッツィング定数R_Kを導出するのに使われたデータ．右側に示された値の主値が左側の黒丸，不確かさがエラーバーに対応している．中央の点線が導出されたR_Kの主値を，陰影をつけた範囲が不確かさを示している[23]．

陰影を付けた部分が不確かさを表している．

図4.2.21にR_K導出のために用いられたデータを示す．K_Jの決定と同様の作業の結果[22,23]，CCE作業部会は$R_K=25812.807(1\pm0.2\,\mathrm{ppm})\,\Omega$と決定した．図4.2.21の点線が$R_K$の主値，陰影を付けた部分が不確かさを表している．

上で説明した調整の結果，導出されたジョセフソン定数とフォン・クリッツィング定数は1990年1月1日以降用いられている．とくにこの日付けを強調するために，$K_{J\text{-}90}$, $R_{K\text{-}90}$と表す．

おわりに

現在，電磁気量の実用標準は，ジョセフソン効果と量子ホール効果という量子現象をもとにして体系づけられている．また，電磁気量の標準は基礎物理定数と深くかかわりをもっている．

量子標準は，国家標準を頂点とするトレーサビリティ体系を原理的に必要としない，普遍性をもった標準である．したがって，量子標準は一般社会に普及して初めて，その普遍性というすぐれた特徴が生かされる．1Vジョセフソンアレイを用いたジョセフソン電圧標準を日本でも標準室に設置している企業があるほど，技術は高くなった．今後さらに発展するとともに広く普及していくものと考えている．

[**中西正和**]

引用文献

1) H. K. Onnes : *Akad. van Wetenschappen*, **14** (1911) 113.
2) J. Bardeen et al. : *Phys. Rev.*, **108** (1957) 1175.
3) L. D. Landau : I. D. ter Harr, Men of Physics, Oxford Pergamon Press, 1965, p. 138.
4) R. D. Parks (ed.) : N. R. Werthamer in Superconductivity, Marcel Dekker, New York, 1969.
5) B. D. Josephson : *Phys. Lett.*, **1 (b)** (1962) 251.
6) S. Shapiro et al. : *Rev. Mod. Phys.*, **36** (1964) 223.
7) 遠藤　忠：電子技術総合研究所研究報告 (1981) 819.
8) B. V. Hamon : *J. Sci. Instrum.*, **31** (1954) 450.
9) Y. Sakamoto et al. : *IEEE Instrum. & Meas.*, **38**-2 (1989) 304-307.
10) Y. Sakamoto et al. : *IEEE Instrum. & Meas.*, **40**-2 (1991) 312-316.
11) D. E. Roberts and P. J. Spreadbury : *IEEE Instrum. & Meas.*, **36**-4 (1987) 913-917.
12) T. Endo et al. : *IEICE Trans. Electron.*, **E78-A**-5 (1995) 503-510.
13) H. A. Huggins and M. Gurvitch : *J. Appl. Phys.*, **57**-6 (1985) 2103-2109.
14) S. Kosaka et al. : *IEEE Trans. Mag.*, **21**-2 (1985) 102-109.
15) S. Kosaka : Advances in Cryogenic Engineering Materials, 32, Plenum Publishing, 1986, pp. 507-516.
16) 電子技術総合研究所彙報, **53**-7~8 (1989).
17) Y. Murayama et al. : *IEEE Instrum. & Meas.*, **44**-2 (1995) 219.
18) R. L. Kautz : *J. Appl. Phys.*, **52**-5 (1981) 3528-3541.
19) C. Noeldeke et al. : *J. Low Temp. Phys.*, **64**-3/4 (1986) 235-268.
20) R. L. Kauts : *J. Appl. Phys.*, **62**-1 (1987) 198-211.
21) K. von Klitzing et al. : *Phys. Rev. Lett.*, **45** (1980) 497.
22) B. N. Taylor and T. J. Witt : *Metorologia*, **26** (1989) 47-62.
23) 遠藤　忠：応用物理, **59**-6 (1990) 26-38.
24) E. R. Cohen and B. N. Taylor : *Rev. Mod. Phys.*, **59** (1987) 1121.

さらに勉強するために

　ジョセフソン電圧標準は多くの分野に関連しているので，参考文献も多岐にわたる．煩雑さを避けるために引用した参考文献は最小限にとどめた．さらに深く勉強したい人には，超伝導現象については
 1) P・G・ド・ジャンヌ (渋谷喜夫監訳)：金属および合金の超伝導，養賢堂，1975
ジョセフソン効果については
 2) P・バローネ (菅野卓雄監訳)：ジョセフソン効果の物理と応用，近代科学社，1988
超伝導素子の標準計測応用については
 3) 原　宏 (編著)：量子電磁気計測，電子情報通信学会，1991
などがある．

4.3 量子ホール効果とその量子標準への応用

はじめに

2次元に閉じ込められた電子系の強磁場下におけるホール効果[1]が極低温環境において量子化される現象を量子ホール効果 (quantized Hall effect あるいは quantum Hall effect) という. 1980年に von Klitzing のグループにより実験的に発見され[2], この功績により, von Klitzing は 1985年にノーベル物理学賞を授与された. ほぼ同時期に川路のグループによっても発見されていた[3]. von Klitzing らは, Si の MOS (metal-oxide-semiconductor, 金属-酸化膜-半導体) 構造を用いて作製されたホールバー構造 (図 4.3.1) を 1.5 K に冷却し, 表面に垂直に 18 T の一定磁場を印加しながら, ソース (S)-ドレイン (D) 間に一定電流 I_{SD} を流し, ゲート (G) 電圧を変えることによって図 4.3.1 に示すようなホール電圧 V_H-ゲート電圧 V_G 特性を観測した. ホール抵抗 R_H を,

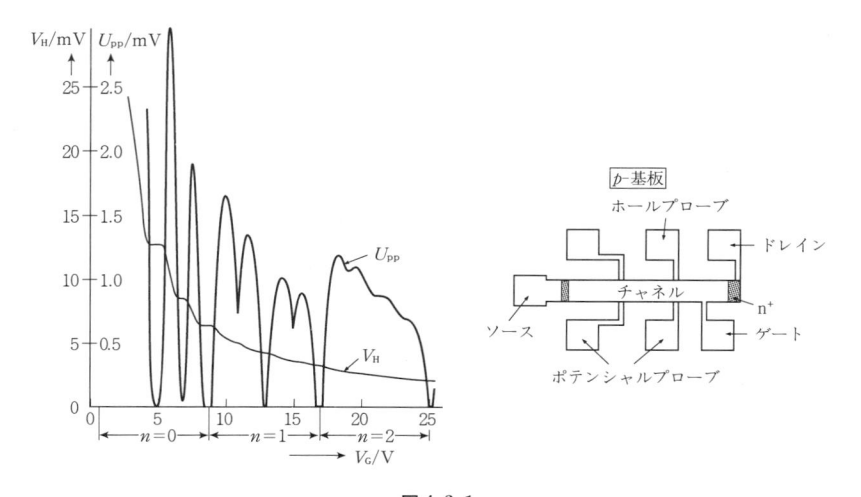

図 4.3.1

Si-MOS ホールバー構造のホール電圧 V_H およびポテンシャルプローブ間電圧 U_{pp} のゲート電圧 V_G 依存性. 測定温度 1.5 K, 磁場 18 T, ソース-ドレイン電流 1 μA. 右図は被測定素子の構造を示している. 素子の長さ 400 μm, 幅 50 μm, ポテンシャルプローブ間隔 130 μm[2].

と定義すると，R_H が

$$R_H = V_H/I_{SD} \tag{4.3.1}$$

$$12.9\,\Omega,\,8.6\,\Omega,\,6.45\,\Omega,\,\cdots \tag{4.3.2}$$

で一定となっている．これらの値は，それぞれ，$(h/e^2)/2, (h/e^2)/3, (h/e^2)/4,\cdots$ と一致する．ここで，h および e は，それぞれ，プランク定数および素電荷である．このような一定の領域をホールプラトー(Hall plateau)という．ホール抵抗 R_H が，材料や形状によらず，6桁以上の精度で一定でしかも普遍な物理定数 h/e^2 の整数分の1に量子化されることから量子化ホール抵抗(quantized Hall resistance)と呼び，現在，抵抗の量子標準に採用されている．分母の整数 i に対応した量子化ホール抵抗は，一般に，$R_H(i)$ と表記される．すなわち，

$$R_H(i) = (h/e^2)/i \tag{4.3.3}$$

と表される．また，微細構造定数 $\mu_0 c e^2/2h$ を決定する一手法としても用いられている．量子ホール効果は，上で述べたように h/e^2 の整数分の1に量子化される整数量子ホール効果(integer quantum Hall effect)と分数分の1に量子化される分数量子ホール効果(fractional quantum Hall effect)に分類される．

4.3.1 整数量子ホール効果の原理

a. ホール効果[1]

図4.3.2に示すような形状の半導体に対して，x 方向に電流 I を流し z 方向に磁束密度 B の磁界を印加する．磁界によるローレンツ力を考慮した電子の運動方程式は，

$$m(d\boldsymbol{v}/dt + \boldsymbol{v}/\boldsymbol{\tau}) = -e(\boldsymbol{E} + \boldsymbol{v}\times\boldsymbol{B}) \tag{4.3.4}$$

となる．ここで，m, $\boldsymbol{v}(=(v_x, v_y, v_z))$, $\boldsymbol{\tau}$ は，それぞれ，電子の有効質量，速度，および緩和時間，また $\boldsymbol{E}(=(E_x, E_y, E_z))$ および $\boldsymbol{B}(=(0,0,B))$ は，それぞれ，電界および磁束密度である．定常状態($d\boldsymbol{v}/dt=0$)においては，$\boldsymbol{v}$ および電流密度 $\boldsymbol{J}(=(j_x,$

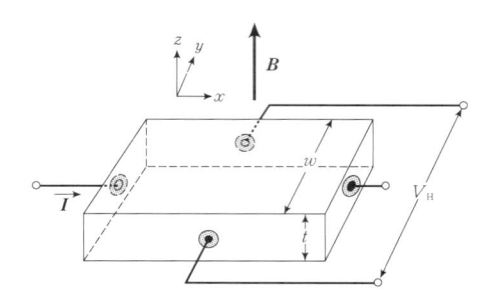

図 4.3.2　ホール効果素子

j_y, j_z)) は電子密度を n として,

$$\boldsymbol{v} = (-e\tau/m)(\boldsymbol{E} + \boldsymbol{v} \times \boldsymbol{B}) \tag{4.3.5}$$

$$\boldsymbol{J} = -en\boldsymbol{v} \tag{4.3.6}$$

となる.したがって,電流密度は行列表示を用いて,

$$\begin{pmatrix} j_x \\ j_y \\ j_z \end{pmatrix} = \begin{pmatrix} \sigma_{xx} & \sigma_{xy} & 0 \\ \sigma_{yx} & \sigma_{yy} & 0 \\ 0 & 0 & \sigma_{zz} \end{pmatrix} \begin{pmatrix} E_x \\ E_y \\ E_z \end{pmatrix} \tag{4.3.7}$$

となる.ここで,$\sigma_{ij}(i, j = x, y, z)$ は伝導率テンソル $\boldsymbol{\sigma}$ であり,

$$\sigma_{xx} = \sigma_{yy} = \sigma_0/(1 + \omega_c^2 \tau^2) \tag{4.3.8}$$

$$\sigma_{xy} = -\sigma_{yx} = -\sigma_0(\omega_c \tau)/(1 + \omega_c^2 \tau^2) \tag{4.3.9}$$

$$\sigma_{zz} = \sigma_0 = ne^2\tau/m \tag{4.3.10}$$

と表現される.ただし,σ_0 は $\boldsymbol{B} = 0$ の場合の伝導率であり,

$$\omega_c = eB/m \tag{4.3.11}$$

はサイクロトロン周波数である.伝導率テンソルとは逆行列の関係にある抵抗率テンソル $\boldsymbol{\rho}$ の各成分は

$$\rho_{xx} = \sigma_{xx}/(\sigma_{xx}^2 + \sigma_{xy}^2) \tag{4.3.12}$$

$$\rho_{xy} = -\sigma_{xy}/(\sigma_{xx}^2 + \sigma_{xy}^2) \tag{4.3.13}$$

となる.図 4.3.2 の構造では $j_y = 0$ であることを考慮すると,電流および磁界に垂直な電界成分 E_y は次のように表現される.

$$E_y = (\sigma_{xy}/(\sigma_{xx}^2 + \sigma_{xy}^2))J_x = \rho_{yx}J_x \tag{4.3.14}$$

このように電流と磁界の両方に垂直な方向に起電力が生じる効果をホール効果と呼び,E_y をホール電界,σ_{xy} および ρ_{yx} を,それぞれ,ホール伝導率およびホール抵抗率と呼ぶ.また,

$$V_H = E_y w \tag{4.3.15}$$

$$R_H = V_H/I_x (= V_H/(J_x wt)) \tag{4.3.16}$$

をそれぞれ,ホール電圧およびホール抵抗と呼ぶ.

b. 2次元電子ガス[4,5]とランダウ量子化[6]

2次元電子ガス (two-dimensional electron gas, 2DEG) は,Si-MOS 構造の酸化膜-Si 界面や変調ドープ型 AlGaAs/GaAs ヘテロ構造[7]の界面に形成される.図 4.3.3 および図 4.3.4 に Si-MOS 構造および変調ドープ型 AlGaAs/GaAs ヘテロ構造の断面図 (a) およびエネルギーバンド構造 (b) を示す.Si-MOS 構造の場合には,一般的には p 型 Si 基板が用いられ,ゲートに正の電圧を加えると p 型 Si と酸化膜との界面側に三角形状の電子層 (Si 内部とは伝導型が反転しており n 型であるため,n 型反転層と呼ぶ) が形成される.また,変調ドープ型 AlGaAs/GaAs ヘテロ構造の場合には,Si を添加した層から供給される電子が無添加の AlGaAs 層と GaAs 層との界面

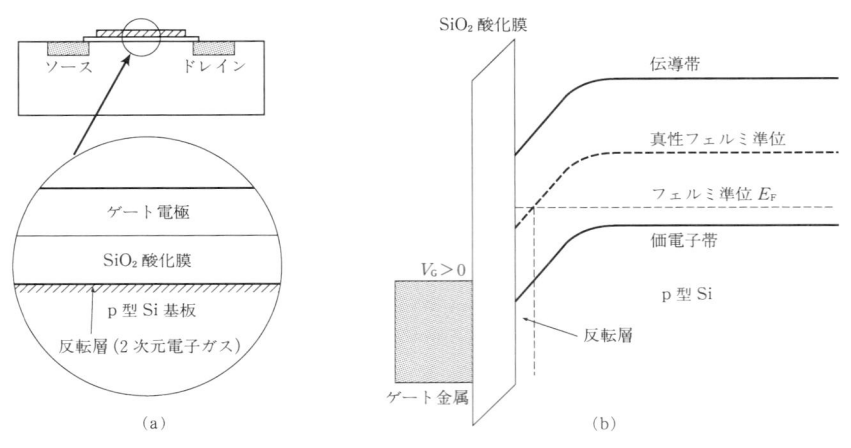

図 4.3.3 (a) Si-MOS 構造断面図，(b) Si-MOS 構造のエネルギーバンド構造

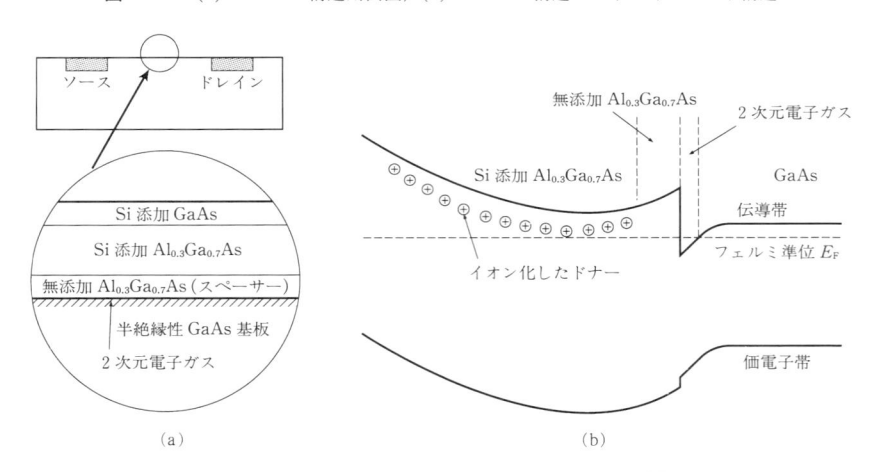

図 4.3.4 (a) 変調ドープ型 AlGaAs/GaAs ヘテロ構造断面図，(b) 変調ドープ型 AlGaAs/GaAs ヘテロ構造のエネルギーバンド構造

に電子層を形成する．この領域におけるポテンシャルと波動関数および電子の状態密度を，それぞれ，図 4.3.5(a) および (b) に模式的に示す．これらの電子は（界面に垂直な方向を z 方向として）z 方向に閉じ込められており，その厚みは数 nm 程度である．したがって，伝導電子の x 方向の運動エネルギーは量子化され，電子は，（図 4.3.5(b)）に示すように，離散的なエネルギー準位 $E_j(j=0,1,2,\cdots)$ を底にしたサブバンド

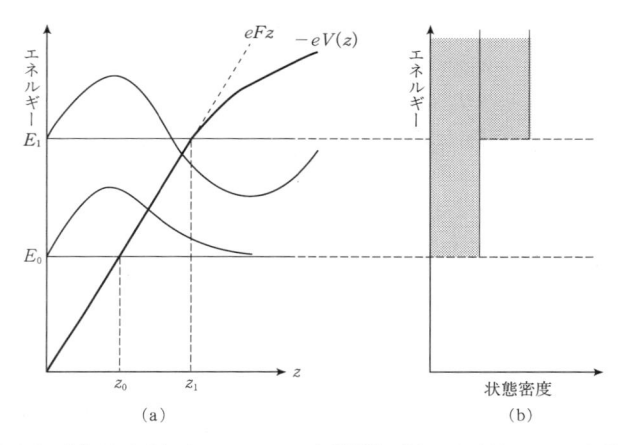

図 4.3.5 (a) 界面三角ポテンシャルと波動関数，(b) 2次元電子ガスの状態密度

$$E_j(k_x, k_y) = E_j + (\hbar^2/2m)(k_x^2 + k_y^2) \quad (4.3.17)$$

を形成する．これを表面量子化とも呼ぶ．k_x, k_y は波数ベクトル $\boldsymbol{k}$ の x, y 成分である．ここで，E_j は図 4.3.5(a)のような三角ポテンシャルを仮定すると表面電界強度 F を用い近似的に，

$$E_j \simeq (\hbar^2/2m)^{1/3} \{(3/2)\pi eF(j+3/4)\}^{2/3} \quad (4.3.18)$$

で表される[8]．また，状態密度は単位面積当たり

$$D = m/(\pi\hbar^2) \quad (4.3.19)$$

で表されエネルギーに依存しない．なお，電子密度が低い場合には（$10^{12}/cm^2$ 程度以下），フェルミ準位は E_1 より低く E_0 より少しだけ上にあるために，極低温においては，基底サブバンド E_0 のみを考慮すればよい．

一方，磁界 B 中の電子はローレンツ力により x, y 方向に関して角周波数 ω_c でサイクロトロン運動を行う．固体内の電子の散乱緩和時間を τ として，ω_c が散乱頻度 $1/\tau$ より十分大きくなる強磁場下では，サイクロトロン運動で電子が狭い領域に閉じ込められるようになりサイクロトロン運動の角運動量が量子化される（ランダウ量子化と呼ぶ）．量子論的には，ベクトルポテンシャルを $\boldsymbol{A}(=(0, Bx, 0))$，運動量ベクトルを $\boldsymbol{p}$ とすると，ハミルトニアンは

$$H = (1/2m)(\boldsymbol{p} + e\boldsymbol{A})^2 \quad (4.3.20)$$

で与えられ，これを解くことによりエネルギー固有値として

$$E_i = \hbar\omega_c(i+1/2) + (\hbar^2/2m)k_z^2 \quad (4.3.21)$$

を得る．ここで右辺第 2 項は z 方向，すなわち，磁界と平行な方向の運動エネルギーである．第 1 項はサイクロトロン運動の i 番目のエネルギー固有値でランダウ準位数を表す $i(=0, 1, 2, \cdots)$ をランダウ量子数と呼ぶ．各ランダウ準位間の間隔 E_L は

$$E_\mathrm{L} = \hbar\omega_\mathrm{c} \tag{4.3.22}$$

であり，量子数 i のサイクロトロン軌道の半径は

$$l_i = (\hbar(2i+1)/eB)^{1/2} \tag{4.3.23}$$

となる．1個のランダウ準位に対しては，回転の中心を異にする複数個の状態が縮退しており，その縮退度 D_L は $h = 2\pi\hbar$ を用いて

$$D_\mathrm{L} = eB/h = 1/2\pi l_0^2 \tag{4.3.24}$$

で表すことができランダウ量子数に依存しない．電子の密度が n の場合には，

$$\nu = n/D_\mathrm{L} = 2\pi l_0^2 n \tag{4.3.25}$$

だけのランダウ準位が電子に占有されていることになる．ν をランダウ準位占有率と呼ぶ．

したがって，2次元電子ガスに垂直に強磁場 B を印加すると，電子は膜内の閉じ込めによる量子化に加えて磁場による量子化を受け，図4.3.6(a)に示すようにエネルギー固有値は完全に離散的となる．各ランダウ準位は，散乱体が存在しない理想的な2次元電子ガスの場合には，(a)に示すような δ 関数型の状態密度分布となる．現実には散乱体が存在するために，各ランダウ準位は図4.3.6(b)に示すように幅をもつ．短距離型の散乱体がランダムに分布する系を仮定し，コンシステントボルン近似で散乱を扱うことにより，状態密度は各ランダウ準位 $E_{j,i}$ (j は表面量子化による量子数，i はランダウ量子数)を中心とした幅 Γ の半楕円形になることが示され，磁場がない場合の散乱緩和時間 τ_0 を用いて

$$\Gamma^2 = (2/\pi)(\hbar/\tau_0)\hbar\omega_\mathrm{c} \tag{4.3.26}$$

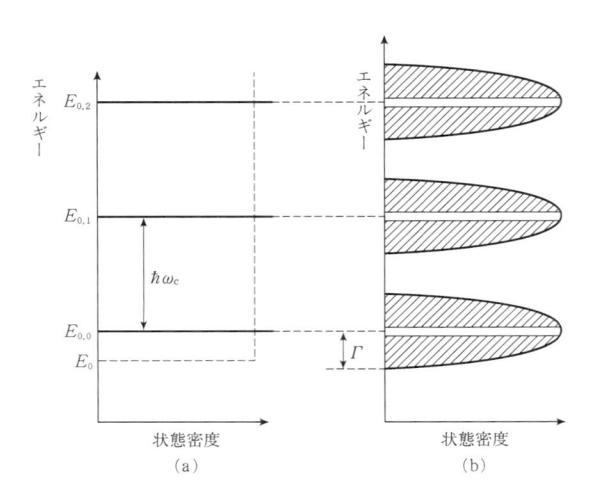

図4.3.6 垂直強磁場中の2次元電子ガスの状態密度分布
(a) 散乱体が存在しない場合，(b) 散乱体が存在する場合．

で与えられる[9]．磁場が十分強く $\omega_c \tau_0 \gg 1$ となる場合には，ランダウ準位の間隔 $\hbar\omega_c$ は準位幅 Γ よりも十分大きく，ランダウ準位は十分分離している．また，2次元電子系にポテンシャルの乱れがあるためにアンダーソン局在 (Anderson localization)[10] を引き起こし，バンドの両端近傍では電子の状態は局在したものになっている（図 4.3.6(b) に示したランダウ準位の内斜線を施した部分）．ランダウ準位の中心付近は非局在の状態にある．局在状態 (localized states) と非局在状態 (extended states) との境界を移動度端と呼ぶ．アンダーソン局在とは，ポテンシャルの不規則性が大きい場合に電子の波動関数が空間に局在し，絶対零度の電気伝導率がゼロになる現象である．したがって，局在状態は電流に寄与しない．

c. 整数量子ホール効果

1個のランダウ準位の縮退度 D_L は式 (4.3.24) から eB/h で表されるために，フェルミ準位より下に存在するランダウ準位の数は，電子密度あるいは磁場によって変えることができる．Si-MOS 構造の場合にはゲート電圧によって2次元電子ガスの電子密度を変えることができるが，量子ホール効果の測定に用いられる変調ドープ型のAlGaAs/GaAs ヘテロ構造の場合にはゲート電極がなく電子密度を変えることができない．したがって，一般に，Si-MOS 構造の場合にはゲート電圧によって，ヘテロ構造の場合には磁場によって電子伝導に寄与するランダウ準位数を変える．

電子密度 n をゲート電圧によって変えるとする．フェルミ準位がちょうど相隣り合うランダウ準位 i および $i+1$ の中間に位置している場合には，強磁場の極限 ($\omega_c\tau \gg 1$) では，伝導率テンソルは式 (4.3.8), (4.3.9) から，

$$\sigma_{xx} = \sigma_{yy} = 0 \tag{4.3.27}$$

$$\sigma_{xy} = -\sigma_{yx} = -ne/B \tag{4.3.28}$$

となる．ちょうど i 個のランダウ準位が電子で占有されているため，式 (4.3.24) から

$$n = i(eB/h) \tag{4.3.29}$$

したがって，ホール伝導率は

$$\sigma_{xy} = -\sigma_{yx} = -ie^2/h \tag{4.3.30}$$

となる．ここで，ゲート電圧によりフェルミ準位の位置を変えたとする．フェルミ準位が移動度端を過ぎて次のランダウ準位の非局在状態の領域に達するまでは，電子状態が局在している領域であり電子伝導には寄与しないため，温度が十分低く電子の熱エネルギーがフェルミ準位の間隔より十分小さい条件 ($\hbar\omega_c \gg k_B T$) では，電子密度の増減にかかわらず σ_{yx} は変化せず一定である．

これは，局在状態は，あたかも電子が欠けているような状態にあり，加えられた電子はこれらの部分を満たしていくだけであり電子伝導には寄与できないからである．つまり，フェルミ準位より下にある各ランダウ準位内の非局在状態にある電子が，あ

たかも e/Bh 個の電子が自由に運動するときと等しいホール電流を担っていることになり，局在状態によって電流が減少する分を相殺するように電子の速度が増加している[11]．さらに電子が増加してランダウ準位の非局在状態の領域に達すると，それらの電子は，通常のホール効果に寄与するようになりホール伝導率 σ_{yx} が増加し，σ_{xx} は有限の値となる．

したがって，フェルミ準位が相隣り合うランダウ準位 i および $i+1$ の移動度端にはさまれた位置にある場合には，2次元電子ガスの形状や素子材料などによらず，ホール伝導率は一定で，式(4.3.30)で表される値となる．このように2次元電子ガスのホール伝導率が極低温・強磁場環境の下で普遍物理定数 e^2/h の整数倍で一定となる現象を整数量子ホール効果と呼ぶ．また，ホール伝導率が一定の領域をホールプラトーと呼ぶ．なお，ホール抵抗率はホール伝導率の逆数で

$$\rho_{yx}=(h/e^2)/i \tag{4.3.31}$$

で与えられ，電流方向の抵抗率(縦抵抗率ともいう)ρ_{xx} は

$$\rho_{xx}=\sigma_{xx}/(\sigma_{xx}^2+\sigma_{xy}^2)=0 \tag{4.3.32}$$

となる．

図4.3.1および図4.3.7に示す特性は，それぞれ，Si-MOS構造および変調ドープ型AlGaAs/GaAsヘテロ構造で得られた整数量子ホール効果特性である[1,12]．ソー

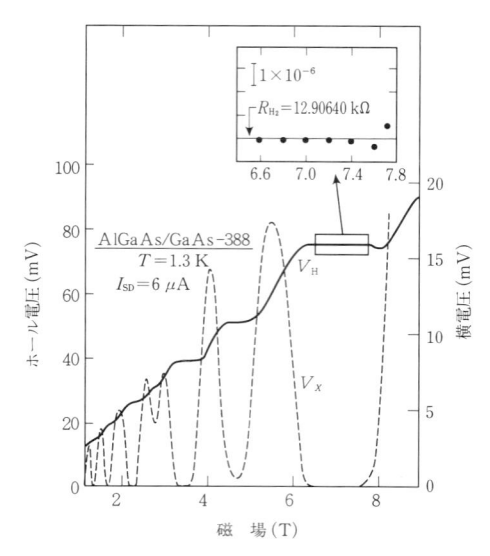

図4.3.7 変調ドープ型AlGaAs/GaAsヘテロ構造における整数量子ホール効果特性[12]
測定温度1.3 K，ソース-ドレイン電流6 μA．挿入図は $i=2$ に対応するホールプラトーの量子化抵抗の精密測定値．

ス-ドレイン電流 I_{SD} および測定温度は，それぞれ，1 μA，1.5 K および 6 μA，1.3 K である．Si-MOS 構造（図 4.3.1）では，18 T の磁場を 2 次元電子ガスに対して垂直に印加しながらゲート電圧により電子密度を変えている．ゲート電圧の増加に伴い電子で占有されるランダウ準位数が 2, 3, 4, … に対応する領域でホール電圧が一定でしかもこのホールプラトーにおけるホール抵抗（式(4.3.1)）の値が，$(h/e^2)/2(\fallingdotseq 12.91$ kΩ), $(h/e^2)/2(\fallingdotseq 8.60$ kΩ), $(h/e^2)/2(\fallingdotseq 6.45$ kΩ), … である．AlGaAs/GaAs ヘテロ構造（図 4.3.7）の場合には，2 次元電子ガスの電子密度が一定であるため，磁場によりランダウ準位の縮退度（式(4.3.24)）を変えている．磁場の増加に伴い電子で占有されるランダウ準位数が …4, 3, 2 と減少し，それぞれの領域で，Si-MOS 構造の場合と同じホール抵抗値を示すホールプラトーが形成されている．

4.3.2 整数量子ホール効果の理論

von Klitzing のグループによる実験的発見以前，すでに，1975 年に安藤らによる量子論的考察により，ある条件の下では i 個のランダウ準位が完全に満ちていなくても，$\rho_{yx}=(h/e^2)/i$ が成り立つことが示されていたが，当時はまだ実験的裏付けがなく，2 次元電子系の一理論と見なされていた[13,14]．しかし，量子ホール効果の発見以来多くの理論が提案された．ここでは，量子ホール効果に関した最初の理論である久保公式[15]を用いた青木-安藤の理論[16]およびゲージ変換を用いた Laughlin の理論[17]について紹介する．

a. 久保公式を用いた青木-安藤の理論[16,34,35]

磁場中では電子の運動は，中心 (X, Y) の周りのサイクロトロン運動および異なる (X, Y) をもつ状態間の量子力学的ホッピングにより記述できる．電気伝導率 σ は電流-電流相関関数で与えられ，磁場中ではサイクロトロン運動の力学変数で記述できる．久保らが与えた σ に関した公式[15]から，

$$\sigma_{xx}=e^2\langle\!\langle \dot{X}X\rangle\!\rangle \tag{4.3.33}$$

$$\sigma_{xy}=-ne/B+\Delta\sigma_{xy} \tag{4.3.34}$$

$$\Delta\sigma_{xy}=(e^2/2)(\langle\!\langle \dot{Y}X\rangle\!\rangle-\langle\!\langle \dot{X}Y\rangle\!\rangle) \tag{4.3.35}$$

と表現できる．ここで，$\langle\!\langle\ \rangle\!\rangle$ は

$$\langle\!\langle AB\rangle\!\rangle=(1/L^2)\int_0^\infty dt\exp(-\delta t)\int_0^\beta d\lambda\langle A(-i\hbar\lambda)B(t)\rangle \tag{4.3.36}$$

で定義されるカノニカル相関といわれる関数であり，L^2 は系の面積，$\langle\ \rangle$ はカノニカル平均，$\beta=1/k_BT$，δ は正の無限小量，$A(t)$ は演算子 A のハイゼンベルグ表示である．式 (4.3.33) から，σ_{xx} は $\dot{X}$ の相関関数であり，ホール伝導率 σ_{xy} の古典的な値 $-ne/B$ からのずれ $\Delta\sigma_{xy}$ は $\dot{X}$ と $\dot{Y}$ との相関で表される．したがって，σ はサ

イクロトロン運動の中心の速度の相関関数のみで表されていることになる．式 (4.3.33)～(4.3.35) にカノニカル相関の性質を用いた変形を施し，完全系で展開することにより

$$\Delta\sigma_{xy}=(e^2\hbar/i\pi L^2)\int_{-\infty}^{\infty}dEf(E)\langle\mathrm{Tr}[\dot{X}(\partial/\partial E)\mathrm{Re}G(E)\dot{Y}\mathrm{Im}G(E)-(\dot{X}\leftrightarrow\dot{Y})]\rangle \qquad (4.3.37)$$

と表すことができる[14]．ここで

$$G(E)=(E-H+i\delta)^{-1} \qquad (4.3.38)$$

および，

$$f(E)=1/\{e^{\beta(E-E_\mathrm{F})}+1\} \qquad (4.3.39)$$

は，それぞれ，グリーン関数およびフェルミ分布関数，H および E_F はハミルトニアン（式 (4.3.20)）およびフェルミエネルギーである．式 (4.3.34)，(4.3.37) から，ホール電導率 σ_{xy} は E_F 以下の全状態の積分 $dEf(E)$ で与えられることになる．式 (4.3.37) 中の Tr をハミルトニアンの固有関数 $|\alpha\rangle$ で展開すると

$$\Delta\sigma_{xy}=(e^2\hbar/i\pi L^2)\sum_{\alpha}\{f(E_\alpha)\sum_{\beta}\mathrm{Re}(E_\alpha-E_\beta+i\delta)^{-2}$$
$$\times[\langle\alpha|\dot{X}|\beta\rangle\langle\beta|\dot{Y}|\alpha\rangle-\langle\alpha|\dot{Y}|\beta\rangle\langle\beta|\dot{X}|\alpha\rangle]\} \qquad (4.3.40)$$

となる．ここで E_α は $|\alpha\rangle$ の固有エネルギーである．局在状態においては，β のいかんにかかわらず

$$\langle\alpha|\dot{X}|\beta\rangle=-(i\hbar)^{-1}\langle\alpha|X|\beta\rangle(E_\alpha-E_\beta) \qquad (4.3.41)$$

であることから，$|\alpha\rangle$ の $\Delta\sigma_{xy}$ への寄与は

$$\Delta\sigma_{xy}{}^\alpha=f(E_\alpha)e/BL^2 \qquad (4.3.42)$$

となる．したがって，絶対零度においては各局在状態の全 σ_{xy} への寄与は厳密にゼロとなることが示される．以上から，① フェルミ準位が局在状態中にある限り，フェルミ準位以下の全電子数によらず σ_{xy} は一定であり，② もし，フェルミ準位以下の全状態が局在しているならば，式 (4.3.34) で $\Delta\sigma_{xy}=ne/B$ となり σ_{xy} は恒等的にゼロであることがわかる．さらに，強磁場の極限においては，ランダウ準位の幅に比べてランダウ準位間のエネルギー差 E_L が十分大きくなるため，相隣り合うランダウ準位 i，$i+1$ の間の状態のないエネルギー領域にフェルミ準位 E_F が存在する場合を考えることができる．この場合には，式 (4.3.40) が α，β の交換に対して反対称であることから，$f(E_\alpha)$ を $f(E_\alpha)[1-f(E_\beta)]$ に置き換えることができ $\Delta\sigma_{xy}=0$ を得る．したがって，式 (4.3.30) となる．よって，強磁場極限においては，フェルミ準位以下のランダウ準位数が i の場合に，固有関数が局在しているエネルギー領域にフェルミ準位があれば，絶対零度ではホール抵抗率は厳密に h/e^2 の i 分の1となる．

b. ゲージ変換を用いたラフリン (Laughlin) の理論[17]

図 4.3.8 に示すような円筒状の2次元電子ガスのリボンを考え，円筒面内に図示し

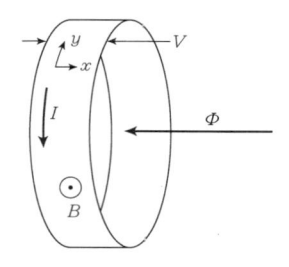

図 4.3.8 Laughlin による円筒状のホールリボン

たように x-y 座標をとる．磁場 B はいたるところリボン表面に垂直に印加されている．さらに円筒の中心にリボン面に平行に，円筒状 2 次元電子ガスには磁場をもたらさないように磁束 Φ を与える．この磁束によるベクトルポテンシャルは，リボンの長さを L_y として，

$$A = \Phi/L_y \tag{4.3.43}$$

となる．この磁束を微小時間 Δt の間にゆっくり $\Delta \Phi$ 変化させたとすると y 方向の起電力は $-\Delta \Phi/\Delta t$ となる．その間の系のエネルギーの変化量 ΔU は $I(-\Delta \Phi/\Delta t)\Delta t$ である．したがって，

$$I = -dU/d\Phi \tag{4.3.44}$$

となる．一方，波動関数の位相を変化させることによりゲージ変換によって Φ に由来するベクトルポテンシャルを消すことができ，波動関数は，

$$\psi(x,y) = \psi'(x,y)\exp((-i2\pi\Phi/L_y\phi_0)y) \tag{4.3.45}$$

となる．ここで，

$$\phi_0 = h/e \tag{4.3.46}$$

は磁束量子である．y が L_y だけ変化すると $\psi(x,y)$ の位相は $2\pi\Phi/\phi_0$ だけ変化する．したがって，磁束 Φ を磁束量子 ϕ_0 だけ増加すると系の状態はもとの状態に戻る．この間に p 個の電子が一方の電極から他方の電極に移動したとすれば，系のエネルギー変化を考慮して式 (4.3.44) から

$$I = -p(e^2/h)V \tag{4.3.47}$$

となり式 (4.3.31) を得る．ここで V は両電極間の電位差である．

4.3.3 分数量子ホール効果

整数量子ホール効果の発見から約 1 年後に，Tsui らが高品質の AlGaAs/GaAs ヘテロ構造において，式 (4.3.31) で表されるホール抵抗率 ρ_{yx} の分母，すなわち，i が 1/3 に相当する領域でもプラトーとなることをみつけた[18]．その後，1/3 だけではなく，2/3, 4/3, 5/3, 2/5 など多くの分数値でも量子化が起こることが示された[19]．この

ような分数値での量子化現象は整数量子ホール効果の理論では説明がつかないので区別するために分数量子ホール効果と呼ばれている.図4.3.9はAlGaAs/GaAsヘテロ構造で観測された分数量子ホール効果の例である[19].整数量子ホール効果は,不規則ポテンシャルによる電子の局在を本質とした1電子の問題(一体問題)として解釈することができるが,分数量子ホール効果の場合には電子系の多体効果を考慮しなければならない.分数量子ホール効果に対してはLaughlinが初めて理論的に解答を示した[20].

Laughlinは,不規則性がなく電子間のクーロン相互作用だけをもつ強磁場中の2次元多体系の基底状態や励起状態を調べるために少数粒子系で多体波動関数を数値的に求めた[21].この結果から,系の基底状態を

$$\psi = [\prod_{j<k} f(z_j - z_k)] \exp[-(1/4)\sum_l |Z_l|^2] \tag{4.3.48}$$

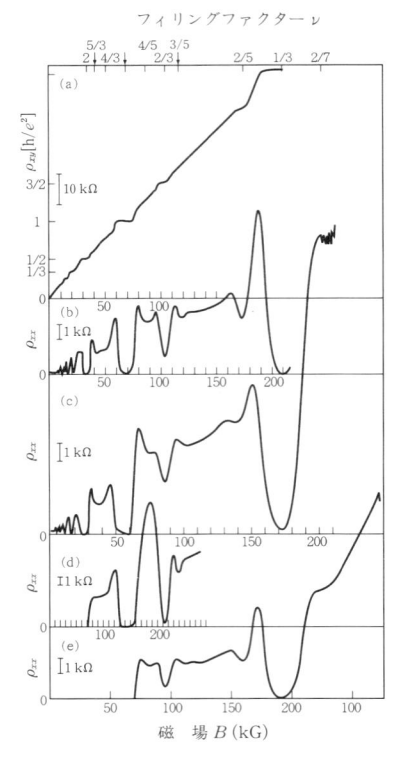

図4.3.9 分数量子ホール効果特性[19]
測定温度0.55 K.(a)および(b)はそれぞれ試料Aのρ_{xy}およびρ_{xx},(c)〜(d)は異なる試料のρ_{xx}.

と表し，系のエネルギーを最小にする条件を求めた．電子がもっとも低いランダウ準位に存在するために関数 $f(z)$ は z の多項式であり，フェルミ粒子系の波動関数の条件，すなわち，ψ の反対称条件から $f(z)$ は奇関数であるため，電子の多体系の波動関数の試行関数を

$$\psi_m = [\prod_{j<k}(z_j - z_k)^m] \exp[-(1/4)\sum_l |Z_l|^2] \tag{4.3.49}$$

とした．ここで m は奇数である．系の電子密度 n においてエネルギーが最小になるような m を求めるために $|\psi_m|^2$ を調べる．

$$|\psi_m|^2 = \exp(-\beta\Phi) \tag{4.3.50}$$

と表せる．ここで，$\beta = 1/m$, Φ は

$$\Phi = -\sum_{j<k} 2m^2 \ln|Z_j - Z_k| + (1/2)m\sum_j |Z_j|^2 \tag{4.3.51}$$

である．Φ は，$\sigma = (2\pi l_0^2)^{-1}$ という正電荷密度の背景上に $Q = m$ という電荷をもち対数的ポテンシャルで相互作用する粒子系の古典的ポテンシャルと同じ形である．これは波動関数（式（4.3.49））が古典的な1成分プラズマと等価であることになり，モンテカルロ法などによる結果[22]から，電子の状態は $m > 70$ で結晶状態であり $m < 70$ では液体状態となる．また，m の値はプラズマとのアナロジーから，電気的中性条件から電子密度と関係づけられ，密度 $1/2\pi l_0^2$ の背景電荷を打ち消すような電子密度が

$$(1/2\pi l_0^2)(1/m) \tag{4.3.52}$$

となり，ψ_m はランダウ準位占有率が

$$\nu = 1/m \tag{4.3.53}$$

の状態を表すことになり，このとき系のエネルギーが最低で安定状態になる．したがって，ランダウ準位占有率が奇数分の1の場合に安定な特別の波動関数が存在することになり，分母が奇数の分数値で量子化が引き起こされる．

4.3.4 整数量子ホール効果を用いた抵抗の量子標準

整数量子ホール効果が発見され，量子化ホール抵抗の値が抵抗の標準として採用された1990年までは，国際単位系（SI単位系）の抵抗の単位 Ω_{SI} は標準抵抗器と呼ばれる原器を用いて維持・供給がなされてきた．このような標準抵抗器に値を付けるために次のようなプロセスを経ていた．まず，仲介となるコンデンサーの電気容量をクロスキャパシター (calculable cross capacitor)[23]と呼ばれる機械的な構造のコンデンサーを用いて求める．クロスキャパシターとは人よりも大きな巨大なコンデンサーであり，長さの測定から $10^{-7} \sim 10^{-8}$ の精度で電気容量の値を求めることができる．

次に，直角相ブリッジと呼ばれる交流ブリッジを用いて仲介コンデンサーの電気容量から抵抗値が求められ，標準抵抗器に値付けが行われる．世界の主要な標準研究機

関でこのように校正された標準抵抗器を用いて抵抗の標準が維持・供給されていた．なお，抵抗標準の国際的な統一を図るために定期的に抵抗の国際比較が行われていた．このように標準抵抗器は，質量の標準器であるキログラム原器と同様にあくまでも原器と同等であり一定普遍ではない．

これに対して，上で述べたように，特殊な環境条件を必要とするが，量子ホール効果で得られる量子化ホール抵抗は普遍物理定数のみで与えられる一定普遍な抵抗値となることが実験的・理論的に裏付けられたために，von Klitzing のグループによる発見直後から，世界の主要な標準研究所で量子ホール効果に基づく抵抗標準の可能性が，標準抵抗器との比較測定を中心に，検討された[24]．なお，抵抗値の高精度な比較測定には，電位差法[25]や SQUID で磁気検出を行う極低温電流比較 (cryogenic current comparator, CCC) ブリッジ法[26]などが用いられた．量子化ホール抵抗値は極低温・強磁場環境では，① 試料の形状や材料などによらず一定であること，② ランダウ量子数 i によらず $iR_H(i)$ は一定となり，しかも普遍物理定数 $h/e^2 (=25813\,\Omega)$ に等しいことが 1×10^{-8} の精度で確かめられたことを受けて[27]，国際度量衡委員会 (Comité International des Poids et Mesures, CIPM) は，1990 年 1 月 1 日から抵抗標準として量子化ホール抵抗を用いることを勧告した[28,29]．ただし，h/e^2 に相当する値については，特別に抵抗標準として使用するために，国際度量衡委員会によって基礎物理定数の測定結果などを用いて調整が行われ，量子化ホール抵抗の協定値として

$$R_{K-90} = 25812.807\,\Omega \tag{4.3.54}$$

を定義した．R_{K-90} をフォン・クリッツィング (von Klitzing) 定数と呼ぶ．世界の主要な標準研究機関では，すでに量子標準化されていたジョセフソン電圧標準と合わせて，抵抗標準についても量子標準化を実現し，1990 年 1 月 1 日からフォン・クリッツィング定数を用いて，量子ホール効果抵抗標準により標準の維持および供給を行っている．

量子ホール効果は物理学の新たな展開に寄与しただけではなく，超高精度の量子ホール効果抵抗標準の実現そのものが工業界・産業界に多大な影響をもたらした．また，超高精度の量子標準を実現するために開発された種々の測定手法は計測工学的にも非常に重要であり，計測工学の発展にも大いに寄与した．一方，量子ホール効果を説明するために展開された数々の理論は，極限的な強磁場かつ極低温環境を大前提としたものである．したがって，現実の測定環境における量子ホール効果については，いまだ多くの解決すべき問題点が残されている．たとえば，有限温度の問題[30]，観測するために欠かせない電流による電子温度上昇の影響[31]，電磁環境による影響などがあげられる．単に，物理学的興味からだけではなく，たとえば，量子化状態では電子は無散乱状態であることなどを利用することなど，標準以外の分野における応用を図るためにもこれからのさらなる理論的・実験的展開が期待される． ［和田敏美］

引 用 文 献

1) W. Schockley : Electrons and Halls in Semiconductors, Van Nostrand, 1950, Chap. 8.
2) K. von Klitzing et al. : Phys. Rev. Lett., **45** (1980) 494.
3) S. Kawaji and J. Wakabayashi : Physics in High Magnetic Fields, S. Chikazumi and N. Miura eds., Springer-Verlag, 1981, p. 284.
4) F. Stern and W. E. Howard : Phys. Rev., **163** (1967) 163.
5) T. Ando et al. : Rev. Modern Phys., **54**-2 (1982).
6) L. Landau and E. M. Lifshitz : Quantum Mechanics (Non-relativistic Theory), 3rd ed., Pergamon, 1977.
7) H. L. Stormer et al. : Solid State Commun., **29** (1979) 705.
8) 榊 裕之, 菅野卓雄 : 応用物理, **44** (1975) 1131.
9) T. Ando and Y. Uemura : J. Phys. Soc. Jpn., **36** (1974) 959.
10) P. W. Anderson : Phys. Rev., **109** (1958) 1492.
11) R. E. Prange : Phys. Rev. B, **23** (1981) 4802.
12) T. Wada et al. : IEEE Trans. Instru. Meas., **IM-34** (1985) 306.
13) T. Ando and Y. Uemura : J. Phys. Soc. Jpn., **36** (1975) 1521.
14) T. Ando et al. : J. Phys. Soc. Jpn., **39** (1975) 279.
15) R. Kubo et al. : Solid State Physics, vol. 17, F. Seitz and D. Turnball eds., Academic Press, 1965.
16) H. Aoki and T. Ando : Solid State Commun., **38** (1981) 1079.
17) R. B. Laughlin : Phys. Rev. B, **23** (1981) 5632.
18) D. C. Tsui et al. : Phys. Rev. Lett., **48** (1982) 1559.
19) H. L. Stormer et al. : Phys. Rev. Lett., **50** (1983) 1553.
20) R. B. Laughlin : Phys. Rev. Lett., **50** (1983) 1395.
21) R. B. Laughlin : Phys. Rev. B, **27** (1983) 3383.
22) J. M. Caillol et al. : J. Stat. Phys., **28** (1982) 325.
23) A. M. Thomson and D. G. Lampard : Nature, **177** (1956) 888.
24) B. N. Taylor and T. J. Witt : Metrologia, **26** (1989) 47.
25) K. R. Barker and R. F. Dziuba : IEEE Trans. Instrum. Meas., **IM-32** (1983) 154.
26) J. Kinoshita et al. : IEEE Trans. Instrum. Meas., **IM-38** (1989) 290.
27) F. Delahaya : Metrologia, **26** (1989) 63.
28) T. J. Quinn : Metrologia, **26** (1989) 69.
29) B. N. Taylor : IEEE Spectrum, **26** (1989) 20.
30) P. Vasilopoulos : Phys. Rev. B, **32** (1985) 771.
31) S. Komiyama and H. Nii : Physica B, **184** (1993) 7.

さらに勉強するために

1) K. von Klitzing : Rev. Modern Phys., **58** (1986) 519.
2) R. E. Prange and S. M. Girvin (eds.) : The Quantum Hall Effect, Springer-Verlag, 1987.
3) 安藤恒也 (編) : 量子効果と磁場, 丸善, 1993.
4) 青木秀夫 : 量子ホール効果, 物理学最前線 11, 共立出版, 1985.
5) 遠藤 忠 : 計測と制御, **31** (1992) 620.

4.4 アトムオプティクス

は　じ　め　に

　アトムオプティクス(原子光学)は中性原子の外部自由度,すなわち位置や運動量を制御する技術の総称である.通常の光学が,幾何光学と波動光学に大別されることに対応して,原子光学も,原子の古典的粒子としての運動を扱う場合と,量子的波動性,すなわち物質波としての振舞いを利用する場合がある.

　原子は電気的に中性であるため,イオンや電子のように静電場,静磁場でその運動を大きく制御することは難しい.そのため,従来はノズルによる原子ビームの発生や,機械的チョッパーによる速度選択程度のことしかできなかった.しかし,高出力で同調可能なレーザーが利用できるようになって,光の力による原子の運動制御が可能になった.とくに光吸収の速度選択性を利用した原子のレーザー冷却は,従来の方法では全く不可能であった超低温状態の生成を可能にした.

　冷却によって運動エネルギーが下がると,静電場,静磁場による力や光誘起双極子力などの弱い力も十分利用できるようになる.相互作用時間を長くできることも,制御に有利である.冷却によって,原子の運動量を小さくすると,それに反比例してド・ブロイ波長が長くなる.室温ではナノメーター以下であるド・ブロイ波長を,サブミクロン程度にまで長くすることができ,ミクロンオーダーの構造物を用いて回折,干渉などの波動性を見ることができる.一方,微細加工技術の進展のおかげで,100ナノメーター程度の透過構造をもつ膜を作成できるようになり,室温の原子でさえ十分回折させることも可能になった.

　原子の波動性を利用した原子波干渉計は生まれたばかりの新しい技術であるが,すでに数多くの実験に利用されている.現時点では,物理法則の検証実験などへの応用が目立っているが,工学的分野への応用もしだいに進むものと思われる.

4.4.1　電磁波と物質波

　原子光学は通常の光学との類似性を考えると理解しやすい.実際,新しい技術も光学における対応物を念頭において開発されていることが多い.ここでは,類似性の根幹にある,電磁波と物質波の関係について調べておく.

a. 電磁波

電磁場はベクトル場であるが,ここでは簡単のため,スカラー場 $\psi(t, \boldsymbol{r})$ で表せるとする.媒質が時間によらない場合,角周波数 ω で振動する単色解

$$\psi(t, \boldsymbol{r}) = \phi(\boldsymbol{r}) e^{-i\omega t} + \text{c.c.} \tag{4.4.1}$$

(c.c. は複素共役)を巨視的マクスウェル方程式に代入すると,ヘルムホルツ方程式

$$\nabla^2 \phi + \frac{\omega^2}{c^2} n^2(\omega, \boldsymbol{r}) \phi = 0 \tag{4.4.2}$$

が得られる.n は媒質の屈折率,c は光速である.

媒質が空間的に一様な場合,すなわち,n が $\boldsymbol{r}$ によらない場合は単色平面波

$$\phi(\boldsymbol{r}) = e^{i\boldsymbol{k} \cdot \boldsymbol{r}} \tag{4.4.3}$$

が解になる.$\boldsymbol{k}$ は波数ベクトルである.これを,もとの方程式に代入すると,分散関係式

$$k^2 = \frac{\omega^2}{c^2} n^2 = k_0^2 n^2 \tag{4.4.4}$$

が得られる.

屈折率が空間的に一様でない場合は波動方程式を解かなければならないが,波長に対してその変化がゆるやかな場合は幾何光学近似解

$$\phi(\boldsymbol{r}) = a(\boldsymbol{r}) e^{ik_0 S(\boldsymbol{r})} \tag{4.4.5}$$

が使える.この解は,局所的に見れば平面波を表しており,$k_0 \nabla S$ が局所的な波数ベクトルになっており,その大きさは $k_0 |\nabla S| = k_0 n(\boldsymbol{r})$ である.S の等高線群は波面(等位相面),波面に直交する曲線(最急降下線)群は光線を表している.光線 $\varGamma$ に沿った位相変化は

$$\phi_{12} = k_0 \int_\varGamma |n(\boldsymbol{r})| ds \tag{4.4.6}$$

で与えられる.

b. 物 質 波

原子は陽子や電子からなる複合系であるが,その重心の運動は波動関数 $\psi(t, \boldsymbol{r})$ で記述できる.$|\psi(t, \boldsymbol{r})|^2$ は,原子の重心を時刻 t,場所 $\boldsymbol{r}$ に見出す確率を与える.波動関数で記述される波動はしばしば物質波あるいはド・ブロイ波と呼ばれる.

波動関数はシュレーディンガー方程式

$$i\hbar \frac{\partial \psi}{\partial t} = -\frac{\hbar^2}{2m} \nabla^2 \psi + U(\boldsymbol{r}) \psi \tag{4.4.7}$$

に従う.ポテンシャル U が時間に依存しない場合は,E を定数として,$\psi(t, \boldsymbol{r}) = \phi(\boldsymbol{r}) e^{-i(E/\hbar)t}$ という形の解が得られる.これは電磁波の場合の単色波に相当する.古典力学で時間を陽に含まない系ではエネルギーが定数になることから,E をエネルギーと見なすことができる.

ϕ の満たす方程式は

$$\nabla^2\phi+\frac{2m}{\hbar^2}[E-U(\boldsymbol{r})]\phi=0 \tag{4.4.8}$$

となり，単色電磁波に対するヘルムホルツ方程式(4.4.2)と同形である．

さらに，U が $\boldsymbol{r}$ によらないとき，$\boldsymbol{p}$ を定ベクトルとして，$\phi=e^{i\hbar^{-1}\boldsymbol{p}\cdot\boldsymbol{r}}$ という形の解が得られる．$\boldsymbol{p}$ は運動量と見なすことができる．この解をシュレーディンガー方程式に代入すると，

$$E=\frac{p^2}{2m}+U \tag{4.4.9}$$

なる関係が得られる．これは粒子的にみれば，エネルギーの保存を，波動的に見れば，分散関係を表している．

U が空間的に一定でない場合は，波動方程式を解かなければならないが，U の変化が波長 $\lambda=h/p$ に対し十分ゆるやかに変化している場合には，幾何光学近似に相当する近似方法が利用できる．光線に相当するものとして，粒子の古典軌道が定まる．原子干渉計ではこの軌道に沿った物質波の位相変化

$$\phi_{12}=\hbar^{-1}\int_\Gamma p(\boldsymbol{r})\mathrm{d}s \tag{4.4.10}$$

を求めることが大切である．ただし，$p(\boldsymbol{r})=\sqrt{2m(E-U(\boldsymbol{r}))}$．積分は古典軌道 Γ に沿って行う．

光の誘導放出，吸収などで原子の内部状態が変化する場合や外場による加速がある場合にはエネルギーの位相変化への寄与も考慮して

$$\phi_{12}=\hbar^{-1}\int_\Gamma p(\boldsymbol{r})\mathrm{d}s-E\mathrm{d}t \tag{4.4.11}$$

としなければならない．E は内部エネルギーを含む全エネルギーである．この場合の経路 Γ は時空間におけるものである．

原子の運動量 $p=mv$ と原子波の波数 $k=2\pi/\lambda$ の間にはド・ブロイの関係

$$p=\hbar k \tag{4.4.12}$$

が成り立つ．また，原子の熱速度(2乗平均)v と温度 T の間には

$$\frac{1}{2}k_\mathrm{B}T=\frac{1}{2}mv^2 \tag{4.4.13}$$

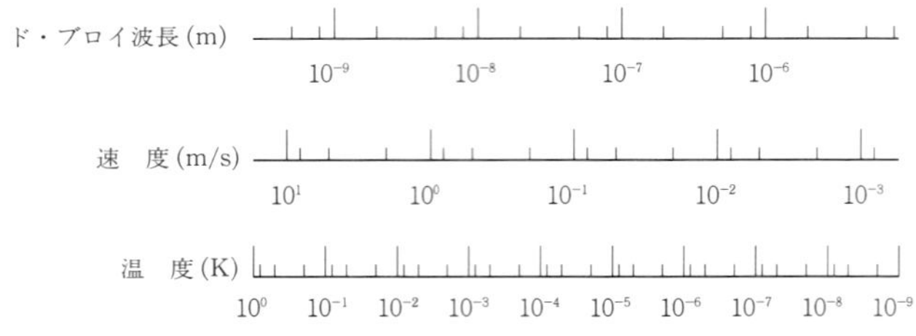

図 4.4.1　温度，熱速度，ド・ブロイ波長の関係(原子数 $A=87$ の場合)

という関係が成り立つ．k_B はボルツマン定数である．T, v, λ の関係を具体的に図 4.4.1 に示す．原子数は $A=87$ を用いた．

4.4.2 中性原子のレーザー冷却

a. 光による原子運動の制御

光の圧力による原子線の偏向は 1933 年に Frisch によって行われた．しかし，通常の光源による運動量変化はわずかなもので，実用にはならなかった．色素レーザーのように，スペクトル幅が狭く，原子の共鳴線に同調可能な光源が得られるようになって，原子の運動制御が可能になった[22]．光子 1 個の運動量は室温原子の運動量に比べてきわめて小さいが，多数の光子を繰り返し吸収させることで，原子を減速停止させることができる．

光が原子に及ぼす力は光の吸収，放出に伴う散乱力と，分散と強度分布に由来する双極子力に分類される．

1) 散 乱 力

原子の共鳴周波数を ω_0，レーザーの周波数を $\omega=c|\boldsymbol{k}|$ とする．1 回の誘導吸収と自然放出に伴う原子の平均運動量変化は $\hbar\boldsymbol{k}$ である．単位時間当たりのサイクル数を考えると原子が受ける平均力は

$$F=\hbar \boldsymbol{k} \gamma \frac{\Omega^2/2}{\Delta^2+\gamma^2+\Omega^2/2}=\hbar \boldsymbol{k} f(\Delta) \qquad (4.4.14)$$

となる．γ は自然幅，Ω はラビ周波数で，原子の双極子モーメント μ と光の電界 E を用いて $\Omega=-\mu E/\hbar$ と表せる．$\Delta=\omega-\omega_0-\boldsymbol{k}\cdot\boldsymbol{v}$ はドップラー効果を考慮した離調周波数で，$\boldsymbol{v}$ は原子の速度である．

散乱力は光子を多数回吸収させることで，室温程度のエネルギーをもった原子も有効に制御できる．上準位の原子の一部が，下準位以外の(準)安定な準位に落ちてしまう場合には，冷却サイクルへ戻すためのリポンピングレーザーが必要である．

散乱力は自然放出をかならず伴うので，原子波としてのコヒーレンスは失われる．

2) 双 極 子 力

レーザー電場で誘起される双極子が電場勾配によって受ける力の時間平均が双極子力である．定量的には実効ポテンシャル

$$U=\frac{\hbar\Delta}{2}\ln\left(1+\frac{\Omega^2/2}{\Delta^2+\gamma^2}\right) \qquad (4.4.15)$$

の勾配 $\boldsymbol{F}=-\nabla U$ として書ける．レーザー周波数が原子の周波数より低い ($\Delta<0$) とき，原子は光の強い (Ω^2 の大きい) 領域に引き寄せられる．逆に，$\Delta>0$ の場合は，原子は光の強い領域から押し出される．

実効ポテンシャルの大きさはたかだか数 eV 程度なので，室温原子の制御には使え

ないが，あらかじめ冷却された原子の制御には十分使える．

離調を十分とれば，自然放出の確率を下げることができ，原子波のコヒーレンスを保ったまま制御することが可能である．双極子力は光の強度を増しても飽和しないので，離調によるポテンシャルの減少をレーザーパワーの増加で補うことができる．

b. MOT の原理

冷却原子源として，磁気光トラップ (magneto-optical trap, MOT)[1] は非常に広く使われている．MOT は散乱力を利用しているが，その原理を1次元モデルを用いて簡単に調べておく．速さ v_x で運動している原子に $\pm x$ 方向から同じ強度のレーザーを照射すると，式 (4.4.14) から力は

$$F_x/\hbar k = f(\delta - kv_x) - f(\delta + kv_x) \sim -2f'(\delta)kv_x \tag{4.4.16}$$

となる．ただし，$\delta = \omega - \omega_0$．

$f'(\delta) > 0$ なら，すなわち，レーザー周波数が原子の吸収線の低周波数側にあれば，v_x に比例した「粘性力」が働き，原子は減速，冷却される．ただし，光の吸収，放出のランダムさに起因する「揺動力」のため，ドップラー限界温度 $T_d = h\gamma/k_B$ 以下に冷却することはできない．

これを3次元的に構成したものは光の糖蜜，あるいはモラセズ (optical molasses) と呼ばれている．しかし，このような機構で減速しても，原子はレーザーの照射領域からすぐに出てしまうので，十分な冷却は期待できない．

そこでレーザーの交差している部分への「復元力」を実現し，原子を捕捉 (trap) する方法が MOT である．偏光による遷移の選択則を巧妙に利用したもので，簡便かつ安定に原子を閉じ込める方法である．再び1次元モデルで説明しよう．磁場 $B_x = bx$ (b は定数) を掛けて，$\sigma_\pm$ 偏光に対する吸収線の周波数ずれ (Zeeman shift) が位置 x に依存するようにする．さらに σ_+ 偏光を $+x$ 方向に，σ_- 偏光を $-x$ 方向に伝搬させる．すると，原子が受ける力は

$$F_x/\hbar k = f(\delta - \gamma bx - kv_x) - f(\delta + \gamma bx + kv_x)$$
$$\sim 2f'(\delta)(-\gamma bx - kv_x) \tag{4.4.17}$$

となる．ただし，γ は磁気回転比である．このようにして，粘性力に加えて x に比例する復元力が得られ，原子の運動は原点を中心とする減衰振動になる．3次元的には，四重極磁場を用いて MOT が実現されている．

c. 原子冷却の手順

MOT は必要に応じて，他の方法と組み合わせて用いられる．冷却の手順はだいたい以下のようなものである．

① 原子ビームの減速： 原子線源は通常室温あるいはそれ以上であるので，ビームを減速させ，MOT で効率よく捕捉できる速度にする．原子ビームを利用せず，直

接室温気体を捕捉する場合も多い．

② MOTによる捕捉，冷却： 減速された原子を，トラップ中心に捕捉し，モラセスで3次元的に冷却する．ドップラー限界 $k_BT \sim \hbar\gamma\,(\sim 1\mathrm{mK})$ 程度の温度が容易に達成できる．

③ 偏光勾配冷却： さらに温度を下げたい場合は，MOTの磁場を切り，偏光勾配冷却を引き続き行う．レーザーの強度や，離調を調整することで，反跳限界 $k_BT \sim \hbar^2 k^2/2m\,(\sim 1\,\mu\mathrm{K})$ 程度まで冷却できる．この方法は，散乱力によるモラセスの実験で偶然発見されたもので，ドップラー限界以下の温度が実現されていた．その後の研究の結果，原子の下準位の磁気副準位の存在が新しい冷却メカニズムに本質的な寄与をしていることが判明した．詳細については文献[2)]を参照のこと．

④ 反跳限界を越える冷却： 光の吸収放出を用いている限り，光子1個分の反跳エネルギー以下には冷却できない．この領域では光はむしろ邪魔になる．そこで，光吸収のない原子状態 (dark state) や穴の開いたレーザービームなどを利用して，静止状態で光との相互作用がなくなる工夫がなされる．また，磁気トラップを用いた蒸発冷却のように，光を全く用いない冷却も行われる．

4.4.3 原子光学のコンポーネント

通常の光学の場合，ガラスなどの透明媒質や金属反射面を用いてレンズ，鏡などのコンポーネントがつくられている．電子については透明媒質は存在しないので，電子光学においては静電場や静磁場が用いられる．

原子に対しても透明な媒質は存在せず，さらに電気的に中性なので，レンズなどを実現するのはあまり容易ではない．しかし，光との相互作用やホログラフィックな技術を用いたコンポーネントが開発されている．ここではレーザー冷却された比較的低いエネルギーの原子の制御に使われるコンポーネントを見ていこう．

a. レンズ

レンズは原子リソグラフィー，すなわち原子による微細パターンの直接描画に不可欠のコンポーネントである．

1) 静電場，静磁場レンズ

原子のシュタルクシフト，ゼーマンシフトを用いて原子の軌道を制御するものである．しかし一般に相互作用が小さいため，サイズが大きくなってしまう．また，適当な磁気副準位に原子を集めておく必要がある．

2) マイクロ波レンズ

中性原子に対する2次のシュタルク効果はポテンシャル $U=-\alpha E^2/2\,(\alpha>0)$ を与える．したがって，原子は電場の強いほうに引き寄せられる．軸対称凸レンズをつく

ることには，中心の静電場を極大化すればよいのであるが，それは原理的に不可能である．しかし振動電場にはその制約はない．Shimizuら[3]は円筒共振器に軸対称で軸上で電場が最大になるTM_{010}モードのマイクロ波を発生させ，その中心に冷却原子を通し凸レンズ効果を確認した．TM_{110}モードを利用して，凹レンズをつくることもできる．

3) レーザービーム（縦）

ガウス型のレーザービームの中心に原子ビームを通すと，双極子力（式(4.4.15)）で$\varDelta<0$の場合は収束，$\varDelta>0$の場合は発散する．収束の場合，原子は光強度の大きい中心部分に集まってくるので自然放出の影響を受けやすい．この問題を避けるには，たとえば，TEM_{01}モードのように中心の強度が小さいモードを$\varDelta>0$で用いればよい．

類似の方法として，中空の光ファイバーの内壁にエバネセント波を発生させると，ファイバーに沿って原子を輸送することができる[4]．

4) レーザービーム（横）

二つのレーザービームを交差させて定在波をつくり，横方向から原子を入射させるとシリンドリカルレンズのアレイとして働く．$\varDelta<0$の場合，定在波の腹の部分が凸レンズになる．

交差角により，アレイの周期を変化させることができる．たとえば，平面鏡に90度に近い入射角でレーザーを照射すると，表面付近には，長周期の定在波ができる．鏡の表面に対する腹の位置も確定しているので，単一のレンズとしても利用することができる．一方，レーザービームを対向させると，光の波長の半分の周期にレンズを並べた状態がつくれる．McClellandら[5]はクロム原子をシリコン基板の上に収束させ，周期213 nm，幅65 nm，高さ34 nmのクロムの細線構造を作成した．細線幅は，原子ビームの速度分布の広がりによるもので，単色のビームが得られれば，9 nm程度の幅が期待できる．この方法は2次元に拡張することも可能である．

5) ゾーンプレート

微細加工技術を用いて，薄膜に穴を開け，ゾーンプレートをつくることができる．透過効率が低いという欠点がある．

6) ホログラム

ゾーンプレートの一般化として原子波に対するホログラム[17]がつくられている．光に対するホログラムは透過率分布や位相分布をアナログ的に変化させることで実現されているが，原子波に関しては，透過，非透過の2値のみしか実現できない．そこで，穴の数の分布を変化させるバイナリーホログラムが用いられる（図4.4.2）．平面波あるいは球面波を任意の形状に結像させることができる（図4.4.3）．

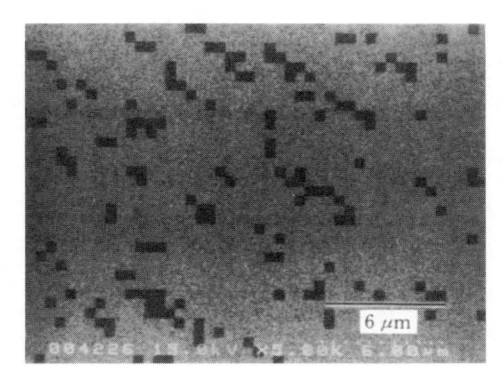

図 4.4.2 バイナリーホログラムの例[6]

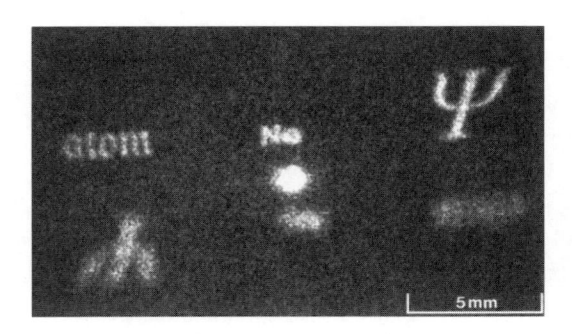

図 4.4.3 原子波ホログラムの再生像の例[6]

b. ミ ラ ー

1) 物質表面

原子が物質表面に当たると，弾性散乱以外に吸着，非弾性散乱などが起こりミラーとしては使いにくい．しかし，超高真空中の清浄表面や，液体Heなどは低エネルギー原子に対するミラーとして使える可能性がある．また，低いエネルギー原子と表面の相互作用はそれ自体重要な問題で今後の研究が期待される．低エネルギー原子を表面プローブとして利用することも考えられる．

2) エバネセント波

ガラスなどの誘電体表面にエバネセント波を発生させ，$\mathit{\Delta}>0$ にすれば，原子の反射面として利用できる[7]．原子は物質表面に接触する前に，双極子力で反発されるので，吸着されたり，非弾性散乱を受けることはない．準安定状態の原子を反射することも可能である．

自然放出の影響を小さくするためには，$\mathit{\Delta}$ をできるだけ大きくとればよいが，それ

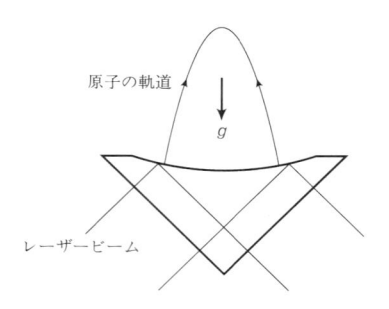

図 4.4.4 原子波共振器[8]

に伴って光強度を増やさないと，ポテンシャルが小さくなってしまう．利用できる光パワーに制限がある場合は，光導波路を用い光の再利用を図るとよい．

エバネセント波の興味深い応用として，図 4.4.4 のような原子波共振器[8]がある．重力と放物面鏡を組み合わせて原子を閉じ込めようとするものである．

3) 磁 性 体

原子が特定の磁気副準位にある場合は，静磁場の勾配力

$$F = \nabla(\boldsymbol{\mu} \cdot \boldsymbol{B}) = -m_F g_F \mu_B \nabla B \tag{4.4.18}$$

によって原子を反射することが可能である．m_F は磁気量子数，g_F はランデの g 因子，μ_B はボーア磁子である．原子の状態は磁場に対し断熱的に追従する必要がある．$m g_F > 0$ の状態は磁場の絶対値が減少する方向の力を受けることになる．通常の磁極を使えばいいのであるが，磁場が遠方まで達して，系のほかの部分に大きい影響を及ぼすので，逆方向の磁極を交互に並べることで，反射面をつくる．音楽用の磁気テープに正弦波を録音したものも反射面として働くことが示されている[9]．

c. ビームスプリッター

ビームスプリッターは干渉計を構成する上で不可欠のコンポーネントである．

1) 結 晶 表 面

単結晶表面の周期構造を用いて原子波を回折させることが可能である．実際，He ビームの回折は表面プローブとして用いられている．しかし，原子と表面の相互作用は複雑であり，実用的なビームスプリッターとしての利用はなされていない．

2) 微細加工による回折格子

Keith らによる原子干渉計[10]では，微細加工技術で作成された透過型の回折格子が用いられた．厚さ 0.5 μm の窒化シリコン膜に周期 200 nm あるいは 400 nm の格子状の穴が形成された．このような微細加工による素子は，光ポテンシャルを用いた素子に比べ安定である．また，サイズの下限も光の定在波の周期に比べ，かなり小さくできる．1 次の回折効率は 10%程度である．

3) 光による反跳

$\pi/2$ パルスを基底状態の原子に加えると，内部状態，運動状態ともに異なった二つの状態の重ね合せが得られる[11]．1光子による反跳は小さく，波束が十分空間的に分離しない場合もあるが，その場合でも内部状態で区別することが可能である．ただし，この重ね合せ状態のコヒーレンスが保たれるのは，励起状態の寿命程度の時間である．

対向するレーザービームによる誘導ラマン遷移を用いて基底状態の超微細構造間にコヒーレンスをつくると，自然放出の影響を受けることはない[12]．

4) 定在波による周期ポテンシャル

光の定在波による原子の回折は1988年にMartinらによって最初に実現された．これは音響光学偏向素子による光の回折と類似の現象である[13]．音響光学効果の場合と同じく，相互作用長が $k_A/2nk_L^2$ より短い場合のラマン-ナス (Raman-Nath) 回折とその逆の場合のブラッグ回折に分けることができる．k_A は原子の波数，k_L はレーザーの波数，n は回折の次数である．

ラマン-ナス回折は，入射角や原子の波長に対する依存性は少ない．各次数への回折の割合は位相変調の深さを ϕ_0 とすると，$J_n^2(\phi_0/2)(n=\cdots,-1,0,1,\cdots)$ で与えられる．ただし，J_n は n 次のベッセル関数である．したがって，特定の次数に回折を集中させることはできない．

一方，ブラッグ回折は，入射角や波長に敏感で，一定の条件（ブラッグ条件）が満たされない場合は，全く回折されず，素通りする．また，回折ビームと非回折ビームの2種類しか存在せず，変調の強さをコントロールすることで，これらの割合を自由に変化させることができる（ペンデルレーズング振動）．損失がなければ，100％回折させることも可能である．

4.4.4 原子波干渉計

原子波干渉計は原子光学の成果の中で，もっとも重要なものであり，その応用範囲はきわめて広い．光の干渉計はすでに100年以上もの間，さまざまの用途，とくに精密計測の分野で広く使われてきた．原子波干渉計が登場してまだ数年にしかならないが，質量や内部構造など，光にはない特性を生かした応用が数多く提案され，実験が行われている．

干渉計はこのほか，電子や中性子で実現されているが，これらの粒子の特徴を表4.4.1にまとめておく．

a. 干渉計の基礎

もっとも基本的な干渉計であるマッハ-ツェンダー干渉計の動作原理を復習してお

表 4.4.1 干渉計に用いられる粒子

	光子	電子	中性子	原子
質量	0	m_e	m_p	Am_p
全電荷	0	e	0	0
スピン	1	1/2	1/2	F
統計性	boson	fermion	fermion	boson/fermion
内部構造	×	×	×	○

m_e:電子質量,m_p:陽子質量,A:原子量,
e:素電荷,F:原子の全角運動量

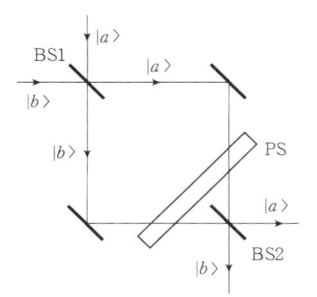

図 4.4.5 干渉計

こう.図4.4.5のような二つのビームスプリッターBS1,BS2と移相器PSを考える.左から波が入射し,一番右で検出されるとする.各区間で,波が下の経路にある状態を$|b\rangle$,上の経路にある状態を$|a\rangle$とおく.波が上下にコヒーレントに分かれている状態は$|\psi\rangle = a|a\rangle + b|b\rangle$,あるいは列ベクトルを使って$(a, b)^T$とも書ける.

上下の経路に位相差αを与える移相器PSの作用を行列で表すと,

$$P(\alpha) = \begin{bmatrix} e^{i\alpha/2} & 0 \\ 0 & e^{-i\alpha/2} \end{bmatrix} \tag{4.4.19}$$

となる(対称性を保つためにαを上下に分配したが,一方にまとめてしまっても同じことである).波の強度を50%ずつに分配するビームスプリッターの作用は一般に

$$B(\beta) = 2^{-1/2} \begin{bmatrix} 1 & ie^{i\beta} \\ ie^{-i\beta} & 1 \end{bmatrix} \tag{4.4.20}$$

と書ける.βは入出力ポートの位相の基準点の選び方に依存し,

$$B(\beta) = P(\beta) B(0) P(-\beta) \tag{4.4.21}$$

と書けるが,具体的な表式としては

$$B(0) = 2^{-1/2} \begin{bmatrix} 1 & i \\ i & 1 \end{bmatrix}, \quad B(\pi/2) = 2^{-1/2} \begin{bmatrix} 1 & -1 \\ 1 & 1 \end{bmatrix} \tag{4.4.22}$$

などがよく用いられる.

干渉計全体を考えよう.BS1,BS2とも$\beta=0$とする.aポートから振幅1の波が入った場合,bポートに出る波の強度は

$$|\langle b|B(0)P(\alpha)B(0)|a\rangle|^2 = \frac{1+\cos\alpha}{2} \tag{4.4.23}$$

となり,位相差αを変化させると振動的に変化する.これが干渉である.

b.内部状態の変化を利用した干渉

ボルデ(Bordé)の干渉計[11]においては,光による内部状態変化が一種のビームス

プリッターとして利用されている．原子の内部自由度に関する基底状態を $|a\rangle$，励起状態を $|b\rangle$ で表そう．重ね合わせ状態は $|\psi\rangle = a|a\rangle + b|b\rangle$ と書ける．

状態間のエネルギー差を $\hbar\omega_0$ とすると，原子のハミルトニアンは

$$H_0 = \frac{\hbar}{2}\begin{bmatrix} -\omega_0 & 0 \\ 0 & \omega_0 \end{bmatrix} \tag{4.4.24}$$

と書ける．状態間の遷移を引き起こすために，$E(t)\cos(\omega t - \phi)$ なる光電場が与えられたとする．$E(t)$ は ω に比べてゆっくり変化する包絡線を表す．相互作用ハミルトニアンは

$$H'(t) = -\begin{bmatrix} 0 & \mu \\ \mu & 0 \end{bmatrix} E(t)\cos(\omega t - \phi) \simeq -\frac{\hbar\Omega t}{2}\begin{bmatrix} 0 & e^{i(\omega t - \phi)} \\ e^{-i(\omega t - \phi)} & 0 \end{bmatrix} \tag{4.4.25}$$

μ は双極子モーメント，$\Omega(t) = -\mu E(t)/\hbar$ はラビ周波数である．回転波近似を用いた．

系の運動方程式は

$$i\hbar\frac{d}{dt}\begin{bmatrix} a \\ b \end{bmatrix} = \frac{\hbar}{2}\begin{bmatrix} -\omega_0 & \Omega e^{i(\omega t - \phi)} \\ \Omega e^{-i(\omega t - \phi)} & \omega_0 \end{bmatrix}\begin{bmatrix} a \\ b \end{bmatrix} \tag{4.4.26}$$

となる．ここで光の周波数 ω で「回転」する系に移る．すなわち，$a = \tilde{a}e^{i\frac{\omega}{2}t}$，$b = \tilde{b}e^{-i\frac{\omega}{2}t}$ とすると，

$$i\hbar\frac{d}{dt}\begin{bmatrix} \tilde{a} \\ \tilde{b} \end{bmatrix} = \frac{\hbar}{2}\begin{bmatrix} \Delta & \Omega e^{-i\phi} \\ \Omega e^{i\phi} & -\Delta \end{bmatrix}\begin{bmatrix} \tilde{a} \\ \tilde{b} \end{bmatrix} \tag{4.4.27}$$

が得られる．ただし，$\Delta = \omega - \omega_0$．

さて，$t = t_1$ から t_2 の間にかけられた，十分大きい ($|\Omega| \gg |\Delta|$) 光パルスによる状態の変化を調べよう．さらに $(-\phi)$ だけ回転した系に移り ($\tilde{\tilde{a}} = \bar{a}e^{-i\phi/2}$，$\tilde{\tilde{b}} = \bar{b}e^{i\phi/2}$)，$\Delta$ を無視すると，積分ができて，

$$\begin{bmatrix} \bar{a}(t_2) \\ \bar{b}(t_2) \end{bmatrix} = \begin{bmatrix} \cos\Theta/2 & -i\sin\Theta/2 \\ -i\sin\Theta/2 & \cos\Theta/2 \end{bmatrix}\begin{bmatrix} \bar{a}(t_1) \\ \bar{b}(t_1) \end{bmatrix} \tag{4.4.28}$$

という入出力関係が得られる．ただし，$\Theta = \int_{t_1}^{t_2}\Omega(t)dt$ はパルスの面積である．

$\Theta = \pi/2$ のとき，行列は

$$2^{-1/2}\begin{bmatrix} 1 & -i \\ -i & 1 \end{bmatrix} = B(\pi) \tag{4.4.29}$$

であるが，$\tilde{a}$, $\tilde{b}$ の系に戻ると，

$$P(-\phi)B(\pi)P(\phi) = B(-\phi+\pi) = 2^{-1/2}\begin{bmatrix} 1 & -ie^{-i\phi} \\ -ie^{i\phi} & 1 \end{bmatrix} \tag{4.4.30}$$

であり，光パルスがビームスプリッターの役割を果たしており，またレーザーの位相 ϕ はビームスプリッターの前後に置かれた移相器に相当することがわかる．

$|\tilde{a}\rangle$ から $|\tilde{a}\rangle$, $|\tilde{b}\rangle$ から $|\tilde{b}\rangle$ の場合は，位相のずれはないが，$|\tilde{a}\rangle$ から $|\tilde{b}\rangle$ に遷移する場合は $\phi-\pi/2$, $|\tilde{b}\rangle$ から $|\tilde{a}\rangle$ に遷移する場合は $-\phi-\pi/2$ だけ，位相がずれることがわかる．$\Theta=\pi$ の場合には状態がかならず反転するが，この場合にも，それぞれ $\pm\phi-\pi/2$ の位相ずれを生じる．

光パルスをビームスプリッターとして複数利用する場合，すべての外場の位相関係を固定しておく必要がある．

c. サニャック効果

原子波干渉計の重要な応用としてジャイロスコープがあるが，その原理であるサニャック効果について簡単に調べておこう．

図 4.4.6 のように，円周に沿って導波する半径 R の円盤が角速度 Ω で回転しており，円盤の縁に波源とその検出器が置かれているとする．波源は円周に沿って両側に波を放出し，検出器はそれぞれ逆方向に伝搬してきた波の位相差を検出できる．

円盤とともに回転する観測者から見ると，角周波数 ω, 波数 k の波が両側に伝わってゆくように見える．円盤のすぐ外に立っている観測者には，右行きと左行きの波はドップラー効果のため異なった周波数に見える．これを $\omega_\pm$ と表しておく．同様に波数も $k_\pm$ と表す．そして，時刻 T には検出器が角度にして ΩT だけ回転しているので，それぞれの波に対する 1 周の経路の長さは $L_\pm=2\pi R\pm R\Omega T$ となる．したがって，位相は $\phi_\pm=k_\pm L_\pm-\omega_\pm T$ となる．これより位相差は

$$\Delta\phi=\phi_+-\phi_-=\Delta kL+k\Delta L-\Delta\omega T \tag{4.4.31}$$

で与えられる．ただし，$\Delta k=k_+-k_-$, $\Delta L=L_+-L_-$, $\Delta\omega=\omega_+-\omega_-$．

さて，周波数のドップラーずれは $\Delta\omega=2kR\Omega$ で与えられるが，波数のずれ Δk は波の種類によって異なる．音波のような古典的な波動では，$\Delta k_{cl}=0$, 電磁波では，$\Delta k_{EM}=2(k/c)R\Omega$, 物質波では，$\Delta k_{dB}=2(m/\hbar)R\Omega$ である．これらから，それぞれの位相ずれが求まる；$\Delta\phi_{cl}=0$, $\Delta\phi_{EM}=4\pi R^2\Omega\omega/c^2$, $\Delta\phi_{dB}=4\pi R^2\Omega m/\hbar$．干渉計の面積 $A=2\pi R^2$ (2 周分) を導入すると，一般の形状に対するサニャック効果に対する位相ずれ

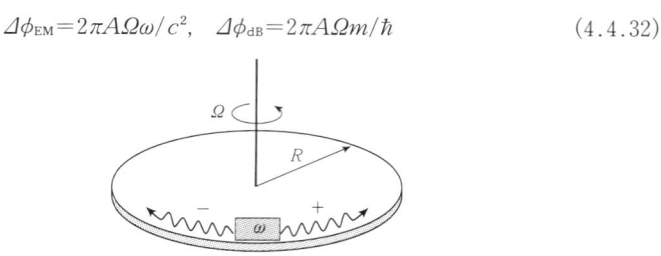

$$\Delta\phi_{EM}=2\pi A\Omega\omega/c^2, \quad \Delta\phi_{dB}=2\pi A\Omega m/\hbar \tag{4.4.32}$$

図 4.4.6 サニャック効果

が得られる．同一面積に対する原子波干渉計と光の干渉計の感度比

$$\frac{\Delta\phi_{\mathrm{dB}}}{\Delta\phi_{\mathrm{EM}}} = \frac{mc^2}{\hbar\omega} \tag{4.4.33}$$

は原子の静止質量エネルギーと光子のエネルギーの比であり 10^{10} にも達する．

4.4.5 原子波干渉実験の例

ここでは，原子波干渉の例を紹介し，その中で，さまざまな素子がどのように使われているかを見ていく．同時に，干渉計の応用についても紹介する．

a. 超音速原子ビームを用いた実験

最初に原子波干渉の実験を行ったのは Carnal と Mlynek[14] である．原子波を用いたヤングの二重スリットの実験装置の概要を図 4.4.7 に示す．原子線源としては，He の超音速ビームが用いられた．ガス容器に開けられたノズルから噴出する原子の流れに平行に電子線を照射することで，He を準安定状態 (2^1S_0，約 20 eV) に励起する．このような準安定状態原子は，2 次電子増倍管 (SEM) などを用いて高い効率で検出することが可能である．

原子線の速度広がり Δv と平均速度 v_0 の比が 15 から 20 の，比較的運動量の揃ったビームが得られた．可視光に換算すると，50 nm 程度のスペクトル広がりに相当する．平均速度，すなわち平均波長 λ はガス溜の温度 T でコントロールすることができる．室温 $T=295$ K で $\lambda=0.056$ nm，液体窒素温度 $T=83$ K では $\lambda=0.103$ nm が得られた．

三つのスリット A, B, C はそれぞれ，厚さ 1 μm の金の薄膜に形成されている．A のスリット幅は $s_1=2$ μm である．$L=64$ cm 下流にある B には幅 $s_2=1$ μm の二つのスリットが $d=8$ μm の間隔で刻まれている．A による回折角は $\theta=\lambda/s_1=(2.5\sim5)\times10^{-5}$ rad なので，B の表面では，$L\theta=(16\sim32)\mu$m のビーム幅になっている．した

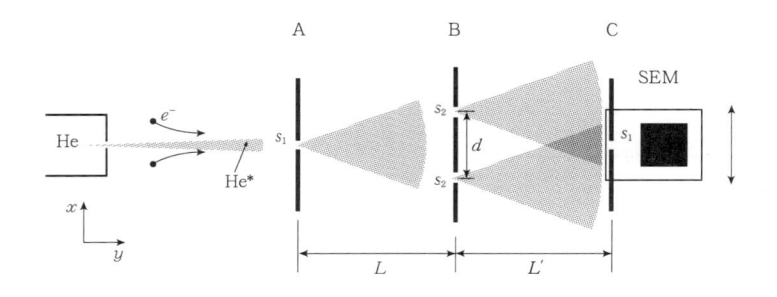

図 4.4.7 超音速原子ビームによる二重スリットの実験[14]

がって，B 上の二つのスリットは同時に照射されていることになる．二つのスリットからの回折波は $L'=65$ cm 下流にある C の中心付近で重ね合わされ，干渉パターンを生じる．C には幅 $s_1=2$ μm のスリットが設けてあり，後方には SEM が置かれている．このスリットを横方向に動かすことで，干渉パターンを観測する．

予想される干渉じまの間隔は $\Delta x = L'\lambda/d$ で，$\lambda=0.056$ nm, 0.103 nm に対し $\Delta x=4.5$ μm, 8.2 μm である．実験で得られた干渉パターンを図 4.4.8 に示す．横軸は C のスリット位置，縦軸は 10 分間に検出された原子数である．(a) は $\lambda=0.056$ nm, (b) は $\lambda=0.103$ nm に対するものである．干渉じまの周期は理論とよい一致を示している．明瞭度が悪いのは，C のスリット幅が干渉じまの周期に比べて十分小さくないからである．中心から右にかけて，明瞭度が減っているのは，B のスリットによる回折角が有限であることと，ビームの速度分布に広がりがあるためである．

この実験では，① 室温（あるいは窒素温度）の原子を使っているためド・ブロイ波長が短く，干渉じまの間隔が狭い，② スリットという透過効率の低い素子を用いている，などの理由で良質な干渉じまは得られなかった．しかし，原子干渉計を最初に実現し，その後の研究のきっかけとなったという点では重要な実験である．

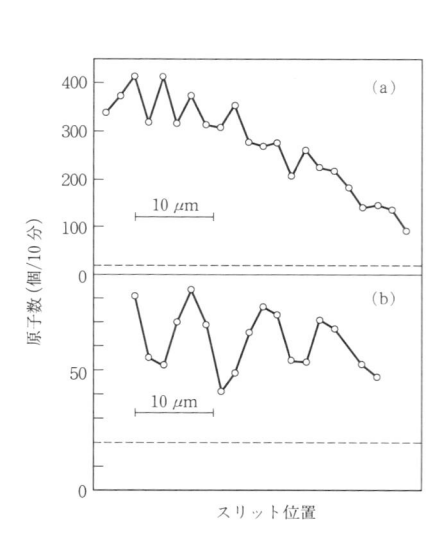

図 4.4.8 干渉パターン[14]

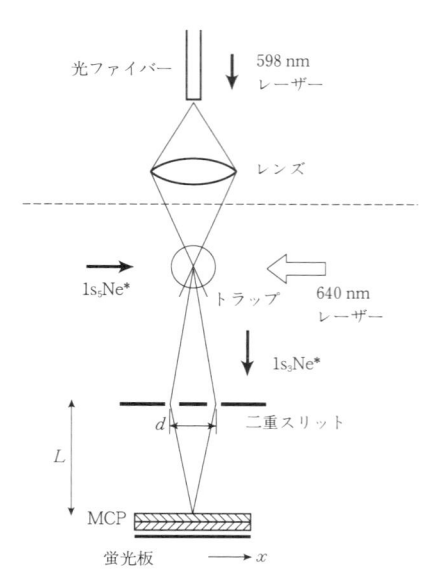

図 4.4.9 冷却原子によるヤングの実験[15]

b. 冷却原子によるヤングの実験

室温の原子のド・ブロイ波長 λ は pm オーダーである．一方，作成可能なスリット

や回折格子のサイズ s は小さく見積もってもせいぜい 10 nm である。両者の比で決まる回折角 $\theta=\lambda/s$ は非常に小さく，その結果装置の長さを大きくせざるをえない。

原子をレーザー冷却すれば，ド・ブロイ波長は長くなり，回折角を十分大きくとれるようになり小型の装置で干渉実験ができるようになる。Shimizu ら[15]は，磁気光トラップで冷却された Ne の準安定状態原子を原子源として利用した (図 4.4.9)。

レーザー冷却，トラッピングは準安定状態 $1s_5$ ($J=2$) と $2p_9$ ($J=3$) の閉じた遷移 (640 nm) で行われる。この原子雲 (温度 2.5 mK，直径 1 mm) の中心に $1s_5$ から $2p_5$ の遷移に共鳴したレーザー光 (598 nm) を集光する。すると，$2p_5$ に励起された原子はかなりの割合ですみやかにもう一つの準安定状態 $1s_3$ ($J=0$) に緩和していく。この状態に移った原子は冷却レーザーとは相互作用せず，またトラップの磁場の影響も受けないので，重力の影響で下方に落ちていく。30 ms 程度の 598 nm パルス光でトラップに集められた原子のかなりの部分を集光された狭い領域 (直径 20 μm) から落とすことができる。また，検出を時間分解的に行うことで，初期速度の異なる原子に関する干渉実験を一度に行うことができる。このようにコリメーション用のスリットがないため原子を有効に利用できる。

自由落下する原子は 76 mm 下方に置かれた二重スリットを通過し，さらに $L=$ 113 mm 下方の検出器に到達する。重力の影響で出発点で静止していた原子でも，スリット通過時には 1.2 m/s に，検出器上では 1.9 m/s にまで加速されている。スリット幅は 2 μm，間隔は $d=6$ μm である。検出器はマイクロチャネルプレート (MCP)，蛍光板，CCD カメラからなり，20 μm 程度の空間分解能をもち，第 3 のスリットなしに干渉じまを記録できる。

ダブルスリットのそれぞれを線状の波源と考えよう。もし，重力の影響がなければ，光の場合と同じく，等位相面は同心円筒状に広がる。波源から L 下方にある水平面での位相の分布は

$$\phi(x)-\phi(0)=\frac{mv}{\hbar}\frac{x^2}{2L}, \quad |x|\ll L \tag{4.4.34}$$

となるはずである。x はスリットを水平面に投影した線からの距離である。しかし，実際には重力の影響で加速されるとともに波面も変形を受ける。そのため補正 $v\to v\sqrt{1+\alpha}$，$L\to\frac{2}{\alpha}(1+\alpha-\sqrt{1+\alpha})L$ を加える。ただし，$\alpha=2gL/v^2$ である。すると，二つのスリットからの波の位相差は

$$\phi(x+d/2)-\phi(x-d/2)=\frac{mv}{\hbar}\frac{xd}{L}\frac{\alpha}{2(\sqrt{1+\alpha}-1)} \tag{4.4.35}$$

となる。そして，干渉じまの間隔は

$$\Delta x=\frac{\hbar}{mv}\frac{L}{d}\frac{2(\sqrt{1+\alpha}-1)}{\alpha} \tag{4.4.36}$$

で与えられる。

図4.4.10は実測された干渉じまである.到来時刻,すなわち初速度によってしまの間隔が変化しているのがわかる.到来時刻と干渉じまの間隔をプロットしたのが図4.4.11である.理論曲線（実線）とよい一致が見られ,重力によるド・ブロイ波の変化をとらえている.

c. ラムゼー共鳴型干渉計

マイクロ波領域のラムゼー共鳴は光のマッハ-ツェンダー干渉計とよいアナロジーを示す.マイクロ波遷移に関与する2準位が干渉計の二つのビームに,そして,2か所に設けられた相互作用領域のマイクロ波（$\pi/2$パルス）がビームスプリッターに対応する.したがって,ラムゼー共鳴を原子の内部自由度を利用した干渉計と見なすことができる.

光領域でもラムゼー共鳴が実現されているが,それぞれの原子が,二つの相互作用領域で同じ位相関係の光を見るように原子ビームを波長オーダーで制御することは非常に困難である.そこで,速度分布による位相ずれを補償する方法がいろいろ考案さ

図 4.4.10 干渉じま

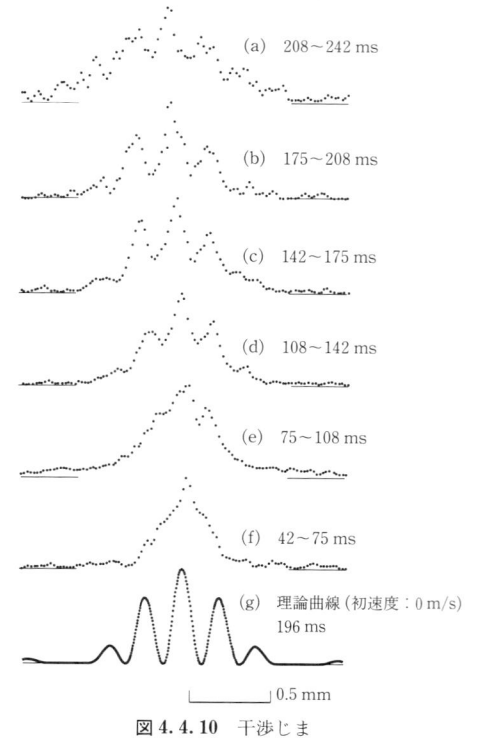

図 4.4.11 到来時刻と干渉じまの間隔[15]

4.4 アトムオプティクス

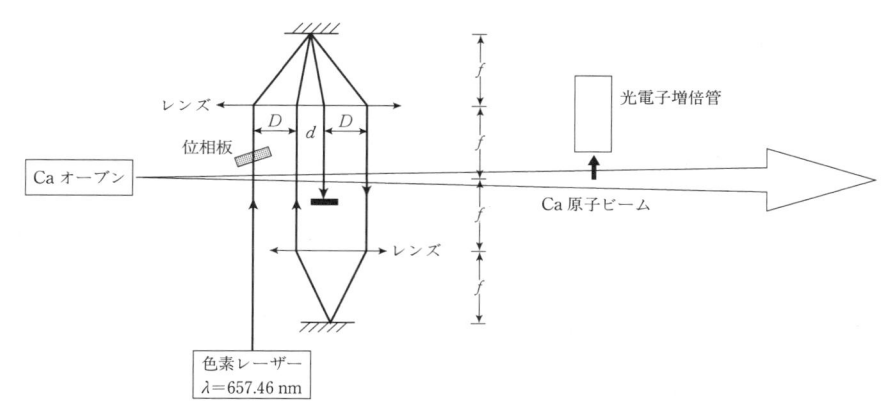

図 4.4.12 ラムゼー共鳴型干渉計

れている．Bordé ら[11]による 4 ビーム光ラムゼー共鳴もその一つである．典型的な実験配置を図 4.4.12 に示す[16]．Mg, Ca などのアルカリ土類原子の $^3P_1$-$^1S_0$ 遷移が用いられることが多い．これは，励起状態の寿命が比較的長い (ms オーダー) ためである．このような装置で数 kHz のラムゼーフリンジが観測されている．

Bordé はこの光ラムゼー共鳴が一種の原子波干渉計と解釈できることを示した．原理を図 4.4.13 に示す．原子ビームに交差するよう四つのレーザービーム ($\pi/2$ パルス) が配置されている．ビーム 1, 2 および，3, 4 の間隔を D, 2, 3 の間隔を d とする．1, 2 と 3, 4 のビームは逆向きである．原子の横方向の初期速度を v_{x0}, 縦方向の初期速度を v_{z0}, ビーム間の飛行時間を $T=D/v_{x0}$, $T'=d/v_{x0}$ とおく．

基底状態 $|a\rangle$ の原子はレーザービーム 1 によって，励起状態 $|b\rangle$ との重ね合せ状態

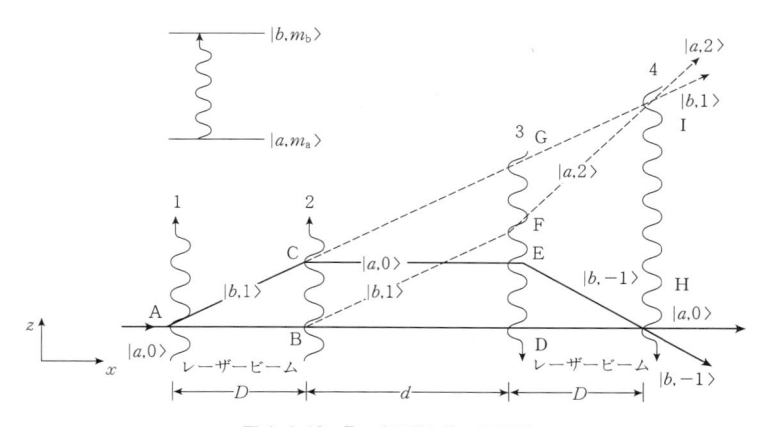

図 4.4.13 Bordé 干渉計の原理図

$(|a\rangle - e^{-i\phi}|b\rangle)/\sqrt{2}$ になる．ただし，励起状態に上がる際に光子を一つ吸収するので，反跳のため横方向の運動量が $mv_r = \hbar k$ だけ変化する．原子の横方向の運動を考慮して状態ベクトルを表すと，$(|a, 0\rangle - e^{-i\phi}|b, 1\rangle)/\sqrt{2}$ となる．これは原子の内部自由度と運動の自由度が絡まった (entangle した) 状態である．ケットの2番目の引数は $\hbar k$ を単位に測った横運動量の変化分を表す．反跳の量は小さいので，実際に原子ビームが実空間で完全に二つに分かれるとは限らないが，図4.4.13 ではその状況を強調して描いてある．

2番目以降の相互作用領域でも同様な原子波の分離が起こる．最終的に観測されるのは，4番目の相互作用領域を通過したあと，原子が励起状態にある確率である．確率に比例した強度の蛍光が観測される．この確率は可能な経路に関する振幅を足し合わせて，その絶対値をとれば求めることができる．レーザーの周波数を変化させると，各経路の振幅の位相が変化し，その結果確率が振動的に変化する．こうして得られる干渉じまを原子の速度分布 (縦および横) に関して平均したものが実際に観測される．詳しく調べてみると，二つの閉じた台形をつくる経路が最終的に残る干渉じまを決定していることがわかる．

下の台形 (実線) について，それを構成する二つの経路に伴う位相を計算し，その差を求めてみよう．位相はレーザーとの相互作用に起因するもの (式(4.4.30)) と，原子波の伝搬 (式(4.4.11)) に伴うものがある．

前者は位相の原点を適当に選び，さらに共通の位相を除くと，相互作用する時空点 α のレーザーの位相に一致する．

$$\phi_\alpha = \pm(\pm k z_\alpha - \omega t_\alpha) \tag{4.4.37}$$

最初の複号は吸収放出に対応し，2番目の複号はレーザーの伝搬方向に対応する．

位相差は

$$\Delta\phi_{ph} = \phi_A + \phi_C + \phi_E + \phi_H = 2\left(\omega - \frac{\hbar k^2}{m}\right)T \tag{4.4.38}$$

となる．

後者は，辺 $\alpha\beta$ に対し

$$\phi_{\alpha\beta} = \hbar^{-1}\int_\alpha^\beta p_x \mathrm{d}x + p_z \mathrm{d}z - E\mathrm{d}t \tag{4.4.39}$$

E は原子の全エネルギーで内部エネルギーを E_{int} とすると $E = (p_x^2 + p_z^2)/2m + E_{\mathrm{int}}$ である．したがって，

$$\phi_{\alpha\beta} = \hbar^{-1}\int_\alpha^\beta (p_x v_x + p_z v_z - E)\mathrm{d}t \tag{4.4.40}$$

$$= \hbar^{-1}\left[\frac{m}{2}(v_x^2 + v_z^2) - E_{\mathrm{int}}\right](t_\beta - t_\alpha) \tag{4.4.41}$$

となる．位相差を求めると，

$$\varDelta\phi_{\mathrm{dB}}=\phi_{\mathrm{AC}}+\phi_{\mathrm{CE}}+\phi_{\mathrm{EH}}-(\phi_{\mathrm{AB}}+\phi_{\mathrm{BD}}+\phi_{\mathrm{DH}})=\left(-2\omega_0+\frac{\hbar k^2}{m}\right)T \quad (4.4.42)$$

のようになる.

全位相差は,

$$\varDelta\phi=\varDelta\phi_{\mathrm{ph}}+\varDelta\phi_{\mathrm{dB}}=\left[2(\omega-\omega_0)-\frac{\hbar k^2}{m}\right]T \quad (4.4.43)$$

となる. 位相差がゼロになるところで, 励起状態に見出される確率が最大になる. この共鳴条件はレーザー周波数について見ると,

$$\omega=\omega_0+\frac{\hbar k^2}{2m} \quad (4.4.44)$$

となり, 原子の本来の共鳴周波数より反跳エネルギー分だけ高いところにくる. 同様の計算を図 4.4.13 の上の台形 (破線) について行うと, 逆に低い周波数で共鳴が起こることがわかる. この反跳シフトはわずか 100 kHz 程度のものであるが, T を大きくとることで, 観測できる.

実験で得られたラムゼー共鳴の例を図 4.4.14 に示す. このような結果を得るには, レーザーのスペクトルは十分狭くまた, 周波数安定度も高くなければならない. 理論上は高次の干渉じまも観測されるはずであるが, 原子の x 方向の速度分布, すなわち T の広がりのため, 打ち消されている.

盛永らは, 同一方向に進行する四つのビームを用いた干渉計を考案した[17]. この配置に対しては, レーザー周波数を掃引しても, ラムゼー共鳴は現れないが, 通常の干渉計として機能する. 逆に, レーザー周波数変動に敏感でないので, 実験上好都合である. 干渉じまは, 一つのレーザービームの位相を変化させることで, 見ることができる.

1) 光による原子波の位相ずれ

光ラムゼー共鳴の幅は数 kHz から数十 kHz と非常に狭い. そのため, 非常に分解

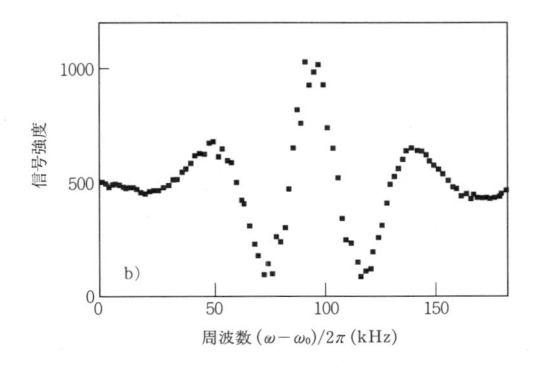

図 4.4.14 ラムゼー共鳴[16]

能の高い分光方法として利用されてきた．光ラムゼー共鳴を原子波干渉と見なすことで，さらに新しい応用が考えられる．

ラムゼー干渉計の二つの経路は空間的にはほとんど重なっているので，片方の経路にのみ外部からの影響を与えることは難しい．しかし，台形の斜辺の部分では二つの経路の原子の内部状態が異なっているので，この違いを利用することができる．

たとえば，ここに，基底状態 $|a\rangle$ から，第3の準位 $|c\rangle$ にほぼ共鳴するレーザーを通してみよう．AC シュタルク効果によって両準位はエネルギーのずれを起こす．エネルギーのずれは，離調周波数に反比例し，レーザーの強度に比例する．他方，励起準位 $|b\rangle$ は影響を受けない．一方の経路における内部エネルギーのずれは積分されて，干渉計の位相のずれとして検出される．

別の解釈も可能である．レーザーの強度分布に応じて，原子の基底状態に対応する断熱ポテンシャルが形成されると考えるのである．このポテンシャルを原子波が通過することで，位相ずれが発生する．どちらの解釈もおなじ結果を与える．

測定例を図 4.4.15 に示す．非常に感度よく，レーザーの強度を測定できている．離調を大きくとると，光の吸収はいくらでも減らせることができるので，光子数の量子非破壊測定としての利用が期待される．

2) ジャイロスコープ

前述したように，1 光子の反跳運動量は非常に小さいので原子ビームは実空間ではほとんど分離しない．それでも，この微小なずれのおかげで，ラムゼー干渉計は回転

図 4.4.15 シュタルク効果による光強度の測定

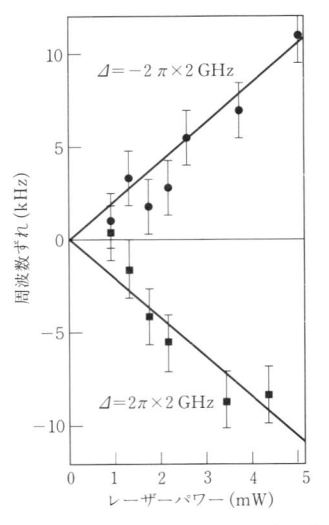

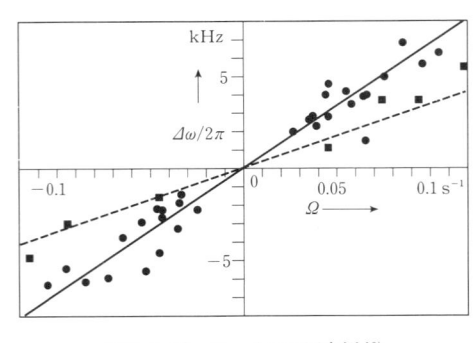

図 4.4.16 ジャイロの測定例 [18]

に関して感度をもっている[18]．

原子ビームの速度を v とすると，反跳角は $\theta = \hbar k/mv$ である．したがって，台形の面積は $A = D(D+d)\theta = D(D+d)\hbar k/mv$. これをサニャック効果による位相ずれの式 (4.4.32) に代入すると，$\Delta\phi_{Sagnac} = 4\pi\Omega D(D+d)/\lambda v$ となる．Ω は回転の角周波数である．さらに，この位相ずれを，式 (4.4.43) と組み合わせると，回転によるラムゼー共鳴のずれ周波数は

$$\Delta\omega = -\Omega(D+d)/\lambda \tag{4.4.45}$$

と求められる．実験結果を図 4.4.16 に示す．横軸は回転角周波数，縦軸は戻波数のずれである．1分間に1回転程度の運動が検出されている．冷却原子を用いて，反跳角を増し，面積を大きくとれば，さらに感度をあげることができる．

d. 誘導ラマン遷移を用いた干渉計

レーザー冷却された原子集団を用いると，相互作用時間を 1s 程度にまで長くすることが可能になる．これを用いてラムゼー共鳴のように内部状態の自由度を利用した干渉計を構成する場合，励起状態の寿命はこれに見合うだけ長くないと，相互作用時間の間，コヒーレンスを維持することができない．寿命の長い準安定励起状態が探せたとしても，レーザーの線幅と周波数安定度に対する要求を満たすことはそれほど容易ではない．これらの問題を回避する巧妙な方法として誘導ラマン遷移を用いた干渉計[12]が考え出された．

基底状態の超微細構造準位間の遷移を利用する．これはマイクロ波領域にあるので，自然放出の確率はゼロと見なせ，周波数分解能は相互作用時間で決まる．ただし，マイクロ波による反跳は可視光の場合に比べて何桁も小さいので，原子波を十分に分離することができない．しかし，誘導ラマン遷移を用いると大きい反跳を与えることができる．角周波数 ω_1, ω_2 の光を対向させて原子に照射する．周波数の差 $\omega_1 - \omega_2$ を超微細構造 $|a\rangle, |b\rangle$ 間の遷移周波数 ω_0 にほぼ等しくし，平均周波数は，許容遷移の周波数からややずらしておく．すると，励起状態 $|i\rangle$ を中間状態とした2光子遷移が起きる（図 4.4.17）．この遷移は1光子 (ω_1) の誘導吸収と1光子 (ω_2) の誘導放出を伴うが，光の伝搬方向が逆方向であるため，それぞれの反跳は加算される．マイクロ波遷移であるにもかかわらず，可視光の光子2個分の運動量変化 $2\hbar k = \hbar(k_1 + k_2)$ が得られる．

誘導ラマン遷移にはレーザー周波数の差だけが本質的に効き，平均周波数のゆらぎは問題にならない．安定なマイクロ波源を用いて，2台のレーザーをオフセットロックしたり，一つのレーザーを位相変調して，サイドバンドを利用するなどの方法が考えられる．

レーザー冷却した原子は速度が遅いので，干渉計の構成も熱ビームを使った場合と異なったものになる．ビームの場合は相互作用領域をビームに沿って空間的に並べる

図 4.4.17 誘導ラマン遷移

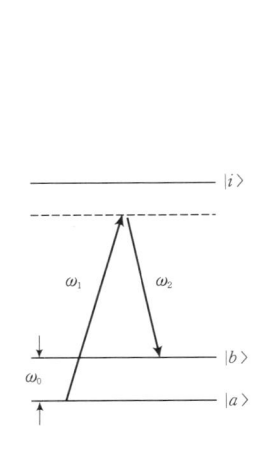

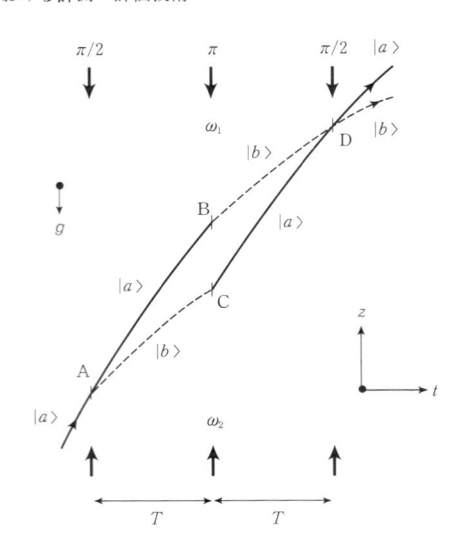

図 4.4.18 誘導ラマン遷移による干渉計

ことができたが,冷却原子の場合は時間的に分離するほうが容易である.

図 4.4.18 にその構成を示す.原子の初速度 v_0 は鉛直上向き,内部状態は $|a\rangle$ であるとする.点 A に達したときに,$\pi/2$ パルスを照射する.原子は $|a\rangle, |b\rangle$ の重ね合せの状態になるが,$|b\rangle$ 状態は反跳のため減速される.時間 T 後に,π パルスを照射して内部状態を反転させる.さらに T 後に,再び $\pi/2$ パルスを加え,二つの状態を干渉させる.π パルスの照射時には,波の中心は $T\hbar(k_1+k_2)/m$ だけ離れているが,これを 1 cm 程度にとることが可能である.

さて,このシステムを重力変動の測定に利用した例を見よう.Na 原子を MOT にトラップしたのち,偏光勾配冷却で 30 μK まで冷却する.速度広がりは 30 cm/s に相当する.その後,偏光勾配冷却の定在波を上向きに移動させることで原子集団を 2.5 m/s で上に打ち上げる.ラマン遷移用のレーザーは $T=50$ ms ないし 100 ms 間隔で照射される.最終的な検出は,一方の超微細準位を選択的にイオン化して,MCP で行われる.

位相ずれは,経路によるものと,遷移に伴う位相ずれからなる.前者は等価原理が成り立てば,ゼロになる.後者は,遷移が起こる場所でのラマン遷移の実効場 $E_1 E_2^*$ の位相 $\phi_a = (-k_1-k_2)z_a - (\omega_1-\omega_2)t_a$ を評価すれば,

$$\Delta\phi_{\mathrm{Ph}} = \phi_\mathrm{B} + \phi_\mathrm{C} - \phi_\mathrm{A} - \phi_\mathrm{D} = 2gkT^2 \tag{4.4.46}$$

となる.g は重力加速度である.

この結果は原子の初期速度に依存しないので,すべての原子が干渉に寄与すること

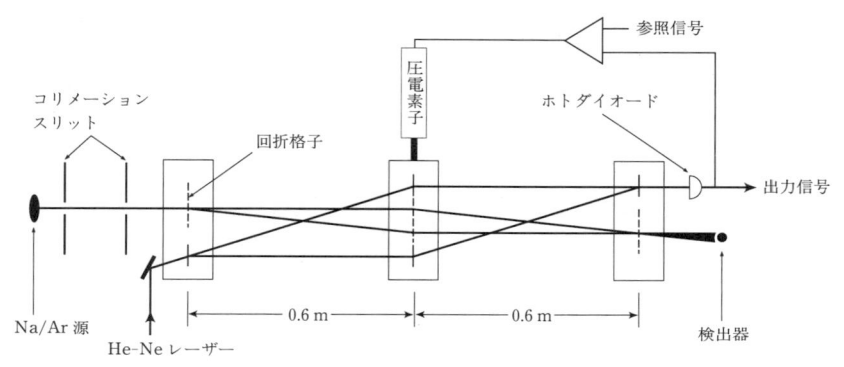

図 4.4.19 マイケルソン干渉計

ができる．4番目のパルスの位相を変化させることで，$T=100$ ms に対して干渉じまを観測した．これを重力変動に関する感度に換算すると $\Delta g/g=3\times 10^{-8}$ になる．したがって，非常に高感度の重力計，加速度計としての利用が期待される．

e. マイケルソン干渉計

Keith ら[10] は，三つの回折格子でマイケルソン干渉計を構成した (図 4.4.19)．

三つの同じ回折格子を等間隔に並べた干渉計は格子が平行に並んでさえいれば，入射角や，波長に関する依存性がほとんどないので，短い波長の波に対して有利である．実際，中性子干渉計は，シリコンの単結晶ロッド上に三つの回折格子を下駄の歯状に削り出すことで構成される．

超音速の Na 原子線が用いられた．速度の相対広がりおよび，平均速度は $\Delta v/v=0.12$，$v=1000$ m/s であり，平均ド・ブロイ波長は $\lambda=16$ pm．二つのコリメーターで断面が $1\text{ mm}\times 20\ \mu\text{m}$ のリボン状の平行ビームが得られた．Na 原子はホットワイヤー検出器を用いて，10%程度の量子効率で検出された．

微細加工技術を用いて窒化シリコン膜のすだれ状の回折格子（周期 400 nm）が準備された．三つの回折格子は 0.633 m 間隔で，互いに格子が平行（$<10^{-3}$ rad）になるように設置された．

1 番目の回折格子の 0 次と 1 次の回折ビームを 2 番目の回折格子に入射させる．回折角は 4×10^{-5} 程度であるので，二つのビームの間隔はおよそ $25\ \mu\text{m}$ である．ビームの幅が $30\ \mu\text{m}$ であるので，二つのビームにかろうじて分かれたところである．入射 0 次ビームの 1 次回折成分と，入射 1 次ビームの (-1) 次回折成分は，3 番目の回折格子上で重なり干渉じまをつくる．干渉じまの間隔は，二つのビームの波数の横成分の差の逆数であるが，これは回折格子の周期にほかならない．したがって，第 3 の回折格子を横方向にずらして透過する原子数を測定することにより，モアレじまの要

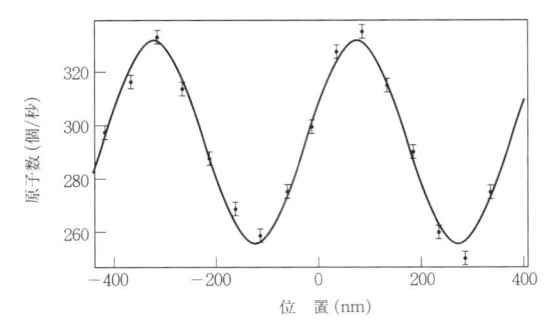

図 4.4.20 干渉じま

領で干渉パターンを見ることができる．このようにして得られた，干渉じまを図4.4.20に示す．周期400 nmの変動が見られる．理論的明瞭度は25%であるが，実験では回折格子の不完全さなどにより，13%にとどまっている．

この装置では，回折格子を1m程度離して，しかもその相対位置を正確にコントロールする必要がある．そのため，それぞれの回折格子のとなりに光用の回折格子を取り付け，光の干渉計を同時に構成し，アライメントに関する情報を得ている．

f. 光の回折格子を用いたマイケルソン干渉計

微細加工でつくられた回折格子の代わりに，光の定在波を用いることができる[19]．光を用いた回折格子は機械的なものに比べて，周期の精度がよい，位相，振幅，偏光などを簡単に変化できる，原子の内部状態に関する選択性がある，などの特徴をもっている．

4.4.6 ボース-アインシュタイン凝縮

整数スピンをもつ粒子を冷却していくと，ある臨界温度でほとんどの粒子がエネルギー最低状態を占めるようになる．このボース-アインシュタイン凝縮(BEC)[20]は自由粒子の量子的干渉効果の現れであり，粒子間の通常の相互作用によるものではない．BECは超伝導や^{4}Heの超流動として実際に観測されてはいるが，粒子間の相互作用は小さいとはいえない．そこでより理想的な状況でのBECの観測への努力が長年続けられていたが，1995年にCornellら[21]は，レーザー冷却された^{87}Rbを用いて，理想気体のBECを観測した．

BECを実現するには，ド・ブロイ波長λが平均粒子間距離より大きくならなければならない．定量的にいうと，位相空間密度$\rho_{PS}=n\lambda^3$が2.612を越える必要がある．nは数密度である．理想気体近似が成り立つような希薄な気体でこの条件を満たすため

4.4 アトムオプティクス

には原子100 nK程度まで冷やして，ド・ブロイ波長を長くする必要がある．

冷却の第一段階は，磁気光学トラップ(MOT)であるが，通常のMOTでは，励起状態原子どうしの衝突や，光散乱による斥力のために迅速に十分な密度が得られない．そこで，リポンピングビームの中心に暗部をつくり，トラップの中央では，原子が光吸収に関与しない準位に蓄積されるようにする．これはdark MOTと呼ばれる．こうして予備冷却された高密度の原子はモラセズで冷却されるが，BECの臨界位相空間密度より6桁低い状態にしか達しない．ここから先は，スピン偏極した水素原子の冷却実験用に開発された，(四重極)磁気トラップによる蒸発冷却が用いられる．磁気トラップのポテンシャルの深さを少しずつ浅くしていくと，運動エネルギーの大きい原子が先にトラップから逃げていく．そして，残った原子集団の温度はしだいに下がっていく．トラップの磁場を小さくすると，ポテンシャルは浅くなるが，同時にトラップのサイズが大きくなってしまい，位相空間密度を上げることができない．そこで，rf磁場を用いた蒸発法が用いられる．まずトラップ外周の原子に共鳴するrf磁場を加えると，その部分にある高いエネルギーの原子のスピンは反転し，トラップされなくなる．rf磁場の周波数を徐々に下げていくと，ポテンシャルを浅くしていくのと同様の効果が得られる．トラップ周辺にある高いエネルギーの原子を徐々にはがしていくこの方法は，「rfメス」と名づけられた．

磁気トラップが働くためには，原子のスピン方向が局所磁場の方向に断熱的に追従する必要がある．しかし，トラップの中心では，磁場の値がゼロでしかも，その方向が反転しており，断熱条件が満足されない．したがって，せっかくトラップされた原子はトラップ中心の穴から漏れてしまう．この穴をふさぐために，トラップ軸に直交する回転磁場が加えられる．時間平均したポテンシャルの底はなめらかになり，原子がそこから漏れることはなくなる．

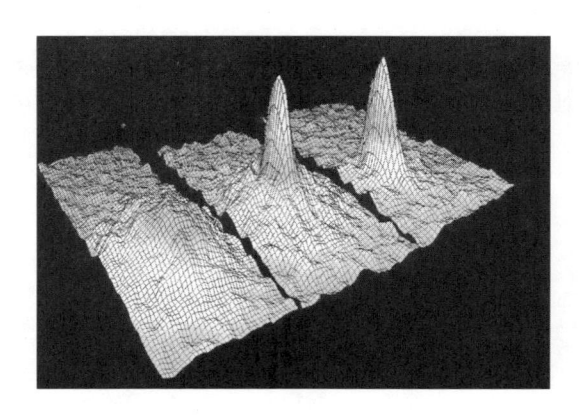

図4.4.21 ボース-アインシュタイン凝縮[21]

このようにしてようやく得られた凝縮体を可視化したのが図4.4.21である．トラップの磁場を切り，60 ms自由膨張させた後の原子分布を光吸収を用いてマッピングしたものである．凝縮が起きていない場合の分布がなだらかで等方的なのに対し，凝縮している場合は，分布が鋭く，またトラップポテンシャルの楕円形状を反映した形になっている．

ボース凝縮体はオーダーパラメーターという巨視的な量 $\Psi(r, t)$ で記述される．そして，Ψ は粒子間の相互作用を取り入れた非線形波動方程式（グロス-ピタエブスキー (Gross-Pitaevskii) 方程式）

$$i\hbar\frac{\partial}{\partial t}\Psi(r, t) = \left(-\frac{\hbar^2}{2m}\nabla^2 + V_\mathrm{ext}(r) + \frac{4\pi\hbar^2 a}{m}|\Psi(r, t)|^2\right)\Psi(r, t) \quad (4.4.47)$$

にしたがう．V_ext は閉じ込めポテンシャル，a は s-波の散乱長で，2体の相互作用を表す．

展　　望

原子光学は，生まれて間もない分野ではあるが，すでに数多くの注目すべき成果をもたらしている．原子の波動性を生かした原子波干渉計はその感度の高さを生かして，物理学のさまざまな検証実験に利用されてきたが，今後は高感度のセンサーとして工学分野でも広く使われるであろう．

光の定在波による周期ポテンシャル中の原子波は，結晶中の電子波に対応する振舞いをすることが見出されている．アトミッククリスタルと呼ばれる，この新しい物質相の応用にも期待が寄せられている．

ボース-アインシュタイン凝縮のもっとも重要な応用として期待されているのは，原子波レーザーである．ボース凝縮により，単一の量子状態に多数の原子を準備できれば，光波におけるレーザーの役割をさせることが可能になる．原子波干渉計のための高輝度の線源や，物質表面のプローブとして利用できる可能性がある．

原子光学の微細加工への応用も重要な分野である．とくに，材料原子で直接描画する原子リソグラフィーはナノオーダーの微細加工において本質的な役割を果たす可能性がある． 〔北野正雄〕

引 用 文 献

1) E. L. Raab et al.: Phys. Rev. Lett., **59** (1987) 2631-2634.
2) C. Cohen-Tannoudji and W. D. Phillips: Phys. Today, **43** (1990) 33-40.
3) F. Shimizu et al.: Atomic Physics 13, Proc. 13th Int. Conf. on Atomic Physics 1992, H. Walter et al. eds., AIP, 1993.
4) H. Ito et al.: Phys. Rev. Lett., **76** (1996) 4500-4503.
5) J. J. McClelland and M. R. Scheinfein: J. Opt. Soc. Am. B, **8** (1991) 1974-1986.

6) 森永　実他：応用物理, **65** (1996) 912-918.
7) V. I. Balykin *et al.* : *Phys. Rev. Lett.*, **60** (1988) 2137.
8) C. G. Aminoff *et al.* : *Phys. Rev. Lett.*, **71** (1993) 3083-3086.
9) T. Roach *et al.* : *Phys. Rev. Lett.*, **75** (1995) 629-632.
10) D. W. Keith *et al.* : *Phys. Rev. Lett.*, **66** (1991) 2693-2696.
11) Ch. J. Bordé : *Phys. Lett. A*, **140** (1989) 10-12.
12) M. Kasevich and S. Chu : *Appl. Phys. B*, **54** (1992) 321-331.
13) S. Bernet *et al.* : *Quantum Semiclass. Opt.*, **8** (1996) 497-509.
14) O. Carnal and J. Mlynek : *Phys. Rev. Lett.*, **66** (1991) 2689-2692.
15) F. Shimizu *et al.* : *Phys. Rev. A*, **46** (1992) R17-R20.
16) F. Riehle *et al.* : *Appl. Phys. B*, **54** (1992) 333-340.
17) 盛永篤郎：応用物理, **65** (1996) 955-958.
18) F. Riehle *et al.* : *Phys. Rev. Lett.*, **67** (1991) 177-180.
19) E. M. Rasel *et al.* : *Phys. Rev. Lett.*, **75** (1995) 2633-2637.
20) A. Griffin *et al.* (eds.) : Bose-Einstein Condensation, Cambridge Univ. Press, 1995.
21) M. H. Anderson *et al.* : *Science*, **269** (1995) 198.

さらに勉強するために

1) 清水富士夫：原子のレーザー冷却とその周辺技術, 応用物理, **60** (1991) 864-874.
2) C. S. Adams *et al.* : Atom optics, *Physics Reports*, **240** (1994) 143-210.
3) 清水富士夫：原子干渉計, 応用物理, **62** (1993) 871-880.
4) アトムオプティクス特集号, *Quantum and Semiclassical Optics*, **8** (1996) 495-753.
5) 原子冷却特集号, *J. Opt. Soc. Am. B*, **2** (November, 1985).
6) 原子冷却特集号, *J. Opt. Soc. Am. B*, **6** (November, 1989).

4.5 電子線ホログラフィー干渉顕微鏡

は じ め に

　電子線ホログラフィーは，電子と光を用いた2段階の結像法である[1]．まず電子線を物体に当て，散乱された電子波に参照波を重ねる．このとき生じる干渉模様をフィルムに撮影したものがホログラムである．散乱波の情報はすべてこのホログラムの中に記録される．ついでホログラムフィルムに光を当てると回折光が生じるが，その中に，電子の散乱波が光に姿を変えて再生される．電子の波面が，そっくり光の波面として再現し，3次元像が結ばれるのである．100 kV に加速した電子線の波長は，原子の 1/100 と大変短いが，それが十万倍もの光の波長に拡大されて，相似形の波面が生じるのである．

　レンズも使わずに像が結ばれるのは不思議に思えるが，ホログラフィーでは，波の基本的な性質だけを利用する．このため，レンズの代わりに"干渉性のよい波"が必要となる．事実，電子線ホログラフィーは 1979 年干渉性のよい電界放出電子線[2]が開発されて，ようやく実用の域に足を踏み入れることになる．電子の像が，そっくり光に置き換わってしまえば，ことは簡単である．光学画像処理技術を利用することができるので，電子顕微鏡の中では不可能だったことも新たに可能性が生じる．

　1948 年に Gabor がホログラフィーを発明したときのねらいは，電子顕微鏡の対物レンズの収差を光学再生段階で補正して，電子顕微鏡の分解能の壁を破ることにあった[1]．電子顕微鏡には凸レンズしかないため，光学顕微鏡のように凹凸レンズを組み合わせて収差を打ち消すことができないのである．この目的は現在でも追究され研究が進められているが，最近になって Gabor が予測もしなかった新しい展開が開かれた．電子線の位相を観察する"干渉顕微鏡法"である[3]．この手法により，物体を透過・散乱した電子線の位相が 1/100 波長に至る精度で測定できるようになり，ミクロの電磁場などが直接観察可能になったのである．

4.5.1 干渉性のよい電子線（電界放出電子線）

　ホログラフィーの原理が発明されたのは 1948 年だが，ホログラフィーの真価が認められるには，1962 年の干渉性のよいレーザー光の発明を待たなければならない[4]．

以来，レーザーホログラフィーが急激な発展を遂げることになる．

電子線ホログラフィーも事情は同じである．1968年，筆者らは電子線でつくったホログラムから鮮明な再生像が得られることを示すことができた[5]．そして，この実験がきっかけになって電子線ホログラフィーの実験や理論が行われるようになった[3]．だが，実験は電子線ホログラフィーの基本的な結像性能の研究にとどまり，それを脱することはできなかった．

レーザーのような干渉性のよい電子線がなければ，これ以上の発展はないことがはっきりした．筆者らは1968年から干渉性のよい電子線の開発に着手し，10年後の1978年になって，やっと従来よりも桁違いに干渉性能のよい電界放出電子線を得ることができた[2]．従来の電子顕微鏡では，電子線には熱電子が利用されてきた．この電子線では，干渉じまを蛍光板上でじかに見ることができないうえ，長時間露光をしてフィルムに撮影しても，たかだか300の干渉じまを観察するのがやっとであった．

1968年にCreweによって走査型電子顕微鏡の電子銃として実用化された電界放出電子線[6]は，干渉性のよい電子線としても期待がもたれ，いくつもの開発プロジェクトが世界中で計画されたが，すぐには実現できなかった．筆者らが1979年に開発した電界放出型電子顕微鏡によって，干渉じまが蛍光板上でじかに見えるようになり，干渉じまの本数は1000本のオーダーにまで達した．こうして，電子線ホログラフィーは，ようやく実用レベルに達することになる．

4.5.2　電子線ホログラフィー

干渉性のよい電子線の登場によって，電子線ホログラフィーのさまざまな新しい応用が開かれることになった[3]．

電子線ホログラフィーを一言でいうと，"電子線でホログラムを作製し，光で像を再生する2段階の結像法"となる（図4.5.1）．像再生は，かならずしもレーザー光を用いる必要はない．現像処理のプロセスを省いたり，リアルタイム観察を行うために，計算機を使って像再生を行う方法も開発されている．

a. ホログラム作製

物体波に参照波を重ね，その干渉パターンをフィルムに記録したものが，ホログラムである（図4.5.1）．ホログラムの作製法はいくつかに分類できる．たとえば，物体波に同じ方向から参照波を重ねてホログラムをつくる方式をin-lineホログラフィーと呼ぶ．この方式は電子線に対する干渉性の条件が緩いため，電界放出電子線の出現以前には用いられることが多かった．だが，物体が小さくなくてはならないという制約があるため，干渉性のよい電子線が得られてからは，off-axis方式が用いられることが多い（図4.5.1）．物体波と参照波の方向が異なっており，しかも物体の像面でホ

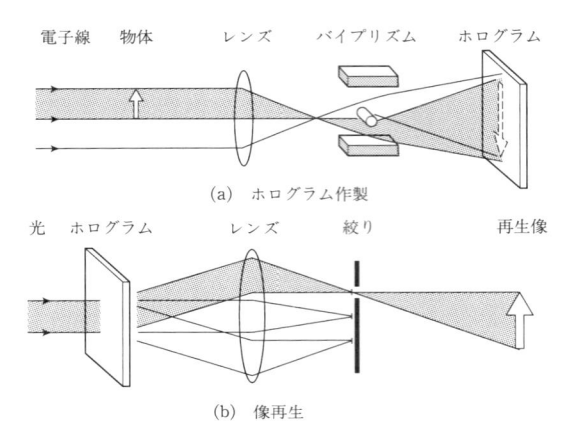

図 4.5.1 電子線ホログラフィーの原理
電子線を使って物体のホログラムを撮影し，それに光を当てると，電子の像が光の像に姿を変えて現れる．

ログラムがつくられているので，図 4.5.1(a) のホログラムは，off-axis イメージホログラムと呼ばれている．

ホログラムを作製するには，干渉計が必要になるが，通常，電子線バイプリズム[7]が用いられる．これは，中央の細いフィラメント状電極と両側の接地電極から構成されている．フィラメント電極に正の電位を印加すると，両側を通る電子線は中央に引き付けられ，後方で重なり合う．二つの電子線が可干渉だと，そこに干渉じまが生じる．バイプリズムの片方に物体を置けば，ホログラムになる．

b. 像 再 生

ホログラムに，光の参照波を当てると，回折光の中に物体波が生じる．波長が5桁も異なってはいるが，電子の波面が光の波面に拡大され，そのまま再現される．ホログラフィーでは，干渉と回折という波の基本的な性質を利用して結像が行われるが，干渉・回折現象は，つねに波長を単位として起こるので，倍率の点を除けば波長の違いは問題にならない．

この像再生プロセスは，次の二つのステップからなっていると考えることができる（図 4.5.1(b) 参照）．まず，レンズの焦点面に，像の振幅のフーリエ変換を振幅にもつ回折像が生じる．off-axis ホログラムの場合には，透過スポットのほかに，±1次の回折スポットが生じる．絞りで，1次回折スポットだけを選び出すと，レンズの像面には再度フーリエ変換が行われて像が再生される．このようにレンズの結像は，2回のフーリエ変換からなっていると考えられるが，このプロセスは数値的に計算機を使って行うことができる[8]．

またテレビカメラの画像信号を入力すると液晶パネルを位相ホログラムとして使うことができる．このパネルにレーザー光を当てれば，リアルタイムで像再生を行うことができる[9]．液晶パネルには，像観察用のホログラムとして使う以外の用途もある．パネルには任意の位相分布を与えることができるので，ピント合せや球面収差補正などの画像処理をリアルタイムでできる．

4.5.3 干渉顕微鏡法

ホログラフィーによって再生された像には，強度分布と同時に位相分布も再現されている．このため，再生段階で干渉計を組み合わせれば，位相情報を読み出すことができる．たとえば，図 4.5.2 のように，レーザーから出た光をマッハ–ツェンダー干渉計で二つの可干渉な光に分け，ホログラムに当てる．ホログラムへの入射角をうまく調整して，一方のビームで生じた再生像ともう一方のビーム（平面波）だけが観察面で重なるようにすると，干渉顕微鏡像が得られる．他のビームは絞りで遮ってしまう．この像から物体を透過した電子線の位相を読み取ることができる．

この干渉顕微鏡像から読み取れる位相の精度は高々 $2\pi/4$ である．だが，観察対象によっては，しばしば位相変化が，$2\pi/4$ よりも小さいことがある．こうした場合には，ホログラフィーならではの手法を使うことができる．位相分布を増幅することができるのである．図 4.5.2 に示した再生光学系の 2 本のビームの入射角を傾けて，一方のビームの再生像と他方のビームの共役像が観察面で重なり合うようにする．再生像と共役像の位相分布は，正負逆転しているため，これら二つの像を重ねれば，位相差が 2 倍に増幅する．

さらに高倍率の位相差増幅が必要な場合には，このプロセスを繰り返したり，高次の回折光を用いたりする．高次の回折光は，ホログラムフィルムの非線形効果によって生じるが，n 次の回折光でつくった再生像は，位相分布が n 倍になっている．現

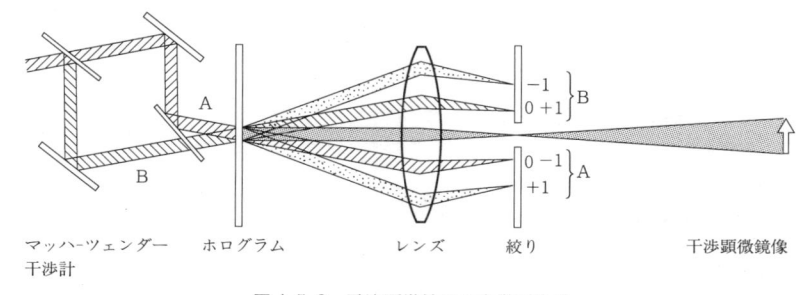

図 4.5.2 干渉顕微鏡用の光学再生系
ホログラムに A, B 2 方向から光を当て，A の再生像と B の光を重ねると，干渉顕微鏡像が得られる．A の再生像と B の共役像を重ねると，2 倍位相差増幅した干渉顕微鏡像が得られる．

在，この手法を使って1/100波長までの位相が検出できるまでに至っている[10]．
　さらに精度よく位相分布を測定する手法も開発されている．この手法では，複数のホログラムから高い位相精度の干渉顕微鏡像を再生することができる．たとえば，しま走査法と呼ばれる手法では，参照波の初期位相をわずかずつずらせながら複数枚のホログラムをつくる[11]．これを簡単に行うには，ホログラム作成時（図4.5.1(a)）に，物体への電子線の入射角をわずかずつ変化すればよい．物体にピントがあっていれば，入射電子線を傾けても像は移動しないが，干渉じまはずれることになる．このようにして得たホログラムから，計算によって位相分布を正確に求めることができる．この方法で1/200波長の精度で位相測定が行われている[11]．

4.5.4　干渉顕微鏡像から得られる情報

　「電子線の位相分布から，どのような物体の情報を引き出すことができるのだろうか？」まず，電子線が何によって物理的な影響を受けるかを考えてみよう．電子線に影響を与える大もとをたどっていくと，どんな場合であれ，すべて電磁場に至る．そして，極微の電磁場は電子線の位相に変化を与え，その強度には影響を及ぼさないことが結論できる．つまり電子線にとって電磁場は位相物体と見なすことができる．
　もっとも簡単なケースについて，考えてみよう．図4.5.3に示すように，一様な磁場や電場に平行な電子線が入射したとき，どのような位相変化が生じるかを考える．電子が電磁場の中を通過する際には，力を受け向きを変えて出ていく．電子を波と考える場合には，"波面"という概念をもち込むと考えやすい．波面は電子軌道に垂直なので，平行な入射電子線は平面波である．電磁場によって曲げられた電子線は，少し傾いているので進行方向の異なった平面波になる．

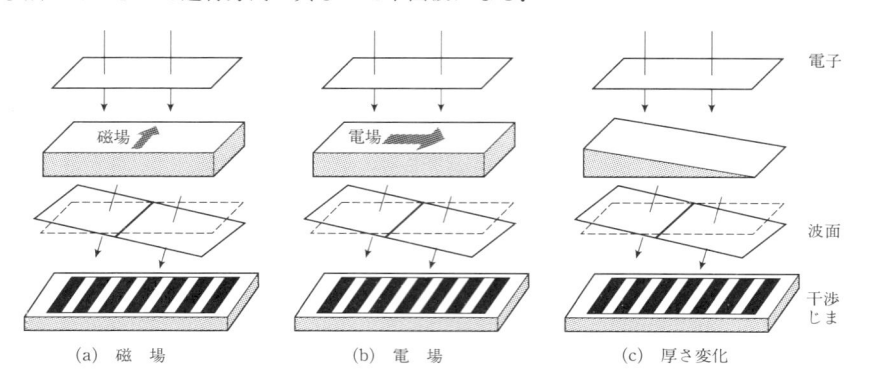

図4.5.3　干渉顕微鏡像の解釈
(a) 磁場　　(b) 電場　　(c) 厚さ変化

磁場の場合，干渉じまは磁力線を示し，電場の場合には等電位線を示す．均質な材質からなる試料では干渉じまは厚さの等高線を表す．

「結局，電子線の波面は，電磁場によってどのような変化を受けたのだろうか？」電場は等電位線を，磁場は磁力線を，それぞれ回転軸として波面を回転させたことになる．そこで，出射波面の等高線を描いてみよう．これが干渉顕微鏡像になる．波面の高さは，回転軸に沿っていれば同じなので，波面の等高線は等電位線や磁力線に一致することになる．この結論は，図4.5.2のような簡単な場合だけに成り立つのではなく，たとえ等電位線や磁力線が曲がりくねっていても成り立つことが証明できる．

干渉顕微鏡像では，電子線の波長間隔で等高線が描かれる．とくに磁場の場合にはとなり合う等高線の間には，$h/e=4.1\times10^{-15}$ Wb という一定の微小磁束が流れることになる[12]．われわれは磁力線を目で見ることなどはできないので，磁性粉を使って磁力線の様子を想像するが，電子波の目で見れば，磁力線が定量的に観察できるのである．

試料中に電場や磁場がないときにも，位相変化が生じる場合がある．試料の厚さが変化している場合である．電子が物質の中に入ると，内部電位 V_0 だけ加速され，その分だけ電子線の波長が短くなる．このため，試料の厚さに比例して位相差が生じることになる．この場合，出射波面の等高線は厚さの等高線を示す（図4.5.3(c)）．

4.5.5 干渉顕微鏡法の応用

ここでは，電子線ホログラフィーによる干渉顕微鏡法の応用を紹介する．

a. 厚さ分布の観測

均一な試料を透過した電子線は，厚さに比例した位相変化を受ける．このため，干渉顕微鏡像は厚さ分布を示す．

等高線が現れる間隔は次のようにして決められる[13]．試料の屈折率 n は $n=1+V_0/(2V)$ で与えられる．ここで，V は電子線の加速電圧である．V を 100 kV, V_0 を 10〜30 V とすると，$n-1$ は $5\sim15\times10^{-5}$ になる．したがって，1波長の位相変化が生じる厚さ変化は 20〜70 nm になる．電子線の波長がきわめて短いのに，なぜ厚さの感度が低いのかと思う方もいるかもしれないが，これは屈折率が1にきわめて近いためである．光に対応させると，ちょうど空気の屈折率である．

酸化マグネシウム微粒子を観察した実例を図4.5.4に示す．電子顕微鏡像(a)では粒子の輪郭が見えるだけだが，干渉顕微鏡像(b)では，同時に厚さの分布も観察できる．もっと詳しい厚さ分布を知りたいときには，位相差増幅手法を使えばよい．2倍位相差増幅をすると（図4.5.4(c)）22 nm ごとに干渉じまが現れる．

原子的尺度で厚さを測定するには，さらに高精度で位相を測定しなければならない．位相差増幅を繰り返し 24 倍位相差増幅した結果を図4.5.5に示す．サンプルは MoS_2 の薄膜である[10]．薄膜表面は，原子的に平坦で，厚さ変化はきわめて小さく，

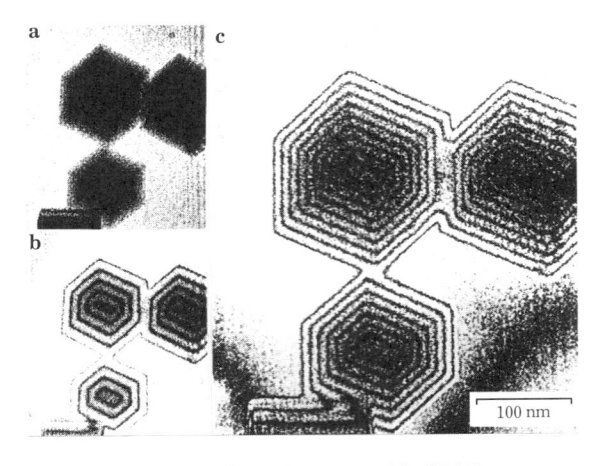

図 4.5.4 酸化マグネシウムの煙の微粒子
(a) 電子顕微鏡像, (b) 干渉顕微鏡像, (c) 干渉顕微鏡像 (位相差増幅, ×2).

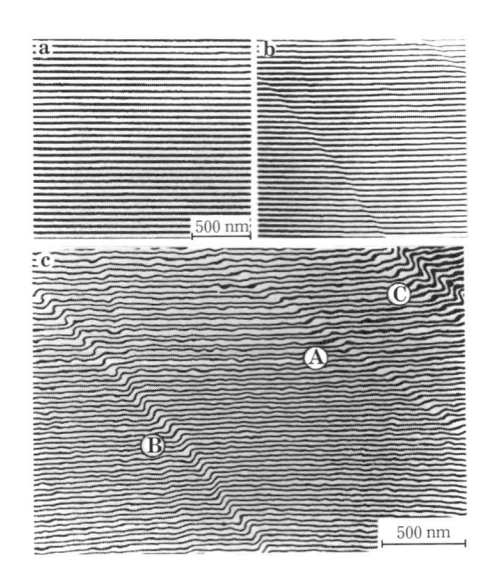

図 4.5.5 モリブデナイト薄膜
(a) 干渉顕微鏡像, (b) 干渉顕微鏡像 (位相差増幅, ×4), (c) 干渉顕微鏡像 (位相差増幅, ×24). モリブデナイト薄膜は, へき開によってつくったものなので, 原子的に平坦である. このため通常の干渉顕微鏡像 (interferogram) では観察できないが, 24倍位相差増幅すると, 単原子ステップが観察できるようになる.

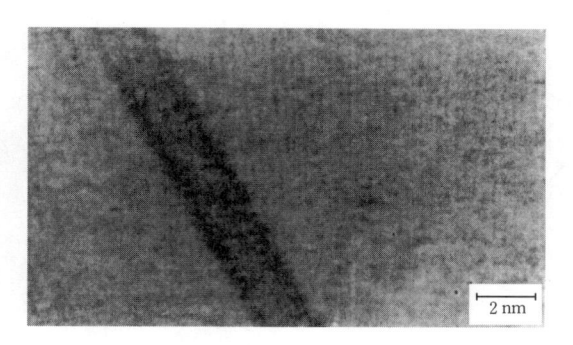

図 4.5.6 カーボンナノチューブの位相像

通常の等高干渉じまで観察しても干渉じまは1本も現れない．そこで，参照波を傾けて得た interferogram として観察する．このとき位相変化は，等間隔の干渉じまからのずれとして与えられる．位相差増幅を4倍した干渉顕微鏡像(b) で，ステップが見え始める．24倍の位相差増幅干渉顕微鏡像(c) で，はっきりとステップの様子が観察できる．図中 Ⓒ で示した 0.6 nm の単原子ステップによる厚さ変化(1/50波長の位相変化)がとらえられている．

図 4.5.6 はカーボンナノチューブの位相像である．200枚のホログラムからしま走査法によって 1/200 波長の精度で位相を検出したものである[11]．

b. 磁力線の観察

磁場を干渉顕微鏡で像観察すると，磁力線が直接定量的に観察できる．つまり，電子顕微鏡写真の上に磁束の流れが描かれるのである[12]．

Co 微粒子の実例を図 4.5.7 に示す．電子顕微鏡で観察すると，粒子内部には，何のコントラスト変化も見られないが，干渉顕微鏡像では，たくさんの干渉じまが観察できる．この干渉じまは磁力線そのものを示している．しかも，となり合う干渉じまの間には一定の磁束 h/e ($=4 \times 10^{-5}$ Wb) が流れている．微粒子の内部でスピンが回転していく様子が一目で観察できる．

電子線が試料を透過したときの位相変化は，磁場だけによるものではなく，厚さ変化によっても生じる．したがって，干渉顕微鏡の干渉じまがそのまま磁力線と解釈できるのは，厚さが均一な試料の場合である．厚さ変化のある試料の場合，この方法で磁区構造を決定することはできない．

しかし，複数のホログラムを使えば厚さ分布と磁力線分布を独立に観察できることが示された[13]．この方法では，試料への電子線の入射方向を変えたとき，電場と磁場が異なる位相変化を与える性質を利用する．つまり，試料の二つのホログラムを撮影する．一つは通常の位置で，もう一つは薄膜表面をひっくり返した位置でホログラム

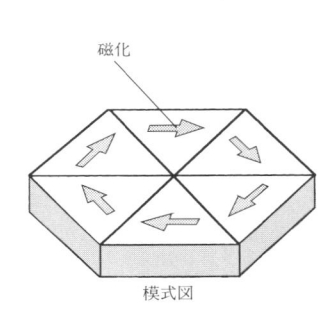

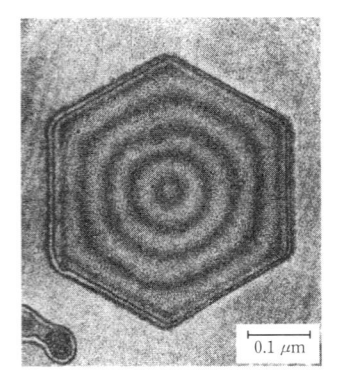

図 4.5.7　コバルト微粒子の干渉顕微鏡像

を作成する．これら，二つの配置で電場（厚さ変化）による位相変化は同じである．ところが，磁場による位相変化は逆符号をもつようになる．

　これは，電子線の位相変化 $\Delta\phi$ がどのようにして生じるかを示す式を見れば簡単にわかる．

$$\Delta\phi = \frac{1}{h}\int(m\boldsymbol{v} - e\boldsymbol{A})d\boldsymbol{s}$$

ここで，$m, e, \boldsymbol{v}$ は電子の質量，電荷，速度，$\boldsymbol{A}$ はベクトルポテンシャルを示す．積分は電子の軌道に沿って行う．

　この式から位相変化は，電場と磁場によって生じていることがわかる．つまり，電場の効果は第1項の $\boldsymbol{v}$ の中に入り，磁場の効果は第2項の $\boldsymbol{A}$ の中に含まれる．電子線を逆方向から入射したときには，$\boldsymbol{A}, \boldsymbol{v}$ がともに逆符号になるので，第1項の位相変化は不変だが，第2項は逆符号になる．

　実例を見るとわかりやすい．図 4.5.8 は3次元形状をした Co 微粒子を二つの異

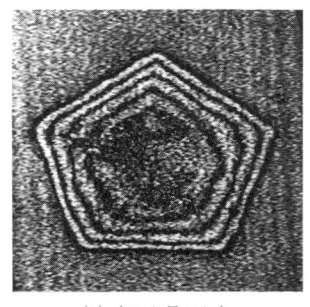

(a) 上から見たとき　　　　(b) 下から見たとき

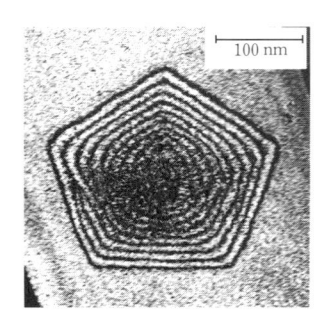

図 4.5.8　3次元コバルト微粒子の干渉顕微鏡像

(a) 厚さ分布　　　　　　　　　　　(b) 磁力線分布

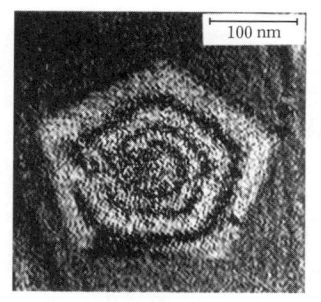

図 4.5.9　3次元コバルト微粒子の干渉顕微鏡像

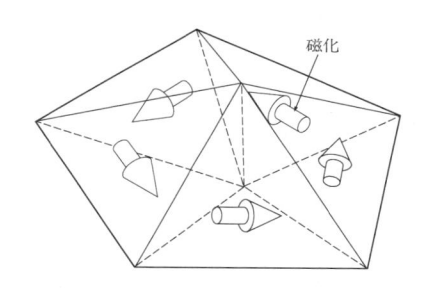

図 4.5.10　磁化分布の模式図

なった方向から見たときの干渉顕微鏡像である．同じものを透過法で上下から見ると，異なって見えるのは大変不思議に思えるが，それは磁場の効果によって生じているのである．

図 4.5.8(a) の像の位相分布を"磁場による位相変化"と"電場による位相変化"を加え合わせたものとすると，(b) の像は"電場による位相変化"から"磁場による位相変化"を差し引いたものになる．これらの位相分布をもつ二つの再生像を重ね合わせたら，どうなるだろうか．両者の位相変化の差が干渉顕微鏡像になるので，2倍増幅された"磁場による位相変化"が表示されることになる．

それでは，厚さ分布を知りたいときには，どうしたらよいだろうか．それには，ホログラフィーならではのうまい方法がある．図 4.5.8(a) の再生像に (b) の像の共役像を重ねればよい．共役像の位相分布は位相の符号がマイナスになっているので，結局のところ，二つの像の位相分布が足し合わされることになる．つまり，2倍増幅された厚さの分布が得られる．

こうして得られた厚さの等高線と磁力線を示す二つの干渉顕微鏡像を図 4.5.9(a) と (b) に示す．この結果から，この3次元微粒子の磁区構造が図 4.5.10 のように

なっていることが決定できた．粒子は五つの正四面体からできているが，その共有する辺の周りに磁化が回転しているのである．

c. 磁束量子の観察

最近になって，電子の波を使うと超伝導体中の磁束量子の姿をとらえる可能性が開かれた．

1) 磁束量子とは

磁束量子は，超伝導体中で生じる磁束の最小単位である．一定の微小磁束 $h/2e$ をもち，その形状は，直径 $0.1\,\mu m$ と非常に細い糸の形状をしている．磁束量子は，磁束，形状ともに大変小さいにもかかわらず，その挙動は超伝導体の実用化の鍵を握っている．

このため，磁束量子を観察する数多くの試みが行われてきた．たとえば，ビッター法では，超伝導体表面に磁性粉をふりかけ，磁束量子が表面に顔を出した位置に集まった磁性粉をレプリカとして電子顕微鏡で観察する[16]．この方法によって，磁束量子が格子状に並ぶ Abrikosov 格子や高温超伝導体のミクロな磁束格子の構造が明らかにされてきた．最近では，走査型トンネル顕微鏡 (STM)，微小なホール素子や SQUID を用いて磁束量子を検出する手法が競って開発されている．

電子顕微鏡を使って磁束量子を直接観察する方法も数多く提案され，実際に試みられてきた．だが，電子線が磁束量子を通過したときに受ける位相変化はわずか 1/2 波長，偏向角にしても，$1\times 10^{-5}\,\mathrm{rad}$ と非常に小さい．このため磁束量子の観察は，最近まで不可能だった．だが，干渉性のよい電子線によって，磁束量子の直接観察の可能性が開かれた．観察方法は二つに大別できる．一つは超伝導体の表面すれすれに電子線を当てて，表面から漏れ出る磁力線を観察するプロファイル法で[14]，もう一つは，超伝導体薄膜に電子線を通過させ，磁束量子そのものを観察する方法である[15]．

2) プロファイル法による観察

プロファイル法で磁束量子を観察した実例を図 4.5.11 に示す．鉛の表面から出てきた磁力線をとらえた写真である．2倍位相差増幅しているので，干渉じま 1 本が

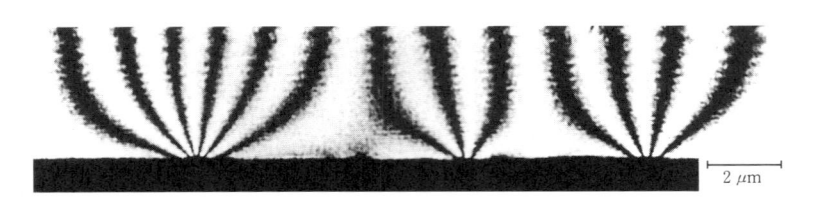

図 4.5.11　超伝導状態の鉛薄膜を突き抜ける磁力線 (位相差増幅，×2)
干渉じま 1 本は磁束量子の磁束 $h/2e$ を示す．

ちょうど磁束量子1本に対応している．鉛は第一種超伝導体に属しているので，磁場をかけると，超伝導状態が部分的に壊れる．"中間状態"である．図4.5.8はこの状態が直接観察されたものである．局所的に超伝導が破れ，そこを磁力線が通り抜けている．磁束が通り抜けた領域の周囲は超伝導体で取り囲まれているので，通り抜ける磁束の総量は磁束量子の整数倍になる．

3) 透過法による観察

プロファイル法では，超伝導体表面から外部に漏れた磁力線が定量的に観察できる．だが，この方法では，磁束量子の2次元配列や超伝導体内部の欠陥などを見ることはできない．もしそれが可能になれば，磁束ピン止めメカニズムや高温超伝導体の磁束状態などに関する未解決の問題に直接の解答を与えることになる．そうした目的のために開発されたのが，第二の透過法による磁束量子の観察法である[15]．

この方法では，通常の電子顕微鏡とは少し異なった実験配置をとる(図4.5.12)．超伝導薄膜を45°傾けて電子顕微鏡に設置し，水平に磁場を印加し，上から電子線を当てる．薄膜を水平に置くと電子線と磁束量子の磁場が平行になってしまい，電子線は磁束量子と相互作用をしない．薄膜を傾けて初めて，電子線は偏向される．

干渉顕微鏡像で観察すると，入射電子線の方向から見た磁力線が観察されるはずである．1本の磁力線だけならば，投影した磁力線を想像することは容易である．薄膜下面から侵入した磁力線が，超伝導体中を細い糸(磁束量子)の形で通り抜け，薄膜上面から出て，再び広がって一様な磁力線になる．だが，磁力線が格子状に並んでいる場合，投影した磁力線がどんな分布になるのかは，すぐには思い浮かばないかもしれない．

そこで，計算によって求めた結果を図4.5.13に示す．超伝導体中の磁束量子を出た磁力線は，外に出てそのまま平行になるのではなく，そばにある磁束量子に吸い込まれるように見える．磁力線が本当にそうなっているのではなく，投影の効果である．

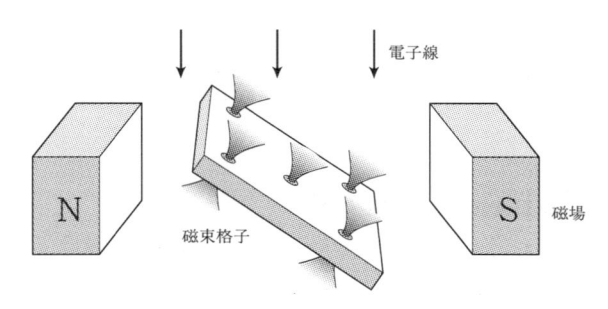

図4.5.12　透過法による磁束量子の観察方法
超伝導薄膜を傾け，水平方向に磁場をかけ，上から電子線を入射する．

図 4.5.13　電子線の方向に投影された磁力線（計算結果）

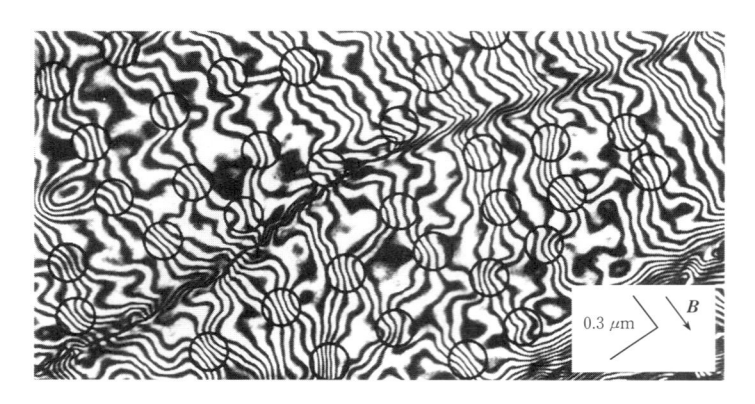

図 4.5.14　ニオブ薄膜の磁束格子の干渉顕微鏡像
干渉じまは投影された磁力線を示す．丸印が磁束量子に対応する．

実際に得られた干渉顕微鏡像を図 4.5.14 に示す．磁力線は平均して斜めの方向（B）に走っているが，丸印の領域で密になっている．ここが磁束量子である．この方法では，磁束量子の磁力線が直接しかも定量的に観察できるので，超伝導体中の温度を変えたときの磁束量子の磁場半径（磁場侵入長）の変化を直接観察できるようになった．

4)　ローレンツ顕微鏡による動的観察

磁束量子をリアルタイムで観察したいときには，干渉顕微鏡像ではなくローレンツ顕微鏡法を使うと簡単である．磁束量子は白いスポットとして観察できる．原理は簡単である（図 4.5.15）．磁束量子に入射した電子線は，わずかに偏向される．下方で観察すると，この電子線だけが横にずれることになる．このため適当な距離を選ぶ

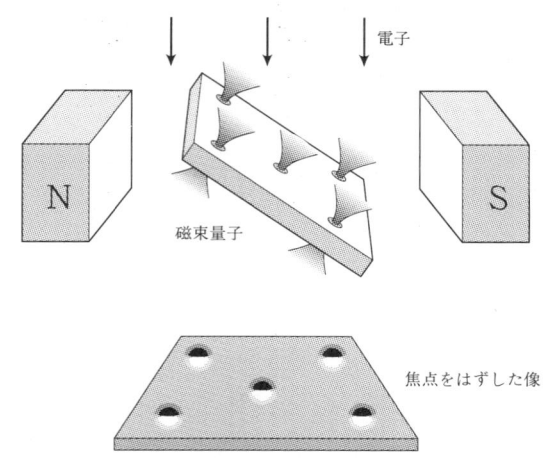

図 4.5.15 ローレンツ顕微鏡法による磁束量子の観察原理
磁束量子を透過した電子線は,ローレンツ力によって偏向されるため,下方の面で観察すると電子線がずれる.このため,磁束量子は白黒のコントラストとして観察される.

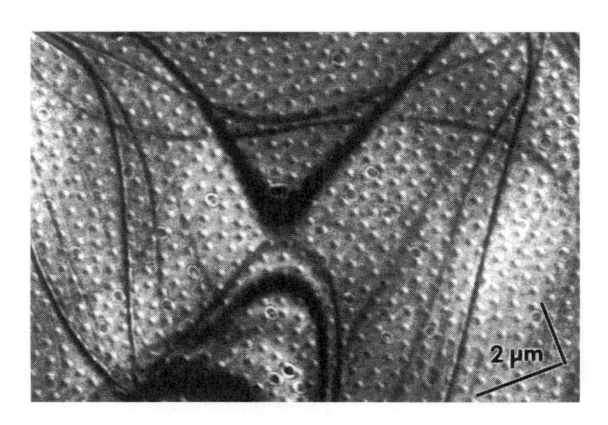

図 4.5.16 ニオブ薄膜の磁束量子のローレンツ顕微鏡像
黒いしまは入射電子線が結晶面でブラッグ反射を起こしたために,像に貢献しないために黒くなったもので,しまに沿って膜がわずかに反っていることを示す.白黒からなるスポットが磁束量子である.

と,磁束量子は白黒のペアーのコントラストとして観察できる.
　実例を見ればわかりやすい(図 4.5.16).ニオブ薄膜を 4.5 K に冷やし,100 ガウスの磁場を印加したときの磁束格子が観察できる[15].ある領域では,三角格子を組んでいる.黒いしまは等傾角干渉じまで,ブラッグ反射を起こした電子線が散乱されて像

に寄与しないために生じたもので，そのしまに沿って膜が湾曲していることを意味している．磁束量子とは無関係である．

この磁束量子は，薄膜に印加する磁場や温度を変えると，しばらく動き続ける．一例をあげる．ニオブ薄膜に印加した磁場を増加していくと，30ガウス近くで，突然磁束量子が視野に飛び込んでくる．磁場を変化させるごとに，磁束量子は2～3分間動き続けるが，安定な場所に落ち着くと静止する．磁場を増加するにつれて，磁束量子の数が増していく．100ガウス程度になると，磁束量子も密になって，ランダムな並びから三角格子を組むようになる．格子を組んでしまうと，磁束量子が一つずつ勝手に動くわけにはいかないので，1列に並んだ磁束量子がその方向に集団的に動いたりする．

急に磁場を取り除いてみる．すると，90%の磁束量子は，とたんに姿を消すが，残りは欠陥にトラップされて残っている．一見静止しているように見えるが，じっと見ていると，面白い動きをする．磁束量子は膜穴のほうに向かって，1列に並んで踏み石を渡るようにピョンピョンと飛び移っていき，膜の端から外に出ていく．これは，ピンニングセンターから熱的に励起され脱離した磁束量子が，膜の薄い方向に力を受けて移動するからである．磁束量子がつまっている内部から，外部への磁場の力で押し出す効果も手伝っている．磁束クリープといったマクロな現象が，まさに磁束量子を単位に観察できるようになったのである．

5) **高温超伝導体の観察**

高温超伝導は発見当初の期待に比べると，実用化ははかばかしくない．その原因は，磁束量子の振舞いにある．しかし，高温超伝導体中の磁束量子の振舞い，とくにその動きについてはよくわかっていない．ビッター法による観察も極低温でしか観察されていなかった．たとえば，BSCCOの場合，20ガウス印加したとき15K以上ではビッター法では観察できていなかったが，これは磁束格子が液体の分子のように融

図4.5.17 高温超伝導体BSCCO(2212)の磁束量子(4.5 K, 20 G)のローレンツ顕微鏡像

解していて動き回っているためであるという報告が出されていた[18]．

　高温超伝導体 BSCCO (2212) をローレンツ顕微鏡で観察した結果，同じ条件で，ずっと高温まで磁束量子が観察できることが判明した[19]．図4.5.17が，4.5 K で磁場を増して 20 ガウスになったときのローレンツ顕微鏡である．磁束量子の配置はランダムである．このまま温度を少しずつ上げていったとき，果たしてビッター観察の結果のように，15 K で磁束格子が融解するのか否かを調べたのである．

　温度を変えるとその直後に，確かに磁束量子は動く．だが，3分もすると平衡状態に達して静止する．40 K になっても融解しない．その代わり磁束量子は格子状に整列し始める．70 K 当たりから格子のコントラストは弱くなり，77 K で消えてしまう．このように，BSCCO の磁束格子は，これまでいわれていたように，低い温度では融解せず，臨界温度 (86 K) に近い温度 (77 K) まで格子を組んで存在していることが，ローレンツ顕微鏡を使った観察から，はっきりした．

展　　望

　干渉性のよい電子線は，超伝導体中の磁束量子をリアルタイムで観察する道を開いた．これまで，マクロにしか観測できなかった磁束クリープとか磁束ピンニングとかいった磁束量子の動きを，磁束量子の単位で見ることが可能になった．高温超伝導体は，臨界温度は高いのに，電流を流すと抵抗が生じてしまい，結局のところ極低温でしか使えない．この理由は磁束量子の挙動にかかわっていることまでもわかっている．だが，一体磁束量子がどう振る舞っているのかについては，いまだに諸説粉々としている．直接磁束量子を見る手だてがなかったためである．この手法がさらに発展し，高温超伝導体のミクロの磁気構造の解明とその実用化に役立つことが期待される．

[外村　彰]

引　用　文　献

1) D. Gabor : *Proc. R. Soc. London*, **A197** (1949) 454.
2) A. Tonomura *et al.* : *J. Electron Microsc.*, **28** (1979) 1.
3) A. Tonomura : Electron Holography, Springer, 1999.
4) E. N. Leith and J. Upatnieks : *J. Opt. Soc. Am.*, **52** (1962) 1123.
5) A. Tonomura *et al.* : *Jpn. J. Appl. Phys.*, **7** (1968) 295.
6) A. V. Crewe *et al.* : *Rev. Sci. Instrum.*, **39** (1968) 576.
7) G. Möllenstedt and H. Düker : *Naturwiss.*, **42** (1955) 41.
8) Q. Ru *et al.* : *Appl. Phys. Lett.*, **59** (1991) 2372.
9) J. Chen *et al.* : *Appl. Opt.*, **33** (1994) 1187.
10) A. Tonomura *et al.* : *Phys. Rev. Lett.*, **54** (1985) 60.
11) Q. Ru *et al.* : *Urtramicroscopy*, **55** (1994) 209.
12) A. Tonomura *et al.* : *Phys. Rev. Lett.*, **44** (1980) 1430.
13) A. Tonomura *et al.* : *Phys. Rev. B*, **25** (1982) 6799.

14) T. Matsuda *et al.* : *Phys. Rev. Lett.*, **62** (1989) 2519.
15) K. Harada *et al.* : *Nature*, **360** (5 November, 1992) 51.
16) U. Essman and H. Träuble : *Phys. Lett.*, **A24** (1967) 526.
17) J. Bonevich *et al.* : *Phys. Rev. Lett.*, **70** (1993) 2952.
18) R. N. Kleiman *et al.* : *Phys. Rev. Lett.*, **62** (1989) 2231.
19) K. Harada *et al.* : *Phys. Rev. Lett.*, **71** (1993) 3371.

さらに勉強するために

1) 外村　彰：電子線ホログラフィーによる磁束量子ダイナミックスの観察，応用物理，**64**-3 (1994) 222-231.
2) A. Tonomura : The Quantum World Unveiled by Electron Waves, World Scientific, 1998.

4.6 走査プローブ顕微鏡

はじめに

　光や粒子ビームを用いる顕微技術は，単レンズの拡大鏡に始まり，光学顕微鏡，電子顕微鏡とその分解能を向上させてきた．結晶の周期性・対称性を利用し逆格子空間から原子の位置を求める技術は，1912年のLaueによるX線回折の発見に始まり，電子線回折などの類似の解析技術が発展した．一方，実空間での分解能は，透過型電子顕微鏡(TEM)でも，ウラニウムのような重原子を除けば，単独の原子を識別できていない．

　光学技術を用いる顕微鏡とは別に，物体表面上を探針でなぞる方式の触針式形状測定技術が工学の分野で発展していた．この技術は，1929年にスイスのSIP社が，3次元治具加工装置の付属品として測定工具を付け，これにより空間上の座標測定を可能にしたことに遡る．差動トランスを利用して，垂直方向は1nm以下の凹凸を検出できる触針式の粗さ計(たとえば，Rank Tayler Hobson社製のTalystep)も開発された．

　この触針式粗さ計は，原理的には後に述べる原子間力顕微鏡(AFM)と同じである．しかし，その力の検出感度を向上させてナノニュートンの領域で動作させ，針の走査をナノメートルの精度で行うためには，いくつかの技術的な飛躍が必要であった．

　本節では，「量子工学」の舞台であるナノメートルスケールの構造，物性を測定するための走査プローブ顕微鏡(SPM)技術の歴史，種類，動作原理，性能の限界とデータ解釈，応用について概観する．SPMを使用している方，本格的に勉強したい方のために，本節の最後に詳しい解説，文献を紹介しておくので参考にしていただきたい[1~5]．

4.6.1 走査型トンネル顕微鏡の発明

　Youngらは，1972年に固体アクチュエーターを使って探針を走査し，導電性の探針と試料間に流れる電流を検出して表面粗さを測定するSTMの原型ともいえる粗さ計を発表している．固体アクチュエーターは，電圧によって変形する圧電性をもった

素子であり，大きな変位は得られないが，電圧によって原子スケールの変形を制御できる．この装置が原子レベルの分解能を獲得するためには，装置自体の機械的，熱的に安定な設計，微小電流を検出するエレクトロニクス，圧電素子を駆動するノイズの少ない高電圧アンプ，機械的な振動を遮断する高性能の防振台などが必須であった．

Binnigらはこれらの条件を満足する装置を開発し，1981年に探針と金属試料表面の微小な間隙zを圧電素子を使って制御し，探針と試料間に電圧を印加したときに流れる電流Jが，zに対して指数関数的に変化することを実験的に示した．量子力学的効果から，ポテンシャル障壁を通して流れるトンネル電流は，

$$J \propto \exp(-2z/\lambda) \tag{4.6.1}$$

$$\lambda = \frac{\hbar}{\sqrt{2m\phi}} \tag{4.6.2}$$

に近似的に従うことが示される．ここで，$\hbar$はプランク定数，mは電子の質量，ϕは仕事関数である．探針を試料の表面，1 nm程度に近づけるにはさまざまな方法があり，STM装置を特徴づける一つの要素になっている．Binnigらは，インチワーム方式を用いたが，後に，てこやマイクロメーターを利用した機械的な方法，慣性駆動方式などが考案された．

Binnigらは，電流Jのz依存性から得られるϕが金属の仕事関数に近いことから，電子が間隙zをトンネルしていると結論した．その後，1982年にはトンネル電流を一定に保ったまま探針を走査することにより得られた金の表面などのステップの構造を，1983年にはSi(111)表面の7×7再構成構造の高分解能の実空間像を発表した．この表面測定技術を走査型トンネル顕微鏡(scanning tunneling microscope, STM)と呼んでいる．STMは，結晶の周期性などを利用しない，本当の意味で実空間における原子スケールの分解能をもった顕微鏡といえる．

いまではSTMは表面の研究にかかせない道具になっている．先に述べたSi(111)表面の7×7再構成面は長年の表面物理の謎であったが，STMによって初めてその構造が決定されたのである．従来の電子やイオンのビームを用いた分析法で得られたデータは，比較的単純なモデルで解釈されてきた．たとえばreflection high energy electron diffraction (RHEED)を用いてmolecular beam epitaxyの成長をモニターすると，原子層が1層成長する時間に対応して信号強度が減衰しながら振動する現象が見つかっていた[6]．この振動を解析して膜成長のモードが議論されており，さまざまな仮説，たとえば信号強度が最大のとき，ステップのない平坦な面ができているというモデルが提案されたりした．Stroscioらは，鉄の(001)面上に鉄を真空蒸着して結晶成長させる実験を行った[7]．Layer by layerに近いRHEED振動が観察されていても実際には完全に平坦な表面は得られていないことが明らかにされた．STM像でステップ密度が異なる表面でも同様のRHEED信号の減衰が生じている結果から，ステップよりも原子の各層からの反射による干渉の効果が減衰振動に寄与していると

結論している．このように STM は，従来の解釈に少なからぬ進展をもたらしている．

4.6.2 STM の動作原理

STM は，トンネル電流を検出して金属探針を圧電素子で機械的に走査し，表面の電子密度を原子のスケールで画像化する．図 4.6.1 に STM の動作原理を示す．STM では，さまざまな機構によって，鋭く尖らせた金属探針を導電性の試料表面に近づけて保持する．両者の間隔 z が 1 nm 程度になると，探針と試料間に印加するバイアス電圧 V によって，探針・試料間のポテンシャル障壁をトンネルする電子による電流 J が，電気回路によって検出可能な大きさ (1 pA～10 nA) になる．バイアス電圧が仕事関数より小さいとき，検出される電流をトンネル電流と呼ぶ(バイアス電圧が仕事関数より大きい場合は，電界放出と呼び区別することがある)．

このトンネル電流が一定になるように，探針・試料間の距離を圧電素子と電気回路によってフィードバック制御する．電流値を一定に保ったまま，探針を試料表面に平行に走査すると，試料表面の仕事関数が一定であると仮定すれば，探針の先端は試料表面から一定の距離を保って移動する．探針先端の位置は，圧電素子に与える信号(電圧)から読み取れるので，試料表面の異なった位置における高さの差 d が測定できる．この動作は，電流を一定に保つことから定電流モードと呼ばれる．

基本的な探針走査は，圧電素子により図 4.6.2 (a) で定めた X-Y 平面で図 4.6.2 (b) に示したようなラスタースキャンである．そのために X, Y-圧電素子に印加する電圧信号 V_x, V_y は，図 4.6.2 (c) のようになる．STM 測定においては，走査速度，走査範囲，走査位置を変更する機能などが必要である．走査範囲は倍率，走査位置は視野選択に対応する．視野は，V_x, V_y にオフセット電圧を加算することで移動できる．倍率は印加電圧 (V_x, V_y) の振幅を小さくするほど大きくなるが，最終的には

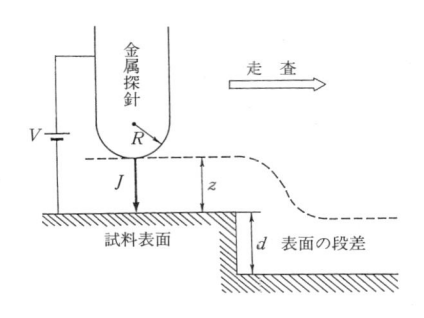

図 4.6.1 STM の動作原理
z：トンネルギャップ，J：トンネル電流，V：バイアス電圧，R：探針の先端半径．

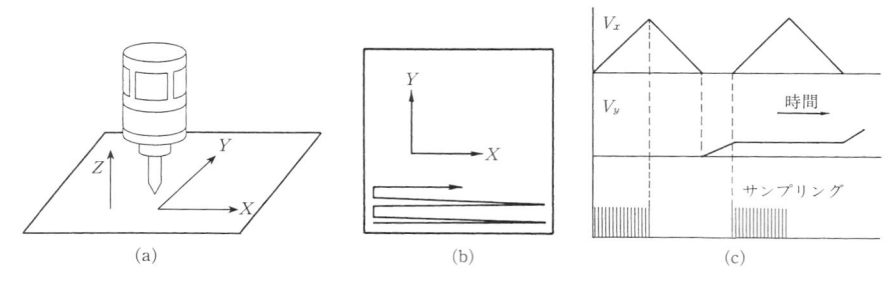

図 4.6.2 STM 測定における探針走査の説明
(a) 試料表面を X, Y, 高さ方向を Z の座標で表す. (b) X-Y 面内での探針の走査の様子. (c) X, Y 方向の変位を生じる圧電素子に印加する電圧と STM 像を取り込むサンプリングパルス.

探針先端の曲率半径, 機械・熱的ノイズなどの要因で制限される.

走査速度は, 機械的・電気的な応答速度と, 表面の凹凸の大きさで制限される. 走査速度を上げすぎると, 探針が表面の盛り上がった部分に接近して電流値が増加しても距離を調節する制御が間に合わず, 衝突して先端形状が変わって分解能が損なわれることがある. 走査速度が遅すぎても, 温度ドリフトや $1/f$ ノイズが増大して必ずしもよい像が得られない. 実験の効率を上げて短時間で 1 画面を測定するためにも, 可能な限り高速で走査する. 走査速度を上げるためのさまざまな工夫は, 時間分解能の項で説明する.

表面の周期構造を観察するときには, 外来の周期ノイズによって生じる見かけの周期構造と区別するため異なった走査速度で測定してデータの再現性を確認する必要がある.

4.6.3 STM の空間分解能

STM の分解能の理論的な説明は, Tersoff と Hamann によって定式化された. 摂動論に基づく Bardeen のトンネル電流の公式を前提とすると, STM では試料表面のフェルミエネルギー E_F での局所状態密度 $\rho(r;E_F)$ の等高線をとらえていることになる. ここで, $\rho(r;E_F)$ は試料表面から真空側の位置ベクトル r での電子の波動関数 $\psi_\nu(r)$ を用いて

$$\rho(r;E_F) = \sum_\nu |\psi_\nu|^2 \delta(E_\nu - E_F) \tag{4.6.3}$$

で与えられる. 図 4.6.1 に示すように, 探針先端を半径 R の球と仮定すると, トンネルコンダクタンス σ は,

$$\sigma \approx 0.1 R^2 \cdot \exp(2R/\lambda) \cdot \rho(r;E_F) \tag{4.6.4}$$

となる. トンネルギャップを z とすると,

$$|\phi_\nu(r)|^2 \sim \exp(-2(R+z)/\lambda) \qquad (4.6.5)$$

が得られ，式 (4.6.3)，(4.6.4) から，σ が $\exp(-2z/\lambda)$ に比例すること，すなわちトンネル電流が式 (4.6.1) に従うことが示される．

ϕ は $1\sim5\,\mathrm{eV}$ であるから，λ は $0.1\sim0.2\,\mathrm{nm}$ であり，z の $0.1\,\mathrm{nm}$ の変化に対してトンネル電流が約 1 桁変化することになる．式 (4.6.1) から，

$$\frac{dJ}{dz} = -\frac{2}{\lambda}J \qquad (4.6.6)$$

$$dz = -0.5\lambda\frac{dJ}{J} \qquad (4.6.7)$$

が導かれる．STM 測定で用いているトンネル電流値は 1 nA 程度なので，1% の精度で測定することが可能である．式 (4.6.7) において dJ/J を 0.01 とすると，z の感度 dz は 0.005λ 程度と見積もられる．λ を 0.2 nm とすれば，STM の縦方向の分解能は，1 pm に達する．横方向の分解能は，式 (4.6.5) から $\sqrt{2\lambda(R+z)}$ となることが導かれる．z は 1 nm 程度であり，R を 1 原子として 0.1 nm とすると，分解能として 0.5 nm を得る．この値では実験で得られている原子スケールの分解能は説明できないが，Tersoff と Hamann の理論では，探針は半径 R の球で近似され，探針の材質や電子状態の効果が取り入れられていないためと考えられる．

なお，表面で仕事関数が変化している場合，式 (4.6.6) から実験的に仕事関数分布を求めることができる．具体的には通常の走査と同時に z 方向に変調をかけロックインアンプで dJ/dz を測定し，式 (4.6.2) によって λ から仕事関数を計算すればよい．

金属表面における STM 像の高分解能の説明であるが，たとえば探針先端の波動関数を考慮した理論が文献 2) の 6 章に展開されている．高い横方向の分解能 (0.3 nm 以下) には，局在した金属の d 電子が寄与していることを示唆している．タングステンの探針を作製する場合，先端に一つの原子が存在するときにもっとも安定な面は，(1 1 1) といわれている．一般にタングステンワイヤーの切断面には (1 0 0) 方位が現れるので，安定な探針を作製するため，(1 1 1) 面の出る単結晶ワイヤーを用いることもある．また，タングステンではクラスターモデルを用いた電子状態の計算や，STM 像のシミュレーションがなされており，探針先端の原子の電子軌道がトンネルに寄与する機構の解明が進んでいる[8]．

4.6.4 STM の時間分解能

一般に「走査型」顕微鏡では，1 画面の取込みに時間がかかる．とくに機械的に探針を走査する STM に高い時間分解能を求めることは無理があるが，それにもかかわらず STM により表面の動的な過程を測定する試みがいくつも報告されている．たと

えば，Suzukiらは，高温のSTMを用いて，730℃でSi(111)表面の相転移を1画面16秒で連続して観察した[9]．Ganzらは，Ge(111)表面のPb原子の拡散を2〜4分間隔で観察して拡散の励起エネルギーを求めている[10]．同様に，Si(111)7×7の上のPb原子の拡散によるクラスター形成を1画面25秒で[11]，またRu(0001)面の上に吸着した窒素原子を1画面12.5秒で[12]，観察した結果が報告されている．通常のSTMの走査技術を用いた時間分解能の限界は数秒程度であろう．

　平坦な表面の場合，制御が追随しないような高速で走査し，表面の凹凸による電流の変動を像として記録する可変電流モードが可能になる．可変電流モードでは，探針は表面の細かい凹凸には反応しないで傾きなどの平均化した形状にのみ制御がかけられる．実際には，表面における緩やかなうねりや測定中の遅い温度変化によるドリフトに対して，トンネル電流を平均的には保たれる程度の遅いフィードバック制御をかける．制御の時定数は遅くても，細かい形状は電流の変化としてI-V変換器のバンド幅上限で決まる速度で映像化することができる．このモードは平坦な表面で原子スケールの観察を行うのに有効である．このモードにするには，制御のゲインを下げて走査速度を上げ，画像信号をトンネル電流に切り換えればよい．制御の速度は機械的な要因で制限されるから，トンネル電流を一定に保つことができないほど速い走査を行っても，探針が表面構造に衝突しなければ，可変電流モードの像が得られる．したがって，可変電流モードを用いることにより，微細な表面構造の高速STM測定が可能になる．

　表面で拡散する粒子を追いかけるトラッキング走査法は，実質的な走査速度を上げるための工夫である．Swartzentruberは，Si(001)表面のダイマー列に沿って運動するアドダイマーをトラッキングSTMで観察した[13]．X, Y-PZTに通常の走査信号に加えて微小な振動を与える．振動の周期に伴うトンネル電流の変化をロックインアンプで検出して，トンネル電流が増加する方向に探針の位置を移動させる面内の位置制御装置(atom tracker)が使用された．

　X, Yにかける変調振動の周波数をずらし，2台のロックインアンプを使用すると，表面を自由に拡散する原子を追いかけることも可能になる(図4.6.3)．表面にはいく

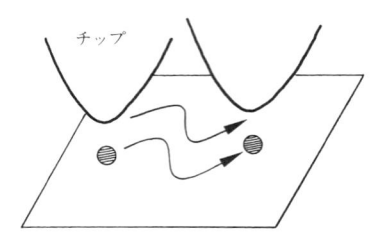

図4.6.3 トラッキングSTMの動作
探針は原子の動きを追いかける．

つかの原子がとどまりやすいサイトがあり，原子はそのサイト間を飛び移るというような場合も多い．一つのサイトの滞在時間が数秒以下になると，通常のSTM観察では走査の途中で原子の位置が変化することになり，正確な滞在時間を求めることができない．しかし，その原子の移動に伴って位置を検出する方法ならば，画面走査をする必要がなく，従来のSTMの百倍程度の時間分解能(25 ms)で原子の移動した位置，各サイトでの滞在時間を求めることができる．

パルスレーザーなどを用いてナノ秒，ピコ秒の時間分解能を得ているという報告もいくつかあるが，これら技術は繰返しを利用して時間差を位相差として検出しているのであり，単発的，不規則な現象は測定できない．

4.6.5 STM の 特 徴

STMにおける探針先端と試料表面の間げき（トンネルギャップ）は，約1nmと見積もられている．従来の電子顕微鏡の動作環境は，電子の平均自由行程を長くするため真空であることが要請されるが，STMのトンネルギャップ内に気体，溶液などの分子が存在してポテンシャル形状が変化しても，電子のトンネルは妨げられない．そのためSTMは，真空中のみならず大気中・水中でも動作することが確かめられており，従来の電子顕微鏡にない大きな特徴となっている．

STMのもう一つの特徴は，試料損傷が小さいことである．通常のSTMの測定条件（トンネル電流1 nA，バイアス電圧1 V程度）では，消費されるパワーはきわめて小さい．電流は原子スケールの面積に集中して流れるためパワー密度は大きくなるが，パワーは電子の平均自由行程程度の範囲で消費されるため，温度上昇は無視できる程度になる．逆に，高いバイアス電圧を印加することにより表面を変質させ，表面の微細加工に利用する研究が行われている．たとえば，Lydingらは水素終端したSi表面をSTMの探針から高い電圧を加えることで局所的に酸化させてパターンニングを行っていた．Si表面を通常の水素ではなく「重水素」で処理すると，酸化する電圧しきい値が上昇する同位体効果を見出した[14]．さらに，重水素で表面処理をした半導体デバイスをつくり耐久試験をした結果，デバイスの寿命が延びる効果があった．工業的には水素と重水素の入れ換えには装置の変更が必要ないので容易であり，この工夫が実用化されれば，重水素の消費量が3倍になるとLydingは予想している．STMを用いた基礎研究からこのように産業界にインパクトを与える成果が生まれているのである．

STMの装置構成を用いて，局所的な電子分光(I-V測定)が可能である．従来のトンネル分光(tunneling spectroscopy, TS)は，電極間にさまざまな試料物質を載せた絶縁膜（おもに酸化膜）をはさんでなされてきた．STMで表面形状を測定しながら時間分割して電流-電圧(I-V)測定を行うことにより，原子スケールの空間分解能を

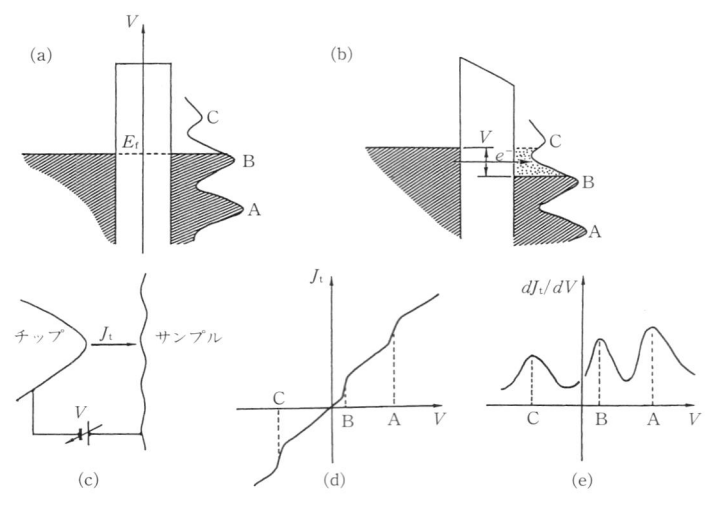

図 4.6.4 STS の原理

もつ走査型トンネル分光法 (scanning tunneling spectroscopy, STS) が実現できる．図 4.6.4 に STS の原理を模式的に示す．探針側の状態密度は一定と仮定している．STM の定電流モードでの測定中に，探針位置の走査と制御を短時間中断して空間的に固定し，その間に探針に印加するバイアス電圧を変化させることにより，トンネル電流の流れている部分の局所的な I-V 特性を得る (図 4.6.4(d))．その電流値は，試料のバンド構造の図 4.6.4(b) の点線部分の面積に比例する．得られた I-V 特性を微分することにより図 4.6.4(e) のように試料のバンド構造が得られる．したがって，原子の種類や結合状態などによって変化するバンド構造や電子状態の変化を，STM による表面形状と同時に測定できる．

SSHM (scanning surface harmonic microscopy) あるいはマイクロウエーブ STM は，物質の非線形性を検出する手法である．トンネルギャップの電流-電圧 (I-V) 特性には，ギャップの両側の物質に由来する非線形性が現れる．ギャップに AC 電圧を印加すると，この非線形性によって高調波が発生する．AC 電圧の周波数としてギガヘルツ領域のマイクロウエーブを使用するとキロヘルツでサンプルする間に I-V 曲線は 10^6 回程度の平均化が行われることになる．従来の STS の手法では，各測定点で 10 ms かけて I-V 曲線を記録していたが，再現性が得られず測定に時間がかかるという問題があった．マイクロウエーブ STM では，I-V 曲線の一部の曲率に対応する信号を記録するのだが，速度，再現性の点で従来型の STS と相補的な役割を果たすことが期待される．金やグラファイトと比較して Si 表面では高調波発生の効率が高い．これは，トンネルギャップの抵抗による非線形性ではなく容量の非線形性が

原因になっていると考えられる．Si 表面でDC バイアス電圧を変化させながら，2次，3次の高調波の強度を測定したところ，ドーピングに依存してピーク位置が変化した．この原理を利用した dopant profiling が報告されている[15]．

試料のバンド構造だけでなく，表面に吸着した物質もトンネル電流に影響を及ぼす．吸着分子の双極子モーメントとトンネル電子の相互作用により生じる非弾性トンネル現象や吸着分子の軌道を介しての共鳴トンネル現象などによって固有のスペクトルを示す．Stipe らは，Cu(100) 表面に吸着したアセチレン分子を STM で観察し，単一分子の振動スペクトルを測定した[16]．バルクでは導電性をもたない有機分子も安定な薄い吸着層を形成するとここに述べたような機構でトンネル電子に影響を与え，画像化されることがある．STS によって得られたスペクトルは，吸着物質の種類を見分ける有力な手がかりになるが，吸着物質に STS を適用した例はまだ少なく，分子の情報を定量的に得るための努力がなされている．

コンピューターによって処理された美しい STM 像を見ているとあたかも「原子」を直接観察しているような錯覚におちいることがある．実際には，試料表面の電子状態を画像化しているのであり，電子の密度が高い部分に原子が存在している保証はない．電荷密度波 (CDW) のように原子間隔よりも長い周期で表れる電子密度の変調が STM により観察される（文献[3] の 8 章に Coleman らによる詳しい解説と CDW の美しい STM 像が載っているので参照のこと）．グラファイトや金のような単純な試料でも，ステップや点欠陥によって電子波の反射が起こり，その干渉による長周期構造が観察される．また，長周期構造は層状化合物の層間のずれによるモアレじまで説明されることもある．これらの長周期構造が吸着物質のつくる特殊な構造と混同されて STM 像の解釈における問題となることもある[17,18]．

4.6.6 SPM ファミリー

STM は，その応用分野を広げ，新たな物理情報を測定するために多数の顕微技術が派生している．それらを総称して SPM (scanning probe microscopy) というが，SXM (X はさまざまな相互作用を表す)，mechanical probe methods と呼ばれることもある．その例を表 4.6.1 に示す．AFM, FFM, MFM, SHPM, SP-STM については後述する．SPM のうち，とくに力を検出する AFM のバリエーションを force microscopy あるいは SFM (scanning force microscopy) と呼ぶことがある．

半導体のヘテロ構造，とくに GaAs/AlGaAs, GaInAs/InP などの超格子量子井戸構造では，ギャップの異なる物質が原子数層の間に入れ換わる必要がある．その界面の粗さは，超高真空中でへき開した面を STM で観察する XSTM で評価されている．装置的には探針の位置を超格子の部分に調節する機構と $I\text{-}V$ 測定によってギャップの大きさを評価する機能が重要である．

表 4.6.1 SPM の例

略　称	名　称	備　考
STM	scanning tunneling microscopy	トンネル電流
STS	scanning tunneling spectroscopy	トンネル電子分光
SSHM	scanning surface harmonic microscopy	非線形による高調波
AFM	atomic force microscopy	原子間力
FFM	friction force microscopy	摩擦力，LFM ともいう
MFM	magnetic force microscopy	磁力，磁性体の評価
SHPM	scanning Hall probe microscopy	ホール素子による磁場分布測定
SP-STM	spin-polarized scanning tunneling microscopy	スピン偏極トンネル現象
XSTM	cross-sectional scanning tunneling microscopy	半導体超格子の断面
BEEM	balistic electron emission microscopy	金属-半導体界面
SMM	scanning Maxwell stress microscopy	マクスウェル応力（クーロン力）
SCaM	scanning capacitance microscopy	静電容量
PSTM	photon scanning tunneling microscopy	透明な試料
SNOM	scanning near-field optical microscopy	近接場を利用，NSOM ともいう
STP	scanning tunneling potentiometry	表面電位分布
SCPM	scanning chemical potential microscopy	熱起電力の分布
SThP	scanning thermal profiler	熱電対の探針，温度分布
SICM	scanning ion-conductance microscopy	膜表面からのイオン電流

　半導体の表面を金属の薄膜（10 nm）によって覆った構造の場合，SPM の手法によって，表面だけでなく 1 層下の情報を得ることも可能になる．このような構造の電気的な特性は，半導体素子の性能に重要な影響を及ぼす．金属-半導体の界面にはショットキーバリヤーが生じるが，平均的なバリヤー特性は従来の手法で測定できる．デバイスの微細化に伴ってナノメートルスケールでバリヤーの局所的な特性のばらつきを知る必要がある．BEEM は，探針から金属薄膜に流れる電流と同時に，探針から金属膜の中を散乱されずに通過して半導体に到達した電子による電流を測定する．後者には，金属膜の中で面方向に大きな運動量をもつ電子は，金属-半導体界面で反射されるため，垂直方向の電子のみが寄与するので，高い横方向の分解能が得られる．文献[3]の 7 章に開発者 Bell らによる BEEM の詳しい解説がある．

　以下に表 4.6.1 の残りの手法を簡単に説明する．SMM は，導電性の探針と導電性の基板の間に周波数 ω の交流電圧をかけ，表面に誘起された電荷によるクーロン力 $(\omega, 2\omega)$ を検出する．基板上に吸着した物質の表面電位，誘電分散が測定できる．SCaM は，探針と試料間の静電容量を測定して表面との距離を検出する．PSTM は，光学材料の表面に光ファイバーの探針を近づけ，透明な光学材料の表面からの光子のトンネル現象を利用して距離を検出する．グラスファイバーの探針先端の形状が十分に制御できれば，分解能が向上すると思われる．SNOM は，光の近接場を利用し，波長の 20 分の 1 程度の分解能が得られる．試料は透明である必要はないが，探針は

先端の開口部を除いて金属を蒸着した透明な材料を用いる.先端の開口径が 10 nm 程度で,分解能 50 nm が得られている.STP は,薄膜の表面形状と同時に面内での電位分布を測定する.SCPM は,表面と探針が熱電対を形成し,発生する熱起電力の分布を測定する.SThP は,探針が微小な熱電対になっていて表面の温度分布を測定する.SICM は,イオン電流を用いて表面形状やイオンチャネルの分布を測定する手法である.

このほか,溶液中で電気化学反応を制御しながら STM,AFM 測定を行う装置が開発されている.日本では新技術事業団板谷固液界面プロジェクト (1992-1997) により,ポテンシャルを制御して表面へ吸着させた原子の原子分解能その場 STM 観察,溶液から超高真空へ試料を受け渡すユニークな装置などすぐれた成果が得られている[19].

トンネル電子による発光,逆に光照射による影響,SNOM などで検出した光の分光など,光とトンネル現象を組み合わせた研究も多い.導電性のカンチレバーを用いて AFM と STM を同時に行うといった複数の SPM 法を組み合わせた研究も進んでいる.

4.6.7 AFM と FFM

SPM の中でももっとも応用範囲が広く,普及が進んでいるのが AFM である.この項の最初に触針式粗さ計の感度と精度を向上させたものが,AFM であると書いた.精度は STM に用いられた圧電素子を採用することによって原子スケールの走査が可能になった.力の検出感度のブレークスルーも最初は STM の感度を利用したものであった.片持ち梁(カンチレバー)の自由端側に探針を固定し,探針のついている裏側からカンチレバーの変位 s を測定すると,カンチレバーのばね定数 k のとき,探針にかかっている力 F は,

$$F = k \cdot s \tag{4.6.8}$$

である.カンチレバーに金属の薄板を用いて裏面に STM の探針を配して変位を高感度で検出すると,原子数個が相互作用する力まで検出できることが示された.この構成では,STM の横方向の分解能は利用されていないが,それでも STM は探針の位置合せや温度ドリフトによる安定性など取扱いが難しい.縦方向だけならば,光を用いて同様の感度がより扱いやすい装置で測定できるので,変位の検出部分は光学的な装置で置き換えられた.光学的な変位の測定方法は,大きく分けて 2 通りある.一つは光てこ方式であり,AFM 測定の主流になっている.検出器を 4 分割にして横方向の力(通常,摩擦力と呼ばれている)も同時に測定できる利点がある.図 4.6.5 にたわみとねじれを測定する原理を示す.4 個のホトダイオードの出力をそれぞれ A, B, C, D とする.力がかかっていないとき,カンチレバーの裏面で反射されたレーザー

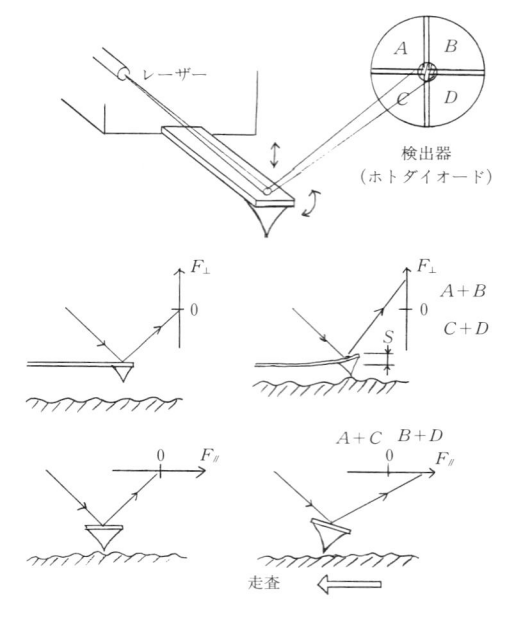

図 4.6.5 4分割ホトダイオードによる力の検出
検出器の四つの部分 A, B, C, D の出力の組合せで,カンチレバーの縦方向の変位とねじれを分離して検出できる.

光のスポットは,検出器の中心,A, B, C, D の信号が等しくなる位置に当たるように調整する.探針は試料の走査に伴って横方向の力を受けるので,カンチレバーには z 方向のたわみと同時にねじれが生じる.たわみとねじれに対応する距離だけレーザースポットは中心からずれるので,検出器の信号強度に差が生じる.縦方向の力と $F_\perp$ と横方向の力 $F_{//}$ は,各信号の組合せによって

$$F_\perp \propto (A+B)-(C+D) \tag{4.6.9}$$

$$F_{//} \propto (B+D)-(A+C) \tag{4.6.10}$$

として求められる.形状の効果によるカンチレバーのねじれは,往復のねじれ信号の差をとることによって分離することができる[20].μm のレベルでは,検出された信号はバルクの試料の摩擦力と定性的に一致しているので,この手法は FFM と呼ばれることが多い.原子スケールでの摩擦力の解釈はまだ確立していないが,後で述べるように,カンチレバーの自由度によって探針がポテンシャルの谷間を通る効果が生じるようだ.摩擦とは断定できない場合もあるので LFM (lateral force microscopy) という名称を用いる場合もある.AFM で測定した表面の物質の識別に有用である.

図 4.6.6 は,polystyrene (PS) と polymethylmethacrylate (PMMA) の 2 成分の

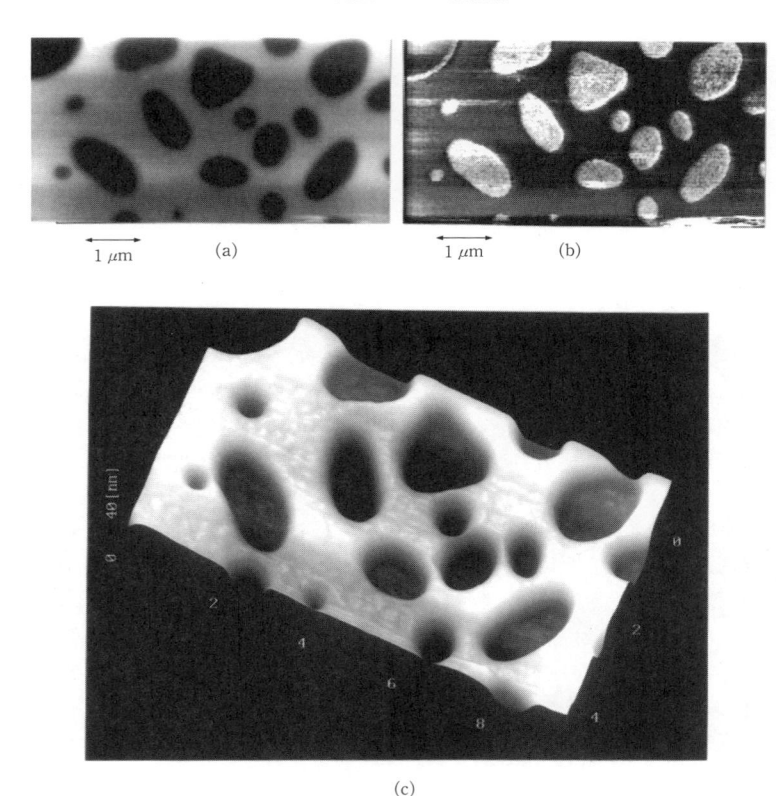

図 4.6.6
(a) 相分離した PS/PMMA コポリマーの AFM 像. PS と PMMA の部分が異なった高さのドメインをつくっている. 高さの差 $\Delta z = 46$ nm. 測定は, 力を反発力で 0.3 nN に設定し, 40 μm/s で走査した. (b) (a) と同時に測定した摩擦力の分布. 二つの部分での横方向の力の差は, 1.6 nN と見積もられている. バルクの摩擦係数などから, 高い部分が PMMA, 低い部分が PS と考えられる. (c) (a) のデータを 3 次元的に表示した像.

高分子膜を熱処理して相分離させた構造を AFM/FFM で測定した一例である[21]. AFM 像 (図 4.6.6 (a)) は, 測定された表面の高さ z の信号を高い部分を白く, 低い部分を黒くなるよう濃淡表示したものである. これから表面が高さの異なるドメインに分離していることがわかる. FFM 像 (図 4.6.6 (b)) は, 横方向の力 $F_{//}$ の大きさを濃淡表示したもので, それぞれのドメイン上で $F_{//}$ が異なることを示している. PS と PMMA のバルクの摩擦係数を比較すると, PS のほうが大きい. ミクロのスケールでも摩擦力の大小が変わらないとすると, $F_{//}$ が大きい部分が PS であると結論できる. 図 4.6.6 (c) は, AFM 像を立体的に表示した例である. 従来は, 高分子を混

合した表面は,表面エネルギーの小さい成分によって覆われていると考えられていたが,SPM を用いることにより表面相分離の研究が始まったといえる.この例でも明らかであるが,観察している場所にじかにアクセスしてさまざまな物理量を測定できるのが SPM の大きな特徴なのである.

カンチレバーの変位を光学的に検出するもう一つの方法は,干渉法である.1本の光ファイバーで構成できるので,真空中の AFM 装置に用いられることが多い.変位量が光の波長で決まるので正確だが,波長の 1/4 程度の線形な検出範囲(100 nm 以下)を越えると出力が距離と比例しなくなり,取扱いが難しい.位置合せの微妙さには差があるものの,STM,光学的手法のどちらも,小さなカンチレバーの裏面に探針あるいは光が当たるよう位置を調整しなければならない.カンチレバーの交換・調整を自動で行う製品も開発されているが,位置合せの必要がないピエゾ抵抗式カンチレバーも現れた.これは,レバーの中に特殊な材料の電気抵抗を組み込み,たわみによる抵抗変化を電気的に検出するものである.感度,発熱など問題はあるが,微細加工の分野で多数の AFM を同時に動かす計画が進んでおり,個々のカンチレバーに検出装置,駆動機構を組み込んだ装置が開発されている.また,レバーの背面に電極を設けて静電容量で変位を測定するカンチレバーも開発されている.変位の測定だけでなく,静電気力でカンチレバーを駆動することもできる.

柔らかいカンチレバーの問題点として,アプローチの際に急激に表面に引き寄せられるというジャンプインコンタクトと呼ばれる現象がある.試料を十分に離れた地点から探針に近づけて相互作用させ,再び離したときのカンチレバーのたわみ s の軌跡をフォースカーブと呼ぶ.図 4.6.7 に大気中で測定される典型的なフォースカーブを

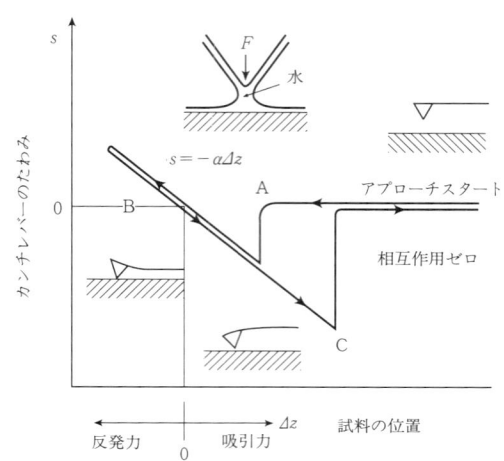

図 4.6.7 試料表面に近づいたときのカンチレバーの変位
便宜上,吸引力と反発力の境界で s がゼロになる点を Δz のゼロ点とした.

模式的に示す．横軸 $\varDelta z$ は試料の位置で，右側の両者が十分に離れて相互作用がない状態を正にとり，吸着力で接触してから反発力にかわる際 s がゼロになる点を便宜上 $\varDelta z = 0$ とおいた．A 点がジャンプインコンタクトで探針は試料表面と接触するが，これは，試料表面と探針の間に吸引力が働く距離があり，そのポテンシャルがカンチレバーのばね定数よりも強い距離依存性をもつ領域ではレバーを安定に制御できなくなるのである．このため，力の検出感度を向上させるためにカンチレバーのばね定数を弱くするには限界がある．この問題を解決するためにカンチレバーのたわみを静電力や磁気力で力のフィードバック制御を行い，ゼロ点検出する試みが研究されている[22]．

図 4.6.7 の B で示した領域では，s は $\varDelta z$ に比例する．

$$s = -\alpha \varDelta z \tag{4.6.11}$$

ここで，比例定数 α は $0 < \alpha < 1$ である．カンチレバーのばね定数が試料の固さと比べて十分に小さいとき，試料は変形せず試料の移動量がそのままカンチレバーのたわみ量になる（$s = -\varDelta z$）．α の値は試料が探針によって変形すると 1 より小さくなるので，フォースカーブから試料の固さを見積もることができる．いったん接触すると，C 点まで試料を移動しないと引き離すことができない．

吸引力の原因としては，ファン・デル・ワールス力のほか，とくに大気中では表面を覆っている水の層が探針が近づいたときに水の橋を形成し，表面張力が働くためと考えられる．超高真空中や水中では吸引力が小さくなるので，同じレバーを用いても大気中より小さな力で制御することが可能になる．溶液中で測定した吸着力は，溶液の pH，イオン濃度によって変化するという報告があり，表面の荷電状態が吸引力に影響を与えていると考えられる．

水中で測定できない場合，カンチレバーを圧電素子で z 方向に振動させて探針が試料に近接したときに生じる周波数のずれ，あるいは振幅の変化を検出するダイナミックモードは，「非接触 (non-contact)」AFM と呼ばれることもある（サイクリックコンタクトと呼ぶこともある．定常的に接触してはいないが，非接触とは断言できないであろう）．カンチレバーは吸引力で接触してしまわないように通常の contact モードのものよりも固いものを用い，吸引力の領域で動作させるので試料に与える影響は小さいといわれている．柔らかい試料で contact モードでは引きずられるように変形してしまううまく測定できない場合に威力を発揮する．ダイナミックモードには共鳴を利用するものと利用しないものがあるが，前者では真空中においてカンチレバーの振動が気体の抵抗で減衰しないので Q 値が高くなり周波数のずれを精密に測定でき，力をより小さく設定できるので，後で述べる「真の」原子像が得られるようになった（文献[36]の S 287-297 に最近の進展の一端をうかがうことができる）．

図 4.6.8 に示したように，試料を振動させたときのカンチレバーの応答から試料表面の固さが測定できる．試料の振動振幅がそのままカンチレバーの振幅に伝わってい

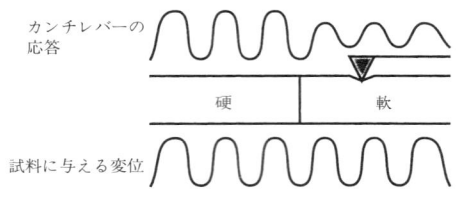

図 4.6.8 AFM による固さの測定

れば，試料の固さはカンチレバーのばね定数よりも大きいといえる．試料が柔らかいときには，試料表面が変形するのでカンチレバーの振幅が小さくなる．ロックインアンプを用いて振幅の分布を形状と同時に記録することで相分離したポリマーの分子などが識別されている．

カンチレバーの振動の位相も相互作用により変化する．位相変化の原因としては，試料の粘性の影響が考えられるが物理量として分離することは難しい．パルスフォース法では，試料を振動させ探針に接近して離れるまでのフォースカーブから，試料の固さと吸着力（図 4.6.7 の a と C 点から計算する）を求めて形状とともにマッピングする．位置の制御は振動の一周期における最大の力をサンプルするので，共鳴を利用したダイナミックモードのように周波数のずれではなく，直接試料にかかる力の最大値が制御できる．

まだ一般的ではないが，カンチレバー以外にも微小な力を検出する方法が研究されている．たとえば，試料あるいは探針を圧電振動子で振動させ，接触による共振周波数のずれを検出する方法が報告されている．

AFMの原子スケールのイメージングにおけるさまざまな問題点が研究・議論されている．その一つは，市販されている装置でグラファイト，マイカなどの「原子像」が得られるが，原子間隔に対応した周期的な格子の像は得られていても，ステップや点欠陥がある「原子像」は見られない．原子分解能を得るためにはカンチレバーの先につけられた探針の先端の試料への接触半径が1原子程度であるとすると，単純に検出された力がこの接触面積にかかるとして計算すると物質の弾性限界を越えてしまう．したがって，「原子像」は，1原子程度の探針によるものではなく，もっと大きな面積で接触しながら，試料の周期性によって原子間隔の像をつくっていると考えられる．実際の探針の接触面積を評価することは難しい．探針の周辺では引力で先端部分には大きな斥力が働いていても，検出している力はその総和だけなのである．そこで，検出する力をできるだけ小さくし，探針の先端の1原子だけが引力を検出する条件で「真の」原子像を得るための試みがなされている[23]．また，別の問題として，カンチレバーの変形によって探針が表面のポテンシャルの小さい経路をなぞるように運動する．これは，横方向の力の大きさを解析することによって確かめられている．

μm 程度の表面形状については，AFM のデータは十分信頼できるが，原子レベル

の AFM 像については，単純に原子が見えていると解釈する前によく検討する必要がある．

最近のダイナミックモード AFM の進歩により，多くの物質で真の原子・分子スケールの分解能が得られてきており，STM では観察が困難な厚い絶縁性試料の形状測定などで相補的な役割を果たしている．また，分子スケールの AFM 像は，STM 像とは原理的に異なった情報である．AFM は，吸着物質の全電荷の分布により生じる探針との反発力あるいは吸引力を利用して像を得るが，STM で得られる像は，共鳴トンネルモデルによれば，吸着物質のフェルミレベル近くのエネルギーをもつ分子軌道である．したがって，AFM により物質の力学的な形状が測定され，STM 像からは電子的な反応性などに関する情報が得られることになり，両者の比較により総合的に物質の評価を行うべきである．

4.6.8 スピン方向の測定

コンピューターの発達に伴って磁気記録の高密度化が進んでおり，記録媒体の磁気構造を評価する手段が重要な課題になっている．SPM の中で磁性体の磁化を力として検出する方法が MFM である．MFM は，AFM の探針を磁性体，あるいは磁性体の薄膜で被覆して，試料の表面の磁場に起因する力をカンチレバーのたわみとして検出する．磁気力は，双極子相互作用なので単純な式では表せない[24]．探針の微小な体積 dV' にかかる磁気力 $d\boldsymbol{F}$ は，dV' の磁化 $\boldsymbol{M}$ と試料表面の磁場 $\boldsymbol{H}$ の相互作用になる．

$$d\boldsymbol{F} = \nabla(\boldsymbol{M}(\boldsymbol{r}')\cdot\boldsymbol{H}(\boldsymbol{r}+\boldsymbol{r}'))dV' \tag{4.6.12}$$

ここで，$\boldsymbol{r}$ は探針先端の位置，$\boldsymbol{r}'$ は，探針先端から dV' の座標を示す．全磁気力 $\boldsymbol{F}$ は，dV' について積分して求める．

表面が平坦で形状が無視できる場合は，磁力のみを考慮すればよいが，試料表面の凹凸があるとカンチレバーは AFM 動作するので，形状効果と磁気力の効果を分離する必要がある．そのために同じ場所を2回走査する方法が開発された．1回目には表面の近くで磁力よりも表面に接触した反発力が強くなる条件で通常の AFM 動作のように形状の情報を得る．次に探針を表面から一定の距離だけ引き離し，非接触状態で長距離の磁気力のみが働くようにして，走査する．ディジタルフィードバック制御技術を用いると，1回目の走査の探針の軌跡を記憶しておき，高さだけを変えて表面からある距離だけ離れた磁気力を検出することができるのである．

次に述べるスピン偏極トンネルにおいても同様であるが，試料の磁化を評価する場合，磁性体の探針の磁化が問題になる．試料の保持力が小さいと，磁性探針の発生する磁場により試料の磁化が変化してしまうので注意が必要である．SHPM は，微細なホール素子を探針とともに走査して表面の磁場の分布を測定する方法なので，試料

の磁化に影響を与えない．空間分解能として 0.9 μm が報告されている．

MFMではいまのところ，AFMと同様に原子レベルの分解能を得ることは難しい．とくに長距離相互作用の磁気力を用いた方式では原理的に不可能である．そこで力として検出はより難しくなるが，交換相互作用を利用する方式が検討されている[25]．導電性の磁性体の場合，スピン偏極トンネル現象を利用して原子レベルの分解能で磁化の分布が測定可能と考えられている．

磁性体の電極の間で電子がトンネルする場合，電極の磁化の方向に依存して電子のトンネル確率が変化する．電極1と電極2の間を電子がトンネルする場合を考えると，電極1，2とも上向きスピンの電子が多いときのトンネル電流を $I_{\uparrow\uparrow}$，電極2の磁化だけが反転して下向きスピンの電子が多くなったときのトンネル電流を $I_{\uparrow\downarrow}$ とすると，電極のスピン偏極が大きければ，

$$P = \frac{I_{\uparrow\uparrow} - I_{\uparrow\downarrow}}{I_{\uparrow\uparrow} + I_{\uparrow\downarrow}} \tag{4.6.13}$$

として数％の差が生じる．これは，全トンネル電流を 1 nA に設定したとき，ノイズレベルが 10 pA 以下であれば検出可能である．スピン偏極 STM (SP-STM) では，試料か探針の磁化によるトンネル確率の変化を検出するが，何らかの方法で信号強度変化がスピンの効果であることを示さなければならない．

反強磁性の Cr 結晶の (0 0 1) 面ではステップごとにスピンの向きが反転する．非磁性体の探針で測定すると，ステップの高さはすべて均一であったが，強磁性体の探針を用いるとステップの高さが1段ずつ増減した（図 4.6.9）．これはトンネル確率の大きい面と小さい面が交互に現れているためで，スピン偏極トンネル現象を示すものと考えられた[26]．

磁性体の電子のスピン偏極を観察する試みでは，GaAs，Ni などが使用される．Ni のような強磁性の探針は電磁石により磁気を反転させることが可能である．Alvarado らは，Ni の探針からスピン偏極した電子を GaAs にトンネルさせたときに発生する光子の偏光を解析した[27]．GaAs は価電子帯がスピン-軌道相互作用で分裂しているため，スピン偏極電子を注入すると対応した偏光が発生し，逆に円偏光を

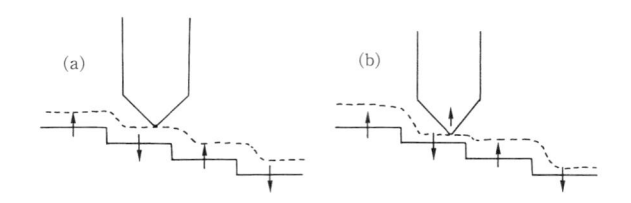

図 4.6.9 Cr 結晶のステップの高さ
(a) 非磁性探針で測定すると，すべて同じ高さになる．(b) 磁性探針を用いると，1段ごとに高さが増減する．

照射すると一方のスピンをもった電子が優先的に励起される.したがって,スピン偏極電子を検出したり制御する目的に用いることができる.偏光の照射に従って Ni 探針から GaAs に流れるトンネル電流が変化することが,Mukasa らによって確認された[28].

光によって電子のスピン偏極を制御できる GaAs を探針として用いれば,スピンの影響を容易に分離できるので汎用の SP-STM が実現できるであろう.Nunes と Amer は,大気中でへき開した GaAs ウェーハーを真空中で加熱して酸化物を取り除き,探針として用いて Si(111) 7×7 構造を観察している[29].複数のグループでこのような GaAs の探針を用いた SP-STM の研究が進められている.

4.6.9 SPM の要素技術

SPM 技術の実際を理解するために,SPM に共通している重要な要素技術について簡単に説明しておく.

圧電素子　SPM で探針を試料の表面で駆動するために圧電素子が使われている.具体的には,チタン酸ジルコン酸鉛 ($Pb(Zr, Ti)O_3$,PZT と略される) が使われることが多いが,組成や製法により特性が異なる.PZT は,電圧に対する変位量は大きいが,応答が非線形でヒステリシスやクリープが生じるのでこれらが問題になる応用には別の材料も用いられる.初期の装置では,X, Y, Z の 3 方向に別々の圧電素子が使われていたが,Binnig と Smith は,1 個の円筒型の圧電素子の外側電極を 4 分割し,3 方向の微動を行った[30].この方式では,中心の電極に Z 軸の駆動電圧,外側の対向する 2 組の電極にそれぞれ X, Y 軸の駆動電圧を印加する.中心電極に電圧をかけると,圧電効果により円筒の軸方向すなわち Z 方向の変位が生じる.走査するには,両極性の増幅器を用いて,たとえば X 軸の二つの電極に $+V_x$ と $-V_x$ の電圧をかけると,円筒の片側が伸びて反対側が縮むことにより横方向の変位が生じる.X, Y と Z の走査範囲を別々に調整できるように Z 電極を独立させた 5 分割電極の円筒型圧電素子も考案された(図 4.6.10).この方法では中心の電極をグラウンドにできるので,トンネル電流の取出しのシールドが容易である.また,X, Y 部分の片側の分極を逆転させて,両極性の電源を用いなくとも同じ効果が得られる.

円筒型圧電素子の走査範囲を決める横方向の圧電定数 K_x を求める式は,以下のようになる[31].

$$K_x = \frac{dx}{dV} = \frac{2\sqrt{2}d_{31}L_{xy}^2}{\pi Dh} \quad (4.6.14)$$

ここで,L_{xy} は X, Y 電極部分の長さ,D は直径,h は厚さ,d_{31} は材料の圧電定数である.Z 方向の圧電定数 K_z は L_z を Z 電極部分の長さとして次の式で簡単に求められる.

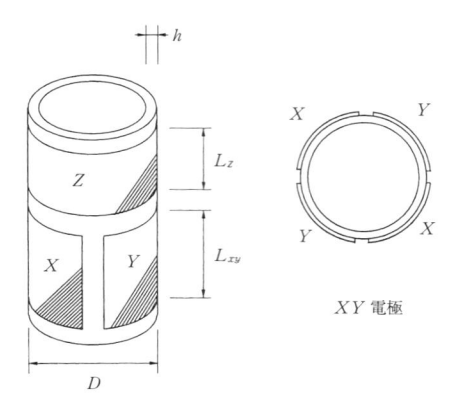

図 4.6.10 5分割電極円筒型 PZT
対向する X と Y 電極部分は，逆向きに分極させておくと同じ電圧を
かけても片側が伸びて反対側が縮むため，倍の変位が得られる．

$$K_z = \frac{dz}{dV} = \frac{d_{31}L_z}{h} \qquad (4.6.15)$$

実際には探針の取付け位置によるふれ幅の拡大や材料の圧電定数のばらつきがあるので，実験で用いる前にグラファイトの原子像やグレーティングなど変位量を校正する標準的な試料を測定する．

STM では探針を圧電素子の一端に固定して走査することが多いが，他の SPM では，相互作用の検出装置がかさばるため，試料側を走査することも多い．どちらを走査するかは設計上の問題であり，大きな試料の上に載せて使用できるように力の検出装置ごと探針を走査する自立式 AFM も開発されている．

探 針 SPM においては，探針は試料側と同等の役割をもっているので，重要な要素技術である．試料表面に鋭い突起が存在すると，当然のことであるが探針の表面が像として記録される．SPM の像の中に平行移動して重なるような同じ形状の構造が繰返し現れる場合，探針の先端を測定している可能性を検討するべきである．

探針にはいくつもの種類があり，用途に合わせて選択する．たとえば，比較的凹凸の大きい試料表面の形状測定に対しては，先端の細長くとがった探針が適している．このような探針は，電解エッチング，あるいは電子顕微鏡の電子ビームを用いてカーボンを細長く堆積させることによって作製される．一方，平坦な結晶面を原子スケールで観察するためには，先端角が 70～90 度の探針が安定に動作する傾向がある．溶液中の測定用には，イオン電流を減らすために先端を除いてガラスやアピエゾンワックスでコーティングした探針を用いるし，PSTM，SNOM などでは光ファイバーをとがらせた探針を用いる．

さまざまな探針の作製法については，文献[1] の 1.10.6 項，文献[5] の 2.4 節などを

参照されたい.たとえば真空中のSTMで広く使われているW探針は,1〜2MのKOHあるいはNaOH水溶液中にPt線でループ状の電極を浸し,直径0.3mmのW線材を輪の中に入れて,100V,50/60Hzの商用電源からスライダックで5〜30Vに落とした交流電流でエッチングして作製できる.

カンチレバー　　初期のAFMでは,金属の線材や薄板を加工した手づくりのカンチレバーが使われた.これらのレバーは,ミリメートルサイズのものもあり,微小な力を検出するためにばね定数を小さくしているので共振周波数が低い.そのため制御に追随しにくく,外部の低周波の振動に敏感で安定性にも問題があった.AFMの有用性が認識されると,半導体の微細加工技術による100μmサイズのカンチレバーが開発された.重量はサイズの3乗で効くので,小型化によりばね定数を小さくしても10kHz以上の共振周波数のカンチレバーが可能になった.デザインも単純な長方形ではなく作製プロセスによるそりやひねりがでにくいV型のレバーが考案された.最初の試作品は先端に探針をつけるプロセスが省略されていて,顕微鏡下でへき開した結晶片を手作業で接着することもあった.最近ではそのようなことはなくなって,さまざまなばね定数の探針付きカンチレバーが入手できる.ただし,数年前にはまだカンチレバーの厚さが再現性よく製作できていないという報告があり,別々のロットでばね定数に大きな開きがあったようである.また,ピラミッド型にエッチングされる探針の先端もマスクのずれなどでナイフエッジや台形になることも報告されている.

少し変わった応用として,Gimzewskiらは,カンチレバーを熱センサーとして化学反応を測定した[32].長さ300μm×50μmのSiまたはSiNカンチレバーの片面にアルミをコートしてバイメタルにし,さらに触媒としてPtをコートした.レーザー照射によって校正したところ0.05nmの変位が約1nWに相当する.真空中にO_2,H_2を導入すると〜5μWの熱振動が観察された.$\frac{1}{2}O_2+H_2 \rightarrow H_2O$の単一の反応の熱量はもっと少ないが,ミクロな領域での化学反応がどのように進行しているのか興味深い.このほかにもカンチレバーは,バイオセンサーとしても応用されている.

防振台　　SPMは精密測定なので,建物,実験室の床振動,騒音が小さい場所を選んで装置を設置するのだが,市販の装置の中には優秀な防振台を備えていて,かなり悪い環境の中でも原子レベルの測定が可能なものもある.

真空チェンバー,真空ポンプを含む装置全体を一緒に載せる空気ばね防振台に加えて,通常はSPMの本体だけを載せる精密防振台も使う.これらは,個々のSPM装置に合わせた設計をする必要があるが,文献[2]の10章,文献[3]の10章,文献[5]の2.5節,あるいは,文献[33]などが参考になるであろう.基本的には,防振台の共振周波数を下げることによりSPMの探針と試料間の共振周波数における振動が減るので,ノイズが減少する.

防振台には,大きく分けて板とゴムを数段重ねて振動を低減させるスタック式とばねを使った方式があるが,ばねを使った防振台で重要な点は,ダンピングである.スタック式では介在しているゴムが適当な減衰をもたらすが,ばね式では意図的にダンピングを導入しないと,共振周波数近くの振幅が増幅されるので,逆効果になるおそれがある.ただし,ダンピングの具合いについては評価が難しく,実験的に調整を繰り返して設定できるような工夫が必要である.非接触で減衰を導入するために磁気渦電流ダンパーがよく使われている.

展　　望

通常 SPM は,圧電素子により機械的に金属探針を走査することから,原子スケールの測定は容易であるが,低倍率・広範囲の測定に適さないといわれていた.しかし,最近の装置では,走査範囲が 100 μm 程度まで広がり,また,低倍率の測定に適した探針の作成法も確立されたので,従来の粗さ計に代わって,ハードディスクやコンパクトディスクのようなサブミクロンの構造をもった製品の品質評価などにも応用されるようになってきた.10 μm 角以上の広い走査ができると,光学顕微鏡と組み合わせて可視的なスケールから原子スケールまでの倍率調整が可能になる.SPM では高さの情報が非破壊で簡単に得られるので,高さの情報が必要な応用では光学顕微鏡や電子顕微鏡 (SEM) よりもすぐれている.

SPM の応用分野のうち,金属表面の研究ではおもに基礎的な興味から研究が続けられているが,半導体では半導体産業への応用の期待も大きい.半導体集積回路の分野では,年々集積度が上昇し続け,やがて原子スケールの評価装置が必要になることが予想されていた.また,半導体の微細加工プロセスは,おもに表面を舞台としている.SPM は,非破壊的に表面の高分解能測定が可能であることから,半導体への応用を目指した熱心な研究が展開されている.

STM の微細加工への応用についてはすでに述べたが,AFM による電子素子を作製する試みも実現性を帯びてきた.リソグラフィーを用いた従来の手法に比べてAFM の加工プロセスは遅いといわれているが,多数の AFM を同時に動作させる研究が進められており,リソグラフィーのマスクをつくる必要がないため,少量生産では将来実用になるであろう.

AFM のカンチレバーに導電性の材料を用いると,力と同時に電流,電圧を局所的に印加することができる.松本らは,大気中で Ti 薄膜に 5 V の電圧を印加することで酸化し,幅 80 nm の TiO_2 細線を作製した.さらに,この細線でパターニングした MIM ダイオード,SET トランジスター,HEMT,超高速光スイッチを作製し,電子デバイスとして評価した[34].これらのデバイスは,微細加工した構造の容量が小さいことから従来の素子より応答が速くなり,優秀な特性が得られている.この成果

は，単に SPM を用いて表面に微細なパターンを描く初期のデモンストレーションから実用へ大きく踏み出したといえよう．

　生物学の分野にも SPM が急速に普及している．1950 年代後半から生命現象を分子レベルから解明することを目指した分子生物学が発展してきた．ご存じのように，分子生物学では生物学的研究手法を駆使して，多くの分子レベルの現象を解明してきた．従来の電子顕微鏡は，試料を真空中に保つ必要があり，また電子線による試料の損傷が無視できないなどの問題はあるものの，試料処理の工夫により生体構造を高分解能で観察することに成功している．電子顕微鏡は生物学的手法だけでは決着のつかない問題に対して，生体を直接観察することにより決定的な証拠を与えている．また，生体内で生じている未知の現象を観察することにより，生物学に新たな問題を提供している．このように顕微鏡技術の重要性は生物学の分野では広く知られており，AFM をはじめとして多くの SPM が導入されている．

　AFM は，絶縁物の表面の測定が可能であることから，DNA から細胞に至るまでもっとも広く生体物質へ応用されており，生きている生体細胞を直接 AFM 観察した結果もいくつか報告されている．SPM は溶液中で動作するので，生体物質を生体内に近い状態で観察することが可能である．ただし，観察時に探針先端にかかる圧力で変形が無視できないような柔らかい物質を観察する場合，検出力を小さくすると，分解能が悪くなるという原理的な問題が残されている．柔らかい生体物質は，より自然な状態に近い水中で AFM 測定すると与える力も小さくできるので変形が小さくなることが期待されるが，細胞などは大気中よりも水中のほうがより柔らかくなってしまうこともある．DNA やタンパク質を大気中と水中で測定すると，そのサイズに違いが生じることも報告されている．

　STM や AFM のようにある程度確立された手法では，たいていの試料で 100 nm 以下の分解能が得られている．しかし，一般に SPM では，ある試料について原子・分子スケールの分解能が報告されていても，ユーザーが観察したいと思っている特定の試料で同等の分解能が得られる保証はない．まだ測定されたことのない試料を扱う場合，高分解能を得るために適した測定手法と条件を見つけだすという研究の要素が残っていると考えるべきである．

　最後に BEEM のように特殊な界面だけに限定されず，一般の物質内部を SPM の手法で測定する最先端の研究を紹介しておく．AFM のテクニックで磁気共鳴を利用して，物質内部のスピンの分布が検出されている．この方法では試料をカンチレバーに固定し，先端をとがらせた磁石を探針として磁場勾配を発生させ，マイクロ波によって磁気共鳴を起こして生じる微少な力を検出している外部磁場を変化させると，距離の関数として磁気共鳴が生じる距離が決まる．したがって表面だけでなく，ある深さに存在するスピンの共鳴を検出することによって，物質内部のスピンの分布を調べることができる．

Rugarらは,30 ngのDPPHに加わる常磁性共鳴の力 (1/100 pN) を検出し,空間分解能19μmを得た.さらに,窒化アンモニウムの核磁気共鳴を10^{-16} Nの感度,2.6μmの分解能で検出している[35].高感度の力の検出には,厚さ90 nm,$k=10^{-3}$N/mの特殊なカンチレバーが使われた.

磁気共鳴によって働く力を測定する場合,試料表面は探針から10μm以上離れており,吸着力の影響を無視できるのでこのように小さなばね定数のカンチレバーが使用できるのである.それでも力として検出するためには電子スピンの数は,2×10^9個以上,核スピンでは10^{13}個以上必要であり,分解能と感度を上げるための努力が続けられている.1個の核スピンを検出するためには,10 nmの厚さ,5×10^{-6} N/mのカンチレバーが必要で,熱によるカンチレバーの振動がノイズレベルを決めると見積もられている.　　　　　　　　　　　　　　　　　　　　　　　　　　　　［水谷 亘］

引 用 文 献

1) R. Wiesendanger : Scanning Probe Microscopy and Spectroscopy : Methods and Applications, Cambridge Univ. Press, 1994.
2) C. J. Chen : Introduction to Scanning Tunneling Microscopy, Oxford Univ. Press, 1993.
3) J. A. Stroscio and W. J. Kaiser (eds.) : Scanning Tunneling Microscopy, Academic Press, 1993.
4) L. A. Bottomley et al. : Anal. Chem., **68**-12 (1996) 185R-230R.
5) 御子柴宣夫,森田清三,小野雅敏,梶村皓二(編):走査型トンネル顕微鏡,電子情報通信学会,1993.
6) J. H. Neave et al. : Appl. Phys., **A31** (1983) 1-8.
7) J. A. Stroscio et al. : Phys. Rev. Lett., **70**-23 (1993) 3615-3618.
8) 塚田 捷:日本物理学会誌,**48**-8 (1993) 615-623.
9) M. Suzuki et al. : J. Vac. Sci. Technol., **A11**-4 (1993) 1640-1643.
10) E. Ganz et al. : Phys. Rev. Lett., **68**-10 (1992) 1567-1570.
11) J. M. Gómez-Rodríguez et al. : Phys. Rev. Lett., **76**-5 (1996) 799-802.
12) Z. Zambelli et al. : Phys. Rev. Lett., **76**-5 (1996) 795-798.
13) B. S. Swartzentruber : Phys. Rev. Lett., **76**-3 (1996) 459-462.
14) J. W. Lyding et al. : Appl. Phys. Lett., **68**-18 (1996) 2526-2528.
15) J.-P. Bourgoin et al. : Appl. Phys. Lett., **65**-16 (1994) 2045-2047.
16) B. C. Stipe, M. A. Rezaei and W. Ho : Science, **280** (1998) 1732-1735.
17) C. R. Clemmer and T. P. Beebe Jr. : Science, **251** (1991) 640-642.
18) W. M. Heckl and G. Binnig : Ultramicroscopy, **42**-44 (1992) 1073-1078.
19) 犬飼潤治,板谷謹悟:現代化学,**4** (1995) 181-185.
20) R. Overney and E. Meyer : MRS Bulletin, **May** (1993) 26-34.
21) M. Motomatsu et al. : Forces in Scanning Probe Methods, H.-J. Güntherodt et al. eds., Kluwer Academic Publishers, Dordrecht, Netherlands, 1995, pp. 331-336.
22) S. A. Joyce and J. E. Houston : Rev. Sci. Insrum., **62**-3 (1991) 710-715.
23) F. Ohnesorge and G. Binnig : Science, **260** (1993) 1451.
24) P. Grütter : MSA Bulletin, **24**-1 (1994) 416-425.
25) K. Mukasa et al. : Jpn. J. Appl. Phys., **33**-5A (1994) 2692-2695.
26) R. Wiesendanger et al. : Phys. Rev. Lett., **65**-2 (1990) 247-250.
27) S. F. Alvarado and Ph. Renaud : Phys. Rev. Lett., **68**-9 (1992) 1387-1390.

28) 武笠幸一, 末岡和久, 早川和延: 応用物理, **63**-3 (1994) 263-267.
29) G. Nunes Jr. and N. M. Amer: *Appl. Phys. Lett.*, **63**-13 (1993) 1851-1853.
30) G. Binnig and D. P. E. Smith: *Rev. Sci. Instrum.*, **57**-8 (1986) 1688-1689.
31) C. J. Chen: *Appl. Phys. Lett.*, **60**-1 (1992) 132-134.
32) J. K. Gimzewski et al.: *Chem. Phys. Lett.*, **217**-5, 6 (1994) 589-594.
33) M. Schmid and P. Varga: *Ultramicroscopy*, **42**-44 (1992) 1610-1615.
34) M. Ishii and K. Matsumoto: *Jpn. J. Appl. Phys.*, **35**-2B (1996) 1251-1253.
35) D. Rugar et al.: *Science*, **264** (1994) 1560-1563.
36) J. K. H. Hörber et al. (eds.): Scanning Tunneling Microscopy/Spectroscopy and Related Techniques: Proceedings of the Ninth International Conference, *Appl. Phys. A*, **66** (suppl.) (1998).

さらに勉強するために

Wiesendangerによる "Scanning Probe Microscopy and Spectroscopy"[1] は, 1200の参考文献と350の図面を含む労作である. Chenによる "Introduction to Scanning Tunneling Microscopy"[2] は, 実験にも詳しい理論家による入門書である. Part. II (9〜12章) が Instrumentationに当てられている. これらは, これからこの分野を専門にしようという方には, 格好の教科書であろう.

本文中にも何度か引用したが, Stroscio and Kaiserの編集による "Scanning Tunneling Microscopy"[3] は, 重要な成果が専門の研究者や創始者によって詳しく解説されているので深く学ぶのに適している. 現在STMを用いて研究されている方には1993年10月から1996年1月にかけて出版された論文を網羅した現時点での最新のレヴューが出ているので参考になるであろう[4]. 日本では1993年に出版された『走査型トンネル顕微鏡』[5], 現在編集が進められている『走査プローブ顕微鏡』(河津璋編集, 共立出版) などがある.

新しい研究動向を知るには, 隔年で開かれているSTM国際会議のプロシーディングが役に立つ. 最近では1997年のHamburgで開かれた会議報告が, 論文誌の特別号として出版されている[36].

文献[21]に収録されている書籍は, Forceをテーマにしたワークショップの会議報告であるが, この報告にはほかにもAFM, FFM, MFMなどの動作原理, 装置から応用まで新しいアイディアが豊富に見られる.

4.7 近接場光計測

は じ め に

　従来取り扱われている光は波長に比べて大きな領域または自由空間を伝搬している．この光を用いた光応用システムの空間的特性は光の回折効果により決定される．たとえば光学顕微鏡では試料により散乱された光をレンズで集め，結像させようとすると光がわずかに広がり，像がぼける．そのぼけの大きさは光の波長程度であるので，光学顕微鏡では光の波長以下の寸法の試料は観察できない．このほか，光導波路中の導波モードの空間的特性などもすべて回折効果によって決まる．さらに，レーザーの光を集光して微細加工に使おうとすると，その加工精度も回折効果により制限される．以上のように本書の他節に記されている内容にかかわる光の空間的特性はすべて回折効果により制限されているので，光波長以下の寸法の超微細な光応用システムはいままで皆無であった．

　しかし，回折効果は絶対的な制限を与えるものではない．すなわち，従来は光を電磁場の波としてとらえ，利用していたのでこの制限が課されていたが，形態の異なる光を使えばこの制限はなくなる．その一例として光波長以下の寸法の空間での制御された電磁相互作用を媒介する場として光をとらえ，利用することが可能で，そのような光は近接場光 (optical near-field) と呼ばれる．これは物質表面にごく近い領域(近接場領域：表面から光波長以下の距離)に存在する光のうちの非伝搬成分である．これを利用すると超微細な光応用システムが可能となる．たとえば回折限界を越える分解能をもつ光学顕微鏡が可能となる．これは近接場光学顕微鏡 (near-field optical microscope, NOM) と呼ばれる．研究者によってはこれを SNOM (scanning near-field optical microscope), NSOM (near-field scanning optical microscope), PSTM (photon scanning tunneling microscope) などと略称する場合もあるが，これらは十分な物理的考察のもとにつけられたものではないので，もっとも基本的な略称である NOM が適当である．

　近接場光は物質表面に近接した領域にある電磁場であることから，NOM および関連する光学現象に関する研究分野は近接場光学 (near-field optics) と呼ばれる．NOM の原理的提案は 60 年以上前にさかのぼるが[1]，その実現は 1980 年代に入ってからである[2,3]．しかしここ数年，その研究開発が急激に活発化している．その理由

は近接場光学の基礎となる科学技術，さらに応用可能分野がきわめて広い分野，とくに将来の科学技術を担う先端分野と密接にかかわっているからである．NOM は走査プローブ顕微鏡の一種であるが，走査トンネル顕微鏡(STM)，原子間力顕微鏡(AFM) と異なり，光学スペクトルが測定可能なこと，多様な環境下で使用できることが圧倒的な利点である．さらに，近接場光は物質表面近傍に存在し，この強度分布は物質の構造に強く依存するので，その分布を利用して物質を人工的に制御することが可能であり，したがって物質の微細加工などに使うことができる．すなわち計測器としての顕微鏡とともに，ナノメーター寸法の光加工や微小光素子の駆動などにも適している．

以上の状況に基づき，本節では顕微鏡の原理，装置，測定結果について概説するとともに，光加工，光機能への応用についても触れる．

4.7.1 近接場光学顕微鏡の原理

NOM の原理について説明するために，ここで注目する近接場光の性質は二つある．その第一は次のとおりである．

(1) 物質寸法依存のパワー局在： 光波長以下の半径をもつ誘電体球を平面基板上に置き，基板の裏面から全反射条件を満たす入射角で伝搬光を照射する．このとき発生する平面状のエバネセント波により誘電体球内に分極が誘起され，球表面に非伝搬光としての近接場光が発生する．その光強度は表面から遠ざかるにつれ減少する．ミー散乱理論によるとその減少の度合いを表す「しみだしの厚み」は球の寸法と同程度であり，光波長には依存しない[4,5]．図 4.7.1(a) にはこの性質を表す計算結果を示

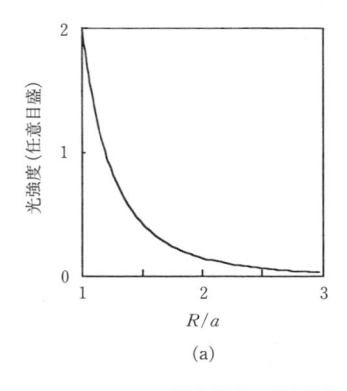

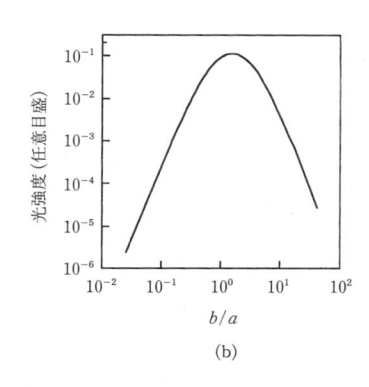

図 4.7.1 近接場光の二つの性質を表す計算結果
(a) 半径 a の誘電体微小球の中心からの距離 R に対する近接場光の強度変化．(b) 半径 a の誘電体微小球の表面の近接場光を半径 b の円形開口で回折した場合に開口を透過する全光強度．

(a) Cモード　　　　　　(b) Iモード

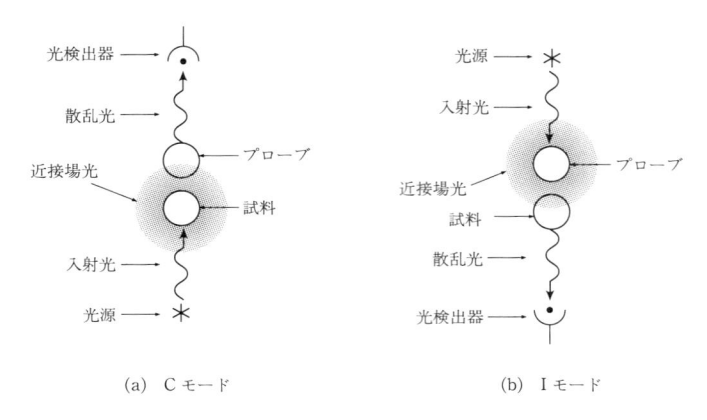

図 4.7.2　NOM の原理的な構成

す．なお，従来の波動光学によると基板表面にはエバネセント波と呼ばれる平面波が発生し，その「しみだしの厚み」は光波長程度である．これは図 4.7.1 で扱うような 3 次元的形状をもつ微小物体表面上の近接場光を平面波展開した場合の，$k > \omega/c$ なる波数 k をもつ平面波成分に相当する．ただし ω, c はそれぞれ光の角周波数，速度である．

（1）の性質により回折限界を越える分解能を有する NOM が実現する．その原理的な構成を図 4.7.2(a)，(b)に示す．まず(a)のように光波長以下の寸法をもつ球状の試料に光を照射して寸法依存のしみだし厚みを有する近接場光を発生する．ただしこれは非放射場であるので，遠方では測定不可能である．そこでプローブ用の微小球を近接場光の中に置いてこの光を散乱させ，散乱光強度を測定する．この状態でプローブを走査しながら，その位置の関数として測定された光強度を図示すれば，これは近接場光の分布を与え，したがって試料球の形状や構造についての情報を得ることができる．この図示が顕微鏡としての像を与える．この顕微鏡の分解能はプローブにより散乱される体積に依存するから，小さなプローブ球を試料近傍に置けば高い分解能が実現する．この分解能は従来の光の回折限界を越える値になりうる．

なお，図 4.7.2(a)において，光源と光検出器の位置を交換しても現象は変わらない．この場合の配置を同図(b)に示すが，この場合にはプローブ用微小球表面に発生した近接場光を試料球が散乱する．(a)ではプローブ球が近接場光を散乱し，その光を光検出器に集めるので collection mode（C モード）と呼ぶ．一方，(b)では試料球を近接場光で照明するので illumination mode（I モード）と呼ぶ．なお実際にはプローブは球ではなく，4.7.2 項で示すようにガラスファイバーを尖鋭化し，その根元に金属膜を蒸着して用いる．

次に近接場光のもつ第二の性質を指摘する．

(2) **プローブ,試料の寸法に関する共鳴**: 図4.7.2(a)の場合を考える際,解析を簡単にするために平面の円形開口のプローブを仮定する.すなわち微小球の寸法に依存する「しみだしの厚み」をもつ近接場光がこの円形開口により回折され,透過した後の全光強度を計算する.この場合,従来の回折理論を遠視野の近似なしに使う.その結果が図4.7.1(b)に示されている[4].ただし,ここでは多重散乱は無視している.図4.7.1(b)は試料の微小球の半径とプローブの円形開口半径とが等しいとき,開口裏面で検出される全光強度が最高になることを示している.

上記(2)の近似的な計算結果からもNOMの動作原理について次のことがいえる.すなわち,微小球試料表面の近接場光を散乱させ,その光強度を最高感度で測定するには,試料と同じ寸法のプローブを使うことである.したがって高い分解能を得るための技術的方策は小さなプローブを実現することである.この意味でNOMおよびそれを扱う近接場光学は微小加工技術に立脚した科学技術といえる.

4.7.2 近接場光学顕微鏡の装置

CモードおよびIモードの装置例の概略を図4.7.3(a), (b)に示す.なお,これらの内挿図には試料とプローブの部分を拡大して示している.Cモードでは高い分解能の画像計測が可能であり,また入射光の偏光状態を調節することが容易である.一方,試料基板としては透明または半透明である必要がある.Iモードでは基板は不透明でもよいが,試料に入射する近接場光の偏光状態を調節することは困難である.Iモードは加工などに使われている.

両モードとも信号処理,プローブ駆動にはほかの走査プローブ顕微鏡と同様の装置が使用できる.ただし,試料・プローブ間の距離制御は独自の方法がとられている.Cモードではプローブを通して検出する近接場光パワーが一定になるようにプローブ位置を自動制御する.Iモードの場合には感度の点でこれが困難なので,プローブと試料との間のせん断応力を測定し,それが一定になるようにプローブ位置を自動制御する[6].

分光測定の際は光源の波長を掃引したり,発光信号を分光器を通して測定するなど,従来の微弱光分光の手法が使われる.また,極低温動作も可能で,その場合には低温クライオスタットの真空中で動作する装置が使われる.

プローブの寸法や材質がNOMの性能を決めるのでプローブ製作のためのナノメーター加工技術が重要である.この技術の未成熟のためにNOMの原理の提案から実験の成功まで約60年を必要としたが,最近ではガラスファイバーやガラス毛細管を加熱して引っ張り,次に金属膜を蒸着して先端部に微小開口を形成し,これをプローブとして使う技術が開発されている[7].しかしこの場合は直径約20 nm以下の開口を再現性よく得ることが困難である.

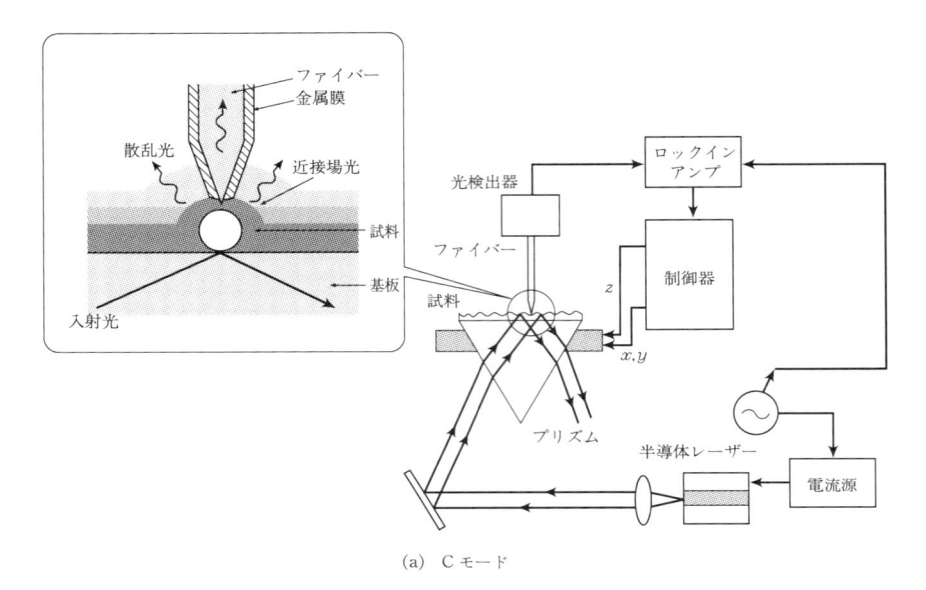

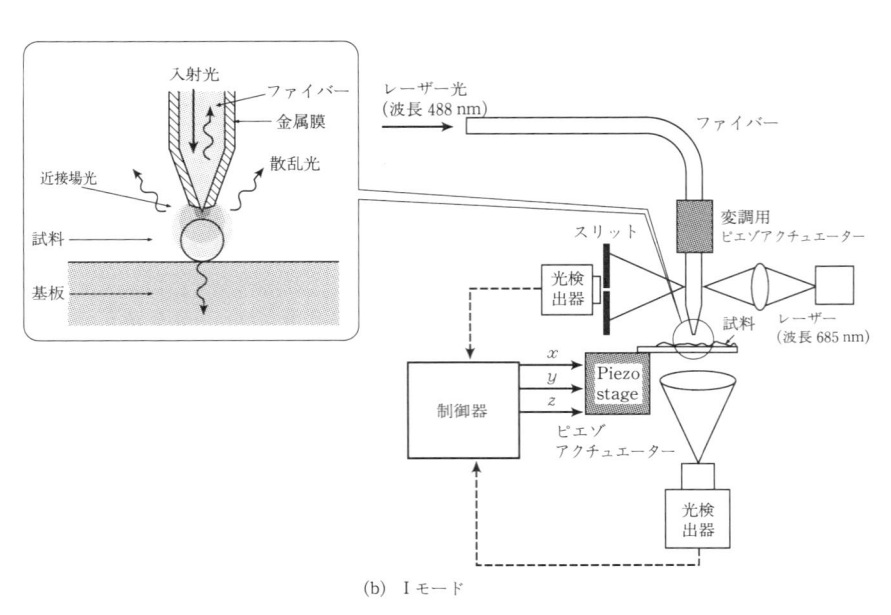

図 4.7.3 NOM の装置例（内挿図は試料とプローブの部分の拡大図）

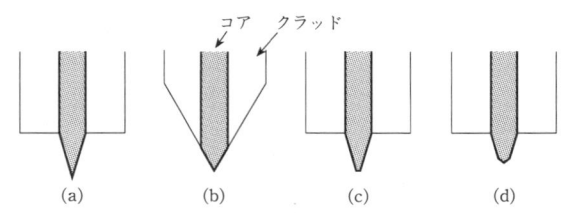

図 4.7.4 選択化学エッチングにより尖鋭化されたコアをもつファイバーの断面形状
(a) 小クラッド径型, (b) 先端平坦型, (c) ペンシル型, (d) 二重尖鋭型.

それを解決する方法として緩衝フッ酸溶液による選択化学エッチングによりガラスファイバーを尖鋭化し[8]，その後金属膜を蒸着し，先端部のみから蒸着膜を除去して尖鋭化ファイバーの先端部のみを露出させる方法が開発された．この方法により小さなプローブを高い再現性で実現できるが，この露出先端部が図 4.7.2 の微小球プローブに対応する．まず，体積比が $NH_4F : HF : H_2O = X : 1 : 1$ なる溶液中にガラスファイバーを約 1 時間浸すとコアが選択的に尖鋭化され，クラッドの先端面は除去される．ここで $X>5$ ではコアの尖鋭角は X の値によらずコア中の GeO_2 濃度によって決まる．このことは尖鋭角がエッチング溶液の組成のばらつきによらず，高い再現性で作成できることを示している．

上記の基本的なエッチング過程を修正すると，図 4.7.4 および次に示すように多様な先端形状のファイバーが得られる．

(a) 小クラッド径型[8]：高分解能を得るのに適する．先端の電子顕微鏡を図 4.7.5

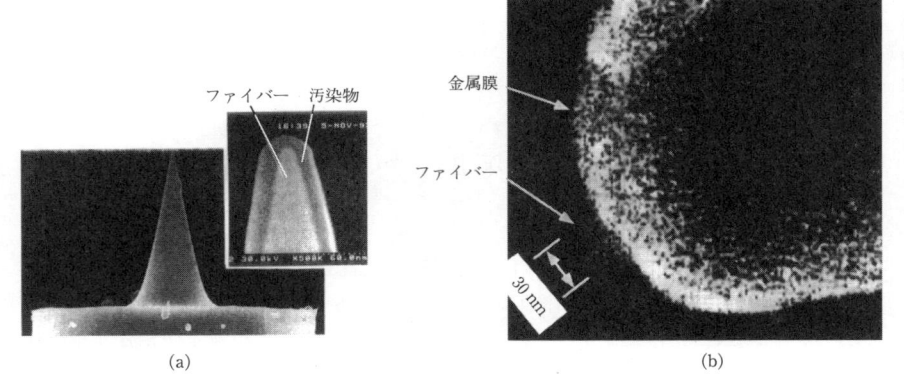

図 4.7.5 尖鋭化ファイバーの電子顕微鏡写真
(a) クラッド直径を 8 μm まで減少させた小クラッド型の尖鋭化ファイバー．右上図は先端部の拡大写真（写真の横幅は 1.6 μm．ファイバーには厚さ 7 nm の金属膜が蒸着されており，その表面には電子顕微鏡観察のための電子ビーム照射時に付着した汚染物の膜がある）．(b) 金属膜を蒸着後，先端部の膜を除去した後の形状．突出した尖鋭化ファイバーコアの根元の直径は 30 nm．

(a)に示す．先端曲率直径は 3 nm と推定されている．クラッド直径は 8 μm 程度まで小さくなっている (当初の値は 125 μm).
 (b) 先端平坦型[9]：生体試料観測，光機能微粒子固定，などに適する．
 (c) ペンシル型[10]：高分解能を得るのに適する．
 (d) 二重尖鋭型[11]：発光素子からの微弱な蛍光などを高感度で測定するのに適する．

次に，尖鋭化したファイバーのコア先端部を除いて根元を金属膜を蒸着することにより，近接場光の低空間フーリエ周波数成分の散乱 (C モードの場合)，発生 (I モードの場合) を防ぎ，高い分解能を得る．その際，可視光に対して表皮厚の大きいアルミニウム，金などを蒸着する．その後はエッチングにより金属膜表面を除去し，コア先端のみを突出させる．その結果の電子顕微鏡写真を図 4.7.5(b) に示す．突出したコアの根元が開口直径に相当するが，この図ではその値は約 30 nm である．

なお，図 4.7.5(b) のように金属膜が開口を有し，そこからコア先端が突出している尖鋭化ファイバーをプローブとして用いる場合，開口直径とコア先端曲率直径とによって決まる範囲内の寸法をもつ近接場光が散乱または発生する．すなわち近接場光の検出効率は空間フーリエ周波数軸上では帯域通過特性を示し，その高域遮断周波数はコア先端曲率直径によって決まる．これが分解能の目安を与える．

4.7.3 測　定　例

a. 基本的特性の評価

図 4.7.1(a) の計算結果を裏付ける実験結果が報告されている[5]．すなわち，蛍光色素分子を含む直径 100 nm のポリスチレン球をガラス基板に固定し，基板裏面から全反射角でアルゴンレーザー光を入射して色素を励起し，蛍光を発生させる．この球に C モードの NOM 用のファイバープローブを近づけ，球表面からの距離の関数として近接場領域における蛍光強度を測定する．これにより，球およびそれと相互作用しているプローブ先端の寸法程度の「しみだしの厚み」をもつ近接場光の特性が確認されている．

さらに，この測定の際，プローブによる蛍光の散乱および集光の効率の値は球から発生する蛍光の強度分布が全立体角にわたり均一であるとした場合の 10 倍以上であることが確認された[5]．これはプローブと色素分子との間の近距離電磁相互作用に起因する．すなわち，プローブが近接するので蛍光を発するための色素周囲の輻射場モードが自由空間の輻射場モードとはもはや異なり，蛍光強度が指向性を示している．いわば共振器内量子電気力学の現象が現れている．このような現象は蛍光寿命がプローブ位置によって異なるという報告によっても裏付けられている[12]．4.7.1 項の最後で述べた検出効率の空間フーリエ周波数依存性は金微粒子を標準試料として推定

されており，高域遮断周波数から推定される分解能の目安として 0.8 nm が得られている[13]．

b. 生体試料の計測

光学顕微鏡の主要な適用分野は生体試料観測である．そのためには NOM に期待される性能は高い分解能を保ちながら水中で観測できること，蛍光を測定できること，などである．ここでは二つの測定法による結果を示す．

1) C モードでの測定

NOM の性能評価も兼ねて，サルモネラ菌の直線状の鞭毛[14]をガラス基板に固定したものが試料として使われている．実験装置の基本的部分は図 4.7.3 (a) に示すとおりである．光源にはアルゴンレーザーを用い，その偏光を波長板によって調節する．基板状に固定された複数の鞭毛の電子顕微鏡像によると鞭毛直径は 25 nm であることがわかっている．

C モードにより空気中で得た複数の鞭毛の像を図 4.7.6 (a) に示す[15]．これは入射光を s 偏光にして測定した結果であり，その電界ベクトルの方向は基板表面内にある．入射光の波数ベクトルは図の左上から右下に向いている．ここでは図 4.7.4 (b) と同形のプローブを用いた．この図はプローブ先端と試料の距離を 15 nm に固定しながら走査した結果である．そのためにはプローブ用ファイバーの末端での検出光強度が一定になるようにプローブ位置を制御している．この図では入射光の波数ベクトルと直角方向に固定された鞭毛の像のほうが，平行に固定されたものよりも明瞭に，

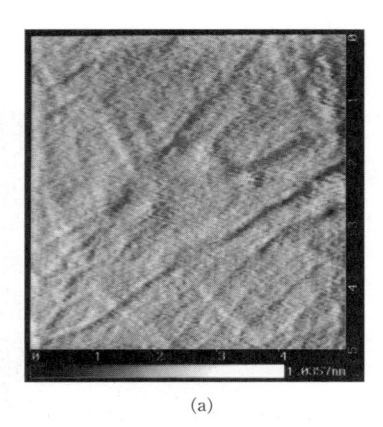

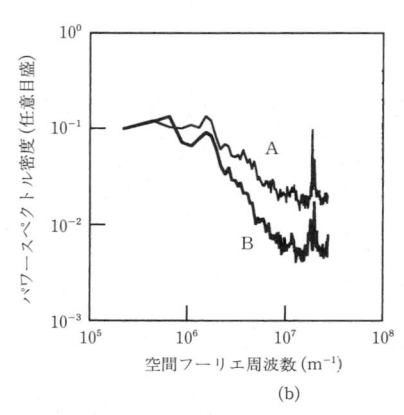

図 4.7.6 サルモネラ菌の鞭毛の測定結果
(a) ガラス基板に固定された複数のサルモネラ菌の鞭毛（提供：帝京大学相沢慎一教授）を観察した結果．図の 1 辺は 5 μm．(b) 複数のサルモネラ菌の鞭毛像の各画素の光強度から空間パワースペクトル密度を計算した結果．曲線 A, B は試料とプローブとの距離がそれぞれ 15 nm, 65 nm の場合．

かつその幅が細く見えている．

さらに，プローブ先端と試料の距離を65 nmに増加してこの図と同じ像を観察すると各鞭毛の像が明瞭でなくなり，分解能が低く感じられることが確認されている．これを評価するために距離15 nm，65 nmの場合について図の各画素ごとの光強度をパワースペクトル解析した結果を図4.7.6(b)に示す．これによると距離の増加とともに高い空間フーリエ周波数成分の強度が減少しており，分解能が低く感じられるのはこの減少に起因する．なお，これは4.7.1項の性質(1)に示したように近接場光の「しみだしの厚み」が試料の寸法に依存していることによる．すなわち，高い空間フーリエ周波数成分の近接場光の「しみだしの厚み」は小さいので，プローブ距離が増加するとこのような成分の散乱，検出効率は低下する．

一方，近接場光のベクトル的な特徴を調べるために入射光をp偏光にした場合，同一の鞭毛が2本隣り合って並んだ像が観察されている．これは近接場光によってプローブ先端に誘起される分極の方向の違いによって説明されている[15]．以上のように，NOMの動作原理に基づき，像の主要な特徴が解釈できる．

図4.7.6(a)と同じ測定条件において鞭毛端部の像を拡大して観測した結果を図4.7.7(a)に示す．この図の鞭毛直径は約30 nmである．これは電子顕微鏡による直径と大差ない値であり，従来の光学顕微鏡に比べ高い分解能が実現したことを意味している．

水中での試料観測では水の粘性のためにプローブの走査速度は減少するが，Cモードではせん断応力などの補助的手段をプローブ位置制御のために利用しなくともよいので，空気中と同様の測定が可能である．たとえば図4.7.7(b)には複数の鞭毛の末

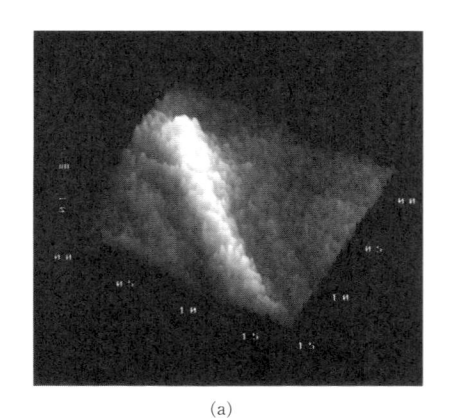

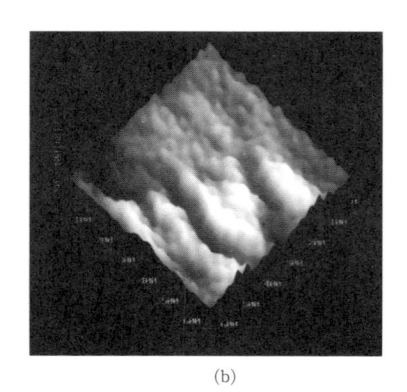

(a) (b)

図4.7.7 サルモネラ菌の鞭毛の拡大図
(a) 図4.7.6(a)と同一の条件のもとに1本の鞭毛の端部を観測した結果．鞭毛直径は30 nmに相当．(b) 水中での像．ここには5本の鞭毛の端部がある．直径は50 nm．

端部の像を示すが，その直径は 50 nm であり，同図 (a) に示す空気中の像の直径と大きな差がなく，水中でも高い分解能が維持されていることが確認できた．

2) I モードでの測定

プローブと試料との間の間隔を制御するためには，せん断応力を測定する[6]などの補助的手段が必要である．せん断応力による生体試料の損傷を避けるために，図 4.7.4 (b) のプローブを用いて下記の測定が行われている[16]．NOM が他のプローブ顕微鏡と大きく異なる点の一つは試料内部の表面近傍の内部構造が見えることである．たとえばニューロンの軸索内部には毛細管の束があるが，軸索表面に沿ってプローブを走査することにより，軸索表面付近にある毛細管の像が得られる．これを図 4.7.8 (a) に示す．この図中の実線で示した箇所での軸索の断面上の光強度分布を同図 (b) に示すが，これより毛細管の直径を測ると 26 nm である．一方，電子顕微鏡ではこれらの毛細管を軸索から取り出して観察し，直径 25 nm の像を得ている．このことは NOM では軸索から取り出さずに，電子顕微鏡と同等の寸法の毛細管像が得られることを意味している．先端が平坦なプローブを用いてもこのような高い分解能が得られた理由は物体寸法に依存する「しみだしの厚み」をもつ近接場光による．すなわちファイバー先端と金属膜との境界の形状の曲率半径が小さいため，そこに高い空間フーリエ周波数をもつ近接場光が存在したためと推定されている．

なお，水中での観測も試みられている[17]．この場合はせん断応力を測定するためにプローブを横方向に振動させる際の共振の Q 値は水中では下がり，高い分解能が得られない．そこでせん断応力を用いる代わりに第二の波長の光を用いて C モードで試料表面に近接場光を発生させ，プローブでこれを測定して，測定値が一定になるように位置制御する方法が考案されている[18]．

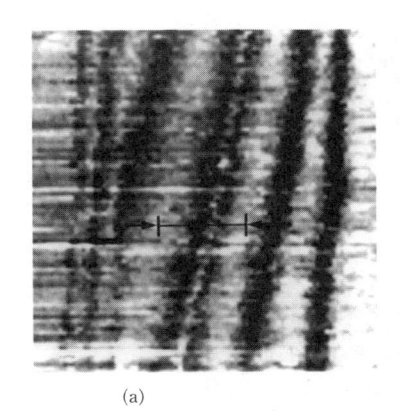

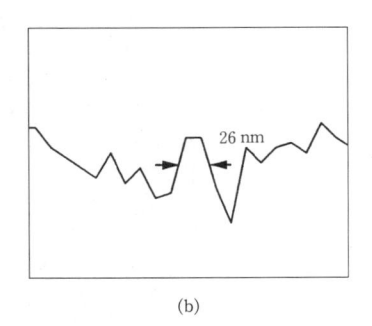

図 4.7.8 ニューロン軸索 (提供：東京医科歯科大学辰巳仁史博士) 中の毛細管の測定結果
(a) I モードで観測した結果．(b) 図 (a) の実線で示した部分の光強度断面分布．

さらに，色素分子をドープした生体試料からの蛍光も測定されており，水中での観測とも合わせてNOMの生体観測への利用価値が高まってきている．

c. 半導体，固体材料と素子の評価

従来の光エレクトロニクスの能動，受動素子は光波長以上の寸法を有するので，NOMにとっては大きな試料である．しかしその表面付近にある微小な構造変化などの計測や評価にはNOMは有効である．受動素子の例としてはY分岐のLiTaO$_3$光導波路の導波モードが観測されている[19]．図4.7.9には導波モードの光強度の空間分布の測定結果を示す．これらの結果より，光波長以下の寸法の微小散乱光源の同定，さらには導波損失の測定などが行われている．とくに半導体量子構造などの固体におけるスペクトルの不均一性に対しては光による励起，観測領域を狭めることが必須で，そのためにはNOMが有効である．以下では関連する半導体，固体材料，および素子についての計測評価例を示す．

1) 半導体量子サイズ素子

たとえば半導体の量子ドットが基板上に2次元アレイ上に成長されている場合，従来の方法では空間的分解能が不十分なので個々のドットからの発光を分離測定することができないが，NOMではそれが可能になる[20]．なお，熱によるスペクトルの広がりや量子効率の低下を避けるために極低温(液体ヘリウム温度)で動作するNOM装置が必要となる．すなわちプローブを走査するためのピエゾアクチュエーターの熱膨張係数などに注意し，熱ドリフトの少ないIモードの装置を組み立てて使う．その他

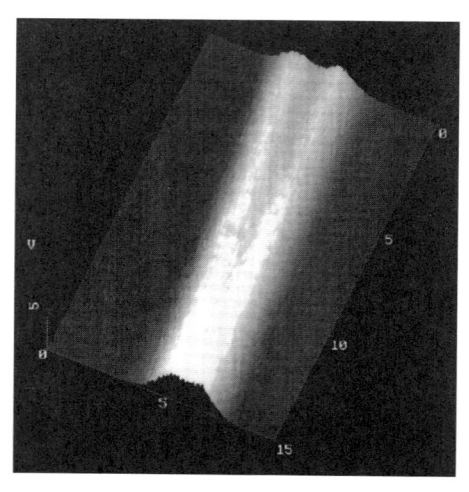

図4.7.9 Y分岐のLiTaO$_3$光導波路中の導波モードの光強度の空間分布測定結果(視野は10 μm×15 μm)

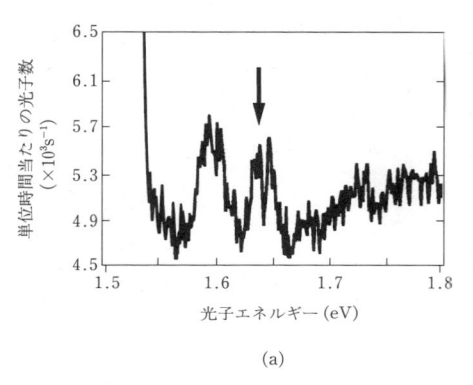

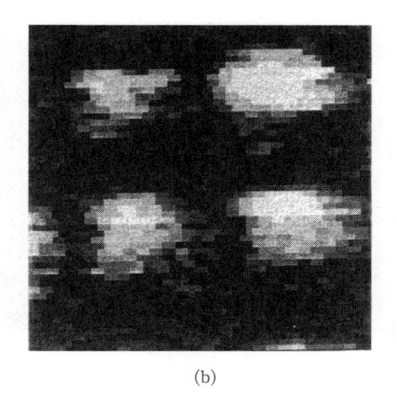

図 4.7.10
基板上に間隔 1 μm で 2 次元アレイ状に成長された直径 200 nm, 厚さ 20 nm の GaAs 量子ドット (提供：東京大学荒川泰彦教授) からのホトルミネセンスを温度 18 K で測定した結果. (a) スペクトル曲線. (b) ホトルミネセンス光強度の空間分布. この図の 1 辺は 2 μm.

の装置構成は図 4.7.3(b) と同様である. 光源はアルゴンレーザーであり, 発光スペクトルは回折格子分光器と光子計数器とで測定する. 図 4.7.10(a), (b) にはおのおの発光スペクトルおよび発光強度の空間分布の測定結果を示すが, 従来の遠視野の場合と異なり, 不均一広がりが除去でき, 幅の狭い数本のスペクトルが分離されて観測されている. とくに矢印を施したスペクトル成分は量子ドットからの発光であると推定されている.

なお, 関連する実験として温度 2 K において GaAs/AlGaAs の厚さ 2.3 nm の単一量子井戸の励起子スペクトルの測定[21]などがある.

2) 面発光素子

段差加工を施した GaAs 基板上に Si をドープした GaAs 層を MBE 成長させることにより形成された横方向 pn 接合のホトルミネセンス分光が行われている[22].

I モードのプローブ末端部からレーザー光を入射し, 先端部の近接場光で試料を励起して発光させる. その微弱な発光スペクトルを測定するが, 近接場光の発生効率を上げるために図 4.7.4(d) に記したプローブが使われている. pn 接合の各位置におけるスペクトルの中心波長, 線幅, 強度の分布などが測定されている.

この場合, キャリヤーの拡散長により測定の分解能が制限されるので, この制限を打破するために発光をプローブを通して検出する方法, すなわち C モードと組み合わせた方法がとられている. その測定結果の例を図 4.7.11 に示す. なお, 図 4.7.11 (a) はプローブと試料との間のせん断応力を測定することによって得られた表面形状分布である. 図 4.7.11(b) が発光の強度分布の測定結果である. pn 接合の遷移領域

(a)　　　　　　　　　　　　　(b)

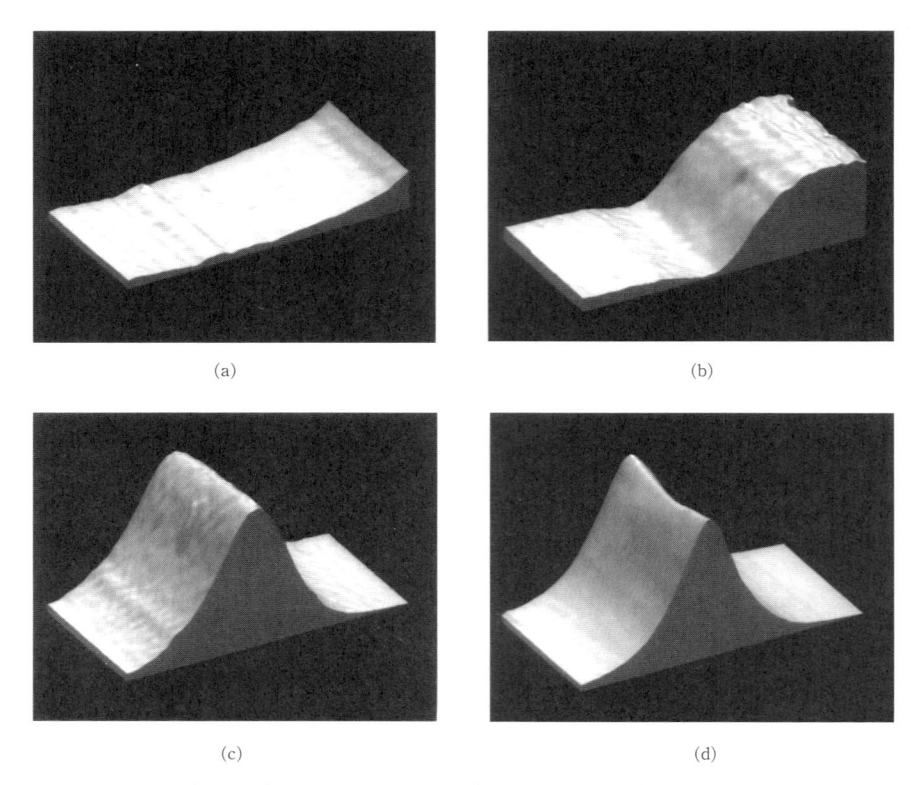

(c)　　　　　　　　　　　　　(d)

図 4.7.11　段差加工を施した GaAs 面発光素子 (提供：日本放送協会斉藤信雄博士) の測定結果　いずれも視野は $4\,\mu\mathrm{m}\times6\,\mu\mathrm{m}$. (a) せん断応力を利用して測定した表面形状. (b) ホトルミネセンス光強度の空間分布. (c) エレクトロルミネセンス光強度の空間分布. (d) 光電流の空間分布.

では発光強度が低い結果が得られ，これは生成されたキャリヤーが空乏層における内部電場のためにドリフトして発光に寄与しないためと推察された．さらに局所的な結晶成長状態の変化およびそれに伴う内部電場の乱れが検出された．要因の特定はまだなされていないが，いずれにせよ微小な構造が光学応答をとおして観測できており，NOM の特徴が顕著に現れた結果と解釈できる．

このほか，図 4.7.11 (c) のエレクトロルミネセンスの測定結果より，発光強度分布の断面形状の非対称性が明らかにされている．これは電子とホールの移動度の違い，あるいは p 領域と n 領域の界面，向きなどに起因していると推察され，図 4.7.11 (d) の光電流の測定結果に密に関係している．

図 4.7.11 (d) の光電流測定を行う際，複数の波長の光源を用い，試料への近接場光のしみこみ深さを調節し，試料内部の光電流分布を測定することにより，pn 接合

の界面の傾斜角が見積もられた[23]．

3) その他の材料の計測

単一色素分子からの蛍光とその消光現象[12]，応力下でのルビーの蛍光スペクトル[24]，ダイヤモンドのラマンスペクトル[25]などが報告されている．このほか金属膜上のプラズモン波動の検出[26]などが行われている．

4.7.4 加工と制御への応用

a. 光記録とナノホトニクス

近接場光のもつ光エネルギーを利用すれば物質表面の加工が可能である．これまでにIモードのプローブ先端からしみだす近接場光により光メモリー材料に記録する試みが報告されている．従来の光記録とは異なり，回折限界を越えた記録が可能になる．光磁気記録材料であるCo/Ptにアルゴンレーザーを用いて，熱モードで記録し，ピットの直径約100 nm，記録密度45 Gb/inch^{2}を得ている[27]．記録装置寸法を小型化するために同じ記録を半導体レーザーを光源として行う試みも報告されている[28]．なお，図4.7.1(b)に示したようにプローブと試料の寸法に関して共鳴効果が存在するので，光記録材料の粒径に等しい寸法の先端をもつプローブを用いることがもっとも効率がよいが，従来の試みではプローブ先端の大きさより材料の粒径のほうが小さく，したがって記録ピットの大きさは材料の粒径によって決まっている．

なお，上記の熱モード光記録では再生の際にもIモードのNOMを用いて近接場光の偏光状態の変化を測定するが，プローブからしみだす近接場光の偏光状態自身がプローブ形状，構造に大きく依存するので，再生装置の再現性が問題である．これを解決するために光子モードでの記録が試みられている[29]．

これはジアゾベンゼン誘導体のホトクロミック材料のラングミュアブロジェット(LB)膜を記録材料とし，波長350 nmの紫外光の近接場光を局所的に照射して，トランス形異性体からシス形異性体へと変化させることにより記録を行う．再生にはトランス形とシス形の異性体の吸光度が上記波長の光に対し互いに異なることを利用し，NOMにより記録材料の光透過率の局所変化を測定することにより行う．図4.7.12(a)に示すようにこの場合も上記の熱モード記録と同様の寸法(直径約50 nm)の円形の記録ピットが実現している．なお，図4.7.12(b)はプローブを1次元的に走査することにより，実現した直線の記録である．この直線の幅も図4.7.11(a)の直径と同等である．

実用化に向けて解決すべき課題は，① 高感度プローブの開発，② 高感度記録媒体の開発，③ プローブの高速走査，④ 関連するソフトウェアの開発，などである．

なお，ここで示した光子モードの光記録は見方を変えれば局所的な光化学反応の応用と考えることができる．したがって熱モードによる方法も併せ考えると光記録のみ

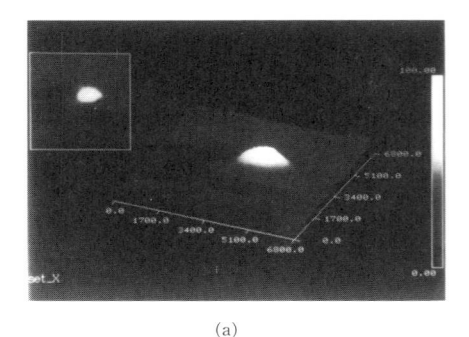

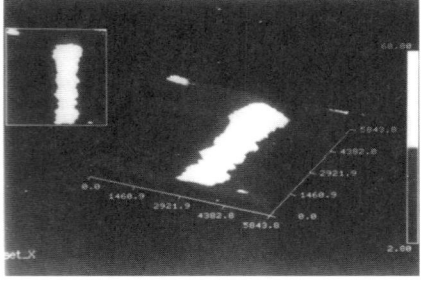

図 4.7.12 光子モード光記録の結果を NOM プローブで観測した結果
(a) 円の記録,直径は約 50 nm. (b) 直線の記録,幅は約 50 nm.

ならず,将来はその他のナノメーター加工,すなわちレーザートリミング,レーザーアニーリングなどへの発展も期待できる.とくに高密度の ULSI 用のホトマスク修正が可能となれば大きなインパクトが期待できる.

さらに,微小な光機能素子への期待も高まっている.たとえば半導体量子ドットなどの微粒子の非線形光学現象を利用した光スイッチング,光増幅などの光機能が実現すれば,ナノホトニクス素子の実現が可能となる.

b. 原子操作とアトムホトニクス

近接場光を使って加工の極限形態としての単原子の操作の実現が期待されている.すなわち原子レベルで新物質を創造し,極微細領域での光機能を発現させるアトムホトニクスの開拓である.とくにナノメーター領域に局在させた近接場光の双極子力を用いると真空中の気相原子の運動を制御することができる.非伝搬光である近接場光では物質表面に対し法線方向の波数成分は虚数であり,平行方向の成分の値は伝搬光に比べずっと大きい.つまり,物質表面と平行方向の場の運動量成分が大きく,この大きな場の運動量は原子のような微小粒子に対しては大きな力学的作用を及ぼす.

本方法の利点は原子の共鳴周波数に合致した光周波数をもつ光源を用意すれば多種類の原子を操作できることである.多くは波長 200~400 nm の光であり,Si などの応用上重要な原子に対して適用できる.アトムホトニクスのために重要なのは 1 次元的または 0 次元的操作である.以下にはこれらについて概説する.

1) 1次元的な操作

図 4.7.13 は中空ファイバー内壁面上の近接場光を用いた原子誘導の原理,構成である.内壁面への吸着を避け,原子を誘導するためには,まず原子の共鳴周波数に対し高周波側に離調した光を円筒コア中空ファイバーのコア中に導波させる.そして内壁面上にしみだした円筒状の近接場光により中空ファイバー内壁に向かう原子を反発

4.7 近接場光計測

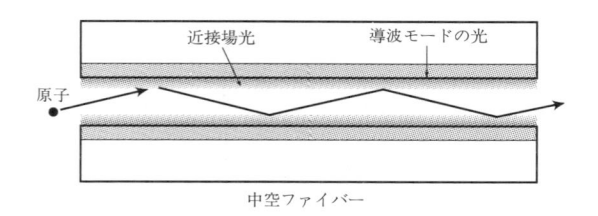

図 4.7.13 中空ファイバー内壁面上の近接場光を用いた原子誘導の原理と構成の説明図

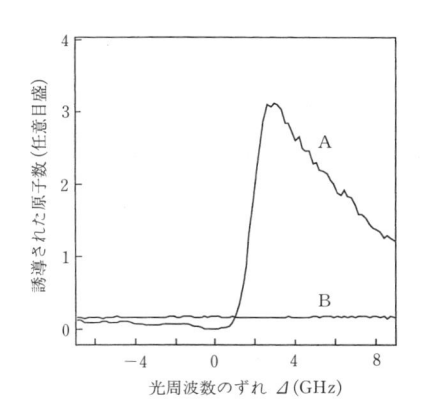

図 4.7.14 Rb 原子共鳴周波数に対する近接場光の光周波数のずれ Δ に対する誘導された原子数の測定結果
A:測定結果. B:近接場光がないとき,中空ファイバー内を直進する原子の数.

させ,出口まで誘導する.図 4.7.14 に実験結果を示す[30].ここでは内径 7 μm,長さ 3 cm の中空ファイバーにレーザー光を入射して最低次のモード (LP_{01}) を導波させ,内壁に発生した近接場光の双極子力により,Rb 原子 (共鳴波長 780 nm) を誘導した.内径 2 μm の中空ファイバー[31]でも実験が行われている.この図は光周波数と原子共鳴周波数との差に依存して誘導効率が変化することを示している.図 4.7.15 はこの依存性を用いて ^{85}Rb,^{87}Rb の間の同位体分離を行った結果を示す.このほかに誘導された原子を結晶基板の上に固定し,原子レベルで結晶成長することも可能である.このようにして新しい物質創造,アトムホトニクスが期待される.このほかにもこの技術は共振器内量子電気力学現象[32],ベリー位相[33],Aharonov-Casher 効果[34],ボーズ-アインシュタイン凝縮[35]など物理学の基礎的現象を調べるための有力な道具になる.たとえば,内壁面の空洞ポテンシャルに起因する誘導パワーのしきい値の存在が実験により確認されたが,これは共振器内量子電気力学現象を反映した結果で

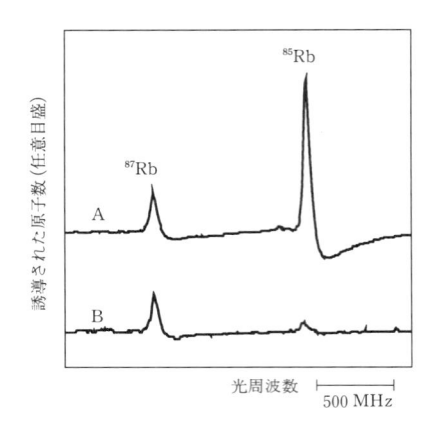

図 4.7.15 中空ファイバーにより誘導された ^{85}Rb, ^{87}Rb のスペクトル
A：近接場光の光周波数のずれ $\varDelta$ を調節し両同位体を透過させた場合.
B：^{85}Rb を阻止し，^{87}Rb のみを透過させた場合.

ある.

2) 0次元的な操作

図 4.7.16 に示すように NOM プローブ先端にしみだす近接場光の中に 1 個または少数個の原子を捕獲する方法が提案されている[36,37]．これはプローブ表面と平行方向の近接場光の波数が非常に大きいことを利用して，熱運動している原子の飛行方向を急速に反転させるとともに，強く局在した場からの双極子力で捕獲しようというものである．捕獲のためのポテンシャル深さを表す熱運動等価温度は数百 μK である．これはレーザー冷却された原子に対しては十分大きな値である．最近はこれと類似の提案が多数なされるようになった[38]．捕獲された原子を冷却結晶基板に固定し，単原子レベルでの堆積，結晶成長などの可能性に期待が集まっている．将来へ向けてのアト

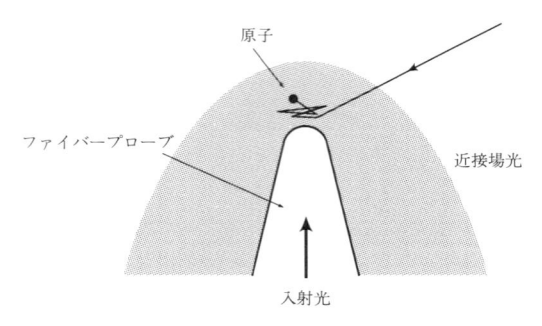

図 4.7.16 NOM 用プローブ先端にしみだす近接場光の中に原子を捕獲する方法の概念図

ムホトニクスへ向けての進展が急になっている.

　局在した近接場光を用いれば原子だけでなく光波長以下の寸法をもつ微粒子の捕獲,操作なども可能である.とくに水中での生体微粒子捕獲,操作は従来は伝搬光を集光して行っていた.このとき光のエネルギー伝搬方向と波数ベクトルの方向は通常は平行であるが,近接場光の場合は直交するので,捕獲のみでなく,回転,並進など操作の自由度が増える.これにより生体微粒子の操作の多様性が増大すると考えられる.

展　　望

　NOMは単に光の波長以下の寸法の物体像やその構造を観察する超微細光計測装置としてのみではなく,新しい微小物質をつくりだす加工機,操作機としての機能をもっている.この機能こそが微小半導体デバイス,光メモリー,さらにはバイオテクノロジー,マイクロマシンなどの広い分野に適用可能な理由である.また,その動作原理の基礎も奥深く,従来の光学ではカバーしきれない内容も含まれる.すなわちNOMを扱う近接場光学,ナノホトニクス,アトムホトニクスの基礎と応用はきわめて多岐にわたり,発展すると考えられる.　　　　　　　　　　　　　　　　[**大津元一**]

引 用 文 献

1) E. H. Synge : *Phil. Mag.*, **6** (1928) 356-362.
2) D. W. Pohl : Near Field Optics, D. W. Pohl and D. Courjon eds., Kluwer, Dordrecht, 1993, p. 1.
3) M. Ohtsu : *J. Lightwave Technol.*, **13**-7 (1995) 1200-1221.
4) K. Jang and W. Jhe : *Opt. Lett.*, **21**-4 (1996) 236-238.
5) T. Saiki *et al.* : *Opt. Lett.*, **21**-9 (1996) 674-676.
6) E. Betzig *et al.* : *Appl. Phys. Lett.*, **60**-20 (1992) 2484-2486.
7) K. Liberman *et al.* : *Science*, **247** (1990) 59-61.
8) T. Pangaribuan *et al.* : *Scanning*, **16** (1994) 362-367.
9) R. Uma Maheswari *et al.* : *J. Lightwave Technol.*, **13**-12 (1995) 2308-2313.
10) S. Mononobe and M. Ohtsu : *J. Lightwave Technol.*, **15**-6 (1997) 1051-1055.
11) T. Saiki *et al.* : *Appl. Phys. Lett.*, **68**-19 (1996) 2612-2614.
12) X. S. Xie and R. C. Dunn : *Science*, **265** (1994) 361-364.
13) R. Uma Maheswari *et al.* : *Opt. Commun.*, **131** (1996) 133-142.
14) T. Hirano *et al.* : *J. Biotechnol.*, **176** (1994) 5439-5449.
15) M. Naya *et al.* : *Opt. Commun.*, **124** (1996) 9-15.
16) R. Uma Maheswari *et al.* : *Opt. Commun.*, **120** (1995) 325-334.
17) H. Muramatsu *et al.* : *Appl. Phys. Lett.*, **66**-24 (1995) 3245-3247.
18) R. Uma Maheswari *et al.* : *Opt. Rev.*, **3**-6B (1997) 463-467.
19) Y. Toda and M. Ohtsu : *IEEE Photonics Technol. Lett.*, **7**-1 (1995) 84-86.
20) Y. Toda *et al.* : *Appl. Phys. Lett.*, **69**-6 (1996) 827-829.
21) H. F. Hess *et al.* : *Science*, **264** (1994) 1740-1745.
22) T. Saiki *et al.* : *Appl. Phys. Lett.*, **67**-15 (1995) 2191-2193.

23) T. Saiki et al.: *Appl. Phys. Lett.*, **69**-5 (1996) 644-646.
24) P. J. Moyer et al.: *Phys. Lett.*, **A145**-6 (1990) 343-347.
25) D. P. Tsai et al.: *Appl. Phys. Lett.*, **64**-14 (1994) 1768-1770.
26) P. Dawson et al.: *Phys. Rev. Lett.*, **72**-18 (1994) 2927-2930.
27) E. Betzig et al.: *Appl. Phys. Lett.*, **61**-2 (1992) 142-144.
28) S. Hosaka et al.: *Jpn. J. Appl. Phys.*, **35**-1B (1996) 443-447.
29) S. Jiang et al.: *Opt. Commun.*, **106** (1994) 173-177.
30) H. Ito et al.: *Phys. Rev. Lett.*, **76**-24 (1996) 4500-4503.
31) S. Sudo et al.: *IEEE Photohics Technol. Lett.*, **2**-2 (1990) 128-131.
32) C. I. Sukenik et al.: *Phys. Rev. Lett.*, **70**-5 (1993) 725-728.
33) H. P. Breuer et al.: *Phys. Rev. A.*, **47**-1 (1993) 560-563.
34) Y. Aharonov and A. Casher: *Phys. Rev. Lett.*, **53**-4 (1984) 319-321.
35) M. H. Anderson et al.: *Science*, **269** (1995) 198-201.
36) 大津元一他:第51回応用物理学会講演会予稿集, 27 aL 9, 1990年9月.
37) M. Ohtsu et al.: Near Field Optics, D. W. Pohl and D. Courjon eds., Kluwer, Dordrecht, 1993, pp. 131-139.
38) V. V. Klimov and V. S. Letokhov: *Opt. Commun.*, **121** (1995) 130-136.

さらに勉強するために
1) M. Ohtsu: Near-Field Nano/Atom Optics and Technology, Springer-Verlag, 1998.
2) M. Ohtsu and H. Hori: Near Field Nano-Optics, Plenum, 1999.
3) 大津元一:ナノ・フォトニクス, 米田出版, 1999.

4.8 フェムト秒域の光波技術

はじめに

 高速性の追求はいつの時代にも科学技術の飛躍的発展のための原動力の一つである．フェムト秒（～10^{-15}秒＝～1 fs）光波技術はその最先端にあり人類がつくりだした最高速技術である．また時間 t があらゆる自然現象を記述する基本パラメーターであるため，この技術は自然科学の全分野でこれまで未知であった極限時間域の現象の解明と制御の研究に唯一の強力な手段を提供し，新しい学際的分野を生み出す革新的な力をもっている．すなわち本技術の特徴は，① 時間の顕微鏡，② 極限時間域の量子コントローラー，③ 超高密度パワー性，④ 超高密度信号性，⑤ 全学際分野横断性にある．

 本節では，このような特徴を有する最先端レーザー技術をベースとしたフェムト秒域の光波の発生・制御・計測と分光への応用に関して，それぞれの代表的な原理・手法など必要最小限の基礎とそれらの現状について簡潔に述べる．

4.8.1 フェムト秒 (fs) パルスレーザー

 現在 100 fs 以下のパルス列を発生できるレーザーは色素レーザーと新固体レーザー（ファイバーレーザーを含む）である（半導体レーザーは利得帯域幅の制限により 100 fs 以下のパルス発生はできない）．これらは，もう一つの高安定連続 (CW) 発振レーザー（Ar^+ レーザー，半導体レーザー，半導体レーザー励起固体レーザーあるいはその第 2 高調波光）により励起され発振する．

 超短レーザーパルス発生法には，共振器外部からの電気あるいは光信号による変調を利用する能動制御法と，レーザーパルス光自身が共振器内で引き起こす非線形現象（過飽和吸収，利得飽和，非線形屈折率効果など）により生じる自己振幅変調を利用する受動制御法とがある．しかし，前者では変調信号のジッターのため 100 fs 以下のパルス列発生は困難である．後者においては，発生パルス自身が共振器内で自動的にタイミング制御を行うためこのことにわずらわされることはない．したがって以下後者に限定する．

a. 原　　　理
1) 自己振幅変調による超短光パルス発生

図 4.8.1 に，フェムト秒光パルス列を発生させるために必要な，共振器内の線形・非線形光学現象を示す．レーザー発振に必要な広帯域増幅利得 [g, 共振器 1 周当たりの利得：$\Omega_g = 2\pi\Delta\nu_g (\Delta\nu_g \geq 10 \text{ THz})$, 発振可能帯域：$g_0(1+\Omega_g^{-2}d^2/dt^2)$] と共振器 [$l_0$, 線形出力損失：$jx$, 1 周後の搬送波位相シフト：$-(l_0+jx)$] に加えて，自身のパルス強度あるいはエネルギーによってパルス中心部に実効的な利得を与え，パルス両すそ部に損失を与えるよう制御する自己振幅変調 (SAM, self-amplitude modulation)，スペクトル幅を広げることによっていっそうの短パルス化を可能にする自己位相変調 (SPM, self phase modulation：$j\overline{\phi}_0|E(t)|^2$)，チャープ補償を行う群速度分散 ($D: -jD_0 d^2/dt^2$) の組合せが必要である[1]．

安定な超短光パルス発生に必要な SAM は，速い可飽和吸収作用 (FSA, fast saturable absorber action) のみ (1 の方法)，あるいは遅い可飽和吸収作用 (SSA, slow saturable absorber action) と遅い利得飽和作用 (SGS, slow gain saturation) とを組み合わせた (2 の方法) 非線形光学現象を利用して得られる．可飽和吸収とは，吸収体への入射光強度 (あるいはエネルギー) が増加すると急激に吸収量が減少し透過量が増加する非線形吸収現象のことをいい (図 4.8.2)，入射光パルス (その電場 $E(t)$) 幅

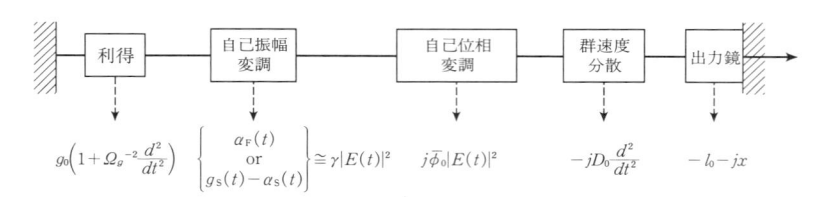

図 4.8.1 フェムト秒パルスレーザーに必要な線形・非線形光学現象

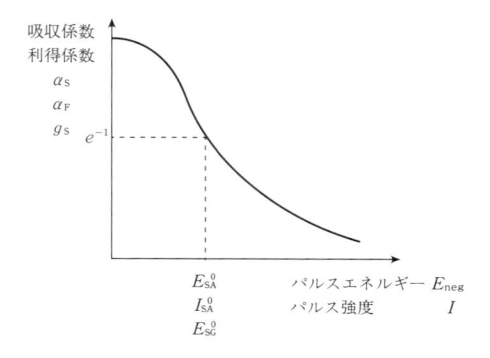

図 4.8.2 可飽和吸収・利得飽和

τ_P より非線形吸収回復時間 T_A が遅い場合が SSA であり，τ_P と同程度以下の場合が FSA である．前者の場合吸収係数 $\alpha_S(t)$ は，時間的に変化する入射パルス自身のエネルギーの増加とともにそのパルス幅内で指数関数的に減少し，

$$\alpha_S(t) = \alpha_S^0 \cdot \exp\left[-\int_{-\infty}^{t} |E(t')|^2 dt'/E_{SA}^0\right]$$
$$\cong \alpha_S^0 \left\{1 - \int_{-\infty}^{t} |E(t')|^2 dt'/E_{SA}^0 + \left[\int_{-\infty}^{t} |E(t')|^2 dt'\right]^2 / 2(E_{SA}^0)^2 \right\} \quad (4.8.1)$$

で表される．後者の場合 $\alpha_F(t)$ は，時間的に変化する入射パルス自身の瞬時強度の増加とともにパルス波形に追随して指数関数的に減少しパルスピークを過ぎると再び増加に転じる．すなわち

$$\alpha_F(t) = \alpha_F^0 \cdot \exp[-|E(t)|^2/I_{SA}^0] \cong \alpha_F^0 (1 - |E(t)|^2/I_{SA}^0) \quad (4.8.2)$$

で表される．同様に遅い利得飽和 SGS の場合，利得係数 $g_S(t)$ は，入射パルス自身のエネルギーの増加とともに減少し，

$$g_S(t) = g_S^0 \cdot \exp\left[-\int_{-\infty}^{t} |E(t')|^2 dt'/E_{SG}^0\right] \cong g_S^0 \left(1 - \int_{-\infty}^{t} |E(t')|^2 dt'/E_{SG}^0\right) \quad (4.8.3)$$

で表される．

したがって，前者の場合，SSA が SGS より小さなパルスエネルギーで飽和する ($E_{SA}^0 < E_{SG}^0$) 条件の下で両者を組み合わせて実効的な SAM となる (2の方法)．すなわち，これらの非線形物質光路長がパルス幅と同程度以下 ($n_0 l/c \leq \tau_P$) として，まず SSA でパルスエネルギーの小さい先端部が吸収されてパルス中心部以後は透過する自己損失変調を受け，ついで SGS でパルス先端部から中央部が増幅され後端部は増幅されない自己利得変調を受ける (図 4.8.3 (a), (b))．したがって，パルス中心部の正味利得 $g_T(t) = g_S(t) - \alpha_S(t) - l_0 > 0$ のみが正となってパルスは成長し，両端は鋭くえぐられパルス幅は狭くなる (time-window シャッター)．パルス光が共振器内を1周する時間 T_R よりも両者の回復時間 T_A, T_G が速ければ ($T_A < T_G \leq T_R$)，数千回この SAM が繰り返され定常状態に達するのでパルス幅は著しく狭くなる．これが誘導放

(a) $\alpha_S(t)$ 薄膜素子　　(b) $g_S(t)$ 薄膜素子　　(c) $\alpha_F(t)$ 薄膜素子

この部分吸収される　　この部分増幅される　　両部分吸収される

[2の方法] ⇔ (a)+(b) → $g_T(t) = g_S(t) - \alpha_S(t) - l_0$

$g_T(t) = \begin{cases} >0 \longleftarrow \text{パルス中心付近で} \\ <0 \longleftarrow \text{パルス両すそで} \end{cases}$

[1の方法] ⇔ (c) → $g_T(t) = g_0 - \alpha_F(t) - l_0$

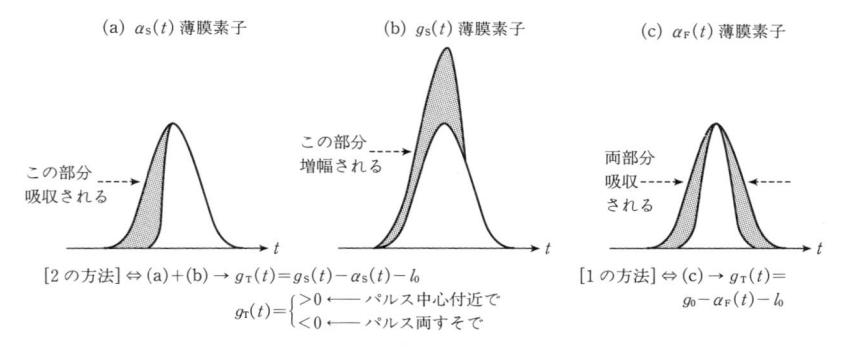

図 4.8.3　自己振幅 (利得および損失) 変調による超短光パルス形成過程

出断面積 σ_S が大きくて（$\sim 10^{-16} \mathrm{cm}^2$）利得飽和の生じやすい色素レーザーからの超短パルス列発生の原理である．

さらに，レーザー共振器をリング型にし，SSA と SGS との間隔を共振器全長 L の 1/4 にすると，SSA から発生して左右両回りのエネルギーの等しいパルスは再び同時刻に SSA で出会う（colliding）ので，和以上のパルスエネルギーでより強く SSA を起こしパルス幅を狭くできる．かつ正確に出会うときのみ共振器内損失が最小になりレーザー発振するので自動的に安定化する．これが衝突パルスモード同期（CPM, colliding pulse mode-locking）である．

一方，σ_S が小さく（$\sim 10^{-19} \mathrm{cm}^2$）利得飽和の生じにくい固体レーザーやファイバーレーザーでは，time-window シャッターとして作用する SAM として，FSA のみを利用する（1 の方法：図 4.8.3 (c)）．FSA の場合，入射パルス強度の弱い両端のすそが強く吸収され，中央部は吸収飽和状態のため透過する理想的な自己損失変調を受け，これが増幅と交互に共振器内で何千回も繰り返し，狭いパルス列が発生される．後述するカーレンズモード同期（KLM）はこの FSA 作用に基づく超短パルス列発生法である．

2) 自己位相変調と分散との組合せによる極短パルス化

a) 分　散　パルス半値全幅 τ_p が搬送波の中心周波数 $\nu_0 = \omega_0/2\pi$ の逆数に近づくにつれて，その電場振幅 $E(t)$ のフーリエ変換 $[E(\omega) = F(E(t)) : \mathrm{F} 変換]$ 計算を通して求められるスペクトル $I(\omega)$ の半値全幅 $\varDelta \nu_p$ は急激に広がる．一方，レーザー共振器を構成する利得媒質など（長さ l）の光学素子の屈折率 $n(\omega)$ は周波数 $\nu = \omega/2\pi$ に依存して変化する（分散）．このため，極短パルス（その波数 $k(\omega)$）が分散媒質を透過すると，そのスペクトル幅内で（実効光路長の違いにより）ω に依存して異なった位相シフト

$$\phi(\omega) = -\omega n(\omega) l/c = -k(\omega) l \tag{4.8.4}$$

を受ける（負号は光波を $\exp j(\omega t - kz)$ と進行波として表したため：c は光速）．したがって，スペクトル成分 $E(\omega_i)$ ごとに異なった $\phi(\omega_i)$ を受けた波全体の重ね合わせの結果として，透過後の光パルス $I(t) \propto |F^{-1}(E(\omega)e^{j\phi(\omega)})|^2$（$F^{-1}$ はフーリエ逆変換（F 逆変換）を表す）は変化する（パルス幅，波形，パルス分裂，位相変調 $\phi(t)$ など）．このことを以下に最小限の数式を用いて定量的に記述する[2]．

入射パルス光の ω_0 に対して非共鳴で光学的に透明な素子の $\phi(\omega)$ は $\omega - \omega_0$ でテイラー展開して

$$\phi(\omega) = \phi(\omega_0) + \dot{\phi}(\omega)|_{\omega=\omega_0} \times (\omega - \omega_0) + \frac{1}{2!}\ddot{\phi}(\omega)\Big|_{\omega=\omega_0} \times (\omega - \omega_0)^2 \tag{4.8.5}$$

$$+ \frac{1}{3!}\dddot{\phi}(\omega)|_{\omega=\omega_0} \times (\omega - \omega_0)^3 + \cdots$$

と表せる．ただし，・は ω に関する微分を表す．

$$\dot{\phi}(\omega_0) = -\dot{k}(\omega_0)l = -v_g(\omega_0)^{-1}(群速度\ v_g\ の逆数) \times l \tag{4.8.5 a}$$
$$= -t_g(\omega_0)(群遅延時間)$$
$$\ddot{\phi}(\omega_0) = -\ddot{k}(\omega_0)l \tag{4.8.5 b}$$
$$= -(群速度分散:GVD, group\ velocity\ dispersion)$$
$$\dddot{\phi}(\omega_0) = -\dddot{k}(\omega_0)l \tag{4.8.5 c}$$

位相シフトが ω の2次以上の関数で変化する媒質 ($\ddot{\phi} \neq 0$, $\ddot{k} \neq 0$) を群速度分散 (GVD) 媒質といい，ガラス・結晶・液体・気体などの $n(\omega)$ 媒質に加えて，レーザー共振器鏡 (誘電体多層膜鏡)，プリズム，回折格子，干渉計などの光学素子も含まれる．この場合 $\ddot{k} > 0$ ($\ddot{\phi} < 0$) の媒質を正の GVD (正常分散) 媒質, $\ddot{k} < 0$ ($\ddot{\phi} > 0$) の媒質を負の GVD (異常分散) 媒質という．通常，吸収域以外では物質は正の GVD を示す．

一般に，パルス波形 $I(t)$ の半値全幅とそのスペクトル $I(\omega)$ の半値全幅の積 $\tau_p \times \Delta\nu_p \geq k$ (k はガウス型 $(\exp(-t^2/\tau_p'))$ パルスでは 0.441, $((\mathrm{sech}(t/\tau_p''))^2$ パルスでは 0.315) は，パルスの振幅変化 $|E(t)|$ と位相変化 $\phi(t) = \tan^{-1}[Im\ E(t)/Re\ E(t)]$ とに応じて異なり，k より大きい．しかし，たとえば位相変調のない ($\phi(t)$=一定) 単一パルスの場合は k に等しい最小値を示し，このときのパルスを transform limited パルス (TL パルス：フーリエ変換限界パルス) という．

パルス幅 τ_p のガウス型 TL パルスが，$\ddot{\phi}$ の分散媒質を伝搬すると，パルス幅 $\tau_{p,out}$ は

$$\tau_{p,out} = [1 + a_0 \ddot{\phi}^2/(\tau_p)^4]^{1/2} \times \tau_p \tag{4.8.6}$$

広がり，位相 $\phi(t)$ は時間的に変化し

$$\phi(t) = -\{\ddot{\phi}/2[\ddot{\phi}^2 + (\tau_p)^4/a_0]\}t^2 - \omega_0\dot{\phi} + \phi_0 + \theta/2 \equiv Ct^2/2 + 一定 \tag{4.8.7}$$

と2乗変調を受ける ($a_0 = 16(\ln 2)^2$, $\theta = \tan^{-1}[\ddot{\phi}(2\sqrt{\ln 2}/\tau_p)^2]$, $\phi_0 = \phi(\omega_0)$). すなわち周波数

$$\delta\omega(t) = d\phi(t)/dt = -\{\ddot{\phi}/[\ddot{\phi}^2 + (\tau_p)^4/a_0]\}t \equiv Ct$$

が時間 t の1次関数で掃引される [線形チャープ (C：チャープ係数) という：t とともに $\delta\omega(t)$ が増加する場合アップチャープ ($\ddot{k} > 0$ ($\ddot{\phi} < 0$, $C > 0$))，逆の場合ダウンチャープ ($\ddot{k} < 0$ ($\ddot{\phi} > 0$, $C < 0$))]．しかし，スペクトル幅 $\Delta\nu$ は変化しない．これは前述のように入射パルス振幅 $E(t)$ を F 変換した後，式 (4.8.5) の $\exp(\phi(\omega))$ を乗じて，さらにそれを F 逆変換することによって求められる[2]．式 (4.8.5) の第2項は ω_0 を移動させる (群遅延項) のみで第3項 (GVD 項) がもっとも大きく影響する．ただしここでは，$\ddot{\phi}$ 以上の高次項は無視した．第3項を時間領域で表すと，F 変換の性質より

$$D = -j\frac{\ddot{\phi}}{2}\frac{d^2}{dt^2} \tag{4.8.5 b}'$$

と書ける．したがって分散効果を時間域微分方程式で表す場合には，式 (4.8.5) の代

わりに式(4.8.5 b)′に対応する式を用いる．式(4.8.6)，(4.8.7)の結果は物理的には次のように理解できる．たとえば正常分散($\ddot{k}>0$)素子での伝搬を考えると

$$\ddot{k}=\frac{\Delta \dot{k}}{\Delta \omega}=(\text{式}(4.8.5\text{a})\text{より})=\frac{1}{\omega_1-\omega_2}\left(\frac{1}{v_g(\omega_1)}-\frac{1}{v_g(\omega_2)}\right)$$

$$=\frac{v_g(\omega_2)-v_g(\omega_1)}{(\omega_1-\omega_2)v_g(\omega_1)v_g(\omega_2)}>0$$

となる．したがって，式(4.8.5 b)より，パルススペクトル幅内で$\omega_1<\omega_2$のとき$v_g(\omega_1)>v_g(\omega_2)$と高周波成分の群速度$v_g(\omega_2)$が小さく（遅く）相対的に遅れるためパルスは広がり，かつパルス後端部に高周波成分の割合が多くなるアップチャープパルスとなることを示している．このため，超短パルスレーザー共振器内の分散素子によるパルス広がりを防ぐ必要がある．その手法を次に述べる．

b) チャープ補償　線形チャープされて広がったパルス($\tau_{p,b}>k/\Delta\nu=\tau_{p,TL}$)をチャープの方向（アップ$C>0$ or ダウン$C<0$）と反対符号のGVD素子($\ddot{k}<0$ ($\ddot{\phi}>0$) or $\ddot{k}>0$ ($\ddot{\phi}<0$))に適度((4.8.11)式参照)に伝搬させて，チャープのないTLパルス($\tau_{p,TL}=k/\Delta\nu<\tau_{p,b}$)にしてパルス広がりを防ぐ方法をチャープ補償という（図4.8.4）．たとえば高周波成分が後端部にあるアップチャープパルスが，負のGVD素子を伝搬

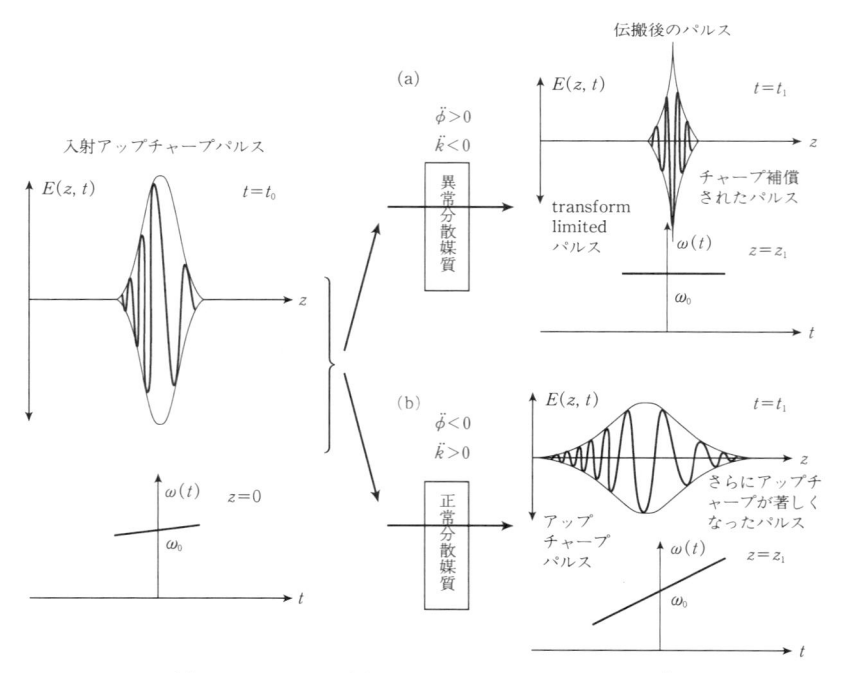

図 **4.8.4**　(a) チャープ補償と (b) チャープ($C>0$)と群速度分散($\ddot{k}>0$)が同符号の場合のパルス広がり

すると高周波成分が相対的に速く進み始めるため,パルス幅内で全周波数成分が一様に分布し位相変調のない ($\phi(t)$=const) TL パルスになりパルス幅は広がらなくなる.この関係を,分散媒質のみの場合と同様な FT 計算で,線形チャープ C のガウス型パルス (パルス幅 $\tau_{p,b}$) と $\ddot\phi$ の GVD 素子の組合せに対して求めると

$$\tau_{out}{}^C = [(1-\ddot\phi C)^2 + a_0 \ddot\phi^2/(\tau_{p,b})^4]^{1/2} \times \tau_{p,b} \tag{4.8.8}$$

$$\varphi(t)_{out}{}^C = -\{[(1-\ddot\phi C)(-C/2)+a_0\ddot\phi/2\tau_{p,b}{}^4]/[(1-\ddot\phi C)^2+a_0\ddot\phi^2/\tau_{p,b}{}^4]\}t^2$$
$$\quad -\omega_0\dot\phi+\phi_0+\frac{\theta''}{2}-\frac{\theta'}{2} \tag{4.8.9}$$

$$\Delta v_{out}{}^C = [(2\ln 2/\pi)/\tau_{p,b}] \times [1+4C^2 \times (\tau_{p,b}/2\sqrt{\ln 2})^4]^{1/2} \tag{4.8.10}$$

となる[2]. 式 (4.8.8) の $\tau_{out}{}^C$ が最小値 $\tau_{out,m}{}^C(=\tau_{p,TL})$

$$\tau_{out,m}{}^C = \tau_{p,b}/[1+C^2\tau_{p,b}{}^4/a_0]^{1/2}$$

になる $\ddot\phi_m$ は

$$\ddot\phi_m = 1/\{C[1+a_0/C^2\tau_{p,b}{}^4]\} \tag{4.8.11}$$

である.この $\ddot\phi_m$ を式 (4.8.9) に代入すると確かに t^2 の係数はゼロとなり,TL パルスになることがわかる.したがって,一般に 100 fs 以下の超短パルスレーザー共振器内には,チャープ補償素子 (ブルースタープリズム対,誘電体多層膜鏡,回折格子対,空間位相変調器など[2]) として,式 (4.8.11) に沿ってチャープ方向 C とは反対の分散量 $\ddot\phi_m$ が調整可能な GVD 素子を挿入する必要がある.

c) 自己位相変調 共振器内のチャープは,GVD 素子のみならず,非線形光学現象である自己位相変調 (SPM) によっても生じる.すなわち 3 次非線形光学現象の一つである非線形屈折率効果 ($\Delta n_e(t) = n_2 \langle |E(t)|^2 \rangle$: $\langle\ \rangle$ はサイクル平均:屈折率が入射光強度 $I(t) \propto \langle |E(t)|^2 \rangle$ に比例して変化する現象:n_2 は非線形屈折率) はさけられず,自身の位相が $\phi_e(t) = -\omega \Delta n_e(t) l/c$ に従って超高速で変調される ($j\phi_e(t) \equiv j\bar\phi_0 |E(t)|^2 (\bar\phi_0 < 0)$ で表す).一般に利得媒質や可飽和吸収媒質の電子分極 (瞬時応答する) による n_2 は正であるので (エチレングリコールの $n_2 = 3 \times 10^{-16}$ cm^2/W,サファイアの $n_2 = 3 \times 10^{-16}$ cm^2/W),これによる瞬時周波数変化 $\delta\omega(t)$ は $-dI(t)/dt$ に比

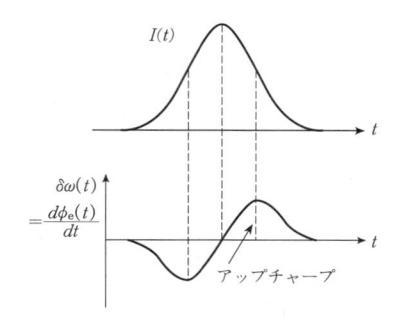

図 4.8.5 瞬時応答を示す非線形屈折率効果による自己位相変調

例するため，パルス中心付近では線形なアップチャープ（図 4.8.5 においてパルスピークで $\delta\omega(t)=0$）となる．

CPM レーザーでは，これに加えて，前述の遅い可飽和吸収 SSA による吸収係数変化 $\alpha_S(t)$ や，SGS による利得係数変化 $g_S(t)$（負の吸収とみなせる）によっても SPM が生じる．吸収（利得）スペクトルをローレンツ型 $g^l(\omega)$ と仮定するとクラマース-クローニヒ（Kramers-Krönig）の関係式

$$\Delta n = \frac{n_0\lambda}{2\pi^2}\int_0^\infty \frac{\Delta\alpha(\omega')\omega'}{\omega'^2-\omega^2}d\omega'$$

から

$$\Delta n_S(t) = \frac{\pi}{2}(\omega_0-\omega)\frac{c}{\omega_0}g^l(\omega)\alpha_S(t) \quad (\text{あるいは} -g_S(t)) \tag{4.8.12}$$

となり，上述と異なる遅い応答（$\alpha_S(t)$, $-g_S(t)$ に式 (4.8.1)，(4.8.2) を代入）の自己位相変調となる．しかし $E_{SA}<E_{SG}$ なので $-g_S(t)$ による自己位相変調は無視できる．また，$\Delta n_S(t)$ は共振器内パルスエネルギーが比較的小さいときにきいてくるが，通常の CPM パワー動作では，$\Delta n_e(t)$ による SPM が支配的となる[2,28,40]．

$\Delta n_e(t)$ によるパルス中心部でのアップチャープは，式 (4.8.8) から明らかなように共振器内の正の GVD とあいまって（$C>0$, $\ddot{k}>0$ ($\ddot{\phi}<0$)），$C=0$（式 (4.8.6)）の場合よりもいっそうパルス幅は広がり強いアップチャープとなる．したがって，この場合，より大きな負の GVD によるチャープ補償を行う必要がある．

しかし，この $\Delta n_e(t)$ による SPM は，視点をかえるといっそうの短パルス化に使える．まず，入射 TL パルス（パルス幅 $\tau_{pl}=k/\Delta\nu_l$）に対して，正の GVD が無視でき，かつ入射パルス幅の逆数 $(\tau_{pl})^{-1}=\Delta\nu_l/k$ に比べて非常に大きいスペクトル広がり $\Delta\nu_{out}$ を生じる [式 (4.8.10) で $C\gg\ddot{\phi}$；$\Delta\nu_{out}\gg(\tau_{pl})^{-1}=\Delta\nu_l/k$] ほどの，$\Delta n_e(t)$ による強いアップチャープの SPM を与える．

この大きなアップチャープパルスを負の GVD 素子によりチャープ補償し，スペクトル幅の広がった状態での TL パルスに戻す．この結果，補償後のパルス幅は $\tau_{p,out}=k/\Delta\nu_{out}\ll k/\Delta\nu_l=\tau_{pl}$ となり，もとのパルスより著しく狭くなる．これが極限的なパルス発生を可能にする光パルス圧縮の原理である．また，SAM による超短パルス列が発生可能な状態の共振器内で，正の GVD を補償する以上に負の GVD を過剰に挿入して，$\Delta n_e(t)$ の正の SPM によるパルスの広がりが生じないよう非線形効果とのバランスをとる（$N=1$ の solitary（ソリトン的）パルスを発生させる）．このことによって，10 fs 以下のパルスが KLM 法で得られている（この場合出力鏡や SAM によるパルスエネルギー損失は励起エネルギーによって補償されていると仮定する）．

以上の記述では分散については 3 次以上の高次効果を無視し，SPM については線形チャープ的である（非線形的なチャープでない）と仮定してきたが，これらの効果はパルス幅が狭くなる（~10 fs 以下）につれて無視できなくなる．

b. レーザー

100 fs 以下を発生するレーザーとしては，色素レーザー，Ti サファイアを代表とする新固体レーザー，Er イオンなどドープされたファイバーレーザーがある（表4.8.1）．ここでは代表的な前二者の装置・性能・特徴について述べる．

1) CPM 色素レーザー

多原子分子からなる有機色素分子は，可視域で π 電子遷移による大きな吸収断面積（$\sim 10^{-16} cm^2$）を有するとともに，分子振動回転準位や溶媒分子との相互作用により広い蛍光スペクトルを有するため，発振利得幅も広い．エチレングリコール(EG)に溶かしたローダミン 6G(R 6 G) 液（$\sim 4 \times 10^{-3}$ M）は代表的（555〜645 nm で発振）な液体色素レーザー媒質（$S_1 \to S_0$ 遷移を利用した四準位レーザー）である．これを SGS シート液膜（$\sim 120\ \mu m$ 厚）とした CPM レーザーを図 4.8.6 に示す．〜4 W, CW 514.5 nm

表4.8.1　フェムト秒パルスレーザー

レーザー	パルス幅 (fs)	波長 (nm)	平均出力 (mW)	繰返し周波数 (MHz)	文献
色素レーザー	22, 80	〜630	10, 25	〜85	3), 44)
Ti：サファイアレーザー	6.5, 7.5, 80	750, 790, 800	200, 150, 1000	86, 175, 80	45), 7)
Cr：LiSAF レーザー (Cr^{3+}：$LiSrAlF_6$)	14	880	100	〜100	46)
Cr：フォルステライトレーザー (Cr^{4+}：Mg_2SiO_4)	20	1290	100	90	47)
Cr^{4+}：YAG レーザー	60	1540	150	240	48)
Nd：ガラスレーザー	130 (90)	1063	160	180	49)
Cr：LiCAF レーザー (Cr^{3+}：$LiCaAlF_6$)	170	800	100	80	50)
Yb：フォスフェイトガラスレーザー	60	1065	44	110	51)
Nd：ファイバーレーザー	42	1060	70	70	52)
Er：ファイバーレーザー	90 (80)	1553	90 (70)	40	53)
2 逓倍光励起パラメトリック発振器	13〜16	610〜650	130	82	54)

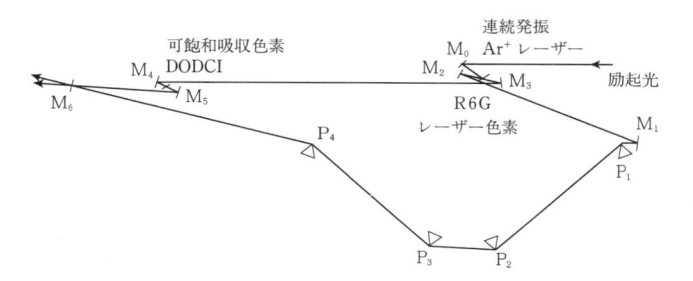

図 4.8.6　フェムト秒パルス CPM 色素レーザー

Ar$^+$ レーザーを曲率半径 10 cm の凹面鏡で集光して，2 枚の凹面鏡 (M_1, M_2：曲率半径 10 cm)の共焦点位置に置かれた SGS を励起して発振させる．もう一組の凹面鏡 (M_3, M_4：曲率半径 5 cm) の共焦点には，SSA としての DODCI/EG シート液膜 (～30 μm 厚) を循環させ，パルス化 (パルス繰返し周波数＝c/L≒100 MHz) する．

四つのブルースター石英プリズム (各一対内の間隔～30 cm)[3] やダブルスタッキング共振器鏡自身[4] によってチャープ補償 (GVD 量 $-\ddot{\phi}(=+\dot{k}l)$ ≒ -100 fs^2)[2] を行い，最短 22 fs のパルス列が発生されている (～625 nm，平均出力 10～30 mW)[8]．さらに，これ以外の SGS 色素液と SSA 色素液とを組み合わせて，400～810 nm の可視波長域で 80～500 fs のパルス列が発生されている[8]．吸収断面積が大きく励起状態の寿命が短い (～5 ns) 色素レーザーの特徴は，可視域で直接フェムト秒パルス列が得られることであるが，SA 色素液の長時間劣化 (～1 か月) と出力が小さいことが問題である．このレーザーの利得幅限界 (～35 THz) パルス幅は 9 fs である．

2) KLM 新固体レーザー

KLM (下述) による FSA 作用に基づいたフェムト秒パルス列の発生が 1991 年に近赤外チタンサファイアレーザー[5]に対して報告されて以来，この方法はほかの近赤外固体レーザーにも適用され (表 4.8.1)，いまや主たるフェムト秒光源となっている．

カーレンズ効果とは，たとえばレーザー結晶内で，レーザーパルスビーム断面の空間的強度分布 $I_p(r)$ に比例して屈折率が空間的に変化する非線形屈折率現象 [ビーム強度 $I_p(r)$ のもっとも高いビーム断面中心でもっとも大きい屈折率となる空間分布 $n(r) = n_0 + n_2I(r)$ を示す] のため，自身のレーザービームが自己集束レンズ作用を受けることをいう．共振器内レーザー結晶中でこのカーレンズ効果が生じると，線形共振器端でビーム径 w は最小となり集束されるので，この (dw/dI＝最小値) 付近にアパーチャを挿入すれば，CW からパルス化へ移行し光強度が増加するほど，このアパーチャを通過するビームの透過率は大きくなる (図 4.8.7)．すなわち共振器内損失が減少し，可飽和吸収作用が生じる．そのうえ，結晶中の電子分極による非線形屈折率変化は瞬時応答するので速い応答の擬似過飽和吸収体 FSA として作用する．これが Kerr-Lens Mode-Locking (KLM) である[6]．この方法の特徴は，レーザー発振媒質が自己振幅変調機能と利得機能とを兼ねるため共振器構成が簡単であることおよび可飽和吸収作用にスペクトル帯域制限や波長依存性がないことである．

1996 年に発振器としては最短の 7.5 fs が発生された (1997 年に 6.5 fs が発生された[45])，CWAr$^+$ レーザー励起 (5～6 W) KLMTi サファイアレーザー (Al_2O_3：Ti^{3+} 結晶，$^2T_2 \rightarrow {}^2E$ フォノン終端遷移 4 準位レーザー) を図 4.8.7 に示す[7]．4 枚のチャープ補償用鏡からなるリング共振器内 (c/L＝175 MHz) の 2 枚の曲率半径 5 cm M_1, M_2 の共焦点に 1.95 mm 長の高 Ti^{3+} ドープサファイア結晶をブルースター角で水冷挿入し，焦点距離 4 cm のレンズで集光励起し発振させる．低線形損失化と波長変化に対して一定反射率 (5%)・一定 GVD の広帯域化のため，出力光はブルースター角で

4.8 フェムト秒域の光波技術

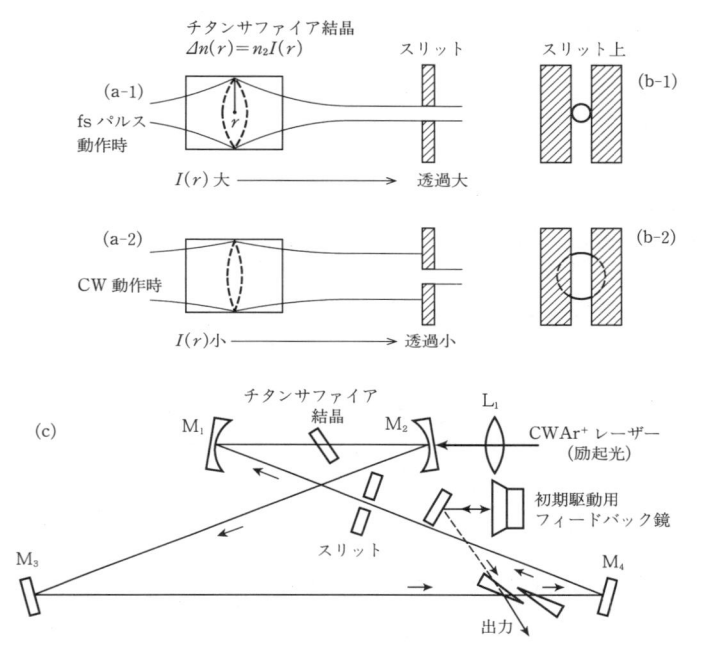

図4.8.7 フェムト秒パルスKLMチタンサファイアレーザー[7]

挿入された1.6°ウエッジ低反射コート水晶板(0.1～0.8 mm)の反射光から得られる．これによるビーム角度分散を補償するため，反射方向にコートなしの同様な水晶板を挿入し，この挿入量でチャープ補償用GVDの微調を行う．最適GVD量 $-\ddot{\phi}(=+\ddot{k}l)=-18\ \mathrm{fs}^2$ の内訳は，-170(チャープ補償鏡)$+105$(Tiサファイア結晶)$+15$(水晶板)$+32$(空気)fs^2 である．KLM用のアパーチャ(縦スリットあるいは楕円穴でCW時5%損失相当)は M_1 から20 cmの dw/dI が最小の場所に設定されている．KLMの欠点であるCWからパルスモードへの起動困難の問題は，出力用水晶板裏面の逆反射光をフィードバックさせてパルス動作させている(したがってKLM動作の場合出力パルス列は一進行方向のみである)．

利得限界(6 fs：70 THz)への一層の短パルス化のためには，負の一定GVDと一定100%反射を与えるチャープ補償鏡の帯域幅(~180 nm)を広げることと，チャープ補償量を小さくするためにロッド長を短く(高い Ti^{3+} ドープ量結晶の使用)することが重要である．さらに可視域でのfs固体レーザーを実現することも今後の課題である．

fs固体レーザーの特徴は，① 高出力(平均2 W，繰返し100 MHzに達する)，② 溶液の劣化や液流変動の問題がないため安定，③ 最近励起光源として半導体レーザー，半導体レーザー励起固体レーザーの第2高調波光が使えるようになりつつある

ため小型可搬性にすぐれている点である.

4.8.2 フェムト秒光波制御

a. 光パルス圧縮

　レーザー発振器から発生されるパルス幅は，レーザー媒質の利得帯域幅で制限される．このため極限的なパルス発生には，前項で原理を述べた光パルス圧縮法が用いられる．この場合，できるだけ線形なアップチャープの状態でスペクトル幅を広げる位相変調として，シングルモード石英ファイバーの非線形屈折率効果($n(t)=n_0+n_2\langle|E(t)|^2\rangle$)による自己位相変調と石英の正のGVDとの相乗効果が利用される．ファイバー利用の利点は，① コア径が小さいため単位面積当たりのパワー密度I_pが大きくなること，② ビーム断面方向の光強度が一様と見なせ，空間的なチャープの問題が回避できること，③ 相互作用長が長くとれることである．ファイバー出射後のアップチャープは，大きな負のGVDを与える回折格子対やプリズム対により補償される[41]．

　この方法を増幅された色素レーザーパルスに対して用い，6 fsのパルスが得られている[9]．すなわち，CPM色素レーザーパルスを銅蒸気レーザーで増幅して得られた50 fs・100 MW・620 nm・8 kHz繰返しパルスを，9 mm長・4 μm$^{\phi}$ コア径ファイバー(パワー密度 2 TW/cm^2)に非線形伝搬させる．70 nmのスペクトル幅に広がったチャープパルスを，2組の回折格子対(垂直間距離5 mm, 格子密度600本/mm)と2組のブルースター石英プリズム(プリズム間距離71 cm)により，負のGVDのみならず3次分散をも考慮して補償された結果，6 fs・3サイクルのパルス列が得られた．この光源は，量子構造半導体やロドプシンを含む色素溶液の位相緩和過程の解明に応用されている．さらに，類似した光学系で，820 nm域で9 fs, 500 nm域で10 fsのパルス圧縮が報告されている[8]．

　またつい最近(1997年)，ファイバーの光ダメージしきい値を上げるため，高圧希ガス(アルゴン，ネオンなど)をコアに閉じ込めた，キャピラリーガラスファイバーを用いた，0.1 TW, 20 fsチタンサファイアレーザー増幅パルスのパルス圧縮が行われ，4.5 fsの最短パルスが発生された[10]．この方法の圧縮効率は$(n_2 I_p/|\ddot{k}|)^{1/2}$に比例するので，高効率化・増幅なし高繰返し化・実用化を図るため，n_2の大きな高非線形ファイバーによる実験[11]や誘起位相変調によるパルス圧縮[12]の研究も行われている．

　一方，いくつかの新しい極限パルス発生法も提案されている．すなわち，① 位相同期・等周波数間隔CW光波合成法[13], ② 位相制御極端紫外高次高調波発生法[14], ③ 電子ビーム・フェムト秒光パルス相互作用法[15], ④ キャリヤー波位相同期マルチ(二つあるいは三つのパルス)fsパルス相互誘起位相変調法[16]である．このうちもっとも実験が容易である④について紹介する．

1台のfsチタンサファイアレーザーシステムから発生されるパルス (ω_{01}: 500 kW, 850 nm, 100 fs),その第2高調波パルス ($\omega_{03}=2\omega_{01}$: 500 kW, 425 nm, 163 fs, -8 fs 遅延),さらに第2高調波励起パラメトリック増幅パルス ($\omega_{02}=3\omega_{01}/2$: 500 kW, 567 nm, 134 fs, -3 fs 遅延)をキャリヤー波位相同期3パルスとして使用し,遅延時間を合わせてから〜1 mm 短シングルモード石英ファイバーに非線形伝搬させる[16]. この出力合成波である非線形チャープパルス ($\varDelta\nu\cong550$ THz, 370〜1177 nm)を,回折格子対+凸レンズ対のフーリエ変換光学系と256チャネル空間位相変調アレイとからなる光波スペクトル空間位相制御器(次項参照)によりチャープ補償する.その結果,ω_{02}のキャリヤー波に対し1.8サイクル・3.3 fsの準モノサイクルパルスが得られることが定量的に明らかにされた.この方法は2パルスでも可能であり[17,18],キャピラリーガラスファイバーを用いることもできる[19].さらに,高非線形ファイバー[11,20]を利用すれば,コンパクトfsレーザーと非線形結晶の簡単な組合せの低パワーパルスに対しても応用でき小型化できる.

b. 光波整形

物質の量子状態ダイナミクスを制御して新しい超高速量子機能を見出すため,あるいは時間周波数超多重光情報技術への応用をめざして,フェムト秒(fs)パルスの波形(〜THzパルス列周期・パルス幅制御を含む)を任意にプログラマブルに変える研究が進められている.その代表的な手法として,分光した光パルスを空間並列的に周波数制御した後,再び合波する方法(図4.8.8)がある[21].典型的な光学系は,fsパルススペクトルを分光・合波する一組の回折格子対,フーリエ変換・逆変換する一組の凸レンズ対(あるいは凹面鏡対),その共焦点に置かれた波形整形用1次元空間位相振幅変調器から成り立っている.

近軸光線近似で表される(伝搬軸 z に対して),一定ビームサイズ D の fs パルス $E(x, z, t)=F(x)A(t-z/c)\exp i(\omega_0 t-z/c)$ が回折格子(溝間隔 d)により1次回折

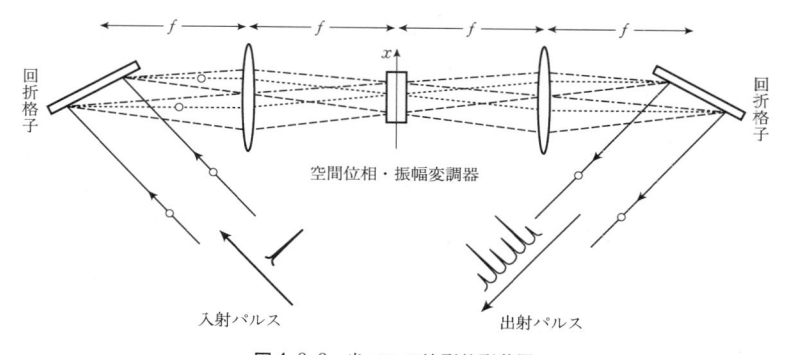

図4.8.8 光パルス波形整形装置

されると(回折角 θ_2, 入射角 θ_1), x 方向に分光され, その $\Omega+\omega_0$ スペクトル成分 ($\Omega\ll\omega_0$) の x 座標因子が x から ax に変化しかつ βx 時間遅延するので ($a=\cos\theta_1/\cos\theta_2$, $\beta=2\pi/\omega d\cos\theta_2$)[22], 回折直後 $E(x,z=0,t)=F(ax)A(t-\beta x)\exp i\omega_0 t$ となる. 凸レンズ(焦点距離 f)の焦点位置に置かれた ($z=0$) この回折格子からの光パルスは,凸レンズを通過するとその x 方向の厚さに比例して位相遅れが生じ, $z=2f$ の焦点では x 座標に関して kx/f の空間周波数でフーリエ(F)変換 [$A(t)$ の F 変換 $a(\Omega)$, 波数 $k=2\pi/\lambda$] され, $E(x,z=2f,t)\propto F_0 a(kx/f\beta)\exp(i(\omega_0+\omega_0 kx/f\beta)t)$ となる. ただし, 回折格子上でのビーム径 aD がパルスの時間的広がり $c\tau_\mathrm{p}/\beta$ (入射パルス幅 τ_p) より非常に大きいとして ($aD\gg c\tau_\mathrm{p}/\beta$), $F(ax)$ は平均値 F_0 で置き換えた. この F 変換振幅 $a(kx/f\beta)$ を $z=2f$ に置いた 1 次元 (x 方向)液晶ピクセルアレイマスクで, x_i ごとに (Ω_i に対応)位相振幅変調 $M(x_i)$ した後, これまでの逆過程で F 逆変換すると, $M(x_i)a(kx_i/f\beta)$ の F 逆変換の時間域波形整形パルスが得られる.

たとえばこの方法により 20 fs の増幅 CPM 色素レーザー TL パルスを用いて (20 μJ, 620 nm, スペクトル幅 $\Delta\lambda=30$ nm, kHz 繰返し), 周期可変 12.5 THz パルス列 (15 パルス数) が発生されている[21]. ここではレンズの高次分散によるパルス広がりを省くためにかわりに凹面鏡対 ($f=12.5$ cm) を, 変調素子としては 128 ピクセル独立に電圧制御可能な液晶位相変調アレイ (0 と 0.84π との 2 値位相シフトの周期的な空間位相変調) を, 600 本/mm の回折格子対 ($\theta_2=24°$, $dx/d\lambda\cong f/(d\cos\theta_2)=0.052$ mm/nm) とともに用いられた. さらに振幅変調アレイを重ねることによって, 矩形パルス・$\sin(t)/t$ パルス・電場奇関数パルスも発生されている. また 2 次元 (x,y) 位相変調マトリックスを用いて, 各ビームが独立に制御可能な 11 波形整形ビーム同時 (たとえば異なった周期をもつ THz パルス列 11 ビーム) 発生実験も行われている[23].

4.8.3　フェムト秒域の光波計測と分光

fs 光パルス波形自身や fs 光パルスによって誘起された物理量の超高速変化を測定する方法を表 4.8.2 に要約する. ストリークカメラ (ST) による方法のみが光強度の時間変化・スペクトル変化 $I(\lambda,t)$ を直接測定できる方法であるが, 現在のところ〜200 fs の時間分解能にとどまっており, かつこの時間域のダイナミックレンジは数十と小さく実用的でない. 前述の 4.5 fs パルス測定に用いられた自己相関法は, 〜1 fs の最高時間分解能を有するが[10], パルス波形を仮定したうえでのパルス幅評価にしか使えない欠点がある. この点を解決するために最近周波数分解光ゲート (FROG) 法が用いられ始めている. 光パルス波形 $I(t)$ と位相変化 $\phi(t)$ とが測定できるが, 複雑な光パルスの場合データ解析計算に時間を要する問題点がある.

光サンプリング法の一種であるポンププローブ (PP) 法は, 利用する光源のパルス

4.8 フェムト秒域の光波技術

表 4.8.2 超高速現象の計測・分光法

時間分解能:	10^{-9}秒 (ns)	10^{-12}秒 (ps)	10^{-15}秒 (fs)	測定波長域・感度
a. 光パルス計測				
(1) 光電検出器＋オシロスコープ				赤外・可視・紫外・VUV
(2) 光電検出器＋サンプリングスコープ				赤外・可視・紫外・VUV
(3) 相関法				赤外・可視・紫外
(4) FROG法				近赤外・可視・紫外, 高感度も可
b. 超高速分光				
(5) 単一掃引ストリークカメラ法				近赤外・可視・紫外〜X線, 高感度
(6) シンクロスキャンストリークカメラ法				近赤外・可視・紫外, 超高感度
(7) ポンプブローブ法				近赤外・可視・紫外, 種々の変形可

幅の時間分解能まで測定できかつ多様な変形が可能で，後述のように種々の超高速光学現象変化の測定に応用できる．

以下に，光パルスを測定する相関法・FROG法とそれ以外の物理量も測定できるST法・PP法に大別して，それらの原理・装置・性能・特徴などについて述べる．

a. 光パルス計測
1) 相 関 法

被測定パルス光の強度波形 $I_\nu(t)$ の 2 次自己相関波形

$$G^{(2)}(\tau) = \int_{-\infty}^{\infty} I_\nu(t) I_\nu(t+\tau) dt \tag{4.8.13}$$

を観測することによって，もとの波形 $I_\nu(t)$ を仮定し，そのパルス幅のみを決定する方法が自己相関法である．この仮定のため不確定さを伴うが，安価で比較的簡単に測定できる特徴を有し，fs パルス幅評価には広範囲に利用されている．

図 4.8.9 に，2 次非線形光学結晶により $G^{(2)}(\tau)$ を測定する，マイケルソン干渉計に類似した光学配置のノンコリニア自己相関器の概略を示す[24]．

被測定パルスをビームスプリッターで分け M_1 および M_2 のコーナーリフレクターで平行反射させた後，これらのビームをレンズ（焦点距離 3〜10 cm）に垂直に入射させ，約 5°以下の入射角で第 2 高調波 2ν を発生する非線形結晶（β-BaB_2O_4 結晶 (BBO)，厚さ 10〜500 μm）に集束させる．この結晶が位相整合条件を満足するとき，

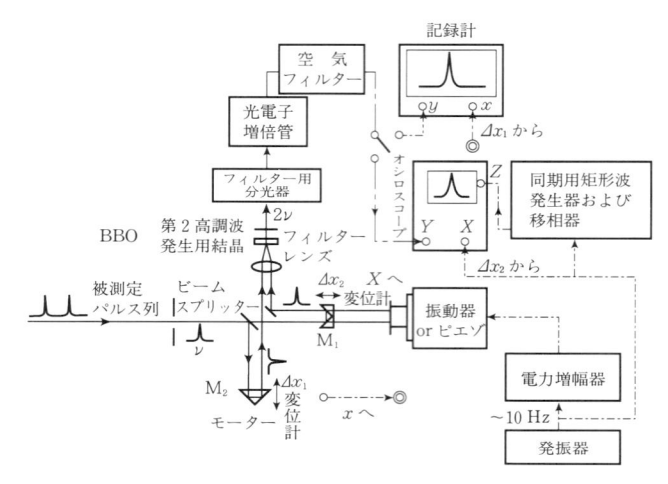

図 4.8.9 パルス幅測定器

入射光周波数 ν の 2 倍の周波数 2ν の光を発生し,その強度 $S_{2\nu}(\tau)$ は入射光の電界積 $E_\nu(t)E_\nu(t+\tau)$ の 2 乗に比例して強くなる.遅延時間 τ は干渉計の両辺の光路長差 $2\varDelta x = c\tau$ (c は光速) によって与えられ,M_1 あるいは M_2 どちらかをモーターあるいは加振器 (電歪素子でもよい) で移動させ,他を固定すると,移動鏡の変位 $\varDelta x$ に応じて変化する.この $S_{2\nu}(\tau)$ を,光路長の関数として (変位センサー出力電圧をオシロスコープの x 軸に),フィルター用分光器を通し,光電子増倍管で検出し (y 軸),記録計あるいはオシロスコープ上に描かせる.被測定パルス光の電界を $E_\nu(t)=\varepsilon(t)\cos(\omega t+\phi(t))$ と表すと,$S_{2\nu}(\tau)$ は,

$$S_{2\nu}(\tau) \propto \int_{-\infty}^{\infty} |E_\nu(t)E_\nu(t+\tau)|^2 dt$$
$$= \frac{1}{8}\int_{-\infty}^{\infty} \{2\varepsilon^2(t)\varepsilon^2(t+\tau)+\varepsilon^2(t)\varepsilon^2(t+\tau)\cos 2[\omega\tau-\varphi(t)+\varphi(t+\tau)]\}dt \quad (4.8.14)$$

となり ($\cos 2\omega t$, $\cos \omega t$ の項は t に関する積分で時間平均化されてゼロとなり無視する),この第 2 項も二つの光の干渉項で急激に変化するため電気的なローパスフィルターにより平均化されて無視できる.したがって

$$S_{2\nu}(\tau) \propto \int_{-\infty}^{\infty} I_\nu(t)I_\nu(t+\tau)dt = G^{(2)}(\tau) \quad (4.8.15)$$

が得られ,この測定法により 2 次の自己相関波形 $G^{(2)}(\tau)$ が求められる.光路長差 (たとえば $\varDelta x = 0.5$ mm の 2 倍で 3.3 ps の時間差に相当) から求めた $G^{(2)}(\tau)$ の半値全幅 τ_m は,被測定瞬時波形 $I_\nu(t)$ の半値全幅 τ_t とは等しくなく,両者の関係は $I_\nu(t)$ のパルス波形によって異なる.たとえば $I_\nu(t)$ が sech^2 で表されるパルス波形の場合には,τ_t は $\tau_m/1.55$ の値に等しい.

4.8 フェムト秒域の光波技術

この方法は赤外から全可視域にわたる第2高調波光が結晶に吸収されない範囲での波長のパルス光測定に適用できるが,その測定限界時間幅は,おもに非線形結晶のGVDによって制限され,厚さが薄いほど分解能はよくなる.たとえば厚さ15 μmのβ-BaB$_2$O$_4$結晶では800 nmの被測定光に対して1 fs以下である[10].極限的なパルスを測定するには反射用誘電体多層膜鏡やビームスプリッターの分散をなくすために,金属蒸着鏡などが用いられる.

また,この方法の変形として二つの入射パルス波形が異なる場合の相互相関や,和周波・差周波・2光子吸収・2光子蛍光の2次非線形光学過程を用いる方法もある.

2) 周波数分解光ゲート法

FROG (frequency-resolved optical gating) 測定には,利用する非線形光学現象の違いに依存して種々の変形があるが[25],ここでは光カー効果を利用した場合(図4.8.10)を例にして,原理を述べる[26].

被測定パルス光(直線偏光)を二つに分け(2:1),一つを(高強度側)遅延(τ)されたゲートパルス $I_G(t-\tau)$ とし,他方 $I_{prob}(t)$ を瞬時応答光カー素子+偏光板から透過した測定用信号パルス $I_{sig}(t, \tau)$ とする.この $I_{sig}(t, \tau)$ をτおよび角周波数ωの関数として2次元 $I_{FR}(\omega, \tau)$ 画像測定する.これをFROG像 $I_{FR}(\omega, \tau)$ と呼ぶ.このようにして,偏光が回転されて偏光板を透過してきたパルスは,

$$I_{sig}(t, \tau) \propto n_{2B} I_{prob}(t)(I_G(t-\tau))^2 \qquad (4.8.16)$$

で与えられるから(n_{2B}:非線形複屈折定数),信号光電場 $E_{sig}(t, \tau)$ と入射被測定パルス光電場 $E(t)$ との関係は

$$E_{sig}(t, \tau) \propto E(t)|E(t-\tau)|^2 \qquad (4.8.17)$$

となる.したがって $I_{FR}(\omega, \tau)$ は,式(4.8.17)のtに関するF変換 $E_{sig}(\omega, \tau)$ 後の強度スペクトルとして表される.

$$I_{FR}(\omega, \tau) \propto |E_{sig}(\omega, \tau)|^2 = \left|\int_{-\infty}^{\infty} E_{sig}(t, \tau) e^{-i\omega t} dt\right|^2 \qquad (4.8.18)$$

一方,式(4.8.17)より

$$E(t) \propto \int_{-\infty}^{\infty} E_{sig}(t, \tau) d\tau \qquad (4.8.19)$$

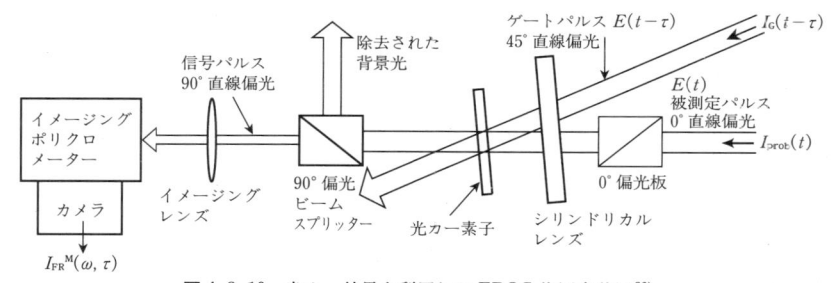

図4.8.10 光カー効果を利用したFROG像測定装置[26]

であるから，測定像 $I_{FR}(\omega, \tau)$ から $E_{sig}(t, \tau)$ が決定できれば，式 (4.8.19) より $E(t)$ すなわち $I(t) \propto |E(t)|^2$ (波形) と $\phi(t) = \tan^{-1}[Im(E(t))/Re(E(t))]$ (位相変調 → チャープ) が求められることがわかる．式 (4.8.18) を $E_{sig}(t, \tau)$ の τ に関する F 変換 $E_{sig}(t, \Omega_\tau)$ で表すと

$$I_{FR}(\omega, \tau) \propto \left| \int_{-\infty}^{\infty} \int_{-\infty}^{\infty} E_{sig}(t, \Omega_\tau) e^{-i\omega t} e^{+i\Omega_\tau \tau} dt d\Omega_\tau \right|^2 \quad (4.8.20)$$

となり，$I_{FR}(\omega, \tau)$ から $E_{sig}(t, \Omega_\tau)$ を求める，いわゆる 2 次元位相回復問題を解くことであることがわかる．これは，$e^{i\phi_0}$ (一定位相シフト)，$E(t-t_0)$ (一定時間シフト)，$|E_{peak}|$ (E の最大値) の不確定さを除いて，図 4.8.11 に示すアルゴリズムに沿った繰返し法により，短時間 (秒〜分) で数値計算機解析できる．

① 最初に任意の $E(t)$ (たとえば線形チャープガウス波形) を仮定し，② 式 (4.8.17) より，③ $E_{sig}(t, \tau)$ を計算する．④ ついでこれを t に関し F 変換計算し，⑤ $E_{sig}(\omega, \tau)$ を得る．⑥ さらに測定 $I_{FR}{}^M(\omega, \tau)$ データを用いて，⑦ 新たな $E_{sig}'(\omega, \tau) = [E_{sig}(\omega, \tau)/|E_{sig}(\omega, \tau)|] \times (I_{FR}{}^M(\omega, \tau))^{1/2}$ を計算する．⑧ この $E_{sig}'(\omega, \tau)$ を ω に関して F 逆変換した，⑨ $E_{sig}'(t, \tau)$ を用いて，⑩ 式 (4.8.19) から $E(t)$ を求める．これを繰り返し $E_{sig}(t, \tau) \to E_{sig}(\omega, \tau) \to$ (式 (4.8.18) より) $\to I_{FR}(\omega, \tau)$ を数値計算して測定像 $I_{FR}{}^M(\omega, \tau)$ と比較し，収束数値関数を得て $E(t) = |E(t)| \exp(i\phi(t))$ を決定する．

この方法によりたとえば，〜100 fs，14 μJ (9 μJ ゲートパルス，5 μJ 被測定パルス)，〜620 nm，10 Hz 繰返し CPM 色素レーザー増幅パルスの測定が行われた．光学系は，消光比の高い ($\sim 3 \times 10^{-6}$) 偏光板，線状に遅延 (τ) させるための (二つのパルス間の遅延中心時間はパルス幅の約 2/3) 1 cm 入射ビーム径 (二つのビーム間角 14°) を水晶カー物質 (1.6 mm 厚) 上に集光させる (10 GW/cm^2) 円筒レンズ ($f=10$ cm)，CCD 検出 1/4 m ポリクロメーター (50 μm 入射スリット)，スリット状に焦点を結ぶ球面凸レンズから成り立っている．第 2 偏光板 (90° 偏光ビームスプリッター) からの被測定パルスの透過効率は 3×10^{-4} である．$I_{FR}{}^M(\omega_i, \tau_j)(i=125, j=125)$ から 50 回の

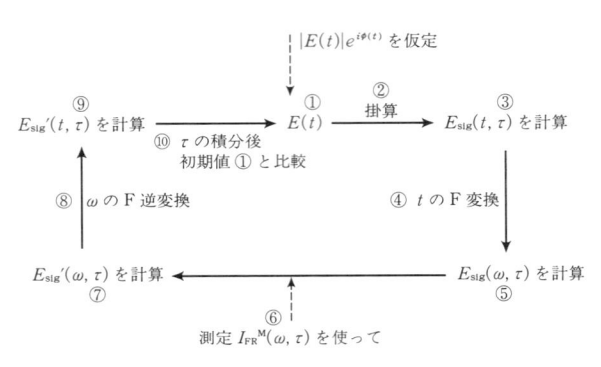

図 4.8.11 FROG アルゴリズム[26]

繰返し(約1分)で110 fsパルス波形$|E(t)|^2$, 放物線的アップチャープ位相変調$\phi(t)$が求められた.

測定上の注意点としては, ① 光学系の分散を極力小さくする, ② 有限応答性を有しない高$\chi^{(3)}$カー素子を利用する, ③ ゲートパルスが被測定透過光パルスの位相に与える誘起位相変調の影響を無視できる程度のパワーにゲートパルス光強度を抑えることである.

ゲート作用する光カー効果の代わりに, 自己回折型縮退四光波混合, 第3高調波発生, パラメトリック低周波光あるいは高周波光発生, 第2高調波発生などの非線形光学現象を利用してもFROG計測は可能であるが, それぞれ式(4.8.17)の代わりに$E_{\text{sig}}(t,\tau) \propto E^2(t)E^*(t-\tau)$, $E^2(t)E(t-\tau)$, $E^2(t)E^*(t-\tau)$, $E^2(t)E(t-\tau)$, $E(t)E(t-\tau)$式を使えばよい[25]. なかでも, 最後の方法は高感度測定の特徴を有するが, τに関して対象な$I_{\text{FR}}^M(\omega,\tau)$像となり$\pm t$の曖昧さが生じるため, チャープ符号(アップあるいはダウン)が決められない欠点がある. しかしこれは, 既知な分散媒質伝搬後のFROG測定によって解決できる.

b. 超高速分光
1) ストリークカメラ法

有機分子系(生体分子系を含む)の蛍光や半導体からのルミネセンスの時間分解(t_i)発光スペクトル$I(\lambda; t_i)$・波長分解(λ_i)発光減衰波形$I(t; \lambda_i)$を測定する場合, ポリクロメータータイプの分光器とストリークカメラを組み合わせた装置が広く利用されている[27,43].

ストリーク管は, 被測定光の瞬時強度変化を蛍光面上の空間的な輝度分布に変換するものである. これを用いた蛍光減衰波形$I(t; \lambda_i)$の測定系を図4.8.12に示す. スリットから入射してきた蛍光は, 光学レンズにより光電面にスリット像を結像し, 光電面

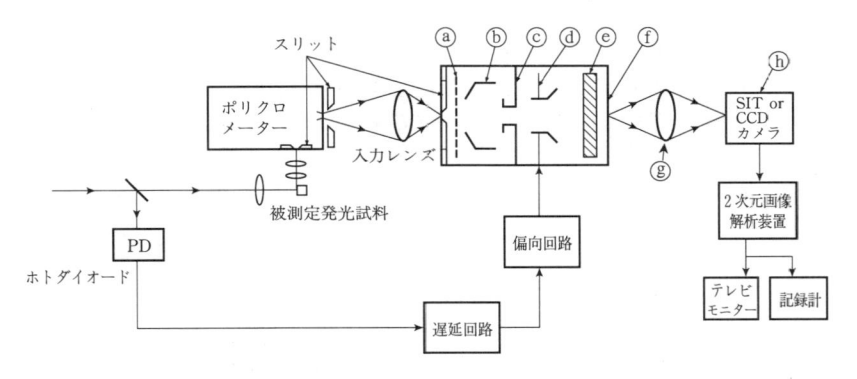

図4.8.12 ストリークカメラ

から電子を放出させる．この電子は，メッシュ状電極 ⓐ に加えられた高圧電界 (2×10^6 V/m) で初速度を揃えて加速され，静電レンズ ⓑ で集束された後，さらに陽極電圧 ⓒ (10 kV) でいっそう加速される．その電子ビームは，スリットに垂直な高速高圧偏向電場 ⓓ (3 kV/ns) を通過して掃引され (偏向速度 40 mm/ns)，その電子像がマイクロチャネルプレート (MCP) ⓔ 上に描かれる．MCP はこの電子を増幅して，蛍光面 ⓕ 上に輝度空間分布 $I(x;\lambda_i)$ をもった発光光学像に変換させ，出力用レンズ ⓖ を介して SIT (silicon intensifier target) や CCD (charge coupled device) などの像増倍管 (image intensifier) ⓗ の受光面にストリーク像として結像される．このようにして，偏向電極を通過する光電子ビームの時間差 (Δt) が蛍光面上の位置の差 (Δx) に比例するように結像された像の空間プロファイルから，発光減衰波形が測定できる．

この装置の時間分解能 τ_{re} は，管の空間分解能，偏向電圧の立り時間，光電子ビームの初速度分布によっておもに決まる (現在～200 fs)．この方法により赤外 (～1 μm) から X 線領域 (1.2 nm) までの波長域の瞬時発光波形が測定されている．

ストリークカメラを用いた方法では，単一現象を測定できるだけでなく，高繰返し現象を高感度で測定できるシンクロスキャン方式 (synchroscan method) もある[27]．これは，被測定パルス列 (その周期～ns から～10 ns) の一部をホトダイオードで受けた電気信号を使うことにより，被測定繰返し発光現象とストリーク管の偏向電圧の掃引周期とを同期させることによって可能となる．この方式による最高の時間分解能は～2 ps と単一掃引方式より劣るが，1 秒間で 100 万回以上の積算が可能となるため，極微弱 (1 パルス当たりシングルホトンレベルの発光) 超高速発光波形の測定が準実時間 (quasi real-time) ででき，蛍光量子収率の小さい生体分子系の測定には最適である．また，入射スリット前に (ポリクロメーターとしての) 分光器を組み合わせることによって，広帯域な発光波長の超高速時間変化 (時間分解発光スペクトル) も容易に測定できる．このほかにも種々の変形ストリークカメラがある[43]．

2) **ポンププローブ (pump and probe) 法**

高繰返しパルス列ビームをビームスプリッターで二つに分け (たとえば $I_{\text{pump}}:I_{\text{prob}} \cong 20:1$)，強いほうの励起光パルス $I_{\text{pump}}(t)$ で被測定物理量を超高速誘起変化 $p(t)$ させる．もう一方の信号検索用プローブパルス $I_{\text{prob}}(t)$ を相対的に遅延 τ_i させた後被測定試料と相互作用させて ($I_{\text{prob}}^T(\tau_i;t)$)，時刻 τ_i の $p(\tau_i)$ を応答速度の遅い検出器でサンプリング測定 $\int I_{\text{prob}}^T(\tau_i;t)dt \equiv S_{\text{prob}}^T(\tau_i)$ する (図 4.8.13)．被測定現象 $p(t)$ は一励起パルスごとに再現性よく繰り返し誘起されるので，両パルスの光路長差 (τ_i) を変えながら $S_{\text{prob}}^T(\tau_i)$ を測定すると，$p(t)$ の現象が終了する全時間範囲にわたる $S_{\text{prob}}^T(\tau_i)(i=0\sim\infty)$ の τ_i 系列が得られ，これがパルス幅の時間分解能での時系列を有する超高速物理量変化 $p(t)$ となる．

測定物理量としては，フェムト秒光パルスで直接あるいは間接に再現性よく繰り返し誘起されるすべての超高速現象が原理的には対象となる．吸収飽和回復現象

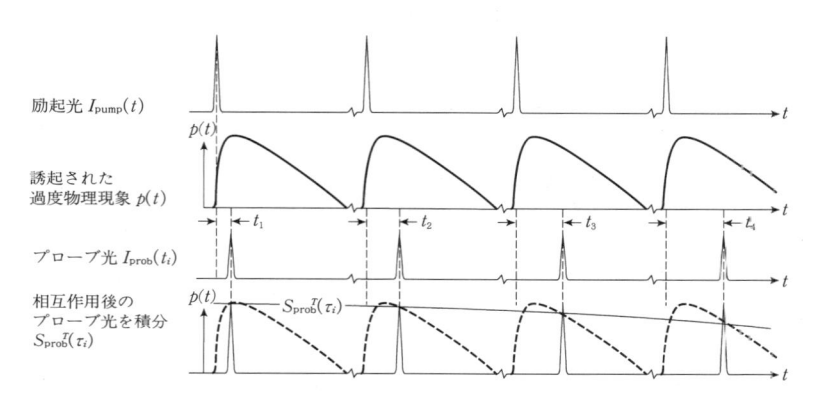

図 4.8.13 ポンププローブ法の原理

$\Delta\alpha_s(t)$，利得変化 $\Delta g_s(t)$，発光強度変化 $I_e(t)$，反射率変化 $\Delta R(t)$，電気パルス $e(t)$，非線形屈折率応答 $n_2(t)$ や位相変化 $\phi(t)$，光カー定数応答 $n_{2B}(t)$，3次非線形感受率応答 $\chi^{(3)}{}_{ijkl}(t)$ など多くの超高速現象が測定でき，それに対応して変形された種々の測定法がある．また $I_{prob}(t)$ パルスとして超広帯域スペクトル(白色)パルスを使うと，これら物理量の時間分解スペクトル $p(t,\lambda)$ も同時に測定できる[28,39,42]．以下，主たる測定法の実際について述べる．

a) 過渡吸収分光 励起パルス $I_{pump}(t)$ によって誘起された吸収飽和後の吸収回復に伴う吸収係数回復変化 $\Delta\alpha_s(t)$ を，プローブパルス $I_{prob}(t)$ の試料透過率変化から測定することによって，励起状態の寿命 $T_1(\Delta\alpha_s(t)=\Delta\alpha_0\exp(-t/T_1))$ を決定することができる[28,29]．高繰返しのfsレーザーパルス列をビームスプリッターで二つに分け

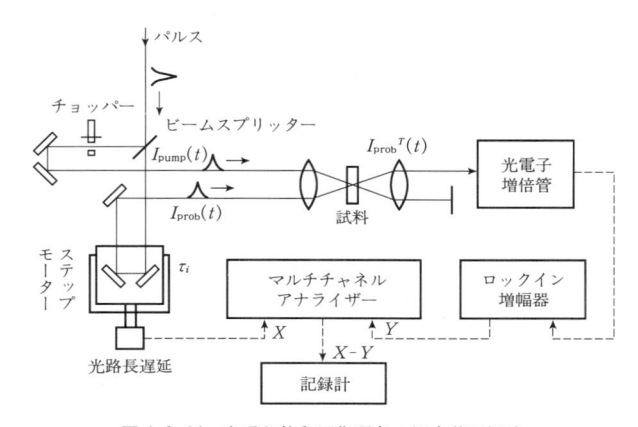

図 4.8.14 光吸収飽和回復現象の測定装置概略

(~20:1), 高強度の励起パルスをチョップした後レンズで集光し, 焦点位置の被測定試料を励起する (図 4.8.14). 一方, 低強度のプローブパルスは光路長可変遅延光学系を経た後, 同じレンズで試料上にノンコリニア集光し, 透過させる. 透過光をレンズでコリメートした後, 光電検出器＋ロックイン増幅器で積分検出する. これを y 軸に, 連続的に変化する光路長遅延変位計出力を x 軸に入力してレコーダー上に記録すると, 有機溶液や半導体などの励起状態寿命 T_1 で減衰する曲線 $\Delta\alpha_s(t)$ が測定できる.

ただし, fs パルス幅 τ_p は位相緩和時間 T_2 より長く T_1 より短いこと, 試料は空間的に一様に励起されかつ試料長が $I_{pump}(t)$ と $I_{prob}(t)$ との重なり長より短いことが必要である. さらに励起パルス光がプローブパルス光の方向に回折されて検出器に入射しないよう完全にブロックすることが重要である. この方法で利得飽和変化 $\Delta g(t)$ や反射率変化 $\Delta R(t)$ も測定できる.

b) 光ゲートによる発光変化測定　有機色素溶液からの蛍光や半導体からのルミネセンスのフェムト秒時間域の立上りや減衰波形は, 瞬時に応答する非線形光学現象によるゲートシャッター機能を利用することによって測定できる (図 4.8.15). すなわち, 非線形ゲート作用としては, 光カー効果 (後の d) 参照：3 次非線形光学効果：光カーシャッター法), 和周波光発生 (2 次非線形光学効果：up-conversion 法), 差周波光発生 (2 次非線形光学効果：パラメトリック増幅 down-conversion 法) が利用される[28,30].

図に示す fs 光パルス列をビームスプリッターで二つに分け, 一方を被測定試料励起光 $I_{pump}(t)$, 他方をゲート光 $I_{gate}(t)$ として用いる. 可変遅延 (τ_i) 光学系を経た $I_{gate}(t)$ と試料からの被測定発光 $I_F(t)$ とを非線形ゲート素子 (上述の 3 次または 2 次の非線形光学物質) に入射させる. ついで, τ_i の関数としてこれら光カー効果により透過してきた $I_F(t)$ の一部または位相整合条件を満足して発生される和周波光 (ある

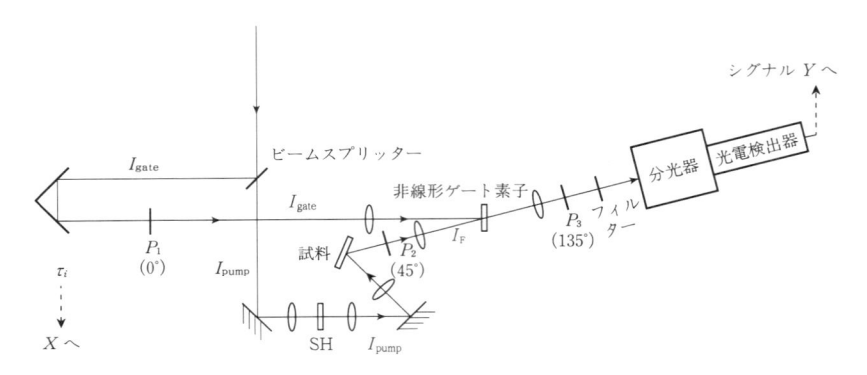

図 4.8.15　光カーシャッターによる発光変化の測定 (P_i：偏光板, SH：第 2 高調波結晶)

いは差周波光)を分光器を通して光検出する．

これを Y 軸に，遅延変位を X 軸に入力してレコーダーに記録 $S(\tau_i)$ することによって，$I_{\text{pump}}(t)$ で誘起された $I_F(t)$ が測定できる．すなわち

$$S(\tau_i) \propto \int_{-\infty}^{\infty} I_F(t) I_{\text{gate}}^2(t-\tau_i) dt \quad (\text{カーの場合})$$
$$S(\tau_i) \propto \int_{-\infty}^{\infty} I_F(t) I_{\text{gate}}(t-\tau_i) dt \quad (\text{和・差周波の場合}) \quad (4.8.21)$$

差周波発生を利用する場合，パラメトリック増幅を使うと S/N 比が改善できるが，一般に感度はストリークカメラより劣る．しかし時間分解能はすぐれており，利用する光源のパルス幅で決まる．

c) 時間分解干渉分光 3次非線形光学効果の一つである非線形屈折率変化 $\Delta n(t) = \bar{n}_2(t) I_{\text{pump}}(t)$ は，超高速位相シフト $\Delta \phi(t) = -\omega \bar{n}_2(t) I(t) l/c$ (l は試料長) の観測を通して測定できる．すなわち，励起パルス $I_{\text{pump}}(t)$ で被測定試料 (結晶，溶液，半導体，気体) に位相シフトを誘起し，これをプローブパルス光 $I_{\text{prob}}(t)$ と参照パルス光 $I_{\text{ref}}(t)$ との干渉変化により観測する[31]．一般に干渉計は振動や熱的な光路長のゆらぎに対して弱い．これによる S/N 低下を防ぐために，$I_{\text{prob}}(t)$ と $I_{\text{ref}}(t)$ とができるだけ同じ光路を通るようにする (図4.8.16)．たとえば，試料入射前に $I_{\text{prob}}(t)$ を $I_{\text{ref}}(t)$ に対して数百 ps 先行伝搬 (同じ光路上で) させ，試料透過後 $I_{\text{prob}}(t)$ を同じ量だけ逆時間遅延させて，光電検出器上に両パルスが同時刻に到着干渉させる．さらに低周波の $1/f$ 雑音をさけるためにヘテロダイン検出，すなわち $I_{\text{prob}}(t)$ と $I_{\text{ref}}(t)$ との中心周波数を光音響変調器 (AOM) でそれぞれ 40 MHz, 39 MHz up-shift させた後試料に

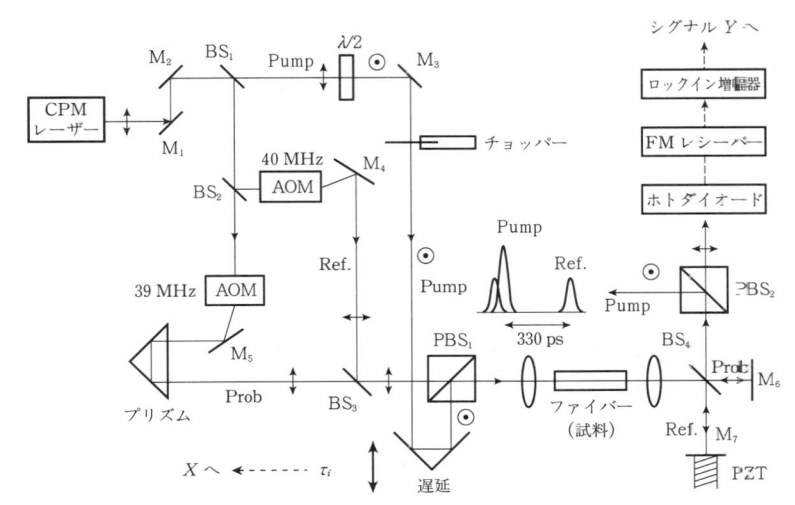

図 4.8.16 ヘテロダイン高時間分解干渉計[32]

入射し，その1MHzのビートを高感度で安価なFMラジオで受信検出する．$I_{pump}(t)$は可聴音周波数〜kHzでチョップされるため（このチョップ周波数で$d\phi(t)/dt=\delta\omega(t)$のFM変調信号が高感度FM検出された後）さらにロックイン検出できる．これにより，われわれは通常の時間分解干渉計の感度より2桁以上の高感度で測定できることを確認している[32]．AOM材料のGVDによるパルス幅広がりが問題になるときは$I_{ref}(t)$のみをup-shiftさせてヘテロダイン検出すればよい[46]．あるいは，プローブ用AOM出射後に負のGVDを与えるプリズム対を挿入しチャープ補償することもできる．

この方法の特徴は$I_{pump}(t)$の偏光を変える（平行と垂直）ことによって，異なった$\chi^{(3)}{}_{ijkl}(t)$テンソル成分を正負の符号も含めて独立に測定できることである．また受信機をAMモードで使用し，かつ$I_{ref}(t)$をカットすることによって，a)で述べた過渡（あるいは利得）吸収測定が可能となる．

d) 時間分解光カー効果の測定 直線偏光した励起パルス$I_{pump}(t)$（偏光角$\varphi_0\neq\varphi$）の強度に比例して，プローブパルス$I_{prob}(t)$の偏光角φが回転される現象（3次非線形光学効果の一つ）を光カー効果という．これは$I_{pump}(t)$と同一偏光方向の屈折率変化$\Delta n_{/\!/}(t)=n_{2/\!/}(t)I_{pump}(t)$とその垂直方向の屈折率変化$\Delta n_{\perp}(t)=n_{2\perp}(t)I_{pump}(t)$とが異なる（$\Delta\varphi(t)\propto(n_{2/\!/}(t)-n_{2\perp}(t))I_{pump}(t)=n_{2B}(t)I_{pump}(t)$）ため生じる．したがって時間分解光カー効果の測定より，3次非線形感受率テンソル成分$\chi^{(3)}{}_{ijkl}(t)$の差の2乗の応答特性が得られ，非線形分極$P^{(3)}(t)$の起因の一つである溶液系の分子運動ダイナミクスが明らかにできる．

図4.8.17にその光学系を示す．直線偏光fsレーザー出力パルス列を$I_{pump}(t)$と$I_{prob}(t)$とに分け（〜20:1），$I_{prob}(t)$の偏光角を$I_{pump}(t)$のこれに対して，半波長板および偏光板（P_1）によって45°回転させる．ついでチョッパー・遅延（τ_i）光学系を経た$I_{pump}(t)$と，$I_{prob}(t)$とを，同一レンズでノンコリアに被測定光カー材料上に集光する．試料透過後の$I_{prob}(t)$は入射時の偏光と90°の角をなす偏光板（P_2：135°）から$I_{pump}(t)$ ONのときのみ透過され，ロックイン光電検出される．したがってその検出信号$S(\tau_i)$は，$\Delta\varphi$が小さくて$\sin\Delta\varphi\cong\Delta\varphi$と近似できるとき

$$S(\tau_i)\propto\int_{-\infty}^{\infty}I_{prob}(t)\Delta^2\varphi(t)dt=\int_{-\infty}^{\infty}I_{prob}(t-\tau_i)n_{2B}^2(t)I_{pump}^2(t)dt \quad (4.8.22)$$

と与えられる．

この方法の測定感度を1桁以上上げるには，P_2をあらかじめ135°からわずかに（〜1°）さらに回転させ，$I_{prob}(t)$の一部を透過させる．この一部透過電場と偏光回転された信号電場とのヘテロダイン干渉を利用する[28,33]．この場合の$S'(\tau_i)$は

$$S'(\tau_i)\propto\int_{-\infty}^{\infty}I_{prob}(t-\tau_i)\Delta\varphi(t)dt=\int_{-\infty}^{\infty}I_{prob}(t-\tau_i)n_{2B}(t)I_{pump}(t)dt \quad (4.8.23)$$

となり，異なった$\chi^{(3)}{}_{ijkl}(t)$成分の差（$\propto n_{2B}(t)$）の符号をも測定できる（光ヘテロダイ

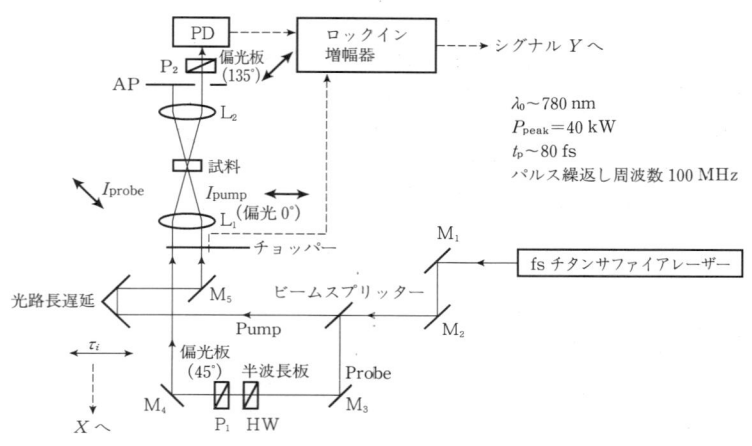

図4.8.17 高時間分解光ヘテロダインカー効果測定装置

ン検出カー測定法).測定上もっとも注意すべきことは,$I_{pump}(t)$の散乱光や回折光が光電検出器に入射しないように,高消光比のP_2および複数のピンホールを検出器前にセットすることである.

e) 時間分解縮退4光波混合分光 3次非線形分極$P^{(3)}(r,t)$より生じる過渡回折格子からの回折光の測定に基づいているこの方法には多くの変形がある[28,34].ここでは,有機溶液,半導体,結晶のフェムト秒応答3次非線形感受率$|\chi^{(3)}_{ijkl}(t)|$の評価およびその起因解明のため広く用いられており,散乱背景光の影響の受けにくいBoxcars型(図4.8.18)[35]について述べる.

直線偏光fsパルス列を,$\kappa_1,\kappa_2,\kappa_3$のわずかに3次元的に伝搬方向が異なる(各ビーム間の角度~1°:図4.8.18)三つのビームに分け($I_{pump\,1}(t):I_{pump\,2}(t):I_{prob}(t) \cong 10(\kappa_1):10(\kappa_2):1(\kappa_3)$),前者の二つを試料に同時刻に到着させ過渡回折格子を形成させる.両パルスが干渉し,周期的な屈折率変化あるいは吸収変化により位相回折格子あるいは振幅回折格子が生じる.これらに対しτ_i遅延入射してきた$I_{prob}(t)$に,位相整合条件を満たす$\kappa_4=-\kappa_1+\kappa_2+\kappa_3$方向に回折され,第4の信号光波$S(\tau_i)$として観測される.これら4パルスのすべての中心角周波数が同じであるため縮退4光波混合と呼ばれる.散乱背景光を防ぐため,試料から数10 cm以上離れたκ_4方向の位置に偏光板・スリット幅の広いフィルター代わりの分光器・光電子増倍管をセットし,ロックイン検出する.すべてのパルスの偏光が同じ場合テンソル$|\chi^{(3)}_{ijkl}(t)|$の対角成分が,$I_{pump\,i}(t)$と$I_{prob}(t)$との偏光が垂直な場合非対角成分が観測できる.

$|\chi^{(3)}_{ijkl}(t)|$の応答時間が入射パルス幅より速いときには,$|\chi^{(3)}_{ijkl}(t)|=|\chi^{(3)}_{ijkl}(t)\delta(t)|$は

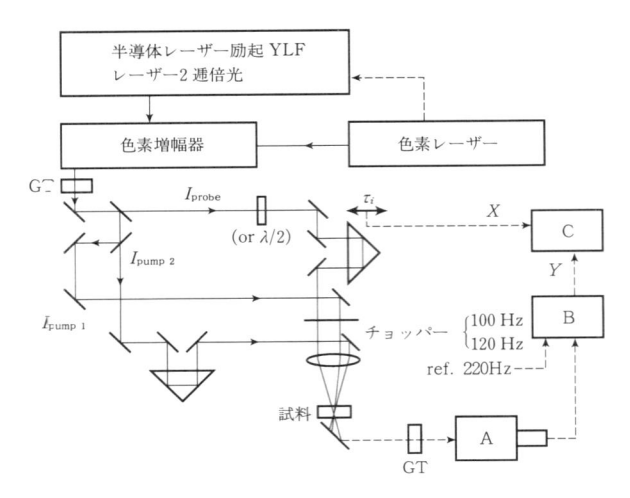

図 4.8.18 時間分解縮退 4 光波混合分光装置[35)]
A：簡易分光器＋光電検出器，B：ロックイン増幅器，C：記録計，GT：偏光板．

$$S^{\mathrm{T}} \propto \int_{-\infty}^{\infty} S(\tau_i) d\tau_i, \quad S^{\mathrm{R.T}} \propto \int_{-\infty}^{\infty} S^{\mathrm{R}}(\tau_i) d\tau_i$$

として次式で測定できる[35)]．

$$|\chi_{ijkl}^{(3)}| = |\chi_{ijkl}^{(3).\mathrm{R}}| (S^{\mathrm{T}}/S^{\mathrm{R.T}})^{1/2} (n_0/n_{0\mathrm{R}})^2 (l_\mathrm{R}/l) A \times (al/[\exp(-al/2)(1-\exp(-al))]) \quad (4.8.24)$$

ただし，$S^{\mathrm{R}}(\tau_i)$ は同一入射条件で測定された $|\chi_{ijkl}^{(3).\mathrm{R}}|$（3 次非線形感受率）既知の参照試料の信号，$n_0, n_{0\mathrm{R}}, A$ はそれらの線形屈折率とそれによって決まる反射損失，l, l_R はそれらの厚さ，a は試料の吸収係数である．一方入射パルス幅より $|\chi_{ijkl}^{(3)}(t)|$ の応答が遅い場合には，

$$S(\tau_i) \propto \int_{-\infty}^{\infty} |3\sigma_{\!/\!/} I_{\mathrm{pump}}(t) \widetilde{E}_{\mathrm{prob}}(t-\tau_i) + \widetilde{E}_{\mathrm{prob}}(t-\tau_i) \int_{-\infty}^{t} d_{\!/\!/}(t-t') I_{\mathrm{pump}}(t') dt'$$
$$+ \widetilde{E}_{\mathrm{pump}}(t) \int_{-\infty}^{t} d_{\!/\!/}(t-t') \widetilde{E}_{\mathrm{pump}}^*(t') \widetilde{E}_{\mathrm{prob}}(t'-\tau_i) dt'|^2 dt \quad (4.8.25)$$

で与えられる（ただし，偏光がすべて同一の場合を記し，また $I_i = |\widetilde{E}_i|^2$ とした）[36,39)]．ただし $3\sigma_{\!/\!/}$ は瞬時応答部の電子分極による $\chi_{\!/\!/}^{(3)}$，$d_{\!/\!/}(t)$ は分子運動による $\chi_{\!/\!/}^{(3)}$，$\widetilde{E}_{\mathrm{prob}}(t), \widetilde{E}_{\mathrm{pump}}(t)$ は，それぞれ

$$\boldsymbol{E}_{\mathrm{prob}}(t, z) = (1/2) \tilde{\boldsymbol{e}}_x \widetilde{E}_{\mathrm{prob}}(t) \exp i(\omega t - \kappa_3 z) + \mathrm{c.c.},$$
$$\boldsymbol{E}_{\mathrm{pump}\,1}(t, z') = (1/2) \tilde{\boldsymbol{e}}_x \widetilde{E}_{\mathrm{pump}\,1}(t) \exp i(\omega t - \kappa_1 z') + \mathrm{c.c.} \cong \boldsymbol{E}_{\mathrm{pump}\,2}(t, z'')$$

である．図 4.8.19 に，DEANST/DMF 溶液の測定例を示す[37)]．この方法は，他の時間分解 3 次非線形分光法に比べて，$\chi_{ijkl}^{(3)}(t)$ の絶対値変化しか測定できずかつ感

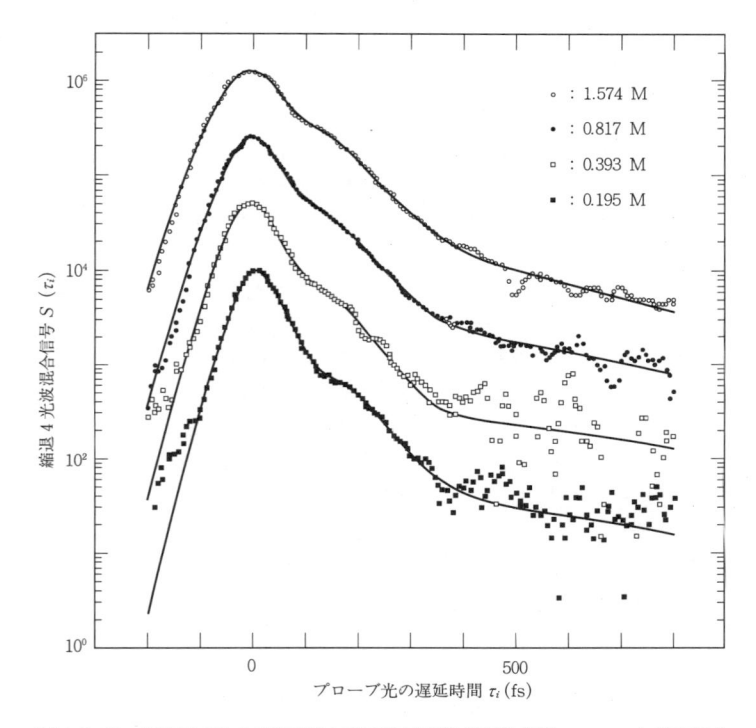

図 4.8.19 超高速3次非線形光学材料 DEANST/DMF 溶液のフェムト秒時間分解縮退4光波混合応答[37]

度が劣る欠点がある．

パルス幅が位相緩和時間 T_2 より狭い場合には，$I_{prob}(t)$ の遅延時間 τ_i を固定して，$I_{pump\ 2}(t)$ を $I_{pump\ 1}(t)$ に対して τ_1 遅延させ（$\tau_1 < \tau_i$），さらにその後で $I_{prob}(t)$ を照射すると（$I_{pump\ 1}(t)$ に対して τ_i 後），共鳴不均一広がりの2準位系（$|\mu|$ は遷移双極子モーメント）では $\tau_1 + \tau_i$ 後に誘導ホトンエコーが観測され[38]，位相緩和のダイナミクスが明らかにできる．ただし，

$I_{pump\ 1}(t)$ は $\dfrac{\pi}{2}\left(\cong |\mu|\int_{-\infty}^{\infty}\widetilde{E}_{pump\ 1}(t)dt/\hbar\right)$ パルス，

$I_{pump\ 2}(t)$ は $\pi\left(\cong |\mu|\int_{-\infty}^{\infty}\widetilde{E}_{pump\ 2}(t)dt/\hbar\right)$ パルス程度の強度が必要である．

以上のほかに超高速電気パルスを観測する electro-optic sampling（E-O サンプリング）法や，分子振動ダイナミクスを明らかにするインパルス時間分解ラマン分光法がある[28]がここでは省略する．

展　　望

　本節で述べた時間域の極限量子光学分野は，先端的で広範囲な学際的広がりを見せている分野であるが，紙面制限のため，必要最小限の基本的事項の記述に限定した．さらに興味ある読者は最近の総合文献を参照されたい[2,8,28,34,39~43]．

　最後に筆者が考えている今後の方向について列挙する．第1は，これまでの光強度パルス技術としてのとらえ方と異なって，フェムト秒光波の振幅・位相・偏光・周波数変化を個々に生かす光モノサイクル時間域の極限的波束電磁波としての発生・制御・計測・応用技術の展開である．光モノサイクル化やTHz電磁波発生，フェムト秒光波シンセサイザー，量子系とのコヒーレント相互作用後のフェムト秒光波束計測，原子分子系・半導体量子系・生体分子高次構造系の量子状態波束時間発展のフェムト秒光波マニピュレーションなどが考えられる．第2は，フェムト秒光源の小型化・モノリシック集積化などの実用化と短波長化(X線へ)・高出力化(PWへ)・サブフェムト秒化などの極限化である．第3は，Tbit通信(ソリトンや時間周波数超多重応用)などの情報技術から光分子制御バイオ技術への横断的な工学的応用である．

　これらは，現在限界が見えているエレクトロンを媒体とするエレクトロニクス技術体系から，ホトン・フォノン・ニュークレア・アトム・モレキュール・スーパーモレキュールなどエレクトロンを包括した量子を媒体とする新しい量子科学技術体系への移行へと導く一歩であると考える．　　　　　　　　　　　　　　　　　　［山下幹雄］

引用文献

1) H. A. Haus et al.: *IEEE J. Quantum Electron.*, **QE-28** (1992) 2086-2096.
2) 山下幹雄：超高速光エレクトロニクス，末田　正，神谷　武編，培風館，1991, pp. 15-54.
3) J. A. Valdmanis and R. L. Fork: *IEEE J. Quantum Electron.*, **QE-22** (1986) 112.
4) M. Yamashita et al.: *Opt. Lett.*, **11** (1986) 501.
5) D. E. Spence et al.: *Opt. Lett.*, **16** (1991) 42-44.
6) J. Herrmann: *J. Opt. Soc. Am.*, **B-11** (1994) 498-512.
7) L. Xu et al.: *Opt. Lett.*, **21** (1996) 1259-1261.
8) 山下幹雄：超高速光技術，矢島達夫編，丸善，1990, pp. 83-114.
9) R. L. Fork et al.: *Opt. Lett.*, **12** (1987) 483.
10) M. Nisoli et al.: *Opt. Lett.*, **22** (1997) 522-524.
11) M. Yamashita et al.: *Appl. Phys. Lett.*, **58** (1991) 2727.
12) M. Yamashita and K. Torizuka: *Jpn. J. Appl. Phys.*, **29** (1990) 294.
13) T. W. Härsch: *Opt. Commun.*, **80** (1990) 71.
14) P. B. Corkum et al.: *Opt. Lett.*, **19** (1994) 1870.
15) A. C. Melissinos: Ultrafast Phenomena VIII, Springer, 1993, p. 34.
16) M. Yamashita et al.: *Jpn. J. Appl. Phys.*, **35** (1996) L1994-L1197.
17) L. Xu et al.: *Opt. Commun*, **162** (1999) 256-260.
18) M. Yamashita et al.: *IEEE J. Quantum Electron.*, **QE-34** (1998) 2145-2149.

19) N. Karasawa et al.: J. Opt. Soc. Am., **B-16** (1999) 662-668.
20) M. Yamashita et al.: Appl. Phys. Lett., **75** (1999) 28-30.
21) P. H. Retze et al.: Appl. Phys. Lett., **61** (1992) 1260-1262.
22) O. E. Martinez: J. Opt. Soc. Am., **B-3** (1986) 929-934.
23) M. M. Wefers et al.: Opt. Lett., **21** (1996) 746-748.
24) 山下幹雄:電気電子工学大百科事典「光波計測」,根本俊雄編,電気書院,1984,pp. 244-246.
25) K. W. Delong et al.: J. Opt. Soc. Am, **B-11** (1994) 1595-1608.
26) D. J. Kane and R. Trebino: Opt. Lett., **18** (1993) 823-825.
27) M. Yamashita et al.: IEEE J. Quantum Electron., **QE-20** (1984) 1363-1369, 1383-1385.
28) J.-C. Diels and W. Rudolph: Ultrashort Laser Pulse Phenomena, Academic Press, 1996, pp. 401-440.
29) R. A. Mathies et al.: Science, **240** (1988) 777.
30) J. Shal: IEEE J. Quantum Electron., **QE-24** (1988) 276-288.
31) Y. Sato et al.: Jpn. J. Appl. Phys., **36** (1997) 2109-2115.
32) T. Suemura et al.: Jpn. J. Appl. Phys, **36** (1997) L1307.
33) M. E. Orczyk et al.: J. Phys. Chem., **98** (1994) 7307-7312.
34) H. J. Eichder et al.: Laser-Indnced Dynamic Grating, Springer, 1986.
35) T. Saito et al.: Jpn. J. Appl. Phys., **35** (1996) 4649-4653.
36) J.-L. Oudar: IEEE J. Quantum Electron., **QE-19** (1983) 713-718.
37) Y. Yamaoka et al.: Nonlinear Optics, **15** (1996) 61-64.
38) P. C. Becker et al.: Phys. Rev. Lett., **61** (1988) 647-649.
39) W. Kaiser: Ultrashort Laser Pulses and Applications, Springer, 1988.
40) J. Herrmann and B. Wilhelmi: Lasers for Ultrashort Light Pulses, North-Holland, 1987.
41) G. P. Agrawal: Nonlinear Fiber Optics, Academic Press, 1995.
42) S. Mukamel: Principles of Nonlinear Optical Spectroscopy, Oxford Univ. Press, 1995.
43) A. Takahashi et al.: SPIE, **2116** (1994).
44) G. Chen et al.: Tech. Digest of CLEO '91, JMB 5 (1991);後藤浩之他:第37回応用物理学関係連合講演会予稿集,1990,p. 866.
45) U. Keller et al.: Tech. Digest of CLEO/Pacfic Rim '97, Tu F 1, 1997, p. 18.
46) I. T. Sorokina et al.: Tech. Digest of CLEO/Pacfic Rim '97, Tu F 4, 1997, p. 20.
47) Z. Zhang et al.: IEEE J. Quantum Electron., **QE-33** (1997) 1975-1981.
48) Y. Ishida and K. Naganuma: Opt. Lett., **21** (1996) 51-53.
49) D. Kopt et al.: Opt. Lett., **20** (1995) 1169-1171.
50) P. Likam Wo et al.: Opt. Lett., **17** (1992) 1438-1440.
51) C. Hönninger et al.: Tech. Digest of CLEO '97, CM 15, 1997, pp. 36-37.
52) M. H. Ober et al.: Opt. Lett., **18** (1993) 367-369.
53) G. Lente et al.: Opt. Lett., **20** (1995) 1289-1291.
54) G. M. Gale et al.: Opt. Lett., **20** (1995) 1562-1564.

4.9 微弱光検出技術

はじめに

　微弱光検出技術は,暗くて見えないもの,レーザー励起微弱蛍光やラマン光,微弱な生物発光や化学発光,およびそれらのスペクトルなどを高精度で計測するのに広く利用されている.しかし,微弱光検出技術の進展に対する要請はこれらだけではない.そもそも,光を利用する「光計測あるいは光センシング」の真髄は,光と物質の相互作用を積極的に利用することにある.つまり,物質や生命には必ず光が介在し,そこに光と物質との相互作用がある.したがって,物質や生命を解明するためには,この相互作用を計測することが不可欠である.その際,光は現象を起こさせるトリガー(たとえば励起光など),現象を観測するためのプローブ,さらにはその情報を伝送する媒体として利用される.ところが,このような光計測の計測精度,つまり定量可能な最小量や最小濃度,ダイナミックレンジ,空間分解能や時間分解能などを改善しようとすると,必然的に計測に利用できる光子(photon)数が減少し,信号成分が小さくなって,SN(信号対雑音)比(signal to noise ratio)が低下する.かくして,ますます光検出感度や最小検出可能エネルギーを改善することが要請される.

　赤外線から紫外線に及ぶ広い範囲で,空間を飛来してくる1個1個の光子を確実に計測することができるようになれば,もっと新しい現象が発見されて,新しい知識やその応用が生み出されると期待される.たとえば,個々の光子は微小部の単一原子や分子から放射されるのだから,2次元の光子計測は個々の原子や分子の計測であると見なすこともできる.本節では,1個1個の光子を検出して計測する微弱光計測技術[1]について,その限界,基本,具体的な装置,および応用例について述べ,最後に今後の課題と展望を述べる.

4.9.1 光検出とその限界

　現在の最先端の微弱光計測技術は,ハイゼンベルグの不確定性原理(uncertainty principle)によって決められる量子限界(quantum limit)にほぼ到達している[2].ここで利用される光の波長は,近赤外線から可視光,紫外線ないしX線域に及んでいる.このような微弱光計測では,避けることのできない雑音として,量子雑音

(quantum noise) と熱雑音 (thermal noise)(ジョンソン雑音 (Johnson noise) ともいう) がある．微弱光計測では，よく知られているように，ショット雑音 (shot noise) がつねにつきまとうが，この雑音は量子雑音に起因するものである．また，微弱光電流を増幅する際には，増幅器の発生する熱雑音が大きな問題になる．

a. 光検出とショット雑音

コヒーレント状態 (coherent state) と呼ばれる理想的なレーザー光では，平均光子数 $\langle n \rangle$ と光子数のゆらぎの分散 (variance) $\langle \Delta n^2 \rangle$ との間に，

$$\langle \Delta n^2 \rangle \equiv \langle (n - \langle n \rangle)^2 \rangle = \langle n \rangle \tag{4.9.1}$$

なる関係が成立し，その光子統計はポアソン (Poisson) 分布になる．

いま，光子によって信号が運ばれてくるものとし，このようなコヒーレント状態の光を，時間長さ T_s (空間長さ $L = cT_s$，c は光速度) の部分について，量子効率 (quantum efficiency) が 100% ($\eta = 1$) で，暗電流 (dark current) がない理想的な光検出器 (photodetector) で電気信号に変換すると，光電流 (photocurrent) $\langle i_p \rangle$ とそのゆらぎの分散 $\langle i_n^2 \rangle$ は，

$$\langle i_p \rangle = \frac{e}{T_s} \langle n \rangle = 2e \langle n \rangle B \tag{4.9.2}$$

$$\langle i_n^2 \rangle \equiv \langle (i_p - \langle i_p \rangle)^2 \rangle = (2eB)^2 \langle \Delta n^2 \rangle = (2eB)^2 \langle n \rangle = 2e \langle i_p \rangle B \tag{4.9.3}$$

となる．ただし，$B = 1/(2T_s)$ は検出に必要なナイキスト帯域 (Nyquist bandwidth)，$-e$ は電子の電荷である．上記の式 (4.9.3) は，よく知られた光電流のショット雑音 (散射雑音ともいう) の式である．これらの関係から光電流 $\langle i_p \rangle$ の SN 比 (パワー) を求めると，

$$\left(\frac{S}{N} \right)_{\text{power}} = \langle i_p \rangle^2 / \langle i_n^2 \rangle = \langle n \rangle \tag{4.9.4}$$

となる．つまり，入力光 (信号) の SN 比と光電流の SN 比は等しい．以上のことが示すように，光電流のショット雑音は，コヒーレント状態の入力光が本来もっている量子雑音に起因するものである．したがって，量子効率 $\eta = 1$，暗電流 $I_d = 0$ の光電変換 (photoelectric conversion) で，SN 比は変化しない．

ところが，微弱光計測における光電流は極微弱であるため，量子限界域で計測するためには，高い量子効率で光電変換し，得られた光電流 (あるいは光電子 (photoelectron)) を可能な限り低雑音で増幅 (あるいは増倍) する必要がある．実際の光検出器，たとえば微弱光を直接検出する光電子増倍管 (photomultiplier tube, PMT) は，雑音の少ない電子増倍 (electron multiplication) を行うが，$\eta < 1$，$I_d \neq 0$ であるため，後述するように SN 比が劣化する．また，ホトダイオード (photodiode, PD) では，量子効率は高いが，ゲインが小さいため増幅器が発生する雑音が信号成分より大きくなり，微弱光信号を検出することが困難である．

b. 量子雑音と熱雑音

光子のエネルギーは，プランク(Planck)定数 h と電磁波の振動数(周波数) ν の積で表される．式(4.9.1)を参照すると，1個の光子の雑音エネルギー E_{nq} は，

$$E_{nq} = h\nu \tag{4.9.5}$$

となる．また，単一モード当たりの熱雑音エネルギー E_{nj} は，

$$E_{nj} = \frac{h\nu}{\exp(h\nu/kT)-1} \underset{kT \gg h\nu}{\approx} kT \tag{4.9.6}$$

である．ただし，k はボルツマン(Boltzman)定数，T は絶対温度である．式(4.9.6)の $E_{nj}/h\nu$ は，ボーズ-アインシュタイン係数(Bose-Einstein factor)といわれ，絶対温度 T の単一モード放射(single mode radiation)に対する平均光子数を表す．このように考えたとき，熱雑音も一種の量子雑音であると見なすことができる．

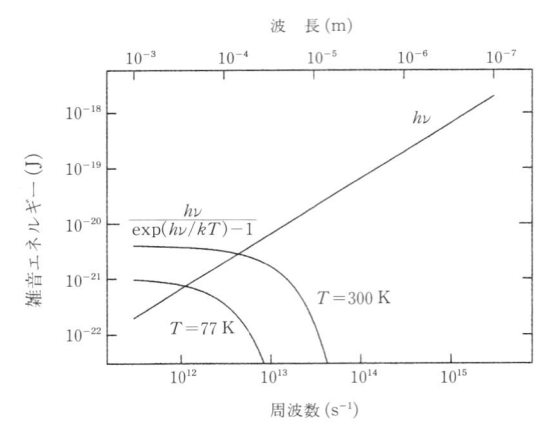

図4.9.1 量子雑音と熱雑音のエネルギー

図4.9.1 は，周波数に対する量子雑音と熱雑音(エネルギー)の関係を示す．図から，可視光域では量子雑音が熱雑音よりも支配的であるが，遠赤外線からミリ波になると熱雑音が支配的になることがわかる．さらに，赤外線域の微弱光検出では，熱雑音を低減させるための冷却が重要であること，近赤外線から可視光域では，所定のSN比を得るために必要な信号エネルギーが，周波数の2乗に比例して増大することがわかる．これらの雑音は計測の限界を示すもので，この限界に近い検出が無線周波数域や光域のヘテロダイン検波(heterodyne detection)，および直接検波(direct detection)方式の光子計数(photon counting)装置で実現されている．

c. 微弱光検出装置の雑音

光検出装置の評価や，出力信号の雑音やSN比を解析する場合，雑音指数(noise

figure) を用いると便利である．この雑音指数 $F(\geqq 1)$ は，系の入力と出力における SN 比（パワー）を用いて，

$$F=\left(\frac{S}{N}\right)_{\text{in}}\left(\frac{N}{S}\right)_{\text{out}} \geqq 1 \tag{4.9.7}$$

で定義される．光検出の場合，$(S/N)_{\text{in}}$ は量子雑音であるから，

$$F=\left(\frac{\langle n\rangle^2}{\langle\Delta n\rangle^2}\right)_{\text{in}}\left(\frac{N}{S}\right)_{\text{out}}=\langle n\rangle\left(\frac{N}{S}\right)_{\text{out}} \tag{4.9.8}$$

となる．次に，代表的な光検出系やその要素の雑音指数を示す．

1) 光電子増倍管

暗電流や背景光の影響が無視できる場合，光電変換部の雑音指数は量子効率を η としたとき，式 (4.9.2) および式 (4.9.3) を参照すると，

$$F_{\text{pc}}=\left(\frac{\langle n\rangle^2}{\langle n\rangle}\right)\left(\frac{(2eB)^2\eta\langle n\rangle}{(2eB\eta\langle n\rangle)^2}\right)=\frac{1}{\eta} \tag{4.9.9}$$

となる．また，2次電子放出 (secondary-electron emission) はポアソン過程 (Poisson process) であるから，電子増倍率が $\langle\delta\rangle$，そのゆらぎの分散が $\langle\Delta\delta^2\rangle$ であるダイノード (dynode) による電子増倍部の雑音指数は，光電流を i_{pc} として，

$$F_{\text{dy}}=\left(\frac{\langle i_{\text{pc}}\rangle^2}{2e\langle i_{\text{pc}}\rangle B}\right)\left(\frac{2e\langle i_{\text{pc}}\rangle B(\langle\delta\rangle^2+\langle\Delta\delta^2\rangle)}{\langle i_{\text{pc}}\rangle^2\langle\delta\rangle^2}\right)=1+\frac{1}{\langle\delta\rangle} \tag{4.9.10}$$

となる．さらに，電子増倍率が $\langle\delta\rangle$ であるダイノードを n 段直列接続すると，

$$F_{\text{em}}=\frac{\langle\delta\rangle^n-1}{\langle\delta\rangle^{n-1}(\langle\delta\rangle-1)}\cong\frac{\langle\delta\rangle}{\langle\delta\rangle-1}=1+\frac{1}{\langle\delta\rangle-1} \tag{4.9.11}$$

となる．通常の PMT では，$\delta\approx 6$ で総合ゲインも $10^6\sim 10^8$ と高いため，後段の増幅器の熱雑音は無視することができる．

したがって，PMT を用いた光検出系の雑音指数は，

$$F_{\text{pmt}}=\frac{1}{\eta}+\frac{1}{\eta(\langle\delta\rangle-1)}=\frac{\langle\delta\rangle}{\eta(\langle\delta\rangle-1)}\approx\frac{1}{\eta} \tag{4.9.12}$$

となる．このとき，PMT の出力信号の SN 比は，

$$\left(\frac{S}{N}\right)_{\text{pmt}}=\langle n\rangle\frac{1}{F_{\text{pmt}}}=\eta\langle n\rangle\frac{(\langle\delta\rangle-1)}{\langle\delta\rangle}\approx\eta\langle n\rangle \tag{4.9.13}$$

となる．したがって，PMT では，量子効率 η と電子増倍率（とくに初段の $\langle\delta\rangle$）を大きくすることが重要である．以上の議論は，後述するマイクロチャネルプレート (microchannel plate, MCP) や2次元光子検出器 (two-dimensional photon detector) に適用することができる．

2) 増幅器を接続したホトダイオード

ホトダイオード (PD) に増幅器を接続した系の雑音指数は，

$$F_{\text{PDA}}=\frac{1}{\eta}+\frac{2kT_e}{\eta^2 e^2 B\langle n\rangle R_d}=\frac{1}{\eta}+\frac{4kT_e}{\eta e\langle i_{\text{pc}}\rangle R_d} \tag{4.9.14}$$

となる．ただし，R_d は PD の負荷抵抗，T_e は等価雑音温度である．微弱光検出では

右辺の第2項の値がかなり大きくなり，検出限界が増幅器の雑音によって大きく制限される．

3） レーザー増幅器

光増幅器の代表例であるレーザー増幅器(laser amplifier)の雑音指数 F_{LA} は，ゲイン G および反転分布パラメーター μ を用いて，

$$F_{LA}=\left(\frac{\langle n\rangle^2}{\langle \Delta n^2\rangle}\right)\left(\frac{\langle \Delta n^2\rangle[G^2+\mu^2(G-1)^2]}{G^2\langle n\rangle^2}\right)=1+\mu^2\left(\frac{G-1}{G}\right)^2 \quad (4.9.15)$$

となる．ここで，$\mu=N_2/(N_2-N_1)$ であり，N_2 と N_1 は，レーザー発振のしきい値における上準位と下準位の原子の分布数である．理想的な状態(つまり，$N_2 \gg N_1$)で $F_{LA}=2$ となるから，通常は $F_{LA}>2$ である．

4.9.2 光子検出の基本

a. 光電変換

光電変換には，光電面(photocathode)やホトダイオードが利用される．可視光域の光電面の量子効率はたかだか30%程度と低いが，真空中に直接電子を取り出すことができるので，次項の電子増倍（電子数増倍ともいう）との相性がよく，各種の微弱光検出器に使用されている．図4.9.2は，おもな光電面の分光感度特性(spectral response)を示す．

他方，ホトダイオードは100%に近い量子効率を示すが，次項に示すように電子増

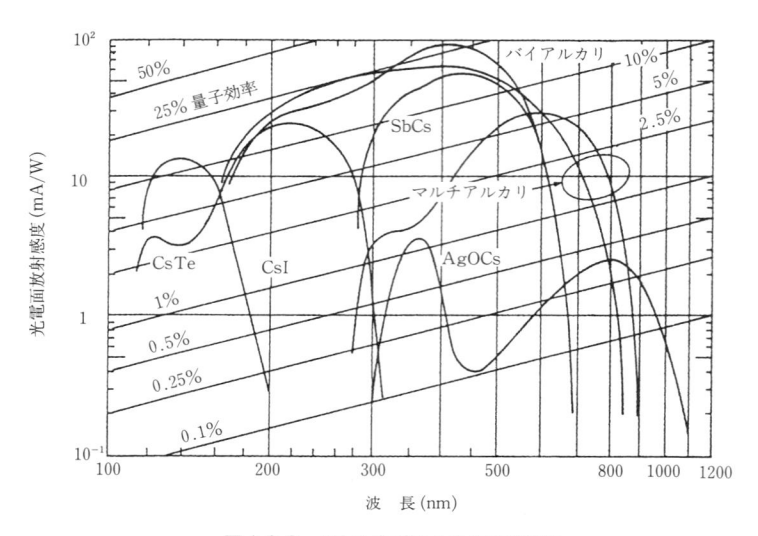

図4.9.2 おもな光電面の分光感度特性

倍部との組合せに難点がある．

b. 電子増倍

電子増倍には，2次電子放出効果，アバランシェ(avalanche)効果および電子衝撃導電(electron bombardment induced conduction, EBIC)効果などが利用される．2次電子放出効果を利用する電子増倍器は，光電面と容易に組み合わせることができ，代表例は PMT のダイノードやマイクロチャネルプレート(MCP)である．アバランシェ効果は，アバランシェホトダイオード(APD)に利用されているが，微弱光検出には利得が十分でないし，過剰雑音(excess noise)が大きいという問題がある．EBIC は高い利得が期待できるため，光電子打込み型の光子検出器や SIT 管(silicon intensifier target camera tube)に利用されている．しかし，実用例はまだそれほど多くない．

2次元の電子数増倍器である MCP は，直径 10 μm 程度のガラス細管を 600 万本程度束ねて，直径 25 mm 程度の板状にしたもので，その構造と動作原理を図 4.9.3 に示す[3]．ガラス細管の内壁は抵抗体かつ2次電子放出体であり，電子が管壁に衝突するたびに電子数が増倍されて，最終的に 10^4 倍程度に電子数増倍された信号が出力される．MCP は，高空間分解能(最小チャネル径は 6 μm)，小型高利得(厚さ 0.6 mm，1 kV 印加時の利得 $\approx 10^4$)，高速(電子走行時間広がり ≈ 20 ps)などの特徴があり，各種光電面との併用が可能である．また，MCP 自体は紫外線，X 線，γ 線，中性子，荷電粒子などにも感度があり，これらを検出する高利得の2次元検出器としても利用されている．

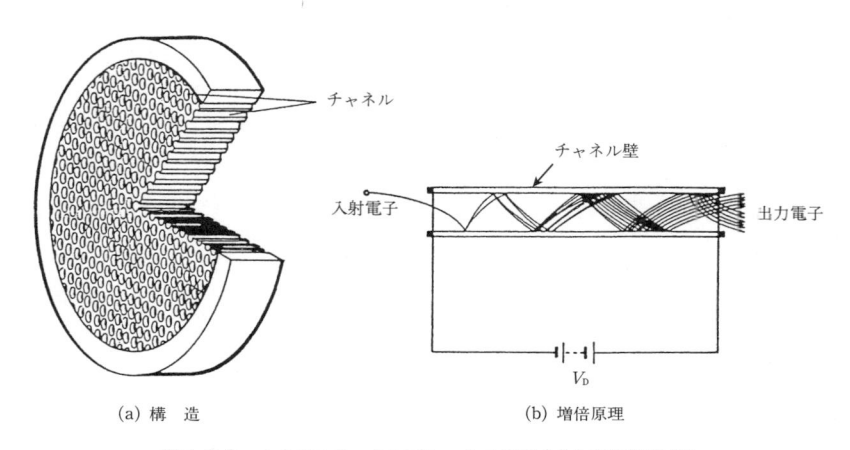

(a) 構　造　　　　　(b) 増倍原理

図 4.9.3　マイクロチャネルプレートの構造(a)と動作原理(b)

c. 光子計数法

　入射光強度が 10^{-11}〜10^{-12}W(可視光の場合の入射光子数は毎秒 10^5〜10^7 個程度)以下の微弱光を PMT で計測すると，出力信号が離散的なパルス信号になる．それぞれのパルス信号は，個々の光電子に対応するもので，入射光強度をさらに小さくしても，パルス信号の数あるいは頻度が入射光強度に比例して減少するだけで，パルス信号の振幅は小さくならない．この状態を単一光電子事象(single photoelectron event)と呼ぶ．光子計数法は，単一光電子事象で入射光強度とパルス信号数が比例することを利用するもので，パルス信号の数，つまり光電子数を計数して入射光子数あるいは入射光強度を計測する．

　ホトンカウンター(photon counter)は，上記の原理に基づくもので，増倍ゆらぎの少ない電子数増倍を行った後，さらに出力パルス信号の波高弁別(pulse height descrimination)を行っている．図4.9.4は，PMT の出力信号のパルス波高分布(pulse height distribution)を模式的に示す．第1のしきい値 LL 以下の信号を捨てることによって，電子数増倍系の途中で発生する暗電流雑音パルスを除去することができる．ただし，この方法は，光電面から発生する暗電流雑音パルスを除去することはできない．光電面から発生する暗電流雑音パルスは，光電面を冷却して低減することができる．可視光用光電面の場合，常温近辺で温度が10℃低下すると暗電流が約1/10倍に減少する．また，第2のしきい値 UL によって，宇宙線などに起因する雑音パルスを除去することができる．宇宙線に起因する PMT のガラス面板などの発光は，微弱なものから入力換算電子数で数十光電子に及ぶものまでが測定されている[4]．これらはパルス波高が大きいから，前記のしきい値 UL によって除去される．さらに，天然に存在する放射性核種から放出される環境 γ 線などは，厚さ 10 cm の鉛の遮蔽体で約1/100に減衰させることができる[4]．また，前記の MCP は多段に接続すると利得(電子数増倍率)が増大するとともに，図4.9.5に示すように，パルス波高分布にピークが現れて，電子数増倍のゆらぎが小さくなる[3]．

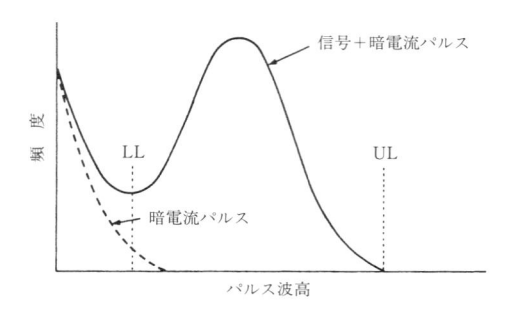

図 4.9.4　PMT の出力信号のパルス波高分布

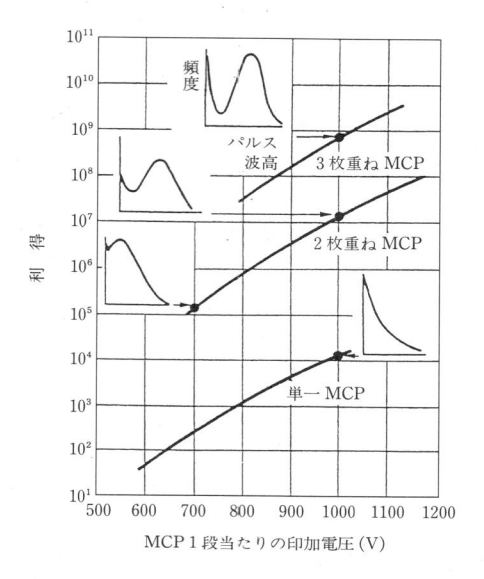

図 4.9.5 多段接続 MCP の印加電圧に対する利得とパルス波高分布特性

いずれにしても，光子計数を行う場合，前記のような波高弁別処理が重要であり，理想的な波高弁別が行われた場合に暗電流などの影響がかなり低減される．実際，アナログ方式に対して，光子計数の検出限界を約 1/100 倍程度に改善することができる．また，光子計数法は計測時間を長くして SN 比を稼ぐことができる．さらに，光子計数法によって，計測に対する PMT の感度ドリフトや印加電圧の変動などの影響が大きく緩和されるため，高安定，高精度の計測が可能になる．

4.9.3 時間相関光子計数法

光子計数法を巧みに応用すると，レーザー励起蛍光やラマン (Raman) 光などの高速光現象の時間分解計測 (time-resolved measurement) ができる．この方法は，時間相関光子計数法 (time-correlated photon counting, TCPC) と呼ばれる．図 4.9.6 は，数 kHz で繰り返す超短パルス光 (a) で励起したときに得られる微弱な蛍光 (b) に対する PMT の出力信号を示す．図 (c), (d), (e) となるに従って，蛍光強度が弱くなる状態を示す．とくに図 (e) の状態では，1 回のパルス光励起によって発生する蛍光 (単一光現象) に対して，PMT は最大でも 1 個の光電子に対応するパルス信号しか出力しない．この状態で，励起パルス光と PMT の光子検出信号とのタイミングの時間差 τ を測定する．この測定を繰り返して行い，時間差 τ に対する光電子検出回

図4.9.7 TCPCシステムの構成例

図4.9.6 時間相関光子計数法の原理

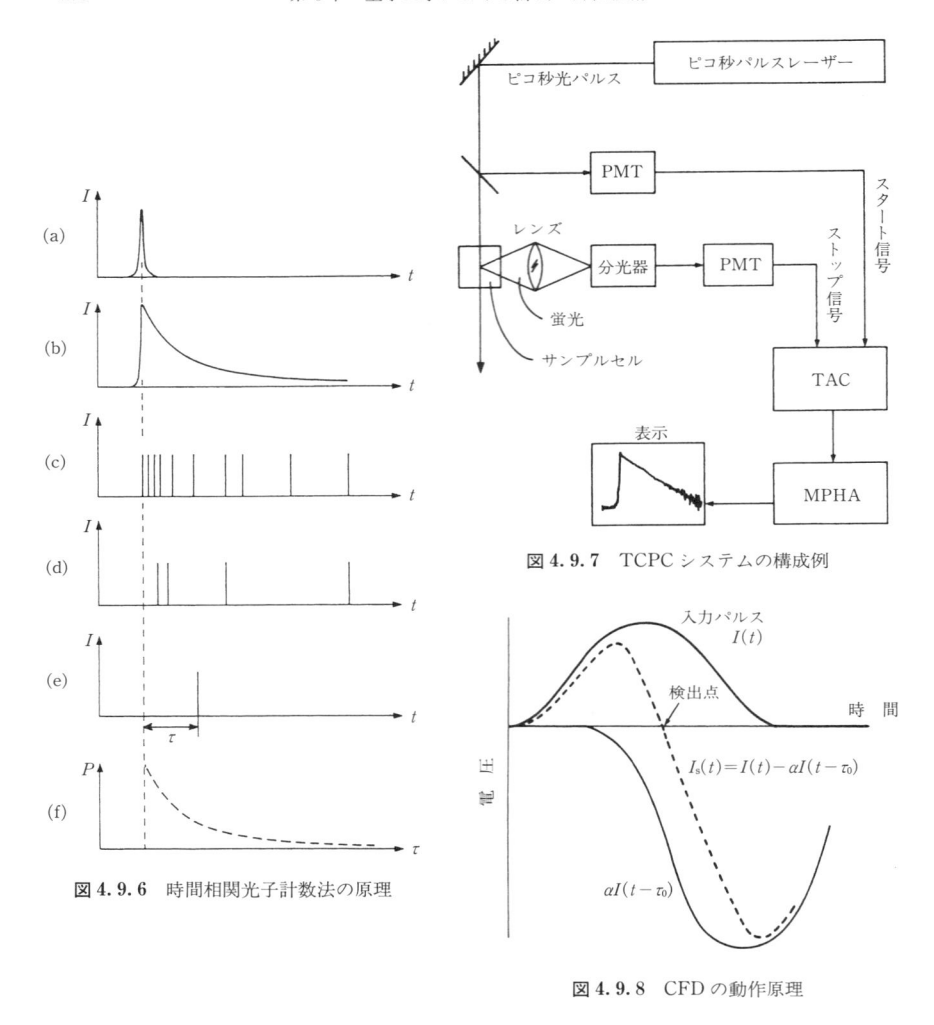

図4.9.8 CFDの動作原理

数(頻度)，つまりヒストグラムを求めると(f)のようになる．TCPC法は，このようにして求めたヒストグラムが，励起蛍光の過渡波形(b)に対応するということを，測定の基本原理としている．

図4.9.7は，TCPC法でレーザー励起蛍光を計測する装置の構成例を示す．高い時間分解能が必要な計測では，MCPを内蔵した超高速 PMT (MCP-PMT) を用いる[5]．パルス信号間の時間差測定には，時間・電圧変換器(time to amplitude converter, TAC)を用いる．つまり，TACはスタート信号とストップ信号との時間差を

電圧信号に変換する．このとき，PMTの出力信号，つまりTACの入力信号に振幅ゆらぎがあると，TACを制御するタイミングにジッター(timing jitter)が発生し，時間差測定の精度が劣化する．そこで通常は，定比率型弁別器(constant fraction discriminator, CFD)を利用する．このCFDは，入力パルスの波高がピーク値に対する一定比率の値に達したとき，タイミングパルスを発生するもので，図4.9.8にその動作原理を示す．また，ヒストグラムは，マルチチャネル波高分析器(multichannel pulse height analyzer, MPHA)で簡単に記録・表示することができる．通常，MPHAは種々のデータ処理機能を備えており，過渡波形の対数表示，減衰時間(蛍光寿命)の演算，減衰特性の最小2乗法によるフィッティング処理などができる．

TCPC法の時間分解能は，励起パルス光のパルス幅，PMTの電子走行時間広がり(transit time spread, TTS)，CFDの性能などで制限される．固体レーザーや色素レーザーでは数ps～0.1 ps程度，レーザーダイオード(laser diode, LD)を用いた小型ピコ秒LDパルス光源[6]では時間幅40 ps程度のパルス光が容易に得られる．また，CFDとTACを用いた場合，最良で20 ps程度の時間精度が得られる[5]．

光子検出器のTTSは，前出の図4.9.7に示したTCPC装置で，TTSに比べて十分にパルス幅が短いと見なせる超短パルス光を直接計測して評価することができる．このようにして測定したMCP-PMTのTTSの測定例を図4.9.9に示す．この場合，半値全時間幅(FWHM)22.5 psは，計測システム全体のTTSを表しているから，MCP-PMT自体のTTSはこの値より小さい．また，最近ではAPDを用いた

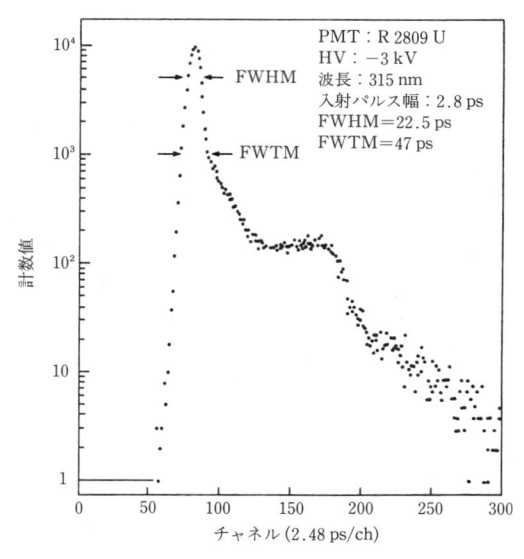

図 **4.9.9** MCP-PMT の TTS の測定例

TCPC法も開発され，28 ps の時間精度が得られている[7].

4.9.4 光子計数画像化法

光子計数法を応用して，2次元空間における光子検出，つまり光子計数画像化 (photon counting imaging) ができる．代表例は，光子計数型画像計測装置 (photon counting image acquisition system, PIAS) であり，その動作原理を図 4.9.10 に示す[8]．光子は光電面で電子に変換され，光電子は3段接続した MCP で約 10^7 倍 (2.7 kV 印加時)，さらに位置敏感型の半導体位置検出器[9] (position sensitive detector, PSD) で電子衝撃導電効果によって約 10^2 倍 (3 kV 加速時) に電子数増倍される．3段接続の MCP のパルス波高分布特性は，前出の図 4.9.5 に示したように急峻なピークを示すため，増倍率ゆらぎが小さくなる．さらに PIAS では，後段のパルス波高弁別回路による雑音除去処理とあいまって，高い光子計数精度，さらには高い SN 比が得られる．

PSD の中に発生する電子は，表面の抵抗層を経て4個の周辺電極に分配されるので，4個の信号を演算して PSD に入射する電子流の重心，つまり光子の入射位置を求めることができる．したがって，各位置ごとに光子検出信号を計数し，その計数値を輝度情報として画像メモリーに書き込み，結果をテレビモニターに表示すれば，ほぼリアルタイムで光子計数画像 (photon counting image) が得られる．

通常，光電面を $-20°C$ 程度に冷却して暗電流雑音を低減する．また，光電面の材質を選択したり，MCP の入射面を検出面として用いるなどの方法により，X 線，真空紫外線，紫外線，可視光線，さらには電子やイオンなどの荷電粒子の画像化計測ができる．図 4.9.11 は PIAS の入出力特性を示す[8]．極微弱光で照明したテストチャートを測定し，階調の異なる二つの部分 A と B (それぞれ 16×16 画素) の信号 (カウント/画素) と SN 比の関係を示した．○と●は信号 (計数値)，△と▲は SN 比を示す．△および▲で示した SN 比の実測値が，直線で示した光子数雑音 (量子雑音) の

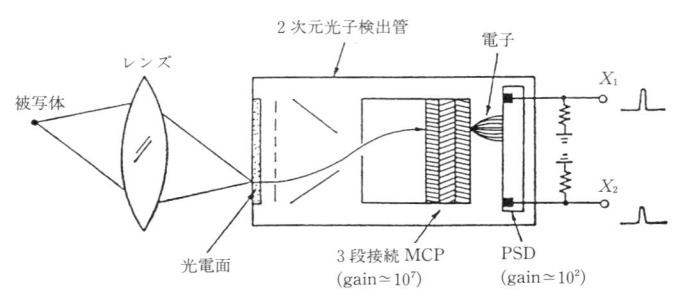

図 4.9.10　PIAS の動作原理

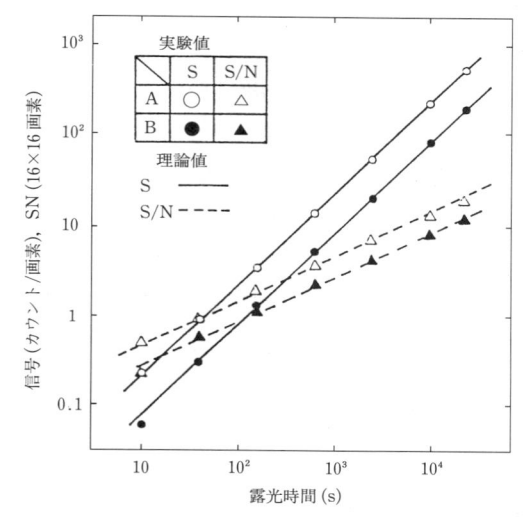

図 4.9.11 PIAS の入出力特性

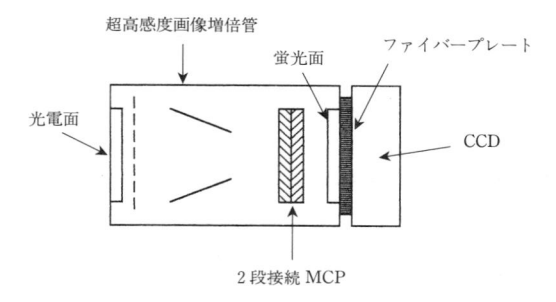

図 4.9.12 VIM の光子検出部

理論値とよく一致することがわかる．このデータから，PIAS がほぼ理論限界に等しい 2 次元光子検出能力を実現していることがわかる．

他方，VIM (video intensified microscopy camera) という超高感度顕微鏡テレビカメラが開発されている[10]．これは，図 4.9.12 に示すように，超高感度画像増倍管 (high sensitive image intensifier, II)[11] に CCD (charge coupled device) カメラを接続したもので，テレビ方式の光子計数画像が得られる．この超高感度 II は，前出の図 4.9.10 に示した 2 次元光子検出管の PSD の部分を蛍光面に置き換えたもので，直接光学像が得られる．この VIM では，蛍光面上の輝点像の重心を画像信号処理 (image processing) によって算出して，ホトンカウンティング像の位置精度と分解能

を向上させている.

4.9.5 超高速時間分解光子計測

もっとも時間分解能がすぐれた光計測装置として,超高速ストリークカメラ(ultrafast streak camera)[12]がある.これは,超高速光現象をサブピコ秒という時間分解能で直接計測できる唯一の装置である.図4.9.13はその動作原理を示すもので,光電子を超高速に偏向する時間・空間変換機能と,MCPによる高利得の電子数増倍機能を利用している.ここで,時間・空間変換機能は,入射光強度の時間変化を光強度の空間分布に変換するもので,サブピコ秒という時間分解能を実現するためのキー技術である.また,電子数増倍機能は,極微弱光現象の計測に不可欠な機能である.これらの結果,超高速ストリークカメラで得られるストリーク像(streak image)は,xを空間位置,tを時間としたとき,$f(x,t)$で表される3次元光情報,つまり広義の画像である.

図4.9.13で,被測定パルス光はストリーク管(streak tube)の光電面にスリット状に入射される.光電変換された電子は,メッシュ状電極で加速され,偏向場でスリットと直交する方向に高速偏向されたあと,MCPで約3×10^3倍に電子数増倍され,蛍光面でストリーク像に変換される.掃引電圧発生器は入射パルス光に同期した高速の掃引電圧を発生する.このとき,ストリーク像の光強度は,入射光の強度に比例する.また,スリット方向(x軸)の情報は,そのままストリーク像の空間方向(x軸)の情報として保存される.

最良の時間分解能は180 fsであり[13],パルスレーザーに同期して100 MHz程度の高速の繰返し掃引を行うシンクロスキャンストリークカメラ,直交する2組の偏向機能を利用するストリークカメラ,電子数増倍率を向上させた光子計数型ストリークカメラ(photon counting streak camera)などがある[12].これらでは,光電面を選択す

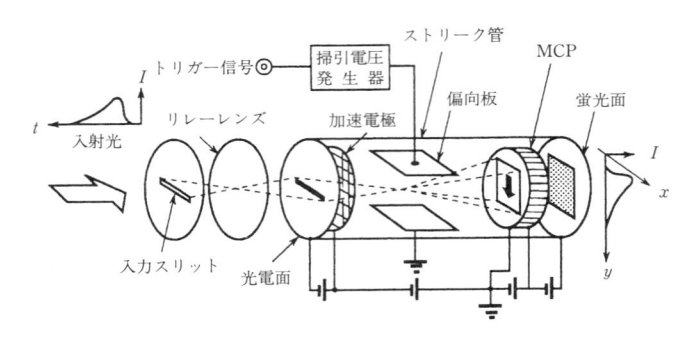

図4.9.13 超高速ストリークカメラの動作原理

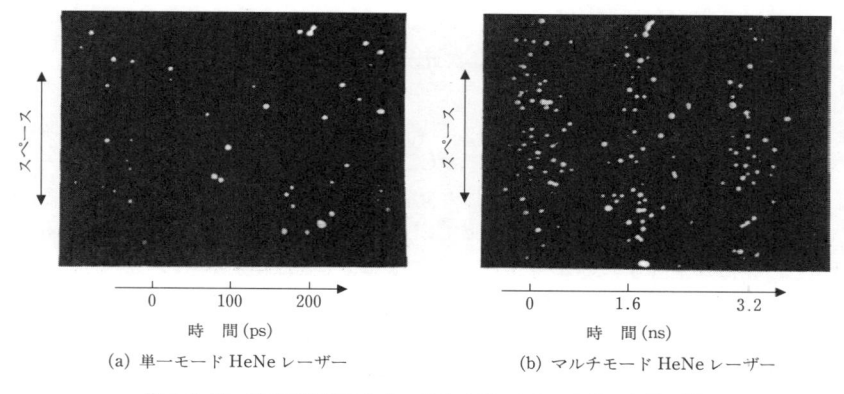

図 4.9.14 光子計数型ストリークカメラによるストリーク像の例

(a) 単一モード HeNe レーザー
(b) マルチモード HeNe レーザー

ることによって，X線から紫外線，可視光，さらには近赤外線域での計測が可能である．

　光子計数型ストリークカメラに用いるストリーク管は，急峻なパルス波高分布特性を示す2段接続の MCP を内蔵しているため，電子増倍ゆらぎが小さく，より確実に単一光電子を検出することができる．図 4.9.14 は，光子計数型ストリークカメラで得たストリーク像の例を示す．被計測光は単一縦モードの HeNe レーザー光 (図 4.9.14 (a)) およびマルチモード HeNe レーザー光 (図 4.9.14 (b)) であり，図の横軸は時間，縦軸はストリークカメラの入力スリットに沿う方向の位置である．それぞれの輝点は，光電面からの単一光電子，すなわち入射した単一光子に対応する．このようなストリーク像から光子の位置を求めて，光子の到達時刻を解析すると，ピコ秒域の光子相関 (厳密には光電子相関) 実験が行える[14]．

　また，ストリークカメラ技術を応用した光オシロスコープ (optical oscilloscope)[15] も開発されている．この光オシロスコープを用いて，4.9.4項に述べた時間相関光子計数法と同等の計測を，より短時間で行うことができる[15]．

　分光器の出力つまりスペクトルを，超高速ストリークカメラのスリットと並列になるように入射すれば，スペクトル (spectra) の超高速時間変化の計測，すなわち超高速時間分解分光計測 (ultrafast time-resolved spectroscopy) ができる．このような計測は，λ を波長としたとき $f(\lambda, t)$ で表される画像を取り扱う．このとき，分光器で 0.1 nm 以下の波長分解能，またストリークカメラで 1 ps 以下の時間分解能が，それぞれ独立に得られる．ところが，時間広がりと波長広がりはちょうど不確定性の関係にあるため，画像 $f(\lambda, t)$ の時間と波長に広がりが観測される[12]．ただし，これらは統計的なゆらぎに起因するぼけであるから，画像の平均値 (加重平均) に対する計測には何ら支障はない．

4.9.6　2次元光子積算計測

　2次元面に飛来する光子を時間積算して画像化する方法がある．この場合，撮像デバイスの暗電流が問題になる．たとえばCCDの暗電流は，冷却することによって著しく減らすことができるので，計測すべき光信号より暗電流をかなり小さくすることができる．冷却型CCDカメラ(cooled CCD camera)は，冷却してCCDの暗電流を低減し，極微弱光信号をCCDチップの中で積算して画像化するものである．

　CCDの雑音は，読出しに伴う雑音，暗電流雑音$N_d^{1/2}$，暗電流N_dの1/4～1/10倍の固定パターン雑音などである．しかし，固体撮像デバイスに特有のスイッチング雑音は，相関二重サンプリング法によって大幅に低減できるため，読出しに伴うおもな雑音は増幅器で発生する．この読出し雑音は，1枚の画像取得に対して1回を考えればよい．

　暗電流N_dは，絶対温度をT，SiのエネルギーギャップをE_g(eV)としたとき，

$$N_d = CT^{3/2}\exp(-E_g/2kT)$$

$$E_g = 1.1557 - \frac{7.021 \times 10^{-4}}{1108+T}T^2 \qquad (4.9.16)$$

で表される[16]．ここで，Cは定数，kはボルツマン定数(eV)である．この式を用いると，ある温度における暗電流の実測値から，任意の冷却温度のときの暗電流の値を

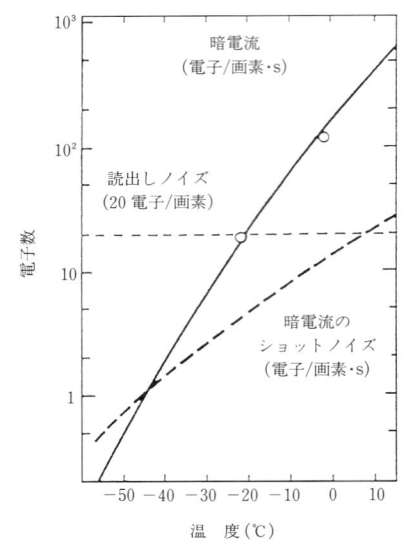

図 4.9.15　冷却型CCDカメラの暗電流の温度特性

推定することができる．

図 4.9.15 は，2/3 インチ IT-CCD (interline transfer CCD, 510×492 画素) を冷却したときの暗電流特性を示す．図中の ○ 印は実測値，実線は $T=-21.7℃$ のときの暗電流の実測値 $N_d=18.6$ 電子/画素・s を式 (4.9.16) に代入して求めた曲線である．この CCD を $-30℃$ に冷却すると，暗電流は $N_d≈7$ 電子/画素・s となるから，暗電流が飽和レベル (80000 電子/画素) に達するまでに約 3 時間かかることがわかる．したがって，低速度走査による読出しなどによって読出し雑音を低減すれば，1 時間程度までの時間積算による極微弱光のイメージングができることになる．

冷却型 CCD カメラで分光器のスペクトルを計測する場合，ビンニング (binning) と呼ばれる機能によって，信号電荷を CCD チップの中でスリット方向に積分して読み出す方法がある．このビンニングは，とくに SN 比の改善に効果があり，ビンニング範囲は通常可変にしてある．また，低速度走査では，実験のセットアップなどに不便さの問題があるため，画面の中の一部分のみを高速に読み出す方法もある．光の利用率は CCD の開口率に比例する．インターライン転送 CCD の開口率は 25％程度であるが，フレーム転送 CCD では約 100％になる．

以上のような冷却型 CCD カメラは，量子効率 $η≈1$，開口率約 100％，10 電子/画素以下の読出し雑音が実現でき，ショット雑音レベルの 2 次元光情報の積算検出ができる．しかし，信号に対する増幅率 (増倍率) が足りないため，単一光子の検出はできない．

4.9.7 2 次元光子計測の応用例

今後重要になるのは，3 次元情報を取り扱う 2 次元光子計測，あるいは空間・時間分解光子計測である．これらの 2 次元ホトンカウンティング計測 (単に，2 次元光子計測ともいう) で取り扱う情報は，多次元空間の情報を 2 次元空間に投影した情報，つまり広義の画像情報である．たとえば，空間位置 (x, y)，時間 t，波長 $λ$ をパラメーターとする多次元情報は，$g(x, y, t, λ)$ と表されるが，2 次元光子計測では，これらの中の二つのパラメーターに関する情報を取り扱う．また，計測という観点から見ると，2 次元光子計測は xy 空間に種々の物理量を対応させたホトンカウンティング画像による極限域光計測ということになる．

以上のような 2 次元光子計測は，表 4.9.1 に示すように，理工学から産業分野に至る広い分野で利用されている．ここでは，光と物質の相互作用が種々の形で，種々の計測に利用されている．

表 4.9.1 2次元光子計測の応用分野

分野	計測対象	計測手段など
理工学	光子統計/光子の挙動 トラップされたイオン 量子効果の直接観測 陽子崩壊/宇宙線 荷電粒子計測 表面解析 天文,宇宙観測	光子計数画像化,超高速空間・時間分解計測 極微弱蛍光の光子計数画像化計測 光子計数画像化,超高速空間・時間分解計測 チェレンコフ光による3次元光子画像化計測 電子,陽電子,γ線の画像化計測 光子,電子,荷電粒子の画像化計測 冷却型CCDカメラ,光子計数画像化計測
半導体	故障/信頼性解析 材料評価/検査	ラッチアップ,絶縁破壊,キャリヤーの再結合による 極微弱発光の画像化計測 超高速空間・時間分解光子計測
バイオ	細胞内イオン分布 生体機能や生理機能 生体内部計測	蛍光試薬の微弱発光の光子計数画像化計測 微弱バイオ/化学発光の光子計数画像化計測 散乱光の時間相関光子計数による光CT
医用	生体機能,代謝など 脳などの生体機能 脳内酸素濃度など	アイソトープ標識の画像化計測 ポジトロン放出核種標識の画像化計測 極微弱散乱光の分光計測
材料	薄膜のピンホール 物性,組成など 表面プラズマ解析	透過分子の微弱発光の光子計数画像化計測 レーザー励起微弱蛍光の寿命時間分布計測 超高速空間・時間分解光子計測
分光分析	物性,緩和過程など	各種光子計数/光子計数画像化計測

a. 理工学分野

1) 光子の挙動の計測

 光子のもつ粒子と波動の二重性を端的に示す画像化実験が,1981年にPIASを用いて行われ,図4.9.16に示す結果が得られた[8,17].実験は,ヤングの干渉実験としてよく知られた2光束干渉系を用い,光子が系の中に最大でも1個しか存在しない極微弱光域で行われた.計測を開始すると,モニター画面のランダムな位置に輝点が次々に現れ(図4.9.16(a)),時間が経過すると干渉じまがしだいに明瞭になる(図4.9.16(b)).二重スリットの片方を閉じると干渉じまは現れず,輝点の数が半分になる.この様子は,ビデオに撮るともっと効果的に見える.

 PIASでは,位置精度 $\approx 30\ \mu\mathrm{m}$,時間精度 $\approx 10\ \mu\mathrm{s}$ が得られ,読出し回路を工夫すればns域の時間精度も得られる.PIASを用いた実験としては,200 cps程度の極微弱光情報を形成する光子の到達確率がポアソン分布であることを確認した実験[8],個々の単一光子が色情報をもつことを確認したカラーホトンカウンティングイメージング[8],単一光子領域におけるホログラフィー作成実験[18]などがある.また最近,単一光子状態におけるフレネル-アラゴの干渉実験が行われ,個々の光子が直交した二

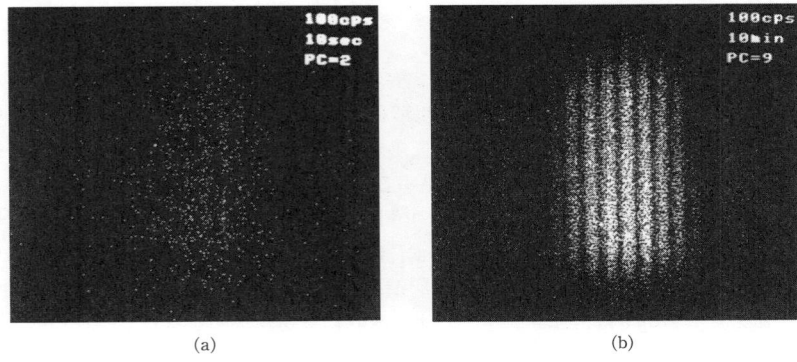

図 4.9.16 光子がつくるヤングの干渉じま
(a) 計測開始 10 秒後,約 10^3 ホトン. (b) 同 10 分後,約 6×10^4 ホトン.

つの偏光子を同時に通過することが確認された[19].

2) 超短時間域の光子統計

ホトンカウンティングストリークカメラを利用すると,ピコ秒領域の光子相関(厳密には光電子相関)計測ができる.これは,光源から飛来する光子の到達時間を計測するもので,ほぼリアルタイムで量子放射場の時間・空間コヒーレンスが計測できる.筆者らの実験では,単一モード HeNe レーザーから発する光子の到着時間分布が,最短 10 ps までの領域でポアソン分布に従うことが確認されている[14].図 4.9.17 はその結果を示すもので,時刻 t に光子を検出したとき,時刻 $t+\tau$(横軸は τ)に光子を検出する確率(縦軸)を示す.実験や結果の詳細は参考文献に譲るが,この方法を用いて,第 2 高調波,和・差周波,スクイズド光などの光子統計も計測できると考え

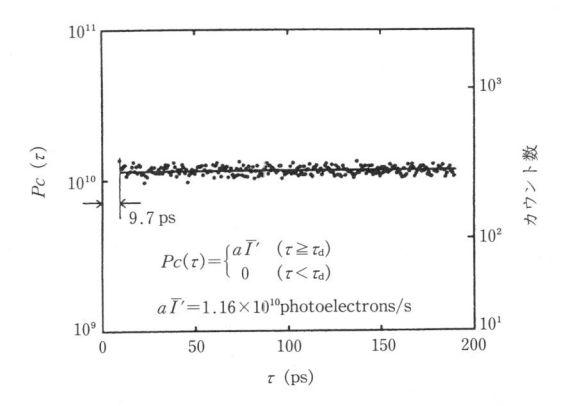

$$Pc(\tau) = \begin{cases} a\bar{I}' & (\tau \geq \tau_d) \\ 0 & (\tau < \tau_d) \end{cases}$$

$a\bar{I}' = 1.16\times10^{10}$ photoelectrons/s

図 4.9.17 光子相関の計測結果

られる.

3) トラップしたイオンの相転移

電磁場でトラップしたイオンを冷却して熱エネルギーを減少させると,個々のイオンがトラップ力とクーロン力のつり合う場所に停止し,これらが規則正しく並んだ結晶状態になる.ここでトラップ条件を少し変えると,イオンはすぐに動きだして雲のようになり,しばらくすると再び結晶化する.Waltherらは,ポールトラップでトラップしたイオンをレーザー冷却(laser cooling)し,イオンが吸収した光を再放射する際の極微弱蛍光をPIASやVIMで画像化し,この相転移を初めて可視化した[20].彼らの実験では,1価のMgイオンが7個,平均間隔23 μmで規則正しく結晶状に並んだ.最近では,イオンをドーナッツ状にトラップすることも試みられている[21].

b. 半導体産業

1) VLSI内部のホットエレクトロンの計測

半導体デバイスの内部に生じる高電界が電子の離脱現象を引き起こし,そのとき発生するエネルギーの高いホットな電子や正孔がMOS(metal-oxide semiconductor)ゲート絶縁膜などに注入・捕獲され,絶縁膜の破壊や特性の経時変化を生じさせる現象をホットキャリヤー効果(hot carrier effect)と呼び,VLSI(very large scale integrated circuit)などで大きな問題になっている.従来は,このようなホットキャリヤー効果を電気的に測定していたが,最近,ホットキャリヤーが急減速,あるいは再結合するときの極微弱発光を計測する手法が開発され,これを利用した専用装置が開発された[22].この装置は,先に述べたVIMを応用したもので,ホットキャリヤーのほかに,マイクロプラズマリークの発光や,少数キャリヤーの再結合による発光などの動的変化を計測することができる.

図4.9.18は,バイポーラトランジスターのpn接合内部の少数キャリヤーの再結合による極微弱発光,また図4.9.19は,FET(field effect transistor)のゲート酸化膜の微小リークによる極微弱マイクロプラズマ発光の計測例を示す[1].このような計測は,VLSI,高速FET,高密度高速メモリーICなどの信頼性設計,故障解析,検査などに広く使用されている.

2) 蛍光寿命マッピング

GaAsウェーハーなどのレーザー励起蛍光を計測して,その蛍光寿命の2次元分布をマッピングする装置が開発されている[23].従来の半導体ウェーハーの評価試験では,蛍光強度分布を測定していたが,蛍光寿命分布と蛍光強度分布との間には,図4.9.20に示すような大きな差があることが明らかになり,蛍光寿命分布計測が,ウェーハーや材料の新しい評価,解析法として注目されている.

図のデータは,波長670 nm,パルス幅45 psの半導体レーザー光で,GaAsウェー

4.9 微弱光検出技術

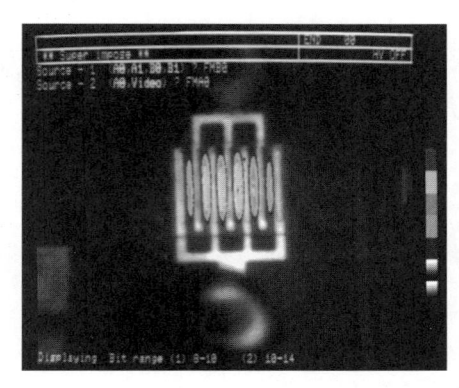

図 4.9.18 バイポーラトランジスターの pn 接合内の少数キャリヤーの再結合による極微弱発光(電極画像に重畳表示)

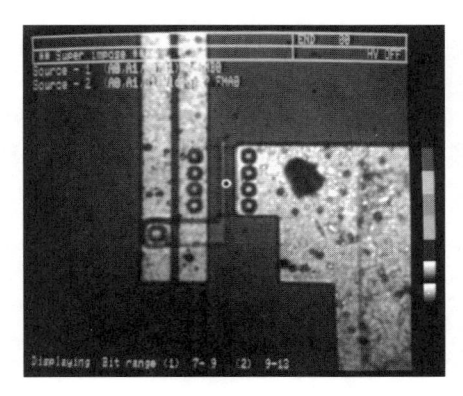

図 4.9.19 FET ゲート酸化膜の微小リークによる極微弱マイクロプラズマ発光(電極画像に重畳表示)

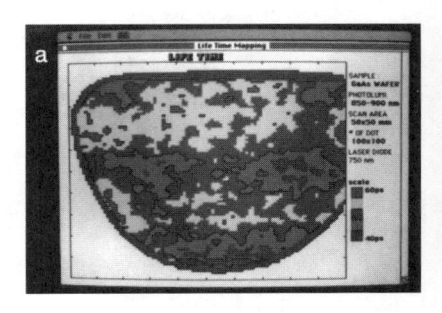

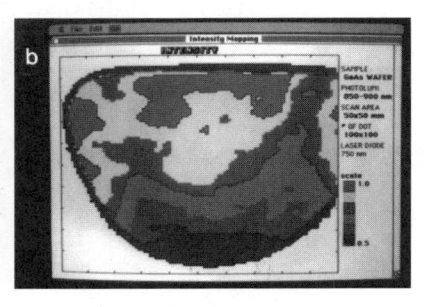

図 4.9.20 GaAs ウェーハーの蛍光寿命分布と蛍光強度分布
(a) 蛍光寿命分布, (b) 蛍光強度分布.

ハーを励起したときに得られる 870 nm の蛍光を計測した例を示す．蛍光寿命は 2.0～3.2 ns の範囲にある．このような計測法は，半導体や固体材料だけでなく，バイオ試料などにも適用でき，今後の応用が期待される．

c. バイオ分野

1) バイオホトン

生命体が発する極微弱光は，バイオホトン(biophoton)と呼ばれる．図 4.9.21 は，大豆の発芽根の極微弱バイオ発光の計測例を示すもので，新陳代謝の激しいところが発光するといわれている[24]．また，発光効率の高いバイオ発光を利用して，細胞レベルでの生体機能を計測する方法もある．

2) 生きた細胞の中のイオン濃度測定

顕微鏡にホトンカウンティングイメージング装置を結合すると，従来は不可能であった計測が可能になる．最近では，蛍光試薬を巧みに利用して，生きた細胞の中の Ca イオンや Mg イオンの挙動の計測，細胞内タンパク質や抗体タンパクの挙動の計測，細胞質の pH の測定，さらには，バイオ発光による細胞レベルでの生体機能の計測などが実用化されている[25]．これらでは，主として蛍光顕微鏡が用いられるが，その出力像は極微弱である．また，励起光による試料の損傷や光退色(photobleaching)の問題があるため，高検出感度でかつ計測時間の短い計測手段が必要である．

蛍光試薬としては，Ca イオン測定では Fura-2，また Mg イオン測定では mag-Fura-2 がよく使用される．これらは，Ca イオンや Mg イオンと結合すると，励起波長に対する蛍光スペクトル(励起スペクトルという)が変化する．ゆえに，波長の異なる二つの励起光に対する蛍光像の強度比から，Ca イオンや Mg イオンの濃度を計測することができる[25]．この方法はレシオイメージング(ratio imaging)と呼ばれ，

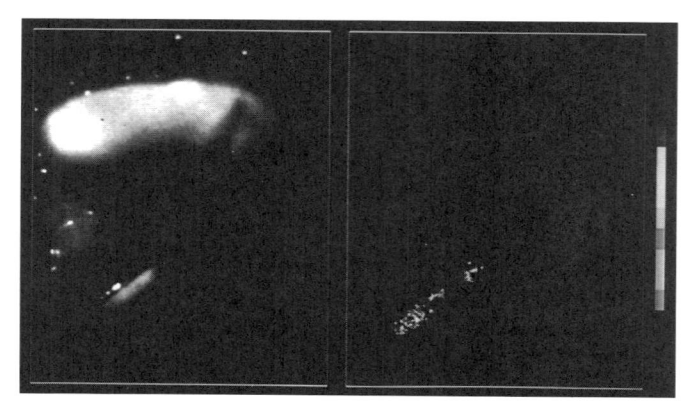

図 4.9.21 大豆の発芽根のバイオ発光(左：通常画像，右：発光部分のカラー表示)

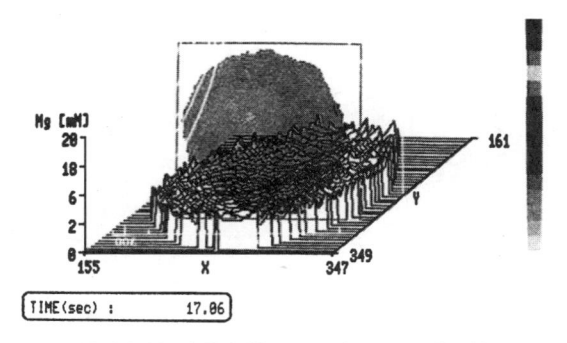

図 4.9.22　細胞内 Mg イオン分布の 3D 表示例

二つの励起光に対する蛍光画像の画像間演算(除算)処理によって，ほぼリアルタイムの濃度分布計測ができる．図4.9.22は，細胞内 Mg イオン分布の計測結果の例を示す．

最近は種々の蛍光試薬が開発され，個々の分子の検出や計数が可能になり[25,26]，遺伝子配列解読への応用も試みられている．バイオ分野では，多種，多量の成分の中に混在する極微量の特定成分を計測することが多いため，背景光や散乱光などの雑音を効果的に低減する技術がとくに重要になる．さらに，強い散乱と吸収がある生体組織の内部を光で計測して，酸化ヘモグロビンなどの濃度を計測することができ，この技術を光 CT に応用する試みもある．

d. 医療分野

ポジトロンエミッション CT (positron emission CT, PET) は，ポジトロンを放出するポジトロン放出核種で標識された放射性薬剤を投与し，脳などの体内における濃度分布を 3 次元画像化し，代謝，血流，その他の生理機能などを計測することができる．種々のポジトロン放出核種を含む放射性薬剤が開発されており，現在，C, N, O, F, Rb, Ga などの標識化が可能である[27]．ポジトロン放出核種が放出した陽電子(positron)は，周囲の組織の中の電子と衝突してエネルギーを失ったあと，1 個の電子と結合して消滅する．このとき電子と陽電子は，互いに反対方向に進む二つの γ 線(ポジトロン消滅 γ 線)に変換される．この γ 線は，図4.9.23 に示すように，シンチレーターと光電子増倍管を結合した γ 線検出器で検出される．検出器は，体を取り巻く多層のリング状に並べられ，1 対の消滅 γ 線を互いに反対方向に位置する 2 個の検出器で検出(同時計数)して，この信号から消滅 γ 線が 2 個の検出器を結ぶ直線上で発生したことを知る．このようなデータを多数蓄積し，X 線 CT におけるような画像再構成(reconstruction)を行えば，リング面(断層面)の標識の濃度分布，すなわち内部断層像が得られる．

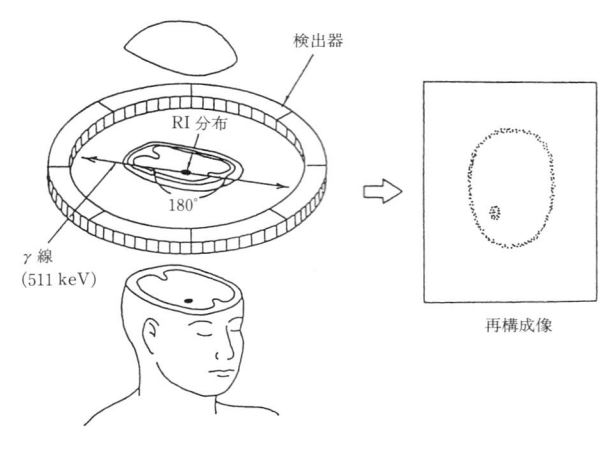

図 4.9.23 PET の動作原理

e. そ の 他

化学発光を利用して，超微量分子の薄膜透過を画像化計測する方法がある．これは，超微量分子が薄膜を透過して，発光性分子と触媒の混合液に入るときに生じる極微弱発光を，超高感度テレビカメラで撮像して計測する．浸透膜の均一性やピンホール，気体透過のバリヤー性などが評価できる．塗膜や保護膜，絶縁膜，食品包装膜，薬品容器，薬剤包装膜，生体膜，皮膚，LB 膜，蒸着膜などへの応用も期待される．また，光磁気材料，超電導材料などは極微弱光を発するといわれている．

展　　望

新しいものを求めて計測が行われ，その結果がさらに新しい高度な計測を要請するという道理によって，より高度な 2 次元光子計測が望まれる．ところが，光子計測ではすでに極限域の性能，つまり単一光子のサブピコ秒域での 2 次元検出が実現されている．また，超高速時間分解分光計測では，時間分解能と波長分解能が不確定性の関係に抵触する[12]．したがって，今後は計測機能の複合化や同時化など，従来とは異なった観点からの研究開発も必要になろう．

他方，要素技術である光子検出技術では，以下が必要であろう．

1) 量子効率の向上

光電面をもつ光子検出器では，可視域の量子効率がたかだか 0.3 であるから，量子効率の高い光電面の開発が急務である．これは，計測の SN 比を向上させるだけでなく，今後重要となる非古典光 (nonclassical light) の計測に欠かせない．誘導放出を利用する光増幅は，雑音指数は $F>2$ となるため利用できない．そこで，$F<2$ を実

現するために，まず光電面の量子効率 $\eta>0.5$ を達成することが強く望まれる．

2) 光電子数増倍雑音の低減

光子検出の精度向上には，電子数増倍過程の雑音の低減が不可欠である．2次電子放出効果を利用する電子増倍部では，増倍部の初段に用いる2次電子放出比 δ の大きい材料を開発する必要がある．初段の δ が大きくなると，パルス波高分布特性は鋭いピークを示すようになり，理想状態 ($\delta=\infty$) では利得ゆらぎのない無雑音電子増倍が実現される．

また，CCDなどの半導体光検出器では，現在のところ電子数増倍率が足りない．そこで，アバランシェ動作などを改良して，高利得，低雑音で増倍するデバイスの開発が必要である．このとき，構造などを工夫して，増倍初期過程の増倍率を大きくすることが重要である．

3) 赤外線域の単一光子検出

現在の半導体赤外線検出器では，単一光子検出ができない．最近，赤外線光電面の高感度化に関する新しい試みがあるが[28]，長波長域ではまだ十分でない．赤外線域の計測は，生体計測などでとくに重要であり，量子限界の検出が可能な新しいデバイスの開発が強く望まれる．

4) 時間分解能の改善

現在の人類が制御できる最短の光パルス幅は 5.5 fs，つまり光波の約3周期分に相当する．他方，光電子放出過程は，光電面の厚さなどを考慮すると，10 fs 程度であると考えられている．前述した 100 fs 域の時間分解能をもつ超高速ストリークカメラ[13]では，ストリーク管内の空間電荷密度が問題になる．つまり，管内を飛行する電子パケットがクーロン力によって広げられるため，時間分解能が制限される．そこで，光電面の直後に 91 kV/cm の超高加速電界を印加して，電子広がりを低減しているが，蛍光面上の掃引速度は光速を越えた 7×10^8 m/s になる．今後，この手法がどこまで進展するかは興味深い．

5) 将来展望

さらに遠い将来を考えると，量子限界を越える新しい計測法の開発が必要になる．ここでは，光子数確定状態のスクイズド光[29] (squeezed light) など，非古典的な光をプローブとして使用することが考えられる．また，微小信号のキャリヤーである光子を量子非破壊計測[30] (quantum nondemolition measurement) によって多重回計測して，SN比を改善する試みもなされよう．さらに，この種の新しい原理を応用した無雑音光子数増倍 (photon multiplication) が実現されるかもしれない．当然ではあるが，これらを実現するには，透明で非線形光学定数の大きい材料の探索が急務である．以上のように，2次元光子計測の将来は，夢も大きいが難題も多く，何らかの大きなブレークスルーが必要であろう．きたる21世紀には，フェムト秒域で単一光子を扱う "femtosecond single photon photonics" を実現させたい． ［土屋　裕］

引用文献

1) 土屋　裕：レーザー研究，**13**-1 (1985) 52-68；計測と制御，**29**-1 (1990) 47, 49-55；分光研究，**40**-6 (1991) 337-347；応用物理，**61**-4 (1992) 344-345；光学，**22**-7 (1993) 390-397；電情通学誌，**77**-7 (1994) 728-733.
2) 山本喜久，上田正仁：電情通学誌，**72**-6 (1989) 669-675.
3) 大庭弘一郎：テレビ学誌，**36**-11 (1982) 962-969.
4) 大須賀慎二：光学，**22**-7 (1993) 410-411.
5) H. Kume et al.: Applied Optics, **27**-6 (1988) 1170-1178.
6) Y. Tsuchiya et al.: Rev. Sci. Instrum., **52**-4 (1981) 579-581.
7) S. Cova et al.: Rev. Sci. Instrum., **60**-6 (1989) 1104-1110.
8) Y. Tsuchiya et al.: Adv. Electron. Electron Physics, **64A** (1985) 21-31；J. Imaging Technology, **11**-5 (1985) 215-220.
9) 寺田由孝，山本晃永：光学，**12**-5 (1983) 367-373.
10) 早川　毅：生物物理，**24**-4 (1984) 173-178.
11) 木下勝之他：テレビ学誌，**40**-12 (1986) 1232-1238.
12) Y. Tsuchiya: IEEE J. Quantum Electron., **QE-20**-12 (1984) 1516-1528；Proc. SPIE, **1599** (1991) 244-270；レーザー研究，**15**-11 (1987) 896-904.
13) A. Takahashi et al.: Proc. SPIE, **2002** (1993) 22-30.
14) M. Ueda et al.: Optics Commun., **65**-5 (1988) 315-318.
15) Y. Tsuchiya et al.: Proc. SPIE, **832** (1987) 228-234.
16) M. M. Blouke et al.: Opt. Eng., **22**-5 (1983) 607-614.
17) 土屋　裕他：テレビ誌，**36**-11 (1982) 1010-1012.
18) I. Hirano and N. Hirai: Applied Optics, **25**-11 (1986) 1741-1742.
19) 高橋宏典他：光学，**21**-3 (1992) 165-168.
20) F. Diedrich et al.: Physical Review Lett., **59**-26 (1987) 2931-2934.
21) G. Birkl et al.: Nature, **357** (1992) 310-313.
22) 犬塚英治：第3回産業における画像センシング技術シンポジウム論文集，1988, pp. 125-130.
23) M. Watanabe et al.: Proc. SPIE, **1209** (1990) 157-164.
24) 平松光夫：O plus E, No. 159 (1992) 105-109.
25) T. Hayakawa: Image Analysis in Biology, D. P. Haeder ed., CRC Press, 1991, pp. 75-86.
26) M. Ishikawa et al.: Jpn. J. Appl. Phys., **33**, Part 1, 3A (1994) 1571-1576.
27) たとえば，山下貴司：Radioisotopes, **42** (1993) 237-243.
28) 新垣　実他：信学技報，**ED94**-104 (1994) 7-12.
29) たとえば，山本喜久：応用物理，**54**-7 (1985) 671-676.
30) 井元信之：光学，**19**-11 (1990) 762-768.

さらに勉強するために

1) 稲場文男：極微弱光，光学的測定ハンドブック，田幸敏治，辻内順平，南　茂夫編，朝倉書店，1981, pp. 399-408.
2) 光電子増倍管編集委員会：光電子増倍管―その応用と基礎―，浜松ホトニクス，1993.
3) 土屋　裕：画像計測，画像処理と応用シリーズ2，テレビジョン学会編，昭晃堂，1994.
4) 土屋　裕：超高速光検出技術，超高速光エレクトロニクス，末田　正，神谷武志編，第10章，培風館，1991, pp. 216-239.

5) 宝谷紘一, 木下一彦(編):限界を超える生物顕微鏡―見えないものを見る, 測定法シリーズ21, 日本分光学会, 1991.

4.10 テラヘルツ電磁波の発生と検出

はじめに

テラヘルツ(THz)帯($1\,\text{THz}=10^{12}\,\text{Hz}=1\,\text{ps}^{-1}\Rightarrow$ 波長 $300\,\mu\text{m}=$ 波数 $33.3\,\text{cm}^{-1}$)というと、厳密な意味では $300\,\mu\text{m}\,(=1\,\text{THz})$ から $0.3\,\mu\text{m}\,(1000\,\text{THz})$ の波長域をさし、赤外や可視、紫外域をも一部含むことになるが、最近テラヘルツと呼んでいるのは、おおよそ $100\,\text{GHz}\sim10\,\text{THz}$ の電磁波領域を指している。したがってこの領域は、電波領域と光領域にはさまれた領域である。通信の周波数利用が、無線通信の電波領域から、光ファイバー通信の近赤外領域まで一挙に跳んでしまったため、この周波数領域は技術的に取り残された領域となって、多くの課題を残している。テラヘルツ帯の電磁波利用は、これまで分光、プラズマ診断、天文観測などの分野に限られてきたが、今後、この帯域の電磁波の有効利用をさらに広げる意味から、新しい原理に基づく発生や検出、その他の要素技術の開発が望まれている。

THz 領域の従来の電磁波技術は多くの場合、電波領域(光領域)の技術を高周波(低周波)側へ延長しようとするものであるが、これらは次のような問題点をかかえている。

① 電波領域で使用している発振器を高周波側へ延長する場合、電子ビーム型の発振器では、大ざっぱにいって、高周波になるほど小さな機械的寸法が要求され、必要な電子流密度、回路損失、熱損失が増大するなどの問題点があり、また固体発振器の場合には、キャリアの走行時間 (transit time)、構成要素の寄生容量による高周波限界が生じる。

② 光領域では、半導体レーザーをはじめとして多種多様な固体レーザーが実現されているが、THz 領域での固体レーザーはきわめて少ない。これはレーザー発振に寄与する 2 準位間のエネルギー差が極端に小さくなり、気体ではレーザー媒質として利用できるものがあるが、固体の場合は適当なレーザー媒質を見つけることが困難なためである。

③ THz 電磁波の光子エネルギーが低く、検出時に熱雑音の影響が大きくなるため、高性能の検出器はすべて液体ヘリウム温度に冷却して使用しなければならない。などである。このようなことから、この周波数領域は電波や光の周波数域に比べ、光源や検出器などの開発が立ち後れている。

光通信が近赤外帯を利用することになったことも一つの動機になっているが，最近の可視や近赤外域での技術革新は目覚ましい．なかでも固体レーザーの発展には目を見はるものがある．半導体レーザーや超短光パルスレーザーは，その代表例であろう．とくにこの節で関係する超短光パルスレーザーについては，衝突パルス形受動モード同期の色素レーザーやカーレンズモード同期のチタンサファイアレーザーの開発により，われわれは簡単に100フェムト (fs) 秒 (1 fs 秒 $= 10^{-15}$ 秒) 以下の光パルスを操ることができるようになった．これらの超短光パルスを用いて，非線形素子やアンテナ付きの電磁波発生素子に，ピコ秒 (ps)，サブピコ秒の電気分極または電流変調を誘起させることができれば，THz帯の電磁波を発生させることができるはずである (1 ps は周波数では 1 THz に対応)．このような考えのもとに，近年，フェムト秒レーザーで半導体などの光伝導スイッチ素子を励起することによる，THz電磁波パルスの発生の研究が盛んに行われるようになり，新しいタイプのTHz電磁波源として注目を浴びている．このようなTHz電磁波発生の研究が盛んに行われるようになった背景には，先に述べたようなレーザー技術の進歩と，半導体素子作製技術の進歩があり，今後もこれらの技術の進歩とともに，発展していくことが予想される．本節では，一般的なTHz帯の光源（および検出器）については概略を示すにとどめ，フェムト秒レーザーを用いたオプトエレクトロニクス的な手法によるTHz電磁波の発生と検出について解説を行う．

4.10.1項では，まず，現在用いられているTHz帯の光源および検出器について概説し，4.10.2項では，フェムト秒レーザー励起によるTHz電磁波発生法としてはもっとも一般的な，半導体光伝導スイッチ素子を用いたTHz電磁波パルスの発生と検出について述べる．4.10.3項では，超短パルスレーザーなどを用いたその他のTHz電磁波発生について解説する．4.10.4項では，THz電磁波パルスの応用として時間領域分光について解説し，最後に，最近の話題と今後の展望について述べる．

4.10.1 THz帯での光源（発振器）および検出器の現状

a. THz光源の種類

THz帯での光源または発振器は，動作原理から，熱放射型，負性抵抗を利用した固体発振器型，電子ビーム型，レーザー発振型などに分類することができる．また，放射スペクトルの違いから，単一波長型と連続スペクトル型のものに分類することができる（表4.10.1）．熱放射型は連続スペクトル光源であり，それ以外のタイプのものはおおむね単一波長型である．

1) 熱放射型の光源

熱放射型の光源としては黒体炉，グローバー，高圧水銀灯などがある．なかでも，高圧水銀灯は比較的輝度が高いことから，分光用光源として広く使用されている．熱

表 4.10.1 THz帯でのおもな光源または発振器

	単一波長型	連続スペクトル型
固体発振器	Gunn diode, IMPATT diode, RTD	
レーザー	CO_2 レーザー励起分子気体レーザー，半導体レーザー	
電子ビーム型	クライストロン，ジャイロトロン，後進波管，自由電子レーザー	シンクロトロン放射光
熱放射型		黒体炉，グローバー，高圧水銀灯
オプトエレクトロニクス型	差周波ビートによる光混合	超短パルスレーザーによる光スイッチング

放射型光源の放射分布は，黒体放射に放射率を掛けた形になり，黒体放射のスペクトル分布はプランクの放射公式で記述される．黒体の全放射パワーは温度 T の4乗に比例して増加する（ステファン-ボルツマンの法則）が，そのスペクトル分布のピークの周波数は温度に比例して増加する（ウィーンの変位則）ため，THz帯のスペクトル強度は温度上昇に対してあまり大きくはならない．

2) **シンクロトロン放射**

熱放射型以外で連続スペクトルをもつ光源としては，シンクロトロン放射光（SOR, synchrotron orbital radiation）があげられる．SORは相対論的速度をもつ電子が，磁場中で軌道を曲げられることによって発生する制動放射で，そのスペクトル分布は，X線や紫外線領域からマイクロ波領域までの広い範囲に及ぶ．X線や紫外線領域では，高い輝度のすぐれた光源として有効に利用されている．ただしSORの発生には，電子を加速するための大がかりな設備を必要とする．SORのTHz領域での輝度は高圧水銀灯より約1桁強い程度で，画期的な大出力は得られていないが，小さなビーム角を必要とする測定には有効である．

3) **固体発振器**

固体発振器には，GaAsなどのGunn効果によるGunnダイオードや，アバランシェ励起されたキャリヤーの走行時間の遅れを利用したIMPATTダイオード（impact-ionization avalanche transit time diode）などがある．これら発振器は基本周波数で，高周波側 200 GHz～300 GHz までの発振が得られる．また逓倍器と組み合わせると，出力は弱くなるが 600 GHz～700 GHz までの発振を得ることができる．そのほか，量子井戸中の共鳴トンネル現象を利用した共鳴トンネルダイオード（RTD, resonant tunneling diode）があり，700 GHz程度までの発振が報告されている．

4) 電子ビーム型発振器

電子ビーム型のものでは，クライストロン，後進波管 (BWO, backward wave oscillator)，ジャイロトロン，そしてレーザーの形をとる自由電子レーザーなどがある．クライストロンは古くから使われてきた発振器で，高周波側およそ 200 GHz で数 mW の出力が得られる．BWO は何種類かの発振器で 40 GHz~1.3 THz の広範囲をカバーでき，1 THz 以上で 0.1~0.5 mW の出力が得られる．作動させるために高圧電源を要し，高価で，寿命もそれほど長くはない．ジャイロトロンは，パルス発振で，140 GHz，1 MW 級出力のものが，プラズマ加熱用に頻繁に用いられている．また分光用のもので，パルス動作で 100~850 GHz (出力≧100 W)，連続発振 (CW) で 140~660 GHz (出力~10 W) が得られている．自由電子レーザーは，光速に近い相対論的速度をもった電子ビームを，周期的な構造の横磁場中を通すことにより，蛇行運動させて発生するシンクロトロン放射光を，光共振器で共振させて発振を行うものである．THz 帯全域にわたる発振が得られ，周波数可変で出力も大きく，すぐれた光源であるが，大きな加速器を必要とするため，装置は大型化している．

5) レーザー

この周波数帯域のレーザーとしてはまず，CO_2 レーザー励起の分子気体レーザーがあげられる．出力が数百 mW~mW レベルの安定な発振が THz 帯のほぼ全域で，離散的に得られる．周波数を可変にするために，2 台の CO_2 レーザーを使い，両出力を MIM (metal insulator metal) ダイオードの非線形性を使って差周波混合させて，その出力を利用する方法や，CO_2 レーザー励起分子気体レーザー出力と，クライストロン出力をショットキーバリヤーダイオードの非線形性を使って差周波混合し，クライストロンの周波数を変化させて，出力の周波数を可変にする方法などがあるが，出力は小さい．固体レーザーとしては，9 THz より高周波側では混晶系半導体レーザー ($Pb_{1-x}Sn_xTe$, $Pb_{1-x}Sn_xSe$ など) が実用化されているが，THz 領域では実用的なものは少ない．最近，注目されている THz 域の固体レーザーとして，p-Ge 単結晶の価電子帯の重い正孔帯と軽い正孔帯間の反転分布を利用したパルスレーザーをあげることができる．

b. THz 帯の検出器

THz 帯の検出器は，その検出機構から，熱型と量子型に大別される．一般に，熱型検出器は，広い波長範囲にわたって一定の感度をもっているが，応答速度は遅い．これに対して量子型検出器は，限られた波長域で波長依存性のある感度をもつが，応答速度は著しく速い．熱型の検出器としては熱電対，焦電センサー (pyroelectric detector)，ボロメーターなどがある．熱電対は光吸収による熱起電力変化，焦電センサーは光吸収による電気分極変化，そしてボロメーターは光吸収による電気抵抗の変化を利用したものである．熱電対や焦電センサーは常温で使用するが，最近よく使

われる高性能のボロメーターは,液体ヘリウム温度に冷却して用いる.量子型では,不純物光伝導型のGe:Ga検出器(120 μm以下)および加圧型Ge:Ga検出器(240 μm以下),伝導帯電子の移動度の変化を利用したInSb電子ボロメーターなどがよく用いられる.また,電波領域で使われているような,局部発振器とミキサーを使ってIF (intermediate frequency)信号を得るヘテロダイン検出法があるが,THz帯で動作する局部発振器とミキサーを必要とする.ミキサーとしては,ショットキーバリヤーダイオードや超伝導ミキサーなどが用いられている.

4.10.2 光伝導スイッチ素子を用いたTHz電磁波パルスの発生と検出

光伝導スイッチ素子をレーザーパルスで励起することは,当初,超短電気パルスを発生させる方法として,Lee[1,2]またはAuston[3,4]らによって提案された.JayaramanとLee[1]はピコ秒のモード同期Ndガラスレーザーを半絶縁性GaAsに照射し,ピコ秒オーダーの光伝導応答を1972年に観測している.Auston[3]は1975年に,Siを光伝導体に用いて,マイクロストリップ線路上で約10 psの電気パルス発生とサンプリング検出を報告している.このようにして発生した電気パルスをアンテナなどを通じて空間中に放射させることができれば,電磁波パルスを得ることができる.光伝導スイッチ素子を用いたピコ秒電磁波パルスの発生および検出の最初の報告は1984年にAustonら[5]によってなされている.Austonらはパルス幅100 fsの衝突パルス形受動モード同期色素レーザーで,イオン注入Siを用いた光伝導スイッチ素子を励起することにより,1.6 psのパルス幅の電磁波を観測している[5].このとき電磁波の検出には同じ光伝導スイッチ素子をサンプリング検出器として用いており,その後,この方法は電磁波パルスの時間波形を測定するためのもっとも一般的な手法となっている.ちなみに,電気パルスまたは電磁波パルスを発生させる光伝導スイッチ素子をAustonスイッチと呼ぶこともある.その後,超短パルスレーザーの発達と半導体素子作製技術の発達とともに,電磁波のさらなる短パルス化や高出力化が行われてきた.

a. 半導体光伝導スイッチ素子
1) 電磁波発生の原理

図4.10.1にテラヘルツ電磁波を発生させるための半導体光伝導スイッチ素子の例を示す.素子は高速応答する半導体基板上(低温成長GaAs,イオン注入Siなど)につくられ,その構造は平行伝送線路(coplanar transmission line)とその中央部に配置された微小ダイポールアンテナとからなる.アンテナの中央には微小なギャップ(数μm)があり,ギャップ間には適当なバイアス電圧を印加する.このギャップに半導体のバンドギャップよりも大きな光子エネルギー($h\nu > E_g$)をもったレーザーパル

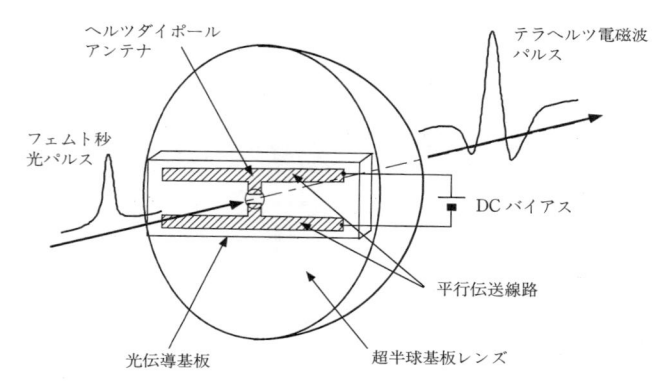

図 4.10.1 光伝導スイッチ素子による THz 電磁波パルスの発生概念図

スを照射すると，半導体中に電子と正孔の自由キャリヤーが生成され，パルス状の電流が流れる．ヘルツ(または微小)ダイポールアンテナによる電磁波放射はアンテナから十分離れた位置 (far field) では，電気双極子 $p(t)$ の 2 次の時間微分，すなわち電流 $J(t)$ の時間微分に比例する．真空中での微小ダイポール放射は次のように書ける．

$$E(r, t-r/c) = \frac{1}{4\pi\varepsilon_0 c^2 r} \frac{\partial^2 p(t)}{\partial t^2} \sin\theta = \frac{l_e}{4\pi\varepsilon_0 c^2 r} \frac{\partial J(t)}{\partial t} \sin\theta \quad (4.10.1)$$

ここで，r はダイポールからの距離，c は光速，l_e はダイポールの実効的長さ，ε_0 は真空の誘電率，J は電流，θ はダイポールの方向と放射方向のなす角度である．実際にはアンテナが半導体基板上にあることから，電磁波放射のパターンは式 (4.10.1) から大きく異なったものになる[6]．またダイポール以外のアンテナの場合(ボウタイアンテナやスパイラルアンテナなど)は当然ダイポールアンテナとは異なった放射パターンを示す．しかし，いずれにせよ放射電磁波の振幅が電流の時間微分に比例することには変わりはない．ちなみに，厚みのある誘電体基板上のダイポールアンテナからの放射電磁波のパワーは誘電率 ε の高い側(すなわち半導体基板側)に $\varepsilon^{3/2}$ に比例して放出される[6]．通常半導体の THz 帯での誘電率は 10 前後(GaAs の場合 $\varepsilon=12$)なので，電磁波のほとんどは基板(裏面)側に放射されると考えてよい．また，一般にアンテナの放射パターンはアンテナ面に垂直な方向から数十度にわたる角度に広く分布していることから，半球または超半球状の基板レンズ[6]，および他の集光レンズ(またはミラー)を組み合わせて THz ビームをコリメートする．基板レンズは素子基板(裏面)に直接貼り付けて使用し，吸収損失の少ない高抵抗 Si でつくられることが多い．基板レンズはまた反射損失を少なくする働きももつ．

2) 光伝導体

式 (4.10.1) より，電磁波の振幅は電流の時間変化に比例する．また，光伝導電流

は

$$J = e\mu\tau_c \frac{P(1-R)}{h\nu} \frac{V_b}{d^2} \quad (4.10.2)$$

(e：素電荷，μ：キャリヤーの移動度，τ_c：キャリヤー寿命，P：励起光の平均入射エネルギー，R：光伝導体の反射率，$h\nu$：光子エネルギー，V_b：バイアス電圧，d：光伝導ギャップの間隔)

で与えられる．電流パルスの幅をキャリヤー寿命 τ_c でおきかえると，光伝導電流の時間変化量 ($\Delta J/\Delta t$) は

$$\frac{\Delta J}{\Delta t} = \frac{\Delta J}{\tau_c} = e\mu \frac{P(1-R)}{h\nu} \frac{V_b}{d^2} (\propto E) \quad (4.10.3)$$

で近似的に与えられる．この式から，強い電磁波を発生させるためには，キャリヤー移動度が大きいこと，大きな励起パワー密度 ($\propto P/d$) で，大きなバイアス電界 (V_b/d) を印加すればよいことがわかる．また，素子をサンプリング検出器として用いるときの時間分解能は主としてキャリヤー寿命によって制限されると考えられるので，光伝導スイッチ素子が高速応答するためにはキャリヤー寿命が短いことが必要である．したがって，素子を作製するための光導電性基板として，① キャリヤー寿命，② キャリヤー移動度，③ 耐電圧特性，④ 耐熱性，などの特性が重要である．表 4.10.2 にこれまでに光伝導スイッチ素子の光伝導基板として用いられたことのある半導体，または利用できる可能性のある半導体の特性を示す．

一般にキャリヤー寿命を短くするためには，イオン注入などの方法により多数の欠陥を半導体中に導入するが，そのために移動度は小さくならざるをえず，短いキャリヤー寿命と高い移動度は両立しにくい．不純物添加によりキャリヤー補償した半絶縁性の GaAs (Cr-doped) や InP (Fe-doped) は高抵抗で移動度も高いが，キャリヤー寿命は一般に数百 ps と長い．アモルファス Si はキャリヤー寿命はかなり短くなるが，移動度はきわめて低い．低温 ($<300℃$) で MBE (molecular beam epitaxy) 成長させた GaAs (LT-GaAs) 中には過剰の As が含まれ，As_{Ga} (Ga サイトへの As 置換) などの欠陥が多数存在し，これらがキャリヤーの捕獲または再結合中心となるため非常に短いキャリヤー寿命 (<0.5 ps) を示す[7,8]．また，移動度も比較的高く ($150\sim200$ cm^2/V・s)[9]，成長後アニールしたものは耐電圧特性も半絶縁性 GaAs (SI-GaAs) よりもよい．これらの特性から，LT-GaAs は光伝導スイッチ素子の基板として適しており，もっともよく用いられるものの一つである．LT-GaAs のキャリヤー寿命は成長温度に強く依存する．図 4.10.2 に，200℃ から 300℃ の間で成長温度を変化させて成長させたときの，LT-GaAs の時間分解反射率変化の測定結果を示す (成長温度の表示は試料ホルダー付近の温度を測定したもので，実際の成長温度とは数十℃ の系統的なずれがある)．それぞれの試料は成長後約 5 分間 600℃ でアニールしてある．反射率の変化が，光励起されたキャリヤーの密度にほぼ比例すると考えると，図

図 4.10.2 各種光伝導体の特性

種　類	キャリア寿命 (ps)	移動度 (cm²/V·s)	比抵抗 (Ω·cm) (破壊電圧 V/cm)	バンドギャップ (eV)	参考文献
半絶縁性 GaAs	数 100	~1000	10^7	1.43	a)
低温成長 GaAs	0.3	150~200	10^6 (5×10^5)	〃	a), b), c), d)
半絶縁性 InP	数 100	~1000	4×10^7	1.34	
イオン注入 InP	0.1~4	200	$>10^6$	〃	c), e), f)
イオン注入 Si (RD-SOS)	0.6	30		1.1	g)
アモルファス Si	0.8~20	1	10^7	〃	a), h)
MOCVD CdTe	0.5	180		1.49	i)
低温成長 In$_{0.52}$Al$_{0.48}$As	0.4	5		1.45	c)
イオン注入 Ge	0.6	100		0.66	j)
ダイヤモンド		1800	10^6 (10^7)	5.5	k)

a) S. Gupta et al.: *IEEE J. Quantum Electron.*, **28** (1992) 2464-2472.
b) M. Tani et al.: *Jpn. J. Appl. Phys.*, **33** (1994) 4807-4811.
c) S. Gupta et al.: *Appl. Phys. Lett.*, **57** (1990) 1543-1545.
d) G. L. Witt: *Mat. Sci. Eng.*, **B22** (1993) 9-15.
e) K. F. Lamprecht et al.: *Appl. Phys. Lett.*, **59** (1991) 926-928.
f) P. M. Downey and B. Schwartz: *Appl. Phys. Lett.*, **44** (1984) 207-209.
g) F. E. Doany and D. Grischkowsky: *Appl. Phys. Lett.*, **52** (1988) 36-38.
h) A. M. Johnson et al.: *Phys. Rev.*, **B23** (1981) 6816-6819.
i) M. C. Nuss et al.: *Appl. Phys. Lett.*, **54** (1989) 57-59.
j) N. Sekine et al.: *Appl. Phys. Lett.*, **68** (1996) 3419-3421.
k) P.-T. Ho et al.: *Opt. Commun.*, **46** (1983) 202-204.

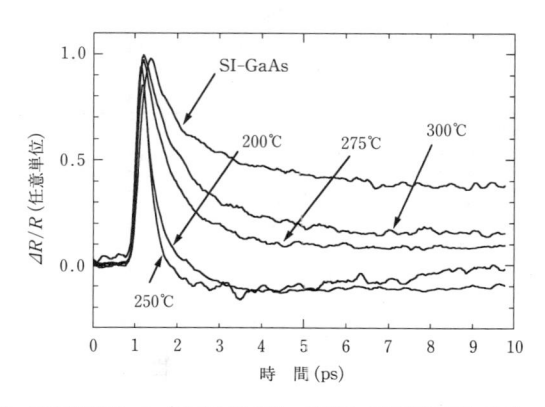

図 4.10.2 低温成長 GaAs (成長温度 200~300℃) の反射率変化のポンププローブ測定 (比較のため半絶縁性 GaAs (SI-GaAs) のデータも示してある)

中では250℃成長のものがもっともキャリヤー寿命が短く約0.3 psである[10]. LT-GaAsが現れる前は，サファイア基板上のSi薄膜にイオンを注入したもの(radiation-damaged Si on sapphire, RD-SOS)がサブピコ秒のキャリヤー寿命を示すため[11]，光伝導膜として用いられることが多かったが[12]，移動度がLT-GaAsに比べて低く($30 cm^2/V\cdot s$)[13]，電磁波の発生および検出の効率が約1/5程度であるので，現在LT-GaAsほど多くは用いられていない．Geは間接遷移型のバンドギャップエネルギーが0.66 eV(室温)と低く，1.55 μmや1.3 μmの通信波長帯のレーザー光源が利用できる．イオン注入したGeはサブピコ秒のキャリヤー寿命を示し，移動度も比較的よいことが報告されている[14]．その他，イオン注入InP, MOCVD成長によるCdTe，低温成長MBEによる$In_{0.52}Al_{0.48}As$などでサブピコ秒のキャリヤー寿命または応答が報告されている．ダイヤモンドはギャップエネルギーが5.5 eVと非常に高いが，移動度が非常に高く($1800 cm^2/V\cdot s$)，抵抗あるいは耐電圧特性も非常によいことから，光伝導体として興味深い．

b. 光伝導スイッチ素子の電磁波発生特性

THz電磁波パルスの発生と検出を行う実験装置の概念図を図4.10.3に示す．励起用光源には，市販のArイオンレーザーや，最近ではLD励起固体レーザー励起のモード同期チタンサファイアレーザーを用いる．最近では，市販のもので，安定発振するモード同期チタンサファイアレーザーが利用でき，取扱いも色素レーザーより簡単である．モード同期チタンサファイアレーザーのパルス幅は通常約100 fs以下で，

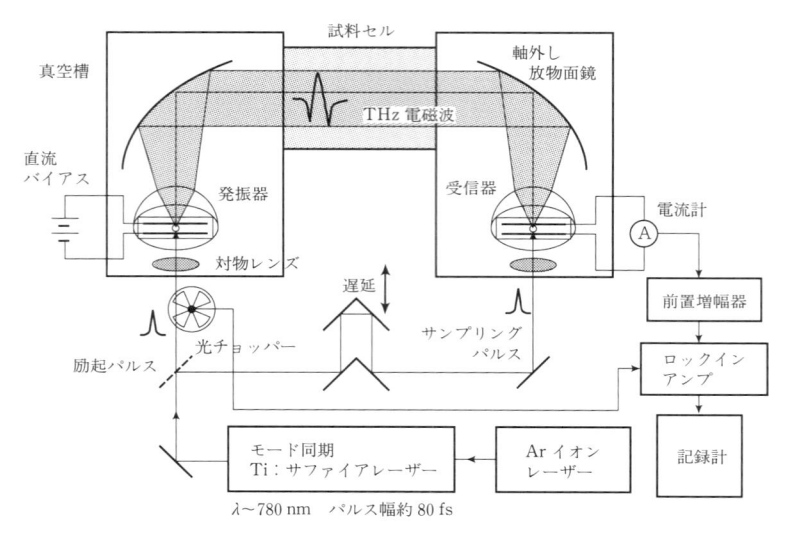

図4.10.3 光伝導スイッチ素子によるテラヘルツ電磁波の発生・伝搬・検出系概念図

発振波長は可変で，約720〜1080 nmの範囲で利用できる．繰返し周期は共振器内を光が往復する時間で決まるが100 MHz前後で動作するものが多い．励起レーザー光(ポンプ光)を対物レンズを用いて電磁波発生素子の光伝導ギャップに照射し，発生した電磁波パルスは，基板レンズと一組の軸外し放物面鏡で検出素子に集光される．THzビームの伝搬経路は空気中の水蒸気による吸収の影響を避けるため，真空にするか乾燥窒素ガスによって水蒸気を除去する．検出素子には発生素子と同様の光伝導スイッチ素子を用い，ポンプ光の一部を分岐させたレーザー光(プローブ光)でやはり光伝導ギャップを照射することによりゲートをかける．検出素子の光伝導ギャップ中に励起されたキャリヤーが電磁波の電場により加速され，微弱な電流パルスが流れるが，この電流の平均値 $I(\tau)$(直流電流成分)は電磁波の波形 $E_r(t)$ とキャリヤー数 $N(t)$ のコンボリューションになる．すなわち，

$$I(\tau) = e\mu \int_{-\infty}^{\infty} E_r(t) N(t-\tau) dt \tag{4.10.4}$$

ここで，τ はポンプ光とプローブ光間の時間遅れである．キャリヤー寿命が電磁波のパルス幅に比べて十分短ければ，$N(t)$ はデルタ関数的になり，検出素子で検出される直流電流は，ポンプ光とプローブ光の時間遅れ τ を連続的に変化させたとき，電磁波の波形を与えることになる．実際に検出される波形は $N(t)$ がデルタ関数ではなく有限のキャリヤー寿命で指数関数的に減衰する非対称関数であること，検出に用いた素子のアンテナ利得特性などのために，もとの波形からはある程度ひずんだものになる．また，Siレンズやパラボラミラーの配置にもかなり敏感であるので注意を要する．検出素子からの信号電流は電流増幅器で増幅し，さらにS/N比をよくするために，ポンプ光を光チョッパーで変調しロックインアンプで検出する．

図4.10.1のようなヘルツダイポール型の素子をLT-GaAs上に作製したものを用いて電磁波を発生させ，同様の素子を用いて検出した電磁波パルスの時間波形の例を図4.10.4(a)に示す．また，そのフーリエ変換スペクトルを図4.10.4(b)に示す．電磁波パルスの主ピークでの半値幅は約0.4 psである．そのスペクトルは0〜3 THzにわたる広い周波数範囲に分布しており，スペクトルのピークは約0.5 THzにある．このときのポンプ光の強度は12 mWで，バイアス電圧は30 Vである．また，電磁波の平均出力は約 $0.3\,\mu\mathrm{W}$ (約4 fJ/pulse)であった．このことから，光伝導スイッチ素子の入射ポンプ光に対する電磁波の放射効率は 10^{-4}〜10^{-5} 程度であることがわかる．

式(4.10.3)からわかるように電磁波の振幅の大きさはポンプ光強度とバイアス電圧に比例することになる．いいかえると，電磁波の放射強度(パワー)はバイアス電圧とポンプ光強度の2乗にそれぞれ比例するはずである．実際，電磁波の振幅はバイアス電圧にはほぼ比例することがわかっている．一方，ポンプ光強度に対しては，ポンプ光強度が比較的弱い場合はポンプ光の強度にほぼ比例するが，ポンプ光強度を強

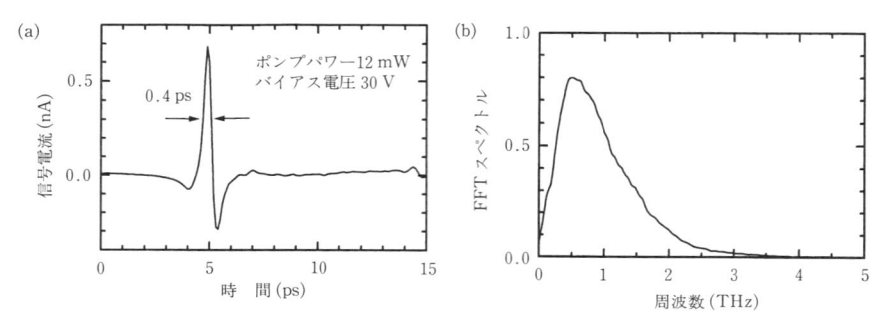

図 4.10.4 低温成長 GaAs 上につくられた微小ダイポール型の光伝導スイッチによって発生・検出された電磁波パルスの (a) 時間波形と (b) そのフーリエ変換スペクトル

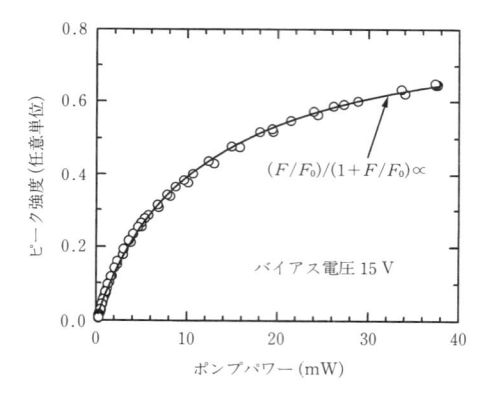

図 4.10.5 光伝導スイッチによる電磁波の強度振幅 (ピーク値) の励起光強度依存性
図中の実線はキャリヤーによる遮蔽効果を考慮したときの理論曲線を実験値にフィットしたもの.

くするにつれ,電磁波の発振強度は飽和する傾向を見せる.図 4.10.5 に LT-GaAs 素子によって発生した電磁波の振幅 (波形のピークでの値) のポンプ光強度に対する依存性を測定した結果を示す.このような発生した電磁波の出力の飽和は,励起された過剰キャリヤーによる電場の遮蔽効果 (スクリーニング効果) で説明される.このスクリーニングの効果を考慮すると,電磁波の振幅のポンプ光強度依存性は次のような式で与えられる[15〜17].

$$E_{\mathrm{peak}} \propto \frac{F/F_0}{1+F/F_0} \tag{4.10.5}$$

ここで,F は励起光強度,F_0 はスクリーニングの強さに関係した定数である.式 (4.10.5) を実験データにフィットしたものを実線で示す.このような飽和効果は検出素子の信号強度のプローブ光強度依存性にも同様に観測される[18].

このように光伝導スイッチ素子によるTHz電磁波の最大出力は，どれだけバイアス電圧が高くとれるかということ（耐電圧特性）と，ポンプ光強度に対する飽和特性で制限される．LT-GaAsの場合，最大破壊電界は500 kV/cmといわれているが，実際の素子ではギャップにかかるバイアス電場の不均一さや，基板からのリーク電流などにより印加可能電圧はこの値よりも低くなる．

電磁波の出力およびスペクトルは当然アンテナ形状にも強く依存する．式(4.10.1)で示されるように，ダイポールアンテナの場合はアンテナ長が長いほど放射強度が強くなり，スペクトル分布は低周波側にシフトする[11]．アンテナ長が50 μm以下では，スペクトルはアンテナ長が短くなるにつれ，やや高周波側にシフトするものの，あまり大きく変化しないことが知られている．このため，ダイポールアンテナ型の光伝導スイッチ素子では，アンテナ長を短くしても，得られるスペクトル分布はせいぜい4 THz程度までである．このように光伝導スイッチ素子の発振帯域が制限されるのは，光伝導体の有限のキャリヤー寿命および移動度，素子のRC時定数などによって，電流パルスの立上りおよび立下りが遅くなることが原因であると考えられる．

光伝導スイッチ素子には，広帯域アンテナとして知られているボウタイアンテナ[19]（図4.10.6(b)）やスパイラルアンテナ[20]（図4.10.6(c)），ログペリアンテナ[21]などが用いられることもある．これらのアンテナでは，微小ダイポールアンテナ（図4.10.6(a)）の場合よりも放射強度が格段に大きくなることが観測されているが，発振スペクトルのピークはかなり低周波側にシフトする．これは，アンテナの大きさが大きくなることにより，電磁波の低周波成分が増大しているためで，1 THz以上の成分は，同じポンプ光強度とバイアス電圧条件のもとでの微小ダイポールアンテナの場合とあ

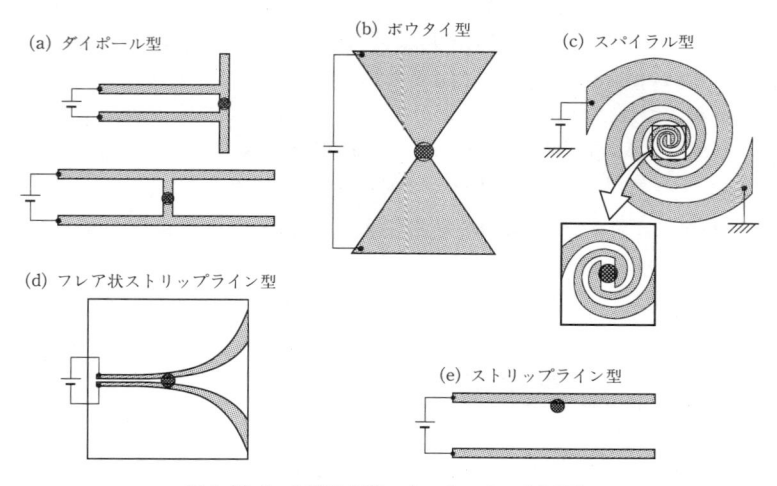

図4.10.6　各種光伝導スイッチのアンテナ形状

まり変わらない．その他，テーパー付きスロットアンテナ (tapered slot antenna[22])，フレア状ストリップラインアンテナ (flared coplanar stripline antenna[23~25]) (図 4.10.6 (d)) なども報告されている．これらはいずれも高効率のアンテナであるが，電磁波の放射方向が基板と平行であるため空間への結合が難しいことから，最近はあまり利用されていない．

比較的高効率で高い周波数スペクトルをもった電磁波を発生させる方法として，非常に高い正のバイアス電圧を印加したストリップライン（金属）と半導体の境界を励起することによる電磁波発生が報告されている[26,27]（図4.10.6 (e)）．この方法では約 5～6 THz までスペクトル分布をもった電磁波を発生させることができる．

なお，THz 電磁波の発生と検出は，キャリヤー寿命の長い半絶縁性 GaAs や半絶縁性 InP を用いた素子でも可能である[28,29]．この場合は光励起キャリヤーの立上り部分での応答で電磁波の放射および検出が行われる．この場合式 (4.10.2) の，$N(t)$ がステップ関数的になり，検出される波形 $I(\tau)$ は電磁波の波形 $E(t)$ の積分波形となる．キャリヤー寿命の長い半導体を用いた場合，発生する電磁波の強度は，キャリヤー寿命の短い素子と同程度であるが，発振スペクトルはやや低周波側にシフトする．また，電磁波の検出感度はキャリヤー寿命の短い LT-GaAs の素子と比してあまりよくない[18]．これは，キャリヤー寿命が長いことにより，キャリヤーによる電場の遮蔽効果が大きくなることが一つの原因であると考えられる．

4.10.3 超短パルスレーザーによるその他の電磁波発生法

a. 電気光学的チェレンコフ放射

超短パルスレーザーを用いた THz 電磁波の発生法として，非線形光学結晶中での光整流作用 (optical rectification) によるもの[30~32]がある．非線形光学結晶に周波数 ω の光が入射したとき，2 次の非線形分極には $\omega+\omega=2\omega$ の成分のほか，$\omega-\omega=0$ の直流成分が現れる．後者による分極が光整流である．すなわち，

$$P_i^{(2)}(0)=\sum_{jk}\chi_{ijk}^{(2)}(0=\omega-\omega)E_j(\omega)E_k^*(\omega) \tag{4.10.6}$$

$P_i^{(2)}$ は 2 次の $i(=x,y,z)$ 方向の分極成分，$\chi_{ijk}^{(2)}$ は 2 次の非線形分極テンソル，$E_j(\omega)$ は j 方向の光の振幅をそれぞれ表す．光整流は電気光学効果の逆過程と考えることができる．電気光学効果では，静電場 $E(0)$ のもとで，光電場 $E(\omega)$ に対する分極 $P(\omega)$ が変化する．図 4.10.7 のようにある非線形結晶中に超短パルスレーザーが入射すると，レーザーの光電場 $E(\omega)$ により，式 (4.10.6) にしたがって，直流分極が発生するが，この分極はレーザーのパルス幅程度の広がりをもち，光パルスと同じ群速度で結晶中を伝搬する．このように誘電分極（のパルス）が結晶中を伝搬するときには電磁波を発生する．その電磁波の波面と誘電分極の進む方向のなす角度 θ_c は，

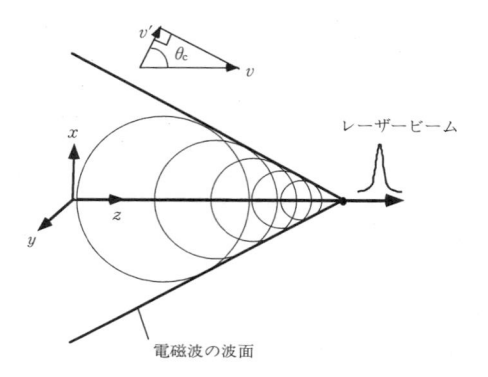

図4.10.7 非線形結晶中での電気光学的チェレンコフ放射の発生と伝搬

光パルスの群速度を v, 電磁波の周波数（スペクトル分布のピーク）の位相速度を v' とすると, $\cos(\theta_c) = v'/v$ で与えられる. 通常, 電磁波の位相速度は結晶の格子振動などの影響により, 光パルスの群速度より小さい. このような誘電分極パルスが非線形媒質中を伝搬することによる電磁波発生は, 誘電体中を荷電粒子が誘電体中の光の位相速度より早く走るときに発生するチェレンコフ放射に似ていることから, 電気光学的チェレンコフ放射 (electro-optic Cherenkov radiation) と呼ばれることが多い. 通常, このようにして発生した電磁波は, 非線形光学結晶の屈折率と吸収係数が高いことから, 結晶外部への結合効率は悪い. 非線形結晶内での電磁波パルス（または電気パルス）の検出には, ポンプ光と平行して, プローブ光を入射させ, 電気光学効果によるプローブ光の偏光の変化を検出することにより行う (EO サンプリング). 電気パルスの波形は, 光伝導スイッチ素子による検出の場合と同様, ポンプ光とプローブ光の時間遅れを変化させることにより得られる. ちなみに, 電気光学的チェレンコフ放射により, 約 200 fs の電気パルスが観測されている[32]．

b. 半導体結晶表面からの THz 電磁波

バイアスされていない半導体表面を超短パルス光で励起した場合にも電磁波パルスを発生させることができる. 半導体表面は, 多くの場合高密度の表面準位をもち, n 型 (p 型) 半導体の場合は伝導帯 (価電子帯) 中の電子 (正孔) を捕獲し, 表面のフェルミ準位は表面準位にピン止めされることになる. このため, エネルギーバンドは表面近傍で曲げられ, 空乏層を形成し, 表面電場が発生する. この様子を p 型の半絶縁性 InP の場合について示したものを図 4.10.8 に示す. このような表面電場が形成されている半導体表面にフェムト秒レーザーパルスを照射すると, レーザーにより励起されたキャリヤー (電子と正孔) が半導体表面の電場で加速され, 空乏層中を過渡電流が流れることによって, THz 電磁波が発生する[33,34]．

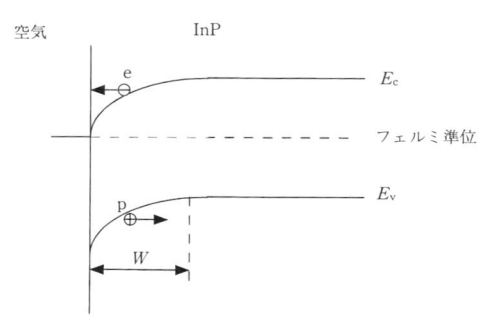

図4.10.8 半絶縁性 InP の表面付近のバンド構造

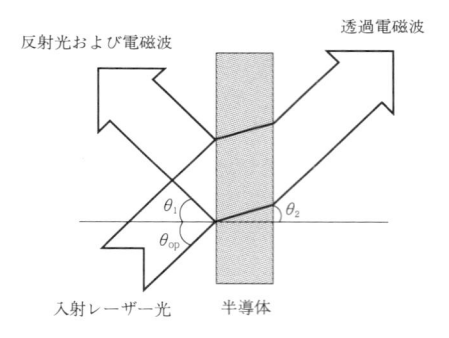

図4.10.9 半導体表面をレーザー励起したときの電磁波の発生方向

　表面に生じた電流パルスの方向は表面に垂直なため，電磁波を観測するためには，図4.10.9のようにレーザービームを適当な角度を付けて入射させ，レーザーの反射方向または透過方向に放射される電磁波を観測する．この電流パルスの立上りは光パルスの幅と等しく，立下りはキャリヤーが表面空乏層を走り抜けるのに要する時間で制限されると考えられる．電磁波の放射方向は半導体表面の各点で生成される電流パルス（または電気双極子変化）の位相関係で決まり，その空間放射分布のピークの方向は一般的なフレネルの法則で記述される．すなわち，図4.10.9で，空気（または真空）中の屈折率を n_1，半導体の屈折率を n_2 とすると，

$$n_1(\omega_{op})\sin\theta_{op} \cong n_1(\omega_{el})\sin\theta_1 \cong n_2(\omega_{el})\sin\theta_2 \qquad (4.10.7)$$

で与えられる．ここで，ω_{op} はレーザー光の周波数，ω_{el} は電磁波のスペクトルピークでの周波数である．$n_1(\omega_{op})$ と $n_1(\omega_{el})$ は通常ほぼ等しいことから，$\theta_{op}=\theta_1$ となり，したがって，電磁波の反射方向での空間放射分布のピーク方向は鏡面反射の方向とほぼ等しい．電磁波の透過方向での空間放射分布のピークもレーザーの入射方向とほぼ等しいと考えてよい．表面電場の強さ E_d は，表面からの距離を x とすると

$$E_\mathrm{d}=\frac{eN_\mathrm{l}}{\varepsilon_\mathrm{s}\varepsilon_0}(W-x), \quad W=\sqrt{\frac{2\varepsilon_\mathrm{s}\varepsilon_0}{eN_\mathrm{l}}\left(V-\frac{kT}{e}\right)} \quad (4.10.8)$$

で与えられる．ここで，N_l はドナーまたはアクセプターとなる不純物濃度，ε_s は半導体の比誘電率，ε_0 は真空の誘電率，W は表面空乏層の幅，V はポテンシャル障壁，kT は熱エネルギーである．たとえば，$N_\mathrm{l}=10^{18}\,\mathrm{cm}^{-3}$，$\varepsilon_\mathrm{s}=12$，$V-kT/e=0.5\,\mathrm{V}$ とすると，表面空乏層の幅は約 30 nm となり，表面電場の強さは $<4\times10^5\,\mathrm{V/cm}$ となる．表面電場の極性は n 型と p 型では逆になる．

表 4.10.3 に各種の半導体表面から放射される THz 電磁波パルスのピーク強度の比較を示す[35]．もっとも強度の強い InP を 100 として，その他の半導体による電磁波放射の振幅を示しており，InP についで，GaAs, CdTe などからの放射がそれに続く．半導体表面からの電磁波の放射強度（パワー）は光伝導スイッチ素子の場合と比較すると，InP や GaAs の場合でも約 2 桁程度弱いようである．

表 4.10.3 各種半導体表面からの電磁波放射の強さ（振幅）の比較[34]（InP の場合を 100 としてある）

試料	InP	GaAs	CdTe	CdSe	InSb	Ge	GaSb	Si	GaSe
信号強度	100	71	33	11	8	7	2	0.5	<0.1

電磁波放射の振幅は，励起レーザー強度，表面電場の強さ，キャリヤーの移動度に比例し，入射角度にも強く依存する．電磁波の放射強度の入射角（θ）依存性は，電気双極子的な放射分布の角度依存性（$\sin\theta$）と励起レーザー光の吸収，および電磁波の透過率の入射角依存性を掛け合わせたものになる．おおまかにいうと，その半導体の屈折率 n で決まるブルースター角付近で最大となる．半絶縁性 InP の場合は約 60°で放射強度が最大になることが報告されている．

フェムト秒光パルスで半導体表面を励起すると，非線形効果による電磁波放射も観測される[35~37]．図 4.10.10 は半導体表面をレーザー光で励起したときのキャリヤーの動きを模式的に示したものであるが，実線で示される過程が，先に述べた表面電場による実キャリヤーの分極で，点線の過程が光整流効果によって瞬間的に生じるコヒーレントな分極を示す．後者は先に述べた非線形光学結晶における光整流作用と同じであるが，半導体の場合は表面電場の存在とキャリヤーが共鳴的に励起される点が異なる．この場合，表面電場 $F(\omega=0)$ と励起光の振動電場 $E(\omega)$ が 3 次の非線形分極率 $\chi^{(3)}(0=0+\omega-\omega)$ を通して半導体表面に電気分極を生じる．これは表面電場 F によって誘起された実効的な 2 次非線形分極率による光整流効果と考えることもできる[35]．すなわち，

$$P(0)=\chi^{(3)}(0=0+\omega-\omega)F|E(\omega)|^2=\chi^{(2)}(0=\omega-\omega)|E(\omega)|^2, \quad (4.10.9)$$
$$\chi^{(2)}(0=\omega-\omega)=\chi^{(3)}(0=0+\omega-\omega)F$$

3 次の非線形分極率 $\chi^{(3)}(0=0+\omega-\omega)$ は励起光のエネルギーが半導体のバンドギャップ以上のとき大きな値をもつ．表面空乏層中の過渡電流による電磁波放射との区別が

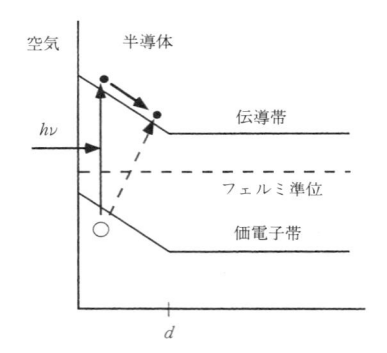

図 4.10.10 半導体表面の電磁波発生メカニズム
実線は表面電場によるキャリヤー加速による場合，破線は光整流作用
により瞬間的に電気分極が形成される場合を示す．

つきにくいが，光整流による電磁波は式(4.10.6)からわかるように，通常結晶方向に対する異方性があることから判断できる．半導体表面の光整流による電磁波発生では，一般に，非常に広帯域のTHz電磁波が発生することが知られており，たとえばn型のInPの(1 1 1)面からは，約9THzまでのスペクトル分布をもったTHz電磁波の観測が報告されている[36]．

c. 量子井戸および超格子からのTHz電磁波

半導体量子井戸中または半導体超格子中のコヒーレントな電荷振動を利用して，THz電磁波を発生させることができる[38〜40]．最初の報告はRoskosらによる非対称二重量子井戸中に励起された電子波束の振動によるコヒーレントなTHz電磁波放射の観測である．非対称二重量子井戸中の電荷振動は4光波混合を用いたポンププローブ法による測定で，それ以前にすでにその存在は確認されていたが，電磁波放射を測定することにより，より直接的に電荷振動を観測できる．図4.10.11(a)に非対称量子井戸のエネルギーダイアグラムを示す．適当なバイアス電圧下で広いほうの量子井戸(WW)の第1電子準位と狭いほうの量子井戸(NW)の第1電子準位はエネルギー的に共鳴する．このとき，双方の波動関数は両方の井戸に互いに分散し，二つの状態間の共鳴的相互作用により，新たにエネルギー E_+ と E_- をもった対称および反対称準位に分裂する．

一方，WWおよびNWの荷電子帯にある重い正孔(heavy hole)，軽い正孔(light hole)の第1準位は，バイアス電圧によりエネルギー準位が開き，波動関数もそれぞれの井戸に局在したままである．WWの第1電子状態の励起エネルギー ($E=h\nu_1$) にレーザーの周波数を合わせ量子井戸を励起すると，励起パルス光のスペクトル幅が，電子状態の共鳴分裂エネルギー $\Delta E (=E_- - E_+)$ よりも広く，WWとNWの正孔の

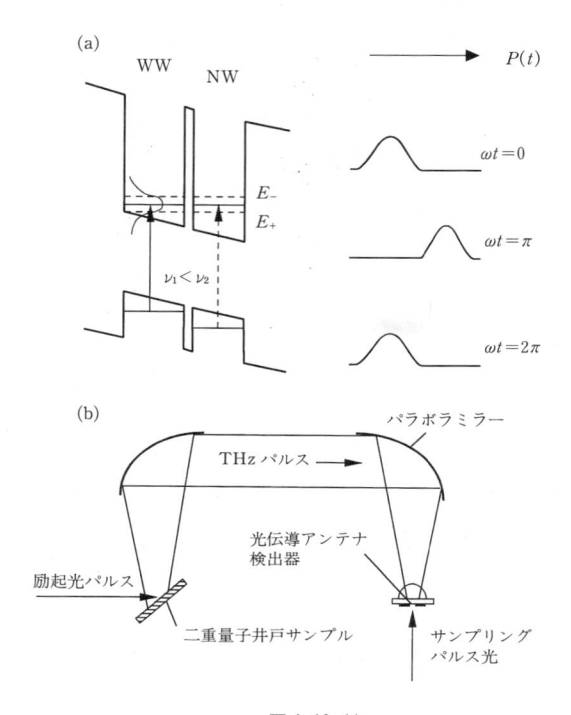

4.10 テラヘルツ電磁波の発生と検出

図 4.10.11
(a) 二重非対称量子井戸のエネルギー準位,および量子井戸中にコヒーレントに励起された電子波束の振動. (b) 二重非対称量子井戸からのコヒーレント放射の観測実験概念図.

準位間のエネルギー差 $(h\nu_2 - h\nu_1)$ よりも狭い場合,励起された電子の波束は準位 E_- と準位 E_+ の波動関数のコヒーレントな重ね合せで表される.波束は最初 WW 内にのみ局在しているが,その後,$\nu = \Delta E/h$ の振動数で WW と NW の間を,波動関数のコヒーレンスが失われる(位相緩和する)まで振動することになる.このような電子の波束の振動は電気分極 P の振動を伴うので,電磁波が放射されることになる ($E \propto \partial^2 P(t)/\partial t^2$).Roskos らは約 10 K に冷却した非対称量子井戸(14.5 nm GaAs/2.5 nm $Al_{0.2}Ga_{0.8}As_{0.2}$/10 nm GaAs×10 周期)表面にフェムト秒レーザーを 45°で入射させ,ダイポールアンテナ型の光伝導スイッチ素子(RD-SOS)で電磁波の波形をサンプリング検出し(図 4.10.11 (b)),1.5 THz のコヒーレント放射を約 14 周期観測している.

その後,量子井戸や超格子中の電荷振動によるコヒーレント放射についての興味深い報告が数多くなされている.たとえば,Planken らは一つの量子井戸中にコヒーレントに励起された重い正孔と軽い正孔の波動関数間の干渉による電荷振動およびそ

れに付随する電磁波の放射を観測している[38]. また, Waschkeら[41]は半導体超格子中に光励起された電子のブロッホ振動による電磁波放射を観測している. 半導体量子井戸中の電荷振動を多重光パルスで励起し, 電荷振動の制御を行った実験も報告されている[40].

これらのコヒーレントな電荷振動を観測するには通常試料を低温に冷やす必要があり, 一般にその放射強度も小さい. しかしながら, 実キャリヤーを伴う電流変調の場合と異なり, 効率が移動度に制限されないこと, 発振周波数をある程度可変にできること, 広帯域での発振が可能であることなどのすぐれた特徴をもつことから, 今後さらなる研究の発展が期待される.

d. 大口径光伝導ギャップ

4.10.2項で述べた光伝導スイッチ素子と原理的にはほぼ同じであるが, 非常に強い電磁波パルスを発生させる方法として, 大口径の光伝導ギャップ(数mm)に大きなバイアス電圧を印加し, 増幅されたフェムト秒レーザーパルスで励起する方法がある(図4.10.12)[42~44]. たとえばYouら[45]は, LT-GaAs上に設けられた1cmの幅のギャップに, 増幅されたチタンサファイアレーザーのパルス光(幅120fs, 10Hz繰返し)を照射することにより, 電磁波パルスのエネルギーとしてはこれまで報告されているものでは最大の0.8μW/pulse(パルス幅500fs)を報告している. 大口径の光伝導ギャップから放出される電磁波のエネルギーは, ギャップ領域に蓄えられた静電エネルギーが, レーザー光によるスイッチングで一部自由空間に開放されたものと考えることができる. したがって, 放射エネルギーの上限は, 半導体の誘電率を ε_s, 静電場を E, 励起光が吸収される体積を V とすると

$$P_{max} = \frac{1}{2}\varepsilon_s V E^2 = \frac{1}{2}\varepsilon_s S d E^2 \qquad (4.10.10)$$

で与えられる. ここで, S と d はそれぞれ, 励起光の照射面積および吸収厚さであ

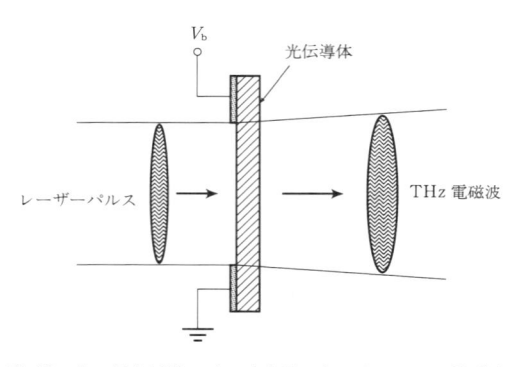

図4.10.12 大口径光伝導スイッチ素子によるテラヘルツ電磁波の発生

る．このとき励起レーザーパルスは蓄えられたエネルギーを開放するためのトリガーとして作用するだけなので，入射レーザー強度に対する電磁波の放射効率は非常に大きくなる．実際，先に述べた You らによる電磁波パルスの発生では効率が約 2% であった．電磁波の放射強度は式 (4.10.10) からも容易にわかるようにバイアス電圧の 2 乗に比例する．また，励起レーザー光強度に対しては，光伝導スイッチ素子の場合同様，励起強度の増加に対して式 (4.10.5) で表されるような飽和を示す．

4.10.4 テラヘルツ電磁波パルスの分光応用

4.10.2 項で紹介した THz 電磁波の発生と検出システムは時間領域の分光システムとして応用できる．すなわち，THz ビームの伝搬経路に測定したい試料を挿入し (図 4.10.3)，試料を透過したときの電磁波の波形と試料なしの場合の電磁波の波形を測定し，両者のフーリエ変換スペクトルの比較から，THz 帯の広い範囲にわたる，透過または吸収スペクトルを得ることができる．これまで，すでに気体分子の吸収[19,46〜50]，誘電体[51,52] あるいは半導体基板の複素屈折率[53,54]，超伝導薄膜の複素伝導率[55〜57] などの測定に応用されている．

いま，電磁波の振幅波形を $E(t)$ とすると，そのフーリエ変換スペクトルに

$$E(\omega) = r(\omega)\exp(i\theta(\omega)) = \frac{1}{2\pi}\int_{-\infty}^{\infty} E(t)\exp(-i\omega t)dt \quad (4.10.11)$$

$$r(\omega) = |E(\omega)|, \quad \theta(\omega) = \arg E(\omega)$$

と書ける．試料を挿入したときと，挿入しないときのフーリエ変換スペクトルをそれぞれ添字 sam および ref で表すとすると，振幅透過率 $t(\omega)$ は試料が気体の場合，複素屈折率 $\tilde{n}(\omega) = n(\omega) - ik(\omega)$ を用いて，

$$t(\omega) \equiv \frac{E_{\text{sam}}(\omega)}{E_{\text{ref}}(\omega)} \equiv \frac{r_{\text{sam}}}{r_{\text{ref}}}\exp(-i(\theta_{\text{sam}} - \theta_{\text{ref}})) \quad (4.10.12)$$

$$= \frac{\exp(-i\omega d\tilde{n}(\omega)/c)}{\exp(-i\omega d/c)} = \exp(-k(\omega)\omega d/c)\exp(-i(n(\omega)-1)\omega d/c)$$

で与えられる．d は試料 (セル) の長さである．強度透過率 $T(\omega)$ または吸収 $A(\omega)$ の周波数依存は振幅の減衰から，

$$T(\omega) \equiv t^2(\omega) = 1 - A(\omega) = \frac{r_{\text{sam}}^2}{r_{\text{ref}}^2} = \exp\left(-2\frac{\omega dk(\omega)}{c}\right) \equiv \exp(-\alpha(\omega)d) \quad (4.10.13)$$

で与えられる．上式で $\alpha(\omega) = 2\omega k(\omega)/c$ は吸収係数である．一方，位相変化

$$\theta_{\text{sam}}(\omega) - \theta_{\text{ref}}(\omega) = \omega d(n(\omega)-1)/c \quad (4.10.14)$$

は分散 (屈折率の実部の周波数依存) を与える．図 4.10.13 は試料として，アセトニトリル (CH_3CN) の気体分子の吸収を測定した例である．アセトニトリルが対称こま型分子であるため，その基底状態の回転準位に対応した等間隔の吸収線が現れている．測定の周波数分解能 Δf はポンプ光とプローブ光の最大時間遅れ T の逆数で与

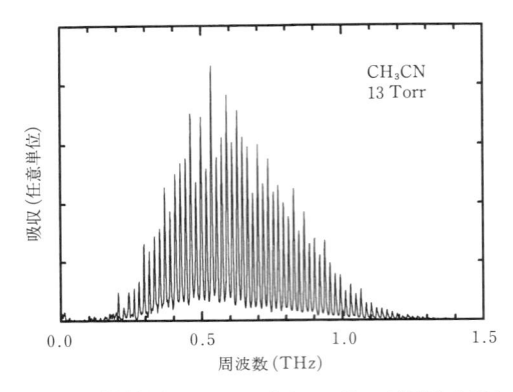

図 4.10.13 時間領域テラヘルツ分光システムで測定したアセトニトリル(CH₃CN)気体分子の吸収スペクトル

えられる ($\Delta f=1/T$). 図 4.10.13 での周波数分解は約 2.5 GHz ($T=400$ ps) である.

この分光法は周波数領域で従来行われていたフーリエ分光法と似ているが,フーリエ分光では,測定される干渉波形が電磁波の強度(パワー)波形であるのに対し,本方法では電磁波の振幅波形を時間分解で測定しているため,位相情報を同時に測定している点が大きく異なる.したがって,誘電体など固体の複素屈折率 $\tilde{n}(\omega)=n(\omega)-ik(\omega)$ を測定する場合に非常に有利である.固体試料の場合は試料基板表面と裏面での反射率または透過率を考慮して式 (4.10.12) を修正した式を用いればよい.たとえば,厚さ d の誘電体基板に対しては,多重反射を考慮せず,吸収が小さい場合 ($k \ll 1$) は

$$\frac{r_{\text{sam}}(\omega)}{r_{\text{ref}}(\omega)}=\frac{4n}{(1+n)^2}\exp\left(-k(\omega)\frac{\omega d}{c}\right), \quad \theta_{\text{sam}}(\omega)-\theta_{\text{ref}}(\omega)=(n(\omega)-1)\frac{\omega d}{c} \quad (4.10.15)$$

より,複素屈折率が求められる.図 4.10.14 に LaSrGaO₄ ($t=0.54$ mm) の常温 (300

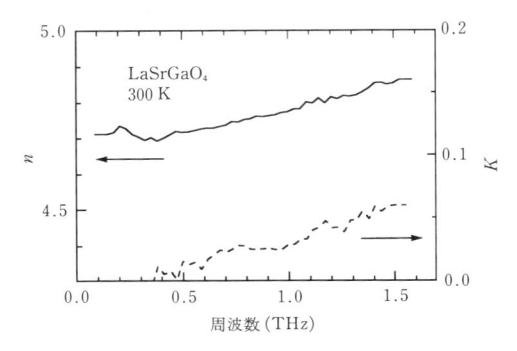

図 4.10.14 時間領域テラヘルツ分光システムで測定した LaSrGaO₄ の複素屈折率

K) での複素屈折率 $\tilde{n} = n - ik$ を測定した例を示す．

展　　望

　前項までのテラヘルツ電磁波発生では励起光源として超短パルスレーザーを用いるものであったが，Brown らは光伝導スイッチ素子上で波長の異なる二つの連続波レーザーを重ね合わせることで，光伝導電流をレーザーの差周波ビートで変調し，THz 電磁波の連続発生を報告している．レーザーには連続波動作のチタンサファイアレーザーまたは単一モード半導体レーザーを用い，キャリヤー寿命の非常に短いLT-GaAs 上に作製したスパイラルアンテナ型の光伝導スイッチ素子を励起することにより，約 5 THz までの周波数範囲で連続波電磁波の発生が報告されている[58～60]．このような方法は光混合(photomixing)と呼ばれ，非常に広い周波数域で波長可変で安定なコヒーレント光源が実現できるため，注目を集めている．

　また，最近では高温超伝導体の $YBa_2Cu_3O_{7-\delta}$ (YBCO) を用いた光スイッチ素子による THz 電磁波の発生も報告されている[61～63]．高温超伝導体を用いた光スイッチ素子では超伝導電流をレーザーパルスにより高速に変調することにより電磁波を発生させる．THz 電磁波の光源としてだけではなく，高温超伝導体のキャリヤーダイナミクスを探るうえでも興味深い．

　電磁波の検出では，最近，非線形結晶を用いた EO サンプリングにより高効率に THz 電磁波を検出する方法が Zhang らのグループにより報告されている[64～66]．EO サンプリングによる電磁波検出は，電磁波の波形ひずみが少ないことや，光スイッチ素子よりも高速サンプリングが原理的に可能であることから光スイッチ素子に代わる高速なサンプリング検出器として期待できる．

　THz 電磁波パルスを用いた応用としては，物性測定などの分光応用のほかに，THz 電磁波パルスを用いた 2 次元イメージング[66,67]が話題を呼んでいる．空港などでの危険物検査などで用いられている X 線イメージングよりも安全で物質同定も可能なことから，新しい透過イメージング法として期待が寄せられているが，THz 電磁波光源の高出力化や検出器の 2 次元アレイ化などが今後の課題といえる．

　現在，実験室レベルではすでにパルス幅 10 fs のレーザーやテラワット級のピーク強度をもったレーザーも利用されるようになっており，超短パルスレーザーを用いたオプトエレクトロニクスの研究はこれらレーザー技術の発展に刺激され，ますます盛んになっていくことが予想される．超短パルスレーザーを用いた THz 電磁波パルスの発生はその応用研究の一部であり，今後も活発な研究領域であり続けるであろう．

〔谷　正彦・阪井清美〕

引用文献

1) S. Jayaraman and C. H. Lee : *Appl. Phys. Lett.*, **20** (1972) 392-395.
2) C. H. Lee : *Appl. Phys. Lett.*, **30** (1977) 84-86.
3) D. H. Auston : *Appl. Phys. Lett.*, **26** (1975) 101-103.
4) D. H. Auston : Picosecond Optoelectronic Device, C. H. Lee ed., Academic Press (1984) pp. 73-117.
5) D. H. Auston et al. : *Appl. Phys. Lett.*, **45** (1984) 284-286.
6) D. B. Rutledge et al. : *Infrared and Millimeter Waves*, **10** (1983) 1.
7) S. Gupta et al. : *IEEE J. Quantum Electron.*, **28** (1992) 2464-2472.
8) G. L. Witt : *Materials Science and Engineering*, **B22** (1993) 9-15.
9) D. C. Look : *Thin Solid Films*, **231** (1993) 61-73.
10) M. Tani et al. : *Jpn. J. Appl. Phys.*, **33** (1994) 4807-4811.
11) F. E. Doany et al. : *Appl. Phys. Lett.*, **50** (1987) 460-462.
12) P. R. Smith et al. : *IEEE J. Quantum Electron.*, **24** (1988) 255-260.
13) M. van Exter et al. : *Appl. Phys. Lett.*, **55** (1989) 337-339.
14) N. Sekine et al. : *Appl. Phys. Lett.*, **68** (1996) 3419-3421.
15) J. T. Darrow et al. : *IEEE J. Quantum Electron.*, **28** (1992) 1607-1616.
16) P. K. Benicewicz and A. J. Taylor : *Opt. Lett.*, **18** (1993) 1332.
17) A. J. Taylor et al. : *Opt. Lett.*, **18** (1993) 1340-1342.
18) M. Tani et al. : Proceedings of the 21st International Conference on Infrared and Millimeter Waves, BM 8 1996.
19) H. Harde and D. Grischkowsky : *J. Opt. Soc. Am.*, **B8** (1991) 1642-1651.
20) Y. Pastol et al. : *Electronics Lett.*, **26** (1990) 133-134.
21) D. R. Dykaar et al. : *Appl. Phys. Lett.*, **59** (1991) 262-264.
22) A. P. DeFonzo et al. : *Appl. Phys. Lett.*, **50** (1987) 1155-1157.
23) A. P. DeFonzo and C. Lutz : *Appl. Phys. Lett.*, **51** (1987) 212-214.
24) G. Arjavalingam et al. : *IEEE Trans. Microwave Theory Tech.*, **38** (1990) 615-621.
25) W. M. Robertson et al. : *Appl. Phys. Lett.*, **57** (1990) 1958-1960.
26) N. Katzenellenbogen and D. Grischkowsky : *Appl. Phys. Lett.*, **58** (1991) 222-224.
27) S. E. Ralph and D. Grischkowsky : *Appl. Phys. Lett.*, **60** (1992) 1070-1072.
28) A. C. Warren et al. : *Appl. Phys. Lett.*, **58** (1991) 1512-1514.
29) F. G. Sun et al. : *Appl. Phys. Lett.*, **67** (1995) 1656-1658.
30) D. H. Auston : *Appl. Phys. Lett.*, **43** (1983) 713-715.
31) D. H. Auston et al. : *Phys. Rev. Lett.*, **53** (1984) 1555-1558.
32) D. H. Auston and M. C. Nuss : *IEEE J. Quantum Electron.*, **24** (1988) 184-197.
33) X.-C. Zhang et al. : *Appl. Phys. Lett.*, **56** (1990) 1011-1013.
34) X.-C. Zhang and D. H. Auston : *J. Appl. Phys.*, **71** (1992) 326-338.
35) S. L. Chuang et al. : *Phys. Rev. Lett.*, **68** (1992) 102-105.
36) B. I. Greene et al. : *IEEE J. Quantum Electron.*, **28** (1992) 2302-2312.
37) A. Rice et al. : *Appl. Phys. Lett.*, **64** (1994) 1324-1326.
38) P. C. M. Planken et al. : *Phys. Rev. Lett.*, **69** (1992) 3800-3803.
39) H. G. Roskos et al. : *Phys. Rev. Lett.*, **68** (1992) 2216-2219.
40) I. Brener et al. : *J. Opt. Soc. Am.*, **B11** (1994) 2457-2469.
41) C. Waschke et al. : *Phys. Rev. Lett.*, **70** (1993) 3319-3322.
42) B. B. Hu et al. : *Appl. Phys. Lett.*, **56** (1990) 886-888.
43) J. T. Darrow et al. : *Optics Lett.*, **15** (1990) 323-325.

44) J. T. Darrow *et al.*: *IEEE J. Quantum Electron.*, **28** (1992) 1607-1616.
45) D. You *et al.*: *Opt. Lett.*, **18** (1993) 290-292.
46) M. van Exter *et al.*: *Optics Lett.*, **14** (1989) 1128-1130.
47) H. Harde *et al.*: *Phys. Rev. Lett.*, **66** (1991) 1834-1837.
48) H. Harde *et al.*: *J. Opt. Soc. Am.*, **B11** (1994) 1018-1030.
49) H. Harde *et al.*: *Phys. Rev. Lett.*, **74** (1995) 1307-1310.
50) R. A. Cheville and D. Grischkowsky: *Optics Lett.*, **20** (1995) 1646-1648.
51) M. van Exter and D. Grischkowsky: *Appl. Phys. Lett.*, **56** (1990) 1694-1696.
52) N. Katzenellenbogen and D. Grischkowsky: *Appl. Phys. Lett.*, **61** (1992) 840-842.
53) D. Grischkowsky *et al.*: *J. Opt. Soc. Am.*, **B7** (1990) 2006-2014.
54) D. Grischkowsky and S. Keiding: *Appl. Phys. Lett.*, **57** (1990) 1055-1057.
55) M. C. Nuss *et al.*: *J. Appl. Phys.*, **70** (1991) 2238-2241.
56) R. Buhleier *et al.*: *Phys. Rev.*, **B50** (1994) 9672-9675.
57) S. D. Brorson *et al.*: *J. Opt. Soc. Am.*, **B13** (1996) 1979-1993.
58) E. R. Brown *et al.*: *J. Appl. Phys.*, **73** (1993) 1480-1484.
59) E. R. Brown *et al.*: *Appl. Phys. Lett.*, **66** (1995) 285-287.
60) K. A. McIntosh *et al.*: *Appl. Phys. Lett.*, **67** (1995) 3844-3846.
61) M. Tonouchi *et al.*: *Jpn. J. Appl. Phys.*, **35** (1996) 2624.
62) M. Hangyo *et al.*: *Appl. Phys. Lett.*, **69** (1996) 2122-2124.
63) M. Tani *et al.*: *Jpn. J. Appl. Phys.*, **35** (1996) L1184-1187.
64) Q. Wu and X.-C. Zhang: *Appl. Phys. Lett.*, **68** (1996) 1604-1606.
65) Q. Wu, M. Litz and X.-C. Zhang: *Appl. Phys. Lett.*, **68** (1996) 2924-2926.
66) Q. Wu *et al.*: *Appl. Phys. Lett.*, **68** (1996) 3224-3226.
67) B. B. Hu and M. C. Nuss: *Optics Lett.*, **20** (1995) 1716-1719.

さらに勉強するために

遠赤外の光源および検出器について：
    阪井清美：遠赤外線―分光と応用計測，応用物理，**58**-6 (1989) 859-876.
    阪井清美：遠赤外分光技術とその応用，*O Plus E*, No. 203 (1996) 77-84.

光伝導スイッチ素子特性について：
    D. H. Auston: Picosecond Photoconductors: Physical Properties and Applications, Picosecond Optoelectronic Devices, C. H. Lee ed., Academic Press, 1984.

半導体表面からの THz 電磁波発生について：
    X.-C. Zhang and Y. Jin: Optically Generated THz Beams from Dielectrics, Perspectives in Optoelectronics, S. S. Jha ed., World Scientific, 1995.

超格子または量子井戸構造からの THz 電磁波放射について：
    J. Shah: Ultrafast Spectroscopy of Semiconductors and Semiconductor Nanostructures, Springer-Verlag, 1995, pp. 120-131.

超高速光エレクトロニクス論文特集：
    J. P. Heritage and M. C. Nuss: Special issue on ultrafast optics and electronics, *IEEE J. Quantum Electron.*, **28** (1992) 2084-2542.
    D. R. Dykaar and S. L. Chuang: Terahertz electromagnetic pulse generation, physics, and applications, *Journal of Optical Society of America*, **11** (1994) 2454-2585.

付録　座談会：量子工学の将来

出席者
大津元一
荒川泰彦
五神　真
橋詰富博
平川一彦
井元信之

大津 この章では『量子工学ハンドブック』と題する本書の最後をかざるにふさわしい内容について議論したいと思います．量子工学はある意味では矛盾している名前と思われます．つまり，「量子力学」がキーワードの一つだと思いますが，量子力学は発展してから1世紀近くなっても，基礎的な問題でまだまだ発展途上です．物理的には非常に興味深いということがあって，いろいろな波及効果を及ぼしました．しかし，これは私論ですが，物理的におもしろいことは往々にして産業的に使えないという例もありまして，そういう意味でこの本の題名が矛盾しているように感じられるのは，物理的に非常に興味深い量子力学を工学的に使うにはどうしたらいいかという話題が含まれているところです．

以上の観点から，今日の座談会ではたとえば工学に使うことを考えて，本当に現象を量子力学的に扱わなければいけないようなトピックスはどのくらいあるのだろうか．それから工学応用へ生き残る量子工学とは何か，そして量子工学として考えたときの技術なり学問の極限，究極像はどこにあるのだろうか．それから可能であれば，それを支える学問体系や科学技術や社会の背景がどのようなものであれば望ましいか，そのようなところを議論できればと思います．

その議論をするために，まず今日お集まりいただいた方々から話題提供をしていただいて，いま申しましたようなことを念頭において質疑応答をして，そして最後にまとまった議論をしてみたいと思っています．それではまず五神先生からお願いします．

■ **個からマクロの量子制御へ**

五神 まとまりのある話にはならないのですが，いくつかの観点についてお話ししたいと思います．20世紀初頭に始まった量子論が現在では確かに工学のさまざまな分野に深く浸透しています．たとえば半導体デバイスの中には量子力学の原理を巧みに利用したものが多く見られます．この背景には固体中の電子の量子力学的な振る舞いを記述するバンド理論の大成功があると思います．そもそも固体中には多数の電子が相互作用しあい，かつ格子とも絡まりあいながら運動していますので，その運動は大変複雑です．バンド理論は結晶の周期性を利用してある種の平均操作によって，この複雑な問題を単純な1体問題におきかえることを可能にしました．このおきかえに基づき，半導体中の電子の量子力学的な運動を人為的に制御することも可能になりました．たとえば半導体に量子井戸構造を作ることにより，電子を2次元面内に閉じこめ，電子の状態密度を制御して，デバイスとして有利な状態を作り出すことができています．すなわち，バンド理論に立脚した1体の状態を制御する工学です．

しかし，このような1体問題としての制御による材料の性能向上にはいろいろな場面で限界が見えてきています．今の性能限界の1桁以上を求める必要がある場合に，このような個別の量子状態制御ではとても追いつかないという場面も出てきています．

私は光自体の極限的な制御を物理学として追求することをねらっています。少し極端な問題設定ですが，究極の光制御ということで，単一光子を自由に操作するという技術を考えてみたいと思います。光は量子力学的には $h\nu$ というエネルギーをもつ量子（光子）として振る舞います。これはエネルギーの大きさとしては非常に小さなもので，それを一粒一粒自由に扱うのはなかなか難しいことです。電子の場合との大きな違いは電子は電荷をもっているので，クーロン力という大きな力を使うことができるのですが，光子の場合にはそれが使えないところです。実際電子系では1個の電子で動作するトランジスタがすでに実現しています。単一光子を操作するためには，大きく分けて三つのブレークスルーが必要であると考えています。第一はそもそも単一の光子を自由に発射する光源が作れるかという問題です。少数の光子を高速に制御することは難しい技術の一つです。別の言い方をすると，これは非常に帯域の広い光子数スクイズド状態の生成です。通常のレーザー光は強度が強い場合には非常に安定な光源ですが，これを微弱な領域でしかも時間幅を狭めてみると，その中に入る光子の数は少なくなりますが，その場合には量子雑音が光子数と同程度になります。つまり，少数個でありながら非常にゆらぎの少ない光子列をどうやって作ればよいかということになります。

第二は光をどうやって微小な空間に閉じこめるかという技術です。光は空間や光ファイバーのような透明な媒質を非常に自由に高速に伝播することができ，だからこそ光通信に利用されているわけです。しかし，光を光で制御する場合には必要な時間だけある場所にとどめておく必要が生じます。これを実現するのがロスの少ない微小光共振器です。これについては後で触れます。

第三は光と光の相互作用を生み出すための大きな非線形光学常数をもつ材料の開発です。一つの光子で信号光をオンオフするためには，微小共振器に1個の光子が入っただけで，プローブ光の位相がパイ程度のシフトを示す必要があります。これを実現するためには大きな3次の非線形定数をもつ材料が必要です。3次の非線形光学材料の探索はさまざまな物質系について精力的に進められています。しかし，性能指数を並べてみますと，まだ2，3桁たりません。この2，3桁のギャップを克服するためには新しいアイデアが必要でしょう。

光閉じこめについても，近年活発に研究が進められています。ここで問題となることは可視光の電磁波に対しては，マイクロ波の領域の超伝導金属のような完全反射体が存在しないということです。可視光の領域では透明な誘電媒質の周期構造を用いて光の干渉を利用して高い反射率を得ています。これを3次元的に行うのがホトニックバンドの考え方です。これらは究極的な3次元閉じこめを行うという観点からみると光が存在する体積，モード体積が小さくできないことなど問題があります。そこでわれわれは可視光の領域で光を閉じこめる構造としては，微小球や微小円盤がもっとも現実的

であると考え注目しています．

それでは物質系について次に何をねらうのかということについて少し述べさせていただきます．最初にも述べましたように，バンド理論成功は非常に多数の電子を扱ったのですが，ある種の平均操作が非常にうまくいったということです．しかし，その枠組みの中では出てこないような性能を引き出すためには，その平均操作が成り立たない状況に注目する必要があります．それは個別の量子制御の延長ではなくて，集団になって初めて現れる量子現象ではないかと思うのです．たとえば最近物理学の分野で大きな話題になっている極低温の原子のボーズ-アインシュタイン凝縮がそのよい例です．ここでは多数の原子がマイクロ K 以下に冷却され，かつある限度以上の密度になると，マクロな数の原子達が一つの量子状態に落ち込むというものです．このとき巨視的なコヒーレンスが生まれます．このような現象は光励起された固体の中の電子正孔系にも見られることが予想されています．

このようなものを工学として利用するためには，まず基礎原理に基づく定式化が必要ですが，さらにそれをエンジニアリングとして使いやすい形に書きかえることも大切と思います．このような基礎と工学のバトンタッチができるかどうかが重要な問題であり，野心的な研究課題であると思います．

大津 何かご質問があれば，二，三いかがでしょうか．

■ **微小球の制御**

井元 五神先生の微小球のご研究はおもしろいと思っていますが，微小球の位置や大きさを制御しなければいけないような現象と，それから微小球でさえあれば量子力学を工学につなげたことになるような現象はあるのかなという気がしています．もちろん後者のほうが実践は容易なのですが，そのへんの展望についてお聞きしたいのですが．

五神 3次元的に閉じ込めるという意味で，たとえば半導体とか，色素とか，そういった比較的スペクトル幅の広い発光材料をある一つのモードに優先的に結合させることができるサイズ領域というのは，微小球でも比較的小さいサイズで 5 μm 以下ぐらいです．それぐらいになるとサイズのゆらぎに対する許容範囲はけっこう大きくて，そんなに高級なサイズ制御をする必要はない．たとえばリソグラフィーぐらいの技術で十分揃います．そういう意味ではサイズを揃えるということは原理的には必要なのですが，そんなにシビアではない．

ところがもっと大きなサイズ領域で光双安定素子を考えると，Q 値は 10^7 です．この場合にはこの Q 値に応じたサイズの制御が必要になりますが，これはたぶん原理実証実験にはいいのですが，使うという点からするともう少し小さいところにおもしろい応用があると思います．

小さいサイズの共振器で単一光子非線形素子を動作させるには何が必要かというと，$\chi^{(3)}$ でかせぐしかありません．少数の光子で光スイッチングが見えるよう

なものをつくろうとすると，大きな $\chi^{(3)}$ をもった材料を微小球化する必要があります．それはそんなに極端に難しいことではありません．たとえばこれは最近われわれがやったもので，CuClを微小球にしたものです．これはある波長領域で $\chi^{(3)}$ の 10^{-4} esu ぐらいの材料です．これぐらいのものを妥当な形状に整えれば，値としては数個の光子のスイッチングはできるはずです．

このCuClは特殊なものではないので，他の半導体材料でも同じようなことができると思います．

大津 微粒子の大きさにもよりますが，寸法が1μmを切っていって，たとえば荒川先生がやられているような量子ドットの結晶をつくって，それを先ほど五神先生がおっしゃったように実際につくっていこうとすると，従来の方法ですと，位置の制御，それから寸法の制御というのは必ずしもレーザーデバイスに適用するときに有効ではないというのが現状だと思います．

加工技術というのが量子工学における原理や使い方などと同時に重要なことだと思いますが，従来の加工技術というのは要するに化学的な方法というか，集団的な熱力学の原理を使って熱平衡状態に準じたようなことを利用しながら成長させていくということなので，そこに必ず形状なり構造の揺らぎが生じてくると思います．ですから少数個の系に関して，かつ数nmの寸法で量子効果を出そうということになってくると，化学なり熱力学的な加工技術のみでなくむしろ物理的な方法というか，力学的な方法というか，そういった新しい手法も必要になってくるのではないかと思うのですが．

五神 光のサイズの領域というのは μm ぐらいのオーダーなので，そういう領域ではいまの既存の技術でも，注意深く使えば何とかなると思います．もちろん余分なロスをなくしたいのですから，1ケタ性能を上げたいとすれば，たしかに10～100 nm まできちんと加工できるような技術が必要です．

荒川 たしかに微小球の場合はいろいろな大きさが考えられると思います．しかし，たとえば量子ドット中の電子系に共振器を共鳴させようとすると，共鳴させるための寸法精度は相当なところが要求されます．

五神 量子井戸を円板にするようなイメージでいけば，いまの問題に関しては電子系の閉じ込めのスケールと光の閉じ込めのスケールは，別々に制御できます．ですから井戸の幅をある程度制御しておいて，電子系のエネルギーを決めておいて，それにマッチした共振器の長さをつくるというのであればサブミクロンぐらいの精度で十分です．これなら光リソグラフィーでできる．実際にマイクロディスクよりももう少し進んだマイクロリングレーザー構造で β の値が 75% という報告があります．

荒川 ただ微小共振器の Q 値がきわめて高いとすると，数十マイクロeVの共鳴波長幅とか，あるいはエネルギー幅，その場合の精度というのは，やはり数nmオーダーになっていきますね．

五神 ただ Q 値を高くするということは，応答速度を犠牲にするということな

ので，われわれの興味のあるところは，たぶん Q 値が1000から1万ぐらいの範囲です．その領域ですと，ずっと楽になります．それがないためにいまは媒質微小球を使って，単一光子の操作をやろうとすると，Q 値が 10^{10} いるとかいう話になってきます．

荒川 デバイス速度を高くしようとすれば Q 値はむしろ低めの方がいいと思います．一方，たとえば自然放出制御を行おうとしますと Q 値を高くする必要があります．

五神 そのとおりです．自然放出結合係数を上げるという場合は Q 値はそんなにいらないのです．モード間隔に比べて十分シャープであればいいので，$\beta = 75\%$ という実験でも Q 値としてはそんなに高くありません．共振器としては100ぐらいでも十分です．つまり隣のモードが十分離れていてくれればいい．発光線が共振器のスペクトル幅の中に収まっている必要はなくて，隣を踏んづけていなければいいというのが条件になるはずです．

荒川 β でなくてもいいんですが，非線形素子のような場合はどうですか．

五神 たとえば3次の非線形による光双安定素子の場合には，Q 値をかせいでしきい値を下げます．ここで問題は，そのときに媒質の非線形性が十分あれば Q 値に頼らなくていいので高速応答ができるということになります．非線形素子の場合はまだかなり Q 値に頼らなければいけない．4乗ぐらいは最低必要だと思います．

荒川 もちろんこれはシステム設計上の問題ですので，それぞれの用途に合わせて最適化をはかるのですが，一方，前にもいいましたように，光の波長が長いから寸法精度があまりいらないという考えは必ずしも適当ではないでしょう．

五神 サイズは全体のサイズに比べて Q 値分の1ぐらいの精度は必要です．だから5乗になればシビアになります．

■ **原子レベルの加工をめざして**

大津 いまの加工に関するお話は量子効果と寸法が小さいという両方に絡んでいると思いますが，これから橋詰さんに，寸法が小さい，したがって材料の場合には表面の占める割合が大きくなる．そのようなことにかかわるようなお話を，加工も含めて問題提起していただきたいと思います．

橋詰 私の専門は走査トンネル顕微鏡(STM)を中心とする走査プローブ顕微鏡(SPM)ということになりますが，加工寸法が大きなほうから，まず企業レベルで10 nmぐらいの加工ができる可能性が見えてきたというお話をして，そのあとは会社の実用レベルからは少し遠ざかるのですが，原子レベルで加工したらどんなことができそうかという，その二つのお話を中心にしたいと思います．

世界中のいくつものグループで原子間力顕微鏡(AFM)を使ったリソグラフィーが研究されておりまして，われわれは基礎研で石橋を中心としてこの技術を初めて1年ぐらいですが，技術的には世界トップレベルが見えてきたというところにあります．会社での応用を真面目に考えてやっております．もちろん世の

中の多くの人はこういった手法は成り立たないとはっきりおっしゃっているのですが，われわれはそれを何とか乗り越えようとしています．

ここに示した手法は，ふつうの原子間力顕微鏡のカンチレバーを金属で被覆して電極として使えるようにしています．シリコンであるとか，チタンの金属であるとか，LB膜であるとか，いろいろな材料をレジストとして使うグループもありますが，われわれは会社での応用を考え，市販のレジスト，ふつうの電子線リソグラフィー用に開発された高感度レジストを使っています．この手法では，探針と基板との間がだいたい数十nmから100 nmぐらい離れているのですが，機構からいえば，探針の先端から電界放射した電流がレジストを通り抜けて，その間に電子のもつエネルギーでレジストを感光するという手法を用いたリソグラフィーです．

われわれが注目したのはここのところで，レジストの露光の状態は電流の大きさ，エネルギー量によりますから，ここの部分でフィードバックをもう一つつけてやれば非常にきれいに露光できます．

このレジスト膜はふつう使われているスピンコーティングという方法でして，基板をくるくる回しておいて，そこに溶液をたらして薄膜をつくるというものですから，当然，局所的に見れば膜厚が変わっています．そうするとこの探針と基板との間に働く力は変わってきますので，この探針の基板への押しつけの力が変わったり，電流値が変化して，当然，露光量も変わるので，このような線幅の乱れが見えます．STMをやっている人から見れば，ある意味では自明なフィードバック系なのですが，それをつけることによって，このようにかなりきれいな

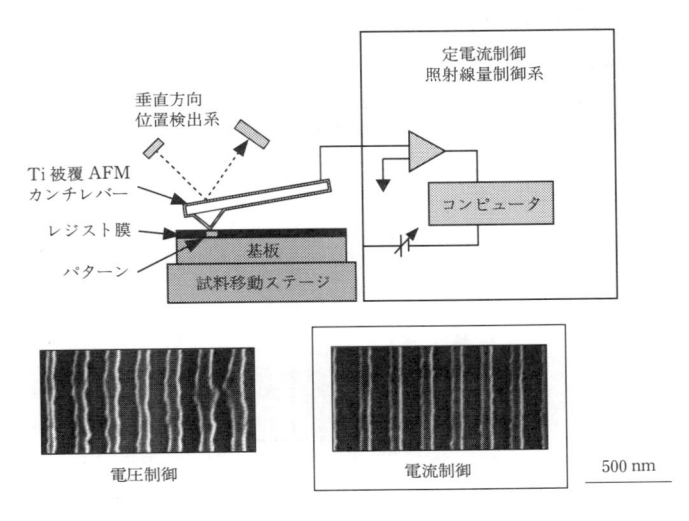

図1 定電流照射線量制御AFMリソグラフィー

線(レジストパターン)が画けるようになります．この図では線幅が100 nmぐらいの線なのですが，現在のところ27 nmというところまでは，いまあるレジストを使ったふつうの技術で画くことができます．

量子材料でいちばん欲しい加工は，2章のところに出ていますが，10 nmで，そういう要請が電子論から望まれるので，われわれは分解能を10 nmにしようということで現在開発を進めているところです．

それが可能になりますと，大気中のAFMでふつうのレジストを使うということですので，かなり簡便な方法で非常に細かい加工ができるということで，基礎科学に役立つ技術の開発をしていることになります．

ところが問題があります．それはスピードが遅いということです．これをふつうの光リソグラフィーに使おうとするならば，スピードを6ケタ速める必要がありますので，そこは開発しなければいけない点です．

もう一つはもっと制御した，水素終端したシリコン表面を使って，そのダングリングボンドを1個ずつ加工する手法です．この水素終端表面では2.5節に書きましたように，吸着原子は非常に表面拡散しやすいので，ダングリングボンドを最初につくっておいて，上からガリウム原子などを熱蒸着してやるだけで，このようなガリウムの細線ができます．これはガリウム1列の細線ですので，何かおもしろい特性を与えると思われます．実は一緒に研究している理論グループがこういったガリウム細線の電子状態を計算したところ，こういうバンド構造が得ら

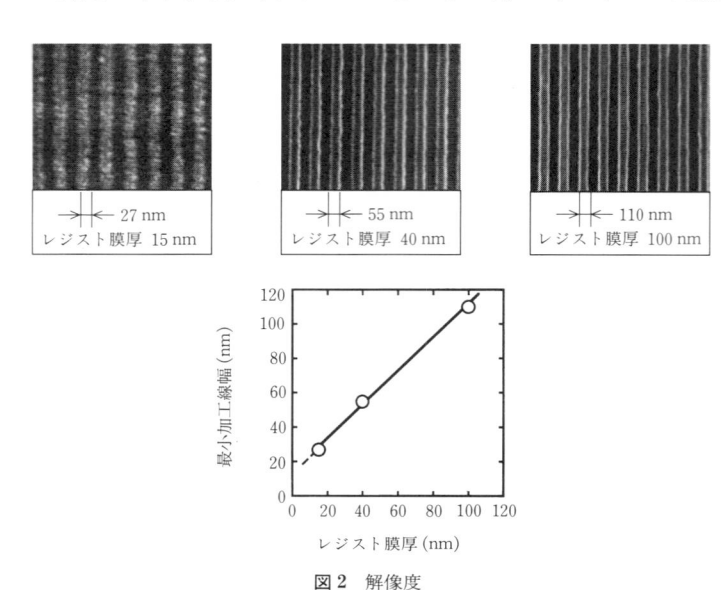

図2 解像度

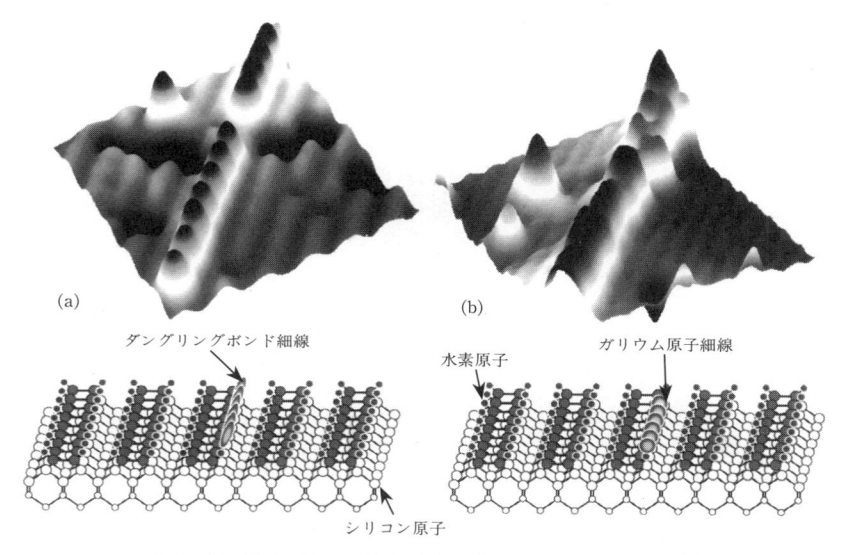

図3 ダングリングボンド細線 (a) を利用した原子細線作製法 (b)

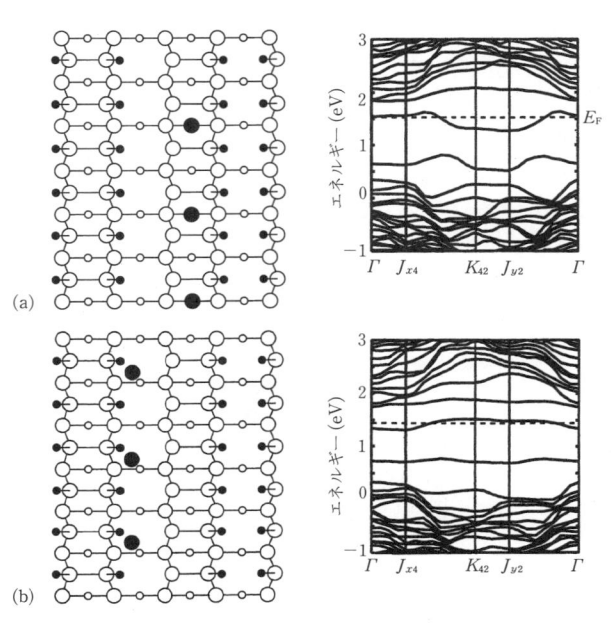

図4 ガリウム原子細線の構造と特性の理論予測
(a) 金属的な細線, (b) 強磁性をもつ細線.

れました．これは水素一つずつに対してガリウムが1.5個ついたものですが，そういった系で，ここにありますように非常に平らなバンド構造がフェルミ準位付近に出ることがわかりました．

第一原理計算でこういう状態の，いわゆるフラットバンド構造が出た場合は強磁性を有することがかなり強く期待できるというのは，低次元電子状態の理論からの予測ですが，それを満たすような系が現実にできそうになってきました．これを詳しく説明する余裕がありませんので，端的にいえば，三角形のユニット中に2個の電子が詰まっていて，それがたとえばアップダウンのスピンをもっていたとして，この電子がこちらの位置に移動したりして，くるくる回っているという状況を考えると，実はフェルミの排他律によって，あるいはフント則によって，スピンの向きが揃わなければいけないという条件が出てくるそうです．このへんのところは理論のハバード模型で厳密に証明されておりますから，これを満たすような原子細線ができる可能性が見えてきたということで非常に期待しています．

そのような基礎物理と工業がどのように結びつくかというのはまた一つの討論点ですが，こういった非常に新しい特性をもつ物質ができれば，それをまた新しいデバイスのアイデアに用いて新しいデバイスを構築できるかもしれない．そういうところで将来の企業に役立てようという研究を続けております．

■ 極限のリソグラフィー

大津 何かご質問はありますか．

荒川 ホトレジストによるリソグラフィーの性能を決めるメカニズムというのは電流が本質的なのですか．

橋詰 そうだと思います．電流電圧特性をとってみると，電子の電界放射の領域に入っています．非常に簡単に電場力線と電流が流れるところを描いてみると，このようになっています．ふつうの電子銃を使った電子線(EB)リソグラフィーと違うところは，針から電子が出たときにはほとんどエネルギーをもっていないところです．電界放射ですので，電子が強い電場中を加速されながら動くと，そこで初めて数eVという，レジストの分子架橋をできるぐらいのエネルギーを得

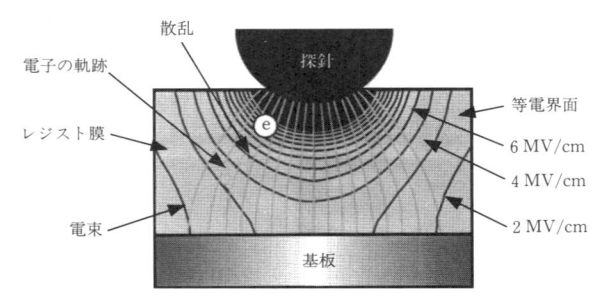

図5 パターン形成機構

ます．そこで電子がエネルギーを失い，散乱されて，ここの部分が架橋するのだろうと，そんな機構で考えています．

この機構は露光量によってレジストの断面形状が変わるという事実を発見したところから導き出した機構です．すなわち，露光量が少ないと下の部分の露光量が足りずに上向きの台形となり，逆に露光量が多いときには十分な電子がありますので，先ほどの電子が流れる方向によく似たようなかたちの下向きの台形のパターニングができる．

平川 橋詰さんが説明された方法の場合は AFM と実際にパターニングしたいものの間にホトレジストがはさまっています．それから一方ではチタンの膜を直接酸化する方法もあるかと思いますが，極限のリソグラフィーを追求するという観点から理解しておく必要があります．あともう一つは加工速度については6ケタ遅いとおっしゃったのですが，その6ケタの溝を埋めるためのアイデアというか，もし何かお考えであればお聞かせください．

橋詰 6ケタですから，けっこう難しいですね．ですからまったく役に立たないのだとおっしゃる人も多いのですが．まず最初に，なぜふつうのレジストを使うのかというと，ふつうのレジストを使っている限りはレジスト露光をしてパターニングをした段階で，エッチングは専門の方に手渡しができます．あとはいろいろなエッチング，メッキ，リフトオフなど，いろいろな光リソグラフィーの技術がありますから，そちらを使えるということでかなり汎用性が高くなります．そういう意味でチタンであるとか，シリコンの陽極酸化の方法よりは，会社ではレジストを使おうとしているのです．

6ケタに関しては非常に難しい質問で，いまのところスピードはだいたい 100 μm/s というのがわれわれの AFM の書き込み速度です．これはフィードバック系の発信周波数であるとか，あるいはレジスト自体の感度であるとか，そういったものに微妙に関連しています．スピードに関して世界のトップレベルはスタンフォード大学の Quate 先生のところが 1〜10 mm/s ぐらいで行っております．ですから，そこでまず2ケタ向上できます．あとは潤滑剤なども含めてもっとスピードを速くしようという方式，および電流をもっとたくさんとればスピードも速くとれるとか，そういったことがありますので，その技術で2ケタぐらい上げる．そうするとあとは 2〜3ケタぐらいとなりますが，それは並列化してやろうと考えています．

もちろんその並列化に関しても，世界のトップランナーは Quate 先生のところで，いま50本ぐらいの探針をカンチレバーを並べて一挙にやろうとしています．実は針の高さ制限はあまり微妙ではなくて，とにかく押しつけておけばいいという感じです．ですからこちらの電流のフィードバックさえ行えば，1000本というのは難しいかもしれませんが，100本ぐらいであれば何とか可能ではないか．それであと1ケタは実は装置の値段です．ふつうの電子線のリソグラフィーの装置は3億円とか4億円とかしますが，AFM ですと 2000万，3000万

円程度ですので，そこで1ケタかせげる．そうすると何とか6ケタはいける可能性があります．

大津 今のご質問の答えは，工学の常套手段である手法の一つの「制御」で乗り切るということでしたが，もう一つ「加工」という常套手段もあります．そういう意味では，たとえばレジストなどの材料の開発でもう1ケタ，2ケタ乗り越えられる可能性もあるのではないかと思います．ただ会社の場合ですと，先ほどおっしゃったように次のステップにもっていくときに，現状では次のステップの人が受け入れやすいような材料で行っていて，先ほどの10 nm近辺の精度までいくと，レジストなどの分子量，分子の大きさとか，そういった原理的な問題での寸法，それからさらに感度の点からくる加工速度なども制限されると思いますが，材料開発ということで6ケタのうちの1ケタぐらいは乗り越えようという可能性はあるのでしょうか．

橋詰 1ケタ，2ケタぐらいは見込んでいます．

荒川 先ほど質問したのは，これの対抗として電子線リソグラフィーがあって，これは装置さえよければ，だいたい20 nmぐらいはできます．そういう意味で，今お話しになられた技術が本当に役に立つのは，たとえば10 nm精度，あるいはそれ以下を自由に制御したいときだと思いますが，一方で先ほどの結果を見ると，電界極限点，電界の広がりを必ず生じてくると思うのです．それがある意味では電子線のビーム径に対応しているということだと思いますが，そういう意味では10 nmぐらいがやはり限度かなという感じです．

橋詰 おそらくそんな感じだと思います．

荒川 むしろ利点は電子のエネルギーがけっこう低いところです．これが何か非常に特徴的になって生きてくれば，通常の電子線のリソグラフィーとは違うところが出てくるのではないかと思います．

橋詰 実は一つはもうあります．電子線リソグラフィーですと近接効果というのがあって，二つの線をだんだん近づけていくと，その途中も露光されてしまいます．これには二つの理由があって，いちばん大きいのは実はレジストと基板との界面からの後方散乱効果で，それはもうミクロンオーダーです．ですからそれを後方散乱として引いてしまえば無視できます．

　もう一つは前方散乱効果というのがあって，このほうが小さいものをつくるときにはもっと影響を及ぼします．ふつうの電子線ビームでは前方散乱の効果というのは30 nmぐらいといわれていますから，ぼけた形になってしまいます．現在の電子線ビームの描画装置というのはこれを補正する事前計算プログラムがついていますので，補正はできるのですが，補正をしなくてよければさらによいわけです．

　ところがせいぜい100 Vぐらいの電子線で，しかも先ほどのレジスト中にも電界があって加速されるという特性から，実際に見てみると数nmぐらいの近接効果しか，現在のわれわれのAFMリソグラフィーでは見えていません．です

からこのへんのところは EB のリソグラフィーとの大きな特徴の違いです．20 nm，30 nm ではそれほど有効ではありません．ですからこのへんのところは 10 nm ぐらいが非常に大切になるような 5 年先ぐらいのところで，非常に需要が出てくるような技術になると思います．

大津 装置ということを考えた開発ですし，企業での開発ですから，いろいろな技術開発上の問題がありますが，その中にいろいろな現象と，さっきもおっしゃった制御と加工，そして材料の要素を入れていけば 6 ケタの話も含めて電子ビームの露光などと太刀打ちできるような装置ができる可能性が十分にあるということですね．

橋詰 可能性が見えないわけでないということです．

五神 最後の図で示されたことは強相関材料の方向に向かおうということですか．

橋詰 これは一つの目玉です．いま磁性の可能性があるといいましたが，原子細線を 2 本用意しておきまして，一方にうまく光を放り込んでやれば，細線と細線との間に局所プラズモンのかたちで光が閉じ込められて伝わるかもしれない．原子細線ができましたので，それをバルクの配線とつなげて 4 端子で電気特性を測定するという技術も開発中です．

■ 材料からデバイスへ

大津 いままでの話は媒体としては光や原子間力でした．それから材料や若干の基本的な要素としてのデバイスの基本形があって，橋詰さんの話は装置までもっていこうという話でした．このあとはたとえば媒体として光以外の高周波の電磁場の話も含め，それから単なる材料からデバイスとしてまとめていこうという話を少し議論したいと思います．その代表的な例として平川先生の話をまずお願いします．

平川 私のほうは半導体のヘテロ構造とかナノ構造を使った電子デバイスの研究をずっとやってきています．その観点で，どういうところをこれから攻めていこうかと考え，今，とくにいちばん興味を持ってやっているのは，従来半導体技術がもっとも不得意としていた 3 ケタの周波数領域，約 100 GHz〜100 THz（THz 領域と呼ばれる）を何とか埋める研究です．

ここでご説明する必要もないかと思いますが，一応電磁波の周波数領域を整理しておきましょう．100 GHz よりも低い周波数は通信の分野で非常に密に使われている領域です．一方，200 THz 以上ですと光ファイバー通信とか，可視光の領域に入ってきて，これも通信などに非常によく使われています．ところが，この 100 GHz〜100 THz の周波数領域はほとんど何も使われていません．

それには理由があります．われわれは，おもに二つのカテゴリーの半導体デバイスを使っています．一つはいわゆる電気信号を扱う超高速の電子デバイスです．電子デバイスは，微細化を行ったために非常に高速になったのですが，200 GHz〜300 THz の周波数で動作が止まってしまいます．それはトランジスタの宿命で，ソースという電極からドレイ

ンという電極に電子が本当に走らなければいけないという理由からきています．たとえば，非常にがんばって0.1 μmのチャネル長のトランジスタをつくっても，電子が飽和速度で走るかぎり，チャネル走行時間は約1 psになってしまい，このスピードのリミットは超えられません．

一方，光デバイスの方は，ほとんどのデバイスが伝導帯と価電子帯内の電子の制御を使うという原理に基づいています．しかし，バンドギャップの小さい物質の制御性の悪さや，バンドギャップが非常に狭くなったときに起きる非発光過程の問題などのために，光デバイスの周波数をもっと下げるというのもなかなか難しい．そういうことで，従来のデバイスではカバーできないTHz領域を何とかナノ構造デバイスで埋めてやれないかと思っています．

そのために半導体のナノ構造中で起きる特殊なダイナミクス，たとえばトンネル効果であるとか，特殊な電子状態，状態密度を変えるといったことを利用したデバイスが可能ではないかということで研究を進めています．

今日は，われわれのところでやっている例を二つほど紹介します．一つはナノ構造中の電子のダイナミクスを実時間領域で測るための新しい手法です．われわれは，小さくて，しかも非常に高速に動作するアンテナをつくって，これでナノ構造中の電子の動きを可視化してやろうということを考えています．

このアンテナのからくりは三つあって，一つはTHz領域に感度をもつような非常に小さなアンテナだということです．このアンテナのサイズは寸法約50 μmぐらいの非常に小さなものであることがおわかりになるかと思います．それから2番目のからくりは，このアンテナを活性化するための非常に速いON/OFFができる伝導材料です．最近では，低温で成長したガリウム砒素などを使って，非常に高速で伝導度の変化が得られるようになっています．それから3番目はこの伝導材料をトリガーするための高速光パルスです．

この極微アンテナを送信側と受信側に使って，自由空間に電磁波を飛ばすことにより2 THzぐらいの帯域をもつ超高速のサンプリングができます．これを用いてやると，たとえば量子井戸中の量子化準位を揃えると，非常に高速のブロッホ振動が発生しますが，この電子波束の動きが電磁波を出します．それをいまのようなアンテナを使ってやれば，振動的な電磁波が観測されます．これは二つの井戸の間を高速に電磁波束が行ったり来たりしていることを可視化することができることを示していますが，こういうことを利用してTHz領域で動作するようなデバイスのダイナミクスを明らかにしてやろうということを考えています．

あともう一つの例をご紹介します．半導体のヘテロ構造で非常に薄い薄膜の中に電子を閉じ込めると2次元的な自由度をもつ電子をつくることができます．それにさらに磁界をかけてやると電子を強制的に円運動させることができますので，0次元的な状態ができます．磁界をかけてできたこのような準位はランダウ

準位と呼ばれますが，こういう状態が形成され，状態密度のギャップのところにフェルミエネルギーがくると，抵抗が0になりホール抵抗は量子化されるという量子ホール効果という状態になります．この状態は抵抗標準等に応用されていますが，われわれはこれを光検出器に使うことを考えています．

量子ホール効果状態を実現しておいて，それに白色の遠赤外光を照射すると，ちょうど量子ホール効果が起きる領域で非常に大きな抵抗変化が起きます．この光誘起磁気抵抗変化の発生機構ですが，量子ホール効果状態ではフェルミエネルギーにおける状態密度は非常に小さくなります．このことは電子系の比熱も非常に小さくなることを意味していますので，ほんのわずかな光のパワーをもらうことによって，非常に大きな電子温度の上昇が起こります．これを反映して，ちょうど量子ホール効果が起きるときに非常に大きな感度を示すわけです．実際に感度を見積ると，市販の遠赤外光ボロメーターに比べて300倍ぐらい感度の高いものができています．最近では，量子ドット構造を用いて，遠赤外領域でもフォトンカウンティングができないかということを考えていて，ナノ構造中の非常に特殊な電子状態とか，ダイナミクスを使っていままでカバーしきれなかった周波数領域も，半導体デバイスのカバーできる領域にもっていけるのではないかと思っています．

■ **テラヘルツ** — 光と電波の境界領域 —
大津 ご質問はありますか．THz領域というのは光と電波の境界領域ということで，レーザーの発明に至る経緯を考えるとき，残された問題として非常に重要だと思います．先ほど発信側と受信側のお話がありましたが，伝送の手段も重要と思われます．光と電波の境界領域で電波を発生したときに，平面加工・実装技術でいかに伝送を行うのかといったことについて，何か進展があるのでしょうか．

平川 たしかに伝送というのは非常に大きな問題です．実験室レベルでやっているのは素朴なもので，金属パイプの中を適当に飛ばしているという段階です．材料科学のほうからの援助がないといけないと思いますが，いまのところはやはりこの分野の研究人口が非常に限られていまして，そこまで手が回っていないと思います．

もう少し現実性の高いミリ波ぐらいの領域になると，最近話題のマイクロ波ホトニクスの領域になります．超高速の電気信号と光信号の変換が両端にくっついていて，真ん中は光ファイバーでいく．これは非常に現実性の高い思想だなと思っています．

大津 ただこういうことが半導体でできるようになってきたというのはすばらしいお話ですね．

井元 キャリア周波数としてTHzを考えておられるのですか．それとも光をTHzで変調したものを考えておられるのですか．

平川 そのへんはまだしっかり考えてやっているわけではありません．システムとしてどのようなものがベストなのか

わかりません．

井元 キャリア周波数がテラヘルツの電磁波があるとして，たとえば帯域，あるいはファイバーになるのかわかりませんが，吸収とか，いろいろな問題があります．

平川 キャリアとしては電磁波は非常に限られた室内での通信とか，衝突防止用レーダーとか，そういうわりと限られたものになるだろうと思いますが，遠隔の伝送には途中は光にしないとだめだろうと思います．

大津 電子デバイスとしてのキャリア周波数をどんどん高めていって，最終的にはTHzまでもっていこうという動きはあると思います．

荒川 将来，光ネットワークを考えて研究する際に，もちろんキャリアとして光があって，情報をになう電子デバイスがTHz帯域をもっている，それに向けての基礎研究というのはどうでしょうか．いま200 GHzぐらいがだいたい限界といわれていて，それを乗り越えるような，ブレークスルーにつながればいいと思いますね．

平川 室内LANとか，衝突防止用のレーダーや，少なくとも電波天文学とか，化学，そういった科学への貢献に守備範囲があるのかなと思います．

荒川 人体への影響はどうですか．

平川 いまのところはありません．そのぐらい強い電磁波が出ればいいのでしょうが．

大津 工学という意味では，それ自身が広く使われる以外に工学のために必要な工学というのがありますから，それはまさに重要だろうと思います．

■ **光の寸法を小さくする** ― 近接場光 ―

荒川 それでは今度は大津先生が演者ということで，私がしばらくの間司会をやらせていただきます．

大津 平川先生のお話の中で，光や電磁波を表すいくつかのパラメーター，すなわち周波数，波長，エネルギーなどがありましたが，その中でこれからお話しする内容はむしろ光の寸法にかかわるような話です．五神先生のお話にもありましたが，光を制御したり，物質系とも相互制御しようとするときに，光の寸法を表すにはμmとか，波長領域でのお話をされていました．しかし工学という立場からは電子系の集積回路系に比べて光集積回路というのは非常に大きいので，それを寸法的に整合性がとれるようにするにはどうしたらいいかというと，だれでもわかると思いますが，光を小さくすればよろしいということです．その光を小さくする技術の一つとして，われわれは近接場光の利用を考えています．光の波長に比べて小さな寸法をもつ3次元的な物体の表面に発生する近接場光は，その発生する微粒子の寸法程度の大きさになることが散乱理論などによってわかっています．

この光を使って計測や加工や操作ということが少しずつ進んでいるのですが，現在のところ，計測の分解能の目安でいうと0.8 nm程度が得られています．それから単にこれは計測だけではなくて，加工，機能，原子操作ということに向かっていくつか進んでいて，たとえば加

工でいえば，先ほど橋詰さんがおっしゃったリソグラフィーにもかかわるような話，それから光メモリーに関する話，それから原子操作に関してはこれからお話しするような内容が進められています．

そこで原子操作の紹介とそれにかかわる問題点をご説明すると，原子操作に関しては最終的にはわれわれの考えているところは，一つはガラスファイバーの先端を非常に細く尖らせて，その先端に近接場光を発生させて，その光のもっている双極子力を利用して，真空中に飛行している原子を捕獲するか，跳ね返して，原子の熱運動の操作をしようということです．さらにこれを使って結晶基板の上に原子レベルの堆積をすることができないかということです．

これに関してはその予備段階として，中空ファイバーの中の近接場光の双極子力を利用して原子を誘導するというところまでは実験がうまくいっていて，次にファイバーの先端の近接場光による原子の操作という方向に向かって，実験装置がほぼできあがりつつあります．

ただ実験の装置をうまく設計するときに，光の場の中にある原子の受ける力，それからエネルギーの変化ということをもう少しきちんと計算する必要があります．そのときに世の中で使われているのは，たとえば原子と光と，それから原子と光との間の相互作用のハミルトニアンを考えるときに，光のハミルトニアンは従来の，自由空間でのハミルトニアンになっています．しかしながら近接場光というのはそれが発生する微粒子の表面の

状態をエネルギー的に担った光ですので，場合によっては自由空間の単なる調和振動子としての電磁場の量子化の方法に従ったようなハミルトニアンの書き下しでは必ずしもうまくいかないかもしれない．

要するに近接場光の量子化というのをきちんとしないと，先ほどの原子を捕獲する装置の設計がうまくいかないかもしれないということです．逆にむしろ実験を通してこういった量子化の問題を議論するほうが早いかもしれないという割り切り方でいくつかの実験を行っています．

それからもう一つの問題は，物質が小さくなってくると，既存の電磁気学の議論ではなかなか難しい場合があります．

そこで現象論的なモデルを仮定しながらいくつかの装置を設計してしまっているのですが，そのようなことを考えると，単に量子工学的な話だけではなくて，そこに巨視的寸法から原子の寸法に至るときの途中段階としてのナノの領域における電磁場と物質との相互作用を議論する際の面倒さがあります．これはどういう意味で面倒かというと，原理的には困難な問題ではないのかもしれませんが，それを実験系とうまく対応がつくような直観的なモデル，スーパーコンピュータを使わなくてもすむようなモデルをつくるにはまだいくつかの問題があるということです．

それからもう一つは，計測や加工などをしようとするときに，たとえば従来の大きな材料ですと，温度とか，キャリアの拡散定数，電流の流れやすさを表す電

気伝導度，そういったものが空間的な，周波数軸上での平均化をもとにしてきちんとした適当な物理量として定義され，実験結果と比較できるようなパラメーターになっていました．しかしこれらのパラメーターを微小な材料にそのまま適用すると問題が生じます．たとえば電気伝導度に関しては，ある程度局所的な電流密度の2次相関をまず空間的に積分してから周波数軸上で積分しないと，積分が発散してしまうという問題があるのにもかかわらず，それが局所的なナノの領域でもいまだに使われているのが問題です．そういうこともあって何らかのいいパラメーターを見いだしてやって，それをうまく測定する方法を考えて，その測定結果と理論的なモデルとをうまく比較しないと，計測や加工を行うときのナノの領域の装置の設計が非常にやりにくくなります．

■ **原子レベルの電気伝導**

荒川 大津先生のほうから，工学としての限界のような話をしていただきました．何かご質問はありますか．

橋詰 電気伝導度の計算というのは非常に難しい技法らしくて，第一原理計算グループで表面の構造，電子状態を一緒にやっているのですが，原子レベルで見ても電気伝導を理論的にどのように扱ったらいいかというのはまだちゃんとできていないそうですね．

大津 たとえば昔のランダウアーの考え方は，複数の物質を接続したときに生ずる化学ポテンシャルの流れが電気伝導度になっていますし，それから久保の公式ではずっと過去に電流源があって，それがゆっくり流れ始めてくるというのが電気伝導度の考え方です．それを長い時間測定した結果に現れる電気伝導度として見てみると，物質が小さくなってくれば，久保の公式の積分は収束しません．もの物質が小さくなってくると，非常に短い時間で個々の電流のゆらぎの2次相関を測定しなければいけないことになる．それはすなわち小さい領域で電気伝導度を考えようとすると，電子の動きを逐一実時間で測定しなければいけないということですから，そんなことができれば電気伝導度などの統計的な物理量を定義する必要はないのです．だから何らかのゆらぎの量をうまく扱って，適当な積分時間でわれわれが測定したときに意味があるような物理量なりを微小な物質に対して新しく定義してやらないといけないのではないかということです．

それから温度についてもエントロピーのほうから定義されるものと，気体運動論から定義されるものとでは，非常に大きな矛盾があって，わりといい加減なことをやっているという気がしています．

荒川 電気伝導について私が考えているのは，非常に小さな系にもってくると，最終的には電気伝導を支配するのはトンネリングに尽きる．そのあとにトンネリングに対してたとえばアシストの相互作用を入れるとか，あるいは外界のリーダーマンみたいなものを入れていくと，だんだんゆらぎが入ってくると思うのです．ですから二つのアトムがあって，この間の電気伝導というのはトンネリングしかない．そういう意味でわれわれが

扱う系というのは極限でいうとトンネリングだと思うし，もっといけば統計力学がある．その間を埋めるものをどうするかというのがこれからまた難しいという感じです．

大津 量子工学に関する座談会ですが，量子論的な概念と，それからナノの概念が必要になってきているというのが，たぶんいまの工学の現状だと思うので，これらに関し，実験屋さんにとって馴染みのいいモデル・概念ができるといいなと希望しています．

平川 電気伝導度という概念は，サイズ的にスケーリングしなければ電気伝導度というのは定義できない．たぶんナノの領域でスケーリングしなければいけないのだろうと思います．コンダクタンスという量でしか測れないということだと思います．

大津 先ほどの光の話の屈折率も非常にいい加減だということもわかってきました．

五神 アトムとマクロの間が連続的につながるべきなのかどうかということでしょうか．

大津 だからたぶん物理屋さんというのは非常に頭がよくて，できる問題とできない問題を直感的にかぎわけて，巨視的現象は解析できる，原子レベルの現象はシュレディンガーの方程式で解析できると判断して多くのすぐれた仕事をしました．その中間の寸法の現象は物理屋さんが嫌がって扱われずに最後に残って，それがむしろ工学のほうのナノの領域で先に実現したということなのではないでしょうか．

荒川 今は第一原理計算も非常に限られていて，ちょっとでも考える領域を大きくすると n の3乗ぐらいで計算量が増えてしまいます．

橋詰 工学としては，実はわれわれはそのへんをいちばんねらっています．だれも知らなかったところで何か新しい法則なり，現象みたいなものを発見できれば，それは新しいデバイスを構築する基盤になります．

大津 現象を適当なパラメーターに繰り込むというやり方で有名な例は，結晶中の電子の動きを表す有効質量ではないでしょうか．そのようにわかりにくいものは全部そういううまいパラメーターに繰り込むようなことができると，実験屋にとっては嬉しいですね．

井元 第一原理計算では n の3乗に比例するのがふつうなのですが，たとえば水素で表面を適当にカバーしたことにすると，実効的に大きな体積の結晶を計算したのと同等になり，そんなにこと細かな計算はいらない，という研究をしている人がいます．そういうのは非常に有効かなと思う．

五神 光のエフェクティブな波長を小さくするというのは，何らかのかたちで物質との共鳴的な相互作用を使わないと，たぶんナノスケールにいくのは大変だろうと思います．メタルを使って閉じ込めたりするのは，無意識のうちにそれを使っていて，非常に強力な共鳴的相互作用があります．それが特殊な共鳴ではなくて，一般的な何かの方法で微小化できるのかどうか．

大津 先ほどの橋詰さんのお話は原子間

力をうまく利用するようなことでしたが，われわれはもともと光のほうに絡んでくる話が出てきます．光の場合にはよくも悪くも共鳴というのをうまく使うなり，避けて通れない話ですから，そういう現象も含めて新しい理論モデルなり，実験が必要です．

橋詰 一般論で共鳴を強くするというと，共鳴している相手の物質系の比によってエネルギー損失が生じます．その兼合いですね．

井元 ふつうはSTMで測れない材料が近接場光学顕微鏡では測れたりしますよね．そのへんは近接場光学顕微鏡を用いるメリットがあると思います．

大津 先ほどの光の話に戻りますと，表面だけの情報だけになりますが，光学スペクトルというのはもちろん光だから測れます．そういう好ましい性能はありますが，一方では空気があると表面の水の吸着の問題とか，非常に汚い状態で扱っているので，一長一短があると思いますけれどね．

井元 ナノのコーティング技術はみんな一長一短がありますね．そういう意味ではSTMはドーピングしなければいけませんので，それぞれ目的に応じて使い分けるのがいいと思います．

大津 先ほど五神先生がおっしゃいましたが，共鳴という現象がたえずついて回るので，むしろわれわれは計測なり分析から，たとえば加工，操作，さらには機能の方向にいくのが，光の場合には筋がいいのではないかと考えます．これらはほかの方法ではできにくいことだと思います．

■ **量子暗号** ── 量子による情報処理 ──

大津 いままでは材料とか，デバイスとかにかかわる話でしたが，先ほどもちょっとお話に出た光を量子，すなわち光子として扱う意義があるかどうか，必要性があるかどうかということも量子工学における問題です．このあとは井元先生にキャリアを量子として扱って，量子的なソフトウエアの話，情報システムが実現するためにはどういう問題があるかということも含めてお願いします．

井元 量子力学は現象説明理論として発展してきましたが，それを工学的に使うということで量子情報処理というのが近年あります．たとえばここに量子暗号というのがあります．これは2人の人が安全に通信したいというとき，それに対して盗聴したいと思っている第三者がいる場合の話です．それから量子マジックプロトコル，これはある意味で交渉とか，あるいは入札とかを想定しているのですが，意思の違う複数の人が互いにだまされないようにしたいという図式です．あるいは他者に潔白を物理的に証明しつつ通信できるという図式です．そして最近は量子コンピューティングというものがあります．これはとにかく複雑な計算問題を量子力学を使って解こうというもので，これまでの量子力学の図式 ── つまり計算問題のかわりに，自然界が何かわけのわからない現象を見せていて，それをわれわれが一つの意識体として認識するという図式 ── にいちばん近いものです．それに対して最初の二つはずいぶん違いますから，ここに量子力学が絡んでくるとどういうことになるかという

のが基本的な意味でもおもしろい．

　実はこの三つのうち，量子暗号はかなり実現性があるというのを，これからちょっとお話しして，問題点が何かをお話ししたいと思います．そもそも暗号というと，それが必要だということは皆さんもご存じだと思いますが，家に鍵をかけるのと同じように，パスワードの管理，要するに情報に鍵をかけるということをしっかりやらないとハッカーが入り込んでくるということで，それは一つの社会的マナーになっています．そういう意味で非公開鍵暗号と公開鍵暗号の二つがあって，いまは公開鍵暗号が主流です．しかし本当に安全なのは one time pad 法という非公開鍵暗号で，これは鍵配送さえ安全にできればいちばん安全だというものです．ところが安全な鍵配送方法がないので，実際に定期的に会って，これを鍵としましょうと，そして使い捨てにしていくしかないのです．その鍵配送に量子力学的な通信を使う．あるいは端的にいえば，光子を1個1個送ることによって，それを実現しようということです．

　鍵というのは乱数表ですから，乱数表を送るというのはこれまでの通信とはまったく違って，損失があってもかまわないのです．途中が欠落しても乱数表には変わりませんから，その意味では非常に筋がいいのです．

　量子暗号の一般的な形態ですが，目的としては離れた2地点で他人に知られずに同一の乱数表を作成するということで，送信者はもとになる乱数表を見ながら，非常に微弱なコヒーレント光でもいいというのが最近のわれわれの論文ですが，とにかく非常に微弱な光のパルスを何らかの意味で変調する．偏光を変調するか，周波数を変調するか，何でもいいのですが，いろいろな方式が量子暗号としてありえます．それを光ファイバーを通して受けるのですが，単にそれをやっていたのでは，たとえば盗聴者が受信者と同じ装置をここにもってきて，情報を得たあと，送信者と同じ装置でごまかしてしまえばわかりません．それができないようにするにはどうしたらいいかというと，そこに不確定性原理を使う．それと同時に「不確定性原理の二つの相補的な変数のどっちを使いましたか？」と，だれに聞かれてもかまわないチャンネルでやりとりする．この二つを並列に用いる．たとえばたまたま光子が受からなければ3番目と4番目は全然受かりませんでしたといえば，こちらの人は3番目と4番目を落としているのですが，それは乱数表には変わりないわけで，同じ乱数が空間の離れた2地点で発生している．これはニーズが非常にあります．

　どういう方式があって，どう動作するかについて話す余裕がありませんので特徴だけ述べますが，まず光損失が全然致命的ではないということが，これまでの量子通信とはまったく違うところではないか．それから伝送速度は光子を送るわけですから，当然低いのですが，それでもニーズがある．つまりバックグラウンドジョブとして年がら年中，乱数表を構築していれば乱数表がたまっていくわけですが，本当に安全性を必要とする情報量というのは，たとえばクレジットカー

ド番号であるとか，非常に少なくて，すべての会話を極秘に扱うということはありえません．その意味でも低い伝送速度でもいいということです．

　ここで問題点というか，課題があります．一つはこれまではたとえば量子効率が100％であるとか，あるいは偏光のクロストークは30 dBぐらいがふつうなのですが，それが無限大であるとか，理想的な状況で量子暗号が考えられていたのですが，現実的なものを考えたときに量子暗号が原理的にも成立するかどうかということで，われわれが論文を書く余地があります．要するに現実条件を入れたときに，まず理論的に可能かということ，それから実験的にどういう問題点があるかです．

　考えられている方法というのはいろいろあるのですが，たとえば最初にベネットという人が発明して，次にだれが発明して，その次にわれわれが発明するということで，だんだん性能が上がっていくように見えますが，その進展のしかたはちょっと行き当たりばったりで統一理論がありません．その統一的な理論がこれからの指針になる．そして実験的には，いまわれわれは位相変調の予備実験をやっていますが，少なくとも0と1のビットの振り分けが99％できるところまできています．しかし意外とやられていないのは盗聴者の実験で，これもやはり必要だろうと思っています．あとは高速化，長距離化という当然の要求がありますが，これはわれわれの基礎研究ではタッチしないという方針でやっています．

　一つ問題になるのは光子計数器です．これはもちろん光電子増倍管ではだめで，いまわれわれが使っているのは市販のもので，$0.8\,\mu m$単位です．本当は1.3とか，$1.5\,\mu m$でやりたいので，自前で開発しなければいけないのですが，そういう需要をもっている人はあまりいない．たとえばアバランシェホトダイオード (APD) をやっている人がいるのですが，こういうのが欲しいといえば，それはいわゆるふつうの通信の要求条件とはまったく違うから，あなただけが欲しいというだけでは，開発に手が回らないというような言い方をされます．ただこの分野は実現性がありますから，これから重要になってきます．それで需要が起きてくると，個々のパーツも開発してくれるようになるかなと期待しています．

荒川　チャンネルがあって，乱数表を別に送るのですか．乱数表は公開鍵ですか．

井元　チャンネルは電話線とか，無線でもいいのですが，たとえば円偏光で変調するか，直線偏光で変調するかという取り決めをします．この取り決め自体はだれかに盗聴されてもいいのですが，どちらを使って0と1を送ったのかをいわずに，送信者が勝手に送る．受けるほうはわからないから，やはり勝手に受けます．そうすると円偏光で送って，たまたま円偏光で受ければ，このビットはちゃんと伝わりますが，そうではないこともあります．そうすると全然ビットは伝わりません．

　乱数表は非公開鍵です．メッセージは

このあとこの鍵を使って，今度はふつうの通信で高速に送ります．

荒川 一種の二重の鍵をやっているという概念と同じことですか．

井元 従来の方法の中の一つで，要するにこの鍵さえ送れば，あとはそれにふつうの文章をエンコードして送る．ただこの鍵の配送ができないというのが従来ネックだったから，公開鍵暗号が使われたのですが，公開鍵暗号は公開鍵暗号でいろいろな問題点がある．だから鍵をどうやって遠隔地に送るか，外部者に見られずに送るかという方法です．

荒川 それがなぜ量子でなければいけないのですか．

井元 これは量子でないとできません．なぜかというと，不確定性原理が必要になってくるからです．中身はあまり詳しく書き入れていないのですが，概念的には伝送路に盗聴者が入ったら，送信者と受信者はときどきは乱数表の構築に使わずに，これはテストビットにしましょうとテストをします．つまり1か0の答え合せまでするのです．普段は1でしたか，0でしたかとやれば，それを聞かれてしまうからやりません．それを円偏光で受けましたか，直線偏光で受けましたかという会話だけで，送信者と受信者は1か0かを共有します．ところがときどきは，たとえばこれはテストビットとしましょう，そしてテストビットで何をテストするかというと，盗聴者がいたかどうかです．それで1だったでしょうと聞いて，1だったらOKなのですが，その1回だけでは心もとないのです．実は0.75の確率で盗聴者を逃してしまいます．でもそれを100回やると$(0.75)^{100}$，これは10^{-13}ぐらいですから，それをすべて盗聴者が逃れるということはありえない．そういう方法です．

五神 光電子増倍管ではだめというのは，要するに検出の量子効率がある程度以上ないとだめだということですか．話としては損失があってもいいということでしたが，あまり損失があるとどうでしょうか．

井元 あまり損失があるとまずいというのはあります．まずここに単一光子発生装置が使えるか使えないかで，話が大きく違ってきます．単一光子発生装置があれば，われわれとしては非常に嬉しいのですが，いまはないので，コヒーレント状態，つまりレーザー光をうんと弱くして，一つのパルス当たりに0.1個ぐらいの平均光子率という状況でやっているのですが，その場合はいろいろ複雑な問題が生じてきて，たとえば盗聴者が損失ゼロのすごいファイバーをもっていて，知らないうちにおきかえたとします．そうするとふつうのファイバーでは，たとえば15キロぐらいだとすると3 dB損します．そうすると3 dBの分を盗聴に使われてしまいます．要するに損失を生むということは，その分そういう盗聴のアクセスの方法を許してしまうのです．ただいくつ以上の量子効率があればいいのかということは個々のシステムにも依存しますし，危険率をどのぐらいに設定するかにも依存します．

荒川 量子チャンネルの定義は何ですか．

井元 それは量子光学的な信号を通すか

どうかです.

荒川 それはチャンネルが量子的という意味ではないのですね.

井元 違います. 信号です. チャンネルは単なる光ファイバーです.

荒川 これはネットワークにも応用できるのですね.

井元 それはすごくいいポイントです. いままでの説明から, たぶん推測できるかと思いますが, これは専用線的な考え方です. つまりキャンパスが二つあって, そこにファイバーを通すというときには非常にいいのです. しかしこれをネットワークにしようと思うとちょっといろいろ問題があって, そういうアイデアもあるのですが, まだこの分野はそっち向きではないですね. だからone-to-oneとか, one-to-someぐらいならいいのですが, one-to-manyとか, any-to-any, これは夢ですが, そこまではちょっとステップアップがいります.

大津 工学の立場としては,「ゆらぎは制御により抑圧する」というのがいままでやられていた方法です. そういう意味では従来は量子効果という, ゆらぎにかかわるような話は工学そのものに使うことはなく, 雑音の問題, SN比の問題などを議論するときの基盤になっていました. これに対し, 量子暗号は積極的に量子効果をシステムとして使おうという初めての例になるのですか.

井元 そうだと思います. これまでは量子雑音は邪魔者だと, 抑圧するのだという方針できたのですが, そうではなくて, 不確定性原理ではだれかが何かをやると壊れる. それを積極的に利用しているのが量子暗号です.

その意味では全部同じですが, メッセージの直接伝送はちょっとでも散逸が入るとだめだという話になります. しかし鍵配送は散逸があってもビットが落ちるぐらいの話で, もうちょっと複雑な話が先ほどのご指摘のようにあるのですが, 一応, 乱数表を送ることを目的にすれば, かなり実現性はあるのではないかと思います.

荒川 たとえばその散逸で, 誤りを感知する誤り率はどのぐらいになるのでしょうか.

井元 具体的な数値ですか.

荒川 はい.

井元 具体的な数値を云々するためには, もっと具体的にシステムを特定しないとできないのですが, 概念的にいえば, 損失はあまり問題にならないのですが, ちょっと問題になるのは, 円偏光と直線偏光の測定のクロストークがあると, そこで測定誤りをします. 送信者と受信者は, それを盗聴者の存在と見るか, 自分たちの装置の不完全性と見るかという区別ができません. そこで統計的な処理が入ってきて, 誤り確率という概念が入ってきます.

荒川 通信に使うためには 10^{-13} 程度の誤り率が要求されます.

井元 それはかなり緩和されると思います. なぜかというと, できた乱数表をあとからパリティチェックとかやれば, そういうことをやるにしたがって, どんどん使える乱数表のサイズは小さくなっていきますが, そういう方法で誤り訂正ができます. しかし乱数表の誤差という意

味では同じですよね．あとで通信しても，それが間違っていれば，当然，再生するほうで間違えますから同じですね．

一発の通信で10^{-9}とか10^{-13}を満たす必要はないけれども，誤り訂正をしたあとでは当然満たしておかないと，その鍵を使ってあとで通信するときに間違うということですね．

まだシステム的な考察まではいっていなくて，"Physical Review" の世界です．最近，"Electronics Letters" まで格上げされていて，少しずつ進歩しています．

荒川 そのうちに "IEEE" くらいになるでしょう（笑）

五神 そういう意味では，その線を使って送るべきものは非常に限られた情報なので，通常の通信に比べれば制限がゆるいということですか．

井元 そういうことだと思います．

大津 古典暗号というか，量子暗号の強力なライバルはどういう状況なのですか．

井元 現在使われている公開鍵暗号では整数論を使っていて，たとえば200ケタぐらいの整数を素因数分解するというのはいまのコンピュータでも何億年かかる．だから実質的に鍵はわからないだろうという方法です．つい昨日の新聞にもありましたが，ネットワークでパソコンを駆使して解いたという記事がありました．

大津 追いかけっこみたいですね．

井元 イタチごっこです．たしかに安全なのでしょうが，そうやってイタチごっこをやっていれば，一つの方式が標準化するというのはどういうふうになっていくか．

荒川 そうするとあまり実用的なことは議論してもしょうがないけれど，ただこれはやはり特別なネットワークがいりますね．偏波保持ファイバーとか．

井元 そういう意味では偏波保持ファイバーは直線偏波は保持するけれども円偏波は保持しない．だから任意の偏波を保持するようなファイバーでなければいけないから，結局はふつうのファイバーがいちばんいいのです．

荒川 擾乱を受けると位相が変わりますね．

井元 変わりますね．

荒川 そうすると逆に円偏光から楕円偏光になる可能性もある．

井元 楕円偏光になっても，とにかく戻せばいいのです．しかしそれが時間的に変化されると困る．

大津 量子効果の代表例ですね．

■ 量子通信の可能性

荒川 もう一ついいですか．量子通信についてはどうお考えになりますか．

井元 量子通信で意味のある文章を送ることに限定すると，それはだめだということになっています．つまりスクイズド状態というのは損失ですぐに壊れるということになっているからです．ところが単一光子状態はなくなりはしますが，届けばそれは壊れていないのです．

荒川 単一光子状態と光子数状態の関係ですね．あれは伝播モードになりうるのですか．

井元 伝播モードになりえます．とくに

五神 たとえば光子数スクイズド状態をもうちょっと拡張して，サブポアソンになってさえすれば，使えるという条件はありますか．

井元 基本的には単一光子状態を使います．そしていま近似的にコヒーレント光を弱くした状態で使っています．

五神 コヒーレント光を単に弱くした状態と，たとえば平均光子数は10ぐらいだけどゆらぎはコヒーレント光よりずっと少ないというような光と比べたときに，後者のほうがいいのですか．

井元 いいかもしれませんが，いずれはロスで壊れます．しかしコヒーレント状態はロスでは壊れませんし，単一光子状態も壊れません．

五神 そうすると現実的にはコヒーレント状態を使う．

井元 そうですね．単一光子発生器というのが非常に枷になっています．

■ 量子ドットとナノ構造

大津 最後に「量子」と「ナノ」ということを，いかに工学，科学に向けて進めていくかということで，総括的なお話を荒川先生にお願いします．

荒川 私どもが量子ドットレーザーの提案をしてから，すでに15年以上たっていますが，1980年当時，量子ドットとナノ構造というのは21世紀の構造であろうと考えていました．ところが最近の発展は著しく，いまやさまざまなレベルでナノ構造が自由に議論できる時代に入ってきたと思います．

まず，ナノ構造の形成技術でどういうことが課題になっているかということをまず議論したいと思います．これまでその進展により寸法については10～15 nmの量子ドットを得ることができるようになっていて，そのあたりについてはほぼ満足していいかと思います．

それに対して現状を踏まえたうえでの今後の課題としては，まず位置制御が重要だと思います．それは今後，単電子に限らず，いろいろなデバイスをつくるうえでトンネル制御，あるいはドット間の相互作用制御というのが重要になるからです．とくにトンネル現象というのは指数関数の肩に距離が入ってくるため，寸法制御が非常に重要な課題になります．それから寸法については各量子ドットの寸法が揃うことも大変重要な課題になります．

それを踏まえたうえで，物理的パラメーターを制御することが必要です．たとえば最近はボトルネックの問題など，キャリアの緩和が議論されていますが，このキャリアの緩和の問題を乗り越えるために，寸法を自由に設定して，電子が緩和されたときの共鳴状態に量子化エネルギーを決める必要があります．そういう意味でキャリア緩和制御，あるいは状態密度，この状態密度というのはサイズのゆらぎによってスペクトルの広がりが起きるという意味での状態密度ですが，そういうものが寸法に対して要求されます．

最近，量子ドットとして注目を集めているのはⅢ～Ⅴ族です．特にインジウムガリウム系の量子ドットがもっとも広く研究がなされていますが，今後は対象材

料の拡大が必要になります．たとえばタイプⅡなどの新しいバンドアライメント構造などは興味深いものですし，それからバンド内緩和制御を行うことによって，たとえばカスケードレーザーを量子ドットで実現することなどが重要になります．また磁性体の議論が，先ほどのお話にあったスピン制御に絡めて重要になってくるだろうと思います．

このように量子ドットの形成技術については，寸法そのものはすでに到達目標に達していて，今はいかに精度を高めるかということが課題となっています．その意味で今は第2世代に入っていると思います．一方，デバイスについてはもちろんこれからつくっていかなければいけないのですが，次の世代から考えると，単一量子ドットの概念から量子ドットネットワークの概念に広げていき，コリレーションをもつ電子系の制御をきちんと行うことが重要になってくると思います．

単一量子ドット，あるいはそれの組合せによってできるデバイスとして，もっとも現実に近いのは量子ドットレーザーだと思います．これは従来のデバイスの概念の自然な拡張です．そしてもう一つ，量子コンピュータに関連してさまざまな量子ドットがずいぶん役に立つのではないかと考えています．これについてはあまり詳しく述べません．

もう一つ次世代のデバイスとして重要なことは，やはり光と電子がいろいろなかたちで融合したものを求めていくべきだろうということです．また時間軸，空間軸，ともに非常に微小な領域のデバイスあるいは構造，または物理現象を追いかけることが重要なターゲットになってくると思われます．

さて，ナノ構造の現状ですが，ナノ構造をつくる技術としていろいろな手法があります．一つはエッチングと電子線描画を使った技術，自己組織化成長を用いる手法，比較的近いのですがパターン化された基板で選択成長を行う手法，それからアトムテクノロジーです．アトムテクノロジーについては橋詰さん，大津先生からお話がありました．それからエッチングと電子線描画技術はもっとも典型的な方法です．それらに対して，私ども結晶成長屋の立場としては自己組織化成長および選択成長について一生懸命研究しているところです．ここではその一端についてご紹介したいと思います．

まず自己組織化成長ですが，現在Stranski-Krastanow成長モードがもっとも広く用いられていることは皆さんよくご存じのとおりです．この手法の問題点は，各々の量子ドットの位置制御がなかなか難しいということです．しかしこれについては次の選択成長にも関連してきますが，基板の上に何らかの加工をして，それをもとに位置制御していくという手法がいろいろなところで試みられていますので，いずれ解決できるのではないかと思います．自己組織化成長の意義は，通常の結晶成長の手法を用いて，小さな寸法を有する量子ドットを実現することができたということで，量子ドットの研究に大きなインパクトを与えたといえるのではないかと思います．

もう一つは選択成長です．これはパ

ターニングによって位置制御を行って，そこで結晶成長の自己組織化的なメカニズムを使って形成する方法です．この手法を用いても相当寸法の小さな量子ドットが得られていますが，これについては時間の関係で省略します．

一方，われわれは量子ドットの物理をきちんと理解して，そのうえでデバイスをつくろうとしてきているのですが，その物性の解明のためには一つの量子ドットへのアクセスが大変重要で，ナノプロービングの技術の開発というのが不可欠です．これについては，これまでマイクロフォトンルミネッセンス，カソードルミネッセンス，STM，そして近接場顕微鏡を使った手法などが試みられています．ここで強調しておきたいのはそれぞれの手法に長所短所がありますから，何をねらうかによって扱う手法が変わってくる．それぞれに適応する手法を使うべきだということです．

単一量子ドットの物理として，ここで1〜2の例を紹介したいと思います．近接場分光においてさらに磁場を印加できる装置を最近開発しました．磁場中で単一量子ドットのスペクトルを観測したら，ゼーマンスピン分裂を明確に観測することができました．スピン分裂のエネルギーは1 meV以下でありきわめて小さいため，単一量子ドットの分光を行うことによって，この現象を初めて観測することができました．

また，STMを使った量子ドットのルミネッセンスの測定も行っています．STMにより電流注入して，量子ドットのルミネッセンスを観測するという手法です．空間分解能は数nm程度であり，個々の量子ドットからの発光を明確に観察することができました．

さて，デバイス応用としては，当面は量子ドットレーザーが一つのターゲットになるかと思います．1980年代のわれわれの予測では，さまざまな高性能が期待されています．これはフォノンボトルネックなどさまざまな議論がなされているものの，今でも有効であると思いますが，実際に実現するためには物理のより深い理解，技術課題の解決などが重要になっています．ただやはりデバイス屋の立場としては，この5年以内に量子ドットレーザー，あるいはほかの構造デバイスでもかまいませんから，一つぐらい現実の世界に持ち込むことによって，この分野への産業界の支援，あるいはより本格的な研究の展開を期待したいと思います．

井元 実験室レベルでは実現していますよね．

■ 量子ドットのサイズ

荒川 確かに量子ドットレーザーが実現されたという報告はなされています．これはやっている人たちは十分承知しているのですが，現時点では量子ドットのサイズのばらつきがきわめて大きい．したがって課題で述べたところの状態密度の0次元性の実現が不十分であるという状況で行われています．したがって，限りなくバルクに近い量子ドットレーザーだと思います．

量子ドットレーザーの研究は各所で行われていますが，現時点でのアチーブメ

ントがどこまでなのかという認識を関係の方々にきちんとしていただくことが大変重要ではないかと思います．やはり量子ドットの寸法を揃えるのが非常に難しくて，これを何とかしたいと思っています．

井元 何かアイデアみたいなものが提案されているのですか．

荒川 難しいですね．私が思っているのは，あまり小さな寸法の量子ドットをねらうのではなく，むしろ 30 nm あるいは 25 nm ぐらいを考えるのが適当だということです．つまり量子ドットに関するいまの要請は，高次のサブバンドなどが入らないということが，量子ドット効果を達成するために必要なのですが，そのぎりぎりのところをねらうと 25 nm ぐらいの寸法になるのだと思います．25 nm 程度でできるだけゆらぎを抑えるということが一つの方法かと思います．もちろん寸法は小さければ小さいほどいいのですが，そのかわり，ゆらぎに対するエネルギーの広がりの効果が大きくなってしまい，非常に困難が生じています．

ですからそろそろ量子ドットを設計する段階に入っていて，適当に妥協しながら最適化を図っていくというのが一つの方法かと思っています．それからもう一つは新たなブレークスルーを期待したいということです．

平川 量子ドットからの発光で μeV ぐらいのシャープなのが達成されていますよね．たくさんのサイズが集まって，スペクトル幅の広いルミネッセンスが見えますが，実際に今できているレーザーということになると，たくさんの量子ドットの何％ぐらいかが実際的に機能していて，ほかのは全然役目を果たしていない，そういうふうになっているのでしょうか．

荒川 室温での均一広がりを 5 meV と考えると，スペクトル幅が 50 meV くらいですから約 10％ ということになりますね．

いまのご質問はいくつの量子ドットがレーザー発振にちゃんと関与しているかということともいえますが，一般論でいえば，レーザー発振に必要な利得を達成するために，10^{10} 以上はいると思います．

五神 ドット当たりのキャリア数はどのくらいですか．

荒川 いま量子ドットの数はだいたい 10^{11} ぐらいです．それを層にしていますから，5×10^{11} 個の量子ドットということになります．それらの中にスピンを考えて，2 対の電子・正孔対が入っていると考えればよろしいかと思います．

大津 いまレーザーというデバイスに対する量子ドットの応用ということが頭にありますので，寸法のばらつきの話が出てきましたが，極端な話，ドット 1 個に対して光と電子との共鳴相互作用をうまく利用して，スイッチングなどの機能を実現し，レーザーとはまったく違う量子ドット単一の機能を引き出すような方向はあるのですか．

もちろんそれをやるためには非常に微弱な信号を検出するとか，信号の引き出し用の電線をつなぐとか，そういった問題がありますが．

荒川 これは夢の話ですが，量子ドット

レーザーの次は単一光子と単一電子との相互作用による発光デバイスです．Qはきわめて高くなっています．
大津 微小共振器とホトニック結晶の中にも，そこには量子ドットが複数入っていますが，それを一つでやる予定ですか．
荒川 究極的にはですね．

■ 量子の相関を使う

大津 少し話が前に戻りますが，量子コンピュータなどで相関を使うという話がありましたね．どういう意味での相関ですか．
荒川 あとで議論が出てくるかと思いますが，単一電子，つまり電子1個でコンピューティングができるかというと，いわゆる量子ビットも含めて私は難しいと思います．やはり100個とか，200個とかの電子，実際のLSIはもっと大きいですが，いずれにしろそれらをある領域に入れる，あるいはそれを流すことによって読み出したりしているのが現実的ではないかと思います．

もう一つは，量子ドットのアレイを並べて，それで適当なトンネル結合がある状態で電子を供給してやり，だいたいのところでパターニングしてやります．その分布は入力に従い統計力学的に決められると考えます．これら全体をニューラルネットはパターンとして読み出しを行っている．その際，電子の相関が電子の配置を最終的に決めますので，電子相互作用が重要になります．もちろん電子の相関性，多体性は量子ドットレーザーにおいても重要です．量子ドットが互いに近いところにあって電子が隣の量子ドットに入れば，片方は入れないとか，いろいろなことが起こってきます．

たとえばさきほどのニューラルネットワーク的な話を考えると，一つひとつの量子ドットからの読み出しを間違える可能性はかなりあります．しかし全体の確率として見ればだいたいのパターンは抽出できるわけで，それはそれで役に立つだろうと思います．そういう意味で量子相関というのが重要なんだろうと思います．

先ほどの量子ドットの寸法の問題を逆手にとって積極的に利用するということで，一つはスペクトルホールバーニング効果によるメモリーが提案されていますが，きちんと寸法を制御しつくしたうえで改めて分散させるのがいいのではないかと思います．制御できない状態で中途半端に使うというのはやはりエレクトロニクスにはなじまないと思っています．そういう意味で，やはりわれわれはまず量子ドットあるいは電子をきちんと制御しつくして，そのうえでまた自由に結合をさせるようなテクノロジーを追求すべきで，それが本道であると思います．

大津 先ほどの量子コンピュータは，適当な相関をつけてパターンとして認識するというようなことでした．実は光メモリーを近接場光の技術を使って作るときに，スピードが遅くなるという問題を，2次元配列プローブを用いた並列処理によって相関を測定することにより解決する方法があります．これは量子コンピュータと共通の考え方だと思って印象深かったのですが，電子の相関を考える

と，要素としての電子の数が適当に小さくなってくると，理論的な取扱いがまた難しくなるようなこともあるのではないですか．そういう状況に特有な理論的な困難さというのがあるのではないですか．

荒川 たくさん電子があるときは統計力学，それから1個のときはシュレーディンガー方程式を物理の世界では用いて電子のふるまいを理解してきました．ただシュレーディンガー方程式は二つのキャリアがあるともう解くのが難しくなってしまう．ですからまさに一つ，二つ，たくさん，そういう世界です．三つ以上はとても扱いきれない．

そのときでもいろいろなシミュレーションなどを計算機を使ってガンガンやれば，将来ある程度まで解は出てくるでしょう．ただ私が思うのはそのような有限個の少数電子，あるいはもうちょっとたくさん，その系を記述する有用な何らかの手法を開発すべき時代がきているのではないかと思うのです．つまり物理というのはいままで分解をやりつくしてきて，1個というのを理想としてきました．私も単一量子ドットが理想だと思っていたのですが，それで終わらずに，次は1個を2個にしていく．そういう時代がそろそろきているのだろうと思います．

五神 量子ドットの応用として波長変換のための非線形光学素子として使うのはどうですか．使い道を広げながら，エンジニアリングとして完成させていけばいいのではないかと個人的には思いますが．

荒川 まったくそのとおりだと思います．私はたまたまレーザーをやっているものですから，レーザーにこだわっていますが，非線形光学素子についてはいろいろなかたちで有望だと思います．

五神 半導体は非線形素子として使うときに，反転分布した状態で使うことが最近注目されています．そういう意味では同じような仕掛けを使えるのではないでしょうか．

荒川 要するにこれを5年ぐらいで考えると，光非線形素子が本当にシステムにのってくるのかどうかというのは，まだまだ微妙なところがありますが，全光スイッチングデバイスの時代というのはいつくるのかまだわからない．そういう意味でレーザーのほうが少し近いという気持ちがあります．

大津 デバイスをつくる人間は材料なり，原理なりが最後までわかるまで待っていたらだめだと，要するにその頃にはデバイスが時代遅れになるから，わかりきる前に作り始めるべきだという説もあります．ただ，先ほどの適度の少数個の系になると，やはりわからないところは実験的に詰めなければいけないことがあって，詰めた段階でそれをデバイスの作成に使うかどうかは別として，ある程度，物理的な概念とか，いままで避けて通ってきたようなことを理解する必要があります．

荒川 しばしば少数になるとある物理現象が顕著になります．その典型的な例がクーロンブロケットの概念だと思いますが，あれが1個入ったがためにぐっとエネルギーが上がってしまう．それなどは

非常に重要な例です．$n+1$のときnが0だったら，1というのはものすごく大きくなってしまいますから，そのようなことがあるということでしょう．

■ 量子工学の将来

大津 そろそろまとめの議論に入りましょう．いま出ました少数個にかかわるような問題は必ずしも量子工学の問題ではないかもしれません．それから先ほど荒川先生がおっしゃったような，工学としてやっていくときには制御という考え方が重要で，それを材料なり，デバイスなり，システムとバランスよく考えて実現していく，そういった総合的な議論があると思いますし，あとは産業的な支援の問題，商用エレクトロニクスが全技術分野の大きな部分を占める日本の産業に何を期待したいのか．それから橋詰さんは10年先ぐらいまでが基礎研究所の話で，その先はやらないということですが，それではその先は大学がやらなければいけないのかという問題もあります．これらを話し合いましょうか．具体的なトピックスがあれば，それに絞ってもいいと思いますが．

荒川先生の最後の話に関する質問でいろいろなものが出ていました．たとえば橋詰さんのほうから，量子ドットの重ね合せによるレーザーの実用化についてという質問がありました．

橋詰 先ほどお話しいただいた内容で，私がいちばん聞きたかったのは，現時点でバルクと同じぐらいの発光レベルだというお話で，そこから工業的に発展するためにはやはりいくつかの問題点の改良なり，ブレークスルーが必要だということです．

荒川 そのとおりです．現在の量子ドットレーザーの閾値電流を決めるのは状態密度と体積効果です．すなわち活性層部の体積が減れば減るほど全キャリア数は減りますので，閾値電流は下がります．今量子ドットレーザーで閾値的に下がったという報告があるのは，だいたいがこれだと私は思っています．ですからそういう意味で微小共振器にしていき，どんどん反射率を上げるというのは非常に効果があります．0次元電子状態の特徴を引き出すには，それは現実のサイズのゆらぎによってなかなか難しいのが現状だろうと考えています．

大津 ただ閾値電流などを本当に下げていこうとすると，本質的な問題以外に電極の配線，接続の問題とか，周辺技術があって，これらをある程度バランスよく解決する必要がある．

荒川 現在の微小面微発光レーザーはいま25 μA と，きわめて低い．これはやはり体積効果によるものです．Q値をかなり高くとることができるから体積効果が有効になってくる．さっき五神先生がいわれたように，Q値があまり高いと今度はスピードが落ちます．したがって応用や目標によって設計が変わってくることになります．

ナノテクノロジーの重要性は，そういう設計をしたときにそれを実現する技術を提供することです．量子ドットのサイズがどのくらい，Q値はどれぐらいというようなことですが，それを思い通りにできれば大変望ましいし，非常に性能

大津 たとえばMOSFETの性能も何によって決まるかというと，絶縁膜の電気による破壊とか，そういった周辺技術をうまく制御しないと，せっかくの微小材料の効果が生きない．やはり材料，開発，原理，全体のバランスでしょうね．

荒川 そのとおりだと思います．

平川 ナノ構造デバイスのいいところは，やはり自由パラメーターを増やしているところです．江崎ダイオードから共鳴トンネルダイオードへの発展がよい例です．負性抵抗の大きさとキャパシタンスを別パラメーターとして使えるようにした．そういう人間が自由に回せる，つまみが増えてきたことに価値がある．

荒川 高分子とかものすごく自由度がある材料があります．それは大変いいことだと思いますが，一方ではわれわれは自由度がありすぎると逆に設計できなくなってしまいます．さっきの量子ドットの相関でも，もうすでにわれわれの頭を超える範疇になりつつあるかもしれない．ですから適度にパラメーター化してもいい．適度に簡単化したうえで設計しないと難しいでしょうね．

■ **量子の制御とエンジニアリング**

大津 意味のあるのは制御のできる自由度はどれぐらいあるかということで，たとえば典型的な例として量子エレクトロニクスというのは実はレーザーそのものを扱う技術とは限らず，デバイスなり材料を使って光の状態を人為的に制御する科学技術ということです．そういう意味では発光ダイオードだって，量子エレクトロニクスが扱ってもよさそうですが，発光ダイオードの光の質は蛍光灯と同様で，人為的に制御できる自由度は大きくありません．量子エレクトロニクスとはその名前が示すとおり，量子効果を使って光を制御する技術を意味しますので，それを効率よく実現するためにはやはり制御の自由度の大きなレーザーを使うのが有利だということになるのでしょう．

荒川 最後は工学になるので，工学的に扱えるというのは制御できるということです．それは物理的な深い理解とテクノロジーの発展でそういうことが実現される．とくにナノの世界，量子力学の世界でそれを考えることがさらに今後も重要であるということです．

五神 それは大事だなと思います．やはり設計するためにはいい有効理論がないといけませんので，大津先生の問題でも出ましたが，それがいま問題にしているようなナノデバイスの場合ですと，従来のバンド理論みたいなものの破綻の寸前か，あるいは破綻したところを使っていくものである．そこにおける新しい有効理論が組み上がって，それは概念・原理を考える人たちと，設計・製作という部分のリレーがちゃんとできるかどうかということです．もしかしたらそれは非常に難しいかもしれませんが，個別の問題を物理屋さんと一緒になって解いていくわけにはいかないと思うので，そういう方向でいくことが，われわれなどは物理サイドですから，たぶん必要だろうと思います．

荒川 バンドダイヤグラムとか，あるいは正孔の概念，あれなどは画期的ですよ

ね.正孔というのは本来は電子でしょう.電子が単に抜けているだけであって,あれをプラスの電荷をもつ正孔と考えるからわれわれにはわかるのです.

五神 非常に少数のパラメーターでいろいろなデバイスの設計ができたとか,それはいまのドットのレーザーの仕組みをちゃんと理解するときに,手持ちのパラメーターだけでいいのか,あるいはそのときに無視した効果が実は本質的なのかという問題です.

荒川 ですからある意味ではトランジスターができた時代から,われわれはバンドダイヤグラムをずっと使い続けているのですよね.いろいろ驚くべきことです.

五神 それでいいのかどうかというのがいまの問題です.私の個人的な意見としては,かなり微妙な問題が起きていて,そこでいろいろ設計がうまくいかなくなっている.

井元 バンドというのはそもそも無限大の空間で成り立つ概念です.空間的にバンドが変化していくというものですね.

荒川 量子ドットも折り返しで理解しています.要するにバンドで理解しているのですね.

平川 一体のピクチャーです.でもパッと見たらわかるように,絵がかけることは便利ですよね.

荒川 幸いこれまでのデバイスにおいては,最後は多体効果はコレクションであって,それほど本質的ではない.あるいはそんなに精密に合わせていないというのが現状かもしれません.たとえばレーザーでいうとバンド縮退効果が代表的なのですが,あれが起こると波長が変わったりするのですが,それでもレーザーをつくれということで,できているわけですけれども.ただこれからの新しいデバイスではそういうわけにはいかないのかもしれません.

■ **理論と実験,ハードウエアとソフトウエアの連携**

大津 実験側から見ると,工学では加工と制御が常套手段で,これらの手段のための設計用の理論モデルは線形化して使われています.たとえばレーザーでさえも線形理論で設計します.そういう意味ではこれらのモデルは,非常に乱暴ですがなぜか装置がうまく作れているので,工学という立場でいえばそれはそれで結構なのです.ナノ構造の材料なり,デバイスを扱うときには,このように必ずしも厳密ではないが,とりあえずは設計ができるような現象論的モデルをわれわれは要求しています.

荒川 たとえばクーロンブロケットの概念です.結局キャパシタンスで理解している.あんなに量子的な局面でありながら,古典的な回路なのです.

大津 両側の電極のところの電子の状態と,真ん中に電子が1個あるか,0個あるかという,そのような状態でコヒーレントに考えなければいけないのですが,結局は3番目のコンデンサをつないでいる.変なことをしているわけです.だけどなぜか実際にはそういうものがつくれる.

そして理論と実験は車の両輪のようなものなので,実験屋としてはできれば理

論屋がびっくりするような実験データが出せるといいのですが，さらに工学的に何か応用していこうとすると，われわれが安心して使える電子の有効質量などと類似の概念を理論屋から提供していただけると非常にありがたい．われわれがいちいちスーパーコンピュータの前に走っていくのではなくて，できれば電卓ぐらいで計算できるといい．

荒川 スーパーコンピュータは便利だけれど，結果が出てくるだけですからね．実感的に頭の中に記述できないと，なかなかエンジニアリングとしては自分のものにならない．

大津 いまは実験と理論の話ですが，井元先生，ハードウエア屋とソフトウエア屋の相互連携に関して，こういう量子暗号ができるとどういうアプリケーションソフトがあり，どんな情報が提供できるのかというアイデアがソフトウエア屋にあるのでしょうか．とにかくハードウエア屋がつくってくれれば，そのあとにゆっくりソフトウエア屋が考えるからということではないですか．

井元 いままでとはだいぶ違ってきました．これまではソフト屋さんはソフトウエアだけ，デバイスのことは任せたよと，そしてデバイス屋さんは材料は任せたよという感じでした．しかし，暗号理論と量子物理，両方，分子からできない面があります．さらにこういう量子力学的な系を探るのはどういう材料やデバイスを使ったらいいのか．材料から情報まで全部する必要はないと思いますが，そのへんの連携はすごく重要なのです．

大津 その連携がとられ始めているという状況ですか．

井元 とくに認識していませんが，これまでは専門分野別に分かれていました．しかしそれだけではちょっとまずいかなと思っています．

大津 そういう意味では非常に頼もしい分野だと思います．たとえば光メモリーで近接場光を使うと，原理的には1平方インチ当たり1テラビットの記録密度が可能になることがわかったときに，ソフトウエア屋にこれでどのようなアプリケーションソフトが提供できますかと聞くと，わからないのです．アプリケーションソフトの内容によっては消去可能なのか，リードオンリーなのかが決まってきます．それに応じてハードウエアの開発形態も変わってくる．性能が著しく上がったときにはソフトウエアとハードウエアとの間に連携がとれていないのでは大変困ります．理論と実験との連携とともに，ソフトウエア屋とハードウエア屋の連携をうまくとり，先を見とおすべきだと思います．

荒川 おそらくメモリーとか，伝送速度についてはその数値が高ければ高いほどいいのではないでしょうか．たとえばわれわれは(財)光産業技術振興協会が策定したロードマップでいろいろ議論しているのですが，これからはネットワークは非常に変わってくるだろう．それはネットワークを結ぶリンクの太さと，自分自身がもてるメモリーがどういう関係にあるかで，ずいぶん話が違ってくるだろうと考えています．メモリーだけが大きくて，リンクが細ければ，世界中の記録を全部持ち込みます．一方，リンクが

ものすごく太くて，メモリー容量が小さいという状況ですと，ネットワークの中のサーバーに，よりおんぶしていかねばなりません．そのようにネットワークの線の太さと自分自身に貯える能力の関係が非常に重要で，またコストが関数に入ってきます．安ければ望ましいのではないかと思います．そういう意味では1テラバイトのメモリーのニーズに対して疑問はないのではないですか．

大津 疑問はないのですが，システムとして考えるときにどのような形態の1テラバイトのメモリーをつくるかによって，材料，ヘッドの問題が出てくる．

荒川 そういうのはあります．

大津 ただおっしゃるとおり，従来のソフトウエア屋さんはハードウエアの面で非常に性能のいいものができれば万事OK，そのあと何に使うか考えるということになっていて，それはメモリーにおいては成功をおさめていました．ただこのあとの応用の多様化ということを考えると，理論と実験だけではなくて，ソフトウエアとハードウエアの連携をとりながらやっていく必要が出てくるかもしれない．メモリーの例ではそれが顕著です．

橋詰 いままでは高密度で高速のメモリーというのは両立できていた．これからはそれが1平方インチあたりテラビットの記録とか，そういったものになると，高密度にはなるけれども速度はちょっとここまでしかいかないというのが出てきますから，そうするとハードとソフトを両方考えて，ソフトのほうでどのように使うかを考えておかないと，仕様が決まらないと思います．

大津 いろいろと興味深いお話が出ましたし，最後のほうでまとめにかかわる発言も出ましたので，これで終わりたいと思います．

# 日本語索引

語の冒頭がアルファベット，ギリシャ文字の場合は外国語索引に掲載した

ア

アイドラー光　136, 478, 553
アイパターンの Q 値　503
アインシュタイン因果律　26
アインシュタイン-ド・ブロイの関係式　5
青木-安藤の理論　747
アクセス時間　594
アクセプター接合　603
圧縮ひずみ量子井戸　454
圧縮率　80
圧電素子　665, 817
アップチャープ　847
圧力効果　268
アトミッククリスタル　780
アトムオプティクス　754
アトムホトニクス　838
アトムリレートランジスター　657, 669
アバランシェホトダイオード　877
アハロノフ-ボーム効果　409
アプリコゾフ状態　207
アプリコゾフボルテックス　621
アモルファス希土類遷移金属合金　325
アロマティック型　350
アンダーソン局在　90, 745
アンダードープ領域　267
アンチバンチング　157
アンテナ　204
暗電流　878
アンドレーエフ反射　200, 612

イ

イオン打込み　240
イオン化不純物散乱　412
イオン注入 Si　902
イオン濃度測定　892
イオンビームスパッタ法　337

異常係数　176
異常光線　183
異常分散　502, 847
異常ホール係数　177
異常ホール効果　177
異性体　837
位相　198
——のずれ　73
位相共役光　137
位相共役波　483
位相共役ミラー　484
位相コヒーレンス長　408, 611
位相差増幅　785
位相シフト　461
位相整合　127
位相調整領域　461
位相同期　212
位相物体　786
位相モードロジック　598
1次元状　253
1次構造　347
位置制御装置　804
一様磁場下での運動　82
移動度端　745
異方性磁気抵抗効果　175, 316
異方性対称相互作用　173
インコングルエントメルト　285
インジェクター接合　603
インピーダンス整合　133
インダクタンスパラメーター　214
インチワーム方式　800
インピーダンス整合技術　584
インライン型　618

ウ

ウィーデマン-フランツの法則　78, 86
ウエットエッチング　230
ウォークオフ効果　130
ウムクラップ散乱　87
埋込みヘテロ構造　443

運動交換　174

エ

エキシトン機構　354
液晶パネル　785
エサキダイオード　406
エッチング　395
エニオン　18
エネルギーギャップ　107, 194, 195, 202, 204, 603, 714
エネルギー準位　4
エネルギー帯図　714
エネルギーと運動量の保存則　107
エネルギーバンド構造　224
エバネセント波　40, 48, 761, 826
——の屈折・反射則　41
——の反射・屈折則　42
エピタキシャル成長　394
エミッター　614
エラー磁束　709
エルビウム光ファイバー増幅器　488
エレクトロマイグレーション　562
エレクトロルミネセンス　836
エレクトロンフォーカシング　410
エーレンフェストの定理　11
塩化物の脱離過程　396
塩素分子の解離吸着　396
円筒調和関数　55
円筒波展開　57
円二色性　179

オ

オーダーパラメーター　639
オーダリング　241
オーバードープ領域　290
音響フォノン散乱　412

カ

回折限界 824
回折格子 461, 762
カイネテックインダクタンス 617
外部共振器 547
外部微分量子効率 444
界面エネルギー 207
界面合金層 329
界面磁壁 326, 328
界面ラフネス散乱 410, 412
改良型引上げ法 288
回路シミュレーター 600
カオス 733
カー回転 183
——の層厚依存性 332
化学エッチング 230
化学ポテンシャル 192
可換 7
拡散過程 606
拡散係数 401
拡散障壁 391, 401
拡散長 835
拡散ポテンシャル面 401
核磁気共鳴 269
角度分解光電子分光法 259
確率過程量子化 37
確率振幅 6
確率密度 6
——の流れ 10
確率流 10
化合物半導体結晶 448
重なり積分 133
片持ち梁 809
価電子帯 224
過渡回折格子 867
過渡吸収分光 863
可変電流モード 804
可飽和吸収 491, 844, 850
カーボンナノチューブ 789
ガラスファイバー 826
カーレンズ効果 852
環境磁気雑音 712
換算状態密度関数 451
干渉顕微鏡法 785
干渉法 812
間接ギャップ半導体 107
——の磁気光学効果 185
間接交換 173
間接交換相互作用 319
間接遷移 107, 224
完全強磁性体 568

完全反磁性 191
観測問題 38
カンチレバー 809, 819
緩和時間 89
緩和時間近似 85
緩和振動周波数 446

キ

凝1次元系 75
記憶回路 587
記憶セル 588
幾何学的位相 35
規格化因子 67
規格化条件 6
幾何光学 40
幾何光学近似 756
帰似磁束 ϕ 709
擬似位相整合 131, 134, 550
基底状態 4
軌道角運動量 11, 166, 187
軌道関数 17
軌道常磁性 168
希土類イオン 167
キノイド型 350
希薄磁性半導体 338
凝ポテンシャル 73
逆メサ形成 233
逆光電子分光 320, 332
ギャップ電圧 212
ギャップパラメーター 202
キャリヤー移動度 904
キャリヤー対形成相互作用 609
キャリヤーの局在化 607
キャリヤー面密度 606, 609
キャント反強磁性 171
吸収係数 99
吸着の特異点 386
吸着表面 384
キュリー温度 170, 325
キュリーの法則 167
キュリーワイスの法則 172
供給関数 420
強磁性 170
強磁性金属／絶縁体／強磁性金属接合 320
強磁性体 171
——の磁気光学効果 185
共蒸着法 296
共振回路 703
共振器 QED 158, 508
共振器内量子電気力学 830

共振器量子電気力学 32
共振軸モード間隔 445
共振状態周波数 446
共振の Q 値 833
共振モード 216
共振モード間隔 511
強相関係 22
共変微分 31
共鳴現象 613
共鳴トンネリング 364
共鳴トンネル 678
共鳴トンネル効果 418
共鳴トンネルダイオード 418, 420, 900
共鳴トンネルホットエレクトロントランジスター 423
極カー効果 182
極限時間域の現象 843
極限物理現象 668
極限量子光学 870
局在状態 745
極磁気カー効果 182
局所可換性 26
局所ゲージ変換 22
局所場補正因子 127
局所反可換性 28
局所密度汎関数法 371
極低温電流比較 752
局部発振光 151
巨視的量子現象 32
巨大磁気抵抗効果 170, 315, 556
巨大非線形カー効果 343
記録用デバイス 655
近距離電磁相互作用 830
近接効果接合 605
近接場光 824
近接場光学 824
近接場光学顕微鏡 824
近接場領域 824
金属系超伝導体 191
金属-酸化物-半導体構造 739
金属-絶縁体転移 112
金属／半導体界面 389
ギンツブルクモデル 356
銀被覆法 645

ク

空間位相振幅変調 855
空間位相変調 856
空間分散効果 104
空乏層 609, 836

日本語索引

屈折率結合型回折格子 461
屈折率結合型 DFB レーザー 462
駆動回路 591
クーパー対 33, 194, 264, 269, 353, 714, 716
クープマンズの定理 20
久保公式 88, 94, 185
クライン-ゴルドン方程式 25
クラインマンの関係式 124
グラウバー-スダーシャン P 表示 537
グラジオメーター 712
グラニュラー薄膜 316
クラマース-クローニヒの関係式 850
くりこみ群の方法 23
くりこみ操作 30
グリーン関数 88
クリーンリミット 608
クロスキャパシター 751
クロストーク 329
クロスバー 583
グロス-ピタエブスキー方程式 780
クロック周波数 584
クロモフォア分子 359
クーロン階段 687
クーロンゲージ 31
クーロン振動 685
クーロン積分 19, 173
クーロン相互作用 167
クーロンブロッケイド 223, 344, 545, 654, 677, 684
群速度 73, 847
群速度分散 139, 487, 847
群速度分散媒質 847
群遅延時間 847

ケ

軽希土類 326
蛍光寿命 830
蛍光寿命マッピング 890
計算機シミュレーション 666
計測三角形 694
経路積分量子化 36
ゲージ固定 31
ゲージ不変 30, 213
ゲージ変換 31
結合 595
結合軌道 373
結合共振器レーザー 459

結合交替 349
結合状態密度 107
結合波方程式 128, 132
結晶運動量 72, 81
結晶磁気異方性 562
結晶場 254
結晶場分裂 167
欠損ダイマー 380
ケット記号 24
ゲート 675
ゲート絶縁膜 605
ゲート電極 605
原子価結合法 21
原子間交換相互作用 172
原子間力顕微鏡 799, 825
原子軌道 74
原子軌道法 21
原子空孔 378
原子光学 754
原子サイズの記録方式 660
原子細線 657, 664
原子磁化率 170
原子操作技術 658
原子層ステップ 243
原子内交換相互作用 172
原子波干渉計 763
原子波干渉実験 767
原子波共振器 762
原子波ホログラム 761
原子プロキシミティ 667
原子分子レベル操作技術 661
原子冷却 758
減衰因子 266

コ

コア積分 19
高温超伝導 352
高温超伝導体 192, 272, 796
高温超伝導デバイス 626
光学活性 181
光学伝導度 77
光学利得 451
交換異方性 558
交換結合 171, 314
交換結合多層膜 315, 326
交換結合膜 332
交換子 6
交換積分 20, 173
交換・相関エネルギー 372
交換相互作用 20, 170, 172, 189
交換分裂 186, 318
合金散乱 412

光子 147, 872
光子計数画像 882
光子計数型画像計測装置 882
光子計数型ストリークカメラ 884
光子計数法 878
光子検出 876
高次構造 347, 358
格子振動 103, 194
光子数状態 147
光子数スクイージング 542
光子数スクイズド光 157
光子数スクイズド状態 537
高指数面 243
高指数面基板 236
格子整合条件 448
光子生成デバイス 535
格子定数 225
光子モード 837
広帯域アンテナ 909
高調波モード同期ファイバーレーザー 489
光電効果 3
高電子移動度トランジスター 414, 679
光電子数増倍雑音 895
光電子増倍管 873, 875
光電変換 876
高分子膜 811
後方散乱 89
高密度 Si ダイマー列 391
高密度記録技術 656
交流ジョセフソン効果 210, 700, 702, 724
コーエン-ターンブル理論 361
国際度量衡委員会 752
黒体輻射 3
個数演算子 26
固相反応法 275
固体発振器 900
コットン-ムートン効果 183
5d 電子 174
古典光 151
古典振動子モデル 99, 101
古典電子論 184
ゴードン-ハウスジッタ 496
コーナーアドアトム 380
コーナー接合 272
コヒーレンス長 128, 131, 202
コヒーレント状態 149, 150, 153, 537
コヒーレント反ストークスラマン散乱 119

コペンハーゲン解釈　6
固有関数　7
固有交換対称性　119
固有状態　7
固有値　7
固有モード　144
コリニハの関係　271
コレクター　615
コレクティブクーロンブロッケイド効果　541, 544
コロナポーリング法　475
コングルエントメルト　285
混合状態　207
混晶　448
混晶系半導体レーザー　901
混晶材料の屈折率　450
混晶半導体　225
コンテンション　583
コンプトン効果　3

サ

サイクリックコンタクト　813
サイクロトロン角周波数　184
サイクロトロン周波数　77
最小伝導度　76
最小不確定状態　153
サイズゆらぎ　228
再生感度　560
再成長界面　233
サイドエッチング　230
サイドゲート　675
サイドジャンプ　178
差周波発生　117, 129, 134
差周波発生 DFC　473
鎖状高分子　348
雑音指数　874
雑音耐性　599
雑音電流　701
差動型コイル　712
サニャック効果　766
サーファクタント　398
サブギャップ抵抗　213
サブバンド　76
サブバンド間遷移　428, 434
サブバンド間遷移レーザー　457
サブポアソン光　157, 537
サブポアソン光生成デバイス　539
酸化過程　397
酸化シリコン膜　729
酸化物線材技術　643
酸化物超格子　309
酸化物超伝導材料　604
酸化物超伝導体　191, 706
酸化マグネシウム　788
3次非線形光学現象　849
3次非線形光デバイス　482
3次非線形分極率　913
3相励振方式　599
酸素拡散　638
3端子動作　578
3d 遷移金属　170
3d 遷移金属イオン　167
サンプリング検出器　902
散乱　34
散乱振幅　34
散乱力　757
残留抵抗　87

シ

磁界センサー　335
紫外発散　30
磁界分解能　704
時間推進演算子　9
時間相関光子計数法　879
時間・帯域幅積　488
時間・電圧変換器　880
時間反転　91
時間分解　861
時間分解干渉分光　865
時間分解計測　879
時間分解縮退 4 光波混合分光　867
時間分解反射率変化　904
時間分解光カー効果の測定　866
しきい値特性　214, 579
しきい値のないレーザー　161
しきい電流の特性温度　443
磁気カー効果　182
磁気共鳴　821
磁器結合回路　704
磁気結合型　579
磁気光学効果　179, 325
磁器光学トラップ　758, 779
磁気光学読出し　327
磁気シールド　712
磁気センサー　215
磁気双極子　172
色素レーザー　851
磁気抵抗　77
磁気抵抗効果　175
磁気抵抗効果型メモリ　556, 564
磁気分極効果　168
磁気ヘッド　321
磁気偏極　329
磁気モーメント　12
磁気誘起超解像　315, 328
磁気量子数　12
シグナル光　135, 478, 553
シーケンシャル共鳴トンネル　431
シーケンシャルトンネル　678
自己位相変調　119, 137, 139, 487, 844, 849
試行関数　15
自己磁場　618
自己収束　119, 137
自己振幅変調　844
自己相関関数　185
自己相関波　858
自己相関法　856
自己束縛　137
自己組織化単分子膜技術　666
自己発散　137
自己発振　703
自己無撞着　19
　　──なスピンゆらぎの理論　274
磁性デバイス　556
磁性/非磁性金属人工格子　316
自然酸化膜　246
自然幅　158
自然放出　158
　　──の増強　160
　　──の抑制　160
自然放出制御　509
自然放出制御半導体レーザー　517
自然放出光係数　513
自然放出光結合効率　523
自然放出レート　509
磁束トラップ　592
磁束トランス型磁気結合回路　704
磁束ノイズ　704
磁束の量子化　699
磁束モード　580
磁束量子　191, 216, 619, 792
磁束量子化　205
磁束量子転移型記憶セル　589
室温励起子　112
実効屈折率　445, 509
実効質量　201

日本語索引

実効電荷　201
実効非線形光学定数　131
実時間ホログラフィー　484
磁場侵入長　621
磁壁　562
島状成長　241, 392
しま走査法　786
ジャイロスコープ　766, 774
弱結合　196, 618, 723
遮断周波数　710
シャピロステップ　212, 427
遮蔽効果　908
斜方晶結晶　252
斜方晶-正方晶転移　277
ジャロシンスキー-守谷相互作用　173
ジャンプインコンタクト　813
自由エネルギー　201
周回共振器　529
重希土類　326
周期ポテンシャル　72
自由空間の自然放出レート　159
自由スカラー場　25
集積回路　650
集積半導体レーザー　464
集積光デバイス　468
収束イオンビーム　627
自由体積　361
集団励起　81
自由ディラック場　27
自由電子ガスモデル　73, 76
自由電子モデル　608
自由電子レーザー　427
自由場　7
周波数分解　918
周波数分解光ゲート　856, 859
周辺回路　591
縮重　7
縮退　7
縮退因子　115, 117, 127
縮退電子正孔系　112
縮退半導体　112
縮退4光波混合　119, 129, 154
シュタルク効果　774
シュタルク梯子　426
受動部品　204
受動モード同期　489
シュヴェーベル障壁　393
シュレーディンガー表示　9
シュレーディンガー方程式　9, 755
準粒子　79, 195, 603, 714, 719

――のエネルギー　614
――の再結合時間　604
――の波長　614
準粒子演算子　197
準粒子状態密度　197
準粒子電流　212, 714
準粒子トンネル電流　714
昇温脱離実験　397
焼結法　275
常光線　183
詳細つり合い　87
常磁性　166
少数スピンバンド　318
状態の重ね合わせの原理　6
状態の用意　8
状態密度　199, 452
状態密度スペクトル　222
焦電センサー　901
常伝導　206
常伝導電子　641
衝突項　85, 87
衝突パルスモード同期　846
蒸発冷却　779
消滅演算子　26, 145
ジョセフソン効果　209
ジョセフソン磁場侵入長　622
ジョセフソン接合　33, 576, 588, 602, 623
ジョセフソン接合技術　626
ジョセフソン接合素子　721, 723
ジョセフソン線路　215
ジョセフソン素子　699
ジョセフソン定数　722, 734, 737
ジョセフソン電圧標準　721
ジョセフソン電界効果素子　605, 607
ジョセフソン電流　718
ジョセフソンプラズマ　640
ジョセフソンマイクロコンピューター　582
ショットキー障壁　389, 615
ショット雑音　147, 153, 540, 873
初透磁率　165
ジョンソン雑音　540, 873
シリコン　108
シリコン酸化膜　397
磁力線　787, 789
真空　147
――のスクイズド状態　549
真空管　650

真空トンネルギャップ　665
真空ゆらぎ　151
真空ラビ分裂　162
シングルエレクトロニクス　695
シングルエレクトロントンネリング　678
シンクロスキャン　862
シンクロトロン放射　900
人工規則合金　335
進行波型縮退パラメトリック増幅　549
振動現象　332
振動子強度　102, 186
振動的層間磁気結合　319
振幅反射率　182

ス

水素吸着　377
水素終端Si(001)表面　385, 394
水素終端化　385
垂直共振器面発光レーザー　465
垂直磁気異方性　325
垂直偏波　45, 56
スイッチングゲート　657
スイッチング原子　657
スイッチング速度　655
スイッチングデバイス　649
水平偏波　45, 56
数値対角化法　23
スキュー散乱　178
スクイージング　154
スクイーズ演算子　154
スクイズド光　546, 895
スクイズド状態　32, 535
スケーリング則　651
ステップ　377
ステップエッジ素子　706
ステップバンチング　377
ステップフロー成長　377, 392
ストーナーモデル　174
ストリークカメラ　856, 861
ストリーク管　884
ストリーク像　884
ストリップライン　910
スパイラルアンテナ　909
スーパーMCM　587
スパッタ法　293
スーパーモード雑音　491
スピン依存散乱　317, 556

スピン依存トンネル磁気抵抗効果 320
スピン依存量子サイズ効果 344
スピンFET 574
スピン角運動量 12
スピン角運動量量子数 166
スピン拡散長 319, 568, 573
スピン緩和時間 569
スピン軌道関数 17
スピン軌道相互作用 12, 167, 189, 337, 574
スピンギャップ 267, 271
スピン散乱 177
スピン注入 568
スピントランジスター 568
スピンバルブ 344, 557
スピンバルブヘッド 314
スピンブロッケイド 574
スピン分極 569
スピン分極電界効果トランジスター 574
スピン分極電流 570
スピン偏極 174, 319
スピン偏極STM 816
スピン偏極トンネル現象 816
スピン偏極率 189
スピン偏極量子閉じ込め 343
スピン密度波状態 171
スプリットゲート 417, 680
スペクトル 184
スペクトル項 4
スペーサー層 412
スムージング効果 238
スラブ型光導波路 362
スラブ模型 372
スループット 577
スルーレート 710
スレーター行列式 19
スロープ効率 444

セ

静磁場レンズ 759
正準交換関係 6
正準反交換関係 28
正常係数 176
清浄表面 384
正常分散 502, 847
整数量子ホール効果 740, 745
生成演算子 27, 145
生体磁気計測 712
生体試料計測 831

静電エネルギー 435
静電場 759
性能指数 132, 337
正方晶 252
積層型接合 629
積層欠陥 378
積層構造 618
絶縁体 107
絶縁膜 215
設計容易性 599
接合の物理 631
接合プラズマ角周波数 211
接続公式 16
摂動法 13
セットリセットフリップフロップ回路 597
ゼーベック効果 79
ゼーマン効果 188
セラミックス 276
セルフコンシステント 19
セルマイヤーの式 102
0次元エネルギー準位 676
零点エネルギー 29
零点振動 29
遷移 4
遷移状態理論 401
尖鋭化ファイバー 829
全角運動量 189
線形エルミート演算子 5
線形応答理論 87
線形感受率 116, 124
線形チャープ 847
線形伝送 495
全交換対称性 119, 132
旋光性 179
線材化プロセス 645
線材技術 626
センス回路 591
センターアドアトム 380
選択吸着 386
選択成長 237
選択成長マスク 246
選択則 380
選択領域成長法 464
せん断応力 827
全反射共振器 529
線幅増大係数 446, 451, 460
占有バンド 107

ソ

層間絶縁膜 581

層間相互作用 316, 323
双極子放射 97, 100
双極子モーメント 159, 451, 452
双極子力 757, 838
相互作用描像 25
走査型近接場顕微鏡 48, 58
走査(型)トンネル顕微鏡 370, 649, 661, 695, 800, 825
走査型トンネル分光法 806
走査プローブ顕微鏡 799, 825
相対光閉じ込め係数 510
相反部 339
束縛状態 10
ソース電極 605
ソリトン 349, 487, 551, 850
ソリトン解 216
ソリトン制御 496, 500
素励起 103
ゾーンプレート 760

タ

第一原理計算 371
第一種超伝導体 207, 263, 793
対応原理 7
対角成分 181
大口径光伝導ギャップ 916
第3高調波発生 119
対称化操作 7
対称ダイマー構造 375
ダイソン級数 9
耐電圧特性 909
ダイナミックソリトン通信法 496
ダイナミックモード 813
第2高調波発生 118, 128, 132, 473
第二種超伝導体 207, 263, 278, 621
第二量子化 24
タイプⅠ超格子 226
タイプⅠの位相整合 130
タイプⅡ超格子 226
タイプⅡの位相整合 130
タイプⅢ超格子 226
ダイポールアンテナ 909
ダイマー 374
ダイマー形成 391
ダイマー構造 375
タイムオーダー 150
ダイヤモンド 108
第4高調波 478

日本語索引

ダイレクトボンディング 467
ダウンチャープ 847
楕円率 180, 183
多重ドット系 696
多重反射共振器 518
多重量子井戸 110, 339
多数スピンバンド 318, 332
多体問題 17
ダーティリミット 608
縦カー効果 183
縦磁気カー効果 182
縦波 104
ダブルスタッキング共振器鏡 852
単一原子走査 662
単一光電子事象 878
単一磁束量子 595
単一磁束量子素子 595, 631
単一振動子法 450
単一電子現象 674
単一電子デバイス 434
単一電子トランジスター 678, 688
単一電子トンネリング 675, 678
単一電子トンネル 435
単一電子メモリー 434
単一電子論理素子 434
単一波長半導体レーザー 458
単一モード状態 408
ダングリングボンド 373
ダングリングボンド細線 386
ダングリングボンド列 667
単結晶技術 285
単原子層ステップ 377, 392
単原子デバイス 657
探針 818
探針評価技術 658, 663
ターンスタイル操作 688, 690
単電子トンネル現象 654
単電子トンネルデバイス 653
断熱近似 22
ダンピング抵抗 701, 703

チ

蓄積層 609
チタンサファイアレーザー 852, 899
チタン酸ジルコン酸鉛 817
秩序磁性 170
秩序パラメーター 201
チャージングエネルギー 677

チャネル層 605
チャープ 848
チャープ補償 848, 852
中間状態 208, 793
中空ファイバー 838
中性子散乱 266
注入効率 441
超音速原子ビーム 767
長距離近接効果 634
超交換 173
超交換相互作用 174
超高感度画像増倍管 883
超高感度顕微鏡テレビカメラ 883
超高速時間分解分光計測 885
超高速ストリークカメラ 884
超高速ソリトン伝送技術 496
超高速・長距離光通信 495
超選択則 6
超短光パルス 844
超短パルスレーザー 910
超伝導 33, 191, 206
超伝導基底状態 195
超伝導ギャップ 272
超伝導キャリヤー対 612
超伝導近接効果 607
超伝導クーパー対 641
超伝導グランド面 592
超伝導減衰長 607
超伝導材料 250, 581
超伝導-常伝導-超伝導接合 607
超伝導ストリップライン 205
超伝導制御線 618
超伝導-絶縁体-常伝導接合 200
超伝導-絶縁体-超伝導接合 200
超伝導センサー 699
超伝導ディジタルデバイス 576
超伝導デバイス 576
超伝導電界効果素子 605
超伝導電子 641
超伝導トランジスター 602
超電導ネットワーク 584
超伝導フラックスフロートランジスター 618
超伝導ベーストランジスター 602, 614
超伝導マルチチップモジュール

587
超伝導量子干渉効果 213
超伝導量子干渉素子 631
超薄膜ヘテロ構造 406
超半球状基板レンズ 903
超微粒子 339
超分子分極率 357
超流動 33
調和ポテンシャル 100
調和融解 285
直鎖状分子構造 659
直接重ね書き 315
直接ギャップ半導体 107
直接結合型磁気結合回路 704
直接交換 173
直接遷移 107, 224
直接遷移バンドギャップ 281
直接変調 446
直流ジョセフソン効果 210, 700, 724
直交位相振幅 536
直交位相振幅スクイズド光 546
直交位相振幅スクイズド状態 538
直交位相スクイージング 153
直交位相成分 151
直交平面波 73

ツ

ツェナーダイオード標準電圧発生器 728

テ

低温成長 GaAs 902, 904
抵抗結合型 579
抵抗体 581
抵抗率テンソル 175
定在波 332
低雑音通信 538
低次元電子系 75
ディジタル信号処理 216
定常状態 4
定常的摂動論 13
ディスクレーザー 529, 531
定電圧ステップ 722
定電流駆動 539
定電流モード 801
定比率弁別器 881
低密度 Si ダイマー列 391
ディラックスピノール 27

ディラック方程式　27
停留ベクトル　319, 332
デコーダー回路　591
データ交換　582
デバイ周波数　194
デバイス効率　444
テラヘルツ電磁波　481, 898
テルソフとハマンの理論　803
電圧源駆動　211
電圧特性　212
電圧標準　210
電圧印加法　475
電界吸収型光変調器　492
電界吸収光変調器　464
電界効果素子　602, 605
転回点　16
電荷移動型の光学遷移　337
電荷移動錯体　352
電荷移動励起子　109
電荷移動を伴う表面緩和　384
電界放出　801
電界放出電子線　782
電荷計　674
電荷振動　914
電荷密度波　807
電気光学効果　114, 129
電気光学的チェレンコフ放射　911
電気双極子近似　158
電気双極子遷移行列　186
電気抵抗　260
電気的グラジオメーター　712
電気伝導度　76, 86
電気伝導度テンソル　85, 88
電気分極　97
電気分極密度　101
電気分極率　97
電気輸送現象　175
電極間位相差　608
電極間隔　665
電子エネルギー損失分光　256
電子間引力　193
電子間相互作用　86, 94, 193
電子近似　17
電子顕微鏡　659, 782
電磁光学　40
電子サイクロトロン共鳴励起　230
電子親和力　407
電子数評価モデル　381
電子正孔液滴　113
電子正孔プラズマ　112
電子線バイプリズム　784

電子線ホログラフィー　783
電子線リソグラフィー　227, 229
電子-相関エネルギー　175
電子走行時間広がり　881
電子増倍　873, 877
電子対　194, 269
電子的励起　199
電子-電子対伝搬関数　90
電子の空間分布　187
電子の散乱　76, 84, 86
電子の長距離秩序　354
電磁波　40, 755
電子配置　21
電磁場応答　263
電子波干渉効果　91
電子比熱　78, 268
電子ビーム型発振器　901
電子ビーム照射法　475
伝送線路　205
伝導帯　224
伝導特性の振動現象　613
伝導度の量子化現象　240
伝導バンド　107
デンドリマー　365, 367
電場配向　360
電場誘起第2高調波発生　119
伝搬　595
電流注入　603
電流注入素子　603
電流-電流応答関数　88
電流のセンサー　336
電流標準　674
電流分岐雑音　542
電流利得　585

ト

同位体効果　268
同位体分離　839
等エネルギー差面　332
等価屈折率　445, 509
透過電子顕微鏡　665
透過法　793
等傾角干渉じま　795
銅系酸化物超伝導体　259
動作余裕度　599
ドゥ・ジェンヌの現象論的理論　632
動的単一モードレーザー　458
動的波長変動　460
動的誘電率　185
等電位線　787

導電性高分子　348
導波性音響ブリユアン散乱　551
導波電磁界モード展開　61
導波モード　59, 68, 132, 834
導波路型光アイソレーター　183, 339
透明電流密度　454
動力学的位相　199
特性方程式　59
閉じ込めサイズ依存性　233
ド・ハース-ファン・アルフェン効果　169
とび移り積分　74
ド・ブロイ波　5, 755
ド・ブロイ波長　72
トーマス-フェルミ近似　192
ドメイン反転結晶　475
朝永-ラッティンジャー液体　79, 416
ドライエッチング　230
トラッキング走査法　804
トランジスター　650
トランスファーマトリックス法　420
トランスレジスタンス　619, 623
トリディマイト　397
ドリトルの液体粘性論　361
ドリフト　83
ドルーデモデル　76, 79, 88, 106, 265
ドレイン電極　605
トンネルギャップ　805
トンネル効果　16, 418
トンネルコンダクタンス　321
トンネル接合　603, 654, 674, 723
トンネル素子　699
トンネル電流　719
トンネル分光　805

ナ

ナノホトニクス　838
鉛　191
鉛系超伝導デバイス　726

ニ

ニオブ薄膜　795
ニオブ膜　729
2原子層ステップ　377

日本語索引

2光子吸収　119, 129
2次元光子検出器　875
2次元光子積算計測　886
2次元正孔ガス　256
2次元電子ガス　411, 678, 741
2次元電子系　412, 574
2次自己相関　857
2次電気光学効果　119
2次電子　229
2次の強度位相　157
2次非線形分極率　913
二重交換相互作用　173, 175
二重導波路　463
二重ヘイモン抵抗昇圧器　728
2準位モデル　357
2DEG　411, 741
2波近似　74
入出力速度　656
2流体電流モデル　177, 317
2流体モデル　204

ネ

熱型検出器　901
熱雑音　701, 873
熱磁気記録　327
熱伝導度　78, 86
熱電能　79, 86
ネットワーク　582
熱放射型光源　899
熱モード　837

ノ

能動モード同期　489
ノーマルオーダー　150
ノーマル抵抗　212
ノンラッチング特性　622

ハ

バイアス電圧 V　801
バイオエレクトロニクス　365
バイオホトン　892
バイクリスタル素子　706
配向緩和　362
ハイゼンベルグの運動方程式　10
ハイゼンベルグ表示　10
ハイゼンベルグ模型　173
配置間相互作用　20
パイ電子共役系　358
バイトポロジー　367

ハイトラー–ロンドン法　21
バイナリーホログラム　761
パウリ行列　12
パウリ帯磁率　78, 80
パウリの常磁性　168
パウリのスピン常磁性　168
パウリの排他律　18, 167
破壊読出し型記憶セル　589
白色ノイズ　706
薄膜技術　292
薄膜成長　391, 398
薄膜トランス　585
波形整形　855
波高弁別　878
バージレシオ　736
波数不整合　128, 134
波束の収縮　8
波長可変半導体レーザー　462
波長多重ソリトン伝送　500
波長チャーピング　460
波長分解　861
バックフロー　81
バックリング　375
バックル構造　384
発光減衰波形　861
発光スペクトル　861
発光ダイオード　540
発振しきいキャリアー密度　441
発振しきい電流　441
発振線幅　445, 462
バーテックス補正　89
波動関数　6
　　――の位相　611
波動ベクトル　612
波動方程式　127, 139
ハードディスク　314
ハートリー近似　18
ハートリー–フォック近似　19
ハートリー–フォック方程式　20
ハートリー方程式　19
ハートリーポテンシャル　19
場の演算子　24
場の量子論　24
ハミルトニアン演算子　8
波面　786
パラダイムシフト　650
パラメーター β　702
パラメーター変調　447
パラメトリック蛍光　136, 155
パラメトリック増幅　118, 135, 547

パラメトリック発振　118, 136
バリスティック伝導　409
パリティ保存則　18
バルク材料　275
バルクハウゼンノイズ　562
パルス波高分布　879
パルスフォース法　814
パルスレーザーデポジション法　294
パルス論理型　596
バルマーの公式　3
パワースペクトル密度　148
パワーマージン　503
パワーリミッター動作　139
反強磁性　170
反強磁性結合　316
反強磁性体　172
反結合軌道　373
反交換関係　195
反交換子　28
半古典的　73, 81
反磁性　169
反磁性磁化率　169
反対称　173
反対称相互作用　173
パンチスルー　587
パンチング　157
反転層　609, 471
反転対称性　125
反電場　105
反転分布キャリヤー密度　441
バンド　72
半導体　107
半導体位置検出器　882
半導体ウェーハー　890
半導体材料　220
半導体産業　890
半導体赤外線検出器　895
半導体超格子　245
半導体発光素子　553
半導体微小共振器　160
半導体分離層　615
半導体ヘテロ構造　407, 678
半導体モデル　199
半導体レーザー　440
半導体レーザー材料　448
バンドオフセット　220
バンドオフセット比　226
バンドギャップ　373
バンド計算法　20
バンド混合効果　412
バンドの交換分裂　173
バンド不連続　410

ヒ

バンドラインアップ 407
バンド理論 258
反応性イオンビームエッチング 231, 568
バンブレックの常磁性 167
バンヤン 583
反粒子 27

ピエゾ抵抗式カンチレバー 812
光アイソレーター 335
光オシロスコープ 885
光カー効果 119, 137, 357, 482
光カーシャッター法 864
光記録 837
光屈折率効果 137
光混合 919
光支援トンネル効果 437
光磁気記録材料 324
光磁気記録媒体 325
光磁気ディスク 314, 324
光集積回路 339
光整流 118, 910, 913
光整流作用 910
光双安定性 137, 138
光双安定素子 138
光ソリトン 114, 137, 139
光ソリトン現場実験 505
光ソリトン伝送 495
光ソリトン発生デバイス 487
光ソリトンパルス 488
光第2高調波発生 117
光てこ方式 809
光伝導アンテナ 427
光伝導スイッチ素子 902
光伝導電流 903
光電流 836
光導電性 352
光閉じ込め係数 441
光閉じ込め層 443
光の自己作用 137
光の量子論 143
光パラメトリック効果 478
光パラメトリック増幅 129, 154, 156, 135
光パラメトリック発振 129, 135, 473
光パルス圧縮 850, 854
光パルス計測 857
光-光変調 434
光非線形 228

光ファイバー 52, 58, 760
光ファイバー通信 335
光プローブ 48, 58, 69
光変調式直接重ね書き 327
光ラムゼー共鳴 771
光量子仮説 3
非局在状態 745
非局所的 103
非局所的応答 208
非古典光 151, 535, 537, 894
微細加工 820
微細構造定数 12, 740
非 c 軸配向膜 304
微弱光検出 872
微小共振器 509
微小共振器レーザー 516
微小接続技術 658
微小ダイポールアンテナ 902, 909
ヒステリシス 212
ヒステリシスパラメーター 211
ひずみエネルギー 241, 246
ひずみ多重量子井戸構造 491
ひずみ超格子構造 225
ひずみ補償量子井戸構造 456
ひずみ量子井戸 225, 451
ひずみ量子井戸レーザー 454
非接触 AFM 813
非線形インダクタンス 210
非線形カー効果の量子振動 343
非線形感受率 116, 120, 124, 126, 341
　——の対称性 119
非線形屈折率 114, 119, 129, 137, 139, 487
非線形屈折率効果 849
非線形屈折率変化 865
非線形結晶 549
非線形光学 114, 356
非線形光学応答 100
非線形光学過程 546
非線形光学定数 118, 120
非線形サニャック干渉 551
非線形磁気光学効果 339
非線形シュレーディンガー方程式 139, 488
非線形光デバイス 473
非線形複素カー回転角 341
非線形分極 340
　2次の—— 910
非線形ループミラー 497

非相反部 339
非対角成分 181, 184
非対称ダイマー構造 375
非対称量子井戸 915
非弾性トンネル現象 807
非調和振動子モデル 124
ビットフィールド 594
引張ひずみ量子井戸 454
非定常的摂動論 14
ピニング力 208
非破壊読出し型記憶セル 589
ビパードコヒーレンス長 209
ビパード方程式 208
微分散乱断面積 34
微分利得 441
微分利得特性 139
非平衡磁化 569
非平衡特性 603
ビームスプリッター 762
比誘電率 105
標準抵抗器 751
標準量子限界 538
表皮効果 204
表面安定化 387
表面インピーダンス 204
表面エネルギー 241
表面拡散 391
表面空乏層 913
表面形成エネルギー 381
表面再構成 372
表面準位密度 387
表面状態 371
表面相分離 812
表面電子状態理論 371
表面電場 911
表面反応 395
表面変性エピタキシー 398
表面偏析 398
表面量子化 743
開いた軌道 83
非臨界位相整合 131
ヒルベルト空間 2
ピン層 558, 566
ピン止め 171
ピン止め効果 278
ピン止め点 621
ピン止め点密度 621
ピンニング中心 279
ピンニングポテンシャル 606
ピンポテンシャル 621

日本語索引

フ

ファイバーレーザー 851
ファイルデバイス 655
ファイルメモリー 649
ファインマンダイヤグラム 88, 126
ファノ因子 157, 540
ファブリーーペロー共振器 440
ファラデー回転子 335
ファラデー効果 179
ファン・デル・ワールス力 347
ファン・ホーブ特異点 107
フィードバック磁束 707
フィルター 204
フェムト秒光波技術 843
フェムト秒光波制御 854
フェムト秒パルスレーザー 843
フェムト秒レーザー 899
フェリ磁性 171, 325
フェリ磁性体 172
フェルミ液体BCSモデル 273
フェルミ液体論 79
フェルミ準位 192
——のピン止め 389
フェルミ速度 608
フェルミーディラック統計 18
フェルミの黄金則 509
フェルミの黄金律 14
フェルミ波数 174, 192
フェルミ波長 408
フェルミ分布関数 197
フェルミ面 258
フェルミ粒子 17
フォークト配置 183
フォースカーブ 812
フォノン 107, 265
フォノン機構 354
フォノン散乱 177
フォノンドラッグ 86
フォン・クリッツィング定数 722, 737, 752
フォン・ノイマンの一意性定理 36
不確定性関係 11, 153, 536
不確定性原理 2
不均一ブローデニング 228
副格子 172
副格子磁化 171
輻射公式 3
輻射場の量子化 143

複素カー回転角 183
複素角 41
——のスネルの法則 43
——の反射則 43
複素屈折角 43
複素屈折率 98, 101, 106, 108, 180, 918
複素結合型DFBレーザー 462
複素旋光角 180
複素入射角 41
複素ポインティングベクトル 47
複素誘電率 77, 98
副モード抑圧比 460
負質量領域 425
不純物散乱 85, 177
物質波 5, 755
負の磁気抵抗効果 318
部分波展開法 35
フラウンホーファー図形 271
フラクソイド 206
——の量子化 700
プラズマ 105
プラズマ周波数 265
プラズマ振動数 77, 105
プラズマ波 105
プラズマ反射端 106
ブラッグ回折 763
フラックスフロー 618
フラックスフロートランジスター 602
フラックス法 285
ブラッグ反射 424, 795
フラーレンC60系 191
プランク定数 2
フーリエ周波数 830
フーリエ変換限界パルス 847
フーリエ変換スペクトル 907, 917
フリー層 558, 566
ブリッジ法 752
フリーデル振動 174, 319
ブリュアン-ウィグナーの摂動展開 14
ブリュアン関数 167
ブリュアンゾーン 72, 426
ブルースター石英プリズム 852, 854
フレア状ストリップラインアンテナ 910
フレンケル励起子 109
ブロッキング温度 561
ブロッホーグリューナイゼンの式 260
ブロッホ振動 425, 916
ブロッホ電子 72
ブロッホの定理 71, 75
プロトン交換/熱処理法 475
プロファイル法 792
プローブ光 907, 911
プローブ光強度 908
分解融解 285
分岐 595
分岐回路 598
分極 186
分光学的励起エネルギー 198
分光感度特性 876
分散 846
分散許容度 503
分散式 186
分散補償技術 502
分散補償ソリトン 505
分散マネージソリトン 501
分子軌道法 21
分子磁性 366
分子性結晶 347
分子接点 368
分子線エピタキシー 109, 406, 678
分子線エピタキシャル成長法 221
分子単電子トランジスター 669
分子デバイス 364
分子配向 359
分子場近似 171
分子場係数 171
分子場理論 171
分子ピンセット 367
分数量子ホール効果 414, 740, 749
フント制 167
フント則 21
分布帰還型レーザー 459, 461
分布反射型レーザー 461
分布反射器レーザー 459, 461
分布ブラッグ反射器レーザー 459
分離閉じ込めヘテロ構造 443

ヘ

ペアポテンシャル 202, 612
平均自由行程 76, 408
平均分散 502
平衡型ホモダイン検出法 547

平行伝送線路　902
ヘイモン抵抗器　728
ベガード則　225
ベクトル円筒関数　54
ベクトル円筒波　56
ベクトル波動関数　52, 58
ベクトルベッセル関数　53
ベース　614
ヘテロ構造　741
ヘテロ接合　220
ベリー位相　35
ベリー接続　22
ヘルツダイポールアンテナ　903
ベル不等式　552
ヘルムホルツ方程式　755
ペロブスカイト系結晶構造　615
ペロブスカイト類似構造　252
偏光勾配冷却　759
変調可能周波数上限　447
変調磁束　708
変調ドーピング　412
ペンデルレーズング振動　763
偏波多重　498
変分原理　201
変分法　15
遍歴電子モデル　174

ホ

ボーア磁子　12
ボーア–ゾンマーフェルトの量子条件　4
ボーアの振動数条件　4
ボーアの量子条件　4
ボーア半径　4
ポイントコンタクト　674, 681, 723
方位量子数　12
防振台　819
ボウタイアンテナ　909
飽和効果　908
飽和磁束　316
ボゴリューボフ変換　195
ポジトロンエミッション　893
補償温度　325
保磁力　165
ボーズ–アインシュタイン凝縮　33, 113, 778
ボーズ–アインシュタイン係数　874
ボーズ–アインシュタイン統計　18

ボーズ粒子　18
ポッケルス効果　114
ホットエレクトロン　615
ホットエレクトロントランジスター　423, 615
ホットキャリヤー効果　890
ホッピング　607
ポテンシャル障壁　322
ポテンシャル面　391, 394
ホトダイオード　873, 875
ホトディテクター　429
ホトニック結晶　518
ホトニックバンドギャップ　161, 518
ホトニックバンド計算　524
ホトリフラクティブ効果　137
ホトルミネッセンス　281
ホトレフラクティブ媒質　485
ホトンアシステッドトンネル効果　715
ホトンアシストトンネリング　688, 692
ホトンエコー　869
ホトンSTM　368
ホトンカウンター　878
ホトン検出器　695
ホトンリサイクリング　517
ホモエピタキシャル薄膜　306
ホモダイン検出　151
ポラリトン　103, 162
ポーラロン　350
ポリアセチレン　348
ポーリング処理　360
ホール角　77
ホール係数　77
ホール効果　83, 260, 741
ホール測定　636
ボルツマン方程式　84
ホール抵抗　741
ホール抵抗率　741
ホール的励起　199
ボルテックス　606, 618
ボルテックス芯　620
ボルテックス対　606
ボルデの干渉計　764
ホール電圧　741
ホール伝導率　741
ホールプラトー　740
ホールリボン　749
ボルン–オッペンハイマー近似　22
ボルン近似　35, 87

ホログラム　760, 783
ボンドバレンスサム法　253
ポンプ光　135, 907, 911
ポンプ光強度　908
ポンププローブ　856, 862

マ

マイクロウエーブSTM　806
マイクロキャビティー　239
マイクロチャネルプレート　875, 877
マイクロ波応用受動素子　641
マイクロ波レンズ　759
マイクロブリッジ　622
マイクロマシンSTM　658, 665
マイクロマシン技術　665
マイケルソン干渉計　777
マイスナー効果　191, 204, 263, 624
マクスウェルの方程式　98, 143, 181, 755
マグネトプラズマ共鳴　185
マクロステップ　244
マッハツェンダー干渉計　763
マティス–バーディーンの理論　641
マティーセンの法則　177
マルチチャネル波高分析器　881
マルチループ型磁気結合回路　704

ミ

ミキサーの変換効率　718
ミー散乱　825
密度行列　549
密度汎関数法　23
ミニディスク　315, 324
ミニバンド　424
ミラー　761
ミラーのデルタ　125
ミリ波検出器　200

メ

メモリー素子　215
面発光レーザー　465
面発光レーザーアレイ　468

日本語索引　*971*

モ

モット絶縁体　175
モット転移　112
モット-ハバード型絶縁体　254
モード間損失差　459
モード間の相関　543
モード間利得差　460
モード構造　592
モード同期　489
モード同期チタンサファイアレーザー　906
モード同期半導体レーザー　491
モード分散　132
モード密度　509
モードライン　362
モノサイクル　870
モノサイクルパルス　855
モノハイドライド相　385, 394
モラセズ　758
モリブデナイト薄膜　788
モンテカルロシミュレーション　401

ヤ

ヤングの干渉実験　768, 888
ヤングの干渉じま　889

ユ

誘起位相変調　854
有機金属気相成長法　221, 678
誘起常磁性体　169
有機物超伝導体　191
有機物の常磁性　169
有極性光学フォノン散乱　412
有効質量　74, 76, 224
有効スピン偏極　321
有効ボーア磁子数　167
誘電分極　103, 910
誘電率テンソル　180
誘電率の非対角成分　325
誘導散乱　129
誘導ブリユアン散乱　119
誘導放出レート　513
誘導ラマン散乱　119
誘導ラマン遷移　775
ゆらぎのスペクトル　148
ゆるやかな振幅変化の近似　128, 139

ヨ

溶媒移動浮遊帯域溶融法　286
横磁気カー効果　182
横方向量子閉じ込め効果　233
ヨッフェ-レーゲルの条件　76
弱い遍歴強磁性　174
4f 電子　174
4f 電子系　167
4 光波混合　119, 125, 483, 551
4 層構造　325

ラ

ラグランジアン密度演算子　24
らせん磁性　171
ラッチ動作　578
ラビ周波数　162
ラフリンの理論　748
ラマン-ナス回折　763
ラムゼー共鳴型干渉計　770
ラーモア反磁性　169
ラングミア-ブロジェット膜技術　666
ランジュバンの常磁性　166
ランダウアー公式　93, 417
ランダウ準位数　743
ランダウパラメータ　80
ランダウ反磁性　169
ランダウ量子化　741, 743
ランプエッジ型接合　630
ランベールの法則　99

リ

リザーバー　675
リセットゲート　657
リソグラフィー技術　223, 228
リターデーション　184
リッツの結合則　4
リップマン-シュウィンガー方程式　35
リデイン-ザックス-テラーの式　105
利得結合型 DFB レーザー　462
利得結合型回折格子　461
利得スイッチ半導体レーザー　492
利得飽和作用　844
リドベルグ定数　3
リトルモデル　353
粒界接合　627

硫化物処理　387
粒子数不確定　198
リュードベリ原子　160
量子暗号　944
量子井戸　110, 220, 319, 835
量子井戸構造　450
量子井戸構造レーザー　450
量子井戸準位　332
量子井戸状態　319
量子井戸赤外ホトディテクター　429
量子化コンダクタンス　674, 678
量子化磁束　700
量子カスケードレーザー　431, 457
量子型検出器　902
量子化抵抗　678
量子化ホール抵抗　740
量子干渉効果　408
量子極限状態　408
量子限界　535, 872
量子現象　12
量子光学　32
量子工学材料　370
量子効果素子　602
量子効果デバイス　406, 653
量子効率　152
量子サイズ効果　34, 110, 331, 335, 408
量子細線　93, 112, 221, 367, 407, 416, 451
量子細線レーザー　456
量子雑音　535, 872, 874
量子数　4, 166
量子スピン素子　366
量子相関をもった光子対　552
量子点　112
量子電気力学　30
量子電子デバイス　406
量子閉じ込め　315
量子閉じ込め効果　175
量子閉じ込め構造　221
量子閉じ込めシュタルク効果　546
量子ドット　367, 407, 451, 654, 674, 834
量子ナノ構造　406, 408
量子場　24
量子箱　221, 451
量子箱レーザー　456
量子光リピーター　553
量子非破壊　552

量子非破壊計測　895
量子標準　674, 694, 739, 751
量子ポイントコンタクト　417
量子ホール効果　413, 739
量子ホール効果抵抗標準　734
量子モンテカルロ法　23
量子ゆらぎ　536
量子力学基礎論　38
リレー　650
臨界温度　191
臨界磁界　206
臨界電流値　210
臨界電流のゆらぎ　711
臨界電流密度　215, 278, 604
臨界膜厚　454
リング　583
リングレーザー　529

レ

励起エネルギー　197
励起型 STM　658, 663
励起子　103, 108
励起状態　195
冷却型 CCD カメラ　886
レイテンシィ　577
レイリー–シュレーディンガーの摂動展開　13
レイリー–ジーンズの公式　3
レーザー増幅器　876
レーザービーム　760
レーザーピンセット　367
レーザー冷却　757, 840
レシオイメージング　892
レート方程式　514
レベル論理型　596
レンズ　759

ロ

ローレンツ型の分散曲線　185
ローレンツゲージ　31
ローレンツ顕微鏡　794
ローレンツ振動子モデル　106
ローレンツの局所場　358
ローレンツモデル　99
ローレンツ力　208
ロンドン侵入長　203
ロンドン方程式　202
論理 LSI チップ　581
論理回路　578
論理素子　215

ワ

和周波発生　117, 129, 134, 473
ワニア励起子　108

外国語索引

A

α-パラメーター　446, 451
AAS 効果　93
AB 効果　91, 409
abinitio 擬ポテンシャル　372
AC バイアス法　710
AC conductivity　77
a/c 接合　639
active mode-locking　489
A/D 変換器　215
additional positive feedback　709
adiabatic approximation　22
AFM　230, 658, 799
AgGaS$_2$　481
Al-Ga 交換反応　389
Al/GaAs(0 0 1)界面　389
AML　489
AMR　175, 316
Anderson localization　745
angle resolved photo emission spectroscopy　259
anisotropic magnetoresistance　175
annihilation operator　27
antibunched state　32
anticommutator　28
antiparticle　27
anyon　18
APF　709
ARPES　259
ART　657, 669
As-S 結合　387
atom relay transistor　657, 669
atom tracker　804
atom wire　657
atomic force microscope　658
atomic orbital　74
atomic orbital method　21
Au/Fe/Au　335
Auston スイッチ　902
average soliton　496

B

β-BaB$_2$O$_4$(BBO)　477
background limited performance　430
backward wave oscillator　901
(Ba, K)BiO$_3$　191
Ba(K$_x$Bi$_{(1-x)}$)O$_3$　615
Barkhausen noise　562
BCS 理論　353
BEC　778
BED　365
BEDT-TTF(ET)　191
BEEM　808
Bell inequality　32
Berry connection　22
Berry phase　35
Bi 系　191
Bi 系 intrinsic 接合　640
Bi 系線材　644
Bi 置換　337
Bi$_3$Fe$_5$O$_{12}$　337
bioelectronic device　365
biophoton　892
black-body radiation　3
blocking temperature　561
Bohr magneton　12
Bohr radius　4
Born approximation　35
Bose-Einstein condensation　33
Bose-Einstein factor　874
boson　18
bound state　10
bowing　225
branch　199
bright squeezed light　551
Brillouin zone　72
buried hetero-structure　443
BWO　901

C

$\chi^{(2)}$のカスケード効果　137
C 欠陥　377
c 軸配向膜　299
C^3 レーザー　462
c(4×2)構造　376
c(4×4)構造　383
CAD　328
calculable cross capacitor　751
canonical anticommutation relation　28
canonical commutation relation　6
canted antiferromagnetism　171
CARS　119
cavity QED　32
cavity quantum electro-dynamics　508
CC レーザー　459
CC-DFB　462
CCC　752
CCD　883
────の雑音　886
Cd$_{1-x}$Mn$_x$Te　338
CDW　807
CFD　881
charge coupled device　862, 883
chemical beam epitaxy　221
chemical vapor deposition　666
CIPM　752
cleaved-coupled-cavity laser　463
CMOS 型 SET　655
CMR　345
Co/Cu　316
Co$_9$Fe　562
Co/Pt 多層膜　329
collection mode　826
colliding pulse mode-locking　846
comb actuator　665
commutative　7
commutator　6
compressively-strained quantum-well　454
Compton effect　3

configuration interaction   20
congruent melting   285
constant fraction discriminator   881
cooled CCD camera   886
Cooper pair   33
coplanar transmission line   902
Coulomb blockade   95
Coulomb gauge   31
Coulomb integral   19
coupled-cavity   459
coupled wave   128
CPM   846
creation operator   27
cryogenic current comparator   752
crystal momentum   72
CS-QW   454
CT   893
CTAG   463
Cu サイト   284
Cu/Co/Cu サンドイッチ膜   343
Curie law   167
Curie-Weiss law   172
cyclotron angular frequency   184

D

damping factor   266
dark state   759
DAS モデル   378
DB ステップ   377
DBR レーザー   459, 461, 463
DC カー効果   119
dc SQUID   699
degeneracy   7
density functional method   23
depolarization field   105
destructive read-out   589
DFB レーザー   459, 461, 463, 492
DFG   117, 129, 134
DFWM   119
dielectric layer   729
difference frequency generation   473
differential scattering cross section   34
dimer-adatom-stacking-fault   378
Dirac equation   27

Dirac spinor   27
direct exchange   173
direct overwrite   315
dispersion-managed soliton   502, 506
distributed-Bragg-reflector   459
distributed-feedback   459
distributed-reflector   459
DM ソリトン   501
double exchange   173
doubly resonant oscillation   479
doubly resonant oscillator   136
DOW   315
down-conversion   864
DR レーザー   459, 462
DRAM   651
drift   85
DRO   479
DRO パラメトリック発振   136
dynamic random access memory   651
dynamic wavelength shift   460
dynamical calculation   382
dynamical phase   35
Dyson series   9

E

EA 変調器   493
EAM   464
EBIC   877
ECR 励起   230
EDFA   335, 488
EELS   256, 627
EFISH   119
eigenfunction   7
eigenstate   7
eigenvalue   7
electro-absorption   493
electro-absorption modulator   464
electro-optic Cherenkov radiation   911
electrode   654
electromagnetic optics   40
electromigration   562
electron bombardment induced conduction   877
electron configuration   21
electron counting model   381
electron-energy-loss spectroscopy   256

electron multiplication   873
energy level   4
entangle   772
EO   118
EO サンプリング   911, 919
erbium-doped fiber amplifier   335
evanescent wave   40
exchange anisotropy   558
exchange integral   20
exchange interaction energy   20
exchange splitting   186
extended states   745

F

$1/f$ ノイズ   710
FAD   328
fast saturable absorber action   844
faulted half   379
Fe 超薄膜   331, 343
Fe/Cr   315
Fe/Cr/Fe   316
Fe/Ge/Fe   320
Fermi energy   18
Fermi's golden rule   14
fermion   17
FHG   478
field operator   24
field quantization   24
fine structure constant   12
Fiske ステップ   216
flared coplanar stripline antenna   910
FLL 回路   707
flux   285
flux locked loop   707
FM   241
FM 飽和分光   548
focused ion beam   627
force microscopy   807
forth harmonic generation   478
fractional quantum Hall effect   740
Frank-van der Merwe Mode   241
free field   25
free Lagrangian density   25
free layer   558
frequency-resolved optical gating   859
FROG   856

FROG アルゴリズム 860
FROG 測定 859
FSA 844

G

g-factor 12
Ga-S 結合 387
GaAs 107, 400, 835
GaAs 表面 380
GaAs(0 0 1)表面 380
GaAs(1 1 0)表面 384
gain-induced diffraction 550
gauge covariant derivative 31
gauge fixing 31
gauge invariant 30
gauge transformation 31
GAWBS 551
GC-DFB 462
$Gd_{1.8}Bi_{1.2}Fe_5O_{12}$ 337
GdFeCo 327
Ge 薄膜成長 398
Ge-As 置換 400
geometric optics 41
geometrical phase 35
geometrical quantization 36
giant magneto-resistance 316, 556
GL コヒーレンス長 209
GL パラメータ 207
GL 方程式 201
GMR 170, 315
GMR 効果 556
GMR ヘッド 314, 561
ground plane 729
ground state 4
group velocity dispersion 487, 847
guided-accoustic-wave Brillouin scattering 551
guiding-center soliton 496
Gutzwiller's semiclassical quantization 36
GVD 487, 847

H

Hall angle 77
Hall plateau 740
Hamiltonian 8
hard disk drive 561
Hartree approximation 18
HDD 561

HE_{11} 52, 63, 68
Heisenberg equation of motion 10
Heisenberg representation 10
HEMT 414
HEMT 構造 679
HET 423
Hg 系 191
$(Hg_{1-y}Dd_y)_{1-x}Mn_xTe$ 338
HgI_2 101
high-electron-mobility 414
high-electron-mobility-transistor 414
high-resolution electron engy loss spectroscopy 627
high temperature superconductivity space experiment 626
highest occupied molecular orbital 349
Hilbert space 2
HOMO 349
hot carrier effect 890
HTSSE 626
Hund's rule 21, 167

I

I-V 特性 634
IC-DFB 462
ICF 599
illumination mode 826
image intensifier 862
impact-ionization avalanche transit time diode 900
IMPATT ダイオード 900
impure limit 209
incongruent melting 285
indirect exchange 173
ingap states 256
inner product 8
integer quantum Hall effect 740
interaction picture 25
interatomic exchange interaction 172
interferogram 789
intraatomic exchange interaction 172
intrinsic permutation symmetry 119
inverse scattering problem 34
IrMn 564

J

JFET 605, 618
Johnson noise 873
Josephson junction 33, 699

K

K ファクター 447
ket 24
kinetic exchange 174
kinetic inductance 205
KLM 852
$KNbO_3$ 477
KT 転移 606
$KTiOPO_4$(KTP) 477

L

Lagrangian density 24
LAN 335
Langevin paramagnetism 166
laser amplifier 876
lateral force microscopy 810
layer-by-layer 800
layer-by-layer エッチング 395
layer-by-layer 酸化 385
LB 膜技術 666
LCAO 法 75
LED 540
LFM 810
ligand field 254
light intensity modulation direct overwrite 315
LIM 324
LIMDOW 315, 327
$LiNbO_3$ 474
$LiNbO_3$ 導波路 551
linear chain polymer 348
linear combination of atomic orbitals 75
Lippmann-Schwinger equation 35
liquid phase epitaxy 293
$LiTaO_3$ 474
local anticommutativity 28
local area network 335
local commutativity 26
local gauge transform 23
localized states 745
Lorentz gauge 31
Lorentz transform 24

lowest unoccupied molecular orbital　349
LPE 法　296
LS 結合　13
LS 多重項　21
LT-GaAs　904
LUMO　349

M

macroscopic quantum coherence　32
macroscopic quantum phenomena　32
macroscopic quantum tunneling　32
magnetic domain wall　562
magnetic resonance imaging system　646
magneto-optical trap　758
magneto-plasma resonance　185
magnetocrystalline energy　562
magnetoresistance　175
magnetoresistive random access memory　567
many-body problem　17
maximally crossed diagram　90
Maxwell's equation　181
MBE　221
MBE 成長　391
MBE 法　678
MCP　875, 877
MD　315, 324
mean field approximation　171
mechanical electronics　650
mechanical probe methods　807
MED　364
melt powder melt growth　280
metal insulator metal　901
metal-organic vapor phase epitaxy　221
metal-oxide-semiconductor　739
metal-oxide-semiconductor field effect transistor　651
MFM　324
microchannel plate　875
MIM ダイオード　901
MIS 電界効果素子　605
miscibility gap　225
MISFET　605
MOCVD 法　678

modified single oscillator method　450
molecular beam epitaxy　221, 666, 800
molecular electronic device　364
molecular field approximation　171
molecular magnetism　366
molecular orbital method　21
molecular single electron switching transistor　658, 669
MO ディスク　315, 324
MOS　890
MOS 構造　739
MOS 電界効果トランジスター　651
MOSES　658, 669
MOSFET 限界　652
MOT　758, 779
MOVPE　221
MOVPE 成長　237
MPHA　881
MPMG 法　280
MR 変化率　557
MRAM　321, 556, 564
MSEO　450
MSR　315, 328
multichannel pulse height analyzer　881
MVTL　581

N

n モード　214
Nb　191, 604
Nb ドープ $SrTiO_3$　615
Nb/Al/Nb トンネル素子　706
Nb/AlO$_x$/Nb トンネル接合　213, 581
NBCO　281
NbN　191
Nb_3Sn　191
NbTi　191
NCPM　131
near-field optical microscope　824
near-field optics　824
near-field scanning optical microscope　824
needle formation and tip imaging　663
Ni/NiO/Co　321
NLS 方程式　487

NMR　269
noise figure　874
noise rounding　702
NOLM　497
NOM　824
non-destructive read-out　589
non-equilibrium magnetization　569
nonclassical light　537
noncritical phase matching　131
nonlasing junction　543
nonlinear optical loop mirror　497
nonlinear Shrödinger equation　487
NRZ 伝送　503
nuclear magnetic resonance　269
number operator　26

O

O-T 転移　277
observable　6
OCMG 法　282
ODLRO　354
OEIC　339
off diagonal long range order　354
OKE　357
one-electron approximation　17
OPA　118, 129, 135
open orbit　83
OPO　118, 129, 135
optical confinement layer　443
optical kerr effect　357
optical molasses　758
optical near-field　824
optical oscilloscope　885
optical parametric amplification　135
optical parametric oscillation　136, 473
optical rectification　910
OPW　73
orthonormal set　8
orthorhombic　252, 292
overall(full) permutation symmetry　119
oxygen-controlled-melt-growth　282

P

π 結合　374

π電子 169
P波 45, 49, 56
P表現 151
p偏光 45, 56
partial wave expansion 35
passive mode-locking 489
PAT効果 716
path integral quantization 36
Pauli paramagnetism 168
Pauli's exclusion principle 18
Pauli's matrices 12
PBCO 282
PD 875
perturbation method 13
PET 893
phase shift 73
phonon drag 86
photodiode 873
photoelectric effect 3
photomixing 919
photomultiplier tube 873
photon 872
photon correlation 32
photon counter 878
photon counting image 882
photon counting image acquisition system 882
photon counting imaging 882
photon counting statistics 32
photon counting streak camera 884
photon scanning tunneling microscope 824
photonic band gap 518
photonic band structure 518
photonic crystal 518
photorefractive 485
PIAS 882
pinned layer 558
PIT法 645
planer lightwave circuit 496
plasma frequency 265
PLD法 294
PM 498
PMLモード同期 489
PMMA 810
point contact 723
Poisson bracket 6
polariton 103
polarization multiplexing 498
polymethylmethacrylate 810
polystyrene 810
position sensitive detector 882

positron emission CT 893
powder-in-tube 645
preparation 8
principle of superposition 6
probability amplitude 6
probability density 6
PS 810
PSD 882
pseudo spin-valve 566
PSTM 808
pulse height descrimination 878
pump and probe 862
pure limit 209
pyroelectric detector 901
PZT 817

Q

Q表示 539
Qマップ法 503
QFP 599
QMG法 280
QND 552
QPM 131, 474
quantized Hall effect 739
quantized Hall resistance 740
quantum cascade 457
quantum cascade laser 431
quantum-confined Stark effect 546
quantum dot 654
quantum field 24
quantum Hall effect 739
quantum limit 872
quantum Monte Carlo method 23
quantum noise 873
quantum non demolition 552
quantum nondemolition measurement 895
quantum number 4
quantum optical repeater 553
quantum optics 32, 40
quantum size effect 34
quantum spin device 366
quantum well infrared photodetector 429
quantum wire 416
quasi phase matching 131, 474
quench melt growth 280
QWIP 429

R

RAD 328
radiation-damaged Si on sapphire 906
ratio imaging 892
RBG 518
RBS 300
RCJL 580
RD-SOS 906, 915
reactive ion beam etching 528
read only memory 655
read out sensitivity 560
real time holography 484
REBCO系超伝導体 282
reduction of wave packet 8
reflection high energy electron diffraction 800
renormalization group 23
reset gate 657
resistive broadening 263
resistively shunted junction 634
resonant tunneling diode 900
resonating valence bond 273
rf SQUID 699
RHEED 303, 800
RHET 423
RIBE 231, 528
riduced instruction set computer 582
RISC 582
Ritz's combination rule 4
RKKY相互作用 174, 319
ROM 655
RSFQ 596
RSJ 634, 725
RTD 900
Rutherford backscattering spectroscopy 300
RVBモデル 273
RZ伝送 503

S

σ型共有結合 374
S波 45, 49, 56
S分岐 599
s偏光 45, 56
S-N-S接合 607
SAステップ 377
SAG 464
SAM 844

SAM 膜技術　666
SB ステップ　377, 393
SBS　119
scanning force microscopy　807
scanning near-field optical microscope　824
scanning probe microscopy　807
scanning surface harmonic microscopy　806
scanning transmission electron microscope　627
scanning tunneling microscope　649, 661, 800
scanning tunneling spectroscopy　806
scattering amplitude　34
Schrödinger representation　9
SCIM　809
SCR 理論　274
SCPM　809
sd 交換相互作用　177
second harmonic generation　473
second quantization　24
SEL　465
selective area growth　464
self-amplitude modulation　844
self-assembled monolayer　666
self-consistent renormalization theory　274
self-phase modulation　487, 844
separate confinement hetero-structure　443
SET　678
SET 読出し専用メモリー　655
SFET　605, 618
SFG　118, 129, 134, 473
SFM　807
SFQ　595
SFQ 素子　631
SG-DBR レーザー　464
SGS　844
SHG　118, 132, 473
SHG 結晶　473
shot noise　873
SHPM　815
Si　107
Si ステップ　392
Si 表面拡散　395
Si 表面構造　374
Si(0 0 1)傾斜表面　377
Si(0 0 1)表面　374
Si(1 1 1)表面　378

Si-MOS 反転層　406
signal to noise ratio　872
silicon intensifier target　862
silicon on insulator　240
single electron tunneling　435
single electron tunneling device　653
single flux quantum　595, 631
single photoelectron event　878
singly resonant oscillation　479
singly resonant oscillator　136
SiO_2/Si 界面　397
SIS 型接合　629
SIS 素子　706, 719
SIS ミキサー　716
SK　242
Slater determinant　19
sliding frequency filter　500
slow gain saturation　844
slow saturable absorber action　844
slowly varying amplitude　128
SMM　808
SMSR　460
SN 比　872
S/N 層接合界面　634
SNL　540
SNOM　808
SNS 型ジョセフソン接合　283
SOI　240
solid state electronics　650
soliton　349
solute rich liquid crystal pulling　288
SOR　900
sp^3 混成軌道　373
SP-STM　816
spectral response　876
spectroscopic term　4
spectrum　8
spin　12
spin density wave　171
spin-dependent scattering　556
spin diffusion length　568
spin disorder scattering　177
spin injection　568
spin-orbit interaction　12, 574
spin polarization　569
spin polarized current　570
spin relaxation time　569
spin transistor　568
spin valve　557
SPM　487, 807, 844

squeezed light　895
squeezed states　32
squeezed vacuum　155
SQUID　213, 579, 631, 699, 721
SQUID 顕微鏡　713
SR　710
SRL-CP 法　285, 288
SRO　136, 479
SRS　119
$SrTiO_3$　606
SSA　844
SSG-DBR レーザー　464
SSHM　806
standard quantum limit　32
Stark ladder　426
stationary state　4
STEM　627
SThP　809
STM　649, 661, 695, 800
STM 並列動作　665
STM リソグラフィー　229
stochastic quantization　36
STP　809
strain compensated quantum-well　456
strained MQW　491
Stranski-Krastanov Mode　242
streak image　884
streak tube　884
strong ferromagnetism　568
strongly correlated system　23
STS　806
sub-mode suppression ratio　460
sub-Poissonian light　32
sublattice　172
SUBSIT　615
sum frequency generation　473
superconducting-base semiconductor-isolated transistor　615
superconducting flux flow transistor　618
superconducting magnetic energy storage　646
superconducting quantum interference device　213, 699
superconductivity　33
superconductor/insulator/superconductor　699
superexchange　173
superfluidity　33
superselection rule　6
surface emitting laser　465
SVA　139

switching atom 657
switching gate 657
SXM 807
synchroscan method 862
synchrotron orbital radiation 900

T

T分岐 599
TAC 880
tapered slot antenna 910
TbFe 325
TbFeCo 325, 327
TCPC 879
TE波 45, 56, 65
TEM 256, 665
tensile-strained quantum-well 454
tetragonal 252, 292
tetramethyltetraselenafulvalene 352
thermal noise 873
thermionic emission 545
thermopower 79, 86
THG 119
THz光 427
THz帯 899
THz電磁波 911
THz電磁波パルス 906
tight-binding model 74
time-bandwidth product 488
time-correlated photon counting 879
time-dependent Schrödinger equation 9
time evolution operator 9
time-independent Schrödinger equation 9
time-resolved measurement 879
time to amplitude converter 880
TJS半導体レーザー 543
Tl系 191
TLパルス 488, 847
$Tl_2Ba_2Ca_2Cu_3O_y$ 621
TM波 45, 56, 66
TMR 321
TPA 119

transfer matrix 420
transform limit 487
transit time spread 881
transition 4
transition probability 14
transmission electron microscope 665
transmission electron microscopy 256
tranverse-junction-stripe 542
traveling solvent floating zone 286
trial function 15
TRM 323
TS 805
TS-QW 454
TSFZ法 286
TTS 881
tunnel junction 654, 723
tunneling spectroscopy 805
two current model 177
two-dimensional electron gas 411, 741, 574
two-dimensional hole gas 256, 272
two-dimensional photon detector 875

U

ultrafast streak camera 884
ultrafast time-resolved spectroscopy 885
uncertainty principle 2
uncertainty relation 11
unfaulted half 380
up-conversion 864

V

V溝 235
vacuum electronics 650
valence bond method 21
Van Vleck paramagnetism 168
VCSEL 465
vertical cavity SEL 465
vertical to surface transmission electro-photonic device 468

video intensified microscopy camera 883
VIM 883
Volmer-Weber Mode 241
VSTEP 468
VW 241

W

wall plug efficiency 444
wavelength chirping 460
wavelength division multiplexing 464
WDM 464
WDMソリトン伝送 500
weak-link 723
whispering gallery 529
whispering gallery mode 160
white noise 706
Williams-Landel-Ferry equation 361
WKB近似 420
WKB法 15
WLF式 361

X

X線吸収分光法 255
X線検出器 200, 719
X線光電子分光法 255
X線リソグラフィー 227, 229
X-ray absorption near-edge spectroscopy 255
X-ray photoelectron spectroscopy 255
XANES 255
XPS 255

Y

$YBa_2Cu_3O_{7-x}$ 191, 252, 604
YBCO 252, 636
YIG 338

Z

zero-point energy 29
zero-point fluctuation 29

量子工学ハンドブック（普及版）　　定価はカバーに表示

1999年11月20日　初　版第1刷
2008年 6 月15日　普及版第1刷

編　者　大　津　元　一
　　　　荒　川　泰　彦
発行者　朝　倉　邦　造
発行所　株式会社　朝倉書店
　　　　東京都新宿区新小川町6-29
　　　　郵便番号　162-8707
　　　　電　話　03(3260)0141
　　　　FAX　03(3260)0180
　　　　http://www.asakura.co.jp

〈検印省略〉

Ⓒ 1999〈無断複写・転載を禁ず〉　　平河工業社・渡辺製本

ISBN 978-4-254-21037-8　C 3050　　　　Printed in Japan